数字景观

——中国第五届数字景观国际论坛

成玉宁　杨　锐　主编

东南大学出版社
·南京·

图书在版编目(CIP)数据

数字景观 ：中国第五届数字景观国际论坛 / 成玉宁，杨锐主编. — 南京 ：东南大学出版社，2021.10

ISBN 978-7-5641-9682-0

Ⅰ. ①数… Ⅱ. ①成… ②杨… Ⅲ. ①数字技术—应用—景观设计—文集 Ⅳ. ①TU986.2-39

中国版本图书馆 CIP 数据核字(2021)第 187481 号

数字景观——中国第五届数字景观国际论坛

SHUZI JINGGUAN——ZHONGGUO DI-WU JIE SHUZI JINGGUAN GUOJI LUNTAN

出版发行：东南大学出版社
社　　址：南京市四牌楼 2 号　　邮编：210096
出 版 人：江建中
责任编辑：朱震霞
网　　址：http://www.seupress.com
电子邮箱：press@seupress.com
经　　销：全国各地新华书店
印　　刷：广东虎彩云印刷有限公司
开　　本：889 mm×1 194 mm　1/16
印　　张：26.5
字　　数：810 千字
版　　次：2021 年 10 月第 1 版
印　　次：2021 年 10 月第 1 次印刷
书　　号：ISBN 978-7-5641-9682-0
定　　价：175.00 元

本社图书若有印装质量问题，请直接与营销部联系。电话：025-83791830

编委会名单

建成环境蓝绿空间耦合发展

十九大以来，生态文明建设成为发展中国特色社会主义的基本方略的重要组成部分，是党中央在全局层面对中国未来社会发展方向的基本判断。保护生态、坚持人与自然和谐共生成为全国各行各业的基本共识。风景园林事业直接贡献国家生态文明建设的方方面面，更聚焦人居环境绿色空间的建设、更新与管控。

城市作为建成环境的代表，是在自然基础上人工组建的人居环境，不仅需要满足人类活动的诉求，同时也受制于自然规律。人类文明经历了数千年的发展，城市功能不断完善的同时规模也在扩大，城市的空间环境也变得日趋复杂；与此同时城市的自然属性正在逐渐逝去，城市与自然渐行渐远。为此，人类花费了大量的人力、物力与财力与去重构城市中的第二自然，大量的人工绿地建设具有一定的生态与美化效应，但不可否认的是，人工绿地分布在依据功能秩序建设的城市环境之中，改变了构成要素的自然属性与有机关联。如何保护城市中自然的蓝绿空间、加以人工补缀使其具有类自然的属性与效应，已成为当代必须重新审视的课题。在强调生态文明的今天，反思城市发展的内生动力，研究探讨城市生态系统修复与增效迫在眉睫。在城市存量发展的模式下，建成环境中存在着大量破碎、低质、低效的蓝绿空间，如何通过结构的调整，优化建成环境中各要素及其关系，从而推动建成环境生态系统的高效运行，实现存量时代城市生态环境的提质增效，是建成环境生态系统研究的关键之一。

绿色与蓝色空间作为城建环境中最主要的两大生态体系，它们不仅在城市环境中占据一定的份额，彼此之间的关联性也最为密切。

城市绿地可以涵养水源，但同时也是水资源重要的消耗者之一。将有限的蓝绿空间加以统筹，在建成环境条件下，促进其形态上融合、生态关系优化，已经成为推动城市生态环境提质的抓手，通过统筹建成环境中的蓝绿资源及其空间分布，使之更加高效地协同做功，从而优化和提升既有的环境资源和生态系统质量，满足城乡人居环境高质量发展的要求，探索城市生态系统优化的新范式。

本届数字景观大会以“数字技术支持下建成环境蓝绿空间耦合发展”为主题，聚焦存量时代下的建成环境生态系统增效提质，围绕低影响开发下的城市绿地规划、建成环境蓝绿空间可持续发展以及数字景观相关议题展开研讨，以期推动风景园林事业对人居环境生态系统的理论研究与相关实践。

中国第五届数字景观国际论坛

成玉宁

2021.9.9 于江宁

目　　录

·蓝绿耦合发展·

城市绿地格局优化模型与算法及其低影响效应

成玉宁　王雪原

摘　要　建成环境改变自然降水的时空分布，土地的快速开发加剧了雨洪灾害、绿地缺水等城市环境问题。本文基于低影响理念，探讨提升城市韧性的水绿耦合方法。研究解析绿地格局调控雨洪的机制，提出了水绿规模与分布平衡的逻辑模型，在此基础上搭建水绿分布统调的算法模型，构建"汇水分区与产汇流计算—水绿规模与分布统调—绿地格局优化—植被类型及组合选择—代偿性措施配置"的算法路径，系统优化绿地布局，实现可持续的雨洪调控与降水资源利用。

关键词　绿地格局；雨洪模型；水绿耦合；系统优化；代偿措施

1　引言

近十年来，随着我国城市的快速发展，城市雨洪问题频发，已造成严重灾害，其中2012年7月21日北京及其周边地区，遭遇61年来最强暴雨及洪涝灾害；2021年7月20日，郑州大暴雨来袭，全市多路段积水尤其是地下空间洪涝严重。类似问题远不至于上述两座城市。国际上流行的低影响、韧性、水敏等涉水规划设计理念无一不是基于建成环境的特征而提出。一方面城市的发展不可避免地改变了自然本底，另一方面，建成环境往往由于某一构成要素的瓶颈效应，而导致系统问题频发，譬如大量的地表水经由管网排出城市，从而导致城市地下及土壤出现严重的缺水现象。针对性的"补丁思维"模式在一定程度上可以缓解矛盾，然而为了彻底解决城市雨洪问题，不仅仅需要统筹城市中涉水子系统规划建设，更应从优化城市环境生态系统出发，突出系统协同做工效应，重构低成本、高效益、运行可靠的类自然生态体系。

2　低影响理念下的水绿耦合及其意义

2.1　城市雨洪灾害及其对策

雨洪是指由较大强度的降雨而形成的洪水，引起江河水量迅速增加并伴随水位急剧上升，以及城市内部快速积涝的现象。雨洪的强度主要取决于暴雨状况，同时也受下垫面条件的约束。城市雨洪灾害的影响远大于自然区域，其中对于城市地下空间的冲击尤为显著，由此产生的灾害和次生灾害其规模与损失甚至会大于地表；此外，雨洪灾害后期处理及恢复，较之于地上通常更为困难。因此，城市雨洪管控重点不仅在于暴雨带来的地表及地下积涝，更在于系统地优化城市下垫面及其构成，增强城市下垫面的滞蓄及调节雨洪的能力。通过绿地的合理布置，实现洪峰延迟效应，对于内涝风险较高、季节性降雨集中的城市较为重要，延迟洪峰的时间能够缓减降水管网系统、湖泊调度系统的管控压力。

2.2　低影响发展提升城市韧性

高密度的城市开发建设大规模地改变了下垫面，连同不合理的排水系统，导致了建成环境普遍存在着非旱即涝的系列次生灾害。传统的低影响开发，是指通过低影响开发技术措施的实施，使开发后城市水文和生态环境得以与开发前相对一致[1]。近几十年的发展使低影响开发理念与实践不断扩充，以提升城市韧性为前提的低影响开发，强调提升城市所有地表系统的韧性。在雨洪韧性提升方面，综合利用城市中的绿色及灰色基础设施，来应对强降雨带来的对城市正常生活的影响与冲击。

系统提升城市韧性的方法，核心在于通过模

拟自然水文过程，梳理与优化水绿环境，通过解读城市复合生态系统的运行规律及其与客观环境、人类活动之间的相关联系，根据客观规律进行拟自然的规划设计，顺应自然过程并将人工建造的干扰降到最低，实现城市的韧性提升及可持续发展。

2.3 绿地格局与雨洪调控

我国城市建设工作的重心已由“增量”转变为“提质”，通常城市具有30%～40%的绿地率，如何充分发挥城市绿地的综合效应、有效地缓解旱涝矛盾是绿地提质增效工作的重点。绿地作为在城市用地中最主要的渗透型下垫面，可使降水直接入渗参与自然的水文循环，具有下渗与储水的海绵效应，其涵养水源、支持生命系统等功能在雨洪调蓄方面具有特殊价值。绿地在城市中的分布与结构对雨洪的调节过程与效率至关重要，因此城市绿地系统格局与降水调控相结合，是生态环境高质量发展的重要组成。我国土地资源稀缺，在有限的城市空间中，合理地规划绿地的结构与分布，选择适宜的规模以及植被类型，对于削减城市雨洪及其次生灾害、节约用水具有重大意义。

2.4 水绿耦合响应多重需求

城市绿地需要消耗大量的水资源，在我国东部每平方米绿地年均需灌溉用水约1.2～1.5吨，进一步加剧了城市用水的负担。建成环境中，硬化的下垫面及灰色系统，一方面加大了地表径流与水资源的流失，同时也割裂了降水与绿地的关联，另一方面大量产汇流也导致了雨洪形成。人为改变的水文过程使得城市旱涝问题愈加突出。

有效地利用降水，包括通过一定的工程技术措施来将强降雨加以收集、缓冲并适度地利用，不仅解决雨洪灾害，同时也极大地解决了绿地对水资源的消费，缓解城市对水资源利用的矛盾与困难。另外，对降水的直接利用、避免过度使用洁净水，也是实现低碳的措施之一。

系统认知城市绿地分布与降水径流、蓄滞、利用的内在关联，通过建立城市地表径流系统与城市绿地系统的匹配关系，均衡并分散地表径流、建立降水资源与植被需求相契合的绿地植被结构，可系统解决城市蓝绿空间生态问题。

3 低影响理念下水绿耦合的逻辑模型

基于低影响理念水绿耦合模型的构建逻辑主要包括四个层级，即“厘清绿地格局调控城市雨洪的机制”“水绿规模与分布平衡的逻辑模型”“水绿分布统调的算法模型”“绿地植被蓄用平衡的测算”，据此建构低影响理念下绿地规划的方法途径、模型框架、技术路线与算法流程。

3.1 绿地格局调控城市雨洪的机制

基于城市绿地的格局优化以实现雨洪的延时、消减与调控是基本的认知逻辑。绿地是城市雨洪承载与消纳的有效空间，合理地调配绿地分布、结构，对于雨洪进程的管控、降水资源的利用、城市生态问题的综合应对有着重要价值。城市绿地与雨洪过程相互作用，二者并不是单向的线性促进或抑制关系，绿地在空间位置、功能类型与覆被结构方面的不同带来渗透、径流、汇集、蓄滞、净化等水文过程的差异，进而影响甚至改变雨洪进程。

解析建成环境中客观的绿地格局对城市雨洪过程影响关系与作用机制，是实现低影响理念下绿地系统规划的基础，进而建立城市水文过程与绿地空间的匹配关系，统调水绿分布，实现降水资源的均衡分配，将洪涝风险转化为可利用的水资源。

3.2 水绿规模与分布平衡的逻辑模型

水绿规模与分布平衡的逻辑模型建构，旨在通过解析降水资源的时空分布特征，来调整绿地的分布与规模，最大限度地实现绿地滞洪与用水的平衡。

水绿平衡首先体现在地域性降水与绿地蓄用水间的数量关系，即水绿规模的耦合。根据地域性城市降水特征调节水绿规模配比，以达到降水与绿地利用或需求的平衡。我国地域广袤，降水呈现地带性与季节性的差异特征，植被对降水的利用需求差异同样显著。因此，不同区域城市的降水决定了植被的类型以及绿地的规模，进而在绿地量一定的情况下，结合城市的地表径流分区及水量分布，通过优化绿地格局实现对降水的就近吸纳与使用。

水绿的分布平衡是低影响绿地系统格局建立的基本原则。在绿地规模、数量一定的前提下，根据城市竖向特征所形成的汇水区划、产汇流，调整绿地的整体分布与结构，在均好性的原则下优化绿地布局，实现降水的源头控制与资源利用。考虑不同的降雨情景下地表径流的空间分布，匹配相应的绿地分布与规模。日常降雨情景中，径流时间相对较短，径流分配较为均衡。基于不同的下垫面特征计算汇水面积、汇水量，以合理分配和调节绿地的分布与规模；极端降雨情景以应对洪涝风险为核心目标，竖向特征、径流路径与汇水空间识别与组织是实现雨洪控制的关键，建立合理的绿地分布格局、水绿规模配比，尽可能实现降水的层级引导与均衡分配、汇水分区与绿地格局的匹配、旱涝矛盾的缓解与调控。

3.3 水绿分布统调的算法模型

在逻辑模型确定的基础上建立水绿分布统调的算法模型，其核心包含：一是基于地表产汇流效能来匹配绿地规模与分布，通过绿地数量与分布的统筹配置实现降水在建成环境中的合理分配；二是通过代偿性措施辅助建立水与绿的蓄用平衡。

3.3.1 结合地表产汇流，统调绿地规模与分布

实现地表产汇流与绿地分布统调的算法模型需要兼顾两方面：一是绿地的分布与规模与城市降水、产汇流相互匹配，实现地表产汇流与绿地分布的耦合，就近消纳降水，避免产汇流加剧矛盾引发洪涝；二是降水资源的均衡分配，以水定绿、优化绿地分布，为资源化利用降水奠定基础。

水绿分布统调的算法模型首先通过提取城市汇水分区、统计产流总量以及现状绿地的可调蓄水量，作为绿地平衡雨洪的基础并初步形成调配方案；其次基于城市的竖向特征来识别降水在城市的分布格局，基于均衡分配原则，计算绿地的规模与分布；在实现水绿统调的基础上，通过优化绿地连通性、聚集度等，促进绿地的格局特征具有复合的生态效应；据此初步形成绿地的格局，明确绿地的分布与规模、待消纳降水量。在此基础上通过选择适宜的植被类型及组合，并结合灰色基础设施优化城市水文过程，实现绿地与降水的耦合。

3.3.2 代偿性措施辅助水与绿的蓄用平衡

由于下垫面的复杂性以及客观条件限制，水绿耦合过程，往往还需要辅助一定的代偿性工程措施。首先，通过构建水绿调蓄机制让自然充分做工；其次，当受制于客观条件，可以结合工程措施辅助建立供需及平衡机制，缓解部分蓄滞压力或针对性地满足特殊供水需求。主要包括以下两类：其一，为了提升汇水分区内绿地蓄滞能力，如设置下沉式绿地、蓄水装置等，不仅可以增加绿地的蓄滞能力，同时也可以配合需水量大的植被群落；其二，通过管、涵等调节不同汇水分区间水量分配，合理调配水资源。首先计算同一汇水区域内的绿地蓄滞能力，其次评价相邻区域的蓄滞潜力，在水绿耦合基础上建立灰色协同代偿机制。

从建设环境的类型来看，新城区可通过生态优先的规划策略，充分优化蓝绿生态格局，实现各汇水分区的蓄滞能力最大化；而对于老城区，绿地增量受到限制，因此可通过水绿统调来优化绿地的分布与结构，同时配合相应的植被类型。当无法通过绿地的增量及结构优化来实现水绿耦合，灰色代偿机制的使用也是老城区改造中不可或缺的方式。

3.4 绿地植被类型与耗水量测算

不同的植被类型对于水资源的需求差异极大，在同一气候带，通常阔叶林远大于针叶林，林相结构复杂的群落大于纯林、灌丛大于草甸……因此，研究绿地持水能力与植被类型的匹配关系、选择植被类型及组合模式，对于水绿蓄用平衡的建立同样有重要的意义。

在明确绿地规模、空间布局的前提下，绿地植被类型决定了对水资源的需求，以及对产汇流过程影响的差异。因此，测算与评价绿地植被的蓄用工况，是选择植被类型及组合模式的基础。基于降水资源供给与植被消耗的匹配，充分考虑植物自身耐淹、耐旱、耐污等性状，结合绿地所处环境和功能定位，选择适宜的植被类型与组合模式，在确保绿地功能的同时，满足植物群落的生长需求。充分发挥不同植被对降水的滞蓄、净化和消费能力，合理用于源头消减、过程控制和末端治理等。

4 水绿耦合的算法模型及其应用

水绿耦合的核心在于实现产汇流与绿地分布

与规模之间的协同，同时辅助不同植被以及工程代偿措施，以实现水绿的融合发展。基于逻辑模型生成算法模型，构建“产汇流量核算—水绿分布统调—绿地结构优化—植被选择组合—代偿设施配置”技术路径。

4.1 汇水分区与产汇流量计算

4.1.1 基于城市竖向特征的汇水分区识别

区别于传统的排水单元划分，水绿耦合在于统调城市绿地布局与水文单元。基于城市的竖向特征，梳理水文过程与汇水区域。由于待建区域以自然地貌为主，应以生态为本、蓝绿统筹先行，因此规划区别于以往城市行政区、街道以及路网的控制单元划分方法，应基于自然特征划分生态管控单元(图 1)。

在建成区域，径流通道识别与汇水分区单元划分需要相对准确的地面标高。建立表达真实城市竖向特征的高程模型，是水文模拟与径流识别的关键。结合 GIS 与 civil 3D 将与城市水文相关的城市地貌要素分为地块、道路和水系 3 个大类，将高程赋值于三大类城市地貌要素，形成建成区的数字高程模型(UDEM)，作为径流识别的基础[2]。基于 UDEM 运用 ArcGIS 中的水文分析工具依次实现径流识别与汇水分区、单元等划分。

4.1.2 基于下垫面的产流总量计算

(1) 应对不同降水强度的策略

鉴于降水分作常年情景与极端情景两类，常年情景由中小雨以及相对高频次暴雨构成，这些雨量通常达到了年降水量的 90%，因此笔者认为基于常年情景作为水绿耦合的基本条件，符合城市特征。根据日常雨强来进行绿地与降水的匹配耦合，最大化发挥其源头促渗的功能，延时洪峰效应。为了应对极端的降水情景，则需要充分发挥蓝、绿、灰三大系统的协同效应，如暴雨期来临时腾空湖泊库容，降低河道水位，甚至于特定时段综合利用、错峰利用城市的地下空间等，形成行洪廊道、滞洪空间，通过时间差来减少雨洪对于城市的冲击。

(2) 不同降水强度的设计取值

在构建绿地网络系统之前，首先需要确定城市的设计雨强与径流控制目标量等。年径流总量控制率与降水重现期有对应关系。采用统计学方法，基于地带性特征确定合理的年径流总量控制率，计算对应的降水强度。选取反映长期的降水规律和近年气候变化的日降水资料，扣除≤2 mm 的降水总量，将降水量日值按雨量由小到大进行排序，统计小于某一降雨量的降雨总量在总降雨量中的比率，到达此比率(即年径流总量控制率)对应的降雨量(日值)即为设计降雨量[3]。极端情

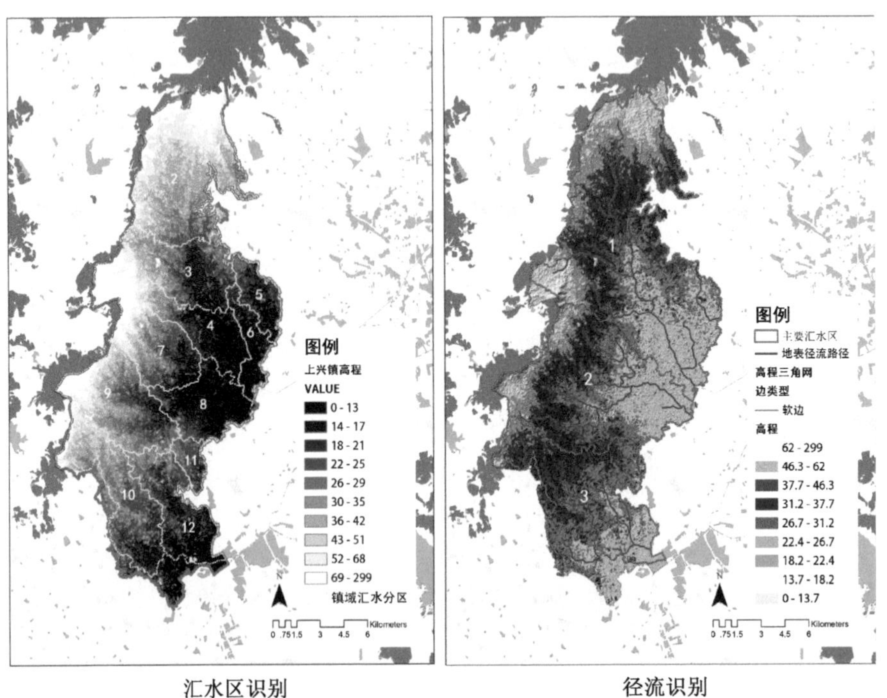

汇水区识别　　　　径流识别

图 1 溧阳经济开发区汇水区与径流识别

景可采用暴雨公式法，根据各地的暴雨强度经验公式来计算极端情景下的设计降雨量。

(3) 不同降水情景下的产流计算

产流计算模型主要包括经验模型和试验模拟模型。在区域或城市尺度下，可采用 SCS-CN 模型，其原理为通过下垫面渗透系数的经验统计值估算径流量[4]，以反映下垫面条件对降水产流的影响，用地类型、土壤类型、土壤湿润条件等因素都能通过参数体现在模型中，计算公式如下：

$$\begin{cases} Q=\dfrac{(P-I_a)^2}{P+S-I_a} & P\geqslant I_a \\ Q=0 & P<I_a \end{cases}$$

$$I_a=0.2\ s$$

$$S=\frac{25400}{CN}-254$$

式中：P 为降雨总量；I_a 为初损，主要指截流、表层蓄水、下渗等；Q 为径流量；S 为可能最大滞留量；CN 值由径流系数计算得到。

以下垫面的径流系数为基础，以溧阳经济开发区为例，计算常年情景(36.6 mm)与极端情景(20 a 重现期 231 mm、35 a 重现期 283.8 mm、100 a重现期 325.6 mm)下的产流量，可进一步应用于各类分析场景(图 2、图 3)。

4.1.3 绿地的滞蓄水量计算

绿地滞蓄水量是水绿耦合分布统调的基础。绿地的蓄滞水量计算主要包括植被截留、土壤渗透、下凹绿地蓄滞三部分。植被截留计算方面，植物的冠层、根系及地表落叶覆盖物均可实现降水的截留，不同类型绿地的冠层蓄水、壤中流、蒸散发均有差异，使用经验公式及概化模型加以计算；土壤渗透方面，在降水入渗达到土壤饱和，受重力作用继续渗透，可基于降水土壤渗透的重力公式来计算；下凹绿地指竖向形成的洼地，其容水量基于表面模型精细统计各洼地的容量之和。

4.1.4 待消解水量计算

通过增加绿地面积、设置下凹空间、跨单元传输三类方式来消解一定区域范围内的地表径流，其计算方法包括以下。

(1) 绿地容水量的估算

当某汇水单元的产流量大于绿地蓄滞水量时，优先通过在适宜区域增加绿地来消纳富余的地表产流。待消解水量决定了新增绿地的规模。新增绿地的单元蓄滞能力与原有绿地的单元蓄滞能力一致，采用概化模型估算绿地总蓄滞水量。

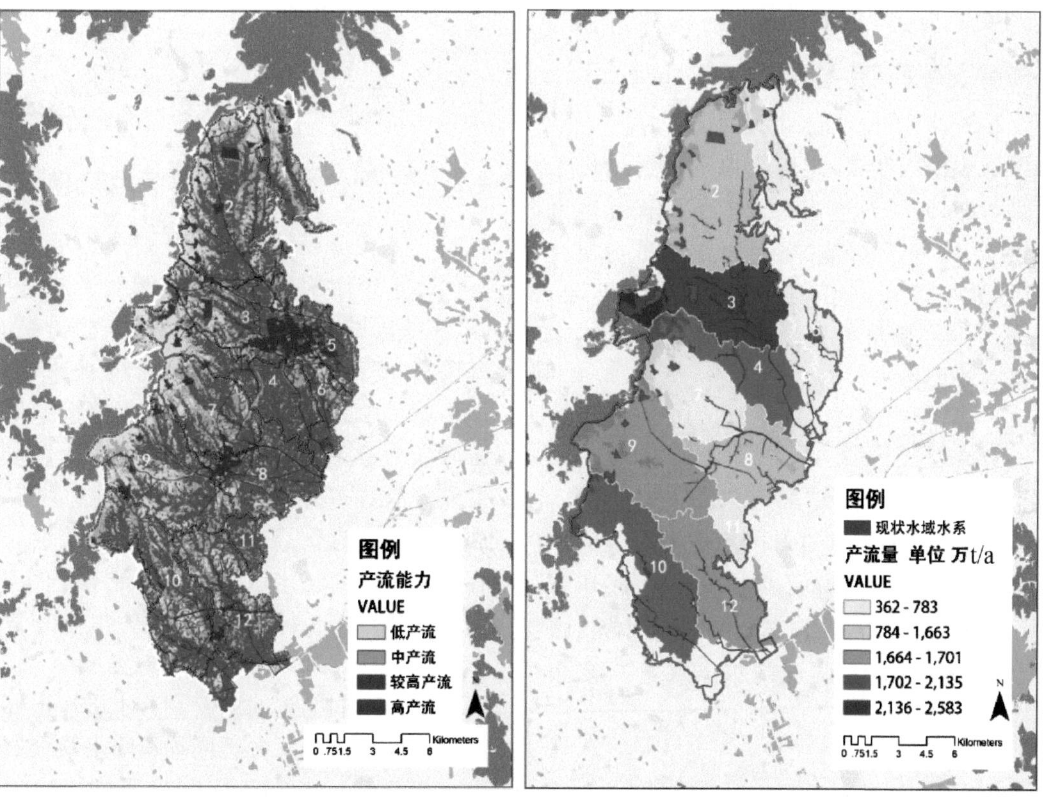

图 2 溧阳经济开发区常年降水情景下的产流计算

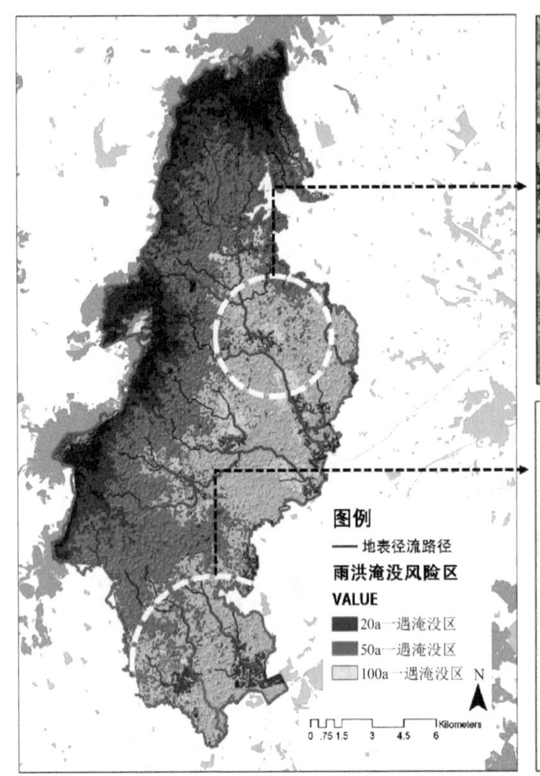

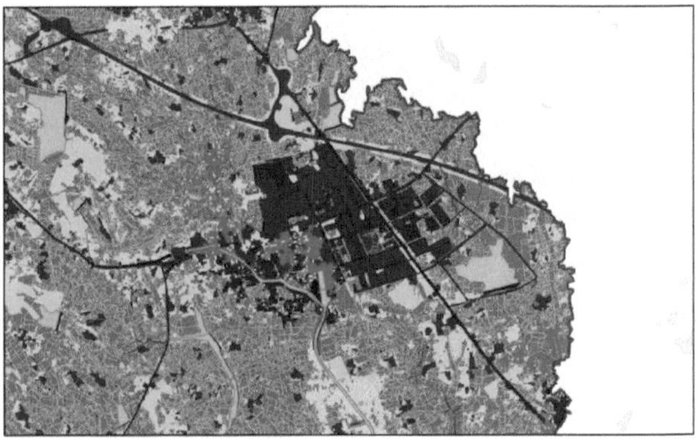
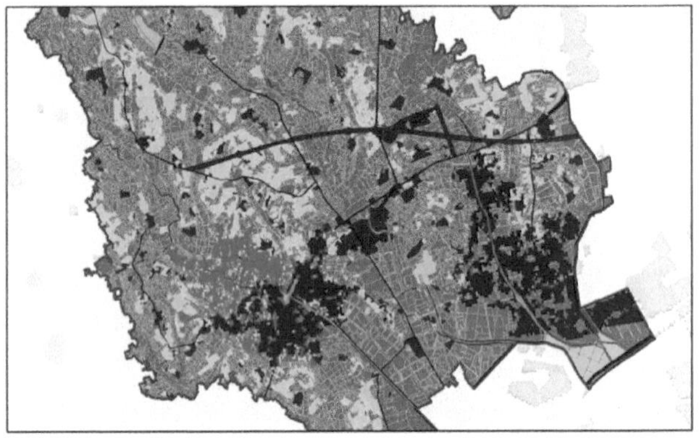

图 3 溧阳经济开发区极端降水情景下的淹没范围

水量平衡公式为：

$$Q_{最大规模绿地蓄滞水量} > Q_{产流量},$$
$$Q_{下垫面待消解量} = Q_{新增绿地的蓄滞水量}$$
$$Q_{产流量} - Q_{原有绿地蓄滞水量} = Q_{下垫面待消解量}$$

(2) 下凹绿地的蓄滞水量计算

在绿地规模限制下，难以简单地通过增量来实现雨洪蓄滞，则通过适当地设置下凹式绿地来增加滞洪能力。下凹绿地的深度设计需充分研究地下水位，如在高水位地区下凹绿地的深度受限，在干旱地区考虑景观效果的同时还应注意防渗漏。水量平衡公式为：

$$Q_{产流量} - Q_{原有绿地蓄滞水量} = Q_{下垫面待消解量}$$
$$Q_{下垫面待消解量} = Q_{新增绿地的蓄滞水量} + Q_{下凹绿地的蓄滞库容}$$

(3) 跨单元转移水量计算

当通过绿地无法消解雨洪富余水量，采用就近原则跨汇水单元疏导。统筹计算富余水量、目标单元可消减量，综合调配雨水。水量平衡公式为：

$$Q_{产流量} - Q_{原有绿地蓄滞水量} = Q_{下垫面待消解量}$$

超出蓄滞能力单元的水量计算为：

$$Q_{下垫面待消解量} = Q_{新增绿地的蓄滞水量} + Q_{下凹绿地的蓄滞库容} + Q_{待疏导水量}$$

疏导目标单元水量计算为：

$$Q_{下垫面待消解量} + Q_{待疏导水量} = Q_{新增绿地的蓄滞水量} + Q_{下凹绿地的蓄滞库容}$$

4.2 基于水绿耦合统调绿地规模与分布

4.2.1 基于竖向特征均衡分布产流

降水产流的均衡分布是调配绿地的基础，兼顾“源头削减水量”“绿地集约高效”的双重目标，基于竖向特征来均衡分配产流，以此来化解矛盾。基于城市水文过程，径流、汇流及竖向条件适合的区域作为蓄滞型绿地，类似的方法，沿着汇水区域采取分散式布局，通过连续的绿地斑块实现分片截流蓄水就近促渗，从而避免洪涝产生。某一倾泻点在对应的集水区域内常年情景下净汇水量，作为该片区的目标调节水量(图 4，表 1)。

4.2.2 基于水绿耦合的绿地配置

基于不同的汇水分区，探讨绿地分布及规模特征。评估该汇水分区内均衡降水与绿地分布在数量与空间上的匹配关系，定量表征降水规模分布与城市绿地规模分布间的匹配程度。通过测度

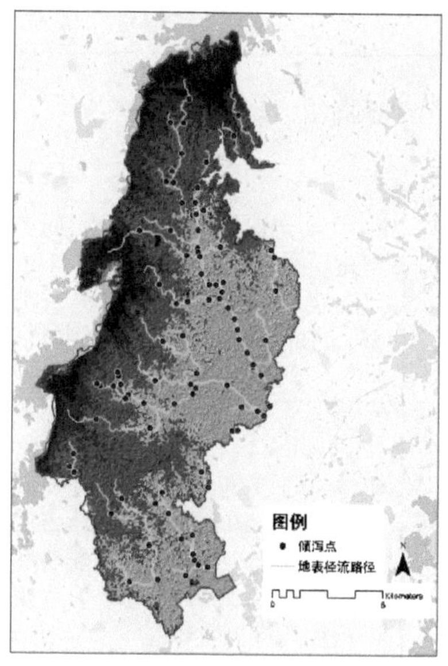

倾泻点识别

核心倾泻点选取

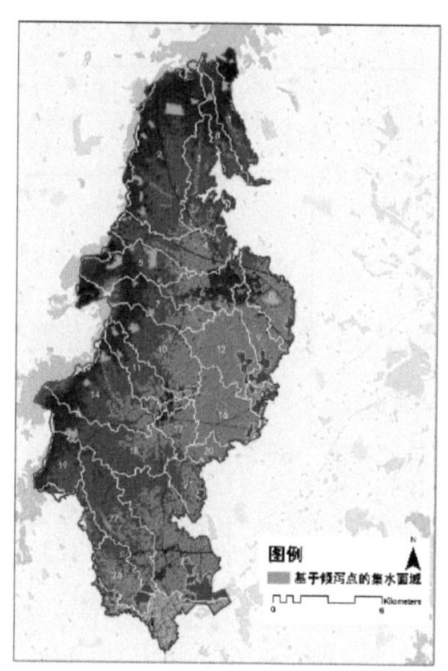

汇水面生成与水量计算

图 4　溧阳经济开发区基于竖向特征的水量分配计算

表 1　年径流 85%截蓄消纳目标下的倾泻点目标调节水量

倾泻点	年径流量/万 m^3	目标调节水量/万 m^3	倾泻点	年径流量/万 m^3	目标调节水量/万 m^3
1	708.40	25.65	13	190.09	6.88
2	2 975.79	107.74	14	1 632.60	59.11
3	1 028.76	37.25	15	239.16	8.66
4	1 180.17	42.73	16	1 208.26	43.75
5	1 048.14	37.95	17	485.22	17.57
6	911.11	32.99	18	1 626.31	58.88
7	917.26	33.21	19	661.07	23.94
8	1 478.12	53.52	20	259.85	9.41
9	748.28	27.09	21	539.40	19.53
10	1 445.40	52.33	22	1 476.11	53.45
11	719.39	26.05	23	2 349.36	85.06
12	1 208.91	43.77	24	811.45	29.38

降水特征量与绿地特征量，揭示汇水分区的水绿关系：评估常年情景的降水蓄存分布计算降水特征量，综合评估绿地的斑块面积、斑块密度作为绿地特征量。根据评价结果分析耦合需求，识别绿地的选址与规模，在绿地总量一定的前提下，形成水绿耦合的绿地布置方案。

4.3　绿地格局优化

传统的绿地系统优化主要是根据服务半径、形态来优化布局，如长期以来通过点、线、面来描述绿地的结构，实则只反映了绿地的平面构成形式。而水系与绿地在构成的体系上存在一定的相似性，即斑块密度、连通度等指标，既可反映绿地的格局，也可反映水系的构成[5-6]，因此根据水绿耦合法则，通过调节、优化绿地的格局来实现消解城市雨洪。参照既往景观格局与绿地水文绩效、调蓄功能的相关研究，选取已被证实能够较为有效地影响城市产汇流过程的景观指数，采用 fragstats 4.0 软件进行计算，通过主成分分析识别并归类主要特征，来确定绿地结构优化的目标形式与调控指标(表 2)。

表 2 景观特征归类与景观指数计算

成分	R2 百分比/%	指数	含义	计算公式	
连通特征	35.9	连接度指数	直接反映景观动态变化，识别较大范围内连接的相对重要程度	$\text{CONNECT}=\left[\dfrac{\sum_{i=1}^{m}\sum_{j=1}^{n}c_{ijk}}{\sum_{i=1}^{m}\dfrac{n_i(n_i-1)}{2}}\right]\times 100$	c_{ijk} 为给定连接距离阈值内，同类型斑块 j 和 k 之间的连接（1 表示连接，0 不连接）；n_i 为景观类型 i 的斑块数，m 为斑块类型数
		蔓延度指数	描述景观中不同斑块类型的团聚程度和蔓延趋势。指数越大，越证明绿地斑块间有较好连接，破碎化程度越低	$\text{CONTAG}=\left\{1+\dfrac{\sum_{i=1}^{m}\sum_{k=1}^{m}\left[(P_i)\left(\dfrac{g_{ik}}{\sum_{k=1}^{m}g_{ik}}\right)\ln(P_i)\left(\dfrac{g_{ik}}{\sum_{k=1}^{m}g_{ik}}\right)\right]}{2\ln(m)}\right\}\times 100$	单位：%，范围：0＜CONTAG≤100。P_i 表示 i 类型斑块所占的面积百分比，g_{ik} 为 i 类型斑块和 k 类型斑块毗邻数目，m 为景观中斑块类型总数目
聚集特征	17.8	聚集度指数	反映斑块聚集程度，景观中的同类型斑块被最大程度地离散分布时，其聚集度为 0；景观中的同类型斑块被聚合成一个单独的、结构紧凑的斑块时，聚集度为 100	$\text{AI}=\left[\dfrac{g_{ii}}{\max\rightarrow g_{ii}}\right]\times 100$	范围：0≤AI≤100。g_{ii} 为景观类型 i 的斑块之间的邻接数量；$\max\rightarrow g_{ii}$ 为景观类型 i 的斑块之间最大邻接数值
		景观分割指数	当景观中仅有 1 个斑块时，景观分离度指数为 0，景观分离度指数值越大，表明景观内斑块组成越破碎、景观越复杂	$\text{DIVISION}=1-\sum_{j=1}^{n}\left(\dfrac{a_j}{A}\right)^2$	范围：0≤DIVISION＜1。a_j 为景观中某类斑块 j 的面积；A 为景观总面积
均匀特征	15.0	香农均匀度	表示景观中不同景观类型的分配均匀程度。当 SHEI 趋近于 1 时，景观斑块分布的均匀程度趋于最大	$\text{SHEI}=-\sum_{i=1}^{m}(P_i\ln P_i)/\ln m$	范围：0≤SHEI≤1。P_i 为第 i 种景观类型在景观里的面积比例；m 为景观要素的类型总数
		破碎度指数	能够度量斑块间的连接性和分布格局。IJI 取值小时表明斑块类型 i 仅与少数几种其他类型相邻接；IJI＝100 表明各斑块间比邻的边长是均等的，即各斑块间的比邻概率是均等的	$\text{IJI}=\dfrac{-\sum_{i=1}^{m}\sum_{k=i+1}^{m}\left[\left(\dfrac{e_{ik}}{E}\right)\times\ln\left(\dfrac{e_{ik}}{E}\right)\right]}{\ln\{0.5[m(m-1)]\}}$	单位：%，范围：0＜IJI≤100。E 为斑块边缘总长度，e_{ik} 为景观类型 i 和景观类型 k 之间的斑块边缘总长度，m 是斑块类型总数
		斑块密度	用于判定绿地的分布密度以及破碎化程度	$PD=\dfrac{n_j}{A}$	n_j 为 j 类景观的斑块总数量；A 为景观总面积

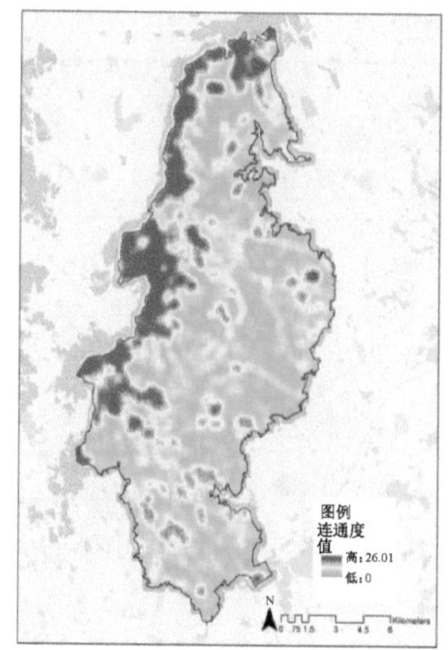

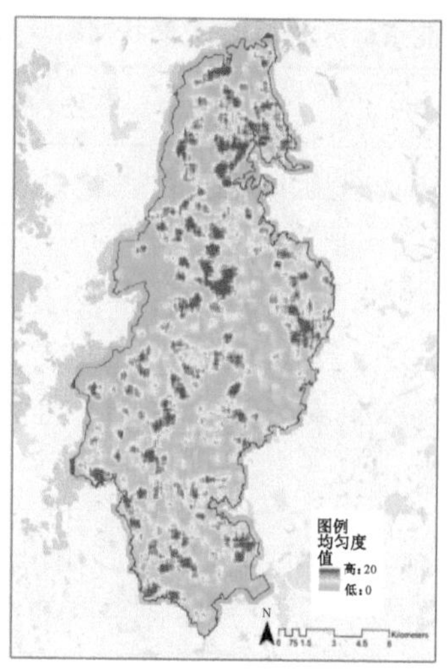

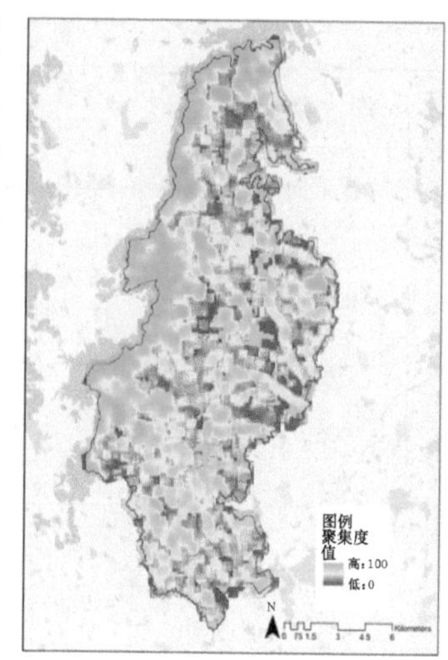

图 5 溧阳经济开发区蓝绿格局分析

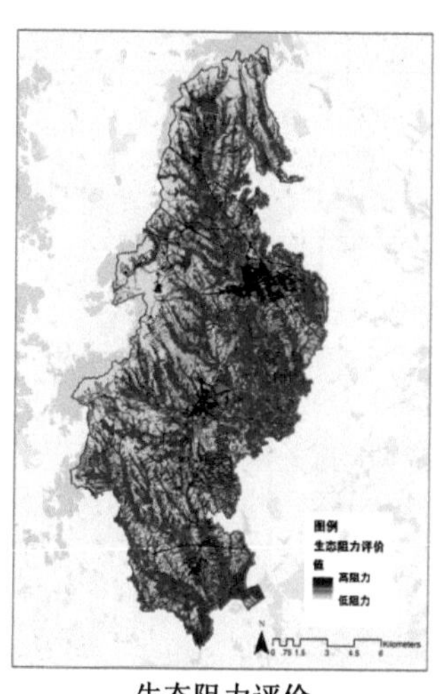

生态阻力评价

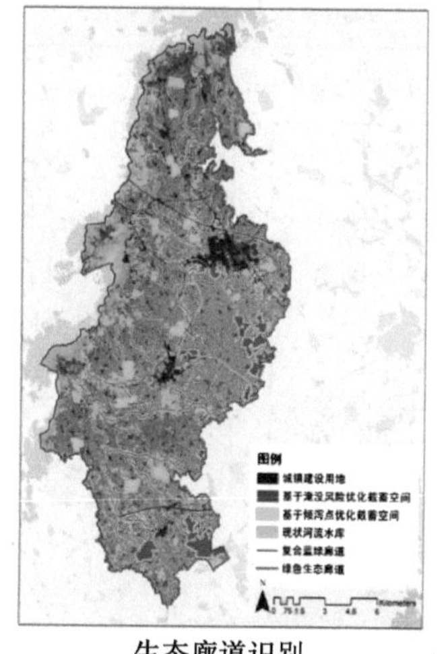

生态廊道识别

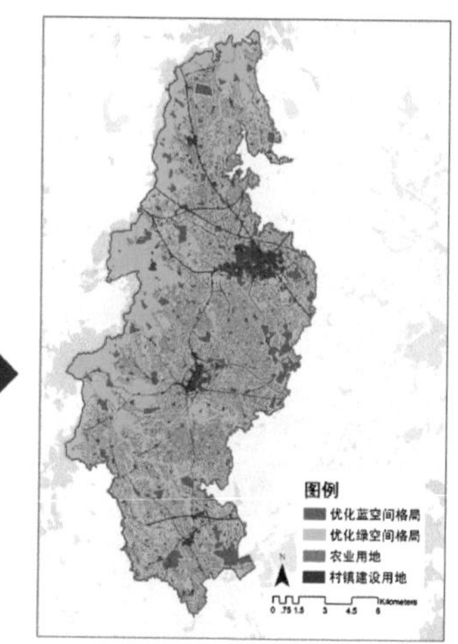

蓝绿空间优化

图 6 溧阳经济开发区蓝绿连通性优化

以溧阳经济开发区蓝绿空间规划为例，格局优化过程中分析其连通特征、均匀特征、聚集特征(图 5)。选择连通性作为蓝绿格局优化的导向，通过识别生态源地、评估综合生态阻力、建立生态廊道优化蓝绿格局(图 6)。

4.4 绿地植被类型及组合选择

评估特定城市各种植被类型的蓄滞能力并建立基础植被数据库，是基于蓄滞需求选择植被类型与组合的基础。相同覆被模式的绿地，在不同地域性特征的城市，其植被蓄滞能力与土壤蓄水能力差异较大，这与植物自身生长习性相关，如"银杏＋紫叶小檗＋玉簪"的植被组合在北部、南部、中部地区的蓄滞水量均有所有不同。城市范围各类植被、土壤及其不同组合模式的蓄滞能力测量可采用两类方法，其一为实地测量，其二为遥感解译来反演截流量。

植被蓄滞能力的实地测量需要对目标绿地依次进行林冠降水测定、穿透降水测定、树干茎流测定，基于冠层水量平衡公式计算冠层截流量：

$$I = P - T - S$$

式中：I 为林冠截留量 (mm)，P 为林外降水量 (mm)，T 为穿透水量 (mm)，S 为干流量 (mm)。

基于遥感反演的植被林冠截流量可采用 A.P.J. De Roo 等构建的植被冠层截留模型，选择雨中或雨后的遥感影像解译叶面积指数 LAI 进行计算：

$$W_h = 0.935 + 0.498 \times \text{LAI} - 0.005\,75 \times \text{LAI}^3$$

建立本地植被及组合的蓄滞能力数据库，按蓄滞能力及需水能力进行等级划分，以北京地区为例，测度 75 种常见园林植物耗水情况并建立等

表 3 北京地区 75 种常见园林植物耗水分级

类别	耗水特征	植物种类
乔木	高耗水	白玉兰、栾树、垂柳、金丝柳、鹅掌楸、白蜡、泡桐、麻栎、元宝枫、榆树
	低耗水	西府海棠、刺槐、悬铃木、槐树、栓皮栎、银杏、盐肤木、槲树、火炬树、臭椿、毛白杨、北京桧、白皮松、油松、侧柏
灌木	高耗水	珍珠梅、碧桃、榆叶梅、酸枣、紫薇、木槿、溲疏、丰花月季、迎春、鼠李、荆条、孩儿拳头、胶东卫矛、紫荆、棣棠、金银木
	低耗水	连翘、沙棘、柠条、紫丁香、雀儿舌头、紫叶小檗、绣线菊、蚂蚱腿子、锦带花、山桃、大叶黄杨、胡枝子、北京丁香、金叶女贞、紫穗槐、铺地柏、黄栌、小叶黄杨、沙地柏
草本	高耗水	草地早熟禾、黑麦草、野古草、高羊茅、野牛草、结缕草、细茎针茅、宽叶拂子茅
	低耗水	八宝景天、景天三七、毛茛、地被菊、鸢尾、马蔺、萱草、蓝羊茅、天人菊、紫花地丁、石竹

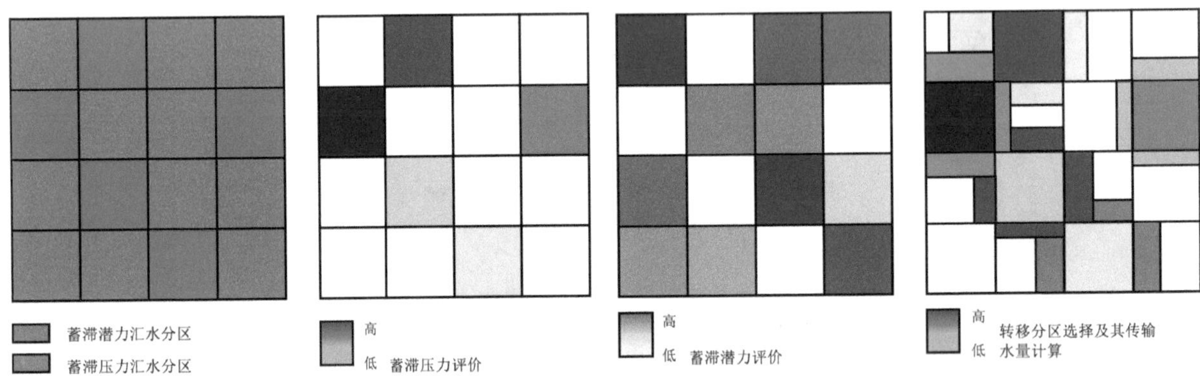

图 7 基于蓄滞潜力与压力评价的代偿机制示意图

级划分表[7]（表 3）。依据绿地蓄滞需求选择植被类型及组合。

在此基础上根据各单元绿地蓄滞需求选择适宜的植被类型与复层结构，水绿耦合下的植被选择目标，可以分为蓄滞主导型与需水主导型两大类：选取截流量高、根系促渗能力强的植物进行蓄滞主导型植被群落的构建；在蓄滞水量较少的绿地单元选取低耗水的植被，并进一步选择能够在干旱期具有较强持水性能，或具有较低蒸腾作用的植被，恰当组合进行群落构建。根据本土植被的生态属性、场地条件，综合多目标的功能需求选择植被类型，在植被组合模式、配置比例、冠层覆盖率等方面作出合理的规划设计。

4.5 代偿性措施配置

低影响理念应对雨洪问题，强调优先选择绿地系统消纳蓄滞雨水，通过优化绿地分布、规模、格局以及植被类型，充分实现雨水的资源化利用。在暴雨情况下进一步利用既有的灰色基础设施，通过管、涵实现各汇水分区间的水量疏解，评价各汇水分区在极端降水情景下的蓄滞压力与潜力，找到问题突出的分区，采用跨分区"一对一"或"一对多"的形式转移水量、分解蓄滞压力，将较高蓄滞潜力分区作为转移目标区，建立充分发挥城市流域整体蓄滞作用的代偿机制（图 7）。此外，在必要的情况下增设部分的模块化工程措施如蓄水池等，以提高滞蓄库容。

我国城市普遍存在雨水管网标准不足以应对暴雨洪涝的问题，水绿耦合强调通过绿色系统来应对雨洪问题，实现降水资源的可持续利用，进而减轻灰色系统压力。相比于将城市资源、建设成本用于灰色系统的标准提升改造，改善、优化绿色系统应对城市水绿环境的综合问题，更具可持续的发展价值与意义。

5 结语

“水”与“绿”相互依存，两系统是实现城市生态效应提升的关键抓手。通过水绿的系统关联，改变过度依赖灰色基础设施的传统城市雨洪管理方式，定量、系统地优化降水在城市地表的分布、调蓄、使用，放大绿地的源头促渗、过程管控、终端截留的全过程价值，倡导水绿耦合的城市生态本底优化，结合灰色系统的补充与调节，系统提升城市韧性，统筹实现雨洪灾害治理、应对绿地用水需求等目标。

参考文献

[1] 成玉宁，侯庆贺，谢明坤.低影响开发下的城市绿地规划方法——基于数字景观技术的规划机制研究[J].中国园林，2019，35(10)：5-12.

[2] 赵珂，夏清清.以小流域为单元的城市水空间体系生态规划方法——以州河小流域内的达州市经开区为例[J].中国园林，2015，31(01)：41-45.

[3] 王文亮，李俊奇，车伍，赵杨.海绵城市建设指南解读之城市径流总量控制指标[J].中国给水排水，2015，31(08)：18-23.

[4] 符素华，王向亮，王红叶，魏欣，袁爱萍.SCS-CN径流模型中CN值确定方法研究[J].干旱区地理，2012，35(03)：415-421.

[5] 陈文波，肖笃宁，李秀珍.景观指数分类、应用及构建研究[J].应用生态学报，2002，13(01)：121-125.

[6] 李秀珍，布仁仓，常禹，胡远满，问青春，王绪高，徐崇刚，李月辉，贺红仕.景观格局指标对不同景观格局的反应[J].生态学报，2004，24(01)：123-134.

[7] 曲翌. 北京市节水植物及配置模式筛选和年耗水量估算[D].北京：北京林业大学，2018.

作者简介：成玉宁，东南大学特聘教授，博士生导师，东南大学建筑学院景观学系系主任，东南大学景观规划设计研究所所长，江苏省设计大师。研究方向：风景园林规划设计、景观建筑设计、景园历史及理论、数字景观及其技术。

王雪原，东南大学景观学系博士生。研究方向：海绵城市、数字景观及其技术。

耦合贝叶斯学习和长期效度分析的低影响开发投资策略

王 墨 张 宇 郑颖生 成玉宁

摘 要 低影响开发(LID)措施在生命周期中效度的不确定性是制约应用的主要障碍。本文提出一种可响应不确定性影响的耦合贝叶斯决策方法,以提升LID措施的适应性水平。该方法在围绕管理目标和风险偏好的基础上综合了LID措施长期效度和气候变化影响的信息增益。为使LID措施投资建设达到最优,依托多阶段适应性决策构建了"方差学习(VL)"和"均值—方差学习(MVL)"两种贝叶斯学习曲线模型,并选取两处城市集水区进行实例研究。研究发现不同风险偏好和学习曲线模型下的投资决策有着显著差异。例如激进的投资策略在VL中有着更高的期望,而在MVL中恰恰相反。该耦合决策方法有助于提升LID措施投资决策在应对高度不确定性的气候变化和自身效度的适应性水平。

关键词 低影响开发;全生命周期;贝叶斯;气候变化;决策

1 引言

低影响开发(Low impact development, LID)通过对降雨径流进行分布式源头管理,是维持城市水文的重要适应性措施[1]。由于LID措施具有显著的环境、社会和美学效益,并具备在高密度城市建设的灵活性和兼容性,其在城市建成环境中有着广泛应用[2],当下已研发诸多关于LID措施空间配置的决策工具[3]。Bracmort等[4]指出,尽管有着大量研究从全生命周期的视角对LID措施展开绩效评估,但在生命周期中的长期效度研究仍然高度不确定,这也制约了LID措施空间配置的可靠性[5]。由于结构退化、表面堵塞沉积等原因,LID措施即使在定期维护的条件下,其效度仍然不可避免地会陷入衰退。目前在空间配置决策当中,仅少量研究关注LID措施长期效度的不确定性[4]。Liu等[6]开发了LID措施的生命周期性能模拟框架,用于评估生物滞留池和植草缓冲带在总磷去除方面的长期效度。Wang等[7]研究发现,当综合LID措施的长期效度变化时,生物置留池和透水铺装所模拟的水文性能将显著降低。除LID措施自身效度的不确定性外,受气候变化影响的降雨事件也同样有着高度的不确定性[8]。综合气候变化的外部不确定性和自身效度的内部不确定性,使得LID措施空间配置的决策也变得更加困难。LID措施的建设通常涉及大量财政资金的长期投入,相应的投资决策需要充分了解LID措施成本和收益信息。因而,LID措施实施方案的评估和决策亟待关联系统内外的不确定性影响[9]。

在基础设施投资决策分析方面,已经开发了许多理论框架和实用工具,诸如真实选项分析[10]、动态自适应策略路径[11]和多阶段随机规划(Multi-stage stochastic programming, MSP)[12]等。贝叶斯推论已被广泛应用于上述决策方法中。Tang等[13]应用贝叶斯分类器,对区域洪水风险进行空间评估。Hung和Hobbs[14]开发了基于贝叶斯学习的多阶段随机规划,以支撑绿色基础设施的建设投资决策。Webster等[15]采用综合贝叶斯分类的多阶段随机规划,来研究措施在气候适应性水平中的不确定性。由此,本文旨在提出一种可响应不确定性影响的耦合贝叶斯决策方法,建立可有效响应气候变化和长期效度不确定性的LID措施投资策略。

2 研究方法

所构建的耦合贝叶斯决策框架由以下步骤组成:(i)准备输入数据;(ii)水文性能模拟;(iii)贝叶斯学习曲线;(iv)耦合优化模型;(v)最终决策(图1)。

2.1 测试集水区

广州是粤港澳大湾区核心城市之一,年均降雨量约为1 720 mm,全年水热同期,降雨分布不

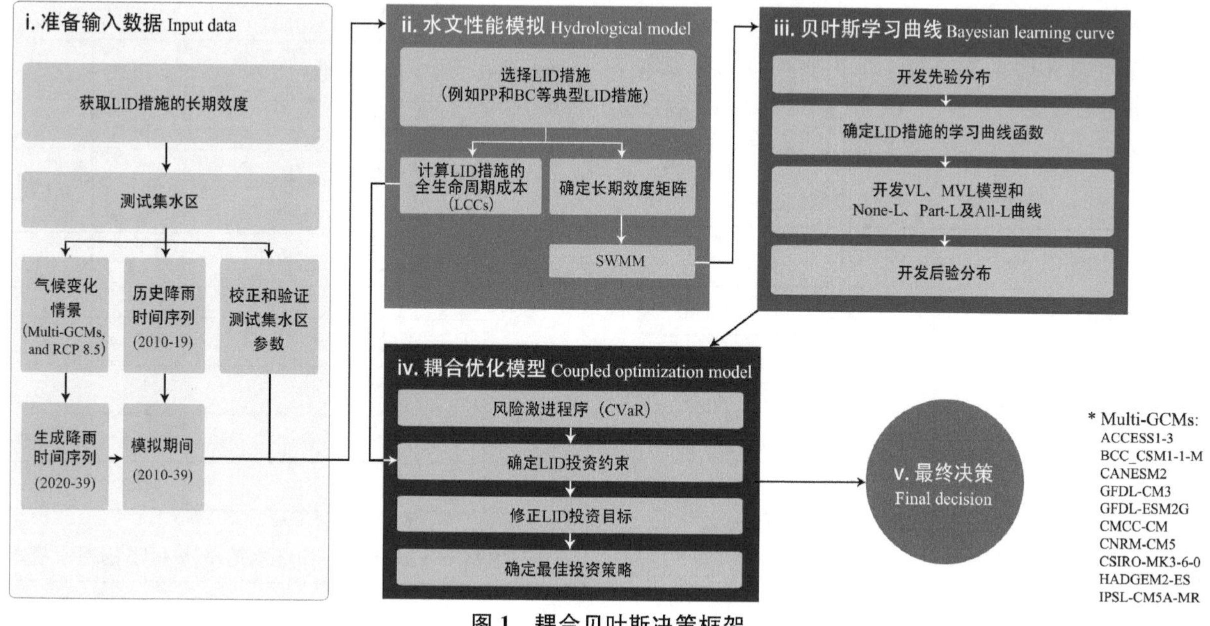

图 1 耦合贝叶斯决策框架

注：PP 指透水铺装；BC 指生物滞留池；LCC 指全生命周期成本；VL 指方差学习；MVL 指均值—方差学习；None-L 指无学习；Part-L 指部分学习；All-L 指全部学习；CVaR 指条件风险值。

均。据研究显示，广州洪涝风险在全球 136 个大型沿海城市当中最为严峻[16]。受气候变化影响，广州在未来三十年间的极端暴雨事件将愈加频发，相应的内涝风险也将持续加大。选取广州两处城市汇水单元(S01 和 S02，23°04′N、113°12′E)为实例对象展开研究(图 2)。通过 10 场降雨对测试集水区 S01 和 S02 的水文参数进行校准，并通过另外 25 场降雨事件进行验证，Kling-Gupta 系数和 Nash-Sutcliffe 系数分别大于 0.7 和 0.6[17](表 1)。

选用 SWMM 作为水文模型模拟测试集水区在单一及连续降雨事件中的水文过程，同时选取生物置留池和透水铺装，作为典型的 LID 措施进行测试。生物置留池和透水铺装在结构构造、材料、成本和维护方式及适用性方面有着显著区别[18]，具备作为对比不同类型 LID 措施的典型性，所对应的模拟设计参数见表 2。选取单位成本上径流控制量的最大化，作为 LID 措施投资决策的目标函数。拟以 LID 措施的全生命周期成

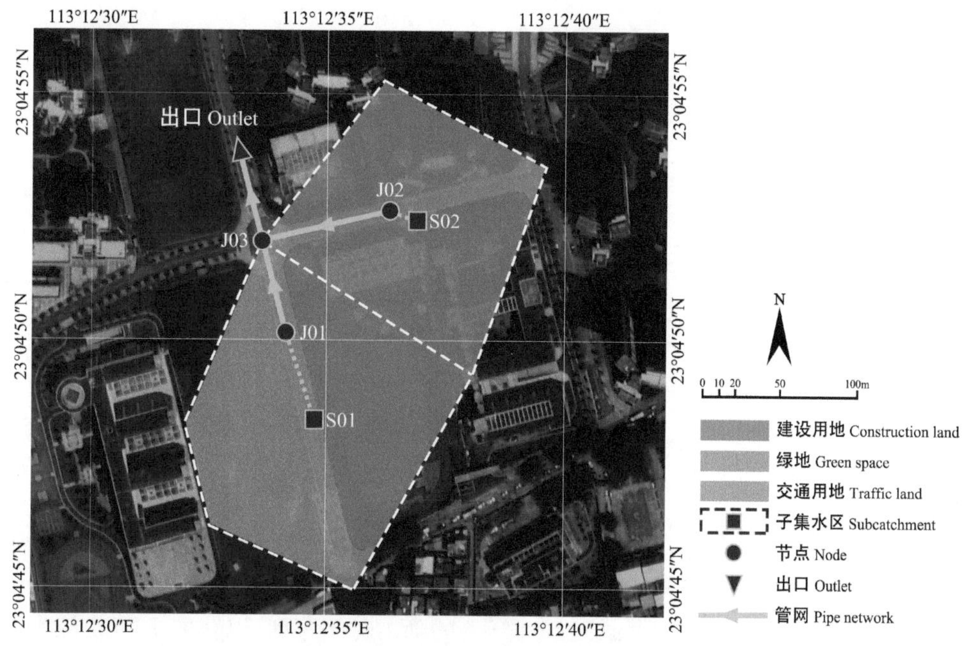

图 2 测试集水区的排水系统和土地利用

本作为投资成本换算依据，其中建造成本见表 3。生物置留池和透水铺装的年维护成本分别设置为建造成本的 8.0% 和 4.0%，生命周期设定为 30 年[19]。

表 1 子集水区 S01 和 S02 的特征参数

参数	S01	S02
占地面积(ha)	2.000	1.500
坡度(%)	0.019	0.184
不透水面积比例(%)	50.000	92.000
不透水区域曼宁系数	0.025	0.024
透水区域曼宁系数	0.150	0.150
不透水洼地储存(mm)	0.100	0.206
透水洼地储存(mm)	10.000	10.000
最大渗透率(mm/hr)	103.810	103.810
最小渗透率(mm/hr)	11.440	11.440
衰减常数 d	2.750	2.750

表 2 SWMM 中的透水铺装(PP)和生物滞留池 (BC)参数

结构层	参数	PP	BC
表层	护堤高度(mm)	—	300
	植被体积分数(m^3/m^3)	—	0.05
	表面粗糙度(曼宁系数 n)	0.012	0.1
	表面坡度(%)	0.5	0.5
土层	厚度(mm)	—	900
	孔隙度(m^3/m^3)	—	0.5
	田间持水量(体积分数)(m^3/m^3)	—	0.15
	倾斜点(体积分数)(m^3/m^3)	—	0.08
	传导性(mm/hr)	—	50
	传导性斜率	—	10
	吸水高度(mm)	—	80
铺装	厚度(mm)	100	—
	孔隙比(孔隙/固体)(m^3/m^3)	0.15	—
	不透水表面分数	0	—
	渗透率(mm/hr)	500	—
	压缩系数	0	—
储存层	厚度(mm)	300	300
	孔隙比(孔隙/固体)(m^3/m^3)	0.4	0.67
	到原生土的渗透速率(mm/hr)	13	13
	压缩系数	0	0
排水管层	流动系数	2.5	2.5
	流量指数	0.5	0.5
	偏移高度(mm)	100	150

表 3 生物滞留池(n m^2)和透水铺装(n m^2)的建设成本

结构工程	透水铺装(m, m^2, m^3)	生物滞留池(m, m^2, m^3)	单价	成本(美元)	
				透水铺装	生物滞留池
植物(m^2)	—	n	20	—	$20n$
沥青(m^3)	$0.1n$	—	150	$15n$	—
土壤(m^3)	—	$0.9n$	30	—	$27n$
砾石(m^3)	$0.3n$	$0.3n$	50	$15n$	$15n$
管道(m)	$\sqrt{n}$	$\sqrt{n}$	15	$15\sqrt{n}$	$15\sqrt{n}$
土工布(m^2)	n	n	1	n	n
挖掘(m^3)	$0.4n$	$1.2n$	4	$1.6n$	$4.8n$
清理(m^3)	$0.4n$	$0.9n$	5	$2n$	$4.5n$

2.2 气候变化情景

未来气候情景选用联合国政府间气候变化专门委员会第五次评估报告中提出的典型浓度路径(Representative Concentration Pathway, RCPs)中 RCP8.5(至 2100 年辐射强迫程度达 8.5W/m^2)作为反映高排放状况下的气候变化情景；进而基于多大气环流模型(Multi-GCMs, ACCESS1-3, BCC_CSM1-1-M, CANESM2, GFDL-CM3, GFDL-ESM2G, CMCC-CM, CNRM-CM5, CERIO-MK3-6-0, HADGRM2-ES, IPSL-CM5A-MR)的模式数据预测 RCP8.5 下广州 2020—2039 年降雨的时间序列变化[20]；最后整合 2010—2019 年所观察的降雨时间序列，以获取 LID 措施生命周期设定为 30 年模拟阶段(2010—2039 年)的连续降雨时

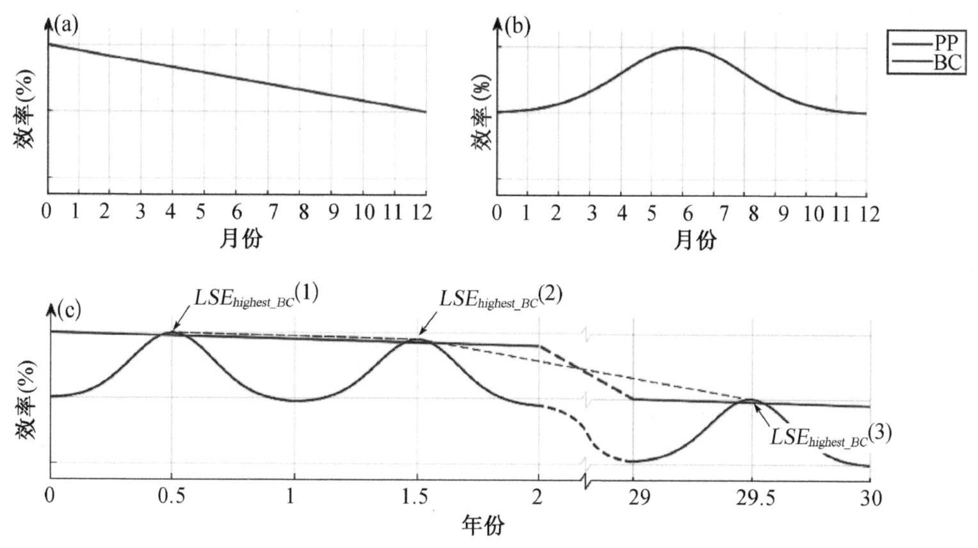

图 3　生物滞留池和透水铺装效度曲线

(a) PP 潜在的年平均效度,(b) BC 潜在的年平均效度,(c) 设计生命周期内 PP 和 BC 的平均效度

间序列。

2.3　长期效度曲线

依据 Liu 等建立的 LID 措施效度框架[6]并结合生物滞留池(周期性衰退)和透水铺装(线性衰退)结构特性,分别设定了两类长期效度曲线(周期性衰退和线性衰退)[21]。两者在生命周期过程的效度曲线如图 3 所示。

生物滞留池的年内效度(LSE_{mean_BC})假定符合正态分布,可表达为式(1):

$$LSE_{mean\_BC} = pdf\_norm\ (x \mid \sigma,\ \mu) = \frac{1}{\sigma\sqrt{2\pi}} e^{\frac{-(x-\mu)^2}{2\sigma^2}} \tag{1}$$

式中,σ 为标准差(范围取值为 0.5～5.0)[6];x 介于－6 至＋6 之间,反映一年当中 12 个月的变化范围。

假定生物滞留池建成性能即达到最高效度(100%),之后的年度最高效度($LSE_{highest\_BC}$)通过设定衰减因子以反映生物滞留池效度的下行趋势(式 2)。

$$LSE_{highest\_BC} = 100\% \times (1 - LSE_{nh})^{n-1} \tag{2}$$

式中,n 为生命周期内的年数,LSE_{nh} 范围取值为 1.0%～3.0%。

透水铺装的年内效度(LSE_{mean_pp})假定呈线性下降,可表达为式(3):

$$LSE_{mean\_pp} = -a \times x + b \tag{3}$$

式中,a 取值为 0.015～0.025[6],b 设为 1。

年度径流控制量计算如式(4):

$$R_{ov}(y) = V_y - \sum_{k=1}^{n} V(k,y) \times LSE_{mean} \tag{4}$$

式中,$R_{ov}(y)$是 LID 措施在第 y 年内的径流控制量;V_y 是第 y 年在不采用 LID 措施为基准情景下测试集水区的径流产流量;n 为年降雨事件数,LSE_{mean} 为 LID 措施的长期效度。

2.4　贝叶斯学习

为简化多阶段决策的模拟过程,将多阶段决策定义为两阶段决策,即将 30 年的建设周期划分为两期。Ⅰ期拟为第 1～3 年(2010—2012),Ⅱ期为 4～30 年(2013—2039),投资决策节点分为设置为第一年(2010 年)和第 4 年(2013 年)。

2.4.1　先验分布

假定 LID 措施初始阶段效度符合正态分布,并以此作为先验分布(式 5)。

$$P_{ave}(u,s) = \frac{1}{Y} \times \frac{\sum_{y=1}^{Y} R_{ov}(u,s)}{LCC(u,s)},\quad \forall u \in \{BC, PP\}, \forall s \in S \tag{5}$$

式中,P_{ave} 反映 LID 措施实施的目标函数;Y 设为 30 年;$u \in \{BC, PP\}$为所选取的 LID 措施类型,BC 为生物滞留池,PP 为透水铺装;$s \in S$ 代表 LID 策略的实施情景;$R_{ov}(u,s)$以及 $LCC(u,$

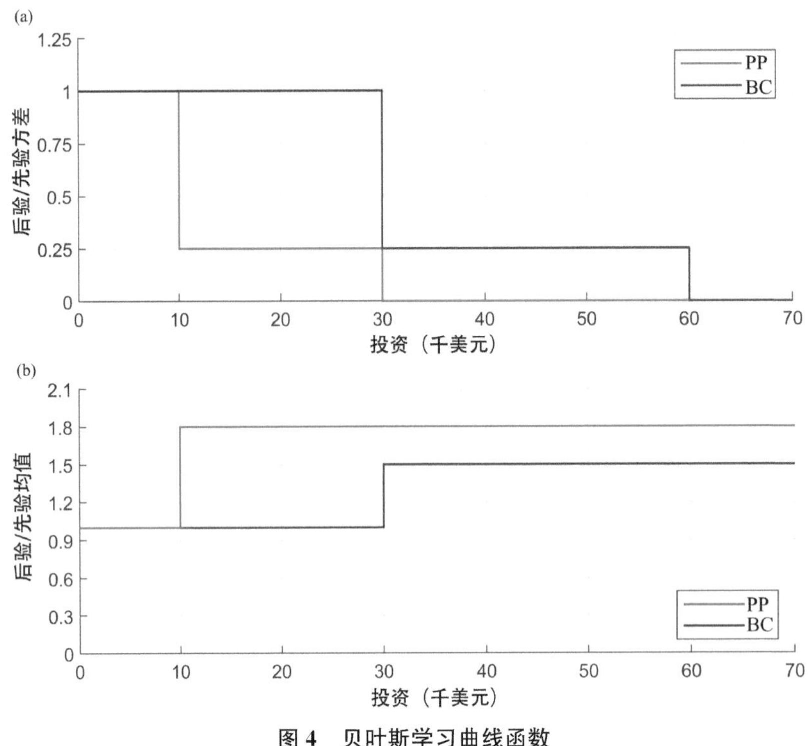

图 4 贝叶斯学习曲线函数

(a)VL 和 MVL 模型中使用的方差学习曲线函数；(b) MVL 模型中期望值改进的学习曲线函数

s)分别表示情景 s 下的径流控制量和 LID 类型 u 的全生命周期成本。

2.4.2 学习曲线

基于贝叶斯推论的潜在信息增益，可通过 LID 措施成本收益关系函数的学习曲线进行描述，并更新在Ⅱ期中 LID 措施效度的后验分布[22]。设定两种学习曲线函数，分别为“方差学习(Variance learning, VL)”和“均值—方差学习(Mean-variance learning, MVL)”模型。VL 模型定义为，一项单纯降低 LID 措施长期效度不确定性的学习程序，而 MVL 模型可进一步考虑技术进步等因素对性能或成本的影响。因此，MVL 模型可以视为是 VL 模型的扩展版。在两阶段的决策过程中，VL 曲线以两步函数形式表示，并反映了三种可能的学习路径(None-L、Part-L 和 All-L，图 4a)。None-L 定义为后验分布与先验一致；Part-L 定义为后验分布的方差变小但不为零；All-L 定义为后验分布方差为零，即不存在长期效度的不确定性。因此，Ⅱ期中 LID 措施效度的不确定性可表达为式 6：

$$Uncertainty(x_{\mathrm{II},u,s})=\beta\sigma^2\begin{cases}\beta=1, if Th^{\text{Part-L}}>x_{\mathrm{II},u,s}\\ \text{(None-L takes place)}\\ 0<\beta<1, if Th^{\text{Part-L}}\\ \leqslant x_{\mathrm{II},u,s}<Th^{\text{All-L}}\\ \text{(Part-L takes place)}\\ \beta=0, if Th^{\text{All-L}}\leqslant x_{\mathrm{II},u,s}\\ \text{(All-L takes place)}\end{cases} \tag{6}$$

式中，β 用于调整方差的比例常数。参数 $Th^{\text{Part-L}}$ 和 $Th^{\text{All-L}}$ 分别为激活 Part-L 和 All-L 所需的Ⅰ期投资阈值。

在 MVL 模型中拓展了期望提升的学习曲线，当投资触发期望提升的阈值($Th^{\text{Part-L}}$)时则相应的期望会得到改变(图 4b)。因而在Ⅱ期情景 s 下的期望[$Mean(x_{\mathrm{II},u,s})$]换算如式(7)：

$$Mean(x_{\mathrm{II},u,s})=\begin{cases}\gamma\mu, \gamma>1,\ if Th^{\text{Part-L}}\leqslant x_{\mathrm{II},u,s}\\ \mu, if x_{\mathrm{II},u,s}<Th^{\text{Part-L}}\end{cases} \tag{7}$$

式中，γ 是比例常数，可以用来调整后验期望。

2.4.3 贝叶斯优化

条件风险值(Conditional value at risk,

CVaR)是对潜在风险的有效度量指标,广泛应用于工程投资决策当中[23]。选用 CVaR 来反映决策超额损失的平均水平,为决策优化提供风险的敏感性信息参照,具体选用 $CVaR_{0.05}$ 作为最小可接受的径流控制量。投资决策的约束条件通常设为工程项目的总体预算和所能承受的风险阈值。拟以每 公顷 10 万美元作 LID 措施的单位投资预算,则 S01 和 S02 所对应的 LID 措施投资预算分别为 20 万美元和 15 万美元。

基于 VL 模型的 LID 措施投资策略的目标函数如式(8):

$$s_{opt} = arg\max_{s\in S}[fP_{ave}(u,s)] = \text{Maximize } f_s(x_{\text{I}}, x_{\text{II}}) \tag{8}$$

$$f_s(x_{\text{I}}, x_{\text{II}}) = \frac{1}{Y} \times \left\{ C_{\text{I},u,s} x_{\text{I},u,s} + \frac{T_{\text{II}}}{T}\left[\frac{1}{S}\sum_{S=1}^{S} (C_{\text{II}\_n,u,s} x_{\text{II}\_n,u,s} + C_{\text{II}\_a,u,s} x_{\text{II}\_a,u,s} + C_{\text{II}\_p,u,s} x_{\text{II}\_p,u,s})\right]\right\} \tag{9}$$

s. t.

$$\begin{cases} -x_{\text{I},u} + TH_u^{\text{Part}} L_{Part,u} \leqslant 0 \\ -x_{\text{I},u} + TH_u^{\text{All}} L_{All,u} \leqslant 0, \forall u \in \{\text{BC},\text{PP}\} \\ L_{None,u} + L_{Part,u} + L_{All,u} = 1 \end{cases} \tag{10}$$

$$\begin{cases} Z_s \geqslant \tau - f_s(x_{\text{I}}, x_{\text{II}}), \forall s \in S \\ \tau - \dfrac{1}{(1-\alpha)S}\sum_{S=1}^{S} Z_S \end{cases} \tag{11}$$

式中,x 是决策变量,x_{I} 和 x_{II} 分别代表Ⅰ期和Ⅱ期的决策变量;$x_{\text{II}\_n,u,s}$,$x_{\text{II}\_p,u,s}$ 和 $x_{\text{II}\_a,u,s}$ 分别是Ⅱ期中情景 s 下 None-L, Part-L 和 All-L 的投资向量;$C_{\text{I},u,s}$ 是Ⅰ期中情景 s 下的径流控制能力;$C_{\text{II}\_n,u,s}$,$C_{\text{II}\_a,u,s}$ 和,$C_{\text{II}\_p,u,s}$ 分别是Ⅱ期中情景 s 下 None-L, Part-L 和 All-L 径流控制量的期望后验均值;$L_{None,u}$,$L_{Part,u}$ 和 $L_{All,u}$ 是二进制向量,表示每个类型为 u 的 LID 是否会发生 None-L, Part-L 和 All-L,值为 1 代表发生,0 则不发生;τ 是用于计算 CVaR 的辅助变量;Z_S 是 τ 条件下情景 s 时的径流控制量。此外,情景 s 下出现的可能性均等设定。

MVL 模型作为 VL 模型的扩展版,相应的目标函数修订为式:

$$\text{Maximize } f_s(x_{\text{I}}, x_{\text{II}}) = \frac{1}{Y} \times \left\{ C_{\text{I},u,s} x_{\text{I},u,s} + \frac{T_{\text{II}}}{T}\left[\frac{1}{S}\sum_{S=1}^{S} (C_{\text{II}\_n,u,s} x_{\text{II}\_n,u,s} + C_{\text{II}\_a,u,s}^{MVL} x_{\text{II}\_a,u,s} + C_{\text{II}\_p,u,s}^{MVL} x_{\text{II}\_p,u,s})\right]\right\} \tag{12}$$

式中,$C_{\text{II}\_a,u,s}^{MVL}$ 和 $C_{\text{II}\_p,u,s}^{MVL}$ 分别为在 MVL 模型中Ⅱ期情景 s 下 All-L 和 Part-L 的径流控制量的后验平均值。

3 结果与讨论

3.1 先验分布

在多气候模式组统计数据中显示 2010—2019 年间年均降雨量约为 2 250 mm,在 RCP8.5 情景下,2020—2039 年的中值集合数据仅小幅增长(约为 2270 mm),然而月降水量变化则高度波动(图 5)。具体表现为雨季降雨显著增加,而旱季降雨则进一步变少,这也意味着广州地区大概率将遭遇更为严峻的暴雨和干旱事件。这与其他研究发现一致,例如 Deng 等[24]的研究表明广州大部分地区,季节性雨洪和干旱事件的频次和强度将显著增加。

图 6 反映了模拟阶段的 30 年间径流控制量绩效变化。由于 LID 措施长期效度整体呈现下行趋势,同时气候变化影响下强降雨事件的增多也进一步削弱了 LID 措施的管控能力,使得 LID 措施的绩效持续下行。在 S01 和 S02 的横向对比中可发现,同时期中生物滞留池的绩效要优于透水铺装。此外,在 S01 中 LID 措施建设的收益不如 S02,这是由于 S01 的不透水率较低,所对应的径流产流量和控制量也相对较少所致。

通过正态分布拟合的 LID 措施的先验分布,并计算 $CVaR_{0.05}$ 以确立 LID 措施先验概率的风险值(图 7)。结果显示生物滞留池虽然有着更高的绩效,但其稳健性并不显著,并伴随有着更高的风险(较低的 CVaR 值)。此外,尽管 S02 中 LID 单位投资的绩效期望要优于 S01,但其收益的不确定性也更为显著。

3.2 方差学习模型

评估长期效度和气候变化的不确定性所引发的风险信息是建立 LID 措施投资策略的重要依据。在

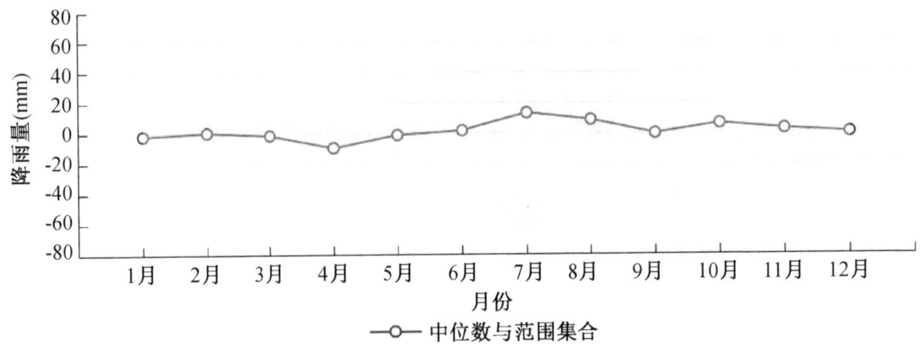

图 5 基于 RCP8.5 情景预测下广州月降水量与历史平均数据比较

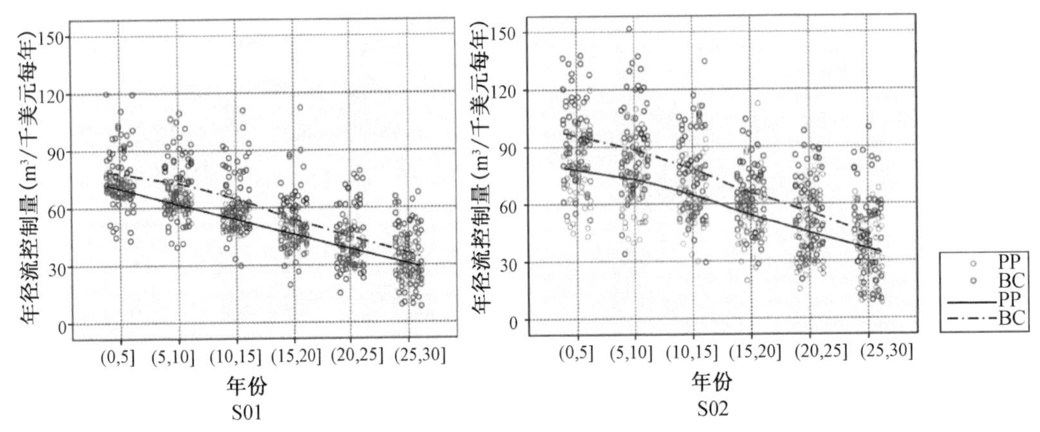

图 6 模拟期间中 LID 措施的长期效度分析

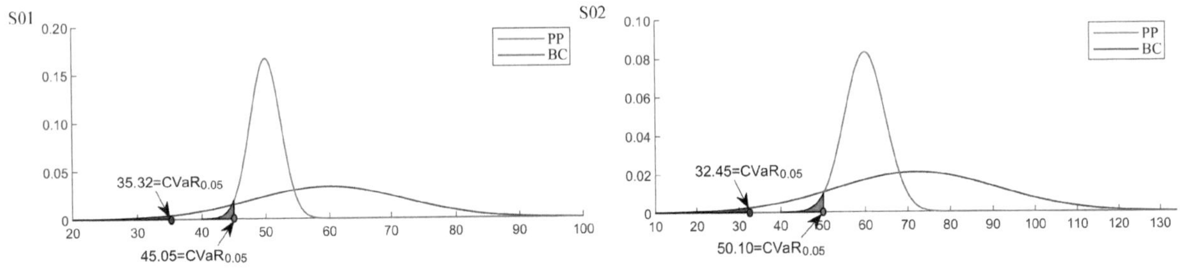

图 7 S01 和 S02 中 LID 措施效度的先验分布

VL 模型中，S01 和 S02 所对应的 $CVaR_{0.05}$ 取值范围分别为7 060～9 678 m^3/yr和 4 815～7 980 m^3/y(图 8)。当 $CVaR_{0.05}$ 为 7 060 m^3/yr 时，S01 当中径流控制量的期望可达到 12 000 m^3/yr。CVaR 值较高则表明极端情况下的风险损失也相对较低，但相应的性能期望也随之变低。当 $CVaR_{0.05}$ 增长至 9 678 m^3/yr 时，对应的径流控制量期望则会下降 7.0%，由 12 000 m^3/yr 降至11 160 m^3/yr。在 S02 中也有相同趋势的表现，$CVaR_{0.05}$ 的取值由 4 820 m^3/yr增长至7 980 m^3/yr时，所对应的水文期望也从 10 800 m^3/yr 降至 8 280 m^3/yr。由此可见，在 VL 模型中决策者的风险承受能力与径流控制量的期望正相关。

对风险中性(激进)的决策者而言，最佳决策是，在Ⅰ期中就将所有预算都投资于生物滞留池建设。由于在Ⅱ期再进行投资建设则会意味着Ⅰ期的最初 3 年无法获得任何收益，这也从侧面抑制了对性能期望不佳的透水铺装投资建设的动机。尽管透水铺装整体绩效表现更佳稳健，但性能表现不如生物滞留池，激进的投资方往往并不会采纳执行透水铺装的建设意见，因而难以在Ⅰ期激活透水铺装所对应的贝叶斯学习曲线。然而

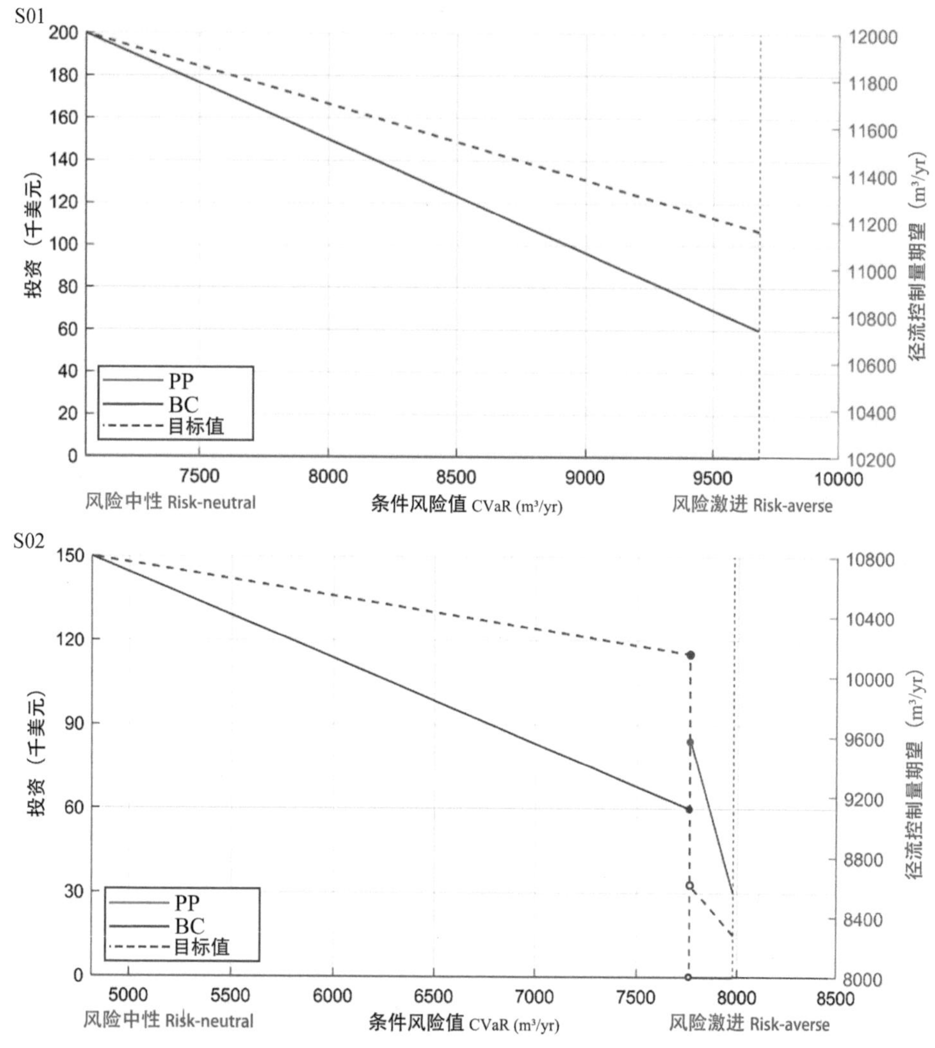

图 8 S01 和 S02 中的 LID 措施在 VL 模型 Ⅰ 期投资策略所对应的期望和风险

当决策者的风险偏好较为保守时，则有可能会为阶段 II 预留部分预算，或建立多类型组合的 LID 措施投资方案。例如，在 S01 中 $CVaR_{0.05}$ 取值介于7 060～9 678 m^3/yr区间时，采纳的决策为Ⅰ期部分投资于生物滞留池建设，并为Ⅱ期留有预算；在 S02 中的投资策略则更为复杂。当 $CVaR_{0.05}$ 取值介于4 815～7 758 m^3/yr时，建议在Ⅰ期部分投资于生物滞留池建设；然而，当 $CVaR_{0.05}$ 取值介于7 758～7 980 m^3/yr时，则建议在Ⅰ期对透水铺装进行部分投资。在由投资生物滞留池转变为透水铺装时，$CVaR_{0.05}$ 也相应增加了2.9%，但所对应的径流控制量期望，则从 10 152 m^3/yr 降至 8 280 m^3/yr。

3.3 均值—方差学习模型

MVL 模型在 VL 模型的基础上增加了可拓展的学习曲线函数集。在学习曲线中设定一旦投入达到学习阈值，LID 措施的效度期望也会得到一定比例的提升。因此，与 VL 模型相比，MVL 模型更好地整合了多阶段投资与系统动态发展的关系，在决策中可更好理解不同决策（全部投资、部分投资或搁置）的影响。部分投资的决策也许会增加Ⅰ期径流量管控不足所带来的损失，但有机会通过减少 LID 措施结构性能的损失，和利用潜在的技术变革，实现更好的长期绩效[25]。值得注意的是，当决策者极其保守时，将有可能获得最高的径流控制量期望。这意味着，在考虑技术变革或成本下降的动态影响下，激进的风险决策并不一定在远期获取最高的期望。因而，当考虑到技术进步驱动的发展情景时，决策者往往需要保持耐心，并积极投资于易于实现技术突破的工程

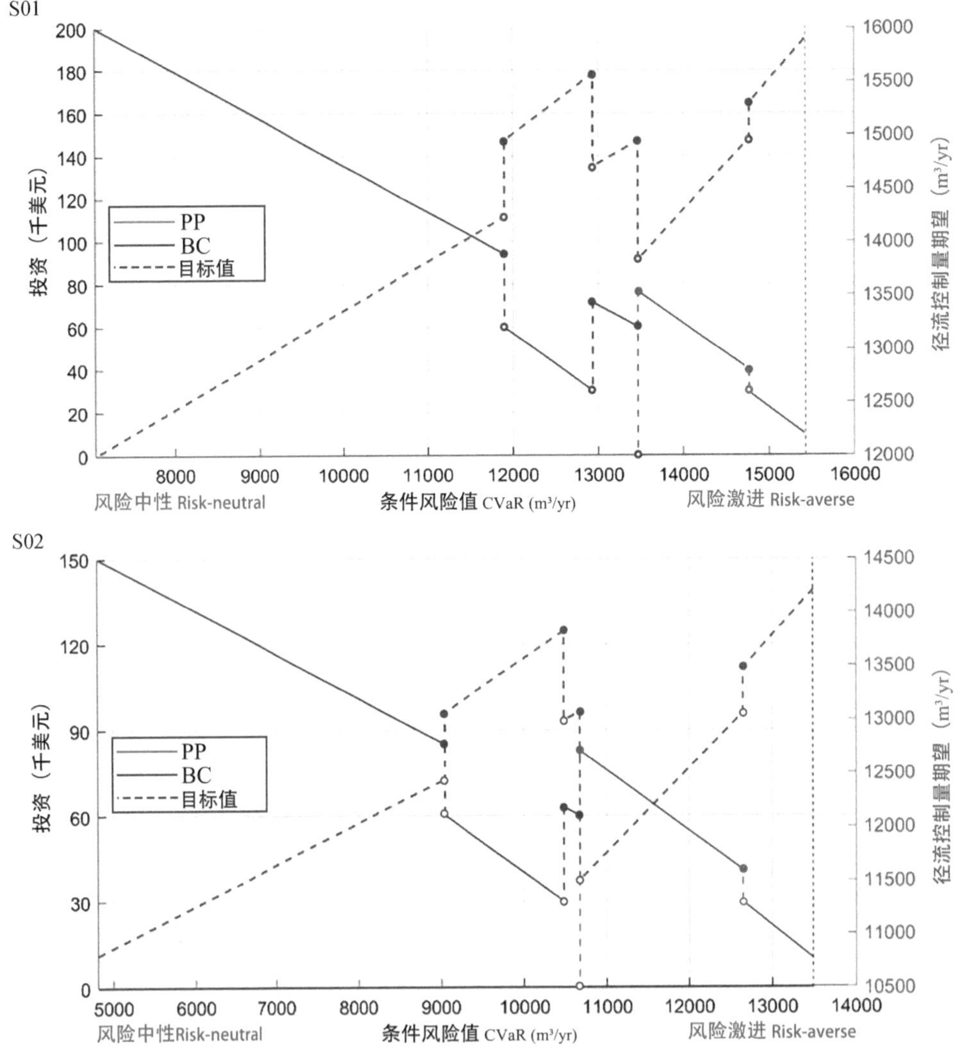

图 9　S01 和 S02 中的 LID 措施在 MVL 模型 Ⅰ 期投资策略所对应的期望和风险

技术。

在 MVL 模型中，伴随着 $CVaR_{0.05}$ 的增加，所对应的径流控制量期望呈上升趋势，这与 VL 模型结论恰恰相反（图 9）。例如，在 S01 中，$CVaR_{0.05}$ 由 7 060 m^3/yr 增长至 15 415 m^3/yr，所对应的径流控制量期望增长幅度约为 32%。这是由于在Ⅰ期有效的投入与技术改进发生了更好的反馈关系，使得 LID 措施后验分布的方差变小（不确定性降低）且期望变高。同样，在 S02 中的 $CVaR_{0.05}$ 也可达到 13 490 m^3/yr；而在 VL 模型中，两个子集水区的 $CVaR_{0.05}$ 均难以超过 10 000 m^3/yr。此外，在 S01 中当 $CVaR_{0.05}$ 取值大于 13 480 m^3/yr 时，出现了对透水铺装进行投资建设的决策，这在 VL 模型中并不会出现，这是由于当学习模型考虑到更多现实情况时，一些不被看好的常规工程在局部潜能被激发的情况下，可能会颠覆投资方的决策。

4　结论

本文提出了一种可适应于 LID 措施的多阶段投资决策方法。该方法在基于有限的投资预算以及不同风险偏好的基础上，整合了 LID 措施自身长期效度和外部气候变化的不确定性影响。由于信息技术的快速发展，气候变化的影响预测、LID 措施长期效度曲线以及与发展情景相适应的贝叶斯学习曲线，同样也会伴随着更多有效数据的获取而得到持续改善，该决策方法的可靠性也会得到进一步提升。

参考文献

[1] K. Eckart, Z. McPhee, and T. Bolisetti, "Performance and implementation of low impact development-A review," *Science of the Total Environment*, vol. 607/608, pp. 413-432, 2017.

[2] Z. Yuan, C. Liang, and D. Li, "Urban stormwater management based on an analysis of climate change: A case study of the Hebei and Guangdong provinces," *Landscape and Urban Planning*, vol. 177, pp. 217-226, 2018.

[3] Z. Wang, S. Zhou, M. Wang, and D. Zhang, "Cost-benefit analysis of low-impact development at hectare scale for urban stormwater source control in response to anticipated climatic change," *Journal of Environmental Management*, vol. 264, p. 110483, 2020.

[4] K. S. Bracmort, M. Arabi, J. Frankenberger, B. A. Engel, and J. G. Arnold, "Modeling long-term water quality impact of structural BMPs," *Transactions of the ASABE*, vol. 49, no. 2, pp. 367-374, 2006.

[5] M. Bahrami, O. Bozorg-Haddad, and H. A. Loáiciga, "Optimizing stormwater low-impact development strategies in an urban watershed considering sensitivity and uncertainty," *Environmental Monitoring and Assessment*, vol. 191, no. 6, pp. 1-14, 2019.

[6] Y. Liu *et al.*, "Modeling framework for representing long-term effectiveness of best management practices in addressing hydrology and water quality problems: Framework development and demonstration using a Bayesian method," *Journal of hydrology*, vol. 560, pp. 530-545, 2018.

[7] M. Wang, D. Zhang, Z. Wang, S. Zhou, and K. Soon, "Long-term performance of bioretention systems in storm runoff management under climate change and life-cycle condition," *Sustainable Cities and Society*, vol.65, p. 102598, 2021.

[8] T. A. Larsen, S. Hoffmann, C. Lüthi, B. Truffer, and M. Maurer, "Emerging solutions to the water challenges of an urbanizing world," *Science*, vol. 352, no. 6288, pp. 928-933, 2016.

[9] Z. Yazdanfar and A. Sharma, "Urban drainage system planning and design - challenges with climate change and urbanization: a review," *Water Science and Technology*, vol. 72, no. 2, pp. 165-179, 2015.

[10] M. Sturm, M. A. Goldstein, H. Huntington, and T. A. Douglas, "Using an option pricing approach to evaluate strategic decisions in a rapidly changing climate: Black - Scholes and climate change," *Climatic Change*, vol. 140, no. 3/4, pp. 437-449, 2017.

[11] M. Haasnoot, J. H. Kwakkel, W. E. Walker, and J. ter Maat, "Dynamic adaptive policy pathways: A method for crafting robust decisions for a deeply uncertain world," *Global Environmental Change*, vol. 23, no. 2, pp. 485-498, 2013.

[12] M. Woodward, Z. Kapelan, and B. Gouldby, "Adaptive flood risk management under climate change uncertainty using real options and optimization," *Risk Analysis*, vol. 34, no. 1, pp. 75-92, 2014.

[13] X. Tang, Y. Shu, Y. Lian, Y. Zhao, and Y. Fu, "A spatial assessment of urban waterlogging risk based on a Weighted Naïve Bayes classifier," *Science of the total environment*, vol. 630, pp. 264-274, 2018.

[14] F. Hung and B. F. Hobbs, "How can learning-by-doing improve decisions in stormwater management? A Bayesian-based optimization model for planning urban green infrastructure investments," *Environmental Modelling & Software*, vol. 113, pp. 59-72, 2019.

[15] M. Webster, K. Fisher-Vanden, D. Popp, and N. Santen, "Should we give up after Solyndra? Optimal technology R&D portfolios under uncertainty," *Journal of the Association of Environmental and Resource Economists*, vol. 4, no. S1, pp. S123-S151, 2017.

[16] S. Hallegatte, C. Green, R. J. Nicholls, and J. Corfee-Morlot, "Future flood losses in major coastal cities," *Nature Climate Change*, vol. 3, no. 9, pp. 802-806, 2013.

[17] Z. Zhu, Z. Chen, X. Chen, and G. Yu, "An assessment of the hydrologic effectiveness of low impact development (LID) practices for managing runoff with different objectives," *Journal of Environmental Management*, vol. 231, pp. 504-514, 2019.

[18] M. Wang, D. Zhang, Y. Cheng, and S. K. Tan, "Assessing performance of porous pavements and bioretention cells for stormwater management in response to probable climatic changes," *Journal of environmental management*, vol. 243, pp. 157-167, 2019.

[19] J. J. Houle, R. M. Roseen, T. P. Ballestero, T. A. Puls, and J. Sherrard Jr, "Comparison of maintenance cost, labor demands, and system performance

for LID and conventional stormwater management," *Journal of environmental engineering*, vol. 139, no. 7, pp. 932-938, 2013.

[20] B. C. O'Neill *et al*. "A new scenario framework for climate change research: the concept of shared socioeconomic pathways," *Climatic Change*, vol. 122, no. 3, pp. 387-400, 2014.

[21] T. M. Haile, G. Hobiger, G. Kammerer, R. Allabashi, B. Schaerfinger, and M. Fuerhacker, "Hydraulic performance and pollutant concentration profile in a stormwater runoff filtration systems," *Water, Air, & Soil Pollution*, vol. 227, no. 1, p.1-16, 2015.

[22] F. Ferioli, K. Schoots, and B. C. van der Zwaan, "Use and limitations of learning curves for energy technology policy: A component-learning hypothesis," *Energy policy*, vol. 37, no. 7, pp. 2525-2535, 2009.

[23] P. H. Bakhtiari, M. R. Nikoo, A. Izady, and N. Talebbeydokhti, "A coupled agent-based risk-based optimization model for integrated urban water management," *Sustainable Cities and Society*, vol. 53, p. 101922, 2020.

[24] S. Deng, T. Chen, N. Yang, L. Qu, M. Li, and D. Chen, "Spatial and temporal distribution of rainfall and drought characteristics across the Pearl River basin," *Science of the Total Environment*, vol. 619/620, pp. 28-41, 2018.

[25] B. Gersonius, R. Ashley, A. Pathirana, and C. Zevenbergen, "Climate change uncertainty: building flexibility into water and flood risk infrastructure," *Climatic Change*, vol. 116, no. 2, pp. 411-423, 2013.

作者简介：王墨，广州大学建筑与城市规划学院空间规划与景观设计系副主任、副教授。研究方向：风景园林规划设计。

张宇，广州大学建筑与城市规划学院硕士研究生。研究方向：风景园林规划设计。

郑颖生，广州大学建筑与城市规划学院空间规划与景观设计系副主任、副教授。研究方向：气候适应性规划设计。

成玉宁，东南大学特聘教授，博士生导师，东南大学建筑学院景观学系系主任，东南大学景观规划设计研究所所长，江苏省设计大师。研究方向：风景园林规划设计、景观建筑设计、景园历史及理论、数字景观及其技术。

西北干旱半干旱区城市蓝绿耦合问题及空间机制*

刘 晖 刘 永 许博文 曹 朔 左 翔

摘 要 城市化进程影响了蓝绿系统的平衡关系，重构城市蓝绿耦合发展是城市安全和生态健康的重要途径。理清蓝绿系统的外在空间关系与内在相互作用机理是耦合发展的关键，其空间模式、要素类型和相应指标体系所形成的空间机制是规划设计方法的基本内涵。西北干旱半干旱区由于气候与城市建设特征，出现城市内涝和绿地耗水等现实问题，而城市中小尺度空间是干旱半干旱地区城市蓝绿耦合发展的关键。本研究提出设施型绿地、绿地水文单元及蓝绿耦合网络单元三个层级构成的空间梯度，并分别论述各自的蓝绿耦合类型及空间模式，结合数字化与数学模型量化分析了蓝绿耦合效应；并通过两个案例说明蓝绿耦合空间机制在规划设计的应用。

关键词 蓝绿耦合；西北干旱半干旱区；绿地水文单元；空间机制；数字技术；城市绿地规划

1 引言

城市环境规划建设与管理中"蓝"与"绿"具有各自的体系，但在功能效益、空间格局构成和过程影响等方面联系紧密，并相互影响，具有科学性和整体性，共同构成了人居环境生态可持续发展的主体。我国城市中蓝绿系统整体性较弱，城市中30%～40%的绿地率，仅仅反映了绿地的占比，并不能表征城市生态系统的实际绩效。如何在复杂的城市空间中融合蓝绿系统，协同做工，是科学规划建设城市生态环境的基础。因此，研究在建成环境中如何重建蓝绿系统的空间关联，恢复蓝绿本底的自然和生态过程与功能，是关系城市安全和生态质量的关键问题。

① 城市环境蓝绿耦合发展的研究与实践应重视以下前提：蓝绿耦合有效发展必须建立在多专业、跨部门、全尺度、全周期协同和统筹规划建设的基础上。城市蓝绿耦合发展的目标绝不是"用绿地来解决暴雨内涝"这种简单的认识，城市内涝更需要蓝绿与灰色基础设施的协同。也可以说，不是所有绿地都是用来解决暴雨调蓄功能的，例如防灾避险绿地、遗址绿地等。我国各地区自然环境特征差异性较大，理清区域性城市蓝绿耦合问题需求，明确目标定位十分必要。例如我国大部分地区城市绿地养护耗水问题，牵涉绿地规模、形态及植被类型，亦是蓝绿耦合发展的重要内容。

蓝绿耦合发展应面向建成环境城市更新和新区建设的不同需求，建立不同目标和功能定位的蓝绿耦合系统，其精准设计、运维管控和全生命周期绩效评估，离不开数字技术的支撑。

② 城市蓝绿耦合发展，体现在规划设计方法上的核心是蓝绿系统的空间机制问题。

首先，所谓蓝绿耦合，是城市水文过程和绿地之间，存有外在空间配合关系与内在相互作用的机理。在既定的外部条件下，哪一方作为自变量而主导耦合作用的发生，哪一方作为因变量而受制于自变量的变化？这需要科学的定性梳理与定量分析。

其次，蓝绿耦合原理与机理应用于规划设计实践，需要建立不同尺度与功能定位意义上空间模式、要素类型与指标体系所形成的空间机制。

2 西北干旱半干旱区蓝绿耦合的现实问题与需求

2.1 西北地区降水特征与城市内涝问题

来自大秦网的一篇报道很具有代表性："为啥城市发展了，积水却严重了？为什么每逢中到大

* 国家自然科学基金"西北城市绿地生境多样性营造多解模式设计方法研究"（编号：51878531），国家自然科学基金"低影响开发下的城市绿地规划理论与方法"（编号：51838003）。

雨，西安就会积水成灾？”不仅西安，西北干旱半干旱地区的其他城市也时常发生内涝。除了城市排水计算标准和实施问题外，短时间内强降雨与不断扩张和硬化的城市下垫面，产生大量的径流，是城市频繁积水内涝的重要原因。

西北干旱半干旱地区处于 400 mm 等降水量线以下，降雨量多集中在 5—9 月（图 1）。西北地区日最大降水量 12.8～203.3 mm，从东南向西北减少，并且年最大日降水量普遍有增加趋势。[1] 西北干旱半干旱区年均降水虽少，但降雨集中，且存在短时强降雨。

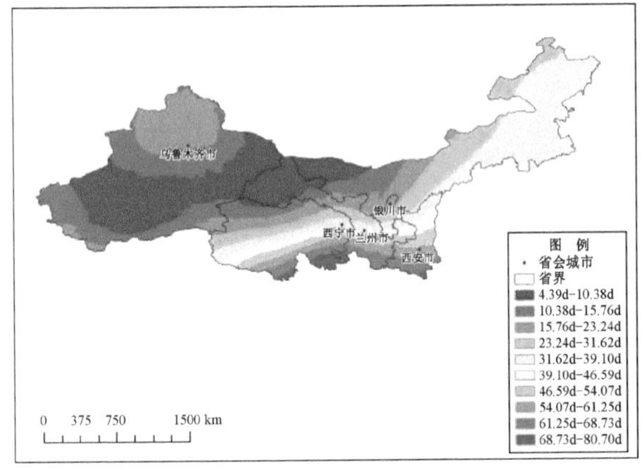

图 1 中国西北地区大雨以上降水日数空间分布（2020 年）
（根据于国家气象中心 2020 年中国地面气候资料日值数据集绘制）

另外，西北地区自然环境中的生存与生产条件，决定了历史城市选址近河但不靠河，且城市环境中自然河网并不密集。近 20 年来，城市化进程使得城市下垫面已发生巨大改变。从表 1 可以看出五个城市建设规模翻倍增加，城市建筑道路构成大城市不透水下垫面空间模式。城市下垫面规模增大，使得夏季降雨强度大、频率高的特性表现更为显著，当城市发展到一定阶段时，各因素产生“协同效应”，加剧影响。

2.2 西北地区城市绿地的耗水问题与滞蓄需求是蓝绿耦合的重要内容

面对长时间旱季和强蒸发量的挑战，西北地区的水分稀缺程度和蒸散损耗，都远高于国内其他地区，城市绿地耗水问题一直十分严峻。研究表明，西北地区单位面积的水资源量仅为全国平均水平的 1/4，其单位面积灌溉水量却是水量丰沛地区的 3～4 倍；城市园林绿地灌溉养护耗水量巨大，且在城市总水资源量中占比较高[2-5]。与此同时，虽然城市绿地作为实现城市水环境优化的最佳介质和城市海绵体的重要组成部分，其滞蓄效能既可以缓解城市内涝问题，又可以为绿地提供必要的水分，但城市建设中并未充分考量绿地的滞蓄功能以收集、存储和利用雨水，徒使大量雨水通过城市管网排走，浪费了雨水资源；同时，在西北城市建设实践中亦缺少适宜的规划设计方法，城市绿地单元常以单一化种植简单填充，土壤生境较差，其滞蓄功能亦无法充分发挥。

针对西北地区城市绿地的耗水问题与滞蓄需求，其绿地建设不应以水资源的高消耗为代价，绿化场地在发挥雨洪滞蓄效能的基础上，同时缓解和调节城市绿地耗水问题，则是西北地域性城市蓝绿耦合的重要内容。绿化场地的滞蓄水量由土壤蓄水和植被林冠截留共同决定，其植物需水量则主要受植物种类、密度、土壤温湿度和小气候等因素影响，且随植物生长季而呈现规律性变化[6-7]。基于蓝绿耦合的城市绿地建设中，不同绿化场地根据其功能定位和位置分布，具有不同的滞蓄功能需求以及耗水特点。此外，由于不同植物种类及其种植密度，以及小气候和土壤生境条件亦导致不同绿化场地的滞蓄水量和需水量差异显著。因此，基于滞蓄效能和耗水量特点对绿化场地进行类型划分和指标控制，并进一步通过绿化场地的地形设计、植物种植以及土壤改良等方式优化绿地的滞蓄效能，进而降低绿化养护耗水，是实现西北地区城市蓝绿耦合的重要途径。

2.3 在地性蓝绿耦合规划设计方法

诚如上文所述，西北地区城市建设存在城市雨洪，以及城市绿地耗水问题与滞蓄需求的多重矛盾，而城市绿地与城市水文过程各自具有独立系统，对于解决城市“蓝”“绿”矛盾，在规划设计实践中，西北地区亟需能够将城市雨洪、城市绿地的耗水问题与滞蓄需求的矛盾进行统筹的蓝绿耦合规划设计方法。

蓝绿耦合的空间机制研究是规划设计中的关键，需要在可控制的建设范围内，明确功能定位、空间格局和构成要素，将“蓝”“绿”有机纳入整体系统。

西北地区城市绿地的分布格局呈现尺度小、规模大的破碎化特征，中小尺度绿地在城市绿地中占据主要角色，同时也有利于在新城规划与老

表 1　西北主要城市下垫面规划与格局变化一览表

城市	城市空间格局 (2 km×2 km)2020 年	城市不同时期建成区范围、形态及面积(50 km×50 km)		
		2002 年	2010 年	2020 年
西安		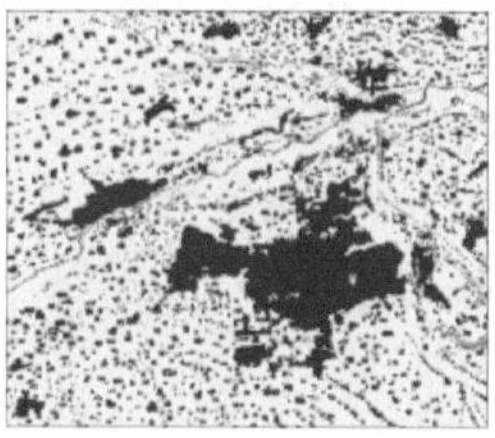 186.97 km^2	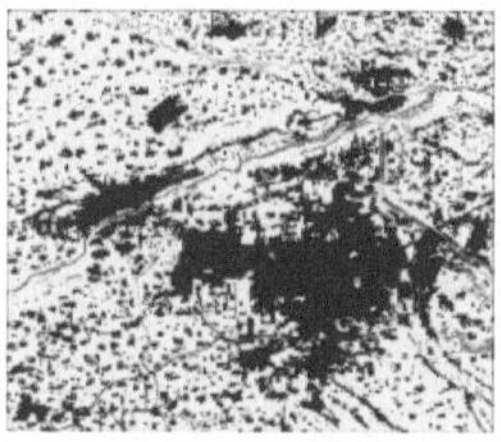 326.53 km^2	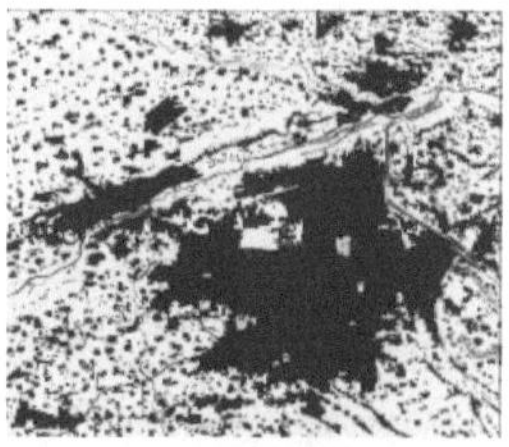 700.69 km^2
兰州		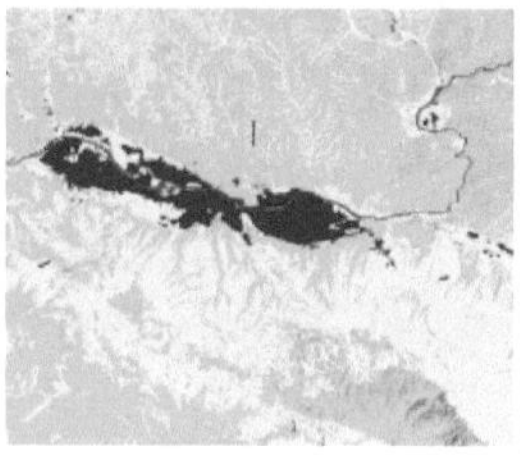 179.83 km^2	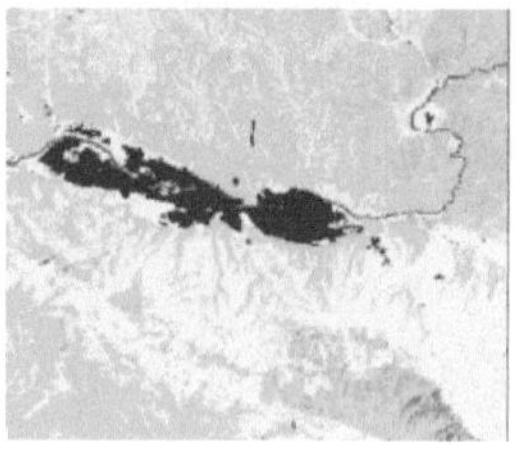 196.26 km^2	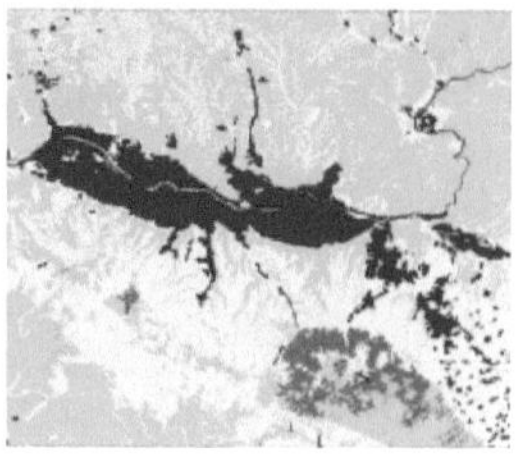 313.52 km^2
西宁		 59.68 km^2	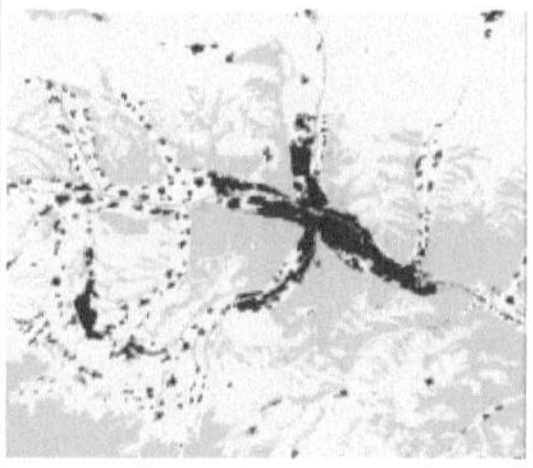 66.77 km^2	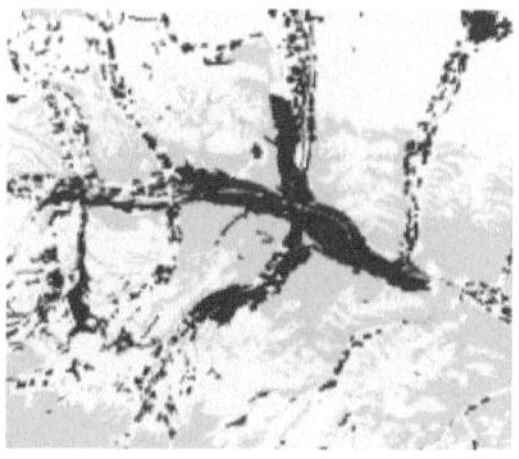 98.00 km^2
银川		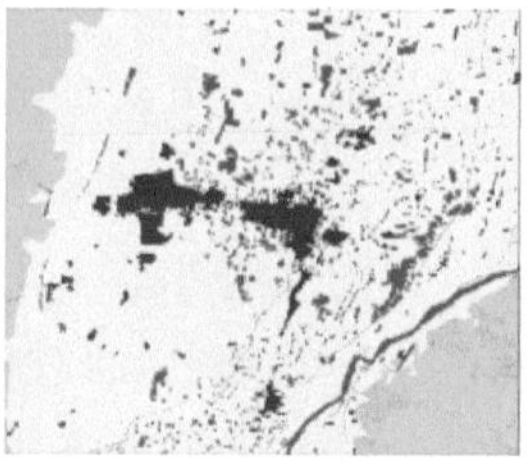 60.14 km^2	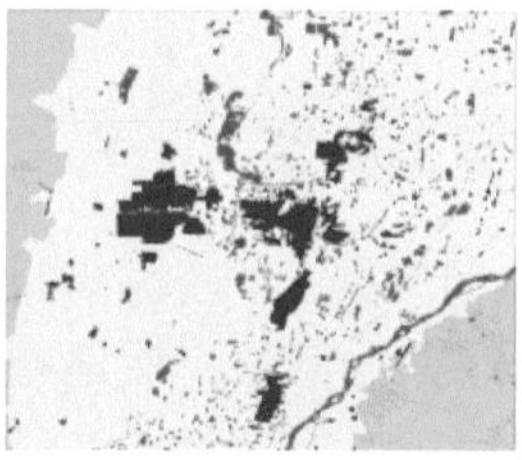 120.57 km^2	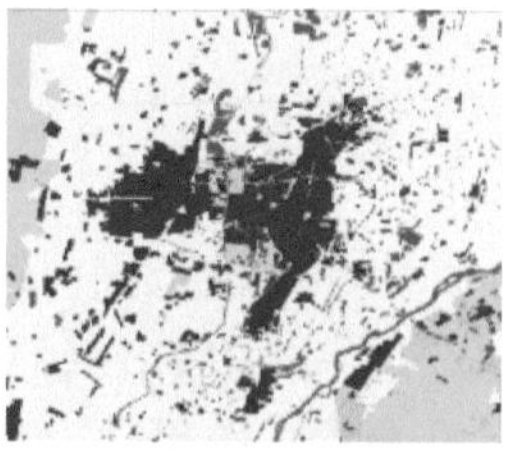 190.55 km^2
乌鲁木齐		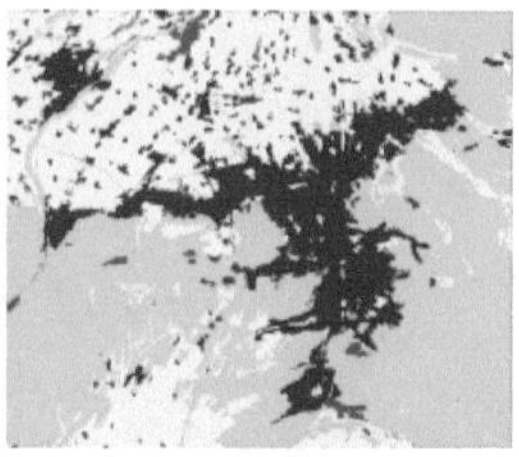 167.10 km^2	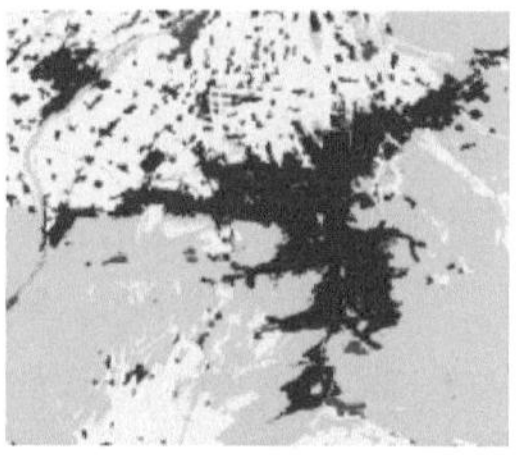 342.67 km^2	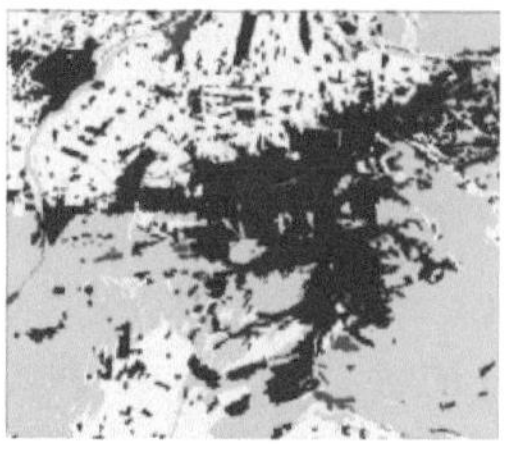 487.88 km^2

资料来源:2 km×2 km 航片谷歌卫星地图。数据:国家统计局.中国统计年鉴[EB/OL],[2021－06－05].

城更新建设中进行布局与改造。场地尺度、街区尺度是城市建设的最基本单元,可通过绿地类型、地形竖向等方面构建指标体系探索绿地规划布局及雨洪管理的耦合关系。城市绿地的规划布局包含绿地的规模、类型与布局,且需统筹绿地使用功能与雨洪削减、雨水利用的功效。因此,从西北地区城市建设现状、工程建设实施及资源利用效率的角度分析,西北地区城市蓝绿耦合规划设计的关键是中小尺度上的空间机制问题,只有做到城市绿地功能精准定位、绿地空间精准布局,才能够

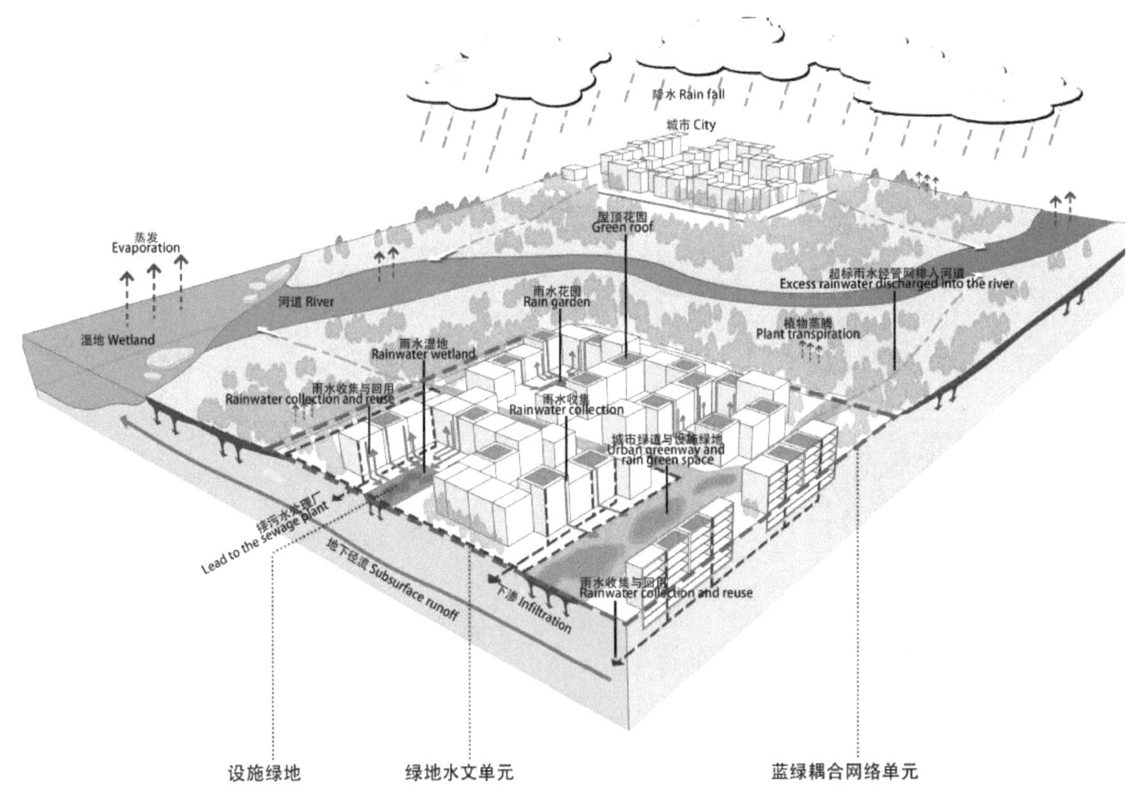

图 2 “设施绿地—绿地水文单元—蓝绿耦合网络单元”多空间梯度嵌套模式图

构建更为科学的蓝绿耦合模式。

3 西北城市蓝绿耦合的理论模型

3.1 蓝绿耦合的空间梯度关系

中小尺度范围内建立蓝绿耦合的空间运行机制，需要平衡城市绿地功能精准定位与绿地空间精准布局的关系，主要内容包括设施绿地类型划分、设施绿地选型、多尺度层级汇水单元划分以及设施绿地的空间布局模式。绿地空间精准布局，重在建立“源头控制—过程组织—终端消解”的城市雨水链。可以通过“设施绿地——绿地水文单元——蓝绿耦合网络单元”多空间梯度嵌套的单元模式，建立中小尺度的蓝绿耦合运行机制，制定相关指标体系，实现城市绿地科学精准的空间布局(图 2)。

第一，设施绿地是城市雨水消纳的最基本要素，依据设施面积、地形竖向、土壤、植被等要素特征可以具备多样的持蓄水能力。

第二，“绿地水文单元”是将设施绿地、场地竖向与雨水排水管网，集合于一体的最小蓝绿耦合空间单元，强调绿地格局协同设计要素对水文过程优化的作用。

第三，绿地水文单元通过串联或并联构成蓝绿耦合网络单元，其结构与模式取决于绿地水文单元的产汇流指标以及城市地形竖向条件。蓝绿耦合网络单元内各绿地水文单元，可依据持蓄水能力建立互补联系，达到蓝绿耦合网络单元内部雨水滞蓄最大化的目标。在蓝绿耦合网络单元构建基础上，通过核算网络单元产汇流指标，结合设计降雨量配置相应规模灰色基础设施，形成蓝绿灰精准协同的规划设计模式。

3.2 设施绿地类型划分及其控制指标

设施绿地滞蓄、持蓄的类型划分、指标控制及其设计方法，是蓝绿耦合空间建设的基础。依据城市场地环境中雨水链上绿地类型，可划分为种植屋面、雨水种植池、植草沟、下凹绿地、雨水花园和雨水湿地等 6 种设施绿地类型。各单项设施绿地除了具备各自水文功效之外，设施间不同的组合方式具有不同的径流调蓄效果[8]。

根据设施绿地的土壤类型、含水率、保水能力等特性可以形成多样的生境条件，在植被类型选择与配置时应充分考虑生境条件的适配性。场地的面积、下垫面类型、地形竖向、日照条件等特征

表 2 设施绿地类型及其水文功效一览表

设施绿地类型	功能					控制目标			分布形式		单位面积径流控制量(m^3/m^2)	污染物控制率(以SS计,%)
	利用雨水	补充地下水	削减峰值流量	净化雨水	转输	径流总量	径流峰值	径流污染	分散	相对集中		
种植屋面	○	○	◎	◎	○	●	◎	◎	√	——	0.44	70~80
雨水种植池(生物滞留设施型)	○	●	◎	●	○	●	◎	●	√	——	0.51	70~95
植草沟	◎	○	○	◎	●	◎	○	◎	√	——	0.27	35~90
下凹绿地	○	●	◎	◎	○	●	◎	◎	√	——	0.56	——
雨水花园	○	●	◎	◎	○	●	◎	◎	√	——	0.59	——
雨水湿地	●	○	●	●	○	●	●	●	——	√	0.79	50~80

注:① ●——强;◎——较强;○——弱。

② 在降雨量 19.2 mm,汇水面积 $1hm^2$,场地综合径流系数 0.5 的条件下,对各设施绿地进行单位面积径流控制量计算。

决定着设施绿地的选型。在绿地规模定量控制的前提下,设施绿地的选型决定着汇水分区的持蓄水能力。从雨洪管理的目标出发,设施绿地的选型,应遵循设施持蓄水能力与植物耗水相平衡的原则,将场地内雨水实现最大化滞蓄,同时充分利用雨水资源。

在假设计算条件下,6 种设施绿地的单位面积径流调控能力依次为:雨水湿地>雨水花园>下凹绿地>雨水种植池>种植屋面>植草沟。其中,雨水湿地具备较大的蓄水厚度,为径流调蓄提供了相对较大的空间。雨水花园与下凹绿地相当,但雨水花园绿地可设置较大的填料层和土壤厚度,即使内部种植一定比例的植物,仍然比下凹绿地的调蓄能力强。雨水种植池需要种植较多的植物,植物茎杆占据了一定容积的调蓄空间。种植屋面由于承重和防渗需求,在积累一定径流量后需要尽快外排,因此无法设置大规模的调蓄空间。植草沟以径流输送为主要目的,一般不设置过深的蓄水厚度(表 2)。

设施绿地的滞蓄功能主要由地形、土壤和植被共同实现,通过竖向设计、植物配置和土壤性能等途径改变设施绿地滞蓄能力,并根据植物种植特征确定绿地的持蓄水需求。如:叶面积指数较大的植物,能够增强林冠截留能力;选择根系具有促渗功能的植物,可提高土壤孔隙度,进而有效改善城市土壤板结压实的现象,强化土壤持水能力。此外,应根据设施绿地集水量和时空分布情况,选择具有相应需水特征的植物配置模式,使植物需水量与设施绿地的滞蓄水量相对平衡。土壤方面,适宜的沙质土壤蓄水能力要明显优于黏土,既能保证良好的渗透性能,又能保证雨水能够快速吸收储存,为植物生长提供水分和养分;此外,西北地区添加土壤覆盖物亦可以强化设施绿地的滞蓄效能。

3.3 绿地水文单元构成模式、指标与算法

3.3.1 *绿地水文单元尺度确定*

根据《室外排水设计规范》(2014)要求,地面集水长度的合理范围是 50~150 m,相应的集水时间为 5~15 min[9]。同时,在运用 SWMM 时,非城市区汇水面积计算中最大地表漫流长度为 150 m[10]。因而,城市区域内的场地集水区控制在 100 m 范围内。

依据地块边界、场地竖向、雨水管网和路网布局,首先形成场地集水区、子汇水分区。其中,场地竖向和地块边界是场地集水区的划分依据。一个子汇水分区包含几个场地集水区,雨水管网是其主要确定依据,所含集水区具有共同的集水点,绿地水文单元则是几个子汇水分区的集合。绿地水文单元的面积、地形竖向、下垫面类型、绿地率等条件以及设施绿地的选型,决定着绿地水文单元的持蓄水能力及模式。除了以调蓄功能为主的地块外,其余地块的竖向为中心高四周底,如图 3 所示,绿地水文单元的边界也是所包含地块汇水的分水岭。在该单元中,同时包含与地块匹配的市政管网。

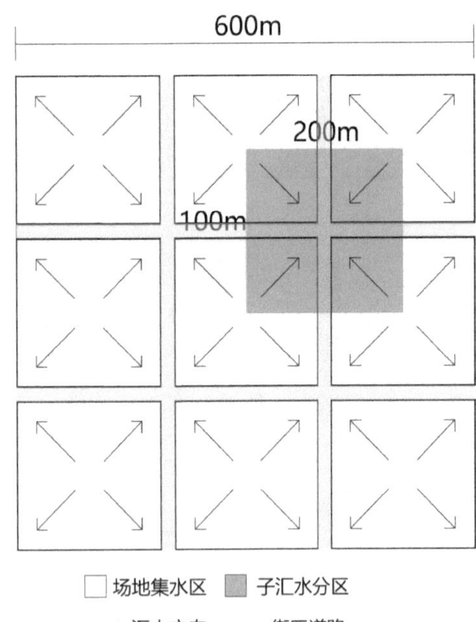

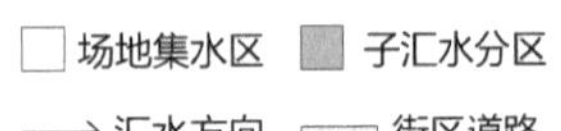

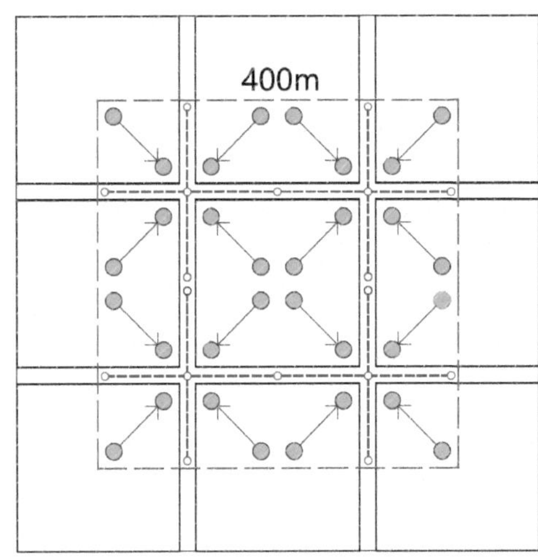

图 3 “设施绿地—绿地水文单元”模式构建

3.3.2 绿地水文单元模式类型及其计算

城市中地块状况存在差异，绿地汇水单元的范围也会随之变化。依据径流外排总量的差异，将绿地水文单元划分为完全调蓄型、部分调蓄型和产出型 3 种模式。其中，完全调蓄型单元（模式 1）中的调蓄型绿地完全消解指定降雨量对应的地表径流，汇水量与调蓄量平衡或尚有富裕调蓄容积。部分调蓄型单元（模式 2）中的调蓄型绿地，无法完全消解指定降雨量对应的地表径流，有部分外排径流。产出型单元（模式 3）内没有足量可供调蓄的绿地，出现大量径流外排（图 4、表 3）。

以绿地水文单元模式 1 为例，经过计算推导下垫面绿地的分配方式。通过设施有效渗透面积可推出下式：

$$\varphi_{综}=\frac{A\cdot[h_m(1-f)+nd]}{F}\cdot\frac{1}{H} \tag{4}$$

从式（4）可知，单元综合雨量径流系数的取值（$\varphi_{综}$）与降雨量（H）及植物横截面积百分比（f）成反比，与为雨水花园深度（d）、蓄水层最大深度（h_m）及填料层平均孔隙度（n）成正比。

在以上参数确定的前提下，可得出场地的综合雨量径流系数的上限值。在单元内进行用地性质及建设占比确定的过程中，各下垫面的加权径流系数值应小于上限值，可用于指导绿色水文单元中的下垫面分配，依据式（4）计算模式 1，中心绿色地块为调蓄功能绿地，占总面积的 1/4，可得：

$$\frac{F}{4}=\frac{FH\varphi_{综}}{h_m(1-f)+nd}$$

$$即，\varphi_{综}=\frac{h_m(1-f)+nd}{4}\cdot\frac{1}{H} \tag{5}$$

以模式 1 为例，具备调蓄功能的绿地与绿地水文单元的占比关系为 F/4，对单元中的综合雨量径流系数的限定，从式（5）可知，与调蓄功能绿地的占比正相关。如果要利用各自绿地水文单元中的调蓄功能绿地来消解该单元径流，模式 2 与模式 3 在理想模式下（绿地水文单元内部超标径流均可汇入其内部调蓄型绿地）的单元综合雨量径流系数分别为 $\varphi_{综}/2$ 和 $\varphi_{综}/4$。

3.4 蓝绿耦合网络单元构建

蓝绿耦合单元间的构建方式，是基于重力流的动态非线性系统，呈现出场地—街区—片区的网络结构[12-14]，即设施绿地—绿地水文单元—蓝绿耦合网络单元自下而上的层级构成，也体现了“源头—过程—末端”城市海绵体系，不同层级的单元在所隶属的尺度下构成各自闭合的“产汇消”子体系（图 5）。

蓝绿耦合网络单元是在管网与竖向的限定下，由若干个绿地水文单元构成。通过绿地位置

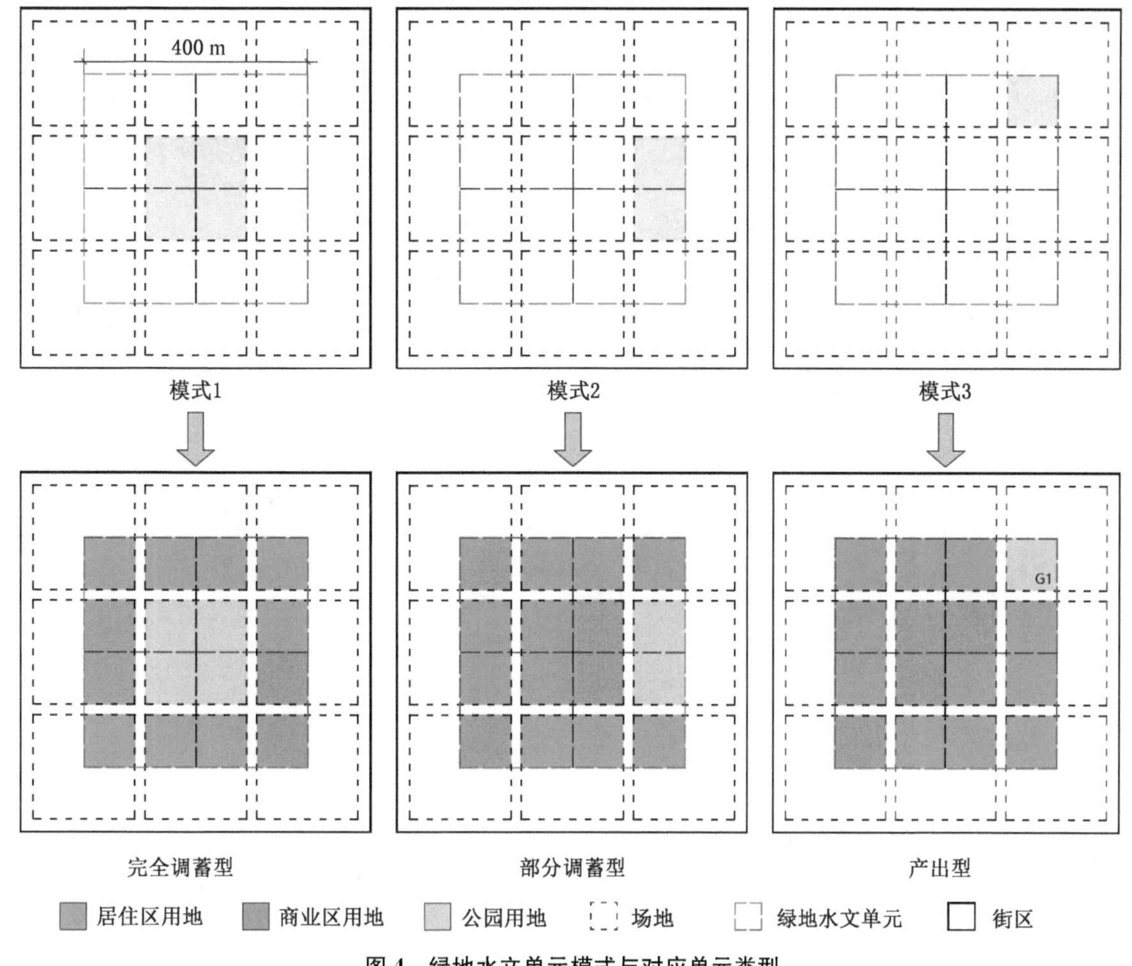

图 4　绿地水文单元模式与对应单元类型

表 3　径流计算依据公式表

计算对象	算式	参数释义	备注
径流总量	$V_{绿}=10H\varphi_{综}F$ 式(1)	$V_{绿}$为绿地水文单元中地表径流总量,m^3;H 为设计控制降雨量,mm;$\varphi_{综}$为综合雨量径流系数;F 为绿地水文单元面积,h m^2	
综合雨量径流系数	$\varphi_{综}=\sum_{i=1}^{n}\frac{S_i}{F}\varphi_i$ 式(2)	Si 为第 i 种材质的面积,φi 为第 i 种材质对应的雨量径流系数	
设施有效渗透面积	$A=\frac{FH\varphi_{综}}{h_m(1-f)+nd}$ 式(3)	A 为雨水花园有效渗透面积,m^2:d 为设施深度,包括种植土层和填料层,m;h_m为蓄水层最大深度,m;f 为植物横截面积占蓄水层表面积的百分比;n 为填料层的平均孔隙度	场地中调蓄功能绿地设施默认为蓄水饱和状态[11]

的不同组合为图 6 所示 16 种类型。不同类型的组合由于其调蓄型绿地的位置不同,单元间的连通方式也不相同。单元间通过径流调蓄富余量确定是否联合调蓄,对于产出型和部分调蓄型单元中无法自身消解的径流量,则通过邻近单元进行联合调蓄或就近排入雨水管网。实际项目中需要结合地块竖向、单元周边用地类型及市政管网走向而定。

蓝绿耦合网络单元从网络构成形态上划分为线状型和交叉型,网络单元的调蓄终端为具备大容量调蓄空间的天然水体或人工设施(图 7)。

线状型网络是绿地水文单元线形排列,该模式所在片区地形较为一致,需要通过线形排列的方式进行径流调蓄。三种类型的绿地水文单元依

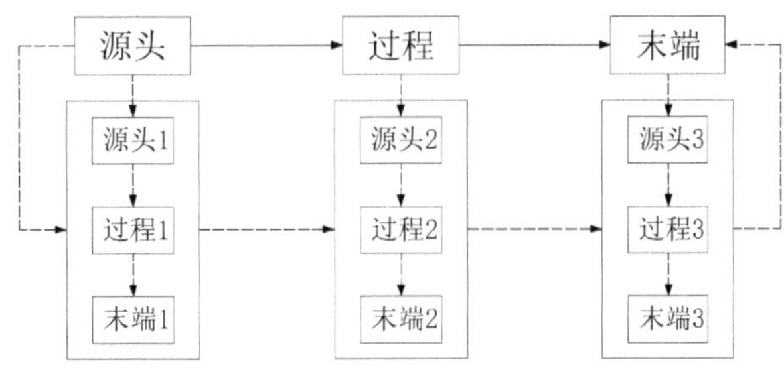

图 5 不同层级的径流“产汇消”体系

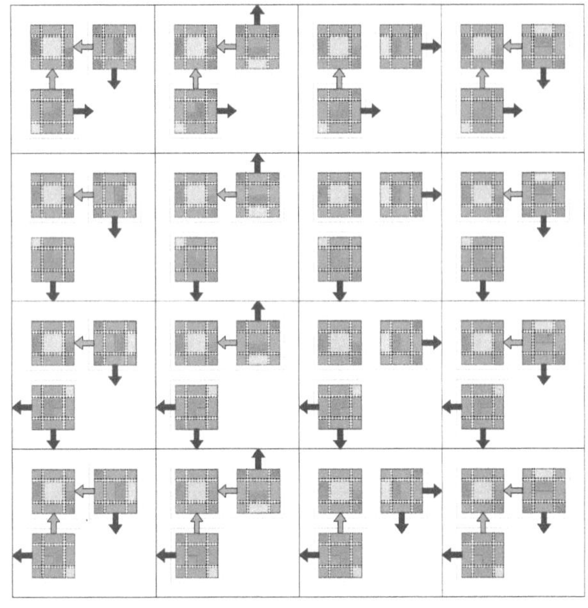

图 6 绿地水文单元组合类型

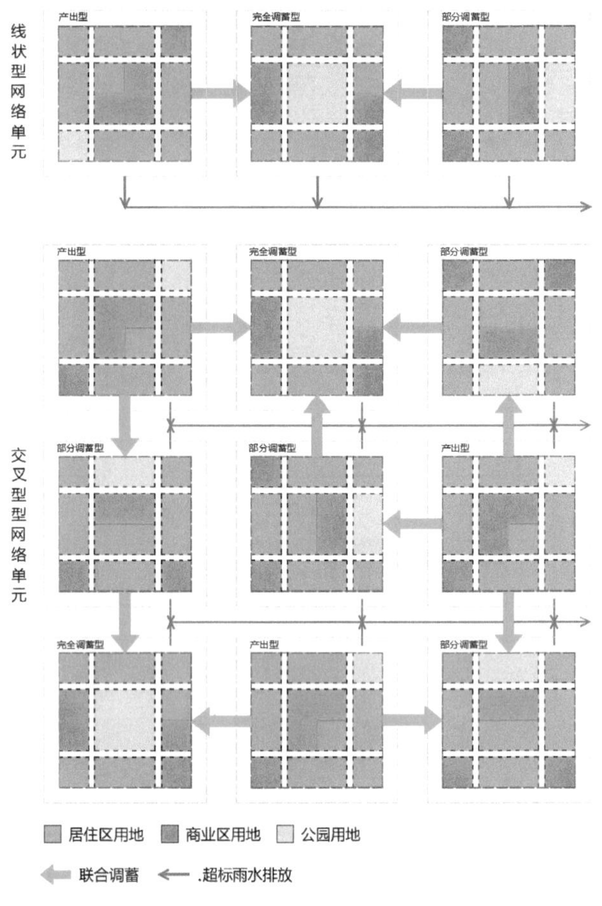

图 7 蓝绿耦合网络单元组合模式图

据其径流调蓄能力，就近接入具有富裕调蓄空间的单元，进行单元间的联合消解，同时，超出设计标准的径流通过外部市政管网排放。

交叉型网络是典型的雨水管理系统布置形式，与线状型网络具有一定的相关性，不同之处在于，交叉型网络的地形具备向外扩大径流输送的条件，可与周边更多的绿地水文单元进行径流联合消解。在网络单元的构建中，既定综合雨量径流系数的限定下，可对部分调蓄型单元及产出型单元内部的地块重新布局，提高联合消解的效率。

通过 SWMM 模型对网络单元进行构建，针对以上两种网络单元进行分析(图 8)。依据 SWMM 手册对相关参数进行设置，通过式(2)确定网络单元内不同区域的综合雨量径流系数，对模型中各分区不透水区域占比进行设定。

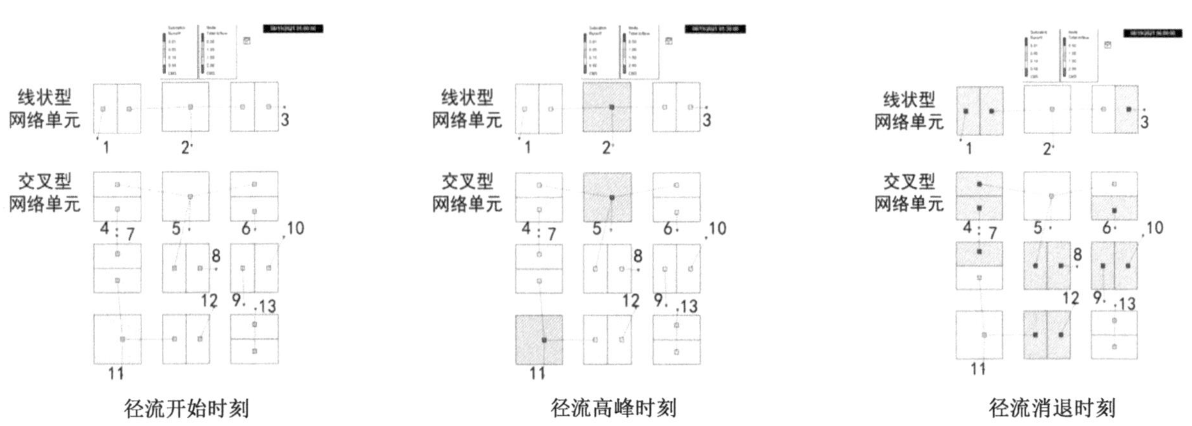

图 8 SWMM 模型径流模拟

表4 2a一遇网络单元径流统计(单位:m^3/s)

排放口编号	初始排放量	峰值排放量	消退排放量
PFK1	0.03	0.23	0.01
PFK2	0.06	0.67	0.07
PFK3	0.03	0.24	0.01
小计	0.12	1.14	0.09
PFK4	0.04	0.33	0.01
PFK5	0.07	0.87	0.08
PFK6	0.03	0.24	0.01
PFK7	0.03	0.24	0.01
PFK8	0.03	0.33	0.01
PFK9	0.04	0.24	0.01
PFK10	0.03	0.23	0.01
PFK11	0.06	0.70	0.07
PFK12	0.03	0.23	0.01
PFK13	0.04	0.39	0.03
小计	0.4	3.8	0.25

对两种类型网络单元的径流模拟可以看出,线状型和交叉型在三个时刻的径流量各不相同。其中,线状型网络单元在三个时段的径流量较小,原因是这种单元内部连接关系简单,且完全调蓄型单元接纳客水汇水区域较小,其中心集中的调蓄空间可以较为从容地消解径流。交叉型网络单元连通关系比线状型单元复杂,且具备富裕调蓄空间的场地,有时需要接纳多个区域的径流,因此在三个时段出现了局部较大的外排量。另外,交叉型网络单元可以有更多的内部组合方式,对应形成不同的联合消解方式。值得注意的是,在两种模式的消退排放量中,线状型为0.09 m^3/s,如果扩大到交叉型网络单元的规模,其排放量为0.27 m^3/s,要大于所给出交叉型网络单元的数值,说明在对应的组合下,交叉型网络单元在后期可以较好地对径流进行控制(表4)。

3.5 蓝绿耦合度评价

在多空间梯度嵌套基础上,城市空间形成了多层次、多功能的综合蓝绿耦合系统。蓝绿耦合度的评价模型,是在各尺度上对蓝、绿色空间协调程度进行测算,为绿地的统调形成最优方案提供指引。物理学耦合度模型与蓝绿耦合的协同体系具有相似性,借助物理学耦合度模型公式(6),推导蓝绿系统的耦合公式(7)。

$$C_n=\{[U_A(u_1)\cdot U_A(u_2)\cdots\cdots U_A(u_n)]/\prod[U_A(u_i)+U_A(u_j)]\}^{1/n} \tag{6}$$

$$C_{ue}=\{[U_A(u_1)\cdot U_A(u_2)]/[(U_A(u_1)+U_A(u_2))(U_A(u_1)+U_A(u_2))]\}^{1/2} \tag{7}$$

式中:C_{ue}为蓝绿耦合度,$U_A(u_1)$为归一化地表流量,$U_A(u_2)$为归一化绿地面积占比。蓝绿耦合度将作为评价蓝绿系统协同程度的评价标准。蓝绿耦合度$C_{ue}\in[0,1]$,耦合度值越接近0耦合度越低,越接近1耦合度越高,耦合度在不同值域,降水利用率、场地旱涝现象、径流控制效益、环境影响效益、成本效益都有所差异(表5)。

表5 蓝绿耦合度分区及含义对照表

蓝绿耦合度	含义
(0,0.3]	低程度耦合,降水利用率低下,场地旱涝现象明显,径流控制效益、环境影响效益、成本效益极低
(0.3,0.5]	中程度耦合,降水利用率较低,场地中度旱涝,径流控制效益、环境影响效益、成本效益偏低
(0.5,0.8]	较高程度耦合,降水利用率提升明显,场地旱涝得到较大缓解,径流控制效益、环境影响效益、成本效益初显,但仍未达到理想状态
(0.8,1]	高程度耦合,降水利用率高,旱涝现象基本控制,绿地径流控制效益、环境影响效益、成本效益达到较高水准

以西宁市主城区为例,进行蓝绿规模耦合度的评价分析(图9、图10)。首先利用ArcGIS软件的水文分析模块,对西宁市主城区的数字高程数据(DEM)进行填洼处理,之后对处理好的数据分别进行流向和流量分析,将主城区范围地表流量评价结果按照200m×200m的单元格,提取单元内流量平均值,并作归一化处理。同时,对主城区卫星影像进行矫正和监督分类,获取主城区范围内绿地分布图,同样按照前文所述的同一网格提取单元内绿地面积占比并作归一化处理。对地

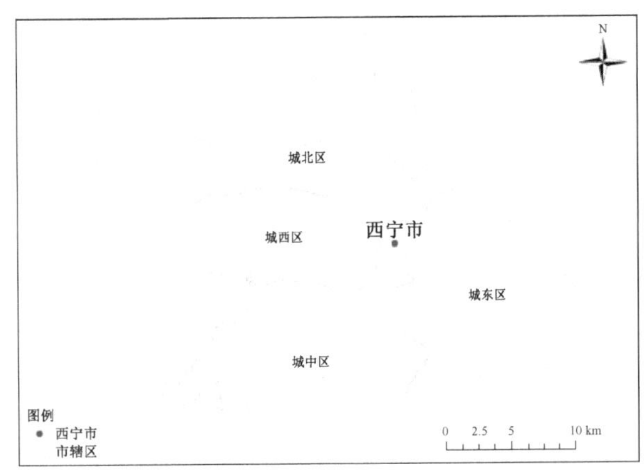

图 9 西宁市主城区区划

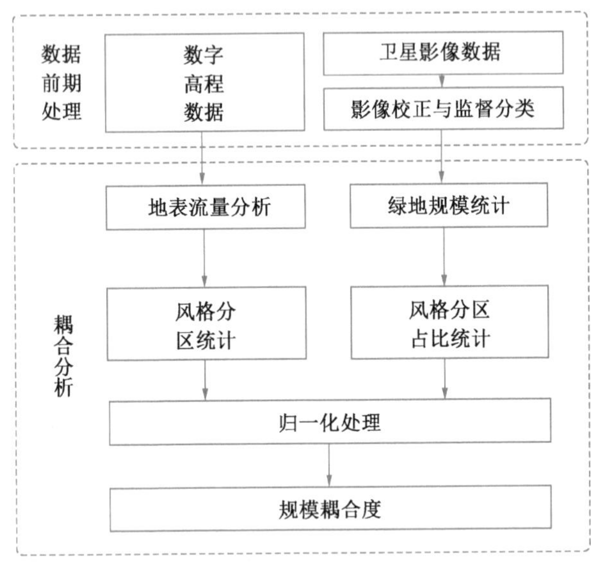

图 10 蓝绿规模耦合度评价流程

表 6 相关性分析

		绿地规模	流量
绿地规模归一化值	皮尔逊相关性	1	.176**
	显著性(双尾)		.000
	个案数	10976	10976
地表流量归一化值	皮尔逊相关性	.176**	1
	显著性(双尾)	.000	
	个案数	10976	10976

**：在 0.01 级别(双尾)，相关性显著。

表流量归一化值和绿地规模归一化值做相关性分析，皮尔逊相关性值为 0.176，说明二者确实存在显著正相关关系(表 6)。

将地表流量归一化值和绿地规模归一化值按照蓝绿耦合度公式计算，得到西宁市主城区蓝绿规模耦合度评价结果(图 11)。经统计分析，西宁市主城区的平均水绿规模耦合度为 0.76338，说明当地绿地与径流量，总体处于较低程度的耦合阶段，绿地对降水的存蓄与利用程度较低，场地周围会出现旱涝现象。从主城区各对比来看，平均水绿规模耦合度从大到小依次为城西区>城东区>城中区>城北区，各区耦合度的极值相差不大(表 7)。规模耦合度的标准偏差(STD)最小的为城西区的 0.026，说明城西区的蓝绿耦合度离散程度较小，较为均衡。规模耦合度标准偏差大的为城北区 0.032，说明城北区蓝绿耦合度离散程度较大，存在局部区域蓝绿规模耦合度与平均水平相差较大现象。

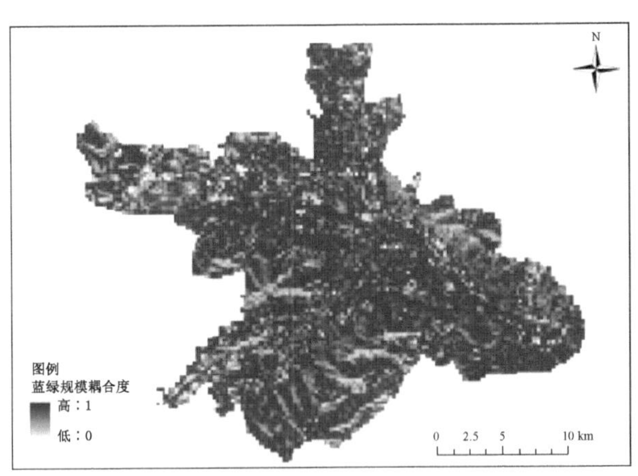

图 11 西宁市主城区蓝绿规模耦合度评价

表 7 主城区蓝绿耦合度统计表

主城区	极小值 MIN	极大值 MAX	平均值 MEAN	标准偏差 STD
城东区	0.001 955 768	0.125 000 000	0.098 494 044	0.028 643 964
城中区	0.001 662 460	0.124 999 996	0.094 083 467	0.031 853 943
城西区	0.000 000 000	0.124 999 980	0.103 232 224	0.026 004 996
城北区	0.000 000 000	0.124 999 906	0.090 436 676	0.032 138 344

4 西安沣西新城蓝绿耦合两种模式案例研究

4.1 龟背组团城市+环绕绿廊

位于陕西西咸新区沣西新城的丝路科创谷，规划区域面积约 9 km^2，分为 7 个大小不等的城市组团，周边环绕农田绿地，同时结合地下空间开

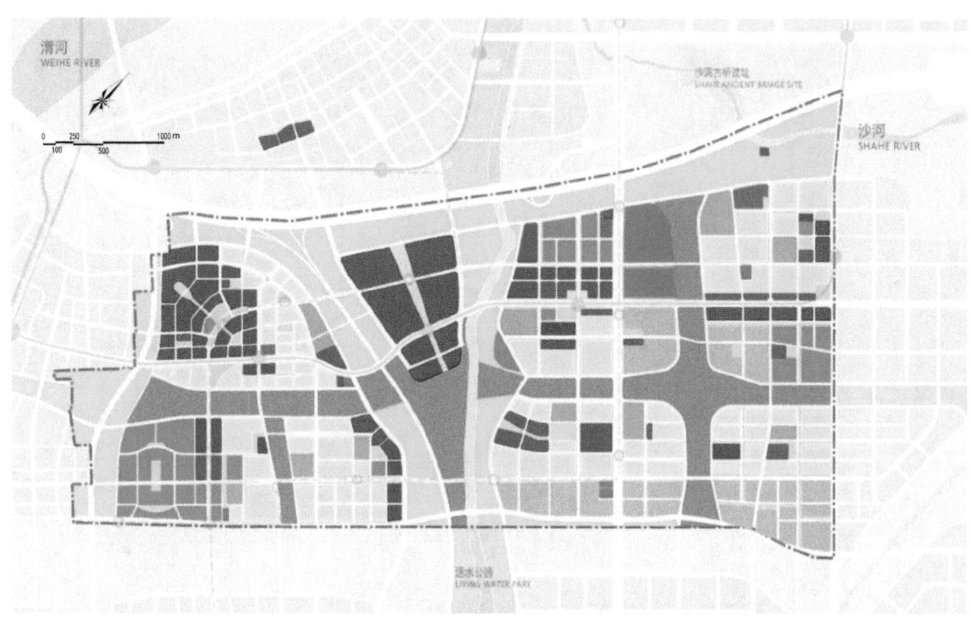

图 12　科创谷规划空间结构平面图

挖土方，将每个地块构成利于排水的龟背式地形，由中心向四周分散排水[15]（图 12）。

七个板块内部通过"源头减排—生态沟渠传输—道路行泄及公园调节"，外部与农田绿地相联系，实现城市组团内无管网排水，保障区域洪涝安全，通过出流管控实现整体片区开发前后水文条件一致，不增加下游流域总量、峰值及水质影响。

丝路科创谷在规划设计过程中，采用龟背式地形的排水设计理念，与传统开发方式相比，具有排水总量少、土方开挖少及管道敷设少的诸多优点。基于黄土沟壑区干旱少雨，雨季集中且多暴雨的现实特点，在雨水集中的时期场地直接通过天然降雨补充并涵养水资源，从而减少社区水土流失，丰富物种多样性；在干旱期，充分利用雨季涵养的水资源进行组团景观养护，调节组团内部微环境气候，改善旱期居住组团内部的生态环境[16]。

丝路科创谷在蓝绿耦合单元构建的目标上，实现设计后的地块保证其未开发前的雨水消纳能力，通过加强公园的雨水调节能力达到提升绿地水文单元控制径流的功效，同时通过蓝绿耦合单元的构建，形成地表生态排水系统，提升下垫面径流下渗回补的能力。

构建方式上，首先通过地块内部不同设施绿地进行源头控制，再通过 2～5 m 不等的植草沟型绿地及暗渠，汇入绿地水文单元对应的公园绿地进行过程消解，最后，借助龟背式地形接入地块外围的林带和大型水体进行末端调蓄，在此过程中，径流量和水质都得到了较好的控制，最终排入湖体与河道（图 13）。

4.2　大型凹地形空间＋高效调蓄绿地

白马河公园位于沣西新城东部，属于沣西新城北原有老区中唯一的公园绿地，对城市绿地所承担的各项功能均具有重要作用。

白马河公园蓝绿耦合单元的构建是以联合调蓄为目的，即满足自身径流调蓄指标前提下，可对周边地块进行径流的联合消解。场地海绵设施调蓄情况达标，仍有 438.25 m^3 的调蓄富余量，除了收集消纳本区域范围内雨水外，可收集公园南侧及西侧地块的部分雨水。同时，依据场地设计标高与周边地块的标高关系，确定场地可提供约 6323 m^3 的径流调蓄空间，可有效增加城市区域蓄水能力，缓解内涝灾害。

在构建方式上，利用竖向将雨水花园、植草沟、透水铺装有序相连，最后汇入公园中央自然放坡式的大型下凹绿地。设施绿地之间的有机组合为雨水链提供了合理的汇流路径，植物与土壤可以发挥其滞留与渗透作用，在调蓄径流的同时，达到了雨水资源在地利用的目标（图 14 -图 17）。

5　结论

① 城市蓝绿耦合发展具有鲜明的地域性特征，需要明确现实问题和需求，进而探讨规划建设

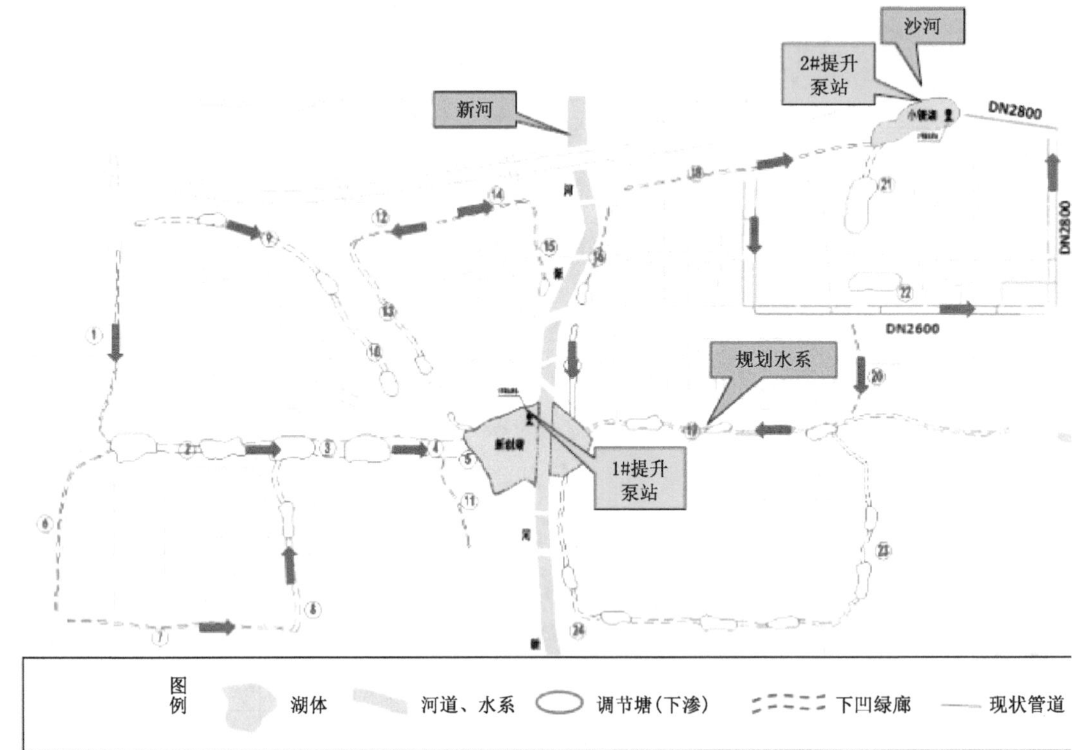

图 13　场地雨洪规划分析图

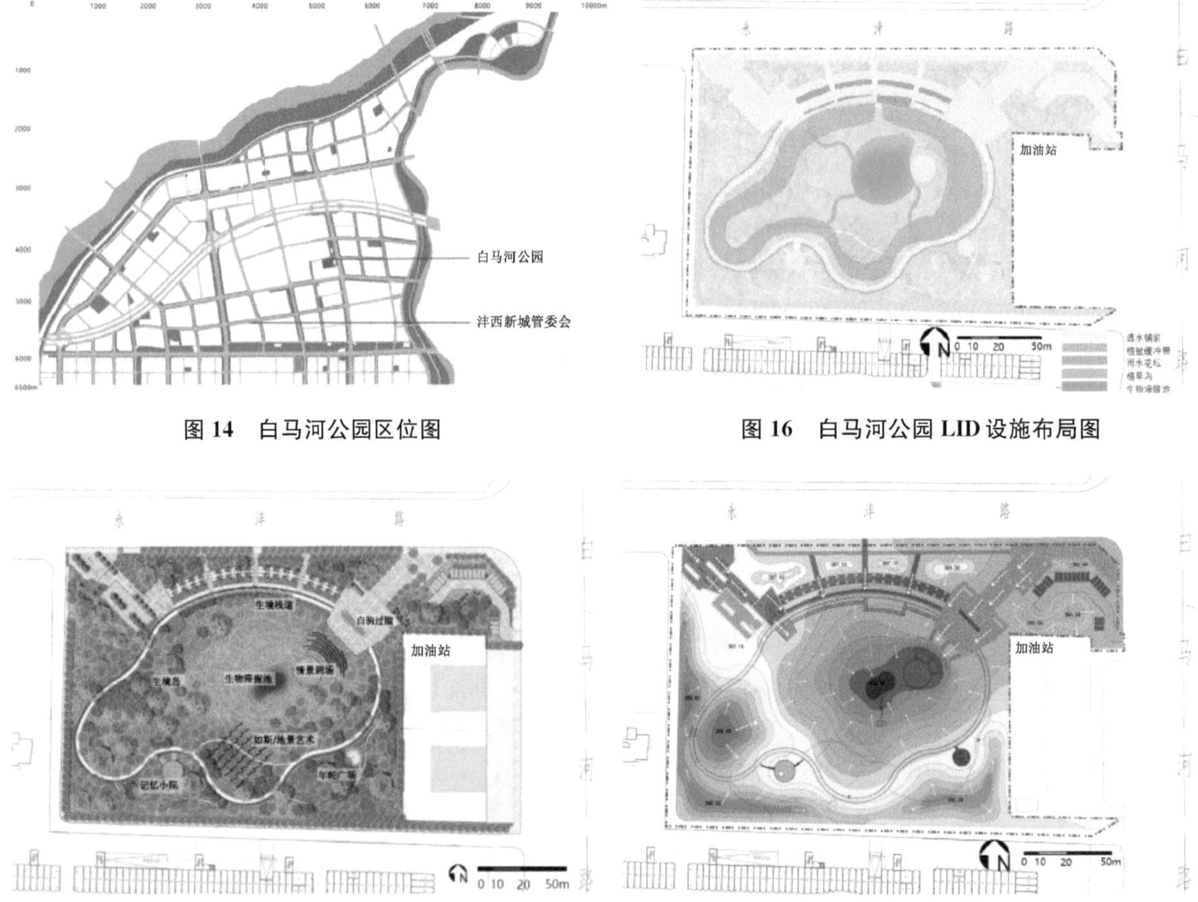

图 14　白马河公园区位图

图 16　白马河公园 LID 设施布局图

图 15　白马河公园设计总平面图

图 17　场地竖向及地形设计图

途径。西北地区快速城市化建设所形成的下垫面特征，瞬时峰值降雨（短时强降雨）产生内涝问题，绿地调蓄功能的提升需要增加空间规模；同时，干旱半干旱区的城市绿地面对长时间旱季和强蒸发量的挑战下，科学控制规模和绿化建设方式来减少耗水十分必要，这也是地域性城市建设发展的目标。因而，绿地精准布局和高效调蓄能力，与有效增加绿地持蓄水力以减少养护耗水之间的平衡关系，是西北地区城市蓝绿耦合的关键问题。

② 西北地区城市蓝绿耦合规划设计的关键是中小尺度上的空间机制问题，有效控制源头，控制最小终端调蓄绿地空间单元。具体表现在两个方面。一是三个层级的空间梯度组合：场地尺度上设施绿地作为蓝绿耦合基本要素，汇水区的绿地水文单元作为蓝绿耦合基础单元，具有集中调蓄功能大块绿地构成蓝绿耦合网络单元；二是各层级内部和整体系统的蓝绿耦合在功能定位、空间格局模式和耦合过程形成的合宜空间机制。

③ 不同层次蓝绿耦合系统的空间模式指标体系建立和算法工具的匹配性。其中，设施绿地类型以绿地所包含设施作为要素，在功能、目标及形式等指标下进行构建。绿地水文单元需要明确各层级尺度、边界及隶属关系，通过模式计算确定各单元调蓄能力，以此进行单元类型的划分。蓝绿耦合网络单元的构建是在以上两个层级的基础上进行组合互通的结果。依据各层级单元的立地条件，结合市政设施构成具备片区生境效应的网络结构。

参考文献

[1] 陈少勇，任燕，乔立，林纾.中国西北地区大雨以上降水日数的时空分布特征[J].资源科学，2011，33(05)：958-965.

[2] 王浩，陈敏建，秦大庸.西北地区水资源合理配置和承载能力研究[M].郑州：黄河水利出版社，2003.

[3] 刘晖，许博文，邹子辰，左翔.以水定绿：西北地区城市绿地生态设计方法探索[J].中国园林，2021，37(07)：25-30.

[4] 欧玉民，许萍，廖日红，莫罹.城市绿地灌溉水量及其节水潜力探讨[J].节水灌溉，2021(05)：71-78.

[5] 洪明，谷爱莲，张磊，王江华，孙世洋.新疆乌鲁木齐市复合绿地耗水特性研究[J].草地学报，2019，27(01)：97-103.

[6] 曹晓妍，陈润卿，石铁矛，王曦，黄娜.城市绿地的滞蓄效应及其空间分布特征——以沈阳为例[J].中国园林，2021，37(03)：95-99.

[7] 邱振存，管健.园林绿化植物灌溉需水量估算[J].节水灌溉，2011(04)：48-50.

[8] 刘丽君，王思思.基于 SWMM 的城市绿色基础设施组合优化研究[J].建筑与文化，2019(05)：30-31.

[9] 中华人民共和国建设部.室外排水设计规范：GB 50014-2006[S].北京：中国计划出版社，2012.

[10] Lewis A. Rossman. Storm water management model user's manual [M].USA：National risk management and research laboratory office of research and development，U.S. environmental protection agency，2004.

[11] 向璐璐，李俊奇，邝诺，车伍，李艺，刘旭东.雨水花园设计方法探析[J].给水排水，2008，34(06)：47-51.

[12] 陈磊，张土乔，吕谋等.遗传算法优化管网神经元网络模型[J].中国给水排水.2003，19(5)：5-7.

[13] 向怀坤，武文波，丁继新.GIS 支持下的城市地下管网信息系统研究[J].北京工业大学学报.1999，25(3)：123-128.

[14] 武文波，段权，刘金生.基于 GIS 城市给排水管网信息系统数据结构的研究与实现[J].东北测绘.1998，21(2)：29-30.

[15] 陕西省西咸新区沣西新城管委会.西咸新区沣西新城丝路科创谷控制性详细规划[R]，2019.

[16] 芦旭，雷振东. 黄土沟壑区新型农村社区雨水利用式景观设计方法[J].华中建筑，2015，33(07)：93-97.

作者简介：刘晖，博士，西安建筑科技大学建筑学院教授，博士生导师；西北地景研究所所长。研究方向：西北脆弱生态环境景观规划设计理论与方法、中国地景文化历史与理论。

刘永，西安建筑科技大学建筑学院风景园林学在读博士。研究方向：风景园林规划与设计、生态水文及海绵城市设计研究。

许博文，西安建筑科技大学建筑学院风景园林学在读博士研究生。研究方向：生境营造与植物景观设计。

曹翔，西安建筑科技大学建筑学院在读博士研究生。研究方向：风景园林规划设计。

左翔，西安建筑科技大学建筑学院风景园林学在读博士。研究方向：风景园林规划与设计。

城市合流制排水系统雨天溢流对苏州河水质的影响

——基于在线监测数据的Şen趋势分析

车 越 丁 磊 吴阿娜 汤 琳 杨 凯

摘 要 雨天溢流是城市合流制排水系统面临的突出环境问题,论文选取上海市苏州河沿线典型强排区为研究区域,利用高频次在线水质监测数据,采用Şen趋势分析方法探讨了城市合流制排水系统雨天溢流对河流水质的影响过程和变化趋势。研究发现:溢流事件发生后,水文降雨、溢流特征等因素能够在约46 h以内显著解释受纳水质的变化(总解释率>50%);随着降雨历时的增加,水中溶解氧浓度与溢流量在0~22 h内显著负相关,在22 h后转变为正相关影响;引发溢流的场次总降雨量在0~18 h范围内与水中溶解氧浓度呈显著负相关,18 h以后转变为正相关关系;高频次在线监测数据与Şen趋势分析方法相结合有利于精确刻画河流水质变化规律。本文研究结果可为城市强排区合流制排水系统雨天溢流污染管控及海绵城市建设提供参考。

关键词 合流制排水系统;雨天溢流;苏州河;Şen趋势分析;在线监测

1 前言

上海作为特大型城市,经过多年的水环境治理,中心城区点源污染控制成效显著,但部分河道水质仍出现季节性反弹现象,尤其每逢降雨,城市河道沿线市政、雨水泵站附近河段仍易出现黑臭现象[1]。降雨径流产生的非点源污染,特别是泵站雨天溢流污染,是影响上海中心城区河流水质稳定和持续改善的主要问题。苏州河作为上海市重要的母亲河,在历经了多轮环境综合整治工程后,两岸点源污染基本得到控制,河道水环境及水体黑臭问题得到明显改善,但与此同时,强排水体制带来的短历时雨水溢流污染问题日渐突显。本文尝试基于在线监测数据探讨雨天溢流对苏州河水质的影响过程和变化趋势,以期为国内城市非点源污染控制管理提供参考。

2 研究区域与数据来源

2.1 研究区域

以苏州河流经上海市市区段的典型合流制系统为研究区域,选择位于苏州河偏上游的剑河泵站和位于中游的凯旋泵站为研究对象(图1)。

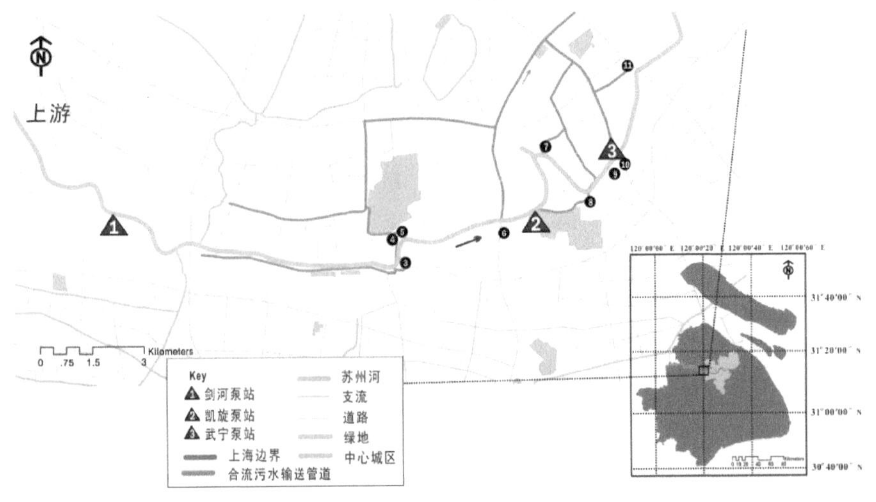

图1 研究区域

注:1和2为剑河泵站及凯旋泵站排水口位置,在线监测设备置于泵站排水口下游50~100 m位置。

2.2 数据来源及统计方法

2.2.1 排水泵站在线监测数据

排水泵站在线数据包括泵站溢流设施两年内发生的溢流事件、溢流量信息、降雨数据，数据来自上海城市排水有限公司在线监测系统，及排水设施自动雨量计(表 1)。

2.2.2 苏州河在线水质监测数据

泵站出水口水域在线监测数据来自上海市环境监测中心水质自动监测站点，包括温度、pH、溶解氧、氨氮、电导率、浊度、TOC、氧化还原电位 8 项水质指标，由自动浮标式多参数仪器和自动岸边多参数仪器检测得到，监测频率为每 0.5 h 一次。

表 1 在线数据类型及序列

泵站	总溢流量 (m^3)		总雨量 (mm)		水质数据
	每 5 min	每天	每 5 min	每天	每 0.5 h
剑河	01/01/2013-12/31/2013	01/01/2013-12/31/2014	01/01/2013-12/31/2013	01/01/2013-12/31/2014	01/01/2013-12/31/2014
凯旋		01/01/2013-12/31/2015	01/01/2013-12/31/2013	01/01/2013-12/31/2015	

2.2.3 Şen 趋势分析法

采用Şen 测试法以评测受纳水质在溢流事件发生前后的水质变化趋势[2]。与传统的趋势分析方法如 Mann-Kendall test, Spearmen's Rho trend tests 等方法相比较而言，Şen 趋势测试法可以用图示化的过程，评估目标参数的高中低值[3]。此外，Şen 趋势法不需要基于数据必须呈正态分布的假设，且可以对少量数据，或者有倾斜的数据进行分析。Şen 趋势分析法基于笛卡尔坐标系的 1∶1 尺度线，该方法将时间数据序列从开始到结束两个阶段，平均分为两个数据序列并按升序排序。用第一个时间序列的关系作为 x 轴，第二时间序列的数据作为 y 轴进行作图。如果数据点位位于 1∶1 线之上，可以得出结论为该数据序列呈无变化趋势。如果位于 1∶1线以上空间，则数据序列为递增趋势，反之为递减趋势。根据 Kisi 的研究结论，Şen 方法的判定结果置信区间平行于 1∶1 线，由以下公式计算：

$$\mp 5\% \text{confidence limit} = x \mp 0.05 * \bar{x} \quad (1)$$

$$\mp 10\% \text{confidence limit} = x \mp 0.10 * \bar{x} \quad (2)$$

其中 x 和 $\bar{x}$ 分别代表参评水质指标及其平均值。数据序列的趋势在置信区间所划的平行线内是无意义的，同时在置信区间线外的结果有意义[4]。

目前，Şen 方法已经被应用于水文气象数据序列的分析，包括温度、蒸发量、降雨事件序列，Ozgur Kisi 使用 Şen 方法和传统的 Mann-Kendall 进行对比，显示 Şen 方法同样可以用于水质长序列数据的趋势判定，并比传统方法对数据的要求更加简单明确，且具备识别高低值的优势[4-6]。

2.2.4 冗余分析

引入冗余分析(RDA)模型，构建雨天溢流特征矩阵与受纳水体水质矩阵，以探究受纳水体水质变化的影响因素。研究中建立了包括总降雨量、平均降雨强度、前次降水量、前两周降水量以及前期干旱时间等在内的 6 个水文条件，和总溢流量、溢流历时、溢流速率，以及从开始降雨到开始溢流的时间延时等 4 个溢流特征条件矩阵，与 7 项可能受到冲击影响的水质指标矩阵(温度、pH、氨氮、浊度、氧化还原电位等)之间的关系。将雨天溢流事件开始后的受纳水体水质数据，以 2 h 为时间间隔划分为 24 个时间尺度，以探索雨天溢流事件对受纳水体水质变化的影响时间范围。使用 RDA 计算出单个自变量或多个自变量对因变量的解释程度和显著性。本研究以凯旋路泵站 14 次典型溢流事件过程为例，进行雨天溢流前后受纳水体水质变化影响因素分析；RDA 分析使用 CANOCO 5.0 软件进行。

3 结果与讨论

3.1 泵站溢流后受纳水体水质的变化过程

苏州河汛期水质劣于非汛期，汛期水质波动大(DO、NH_3-N)。对比参照点苏州河自排水区华漕断面 2013 年 DO 和 NH_3-N 的月均值水平，强排区的剑河与凯旋路断面水质明显劣于前者(图 2)。

研究期共 41 次溢流事件中，受纳水体苏州河受雨天溢流冲击之后水质，DO 与 NH_3-N 的平均浓度分别为 0.31 mg/L 和 7.21 mg/L。图 3 显

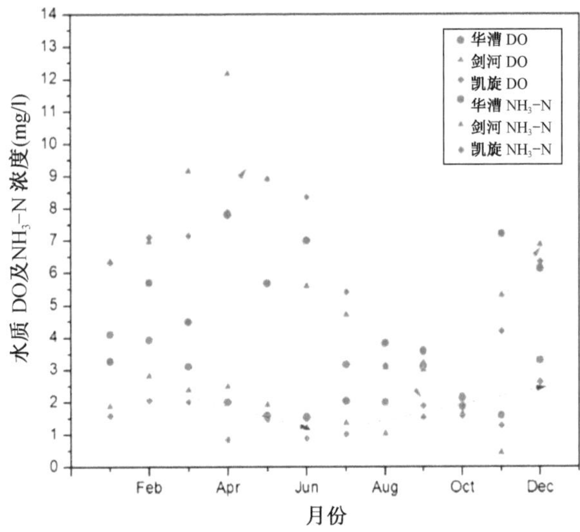

图 2　2013 年苏州河华漕、剑河、凯旋断面水质比较

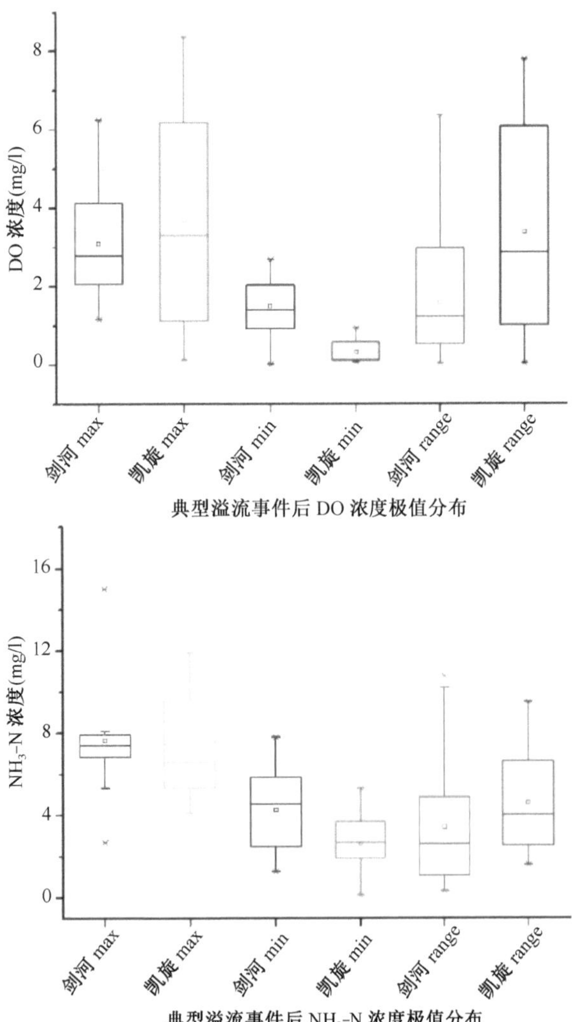

图 3　2013 年两座泵站 41 次溢流后受纳水质极值与波动时间分布

注:剑河 max、剑河 min、凯旋 max、凯旋 min 代表剑河与凯旋在线监测点位水质指标极值,剑河 range、凯旋 range 为水质指标的波动范围。

示,剑河与凯旋受纳水体 DO 极小值的范围分别为 0.01～2.69 mg/L 和 0.05～0.76 mg/L,NH_3-N 极大值范围分别为 2.68～15.04 mg/L 和 4.21～11.89 mg/L。就受雨天溢流污染冲击影响后的水质极值波动幅度而言,剑河泵站附近点位水质 DO 与 NH_3-N 的波动范围分别为 0.01～6.26 mg/L和 0.8～10.19 mg/L,同样情况下凯旋点位水质 DO 与 NH_3-N 的波动幅度分别为 0.04～7.79 mg/L和 1.6～9.51 mg/L。

选取剑河与凯旋泵站共 6 次典型溢流事件前后(不同溢流量)水质变化全过程进行分析,探讨溢流量变化对受纳水体水质产生的影响异质性。选取 NH_3-N 和 DO 结合在线水质监测数据进行单因子变化趋势分析。水质指标峰值、水质波动时间,被用来描述受纳水体对溢流事件响应特征。结果显示,两个监测点位水中 DO 浓度在溢流事件发生前水平相近,NH_3-N 存在一定差距,可能受两个监测点所处的河段位置影响(图 4)。溢流开始后,剑河点位在水质变化过程中 DO 浓度分别低至 0.02 mg/L、0.05 mg/L、0.02 mg/L的低氧水平,而凯旋点位 NH_3-N 峰值浓度水平则达到 11 mg/L、8 mg/L、9 mg/L,劣于地表水 V 类标准。随着溢流总量增加,水质波动的时间也随之增加,但水质处于低氧水平的持续时间(24 h、44 h、63 h)与溢流量的大小无明显关系,凯旋断面可能受周边邻近泵站排污影响,在溢流事件开始之前周边水域水质已呈变差趋势。

3.2　泵站溢流速率对受纳水体水质的影响

受降雨强度、总降雨量影响较大的泵站溢流速率是影响受纳水体水质变化的潜在因素[7]。选择受上下游泵站溢流影响较小的剑河路泵站的 6 次典型溢流事件,分析在相同的溢流速率与不同的溢流速率(8592 m^3/h, 129600 m^3/h, 301112 m^3/h)条件下,溢流事件前后 24 h 内的水质变化趋势。结果显示不同的溢流速率都对会对受纳水体水质产生波动影响(图 5、图 6)。就选取的 6 次典型事件而言,溢流前后过程中 DO 的浓度最低为 0.5 mg/L,NH_3-N 最高达 12.2 mg/L,超过地表水 V 类水质标准。与低溢流速率条件下的水质变化特征相比,高溢流速率可能由初期冲刷的高浓度污水,导致对受纳水体水质达到峰值的响应时间(T2)缩短,且就水质(DO 和 NH_3-N)的波动

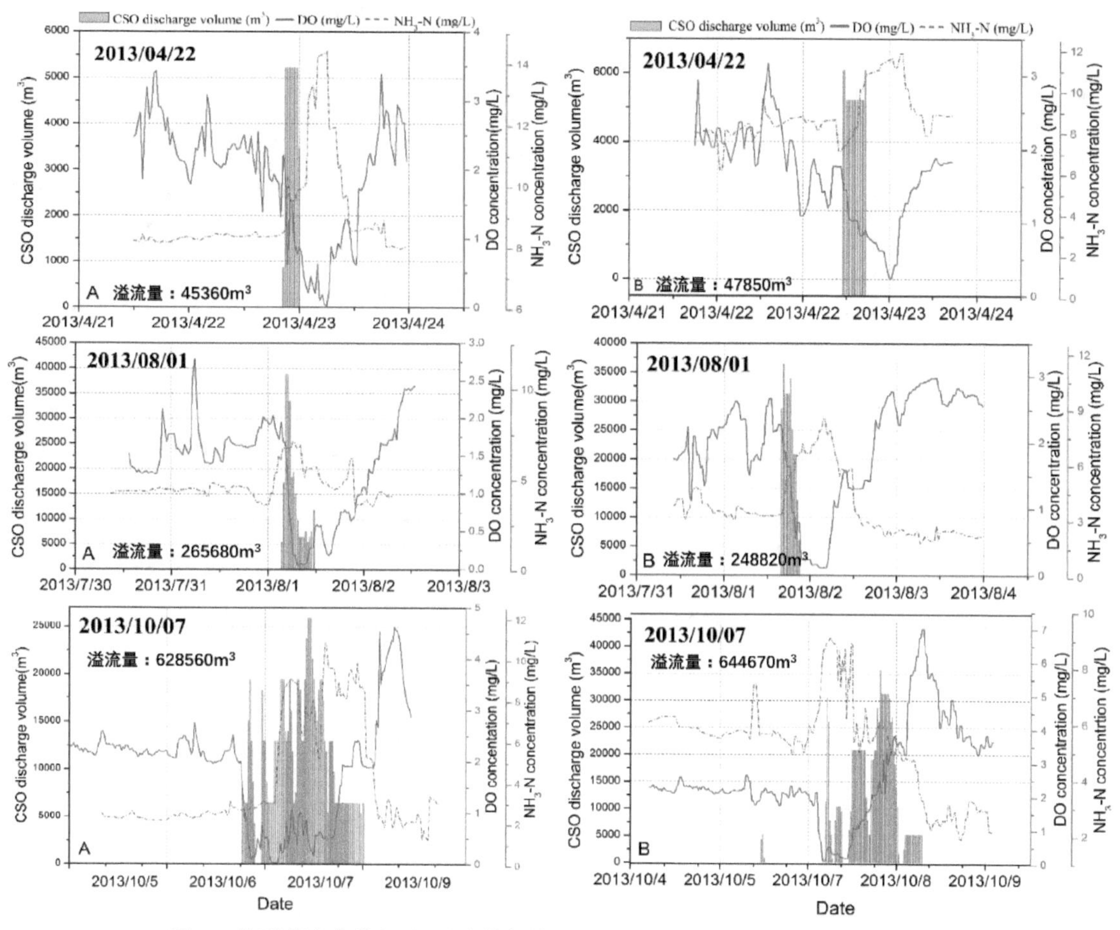

图 4 典型溢流事件(不同溢流量条件)过程的受纳水体水质(DO、NH_3-N)变化

注:A 代表剑河泵站,B 代表凯旋泵站;x 轴为事件时间过程,y 轴为溢流量和 DO、NH_3-N 浓度水平,CSO discharge 为泵站溢流量。

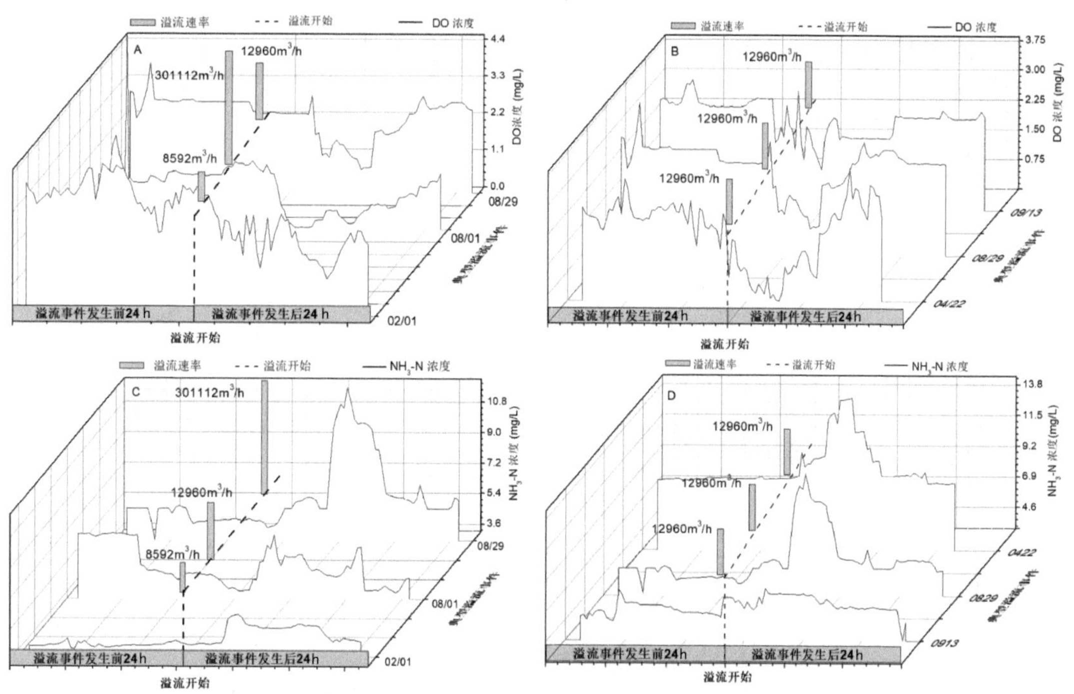

图 5 典型溢流事件溢流前后 24 h 水质变化(2013 年剑河断面)

注:A、C 为不同溢流速率条件下 DO 与 NH_3-N 的变化趋势;B、D 为相同溢流速率条件下 DO 与 NH_3-N 的变化趋势。

时间来说高溢流速率条件下波动的时间更长。

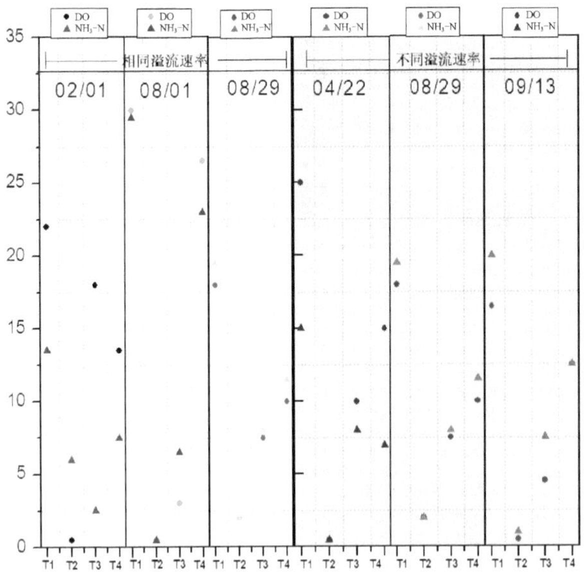

图 6　溢流速率条件变化下溢流事件发生后水质响应特征对比

总溢流量和溢流速率对受纳水体水质变化影响可能受前期干旱程度、地表及管道污染物累积、初期降雨强度等因素影响较大。溢流事件引发受纳水体中 DO 浓度骤降，和 NH_3-N 营养物质浓度上升，能够导致受纳水体的生态环境受到破坏，引起水生动植物死亡、水体短历时黑臭等问题。

3.3　泵站溢流前后受纳水体水质的差异

在 41 次溢流事件中随机选取了 7 次的典型溢流事件，以水质指标溶解氧、氨氮和电导率为水质代表性指标，使用Şen 趋势测试法进行绘图（图 7、表 2）。结果显示，几乎所有的参评水质参数都显示出显著的趋势变化。在 7 次溢流事件中，有 6 次事件发生后，水质指标氨氮呈明显上升趋势。唯一一次没有出现水质趋势显著变化的是在 8 月 1 日，结果氨氮呈显著下降，原因可能是前期溢流事件的发生（7 月 31 日），经过雨水径流冲刷之

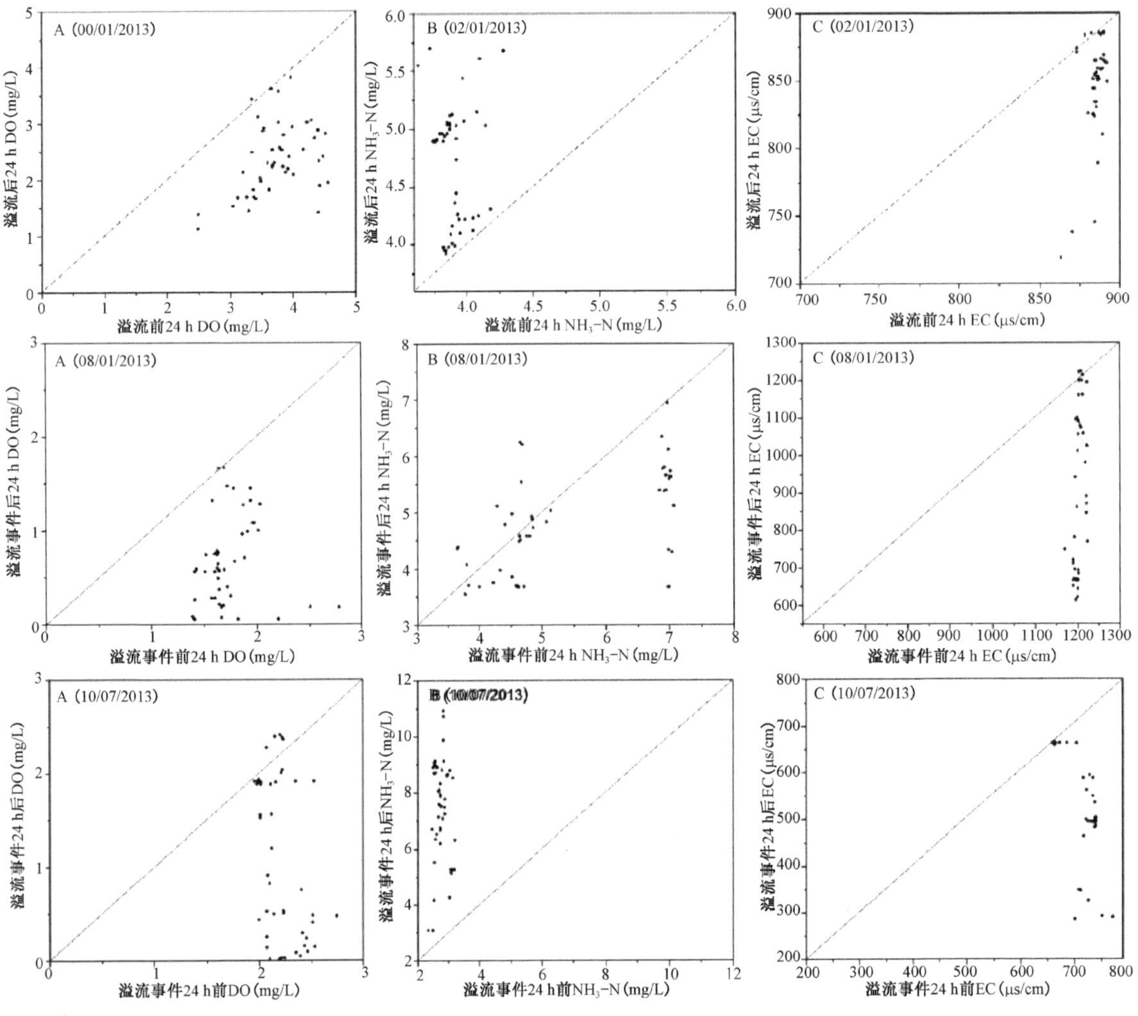

图 7　2013 年典型溢流事件的水质变化趋势分析结果

注：三列图从左到右分别为 DO、NH_3-N、EC 三项指标溢流事件发生前后 24 h 的趋势变化分析结果。

后，地表、管道内的氨类污染物负荷量下降。在大部分的溢流事件中，受其影响的受纳水体水质氨氮在中值和低值上分布。在被测试的 7 次事件影响中，水质电导率和溶解氧两个指标大体上呈下降趋势，其中溶解氧的趋势变化主要在中值，电导率变化趋势主要分布在高值范围内。

表 2　雨天溢流前后受纳水体水质趋势变化判定结果

雨天溢流事件	水质参数	Şen's method		
		低值	中值	高值
02/01/2013	DO	No	Yes(−)	Yes(−)
	NH_3-N	No	No	Yes(+)
	EC	No	No	Yes(−)
04/22/2013	DO	No	Yes(−)	No
	NH_3-N	No	Yes(+)	No
	EC	No	No	Yes(−)
07/26/2013	DO	Yes(−)	Yes(−)	No
	NH_3-N	No	Yes(+)	No
	EC	Yes(−)	Yes(−)	Yes(−)
08/01/2013	DO	No	Yes(−)	No
	NH_3-N	Yes(−)	Yes(−)	Yes(−)
	EC	No	No	Yes(−)
08/19/2013	DO	No	Yes(−)	Yes(−)
	NH_3-N	Yes(+)	Yes(+)	No
	EC	No	No	Yes(−)
09/10/2013	DO	No	Yes(−)	Yes(−)
	NH_3-N	Yes(+)	Yes(+)	No
	EC	No	No	Yes(−)
10/07/2013	DO	No	Yes(−)	Yes(−)
	NH_3-N	Yes(−)	No	No
	EC	No	Yes(−)	No

以 4 月 22 号的溢流事件影响为例进行分析，将参与趋势分析的水质序列再分为三个等间隔的时间段(每个时间段 16 h)以研究过程变化趋势(图 8)。结果显示，溶解氧在前两个时间段的 32 h 内呈下降趋势，在最后 16 h 呈上升趋势。推测在第三阶段由于降雨后期洁净雨水对溢流雨污水产生稀释效应，导致溶解氧浓度上升。

Şen 趋势分析法对水质变化趋势的判定结果，可以帮助管理者确定雨天溢流事件冲击影响下水质的变化趋势和水平值分布范围，得到的高值和低值变化范围，可以为溢流事件发生后的受纳水体水质管控标准，以及水资源保护策略中阈值设定提供参考。随着在线水质监测系统的发展和完善，更多的受纳水体水质指标可以被纳入到评价体系中。

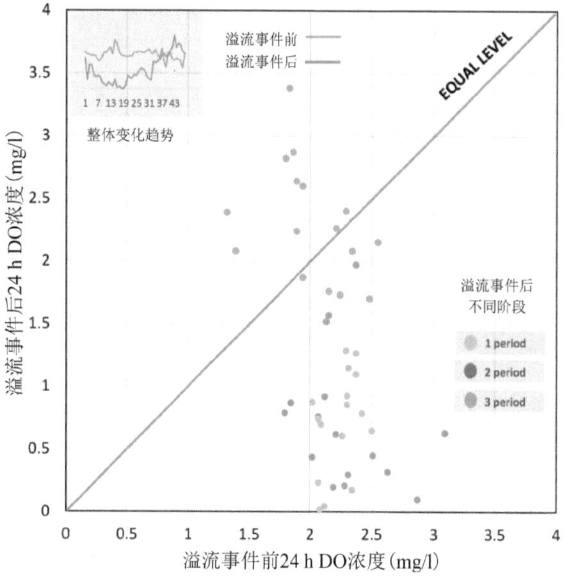

图 8　2013 年 4 月 22 号溢流事件的Şen 趋势分析结果

3.4　泵站溢流事件过程受纳水体水质变化影响因素探讨

研究运用冗余分析(RDA)方法定量评估了 2013 年凯旋路泵站 14 次雨天溢流事件过程，水文和溢流特征条件对受纳水体水质变化的影响时间，结果如表 3 所示。

RDA 全模型对所有时间尺度内的受纳水体水质变化解释率达到约 50%，说明选取的水文及溢流特征条件，是影响受纳水体苏州河水质的重要因素。结果表明，几乎所有的水文和溢流变量对受纳水体水质有显著影响。随着溢流历时的增加，水文及溢流变量对受纳水体水质变化影响的显著性也随之变化，不同的水文和溢流变量对受纳水体影响存在时间尺度效应。例如前期干旱时间，能够在溢流发生后的 4～8 h 内解释 8%的水质变化，而当溢流历时达到 42～44 h 时间尺度后，该水文变量对水质变化的解释率降至1.8%。这个结果表明溢流事件前期干旱时间指标仅在溢流初期对水质变化存在显著影响，即可能初期雨水的冲刷包括大部分的水质污染物。另外，随着降雨历时的增加，水中溶解氧浓度与溢流量在 0～22 h内显著负相关，在 22 h 后转变为正相关影响；引发溢流的场次总降雨量在 0～18 h 范围

表 3 受纳水体受降雨、溢流因素影响的冗余分析（RDA）模型运行结果（N=84）

时间尺度(h)	总模型与分模型	解释率变化(%)			pseudo-F	p value	由最终 MLR 筛选的解释变量
		Axis 1	Axis 2	All Axis			
4～6	Rain	17.86	11.04	35.64	8.49	0.001**	A-rain, P-rain, D-dur, R-dur, R-int, I-rain, CSO-dur, O-rate
	CSO	10.84	7.24	19.25	6.88	0.001**	
	Total	20.82	16.72	48.91	6.99	0.001**	
10～12	Rain	21.43	9.49	37.39	9.28	0.001**	T-rain, A-rain, P-rain, D-dur, R-int, I-rain, CSO-dur, O-rate
	CSO	12.56	4.88	18.67	6.95	0.001**	
	Total	25.91	12.86	50.96	7.59	0.001**	
12～24	Rain	19.31	10.67	31.92	9.10	0.001**	T-rain, A-rain, P-rain, D-dur, R-dur, I-rain, CSO-dur, O-rate, CSO-dis
	CSO	6.76	4.43	12.38	5.29	0.001**	
	Total	25.75	15.32	57.31	9.80	0.001**	
32～36	Rain	23.24	10.26	36.31	12.02	0.001**	T-rain, A-rain, P-rain, D-dur, R-int, R-dur, I-rain, CSO-dur, CSO-dis
	CSO	9.26	6.50	17.04	8.46	0.001**	
	Total	35.43	15.10	63.23	12.56	0.001**	
46～48	Rain	4.59	2.07	7.61	1.04	0.001**	P-rain, R-dur, R-int
	CSO	1.39	0.53	0.02	0.45	0.692	
	Total	5.59	2.24	10.66	0.87	0.520	

注：N 代表每一个时间尺度点位监测数据个数；MLR 模型为多元回归模型；降雨溢流因素矩阵包括总降雨量(T-rain)，降雨历时(R-dur)，前次降雨量(A-rain)，前两周雨量(P-rain)，前期干旱时间(D-dur)；溢流因素矩阵包括总溢流量(CSO-dis)，溢流历时(CSO-dur)，溢流速率(O-rate)，从降雨开始到溢流开始的滞后时间(I-rain)；水质指标矩阵包括水温(T)，pH，溶解氧(DO)，电导率(EC)、氨氮(NH_3-N)、浊度(Turb)，氧化还原电位(ORP)。pseudo-F 与 P 值源于所有排序轴的蒙特卡罗排列测试(999 个排列)结果，** $p<0.01$。

内与水中溶解氧浓度呈显著负相关，18 h 以后转变为正相关关系。

总降雨量和总溢流量在雨天溢流事件初始阶段对受纳水体水质变化没有显著影响。在这一阶段，雨水径流、排水管道内部留存的污染物冲刷与受纳水体混合的过程，是这一结果可能的解释原因。通过 RDA 分析发现，在泵站雨天溢流事件过程中总雨量、总溢流量等水文及溢流特征条件对受纳水体的影响时间范围约在 46 h，并且存在明显的时间尺度效应(图 9)。这个结论可为水质在线监测或人工监测的周期设定、样品采集时间间隔或频率提供实际指导。

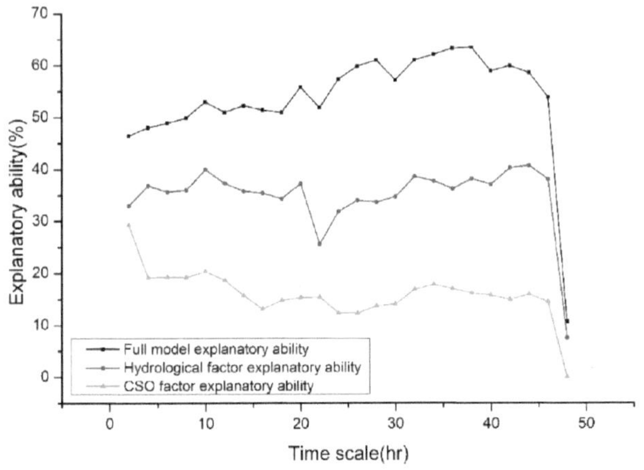

图 9 不同时间尺度降雨、溢流因素对受纳水体水质影响的解释率变化

4 结论

以上海苏州河合流制排水区域典型泵站为例，基于在线监测数据结合Şen 趋势分析法，对泵站溢流前后受纳水体水质变化过程、趋势、影响因素进行定量探讨，并评估了受纳水体受雨天溢流污染冲击的水质响应特征，对影响水质变化过程的水文及溢流因素进行了初步探索。主要结论如下：

(1) 溢流事件发生后，水文降雨、溢流特征等因素，能够在约 46 h 以内显著解释受纳水质的变化（总解释率>50%）；随着降雨历时的增加，水中溶解氧浓度与溢流量在 0～22 h 内显著负相关，在 22 h 后转变为正相关影响；引发溢流的场次总降雨量在 0～18 h 范围内与水中溶解氧浓度呈显著负相关，18 h 以后转变为正相关关系。

（2）溢流污水作为污染物的转输介质，通过溶解携带污染物入河引发初期污染效应，事件后期受洁净雨水冲刷，对受纳水体水质的影响转变为稀释效应。结论表明，高频次在线监测数据与 Şen 趋势分析方法相结合，有利于精确刻画河流水质变化规律。

参考文献

[1] 叶建锋. 中心城区排水泵站旱天放江污染削减的补贴政策[J]. 净水技术，2014,33(3):11-15.

[2] Şen Z. Innovative Trend Analysis Methodology[J]. Journal of Hydrologic Engineering, 2012, 17(9): 1042-1046.

[3] Şen Z. Trend Identification Simulation and Application[J]. Journal of Hydrologic Engineering, 2014, 19(3):635-642.

[4] Kisi O, Ay M. Comparison of Mann-Kendall and innovative trend method for water quality parameters of the Kizilirmak River, Turkey[J]. Journal of Hydrology, 2014,513:362-375.

[5] Kisi O. An innovative method for trend analysis of monthly pan evaporations[J]. Journal of Hydrology, 2015,527:1123-1129.

[6] Demir V, Kisi O. Comparison of Mann-Kendall and innovative trend method (Şen trend) for monthly total precipitation (Middle Black Sea Region, Turkey) [C]. International Balkans Conference on Challenges of Civil Engineering,3-Bccce, 2016.

[7] Carbone M, Garofalo G, Piro P. Comparison between CFD and Surface Overflow Rate Models to Predict Particulate Matter Separation in Unit Operations for Combined Sewer Overflows[J]. Journal of Environmental Engineering, 2014,140(12).

作者简介：车越，华东师范大学生态与环境科学学院，教授、博士生导师；上海城市化生态过程和生态恢复重点实验室副主任。

丁磊，上海市政工程设计研究总院（集团）有限公司。

吴阿娜，上海市环境监测中心。

汤琳，上海市环境监测中心。

杨凯，华东师范大学生态与环境科学学院。

数字技术支持下的建成区山地海绵系统研究*

——以南京市李家山为例

甘 宇 徐雨涵 谢绮宁 沈雨晴 殷 悦 袁旸洋

摘 要 山体是城市绿地的组成部分，其水文特征具有自身特点。建成区山地海绵系统的构建不仅能够解决山体的雨洪问题，而且有助于涵养水源、保持水土、降低城市洪涝风险。本研究聚焦于城市建成区山地海绵系统，以南京市李家山为例，在分析山地水文的基础上，采用SWMM软件对分段调蓄与末端调蓄两种山地海绵系统方案的径流控制效果进行模拟比较。经分析可知在调蓄总量一定的前提下，山地海绵系统能够实现对不同重现期短历时降雨的调蓄。末端调蓄方案可有效延迟峰现时间，并一定程度上削减洪峰流量；而分段调蓄方案对峰现时间的延缓效果有限，但是对洪峰流量的削减效果突出。本文通过模型构建与模拟验证了“源头消减、就地促渗”海绵系统构建的有效性，以期为相关实践提供参考。

关键词 数字技术；低影响开发；城市山地；海绵系统；雨水调蓄；SWMM模拟

针对城镇化进程中出现的一系列水问题，近年来我国全面推进海绵城市建设。低影响开发(Low Impact Development, LID)是海绵城市的理论基础之一，对于系统解决城市发展中的水环境问题，促进城市可持续发展具有重要的意义。山体是城市绿地的组成部分，也是海绵城市建设与雨洪管理的重要实践对象。城市建成区的山体高程多变、起伏明显、坡度较大，水文过程具有自身的特点。在短时强降水的情况下，山地环境汇流迅速，易发生局部滑坡、下游溢流等险情，对周边城市道路、建设地块的安全造成一定的威胁，并给市政管网带来较大的压力。由此，建成区山地海绵系统的构建，对于山体本身及周边城市环境均具有积极意义。本研究基于低影响开发理念，运用数字技术方法，通过对分段与末端两种山地海绵系统雨水径流调蓄的比较研究，探讨城市建成区山地海绵系统最佳的构建路径，以期为相关实践提供参考。

1 城市建成区山地海绵系统研究进展

低影响开发作为近年来应用最广泛的新型雨洪管理手段，在美国、德国、新西兰等国均有较多理论研究与实践应用。近十年国内外LID研究趋势由单体技术设计转向城市规划与成本效益分析[1]。随着海绵城市建设推进，我国在低影响开发领域也开展了大量理论研究与实践探索。理论研究方面，聚焦低影响开发措施综合效益的量化评价，利用信息技术进行“过程可视化”的雨洪管理与城市绿地系统规划协同等[2-3]；实践探索方面，围绕城市旱涝问题展开，具体包括海绵城市LID市政道路建设、基于LID的城市住区空间规划设计、集雨型绿地优化、城市水系及湿地生态修复等[4-6]。

近年来，城市建成区山地的雨洪管理与低影响开发成为新的研究热点。刘家琳等[7]以水文—成本综合绩效为导向，探讨山地公园雨洪管理景观系统的设计策略；侯庆贺、袁旸洋等[8]对山地公园的水文特征与水文过程进行研究，提出了分区、分级的海绵系统设计策略；Černohous V.[9]等通过比较不同排水系统对山地区域的雨水径流影响，发现静态滞蓄与动态渗蓄方法均有良好效果；Derdour Abdessamed[10]通过参数化方法评估城市山地干旱环境中的洪涝高风险区域，证明了山地海绵系统研究与设计的必要性。以往的研究探

* 国家自然科学基金重点项目(编号：51838003)；国家重点研发计划课题(编号：2019YFD1100405)；国家级大学生创新创业训练计划项目(编号：202010286004)。

讨了水文变化对山地生境的影响、山地排水系统的构建、山地雨水径流模拟与预测等，相关技术路径与模拟方法为本文提供了参考。其中，山地海绵系统绩效评价较多地关注于单一海绵系统的不同低影响开发设施方案比选。而城市山体类型多样、周边环境复杂，同一山体不同区域产汇流条件各不相同，因此有必要厘清不同海绵系统构建途径的雨水径流调蓄绩效，以应对多类型的山地海绵系统构建需求。本文探索"源头—中端—末端"建成区山地海绵系统的构建方法，紧扣"渗透、传输、存蓄"三个环节，对建成区山地产汇流特征进行分析，构建了"分段调蓄"和"末端调蓄"两种海绵系统方案，并开展了雨水径流调蓄绩效的定量比较。

2 研究区域与方法

2.1 研究区域

南京市位于北纬 31°14″至 32°37″，东经 118°22″至 119°14″，为平原地区丘陵山地城市，地形起伏相对平缓，自然条件良好。南京地区属亚热带季风气候区，年平均降水量 1106mm，雨量充沛，且季节性分配不均。夏季易出现短期强降水，6—8 月降水可占全年 2/3 以上。本文选取南京市栖霞区的李家山为研究对象，山体周边环绕大量居住、教育以及商业用地，是典型的城市建成区山体环境（图 1、图 2）。李家山属于低山丘陵，为宁镇山脉余脉，地形、坡度变化较大，最大坡度达到 45%，谷地丘壑众多，山麓区域地形较为平缓。研究范围山体面积 37 万 m^2，最高点海拔 86.5m。

2.2 研究方法

本文的技术路线如图 3 所示，主要包括山体水文分析、模型构建与模拟、海绵系统方案比较三个环节。首先，收集研究区的降水量、土壤类型、植被覆盖、下垫面类型等基础数据，然后运用 ArcGIS 软件开展地形分析，并基于水文分析探讨李家山的水文特征，结合研究目标与实际情况划分场地现状汇水区，作为下一步 SWMM 模型搭建的基础（图 4）。其次，于 SWMM 软件中搭建海绵系统设计前李家山山体雨洪模型，包括山体模型和降水模型两部分，完成模型的概化。包括①将研究区的子汇水区、截洪沟及排水口进行概化，输入 SWMM 软件，并设定曼宁系数、管道糙率、下渗率、衰减系数等关键参数；②根据芝加哥设计雨型构建不同重现期下的降水模型；③通过径流系数进行模型校验。最后，选用植草沟与调蓄湿地两种低影响开发设施，进行"分段调蓄"和"末端调蓄"两种海绵系统的方案设计与比较。以水文分析结果为依据，结合海绵系统方案及山体地形对场地汇水区进行调整，得到设计后汇水分区。基于五年一遇的两小时降雨事件中场地的总水量，分别计算得到两种海绵系统方案

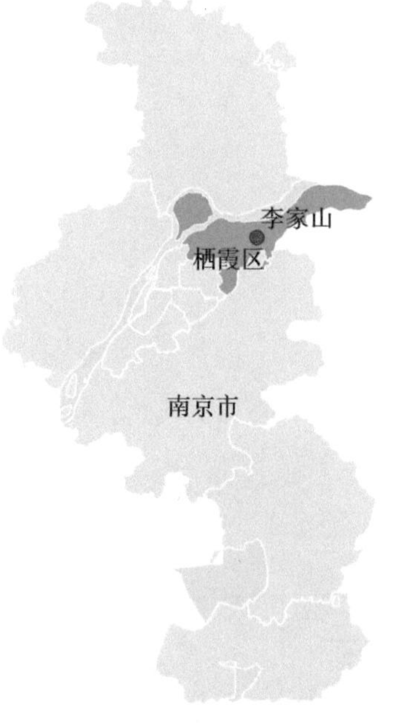

图 1 李家山区位与研究范围

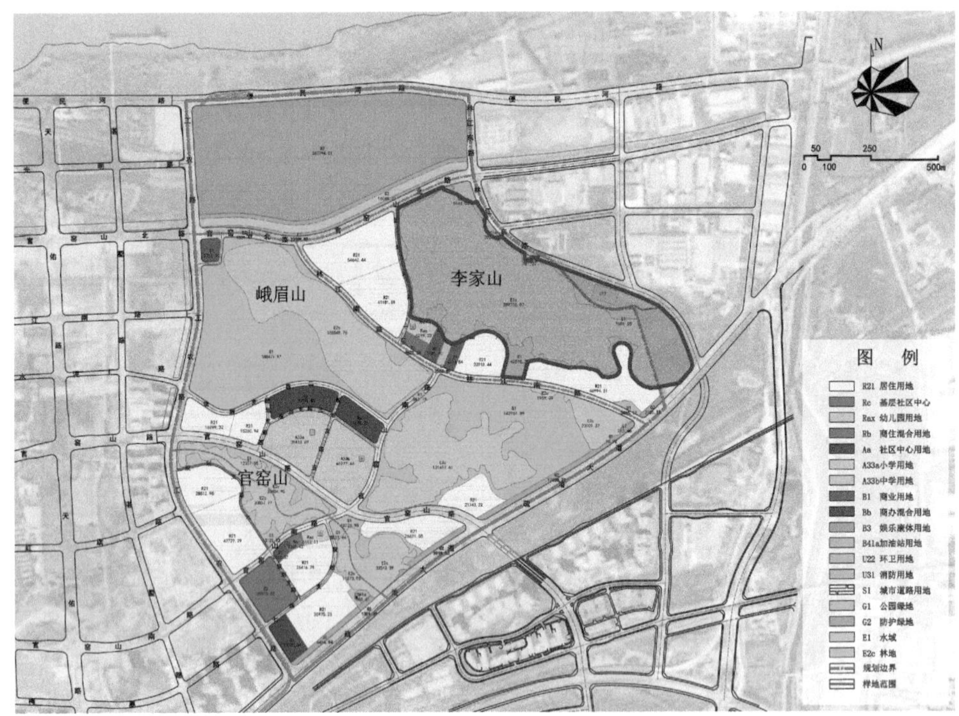

图 2 研究区域及周边土地利用类型

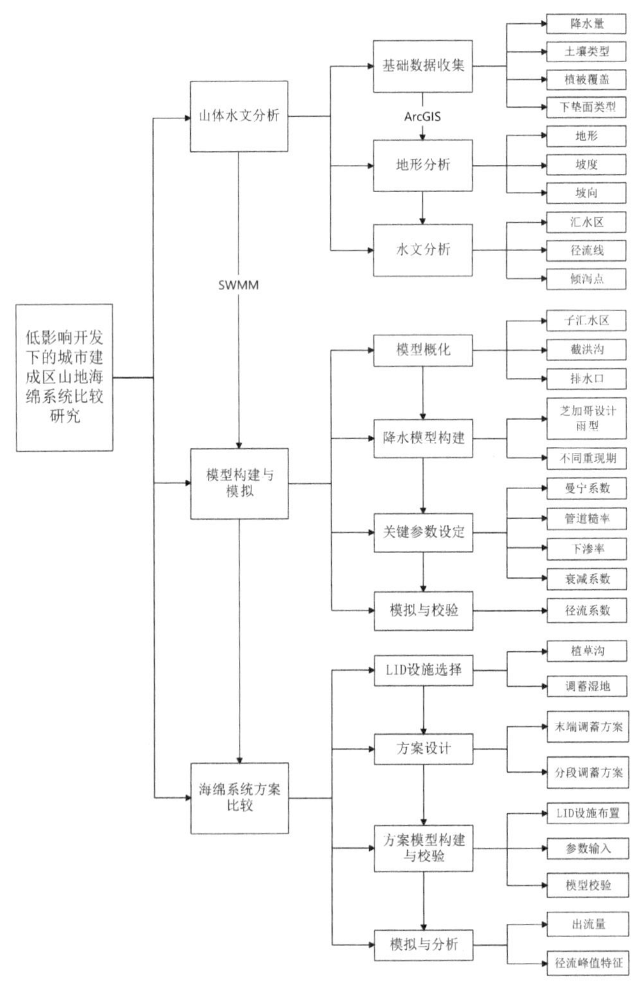

图 3 技术路线

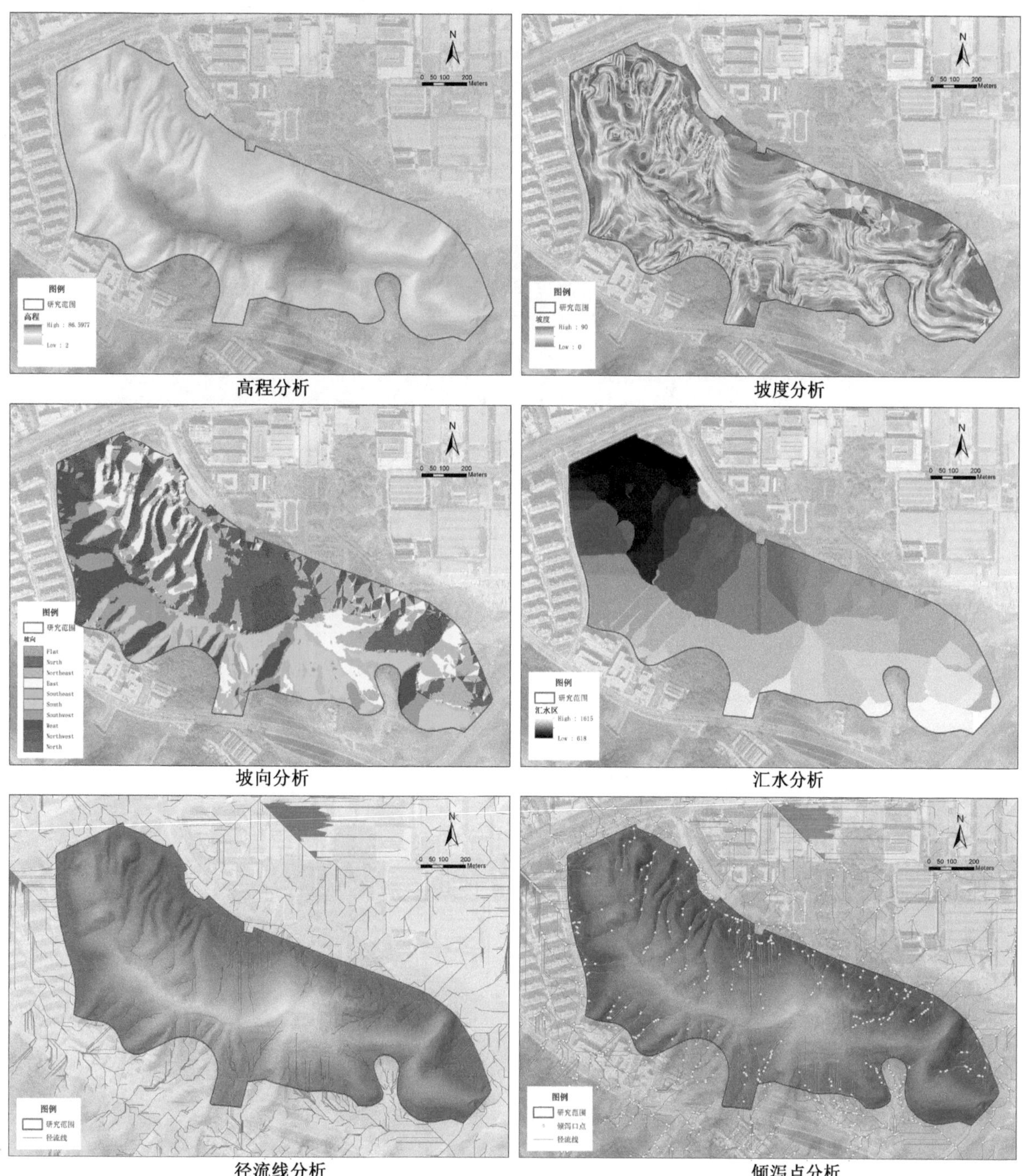

图 4　李家山公园地形及水文分析

所需的 LID 设施数量与选址。搭建海绵系统方案的 SWMM 模型，运用 SWMM 软件对海绵系统构建前以及两种海绵系统方案下，李家山山体产汇流情况进行模拟，得到不同暴雨条件下的出流量与径流峰值特征，对雨水径流调蓄能力进行比较。

3　数字模型构建与模拟

3.1　数字模型构建

3.1.1　场地汇水区提取

运用 ArcGIS 软件处理高程数据，生成研究区域数字高程模型（DEM，digital elevation mod-

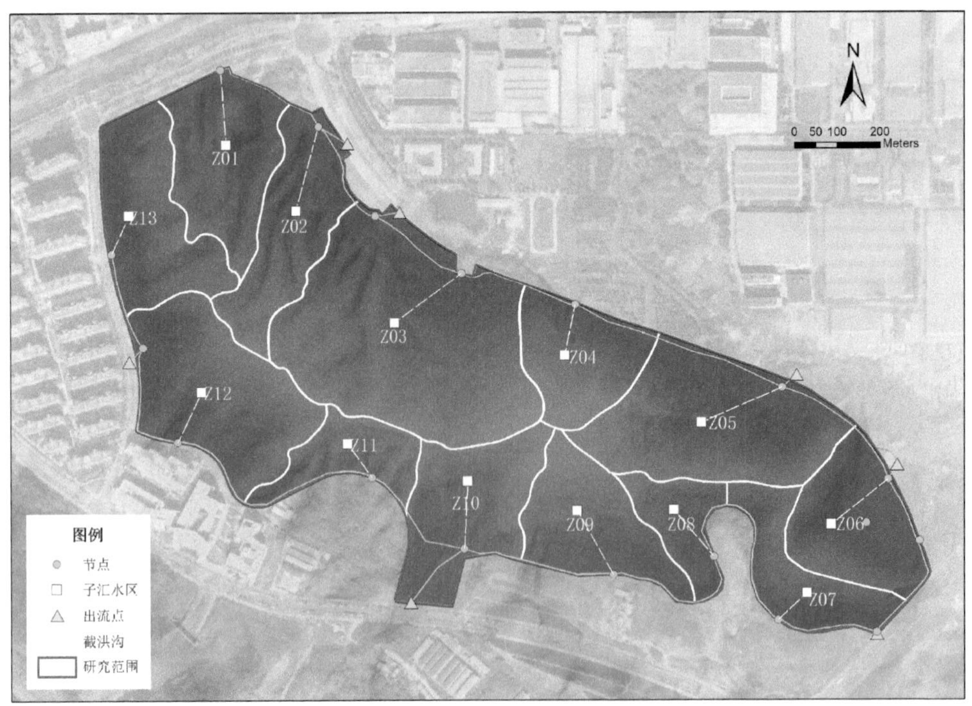

图 5 设计前场地子汇水区划分与模型概化图

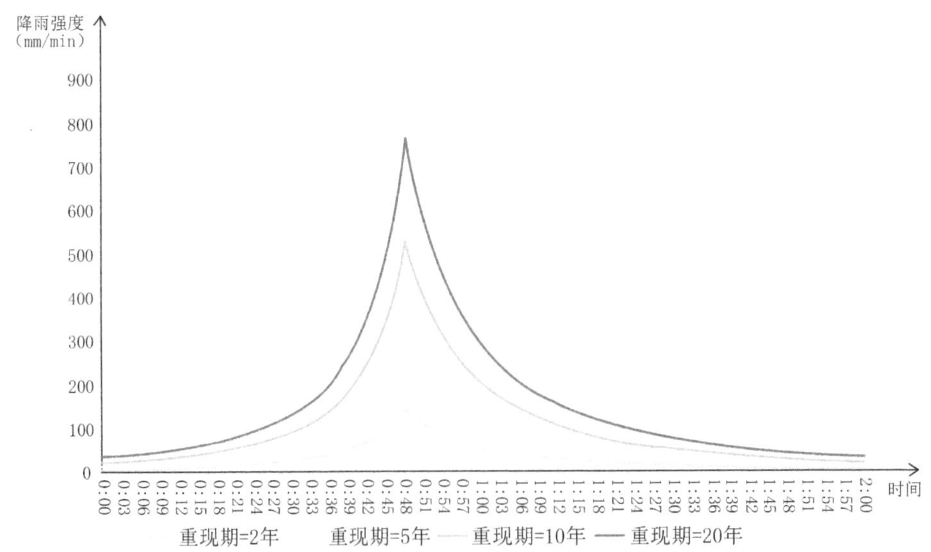

图 6 南京市重现期分别为 2、5、10、20 年的降雨过程线

el)。在此基础上，计算区域内水流方向与汇流积累量，可得到区域内的径流路径。再采用 watershed工具，分析得出每段径流最小单元的集水区，结合山地地形对集水区进行划分与合并，提取了 13 个子汇水区。

3.1.2 模型概化

模型构建之前需要将场地信息转变为 SWMM 软件可识别的参数，即研究区的模型概化。结合原始山地产流情况将场地信息概化为 SWMM 软件中的以下部件：子汇水区(subcatchment)，管渠(conduit)，出水口(outfall)。如图 5 所示，将研究区域分为 13 个子汇水区，通过截洪沟(即模型中的管渠)进行连接，不经过低影响开发设施直接出流。

3.1.3 降雨模型构建

本研究的降雨模型采用短历时设计雨型，即芝加哥雨型法。根据 2014 年南京市城市管理局发布的南京市暴雨强度公式[11]计算，得到重现期分别为 2、5、10、20 年，且降雨历时为 2h 的暴雨平均强度为 0.498 mm/min、0.630 mm/min、0.731 mm/min、

0.831 mm/min。南京市综合雨峰位置系数为0.4。基于以上参数以及芝加哥暴雨强度公式，建立重现期为2、5、10、20年的短历时降雨芝加哥设计雨型，如图6。

暴雨计算公式为：

$$i=\frac{(A_1+C\ \lg P)}{(t+b)^n}$$

式中：i——设计暴雨平均强度，mm/min；

t——降雨历时，min；

P——重现期，a；

n——暴雨衰减系数；

A_1、C、b——地区参数。

南京市的暴雨强度公式如下：

$$i=\frac{(64.300+53.800\lg P)}{(t+32.900)^{1.011}}$$

根据住建部《海绵城市建设技术指南》[12]，城市建成区山体，按照重现期为五年一遇的2 h降雨强度模型进行海绵系统方案的设计与布局。研究区设计年径流控制率设定为85%，结合研究区总面积，可计算出雨水调蓄总量约为5 390 m^3，即设计方案的调蓄设施能够容纳的雨水体积。

3.1.4 模型参数设定

SWMM软件提供了Horton模型、Green-Ampt模型、SCS曲线数法来模拟降水下渗过程[13]，其中Horton模型在动力学模拟中应用最为广泛，主要用于描述入渗速率随降雨时间的变化关系，能反映出土壤饱和与未饱和条件下的下渗情况，可用于长历时降水的模拟，涉及参数包括初始下渗速率、饱和下渗速率与下渗衰减系数[14]。本文的模拟研究选取Horton模型。针对汇流运移模拟，Horton模型提供了稳定流法(Steady Flow)、运动波法(Kinematic Wave)与动力波法(Dynamic Wave)三种计算方法。动力波法通过求解完整的圣维南方程组进行汇流演算，理论上结果最准确且适用性广[15]，因此本次模型的构建采用该方法。

SWMM模型的构建与模拟对关键参数进行设定，包括确定性参数和不确定参数。通过ArcGIS软件获取模型构建需要的空间属性数据，如子汇水区面积、各汇水区平均坡度、管道长度、节点高程等。不透水区(透水区)曼宁系数、管道糙率、最大(小)下渗率、衰减系数等参数需要根据参数的物理意义或参照已有研究，取值如表1、表2所示。

表1 土壤相关参数表

参数名称	数值
饱和导水率(K)	0.13
水头(ψ)	3.5
孔隙率(φ)	0.463
产水能力(FC)	0.232
萎缩点(WP)	0.116

表2 模型参数率定表

参数名称	参数范围	率定取值
不透水曼宁系数	0.011—0.014	0.013
透水曼宁系数	0.15—0.8	0.4
管道糙率	0.011—0.4	0.2
最大下渗率	30—200	36
最小下渗率	0.1—20	10
衰减系数	0—30	4

3.2 设计前雨洪模型模拟与校验

经过模拟，在重现期分别为2年、5年、10年以及20年的降雨事件下，原始雨洪模型径流系数分别为0.448 7、0.544 827、0.597 674、0.639 386，结果表明径流系数会随着雨量的增大而变大，符合相关实验测定的结果[16]。《室外排水设计规范》GB50014-2006(2016版)[17]中指出公园径流系数值在0.10—0.20之间，但本文的模拟中径流系数数值偏大，主要原因是李家山山体坡度较大。以往实测研究表明在同一降雨事件下，径流系数会随着坡度的增加而增加。结合相关实验测定及模拟实验[18]，绿地有坡度且坡度在25%以下时，不同降雨事件下，径流系数在0.21—0.42之间，而李家山山体平均坡度35.86%，最大坡度可达45.06%，因此其径流系数在0.45—0.64之间符合山地环境的地表径流特征(表3)。

表3 设计前场地模型在不同重现期下的径流系数

暴雨重现期(y)	y=2	y=5	y=10	y=20
径流系数	0.448 7	0.544 827	0.597 674	0.639 386

3.3 山地海绵系统构建

两种海绵系统方案中采用的低影响开发设施为植草沟及分散式的调蓄湿地。分段调蓄方案的构建原则为“源头就地促渗”，即基于雨水径流和子汇水区等水文分析将山地划分为较小的子汇水区，根据汇水区面积大小结合倾泻点，于径流路径上设置对应的小型调蓄湿地；各个调蓄湿地之间以植草沟连接，形成完整的上下游汇流路径，如上游调蓄湿地有溢流，则将沿植草沟，继续汇集至下游面积更大的调蓄湿地。在分段调蓄方案中，雨水能够就近流入湿地，以期实现山地雨水径流的就地下渗。末端调蓄方案的构建原则为“末端滞蓄利用”，即在保持山地原有水文特征的基础上，于径流汇流的末端设置植草沟和调蓄湿地，将山地雨水径流通过植草沟引至末端的湿地进行集中调蓄。

3.3.1 分段调蓄方案设计

与末端调蓄方案相比，分段调蓄方案的 LID 设施布置更为精细化，因此需要对研究区进行详细的水文特征分析。在 ArcGIS 分析得到汇水区、汇水面积、分水线、径流线、倾泻点等信息的基础上，结合地形及水文特征，对应于各子汇水区主要径流线上的“源头、中端、末端”倾泻点位置布置调蓄湿地。部分子汇水区下游坡度较大，故不设置湿地，通过布置植草沟将雨水引导至相邻子汇水区的调蓄湿地。若相邻子汇水区的下游调蓄湿地距离较近，则将二者合并。由此，分段调蓄方案共选择 62 个倾泻点设置了分布式调蓄湿地。依据各个倾泻点所对应的汇水区范围，进一步细分子汇水区，并基于研究区雨水调蓄总量，按面积比例计算每个调蓄湿地需要调蓄的水量体积。为了便于模型构建，将每个湿地深度设置为 1.5m，从而得到每个调蓄湿地的面积，如表 4 所示。根据径流方向布置植草沟连接源头、中端及末端的调蓄湿地，并将末端调蓄湿地接入相邻的市政管网，作为整个海绵系统的出流口(图 7)。概化分段调蓄方案，在 SWMM 模型中，搭建子汇水区与低影响开发设施，输入相关参数与重现期为 5 年的降雨模型。最终得到分段调蓄方案的低影响开发设施布局及 SWMM 模型，如图 8 所示。

表 4 分段调蓄方案调蓄湿地参数表

分区	湿地对应子汇水区编号	湿地设计体积(m^3)	设计面积(m^2)	平均深度(m)	分区	湿地对应子汇水区编号	湿地设计体积(m^3)	设计面积(m^2)	平均深度(m)
1	A1	28	19	1.5	3	C1	59	40	1.5
	A2	41	28	1.5		C2	52	35	1.5
	A3	60	41	1.5		C3	59	40	1.5
	A4	19	13	1.5		C4	125	84	1.5
	A5	32	22	1.5		C5	87	59	1.5
	A6	58	39	1.5	4	D1	55	37	1.5
	A7	59	40	1.5		D2	159	107	1.5
	A8	22	15	1.5		D3	118	79	1.5
	A9	76	51	1.5		D4	79	53	1.5
2	B1	53	36	1.5		D5	135	91	1.5
	B2	13	9	1.5	5	E1	32	22	1.5
	B3	32	22	1.5		E2	101	68	1.5
	B4	44	30	1.5		E3	59	40	1.5
	B5	51	35	1.5		E4	34	23	1.5
	B6	203	136	1.5		E5	80	54	1.5

（续表）

分区	湿地对应子汇水区编号	湿地设计体积(m^3)	设计面积(m^2)	平均深度(m)	分区	湿地对应子汇水区编号	湿地设计体积(m^3)	设计面积(m^2)	平均深度(m)
	E6	143	96	1.5		I2	67	45	1.5
	E7	282	189	1.5		I3	79	53	1.5
	E8	314	210	1.5		I4	171	115	1.5
6	F1	20	14	1.5	10	J1	124	83	1.5
	F2	18	13	1.5		J2	91	61	1.5
	F3	67	45	1.5		J3	95	64	1.5
	F4	98	66	1.5		J4	141	95	1.5
7	G1	53	36	1.5		J5	180	121	1.5
	G2	23	16	1.5	11	K1	43	29	1.5
	G3	87	59	1.5		K2	124	83	1.5
	G4	37	25	1.5	12	L1	114	77	1.5
	G5	199	133	1.5		L2	140	94	1.5
8	H1	34	23	1.5	13	M1	50	34	1.5
	H2	90	61	1.5		M2	71	48	1.5
	H3	176	118	1.5		M3	23	16	1.5
9	I1	25	17	1.5		M4	215	144	1.5

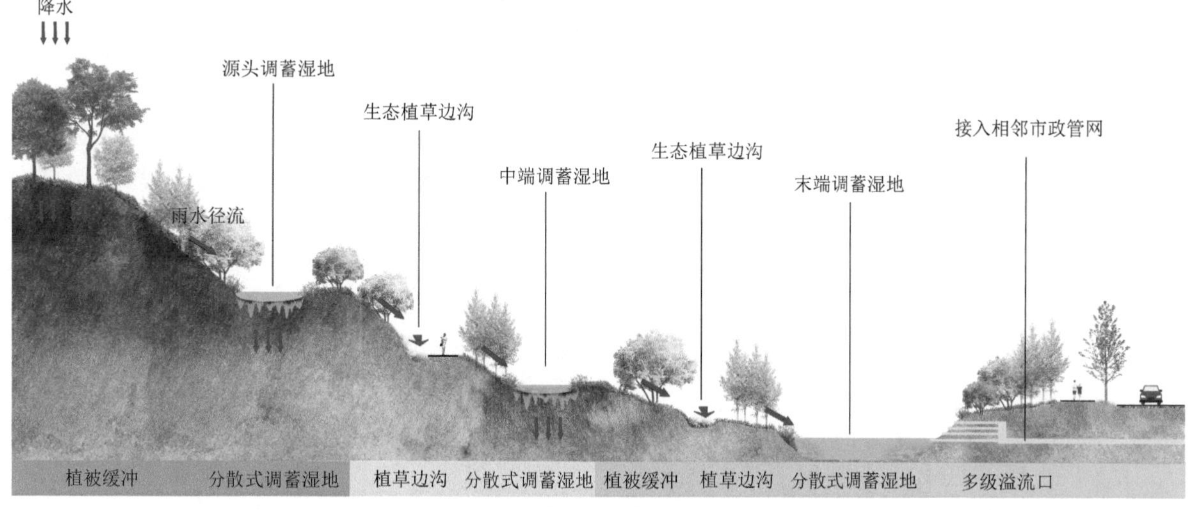

图 7 分段调蓄方案

3.3.2 末端调蓄方案设计

研究区域位于城市建成区，山体被市政道路环绕，周边共有 7 个市政管网接口。因此末端调蓄方案将原始模型的 13 个子汇水区，进行二次分组为 7 个汇水区。合并后的 7 个汇水区中有一分区地势较陡，不适宜设置调蓄湿地，因此仅布置植草沟引流。其余 6 个分区内分别根据各区域产流情况设置调蓄湿地。根据各子汇水区的面积按比例计算其所需调蓄的水量，作为湿地的调蓄容积，并与“分段调蓄”方案保持一致，设置调蓄湿地深度为 1.5 m，每个调蓄湿地的面积如表 5 所示。为了将山体径流有效导入调蓄湿地，末端调蓄方

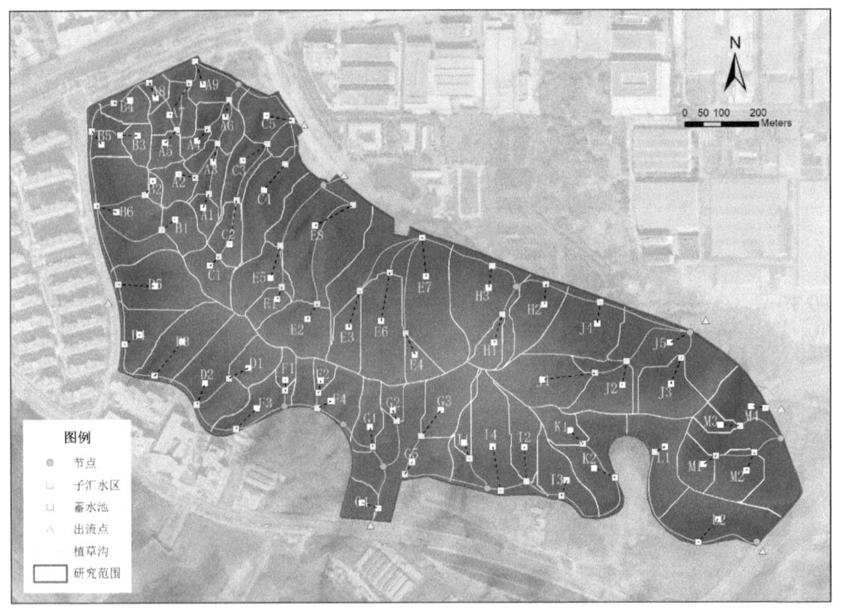

图 8　分段调蓄方案子汇水区划分与调蓄湿地布置图

案在山脚和山腰处，沿等高线各布置有环状连通植草沟，以便收集雨水并引至末端的调蓄湿地（图 9）。在此基础上，于 SWMM 软件中搭建末端调蓄方案的概化模型、输入相关参数、导入降雨模型，完成该方案的 SWMM 模型构建（图 10）。

表 5　末端调蓄方案湿地参数表

湿地编号	湿地设计体积(m^3)	设计面积(m^2)	平均深度(m)
1	774.253 484 9	516.168 989 9	1.5
2	1 157.287 083	771.524 722	1.5
3	880.573 859 6	587.049 239 7	1.5
4	358.703 011 3	239.135 340 9	1.5
5	941.941 827 1	627.961 218	1.5
6	939.285 124 4	626.190 082 9	1.5

3.4　SWMM 产流模拟

本次研究采用 Horton 模型用于模拟雨水下渗过程，计算间隔设置为 1s，以控制误差。模拟之前，分别输入各重现期的降雨曲线，并在实验进行过程中选择对应的降雨事件，运行分段调蓄和末端调蓄 SWMM 模型。根据质量守恒定律，采用流量验算（Surface Runoff）与径流路径验算（Flow Routing）的连续性误差作为检验模型运行合理性的标准。在降雨事件模拟中，两者运行的结果显示其连续性误差均小于 5%，在合理范围内，表明构建的 SWMM 模型运行合理。

4　结果与分析

运行设计前和“分段调蓄”“末端调蓄”两种海绵系统方案的 SWMM 模型，得到不同重现期降雨事件下的子汇水区径流系数、系统最终出流量，以及径流峰值，如表 6 所示。

4.1　雨水径流出流量对比

在重现期分别为 2 年、5 年、10 年以及 20 年的 2h 降雨事件下，设计前模型的总出流量从 9 306 m^3增加到 21 531 m^3，而分段调蓄和末端调蓄方案的总出流量均低于海绵系统设计前。其中，分段调蓄方案平均为设计前的 20.2%，末端调蓄方案的总出流量平均为设计前的 70.3%。以 5 年重现期为代表，2 h 暴雨事件下，设计前研究区的总出流量达到 14 147 m^3，而末端调蓄方案则将出流量削减至 10 776 m^3，分段调蓄方案对雨水径流调蓄效果更为明显，研究区总出流量被削减至 2 840 m^3（图 11）。

平均坡度与下垫面不透水曼宁系数是影响山地产汇流结果的两个重要因素[19]，本文概化了研究区的下垫面情况，因此平均坡度为主要影响因素。选取两个具有典型性的出流点进行比较，它们所对应的汇水区平均坡度有较大差异（图 12）。

选取的出流点 O2 所在区域地形平缓，山体

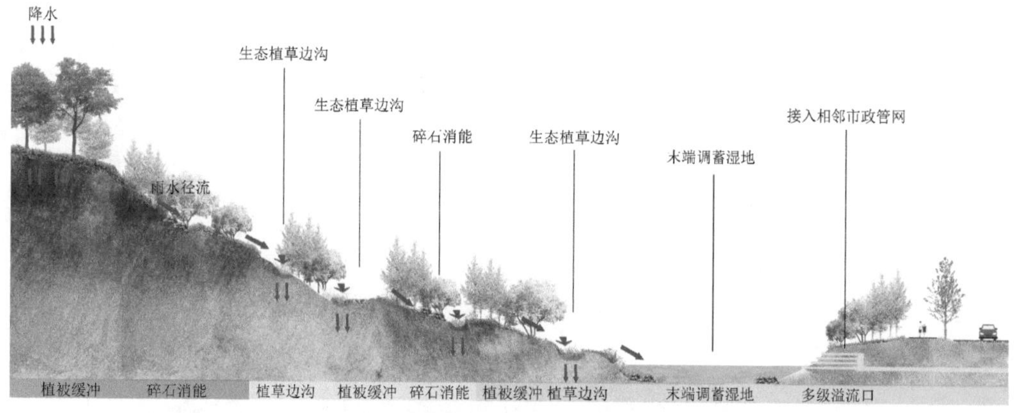

图 9　末端调蓄方案 LID 设施示意图

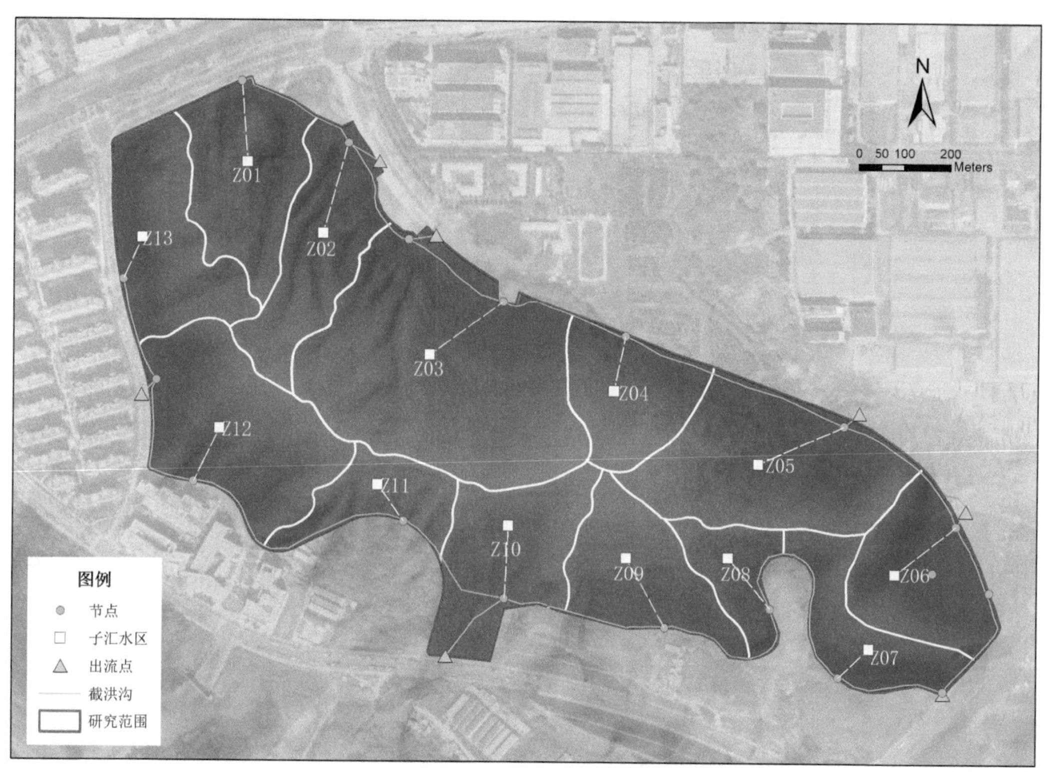

图 10　末端调蓄方案子汇水区划分与调蓄湿地布置图

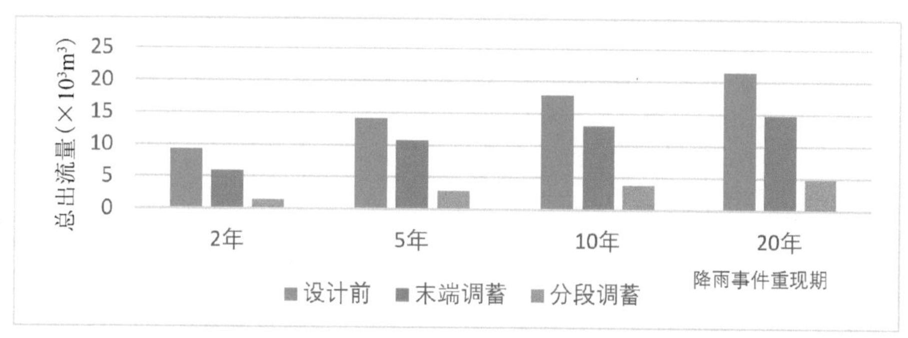

图 11　不同重现期下设计前、末端调蓄与分段调蓄方案的出流量统计图

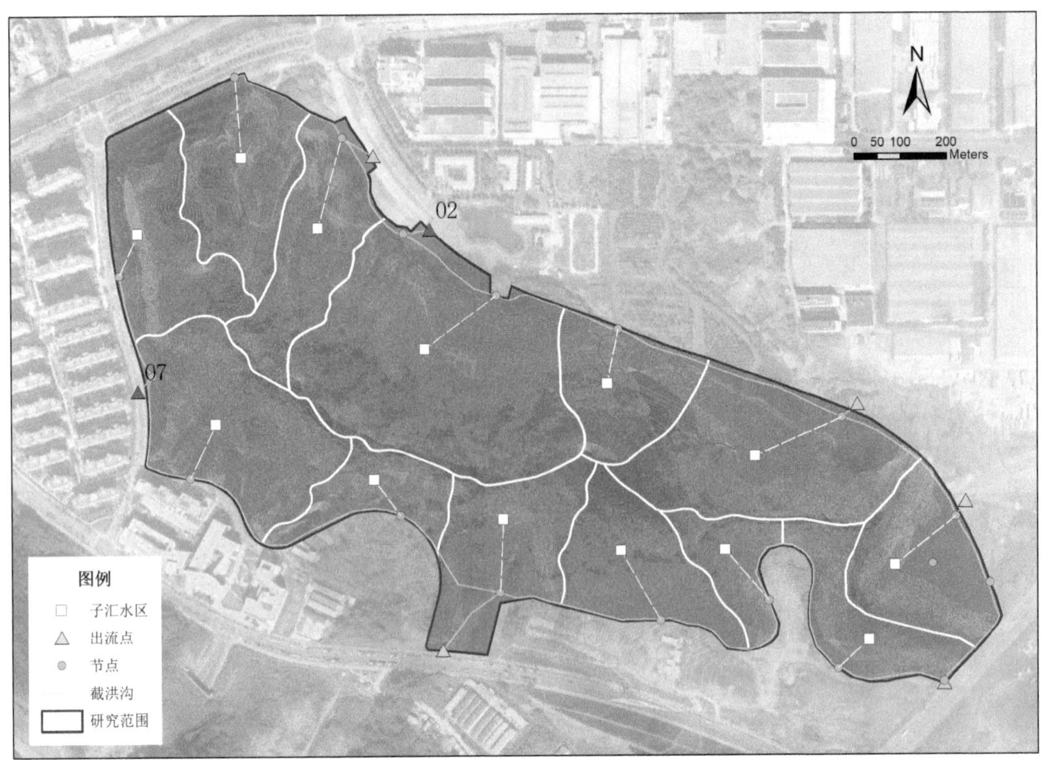

图 12 具有典型性的出流点 O2、O7 点位示意图

表 6 不同重现期的暴雨事件下设计前、"分段调蓄"及"末端调蓄"海绵系统方案模拟结果

	总出流量(m^3)				出流量峰值(m^3/min)				峰值出现时间(h:min)			
重现期	y=2	y=5	y=10	y=20	y=2	y=5	y=10	y=20	y=2	y=5	y=10	y=20
设计前	9 306	14 147	17 832	21 531	3 290	5 270	6 790	8 330	1:06	1:02	1:00	0:59
末端调蓄	5 828	10 776	13 119	14 827	1 630	2 980	3 300	3 530	1:43	1:30	1:25	1:20
分段调蓄	1 467	2 840	3 904	4 979	740	1 520	2 120	2 730	1:16	1:06	1:02	1:00

坡度在 20%左右;而出流点 O7 所在区域地势较为陡峭,山体坡度可达 45%。以五年重现期下的 O2、O7 出流点为例,出流点 O2 对应于设计前方案的总出流量为 1 761 m^3,而末端调蓄方案的总出流量为 1 614 m^3,可见末端调蓄方案对出流点 O2 的调控效果有限;但分段调蓄方案的总出流量消减显著,仅为 607 m^3(表 7)。出流点 O7 的设计前方案总出流量为 2 354 m^3,末端调蓄方案的总出流量为 1 920 m^3,分段调蓄方案为 319 m^3,分段调蓄方案同样更为有效(表 8)。

综合结合模拟结果可知,在城市建成区山地环境中构建海绵系统,可以有效减少暴雨情况下场地出流总量;从典型出流点的比较来看,在一定范围内,海绵系统的构建对于坡度陡峭区域有更为显著的径流削减效果。对比两种海绵系统方案,末端调蓄方案能够减少一定的出流量,但分段调蓄方案削减径流出流的效果更为显著。

4.2 径流峰值特征对比

在重现期分别为 2 年、5 年、10 年以及 20 年的 2 h 降雨事件下,分别对设计前、末端调蓄方案和分段调蓄方案的出流量峰值和峰现时间进行对比。由设计前和分段调蓄方案比较可知,系统洪峰出现的时间并没有明显推迟。但是在分段调蓄的情况下,洪峰的单位时间出流量明显减少,平均能够减少 80%左右的出流量。随着暴雨重现期变长,出流量削减程度呈现减弱趋势,在重现期为 20 年的降雨情况下,分段调蓄方案的洪峰单位出流量减少至设计前的 32.77%。从设计前和末端调蓄比较可看出,随着降雨强度的增大,系统洪峰

表 7　不同重现期的暴雨事件下设计前、"分段调蓄"及"末端调蓄"海绵系统方案 O2 出流量

重现期	设计前 O2 出流量(m^3)	末端调蓄方案 O2 出流量(m^3)	分段调蓄方案 O2 出流量(m^3)
2 年	1 105	838	305
5 年	1 761	1 614	607
10 年	2 276	1 896	841
20 年	2 801	2 096	1 077

表 8　不同重现期的暴雨事件下设计前、"分段调蓄"及"末端调蓄"海绵系统方案 O7 出流量

重现期	设计前 O7 出流量(m^3)	末端调蓄方案 O7 出流量(m^3)	分段调蓄方案 O7 出流量(m^3)
2 年	1 544	1 054	174
5 年	2 354	1 920	319
10 年	2 983	2 243	431
20 年	3 621	2 481	545

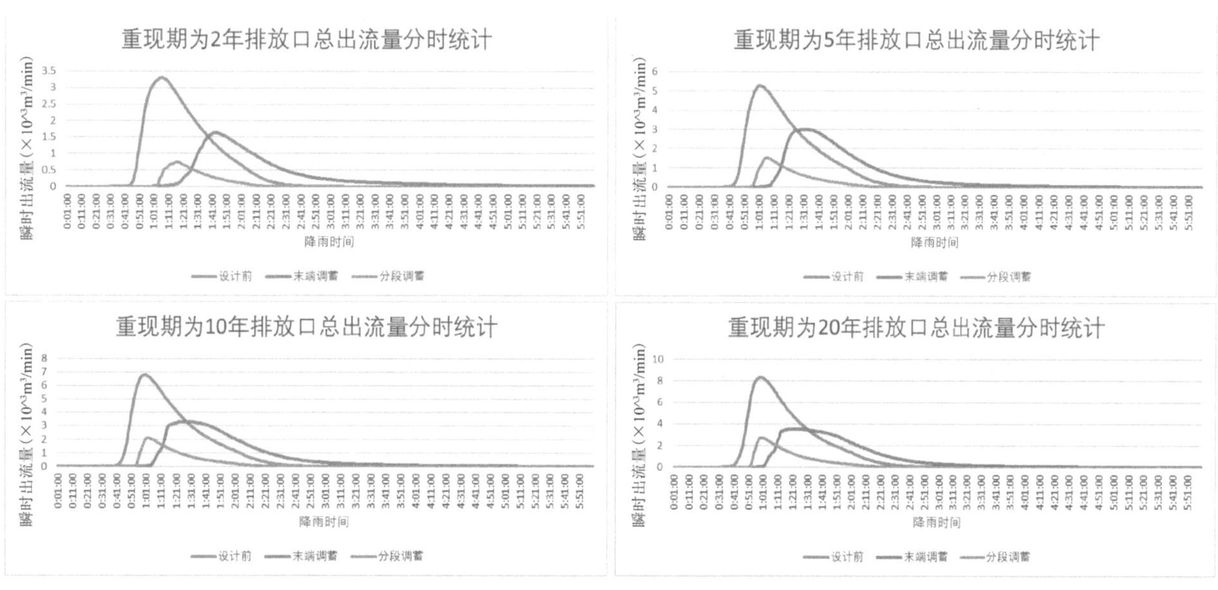

图 13　不同重现期的暴雨事件下海绵系统峰现时间和出流情况

出现的时间逐渐提前，符合场地对雨水承载力的特点。通过末端调蓄海绵系统方案的构建，洪峰出现的时间在不同重现期下均出现了一定的推迟。推迟的时间在重现期为 2 年的时候最长。随着重现期的增加，末端调蓄海绵系统方案所达到的洪峰延迟时间也逐渐缩短，但即使在重现期为 20 年的降雨事件下，海绵系统构建对洪峰延迟的作用效果依旧显著(图 13)。

同样选取 O2 和 O7 这两个具有典型性的出流点进行不同重现期下瞬时出流量的比较。以五年重现期下的 O2、O7 的瞬时出流量为例，末端调蓄方案中出流点 O2 的出流峰值与设计前接近，但其峰现时间延后；而分段调蓄方案的出流峰值大约为设计前的一半，可峰现时间的延后效果有限(表 9)；末端调蓄方案下出流点 O7 的出流峰值约为设计前的 50%，其峰现时间也有所延后，而分段调蓄方案的出流峰值显著减少，仅为设计前的约 1/5，峰现时间变化不大(表 10)。从以上两个出流点的模拟结果可见，分段调蓄方案的径流调蓄效果明显优于末端调蓄方案。但对应于山体坡度较陡的区域，两种海绵系统方案的雨水径流调蓄作用各有特点，在实践中可根据需求选取不同的调蓄方案。多数情况下末端调蓄方案的出流峰值均小于设计前的 50%，而分段调蓄方案的出

表 9 不同重现期下设计前、"分段调蓄"及"末端调蓄"海绵系统方案 O2 出流峰值与峰现时间

	出流量峰值(m³/min)				峰值出现时间(h:min)			
重现期	y=2	y=5	y=10	y=20	y=2	y=5	y=10	y=20
设计前	354.7	573.8	755.0	945.9	1:07	1:05	1:03	1:02
末端调蓄	379.7	547.2	547.2	547.2	1:38	1:20	1:16	1:13
分段调蓄	165.1	313.4	430.1	325.9	1:17	1:08	1:04	0:57

表 10 不同重现期下设计前、"分段调蓄"及"末端调蓄"海绵系统方案 O7 出流峰值与峰现时间

	出流量峰值(m³/min)				峰值出现时间(h:min)			
重现期	y=2	y=5	y=10	y=20	y=2	y=5	y=10	y=20
设计前	639.6	1 006.8	1 301.3	1 606.6	1:03	1:01	0:59	0:59
末端调蓄	332.8	547.2	547.2	547.2	1:44	1:23	1:16	1:11
分段调蓄	112.2	197.9	262.0	325.9	1:08	1:01	0:58	0:57

流峰值小于设计前的约 25%,说明海绵系统构建可以有效削弱洪峰或者延迟峰现时间。

综上,在调蓄总量一定的前提下,山地海绵系统能够实现对不同情况下短历时降雨的调蓄。从延迟峰现时间的角度来看,末端调蓄方案能够有效推迟洪峰出现的时间,并且对径流量的控制也有一定的作用。从洪峰与出流量削减的角度来看,分段调蓄方案的效果更佳,验证了构建"源头消减、就地促渗"海绵系统的有效性。

5 结论与展望

本文通过数字化模型构建与模拟,对比了建成区山地,分段与末端调蓄海绵系统的雨水径流调控绩效,由于两种海绵系统作用于山地径流的调控机制不同,具有不同的作用特点。

(1) 山地海绵系统构建对比

建成区山地的海绵系统构建首先需满足场地雨水控制要求。根据本文的研究结果,分段调蓄方案较之于末端调蓄方案而言,在减少总出流量、减少峰值流量方面的作用更为显著,且分段调蓄方案更适用于在山体坡度较大的区域构建,而末端调蓄方案对延迟峰现时间有较为明显的作用。因此,若山体坡度不大且周边地块的雨水管网建设比较完善,两种调蓄方法皆可满足径流调蓄要求。此种情况下,末端调蓄方案能够有效推迟峰现时间,且该方案设置的调蓄湿地数量明显少于分段调蓄方案,在实际建设中相对便捷。若山体坡度大且周边的雨水管网建设欠完善时,瞬时降雨不仅会导致山体径流量偏大、水土流失,为山体周边建成区雨水管网的排水带来巨大压力,此时应优先考虑分段调蓄,以提高山体的蓄水能力,提升径流控制量,有效地减少出流量及峰值流量。

(2) 模型构建与模拟方法优化

建成区山地所处区域及周边开发程度的不同所带来的土壤、水文、地形等方面的差异对山地环境海绵系统的构建存在较大影响,需要获取下垫面类型、周边雨水管网分布以及场地地形等精确的数据资料,以提升模拟的精准性。由于条件所限,本文采用的土壤类型、入渗率等参数多参考了南京相邻地区已有数据,在实验过程中进行了与参数相关的率定及校正,具有一定的局限性。在进一步的研究中,将结合实验测定等方式,提升参数的准确性。此外,还应扩大研究样本,选取建成区多座山体作为案例、结合多类型 LID 设施展开研究,以提升本研究的普适性。

(3) 实践应用展望

本研究聚焦于建成区山地海绵系统,为城市山地海绵系统的构建提供了数据支持,有助于为相关实践提供参考。根据本文研究结果,在实际应用中可因地制宜地选择一种或组合"分段调蓄"及"末端调蓄"两种海绵系统方案,在不同高程、区域设计多类 LID 设施,实现建成区山地环境的雨水有效调蓄,不仅可以优化山体水环境、提升景观

效果，而且可以助力城市防洪减灾。此外，在项目建成后可借助传感器等对海绵系统方案进行绩效评价，验证数字化模拟的有效性。

参考文献

[1] Eckart K , McPhee Z , Bolisetti T . Performance and implementation of low impact development-A review[J]. Science of the Total Environment, 2017, 607/608:413-432.

[2] Anna Palla, Ilaria Gnecco. Hydrologic modeling of Low Impact Development systems at the urban catchment scale[J]. Journal of Hydrology, 2015, 528:361-368.

[3] 杨帆，陶蕴哲.雨洪管理与城市绿地系统协同的规划模式与优化策略研究[J].中外建筑，2020(01):87-90.

[4] 黄宁俊，张斌令，王社平，邓朝显，周文献，刘超.陕西西咸新区海绵城市 LID 市政道路设计[J].中国给水排水，2017，33(24):61 - 66.

[5] 陈雄，何红霞，郝慧敏.基于低影响开发的城市住区空间规划设计[J].华中建筑，2012，30(04):117-120.

[6] Li Sui, Xiu Dai Xi, Shi Tie Mao, Zhou Shi Wen, Fu Shi Lei, Yu Chang. Landscape ecological planning of coastal industrial park based on low impact development concept: A case of the second coastal industrial base in Yingkou City, Liaoning Province, China [J]. Ying Yong Sheng Tai Xue Bao ,2018,29(10):3357-3366.

[7] 刘家琳，李武肸，彭子岳，刘兆莉.基于水文-成本综合绩效的山地公园雨洪管理景观系统策略研究[J].风景园林，2021，28(07):90-96.

[8] 侯庆贺，袁旸洋，刘润，程雪.城市山地公园水环境优化设计方法研究[J].风景园林，2020，27(12):98-103.

[9] Černohous V., Švihla V., Šach F., Kacálek D.. Influence of drainage system maintenance on storm runoff from a reforested, waterlogged mountain catchment[J]. Soil and Water Research, 2014, 9(No. 2):90-96.

[10] D Abdessamed, Abderrazak B . Coupling HEC-RAS and HEC-HMS in rainfall-runoff modeling and evaluating floodplain inundation maps in arid environments: Case study of Ain Sefra city, Ksour Mountain. SW of Algeria[J]. Environmental Earth Sciences, 2019, 78(19):1-17.

[11] 南京市暴雨强度公式[修订]查算表. 南京市城市管理局. http://cgj.nanjing.gov.cn/information/extrafile/1/201403121404284714 . 2014

[12] 中华人民共和国住房和城乡建设部. 海绵城市建设技术指南——低影响开发雨水系统构建. 北京：中国建筑工业出版社 ，2015.

[13] 许迪.SWMM 模型综述[J].环境科学导刊，2014，33(06):23-26.

[14] 孙艳伟，把多铎，王文川，姜体胜，王富强.SWMM 模型径流参数全局灵敏度分析[J].农业机械学报，2012，43(07):42-49.

[15] 陈虹，李家科，李亚娇，徐杨，沈冰.暴雨洪水管理模型 SWMM 的研究及应用进展[J].西北农林科技大学学报(自然科学版)，2015，43(12):225-234.

[16] 刘家琳，李媛媛，张建林.重庆山地公园子汇水区产流特征与雨洪利用改造策略[J].西部人居环境学刊，2019，34(06):42-49.

[17] 中华人民共和国建设部. 室外排水设计规范：GB50014-2006[S]. 北京：中国计划出版社，2012.

[18] 刘家琳，张建林.基于 SWMM 模型的山坡型公园子汇水区地表产流特征——以重庆地区为例[J].中国园林，2018，34(06):81-87.

[19]李媛媛. 基于 SWMM 的重庆主城区山地公园地表径流特征及低影响设计方法研究[D].西南大学，2019.

作者简介：甘宇、徐雨涵、谢绮宁、沈雨晴、殷悦：东南大学建筑学院风景园林专业本科生。

袁旸洋：东南大学建筑学院景观学系副教授，硕士生导师。电子邮箱：yyy@seu.edu.cn

基于最小累积阻力模型的湿地公园鸟类栖息适宜性评价研究

——以广州海珠湿地公园为例

向碧辉　马佳星

摘　要　为进一步提升广州市海珠国家湿地公园保护、修复和管理的精细化水平，对其鸟类栖息适宜性展开研究。运用最小累计阻力模型，针对湿地主要水鸟选取8个自然或人为要素构建阻力评价体系，进行空间适宜性评价，进而模拟鸟类的最佳穿越路径。海珠湿地鸟类栖息适宜性分区结果分为4级：一级适宜区主要集中在湖泊和河道沿线，约258.0 hm^2；二级适宜区呈带状分布在一级适宜区周围，约276.2 hm^2；三级适宜区主要位于果林中心和建设区边界，约287.6 hm^2；四级适宜区主要集中在居住区、道路等建设用地，约194.0 hm^2。鸟类最佳穿越路径东西向因顺应河道走向而相对连续，南北向被居住区、道路等建设用地阻断。由此提出加强边界管理、加强湿地公园中心垛基果林建设、加强构建建设区鸟类穿越廊道的建议。

关键词　鸟类栖息地；湿地适宜性评价；鸟类穿越路径；最小累计阻力模型；海珠国家湿地公园

1　引言

生态研究不应是不断加码的研究，生态建设不应是不断负重的生态建设，需要有更好的生态智慧——如何进行保护、修复、管理的人为干预，在什么位置、以何种力度实行这种保护、修复、管理的措施能获得最高效益，需要强有力的科技支撑。目前陈燕飞[1]、吕金霞[2]、欧阳宁雷[3]等从湿地可恢复性评价入手，为湿地修复技术的实施确定位置、顺序和方案，但仍缺乏对修复过程中的关键位置和保护管理缺陷的研究。本研究尝试从基于最小累积阻力模型湿地生态适宜性评价的角度，以获得保护和管理的科学支撑。

生态适宜性评价（land ecological suitability assessment）以麦克哈格的“千层饼”模式为基本原理，根据一定目标构建评价指标体系，通过不断演进的评价方法（加权叠加法、逻辑规则组合法、MCR等）进行模拟分析[4]，进而得到指定目标在土地空间上的适宜度等级分区。最小累积阻力模型（MCR）是生态适宜性评价的方法之一，最早由Knaapen等提出[5]，最初用来研究物种的扩散过程，由俞孔坚[6]引入国内，被认为反映了景观扩散的水平生态过程，还能模拟潜在的关键位置和生态节点，与加权叠加法的垂直过程结合，可以保证评价结果的客观性[7-9]，也不至于仅仅得到“摊大饼”式的分区结果[10]，因此在生态适宜性评价和生态安全格局领域被广泛应用。

目前基于最小阻力模型的生态适宜性评价研究，主要沿用刘孝富等人2010年的阻力差法[7]，以土地建设和开发矛盾为出发点，对县域、市域进行生态适宜性评价[11-13]，研究结果停留在评价等级分区[4]或者生态网络搭建的层次上，对景观要素的规划和设计、有效性评价和成果应用研究较少[14]。但其确实有针对具体要素解决生态修复、保护过程中实际问题的潜力，如张嫣等[15]以湿地公园边界划定为目标构建评价体系，为湿地公园边界的划定提供有力的支撑；汪辉等[16]以鸟类穿越路径的畅通性为原则利用最小阻力模型进行模拟，在多方案优选中提供指导。

基于此，本研究以小尺度做尝试，针对性地选择对湿地具有指示性的湿地水鸟[17]的视角，以其栖息地生态适宜性为目标构建评价体系，基于最小阻力模型在湿地内部做生态适宜性评价，构建鸟类最佳穿越廊道；并耦合场地现状，以生态系统完整性为目的，找出其中的修复关键点、现有管理缺陷，为强目的、精细化的湿地保护、修复和管理提出具体有效的、指导实践的科学支撑和指导；在成果应用可落实的角度，验证基于最小阻力模型的适宜性评价的有效性，扩展适宜性评价的应用边界。

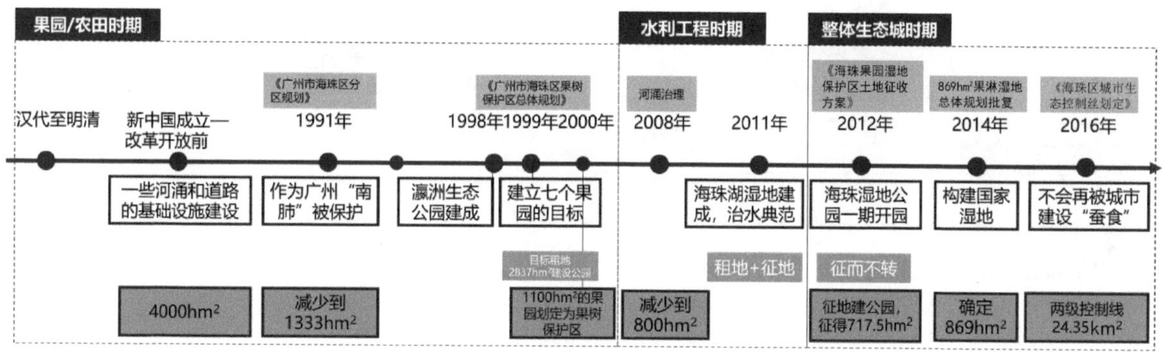

图 1　海珠湿地历史沿革[22-25]

2　研究区概况与数据源

2.1　研究区概况

广州市海珠国家湿地公园（以下简称海珠湿地）位于海珠区东南部，广州城市中轴线上。其前身是万亩果园，2014 年正式确立为国家湿地公园，规划总面积 869 hm^2，是全国罕见的特大城央湿地公园，是典型的江心洲与河流、涌沟果林镶嵌而成的复合人工湿地系统[18]。其中，湿地 476.6 hm^2，占规划区总面积的 54.8%；半自然果林 274.3 hm^2，占规划区总面积的 31.6%[19]。

在三条国际性候鸟迁徙路线中，有两条经过广州及周边地区[20]。2013 年以来，广州市持续开展海珠湿地生态修复工作，区域内候鸟物种数逐年增加，海珠湿地也逐渐成为候鸟迁徙的重要分布区、停歇地和栖息地[21]。因此，海珠湿地最重要任务之一就是作为鸟类栖息地，不断提升和改善鸟类的生存环境。

海珠国家湿地公园特殊的区位和复杂的建成史造就了其复合的生态类型、破碎的景观形态、复杂的周边状况（图 1、图 2）。相较于自然湿地，其生态更为脆弱敏感，生态系统完整性更难维持。为增强湿地鸟类栖息生态系统的完整性、进一步提高区域内鸟类栖息的适宜性，开展针对性、科学量化的鸟类栖息地生态适宜性评价研究，对海珠国家湿地公园的精细化生态修复、保护、管理具有重要的现实意义。

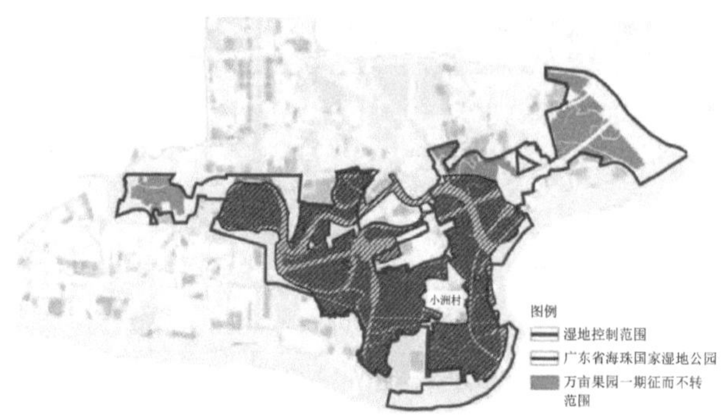

图 2　海珠国家湿地公园范围（引自网络）

表 1　数据类型和来源

编号	类型	时间	分辨率	来源
1	数字高程数据	2011 年 1 月 19 日	12.5 m	https://search.asf.alaska.edu/
2	Landsat8 遥感卫星影像	2020 年 2 月 18 日	30 m×30 m	美国地质勘查局官网 https://glovis.usgs.gov/
3	谷歌卫星影像	2019 年 8 月 8 日	/	https://earth.google.com/
4	土地利用现状图	2013 年	/	广东海珠国家湿地公园总体规划（2013—2022）
5	水体、道路、建筑、景点等矢量信息	/	/	百度、高德、谷歌地图

2.2　数据来源与数据预处理

由于评价区域的小尺度原因和评价结果的现实耦合要求，海珠湿地相对于城市尺度的分析需要精确的数据，主要包括以上（表 1）。

（1）对海珠区遥感影像、矢量数据、DEM 数据等进行几何校正、空间配准、融合、裁剪等处理；

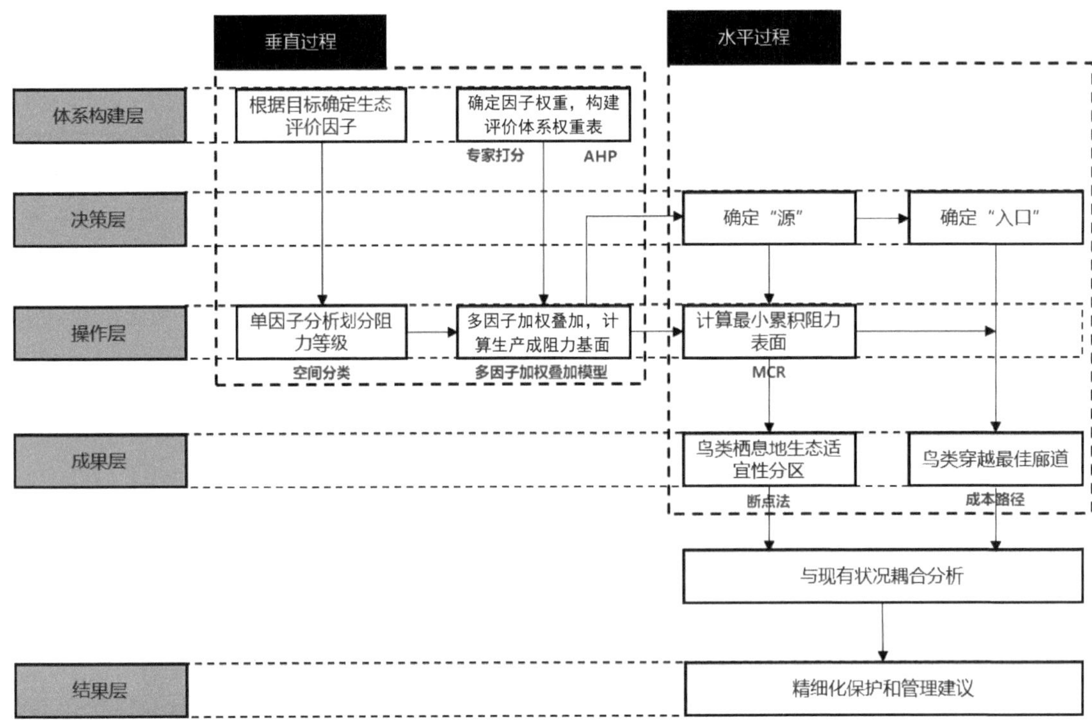

图3 评价方法流程

(2) 基于 Landsat8 遥感影像通过波段运算得到归一化植被指数(NDVI)，据此估算得到植被覆盖度(FVC)；

(3) 基于 DEM 数据，重采样至 10 m×10 m，其他栅格数据(原资料与生成结果)与 DEM 精度相同，同时为数据定义投影坐标系(WGS_1984_UTM_zone_49N)；

(4) 结合 2019/08/08 谷歌卫星影像和土地利用现状图，进行土地利用类型分类。

3 研究方法

由于海珠湿地建设历史的复杂性，本次研究范围为海珠湿地公园，及被公园边界包围的城市建成区，共 1015.898 hm^2。研究步骤分为以层次分析法为主的评价体系构建层，以及以 GIS 平台为空间分析基本工具的操作层(图 3)；具体实验过程由加权叠加法的垂直过程，以及基于最小阻力模型(MCR)的水平过程组成。

3.1 基于加权叠加法的垂直生态过程

3.1.1 评价指标体系构建

评价指标体系直接决定了评价结果的科学合理性，本次研究参考湿地生态适宜性评价、鸟类栖息地评价等相关研究[10,26-27]，结合海珠湿地公园实际情况进行构建。

(1) 评价因子的选择

评价因子必须精准指向评价目标，湿地鸟类栖息适宜性评价因子的选择，重点关注湿地鸟类习性，并据此转化为可获取的空间指标。目前，海珠湿地分布有鸟类 17 目 51 科 180 种，根据焦点物种理论[28]，以鹭科与鸭科这两类海珠湿地优势种作为目标对象。评价因子分为自然要素、人为要素，具体对应 8 类不同指标(表 2)。

表 2 鸟类栖息适宜性评价因子

目标	要素	因子	指标
海珠湿地鸟类栖息适宜性评价 A	自然要素 B1	食物丰富度 C1	土地用地类型 D1
		植被状况 C2	植被覆盖度 D2
		水文状况 C3	距水源距离 D3
		地理状况 C4	DEM 适宜度 D4
			坡度 D5
	人为要素 B2	道路干扰 C5	距道路距离 D6
		居民点干扰 C6	距居民点距离 D7
		惊飞干扰 C7	距景点距离 D8

表 3 海珠湿地鸟类栖息阻力评价体系

<table>
<tr><th colspan="2" rowspan="2">阻力因子</th><th colspan="5">阻力等级区间</th><th rowspan="2">权重</th><th rowspan="2">分级依据</th></tr>
<tr><th>1</th><th>2</th><th>3</th><th>4</th><th>5</th></tr>
<tr><td rowspan="5">自然因素</td><td>食物丰富度 D1</td><td>滩地</td><td>水域</td><td>林地</td><td>草地</td><td>建设用地</td><td>0.202 6</td><td>海珠湿地水鸟食性[29]，湿地鸟类食物分布[30]</td></tr>
<tr><td>植被覆盖度 D2</td><td>0.64～0.84</td><td>0.84～1</td><td>0.47～0.64</td><td>0.22～0.47</td><td>0～0.22</td><td>0.190 9</td><td>鹭科和鸭科在栖息地植被覆盖度适中的区域较多</td></tr>
<tr><td>距水源距离 D3</td><td><50 m</td><td>50～100 m</td><td>100～150 m</td><td>150～200 m</td><td>>200 m</td><td>0.157 0</td><td>水体是湿地水鸟生存游憩所需，越近阻力越小</td></tr>
<tr><td>DEM 适宜度 D4</td><td>0～5</td><td>>5</td><td>−5～0</td><td>−10～−5</td><td><−10</td><td>0.061 1</td><td>高程对鸟类栖息地隐蔽度、植被生长状况、湿地生物多样性有影响，广州地区常水位大约 0.71 m[31]</td></tr>
<tr><td>坡度 D5</td><td><2°</td><td>2°～4°</td><td>4°～6°</td><td>6°～10°</td><td>>10°</td><td>0.055 0</td><td>决定湿地形成难易程度[24]与水鸟的视野开阔度</td></tr>
<tr><td rowspan="5">人为因素</td><td rowspan="3">距道路距离 D6</td><td>>600 m</td><td>350～600 m</td><td>150～350 m</td><td>50～150 m</td><td><50 m</td><td rowspan="3">0.179 9</td><td rowspan="3">交通产生的物理(噪音、灯光、微气候)、化学(石油物质、重金属离子)问题会对鸟类造成影响[32]</td></tr>
<tr><td>>300 m</td><td>150～300 m</td><td>100～150 m</td><td>50～100 m</td><td><50 m</td></tr>
<tr><td>>30 m</td><td>20～30 m</td><td>10～20 m</td><td>5～10 m</td><td><5 m</td></tr>
<tr><td>距居民点距离 D7</td><td>>500 m</td><td>300～500 m</td><td>200～300 m</td><td>100～200 m</td><td><100 m</td><td>0.099 0</td><td>居民点高噪声会对个体间识别、防卫、交配行为等产生不良影响[33]</td></tr>
<tr><td>距景点距离 D8</td><td>>300 m</td><td>200～300 m</td><td>100～200 m</td><td>50～100 m</td><td><50 m</td><td>0.054 5</td><td>景点中的游憩活动会使鸟类产生惊飞、警戒反应，对鸟类取食行为、繁殖期等方面产生影响[34]</td></tr>
</table>

(2) 影响权重与阻力分级

不同因子对鸟类栖息地的影响方式、程度、效果有差异，结合场地尺度和鸟类习性将阻力分为1～5级(阻力随数值增大而增加)，通过专家打分法、层次分析法，确定各个因子权重。各因子分级与权重见表 3。

由海珠湿地鸟类栖息阻力评价体系可见(表3)，食物丰富度、植被覆盖度和距道路距离三个因子权重占比较大，这与湿地水鸟栖息行为、生理、繁殖、种群需求基本符合。鸟类的栖息、迁徙和繁殖活动需要丰富的食物来源，植被可以增加隐蔽性，为鸟类提供躲避天敌、筑巢的场所；海珠湿地位于城市中心区，穿越湿地的道路产生的噪声、空气质量下降等问题会对鸟类栖息行为造成影响。此外，饮水是生物生存繁衍所必需和依赖的生态要素，水鸟的栖息、觅食活动基本都在水中或水边进行，因此距水源距离也是较为重要的因子。

坡度、高程适宜度、距景点距离等因子权重占比较小，因为海珠湿地坡度、高程差异不明显，地形平缓开阔，对鸟类栖息适宜性影响较小；同时海珠湿地具有严格的分区管理措施，限制游人数量、约束有影响的游憩行为，因此景点的分布对鸟类影响较小。

3.1.2 综合阻力值运算

综合阻力值的计算基于多因子加权叠加法，目的是建立阻力基面以表示湿地鸟类栖息地适宜性综合阻力值的空间分布情况。加权叠加法即“千层饼”在地理信息系统(GIS)技术发展下改良的产物，根据不同因子的影响程度(阻力值)及贡献值(权重)将各因子的影响数据综合起来。公式如下：

$$Z=\sum_{i=1}^{n} W_i \times P_i \tag{1}$$

式中：Z 为综合阻力值；n 为因子数；W_i 为因子 i 的权重值；P_i 为第 i 个因子的分值。

3.2 基于最小累积阻力模型的水平生态过程

"源"是指物种向外扩散的起点或基地，一般为场地中适宜该物种生存的地点；阻力即用地类型、人为因素、地形地貌等对物种扩散起到阻碍作用的因子。最小累积阻力模型（Minimum Cumulative Resistance，MCR）表示物种从"源"到达目标地过程中克服阻力所做的"功"，也就是从"源"向外扩张的难易程度，其公式如下：

$$MCR=f_{\min}\sum_{j=n}^{i=m} D_{ij} \times R_i \tag{2}$$

式中：MCR 表示最小累积阻力值；D_{ij} 表示物种从源 j 到目标地 i 的空间距离；R_i 表示景观单元 i 对某物种的阻力。

该模型可以通过 ArcGIS 10.2 的最小成本距离模块实现，即从确定的"源"开始，以场地多种环境因子加权叠加，形成阻力基面作为累积叠加的数据，计算"源"水平扩张至场地各处所需的最小阻力值，在空间上生成最小累积阻力表面。

4 研究过程

4.1 鸟类栖息适宜性评价

4.1.1 生成阻力基面

基于各类地理空间矢量数据、DEM 数据、遥感数据，依据海珠湿地鸟类栖息阻力评价体系的阻力等级划分（表 3），分别对 8 个自然因素或人为因素进行单因子分析（图 4 -图 11）；再利用式（1），即加权叠加法，遵循评价体系中的指标权重，计算综

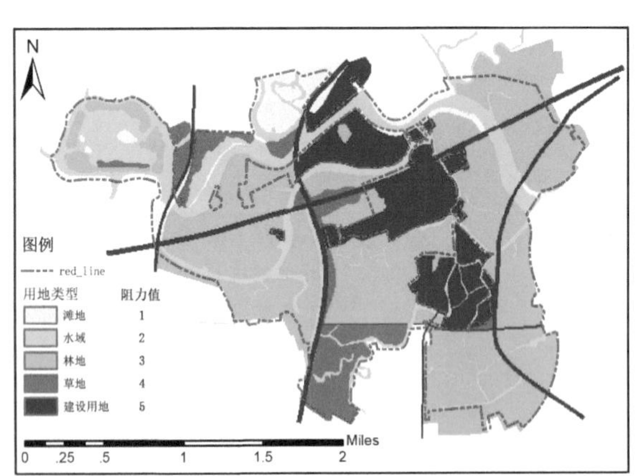

图 4 海珠湿地用地类型分布 D1

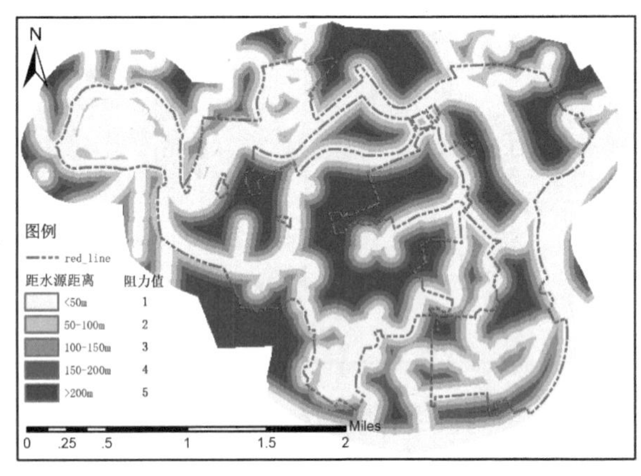

图 6 海珠湿地距水源距离 D3

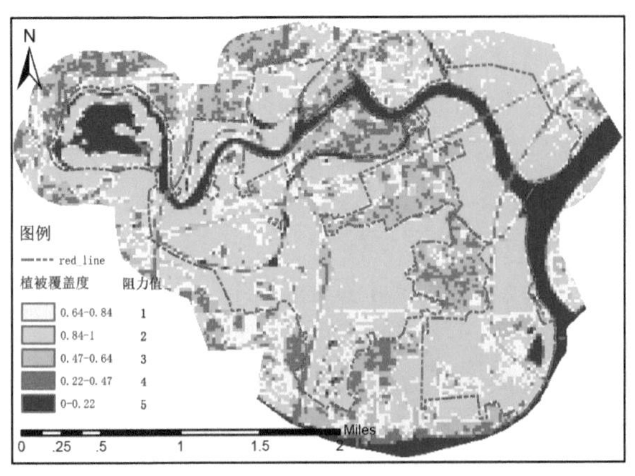

图 5 海珠湿地植被覆盖度分布 D2

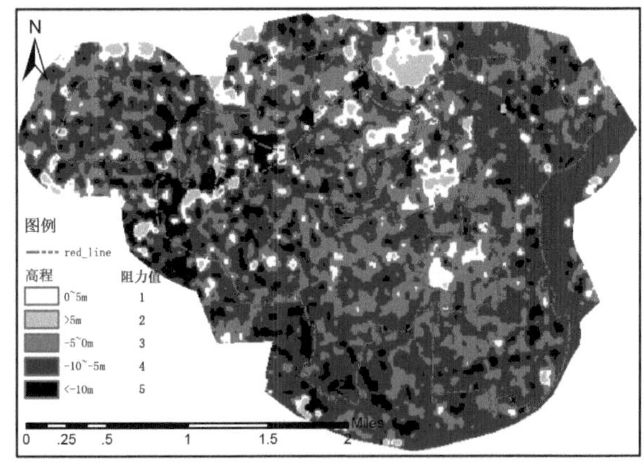

图 7 海珠湿地高程分布 D4

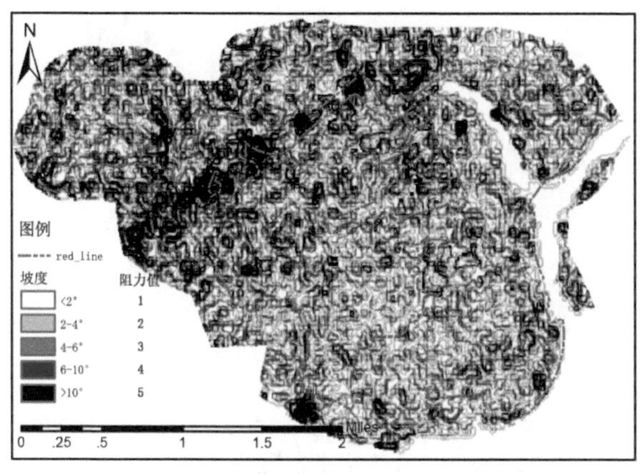

图 8 海珠湿地坡度分布 D5

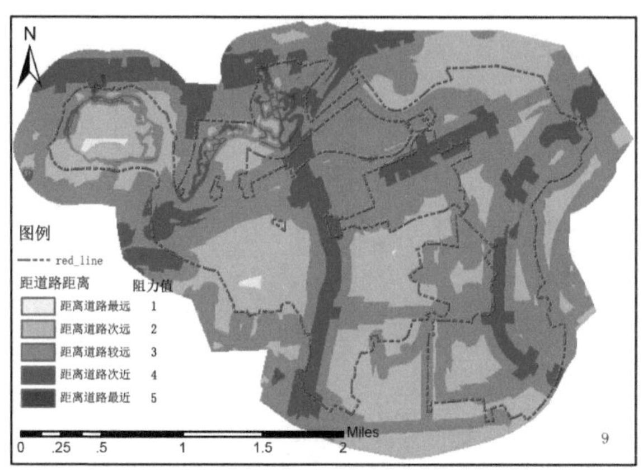

图 9 海珠湿地距道路距离 D6

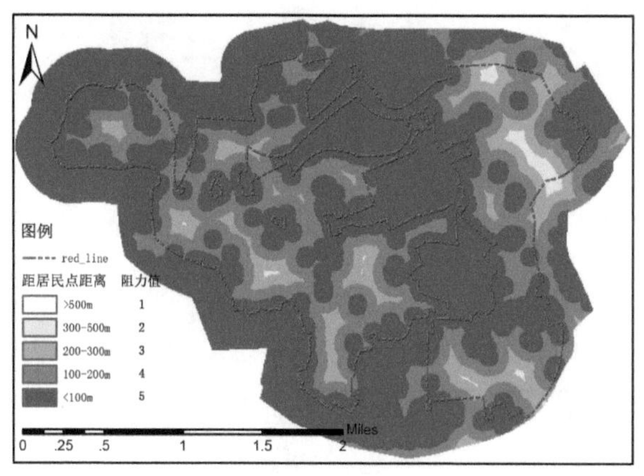

图 10 海珠湿地距居民点距离 D7

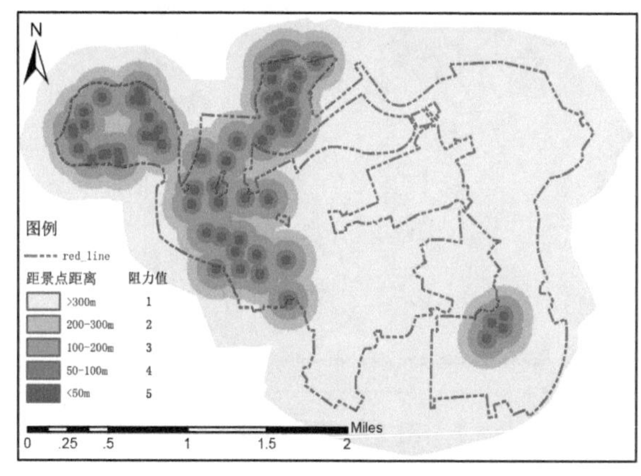

图 11 海珠湿地景点分布及距景点距离 D8

合阻力值，生成海珠湿地鸟类栖息适宜性阻力基面，其中最大阻力值为 4.405 9，多分布于居民区以及城市高速路等城市建设区；最小阻力值为 1.5560，分布在水边的滩地以及河网密布、远离建设区的湿地内部（图 12）。

4.1.2 过程源的确定

在鸟类栖息适宜性的分析中，最小阻力模型构建所需的“源”，即食物最丰富、生态环境质量最优、栖息环境最稳定的空间斑块；对海珠湿地主要鸟类（鹭科、鸭科）而言，即河网密布、水陆交界、植被覆盖度适宜的滩地水域。因此将阻力面中阻力值最低处选做过程源，进而生成最小累积阻力面（图 13）。

4.1.3 生成最小累积阻力表面

以“源”作为起点（图 13），多种环境因子加权叠加所得的阻力基面作为累积要素（图 12），利用式（2），得到鸟类栖息地水平扩张至海珠湿地各处所需的最小累积阻力值，生成最小累积阻力表面（图 14）。可知，受距离以及其他环境阻力影响，距“源”较近的区域呈浅黄色，说明扩张到此处所需累积阻力值较低，之后逐渐由黄绿色过渡到蓝色，即越往外扩展所需累积阻力值越高，特别是扩张到距离源地较远且大量开发建设的居住区，阻力值极大，为 1 648.43。

4.1.4 确定分区阈值

“源”扩张的累积阻力值越大，说明地域单元与“源”的距离越远、与“源”的异质性越高[35]，越不适宜鸟类栖息。借鉴前人的分类方式，认为当扩张穿越过程中存在突变点，在突变点左右阻力值将骤变，因此可以利用差值分类所对应的像元数量变化进行分类[8]。本研究利用 1/2 标准差重分类的方式将适宜性分为 C1 至 C9 九类，根据像元数量的突变情况，选择 C1、C2、C4 作为断点，即 C1、C2、C4 处的阻力值作为临界阈值进行重分类，将海珠湿地最小累积阻力表面划分为四类适宜性分区（图 15、图 16、表 4）。

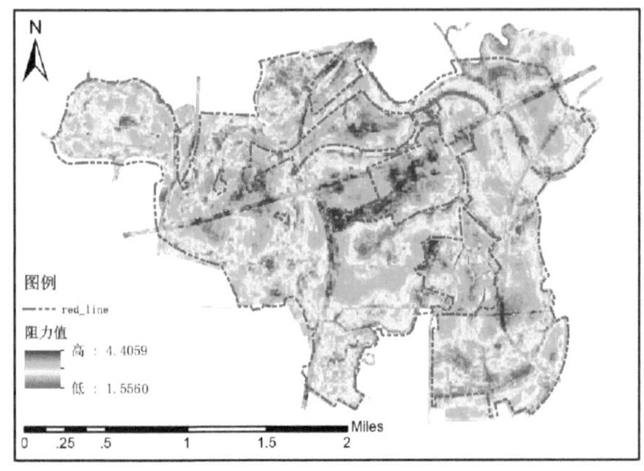

图 12 阻力基面

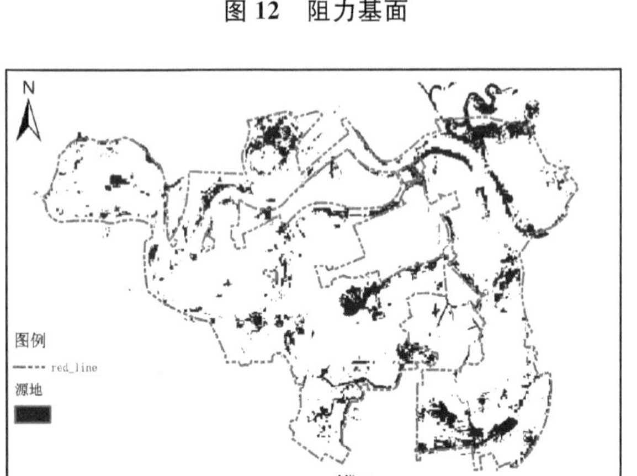

图 13 源地选取

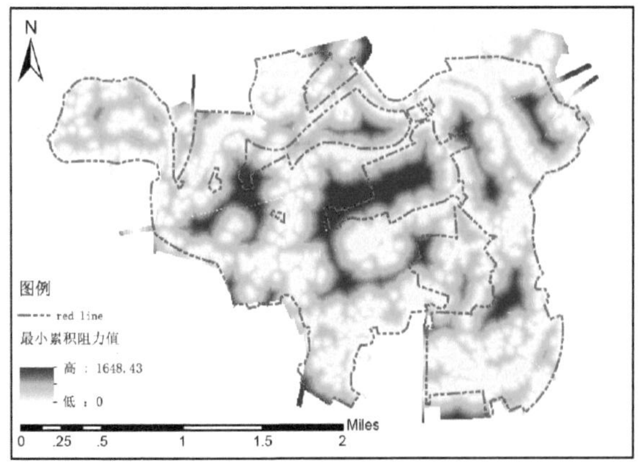

图 14 最小累积阻力表面

表 4 鸟类栖息适宜性分区

鸟类栖息适宜性分区	最小累积阻力分级	像元数量	比例	面积(m^2)
一级适宜区	0～164.8	29 570	0.253 951	2 579 876.487
二级适宜区	164.84～329.69	31 663	0.271 925	2 762 483.234
三级适宜区	329.69～659.37	32 973	0.283 176	2 876 776.037
四级适宜区	659.37～1 648.43	22 234	0.190 948	1 939 836.788

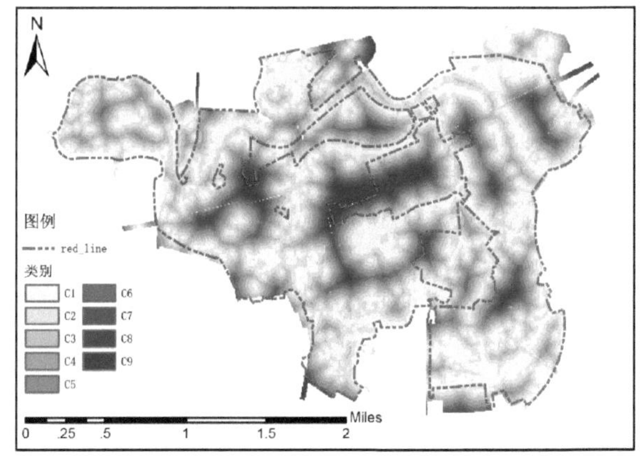

图 15 1/2 标准差重分类类别

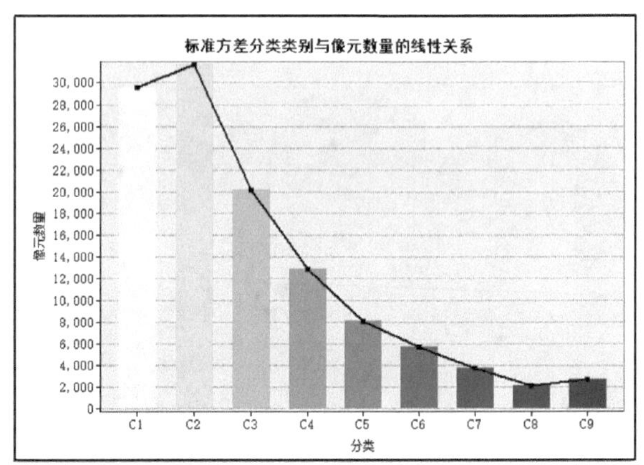

图 16 标准差重分类类别与像元数量关系

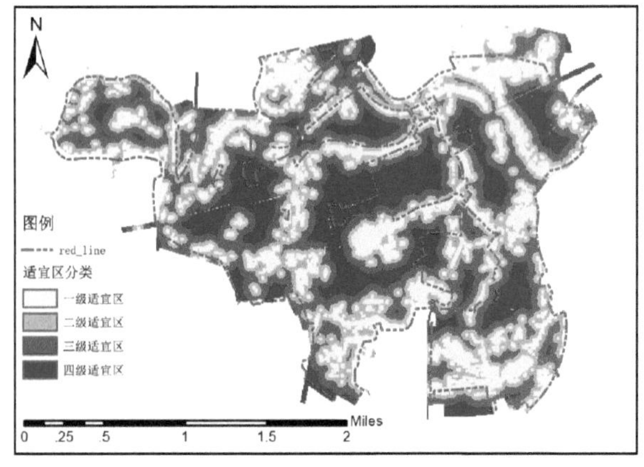

图 17 海珠湿地鸟类栖息适宜性分区

4.2 鸟类最佳穿越路径研究

根据生态连通性理论，生态用地景观空间结构单元之间的连续性程度，是区域生态系统内物质能量流通与交换、基因干扰与传播、物种迁移与扩散、土壤侵蚀与渗透等生态过程的基础与保障[36]。另外，根据岛屿生态地理学理论，鸟类栖

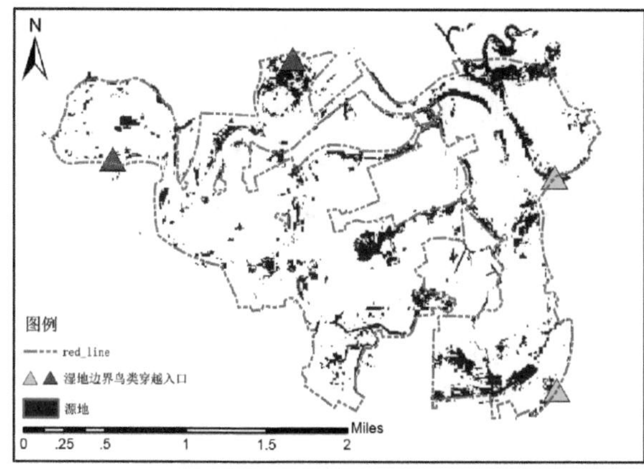

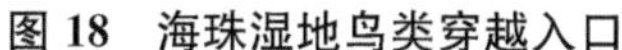
图 18 海珠湿地鸟类穿越入口

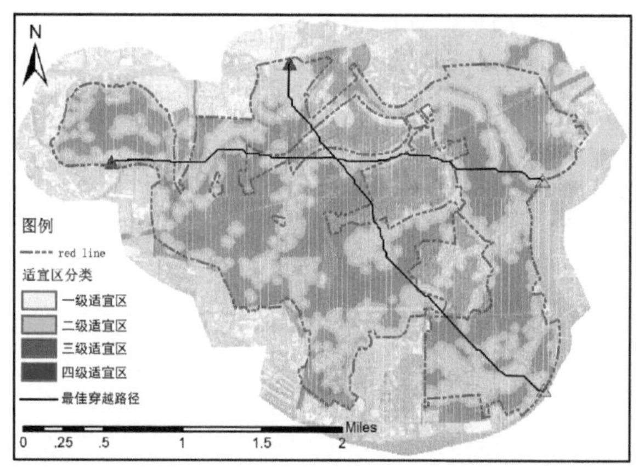

图 19 海珠湿地鸟类穿越最佳路径

表 5 生态用地在各分区中的分布

适宜性分区	水域		滩地		果林		草地		建设用地	
	面积/hm²	占比/%	面积/hm²	占比/%	面积/hm²	占比/%	面积/hm²	占比/%	面积/hm²	占比/%
一级适宜区	90.77	45.51	30.01	62.30	140.37	23.69	13.88	15.91	17.44	7.43
二级适宜区	65.39	31.79	11.14	23.13	156.20	26.36	28.60	32.78	56.92	24.24
三级适宜区	38.67	19.39	4.02	8.35	175.81	29.67	28.47	32.63	82.58	35.17
四级适宜区	4.60	2.31	3.00	6.23	120.12	20.27	16.29	18.67	77.86	33.16
合计	199.43	100.00	48.17	100.00	592.50	100.00	87.24	100.00	234.8	100.00

息斑块的连通性、湿地鸟类飞行路径的连续性对鸟类物种的迁徙和群落增长至关重要。由图 17 可知，鸟类栖息一级适宜区在海珠湿地内部分布比较分散。为了在湿地整体范围内形成鸟类栖息、迁徙活动的良好生境，对鸟类穿越湿地的最佳路径进行模拟和研究。

4.2.1 边界入口的确定

在选取的过程“源”基础上（图 13），在海珠湿地东南西北边界各选择最适的点，作为海珠湿地鸟类活动的出入口，这四个点不仅仅是边界上阻力值最小的点，它本身也处于阻力值最小空间单元聚集的环境中，适宜作为鸟类招引的边界端口（图 18）。

4.2.2 鸟类最佳穿越路径

分别以北侧和西侧作为入口，对应南侧和东侧作为出口，利用 ArcGIS 成本距离工具和成本路径工具进行两次模拟，生成南北和东西两条鸟类穿越最佳路径（图 19）。可见，东西向的最佳穿越路径大多处于一级适宜区内；而南北向路径多次穿越大面积不适于鸟类生长栖息的四级适宜区。

5 结果

将海珠湿地鸟类栖息适宜性分区结果以及鸟类最佳穿越廊道，与海珠湿地公园现状用地类型进行耦合分析，为湿地鸟类保护和管理措施优化提出建议。

5.1 适宜性空间分区与现状用地类型耦合

（1）耦合结果见表 5，滩地和水域分布最密集的区域是一级、二级适宜区，分别占滩地面积的 62.30%、23.13%，水域面积的 45.51%、31.79%；建设用地在三级、四级适宜区分布最多，分别占建设面积的 35.17%和 33.16%；值得注意的是，一二级适宜区仍有建设用地分布，占比分别为 7.43%和 24.24%；而果林在每级适宜区中占比均等。

（2）耦合结果分析。首先，适宜性分区结果与现状用地类型呈现出较强的相关性，一级与二级适宜区集中在湖泊和河道内部及驳岸线向内延伸的区域。海珠湿地中，具有丰富滩涂、水资源的河道、湖泊等靠近湿地公园边界，部分区域甚至直接以水域作为边界与建设用地相接，两者之间缺少一定面积的缓冲区。

其次，湿地中心区域分布着大面积果林，且果林并非最适宜鸟类栖息的“源地”，因此物种扩散由靠近湿地边界的“源地”延伸到果林中心的最小累积阻力过大，使湿地中心区域的果林成为三级甚至四级适宜区。

(3) 保护与生境修复策略建议。针对河道、滩涂等一级适宜区的维持保护来说，由于海珠湿地公园征地建设的历史原因以及周边建设用地的不可抗力，难以形成大面积的缓冲区，可以考虑对建设用地与河道交接的边界进行更严格的物理防御，通过竖直高度的增加和密度的增强弥补水平距离上的不足，例如土坡建设、密植乔灌的方式，保护处于湿地边界的水域，形成生态屏障[37]。

其次，加强果林内部河涌的疏通，特别是加强垛基果林的建设，扩展果林内部的河涌宽度，有利于为鸟类提供更多滩涂和水资源，营造更广阔的一级适宜栖息地，增强湿地生态系统的连通性。

5.2 最佳穿越路径与现状用地类型耦合

(1) 耦合结果见图 19，东西向最佳穿越路径相对平直连续，大多处于一级适宜区内。路线途中受建设用地影响产生轻微偏转，偏转方向顺着河道走向，体现河流廊道在湿地鸟类穿越中的重要性；而南北向路径多次穿越以建设用地为主的四级适宜区。

(2) 最佳穿越路径保护提升：海珠湿地公园内部的大片建设用地(城中村)是海珠湿地建设中的历史遗留问题，成为鸟类穿越不可忽视的干扰因素。因此在湿地修复与保护工作中，针对已建成区域，应从生态角度进行合理干预——根据鸟类最佳穿越路径的分布，结合建设区域内的口袋公园(点)、道路绿化(线)等积极优化已建成区域的生态基底，构建鸟类最佳穿越廊道，其宽度至少保持在 12～30 m，以满足鸟类迁移需求[38]，提高鸟类栖息地一级适宜区的连通性。

6 结论与讨论

6.1 结论

本文以海珠湿地公园及被公园范围包围的城市建成区为研究区域，运用加权叠加法和最小累积阻力模型，针对海珠湿地代表性水鸟，选取土地用地类型、植被覆盖度、距水源距离、距道路距离等 8 个评价因子，对海珠湿地鸟类栖息适宜性进行评价，并在此基础上模拟湿地鸟类在海珠湿地的最佳穿越路径，主要得到以下结论。

(1) 在空间上将海珠湿地划分为四个等级的鸟类栖息适宜性分区，其中一级适宜区表示最适宜鸟类栖息的区域，主要集中在湖泊和河道沿线的滩地及水域部分，面积约为 258.0 hm^2；二级适宜区呈带状分布在一级适宜区周围，面积约为 276.2 hm^2；三级适宜区主要位于果林和居住区外围区域，面积约为 287.6 hm^2；四级适宜区表示对鸟类栖息阻力最大的区域，主要集中在居住区、城市道路等建成区域，面积约为 194.0 hm^2。

(2) 海珠湿地鸟类栖息适宜性的最小累积阻力表面呈现出中间高四周低的分布趋势，中部地区阻力大且集中，周边阻力相对较小但较为分散。这与海珠湿地中心为大片果林，而水域分布靠近边界有关。

(3) 鸟类东西向的最佳穿越路径主要位于北侧河道、滩地附近的一二级适宜区内，较为平直连续，但宽度上较为狭窄；鸟类南北向的最佳穿越路受到中部建设用地、环城高速和快速路的影响较大，造成了生态阻断。

(4) 目前海珠湿地采取了一定的生态管控措施，比如对园内分区限流，对周边建设区进行高度管控，在现有的鸟岛周围利用木材、毛竹等构建生态浮岛，播撒芦苇、菖蒲等水生植物，以提升鸟类栖息、觅食环境等。但在湿地景观修复和管控中忽略了湿地中心大片果林的生态阻力，忽略了湿地公园边界水域因缺少缓冲区，而难以有效发挥生态功能，忽略了湿地中部建设用地斑块对湿地生态完整性破坏造成的严重影响。

6.2 讨论

本研究使用最小累积阻力模型，对海珠湿地鸟类栖息适宜性进行分区，实现了垂直生态过程和水平生态过程的结合。选择鹭科和鸭科进行针对性的评价因子选择和评价体系构建，使结果更具指导意义，为湿地公园的鸟类栖息地精细化的保护管理提供依据，同时也扩展了生态适宜性评价的应用。然而研究结果仍受限于地理信息数据的精度，在 ArcGIS 分析过程中不同数据类型的转换存在误差。现有评价因子的分级标准仅针对空间分布,未考虑质量,如水域要素仅考虑了距水的距离,对水区面积、水质、水深、流速等没有进行讨论。后续研究中可实地采样获取质量数据,进一步完善评价体系。

参考文献

[1] 陈燕飞,张翔.河流水环境的可恢复性及其评价研究[J].应用基础与工程科学学报,2016,24(01):34-46.

[2] 吕金霞,王文杰,蒋卫国,陈征,荔琢,邓雅文. 湿地可恢复性评价方法及其应用——以天津滨海新区为例[J]. 环境工程技术学报,2020,10(01):9-16.

[3] 欧阳宁雷. 半湿润半干旱区湿地可恢复性评价方法研究[D]. 长沙:中南大学,2012.

[4] 杨轶,赵楠琦,李贵才. 城市土地生态适宜性评价研究综述[J]. 现代城市研究,2015,30(04):91-96.

[5] Knaapen J.P, Scheffer Mand Harms B. Estimating habitat isolation in landscape planning[J]. Landscape and Urban Planning, 1992, 23(1):1-16.

[6] 俞孔坚. 生物保护的景观生态安全格局[J]. 生态学报,1999,(01):8-15.

[7] 刘孝富,舒俭民,张林波. 最小累积阻力模型在城市土地生态适宜性评价中的应用——以厦门为例[J]. 生态学报,2010,30(02):421-428.

[8] 田倩倩,黄凤莲,王开心,等. 自然保护区土地生态适宜性评价——以湖南省万佛山自然保护区为例[J]. 浙江大学学报(农业与生命科学版),2020,46(02):201-208.

[9] 李健飞,李林,郭泺,等. 基于最小累积阻力模型的珠海市生态适宜性评价[J]. 应用生态学报,2016,27(01):225-232.

[10] 黄丽明,陈健飞. 广州市花都区城镇建设用地适宜性评价研究——基于MCR面特征提取[J]. 资源科学,2014,36(07):1347-1355.

[11] 匡丽花,叶英聪,赵小敏.基于最小累积阻力模型的土地生态适宜性评价——以鄱阳县为例[J]. 江西农业大学学报,2014,36(04):903-910.

[12] 毛子龙,杨小毛,赖梅东. 成都龙泉山地区建设用地生态适宜性评价[J]. 四川环境,2011,30(06):63-68.

[13] 贺文龙,殷守强,门明新,张利. 基于景观连通性的怀来县未利用地开发建设适宜性评价[J]. 中国生态农业学报,2016,24(07):969-977.

[14] 杨凯,曹银贵,冯喆,等. 基于最小累积阻力模型的生态安全格局构建研究进展[J]. 生态与农村环境学报,2021,37(05):555-565.

[15] 张嫣,纪芳华,裘鸿菲,等. 基于生态敏感性与适宜性耦合的湿地公园边界规划探究——以武汉东湖国家湿地公园为例[J]. 中国园林,2019,35(11):81-86.

[16] 汪辉,余超,李明阳,等. 基于CLUE-S模型的湿地公园情景规划——以南京长江新济洲国家湿地公园为例[J]. 长江流域资源与环境,2015,24(08):1263-1269.

[17] 唐虹,冯永军,刘金成,等. 广州海珠湿地生态修复过程中的鸟类多样性研究[J]. 野生动物学报,2018,39(01):86-91.

[18] 海珠湿地. 听说最近流行绿色?真正的绿色气质在这里[EB/OL]. https://mp.weixin.qq.com/s/y6hN6fISdguWxtu6kN2qKQ,2018-08-31.

[19] 国家高原湿地研究中心,云南省林业科学院,西南林业大学. 广东海珠湖国家湿地公园总体规划(2013—2022)[Z],2012.

[20] 李桐.基于水鸟栖息地保护的珠江三角洲湿地公园设计研究[D]. 广州:华南理工大学,2017.

[21] 唐虹,冯永军,刘金成,梁健超,毕肖峰,范存祥,胡慧建,杨锡涛. 广州海珠湿地生态修复过程中的鸟类多样性研究[J]. 野生动物学报,2018,39(01):86-91.

[22] 舒永培,柳建良,刘念,等. 广州市海珠区果树保护区规划建设保护要素研究[J]. 安徽农业科学,2009,37(03):1051-1053.

[23] 余平. 广州市海珠湿地果园景观改造研究[D],广州:仲恺农业工程学院,2014.

[24] 陈霭雯,韦娅,朱志军. 广州海珠生态城生态安全格局的基础构建研究[J]. 西部人居环境学刊,2015,30(04):43-47.

[25] 张波. 城市湿地的修复、利用与持续发展——广东海珠国家湿地公园一、二期保护建设[J]. 广东园林,2015,37(02):49-53.

[26] 刘奕彤. 基于鸟类栖息地适宜性评价的江口鸟洲景观规划研究[D]. 衡阳:南华大学,2019.

[27] 吴昊. 洞庭湖湿地生态系统特征与水禽生境适宜性评价研究[D]. 长沙:湖南师范大学,2010.

[28] Lambeck R. Focal Species: A Multi-Species Umbrella for Nature Conservation[J]. Conservation Biology, 1997, 11(4):849-856.

[29] 黄润峰,李海生,陈嘉瑜,等. 广州海珠国家湿地公园鸟类食源植物研究[J]. 生态科学,2021,40(01):52-61.

[30] 田波,周云轩,张利权,等. 遥感与GIS支持下的崇明东滩迁徙鸟类生境适宜性分析[J]. 生态学报,2008,28(07):3049-3059.

[31] http://xxfb.mwr.cn/ssIndex.html

[32] 戴强，袁佐平，张晋东，等. 道路及道路施工对若尔盖高寒湿地小型兽类及鸟类生境利用的影响[J]. 生物多样性，2006,14(02)：121-127.

[33] 季婷，张雁云. 环境噪音对鸟类鸣声的影响及鸟类的适应对策[J]. 生态学杂志，2011，30(04)：831-836.

[34] 马建章，程鲲.自然保护区生态旅游对野生动物的影响[J]. 生态学报，2008,28(06)：2818-2827.

[35] 刘道飞，宋崴，王冬明，常守志，丁新亮，韩维峥，孙丽娜. 基于最小累积阻力模型的长吉生态安全格局构建[J]. 地理空间信息，2019，17(11)：87-91.

[36] 李谦，戴靓，朱青，等. 基于最小阻力模型的土地整治中生态连通性变化及其优化研究[J]. 地理科学，2014，34(06)：733-739.

[37] 郭燕华. 城市湿地生态保护与恢复:以广州海珠国家湿地公园为例[J]. 湿地科学与管理，2021，17(02)：58-61.

[38] 朱强，俞孔坚，李迪华. 景观规划中的生态廊道宽度[J]. 生态学报，2005,25 (09)：2406-2412.

作者简介:向碧辉,华南理工大学研究生。研究方向:风景园林规划设计。

马佳星,华南理工大学研究生。研究方向:风景园林规划设计。

基于城市水景观开发的河流健康分析模型研究

——以广西百色市右江为例

朱 江 靳聪聪 毛 锋

摘 要 基于突变理论与可变模糊集理论建立耦合模型,用于分析滨江城市水景观开发建设对城市河流生态健康的影响。通过对百色市水景观建设前后的比较研究,确定城市河流生态健康状态。与传统评价方法相比,文中提出的耦合模型可有效避免河流健康评级体系中各指标的主观影响,从而实现对城市河流健康的合理评估。

关键词 城市水景观建设;突变理论;可变模糊集理论;城市河流生态健康

1 发展背景下的现代城市滨水区

1.1 现代城市滨水区现状

滨水地段的景观是城市景观设计的重点之一,也是最容易突出城市个性的敏感地带。近几年,国内城市建设突飞猛进,每个城市都在精心打造自己的形象,而城市滨水地段日益成为城市建设的重点。合理地规划利用城市的滨水空间,对于改善城市环境、维护城市内在空间品质、提升城市固有特色具有非常积极的意义[1]。滨水区在城市的自然系统和社会系统中具有多方面的功能,如水利、交通、游憩、城市形象以及生态功能等,滨水工程涉及航运、河道治理、水源储备与供应、调洪排涝、植被及动物栖息保护、水质、能源、城市安全以及建筑和城市设计等多方面的内容。

滨水景观的空间类型根据水体的走向、形状、尺度的不同,可以分为线状空间、带状空间和面状空间 3 种。本文所要研究的滨水线形景观是指水面较宽阔、空间开敞、堤岸兼有防洪、道路和景观等多重功能的带状空间布局,如以滨水为主题的滨水带状公园等,它既是陆地的边沿,也是水的边缘,是自然要素与人工景观要素相互平衡、有机结合的统一体。

随着城市化进程的不断加快,我国大部分城市的发展极大地改变了原有天然河流状况,城市河道出现了河道填塞、水质恶化、渠道化趋势明显等问题。城市河流的问题引发城市发展瓶颈:城市防洪能力不足、城市内涝频繁、生态景观退化明显等[2]。

由于过度开发和污染排放的叠加影响,许多城市滨水区的环境容量和生态承载力不堪重负,生态系统遭到破坏,而河道堵塞、水域减少和过度的人工作用,又使得滨水区生态结构失稳,最终致使城市整体生态系统失调;另一方面,一味地追求功利的开发,侵吞着城市仅有的水空间,优美的生活岸线受到污浊工业区的排挤。对滨水区的消极利用和长期荒废,也是对其环境特色的破坏。

1.2 现代城市滨水区河流健康评价方法的选择

现代城市滨水区发展的综合性与多样性决定了其研究的复杂性。

运用环境评价分析的手段和方法,结合突变理论、可变模糊集、社会学、环境行为学等相关理论,可对城市滨水景观进行量化评价研究,并探索其设计可运用的具体方法。

采用合理的城市水景观数学评价模型,对进行阶段性城市滨水景观开发的区域河流进行科学评估是十分必要的。传统 AHP 和灰色理论等在一定程度依赖专家咨询,突变理论(catastrophe theory)和可变模糊集理论(variable fuzzy set theory)CT-VFS 耦合模型一定程度上避免了专家打分咨询法的主观性;在 CT-VFS 耦合模型计算中,采用突变理论建立城市水景观综合评价指标体系、评价标准和递级突变模型,结合可变模糊

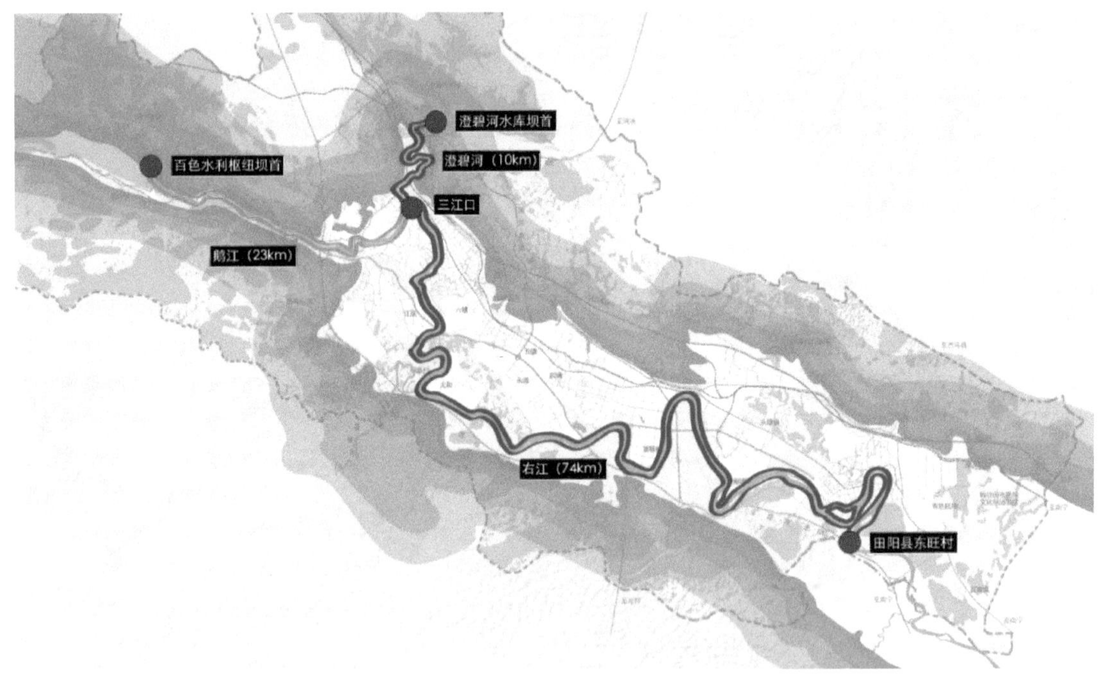

图1　百色市右江水系概况图

集理论对体系多指标进行权重分析。通过可变模糊集对城市河流健康评价体系二级指标进行客观化计算，确定指标权重；按照各指标权重大小，确定依突变理论分析的二级指标，控制变量顺序，结合两种方法最终确定二级指标的综合系数。

2　百色市水系概况与开发情况分析

2.1　百色市水系概况

百色市位于广西壮族自治区西部，总面积3.63万 km^2，是广西地域面积最大的地级市。百色市地处云贵高原向广西丘陵过渡的地带上，山地、丘陵、盆地、岩溶相间交错，地形比较复杂。[3]

百色市有三个水系：一是右江水系，它是百色市的主要水系，自西北向东南，纵贯市域中部，至平果流入崇左市，在境内流域面积 30 243 km^2（图1）；二是左江水系，它在百色市控制流域面积 1 561 km^2；三是红水河水系。红水河自百色市西北部发源于云南省东部的清水江起，与云贵边界的黄泥河汇合后为南盘江，至乐业县境与贵州省北盘江汇合，境内流域面积 12 615 km^2。

百色水系主要功能有防洪泄洪、蓄洪排涝、水上运输、灌溉、供水、水产养殖、环境景观、生态功能等。右江是百色经济的重要因子，其相关产业包括航运、港口、农业、水产等，是推动百色经济繁荣和发展的水系条件之一。右江水质较好，是百色市工业用水重要水源。福禄河与百东河水质良好，但是滨水景观并未得到有效开发。

右江两侧支流水库星罗棋布（主要有澄碧河水库、百东河水库、那龙水库、那满水库、百笔水库等），对右江起着调节水量的作用，有效灌溉 95 万多亩稻田。澄碧河水质良好，上游的澄碧湖大型水库为百色市生活饮用水源，水库下游主要为景观娱乐及工业用水区，但现状开发利用不足。

百色市大型水库如那音水库、澄碧湖水库、德利水库以及百林水库等多以发电为主，结合灌溉、工业供水以及航运等综合利用。百色市境内水资源总量约为 216 亿 m^3。

按《2017 年百色市环境质量报告书》，百色市水源采样点，分别为澄碧湖水库取水点和东笋取水断面，每月进行取样分析，分析项目中 1 月、7 月为 28 项，其余月份 10 项。现状水资源污染主要是百色主城区及田阳片区内工业企业（以糖厂、造纸厂为主）排放的工业废水引起。

在百色市主要水系的 408 个水质监测断面中，Ⅰ-Ⅲ类水质断面比例占 57.1%；近岸海域 299 个海水水质监测点中，达到国家一、二类海水水质标准的监测点占 72.9%，水质总体上持续好转，但部分水体仍然污染严重。

2.2 百色水系开发情况分析

城市滨水景观开发需要融合考虑城市"水安全、水环境、水文化、水经济、水生态"等各个方面。城市滨水景观开发的重点之一就是增加城市水面率,加大河、人工湖、闸坝两岸园林绿化措施等系列工程的应用。通常可采用建设城市人工湖库来提高城市水面率,完善城市内河网水系,建设泵站等水利设施。

百色市滨水景观开发主要通过对综合各类基础建设工程、水环境整治和水景观建设三个方面进行规划建设,如表1所示,以此提升整个城市河流健康状况。

表1 城市水系工程规划

综合水利工程	水环境整治	水景观建设
人工湖库建设	河道清淤治理	滨水绿化建设
城市湿地扩建	生态河道建设	河道水源扩建
拦水闸坝建设	城市水体治理	生态驳岸建设
河道综合治理	溪流生态恢复	城市水系连通

百色市水系开发主要通过河道主槽扩挖、河道局部堤外成湖,以及新建拦蓄水建筑物等工程措施对市区及近郊河道进行水面扩展。将现有水系以及未来新规划的河流、湖泊、区域水系进行连通,以实现整个水系的动态循环。[4]城市水景观开发不仅能够有效改善城市河流健康状况,而且可提高河道调蓄能力,减轻水旱灾害损失,通过建设各种设施可对河流流量合理调蓄,并联合运用下游河道工程,可以减少河流的洪峰流量,防洪除涝,增加河道景观水面,改善人居生活环境,促进社会的协调发展。

3 CT-VFS 耦合模型

城市河流健康评价是一个复杂的多指标评价体系,模糊性和不确定性是对其准确评价的难点。城市河流健康状况评价的方法不断发展,就评价原理而言,可大致将这些评价方法分为预测模型法和多指标评价法。其中最具代表性的为ISC方法,它构建了包括河流水文特征、物理构造特征、河岸带状况、水生生物等5个方面,共19项指标的评价指标体系[5]。

多因素指标体系的综合评价已经发展了较多的评估方法,如模糊综合评价法、层次分析法和集对分析法等。这些方法大多需要对评价指标赋予相应的权重,这些权重值存在一定主观性。为更加客观、合理地评价河流生态健康,本文将突变理论与可变模糊集理论有效结合起来,形成CT-VFS耦合模型[6]。该耦合模型采用归一化对评估指标体系中各个区间值数据进行量化计算,继而减少了综合评价的主观性,使分析、决策以及评判更加准确、合理。

3.1 突变理论

法国数学家Thom于1972年创立突变理论,该理论建立于拓扑动力学、积分学、奇点理论以及结构稳定性等数学基础之上[7],专门用来研究不连续现象,特别适用于内部作用机理尚未确知的复杂系统的研究,而本文研究的城市河流健康评价正属于这种情况。突变理论中模型由一个势能函数 $f(x)$ 决定,对 $f(x)$ 求一阶及二阶导数,并令其等于0,获得该模型的平衡曲面和平衡曲面的奇点集;再由方程 $f'(x)=0$ 和 $f''(x)=0$ 联立,消去状态变量,得到含控制变量的分歧方程;而后对分歧方程进行归一化处理,使变量的取值范围在0～1之间,确保同模糊隶属函数取值相符,由此突变原理和模糊数学有机结合。然后使用突变级数法,对城市河流健康体系进行层次分解,对分歧点集推导出不同突变系统的相应归一化公式。对于常见的5种突变模型,其势函数及归一化公式见表2。

3.2 可变模糊集理论

可变模糊集方法以相对差异函数为基础,计算得出评价对象与标准等级之间的隶属关系[8],这样就充分利用了隶属度信息,使评价结果更加合理准确。本文采用相对隶属度计算河流的二级评价指标,详细计算步骤如下。

(1) 城市河流健康评价的样本集 $\{x_1 \quad x_2 \quad \cdots \quad x_m\}$,$x_{ij}$ 为样本 j 的第 i 个指标特征值,则样本特征值矩阵为:

$$X=\begin{bmatrix} x_{11} & x_{12} & \cdots & x_{1n} \\ x_{21} & x_{22} & \cdots & x_{2n} \\ \vdots & \vdots & \vdots & \vdots \\ x_{m1} & x_{m2} & \cdots & x_{mn} \end{bmatrix}=(x_{ij}) \qquad (1)$$

表 2　突变模型及归一化公式

突变理论	变量维数	势函数	归一公式
折叠突变	1	$f(x)=x^3+ax$	$x_a=\sqrt{a}$
尖点突变	2	$f(x)=x^4+ax^2+bx$	$x_a=\sqrt{a},x_b=\sqrt[3]{b}$
燕尾突变	3	$f(x)=x^5+ax^3+bx^2+cx$	$x_a=\sqrt{a},x_b=\sqrt[3]{b},x_c=\sqrt[4]{c}$
蝴蝶突变	4	$f(x)=x^6+ax^4+bx^3+cx^2+dx$	$x_a=\sqrt{a},x_b=\sqrt[3]{b}$, $x_c=\sqrt[4]{c},x_d=\sqrt[5]{d}$
印第安人茅舍突变	5	$f(x)=x^7+ax^5+bx^4+cx^3+dx^2+ex$	$x_a=\sqrt{a},x_b=\sqrt[3]{b}$, $x_c=\sqrt[4]{c},x_d=\sqrt[5]{d},x_e=\sqrt[6]{e}$

注：x 为状态变量；a、b、c、d、e 为控制变量。

(2) 样本的各评价指标按 c 个级别划分区间，且令 1 级优于 2 级，2 级优于 3 级，…，c 级最差，建立各级指标标准值区间矩阵：

$$I_{ab}=\begin{bmatrix}[a_{11},b_{11}] & [a_{12},b_{12}] & \cdots & [a_{1c},b_{1c}]\\ [a_{21},b_{21}] & [a_{22},b_{22}] & \cdots & [a_{2c},b_{2c}]\\ \vdots & \vdots & \vdots & \vdots\\ [a_{m1},b_{m1}] & [a_{m2},b_{m2}] & \cdots & [a_{mc},b_{mc}]\end{bmatrix}=[a_{ih},b_{ih}] \tag{2}$$

式中，$i=1,2,\cdots,m$ 为样本评价指标数，$h=1,2,\cdots,c$ 为评价等级数。

(3) 根据指标标准值区域矩阵 I_{ab}，建立评判等级的变动区间范围值矩阵 I_{cd}，指标 i 的范围区域$[c_{ih},d_{ih}]$，根据 I_{ab} 中指标标准区间两侧相邻区间上下限值确定：

$$I_{cd}=\begin{bmatrix}[c_{11},d_{11}] & [c_{12},d_{12}] & \cdots & [c_{1c},d_{1c}]\\ [c_{21},d_{21}] & [c_{22},d_{22}] & \cdots & [c_{2c},d_{2c}]\\ \vdots & \vdots & \vdots & \vdots\\ [c_{m1},d_{m1}] & [c_{m2},d_{m2}] & \cdots & [c_{mc},d_{mc}]\end{bmatrix}=[c_{ih},d_{ih}] \tag{3}$$

(4) 确定矩阵 I_{ab} 吸引域区间$[a_{ih},b_{ih}]$相对隶属度等于 1 的点值矩阵 M：

$$M=\begin{bmatrix}M_{11} & M_{12} & \cdots & M_{1c}\\ M_{21} & M_{22} & \cdots & M_{2c}\\ \vdots & \vdots & \vdots & \vdots\\ M_{m1} & M_{m2} & \cdots & M_{mc}\end{bmatrix}=(M_{ih}) \tag{4}$$

(5) 将评价样本指标 i 的特征值 x_{ij} 与级别 h 指标 i 的 M_{ih} 进行比较，确定指标 x_{ij} 隶属于各个级别的相对隶属度矩阵。

若 x_{ij} 落在 M_{ih} 的左侧，其相对隶属函数为：

$$\left.\begin{aligned}&\mu_{\underset{\sim}{A}}(x_{ij})_h=0.5\left(1+\frac{x_{ij}-a_{ih}}{M_{ih}-a_{ih}}\right);\\ &x_{ij}\in[a_{ih},M_{ih}],\\ &\mu_{\underset{\sim}{A}}(x_{ij})_h=0.5\left(1-\frac{x_{ij}-a_{ih}}{M_{ih}-a_{ih}}\right);\\ &x_{ij}\in[c_{ih},a_{ih}],\end{aligned}\right\} \tag{5}$$

若 x_{ij} 落在 M_{ih} 的右侧，其相对隶属函数为：

$$\left.\begin{aligned}&\mu_{\underset{\sim}{A}}(x_{ij})_h=0.5\left(1+\frac{x_{ij}-b_{ih}}{M_{ih}-b_{ih}}\right);\\ &x_{ij}\in[b_{ih},M_{ih}],\\ &\mu_{\underset{\sim}{A}}(x_{ij})_h=0.5\left(1-\frac{x_{ij}-b_{ih}}{d_{ih}-b_{ih}}\right);\\ &x_{ij}\in[b_{ih},d_{ih}],\end{aligned}\right\} \tag{6}$$

根据式(5)、(6)计算样本 j 指标 i 对各个级别的相对隶属度矩阵：

$$U=\begin{bmatrix}\mu_A(x_1)_1 & \mu_A(x_1)_2 & \cdots & \mu_A(x_1)_c\\ \mu_A(x_2)_1 & \mu_A(x_2)_2 & \cdots & \mu_A(x_2)_c\\ \vdots & \vdots & \ddots & \vdots\\ \mu_A(x_n)_1 & \mu_A(x_n)_2 & \cdots & \mu_A(x_n)_c\end{bmatrix} \tag{7}$$

3.3 建立 CT-VFS 耦合模型

将突变理论与可变模糊集理论相结合，建立

表 3 城市河流健康评价体系及梯级突变模型

一级指标	二级指标	健康	亚健康	亚病态	病态	重病态	2018 年数值
A	地下水质达标率 A_1	90～100	70～90	50～70	30～50	≤30	68
	河道水质污染指数 A_2	≤1	1～2	2～3	3～4	≥4	1.7
	污水处理率 A_3	90～100	80～90	60～80	40～60	≤40	86
B	水资源开发利用率 B_1	≤20	20～30	30～40	40～50	≥50	42
	生态环境需水保证率 B_2	90～100	80～90	60～80	40～60	≤40	75
	人均水资源量 B_3	3 000～4 000	2 000～3 000	1 000～2 000	500～1 000	≤500	850
	河岸植被覆盖率 B_4	70～100	60～70	50～60	40～50	≤40	52
C	底栖动物种类 C_1	30～35	25～30	20～25	10～20	≤10	14
	鱼类种类 C_2	20～25	15～20	10～15	5～10	≤5	6
	水生植物种类 C_3	40～50	30～40	20～30	10～20	≤5	32
D	河床稳定性 D_1	90～100	80～90	70～80	50～70	≤50	82
	河岸稳定性 D_2	90～100	80～90	70～80	50～70	≤50	95
	河道断流机率 D_3	≤20	20～30	30～40	40～50	≥50	45
	河岸湿地退化率 D_4	≤30	30～40	40～50	50～70	≥70	35
	泄洪调蓄能力 D_5	90～100	80～90	70～80	50～70	≤50	80

表 4 各级指标权重值

指标	A_1	A_2	A_3	B_1	B_2	B_3	B_4	C_1	C_2	C_3	D_1	D_2	D_3	D_4	D_5
权重	0.269	0.308	0.423	0.261	0.357	0.218	0.164	0.356	0.489	0.154	0.178	0.104	0.264	0.205	0.189

城市河流生态健康评价 CT-VFS 耦合模型[9-10]，具体步骤如下。

(1) 构建城市河流健康评价体系。城市河流健康评价指标涉及多学科、多领域，评价指标的筛选应遵循充分考虑整体性、代表性、区域性和规范化等原则。

(2) 通过可变模糊集对体系二级指标原始数据进行处理，得到指标权重值。

(3) 通过突变理论确定体系突变类型，对指标进行处理，得到对应突变级数。

(4) 依据权重值进行量化递归运算。

(5) 结合突变理论和可编模糊集对二级指标值进行综合系数分析。

(6) 将二级指标的综合系数作为新的突变级数进行分析。

(7) 将一级指标进行互补性分析得到城市河流健康突变级数，进行等级判断。

4 百色市案例研究和分析

结合百色市河流生态指标和指标选择原则，参照梯级突变模型构成城市河流健康评价体系以及对应的评价等级，如表 3 所示，其中 A 为水质(燕尾突变)、B 为水生态(蝴蝶突变)、C 为河流生物(燕尾突变)、D 为水文特征(印第安人茅舍突变)。

4.1 计算可变模糊集

对于相对隶属度矩阵采用模糊层次分析法进行求解，即可得到对应的二级指标的各个权重值。针对本文研究内容，计算得到各级指标的权重值，如表 4 所示。

4.2 突变理论分析

结合可变模糊集对二级指标权重的分析，作

表 5　综合评价系数

指标	A_1	A_2	A_3	B_1	B_2	B_3	B_4	C_1	C_2	C_3	D_1	D_2	D_3	D_4	D_5
权重	0.307	0.129	0.564	0.264	0.424	0.164	0.149	0.351	0.478	0.171	0.196	0.120	0.274	0.198	0.212

为各突变模型对应系数的取值顺序，并将其对应的权重和突变理论的隶属函数进行加权，得到二级指标的综合结果，结合互补准则计算出总隶属突变函数值。指标 A_1、A_2 和 A_3 组成互补燕尾突变模型，将初始数据归一化处理，采用归一化公式对隶属函数进行计算：

$$X_{A_1}=0.68^{\frac{1}{2}}=0.825, X_{A_2}=0.34^{\frac{1}{3}}=0.698,$$

$$X_{A_3}=0.86^{\frac{1}{4}}=0.963$$

同理可以得到其他二级指标对应值：

$$X_{B_1}=0.52^{\frac{1}{2}}=0.721, X_{B_2}=0.213^{\frac{1}{3}}=0.597,$$

$$X_{B_3}=0.42^{\frac{1}{4}}=0.805$$

$$X_{C_1}=0.64^{\frac{1}{2}}=0.8, X_{C_2}=0.35^{\frac{1}{3}}=0.705,$$

$$X_{C_3}=0.24^{\frac{1}{4}}=0.699$$

$$X_{D_1}=0.95^{\frac{1}{2}}=0.975, X_{D_2}=0.82^{\frac{1}{3}}=0.936,$$

$$X_{D_3}=0.8^{\frac{1}{4}}=0.946, X_{D_4}=0.35^{\frac{1}{5}}=0.811,$$

$$X_{D_5}=0.45^{\frac{1}{6}}=0.875$$

4.3　综合系数

由于同一评价指标在不同项目中可能有不同的客观权重，为全面反映评价指标的合理性，最终确定各指标的综合权重，综合评价系数为：

$$\lambda_i=\omega_i X_i / \sum_{i=1}^{n} \omega_i X_i \tag{8}$$

根据公式，结合二级指标对应权重值，进行归一化处理得到指标 A_1、A_2 和 A_3 的综合评价系数为：

$$\lambda_{A_1}=\frac{\omega_i X_i}{\sum_{i=1}^{n} \omega_i X_i}=\frac{0.269\times 0.825}{0.269\times 0.825+0.698\times 0.308+0.963\times 0.423}=0.307$$

$$\lambda_{A_2}=0.129 \quad \lambda_{A_3}=0.564$$

同理，得到对应河流健康体系二级指标对应的综合评价系数，如表 5 所示。

将综合评价系数按照权重的大小排序后，作为新的各层对应突变级数进行计算，再结合互补性原则完成上一层指标的计算。以 A_1、A_2 和 A_3 指标为例，最后计算得到对应的指标 A 的均值：

$$X_A=\frac{[(X_{A_2})^{\frac{1}{2}}+(X_{A_1})^{\frac{1}{3}}+(X_{A_3})^{\frac{1}{4}}]}{3}=\frac{[(0.129)^{\frac{1}{2}}+(0.307)^{\frac{1}{3}}+(0.564)^{\frac{1}{4}}]}{3}=0.634$$

同理可以得到 $X_B=0.623$，$X_C=0.650$，$X_D=0.626$。

根据对应的二级指标综合评价系数得到百色市河流综合评价系数：

$$X_{2012}=\frac{[(X_B)^{\frac{1}{2}}+(X_D)^{\frac{1}{3}}+(X_A)^{\frac{1}{4}}+(X_C)^{\frac{1}{5}}]}{4}=\frac{[(0.623)^{\frac{1}{2}}+(0.626)^{\frac{1}{3}}+(0.634)^{\frac{1}{4}}+(0.650)^{\frac{1}{4}}]}{4}=0.864$$

根据表 6 中的评价标准和以上分析得出的综合评价系数，可以判断出，经过城市水景观开发后的百色市河流健康状态属于亚健康状态。

表 6　河流健康状态评价标准

等级	健康	亚健康	亚病态	病态	重病态
评价指数	1～0.9	0.9～0.8	0.8～0.7	0.7～0.6	<0.6

5　结语

(1) 通过量化的评估分析，可得出对百色市河流生态健康状况的基本判断，为下一步的水景观规划开发和保护提供了依据。

(2) 现代城市滨水景观的研究越来越具有学科综合性、交叉性的特点，复杂程度也愈来愈高，引入其他学科使用成熟的数理分析方法，不失为一条可行的研究路径。

(3) 现代城市水景观的规划与评价更须从区域和流域的层面来考量，运用系统的思维与分析方法，从而得出相对合理的判断与结论，减少局限性。

(4) 建立城市水景观开发建设的生态底线思维模式，城市河流生态健康状况的基本评价应成为城市涉水开发建设活动的第一环节，在水治理程序制度上予以确认，以确保水生态红线不被触碰。

参考文献

[1] 郭红雨，蔡玉楠.城市滨水区的开发与再开发[J].热带地理 2010,30(2):121-126.

[2] 曾旭东，张振华.基于区域生态优先的城市滨水景观规划设计：以重庆嘉陵江草街滨江景观规划为例[J].中国园林 2010,26(8):49-53.

[3] 黎树式，曾令锋.广西右江流域产业协调发展初步研究[J].广西师范学院学报：自然科学版，2005,22(3):30-35.

[4] 李新萍，郝多虎，段朋.右江谷地景观格局空间分异特性遥感研究[J].国土资源遥感，2011,23(3):95-99.

[5] 边博，程小娟.城市河流生态系统健康及其评价[J].环境保护，2006,34(4): 66-69.

[6] 穆征，王方勇，李静，等.基于模糊综合评价模型的河流水质综合评价[J]. 水力发电，2009, 35(4): 11-13.

[7] 赵新华，曹伟.基于突变理论的控制和应用[M].哈尔滨：哈尔滨工业大学出版社，2013.

[8] 罗承忠.模糊集引论[M].2 版.北京：北京师范大学出版社，2007.

[9] 陈守煜.可变模糊集理论与模型及其应用[M].大连：大连理工大学出版社，2009.

[10] 田林钢，靳聪聪，巴超.改进的模糊层次分析法在海堤工程安全评价中的应用[J]. 武汉大学学报(工学版) 2013, 46(3): 317-320.

作者简介：朱江，华南理工大学建筑学院，博士研究生；注册城乡规划师；深圳市建筑设计研究总院建筑规划所副所长。研究方向：景观规划设计。电子邮箱：2379022185@qq.com

靳聪聪，大连理工大学建设工程学部，博士研究生。

毛锋，深圳市建筑设计研究总院综合二所，总建筑师。

基于水陆两域生态系统服务的国土空间优先保护区识别研究*

——以长三角生态绿色一体化发展示范区为例

魏家星 倪雨淳 张昱镇

摘 要 区域一体化和国土空间规划大背景下，识别需优先保护的重要生态空间是构建区域生态安全格局、实现城市精细化保护与发展的有效手段。本研究立足生态系统服务供给效能，以长三角生态绿色一体化发展示范区为例，结合多源数据，从水域、陆域两个层面利用层次分析和模型公式等方法构建综合评价指标体系，对区域进行生态系统服务重要性评价，识别国土空间优先保护区，并基于景观连通性划定保护等级。研究结果表明：1）示范区国土空间优先保护区面积263.37 km²，占全域总面积的12.29%，呈现"西北多东南少"的总体格局；2）识别水域优先保护区面积240.02 km²，与规划蓝线重合率达到81.12%，为江南水乡空间格局保护与开发提供了理论依据；3）识别陆域优先保护区面积23.35 km²，可作为示范区未来国土空间规划优先建设的绿地空间。通过对识别结果的景观连通性评价，分级分类制定生态保护与修复建议，以期进一步优化示范区生态安全格局，为国内其他区域生态空间保护和修复的实施提供参考。

关键词 生态系统服务；优先保护区；水域；陆域；长三角生态绿色一体化发展示范区

生态系统服务（Ecosystem Services，ESs）是指生态系统及所属物种提供的支撑，和维持人类生存福祉必不可少的条件和过程[1-3]，包括供给服务、调节服务、支持服务和文化服务[4]。近年来，生态系统服务供需失调引发了一系列城市热岛、生态用地流失、环境污染、生物多样性减少等生态风险问题，已成为威胁生态安全、制约社会经济可持续发展的重要因素[5]。随着城市规划逐步转向国土空间规划，在土地稀缺与资金有限的双重制约下，准确掌握宏观尺度中区域绿色空间的服务特征并有效且高效地识别国土空间优先保护区，对生物多样性保护、生态安全格局构建、景观生态网络规划等空间决策十分重要。

长三角是中国经济最发达、人口最密集、水乡环境极具特色的区域。长江三角洲区域一体化的国家战略，是习近平总书记于2018年11月亲自提出、谋划和推动的重大部署[6]。随着《长三角一体化发展规划纲要》《长三角绿色生态一体化发展示范区国土空间总体规划（2019—2035年）草案公示稿》[7]（以下简称"《规划草案》"）等文件的陆续颁布，长三角生态绿色一体化发展框架逐步构建成熟。切实推进示范区生态文明建设、优化国土空间合理布局并优先保护重要生态空间，对长三角，乃至国内其他地区区域一体化都有着重大意义。

优先保护区是指自然资源及物种种类丰富、分布合理，生态系统稳定健康及生态系统服务充裕的地区[8]，也是构建区域生态安全格局的基础，其范围的确定对于后续划定生态保护红线、合理布局绿地空间，和提高城乡居民福祉具有重要意义。确定区域国土空间的优先保护区，一方面要求优先保护的地区，对于整个区域的生态保护是有效且相对更高效的；另一方面，需要考虑经费多少、现实操作的难易程度、管理成本等，以便于有重点、分阶段地实施和管控。近年来，国内外针对优先保护区域的识别研究，主要包含以下三种模式：1）根据现有保护区域或土地利用状况直接识别，如自然保护区、风景名胜区等受到法律保护的"红线"内区域[9-10]或生态性城市土地利用类型如绿地、林地等[11]；2）基于形态学空间格局分析

* 国家自然科学基金"基于空间保护优先级的城市群绿色基础设施时空变化及布局研究——以苏南城市群为例"（编号：32001360）；江苏省自然科学基金"改善热环境的城市绿色基础设施网络格局与降温机理——以南京市为例"（编号：BK20190545）；中央高校基本科研业务费"基于空间保护优先级的城市群绿色基础设施时空变化及布局研究——以苏南城市群为例"（编号：130ZJ21195002）。

法，结合斑块功能性评价进行筛选[12-13]；3）构建生态系统服务重要性、生态敏感性和生态稳定性等多角度综合指标体系进行评价[14-18]。综观现有研究，多根据《资源环境承载能力和国土空间开发适宜性评价指南（试行）》[19]（以下简称"《双评价指南》"）内的生态系统服务评价指标直接计算生态系统服务重要性，而忽略了不同区域间主导生态系统服务类型的差异，缺乏针对研究区域生态特征和问题、选择区域关键生态系统服务的综合评价体系构建，导致评价结果在指导国土空间规划布局的实践应用中仍显不足。

示范区作为长三角一体化国家战略走生态优先绿色发展路线的先行实践区域，地跨两省一市，乡镇经济发达、水乡特色明显、自然文化资源丰富。但在快速城市化的进程中，由于建设用地不断侵占压缩生态空间，破碎的水陆两域斑块导致其提供生态系统服务的能力逐年下降，示范区已面临自然资源短缺和生态供给不足，而制约经济社会发展的困境。因此，本文以长三角生态绿色一体化发展示范区为研究对象，根据地域特征及共性生态问题确定区域关键生态系统服务，分为陆域、水域两个层面构建综合评价指标体系并进行重要性评价，将极重要的高供给斑块确定为国土空间优先保护区，最后基于景观连通性评价对优先保护区提出分级管控建议，以期为生态文明建设优先背景下的长三角区域的精细化增长和保护，提供理论及实证的依据，也为国内其他区域生态空间保护和修复规划的实施提供借鉴（图 1）。

1 研究区概况

长三角绿色生态一体化发展示范区（30°45′36″—31°17′24″ E，120°21′36″—121°19′48″ N）位于上海、江苏、浙江两省一市交汇点，包括上海市青浦区、苏州市吴江区和嘉兴市嘉善县全域，是长三角一体化国家战略的先行实践区域（图 2）。国土面积 2143 km^2，地处太湖流域东南侧碟形洼地，地势平坦，湖荡密布，水域面积 438.2 km^2，占总面积比例高达 20.45%，呈现典型的江南水乡地貌。围绕元荡—淀山湖、太湖等重要湖荡及太浦河、京杭运河等河流形成了密集的水乡镇村聚落，自然及人文资源丰厚。

随着快速城镇化的推进，研究区建设用地面积逐渐超越水域，传统的江南水网河湖空间灭失严重，生态斑块破碎，景观连通性降低，防洪排涝形势严峻。同时，中小城镇集群粗放的经济发展

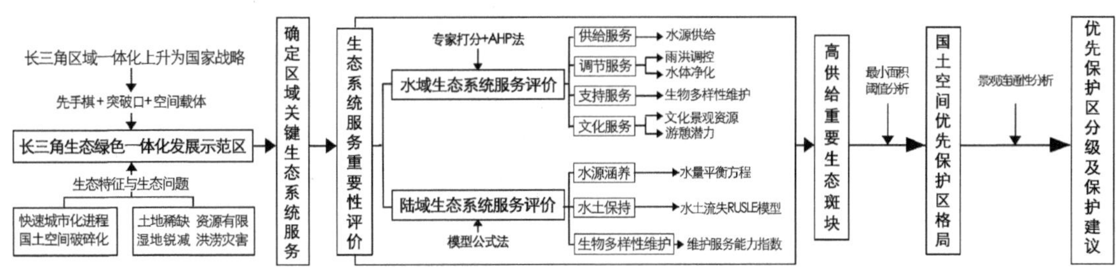

图 1 水陆两域生态系统服务综合评价框架

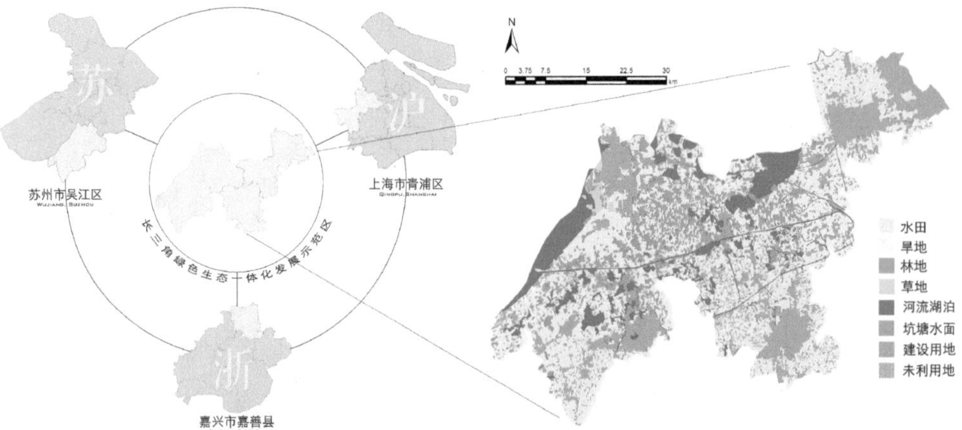

图 2 研究区地理区位及土地利用类型

表 1 数据来源及基本情况

数据名称	数据精度	数据来源	用途
气象数据	500 m	中国气象科学数据共享服务网(2015年)	降雨量、地表径流、降雨侵蚀力因子、生物多样性维护服务能力指数计算
生态系统类型数据	—	全国生态状况遥感调查与评估成果(2015年)	地表径流因子计算
地表蒸散发数据	1 km	国家生态系统观测研究网络科技资源服务系统网站(2015年)	蒸散发因子计算
土壤数据	1 km	国家青藏高原科学数据中心 1∶100 万中国土壤数据集(2015年)	土壤可蚀性、土壤渗流因子计算
DEM 数据	30 m	地理空间数据云网站 DEM 数据集(2018年)	坡度、坡长因子、生物多样性维护服务能力指数、洪水淹没区范围计算
NDVI 数据	1 km	地理空间数据云网站(2015年)	植被覆盖因子计算
NPP 数据	250 m	地理空间数据云网站(2015年)	生物多样性维护服务能力指数计算
土地利用数据	30 m	中国科学院地理科学与资源研究所(2018年)	InVEST 模型输入、得到生产用地类型
道路数据	—	地理空间数据云网站(2018年)	InVEST 模型输入

DEM:数字高程模型,Digital Elevation Model;NDVI:归一化植被指数,Normalized Difference Vegetation Index;NPP:植被净初级生产力,Net Primary Productivity。

方式导致污染排放量增大,场地内湿地生境退化,生态源地亟待保护。这些生态问题成为制约示范区经济发展和国土空间合理布局的重要因素。

2 研究方法

2.1 数据来源

本研究使用的数据主要包括气象数据、生态系统类型数据、地表蒸散发数据、土壤数据、高程数据(DEM)、归一化植被指数(NDVI)、多年植被净初级生产力平均值(NPP)、研究区土地利用数据(LUCC)、研究区路网分布情况等(表 1)。

2.2 确定区域关键生态系统服务

采用生态系统服务重要性评价评估场地生态供给能力,并选取出生态系统服务供给相对重要的区域作为需要重点保护的关键斑块,是识别国土空间优先保护区的有效方法[20]。区域关键生态系统服务是指在特定环境和尺度下,能发挥显著主导作用、对其他服务产生重大影响的生态系统服务类型[21]。本研究将水域生态系统服务确定为区域关键生态系统服务,主要根据以下因素:1)《全国生态功能区划(修编版)》[22]将太湖流域确定为水源涵养极重要区和《规划草案》提出“建设世界级滨水人居文明典范”总体愿景,为水域生态系统服务的区域重要性提供了政策依据;2)研究区具有江南水乡的突出地貌特征,水域面积占研究区总面积的比例超过 1/5,水生态资源作为研究区生态系统的核心要素,对于该地区生态安全格局具有重要影响。因此,本研究在以陆地识别为主的传统模型公式评估方法之外,结合研究区水乡环境,通过构建综合评价指标体系对水域生态系统服务供给进行重要性评价,以提高生态空间识别的准确性。

2.3 生态系统服务重要性评价

2.3.1 水域生态系统服务重要性

参考已有研究[23-25]和联合国千年生态系统评估中的生态系统服务分类方案[4],本研究选择供给服务中的水源供给,调节服务中的雨洪调蓄、水体净化,支持服务中的生物多样性维护和文化服务中的文化景观资源、游憩潜力共 6 大类服务、13 项水域生态供给评价指标因子构建水域生态系统服务重要性评价指标体系,其中支持服务中的生境质量指标,采用 InVEST 模型中的生物多样性模块[26]（表 2）。每项指标因子按自然断点法分级成极重要(9)、重要(7)、一般(5)、不重要(3)、极不重要(1)共 5 个等级，基于专家打分判断各因子的相对重要程度，采用层次分析法（Analytic Hierarchy Process，AHP）得到各项服务的权重关系，按权重分级叠加得出水域生态系统服务重要性评价结果。

2.3.2 陆域生态系统服务重要性

对照《双评价指南》所给出的评价指标[19]，示范区位于长江中下游平原，区域内无海岸线，较少受到风沙侵蚀而导致土壤流失，与防风固沙、海岸防护两项生态系统服务功能关联不大。故本研究结合示范区生态环境特点，选取水源涵养、水土保持、生物多样性维护 3 项生态系统服务构建评价模型进行定量评估，结果同样按自然断点法分成 5 个等级加权叠合(表 3)。

2.4 优先保护区识别

根据生态系统服务的重要性评估结果，分别选取水陆两域中生态价值较高、生态系统服务评价为极重要的斑块，作为优先保护的生态空间。此外，由于生境斑块需要具备一定规模和连续空间，才能对生态安全格局和生物的迁徙流通产生影响，故参考前人研究结果[27]，通过分析重要生态斑块数量及占研究区总面积比例，两者的变化情况，确定生态斑块最小面积阈值，将面积小于阈值的零碎斑块剔除，并对分布集中的小面积斑块适当合并处理，得到最终的国土空间优先保护区范围。

2.5 基于景观连通性的优先保护区分级管控

基于 Conefor 软件平台，参照过往研究[28-29]，通过对比 100～2 000 m 共 11 组距离阈值，最终选取 800 m 为最佳迁徙阈值，连通概率设为 0.5，选择景观相和概率指数(LCP)、可能连通性数据(PC)等数据对筛选出的优先保护区进行优先级评价并提出分级管控建议。相关指数的计算公式参见 Conefor2.6.2 用户指导手册。

3 结果分析

3.1 水域生态系统服务重要性综合评价

运用 AHP 法得到水域生态系统服务重要性评价结果如图 3 所示，其中评价为极重要(9)的生态斑块面积为 272.50 km²，占研究区总面积的 12.72%。指标层地图叠加后，各项生态系统服务的高值区均集中在太湖、元荡—淀山湖两大区域，以及嘉善县和青浦区交界处的长白荡片区、吴江区西南部的太湖周边区域；低值区则与建设用地

表 2 水域生态系统服务重要性评价分级及权重

目标层	准测层 A	权重	准则层 B	权重	指标层(单位)	权重
水域生态系统服务	供给服务	0.496	水源供给	0.496	土壤渗流度(%)	0.081 1
					生产用地类型	0.267 7
					距饮用水源地距离(m)	0.147 3
	调节服务	0.212	雨洪调控	0.176 7	水域面积(km²)	0.080 9
					不透水面积(km²)	0.022 3
					洪水淹没区范围	0.073 5
			水体净化	0.035 4	NDVI 指数(%)	0.023 6
					距湿地距离(m)	0.011 8
	支持服务	0.192	生物多样性维护	0.192	生境质量	0.159 6
					距生物多样性维护区距离(m)	0.031 9
	文化服务	0.100	文化景观资源	0.075 2	距水乡历史遗迹、传统村落距离(m)	0.075 2
			游憩潜力	0.025 1	距历史水路游憩距离(m)	0.020 1
					可视河流湖泊景观次数	0.005 0

表 3　陆域生态系统服务重要性评价指标体系

ES 类型	评估模型与计算公式	指标因子
水源涵养	水量平衡方程 $TQ=\sum_{i=1}^{j}(P_i-R_i-ET_i)\times A_i\times 10^3$	**降雨量因子 *P*:** 气象背景数据集
		地表径流因子 *R*: 地表径流系数 * 降水量,系数按生态系统类型取水域 0%、常绿阔叶林 2.76%、草原 4.78%、耕地 19.2%、建设用地 60%
		蒸散发量因子 *ET*: 地表蒸散发数据集
水土保持	修正通用水土流失 RUSLE 模型 $A_c=A_p-A_r=R\times K\times L\times S\times(1-C)$	**降雨侵蚀力因子 *R*:** 根据全国范围内气象站点多年逐日降雨量资料,通过插值获得
		土壤可蚀性因子 *K*: 中国 1∶100 万土壤数据库得到黏土、粉土、砂土、有机碳含量百分比,计算得 *K* 值
		地形因子 *L*、*S*: 高程数据集 DEM,计算得地形起伏度
		植被覆盖因子 *C*: NDVI 数据集,利用 NDVI 指数计算植被覆盖度,取置信度为 2 计算 NDVI 累积频率
生物多样性维护	生物多样性维护服务能力指数 $S_{bio}=NPP_{mean}\times F_{pre}\times F_{tem}\times(1-F_{alt})$	**多年植被净初级生产力平均值 NPP:** NPP 数据集
		降雨量因子 F_{pre}: 气象背景数据集
		多年平均气温因子 F_{tem}: 根据全国范围内气象站点多年平均气温资料,通过插值获得
		海拔因子 F_{alt}: 高程数据集 DEM

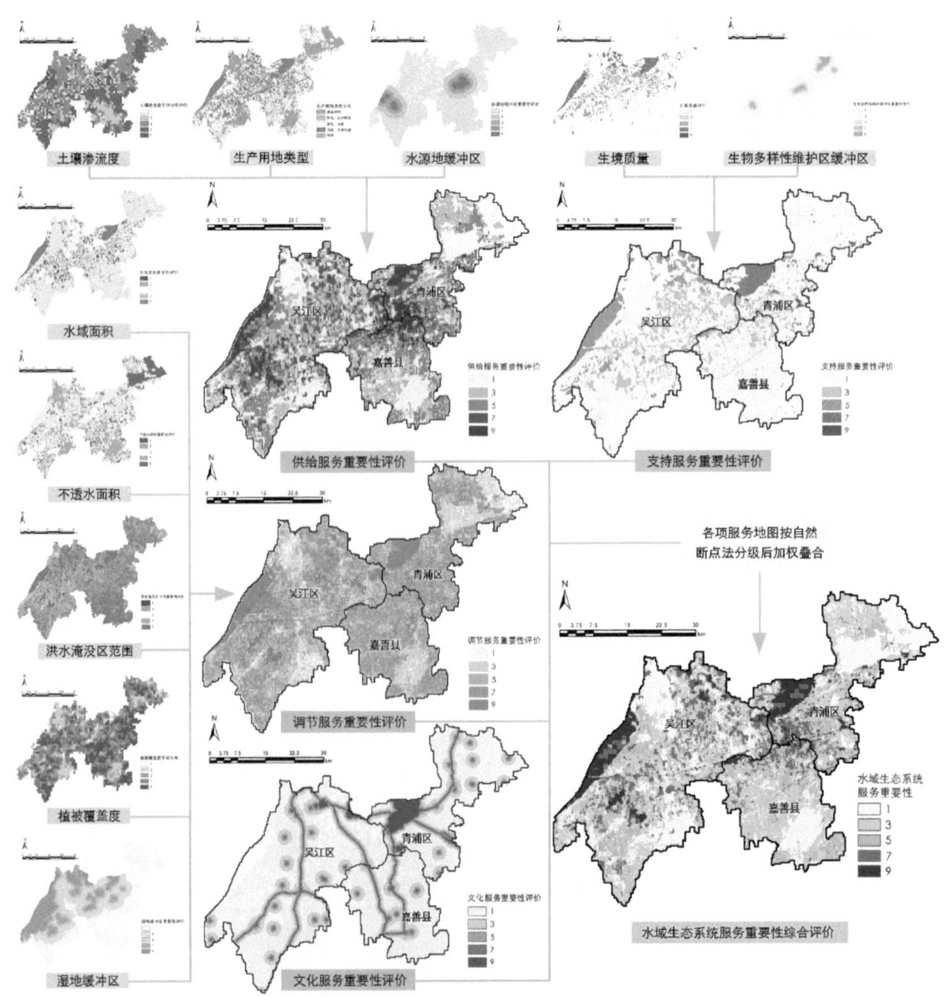

图 3　水域生态系统服务重要性评价结果

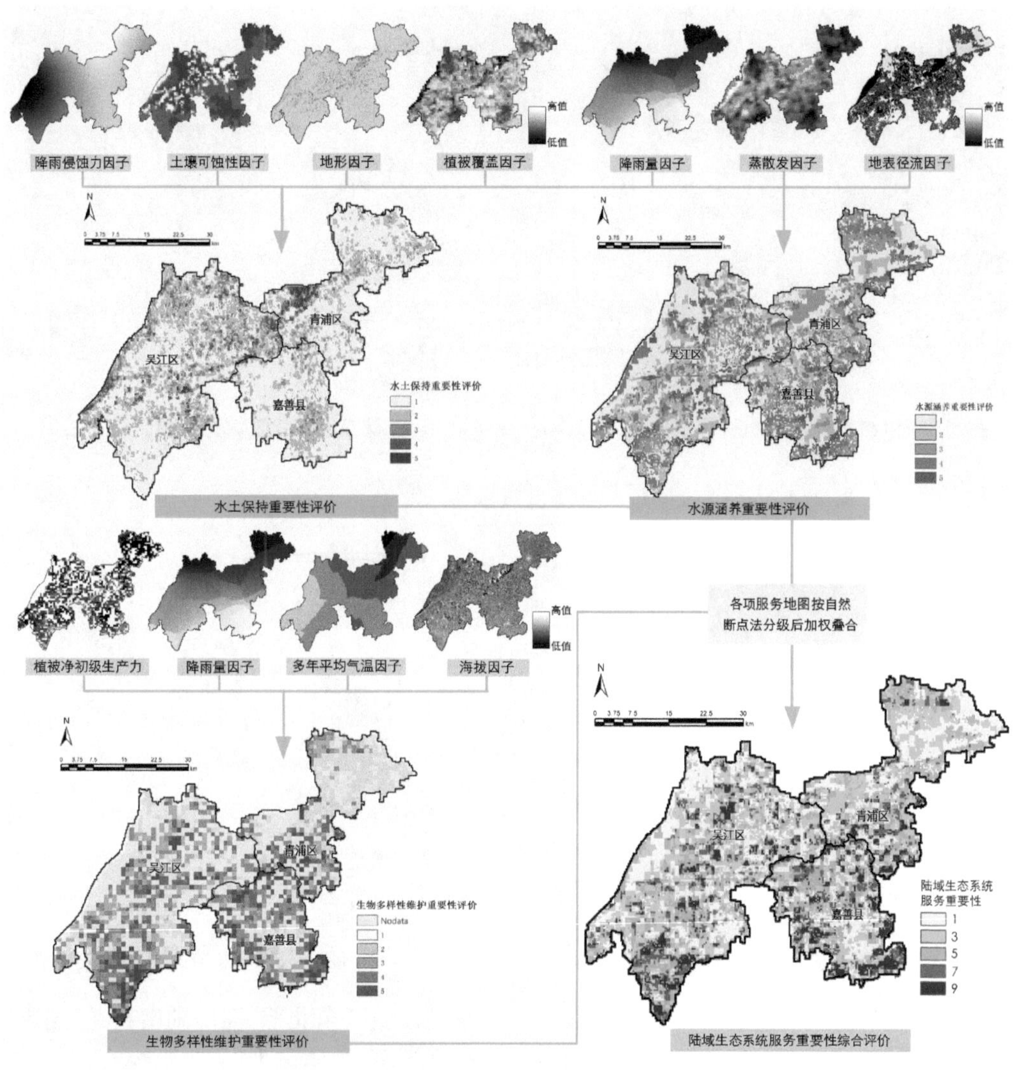

图 4　陆域生态系统服务重要性评价结果

范围大致吻合,高供给水域生态系统服务斑块的空间格局较为分散。其中,供给服务主要受太浦河—长白荡、太湖庙港两个饮用水水源地影响;调节服务与水域斑块面积存在较强关联,场地东南部分破碎斑块则重要性较低;支持服务中淀山湖片区发挥主要生境作用,而低值区则包括绝大部分耕地和建设用地;文化服务高值区则反映了历史遗迹、传统镇村、历史水路等水乡文化景观资源丰富的区域。

3.2 陆域生态系统服务重要性综合评价

利用 GIS 将单因子生态系统服务重要性地图按权重叠置,得到的陆域生态系统服务重要性评价结果如图 4 所示,其中评价为极重要(9)的生态斑块面积为 34.31 km^2,占研究区总面积的 1.60%。相比水域重要生态斑块,陆域高值区空间布局上集中在研究区东南部,斑块破碎化严重,且基本分布在城镇周边近郊区域。这是由于郊区受城市环境辐射影响,植被覆盖较少,蒸散发量较农田、林地更小,但城市地表的不透水层界线清晰,城郊自然土壤渗透性与更外围的耕地环境相差无几,地表径流量较低,则降雨后城郊地区能留存相对最多的水量。低值区则集中在各城区内部和大面积水域周边。

3.3 优先保护区的筛选与识别

3.3.1 最小面积阈值确定

综合陆域、水域生态系统服务重要性评价结果,合并两次评价中提供极重要(9)生态系统服务的高供给区域(图 5)。通过改变该区域的最小面

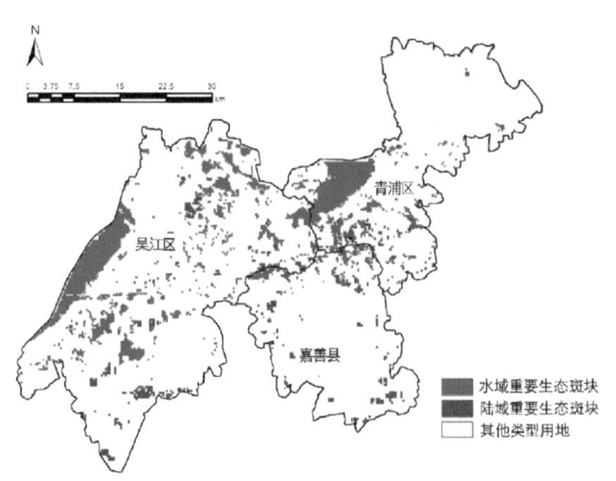

图 5 高供给重要生态斑块识别结果

图 7 研究区优先保护区分布格局

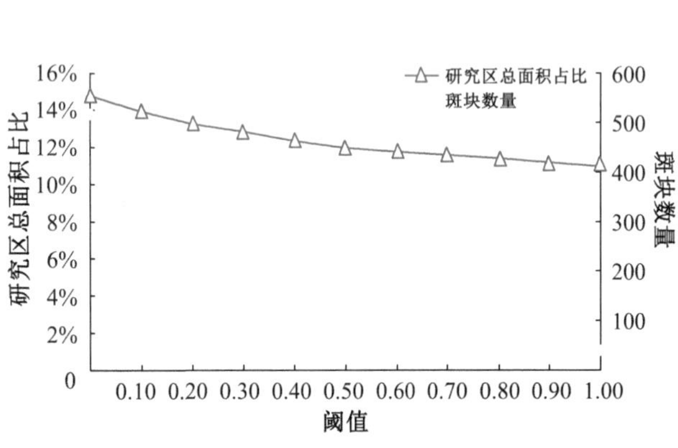

图 6 优先保护区最小面积阈值变化

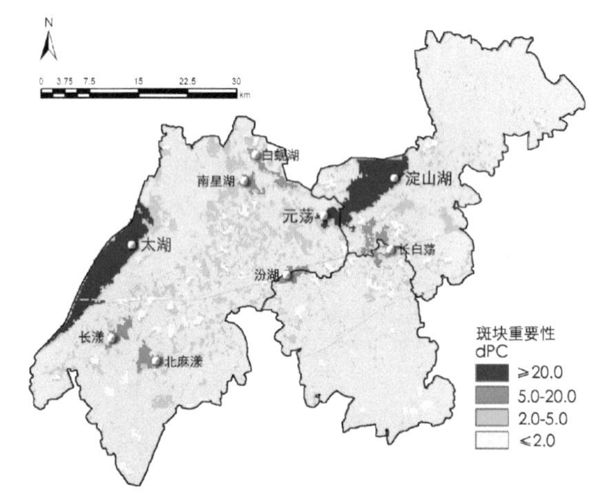

图 8 优先保护区斑块重要性评价

积阈值可以看到，斑块数量及所占研究区总面积比例随最小面积阈值的增大而下降。斑块面积占研究区总面积的比例维持在 14.8%～10%之间，而斑块数量在阈值为 0～0.4 km^2 时快速下降，在 0.4 km^2 之后下降曲线逐渐平缓(图 6)。因此设定斑块最小面积阈值为 0.4 km^2，将面积小于此阈值且分散的零碎斑块剔除，得到研究区国土空间优先保护区分布格局。

3.3.2 国土空间优先保护区分布格局

如图 7 所示，在剔除破碎化程度较高、空间布局分散的小斑块后，筛选得到长三角生态绿色一体化发展示范区优先保护区共 80 个生态斑块，面积为 263.37 km^2，占研究区总面积的 12.29%，其中陆域空间面积 1.09%，水域空间面积 11.20%。土地类型上，陆域、水域优先保护区面积占比悬殊，仅在吴江高新区、嘉善城区、吴江城区周边分布有零星陆域生态斑块。分布位置上，主要包括太湖、元荡—淀山湖两大湖荡，吴江区南部北麻漾、长漾、研究区中心位置的汾湖等中型湖荡，以及吴江城区东北部、淀山湖南部、汾湖周边的连片小型湖荡，总体呈现“北多南少、西多东少”的空间分布特征。

3.3.3 保护区优先级识别结果

基于景观连通性分析结果，根据斑块重要性(dPC)对国土空间优先保护区进行分级，dPC＞20.0 作为一级优先保护区，5.0＜dPC≤20.0 作为二级优先保护区，2.0＜dPC≤5.0 和 dPC≤2.0 的则分别作为三、四级优先保护区。由图 8 所示，一级优先保护区主要包括太湖和元荡—淀山湖两大区域，对研究区生态系统服务供给及区域生态环境具有决定性影响，应禁止对生态环境有危害的开发建设活动；二级优先保护区共 6 个斑块，均在单项生态系统服务上有较大贡献，但斑块较为破碎，需加强景观连通性，扩大生境规模；三、四级斑块零散分布在研究区内，主要集中在吴江区南部高新区西侧、吴江区最北部以及三个县级行政区交界处，可化零为整，作为研究区内生境建设的关键节点(表 4)。

表 4 国土空间保护区优先级分布情况统计及保护建议

保护区优先级	斑块名称	斑块重要性(dPC)	保护面积/km^2	土地利用类型	位置	保护建议
一级	太湖	41.26	63.23	水域	吴江区最西部	保护庙港饮用水源地，维持太湖生物多样性，整治坡岸提升蓄洪排涝能力
	元荡—淀山湖片区	41.13	57.85	水域、林地	青浦区与吴江区交接处，朱家角镇西南部，金泽镇北部	加强湿地建设，充分发挥淀山湖高生境质量的净化功能，打造环湖廊道，立足当地文化建立研究区水乡客厅
二级	太浦河—长白荡片区	11.56	14.01	水域	青浦区与嘉善县交接处，淀山湖南部，金泽镇附近	保护长白荡饮用水源地，加强与淀山湖和太浦河沿线湖荡的沟通，提高生态物质交流
	白蚬湖片区	7.68	7.45	水域	吴江区最北部，周庄镇西南部	靠近村庄，提升河浜连通性、净化水质，改善乡村生态环境
	北麻漾	6.37	8.91	水域	吴江区南部，震泽镇西部	靠近高新区，严禁工业污染排放，加强对湖泊生物多样性的保护
	汾湖	5.96	7.16	水域	青浦区与吴江区交接处，太浦河中部	作为太浦河核心斑块，加强水源保护和连接度，构建太浦河清水绿廊
	南星湖	5.88	5.77	水域	吴江区北部，白蚬湖西部	靠近村庄，提升河浜连通性、净化水质，改善乡村生态环境
	长漾	5.77	7.83	水域	吴江区南部，震泽镇北部	靠近高新区，严禁工业污染排放，加强太湖沟通和对湖泊生物多样性的保护
三级	九里湖、南参荡、石头潭、郎中荡、太阳岛等	2.0～5.0	30.20	水域、林地	吴江区北部，南星湖西侧湖荡；吴江区东部，元荡西南部湖荡；吴江区最南部，高新区内部；青浦区淀山湖东部	建立水生态保护区或湿地公园，加强对现有斑块的保护与培育，清淤疏浚，拓宽整治，开展湖滨林带绿地建设，形成具有规模的郊野游憩空间
四级	大莲湖、祥符荡、方家荡等	0～2.0	60.97	水域、林地	散布研究区各处，吴江区北麻漾、长漾及青浦区长白荡周边分布较多	防止交通网络或城市建设对其的侵占，加强绿化建设连通周边大湖，为野生动物培养安全的迁徙廊道

4 结论与讨论

4.1 讨论

当前区域一体化生态绿色发展背景下，通过“双评价”方法优化国土空间合理布局、识别重要国土空间优先保护，成为区域绿色发展和生态文明建设的重要议题之一[30]，近年来在浙江省、西安市鄠邑区和珠江三角洲等地的国土空间格局规划中已有较系统的应用[31-33]，为本研究提供了诸多可借鉴的方法。但以往研究对“双评价”中生态系统服务评价模型的应用，主要集中于较大尺度的陆域或水系面积占比较小的场地，对于水生态系统服务占据主导服务类型的情况鲜有涉及。

作为山地、林地资源缺乏而湖荡资源丰富的典型江南水乡地区，仅在陆域范围内采用模型公式法进行评估，无法体现水乡基地特有的水域生态价值。因此本研究选择水域生态系统服务作为区域关键生态系统服务，构建综合评价指标体系，同时弥补了常规“双评价”方法中的重要性评估仅能针对陆域环境的局限性，使分析结果更加全面。将《规划草案》中划定的重要湖荡蓝线与研究识别所得国土空间优先保护区叠加可发现，太湖、元荡—淀山湖、汾湖等76座湖荡区基本都位于优先保护区范围内，空间重合率达到81.12%，由此表明，研究区国土空间优先保护区的识别结果较为可靠(图9)[34]。此外，识别结果还将重要湖荡周边的湿地、林地及近郊或靠近水源的耕地纳入优先保护区。在农田资源充足而林地、草地极为有限的情况下，对照《规划草案》提出的需在2035年前将森林覆盖率由8.6%提升至12%的预期目标，新增绿地空间将成为研究区未来生态建设的重点，优先保护区可作为示范区郊野绿地、森林公园等生态用地的选址参考。

受到研究区域尺度、数据获取精度等方面的影响，本文在水陆综合评价体系构建、重点生态源地筛选方法上也存在一定局限性。后续研究可从以下方面展开：1）基于多源数据探索水域生态系统服务定量评估方法，耦合水陆两域定量评价公式，形成适用场地范围更广、服务类型更全面的生态系统服务综合评价模型；2）区域生态系统服务往往存在多种功能的重叠与交错[35]，可结合供给与需求的协调关系，探讨不同生态系统服务之间协同或权衡的相关性对特定尺度区域生态空间识别造成的影响；3）在国土空间规划和长三角生态绿色一体化建设的相关背景下，进一步对优先保护区识别后的廊道构建、战略点提取和保护建设策略实践进行研究。

4.2 结论

在长三角一体化国家战略发展背景下，本文以长三角绿色生态一体化发展示范区为例，进行基于水陆两域生态系统服务的国土空间优先保护区识别研究，研究结果表明：

1）研究从陆域、水域两个层面建立综合评价指标体系，识别得到80个优先保护区斑块，总面积263.37 km^2，占全域面积的12.29%，总体呈现“北多南少、西多东少”的格局。改善了以往研究聚焦陆域环境的局限性，使区域国土空间优先保

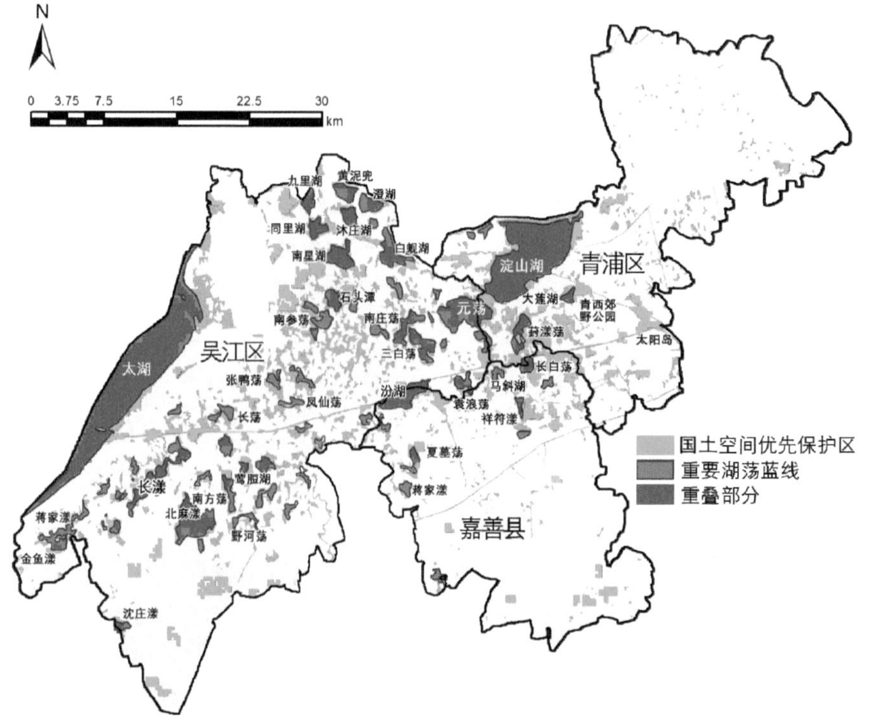

图9 重要湖荡蓝线与国土空间优先保护区分布对比

护区的识别方法更完整全面。

2）选取水域生态系统服务为区域关键生态系统服务进行重要性评价，筛选对区域生态系统具有重要影响的水域优先保护区共 240.02 km²，与示范区规划蓝线重合率高达 81.12%，为区域生态绿色一体化发展背景下，江南水乡空间的存续提供了较为可靠的理论依据。

3）综合评估得到陆域保护区共 23.35 km²，多为近郊或靠近水域的耕地，占国土空间优先保护区面积的 8.87%。在农田资源充足而林地、草地极为有限的情况下，新增绿地空间将成为研究区未来生态建设的重点。选择识别所得的陆域斑块作为示范区优先建设的绿地空间，可为示范区公园绿地的选址和区域森林覆盖面积的提升，提供更为经济合理的路径。

参考文献

[1] Daily Ged. Nature's Service: Societal Dependence on Natural Ecosystems [J]. Island Press. Washington DC, 1997.

[2] 傅伯杰，张立伟. 土地利用变化与生态系统服务：概念、方法与进展[J]. 地理科学进展，2014，33(04)：441-446.

[3] Srikanta S, Suman C, Pawan K. J. et al. Ecosystem service value assessment of a natural reserve region for strengthening protection and conservation [J]. Journal of Environmental Management, 2019, 244: 208-227.

[4] Millennium Ecosystem Assessment. Ecosystems and Human Well-Being: Our Human Planet: Summary for Decision-makers[M]. Island Press, Washington, D.C, 2005.

[5] 彭建，吕丹娜，董建权，等. 过程耦合与空间集成：国土空间生态修复的景观生态学认知[J]. 自然资源学报，2020，35(01)：3-13.

[6] 习近平. 共建创新包容的开放型世界经济——在首届中国国际进口博览会开幕式上的主旨演讲[J]. 中华人民共和国国务院公报，2018(33)：5-8.

[7] 上海市规划和自然资源局，江苏省自然资源厅，浙江省自然资源厅. 长三角绿色生态一体化发展示范区国土空间总体规划（2019—2035 年）草案公示稿.(2020-06-18). http://ghzyj.sh.gov.cn/ghgs/20200617/970bdc96c4f8425c8ab0aa57438a6622.html

[8] 王良杰，马帅，许稼昌，等. 基于生态系统服务权衡的优先保护区选取研究——以南方丘陵山地带为例[J]. 生态学报，2021，41(05)：1716-1727.

[9] 韩宗伟，焦胜，胡亮，等. 廊道与源地协调的国土空间生态安全格局构建[J]. 自然资源学报，2019，34(10)：2244-2256.

[10] 刘华斌，杨梅，李宝勇，等. 基于生态安全的城市绿色廊道系统规划研究——以南昌市为例[J]. 中国园林，2020，36(04)：122-127.

[11] 张远景，俞滨洋. 城市生态网络空间评价及其格局优化[J]. 生态学报，2016，36(21)：6969-6984.

[12] 王玉莹，沈春竹，金晓斌，等. 基于 MSPA 和 MCR 模型的江苏省生态网络构建与优化[J]. 生态科学，2019，38(02)：138-145.

[13] 黄河，余坤勇，高雅玲，等. 基于 MSPA 的福州绿色基础设施网络构建[J]. 中国园林，2019，35(11)：70-75.

[14] 纪然，丁金华. 基于水生态系统服务供需关系的苏南乡村空间形态重构[J]. 规划师，2019，35(20)：5-12.

[15] 吴健生，张理卿，彭建，等. 深圳市景观生态安全格局源地综合识别[J]. 生态学报，2013，33(13)：4125-4133.

[16] 陈昕，彭建，刘焱序，等. 基于"重要性—敏感性—连通性"框架的云浮市生态安全格局构建[J]. 地理研究，2017，36(03)：471-484.

[17] Liquete C, Kleeschulte S, Dige G, et al. Mapping green infrastructure based on ecosystem services and ecological networks: A Pan-European case study[J]. Environmental Science & Policy, 2015, 54: 268-280.

[18] Ramyar R, Saeedi S, Bryant M, et al. Ecosystem services mapping for green infrastructure planning-The case of Tehran [J]. Science of the Total Environment, 2020, 703: 135466.

[19] 自然资源部. 资源环境承载能力和国土空间开发适宜性评价指南（试行）.(2020-01-19). http://gi.mnr.gov.cn/202001/t20200121_2498502.html

[20] 彭建，赵会娟，刘焱序，等. 区域生态安全格局构建研究进展与展望[J]. 地理研究，2017，36(3)：407-419.

[21] Li Xiao, Yu Xiao, Wu Kening, et al. Land-use zoning management to protecting the Regional Key Ecosystem Services: A case study in the city belt along the Chaobai River, China[J]. The Science of the Total Environment, 2021, 762: 142167.

[22] 环境保护部，中国科学院. 全国生态功能区划（修编版）.(2015-11-23). http://www.mee.gov.cn/gkml/hbb/bgg/201511/t20151126_317777.htm

[23] 余珮珩，冯明雪，刘斌，等. 顾及生态安全格局的流域生态保护红线划定及管控研究——以云南杞麓湖流域为例[J]. 湖泊科学，2020，32(01)：89-99.

[24] 郭洋，杨飞龄，王军军，等."三江并流"区游憩文化生

态系统服务评价研究[J].生态学报,2020,40(13):4351-4361.

[25] Shen Jiake,Guo Xiaolu,Wang Yuncai.Identifying and setting the natural spaces priority based on the multi-ecosystem services capacity index[J].Ecological Indicators,2021,125:107473.

[26] 侯红艳,戴尔阜,张明庆.InVEST模型应用研究进展[J].首都师范大学学报(自然科学版),2018,39(04):62-67.

[27] 张晓琳,金晓斌,韩博,等.长江下游平原区生态网络识别与优化研究——以常州市金坛区为例[J].生态学报,2021,41(09):3449-3461.

[28] 杜志博,李洪远,孟伟庆.天津滨海新区湿地景观连接度距离阈值研究[J].生态学报,2019,39(17):6534-6544.

[29] 吴茂全,胡蒙蒙,汪涛,等.基于生态安全格局与多尺度景观连通性的城市生态源地识别[J].生态学报,2019,39(13):4720-4731.

[30] 周道静,徐勇,王亚飞,等.国土空间格局优化中的"双评价"方法与作用[J].中国科学院院刊,2020,35(07):814-824.

[31] 夏皓轩,岳文泽,王田雨,等.省级"双评价"的理论思考与实践方案——以浙江省为例[J].自然资源学报,2020,35(10):2325-2338.

[32] 白娟,黄凯,李滨."双评价"成果在县(区)级国土空间规划中的应用思路与实践[J].规划师,2020,36(05):30-38.

[33] 丹宇卓,彭建,张子墨,等.基于"退化压力-供给状态-修复潜力"框架的国土空间生态修复分区——以珠江三角洲为例[J].生态学报,2020,40(23):8451-8460.

[34] 张豆,渠丽萍,张桀滈.基于生态供需视角的生态安全格局构建与优化——以长三角地区为例[J].生态学报,2019,39(20):7525-7537.

[35] 陶岸君,王兴平.面向协同规划的县域空间功能分区实践研究:以安徽省郎溪县为例[J].城市规划,2016,40(11):101-112.

作者简介:魏家星,南京农业大学风景园林系系主任,副教授。研究方向:风景园林规划与生态修复。

倪雨淳,南京农业大学风景园林系在读硕士研究生。研究方向:风景园林规划与生态修复。

张昱镇,南京农业大学风景园林系硕士研究生。研究方向:风景园林规划与生态修复。

基于 Xpdrainage 模拟的绿地雨水源头调蓄系统定量设计与评估*

——以上海共康绿地为例

谢长坤　王哲栋　于冰沁　车生泉

摘　要　探索绿地雨水源头调蓄系统的定量设计与评估模式，对城市雨水径流管控有重要意义。本研究以上海共康绿地作为研究对象，以 Xpdrainage 作为模拟分析手段，探索上海绿地雨水源头调蓄系统定量设计与评估的模式。通过对共康绿地地表径流路径、径流总量和积水区域模拟，确定了雨水源头调蓄设施数量和空间分布位置，提出了引导型、滞渗型和综合型雨水源头调蓄系统多种方案；经模拟评价，综合型雨水源头调蓄 A 方案可以对 1a、3a、5a 重现期降雨条件下径流控制率达到 100%、99.8%、98.2%，对 210 mm 暴雨条件的雨水径流控制率达 81.9%，B 方案则可以提升到 94.7%，综合型雨水源头调蓄方案最优。本研究可为绿地源头雨水调蓄功能优化定量设计提供技术借鉴，促进海绵城市建设。

关键词　Xpdrainage 模拟；雨水源头调蓄；绿地；定量设计；评估

随着气候变化加剧，城市雨洪问题成为重要的气象灾害之一，针对城市地表径流的管控成为社会关注的重点问题[1]。城市绿地作为城市主要的自然空间，是发挥雨水源头管控的重要场所[2]。然而城市绿地同时也承载着重要的游憩休闲功能，在以往城市绿地设计中，重点关注绿地内的雨水排放，而对其调蓄功能关注不足。同时大量的游人进入和干扰，导致土壤下渗减弱，绿地对雨水的滞、渗、蓄等功能降低，多数绿地对雨水的源头调蓄功能有限[3]。因此探寻优化绿地雨水源头调蓄功能的设计与评估方法，对整个城市雨洪管控有重要的价值。

对雨水径流的定量模拟与分析是对绿地雨水源头调蓄系统设计与评估的关键路径。目前相关的模型与软件较多，从适用的区域范围对这些软件进行划分，一般可分为流域、城镇以及单元尺度水文水力模型，部分模型包括跨尺度的多种水文水力模型。流域水文水力模型关注整体水环境水生态的格局，关注流域划分、区域性地表径流以及洪涝危机的预测、非点源污染的扩散与迁移、水环境生态系统的相关影响。在这个尺度上较少使用水力模型，一般以水文水质模型为主，其中比较著名的有 BASINS 模型族，WMS 模型族，TOPMODEL，Catchment sim 等，在流域水文模拟、防洪预警等方面运用较多[4-6]。城镇水文水力模型通常包括水文、水力、水质模块，主要应用于城市或者社区尺度水文水利规划和设计，目前主要使用的模型有 SWMM、InfoWorks ICM 和 MUSIC 等，在城市或社区雨水系统管理规划上得到了广泛使用[7-9]。单元尺度水文模型与设计和实践结合最为密切，对小尺度的雨洪调蓄设施设计安排有较好的支持作用，与以源头管控为主的海绵城市建设最为直接相关。虽然 SWMM，MUSIC 等模型已支持 LID/BMPs 之类的低影响开发设施的模拟，但其分析机理、支持类型、精细化程度仍然不足[10]，对小尺度低影响开发的设计师来说更适合使用单元尺度的模拟模型。

单元尺度水文模型分为单体模型如 RECARGA 以及综合分析模型如 SUSTAIN、XPdrainage 等，其着眼点往往在雨水源头调蓄[11-13]。单体模型注重于单项或成组的雨洪调蓄设施的水文、水质效果，如孙艳伟等利用生物滞留池模拟设计软件 RECARGA 对生物滞留池在径流消减、地下水入渗补给、积水时间、总处理水量等方面的水文效应进行了模拟，证实了其显著的水文调控功能[14]。综合分析模型不仅包括设施的水文效能

* 国家自然科学基金面上项目“基于小枝的园林木本植物植冠构型对 PM 2.5 的削减机制及能力评价研究——以上海为例”(编号：31971712)。

分析，也包括空间布局的分析规划等，EPA 的城市降雨径流控制的模拟与分析集成系统，SUSTAIN 应用十分广泛。唐颖与贾海峰等应用 SUSTAIN 系统，对广东省环境保护职业技术学院进行分析并筛选了合适的 BMP 措施[15]。作为 SWMM 模型衍生开发的 XPdrainage 软件，可以对低影响开发设施，和小区域雨洪水文水质进行更精细的模拟和设计。它支持数字 DEM 模型快速建立地表 2D 模型，决定降雨径流的主要路径、积水区域以及设置排水设施的最佳位置，支持容积计算、水质计算，动态分析组合了设计降雨以及时间序列数据用于水文分析[16]。XPdrainage 软件还未得到广泛应用，但在国外已有一些实践经验证实，应用 XPdrainage 软件进行雨洪调蓄设计相较于传统方法更为简便有效[17]。

上海是长江三角洲平原水网区域的全球型超级大都市，城市化程度较高，地势平坦，地下水位高，存在着雨水径流产生快、入渗和排放难等问题，面临着雨洪灾害的严重威胁，亟须提高对雨水源头处理能力。其中城市绿地是重要的改善和优化潜力空间，为此，本研究以上海共康绿地作为研究对象，以 Xpdrainage 作为重要的模拟分析手段，探索上海绿地雨水源头调蓄系统定量设计与评估的模式，以期对上海及类似区域的绿地源头雨水调蓄功能改善提供参考，为海绵城市建设带来技术支撑。

1　研究对象及模型参数本地化

1.1　研究区域介绍

闸北共康绿地位于上海闸北区长临路共康四村内，建于 20 世纪 90 年代初，是社区居民重要的休闲游憩场所(图 1)。总计面积 9 366.2 m²，其中绿地面积 6 850.5 m²(73.1%)，硬地 1 133.1 m²(12.1%)，建筑 65.3 m²(0.7%)以及一个水塘占地 1 317.3 m²(14.1%)。

共康绿地西侧、南侧以水泥围墙为边界，东侧与民用住宅直接相连，北侧为水塘，形成了较为独立的雨水汇集区，雨水难以向外排放。北部水塘

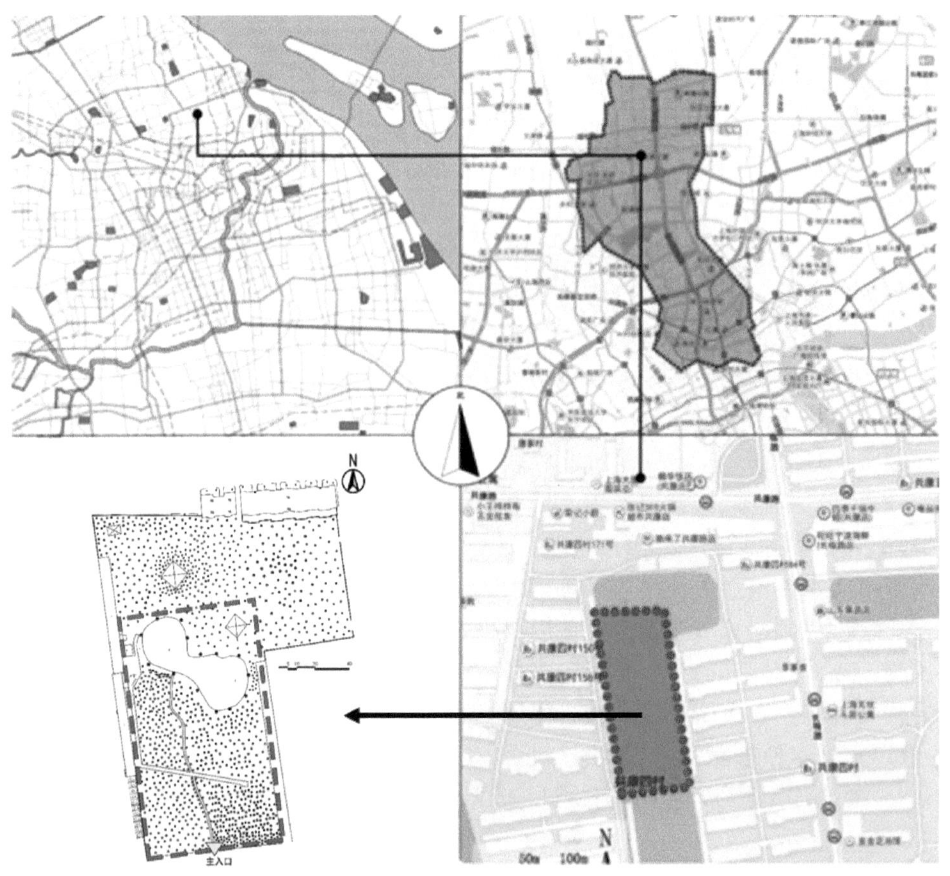

图 1　研究区域位置

有排水管，是绿地雨水径流排放的唯一通道。绿地有南北和东西向的两条园路，其中南北向的园路地势稍低，成为绿地雨水向水塘汇集的重要引导渠。共康绿地总体较为平坦，地表径流向水塘汇流较慢，因此绿地内自然排水条件较差。而绿地内表层土壤因人为活动踩踏，导致土壤板结严重，雨洪滞渗能力低下，极易受到积水的危害，影响社区人群的娱乐休闲。共康绿地亟须进行生态改造并设置雨水源头调蓄系统，以解决其存在的积水问题。

1.2 XPdrainage 模拟软件及参数选择

XPdrainage 是 XP Solution 公司开发的一款可持续排水设计软件包。它帮助设计者进行从概念、水质到地表地下水力分析的排水过程整体设计。作为一款自动化雨洪设计软件，XPdrainage 提供了对雨洪设计的综合评估，并且集成了 CAD 以缩短设计时间。其主要的应用方向为雨洪系统改造、现场滞蓄设计、LID 雨洪调蓄系统设置、水质量评估、雨洪调蓄过程的自动化等。相较于其他雨洪模拟软件，XPdrainage 的优势是提供了一种快速的分析方法来识别陆上径流模式，能清晰表示雨洪调蓄系统之间关系，使设计过程更合理有效。

基于 XPdrainage 软件模拟需求，在流量估算阶段所需求的基础参数包括场地地表高程、地表肌理(渗透率等)、设计区域降雨曲线。在设施布置阶段需求更为细致的参数，包括设施结构、土壤条件、蒸发量。结合所需参数及其获取渠道进行汇总列表，将软件所需参数分为基地条件参数、设施条件参数以及降雨曲线。

(1) 基地条件参数

根据雨水排放流程的雨水调蓄系统设计，将共康绿地适应参数导入 XPdrainage 模型。基于上海共康绿地区位，并参考共康绿地土壤样本实验分析，基地条件参数如表 1。

(2) 设施条件参数

针对各个设施的条件参数，XPdrainage 软件自带的结构模板包括雨水花园、生态植草沟、透水铺装、绿色屋顶等，为了使模型更好地适用于上海地区，雨水花园、生态植草沟以及绿色屋顶的结构和功能参数，参考上海交通大学生态规划设计团队相关研究成果[18-20]，透水铺装的参数参考国家

表 1　共康绿地基地条件参数

项目	数值
径流系数(Volumetric Runoff Coefficient)	根据实际地表要素
设施底部入渗率(Base infiltration rate)	5.37
设施侧向入渗率(Side infiltration rate)	忽略
水力传导系数(Hydraulic Conductivity)	80.1
蒸发量(Evapotranspiration)	2.95 mm/d

标准《GB/T 25993-2010 透水路面砖和透水路面板》

(3) 降雨曲线设置

降雨量和降雨曲线设定参考上海不同重现期降雨标准[21]，本次选用上海 1a、3a、5a 重现期降雨以及特大暴雨作为实验条件，降雨总量分别为 104 mm、146 mm、166 mm 和 210 mm。

2 共康绿地雨水源头调蓄设计方案及评估方法

2.1 设计目标

为缓解共康绿地径流积水问题，本次将以雨水源头调蓄的低影响开发手段，对绿地进行生态化改造。国内外雨洪管理实践中一般以径流总量控制率作为主要雨水控制指标。依据《海绵城市建设技术指南》规定，上海市年径流总量控制率分区为 III 区，即要求控制率在 75%～85%之间。本次借助 XPdrainage 模拟方法，对场地积水现状进行模拟分析，设计多种改造设计方案，并评估径流控制效果，确定合适的方案，最终期望对地表径流总量控制率超过 85%。

2.2 设计前期径流量及积水区模拟

为了预估设施布置的数量与空间分布，应用 XPdrainage 软件，对共康绿地径流量和分布进行模拟。

根据 XPdrainage 软件模拟结果，在 1a、3a、5a 重现期降雨以及特大暴雨条件下分别产生径流 246.8 m^3、347.6 m^3、394.4 m^3、571.5 m^3(图 2)。1a、3a、5a 以及暴雨降雨条件下，共康绿地大约需要 30～527 m^3的蓄水空间，地表自然下渗量约为

0～32 m^3。

根据模拟出的汇水路径及积水区域可以看出，主要汇水区域沿着南北向园路周围，这些区域将成为雨水源头管控设施布置地点(图 3)。

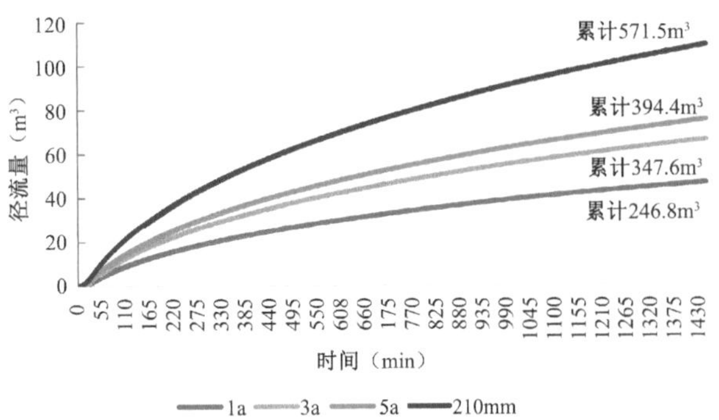

图 2 XPdrainage 改造前共康绿地径流量模拟

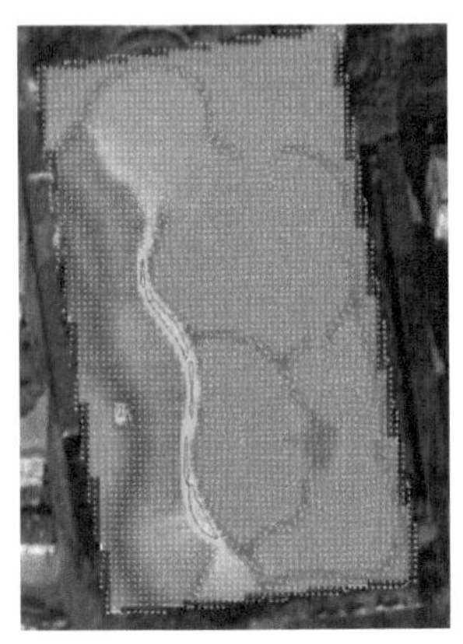
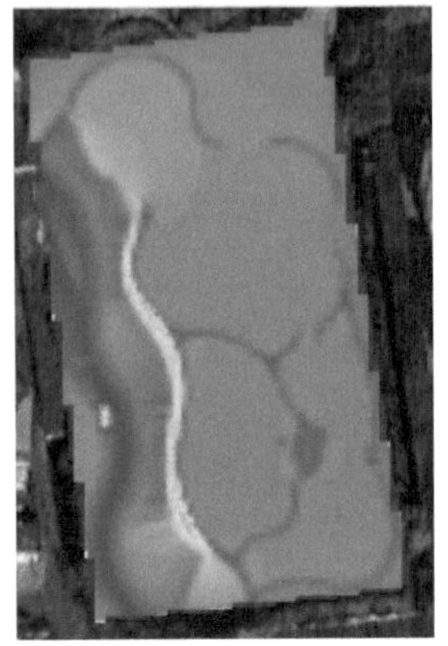

图 3 预估径流流向及积水区

2.3 设计模式及方案

为了改善共康绿地积水情况，达到地表径流控制目标，本次尝试构建了三种适合共康绿地现状的雨水源头调蓄系统模式，分别为引导型雨水源头调蓄系统、滞渗型雨水源头调蓄系统、综合型雨水源头调蓄系统，结合共康绿地场地现状布设具体的调蓄设施。

(1) 引导型雨水源头调蓄系统

设施组合：生态植草沟＋生态调蓄池(图 4)

雨水径流在重力影响下自然流淌进入生态植草沟，经由生态植草沟进入生态调蓄池，建造成本较低。一般需要场地有适宜空间布置生态植草沟导流路径，同时要求积水区域比较分散，瞬时径流量不超过生态植草沟体量，方便生态植草沟进行逐步径流汇流。根据共康绿地场地条件进行设计，沿园路布置生态植草沟引导径流。引导型雨水源头系统包括两条生态植草沟与一个生态调蓄池。

(2) 滞渗型雨水源头调蓄系统

设施组合：绿色屋顶＋雨水花园＋透水铺装＋生态调蓄池(图 5)

雨水径流在重力影响下就近下渗并由相应设施消纳。一般要求场地积水区域较为明确，雨水调蓄设施就地处理附近雨水径流。滞渗型雨水源头调蓄系统要求设施有针对性地布置，对解决点状积水问题十分有效，但由于径流就

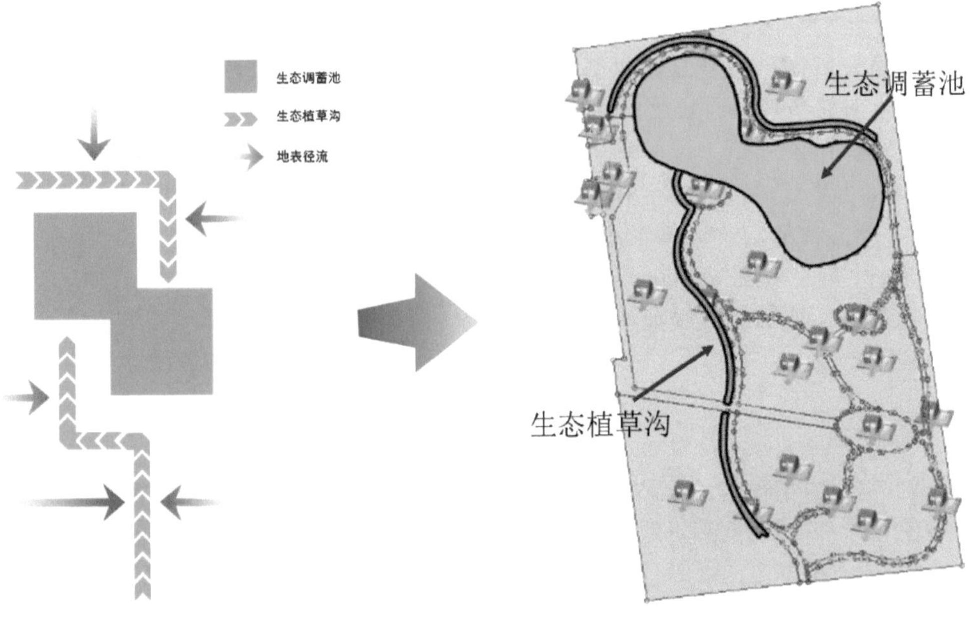

图 4 引导型雨水源头调蓄系统模式及空间布置图

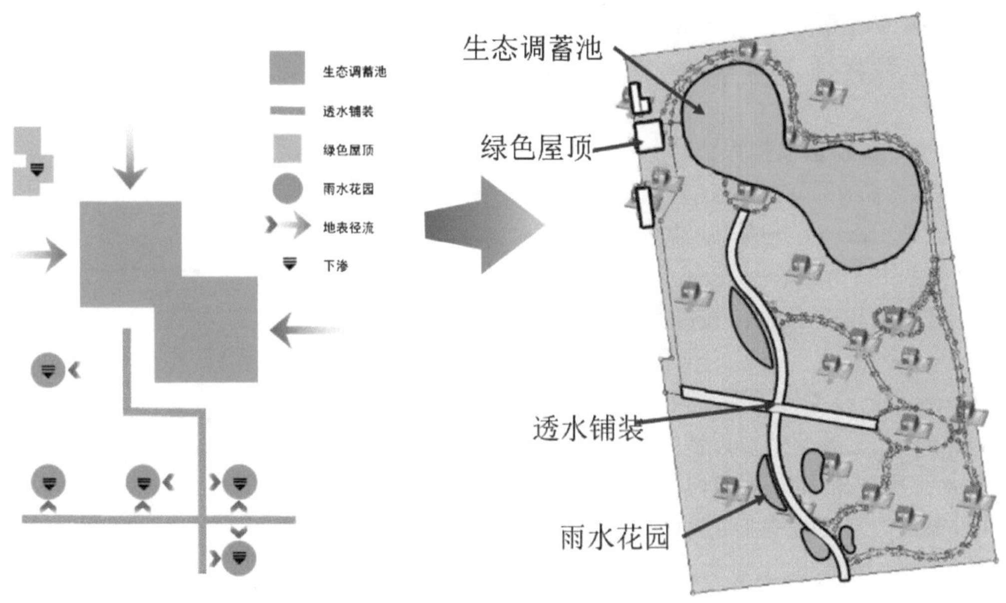

图 5 滞渗型雨水源头调蓄系统模式及空间布置图

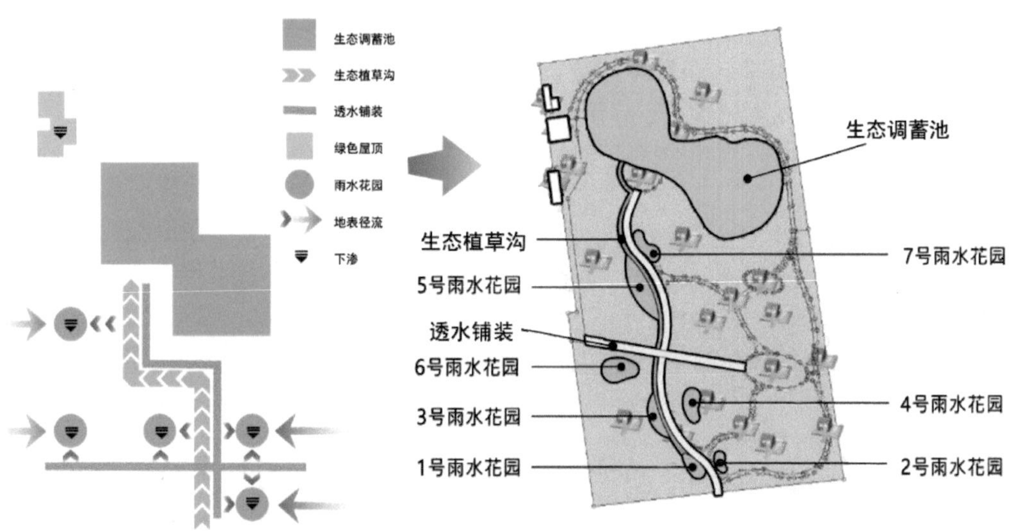

图 6 综合型雨水源头调蓄系统模式及空间布置图

地下渗，应对持续降雨或瞬时暴雨的灵活性不高。根据共康绿地场地条件进行设计，在 XPdrainage 软件模拟结果中的主要汇水点布置雨水源头调蓄设施。滞渗型雨水源头调蓄系统包括三个绿色屋顶、五个雨水花园、两条透水铺装以及一个生态调蓄池。

(3) 综合型雨水源头调蓄系统

设施组合：绿色屋顶＋雨水花园＋透水铺装＋植草沟＋生态调蓄池(图 6)

部分雨水径流在重力影响下就近下渗并由相应设施消纳，雨水径流在重力影响下自然流淌进入生态植草沟，经由生态植草沟进入雨水花园、生态调蓄池。综合型雨水源头调蓄系统机制复杂，对场地条件要求较高，需要大面积改造工程，在此基础上有较好的雨洪调控能力。根据共康绿地场地条件进行设计，沿园路布置生态植草沟引导径流，并在 XPdrainage 软件模拟结果中的主要汇水点布置雨水源头调蓄设施，消纳附近产生的径流。综合型雨水源头调蓄系统包括三个绿色屋顶、五个(A 方案)或七个(B 方案)雨水花园、一条生态植草沟、两条透水铺装以及一个生态调蓄池。

2.4 设计方案及评估方法

为了检验共康绿地雨水源头调蓄设计方案的有效性，首先用 XPdrainage 模型模拟对比了各方案的优劣性，再对施工改造后的绿地溢流情况进行实地检测，比较分析 XPdrainage 模拟的有效性。

（1）XPdrainage 模型模拟评估

将三种雨水源头调蓄系统构建模式指导下的设计方案导入 XPdrainage 模型，分别模拟各方案在 104 mm(1a)、146 mm(3a)、166 mm(5a)和 210 mm(暴雨)降雨标准下的径流控制率以评估其应用效益。

（2）XPdrainage 模型模拟有效性实地评测

根据 XPdrainage 模型模拟评估结果，选择采用综合型雨水源头调蓄 B 方案，对共康绿地进行改造，在共康绿地改造工程竣工 9 个月后，群落恢复正常生长，评测绿地内雨水源头调蓄系统应对降雨径流水量溢流情况。

记录当日实时雨量，使用 Onset HOBO 公司戴维斯雨量传感器，型号 S-RGC-M002，机制为通过雨量承重使金属轴磁簧开关转动翻斗计数，得到实时降雨量。传感器根据天气预报于降雨前一日置于共康绿地内，进行 48～72 h 的持续降雨情况记录。

记录实际设施溢流发生时刻；设施溢流以蓄水区水平面高出设施边界为标准。根据天气预报预测，于降雨前在共康绿地内开始观测实验，观测实验持续 24 h，于开始降雨后每 5 min 观测各个设施溢流情况。

3 评估结果与分析

3.1 引导型雨水源头调蓄系统效果

由模拟结果可知，引导型雨水源头调蓄系统 1a、3a、5a 以及 210 mm 降雨标准下的径流控制率分别为 99.2%、81.9%、72.0%、48.0%(图 7)。在 1a 降雨条件下引导型雨水源头调蓄系统能较好完成径流处理，但是当瞬时径流超过生态植草沟蓄水空间上限时，多余的径流无法沿生态植草沟路径导向生态调蓄池，就地形成溢流。在既有条件下，为提升引导型雨水源头调蓄系统调蓄能力，需要增加生态植草沟数量以及结构深度，但绿地园路系统，并不存在多余可以导向生态调蓄池的路径，地下管线的埋设又限制了生态植草沟结构深度，故无法有效提升该系统的调蓄能力。综上所述，引导型雨水源头调蓄系统在共康绿地应用较难满足设计要求。

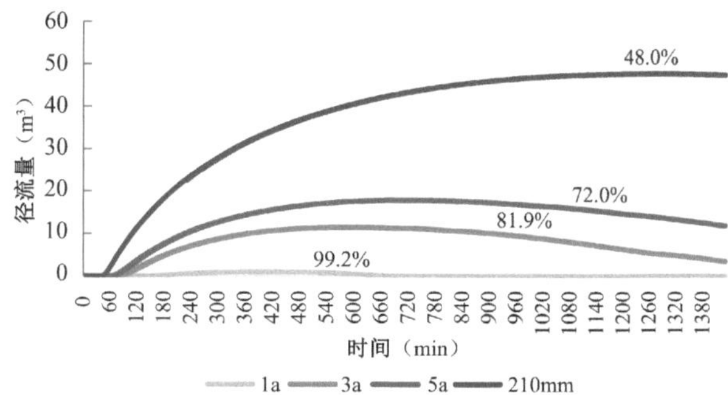

图 7　XPdrainage 模型引导型雨水源头调蓄系统径流控制效果模拟

3.2 滞渗型雨水源头调蓄系统效果

由模拟结果可知，滞渗型雨水源头调蓄系统 1a、3a、5a 以及 210 mm 降雨标准下的径流控制率分别为 84.8%、80.3%、77.0%、65.6%(图 8)。滞渗型雨水源头调蓄系统存在比较固定的雨水调蓄上限。一方面设施周围的雨水径流会以较为固定的速率流入设施，在应对瞬时大量径流时溢流情况成倍增加；另一方面在设施达到自身调蓄上限时，只能依靠设施底部下渗缓慢处理雨水，对持续降雨应对能力较差。由于设施联系较少，滞渗型雨水源头调蓄系统，对设施的空间布置要求很高，往往会造成部分设施大量溢流而一些设施挂空的情况。为提升滞渗型雨水源头调蓄系统调蓄能力，一般需求汇水点较为明确，但共康绿地地形较为平缓，径流方向较为分散，无法有效发挥滞渗型雨水源头调蓄系统的优势，且共康绿地本身占地面积极大的生态调蓄池没有得到有效利用，故滞渗型雨水源头调蓄系统，在共康绿地的应用存在较大问题。

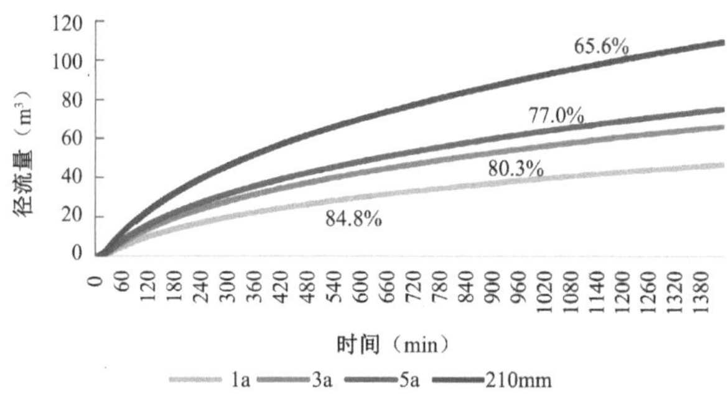

图 8　XPdrainage 模型滞渗型雨水源头调蓄系统径流控制效果模拟

3.3 综合型雨水源头调蓄系统效果

由对 A 方案模拟结果可知，在多种设施协作下，该综合型雨水源头调蓄系统能较好完成径流处理，在 1a 降雨标准下达到 100%径流控制率，在 3a、5a 降雨标准下可以达到 99.8%、98.2%径流控制率(图 9)。但是在 210 mm 暴雨条件下，雨水径流不断增加，依然会形成溢流，绿地内径流控制率 81.9%，未达到设计要求。

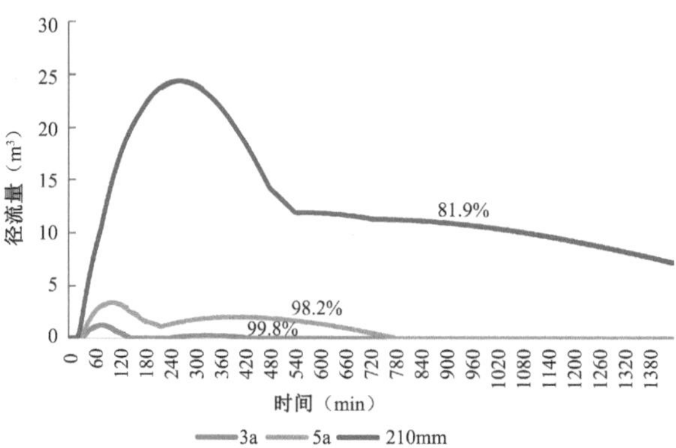

图 9 XPdrainage 模型综合型雨水源头调蓄系统径流控制效果模拟(方案 A)

由 B 方案模拟结果可知(图 10)，与初始方案(方案 A)相比，B 方案增加了 6 号和 7 号雨水花园，对雨水径流的处理能力更强，210 mm 暴雨降雨标准下，绿地内雨水径流控制率由 81.9%提升至 94.7%，可以满足共康绿地径流管控的设计要求。

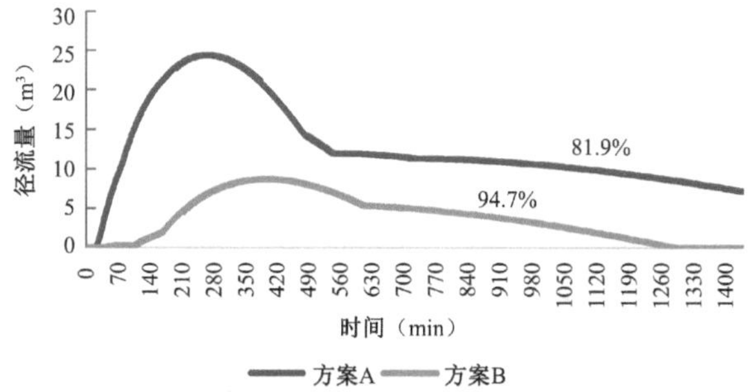

图 10 两种 XPdrainage 模型综合型雨水源头调蓄系统径流控制效果模拟对比

3.4 XPdrainage 模型有效性

2016 年 9 月 15、16 日当日实际降雨量为 196.9 mm，实验记录 2016 年 9 月 15 日 18:00—2016 年 9 月 16 日 18:00 每 5 min 降雨量。共康绿地径流量为 662.3 m³，绿色基础设施处理量 642.5 m³，可以满足该地 87.1%径流控制，达到设计目标。

将该日雨型导入 XPdrainage 模型，分析各雨水花园发生溢流时间与实测时间的差异(表 2)。

表 2 共康绿地雨水花园溢流发生时刻

设施名称	模拟溢流发生时间(min)	实测溢流发生时间(min)
1 号雨水花园	—	—
2 号雨水花园	—	—
3 号雨水花园	940	895
4 号雨水花园	—	—
5 号雨水花园	1280	1020
6 号雨水花园	—	—
7 号雨水花园	—	1365

根据结果分析，XPdrainage 模型能基本预测设施溢流发生情况，其中 3 号雨水花园模型模拟溢流发生时间为 940 min，实际溢流发生时间 895 min，实测与模拟结果实差为 10.87 mm 降雨量，模拟误差为 9.25%。5 号雨水花园模型模拟溢流发生时间为 1280 min，实际溢流发生时间 1020 min，实测与模拟结果实差为 16.60 mm 降雨量，模拟误差为 8.99%。7 号雨水花园模型模拟并不会发生溢流，实测于 1 365 min 发生溢流。

由结果可知，XPdrainage 模型模拟有较好的设施雨水源头调蓄能力拟合，误差均小于 10%，满足一般工程效益误差 10%以内的要求。设施雨洪调控能力均较实测值高，误差约为 10～20 mm降雨量。可能的原因是实地径流路径并不像模型中确切连续，周边区块的径流没有有效进入预想的设施内进行消纳。同时雨水花园在日常状态下处于自然含水状态，相较模型模拟的初始状态调蓄能力有所下降。

4 结论

本研究利用 XPdrainage 模型实现了对共康绿地地表径流路径、径流总量和积水区域模拟，为布置雨水源头调蓄海绵设施数量和空间分布，提供了设计依据；提出了引导型、滞渗型和综合型雨水源头调蓄系统多种方案，经模拟评价，拥有 5 个雨水花园的综合型雨水源头调蓄A方案可以对1a、3a、5a重现期降雨条件下径流控制率达到100%、99.8%、98.2%,对210 mm暴雨条件的雨水径流控制率达81.9%,B方案则可以提升到94.7%,综合型雨水源头调蓄方案,能够较好满足共康绿地的径流管控要求。对比XPdrainage模型模拟和现场实地检测结果,误差均小于10%,满足一般工程效益误差10%以内的要求,XPdrainage模型有较好的实用性。

本研究针对上海地区的气候特点、径流污染特性,以及土壤结构等现状,对适用于上海地区的雨洪模拟软件环境参数与设施结构进行分析,应用XPdrainage软件形成适用于上海地区雨洪过程模拟的模型,为指导上海市绿色设施建设设计提供可以直接套用的模拟模型,并进行实地工程的验证。本研究运用XPdrainage模型辅助绿地相关雨水源头调蓄系统工程设计与评估,使设计流程更便捷有效,设计效益预期更准确,可为其他类似研究和实践工作提供参考。

参考文献

[1] Rosenberger L, Leandro J, Pauleit S, et al. Sustainable stormwater management under the impact of climate change and urban densification[J]. Journal of Hydrology, 2021, 596: 126137.

[2] Vijayaraghavan K, Biswal B K, Adam M G, et al. Bioretention systems for stormwater management: Recent advances and future prospects[J]. Journal of Environmental Management, 2021, 292: 112766.

[3] Sarah P, Zhevelev H M, Oz A. Urban park soil and vegetation: effects of natural and anthropogenic factors[J]. Pedosphere, 2015, 25(3): 392～404.

[4] Gumindoga W, Rwasoka D T, Murwira A. Simulation of streamflow using TOPMODEL in the Upper Save River catchment of Zimbabwe[J]. Physics and Chemistry of the Earth, Parts A/B/C, 2011, 36(14/15): 806-813.

[5] Şen O, Kahya E. Determination of flood risk: A case study in the rainiest city of Turkey[J]. Environmental Modelling & Software, 2017, 93: 296-309.

[6] Paul P K, Zhang Y Q, Ma N, et al. Selecting hydrological models for developing countries: Perspective of global, continental, and country scale models over catchment scale models[J]. Journal of Hydrology, 2021, 600: 126561.

[7] Ferguson C, Fenner R. The impact of Natural Flood Management on the performance of surface drainage systems: A case study in the Calder Valley[J]. Journal of Hydrology, 2020, 590: 125354.

[8] Zeng Z Q, Yuan X H, Liang J, et al. Designing and implementing an SWMM-based web service framework to provide decision support for real-time urban stormwater management[J]. Environmental Modelling & Software, 2021, 135: 104887.

[9] Sapdhare H, Myers B, Beecham S, et al. A field and laboratory investigation of kerb side inlet pits using four media types[J]. Journal of Environmental Management, 2019, 247: 281-290.

[10] Elliott A H, Trowsdale S A. A review of models for low impact urban stormwater drainage[J]. Environmental Modelling & Software, 2007, 22(3): 394-405.

[11] 杨一夫, 关天胜, 吴连丰. 基于XPdrainage模型的居住区海绵城市规划方案探讨[J]. 城市规划学刊, 2018(S1): 126-129.

[12] Zhang B, Li J K, Li Y S. Simulation and optimization of rain gardens via DRAINMOD model and response surface methodology[J]. Ecohydrology & Hydrobiology, 2020, 20(3): 413-423.

[13] Daneshvar F, Nejadhashemi A P, Adhikari U, et al. Evaluating the significance of wetland restoration scenarios on phosphorus removal[J]. Journal of Environmental Management, 2017, 192: 184-196.

[14] 孙艳伟, 魏晓妹. 生物滞留池的水文效应分析[J]. 灌溉排水学报, 2011, 30(2): 98-103.

[15] 唐颖. SUSTAIN支持下的城市降雨径流最佳管理BMP规划研究[D].北京:清华大学, 2010.

[16] Morales-Torres A, Escuder-Bueno I, Andrés-Doménech I, et al. Decision Support Tool for energy-efficient, sustainable and integrated urban stormwater management[J]. Environmental Modelling & Software, 2016, 84: 518-528.

[17] Savic D, Chow J F, Fortune D, et al. Evaluating and optimizing sustainable drainage design to maximize multiple benefits: case studies in Australia[A]. International Conference on Hydroinformatics, HIC2014[C], 2014.

[18] 臧洋飞, 陈舒, 车生泉. 上海地区雨水花园结构对降雨径流水文特征的影响[J]. 中国园林, 2016, 32(4): 79-84.

[19] 沈子欣, 阚丽艳, 车生泉. 生态植草沟结构参数变化

对降雨径流调蓄净化效应的影响[J]. 上海交通大学学报(农业科学版), 2015, 33(6): 46-52.
[20] 张彦婷, 郭健康, 李欣, 等. 利用正交设计研究屋顶绿化基质对雨水的滞蓄效果[J]. 上海交通大学学报(农业科学版), 2015, 33(6): 53-59.
[21] 徐连军, 励建全, 李田, 等. 上海市短历时暴雨强度公式研究[J]. 中国市政工程, 2007(4): 46-48.

作者简介:谢长坤,上海交通大学博士后。研究方向:园林生态规划与设计。

王哲栋,浙江省农村信用社联合社,副经理。研究方向:风景园林规划设计。

于冰沁,上海交通大学副教授。研究方向:风景园林规划设计。

车生泉,上海交通大学教授。研究方向:园林生态规划与设计。

基于文献计量分析的绿色基础设施研究进展*

李涵璟 王 苗 许 涛 贺玺桦 邵 彤

摘 要 随着"城市双修""海绵城市""公园城市"等城市建设工作的推进，绿色基础设施作为城市基础设施的重要组成部分，越来越受到学者们的关注。本文利用 Web of Science 核心期刊数据库分析绿色基础设施的研究现状以及未来发展趋势，探讨绿色基础设施的相关研究热点。研究发现绿色基础设施相关文章历年发表数量呈指数上升；关注度最高的国家为美国；发文量最高的机构为瑞典农业大学。在研究热点分布上，研究关键词排序为：绿色基础设施、生态服务等；在研究突显上，生态系统、土地利用、景观连接度这三个研究方向突显度最强，围绕其展开的研究最为丰富。研究热点分布大致分为三个阶段：第一阶段聚焦于绿色基础设施，绿地空间等；第二阶段研究为生态系统服务和框架、景观格局等；第三阶段研究对象为城市景观、林地等。

关键词 知识图谱；绿色基础设施；Citespace；文献计量分析

绿色基础设施(Green Infrastructure,GI)，是一个多层次的自然生态系统，可以是国土范围、区域、城市及社区等不同层次。它能够缓解或解决快速城市化带来的生态问题，其功能包括：水与食物的供给；水文、气候、空气的调节；土壤、生境的支持；景观、文化的审美与游憩；与人类福祉相关的健康和生活需求、社交等诸多方面。

绿色基础设施研究侧重于对自然系统所提供的生态、社会和经济综合效益的积极探究和转化，以期在传统生态保护的基础上，创造更加高效和可持续的土地利用及发展模式[1]，成为景观生态学研究中重要一环。孔繁花、卫锦明、Tzoulas K、Meerow S 等国内外学者已经开展了绿色基础设施的相关研究。分析绿色基础设施的研究进展，可以掌握业内研究现状以及研究动态，并对未来发展趋势有一定的预测。

1 研究方法

1.1 数据来源

本文以 WOS(Web of Science)核心合集为文献来源，Web of Science 是全球最大、覆盖学科最多的综合性学术信息资源平台，其核心合集文献能很好地反映某一领域的研究热点和趋势。本文 TS 检索式为：TS = Green infrastructure and landscape，时间跨度为 2000—2020，总计 20 年，共得到 639 条英文文献数据。

1.2 文献计量分析

1.2.1 Citespace

2004 年陈超美教授使用 Java 语言开发了 Citespace 信息可视化软件。这是一款着眼于分析科学文献中蕴含的潜在知识，是在科学计量学、数据可视化背景下逐渐发展起来的一款引文可视化分析软件。由于是通过可视化的手段来呈现科学知识的结构、规律和分布情况，因此也将通过此类方法分析得到的可视化图形，称为"科学知识图谱"。学者孙雅伟、郭茹借助 Citespace 软件开展了城市植被固碳效益研究进展论述。

1.2.2 文献计量分析平台

文献计量分析平台拟通过 Web 端的服务，以图形可视化的方式，以更友好的交互方式，为研究人员对科学引文数据进行文献计量分析，用最简单

* 国家自然科学基金青年项目"基于雨洪调蓄能力的城市绿地系统格局优化研究"(编号：51808385)，国家社会科学基金重大项目"大运河文化遗产保护理论与数字化技术研究"(编号：19ZDA193)，高密度人居环境生态与节能教育部重点实验室开放基金"海绵城市建设背景下的绿地系统优化途径"(编号：20210110)，天津大学自主创新基金"城市历史景观视角下天津近代历史环境价值评价评估研究"(编号：2021XSC-0130)，天津大学自主创新基金"基于城市内涝防治的绿地系统优化途径"(编号：2021XSC-0131)。

表 1　相关理论及主要内容

理论	人物	主要内容
科学发展模式理论	托马斯·库恩	前科学→常规科学→科学危机→科学革命→新常规科学
科学前沿理论	普赖斯	参考文献的模式标志科学研究前沿的本质，在 Citespace 中设计了从知识基础“ 共被引文献聚类”到研究前沿“ 施引文献”的映射
结构洞理论	罗纳德·博特	认为处于结构洞位置的个体通过信息过滤而能获得更多的竞争优势和创新能力；在 Citespace 中，使用节点在网络中的中介中心性来测度结构洞以及转折点
最优信息觅食理论		认为在信息搜索中倾向于能量消耗最小化。在最优信息觅食理论和隐马尔科夫模型(Hidden Markove Model，HMM)基础上，陈教授等提出了一种集成视觉导航策略研究方法，以最小搜索成本获取最大效益
知识单元离散与重组理论	赵红州	任何一种科学创造过程，都是先把结晶的知识单元游离出来，然后再在全新的思维势场上重新结晶的过程

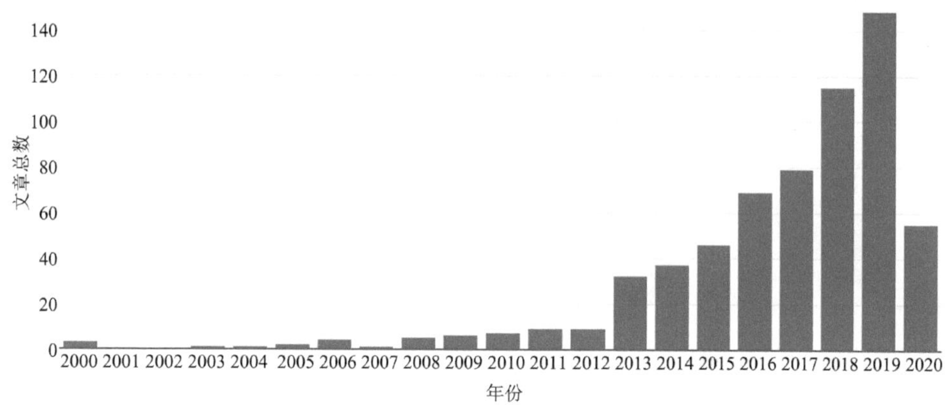

图 1　历年文章数量变化

的操作方法、最直观的表现手法为科研人员开展研究提供有价值的参考信息。此平台获得 2013 年中国科学院国家科学图书馆“科研教育开放信息创新应用大赛”三等奖，采用知识共享署名—非商业性使用—相同方式共享 4.0 国际许可协议进行许可。

1.2.3　理论基础(表 1)

2　结果分析

2.1　研究时空分布特征

2.1.1　发文数量年份变化

对发文量总量以及各国发文量进行可视化统计，2000 年至今，文章数量呈指数上升，最高达到 2019 年的 148 篇；而 2013 年以前研究文章较少，从 2013 年以后，研究数量增长变化明显(图 1)。

对不同国家历年发文数量进行图表可视化，可以看出各国发文量排序为：美国、中国、英国、瑞典(图 2)。

2.1.2　国家合作关系

对于各个国家合作关系进行可视化之后发现，美国、瑞典与其他国家合作关系十分紧密，证明其关于绿色基础设施的学术研究得到世界广泛认可。

而中国发文数量虽然很多，但是与其他国家合作却不是最紧密的。一方面可能是国内关于绿色基础设施的研究环境相对独立；另一方面也有可能是研究内容未与全球研究方向紧密结合，导致合作关系较弱(图 3)。

2.1.3　机构合作关系

对于研究机构进行可视化分析，按照文章数量递减方式对机构进行排序，取前十位，依次是：瑞典农业大学、中国科学院、美国环境保护署、UFZ Helmholtz Ctr Environm Res、哥本哈根大学、赫尔辛基大学、斯德哥尔摩大学、谢菲尔德大学、瓦赫宁根大学、布加勒斯特大学(表 2)。其中，美国环境保护署与斯德哥尔摩大学，一作平均被引数量偏高，说明这两个机构关于绿色基础设

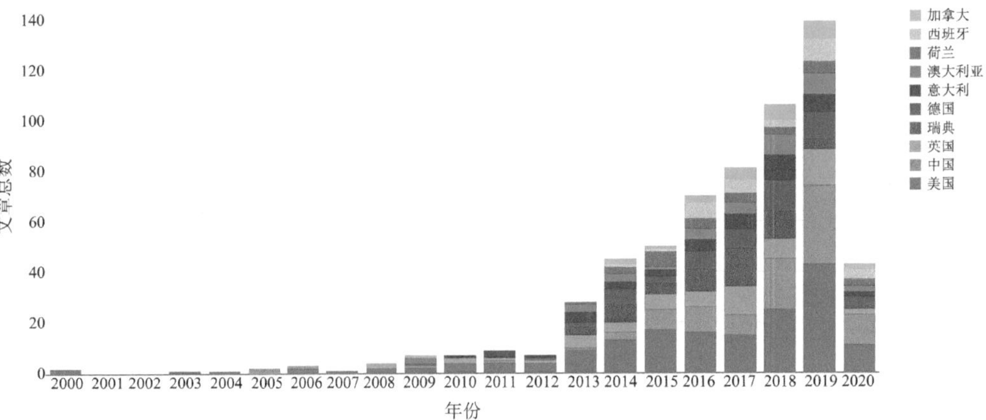

图 2　历年各个国家文章数量变化

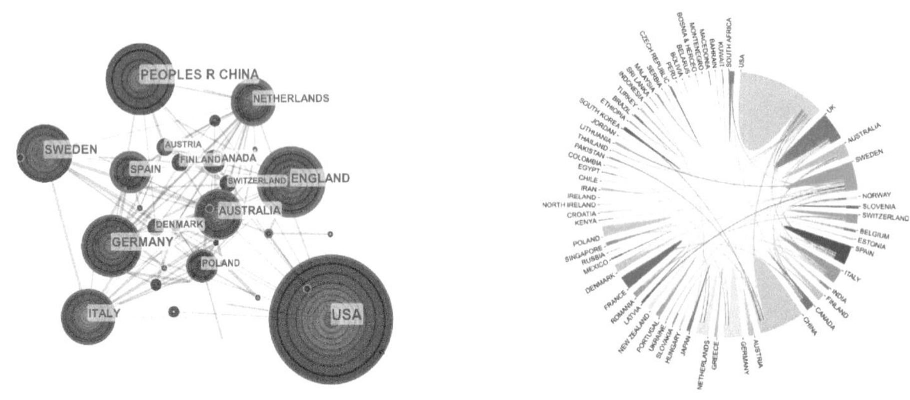

图 3　各个国家合作关系可视化

表 2　各研究机构影响力排名

机构名称	文章总数	总被引用次数	平均被引次数	一作总数	一作被引次数	一作平均被引
瑞典农业大学(Swedish Univ Agr Sci)	46	64	1.39	19	31	1.63
中国科学院(Chinese Acad Sci)	23	25	1.09	12	23	1.92
美国环境保护署(US EPA)	21	48	2.29	9	26	2.89
UFZ Helmholtz Ctr Environm Res	16	24	1.5	5	9	1.8
哥本哈根大学(Univ Copenhagen)	15	38	2.53	6	3	0.5
赫尔辛基大学(Univ Helsinki)	14	47	3.36	5	2	0.4
斯德哥尔摩大学(Stockholm Univ)	13	73	5.62	8	54	6.75
谢菲尔德大学(Univ Sheffield)	13	34	2.62	5	16	3.2
瓦赫宁根大学(Wageningen Univ)	12	26	2.17	2	5	2.5
布加勒斯特大学(Univ Bucharest)	12	16	1.33	5	11	2.2

施研究的文章质量较高(图 4)。

2.1.4　作者合作网络

如果一篇论文的引文频次突然呈现急速增长,那么最稳妥的解释就是这篇论文切中了学术领域这个复杂系统中的某个要害部位。知识网络中,这样的节点通常揭示了一项很有潜力或很让人感兴趣的工作。

将作者按引文突显强度进行排序,依次如表 3、表 4 所示,可以看出,学者 Tzoulas K 在引文突显中占的强度较大,值得注意的是 2017 年学者 Meerow S 也展现出较强的引文突显强度,有可能成为近年来研究热点。

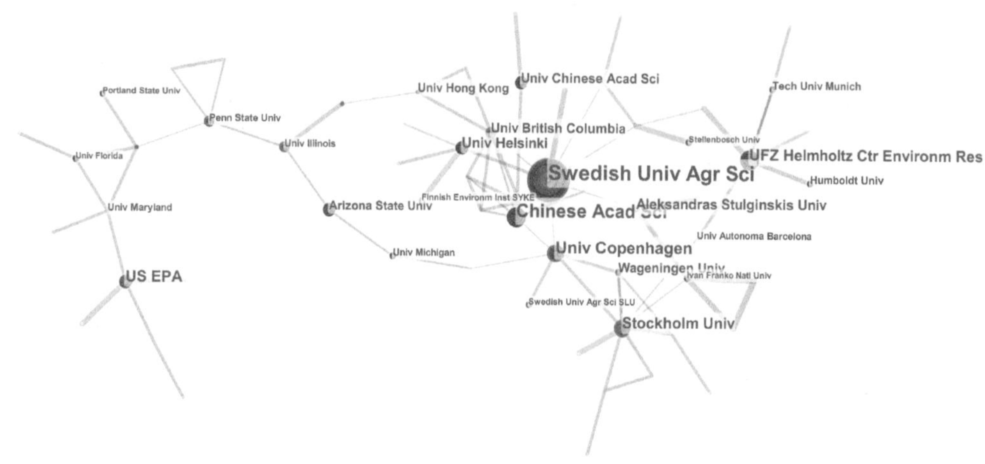

图 4 机构间合作关系可视化

表 3 引文突显最强的国家

国家	年份	突显强度值	起始	结束	突显时间(2000—2020)
美国	2000	8.8691	2006	2013	——————■■■■■■■■———————
瑞典	2000	4.4799	2013	2017	—————————————■■■■■———

表 4 引文突显强度最高的 5 位作者

作者	年份	突显强度值	起始	结束	突显时间(2000—2020)
Tzoulas K,	2007	17.2602	2010	2015	——————————■■■■■■—————
Meerow S	2017	5.9847	2018	2020	——————————————————■■■
Weber T	2006	5.194	2009	2011	—————————■■■—————————
Norton BA	2015	4.6874	2018	2020	——————————————————■■■
Gomez-Baggethun	2013	4.1868	2015	2017	———————————————■■■———

2007 年,学者 Tzoulas K 将绿色基础设施和生态系统健康的概念,与人类健康的概念进行整合,形成一个概念框架,取得了广泛关注。这是通过解决三个目标来实现的:第一个是建立一套定义,第二是对有关绿色基础设施组成部分与生态和人类健康之间关系的文献进行批判性审查,第三是构建这些学科之间接口的概念框架。这个概念框架将有助于组织现有的、新的见解,并有助于形成关于生态系统和人类健康新的研究问题[2]。

十年后,学者 Meerow S 提出了绿色基础设施空间规划(GISP)模型这一概念。不同于传统单视角看待绿色基础设施效益,GISP 模型集成了六个方面:雨水管理、社会脆弱性、绿地、空气质量、城市热岛改造和景观连接。研究人员可采用 GISP 模型分析绿色基础设施综合效益。GISP 模型为规划未来的绿色基础设施提供了方法,从而使其最大限度地发挥社会和生态弹性[3]。基于 GIS 的模型分析已广泛用于各项研究,Meerow S 将研究体系进行量化处理,能够反向指导实际建成绿色基础设施的未来发展方向,具有科学性和创新性。

Weber T 在 2006 年对马里兰州的绿色基础设施进行评估[4]。2015 年学者 Norton B A 量化了城市绿色基础设施,在控制地表温度方面的冷却效益,拓展了城市绿色基础设施的生态服务功能[5](图 5)。

2.1.5 期刊影响力

依据总被引次数,期刊影响力排行依次为:《Landscape and Urban Planning》《Urban Forestry & Urban Greening》《Landscape Ecology》《Sustainability》《Environmental Science & Policy》(表 5)。

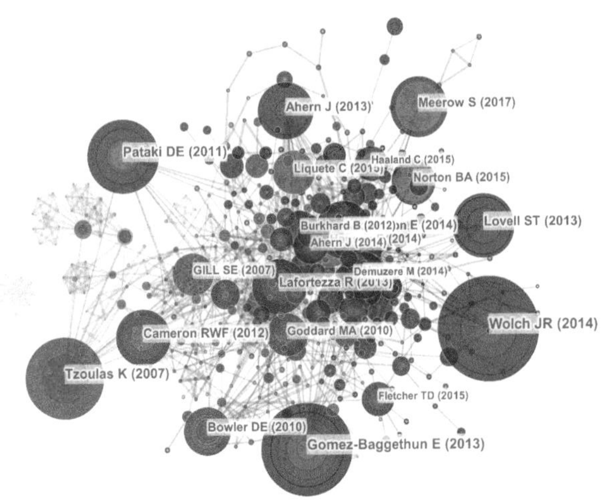

图 5 作者合作关系可视化

2.2 研究热点发展特征

2.2.1 文章引用关系

节点的中心度用来评估网络中节点的重要性，其作为研究社会网络的重要工具吸引了人们广泛的研究。在社会网络中，具有高中心度的节点往往被认为具有高的影响力[6]。Citespace 中，中介中心度超过 0.1 的节点称为关键节点。将参考文献按照中介中心度进行排序，如表 6 所示，可得具有高引用度的文献排序，对于后面针对绿色基础设施研究的学者有参考意义。

高中介中心度的文章主要论述以下几个主题，首先是生态系统服务，这也是绿色基础设施的基本功能；其次是绿色公共空间、绿色基础设施与雨洪管理、绿色基础设施与生物多样性。

（1）生态系统服务

Ahern J 提出一种跨学科工作方法的框架，包括实验设计指南、监测和评估方案，以及实现与城市发展相结合的特定城市生态系统服务策略。适应性城市设计框架鼓励低风险环境下的创新，同时评估特定预期生态系统服务的成就和表现[7]。Ahern J 在 2013 年提出了构建生物弹性能力的五种策略：生物多样性；城市生态网络与连通性；多功能；冗余和模块化；自适应设计[8]。Angelstam P 提出了可持续发展科学的新方法，进行了跨学科的研究。在瑞典、中欧和东欧国家和俄罗斯，将自然和人类系统或景观，作为欧洲东西方知识生产和学习的多案例研究应用于跨学科探索[9]。Gomez-Baggethun E 综合各种知识和方法，对城市规划中的生态系统服务进行分类和评价[10]。

（2）绿色公共空间

Demuzere M 探讨了绿色空间对缓解和适应气候变化服务贡献的现有依据。绿色城市基础设施的多功能化和多尺度性，使得服务和效益的分类变得复杂[11]。Bendt P 分析了柏林公共开放社区花园（PAC-gardens）中的环境，对于城市的生态效益，得出结论：将园艺与社会、政治和经济实践相结合的 PAC-gardens 可以创造更广泛、更异质的关于社会生态条件的学习，并有助于在退化的社区中发展场所感[12]。

（3）绿色基础设施与雨洪管理

Berndtsson J C 从水量管理和水质管理两方面论述了绿色屋顶在城市排水中的作用，并讨论

表 5 期刊影响力

期刊名	文章总数	总被引用次数	平均被引次数
Landscape and Urban Planning	62	216	3.48
Urban Forestry & Urban Greening	72	84	1.17
Landscape Ecology	11	59	5.36
Sustainability	66	56	0.85
Environmental Science & Policy	7	39	5.57
Ecosystem Services	14	32	2.29
AMBIO	4	32	8.00
Ecological Indicators	23	28	1.22
iForest-Biogeosciences And Forestry	2	28	14.00
Journal Of Environmental Management	14	26	1.8

表 6　参考文献中介中心度

中介中心度	年份	参考文献
0.19	2014	Ahern J, 2014, LANDSCAPE URBAN PLAN, V125, P254, DOI 10.1016/j.landurbplan.2014.01.020
0.17	2014	Demuzere M. 2014. J ENVIRON MANAGE, V146. P107. DOI 10.1016/.ienvman.2014.07.025
0.15	2010	Berndtsson JC. 2010. ECOL ENG. V36. P351. DOI 10.1016/.ecolena.2009.12.014
0.12	2012	Cameron RWF. 2012. URBAN FOR URBAN GREE, V11. P129. DOI 10.1016/.ufua.2012.01.002
0.11	2013	Bendt P. 2013. LANDSCAPE URBAN PLAN. V109. P18. DOI 10.1016/.landurbplan.2012.10.003
0.1	2013	Ahern J. 2013. LANDSCAPE ECOL. V28. P1203. DOI 10.1007/s10980-012-9799-2
0.09	2011	Pataki DE, 2011. FRONT ECOL ENVIRON. V9. P27. DOI 10.1890/090220
0.09	2016	Garmendia E. 2016. LAND USE POLICY. V56. P315. DOI 10. 1016/i. landusepol.201604.003
0.09	2013	Angelstam P. 2013. AMBIO. V42 P129. DOI 10.1007/s13280-012-0368-0
0.08	2013	Gomez-Baggethun E. 2013. ECOL ECON. V86. P235. DOI 10.1016/.ecolecon.2012.08.019
0.08	2015	Elmavist T. 2015. CURR OPIN ENV SUST. V14. P101. DOI 10.1016/.cosust.2015.05.001
0.08	2011	Branas CC, 2011. AM J EPIDEMIOL, V174. P1296. DOI 10.1093/aie/kwr273
0.07	2011	Ignatieva M. 2011. LANDSC ECOL ENG, V7, P17. DOI 10.1007/s11355-010-0143-v
0.07	2008	Dietz ME, 2008.J ENVIRON MANAGE. V87. P560. DOI 10.1016/.ienvman.2007.03.026
0.07	2010	Bowler DE. 2010. LANDSCAPE URBAN PLAN. V97. P147. DOI 10.1016/.landurbplan.2010.05.006
0.07	2014	Aronson MFJ. 2014. P ROY SOC B-BIOL SCI. V281. PO. DOI 10.1098/rspb.2013.3330
0.06	2010	de Groot RS. 2010. ECOL COMPLEX. V7. P260. DOI 10.1016/i.ecocom.2009,10.006
0.06	2011	Vriaht H. 2011. LOCAL ENVIRON. V16. P1003. DOI 10.1080/13549839.2011.631993
0.06	2006	Weber T. 2006. LANDSCAPE URBAN PLAN. V77. P94. DOI 10.1016/.landurbplan.2005.02.002
0.06	2007	Tzoulas K. 2007. LANDSCAPE URBAN PLAN, V81. P167. DOI 10.1016/ilandurbplan.2007.02.001
0.06	2014	Hansen R, 2014. AMBIO. V43. P516. DOI 10.1007/s13280-014-0510-2
0.06	2014	Costanza R. 2014. GLOBAL ENVIRON CHANG. V26. P152. DOI 10.1016/i.aloenvcha.2014.04.002
0.06	2015	Baptiste AK, 2015. LANDSCAPE URBAN PLAN. V136, P1. DOI 10.1016/.landurbplan.2014.11.012
0.06	2012	Allen WL. 2012. ENVIRON PRAC. V14. P17. DOI 10.1017/S1466046611000469

了影响绿色屋顶径流动态的因素:绿色屋顶的类型及其几何特性(坡面);土壤水分特征;季节、天气和降雨特征;屋顶绿化的年代;植被[13]。Cameron RWF 对家庭花园作为城市绿色基础设施对于城市生态服务功能做出的贡献,进行了综述研究[14]。

(4) 绿色基础设施与生物多样性

Pataki DE 等将城市绿色基础设施中生物化学过程进行量化,提高了公众对于城市生态系统服务的理解。同时提出一个框架,将地球生化过程整合到绿色基础设施的设计、实施和评估中,并为减缓温室气体、减少暴雨径流以及改善空气质量和人们健康状况提供了实例[15]。Garmendia E 对绿色基础设施在生物多样性保护价值上，做了重要阐述[16](图 6)。

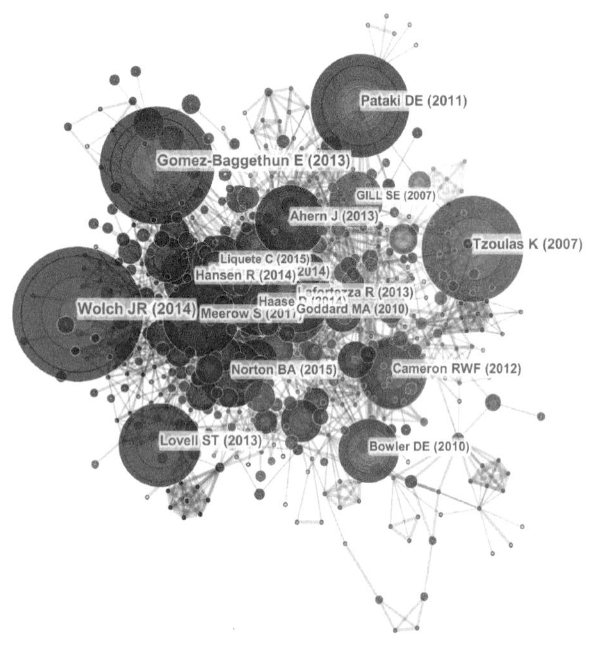

图 6　引文关系可视化

2.2.2　研究内容(关键词)

将关键词进行可视化展示，按照研究数量递减的顺序，关键词排序前 10 依次为：绿色基础设施、生态服务、城市规划、城市生态、城市化、生物多样性、可持续、雨洪管理、连接度、城市绿色基础设施(图 7、图 8)。

2.2.3　研究聚类

Timeline 图将研究关键词按照年份以及关键词关系进行聚类分析。Timeline 图从上到下，聚类按大小递减；从左到右，时间由远到近。聚类主题按照由大到小的顺序依次为：绿色空间研究、污染物研究、实际知识、峰流、系统生态等(图 9)。

2.2.4　研究发展历程

如图 10 所示，可将研究按照历史进程大致分为三个阶段。第一阶段大致为 2000—2011 年，这段时期研究主要聚焦于绿色基础设施，绿地空间、土地利用和保护、可持续性等；第二阶段研究大致为 2012—2014 年，这段时期主要研究对象为生态系统服务及框架、景观格局、多样性、连接度、城市绿色空间；第三阶段为 2015 至今，主要研究对象为城市景观、林地等。

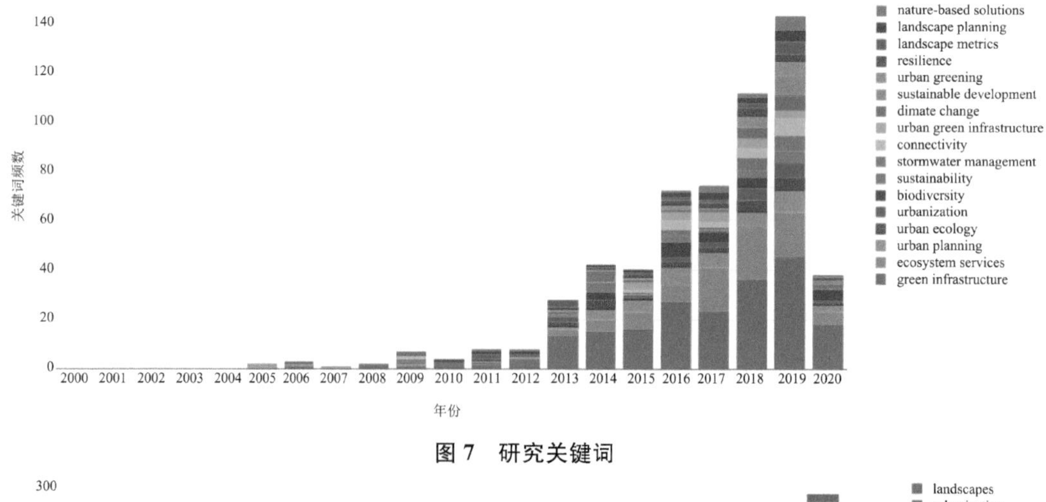

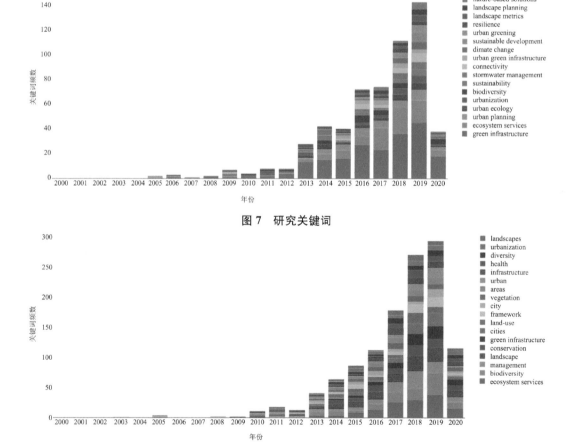

图 7　研究关键词

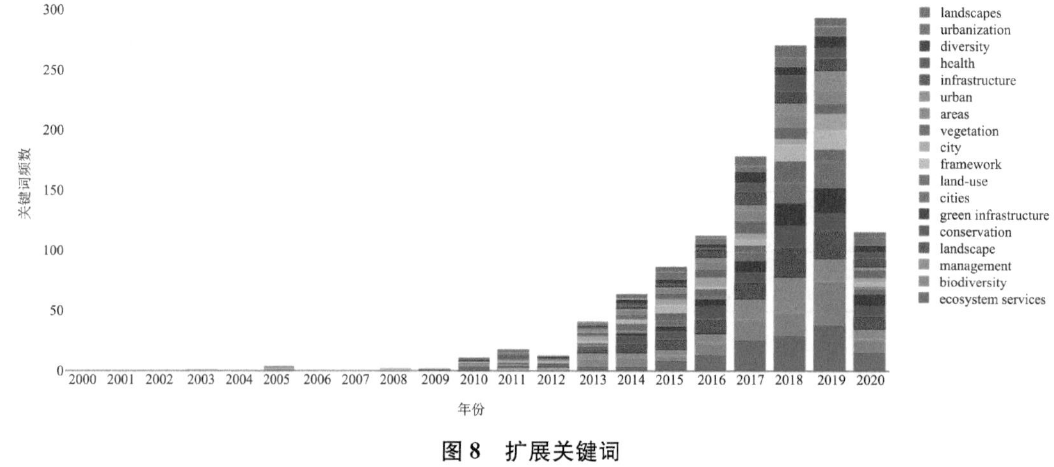

图 8　扩展关键词

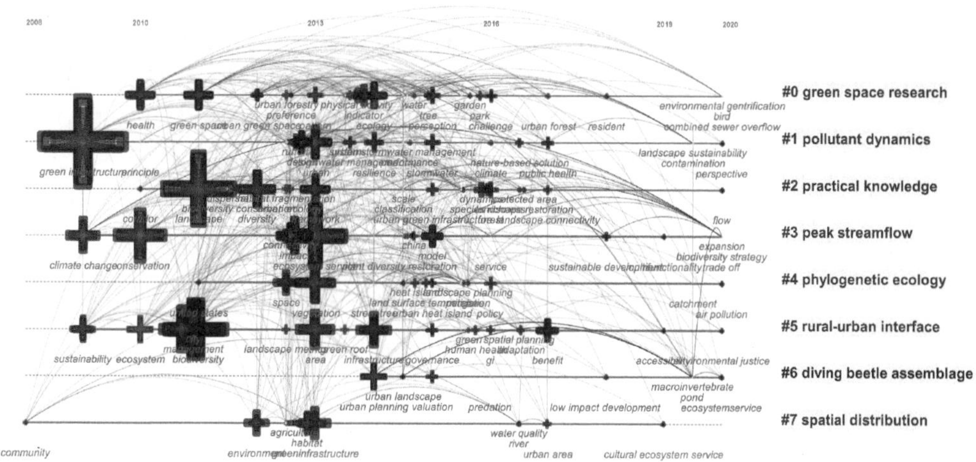

图 9 关键词 Timeline 图

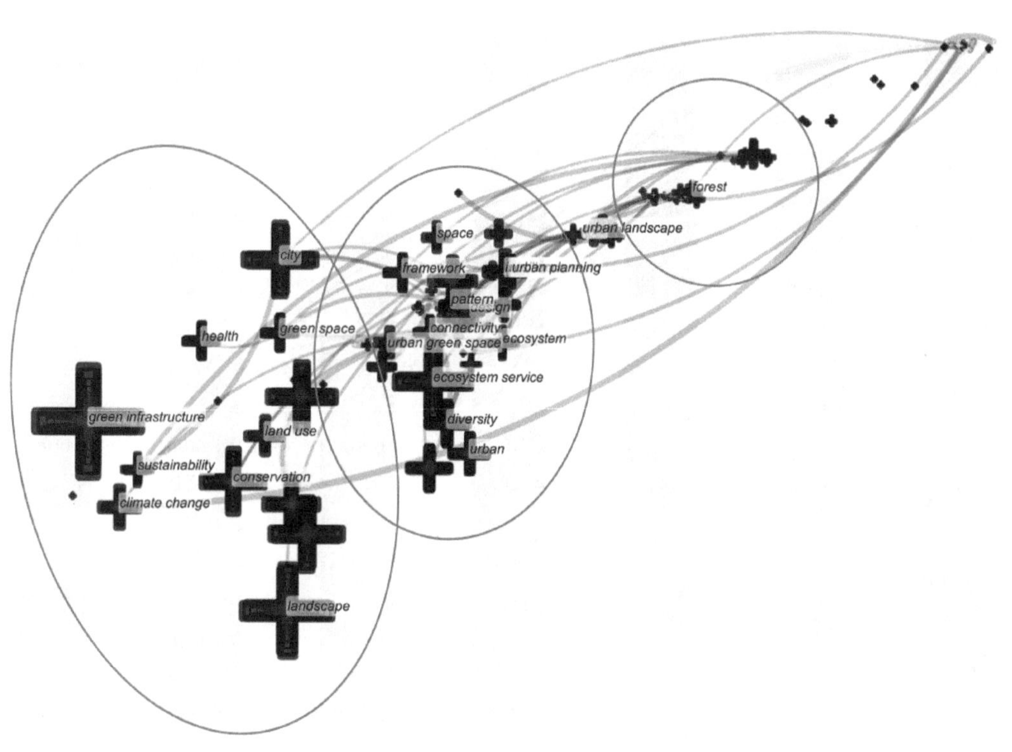

图 10 关键词 timezone 可视化

表 7 突显强度前三位的关键词

关键词	年份	突显强度值	起始	结束	突显时间(2000—2020)
ecosystem	2000	4.179	2010	2014	----------▃▃▃▃▃------
land cover	2000	3.6019	2013	2015	-------------▃▃▃-----
landscape connectivity	2000	3.3581	2017	2018	-----------------▃▃--

引用突现强度前三位的关键词分别是:生态系统、土地利用、景观连接度(表 7)。

3 结论与讨论

2000 年以来,时空关系研究已经进入了全新的发展阶段,这种发展过程和速度在文献上表现为海量文献的出现。要把握时空关系研究的热点,就需要对海量文献进行信息挖掘和分析[17]。本文利用 Citespace 软件构建时空关系研究文献数据库,并从文献引用的历史年谱、热点文献、热点关键词和热点期刊等方面,分析时空关系研究的热点和趋势,将绿色基础设施研究现状较为全面地呈现出来。在时空分布特征上,文章历年发表数量呈指数上升;关注度最高的国家为:美国、中国、英国、瑞典等;发文量最高的机构为:瑞典农业大学、中国科学院、美国环境保护署等。

在研究热点分布上,研究关键词排序为:绿色基础设施、生态服务、城市规划、城市生态等;在研究突显上,生态系统、土地利用、景观连接度这三个研究方向突显度最强,围绕其展开的研究最为丰富。在作者引用关系中,生态系统服务、绿色公共空间、雨洪管理和生物多样性这四个方向被引关系比较强。

研究热点发展大致分为三个阶段:第一阶段大致为 2009—2011 年,这段时期研究主要聚焦于绿色基础设施,绿地空间、土地利用和保护、可持续性等;第二阶段研究大致为 2012—2014 年,这段时期主要研究对象为生态系统服务及框架、景观格局、多样性、连接度、城市绿色空间;第三阶段为 2015 至今,主要研究对象为城市景观、林地等。

4 未来期望

关于绿色基础设施研究在数量上逐年递增,但是在研究突显度上逐年下降,说明研究内容逐渐趋于稳定的几个主题。依照研究趋势,从 2013 年至今,以及未来很长一段时间研究热点还是会集中于生态系统、土地利用、景观连接性这三个主题上。

探究国外绿色基础设施研究进展对于我国发展绿色基础设施相关工作有一定的借鉴作用。我国相关研究起步较晚,自 1999 年以来,经过了探索发展期、2004—2008 年的缓慢增长期、2009—2014 年的快速增长期。从知识图谱分析到概念界定,再到多维度、多领域的理论研究与实践研究,研究进展与国外研究历程大致吻合。2015 年,学者贾行飞与戴菲对于国内绿色基础设施未来发展方向作了预测,认为未来 GI 除了在生态学、绿地系统、雨洪管理、绿道领域的研究外,有关 GI 在农村城镇化、数字技术、不同尺度区域、公众参与方面的研究也将是热点[18]。近年来,结合国家政策以及风景园林前沿理论,绿色基础设施的研究也将越来越多地为“城市双修”“海绵城市”“公园城市”等城市建设工作服务。

参考文献

[1] 翁旋荧,李敏稚.MSPA 法在城市绿色基础设施网络构建中的应用综述[J].现代园艺,2019(06):132-135.

[2] Tzoulas K,Korpela K, Verm S,et al. Promoting ecosystem and human health in urban areas using Green Infrastructure: A literature review [J]. LANDSCAPE AND URBAN PLANNING,2007,81(3):167-178.

[3] Meerow S, Newell J P. Spatial planning for multifunctional green infrastructure: Growing resilience in Detroit [J]. LANDSCAPE AND URBAN PLANNING,2017,159:62-75.

[4] Weber T, Sloan A, Wolf J. Maryland's Green Infrastructure Assessment: Development of a comprehensive approach to land conservation [J]. LANDSCAPE AND URBAN PLANNING,2006,77(1/2):94-110.

[5] Norton B A, Coutts A M, Livesley S J, Harris R J. Planning for cooler cities: A framework to prioritise green infrastructure to mitigate high temperatures in urban landscapes[J]. LANDSCAPE AND URBAN PLANNING,2015,134:127-138.

[6] 朱静宜.基于中介中心度的微博影响力个体发现[J].计算机应用研究,2014,31(01):131-133.

[7] Ahern J, Cilliers S, Niemelä J. The concept of ecosystem services in adaptive urban planning and design: A framework for supporting innovation[J]. LANDSCAPE AND URBAN PLANNING, 2014, 125:254-259.

[8] Ahern J. Urban landscape sustainability and resilience: The promise and challenges of integrating ecology with urban planning and design[J]. LANDSCAPE ECOLOGY,2013,28(6):1203-1212.

[9] Angelstam P, Elbakidze M, Axelsson R. Knowledge production and learning for sustainable landscapes: Forewords by the researchers and stakeholders[J].

AMBIO,2013,42(2):111-115.

[10] Gómez-Baggethun E, Barton D N. Classifying and valuing ecosystem services for urban planning[J]. ECOLOGICAL ECONOMICS,2013,86:235-245.

[11] Demuzere M, Orru K, Heidrich O, et al. Mitigating and adapting to climate change: Multi-functional and multi-scale assessment of green urban infrastructure[J]. JOURNAL OF ENVIRONMENTAL MANAGEMENT,2014,146:107-115.

[12] Bendt P, Barthel S , Colding J. Civic greening and environmental learning in public-access community gardens in Berlin[J]. LANDSCAPE AND URBAN PLANNING,2013,109(1):18-30.

[13] Berndtsson J C. Green roof performance towards management of runoff water quantity and quality: A review[J]. ECOLOGICAL ENGINEERING,2010,36(4):351-360.

[14] Cameron R W F, Blanuša T, Taylor J E, et al. The domestic garden-Its contribution to urban green infrastructure[J]. URBAN FORESTRY & URBAN GREENING,2012,11(2):129-137.

[15] Pataki D E, Carreiro M M, Cherrier J, et al. Coupling biogeochemical cycles in urban environments: Ecosystem services, green solutions, and misconceptions[J]. FRONTIERS IN ECOLOGY AND THE ENVIRONMENT,2011,9(1):27-36.

[16] Garmendia E, Apostolopoulou E, Adams W M, el al. Biodiversity and Green Infrastructure in Europe: Boundary object or ecological trap? [J]. LAND USE POLICY,2016,56:315-319.

[17] 古杰,周素红,闫小培,柴彦威,郑重.基于文献引用关系和知识图谱的时空关系研究热点分析[J].地理科学进展,2013,32(09):1332-1343.

[18] 贾行飞,戴菲.我国绿色基础设施研究进展综述[J].风景园林,2015(08):118-124.

作者简介:李涵璟,天津大学建筑学院在读硕士研究生,高密度人居环境生态与节能教育部重点实验室,空间人文与场所计算实验室。研究方向:海绵城市、绿色基础设施。

王苗,博士,天津大学建筑学院讲师,高密度人居环境生态与节能教育部重点实验室。研究方向:风景园林规划与设计。

许涛,博士,天津大学建筑学院讲师,高密度人居环境生态与节能教育部重点实验室。研究方向:城市雨洪管理、景观生态规划。电子邮箱:tao.xu@tju.edu.cn

贺玺桦,天津大学建筑学院在读硕士研究生,高密度人居环境生态与节能教育部重点实验室。研究方向:城市雨洪管理。

邵彤,天津大学建筑学院在读硕士研究生,高密度人居环境生态与节能教育部重点实验室。研究方向:城市绿地系统规划。

绿色基础设施生态系统服务价值的结构影响因素分析
——以浙江省嘉兴市为例

刘 颂 谌诺君

摘 要 城市化进程的加快带来了人口的集中、经济活动的加剧以及建设用地的扩张，由此改变了自然生态过程，导致了生态空间景观格局的变化，从而影响物质交换和能量流动，改变生态系统各类产品与服务的供给能力，生态系统服务价值(ESV)及其空间特征也会随之改变。通过对绿色基础设施(GI)景观格局与ESV相关性研究，建立"景观格局—生态过程—生态系统服务价值"三者联系，为国土空间规划提供依据。本研究以嘉兴市为例，从区域尺度出发，通过相关性分析和多元逐步回归分析得到GI景观格局与ESV的定量关系，并建立回归模型，发现了对ESV影响较大的景观结构因素，探讨其中的相互影响关系，并以提升ESV为目标，提出GI规划与管理建议。

关键词 绿色基础设施；景观格局指数；生态系统服务价值；影响因素；嘉兴市

生态系统服务是指人类从生态系统获得的所有惠益，与人类福祉密切相关，包括供给服务、调节服务、支持服务以及文化服务四大类型[1]。傅伯杰指出，生态系统服务与景观格局和生态过程存在着耦合关系[2]，人类活动不断塑造着景观格局及生态过程，进而对生态系统服务的供给产生影响。绿色基础设施(Green Infrastructure，以下简称GI)是重要的生态系统服务供给者，如何通过对GI景观格局进行优化，以最大限度地发挥GI的生态系统服务功能成为研究热点。当前的大多数研究主要通过对生态系统服务价值(Ecosystem services value，简称ESV)的评估，探讨时间尺度上，土地利用类型及景观格局演变对生态系统服务价值的影响。如丁丽莲[3]、刘桂林[4]、雷军成[5]等学者分别分析了淀山湖流域、长三角地区、寻乌县多年来ESV随土地组成结构演变的响应过程。虽然针对土地利用与生态系统服务之间定性和定量关系的研究较多，但探讨景观格局自身特征对生态系统服务的影响较少[6]。对生态系统服务的总价值关注较多，但景观格局对单项生态系统服务影响及其影响机理则重视不够[7]。

GI规划是通过改变景观格局从而实现提升生态系统服务的目的，因此，有必要对GI景观格局、生态系统服务二者之间的耦合关系进行定量研究，掌握生态系统服务的形成与作用机理，为GI的合理规划提供依据。

鉴于景观格局具有显著的尺度依赖性[8]，本文以嘉兴市为例，重点分析区域尺度下GI景观格局及生态系统服务的空间分异特征，建立GI景观格局与各项ESV的相关回归模型，分析其影响机理，以期为GI空间布局和结构优化提供依据。

1 研究区概况与数据来源

1.1 研究区概况

嘉兴市(东经120°18′至121°16′，北纬30°21′至31°2′)位于浙江省东北部，与上海、杭州、湖州以及苏州等城市接壤，是长三角的重要城市，京杭运河贯穿其中，具有明显区位优势(图1)。2019年末，嘉兴市域陆地面积约为4 274.05 km²。除南部与杭州湾相邻区域，零散分布200余座山丘外(海拔均较低)，嘉兴市其余地区地势较为低平，整体略呈现出自东南向北部倾斜的趋势。嘉兴市属亚热带海洋性季风气候，雨水与日照充足，气温适中，市内河道纵横、湖塘密布，有包括京杭运河在内的八条主要水系。自20世纪90年代开始，嘉兴市城镇化建设取得了长足的发展。1990年，嘉兴市的城镇化率为22.6%，而2019年末，其城镇化率已上升至67.4%，城乡环境面貌变化巨大，由此也引起了城乡景观格局的快速演变。

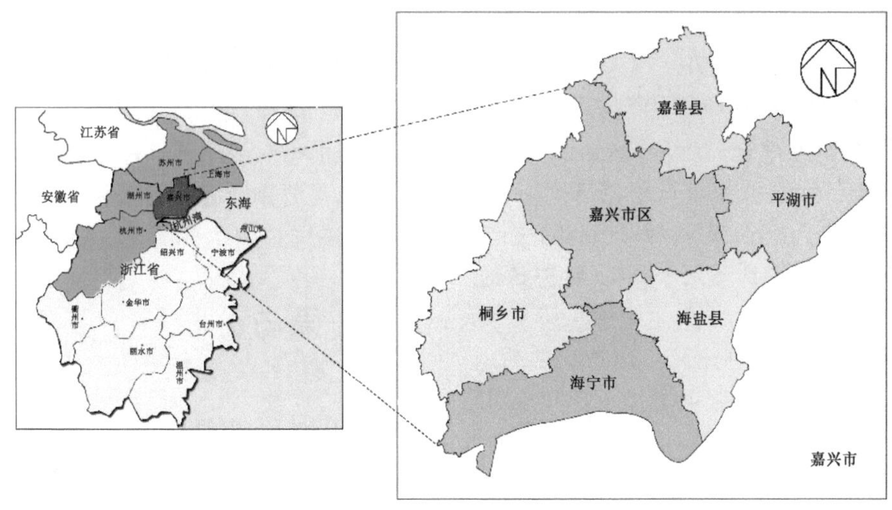

图 1　嘉兴市区位图

1.2　数据来源

本研究所采用的数据主要包括 2018 年嘉兴市的土地利用数据、气象数据、NDVI 时间序列数据以及全国的 NPP 数据与土地利用数据。其中，嘉兴市土地利用数据来源于北京数字空间科技有限公司，经遥感影像(分辨率为 30 m)解译获得土地利用分类，分类精度达到 80%以上；全国土地利用数据，来源于中国科学院资源环境科学数据中心网站；气象数据包括月平均气温、日照时数以及降雨数据，来源于中国气象科学数据共享服务网、《嘉兴市统计年鉴》以及《中国气象年鉴》；NDVI 时间序列数据以及全国 NPP 数据，则由美国蒙大拿大学网下载。除嘉兴市土地利用数据外，其他数据主要用于 ESV 计算时修正因子的确定。

2　研究方法

2.1　GI 类型制图

GI 是“自然生命支持系统”，本研究认为区域 GI 应包括水系、湿地以及林地等各种自然区域、耕地等半自然区域、开放空间以及连接这些区域的网络。参照国内外现有土地利用 /土地覆盖的分类体系并结合嘉兴市实际情况，把土地利用类型分为 GI 用地与非 GI 用地两大类，其中 GI 用地包括林地、耕地、草地以及水域四种类型，非 GI 用地则包括建设用地与荒地两种类型。利用 ArcGIS 10.5 对各土地利用进行重分类，并进行空间制图与面积统计。

2.2　GI 景观格局分析

已有研究表明，景观指数在类型层面与景观层面有所不同，其中类型层面的景观指数描述了每个类型斑块的特征，而景观层面的景观指数则描述了整体景观斑块的空间结构[9-10]。本研究在类型水平共选择 NP 等 8 个景观指数，景观水平层面选择了 TA 等 15 个景观指数，用以分别描述类型水平与景观水平的嘉兴市 GI 景观格局。所有景观指数均通过 Fragstats 4.5 进行计算，其中 CONNECT 指数计算时阈值距离设置为 2 000 m[9]。根据李莹莹[10]、朱明[11]等人的研究成果，将矩形取样窗口大小设定为 3 km ×3 km，景观粒度经过比较研究，设置为 30 m。

2.3　生态系统服务价值评估

本研究参考谢高地团队[12]改进的动态评估方法，对生态系统服务价值的评估共分为三个步骤。

(1) 静态价值系数的确定。首先以谢高地等[13]根据中国实际情况，计算得到的单位面积 ESV 静态当量表为基础，对嘉兴市各生态系统服务进行当量赋值；之后根据《浙江省统计年鉴》中粮食产量与粮食价格数据，计算得到嘉兴市的标准当量；再通过前两者相乘得到嘉兴市的静态价值系数。

(2) 动态价值系数的计算。生态系统的形式与结构会随着时间的推移而发生变化，因此，其相对应的 ESV 也处于不断变化之中。谢高地团队的研究表明，ESV 主要与 NPP[14]（Net Primary Productivity，即植物净初级生产力）与降水量[15]密切相关，因此在研究中通过 NPP 修正因子、降水修正因子对静态价值系数进行了修正[12]。本研究参考这一研究方法，通过对 NPP 修正因子、降水修正因子的计算，得到嘉兴市 2015 年每月的 ESV 动态价值系数。

（3）各类 ESV 类型的计算。通过公式①、②、③分别计算各生态系统服务类型 ESV，各 GI 类型 ESV、以及总 ESV。

$$ESV_{SF}=\sum_{k}(A_k\times F_{kni}) \quad ①$$

$$ESV_{GI}=\sum_{n}(A_k\times F_{kni}) \quad ②$$

$$ESV_{T}=\sum_{k}\sum_{n}(A_k\times F_{kni}) \quad ③$$

式中，n：生态系统服务类型；

k：GI 类型；

A_k：第 k 种 GI 类型面积，单位：hm^2；

F_{kni}：第 k 种 GI 类型第 n 项服务在第 i 月价值系数，单位：元/hm^2；

ESV_{GI}：第 k 种 GI 类型的 ESV；

ESV_{SF}：第 n 项生态系统服务的 ESV；

ESV_T：总 ESV。

2.4 GI 景观格局与生态系统服务价值相关性分析

以嘉兴市镇级行政区为分析单元，通过 SPSS 25 对景观水平的 GI 景观指数，与 ESV 进行皮尔森相关性分析，显著性检验选择双尾级别。皮尔森相关性分析，可以表达 GI 景观格局与 ESV 相关关系的强弱，但由于景观指数之间可能存在自相关关系，从而干扰研究结果，因此引入多元逐步回归分析方法，逐步剔除不太重要的自变量，筛选出对 ESV 贡献最为显著的景观指数，并建立二者的数学关系模型，以发现其中相关关系的统计学规律。在进行多元逐步回归分析之前对所有的变量进行标准化处理，分析时用方差膨胀系数 VIF 进行检验，当 VIF 值小于 10 时，景观指数之间多重共线性较弱，可以忽略不计，反之，则具有较强的多重共线性，需要剔除相应景观格局指数，最后得到 GI 景观格局与 ESV 之间的回归模型。

3 结果与分析

3.1 土地利用类型分布与统计

2018 年嘉兴市 GI 类型分布如图 2 所示，各土地利用类型面积及占比如表 1 所示。总体来看，GI 用地面积虽然约为非 GI 用地面积的两倍，但建设用地呈现出由中心向周边扩张的态势。在 GI 用地中，耕地占地面积最为广阔，是嘉兴市主要生态基质，占市域总面积的 64%；水域面积次之，约占 4.6%，是嘉兴市 GI 的重要组成部分；再次为林地，但不到 1%，主要分布在南部临杭州湾区域；草地的分布较为零散，仅占总用地的 0.1%。

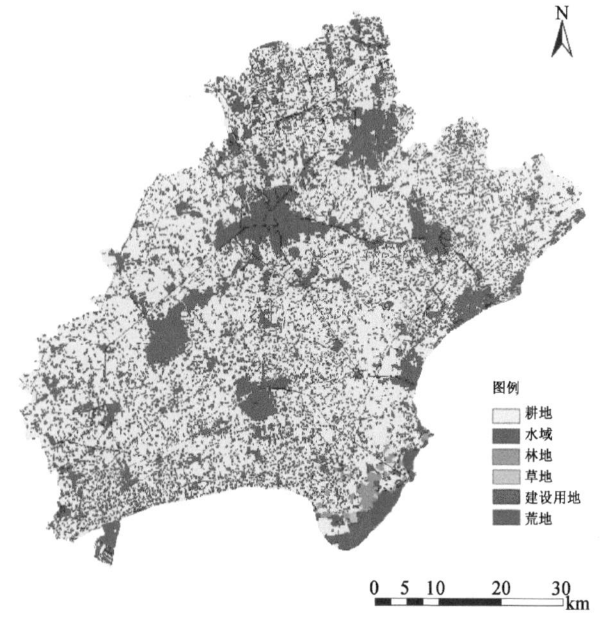

图 2 2018 年嘉兴市土地利用类型分布

表 1 2018 年嘉兴市土地利用分类及占比

	GI 用地					非 GI 用地			总计
类型	农田	林地	草地	水域	小计	建设用地	荒地	小计	
面积(hm^2)	258 277.8	3 736.3	377.1	18 418.1	280 809.2	121 134.3	17.7	121 152.0	401 961.2
占比	64.2%	0.9%	0. 1%	4.6%	69.9%	30.1%	0.0%	30.1%	100%

表 2　嘉兴市类型层面景观指数

GI 类型	斑块数量 NP	斑块密度 PD	边缘密度 ED	景观形状指数 LSI	最大斑块指数 LPI	连接度指数 CONNECT	散布与并列指数 IJI	聚集度指数 AI
耕地	876	0.22	40.97	82.62	9.55	0.62	28.22	95.18
林地	102	0.03	0.90	15.24	0.30	1.75	60.75	92.97
草地	12	0.003	0.10	4.98	0.04	9.09	67.74	93.71
水域	731	0.18	7.02	53.58	0.40	0.23	39.22	88.35

表 3　嘉兴市各类 GI 的 ESV 值(单位:亿元)

ESV 类型		耕地	林地	草地	水域
供给服务价值	食物生产	10.700 4	0.035 3	0.005 5	0.387 2
	原料生产	0.708 1	0.080 7	0.008 2	0.111 3
	水资源供给	−35.057 7	0.071 4	0.003 5	7.874 3
调节服务价值	气体调节	8.733 4	0.267 2	0.028 4	0.372 7
	气候调节	4.484 7	0.799 5	0.075 2	1.108 4
	净化环境	1.337 5	0.226 3	0.024 9	2.686 3
	水文调节	36.257 4	0.622 2	0.043	97.113 3
支持服务价值	土壤保持	0.078 7	0.325 2	0.034 6	0.450 1
	维持养分循环	1.494 9	0.023 9	0.002 7	0.033 9
	生物多样性	1.652 3	0.295 7	0.031 6	1.234 2
文化服务价值	美学景观	0.708 1	0.126 2	0.013 9	0.914 8
总计		41.528 9	1.619 5	0.150 7	102.432 6

3.2　嘉兴市 GI 景观格局总体特征

嘉兴市类型层面景观指数计算结果如表 2 所示。其中耕地和水域的 NP(斑块数量)、ED(边缘密度)、PD(斑块密度)以及 LSI(景观形状指数)的值较高,而 CONNEECT(连接度指数)、IJI(散布与并列指数)的值则较低,表明耕地和水域的破碎化程度较高,景观形态较其他类型的 GI 更为不规则。而草地的 NP、PD、ED 以及 LSI 的值最低,CONNEECT、IJI 的值最高,说明草地的数量及总面积小、破碎化程度最低,斑块形状最为简单。各 GI 类型的 AI(聚集度指数)整体相差不大,但耕地最高,水域最低,这主要是因为嘉兴市耕地与水域分布范围虽然都很广,但耕地基本成片分布,而水域的分布则呈带状或分散斑块分布。

3.3　生态系统服务价值特征

3.3.1　生态系统服务价值的 GI 类型差异

由表 3 可知,嘉兴市各类 GI 的 ESV 由高到低依次为:水域>耕地>林地>草地。水域虽然面积占比小于耕地,但水域产生的 ESV 最大,说明水作为江南水乡特色,在水文调节、水资源供给、气候调节等方面发挥了重要的作用,应给予以充分保护。耕地的水文调节、食物生产、气体调节及气候调节价值较高,而水资源供给价值则为负数,这主要是因为嘉兴市耕地占比大,分布广,并以水稻田为主,会消耗大量水分;林地与草地的气候调节、水文调节、土壤保持以及气体调节价值较高。

3.3.2　生态系统服务价值的空间分异

2018 年嘉兴市 ESV 空间分布如图 3 所示,主要表现为北部高,东南部次之,西南部低的空间

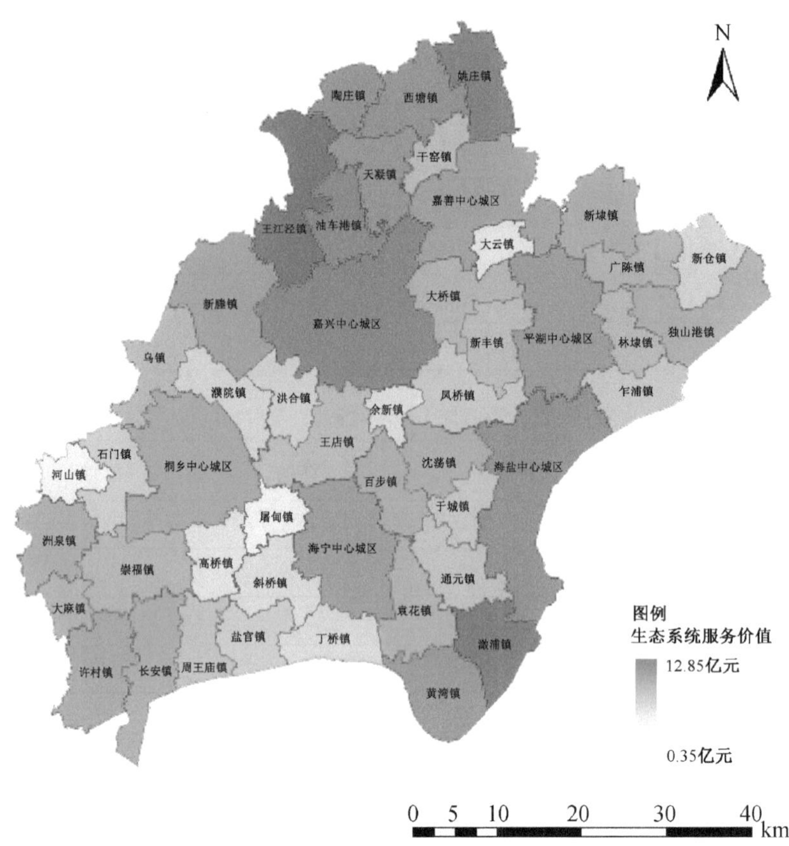

图 3 嘉兴市镇级行政单元 ESV 分布

分异特征。王江泾镇、澉浦镇以及姚庄镇的 ESV 值位列前三位，其中王江泾镇和姚庄镇主要是由于湖泊、湿地以及水库分布比较集中，如大部分位于王江泾镇域内的北部湖荡群保护湿地，以及位于姚庄镇的嘉善太浦河—长白荡饮用水保护区，而澉浦镇的高 ESV 值，则得益于沿海地区围垦带来的湿地滩涂面积增加。屠甸镇、大云镇以及河山镇 ESV 值则位于后三位，这与城镇的无序扩张息息相关，这些地区城镇建设用地占比大，对 GI 空间造成了一定的侵占与挤压，因此 ESV 供给能力较低。

3.4 GI 景观格局与生态系统服务价值相关性分析

通过计算嘉兴市镇级行政单元的景观层面景观格局指数，建立了景观格局指数与 ESV 多元回归模型(表 4)。

由表 4 可知，嘉兴市 GI 景观格局与各单项 ESV 的多元回归模型拟合程度都较高，并且都通过了显著性系数检验，说明分析结果的可信度较高。各项 ESV 共受 TA 等 9 个景观指数的影响且主要影响指数不尽相同，其中 TA、TE、SHDI、CONTAG、以及 CONNECT 等景观指数是供给服务价值的主要影响因子，TA、NP、SHDI、ED、LSI 以及 SPLIT 等景观指数，是调节服务价值的主要影响因子，SHDI、ED、TE、TA 等景观指数是支持服务价值的主要影响因子，文化服务则主要受 TE、ED 以及 SHDI 等景观指数影响。这些景观指数所代表的 GI 景观格局特征，是生态系统服务价值空间分布差异的主要原因。

4 讨论

4.1 GI 景观格局对单一生态系统服务功能的影响关系探讨

(1) GI 面积、斑块形状复杂性、多样性以及连通性是影响供给服务的主要因素。

TA(总面积)与食物生产、原料生产价值呈正相关，与水资源供给价值则呈负相关。嘉兴市作为江南重要的粮食生产基地，耕地广布，而耕地作为食物生产价值的主要提供者，其面积的减少会

表 4 嘉兴市 GI 景观格局与 ESV 多元回归模型

ESV 类型		标准化回归方程模型	R^2	Sig
供给服务价值	食物生产	1.060TA−0.130TE	0.982	0.00
	原料生产	0.835TA+0.772SHDI+0.312CONTAG+0.102CONNECT	0.979	0.00
	水资源供给	−0.774TA−0.586CONTAG	0.914	0.00
调节服务价值	气体调节	1.026TA−0.047NP	0.991	0.00
	气候调节	0.873SHDI+0.750TA−0.335ED−0.124LSI	0.970	0.00
	净化环境	0.859TE+0.153SPLIT	0.900	0.00
	水文调节	0.907TE	0.818	0.00
支持服务价值	土壤保持	1.288SHDI−0.478ED+0.327TE	0.942	0.00
	维持养分循环	1.065TA+0.125TE	0.997	0.00
	生物多样性	0.670SHDI+0.246TA	0.973	0.00
文化服务价值	美学景观	0.988TE+0.458ED+0.448SHDI	0.949	0.00

注：方程中标准化系数绝对值大小表示相关性强弱，其中正值表示正相关性，负值表示负相关性；R^2 代表方程拟合系数，其数值转化为百分数即表述因变量对自变量的解释程度，值越高，方程拟合程度越高；Sig 代表显著性系数，值应该小于其显著性水平(0.01 或0.05)，值越接近于 0 表示显著性越高。

使农作物的光合作用受到影响，净初级生产力下降，农作物产量减少，最终导致食物生产价值减少。但是由于耕地需要消耗大量的水分，当耕地面积越大时，对水资源供给价值产生消极影响反而会越大。同时，TE(总边缘长度)与 GI 斑块形状的复杂性相关，当耕地斑块的边缘形态较为复杂时，不利于农业的集约化管理与耕作，从而影响农作物的产量[16]，因此耕地斑块的规则化有利于提高粮食产量。

SHDI(香农多样性指数)的增加对原料生产价值具有正向促进作用，这与 Harini 与 Nagendra 发现多样性指数对生产价值的积极意义的研究结果一致[17]。SHDI 与景观多样性尤其是植物多样性息息相关[18]。随着植物多样性的增加，叶面积指数、枝条结构与根系结构的多样性也会增加，由此可提高光能捕获的能力与吸收养分和水分的能力，经过时间的积累，植物捕获各种能量和养分的效率不断增加，产生物质量的能力得到提升[19]。再次，GI 连通性的增加有利于授粉媒介如昆虫、风等移动能力的增加，从而促使景观中物质量的增加[20]。

(2) GI 面积、破碎度、多样性以及边缘复杂度是影响调节服务的主要因素。

植物与水体在气体调节与气候调节服务过程中发挥了重要作用。一方面二者面积减少对气体循环不利，导致二氧化碳、甲烷等温室气体更多地排放到环境中，加剧热岛效应[21]；另一方面植物和水体空间如果转化为建设用地，地表形态会发生变化，影响水文循环过程，对气体调节与气候调节服务产生不利影响[22]。二者的值越大表示 GI 斑块形状越复杂，斑块破碎度越高，破碎度对调节服务价值的负面影响已经被其他学者所证实。Li 等[23]在对浙江省集体林区进行研究时发现，森林破碎化的增加限制了气候调节功能的发挥。Zhang 等[9]学者在研究巢湖流域 GI 景观格局与 ESV 相关关系时，也发现了破碎度与气体调节服务价值的负相关关系。同时，已有相关研究，讨论了 GI 多样性与面积对气候调节功能的作用，如 Walz[24]的研究表明了森林斑块结构的多样性对气候调节功能的促进作用，陈宏等[25]学者以武汉市为例，发现了水体面积减少会加剧城市热岛效应。

由多元回归分析结果可知，TE(总边缘长度)、SPLIT(景观破碎度指数)与净化环境价值呈正相关，这是其他研究所没有发现的，还需进一步验证。而 GI 斑块边缘复杂度的增加有利于水文调节价值的提升。水域作为水文调节价值的主要贡献者，其支流越多，水域的形状则越不规则，水体周围的植被缓冲带分布也就越多。一方面，Inkoom 等[26]的研究结果表明植物缓冲带在减少地表径流时发挥了重要作用;另一方面,GI空间中植被的多样性有利于含氮、氯等化合物的分解,可促进对水质的调节[27]。此外,水域支流的增加代表水域与其他GI类型连通性增加,有学者的研究表明,流域中各GI类型间的连通性越高,其对地表径流的影响越大,可减少地表径流的流失[28]。因此,适当的增加水域与其他GI斑块的接触面积,增加水域的总边缘长度,可促进水文调节价值的提升。

(3) GI多样性、面积以及破碎度是影响支持服务的主要因素。

SHDI(香农多样性指数)、ED(边缘密度)以及TE(总边缘长度)是土壤保持价值的主要影响因子,其中SHDI对土壤保持价值的影响最大。SHDI和TE的增加说明GI异质性与多样性的增加,尤其是多样性的增加对土壤的理化性质产生重要影响,有利于土壤中的养分与能量循环,增加土壤的蓄水功能及有机碳储存功能,提升土壤保持价值。如Rurel等的研究表明,欧洲西部农业种植结构的多样性,可有效避免土壤中水分与养分的流失[29]。而斑块碎片化则会破坏生物和非生物运动的走廊,限制土壤中微生物的运动,不利于物质与能量循环,从而限制土壤保持价值的发挥[30]。

同时,嘉兴市大面积的耕地与良好的气候环境为动植物提供了多种潜在合适的栖息环境,对生物多样性价值产生正面影响,这与Ng等的发现相似[31]。维持养分循环价值则与生态系统的物质与能量循环密切相关,主要受TA(总面积)与TE(总边缘长度)的影响。TA与TE的增加有利于其他GI斑块接触面积的增加,为物质与能量传递提供通道。如林地与耕地的边缘区域更有利于两个斑块相互间的物质与能量交换[32],又如连续的水岸缓冲带对水中的养分和污染物具有调节作用,可以加速物质循环[33]。

(4) GI斑块形状、斑块数量与多样性是影响文化服务的主要因素。

本研究中的文化服务价值主要指美学景观价值,回归方程显示,美学景观价值主要受形状与多样性相关的景观指数影响。TE(总边缘长度)、ED(边缘密度)以及SHDI(香农多样性指数)3个景观指数对美学景观价值的贡献最大,并且TE对美学景观价值的影响高于另外两者。形状对美学景观价值的影响众所周知,边缘密度对景观美学价值的正向作用,已经被之前的研究学者所证实[34],土地覆盖类型的组成和形式对美学价值的贡献也不容忽视。Franco D等人的研究表明多样性较为丰富的区域美学价值较高,这与本研究的结论一致[35]。因此,在考虑GI的美学景观价值时,需重点考虑形态的设计与多样性的提升。

(5) GI景观格局—生态过程—生态系统服务耦合机制。

生态系统提供ESV并不是均匀地分布在景观中,而是依赖于景观中不同组成部分之间的相互作用[36]。GI作为生态系统服务供给的主要载体[37][38],其景观格局会影响土壤养分循环[39]、栖息地连通性[40]、水文循环[39]、生物多样性保持[41]、植物碳存储[42]以及温室气体排放[43]等生态过程和功能,进而改变生态系统服务的供应。对GI景观格局与多种ESV类型进行定量评估,有助于对GI景观格局如何影响生态系统服务供应的理解。GI景观格局与生态系统中的生物过程与非生物过程相互影响,这些生态过程通过垂直叠加与水平交互,经过时间的积累对ESV产生影响(图4)。

4.2 对嘉兴市GI规划与管理的启示

研究表明,生态系统服务价值与GI的空间结构与形态有较强的相关性,并且影响某一单项生态系统服务的景观格局特征亦有侧重,这为嘉兴市GI规划与管理提供了依据。

(1) 保护耕地总量和水域特色。在快速城镇化进程中,嘉兴市的GI斑块呈现破碎化趋势,耕地和水域的破碎化程度最高,但水域和耕地,仍是嘉兴市生态系统服务的主要供给者;而且,虽然水域面积远远小于耕地,其生态系统服务却高出耕地的一倍以上,这与嘉兴市水网密布的江南水乡特征和耕地的规模相关。因此保护耕地和水域的规模和质量,就是保护了嘉兴市典型的景观地域特色,维护供给服务和调节服务的可持续发展,提高人民福祉。应结合国土空间体系规划,在控制城镇发展边界、划定基本农田保护红线的基础上,将生态系统服务重点供给区和生态敏感性强的水域地区作为核心生态斑块,进行严格保护和控制,并注意斑块的连续性和完整性。

(2) 增加GI多样性。在影响各项ESV的景

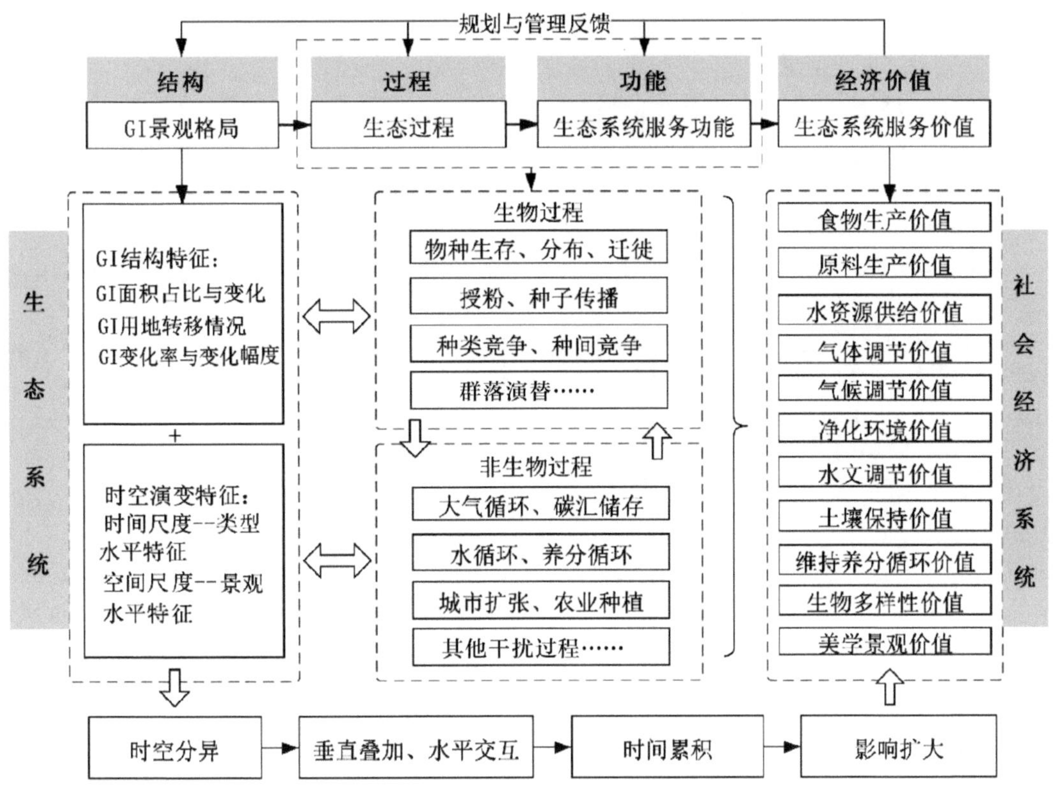

图 4　GI 景观格局对 ESV 影响机制示意图

观格局要素中，多样性（香农多样性指数）几乎是共同的影响因素，斑块的形态也呈现一定的影响力。多样性可以通过多种 GI 类型镶嵌实现，或通过优化农作物种植结构实现；应强化对林地、草地以及湿地的生态保护，遵循其自然发展规律，形成丰富稳定的生物群落与完整的能量流通路径。另一方面，强化水系建设，减少河道渠化，注重水系自然形态的保护。通过水系支流建设提升水网密度，增加水域周边缓冲带的面积，并增加与其他 GI 斑块镶嵌边界的复杂度。

(3) 提高全域 GI 网络连通性，进行统筹规划。重视水系和农田林网在 GI 网络结构中的重要作用，强化生态网络连通性，为物质与能量的传递与循环、生态系统服务供给与需求链式环节提供支撑。

5　结语

本研究以嘉兴市为例，探讨了区域尺度下 GI 景观格局和 ESV 的空间分异特征，及二者的相关性。关于 ESV 的计算是在谢高地等提出的基于单位面积价值当量表基础上[12]，通过 NPP 与降水量对每月的价值当量进行修正，由此避免由于时间变化带来的误差。通过相关性分析与多元逐步回归分析，建立了 GI 景观格局指数与单项 ESV 之间的多元回归方程，这些景观指数所代表的 GI 景观格局特征包括 GI 破碎度、连通性、多样性、聚散度以及 GI 面积与形状等，是 ESV 空间分异的主要原因，但景观格局特征对各类型生态系统服务的影响也存在差异，这为不同目标的 GI 规划提供了依据。当然，本研究所得的多元回归模型和相关结论是针对嘉兴市分析的结果，不可能具有普适性，毕竟存在地域差异和社会经济发展差异。

参考文献

[1] MEA (Millennium Ecosystem Assessment). Ecosystems and human well-being: synthesis [M]. Washington, DC: Island Press, 2005.

[2] 傅伯杰，陈利顶，马克明. 景观生态学原理及应用[M]. 2 版. 北京：科学出版社，2011.

[3] 丁丽莲，王奇，陈欣，等. 近 30 年淀山湖地区生态系统服务价值对土地利用变化的响应[J]. 生态学报，2019，39(08)：2973-2985.

[4] 刘桂林，张落成，张倩. 长三角地区土地利用时空变

化对生态系统服务价值的影响[J].生态学报,2014,34(12):3311-3319.

[5] 雷军成,王莎,汪金梅,吴松钦,游细斌,吴军,崔鹏,丁晖.土地利用变化对寻乌县生态系统服务价值的影响[J].生态学报,2019,39(09):3089-3099.

[6] Li, F Z, Peng D L, Wang B Y. Application of research on ecosystem services in landscape planning [J]. Landscape Architecture Frontiers, 2019,7(4): 56.

[7] 李慧杰,牛香,王兵,赵志江. 生态系统服务功能与景观格局耦合协调度研究——以武陵山区退耕还林工程为例[J].生态学报,2020,40(13):4316-4326.

[8] 苏常红,傅伯杰.景观格局与生态过程的关系及其对生态系统服务的影响[J]. 自然杂志, 2012, 34(5): 277-283.

[9] Zhang Z M, Gao J F. Linking landscape structures and ecosystem service value using multivariate regression analysis: A case study of the Chaohu Lake Basin, China[J]. Environmental Earth Sciences, 2015, 75(1):1-16.

[10] 李莹莹.城镇绿色空间时空演变及其生态环境效应研究:以上海为例[D].上海:复旦大学, 2012.

[11] 朱明,徐建刚,李建龙,等.上海市景观格局梯度分析的空间幅度效应[J].生态学杂志, 2006, 25(10): 1214-1217.

[12] 谢高地,张彩霞,张雷明,等. 基于单位面积价值当量因子的生态系统服务价值化方法改进[J].自然资源学报, 2015,30(8):1243-1254.

[13] 谢高地,甄霖,鲁春霞,肖玉,陈操.一个基于专家知识的生态系统服务价值化方法[J].自然资源学报,2008,23(05):911-919.

[14] 李士美.基于定位观测网络的典型生态系统服务流量过程研究 [D]. 北京:中国科学院地理科学与资源研究所, 2010.

[15] 裴厦.基于野外台站的典型生态系统服务及价值流量过程研究 [D]. 北京:中国科学院地理科学与资源研究所, 2013.

[16] 付梅臣,胡振琪,吴淦国.农田景观格局演变规律分析[J].农业工程学报,2005,21(06):54-58.

[17] Harini Nagendra. Opposite trends in response for the Shannon and Simpson indices of landscape diversity[J]. Applied Geography, 2002,22(2):175-186.

[18] Shrestha R P , Schmidt-Vogt D , Gnanavelrajah N . Relating plant diversity to biomass and soil erosion in a cultivated landscape of the eastern seaboard region of Thailand[J]. Applied Geography, 2010, 30(4):606-617.

[19] Tilman D.Biodiversity: population versus ecosystem stability[J]. Ecology, 1996, 77(2):350-363.

[20] Mitchell M G E, Bennett E M, Gonzalez A. Linking landscape connectivity and ecosystem service provision: Current knowledge and research gaps[J]. Ecosystems, 2013, 16(5): 894-908.

[21] 龚小杰,袁兴中,刘婷婷,孔维苇,刘欢,王晓锋.水生植物对淡水生态系统温室气体排放的影响研究进展[J].地球与环境,2020,48(04):496-509.

[22] Su S L, Xiao R , Jiang Z L, et al. Characterizing landscape pattern and ecosystem service value changes for urbanization impacts at an eco-regional scale [J]. Applied Geography, 2012, 34:295-305.

[23] Li M S, Zhu Z L, Vogelmann J E , et al. Characterizing fragmentation of the collective forests in southern China from multitemporal Landsat imagery: A case study from Kecheng district of Zhejiang Province[J]. Applied Geography, 2011, 31(3): 1026-1035.

[24] Walz, Ulrich. Indicators to monitor the structural diversity of landscapes[J]. Ecological Modelling, 2015, 295:88-106.

[25] 陈宏,李保峰,周雪帆.水体与城市微气候调节作用研究——以武汉为例[J].建设科技, 2011(22):72-73.

[26] Inkoom J N, Frank S, Greve K, et al. A framework to assess landscape structural capacity to provide regulating ecosystem services in West Africa [J]. Journal of Environmental Management, 2018, 209: 393-408.

[27] Bu H M, Meng W, Zhang Y, et al. Relationships between land use patterns and water quality in the Taizi River basin, China[J]. Ecological Indicators, 2014, 41: 187-197.

[28] Biao Zhang, Gao-di Xie, NaLi, Shuo Wang. Effect of urban green space changes on the role of rainwater runoff reduction in Beijing, China[J]. Landscape and Urban Planning,2015,140:8-16.

[29] 傅伯杰,陈利顶.景观多样性的类型及其生态意义[J].地理学报,1996,51:454-462.

[30] Qi ZF, Ye XY, Zhang H, Yu ZL. Land fragmentation and variation of ecosystem services in the context of rapid urbanization: the case of Taizhou city, China[J]. Stoch Environ Res and Risk Assess . 2014,28(4):843-855.

[31] Ng C N ,Xie Y J , Yu X J . Integrating landscape connectivity into the evaluation of ecosystem serv-

ices for biodiversity conservation and its implications for landscape planning[J]. Applied Geography, 2013, 42:1-12.

[32] TscharntkeT , Klein A M , Kruess A , et al. Landscape perspectives on agricultural intensification and biodiversity-ecosystem service management[J]. Ecology Letters, 2005, 8(8):857-874.

[33] Mitchell M G E, Bennett E M, Gonzalez A. Linking landscape connectivity and ecosystem service provision: Current knowledge and research gaps[J]. Ecosystems, 2013, 16(5): 894-908.

[34] Frank S, Fürst C, Koschke L, et al. A contribution towards a transfer of the ecosystem service concept to landscape planning using landscape metrics[J]. Ecological Indicators, 2012, 21(21):30-38.

[35] Franco D, de Franco D , Mannino I , et al. The impact of agroforestry networks on scenic beauty estimation: The role of a landscape ecological network on a socio-cultural process[J]. Landscape and Urban Planning, 2003, 62(3):119-138.

[36] Ng C N ,Xie Y J , Yu X J . Integrating landscape connectivity into the evaluation of ecosystem services for biodiversity conservation and its implications for landscape planning[J]. Applied Geography, 2013, 42:1-12.

[37] 王云才,申佳可,象伟宁.基于生态系统服务的景观空间绩效评价体系[J].风景园林,2017(01):35-44.

[38] 刘颂,谌诺君.绿色基础设施水文调节服务的供给机制及提升途径[J].风景园林,2019,26(02):82-87.

[39] Su S L, Li D , Zhang Q , et al. Temporal trend and source apportionment of water pollution in different functional zones of Qiantang River, China[J]. Water Research, 2011, 45(4):1781-1795.

[40] Ng C N ,Xie Y J , Yu X J . Measuring the spatio-temporal variation of habitat isolation due to rapid urbanization: A case study of the Shenzhen River cross-boundary catchment, China [J]. Landscape and Urban Planning, 2011, 103(1):44-54.

[41] 韩依纹,李英男,李方正.城市绿地景观格局对"核心生境"质量的影响探究[J].风景园林,2020,27(02):83-87.

[42] Ren Y , Wei X , Wei X H, et al. Relationship between vegetation carbon storage and urbanization: A case study of Xiamen, China[J]. Forest Ecology and Management, 2011, 261(7):1214-1223.

[43] Matteucci S D , Morello J . Environmental consequences of exurban expansion in an agricultural area: The case of the Argentinian Pampas ecoregion [J]. Urban Ecosystems, 2009, 12(3):287-310.

作者简介:刘颂,同济大学建筑与城市规划学院景观学系教授。主要研究方向:城乡绿地系统规划、数字景观。

谌诺君,成都市温江区农业农村局。主要研究方向:景观规划设计。

蓝绿空间格局对城市降温的影响及其边际效应*

——基于地表温度反演算法

王 敏 朱 雯

摘 要 城市蓝绿空间通过参与多种生态过程降低城市地表温度，有效缓解高度城镇化带来的热岛问题。研究以昆山市中心城区为例，应用Landsat-8数据和辐射传输方程法进行地表温度反演，构建蓝绿空间格局和城市地表温度的相关性分析和增强回归树模型，全面分析影响降温效应的蓝绿空间格局特征及其贡献率。结果表明：绿地率对平均地表温度影响最大，其次是水体最大斑块面积指数、水面率、绿地邻近度指数；水体边缘密度和绿地边缘密度对最高地表温度影响最大，其次是水体最大斑块面积指数、绿地率。研究进一步选取相对贡献率较高的蓝绿空间格局特征因子，借助边际效应曲线分析降温作用阈值，提出蓝绿空间格局优化策略，为改善人居环境和城市可持续发展提供支持与参考。

关键词 蓝绿空间；降温效应；边际效应；地表温度反演；增强回归树模型

1 研究背景

在过去的两个世纪里，全球范围内城市人口增加了100多倍，如今超过50%的人口生活在城市里，相关研究预测至2050年城市化水平将高达70%[1]。迅速增长的城市人口和温室气体的排放加剧了城市热岛效应，导致极端高温事件的频率、强度和持续时间显著增加[2]。城市环境温度升高会增加能源消耗、有害污染物浓度、相关疾病的发病率和死亡率，严重影响居民生活和城市整体环境质量[3]。因此，城市热岛效应的缓解刻不容缓。

城市蓝绿空间是重要的城市自然生态空间，具备较强的气候调节能力，相对其他方法更具成本效益、生态友好型和可操作性，在改善城市热环境的过程中发挥着不可或缺的作用[4-5]。水体具有高热容量、高热惯性、低导热系数、低热辐射率等特点，通过蒸发改变热量在水体和空气间的分布，在温度升高时发挥降温功能[6]。绿地通过植被的蒸腾和遮蔽作用，以及对太阳辐射的选择性吸收和反射实现降温[7]。同时，滨水绿地通过影响水体的辐射平衡，发挥蓝绿空间的协同降温效应，使其降温效果优于水体和绿地单独降温效果的总和[8]。

目前国内外关于水体或绿地降温效应的定性及定量研究较多，但缺乏对其作用阈值和降温幅度的关注，对蓝绿空间在降温方面的协同效应认识不足[6]。为了全面了解影响蓝绿空间降温效应的关键因子与作用机制，充分发挥蓝绿空间在缓解热岛效应方面的价值，研究构建城市蓝绿空间格局指标体系，以昆山市中心城区为例，从相关性、相对贡献率和边际效应三个方面量化分析蓝绿空间格局特征对降温效应的影响特征、重要性和作用阈值，为城市蓝绿空间规划建设提供依据与参考。

2 研究对象与研究方法

2.1 研究对象

研究范围位于昆山市中心城区，面积约110.1 km²，东至Y151，西至常嘉高速，南至铁路河，北至城北路。昆山是典型的江南水网城市，研

* 国家自然科学基金面上项目“基于多重价值协同的城市绿地空间格局优化机制：以上海大都市圈为例”(编号：52178053)，国家重点研发计划课题“绿色基础设施生态系统服务功能提升与生态安全格局构建”(编号：2017YFC0505705)。

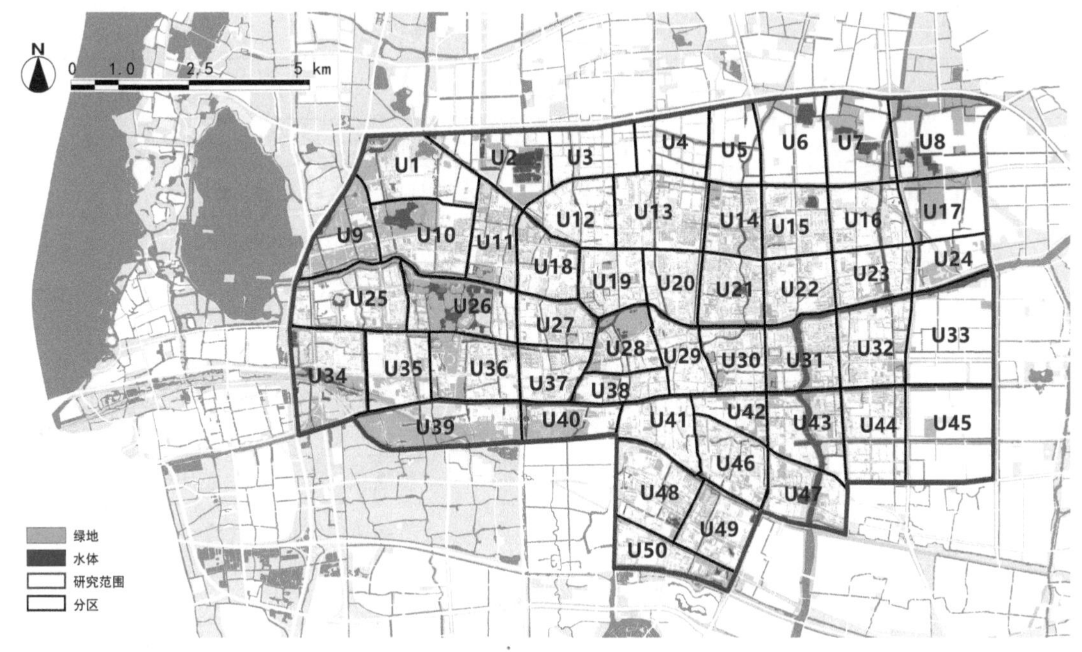

图 1 研究范围及分区

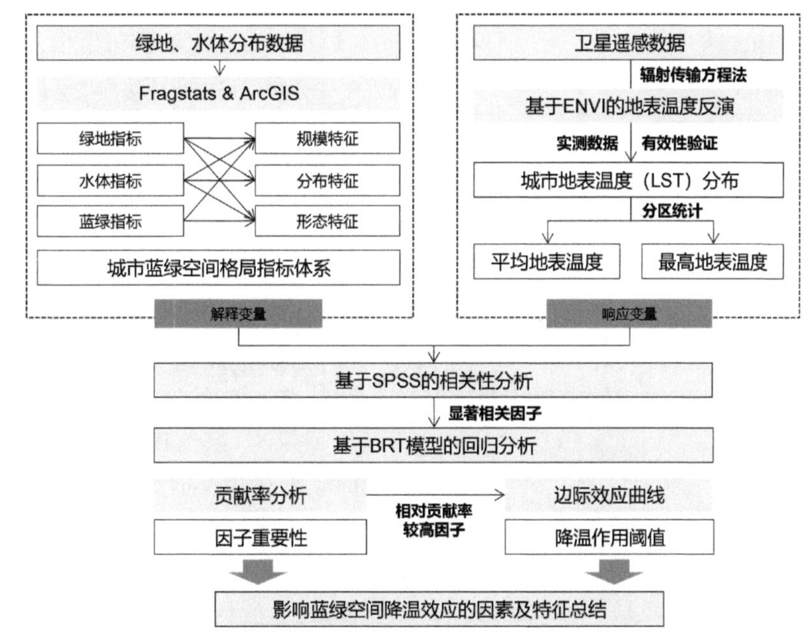

图 2 本研究的技术路径示意图

究范围内水体面积约为 15.43 km^2，水面率达 14.02%；绿地总面积（包含农林用地）达 30.36 km^2，占比约为 27.6%。以控规单元边界为基础，进一步根据主要道路和水系划分 50 个研究单元，规模控制在 1～3 km^2（图 1）。

2.2 技术路径与研究方法

研究的技术路径分为解释变量体系构建、响应变量提取和相关性及回归分析三个部分（图 2）。首先，关注蓝绿空间的规模、分布和形态特征对其降温效应的影响，构建较完整的城市蓝绿空间格局指标体系。第二步进行地表温度反演，并根据实测数据进行有效性验证，统计各研究单元的平均和最高地表温度。最后，借助 SPSS 相关性分析，筛选与降温效应显著相关的蓝绿空间格局指标，将其带入增强回归树（boosted regression trees，BRT）模型进行回归分析，得到各蓝绿空间格局特征的相对贡献率，并进一步选取相对贡献率较高的蓝绿空间格局特征因子，借助边际效应曲线分析降温作用阈值，为城市蓝绿空间规划提

表1 影响地表温度的蓝绿空间指标选取

变量类别		指标名称	英文缩写	指标描述
绿地指标	规模特征	绿地率(%)	g_PLAND	绿地面积与区域总面积的比例
	分布特征	绿地斑块密度	g_PD	单位面积内绿地斑块的个数
		绿地最大斑块面积指数(%)	g_LPI	空间单元中最大绿地斑块的规模
		绿地平均接近度指数	g_PROX_MN	对应绿地斑块类型中所有边缘在指定距离(500 m)内的斑块
		绿地聚合度(%)	g_AI	衡量绿地斑块的聚集程度,值越大聚集度越高
		绿地整体连接度(%)	g_CONNECT	绿地格局网络连接性指标,数值越大连接性越好
	形态特征	绿地边缘密度(m/hm^2)	g_ED	单位面积内绿地斑块的边缘长度
		绿地形状指数	g_LSI	计算区域内绿地斑块形状与相同面积的圆或正方形之间的偏离程度来测量其形状复杂程度,值越大形状越复杂
水体指标	规模特征	水面率(%)	w_PLAND	水体面积与区域总面积的比例
	分布特征	水体最大斑块面积指数(%)	w_LPI	空间单元中最大水体斑块的规模
		水体聚合度(%)	w_AI	衡量水体斑块的聚集程度,值越大聚集度越高
		水体整体连接度(%)	w_CONNECT	水体格局网络连接性指标,数值越大连接性越好
	形态特征	水体边缘密度(m/hm^2)	w_ED	单位面积内水体斑块的边缘长度
		水体形状指数	w_LSI	计算区域内水体斑块形状与相同面积的圆或正方形之间的偏离程度来测量其形状复杂程度,值越大形状越复杂
蓝绿指标	规模特征	蓝绿面积比	AR_GW	空间单元中水体面积与绿地面积的比值
	分布特征	滨水绿地平均宽度(m)	AW_WG	空间单元中与水体相邻的绿地平均宽度

供决策支持。

2.2.1 蓝绿空间格局指标选取

基于文献梳理,研究从城市蓝绿空间的规模、分布和形态特征三方面遴选出与城市地表温度相关的特征因子,共16个指标(表1)。绿地指标中绿地率表征规模特征,斑块密度、最大斑块面积指数、平均接近度指数、聚合度和整体连接度体现分布特征,而边缘密度和形状指数体现形态特征[9-12]。水体指标中水面率表征规模特征,最大斑块面积指数、聚合度和整体连接度体现分布特征,边缘密度和形状指数体现形态特征[13-14]。蓝绿指标中,蓝绿面积比体现规模特征,滨水绿地平均宽度体现分布特征[15-16]。体系中所有变量均为连续变量。

2.2.2 地表温度辐射传输方程反演

目前城市热环境定量评价方法主要有地面气象观测技术、数值模拟技术和热红外遥感技术。地面气象观测技术中,气象站固定观测真实可靠,但受到观测站点的限制,导致精度较低;车载流动观测可作为气象站观测的补充,但不具有时间同步性,还会受到车辆排热等影响[17]。数值模拟技术包括城市边界层数值模式、城市冠层模式和流体动力学模型,能够实现精确的情景模拟,但现实中城市热环境的影响因素复杂,导致模型的通用性受限,边界条件设置难度较高[18]。热红外遥感技术,主要包括卫星热红外遥感和航空热红外遥感技术,其实践应用较为成熟,且获取的数据具有连续性、完整性和实时性。常用的地表温度反演方法有单窗算法(mono-window algorithm, MW)、单通道算法(single-channel algorithm, SC)、劈窗算法(split-window algorithm, SW)和辐射传输方程法(radiative transfer equation,

RTE)等[19-20]。根据 Sobrino、侯宇初等人的研究结果,通过辐射传输方程反演的地表温度较为准确,可达到 0.6 ℃的精度[21-22]。

研究选取卫星热红外遥感技术,利用 Landsat-8 数据,通过 RTE 获取城市陆面地表温度。首先借助 ENVI 5.3 平台对热红外数据和多光谱数据进行辐射定标,然后进行 Flaash 大气校正,去除空气中水汽颗粒等因子的影响,使植被的波谱曲线趋于正常,进一步计算得到地表比辐射率。卫星传感器接收到的热红外辐射亮度值的表达式为:

$$L_{\lambda} = [\varepsilon \cdot B(T_S) + (1-\varepsilon)L\downarrow] \cdot \tau + L\uparrow \quad (1)$$

其中,L_{λ} 为热红外辐射亮度值,$L\downarrow$ 为大气下行辐射,$L\uparrow$ 为大气上行辐射,ε 为地表比辐射率,T_S 为实际地表温度,$B(T_S)$ 为黑体在 T_S 的辐射亮度值,τ 为大气在热红外波段的透过率。其中大气剖面参数 $L\downarrow$、$L\uparrow$ 和 τ 可以依据成影时间和中心经纬度在 NASA 官网查询。

最后,通过普朗克定律的反函数推算实际地表温度:

$$T_S = K_2/\ln\left[\frac{K_1}{B(T_S)} + 1\right] \quad (2)$$

其中 K_1 和 K_2 为辐射常数,对于 Landsat 8,$K_1 = 774.885\,3\ \mathrm{W/(m^2 \cdot sr \cdot \mu m)}$,$K_2 = 1\,321.078\,9\ \mathrm{K}$。

2.2.3 相关性分析与增强回归树模型

树形算法是一类经典的机器学习方法,用于量化响应变量和解释变量之间的关系,其中分类决策树用于处理离散型数据,回归决策树用于处理连续型数据。增强回归树模型由 Jane Elith 等人于 2008 年提出[23],结合统计学和回归树算法的优势,通过对数据集的多次重复随机选择和交叉验证,来生成多元回归树,以提高预测精度[24]。BRT 模型不必考虑自变量之间的相互作用,允许数据存在缺省值,能够解决复杂非线性问题,具有准确性高、灵活性和稳定性强等特点,已先后应用于城市扩展驱动力[25]、流域水体污染[26]、大气污染[27]、城市热岛效应[28-29]等研究领域。

研究基于 SPSS 平台 R 语言的 dismo 扩展包[30],以蓝绿空间格局特征为自变量,分别以研究单元的平均地表温度和最高地表温度为因变量,构建相关性分析与增强回归树模型。研究样本为 50 个单元,设置学习率为 0.01,决策树复杂度为 0.5,分裂比为 0.5,每次抽取 50%的数据用于训练,50%的数据用于分析,并进行 10 次交叉验证,最终得到蓝绿空间格局指标对降温效应的相对贡献率和边际效应曲线。

2.3 研究数据采集

研究涉及的基础数据及获取途径包括:① 2020年 8 月 16 日 10:25 的 Landsat 8 OLI_TIRS 卫星遥感数据,源自地理空间数据云,采集时云量为 2.14%;② 2020 年 8 月 16 日 10:30 的 U28 单元实测地表温度数据,源自中国气象数据网;③ 研究范围内绿地及水体分布,来源为相关部门提供的土地利用数据与实地踏勘。

3 昆山市地表温度及蓝绿空间格局特征

3.1 地表温度格局特征

研究利用辐射传输方程法反演得到研究范围内的地表温度分布图(图 3)。通过中国气象数据网获得实时监测的 U28 单元地表温度为 35.4 ℃,反演得到的 U28 单元地表温度为 34.14 ℃,反演误差约为 3.67%,可以在此基础上进行进一步研究。

根据反演得到的地表温度数据发现,研究范围内平均地表温度为 34.94 ℃,最高温度为 42.52 ℃,整体呈现东高西低的趋势。统计各研究单元的平均和最高地表温度,发现均呈现东高西低的趋势,平均地表温度较高的单元集中在正北部和东南部,较低的单元集中在正西部和西南部(图 4);而最高地表温度较高的单元,集中在东南部和东北部,较低的单元集中在西北部(图 5)。

3.2 蓝绿空间格局特征

基于 Fragstats 4 和 ArcGIS 10.6 的蓝绿空间格局指标测算结果显示,各研究单元蓝绿空间格局特征差异性较大(图 6)。其中,绿地格局指标中,绿地率分布范围为 7.97%~62.13%,呈现西高东低的特征。从分布特征来看,斑块密度呈现中部个别单元高,四周低的特征,表明中部高密度单元的单个绿地平均规模较小,靠近外围的绿地平均面积较大;最大斑块面积指数较高的是

图3 地表温度分布图

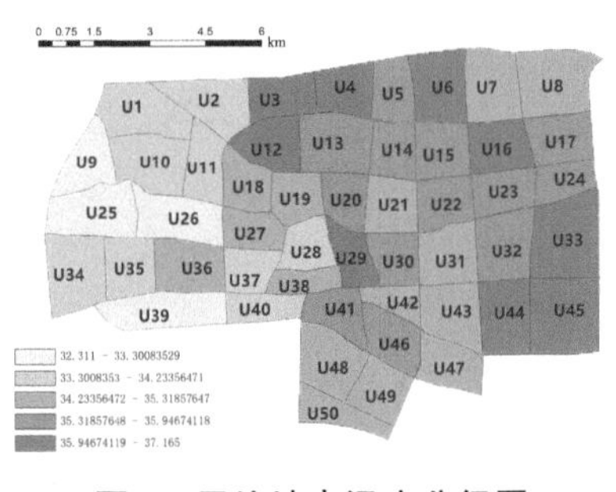

图4 平均地表温度分级图

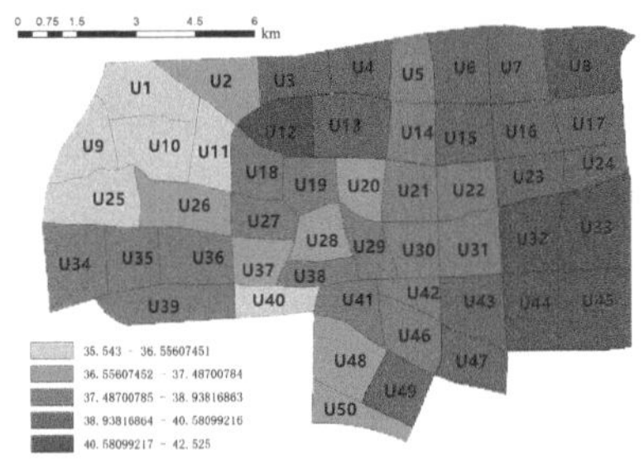

图5 最高地表温度分级图

U26和U40单元，最大绿地斑块面积均占到单元总面积的30%以上；平均接近度指数和绿地聚合度都呈现西部和东北部较高的趋势，中部单元的绿地较为分散；绿地整体连接度差异较大，分布在10.5%—48.5%，总体呈现四周个别单元连通性较高，整体连通性较差的特征。从形态指标来看，边缘密度和形状指数都呈现中部高、东部和北部较低的趋势，表明中部单元绿地边界较曲折、形状较复杂。

水体格局指标中，由于玉湖公园和昆山市城市生态森林公园分别位于U2和U26单元，因此其水面率较高，达到了24%以上。从分布特征来看，最大斑块面积呈现西南、正南部较大的特征，其中U9、U39单元因为水体连通性较高构成较大面积水体斑块；汉浦塘、青阳港和娄江流经单元的连通性指标均较高，此外西南部农田水系的连通性较高；水体聚合度较高的单元为玉湖公园、娄江和青阳港所在单元。形状指数总体呈现西高东低的趋势，西部水体较曲折自然，东部水系渠化程度较高。

蓝绿格局指标中，所有研究单元的水体面积均小于绿地面积，其中U2和U4单元的蓝绿面积相近（蓝绿面积比高达0.9以上）。滨水绿地平均宽度呈现西部和东北部较高，中部较低的特征。

4 昆山市蓝绿空间格局降温效应分析

4.1 显著影响特征分析

研究变量均为连续变量且呈正态分布，借助SPSS平台，选择皮尔逊相关系数模型，对研究单元最高温度和平均温度，与蓝绿空间格局特征之间的相关性进行分析（表2、表3）。

根据绿地格局特征与地表温度的相关性分析结果，绿地规模（绿地率）和地表平均、最高温度均极显著负相关，具备较强的降温效能。绿地分布特征中，最大斑块面积指数同时与地表平均、最高温度呈极显著负相关，平均接近度与平均地表温度极显著负相关，绿地聚合度与平均地表温度呈显著负相关，体现出绿地分布对城市整体降温影响较大，越集中、单个面积越大的绿地具有更强的降温效应。绿地形态特征中，仅边缘密度与最高温度呈极显著负相关，显示绿地形态优化能够有效降低城市局部高温。

根据水体格局特征与地表温度的相关性分析结果，水面率、最大斑块面积指数和平均地表温度呈极显著负相关，和最高地表温度呈显著负相关，显示出对城市整体降温的优势。水体形态特征对地表平均、最高温度均极显著相关。

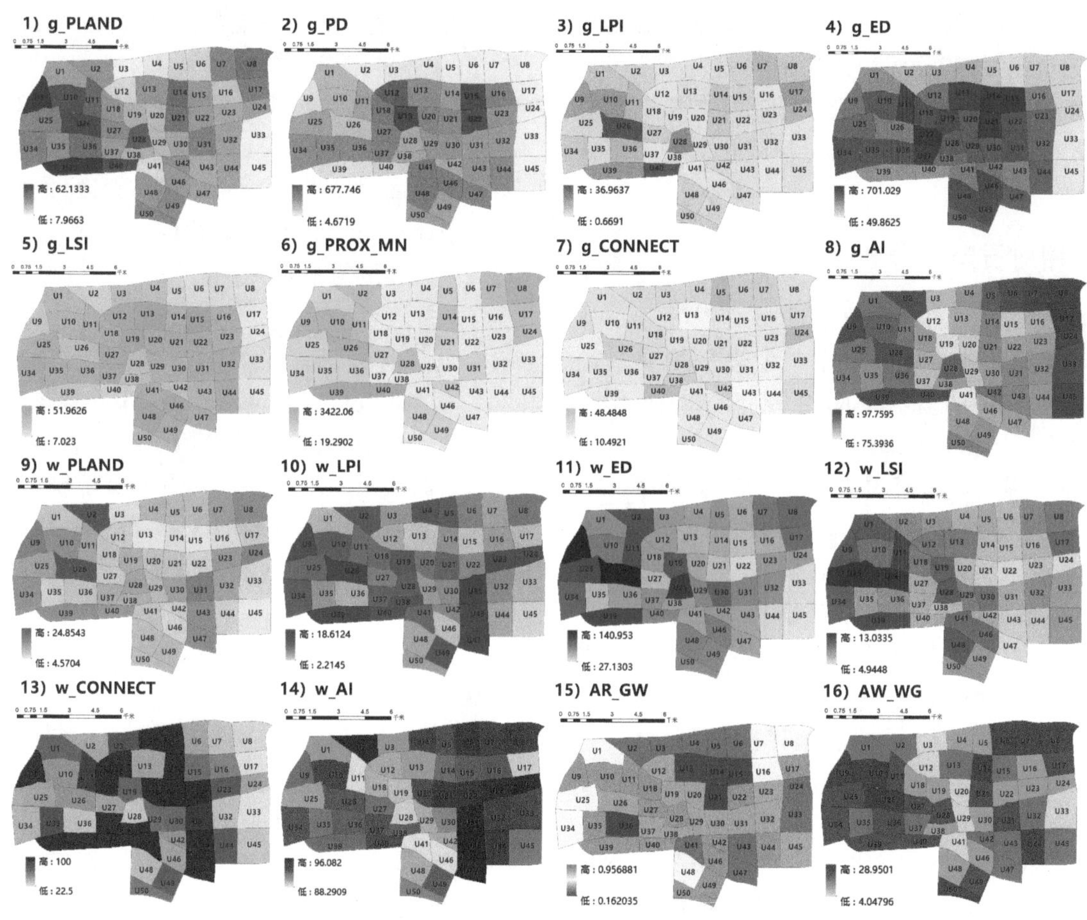

图 6 蓝绿空间格局特征分布图

表 2 地表温度与绿地格局指标相关性分析

格局指标	g_PLAND	g_PD	g_LPI	g_PROX_MN	g_CONNECT	g_AI	g_ED	g_LSI
最高温度	−0.526**	−0.048	−0.392**	−0.263	−0.072	−0.001	−0.380**	−0.134
Sig.双尾	0	0.739	0.005	0.065	0.622	0.997	0.006	0.352
平均温度	−0.776**	0.109	−0.584**	−0.554**	0.029	−0.361*	−0.212	0.035
Sig.双尾	0	0.45	0	0	0.84	0.01	0.14	0.810

（注：** 极显著相关；* 显著相关。）

表 3 地表温度与水体格局及蓝绿空间格局指标相关性分析

格局指标	w_PLAND	w_LPI	w_CONNECT	w_AI	w_ED	w_LSI	AR_GW	AW_WG
最高温度	−0.312*	−0.302*	−0.23	0.317	−0.521**	−0.418**	0.276	−0.181
Sig.双尾	0.027	0.033	0.107	0.025	0	0.003	0.052	0.208
平均温度	−0.598**	−0.502**	−0.24	0.048	−0.688**	−0.567**	0.308*	−0.456**
Sig.双尾	0	0	0.868	0.739	0	0	0.03	0.001

（注：** 极显著相关；* 显著相关。）

根据蓝绿空间格局特征与地表温度的相关性分析结果，滨水绿地平均宽度与平均地表温度呈极显著负相关，蓝绿面积比与平均地表温度呈显著正相关，蓝绿空间的规模和分布均与最高地表温度不相关，表明蓝绿空间格局优化对城市整体降温更有效。

4.2 相对贡献率分析

将研究单元的平均温度和最高温度分别作为因变量，将相关性分析中与地表平均或最高温度显著相关的蓝绿空间格局特征因子，作为自变量输入 BRT 模型，分析蓝绿空间格局不同特征因子影响城市降温效果的相对贡献率。结果显示，在影响平均地表温度的因子中，绿地率的相对贡献率最高，达到了 24.84%；其他因子中，水体最大斑块面积、水面率和绿地平均接近度指数的相对贡献率均达到 10%以上，而绿地聚合度和绿地最大斑块面积的相对贡献率较小（图 7）。由此可见，绿地和水体的规模、分布特征均是影响平均地表温度的核心因素，其中绿地规模的影响最大。

影响研究单元最高地表温度的因子中，水体边缘密度和绿地边缘密度的相对贡献率，分别达到 25.85%和 22.19%，其影响程度接近其他指标总和。水体最大斑块面积指数和绿地率的相对贡献率也较高，而水体形状指数的相对贡献率较低（图 8）。根据分析结果，水体形态、分布特征和绿地形态、规模特征是影响最高地表温度的核心因素，其中水体形态的影响最大。

总体而言，蓝绿空间的规模、分布特征对降低平均地表温度最有效，而蓝绿空间的形态特征是城市局部高温区域降温的关键因素；绿地格局对城市整体降温的影响较大，而水体格局特征对城市最高温度的影响较大。

4.3 边际效应分析

边际效应（marginal effect，ME）曲线表示在其他因子取平均值时，单个因子对地表温度的拟合函数曲线[31]。研究基于 BRT 模型模拟，进一步探讨相对贡献率较高的因子与平均、最高地表温度的 ME 曲线，通过拐点分析各因子的降温效应阈值。

蓝绿空间格局特征与城市平均地表温度的边际效应分析显示，绿地率在 23%—27%之间具有明显的边际效应，当达到31.5%，继续增加绿地面积，平均地表温度不会产生较大变化；水体最大斑块面积的降温效应阈值为 5%—9.5%；水面率在 7%—9%和 10%—12%之间，降温效应最明显，当水面率大于 12%，ME 曲线趋于稳定，此时增加水体面积不会对平均地表温度造成影响；绿地平均接近度指数的降温效应阈值为 90～180（图 9）。

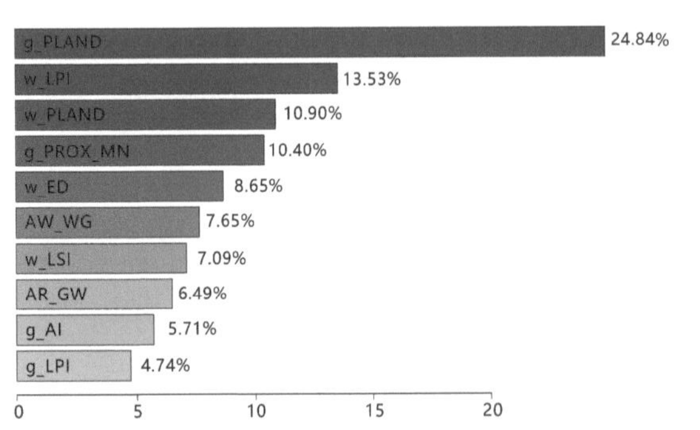

图 7 各指标对平均地表温度的贡献率

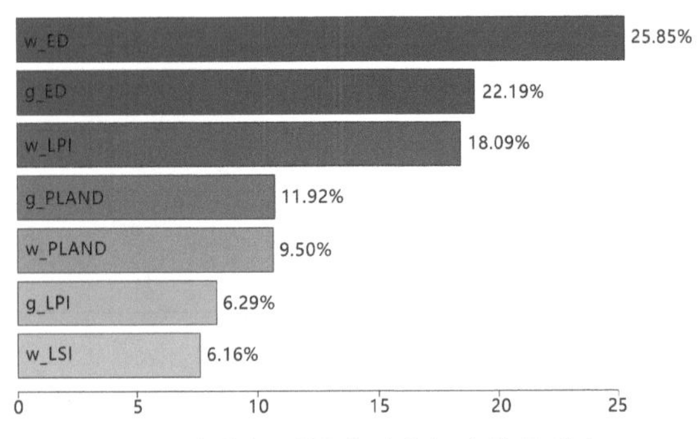

图 8 各指标对最高地表温度的贡献率

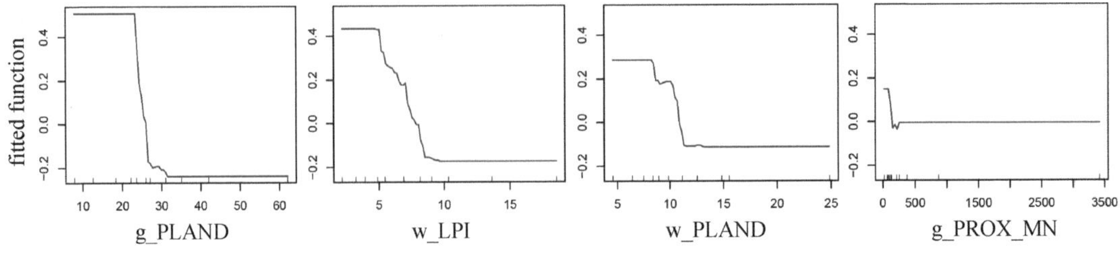

图 9 蓝绿空间格局特征与平均地表温度的边际效应曲线

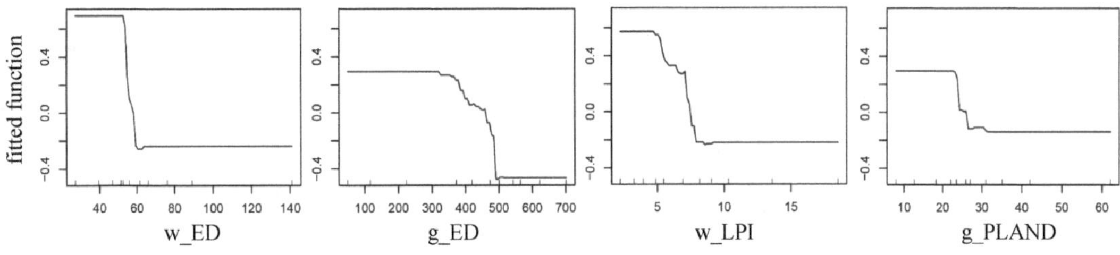

图 10 蓝绿空间格局特征与最高地表温度的边际效应曲线

从蓝绿空间格局特征与最高地表温度的边际效应曲线来看(图 10),水体边缘密度、水体最大斑块面积、绿地边缘密度和绿地率均具有较明显的边际效应。其中,水体边缘密度在 51～60 m/hm^{2}之间时,对最高地表温度的缓解作用较强;绿地边缘密度对最高地表温度的作用阈值,为 320～500 m/hm^2;水体最大斑块面积在 4.5%～8%之间的边际效应较强;绿地率在 23%～32%之间具有较强的降温效应。

5 结论与优化策略

城市蓝绿空间能够有效缓解热岛效应,其格局优化对于改善城市环境和可持续发展,具有重要意义。借助遥感反演获得地表温度数据的基础上,研究探索蓝绿空间的规模特征、分布特征和形态特征的降温效应,构建较为完整蓝绿格局指标体系,并通过相关性分析和 BRT 回归模型全面量化各类指标对地表温度的影响特征、相对贡献率和作用阈值。研究结果对于城市街区尺度微气候的改善具有参考指导意义。

基于昆山中心城区的实证研究显示:① 影响平均地表温度的核心因素为水体和绿地的规模、分布特征,其中绿地率的影响最大,其次是水体最大斑块面积指数、水面率和绿地接近度指数;② 影响最高地表温度的核心因素为水体和绿地的形态特征,其中水体和绿地边缘密度的影响最大,其次是水体最大斑块面积指数和绿地率;③ 对地表温度影响较大的绿地格局特征中,绿地率的降温阈值为 23%—32%,绿地平均接近度指数的降温阈值为 90～180,绿地边缘密度对最高地表温度的作用阈值为 320～500m/hm^2;④ 对地表温度影响较大的水体格局特征中,水面率的降温阈值为 7%—12%,水体最大斑块面积的降温阈值为4.5%—9.5%,水体边缘密度的降温阈值为 51～60 m/hm^2。

研究结果能够在总量控制、布局优化和形态设计三个层面,为城市蓝绿空间规划提供支持和指导。首先,在总量控制层面,绿地和水体的规模对城市平均地表温度的影响较大,32%的绿地和 12%的水体,能够最大化蓝绿空间的降温效应;其次,在布局优化方面,局部较大面积和聚合度高的绿地布局,能够有效降低城市整体平均地表温度;第三,在形态设计层面,水体和绿地边缘密度的增加,能够降低局部过热区域的地表温度。

参考文献

[1] KOMALI Y, LAN D, DEO P, et al. Urban overheating and cooling potential in Australia: An evidence-based review[J]. Climate, 2020, 8(11): 126.

[2] 杨续超,陈葆德,胡可嘉. 城市化对极端高温事件影响研究进展[J]. 地理科学进展, 2015, 34(10): 1219-1228.

[3] SANTAMOURIS M. Recent progress on urban overheating and heat island research. Integrated assessment of the energy, environmental, vulnerability and health impact. Synergies with the global climate change [J]. Energy and Buildings, 2020, 207: 109482.

[4] LI C, YU C W. Mitigation of urban heat development by cool island effect of green space and water body [M]//Lecture Notes in Electrical Engineering. Berlin, Heidelberg: Springer Berlin Heidelberg, 2013: 551-561.

[5] YU Z W, GUO X Y, ZENG Y X, et al. Variations in land surface temperature and cooling efficiency of green space in rapid urbanization: The case of Fuzhou city, China [J]. Urban Forestry & Urban Greening, 2018, 29: 113-121.

[6] 连欣欣,刘兴诏,李倩,等. 城市"蓝绿空间"的降温效应研究进展 [J]. 南方林业科学, 2021, 49(02): 68-72.

[7] WANG Y F, NI Z B, CHEN S Q, et al. Microclimate regulation and energy saving potential from different urban green infrastructures in a subtropical

city [J]. Journal of Cleaner Production, 2019, 226: 913-927.

[8] SHI D C, SONG J Y, HUANG J X, et al. Synergistic cooling effects (SCEs) of urban green-blue spaces on local thermal environment: A case study in Chongqing, China [J]. Sustainable Cities and Society, 2020, 55:102065.

[9] 沈中健，曾坚，梁晨. 闽南三市绿地景观格局与地表温度的空间关系 [J]. 生态学杂志，2020，39(04)：1309-1317.

[10] 王勇，李发斌，李何超，等. RS与GIS支持下城市热岛效应与绿地空间相关性研究 [J]. 环境科学研究，2008,21(04)：81-87.

[11] 王晓俊，卫笑，邹昊. 城市绿地空间格局对热岛效应的影响研究进展 [J]. 生态环境学报，2020，29(09)：1904-1911.

[12] 王斐，刘艳红. 城市绿地降温作用的研究进展 [J]. 黑龙江农业科学，2016(08)：151-155.

[13] 陈爱莲，孙然好，陈利顶. 传统景观格局指数在城市热岛效应评价中的适用性 [J]. 应用生态学报，2012，23(08)：2077-2086.

[14] 张棋斐，文雅，吴志峰，等. 高密度建成区湖泊水体的热缓释效应及其季相差异——以广州市中心城区为例 [J]. 生态环境学报，2018，27(07)：1323-1334.

[15] 苏王新，常青，刘筱，等. 城市蓝绿基础设施降温效应研究综述 [J]. 生态学报，2021，41(07)：2902-2917.

[16] 杨朝斌，张亭，胡长涛，等. 蓝绿空间冷岛效应时空变化及其影响因素——以苏州市为例 [J]. 长江流域资源与环境，2021，30(03)：677-688.

[17] 孙铁钢，肖荣波，蔡云楠，等. 城市热环境定量评价技术研究进展及发展趋势 [J]. 应用生态学报，2016，27(08)：2717-2728.

[18] 姚远，陈曦，钱静. 城市地表热环境研究进展 [J]. 生态学报，2018，38(03)：1134-1147.

[19] 宋挺，段峥，刘军志，等. Landsat 8 数据地表温度反演算法对比 [J]. 遥感学报，2015，19(03)：451-464.

[20] 林江，陈松林. 基于遥感的厦门岛地表温度反演与热环境分析 [J]. 福建师范大学学报(自然科学版)，2013，29(02)：75-80.

[21] SOBRINO J A, JIMéNEZ-MUñOZ J C, PAOLINI L. Land surface temperature retrieval from LANDSAT TM 5 [J]. Remote Sensing of Environment, 2004, 90(4): 434-440.

[22] 侯宇初，张冬有. 基于 Landsat8 遥感影像的地表温度反演方法对比研究 [J]. 中国农学通报，2019，35(10)：142-147.

[23] ELITH J, LEATHWICK J R, HASTIE T. A working guide to boosted regression trees [J]. Journal of Animal Ecology, 2008, 77(4):802-813.

[24] 赵芳，欧阳勋志. 飞播马尾松林土壤有机碳空间分布及其影响因子 [J]. 生态学报，2016，36(09)：2637-2645.

[25] 李春林，刘淼，胡远满，等. 基于增强回归树和 Logistic 回归的城市扩展驱动力分析 [J]. 生态学报，2014，34(03)：727-737.

[26] 尹才，刘淼，孙凤云，等. 基于增强回归树的流域非点源污染影响因子分析 [J]. 应用生态学报，2016，27(03)：911-919.

[27] 葛跃，王明新，孙向武，等. 基于增强回归树的城市 PM 2.5 日均值变化分析：以常州为例 [J]. 环境科学，2017，38(02)：485-494.

[28] YUNCAI W, SHUO S, HUABIN X. The cooling effect of hybrid land-use patterns and their marginal effects at the neighborhood scale [J]. Urban Forestry & Urban Greening, 2021, 59:127015.

[29] YUNFANG J, SHIDAN J, TIEMAO S. Comparative study on the cooling effects of green space patterns in waterfront build-up blocks: An experience from Shanghai [J]. International journal of environmental research and public health, 2020, 17(22): 8684.

[30] LEATHWICK J, ELITH J, FRANCIS M, et al. Variation in demersal fish species richness in the oceans surrounding New Zealand[J]. Marine Ecology Progress Series, 2006, 321: 267-281.

[31] SUN F Y, MEJIA A, CHE Y. Disentangling the contributions of climate and basin characteristics to water yield across spatial and temporal scales in the Yangtze River basin: A combined hydrological model and boosted regression approach [J]. Water Resources Management, 2019, 33(10): 3449-3468.

作者简介：王敏，博士，同济大学建筑与城市规划学院景观学系副系主任，副教授，博士生导师；上海市城市更新及其空间优化技术重点实验室水绿生态智能分实验中心(Eco-SMART LAB)联合创始人；自然资源部大都市国土空间生态修复工程技术创新中心成员。研究方向：水绿空间生态系统服务、城市绿地与生态规划设计、韧性景观与城市可持续。

朱雯，同济大学建筑与城市规划学院景观学系在读硕士研究生。研究方向：风景园林规划与设计。

十堰老城区滨河道景观特征的多维度识别与分类*

陈照方　王云才

摘　要　数字化技术的发展为城市空间定量化研究及景观规划设计带来重大变革。城市景观的异质性决定了城市滨河空间的多样化。滨河道串联了人类活动空间与河流生态空间，河岸的更新与改造需要有效结合滨河道的景观空间特征。本文利用多源数据对十堰老城区内4条主要河流的滨河道进行数字化测度，识别出基于3个维度的4种景观特征类型。通过结合河岸的基本类型得出8个滨河空间改造和更新的类型与策略，以期为未来的城市滨河空间建设与管理提供参考。

关键词　滨河景观；滨河绿道；景观特征；特征识别；数字景观

1　引言

新数据环境为城市定量研究带来了重大的变革，主要体现在空间尺度的大范围精细化、时间尺度的动态连续性、研究粒度的"以人为本"和研究方法的开源众包四个方面[1]。以大空间、细粒度为代表的"大模型"为中国人居环境研究提供了新的视角，使研究人员得以从物理空间和社会空间的角度，在多个尺度（国家、区域、街区、街道、地块）开展各类城市空间的研究，给未来的城市规划设计和政策制定带来新的启示与参考[2]。与此同时，数字景观也随着信息技术和人工智能的蓬勃发展在全球范围内逐渐兴起。数字景观反映了人类对生活与生产的精细化程度，可以更加科学地反映事物发展的内在规律，把个体的感知与外部世界规律之间相关联，深刻影响了景观规划设计的思维与认知[3]，大幅度地提升了景观评价、管控的效率及精准度[4]。而多种人工智能技术（人工生命类、智能随机优化类和机器学习类）已不断融入和应用在风景园林学科的研究之中[5]。可见，以新数据环境为基础，选取和运用合适的智能数字化技术，同时结合多个学科的科学原理知识，开展景观空间的定量化、精细化的模拟、测度、识别和评价是未来人居环境科学的重要研究趋势。

2　研究背景：数字化技术已成为城市空间研究的重要引擎

2.1　景观特征识别与评价是揭示城市空间异质性的有效途径

异质性是景观的根本属性，城市是由异质单元所构成的镶嵌体，景观要素以一定的组合方式构成异质性的城市景观[6]。特征是认知和区分事物的基础，景观特征的差异是景观空间异质性的具体表现。通过景观特征的识别与评估，能够有效地掌握不同尺度下，景观区域或场地的地域特色与场所特质，为后续的空间规划设计提供有针对性的引导与支撑。

河流作为一种线性廊道是城市生态与人文空间的重要组成部分。城市滨水空间是城市水系所形成的"水场"，是城市居民基本的活动空间[7]。城市滨水绿道是城市空间和自然水环境之间的过渡带，是串联城市绿地的重要纽带[8]，是联结城市蓝绿空间的主要动脉。城市滨水界面因其所处地块的建设开发程度、人流聚集程度、植被覆盖情况、地形坡度及河流水文特点呈现出极其丰富的多样性，这也使得滨河道存在鲜明的特征差异。尤其在山地丘陵城市，自然山水格局对于城市内部景观空间的分异有极其重要的影响。这也意味着，山地城市滨河空间的开发与利用，对于整个城

* 国家重点研发计划课题"乡村生态景观数字化应用技术研究"（编号：2019YFD1100405）。

市的建设与发展，起到了至关重要的引领与带动作用，它无疑是协调建设空间与生态空间的重要地带。如何精确地识别山地城市滨河空间的多样特征？如何依据滨河空间的场地特征对滨水界面进行设计改造？是当前城市水系综合治理面临的重要问题。

2.2 城市滨河空间需要借助新数据实现多维度的定量化测度

谢沄颖[9]使用景观特征评估的方法从自然景观特征、人工景观特征以及感知特征三个维度，在区域和城市两个尺度，对上海苏州河进行景观特征评价、分类与分区。金一博[10]从水体形态特征、河岸带特征、植物特征、建筑聚落特征、公共空间特征、乡愁感知特征六个方面对河涌景观风貌带的特征进行了研究。此外，也有学者针对滨水空间的活力程度[11-13]、感知偏好[14]、游憩活动[15]和生态敏感性[16]展开研究。这些研究表明，城市滨水空间通常需要通过多个维度的识别与评价，才能完整揭示其多样的景观特征。这些特征不仅体现在河流本体（水体形态、滩地植被）的差异，也体现在其周边环境（滨河建筑、公共空间、游憩人群、生态环境）的影响差异。而面向中小尺度的河段特征识别，需要借助更加精细的数据作为支撑，才能实现对滨水空间景观特征的准确捕捉。同时，新数据的合理运用能够帮助研究者更加科学、深入地挖掘滨河空间的多维属性。

3 研究案例：十堰老城区滨河道景观特征的识别

3.1 十堰老城区水系生态空间现状

十堰是一座依山而建、因水而兴的城市。然而，随着城市建设的不断扩张，城市内部的空间无法满足日益增长的发展需求。人类建设与生态环境的矛盾越发显著，山体和水系生态空间被割裂和侵占，加剧了城市空间的破碎化。这不仅影响了城市用地效率的下降，同时也引发了包括山体滑坡、热岛效应、水体污染等一系列生态问题[17-19]。

十堰老城区（不包含城郊地区）水系主要包含两个流域：神定河流域和泗河流域（图 1）。其中神定河的主要支流为张湾河和百二河；泗河的主要支流为马家河和茅塔河。这四条河流贯穿了老城区主要的生活、办公、商业与工业用地，滨河成为市民休闲游憩的主要活动空间。然而由于城市用地的紧张，河流的生态空间被积压，局部河段被建筑侵占，甚至被填埋，造成河岸及滨河道路不完整、不连续。此外，由于地形缘故，十堰老城区的河流纵坡比降较大，河流滩地被束缚在直立的堤岸之中。而出于防洪的要求，局部的堤岸往往又会高于城市的滨河步道和公共空间，导致河流空间与城市空间的隔离。根据现场调研的情况来看，百二河与张湾河沿岸的滨河道路绿化质量较

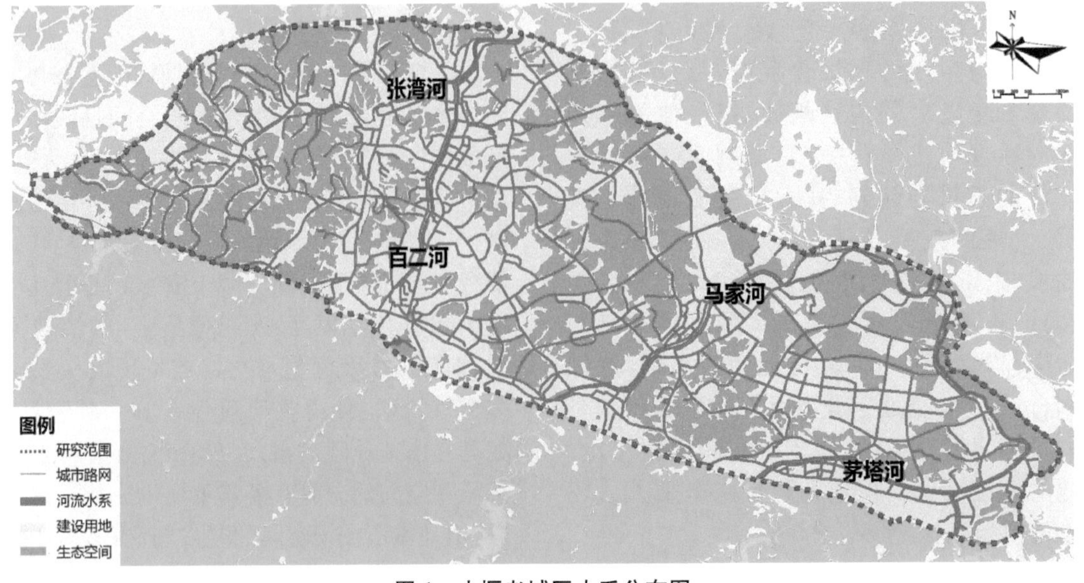

图 1 十堰老城区水系分布图

（改绘自十堰市第三次土地利用调查中的土地利用现状图）

图 2　十堰老城区滨河道现状照片

高，但靠近城市中心的河流滩地大多以硬质为主，多个河段被渠化、硬化。而马家河与茅塔河的水面与滩地相对宽阔，但滩地内的植被生境较为单一，部分沿河道路缺少大型乔木，绿化质量较低(图 2)。

3.2　十堰老城区滨河道特征表征指标体系构建

景观特征表征体系的构建使景观空间成为可以被定量测度和描述的对象，是景观特征识别和评价的关键过程，特征的表征不仅要实现对事物基础特征(基本构成、属性与功能)的刻画，还应揭示各类特征关联、结合后产生的典型特征(效用与效应)[20]。景观要素以不同的组合方式和相互作用方式，依托生态过程使景观空间呈现出多个维度的特征，景观特征表征应依据表征对象的系统组织特点，建立多层次的表征维度，并确定每个维度的具体表征内容，最后选取合适的测度指标，对相应的特征进行针对性的表达。依前文所述，滨河景观道是联系河流生态空间和城市人类活动空间的复杂载体，本文结合以往的研究文献与十堰老城区滨河空间的特点，确定了 3 个特征识别维度、14 个基础特征指标和 3 个典型特征指数(图 3)。

① 视觉感知维度：景观要素的空间构成是影响人们审美体验的重要因素，选取绿视率、植被覆盖度(NDVI)、水面率、天空占比率、开敞度 5 个特征测度的指标，来反映滨河道景观空间的游憩体验程度；② 生态安全维度：河流生态安全与敏感性是蓝绿生态过程的主要体现，选取建设用地占比、径流量、地表温度与地形坡度 4 个指标，反映滨河道所处的环境条件与潜在发生灾害的风险程度(洪涝、热岛、山体滑坡)；③ 行为活动维度：可达性、人群密度、步行空间的尺度是影响人群聚集、游憩行为的主要因素，选取人群热力度、POI 密度、可步行空间占比、道路连通度、道路整合度 5 个特征指标，描述滨河道及周边城市空间的活力便捷程度。

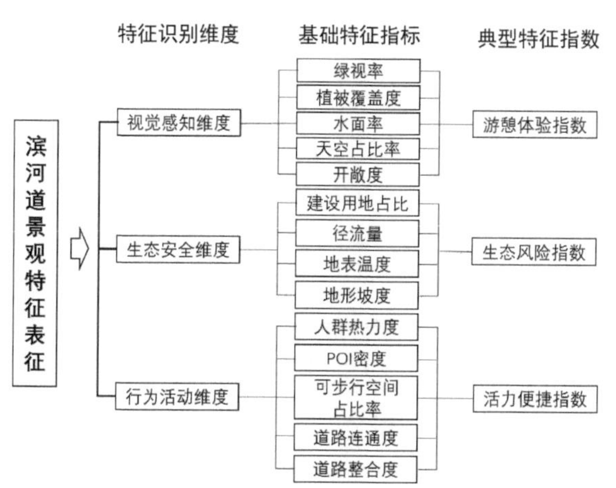

图 3　十堰老城区滨河道景观特征表征体系

3.3 十堰老城区滨河道景观特征测度与识别

3.3.1 研究单元

选取老城区 4 条河流沿岸较为连续并可以通行的滨河道路，总长度约为 36 km，按照滨河道邻近的土地利用类型将河岸分为 4 个基本类型：生活居住型、公共服务型、工业生产型、自然生态型（图 3）。再结合主要道路交叉口将选取的滨河道进一步划分为 120 个研究路段单元（平均长度约为 300 m）。

3.3.2 研究数据与测度方法

（1）数据获取与处理

本研究获取了以下数据：① 卫星遥感影像数据（来自 USGS 网站 Landsat8 OLI 数据）；② 城市矢量路网数据（来自 OSM 网站）；③ POI、热力图与街景数据（来自百度地图）；④ DEM 数据（来自 GDEMDEM 数字高程数据）。

（2）特征指标测算

① 地表温度与植被覆盖度（NDVI）：使用 ENVI 5.3 软件对卫星遥感影像数据进行反演，导入 ArcGIS 10.2 软件，将矢量道路缓冲 100 m，得到每个研究单元的统计区，使用分区统计得到单元缓冲区内的地表温度与 NDVI；② 道路连通度与整合度：将研究区域内的矢量路网处理后导入 DepthMapX 软件进行计算后得出；③ POI 密度：选取居住、办公、公共服务及商业的 POI 导入 ArcGIS 10.2 软件进行核密度分析，使用分区统计得到单元缓冲区内的 POI 密度值；④ 绿视率、天空占比率、开敞度（减去建筑、墙体、栏杆的占比率）、可步行空间（广场、人行道）占比率：在 ArcGIS 10.2 软件中将矢量路段单元转点后，获取采样点坐标，转换为百度坐标系后下载百度全景街景图片；使用 GPU-CUDA-enabled Semantic Segmentation App. v1.0 软件[21]［一种基于深度学习全卷积网络（FCN）的视觉影像语义分割软件，由中国地质大学（武汉）信息工程学院关庆锋教授团队，基于 ADE20K 数据集[22,23]训练的深度学习全卷积网络，由高性能计算实验室 CUG. HPSCIL 提供］对街景图片进行图像语义分析（图 5）。将相似语义合并后在 ArcGIS 10.2 软件中，通过空间连接对研究路段进行赋值和空间匹配；⑤ 地形坡度与径流量：基于 DEM 数据使用 ArcGIS 10.2 软件表面分析—坡度，得到研究区域的坡度分布，使用水文分析—流向—流量模拟研究区域内的地表雨水径流分布，使用分区统计得到单元缓冲区内的坡度和径流量；⑥ 建设用地占比和水面率：统计缓冲区内建设用地和水面的面积，计算后得出单元缓冲区内的建设用地占比和水面率。

（3）特征识别与分析

通过各个单项基础特征指标的测度、空间匹配与分级后，识别出滨河路段单元的基础特征差异与空间分布。典型特征是通过将每个维度内的基础特征指标进行合成后识别。合成指标的过程需要将基础特征值归一化，叠加权重计算得出典型特征指数。由于特征识别更倾向于反映空间的差异性，而变异系数反映的正是数值间的离散程度，因此本研究采用变异系数

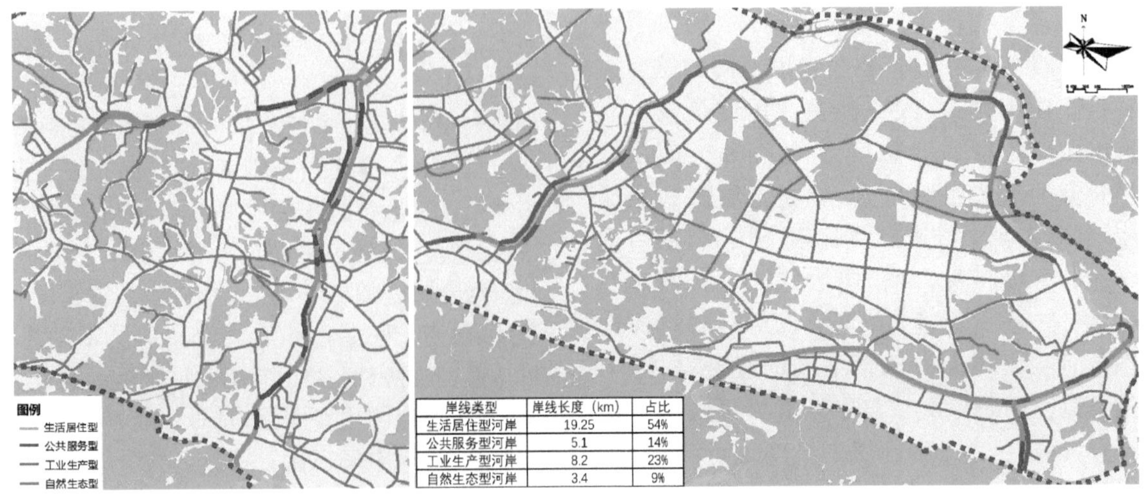

岸线类型	岸线长度（km）	占比
生活居住型河岸	19.25	54%
公共服务型河岸	5.1	14%
工业生产型河岸	8.2	23%
自然生态型河岸	3.4	9%

图 4 十堰老城区滨河道基本类型分布图

图5 十堰老城区街景全景语义分割图(部分)

法计算每个特征指标的权重(表1)。最终得到每个研究单元3个维度的典型特征指数:游憩体验指数、生态风险指数和活力便捷指数,并在空间中进行分级可视化(图6-图8)。

表1 十堰老城区滨河道景观特征测度指标权重

特征识别维度	典型特征指数	基础特征指标	权重
视觉感知维度	游憩体验指数	绿视率	0.23
		植被覆盖度	0.22
		水面率	0.28
		天空占比率	0.13
		开敞度	0.14
生态安全维度	生态风险指数	建设用地占比	0.18
		径流量	0.38
		地表温度	0.12
		地形坡度	0.32
行为活动维度	活力便捷指数	人群热力度	0.29
		POI密度	0.30
		可步行空间占比率	0.18
		道路连通度	0.12
		道路整合度	0.11

从滨河道典型特征的差异和空间分布来看:①张湾河上游河段的游憩体验指数较高、生态风险指数适中、活力便捷指数偏低,而下游河段(汇入百二河河段)的游憩体验指数偏低,生态风险指数偏高,活力便捷指数较高。这反映了张湾河上游与下游河段的景观特征差异性较大,其滨河路段的道路景观质量(行道树多为大型乔木)整体是良好的,但由于局部河段建筑侵占了河道空间(尤其在下游河段),影响了河流的防洪排涝,同时部分河段近邻山体(上游部分河段),存在山体滑坡和水土流失的风险。②百二河滨河道的景观特征整体分异不甚明显,但局部差异较大。其整体的游憩体验指数偏低放映了百二河的景观质量较差(河道硬化、渠化现象严重,上游水面较小)。局部河段由于建设密度较高,增加了其潜在的生态风险程度(城市热岛、防洪排涝)。但由于百二河下游河段(汇入神定河河段)处于老城区中心地带,其活力便捷指数非常高,是重要的市民游憩休闲活动空间,因此亟需升级改造。③马家河与茅塔河整体的景观质量较高(水面相对宽阔,空间较开敞),但局部河段由于行道树多为小型乔木或新栽植的乔灌木,导致其街道绿视率较低。马家河与茅塔河下游河段(汇入泗河河段)由于近邻山体,其周边环境的地形坡度较大,地表雨水径流量较大,造成生态风险的加剧。此外,由于两河周边的用地皆为工业用地,其整体活力便捷指数较低,市民出行游憩的需求有限,其滨河景观的营造应在局部开展而不宜大范围地提升改造。

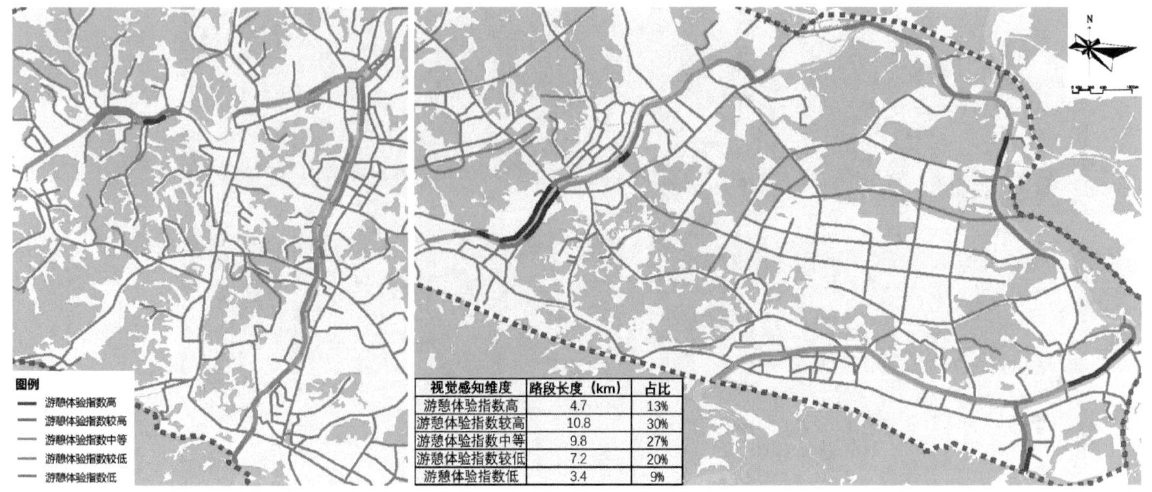

视觉感知维度	路段长度（km）	占比
游憩体验指数高	4.7	13%
游憩体验指数较高	10.8	30%
游憩体验指数中等	9.8	27%
游憩体验指数较低	7.2	20%
游憩体验指数低	3.4	9%

图 6　十堰老城区滨河道视觉感知维度特征分布图

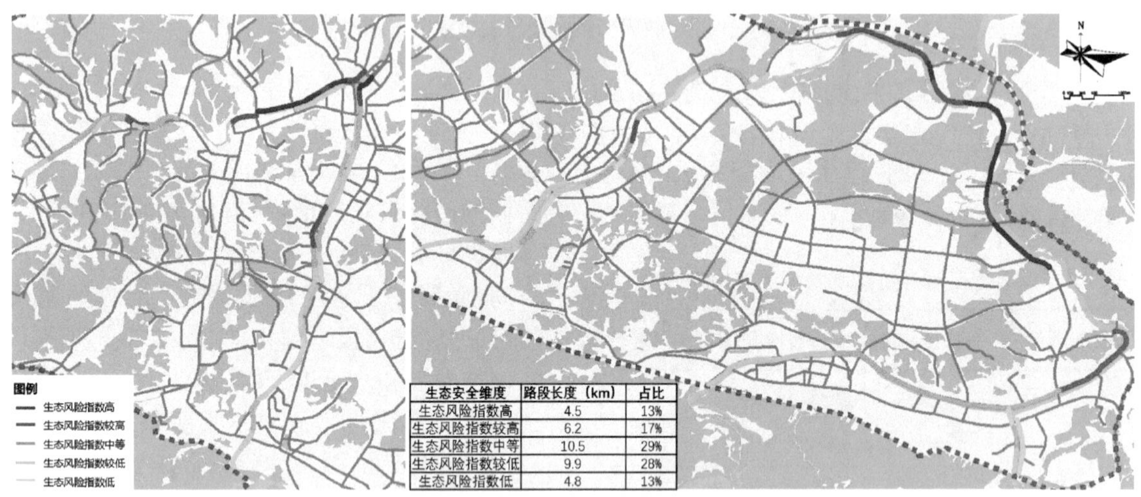

生态安全维度	路段长度（km）	占比
生态风险指数高	4.5	13%
生态风险指数较高	6.2	17%
生态风险指数中等	10.5	29%
生态风险指数较低	9.9	28%
生态风险指数低	4.8	13%

图 7　十堰老城区滨河道生态安全维度特征分布图

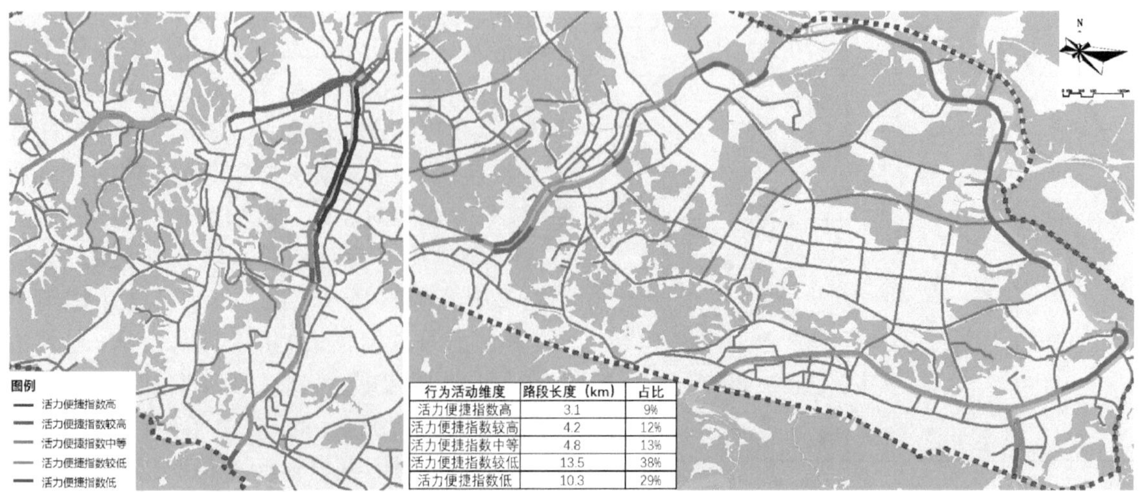

行为活动维度	路段长度（km）	占比
活力便捷指数高	3.1	9%
活力便捷指数较高	4.2	12%
活力便捷指数中等	4.8	13%
活力便捷指数较低	13.5	38%
活力便捷指数低	10.3	29%

图 8　十堰老城区滨河道行为活动维度特征分布图

4 实践引导：十堰老城区滨河道景观特征分类与岸线改造策略

4.1 十堰市老城区滨河道景观特征分类

十堰老城区滨河道景观特征分类是基于研究路段单元 3 个维度的典型特征指数产生的。使用 SPSS 22.0 软件，将 120 个研究单元的指数数据进行聚类分析，使用 K-Means 聚类算法，把滨河路段划分成 4 个特征类型，分类结果如表 2、图 9。

表 2 十堰老城区滨河道景观特征聚类分析表

聚类观察值数		游憩体验指数	生态风险指数	活力便捷指数
高美景游憩型	平均数	0.46	0.34	0.24
	单元数	55		
高风险活力型	平均数	0.36	0.38	0.51
	单元数	14		
低美景潜力型	平均数	0.29	0.26	0.33
	单元数	32		
低风险活力型	平均数	0.30	0.27	0.68
	单元数	19		
总计	平均数	0.38	0.31	0.36
	单元数	120		

从特征聚类的空间分布来看，高美景游憩型滨河道主要分布在张湾河上游、马家河中上游及茅塔河中下游沿岸。该特征类型主要呈现出游憩体验度较高，同时具有一定的生态风险与隐患，但活力便捷度较低；高风险活力型滨河道主要分布在张湾河下游与百二河中游沿岸。其特点是滨河道的游憩体验度一般，生态风险度偏高，同时活力便捷度较高；低美景潜力型滨河道主要分布在百二河中上游与茅塔河上游沿岸。其特点主要是游憩体验度与生态风险度较低，活力便捷度一般；低风险活力型滨河道主要分布在百二河下游沿岸，特点是游憩体验与生态风险度较低，但活力便捷度最高。

4.2 十堰市老城区滨河岸线景观更新与改造策略

滨河岸线的改造是对滨河空间的系统性更新，需要同时结合城市用地与河流空间的特点进行具有针对性的定位与设计。滨河道的景观特征反映的并非只是路段本身的特点，而更多体现了该段道路所处的空间环境特征。因此，本研究所提出的滨河岸线的整治与改造策略，结合了河岸的基本类型与滨河道的景观特征类型，最终得出 8 个滨河岸线的改造类型（图 10）。

① 绿色宜居游憩段：主要为生活居住型与公共服务型河岸中高美景游憩型的河段。这些河段建议增加城市步道与河道内部景观的引导性和连通性，为周边的居民提供景观游憩服务；② 人文生态修复段：主要为生态居住型与公共服务型河岸中高风险活力型的河段。这些河段应重点修复河道的水体形态和滩地生境，拆除侵占河道的建筑，利用生态工程措施（小微湿地、人工曝气）对河流进行生态整治，提升河流景观系统的韧性，缓解河段的生态风险。同时增设相应的景观生态节点，为市民提供休闲游赏的景观空间；③ 生活娱乐提升段：主要为生活居住型河岸中低美景潜力型的河段。应结合滨河道进行整体景观的提升和改造，增加植被的观赏性与多样性。④ 公共活力提升段：主要为公共服务岸线中低美景潜力型的河段。可结合周边建筑打造更多具有吸引力的公共景观节点，提升景观节点的活力。⑤ 休闲亲水改造段：主要为生活居住与公共服务岸线中低风险活力型河段。这些河段应开放滨河界面，让市民能够观水、亲水，激发滨河空间的活力；⑥ 工业生产防护段：主要为工业生产型河岸中的高美景游憩型河段。这些河段应注意工业生产带来的污染和干扰，增加生态防护措施，加强对河道生境的保护；⑦ 河流生态缓冲段：主要为工业生产型河岸中的低美景潜力型，与自然生态型河岸中高美景游憩型河段。可增设河流生态缓冲区，降低河道周边自然灾害产生的不良影响；⑧ 滨河景观公园段：主要为自然生态型中的低风险活力型河段。可结合河道周边的绿地打造滨水公园，实现蓝绿融合、城水共生。

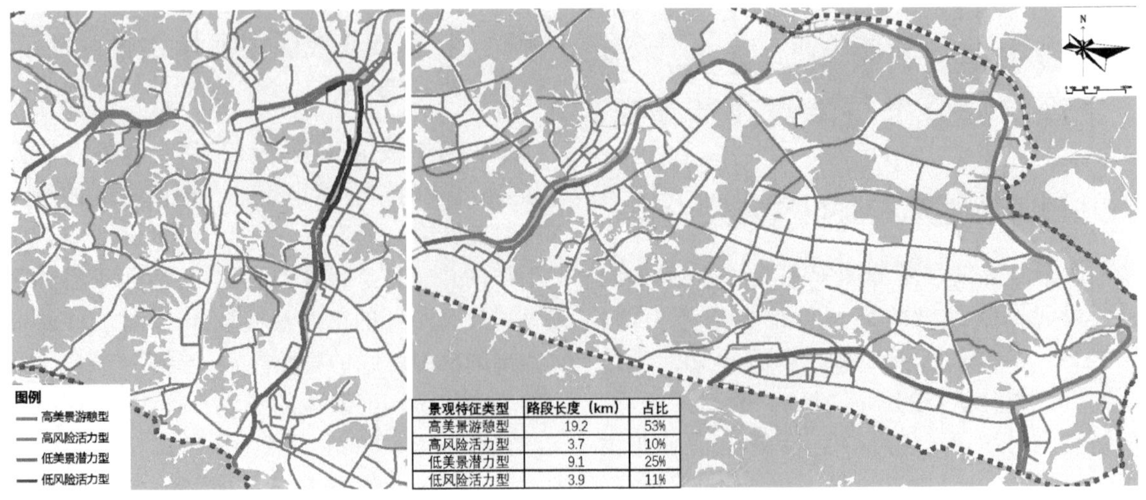

景观特征类型	路段长度（km）	占比
高美景游憩型	19.2	53%
高风险活力型	3.7	10%
低美景潜力型	9.1	25%
低风险活力型	3.9	11%

图 9　十堰老城区滨河道景观特征类型分布图

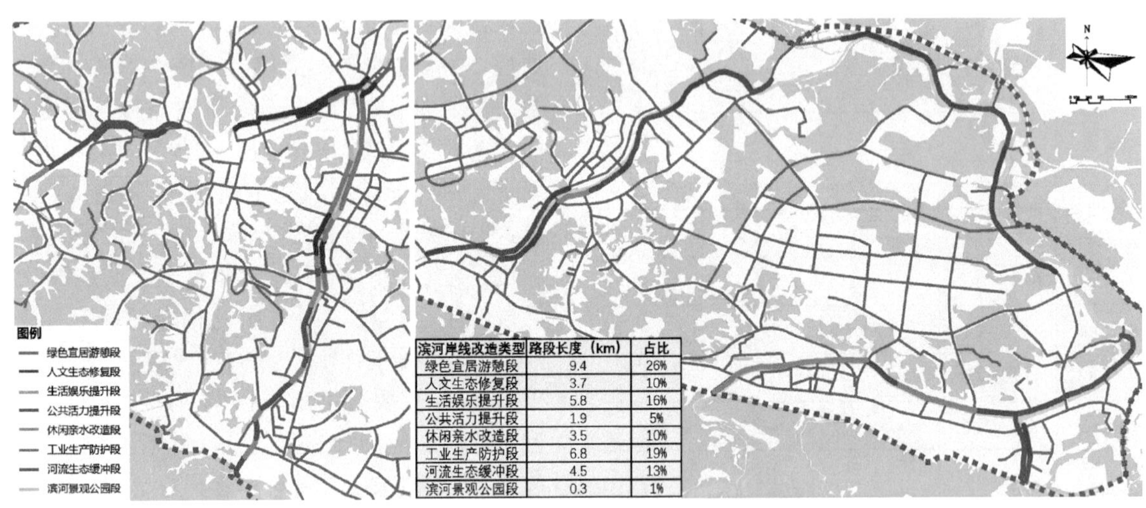

滨河岸线改造类型	路段长度（km）	占比
绿色宜居游憩段	9.4	26%
人文生态修复段	3.7	10%
生活娱乐提升段	5.8	16%
公共活力提升段	1.9	5%
休闲亲水改造段	3.5	10%
工业生产防护段	6.8	19%
河流生态缓冲段	4.5	13%
滨河景观公园段	0.3	1%

图 10　十堰老城区滨河岸线改造类型分布图

5　总结

十堰老城区未来的生态规划和治理中应着重协调建成环境和生态环境的关系，打通城市滨河界面，营造更多沿河开放的公共空间。滨水岸线作为自然要素和人工要素的双重界面，势必成为梳理协调和串联城市空间的重要设计对象，需要充分结合具体河岸空间的特点进行改造与整治，才能逐步实现山、水、绿、城、人的深度融合，实现人与自然的和谐共生。本研究结合河道周边的土地利用类型，将城内 4 条河流的河岸划分为 4 个基本类型，根据这 4 个基本类型将贯穿河岸的滨河道划分为 120 个研究路段单元。通过 3 个维度 14 个测度指标，综合识别出 4 个滨河道景观特征类型，并明确每一个特征类型的具体特点。结合河岸的 4 个基本类型，和滨河道景观空间的 4 个特征类型，得出 8 个滨河空间改造更新的类型与策略，以期为十堰老城区未来的滨河空间的建设与管理提供参考。

参考文献

[1] 龙瀛，刘伦伦. 新数据环境下定量城市研究的四个变革[J]. 国际城市规划，2017，32(01)：64-73.

[2] 龙瀛，郎嵬. 新数据环境下的中国人居环境研究[J]. 城市与区域规划研究，2016，8(01)：10-32.

[3] 成玉宁. 数字景观开启风景园林 4.0 时代[J]. 江苏建筑，2021(02)：5-8.

[4] 成实，张潇涵，成玉宁. 数字景观技术在中国风景园林领域的运用前瞻[J]. 风景园林，2021，28(01)：46-52.

[5] 赵晶，曹易. 风景园林研究中的人工智能方法综述[J]. 中国园林，2020，36(05)：82-87.

[6] 李春玲,李景奇. 城市景观异质性研究[J]. 华中科技大学学报(城市科学版), 2004, 21(01): 84-86.
[7] 李敏,李建伟. 近年来国内城市滨水空间研究进展[J]. 云南地理环境研究, 2006, 18(02): 86-90.
[8] 张文婷. 北京滨水绿道慢行空间规划设计研究:以北京营城建都滨水绿道为例[D]. 北京:北京林业大学, 2013.
[9] 谢沄颖. 河流景观特征评估研究:以上海市苏州河为例[D].上海:华东师范大学, 2015.
[10] 金一博. 基于景观特征评估的广州南沙河涌景观风貌带研究[D]. 北京:中国林业科学研究院, 2017.
[11] 马晓娇,王伟强. 滨水公共空间活力的影像分析——以黄浦江为例[C]//活力城乡美好人居——2019 中国城市规划年会论文集(10 城市影像). 重庆, 2019.
[12] 王伟强,马晓娇. 基于多源数据的滨水公共空间活力评价研究——以黄浦江滨水区为例[J]. 城市规划学刊, 2020, (01): 48-56.
[13] 刘颂,赖思琪. 基于多源数据的城市公共空间活力影响因素研究——以上海市黄浦江滨水区为例[J]. 风景园林, 2021, 28(03): 75-81.
[14] 王敏,朴世英,汪洁琼. 城市滨水空间生态感知的景观要素偏好分析——以上海后滩公园与虹口滨江绿地为例[J]. 建筑与文化, 2020, (11): 157-159.
[15] 李瑾瑗. 广州主城区滨水空间游人游憩活动研究[D]. 广州:华南农业大学, 2016.
[16] 马育辰,王延博. 城市蓝绿空间生态敏感性评价体系构建[J]. 智能建筑与智慧城市, 2021 (06): 47-49.
[17] 王云才,盛硕. 基于生态梯度分析的山地城市生态空间保护与协调智慧——以湖北省十堰市为例[J]. 风景园林, 2020, 27(08): 62-68.
[18] 王云才,翟鹤健,盛硕. 基于碎片化整理的城市山体保护与绩效提升策略——以十堰市主城区为例[J]. 南方建筑, 2020(03): 34-40.
[19] 王云才,陈照方. 十堰老城区城市水环境修复[J]. 景观设计, 2020(06): 12-19.
[20] 王云才,陈照方,成玉宁. 新时期乡村景观特征与景观性格的表征体系构建[J]. 风景园林, 2021, 28(7): 107-113.
[21] Yao Yao, Liang Zhaotang, Yuan Zehao, et al. A human-machine adversarial scoring framework for urban perception assessment using street-view images[J]. INTERNATIONAL JOURNAL OF GEOGRAPHICAL INFORMATION SCIENCE, 2019, 33(12): 2363-2384.
[22] Bolei Zhou, Zhao Hang, Puig Xavier, et al. Semantic understanding of scenes through the ADE20K dataset [J]. INTERNATIONAL JOURNAL OF COMPUTER VISION, 2019, 127(3): 302-321.
[23] Bolei Zhou, Zhao Hang, Puig Xavier, et al. Scene Parsing through ADE20K dataset[C]//2017 IEEE Conference on Computer Vision and Pattern Recognition (CVPR). July 21-26, 2017. Honolulu, HI. IEEE, 2017: 5122-5130.

作者简介:陈照方,同济大学建筑与城市规划学院在读博士研究生。研究方向:景观生态规划、风景园林规划设计。

王云才,博士,同济大学建筑与城市规划学院教授、博士生导师,同济大学建筑与城市规划学院生态智慧与生态实践研究中心副主任,高密度人居环境生态与节能教育部重点实验室—国土生态规划设计与环境效应研究中心主任。研究方向:图式语言与景观生态规划设计教学、科研和工程实践。电子邮箱: wyc1967@ tongji.edu.cn

基于代偿调蓄下的海绵城市设计指标响应*

——以西安空港企业总部商务中心为例

刘 永 刘 晖

摘 要 本文对几种重要的雨洪管理理论进行了梳理，阐述海绵城市理念与雨洪管理理论的关联性并提出建设过程中存在的典型问题。以实践项目为例，计算分析场地的下垫面状况及其对应的水文效应，通过代偿措施的设置，平衡因前期方案不当对海绵指标响应造成的影响，最后通过公式计算及水文模型校核，确定项目的海绵设计方案。研究在提出解决问题方法的同时，强调应通过前期专业间的对接与沟通，减少代偿调蓄措施的使用，从而更好发挥绿地的水文承载功能。

关键词 雨洪管理；海绵城市；代偿措施；水文模型

1 雨洪管理理论与实践的发展

随着人类控制、征服自然能力的增强，环境问题的产生，致使世界各国都在寻求和探索解决城水矛盾的途径。国外雨洪管控及治理的相关领域研究与实践始于 20 世纪 60 年代，将城市雨洪管理与城市空间布局以及生态景观系统相结合，已成为城市发展的新趋势，并由此形成了许多国家先进的雨洪管理理念。对于城市雨洪管理，不同时期出现了具有代表性的理论与实践技术。20 世纪 70 年代，最佳管理实践 BMPs（Best Management Practices）首先在美国出现，90 年，美国在 BMPs 基础上推行低影响发展 LID（Low Impact Development）[1]。同时期在英国发起维持良性水循环的可持续城市排水系统 SUDS（Sustainable Urban Drainage System）策略[2-3]。澳大利亚开展了水敏感性城市设计 WSUD（Water Sensitive Urban Design）的研究。新西兰集合了 LID 和 WSUD 理念提出低影响城市设计与开发 LIUDD（Low Impact Urban Design and Development）[4-5]。以上是较为典型的有关城市雨洪管理的相关理论，除此之外，还有绿色基础设施理论 GI（Green infrastructure）[6]、雨水管理措施 Stormwater Control Measures（SCMs）[7]、替代技术 Alternative Techniques（ATs）[8-9]、源头控制 Source Control[10]、雨水水质改善措施 SQIDs（Stormwater Quality Improvement Devices）[11]。

BMPs 由于提出的时间较早，并且后续被其他理念和措施补充完善，所以和其他理念存在较为紧密的联系。该理论更加强调自上而下地从各个环节，尽可能地对污染进行高质量的管控与协调。从与其他雨洪管理理论的对比分析可看出，BMPs 更多的是作为一种完整的逻辑框架而存在，后续的雨洪管理理论是在其基础上结合当下需求的具体细化与拓展延伸。从隶属关系上看，LID 应该是对 BMPs 的支撑，并且在工程性的 BMPs 内容上给予了更多且完善的保障，加入了源头控制的理念，将原本集中于末端的处理方式加以完善。从 LID 所采用的主要设施如下凹绿地、雨水花园和植草沟等设施上看，也是对部分绿色基础设施水文功能的赋予，明确了它们在雨洪管理中的作用及优势，同时也强调绿色的理念和方法。但是 LID 理论的重心是在水量与水质的分散消解上，在串联水文与生态功能的需求下，则需要协同其他领域（例如 GI）。SUDS 和 WSUD 由于提出时间较晚，因此有机会从其他理论中汲取各自的精华，结合当下问题生成匹配度与针对性较高的雨洪管理理论。本质上看，SUDS 是排水系统与可持续理念的结合，而 WSUD 的亮点是强调将雨洪管理整合进城市的景观系统之中，是城市规划设计与水文循环的融合，涵盖面更广，且这种做法既

* 国家自然科学基金"西北城市绿地生境多样性营造多解模式设计方法研究"（项目编号：51878531）。

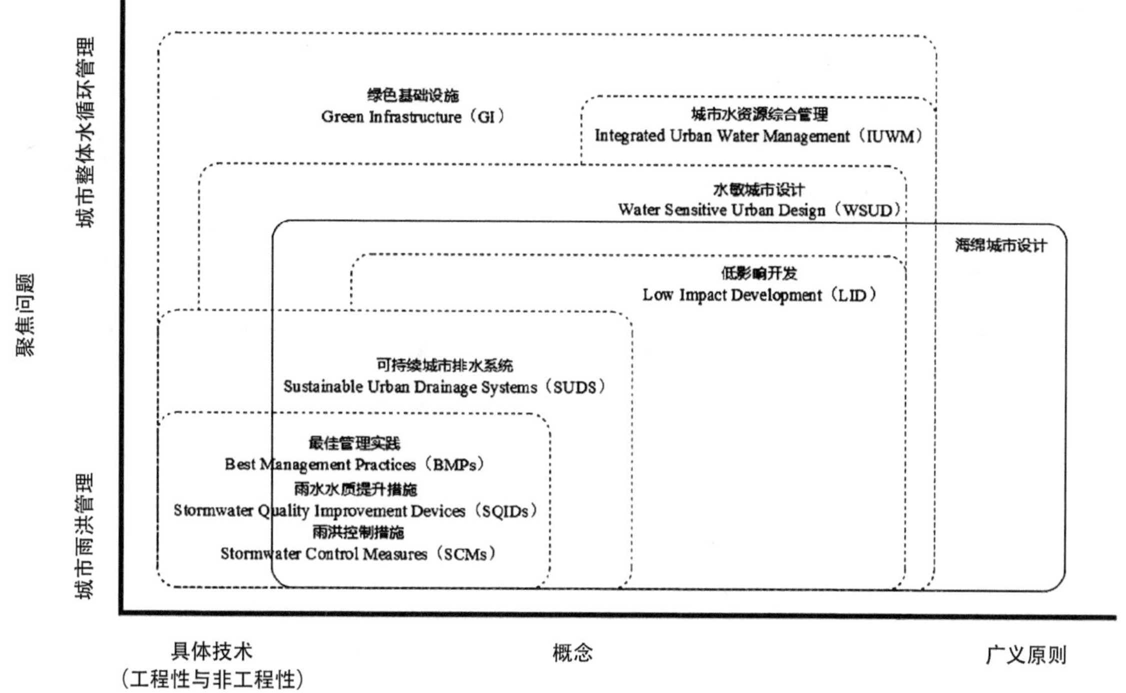

图1　几种雨洪管理理论分析

（改绘自 Fletcher et al,2015）

可以节约成本，又可以提升景观的价值。WSUD是在早期BMPs基础上的深化，除法规政策条例外，几乎涉猎了BMPs的大部分内容[12-15]（图1）。

需要强调的是，在实践的过程中，几种雨洪管理的理论也在不断完善，由于当下人类所遇问题的相似性，各理论间的联系和互通已愈发频繁与深入，并与其他较为成熟的研究成果互通有无，理论之间也有趋同之势。雨洪管理理论也已不再是只对雨洪进行防治，作为目标，强调自上而下全面的、系统的、多领域的通盘考虑。由于城市开发、气候变化而产生的雨洪问题在我国的表现更为突出，结合国际已有理论与我国国情，海绵城市应运而生。

1.1　海绵城市理念的发展

“海绵城市”是在中国特色社会背景下低影响开发的“中国化”发展。关于BMPs、LID、WSUS和SUDS的理论与特点在前文已做论述，延续以上各种理论与实践研究，我国提出了“海绵城市”理念。在海绵城市建设技术指南中这样描述：海绵城市是指城市能够像海绵一样，在适应环境变化和应对自然灾害等方面具有良好的“弹性”，下雨时吸水、蓄水、渗水、净水，需要时将蓄存的水“释放”并加以利用[16]。其中，LID建设理念是海绵城市的理论“蓝本”，在其基础上，形象地将对雨洪的管理过程比喻成海绵吸收与释放，这样的方式有助于我们理解海绵城市的建设理念，无论对专业的城市建设人员还是普通老百姓（非专业人员），均是一种好的理念植入方式。而“海绵”同时包含有“韧性”与“弹性”的含义，此时的“海绵城市”不再简单是一种雨洪管理模式，而是将城市建设镶嵌于其中的城市建设理念。“海绵”作为下垫面的成分，是在确保场地正常使用功能的前提下，对场地范围内的径流进行调控与管理，并不是一味吸收或者释放，重要的是，要在对水文过程进行恢复后，依旧能承载城市功能。

从国外相关理论到我国的“海绵城市”建设理念，均是基于建设模式对城市化问题的改善。各理论之间也有很多的交叉和相似处。从某个角度判读，这些理论不存在界限，在问题的变化与技术的发展过程中，人们对水的需求与相关问题的看法都在发生变化，针对水的理论虽然很多，但研究对象基本都是从自然和人文的角度出发，各理论彼此应该是相互完善和借鉴的关系。

1.2　问题总结

1.2.1　“六字策略”的在地性应用

“渗、滞、蓄、净、用、排”需要根据当地气候、下垫面及地下水位条件进行有侧重的分配，不能“一刀切”地同一对待。在设计初期，就需要对场地的气候特点、土壤特征、植被分布、地下水位等信息进行分析，确定在海绵设计过程中的侧重点。例如，北方城市多数少雨干旱，降雨比较集中，海绵的设计处理在尽可能多地留住降雨的基础上，还需要考虑短时强降雨对土壤的冲刷问题。除此之外，径流污染也是北方大多数城市需要考虑的问题。南方多数城市地下水位较高，所以在设计时就不能设置过深的下凹空间。

1.2.2 对 LID 设施的过度依赖

场地中设置的 LID 设施虽然可以调蓄径流，但受设施规模及场地条件的限制，调蓄的容积是有限的，并非作为主要的措施来承担城市排水任务。就目前的技术来看，最终承担城市雨洪排放的仍然是具备一定重现期的雨水管网。即便是 LID 理念落实比较彻底的美国，依然会在此基础上设计 2～10 年一遇重现期的雨水管网[17]。

1.2.3 代偿调蓄方式的应用

地块无法自身调蓄的子汇水分区，通过临近富裕空间的子汇水分区进行联合调蓄，如果子汇水分区周边无可联合调蓄的子汇水分区，可通过调蓄池与增大周边地块调蓄指标的方式，进行代偿调蓄，但这种被动调蓄方式需要在最大发挥绿地调蓄效应的前提下采取，并且诸如调蓄池的应用，需要积极响应雨水的回用，保证收集雨水资源的在地利用。

1.2.4 海绵设施设置的安全性

海绵设施基层含水率的增加，会影响其周边建构筑物的稳定性，需要在明确场地土壤湿陷性等级与建筑地基失陷等级的基础上，退让出对应的安全距离。

1.2.5 海绵设计方案与场地的融合性

除海绵专项规划具备一定的“话语权”，能够在方案之初指导设计，实际项目中多数的海绵设计介入都是被动的，甚至仅仅是在景观方案完成后，为了迎合海绵指标而做的数据核算和验证。景观方案看似完整地被保留，没有被海绵方案干预，但这势必会对场地的海绵功能造成影响，整个过程中，海绵设计更像是海绵计算。

1.2.6 相关专业间配合的缺乏

在实际项目中，由于责任归属而造成各个专业间配合不紧密的情况很多，而在海绵城市建设的过程中，这一矛盾就更为突出。而且在这样的“各自为政”中，除了责任隶属原因外，各专业对于海绵设计综合性的生疏更成为阻碍配合的因素。

1.2.7 监督管理制度不健全

在海绵方案设计的过程中，即便有相关专业人员进行全程的督导，但施工层面设计方案的还原度始终不尽人意，而在后期的抽查过程中，也没有较为明确且具有实操性的评价指标。

2 西安空港企业总部商务中心方案设计与分析

2.1 项目概况

项目位于陕西省西咸新区空港新城周公大道以南，自贸大道以东，迎宾路以北。其中地上建筑面积：416 108 m^2，地下建筑面积 258 298 m^2。项目以多层建筑为主，主要建设集合式办公、酒店、商业等单体建筑(共 38 栋)。根据西咸新区空港新城土地利用规划，项目区域地块用地性质为 B2 类商务用地，本次设计用地面积约为 15.75 hm^2(图 2—图 5)。

整个项目区域被划分为 C、D、E 三个区域，其中 C 区占地 4.14 万 m^2，地上计容面积约 8.64 万 m^2；D 区占地 5.74 万 m^2，地上计容面积约 9.71 万 m^2；E 区占地 5.87 万 m^2，地上计容面积约 12.70 万 m^2。

2.2 海绵设计指标要求

西咸新区多年平均降水量 520～600 mm，为半干旱大陆性季风气候，6—9 月降雨量占全年的 61%，夏季降水多为暴雨，洪涝风险高。根据海绵专项上位规划指标分配，场地须满足年径流总量控制率不低于 75%(对应设计降雨量不小于 13.5 mm)；雨水径流外排污染物负荷削减率不低于 50%。

2.3 场地现状的判读

2.3.1 低影响开发设施的设定

根据场地土壤条件选取对应的低影响设施，对没有条件下渗的区域须评估土壤下渗条件，结合降雨量及蒸发量核算低影响设施参数，在确保海绵指标响应的前提下，确保场地安全。西咸新

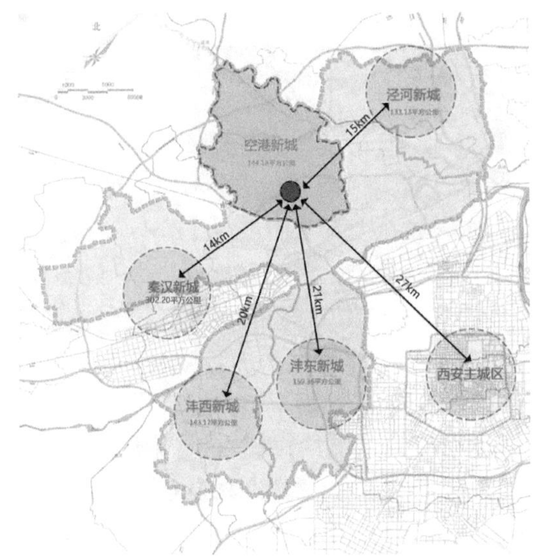

图 2 项目区位分析

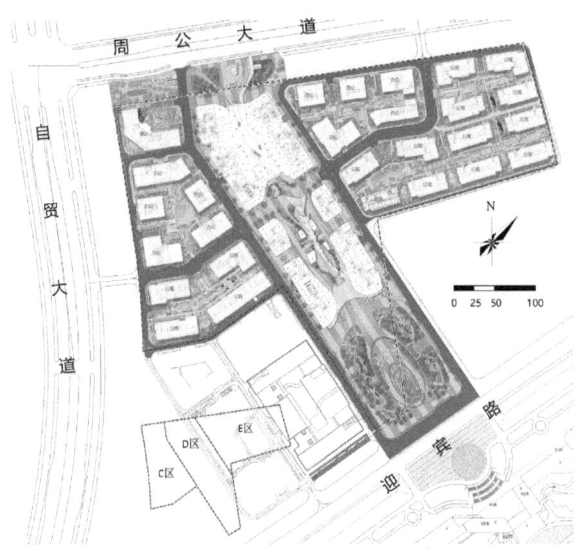

图 3 项目场地基本情况

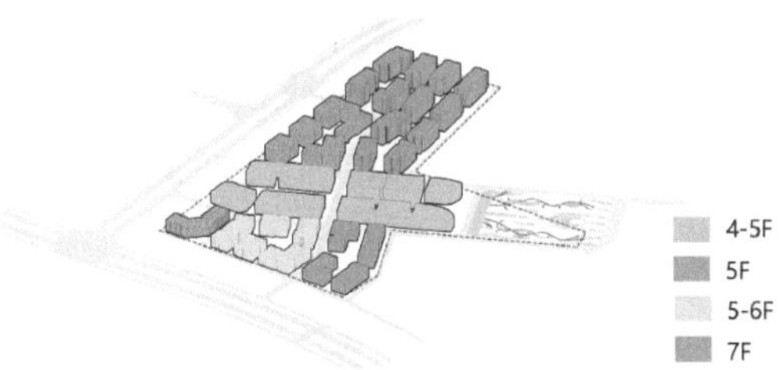

图 4 建筑层高分布

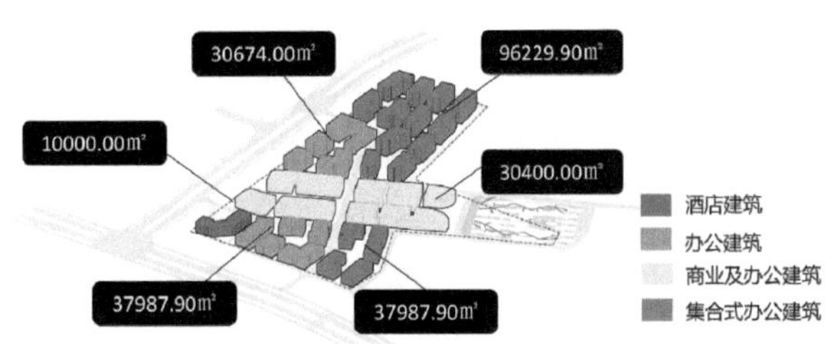

图 5 建筑业态分布

区多以黄土为主，因此可下渗低影响设施的选取须谨慎。

根据地勘报告且按照《湿陷性黄土地区建筑规范》GB 50025-2018 执行相关建设规范。对场地中建筑周边的蓄水类型海绵设施，进行位置的调整和内部做法的确定，确保场地建筑地基的安全性。拟建场地湿陷类型为自重湿陷性黄土场地，拟建建筑地基湿陷等级为Ⅲ级(严重)(表 1)。

表 1 埋地管道、排水沟、雨水明沟和水池等与建筑间的防护距离(m)

建筑类型	地基湿陷等级			
	Ⅰ	Ⅱ	Ⅲ	Ⅳ
甲	——	——	8～9	11～12
乙	5	6～7	8～9	10～12
丙	4	5	6～7	8～9
丁	——	5	6	7

注：① 当湿陷性黄土层的厚度大于 12 m 时，压力管道与各类建筑的防护距离不宜小于湿陷性黄土层的厚度；

② 当湿陷性黄土层内有碎石、砂土夹层时，防护距离宜大于表中数值；

③ 采用基本防水措施的建筑，防护距离不得小于一般地区的规定。

2.3.2 场地内排区域的径流指标补偿

根据建筑方案，排水方式分为内排和外排两种。内排建筑收集的雨水没有条件接入场地内部海绵设施，直接接入市政管网；对外排建筑采取雨落管断接的方式，将雨水引至场地内部低影响设施或增设雨桶进行调蓄(图 6、图 7)。

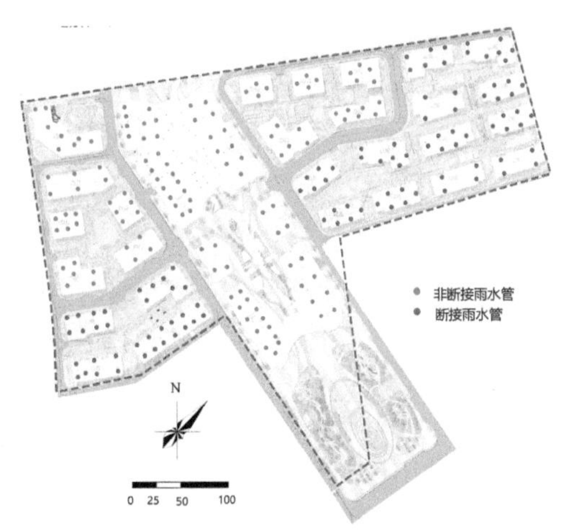

图 6 建筑雨落管分布

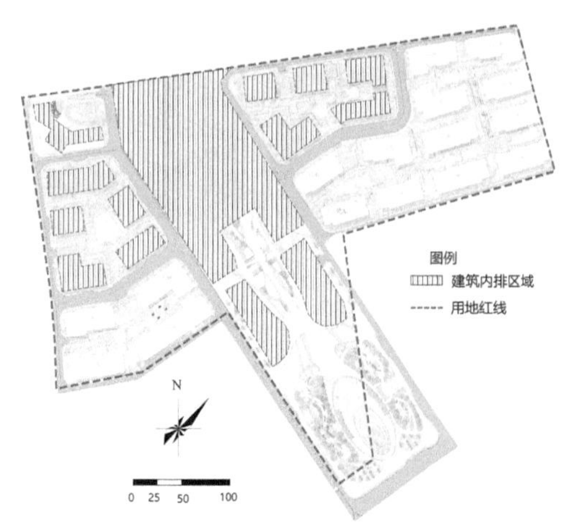

图 7 建筑内排区域分布

2.4 设计目标与原则的明确

在规划设计前期，应以场地水文过程优化、生态系统完善、区域景观提升作为设计目标，匹配场地业态特征进行有效建设，同时应严格遵循合理科学的设计原则，在此基础上响应海绵设计的水文指标。

在设计目标上，应在海绵指标响应的过程中，优化场地自然水文过程；在营造场地生境系统的过程中，完善片区生态系统；在统筹规划设计方案的过程中，与场地使用功能相匹配协调。在设计原则上，应同时满足安全性、科学性、系统性、生态性和参与性。其中，安全性上，方案的设计理念、设计方法及空间布局，均须保证在场地安全性前提下进行。例如建筑周边调蓄设施的设置必须严格执行《湿陷性黄土地区建筑规范》，对场地土质特征明确的前提下应对建筑做出安全距离的退让，保证建筑基础的稳定性；科学性上，为确保对场地径流的控制，可适当增大 LID 设施调蓄容积，但不应以增加调蓄容积为目的，而过多增加海绵建设成本；系统性上，应结合道路竖向、排水管网和子汇水区划分，合理设置 LID 设施系统，协同其他专业进行系统性的衔接；生态性上，在满足场地调蓄径流功能的前提下，最小限度干扰景观方案，并通过 LID 设施优化的方式与景观方案协同设计。场地中局部绿地集中分布的区域可选择性敷设溢流系统，在满足径流调蓄指标的同时，营造湿生生境景观；参与性上，在不影响径流调蓄的基础上，适度营造可供公众参与的空间，丰富场地景观元素，场地需要以人为本，公众参与度的提升亦是衔接海绵设计与人文关怀的重要前提。

2.5 技术路线

根据项目片区及自身面临的突出问题和需求，结合湿陷性黄土地质、西北干旱少雨等环境条件，以及地上建筑分布和大面积地下车库等特征，重点选择下凹绿地、生物滞留设施、植草沟、砾石系统、透水铺装、调蓄池等不同类型设施进行雨水径流源头、过程、末端及排放的组织。针对不同下垫面条件，分别采取相应辅助措施，对径流雨水进行导流、传输与控制，着力构建不同重现期降雨情形下的“源头减排”“过程组织”“末端调蓄”“溢流排放”的多层级、高耦合雨水综合控制利用系统。

建筑屋面雨水经过绿色屋顶进行过滤和蓄存，通过雨落管断接的方式接入雨桶或下凹绿地进行雨水收集和调蓄，雨桶内雨水可根据场地需求二次利用。铺装产生的径流通过带有豁口的道牙汇入下凹绿地进行调蓄。场地所设置的海绵设施可满足海绵指标要求，超标雨水通过海绵设施内的溢流系统接入市政雨水管网。

2.6 设计方案

2.6.1 海绵指标响应

根据海绵指标要求：① 年径流总量控制率不小于 75%，对应设计降雨量不小于 13.5 mm；② 污染削减率不小于 50%。方案主要采用绿色屋顶、生物滞留设施（雨水花园）、下凹绿地、植草沟和透水铺装作为主要的 LID 设施，对场地径流进行调蓄。此外，采用雨桶和调蓄池等设施对场地径流进行收集回用与补偿调蓄。各 LID 设施从“源头—过程—末端”切实履行“渗、滞、蓄、净、用、排”的海绵城市设计理念（图 8）。

（1）设计调蓄容积

低影响开发设施以径流总量和径流污染为控制目标进行设计时，设施具有的调蓄容积一般应满足“单位面积控制容积”的指标要求。设计调蓄容积一般采用容积法[16]进行计算，如下式所示（本项目年径流总量控制率为 75%，对应设计降雨量 13.5 mm）

$$V = 10H\varphi F$$

式中：V 为设计调蓄容积，m^3；H 为设计降雨量，mm；φ 为综合雨量径流系数（加权平均计算

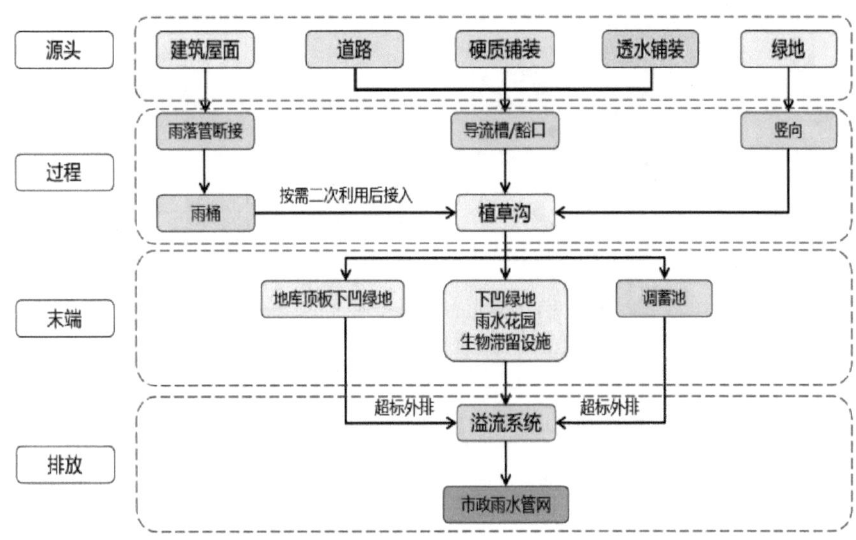

图 8　雨水组织流程图

所得)；F 为汇水面积，hm^2。

(2) 雨水径流外排污染物负荷削减率

采用 SS 削减作为面源污染控制指标，通过人工计算对水质控制效果进行核算。根据水量核算，计算方法如下：

$$设施对 TSS 综合去除率=\frac{\sum W_i \times \eta_i}{\sum W_i}$$

地块对 TSS 负荷去除率=年径流总量控制率×设施对 TSS 综合去除率

$$项目对 TSS 负荷去除率=\frac{\sum A_j \times \eta_j}{\sum A_j}$$

式中：W_i 为单项 LID 设施雨水调蓄控制体积，m^3；η_i 为单项 LID 设施对 TSS 的平均去除率；A_j 为子汇水分区面积，m^2；η_j 为子汇水分区对 TSS 负荷去除率。

2.6.2　场地下垫面分配

场地中心条带状地块为商业用地，没有条件设置足量的绿地空间用来调蓄径流，为了满足海绵设计指标，在场地的屋顶设置大量的绿色屋顶用来平衡该地块无法调蓄的径流。

为了保证设计的各类雨水设施高效发挥雨水控制作用，根据用地条件、场地地形竖向条件及管网情况，将场地划分为 57 个子汇水分区，对每一个子汇水分区进行设计控制容积计算，并结合场地和竖向条件，对汇水单元内的雨水设施控制容积进行复核(图 9—图 12)。

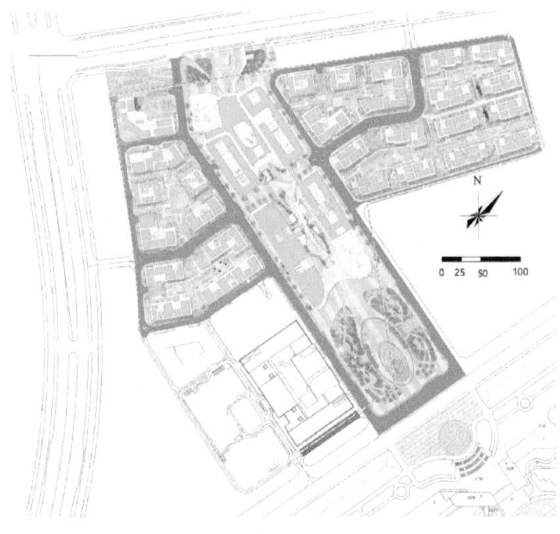

图 9　绿色屋顶分布

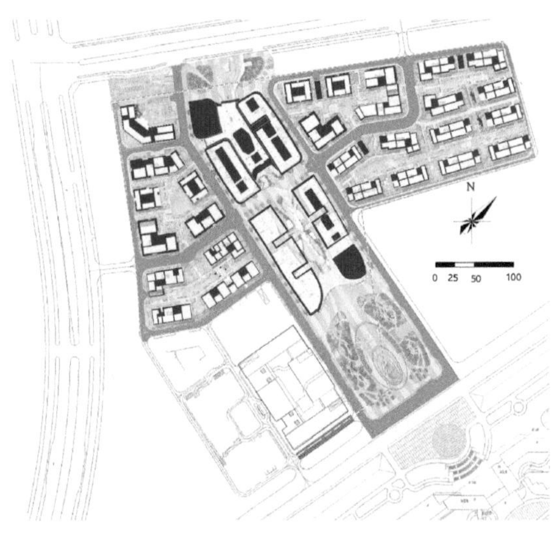

图 10　普通屋面分布

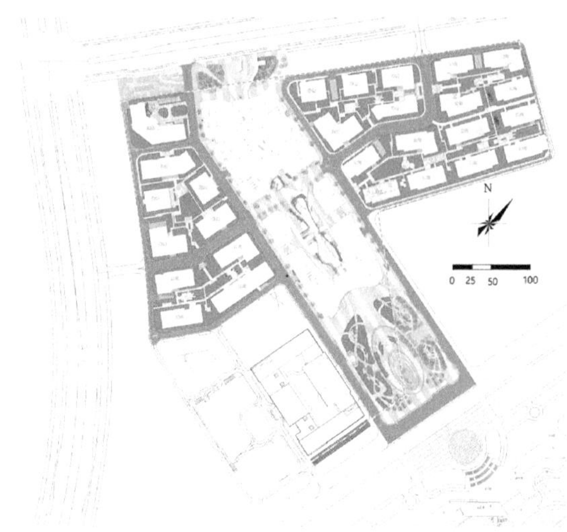

图 11 绿地分布

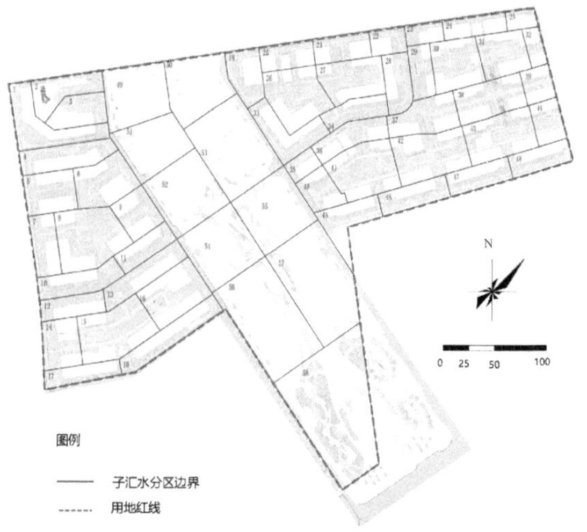

图 13 子汇水分区分布图

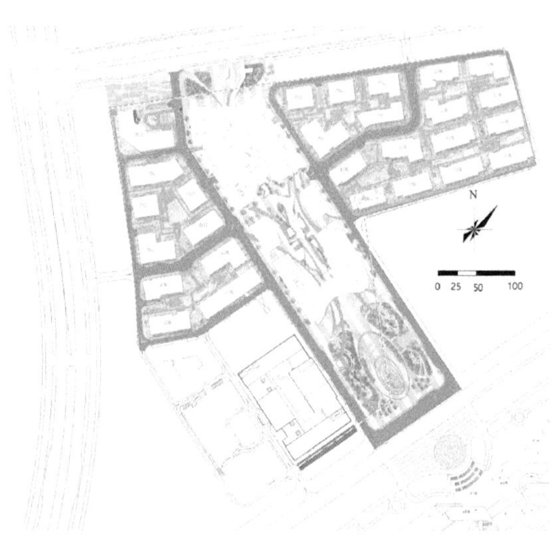

图 12 透水铺装分布

场地存在部分直排区域，包含非断接雨落管的服务区域，以及直接通过雨水口排入雨水管网的区域，该区域的径流通过场地内部管网组织接入市政管网。其中，1～3、49、50 号直排区径流总量为 88 m^3，4、5、7、8、10 号直排区径流总量为 54 m^3，19～22、26～28、33～34 号直排区径流总量为 36 m^3，6、9、11、49～57 直排区径流总量为 224 m^3。通过分别设置对应有效容积的调蓄池进行末端调蓄，调蓄容积共计 402 m^3(图 13，表 2)。

2.6.3 指标计算与校核

通过公式计算获取场地 57 个汇水分区的径流量，并设置相应海绵设施进行径流调蓄(图 14、图 15)。由于设计条件的限制，场地存在部分直排区(包含建筑直排和场地下垫面直排)，通过增设对应调蓄量的调蓄池在接入市政管网前进行调蓄。经计算(计算步骤这里不做赘述)，项目地块调蓄雨量为 1072.9 m^3，反算后，可实现降雨控制量 $H'=16.1$ mm，年径流总量控制率为 80.6%>(75%)；地块对 TSS 负荷去除率=51.9%(>50%)。

此外，对场地构建 SWMM 水文模型进行校核，场地共设置 4 处排放口，各处排放口在接入市政管网前经过调蓄池，确保调蓄量和污染物削减率。根据模型模拟结果，当降雨量不大于13.5 mm 时，项目的外排径流量为 0，满足控制目标中不低于 75%年径流总量控制率的要求(图 16 -图 18)。依据地块所处区域暴雨强度公式，生成设计雨型，24 h 降雨量 13.5 mm 对应的重现期年限 P 为 0.638，则芝加哥暴雨强度[18]计算如下式所示：

$$q=\frac{1780.78\times(1+2.379\lg 0.638)}{(1440+20.082)^{0.880}}$$

3 结语

海绵城市设计中水文过程伴随在整个循环中，结合本方案“绿色、美观、教育”的设计理念以及呈现出“可观、可感、可参与”的设计形式。从形式到功能，结合场地条件生成可拓展、可优化、可叠加、可操作的海绵城市设计实施方式。

针对本文中场地存在的大量直排区域，是在方案设计初期，专业间缺乏沟通造成的，致使后期场地海绵指标的响应十分被动。使用雨桶对外排雨落管进行断接，是一种雨水资源在地利用的直接方式，绿色屋顶对雨水的净化使雨桶收集的雨水完全满足场地浇灌用水的水质要求。值得探讨

表 2 直排区下垫面统计

分区编号	总面积（m^2）	道路（m^2）	绿色屋顶（m^2）	硬质屋顶（m^2）	绿地（m^2）	透水铺装（m^2）	综合径流系数
1	2 899	0.0	747.7	363.3	0.0	0.0	0.46
2	2 041	0.0	121.0	478.3	0.0	0.0	0.70
3	1 809	0.0	176.4	486.6	0.0	0.0	0.67
4	2 379	0.0	104.2	816.5	0.0	0.0	0.72
5	2 204	0.0	646.0	443.0	0.0	0.0	0.50
6	2 689	0.0	568.6	496.1	0.0	0.0	0.53
7	1 675	0.0	459.7	254.7	0.0	0.0	0.48
8	3 979	0.0	603.7	827.3	0.0	0.0	0.56
9	1 795	0.0	431.6	408.4	0.0	0.0	0.54
10	2 064	0.0	441.2	218.1	0.0	0.0	0.47
11	1 495	0.0	425.6	238.8	0.0	0.0	0.48
19	1 501	0.0	350.9	189.1	0.0	0.0	0.50
20	2 168	0.0	342.1	236.4	0.0	0.0	0.49
21	1 976	0.0	371.0	363.7	0.0	0.0	0.49
22	3 599	0.0	585.4	527.1	0.0	0.0	0.34
26	2 489	0.0	560.4	780.5	0.0	0.0	0.44
27	2 322	0.0	506.6	763.4	0.0	0.0	0.45
28	776	0.0	172.1	145.3	0.0	0.0	0.50
33	3 424	0.0	689.0	355.7	0.0	0.0	0.37
34	1 566	0.0	361.0	143.3	0.0	0.0	0.42
49	3 922	1 790.0	424.7	1624.5	18.8	64.3	0.74
50	3 965	1 539.7	1875.5	416.8	46.0	87.0	0.55
51	3 628	821.1	1 668.4	1 020.7	22.8	95.2	0.55
52	4 632	1 694.5	2 014.1	791.7	41.7	90.0	0.57
53	6 178	1 534.8	3 677.0	381.7	509.5	75.4	0.44
54	4 618	2 120.2	1 276.6	810.1	94.1	315.1	0.62
55	4 617	2 217.4	1 588.2	490.8	40.6	280.1	0.59
56	7 628	0.0	689.0	957.0	0.0	0.0	0.43
57	7 380	0.0	361.0	2101.1	0.0	0.0	0.64

注：该表格下垫面参数不包含对应汇水分区内可将径流外排至场地低影响设施下垫面。

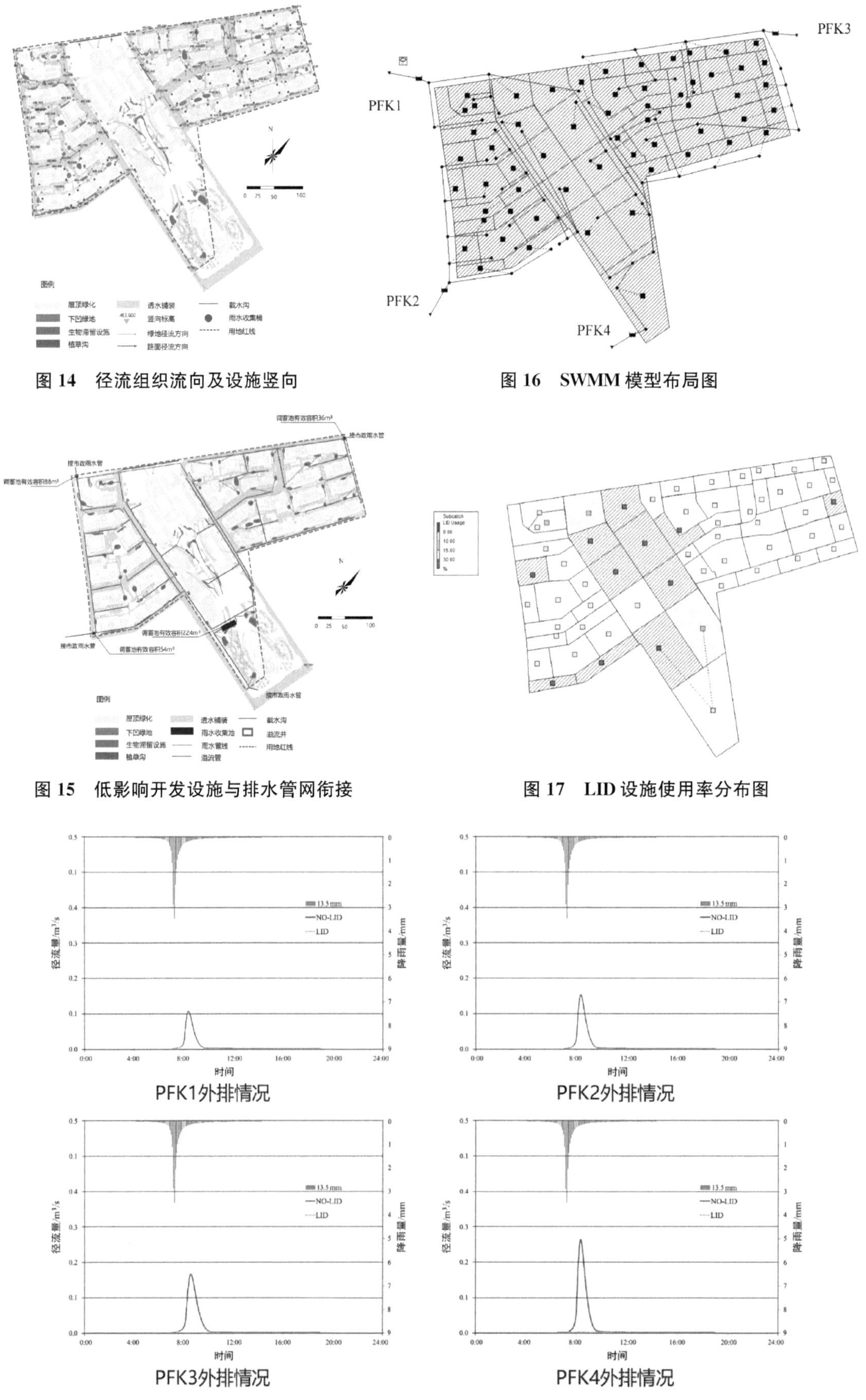

图 14　径流组织流向及设施竖向

图 16　SWMM 模型布局图

图 15　低影响开发设施与排水管网衔接

图 17　LID 设施使用率分布图

图 18　各排放口径流外排图

的是在径流调蓄量的指标响应中，采用调蓄池进行末端调蓄，通过加权计算后，虽然在数值上满足要求，但是对于未能调蓄达标的子汇水分区，其径流调蓄则是被动的。问题又回到前期的场地下垫面分布的规划上，如果能对下垫面进行基于雨水调蓄的考量，避免大面积连续不透水铺装的出现，将会很好避免这一问题。

在海绵城市规划设计的过程中，设计与科研的关注点，很多时候会转变为强调雨洪调控的功能性，追求最大化的调蓄量，诸多实践项目偏向采用各种“立竿见影”代偿调蓄设施来应对下垫面格局失衡的问题，而忽略了绿地的水文优化功能。很多时候，通过专业间在前期设计的沟通，对下垫面格局做适当的调整即可很好地规避问题。在此背景下，风景园林专业作为功能性、艺术性并重的综合学科，在统筹绿地的过程中优化场地水文过程具备自己优势，同时，这也要求风景园林师需要掌握全面的、系统的知识体系和其他学科的基础理论。

参考文献

[1] US EPA. Low Impact Development(LID): A Literature Review[R]. United States Environmental Protection Agency, 2000. EPA-841-B-00-005.

[2] CIRIA. Sustainable Urban Drainage System: Best Practice Manual[R]. Report C523. Construction industry research and information association, London, 2001.

[3] Spillett P B, Evans S G, Colquhoun K. International Perspective on BMPs/SUDS: UK—Sustainable Stormwater Management in the UK[C]//World Water and Environmental Resources Congress 2005. May 15-19, 2005, Anchorage, Alaska, USA. Reston, VA, USA: American Society of Civil Engineers, 2005: 1-12.

[4] Lloyd S D, Wong T H F, Chesterfield C J. Water Sensitive Urban Design——A Stormwater Management Perspective[EB/OL]. 2002.

[5] van Roon M R, Greenaway A, Dixon J E, et al. Low Impact Urban Design and Development: scope, founding principles and collaborative learning[R]. Proceedings of the Urban Drainage Modelling and Water Sensitive Urban Design Conference, 2006.

[6] Walmsley A, Greenways and the making of urban form[J]. Landscape and Urban Planning, 1995, 33(1/2/3): 81-127.

[7] National Research Council. Urban stormwater in the United States[M]. Washington, DC: National Academies Press, 2008.

[8] STU. Controle du ruissellement des eaux pluviales en amont des reseaux Paris: Service Technique de l'Urbanisme, 1981.

[9] STU. La Maîtrise du des eaux pluviales: quelques solutions pour l'amélioration du cadre de vie Paris: Ministère de l'Urbanisme et du Logement, irection de l'Urbanisme et des Paysages, Service Technique de l'Urbanisme, 1982.

[10] American Public Works Association, Urban stormwater management. Special Report 49. Chicago, IL, USA: American Public Works Association, 1981.

[11] Brisbane City Council. SQIDs Monitoring Program-Stage 1. Brisbane: Brisbane City Council and City Design, 1998.

[12] 林辰松. 半湿润地区集雨型绿地设计研究[D].北京：北京林业大学，2017.

[13] 车伍，闫攀，李俊奇，等.低影响开发的本土化研究与推广[J].建设科技，2013，(23)：50-52.

[14] South East Queensland Regional Plan 2009-2031 Implementation Guideline No.7 Water sensitive urban design: Design objectives for urban stormwater management.

[15] Evaluating Options for Water Sensitive Urban Design: A National Guide. 车伍，赵杨，闫攀.生态城市现代雨水综合管理策略[C]//第十届中国城市住宅研讨会：可持续城市发展与保障性住房建设.北京：中国建筑工业出版社，2013.

[16] 中华人民共和国住房和城乡建设部. 海绵城市建设技术指南，试行(下)：低影响开发雨水系统构建[S].北京：中国建筑工业出版社，2015.

[17] 聂林妹. 城市排水系统的设计标准及工程实践[J].中国给水排水，2005，21(5)：62-65.

[18] 卢金锁，程云，王社平，郑琴，杜锐.暴雨强度公式推求过程简化研究[C]//Intelligent Information Technology Application Association. Proceedings of 2011 International conference on Intelligent Computation and Industrial Application (ICIA 2011 V1). Intelligent Information Technology Application Association, 2011, 4.

作者简介：刘永，西安建筑科技大学建筑学院风景园林学在读博士。研究方向：风景园林规划与设计、生态水文及海绵城市设计研究。

刘晖，西安建筑科技大学建筑学院教授，博士生导师；西北地景研究所所长。研究方向：西北脆弱生态环境景观规划设计理论与方法，中国地景文化历史与理论。

·生态景观组构·

基于相邻木迭代优化的近自然植物群落设计算法研究*

刘 喆 唐达维 郑 曦

摘 要 【背景】随着城市森林和生态效益成为城镇风景园林建设的新目标，近自然植物群落成为当今种植设计的热点研究方向。风景园林种植设计的传统方法对自然植物群落的模仿处于经验认知性层面，缺乏对群落空间形态、种间关系等关键因子的解析与仿真，难以发挥近自然群落较高的群落稳定性、健康度和生态效益。【目的】研究旨在通过将树种与空间的结构化指标与相邻木关系优化算法结合，科学定量地生成近自然植物群落，从空间形态的层面提升人工植物群落对自然群落的仿真。【方法】研究依托 grasshopper＋python 的节点化编程平台，采用改良的基于相邻木空间结构指标作为 Voronoi 元胞自动机的迭代规则，开发了基于相邻木迭代优化的近自然植物群落设计方法，构建① 场地种植适宜性分区；② 场地植物种植预分布；③ 混交树种迭代优化；④ 空间散布迭代优化四个子系统，在仿真三维环境中生成近自然植物群落的二维空间分布格局。【结论】研究表明算法在模拟自然或次生演替群落的聚集形态、植株散布状态、种间关系上表现出符合预设的规则。未来应在优化已有人工群落和自然群落空间、规则参数等方面提升研究深度，以改善该算法的适应性、近自然人工群落的设计效率和仿真程度，从而提升人工构建近自然植物群落的综合效益。

关键词 Voronoi；元胞自动机；植物群落；生成式设计

1 研究基础

1.1 近自然植物景观设计

近年来，由于生态美学价值的回归和园林绿化对生态效益要求的提升，近自然的植物景观在城市森林、大型城市公园和城镇绿化中得到了广泛的应用[1-2]，逐渐成为景观实践热点。近自然植物景观设计的概念源于近自然林业，即遵循生态学自然演替和潜在自然植被的理论，通过模拟地带性植被群落的群落结构和演替过程，构建具有较高自然度的人工植物群落[3]。有别于园林化的植物群落，近自然的植物群落由于结构稳定性强、物种多样性高、低维护等特点[4]，具有较高的生态效益、社会效益和经济效益。目前，近自然植物群落的设计，仍局限于选择乡土树种和空间的写意式拟态，在设计过程中缺乏循证的手段再现自然群落的树种空间结构，难以有效发挥近自然植物群落的多重效益。

1.2 植物群落空间格局研究

自然界中的植物群落在演替的过程中个体之间相互影响，形成稳定的空间结构，植株的空间分布格局是物种生物学特性、种间关系的重要反映[5-6]。因此，在设计阶段中提升植物景观对自然群落的仿真程度，不仅要求“适地适树”地选择乡土树种，还需要从群落的空间格局方面进行定量的分析研究。

根据群落结构的空间维度，可将描述植物群落空间格局的参数分为 0～3 维四种[7]（表 1）。在引导植物群落设计和评价的指标中，较为广泛地采用植被覆盖率、郁闭度、乔灌比、多样性指数等 1 维指标反映群落的整体风貌特征[8]，群落尺度的意向空间描述手段以示意图为主，植株尺度多从景观特色、时序变化、植物色彩、树种选择的层面关注群落中植株间的相互关系，对群落内植株空间分布格局特征的总结，趋向于群落结构类

* 国家重点研发计划项目“村镇乡土景观绩效评价体系构建”（编号：2019YFD11004021），住房和城乡建设部研究开发项目“多尺度城市绿色基础设施评价方法与更新关键技术研究”（编号：2020-K-033）。

型的概括性描述[9]，对群落空间格局的定量分析和设计引导关注较少。

表 1 植物群落的 0 维、1 维、2 维、3 维空间结构参数

维度	说明	参数举例
0 维	通过简单图表展示森林结构及发展的大致格局	表示群落结构类型的示意图
1 维	不考虑林分的空间分布格局的非空间结构参数	断面积、冠层数，树高、胸径、树种的变化系数，郁闭度、香农多样性指数等
2 维	依据林分中水平分布的每木定位坐标（x，y），来描述林分的分布格局及结构特征	Ripley's K 函数，结构化分析参数（大小比数、混交度、角尺度）等点格局分析手段
3 维	在水平分布的每木定位坐标（x，y）因子的基础上，添加了树高因子（z）	

随着分析工具的发展，采用点格局分析工具进行植物群落的 2 维空间格局分析，已经成为一种常用的研究方法，最具有代表性的是近年来发展迅速的一种森林结构化分析方法[10]。基于相邻木关系的林分空间结构量化分析方法，以参照树和周边最近相邻木为一个空间结构单元，分析时考虑植株本身的属性和与相邻木的关系，定量描述植物群落 2 维水平空间的空间格局[11]，通过角尺度、混交度、大小比数等参数描述林木个体在水平地面上的分布格局、体现树种空间隔离程度和林木个体竞争状态。该方法目前普遍应用于森林经营和管理领域，在分析森林空间结构、森林的生态效益和自然度评价、指导人工纯林和近自然林的管理和近自然森林的空间优化等方面，均具有广泛的应用。

结合基于相邻木的 2 维空间格局参数概括自然植物群落空间和种间水平方向的定量关系，通过可以应用该类型参数的工具进行近自然群落的设计生成，能够在植物景观设计的过程中反映自然群落在植株尺度的相对关系，也是在种植设计尺度上反应生态过程的一种定量方法。随着数字技术在风景园林领域的应用，这一方法具有了实操的可能性，对于提升近自然植物群落的近自然度、优化近自然群落的空间形态和种间关系具有很高的研究价值和实践意义。

1.3 数字化植物景观设计方法

在植物景观设计和规划层面，数字技术应用于植物景观信息模型、树种类型选择、立地适宜性划分、整体风貌控制等层面，而采用数字化手段进行植物群落的设计方法研究，目前仍处于起步阶段。

近年来，采用数字技术进行植物景观设计已有少量的尝试。包瑞清根据种植密度、林缘线形态构建了植株随机分布片植风貌的制图技术[12]；E. Charalampidis 以场地适宜性为条件，在 Voronoi 网格上对植物进行了布局[13]；OLIN 实验室采用代理模型，基于草本植物的生态习性、尺寸和视觉信息构建了以调查、生成、可视化、动画为基本步骤的参数化植物群落设计方法，生成了随机分布的灌木植物群落空间平面布局[14]，以观赏性指标和适宜性指标，构建了完善的设计工作流程；Marcel Bilurbina 基于植物混交的竞争关系，采用以 game of life 元胞自动机为原型的 Natural Neighboring Behavior 元胞自动机，模拟生成了均匀场地上由三种类型组成的灌木群落[15]，在灌木群落层面，进行了矩阵化平面，布局生成植物群落的尝试（图 1）。

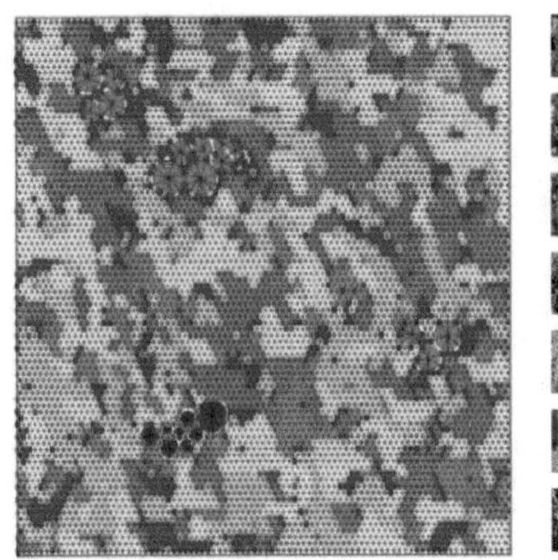
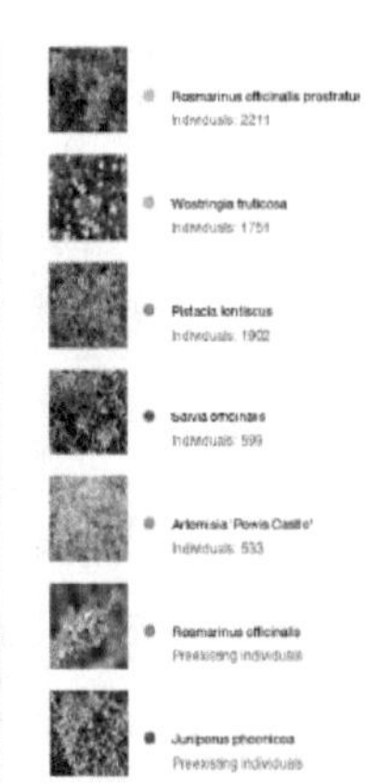

图 1 基于 Natural Neighboring Behavior 元胞自动机的灌木群落[15]

现阶段植物景观的数字化设计方法研究多根据植物的观赏风貌、场地适宜性等指标进行设计，由于生成算法的规则、设计工具的空间模型等限制条件，目前只能在规则单元中对植株位置进行精确控制，或在自由散步空间内对植株位置进行随机配置，难以生成具有明确规则的植物群落，对植物景观设计中较为常见的乔灌混交群落，仍缺乏适宜的方法进行空间格局的定量设计。

2 研究目标

研究基于近自然群落的空间格局分布特征设定两个具体设计目标：① 满足群落所在场地生境类型的植株立地适宜性，② 以相邻木相互影响的群落演替动力进行生成，以此为依据构建设计算法，实现① 基于相邻木关系的林分空间结构量化分析指标原理，将结构化分析指标进行适应于数字化设计工具的改良，构建群落空间形态生成规则；② 利用该规则开发基于相邻木树种空间关系的乔灌混交人工植物群落2维生成算法；③ 通过该算法进行人工植物群落生成，模拟自然群落的空间分布格局特征，在人工群落中反映自然植物群落的2维空间格局。

3 研究方法

3.1 群落空间形态生成规则

规则以所选植株和其相邻木为一个空间单元，对空间单元内所选植株和相邻植株进行树种转换、位移等操作，通过遍历设计范围内所有植株，逐一优化各个空间单元，该设计算法可类比于自然环境中，植物群落在演替过程中相互影响的真实规律，在植物生长过程中，会尽可能获得满足植株的良好生长环境，最后形成近自然植物群落混交散布的整体空间分布格局。

为了实现植株空间单元的迭代优化和在水平空间上的自由移动，规则采用了基于Voronoi的元胞自动机作为树种与空间迭代的工具。近年来，基于Voronoi的元胞自动机被开发应用[16]。以Voronoi多边形为空间单元的元胞自动机摆脱了传统的元胞自动机依靠固定空间单元的局限性，以Voronoi多边形网的对偶图形delaunay三角网作为主要的空间解析对象，将空间对象表达为点、线和面积三类，因此，除了改变单元本身的状态属性，还能对空间单元进行移动，移动后元胞自动机整体的空间形态，仍然能够维持原有的拓扑关系并继续进行迭代（图2）。Voronoi元胞自动机的表达式如下：

If 相邻细胞的位置或状态改变

Then 重新判断目标细胞的状态、位置并决定是否改变状态、位置

基于Voronoi的元胞自动机由于其灵活的空间解析形态和多样化的空间迭代指令，与传统的元胞自动机相比，能更好地拟合自由空间格局，因此，在模拟自然系统方面具有显著的优势。在森林结构化分析的量化研究中，以Voronoi图作为分析工具已经得到了广泛的应用[17]。因此，采用Voronoi空间模型，构建基于相邻木关系的群落空间布局优化迭代和群落生成，在运算过程中具有较好的适应性。

研究根据物种间竞争或共生动力构建“相邻植株树种优化规则”。

（1）对于优势树

If 该植株为优势树种 And 树种周边的相同树种≥2

Then 该植株树种不变

Else 该植株转换为适宜的其他种

（2）对于散布树种

If 该植株为散布树种 And 树种周边的集聚种<2

Then 该植株树种不变

Else 该植株转化为集聚树种

根据植株间生存空间互相适应的原理，构建了“相邻植株空间优化规则”，将植物所需要的生

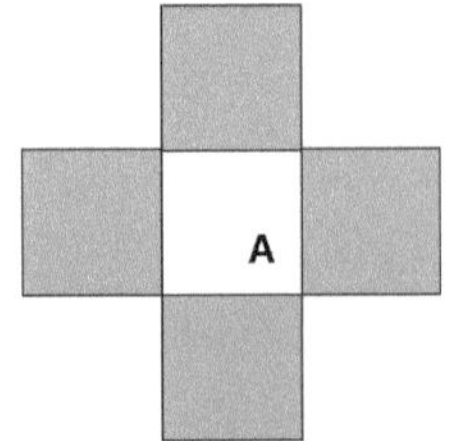

冯诺伊曼型元胞自动机

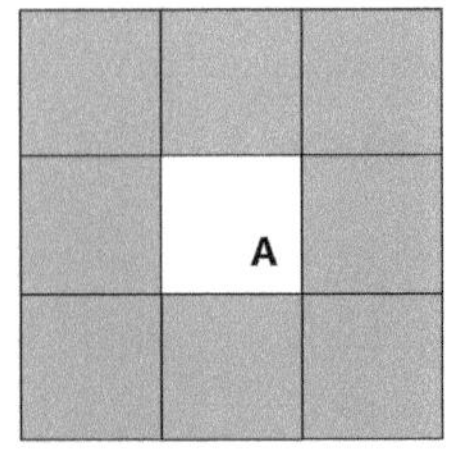

摩尔型元胞自动机

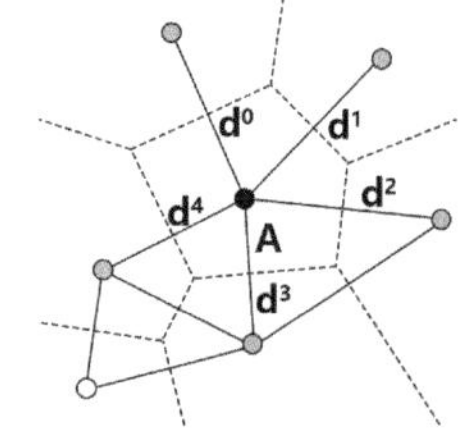

Voronoi元胞自动机

图2 元胞自动机对比图

表 2 优化规则示意

	相邻植株树种优化规则		相邻植株空间优化规则
集聚树种	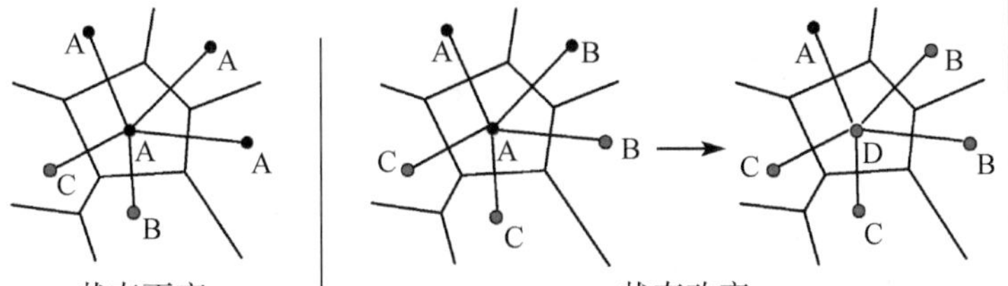 状态不变	状态改变	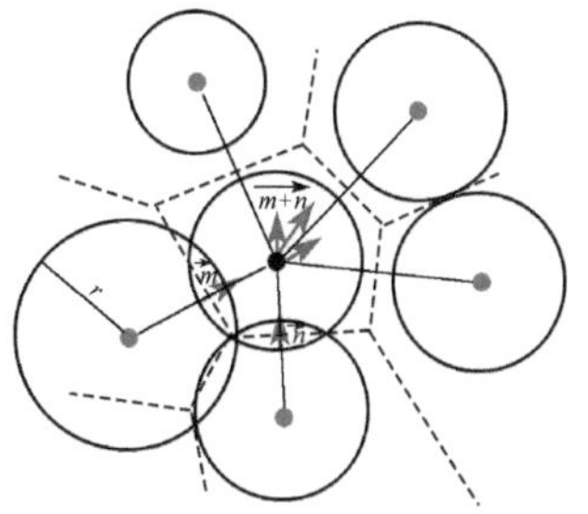
散布树种	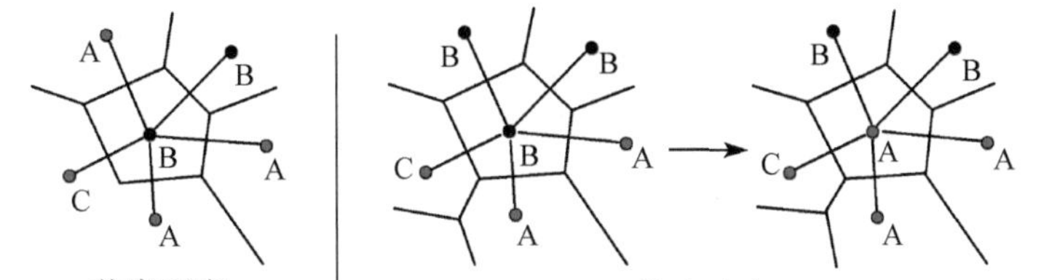 状态不变	状态改变	

A:优势树种,B、C、D:散布树种 r:所需生长空间半径

●:所选植株◎:相邻木; m,n,m+n:移动向量

长空间半径根据所选点和相邻点的连线,转化为向量,周边所有向量相加获得所选植株所需要移动的方向和长度。两个基于相邻木的规则从群落演替动力角度构成了对自然群落的模拟(表 2)。

3.2 生成算法构建

算法由四个线性串接的子系统完成,分别为:① 场地适宜性分区;② 场地适宜树种预分布;③ 混交树种迭代优化;④ 散布分布迭代优化(图 3)。四个系统以 Voronoi 图为基本空间模型进行分析、优化和迭代,每个系统分别由基于 Voronoi 三维空间的机制控制,子系统的输入条件基于① 上一个子系统输出内容;② 场地自身的条件;③ 对自然植物群落的空间格局分析和专家经验。Rhino 模型空间和 grasshopper+python 节点化编程平台作为主要的工作平台,构建 Voronoi 元胞自动机优化迭代算法,生成的人工植物群落分布模型以三维空间中线框的形式,显示和存储在 Rhino 的模型空间中。

3.2.1 子系统 1:场地适宜性分区

场地适宜性分区结合场地高程与朝向分析湿度和太阳辐射预测值,用于后续根据植物对于土壤水分和日照的需求判定适宜性。在 Rhino 模型空间中模拟分析场地的湿度,赋予单元网格潮湿或干燥属性;采用 grasshopper 的 ladybug 插件对场地进行年太阳辐射分析,赋予单元网格向阳或背阴属性;将适宜性分析输出的结果合并,叠加生成场地的适宜性分区。每个单元网格具有(向阳,干燥)(向阳,湿润)(背阴,干燥)(背阴,湿润)之一的属性(图 4)。

3.2.2 子系统 2:场地适宜树种预分布

场地内的植物在进行植株间相互关联的优化前,会预设场地内能够进行种植的植物,为后续的树种和空间优化提供植株的初始空间位置和种类。

将场地能够种植的乡土树种分为湿度(耐湿、不耐湿)和太阳辐射(喜阳、耐阴)2 个属性维度和所需生长空间半径 1 个空间维度,构建乡土植物的适宜性表。以植物的喜好和场地的适宜性匹配为原则,将植株的中心点根据一定的密度随机投影于场地模型上,以 Mesh 单元三角网格为基本单元,遍历适宜性表中的所有树种,检查每个基本单元中树种是否符合适宜性值,将属性与适宜性相吻合的植物,根据估算的生长空间密度随机投射于场地 Mesh 单元三角网格场地模型上。

3.2.3 子系统 3:混交树种迭代优化

树种优化是对预分布系统输出结果的相邻植物进行属性优化。考虑树种之间的关系,将基于相邻木关系的空间结构指标转化为迭代规则。基于 Voronoi 元胞自动机在该阶段仅进行单元状态的改变,而不改变单元的空间相对位置,在迭代的过程中,所选空间单元相邻木的数量并非固定值,而是以 Voronoi 多边形网对偶的 delaunay 三角网所能连接的点为依据,对所有植株依次进行迭代。

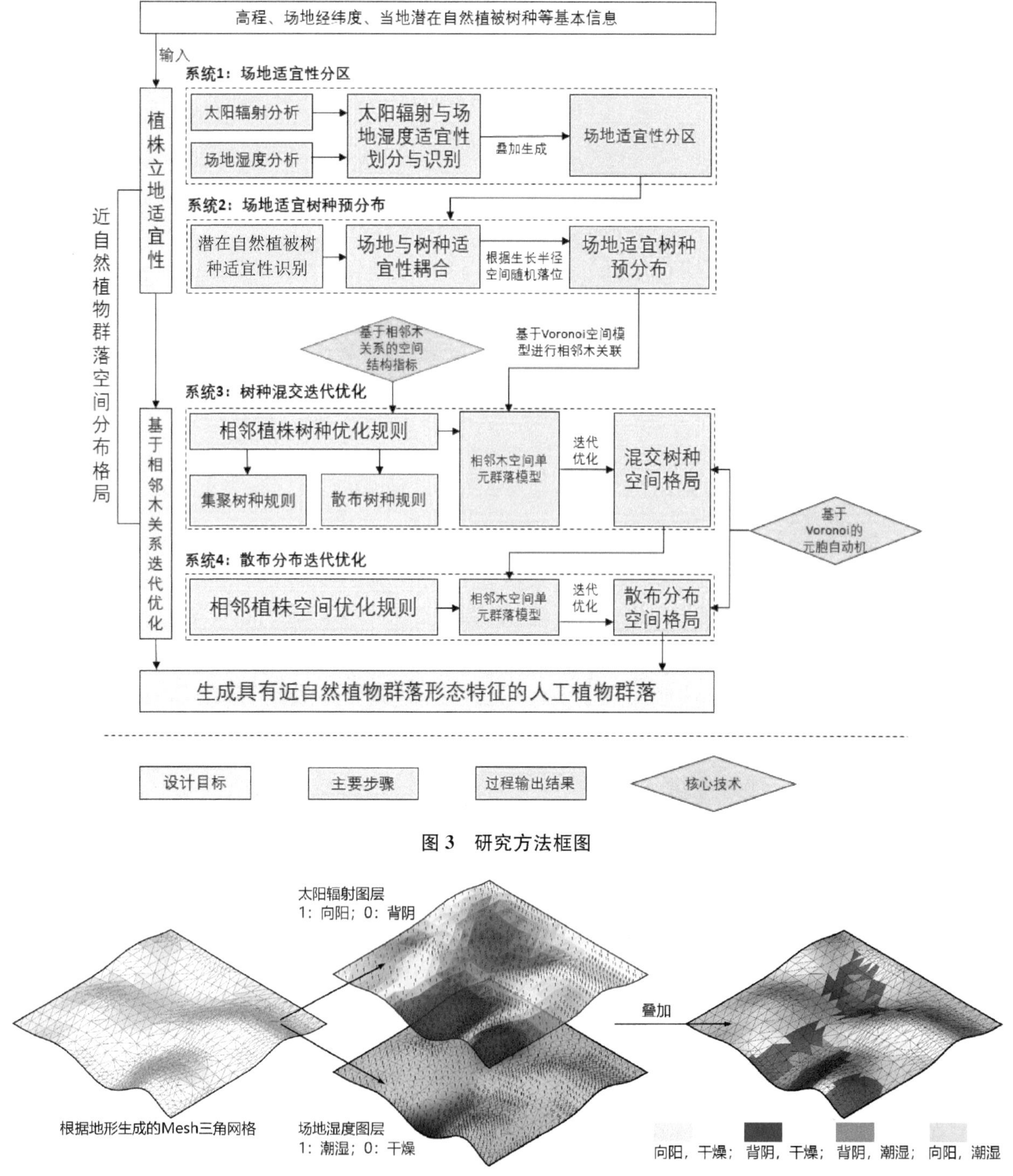

图 3　研究方法框图

图 4　场地种植适宜性分析示意

首先将制定的树种迭代优化规则应用于 Voronoi 元胞自动机，将场地植物种植预分布图输入系统，给每个种植点随机编号，以该编号为顺序，遍历所有植株的种植点，在遍历过程中，根据适宜性模型的预分布结果获取所选植株的树种，并获取其相邻植株的树种，利用制定的规则判断所选植株的种类是否需要改变，判断和转换完成后，将该点返回全局中，按照上述规则遍历预选择模型中的所有点，直至所有点在判断过程中不会改变自身的状态。

3.2.4　子系统 4：散布分布迭代优化

在完成树种优化后，将混交树种迭代优化结果输入系统 4 中，以各植株根据树种制定的生长所需空间进行空间位置迭代，在植物群落的优化过程中，根据每个树种预先规定的该树种生长所需空间半径，根据编号依次获取所选植株周边的植株和其生长空间半径，遍历所有点，直至场地中所有点不再移动，则迭代结束。

4 案例实践

研究选取北京市平原区内某公园的矩形场地，长 100 m，宽 100 m，场地内部地形起伏，生境类型多样。为应对潜在的误差，对模型做了如下校正：①在场地周边根据所选树种最大直径的两倍宽度向外划定缓冲区，因为在模型边缘部分，植株周边的点可能由于临近边界而缺失，因此，在迭代过程中，缓冲区中的植物虽然参与生成，但并不作为最终群落生成的结果输出；②设定了有限的迭代次数，由于在植物自然演替的过程中，植株之间相互的影响是始终在发生的，当两次迭代间群落中植株的变化数量小于全部植株数量的 2%时，认定群落已经趋于稳定，则迭代结束。

根据对北京市潜在自然植被的调查[18]，选择油松（*Pinus tabuliformis*）作为生成植物群落的优势种，配以栾树（*Koelreuteria paniculata*）、臭椿（*Ailanthus altissima*）等乔木和小叶鼠李（*Rhamnus parvifolia*）、蚂蚱腿子（*Myripnois dioica*）和胡枝子（*Lespedeza bicolor*）等灌木作为主要的伴生种，各类树种对于湿度和光照的要求见表 3。

表 3 植物适宜性表

序号	树种名称	所需空间半径(m)	喜阳(1)/耐阴(0)	耐湿(1)/不耐湿(0)
1	油松	2.5	1	1
2	栾树	3	0	0
3	臭椿	4	1	0
4	小叶鼠李	2	1	1
5	蚂蚱腿子	1.0	0	1
6	胡枝子	2	0	1

根据场地的生境适宜性对植物进行预选择后，将目标植物初步布局在场地上，预布局后，场地内的植物均处于适宜的立地条件，初次迭代前，场地内的植株呈现不规则散布的形式。油松、栾树作为场地内的优势树种，其空间形态应产生明显的聚集性，而臭椿、小叶鼠李、蚂蚱腿子、胡枝子作为伴生种则在群落中呈现不规则的散布。

根据设立的规则，该群落进行 20 次迭代后，呈现较为稳定的状态，生成的植物群落空间分布格局如图 5 所示。

5 结论

① 研究对基于相邻木关系的空间结构指标进行了适用于 Voronoi 元胞自动机的改良，构建了植株转换规则，使其能够在植物群落生成的过程中与元胞自动机的优化迭代过程相匹配，并在运算的过程中通过调整规则参数，实现了植株的属性调整和空间位移，生成结果能够符合指标预设规则的树种调整和空间移动的目标，说明指标能够较好地概括植物群落的空间关系，并进行空间形态生成。

② 输入场地的高程等场地位置、空间信息和植物群落所在地的潜在自然植被树种等信息，该方法能够有效地根据规则进行运算，作为一种基于相邻木的植物群落设计方法，通过逐一遍历、调整植株的属性和空间状态，最终生成的植物群落能够反映在植物群落的整体空间布局上：对于集聚树种，能够产生集聚的态势；对于散布树种则随机分布于目标地块内，每个植株都保留了设计要求所给定的生长空间半径。基本上形成了近自然植物群落的风貌。

③ 由于元胞自动机等算法具有一定的随机性，因此，在生成的过程中，根据给定的条件，每次运算生成的植物群落的随机点位会有局部的差异。在相同的植被分布条件下，进行了 20 次植物群落生成运算，生成的植物群落空间分布格局图最终均达到了稳定状态，说明该设计方法具有足够的稳定性，能够根据给定的规则生成植物群落，并通过更改输入条件，产生符合要求的植物群落 2 维空间布局。

6 讨论

研究采用数字化的设计工具，结合基于相邻木空间结构指标和 Voronoi 自动机，构建了优化迭代的生成式算法，使得利用基于植株层面的指标构建植物群落整体的空间形态成为可能。

该方法的应用具有提升近自然植物群落设计

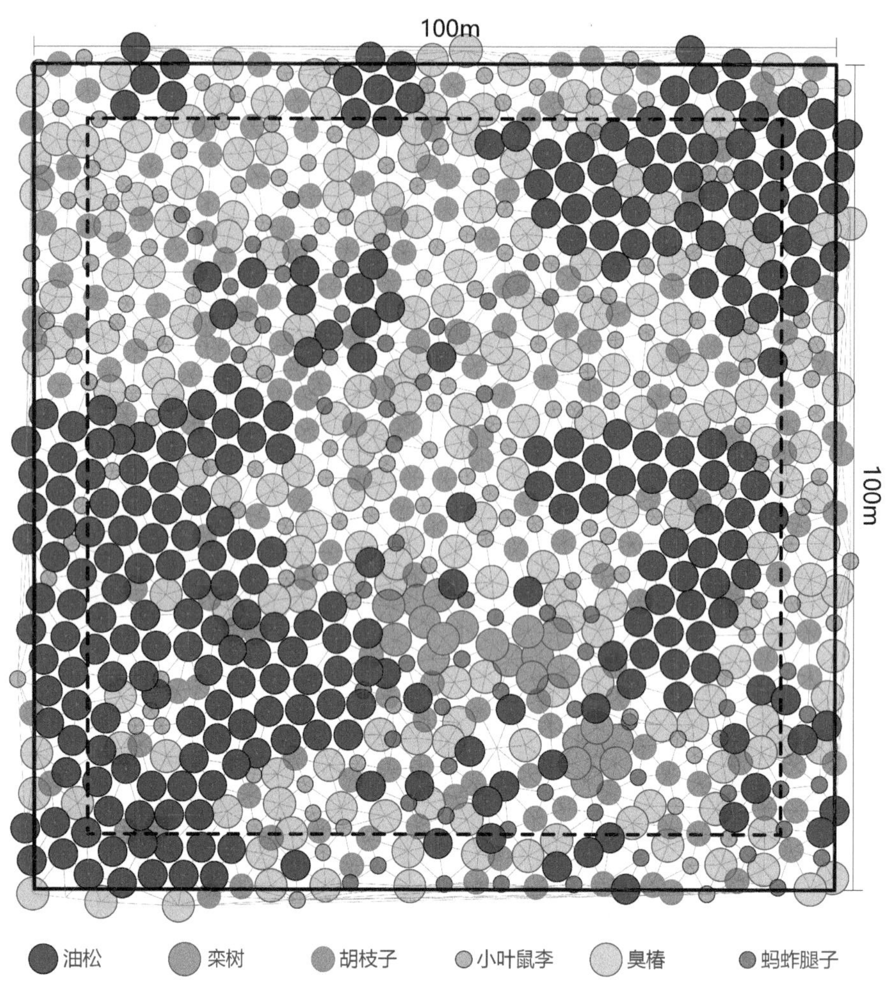

图5 植物群落空间分布格局图

质量的潜力。一方面,该方法以近自然群落演替的动力规律来决定物种间的空间相对位置,因此,采用基于相邻木的空间结构指标构建近自然群落的生成式设计模式,比起传统风景园林种植设计方法在生成过程上更具有仿真性,能够更为精确地还原自然群落的形态特征,从而改善近自然人工植物群落在外观和生境层面的相似程度。另一方面,相邻木间规则运用于人工植物群落的设计中,在风景园林领域有助于提升种植设计;将植物学对于植物个体层面的研究结论,引入到设计过程中,从而提升种植设计的循证性和精细化水平。

然而,近自然林在空间层面的构成规则受到极多外在条件和植株本身特性的影响,因此,选取对提升群落生态效益、或者提升植物群落可持续性意义的相邻木关系指标,仍然需要在实际应用的场景中进行深入的研究;具有自然群落形态特征的植物群落,在平原及浅山等海拔较低的地区十分缺乏,因在指导城市建成区(一般是平原地区)的近自然植物群落建设过程中缺少可供研究的自然群落样本,以上问题说明,该方法在指标的构建层面仍需要大量研究,促使这一研究从方法走向实践。

参考文献

[1] 宋坤,郭雪艳,王泽英,黄莎莎,严佳瑜,叶建华,乐莺,严明,吴梅,达良俊.上海城市近自然森林的重建动态[J].生态学杂志,2020,39(04):1075-1081.

[2] 刘峥."留白增绿"背景下北京"城市森林"的景观绩效评价与优化[D].北京:北京林业大学,2019.

[3] 杨玉萍,周志翔.城市近自然园林的理论基础与营建方法[J].生态学杂志,2009,28(03):516-522.

[4] 祁新华,陈烈,洪伟,程煜,陈明久.近自然园林的研究[J].建筑学报,2005(08):53-55.

[5] Slingsby D D. Spatial pattern analysis in plant ecology[J]. Biological Conservation, 2001, 97(1):127-

128.
[6] Brown C, Law R, Illian J B, et al. Linking ecological processes with spatial and non-spatial patterns in plant communities[J]. Journal of Ecology, 2011, 99(6): 1402-1414.
[7] Zenner E K, Hibbs D E. A new method for modeling the heterogeneity of forest structure[J]. Forest Ecology and Management, 2000, 129(1/2/3): 75-87.
[8] 冯彩云. 近自然园林的研究及其植物群落评价指标体系的构建[D].北京:中国林业科学研究院,2014.
[9] 李春娇,贾培义,董丽.风景园林中植物景观规划设计的程序与方法[J].中国园林,2014,30(01):93-99.
[10] 惠刚盈.基于相邻木关系的林分空间结构参数应用研究[J].北京林业大学学报,2013,35(04):1-9.
[11] 惠刚盈,胡艳波.混交林树种空间隔离程度表达方式的研究[J].林业科学研究,2001,14(01):23-27.
[12] 包瑞清. 计算机辅助风景园林规划设计策略研究[D].北京:北京林业大学,2013.
[13] Charalampidis E, Tsalikidis I. A parametric landscape design approach for urban green infrastructure development[C]. Changing Cities II: Spatial, Design, Landscape & Socio-Economic Dimensions, 2015.
[14] Gabriela, Arevalo A. New Technologies + Algorithmic Plant Communities: Parametric /Agent-based Workflows to Support Planting Design Documentation and Representation of Living Systems[J]. Journal of Digital Landscape Architecture, 2020, 5: 103-110.
[15] Sergi A, Marcel B, Marilena C. Landscape design methodology: Pattern formation through the use of cellular automata[J]. Temes De Disseny, 2019(35): 26-41.
[16] Shi W Z, Pang M Y C. Development of Voronoi-based cellular automata-an integrated dynamic model for Geographical Information Systems[J]. International Journal of Geographical Information Science, 2000, 14(5): 455-474.
[17] 刘帅,吴舒辞,王红,张江,李建军,王传立.基于Voronoi图的林分空间模型及分布格局研究[J].生态学报,2014,34(06):1436-1443.
[18] Subdivision of Geobotany, Botany Division, Faculty of Biology. 北京市的植被[J].北京大学学报(自然科学),1959(02):159-168.

作者简介:刘喆,北京林业大学园林学院在读博士研究生。研究方向:风景园林参数化设计。

唐达维,风景园林学硕士,北京甲板智慧科技有限公司。研究方向:计算机视觉空间行为评估与模拟。

郑曦,博士,北京林业大学园林学院教授、博士生导师。研究方向:风景园林规划设计与理论。

景园复合式植物群落形态量化研究

——以杭州城市公园为例

樊益扬　成玉宁

摘　要　景园植物群落是城市绿地中的基本物质单元，形态作为其内部植物共同适应生存环境结果的外在表现，是决定景观观赏效益的关键要素之一。研究以杭州城市公园为例，选取了其中14个具有示范意义的典型复合式植物群落作为研究对象，采用9类、16个量化指标系统地表征植物群落形态特点，最终基于各指标阈值与形态较优条件的比对，生成特定地域条件下的景园复合式植物群落配置范式，为科学引导植物景观构建提供了方法与技术支持。

关键词　城市公园；植物群落；形态量化；配置范式

1　引言

景园植物群落是城市绿地中具有自然生物活性的基本物质单元，良好的群落景观效果与环境质量对促进人民健康生活起到了积极作用。目前针对景园植物群落的研究集中于植物配置、造景理论、景观质量评价以及生态效益等方面[1-3]。形态作为群落内部植物共同适应生存环境结果的外在表现，是决定景观观赏效益的关键，但相关研究大多面向植物个体形状或单一群落形态[4-5]，对于如何科学定量地掌握群落整体形态构成规律始终缺少系统性研究。因此，在遵循地带性原则合理配置植物的基础上，从形态视角系统地构建景园植物群落量化研究方法，是科学引导植物景观构建不可或缺的部分。

鉴于“乔木—灌木—地被（草坪）”配置模式在拟自然植物群落中占比最高，且具有一定结构稳定性和组成复杂性，本研究聚焦于复合式植物群落形态，探究其形态美所蕴含的内在规律。

2　研究对象与方法

2.1　研究对象与选择标准

本研究选取杭州西湖作为案例场地出于以下几方面考虑。杭州地处长江三角洲南沿和钱塘江流域下游，属亚热带季风气候，四季分明，降水与日照充足，温暖湿润的气候适宜多种植物生长。在此地理条件下，杭州融合山水城林，大力发展完善绿地系统，其园林事业早在解放初期就得到了重视并日益发展显著，尤其以西湖风景名胜区为代表的整体绿化和管养已达到较高水平[6-7]。植物配置具有较优的复合层次与观赏性，根据不同的立地条件形成了不同的景园主题特色。

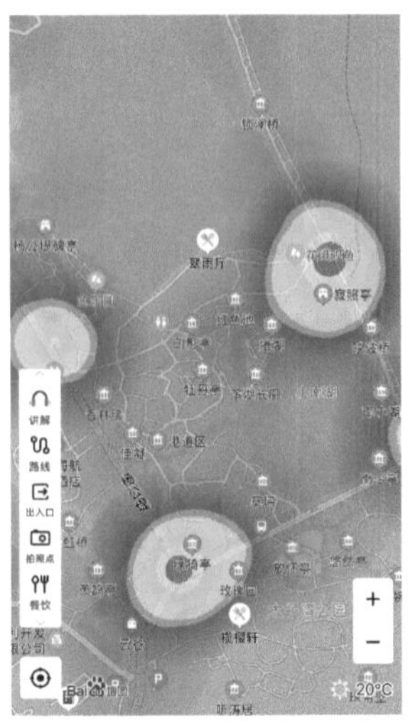
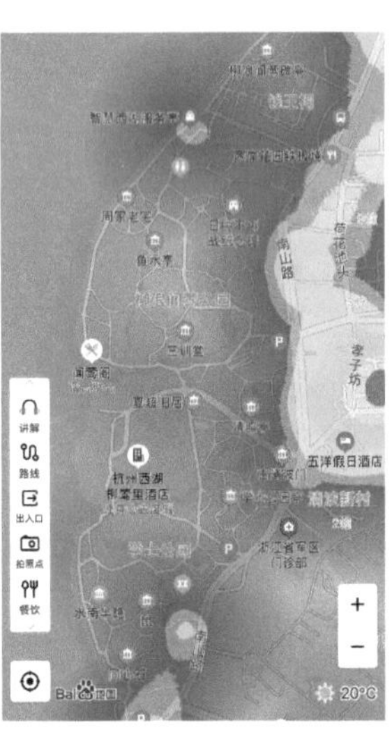

图1　花港观鱼和柳浪闻莺公园热力图
（2021年3月15日10:00，图片来源：百度热力图）

研究综合城市热力图和百度搜索指数，对西湖各公园的人流量、人群吸引力及知名度进行比对，最终选取“花港观鱼”和“柳浪闻莺”两个具有鲜明特色的城市公园中，14个典型复合式植物群落作为研究对象（图1、图2，表1）。于2021年3月21日—28日对各群落样方进行了调研，重点

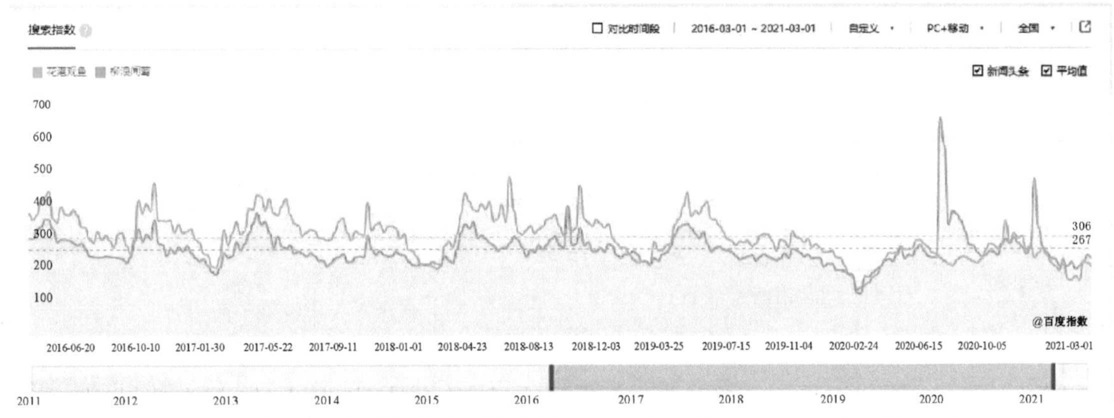

图 2　花港观鱼和柳浪闻莺公园搜索指数(2016 年 3 月 1 日—2021 年 3 月 1 日)

(图片来源:http://index.baidu.com/v2/index.html#/)

采集乔木与灌木的相关数据,研究不过多涉及对群落形态影响较小的草本植物。群落样方的选择遵循以下原则。

① 样方须为生长成熟稳定的人工植物群落,形态自然完好且具备一定规模和面积,保证群落发育和稳定性;② 以明显的路缘或林缘线为边界确定植物群落范围,对内部组团有明显区别的大型植物群落,采用更细致的群落单元划分;③ 植物群落样方在已有研究中普遍景观评价水平较高,且得到使用者经常性驻足和广泛认可。

表 1　复合式植物群落统计表

序号	公园名称	群落编号	群落名称	群落面积/m^2	主要乔灌木种植形式
1	花港观鱼公园	1	雪松大草坪周围群落	1300	香樟+枫香+无患子+北美红杉-桂花+乐昌含笑+茶梅
2		2-A	花港观鱼南入口群落 A	1665	浙江楠+无患子+枫杨+枫香-桂花+鸡爪槭-洒金桃叶珊瑚+长柱小檗+绣线菊+棣棠+南天竹
3		2-B	花港观鱼南入口群落 B	845	枫杨+浙江楠+乐昌含笑-紫叶李+桂花+鸡爪槭-洒金桃叶珊瑚+狭叶十大功劳
4		2-C	花港观鱼南入口群落 C	265	无患子-红茴香-桂花+鸡爪槭+洒金桃叶珊瑚
5		2-D	花港观鱼南入口群落 D	150	无患子+枫香-鸡爪槭-南天竹
6		3-A	牡丹亭周围植物群落 A	690	香樟+朴树+圆柏-樱花+桂花+鸡爪槭+红枫
7		3-B	牡丹亭周围植物群落 B	380	珊瑚朴+朴树-日本五针松+榉树-枸骨+杜鹃+牡丹+南天竹
8		3-C	牡丹亭周围植物群落 C	170	圆柏+樱花+日本五针松-黄杨+枸骨+南天竹+六道木
9		4-A	红鱼池植物群落 A	170	黑松+白皮松-鸡爪槭+红枫+梅花-枸骨
10		4-B	红鱼池植物群落 B	380	垂柳+白皮松-垂丝海棠+碧桃-鸡爪槭+枸骨+红枫

（续表）

序号	公园名称	群落编号	群落名称	群落面积/m^2	主要乔灌木种植形式
11	柳浪闻莺公园	5	柳浪闻莺木绣球园	800	香樟一木绣球+琼花
12		6—A	闻莺馆前群落 A	330	香樟+枫杨+垂柳一桂花+鸡爪槭一红花檵木+春鹃
13		6—B	闻莺馆前群落 B	517	香樟+银杏+棕榈一桂花+鸡爪槭一八角金盘+云南黄馨+南天竹
14		6—C	闻莺馆前群落 C	330	银杏+白玉兰+垂柳一桂花+鸡爪槭+碧桃一红花檵木+狭叶十大功劳+云南黄馨+南天竹

注：表中"+"用于连接属于同一层次的植物；"一"用于连接不同层次的植物。

2.2 形态指标选取及量化

基于对植物群落外轮廓形态、空间结构和观赏价值主要决定因素的判定，本研究从形状组合、高度、层次、林缘线、林冠线、种植密度、物种构成、色彩和肌理等 9 个方面，对景园复合式植物群落形态进行系统量化，初步构建了包括 16 个指标在内的景园复合式植物群落形态量化指标集合，如表 2 所示。

其中，对植物群落林冠线的量化借鉴了城市天际线的描述与控制方法[8]。具体地，将林冠线柔化成一条平滑曲线，通过其极大值和极小值的个数及相对位置关系，控制轮廓整体形式和曲折度两个指标；通过群落主要观赏面上的前景(S1)、中景(S2)和背景(S3)3 个层次下植物可见面积的占比衡量群落层次感(图 3)。

3 数据分析与结果

3.1 形状组合

不同的植物单体形状在视觉上表现出特定方向上的"力"，例如伞形突出"力"的水平伸展，而尖塔形则强调"力"的垂直向上。适宜的形状组合实际是通过对各方"力"的平衡以保证植物群落内在结构稳定。乔木层的形状组合集中于运用 3 种个体形状，逾 4 成的群落样方包含伞形、圆球形和椭圆形的乔木形状组合；而灌木层的形状组合则更多使用 2 种个体形状，特别是伞形与圆球形组合占比高达 50%(图 4)。

3.2 高度与层次

高度与层次是影响植物群落垂直结构的主要因素。本研究对 14 个群落的木本植物平均高度以及乔木层、灌木层的平均高度进行统计，以衡量植物群落的高度特征。如图 5 所示，植物群落样方木本平均高度的中位数为 5.85 m，50%乔木层平均高度分布于 8.00～11.00 m 之间，灌木层平均高度最多相差 2.3 m，总体平均值为 2.02 m。

鉴于场地限制与视线要求，8、9 号样方的木本平均高度相对较低，乔木层与灌木层在高度上没有形成明显差距；而 12 号群落因位于滨湖环境，借助枫杨、香樟、垂柳等长势良好的大乔木以保证开阔视野下的远眺效果。

层次数量和林层比两个指标定量描述了群落植物配置的"层次分明"程度。如图 6 所示，层次数量分布于 3～5 之间，以 4 个居多，占到总数 50%。林层比虽然差别较大，低值 0.15，高值 0.64，但是多数集中波动于 0.40 附近。

3.3 林缘线与林冠线

通过基于以圆形为参照物所构建的形状指数对林缘线予以量化，该值越接近于 1，说明相应植物群落的空间聚集度越高。如图 7 所示，14 个群落样方中，近 6 成分布于 1.20～1.40 范围，在一定程度上反映出群落林缘线形状复杂程度的相似性，且与面积大小无直接关联。

林冠线指标反映了植物群落立面形态的起伏变化。基于表 2 的量化方法对各群落样方最佳观赏面进行分段分析，结果显示林冠线以凹凸复合

表 2 景园复合式植物群落形态量化指标集合表

指标类别	指标名称	量化方法
形状组合	单体形状	尖塔形、垂枝形、伞形、圆球形、椭圆形、特殊形
	形状组合	基于单体形状的乔木与灌木形状组合方式
高度	平均高度	分别计算乔木层、灌木层平均高度，计算公式： $$\overline{H}=\frac{1}{N}\sum_{i=1}^{N}H_i$$ N=乔木层或灌木层总株数(株)；H_i=第 i 棵乔木或灌木的高度(m)
层次	层次数量	所占乔木、亚乔木、大灌木、小灌木和草本植被 5 种层次的数量
	林层比(S_i)[9]	定义：标准树 i 的 n 株相邻树木中，与其不属于同一层次的树木所占的比例，来衡量层次结构的复杂性(其中 $0\leqslant S_i\leqslant 1$，$n=4$)。 计算公式： $$S_i=\frac{1}{n}\sum_{i=1}^{n}S_{ij}$$ $S_{ij}=\begin{cases}1 & \text{如果标准树 } i \text{ 与相邻树木 } j \text{ 不属于同层}\\0 & \text{如果标准树 } i \text{ 与相邻树木 } j \text{ 在同一层}\end{cases}$
林缘线	形状指数(S)	$S=L/2\sqrt{\pi A}L$ = 林缘线长度(m)；A = 林缘线围合面积(m^2)
林冠线	轮廓整体形式	水平型、凸型、凹型组合方式；林冠线上的极大值个数
	曲折度(C)	$C=\Delta H/\Delta L$(ΔH、ΔL 值的含义如图 3 所示)
	层次感(T)	$T=S/S_{总}$，$S=S_1$ 或 S_2 或 S_3 的可见植物面积(m^2)；$S_{总}=S_1+S_2+S_3$
种植密度	群落种植密度(D)	$D=N/S$，N = 样方内乔灌木总株数(株)；S = 样方总面积(m^2)
物种构成	乔木、灌木配比 W_1	$W_1=N_{乔}/N_{灌}$，$N_{乔}$ = 乔木种类(种)；$N_{灌}$ = 灌木种类(种)
	常绿、落叶配比 W_2	$W_2=N_{绿}/N_{落}$，$N_{绿}$ = 常绿植物种类(种)；$N_{落}$ = 落叶植物种类(种)
色彩	色彩数量	前景色、中景色、背景色、地被色中采取的 NCS 色卡样色数量
	主色彩比例	主要色块面积占群落主要观赏立面面积的比值
	色彩调和方式	邻近色调和、类似色调和、对比色调和
肌理	肌理组合类型	对乔木和灌木肌理从细腻到粗糙程度Ⅰ-Ⅵ[10]进行重分类：细质型(Ⅰ或Ⅱ)、中粗型(Ⅲ或Ⅳ)和粗质型(Ⅴ或Ⅵ)

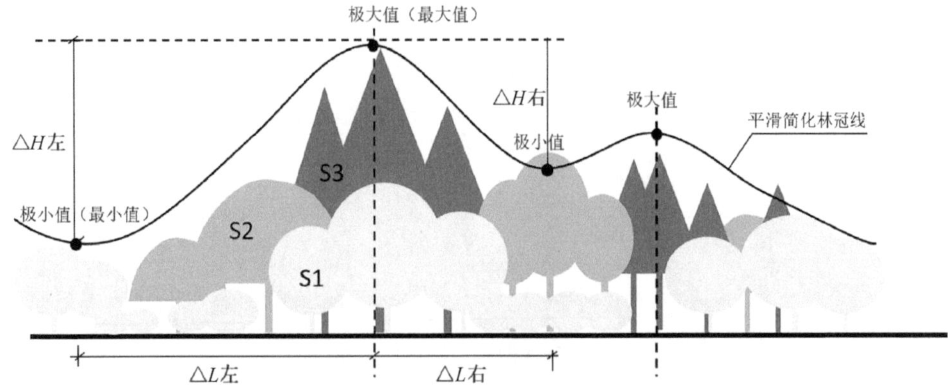

图 3 林冠线的轮廓整体形式、曲折度、层次感指标示意图

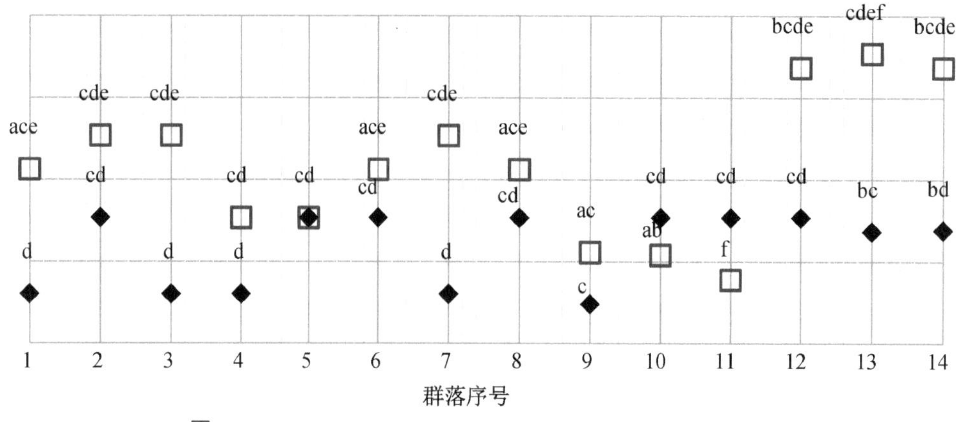

a＝尖塔形，b＝垂枝形，c＝伞形，d＝圆球形，e＝椭圆形，f＝特殊形

图 4　群落形状组合统计分析

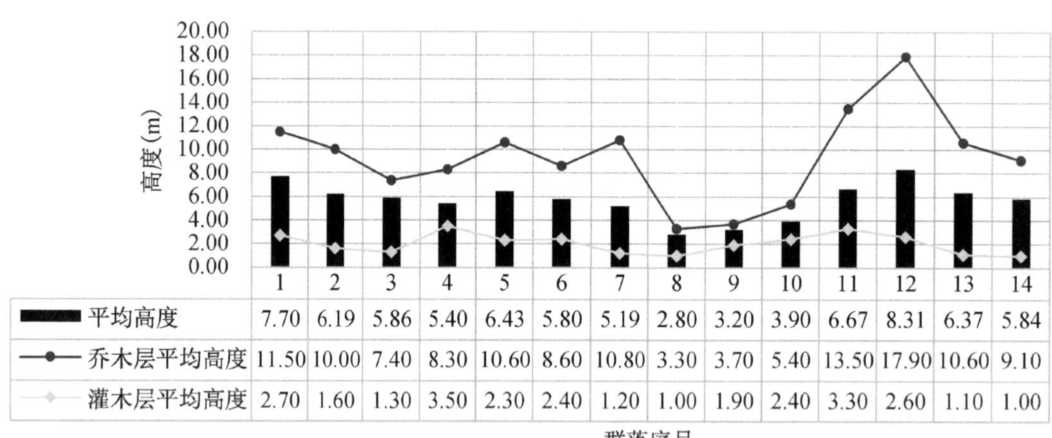

	1	2	3	4	5	6	7	8	9	10	11	12	13	14
平均高度	7.70	6.19	5.86	5.40	6.43	5.80	5.19	2.80	3.20	3.90	6.67	8.31	6.37	5.84
乔木层平均高度	11.50	10.00	7.40	8.30	10.60	8.60	10.80	3.30	3.70	5.40	13.50	17.90	10.60	9.10
灌木层平均高度	2.70	1.60	1.30	3.50	2.30	2.40	1.20	1.00	1.90	2.40	3.30	2.60	1.10	1.00

图 5　植物群落高度统计分析

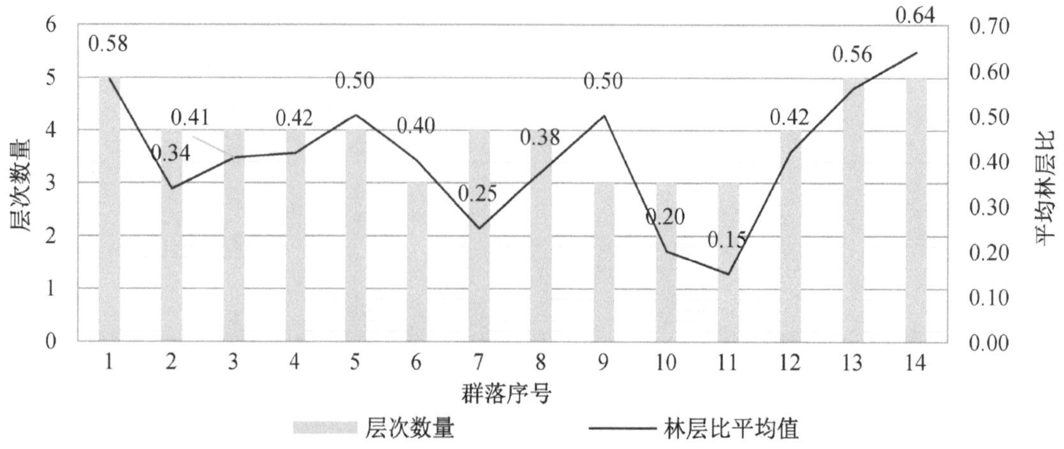

图 6　层次数量与林层比分析

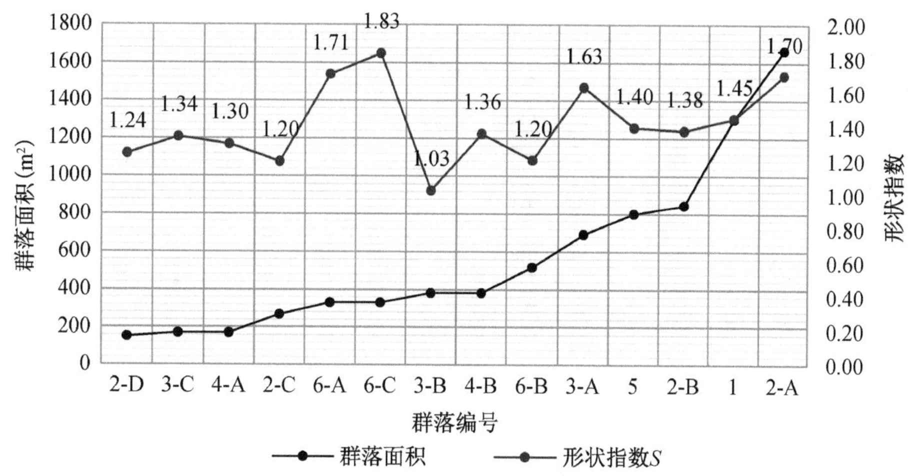

图 7 形状指数与群落面积关系图

型形态为主,极大值个数多为 2～4 个;曲折度波动范围在 0.2～1.0 之间;当只区分前后背景时,前景面积普遍占总可见植物面积约 30%,当增加中景以致群落层次相对复杂时,S1、S2、S3 占比分别约为 25%、40%和 35%。

3.4 种植密度与物种构成

适宜的种植密度可以确保群落内部植物的生长空间并促进其养分的汲取,有利于维持群落的稳定性。如图 8 所示,虽然 14 个样方的种植密度差异较大,高低值相差近 3 倍,但约 8 成群落的木本数量值控制在 15～45 株。群落植物物种数量亦与群落面积无明显关联,逾半数样方的木本植物种类为 5～8 种,乔木与灌木配比以及常绿与落叶配比均多集中于 1.0～1.5 范围(图 9)。

3.5 肌理与色彩

通过对 14 个植物群落样方进行肌理组合类型分析发现,当群落面积小于 300 m^2 时,仅显现细质型和中粗型肌理,且前者占比相对较高;而当群落面积大于 300 m^2 时,则以中粗型为主要肌理类型;只有不足 3 成的样方出现颗粒感较强粗质型肌理,且均占所在群落面积的 20% 左右(图 10)。

对于植物群落的色彩分析,在此以花港观鱼公园的南入口样方春景为例,基于 NCS 色卡共提取到该群落 5 种色彩,其中主色彩占比 31.6%,色彩调和方式为邻近色调和(图 11)。同理,对所有群落样方进行色彩定量分析,结果显示色彩数量多为 3～8 种,主色彩比例集中于 1/3～2/3,色彩调和方式则以对比色调和居多。

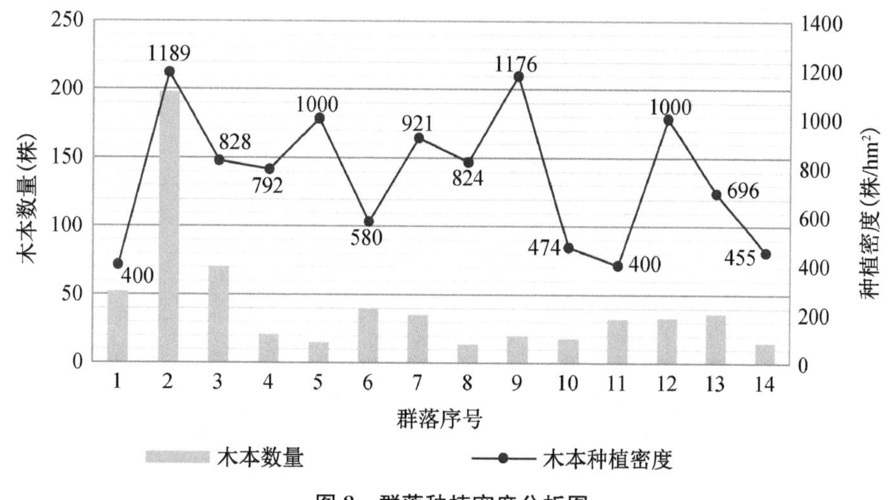

图 8 群落种植密度分析图

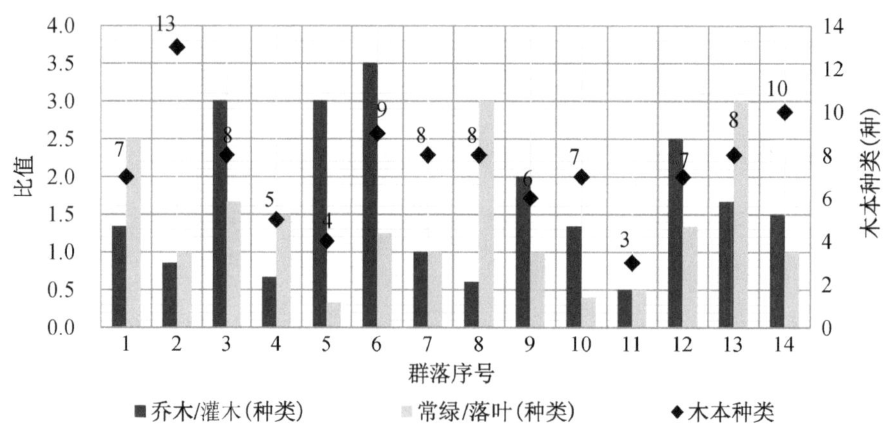

图 9　物种构成分析图

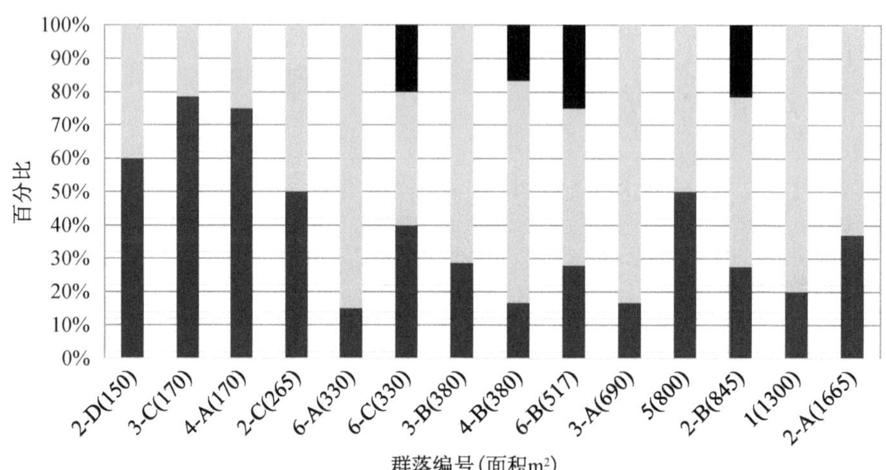

图 10　肌理组合方式分析图

指标名称	量化结果
色彩数量	5
色块面积比	=6∶2∶7∶12∶11
主色彩比例	31.6%(<1/3)
色彩调和方式	邻近色调和

图 11　花港观鱼南入口植物群落春景色彩定量分析

4　讨论与结论

上述分析基于 9 类、16 个量化指标系统地表征了各样方群落形态特点，为进一步明确复合式植物群落所蕴含的形态美的一般规律，研究结合 SPSS 软件计算各相关指标参数的 95%置信区间，即表示该区间覆盖某指标总体均数的可信度为 95%。

以乔木平均高度指标为例，对图 5 所示的样本数据检验正态分布，并在 SPSS 平台进行区间估计，得到统计量 95%置信区间的下限数据、上限数据分别为 7.1 和 11.5。即表明大概率(95%)相信，本地区观赏水平较高的群落中乔木平均高度值的总体均数区间为[7.1，11.5]。最终，以此

表 3 形态较优条件下的景园复合式植物群落配置范式

指标类别	推荐方案
形状组合	形状种类:乔木层 3 种,灌木层 2 种 组合方式:乔木层为伞形+圆球形+椭圆形;灌木层为伞形+圆球形
高度与层次	乔木层平均高度:7.1 ～11.5 m;灌木层平均高度:1.5 ～2.5 m 层次数量:3～4 个 平均林层比阈值:[0.3,0.5]
林缘线	形状指数阈值:[1.2,1.5]
林冠线	轮廓整体形态:凹凸复合型,极大值 2～4 个 曲折度阈值:[0.2,1.0] 层次感:层次数量 2 个,前景 S1 占比 30%;层次数量 3 个,S1、S2、S3 分别占比 25%、40%、35%
种植密度	600～925 株/hm^2
物种构成	木本种类:5～10 种 乔木/灌木(种类)阈值:[1.0,2.5] 常绿/落叶(种类)阈值:[0.5,2.0]
色彩构成	色彩数量:3～8 种 主色彩比例:1/3～2/3 适宜 色彩调和方式:对比色调和
肌理组合	群落面积<300 m^2,50%～80%细质型肌理为主;群落面积>300 m^2,中粗型肌理为主: 15%～50%细质型,+50%～85%中粗型 15%～45%细质型,+40%～60%中粗型,+15%～25%粗质型

方法计算得到各指标阈值,构建了形态较优条件下的复合式植物群落配置范式(表 3)。

景园植物群落形态量化研究对创建美丽的人居环境、践行“公园城市”理念具有重要意义。研究一方面提出了景园复合式植物群落形态量化指标集合,为系统地定量描述植物群落特点进行了有益尝试;另一方面,文章所建立的形态较优条件下景园复合式植物群落配置范式,为探索植物群落形态美的内在规律、科学引导植物景观构建提供了方法与技术支持。

参考文献

[1] 杨学军, 唐东芹. 园林植物群落及其设计有关问题探讨[J]. 中国园林,2011,27(02): 97-100.

[2] 应求是,钱江波,张永龙. 杭州植物配置案例的综合评价与聚类分析[J]. 中国园林,2016,32(12): 21-25.

[3] 克劳迪娅·韦斯特,吴竑. 下一次绿色革命:基于植物群落设计重塑城市生境丰度[J]. 风景园林,2020, 27(04): 8-24.

[4] 王春沐. 论植物景观设计的发展趋势[D]. 北京: 北京林业大学, 2008.

[5] 王旭东,杨秋生,张庆费. 上海区域常见园林树种树高尺度定量预估及林冠线营造探析[J]. 风景园林, 2018,25(01): 112-117.

[6]《城市建设》编辑部. 杭州园林植物配置研究[M]. 北京: 城市建设出版社, 1981.

[7] 浙江省人民政府. 杭州“公园城市”惠民生——全面提升人居环境水平,绣出全国城市绿化品牌[EB/OL]. http://www.zj.gov.cn/art/2020/8/11/art_1553153_54270920.html, 2020.

[8] 徐苇葭,曾坚. 城市天际线定量评价方法探究——以天津海河沿岸天际线为例[J]. 南方建筑,2018(06): 110-116.

[9] 邵燕. 苏州市现代城市绿地人工植物群落结构研究与评价[D]. 南京: 南京林业大学, 2008.

[10] 薛争争. 园林植物肌理的定量化研究与景观规划设计[D]. 郑州: 河南农业大学, 2013.

作者简介:樊益扬,东南大学建筑学院风景园林专业在读博士研究生。研究方向:园林与景观设计、数字景观及其技术。

成玉宁,东南大学建筑学院风景园林学科带头人、景观学系系主任,江苏省城乡与景观数字技术工程中心主任,江苏省设计大师。研究方向:风景园林规划设计、风景园林建筑设计、风景园林历史及理论、数字景观及其技术。

基于排放因子法的乡村景观碳系统特征及测度模型研究*

——以江宁黄龙岘村为例

李　哲　袁福甜　王立亚　朱统一

摘　要　在当代风景园林高质量发展与低碳建设导向下，乡村景观环境碳系统测度与算法已成为乡村低碳量化研究高度关注的问题之一。本文以低碳乡村相关理论为指导，基于国内乡村景观建设状况，对乡村景观碳源碳汇构成与碳系统特征进行深入探索，以排放因子法为基础构建乡村景观碳排放测度模型与碳系统测评体系。以南京市江宁区黄龙岘村为例，通过对黄龙岘村测度对象识别，建立碳排放清单并进行碳排放量与指标计算。测度结果能够反映该村碳系统特征，并在分析基础上为乡村景观低碳发展提供指导。本研究实现乡村景观低碳研究从定性评价到定量测度的转变，促进乡村景观规划设计与更新改造向低碳模式的具体化、系统化方向发展。

关键词　乡村景观；碳系统特征；碳排放测度模型；碳系统测评体系；排放因子法

1　引言

乡村景观是乡村地域范围内不同土地单元镶嵌而形成的复合镶嵌体，既受自然环境条件的制约，又受人类经营活动和经营策略的影响，兼具生产、生活和生态等多功能性，是一个具有复杂性、变质性的有机整体[1]。我国城镇化的快速推进对乡村景观带来了前所未有的影响，乡村基础设施建设、产业结构升级、居民生活方式转变等景观主体需求逐渐加大了对乡村景观资源的利用强度，乡村高碳行为不断蔓延，影响了乡村景观可持续发展进程。建设生态文明与美丽乡村的国家战略导向要求在乡村景观建设过程中，提高乡村的人居环境质量同时减少碳排放量，乡村景观的低碳化成为当前领域亟待深入探索的重要问题。

乡村景观的低碳化研究是在乡村景观资源利用强度与能源消费强度不断加大、碳排放总量日益升高的前提下，从乡村景观的复杂性、整体性视角研究乡村碳系统的综合特征，针对性地降低乡村景观的碳排放，提升碳汇效益，进而实现乡村景观低碳发展。结合乡村生产、生活、生态三大功能空间建立碳排放测度体系，是从复杂性、整体性视角研究乡村景观碳系统特征的重要途径。本文从表现乡村景观特征与内涵的生产、生活和生态空间出发，研究乡村景观资源利用过程对于碳排放系统的影响，通过量化方法系统梳理乡村景观碳源碳汇现状，建构碳排放测度模型与碳系统测评体系框架。相关研究能够促进乡村景观规划设计与更新改造向低碳模式的具体化、系统化方向发展，有利于探索生态可持续的乡村景观发展道路。

2　相关研究进展

2.1　低碳乡村研究进展

低碳乡村的相关研究涉及经济、能源、旅游、规划等领域，近年来风景园林及相关领域的主要研究内容包括低碳乡村的理论与评价体系、旅游视角下的乡村低碳发展模式、低碳乡村景观规划设计与营造方法等。如罗晓予从村落碳排放、碳汇聚和生态度三个维度建立低碳生态村落评价体系[2]；Zareba 等从能源可持续的角度讨论了创建生态乡村实现零碳排的策略[3]；丁金华等从自然景观、聚居空间和行为模式三方面梳理低碳旅游与乡村景观更新的关系，提出乡村景观更新的低碳化策略[4]；王竹运用原型理论和拓扑形态学等多种理论，建立低碳导向下的"乡村基本单元"设

* 国家重点研发计划课题"乡村生态景观数字化应用技术研究"(编号：2019YFD1100405)。

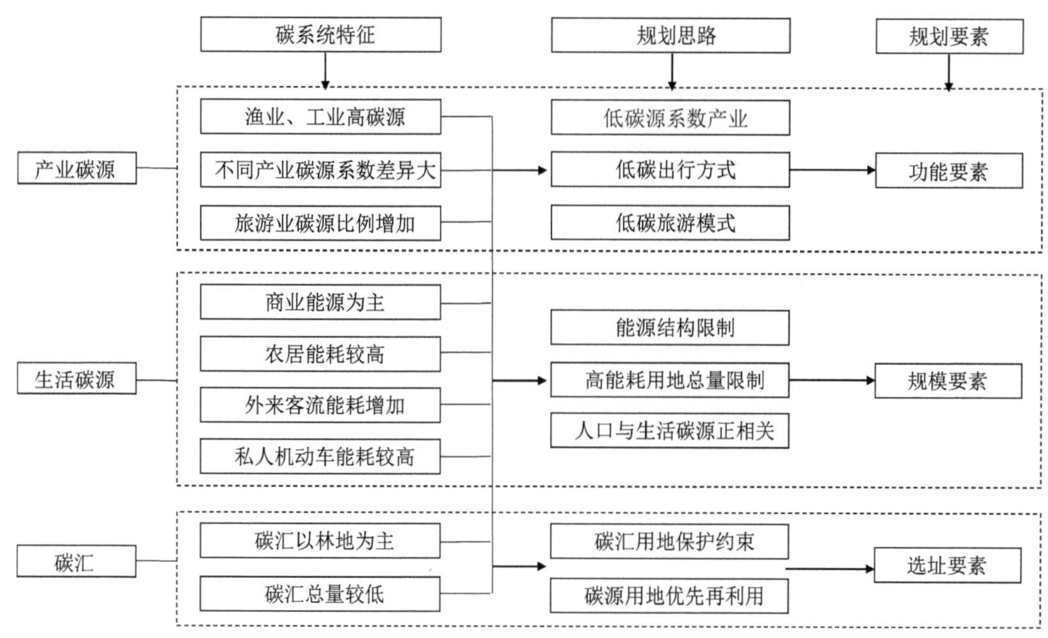

图 1　基于碳系统特征的乡村碳系统要素分析图

计方法与建设体系[5]。其中有不少涉及乡村碳排放的研究，通过碳排放的强度来反映乡村碳系统特征，如李王鸣等通过海岛型乡村用地的碳系统测评来反映海岛型乡村碳系统特征，进而分析人居环境低碳规划要素[6]（图 1）；祁巍锋以用地类型为分类依据，研究工业型村庄碳系统特征与碳排放影响因素等[7]。

相关研究表明目前低碳乡村在整体规划及低碳体系构建方面的量化研究已经开展，而在景观层面的环境要素研究与低碳策略，多停留在主观定性和理论分析层次，景观环境的低碳研究需要客观量化的碳排放数据支撑。

2.2　碳排放测度研究进展

碳排放是指在一定时间内特定区域生态系统的生物碳吸收输入与碳排放输出的收支状况。碳排放测度是确定减碳量和减碳方向的基础，也是衡量低碳发展状况的重要参考[2]。目前风景园林及相关领域应用比较广泛的碳排放测度方法，有能源消费法、因素分解法和生命周期法。其中能源消费法应用最广，是根据国家及行业规定的能源因子排放系数，通过不同能源的消费量来计算 CO_2 排放量的测度方法[8]。相关研究如 Holmberg 等利用空间数据和排放系数，建立了流域尺度上，不同土地利用类型的碳排放计算方法[9]。因素分解法的应用范围较为宏观，通过构建数学模型，定量分析影响 CO_2 排放量的各类因素，并揭示 CO_2 排放量与影响因素的作用关系[8]。如宋丽美等通过构建 STRIPAT 扩展模型，测算湖南省农村人居环境碳排放量与其驱动因素[10]。生命周期法是根据建筑或景观在整个生命过程中所产生的环境影响进行碳排放的测算。如冀媛媛在景观全生命周期，碳源和碳汇量化的基础上，对某居住区景观 50 年全生命周期的碳源和碳汇进行比较研究[11]。同时碳系统测评体系的研究也伴随着碳排放测度开展。如吴宁等基于 CityEngine平台，构建面向乡村用地规划的碳源参数化评估系统[12]；Gengzhe Wang 等利用随机森林算法建立了城市土地利用的碳排放指标体系[13]。

相关研究以量化方法计算空间地域的 CO_2 排放，研究空间尺度主要集中在国家、省域或城市等宏观或中观范围，且多是从土地利用出发的规划层面，面向景观要素的低碳乡村量化方法与碳系统测评的研究有待深入发展。

3　乡村景观碳系统特征及碳排放测度模型建构

3.1　乡村景观碳系统特征

乡村不同空间中的景观资源具有不同的碳源强度与碳汇能力，影响着总体碳排量和碳平衡，成

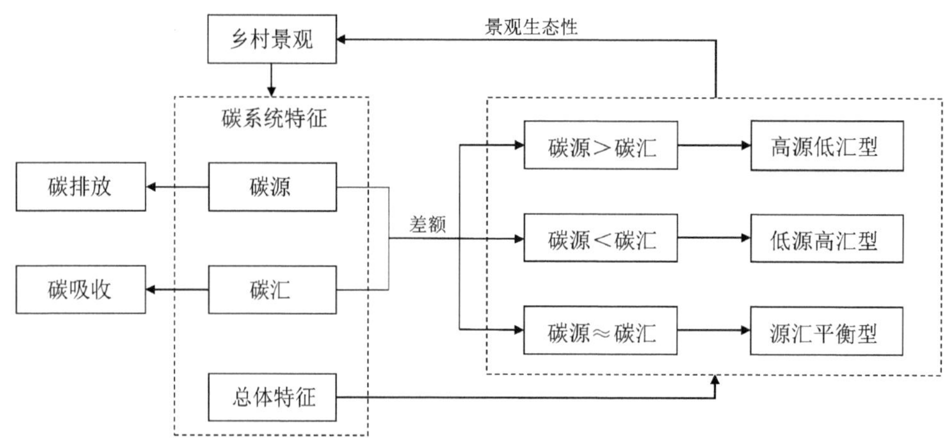

图 2　乡村景观碳系统特征研究框架图

为乡村中的碳系统。碳源是指向大气中释放 CO_2 的母体，在乡村景观中主要表现为在生产、生活等过程中通过消耗能源产生的碳排放。碳汇是指自然界中碳的寄存体，主要表现为生态系统吸收并储存 CO_2 的过程与能力[8]。在乡村景观中主要表现为绿色植被吸收大气中的 CO_2，以减少碳在乡村环境中的量。

碳系统特征表现在碳源、碳汇、总体特征三方面(图 2)。以年为统计单位，碳源和碳汇的差额代表该景观中的碳收支平衡状况，即净碳排放量，是检验景观生态性的一个重要指标[11]。若碳源大于碳汇，表明乡村景观环境为“高源低汇型”，碳的排放量大于碳的吸收量，呈现出高碳化特征；若碳源小于碳汇，表明乡村景观环境为“低源高汇型”，碳的排放量小于碳的吸收量，呈现低碳化特征；若碳源与碳汇相近，表明乡村景观环境为“源汇平衡型”，碳的排放量和吸收量持平，呈现碳平衡特征[14]。

3.2　乡村景观碳排放测度模型

本文结合乡村景观碳系统特征对碳排放测度方法进行筛选，研究采用 IPCC 指南中计算温室气体排放量的基本方法——排放因子法进行模型建构。排放因子法是一种“能源消费式”为主的温室气体排放计算模式，可以有效应用于乡村景观环境。相关研究如罗晓予建立浙江省乡村碳排放因子基础数据库与村落碳排放量核算模型[2]；邬轶群等基于乡村产住元胞，建立碳排放量化评估模型等[15]。相关研究表明，基于景观活动的能源消耗量进行排放因子法碳排放测算是一种可行的方法。

乡村景观碳排放测度模型将构成乡村景观的活动能源消耗数值，转化到乡村景观资源进行对照测算(图 3)。模型首先识别测度对象与测度范

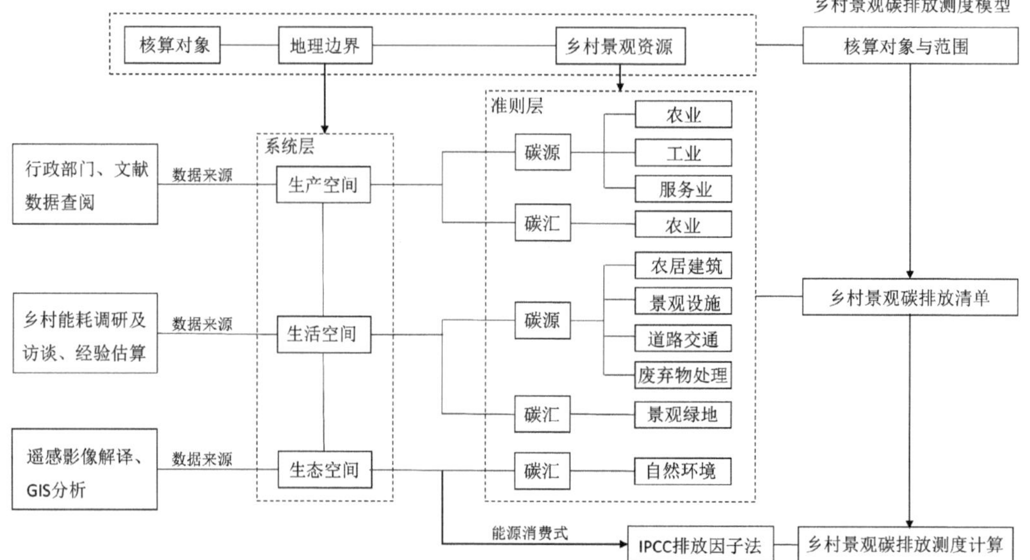

图 3　乡村景观碳排放测度模型图

围，其次分析乡村生产、生活与生态空间景观资源，建立碳排放清单，最后利用整合过的公式进行碳排放计算。其中数据来源于相关能源统计网站、乡村行政部门、相关文献、乡村能耗调研及专家访谈等。

3.2.1 测度对象与范围

以 CO_2 活动量间接反映乡村景观的低碳发展水平，测度对象为乡村景观的 CO_2 活动量。以行政村地理边界为测算边界，逐项识别乡村景观中的生产、生活、生态空间范围，目标对象包括碳源和碳汇，具体载体涵盖了三种产业的能耗、建筑景观能耗、交通排放与废弃物处理、农作物及自然植被固碳情况。

3.2.2 乡村景观碳排放清单

结合我国江南地区乡村建设现状，参考 IPCC 的排放源清单[16]，对影响乡村景观碳排放的碳源碳汇因子进行筛选，随后按照政府职能部门的管理分工方式、低碳乡村相关理论与乡村景观规划设计方法，将各因子重新梳理和整合，得到乡村景观碳源(汇)清单，清单包括系统层、准则层、碳源(汇)因子与具体的活动水平数据(表1)。

乡村生产空间碳源包括农业、工业生产和服

表1 乡村景观碳源(汇)清单

<table>
<tr><th>系统层</th><th colspan="2">准则层</th><th colspan="2">碳源(汇)因子</th><th>活动水平数据</th></tr>
<tr><td rowspan="13">生产空间(C_p)</td><td rowspan="12">碳源</td><td rowspan="7">农业</td><td colspan="2" rowspan="3">农用物资消耗</td><td>化肥使用量</td></tr>
<tr><td>农药使用量</td></tr>
<tr><td>农膜使用量</td></tr>
<tr><td colspan="2" rowspan="2">农业行为能耗</td><td>电力灌溉用电量</td></tr>
<tr><td>农机柴油使用量</td></tr>
<tr><td colspan="2">农田翻耕</td><td>翻耕面积</td></tr>
<tr><td colspan="2">农田灌溉</td><td>灌溉面积</td></tr>
<tr><td rowspan="2">工业</td><td colspan="2">工业商品生产能耗</td><td>不同类型工业产值</td></tr>
<tr><td colspan="2">生产过程排放</td><td>水泥石灰年产量</td></tr>
<tr><td rowspan="3">服务业</td><td colspan="2" rowspan="2">服务业能耗</td><td>电力消费量</td></tr>
<tr><td>液化气消费量</td></tr>
<tr><td colspan="2">秸秆薪柴使用</td><td>秸秆柴薪使用量</td></tr>
<tr><td>碳汇</td><td>农业</td><td colspan="2">农作物</td><td>农作物产量</td></tr>
<tr><td rowspan="12">生活空间(C_l)</td><td rowspan="11">碳源</td><td rowspan="5">农居建筑</td><td rowspan="5">建筑用能</td><td rowspan="3">商品能耗</td><td>电力消费量</td></tr>
<tr><td>液化气消费量</td></tr>
<tr><td>煤炭消费量</td></tr>
<tr><td>秸秆薪柴使用</td><td>秸秆柴薪使用量</td></tr>
<tr><td>沼气等生物质能</td><td>沼气累计使用量</td></tr>
<tr><td>景观设施</td><td colspan="2">设施用能</td><td>设施、绿化维护用电量</td></tr>
<tr><td rowspan="3">道路交通</td><td colspan="2">私家车</td><td>汽油使用量</td></tr>
<tr><td colspan="2">农用车</td><td>柴油使用量</td></tr>
<tr><td colspan="2">公共交通</td><td>柴油使用量</td></tr>
<tr><td rowspan="2">废弃物处理</td><td colspan="2">垃圾处理</td><td>垃圾产量</td></tr>
<tr><td colspan="2">废水处理</td><td>废水产量</td></tr>
<tr><td>碳汇</td><td>景观</td><td colspan="2">绿地</td><td>绿地面积</td></tr>
</table>

（续表）

系统层	准则层		碳源(汇)因子	活动水平数据
生态空间(C_e)	碳汇	自然环境	林地	森林面积
			草地	草地面积
			湿地	湿地面积
			水域	水域面积

务业。乡村农业生产活动机械化过程中会消耗大量能源，包括农田基本建设如播种、收割、采摘等活动和灌溉水利设施使用。乡村工业生产的碳排放来源，一个是产业生产和运作过程中能源燃烧释放的 CO_2 排放量，另一个是特殊的工业产品生产带来的 CO_2 排放量。乡村服务业主要存在于旅游主导的乡村中，主要包括餐饮、住宿等行为消耗能源产生的 CO_2 排放量。生产空间的碳汇来源于农作物在生长过程中固定的 CO_2，影响因子主要有农作物生产面积、产量及碳汇系数。

乡村生活空间的碳源主要包括农居建筑、景观设施、道路交通、废弃物处理。农居建筑的碳排放，主要来源于居民日常生活行为的常规能源消耗和燃烧(电力、液化气等)，以及传统秸秆薪柴等生物质能的燃烧。道路交通的碳排放量与不同移动源在测算范围内的移动距离，以及使用燃油的系数有关。景观设施的碳排放量来源于设施与绿化使用与维护过程中消耗的用电量。生活空间碳汇景观包括乡村中的景观绿地与宅间绿地、菜园等零碎绿地。

生态空间中影响碳汇的主要因素是自然环境中植被的面积和种类。不同的植被在生长过程中通过光合作用，将空气中的 CO_2 转化为生物质能固定下来，部分埋藏在地下或以有机质的形式贮存在土壤中。乡村生态空间碳汇景观主要表现为林地、草地、湿地等形式(图 4)。

3.2.3 乡村景观碳排放计算

排放因子法中碳排放量测算基础公式为：

$$碳排放量=\sum E_a \cdot k_a \tag{1}$$

其中，a 表示能源类型；E_a 表示 a 类能源的消费量，k_a 等于 a 类能源的排放系数，即每一单位活动水平所对应的 CO_2 排放量[17]。本研究针对乡村景观的不同空间类型，根据上述清单基于排放因子法构建乡村景观碳排放测度模型，计算公式为：

$$C=C_p+C_l-C_e \tag{2}$$

其中，C 为乡村景观净碳排放量，C_p为生产空间的碳排放量，C_l 为生活空间的碳排放量，C_e 为生态空间的碳汇量。

乡村景观碳排放量具体计算公式为：

$$生产空间碳排放量\ C_p=\sum S_a \cdot \alpha_a+\sum E_b+\alpha_b-\sum \frac{Q_k \cdot \alpha_k}{H_k} \tag{3}$$

$$生活空间碳排放量\ C_l=\sum E_c \cdot \alpha_c+\sum (V_i \cdot M_i \cdot Y_i) \cdot \alpha_i-S_g \cdot \alpha_g \tag{4}$$

$$生态空间碳汇量\ C_e=\sum S_j \cdot \alpha_j \tag{5}$$

其中，S_a 为生产空间第 a 种类型排放源的面积，α_a 为第 a 种碳源的碳源系数，E_b 为生产空间

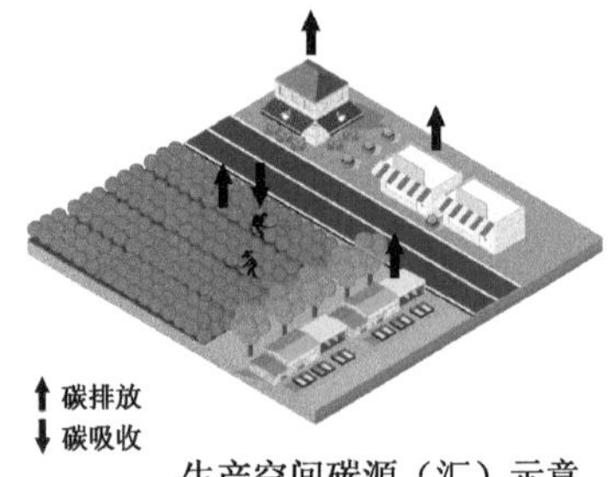

生产空间碳源（汇）示意

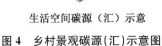

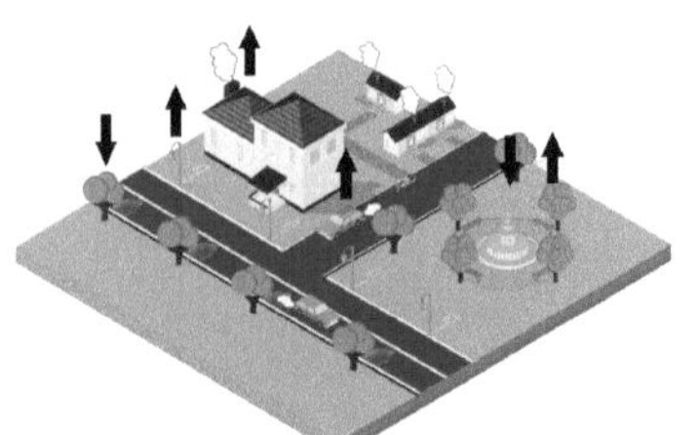
生活空间碳源（汇）示意

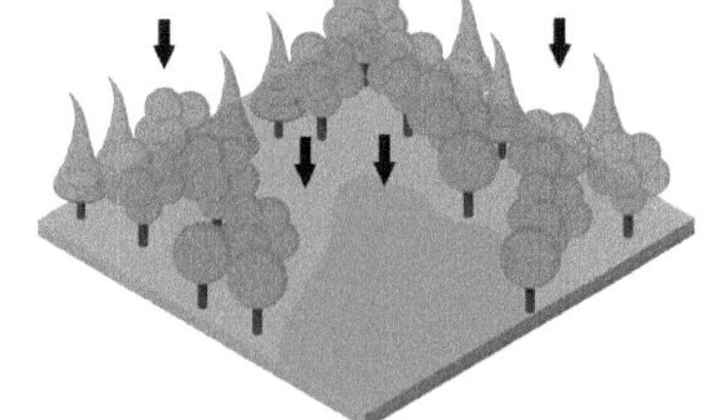
生态空间碳汇示意

图 4 乡村景观碳源(汇)示意图

第 b 种碳源的能源消耗量，α_b 为第 b 种碳源系数，Q_k 为第 k 种农作物生产过程中的经济产量，H_k 为第 k 种农作物的经济系数，α_k 为第 k 种农作物碳汇系数；E_c 为生活空间第 c 种碳源消耗量，α_c 为第 c 种能源的碳源系数；V_i 为第 i 种燃油类型的机动车保有量，M_i 为第 i 种燃油类型机动车的年均行驶里程，Y_i 为第 i 种燃油类型机动车的百公里油耗，S_g 为绿地面积，α_g 为绿地碳汇系数；S_j 为生态空间第 k 种用地类型的面积，α_j 为第 k 种用地类型的碳汇系数。

3.3 乡村景观碳系统测评体系

在碳排放测度模型的基础上构建碳系统测评体系，计算乡村生产、生活和生态空间碳排放和吸收量，并依此提出乡村景观空间碳排放指标。利用乡村景观净碳排放量 C 和乡村土地总面积 A，建立乡村景观单位土地碳排放量指标 Q，其单位是 t/hm^2，计算公式为：

$$Q=\frac{C}{A} \tag{6}$$

分别建立生产空间单位土地碳排放量 Q_p、生活空间单位土地碳排放量 Q_l、生态空间单位土地碳汇量 Q_e 3 个指标，可以直观地反映出乡村各类空间土地的碳排放强度[18]。通过分析各个碳排放指标的类型，可以判断碳排放量对景观环境的影响程度；并基于多案例比对，形成乡村景观碳系统测评体系，从而综合衡量乡村景观的低碳发展水平（图 5）。

4 乡村景观碳系统测评——以江宁黄龙岘村为例

4.1 测度对象与范围

黄龙岘村位于南京市江宁区江宁街道牌坊社区，为典型的丘陵山水田园乡村，自然风景优美，四周茶山、竹林环绕，黄龙潭当立其中，资源丰富，环境优越（图 6）。该村基于“茶”这一特色产业，建立了“茶”文化主题的乡村发展方向，形成了以山水资源为核心、以茶文化休闲为主题、以非遗技艺传承和田园休闲为载体的传统村落，成为都市

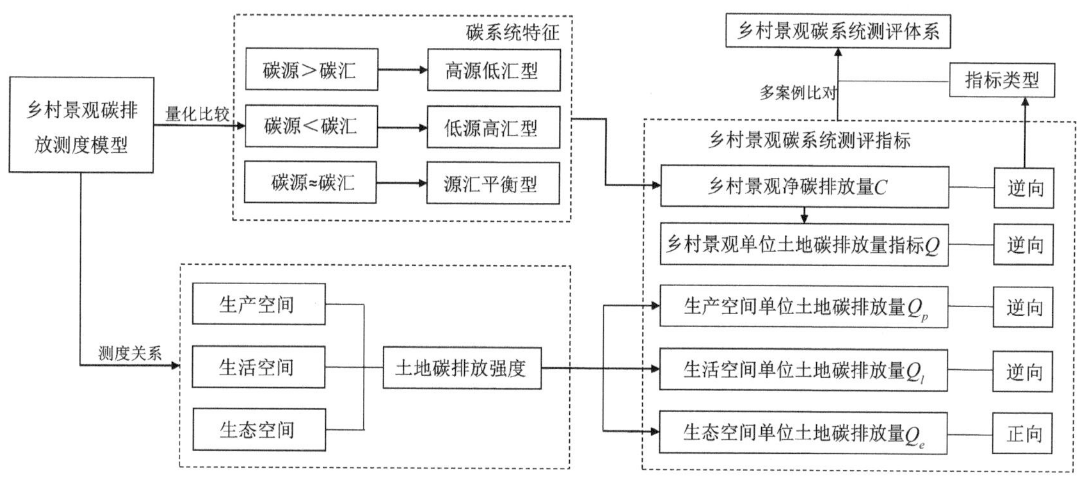

图 5 乡村景观碳系统测评体系

图 6 黄龙岘村乡村风貌

休闲旅游示范村。本次碳排放测算对象为黄龙岘村景观空间年均 CO_2 排放量，范围为黄龙岘村的行政边界，总面积为 40 余 hm^2。

4.2 黄龙岘村景观碳排放清单

黄龙岘村景观资源涵盖了生产空间、生活空间与生态空间。生产空间景观为大面积茶园，茶叶种植过程中，采用有机化与无公害相结合的生产模式，茶园管理沿用了人工除草、翻地技术，并且对其施加有机肥，采用绿色防控手段，因此农业消耗能源相对较少。范围内有一家茶厂，茶叶基本采用手工炒制，生产过程的用电是产生 CO_2 的主要来源。黄龙岘村是以旅游服务业主导的茶文化主题村，服务业态集餐饮、住宿、休闲、娱乐于一体，服务外来游客。生活空间中建筑呈现中心集中、条带状分散的格局，主要布置于茶文化风情街两侧，居住建筑与服务业建筑合为一体，是居民日常生活碳排放的主体。村中设有多处景观节点，布置有乡土景观小品及景观照明设施。交通方面一条主要道路贯穿东西，承载村内机动车产生的碳排放。测度范围内碳汇景观包括林地（松林、竹林）、园地（茶园）、景观大草坪、黄龙潭及多处水塘。除了整体性的碳汇景观外，村域聚落间的杂草地、菜地和景观建设中的绿化用地，在构成乡村公共空间的同时呈现碳汇功能。

结合黄龙岘村景观现状，建立碳源（汇）清单（表 2）。其中景观能源消耗量数据来源于实地抽样调查与《江宁区统计年鉴》等行政部门统计数据。碳汇景观数据来自黄龙岘土地利用规划、CAD 地形图与遥感数据，绘制现状用地图（图 7）。

4.3 黄龙岘村景观碳排放量及指标计算

基于前文所述碳排放量测算公式对黄龙岘村景观资源进行碳排放量测度，并利用 GIS 软件绘制乡村景观碳排放地图（图 8、图 9）。经统计，黄龙岘村现状景观年碳源总量 705.26 t，碳汇总量

表 2 黄龙岘村景观碳源（汇）清单

系统层	准则层		活动水平数据	
生产空间（C_p）	碳源	农业	化肥使用量	78.75 t
			翻耕面积	21.52 hm^2
			灌溉面积	21.52 hm^2
			茶厂用电量	33 458 kwh
		服务业	电力消费量	198 450 kwh
			液化气消费量	7.97 t
			秸秆柴薪使用量	3.12 t
	碳汇	农业	茶园年产量	4 t
生活空间（C_l）	碳源	农居建筑	电力消费量	263 466 kwh
			液化气消费量	0.838 t
			秸秆柴薪使用量	1.723 t
			沼气累计使用量	1 628 m^3
		景观	照明、小品设施用电量	19 696 kwh
		道路交通	汽油使用量	2 112 L
		废弃物处理	垃圾产量	730.8 t
			废水产量	7 847 m^3
	碳汇	景观	绿地面积	4.66 hm^2
生态空间（C_e）	碳汇	自然环境	林地面积	4.91 hm^2
			水域面积	2.25 hm^2

数据来源：乡村行政部门、统计年鉴、乡村调研及访谈整理与 GIS 分析。

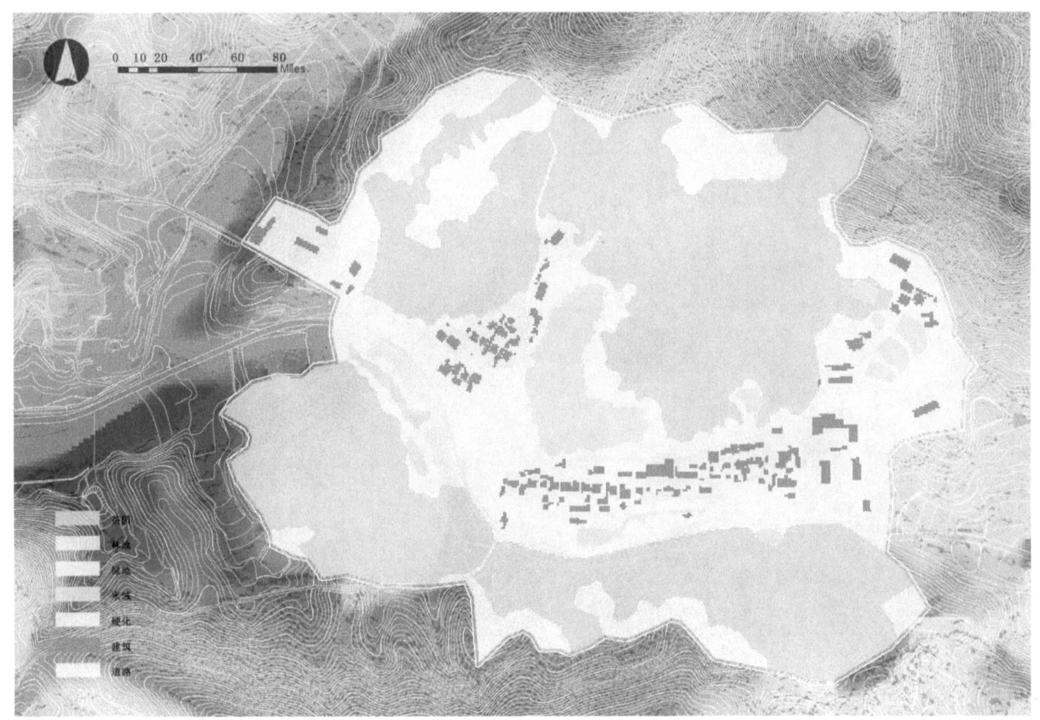

图 7 黄龙岘村现状用地图

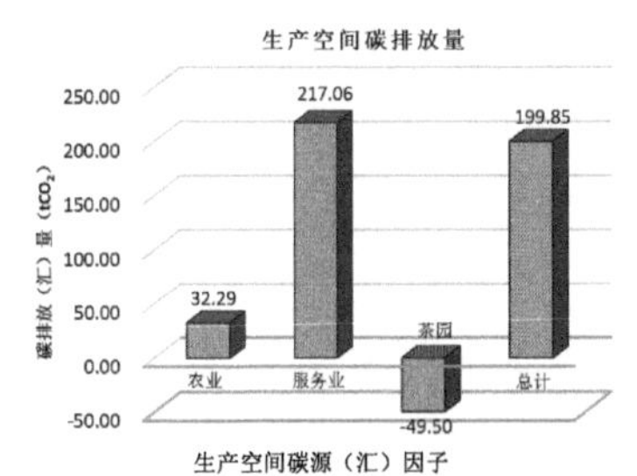

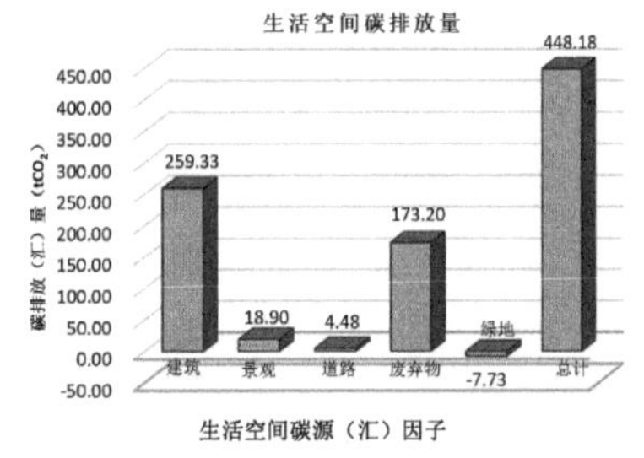

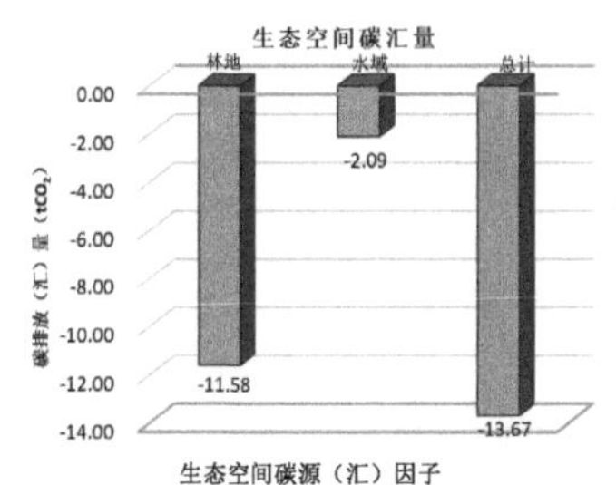

图 8 黄龙岘村景观碳排放量

70.9 t，碳系统净值为 634.36 t。同时计算乡村生产、生活、生态空间碳排放指标（表 3）。

表 3 黄龙岘村景观空间碳排放指标表

	C(t)	Q(t/hm²)	Q_p(t/hm²)	Q_l(t/hm²)	Q_e(t/hm²)
碳排放指标	634.36	14.77	3.8	44.38	2.12
指标类型	逆向	逆向	逆向	逆向	正向

5 分析与讨论

通过模型分析可见，乡村景观环境的整体碳排放清单呈现出明显用地功能特征，需要结合实际用地情况而非土地性质进行区分。例如在空间划分上，由于黄龙岘部分三生空间具有功能上的叠加性，生产、生活空间及生产、生态空间具有重合之处，以景观资源的主要功能为主，似应将茶园与旅游业态划入生产空间进行计算。而在碳排放指标计算的过程中，由于指标反映的是土地的碳排放强度，且服务业依托于生活空间的建筑进行，将其重新划分至生活空间进行研究。目前碳排放测度模型的应用，可以初步反映出黄龙岘村的碳系统特征。

5.1 黄龙岘村碳系统特征

（1）碳源方面，碳排放量集中在服务业和建筑能耗方面。服务业碳源占据生产空间总碳源的 87%，充分反映出黄龙岘的产业基础。农业碳源只占据总碳源的 4%，这与黄龙岘村采用有机化与无公害相结合的生产模式，且大多采用人工方式有关。生活空间碳源以建筑生活能耗为主，占生活空间总碳源的一半以上。由于村中道路面积不大，车辆里程数不多，交通碳源所占比重最小，

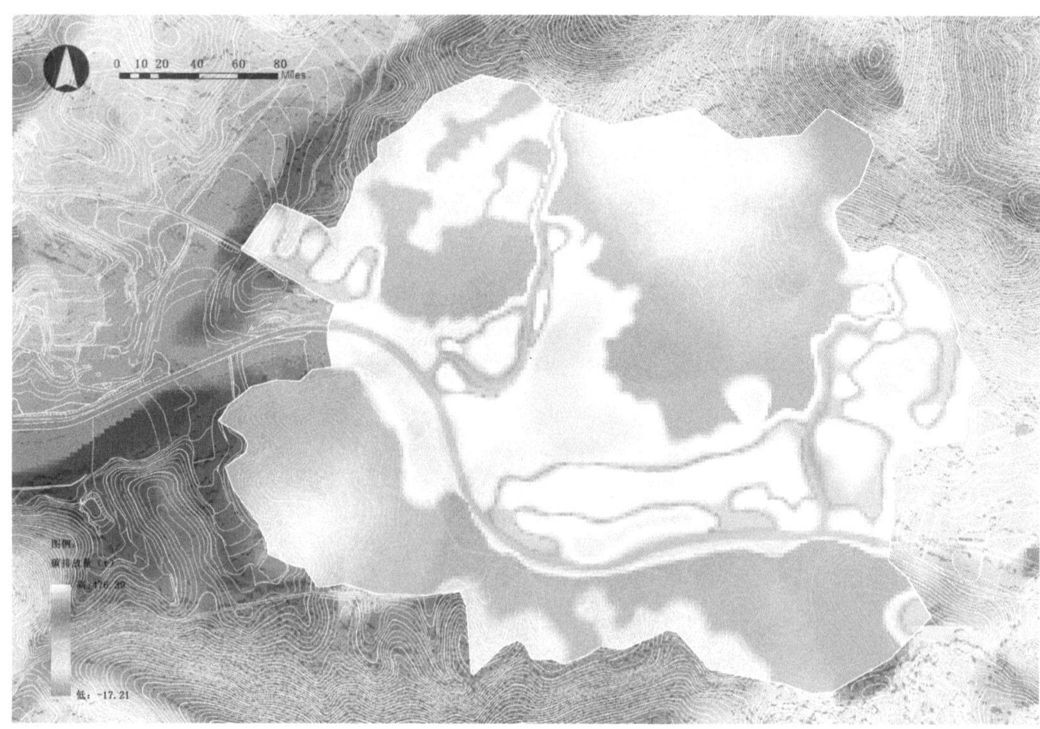

图 9 黄龙岘村碳排放地图

综合来看,建筑能耗碳源比重最大。

(2) 碳汇方面,总体碳汇量不高。生产空间的茶园由于面积最大,而成为吸收碳元素的主要载体,占到总碳汇的 70%。其次为行政范围内边缘林地,占总碳汇的 16%。绿地碳汇较少,这与村中缺少活动休闲的绿地空间有关;同时村中唯一大面积绿地的碳汇植物是草坪,固碳量较少;且村中的剩余用地大多数被转换为小型菜地,并没有许多实质意义上的绿地。

(3) 综合统计结果,在黄龙岘村行政范围内,碳源量远大于碳汇量,乡村景观碳吸收效果远小于碳排放效果,表明以茶产业为特色的黄龙岘村景观碳系统特征总体表现为"高源低汇"。碳汇空间比例虽然较大,但以茶园为主体,碳汇系数较低,所以碳汇量不大。碳源主要集中在生活空间中,虽然用地不大,但碳源系数较高,同时由于乡村旅游业的发展,建筑能源消耗远超普通乡村。

5.2 黄龙岘村景观低碳发展建议

(1) 黄龙岘村四周林地环绕,景观基底较好,在建设过程中杜绝盲目扩张建设用地,避免大量消耗自然资源,并对破坏的林地进行修复;在此基础上,整合空间资源,将绿化空间引入基地内,形成绿化空间与居住空间彼此渗透、相互交错的开敞格局。如在村庄内部合理设置菜园、宅旁绿地、庭院绿地,增加乡村绿地面积;增加多年生草本植物来代替原有的草坪,在增加固碳量的同时可减少养护成本。通过优化乡村生活生产空间与自然生态要素之间的耦合关系,合理布局增汇空间,加强"碳汇"元素在空间上的生态化组合与功能上的高效化利用,进一步提高碳汇效果。

(2) 乡村居民生活方式的转变直接反映在能源消耗变化中。居民总体生活水平提高与居住环境变化形成乡村生活空间高碳趋势,直接反映在建筑能耗中。在生活空间低碳建设中要营造资源集约型的居住空间。在建筑与景观设施的设计、更新与维护中,运用节能减排技术,充分利用乡土材料与循环材料;积极利用太阳能、生物能等绿色清洁能源;加强废弃物循环与无害化处理,形成"减少—再用—再循环—再生"的资源集约利用模式。

(3) 黄龙岘村产业依赖以茶产业为主导的农业与旅游服务业。农业生产上基本形成绿色低碳的发展模式,生产碳源主要来源于旅游服务业。低碳发展需要倡导低碳旅游,提高旅游业碳循环利用率,形成以资源高效利用和环境友好为核心的新型乡村旅游业发展模式。餐饮住宿的节能减排是低碳旅游的重要环节。一是优化餐饮业能耗结构，通过完善市政设施逐步取代罐装液化气；二是加强沼气等绿色清洁能源的使用。交通系统的低碳建设上，加强黄龙岘及周边乡村与城区的公共交通联系，以观光车、电瓶车等低碳交通方式减少外部过境交通；同时构建完善的慢行步道体系，既可增加游客游览体验，又能减少交通碳排。

6 总结与展望

本文通过研究乡村景观空间中景观资源利用与碳排放的关系，初步探讨了乡村景观碳活动的主要内容、碳系统特征和发展现状，以排放因子法构建乡村景观碳排放测度模型，对乡村景观碳排放进行定量测度。在此基础上，提出体现乡村景观空间土地碳排放强度的 5 个指标，建立碳系统测评体系。将测度模型应用于黄龙岘村，研究结果初步反映黄龙岘村景观碳系统特征。研究结合乡村景观发展实际情况，通过构建以排放因子法为核心的乡村景观碳排放测度模型，实现乡村景观低碳研究从定性评价到定量测度的转变，相关结论可针对性分析评价乡村景观建设与发展过程中，能源消耗量和 CO_2 排放量，使乡村景观成为整体环境碳系统的重要分析载体，合理提升景观设计实效与设计预期的匹配度，为乡村景观改造、设计、优化、管控提供科学依据，促进低碳目标导向下的乡村景观高质量发展。

基于排放因子法与乡村景观能源消耗量进行碳排放测度准确度较高，可以对不同类型的乡村景观环境碳排放量进行分类计算，其结果有利于具体景观规划设计实际需求。同时需要注意的是，由于乡村景观系统复杂性较高，基础数据的精准性对分析结果影响较大；同时碳排放活动受到乡村的人口变动、产业发展和土地变化的影响较大，由于低碳本身过程性、复杂性和动态性的特征，得出的结论往往会表现出一定的波动性。纵深研究中需要注意，碳系统测评体系应通过多个乡村景观样本进行持续对比研究，持续修正和完善以便建立更全面、与乡村景观动态发展更为契合的指标体系；在碳排放测度模型与碳系统测评体系的基础上，进一步开展景观规划设计与碳排放的量化关联研究，明确模型与测度体系在具体设计环节的指导性作用，促进乡村景观规划设计与更新改造向低碳模式的数字化、系统化方向发展。

参考文献

[1] 任国平.快速城镇化背景下乡村景观的演变进程和发展模式[D].北京：中国农业大学，2018.

[2] 罗晓予.基于碳排放核算的乡村低碳生态评价体系研究[D].杭州：浙江大学，2017.

[3] Anna Z, Alicja K, Lach Janusz, Energy sustainable cities. From eco villages, eco districts towards zero carbon cities[J]. E3S Web of Conferences, 2017, 22:00199.

[4] 丁金华，陈雅珺，胡中慧，韩雨薇.低碳旅游需求视角下的乡村景观更新规划——以黎里镇朱家湾村为例[J].规划师，2016，32(01)：51-56.

[5] 王竹，王静.低碳导向下的浙北地区乡村住宅空间形态研究与实践[J].新建筑，2015(01)：32-37.

[6] 李王鸣，倪彬.海岛型乡村人居环境低碳规划要素研究——以浙江省象山县石浦镇东门岛为例[J].西部人居环境学刊，2016，31(03)：75-81.

[7] 祁巍锋，唐彩飞.工业型村庄碳排放影响因素研究——以杭州市萧山区凤凰村例[J].建筑与文化，2016(04)：155-157.

[8] 丁雨莲. 碳中和视角下乡村旅游地净碳排放估算与碳补偿研究：皖南宏村与合肥大圩案例证实[D].南京：南京师范大学，2015.

[9] Holmberg M, Akujärvi A, Anttila S, et al. Sources and sinks of greenhouse gases in the landscape: approach for spatially explicit estimates[J]. The Science of The Total Environment, 2021, 781:146668.

[10] 宋丽美，徐峰.乡村振兴背景下农村人居环境碳排放测算与影响因素研究[J].西部人居环境学刊，2021，36(02)：36-45.

[11] 冀媛媛，罗杰威，王婷，梁雪阳.基于低碳理念的景观全生命周期碳源和碳汇量化探究——以天津仕林苑居住区为例[J].中国园林，2020，36(08)：68-72.

[12] 吴宁，李王鸣，冯真，温天蓉.乡村用地规划碳源参数化评估模型[J].经济地理，2015，35(03)：9-15.

[13] Wang G Z, Han Q, de Vries B. Assessment of the relation between land use and carbon emission in Eindhoven, the Netherlands[J]. Journal of Environmental Management, 2019, 247:413-424.

[14] 冯真. 浙江山区型乡村用地低碳规划模拟分析研究[D].杭州：浙江大学，2015.

[15] 邬轶群，朱晓青，王竹，陈继锟.基于产住元胞的乡村碳图谱建构与优化策略解析——以浙江地区发达乡村为例[J].西部人居环境学刊，2018，33(06)：116-120.

[16] 政府间气候变化专门委员会. IPCC 国家温室气体清

单指南，2006.

[17] IPCC. Climate Change 2007：The Physical Science Basis. NewYork：Cambridge University Press，2007.

[18] 刘丽荣，刘婵，李欣原.低碳工业园区规划的碳排放计量分析系统构建[J].桂林理工大学学报，2013，33(01)：69-73.

作者简介：李哲，东南大学建筑学院景观学系副系主任，教授，博士生导师。研究方向：风景园林规划设计、数字景观及其技术。

袁福甜，东南大学建筑学院风景园林学在读硕士研究生。研究方向：大地景观规划与生态修复。

王立亚，东南大学建筑学院风景园林学在读硕士研究生。研究方向：大地景观规划与生态修复。

朱统一，东南大学建筑学院风景园林学在读硕士研究生。研究方向：数字景观及其技术。

乡村三生景观空间形态演进量化及优化研究*

赵天逸　成玉宁

摘　要　乡村三生景观空间形态是体现乡村振兴的重要承载空间格局，目前针对乡村的形态量化研究多针对乡村聚落，忽略村域尺度上生态与生产区域的形态量化，而对三生景观空间演进的形态规律探索，能够提高乡村规划科学性。本文通过高精度遥感与倾斜摄影信息融合，运用元胞自动机模型模拟三生景观空间形态变化，采用空间形态指数对三生景观空间结构及形态特征进行量化测度。研究认为在空间连通度与连接数降低的基础上，整合度提升，能够得到分布均好、形态多样的三生景观空间。研究首次从三生景观空间形态演进的角度进行乡村空间形态研究，分别量化生产、生活与生态用地斑块间的形态特征与空间结构，并首次将Conefor软件应用于评价乡村三生形态空间结构特征中。

关键词　乡村景观；三生景观；空间形态；形态演进

1　引言

乡村三生景观空间形态是体现乡村振兴的重要承载空间格局，相关研究也是风景园林学科中的重点和热点。目前国内关于乡村景观空间形态的研究，多集中于聚落空间形态量化及景观格局形态特征，但对乡村特有的三生景观空间形态特征的研究分析和归纳总结较少，缺乏对乡村时空演进下三生景观形态特征变化规律的关注。乡村三生景观空间形态与类型的研究，在定量测度与分类标准上还有待深化[1]。在村镇空间研究上，尺度偏向微观，对遥感解译数据、相关社会经济数据精度的要求更高，因资料获取难度等原因，目前除建筑形式特征外，针对一定区域空间形态特征演变过程的研究较为欠缺[2]。将三生空间形态的演进规律通过形态指数规则表达，能够探索形态特征与空间生成发展间的关系，加深设计师对三生空间形态的认知，辅助规划设计。

国内乡村景观空间形态特征研究主要是从多种空间指标，定性描述或定量分析在区域内的空间形态差异，并且分析形态差异的影响因素[3]。针对乡村景观空间形态的研究方法，目前主要有形态类型学法[4]；一般数学模型法（设置指标与评价体系）[5]；空间句法[6]；3s空间分析技术（聚集密度、空间关联、空间变异）[7]；非线性方法（分形理论[8]、元胞自动机[9]、多智能体[10]）。最新的进展包括空间形态的生成与发展模拟，童磊[11]通过参数化技术量化解析村落空间肌理的内在规律，并采用CityEngine辅助设计；李飚等[12]通过程序算法与模型，研究古村落肌理的生成规则与建构方式，探索延续传统乡村形态特色的方法。

研究区域选择南京市江宁区西部美丽乡村重点发展区域，因其用地性质多样，景观资源丰富，产业结构复杂，发展特色突出，具有一定研究条件与基础，并且以国家重点研发计划重点专项“乡村生态景观营造关键技术研究”为支撑，为资料获取与科研提供保障。

本研究探讨乡村空间形态演变规律，从三生景观空间形态特征入手，探索生产、生活与生态景观单元间的空间结构关系，受人类活动影响的空间演进下三生景观单元间的空间结构变化规律，以及空间结构形态指标对空间演进优化的响应。通过倾斜摄影精确数据采集，元胞自动机空间演进模拟与景观空间结构指数评价结合，将空间形态的构成规律通过量化规则表达，直观地反映空间的形态生成与发展，辅助乡村规划设计，提高规划科学性。

* 国家重点研发计划“绿色宜居村镇技术创新”重点专项“乡村生态景观营造关键技术研究”子课题“乡村生态景观数字化应用技术研究”（编号：2019YFD1100405）。

2 研究区与数据

2.1 研究区概况

研究区位于南京市江宁区西部美丽乡村核心区域，南侧紧邻汤铜公路，西至牌坊水库，规划区域为牌坊社区及朱门社区部分范围，其中包括中国最美休闲乡村——黄龙岘茶文化生态旅游村，面积约 11.97 km^2（图 1）。目前规划在黄龙岘地区茶文化和旅游发展基础上，形成以黄龙岘为主导的茶文化小镇。此区域以非建设用地为主，其中除 60.59 hm^2 水域面积外，其余为农林用地，农林用地面积为 1 066.52 hm^2，拥有山林、茶田、湿地、湖泊、竹海等丰富的景观资源类型，村庄建设用地为 73.4 hm^2，共有村庄 16 个，布点村 11 个，非布点村 5 个。

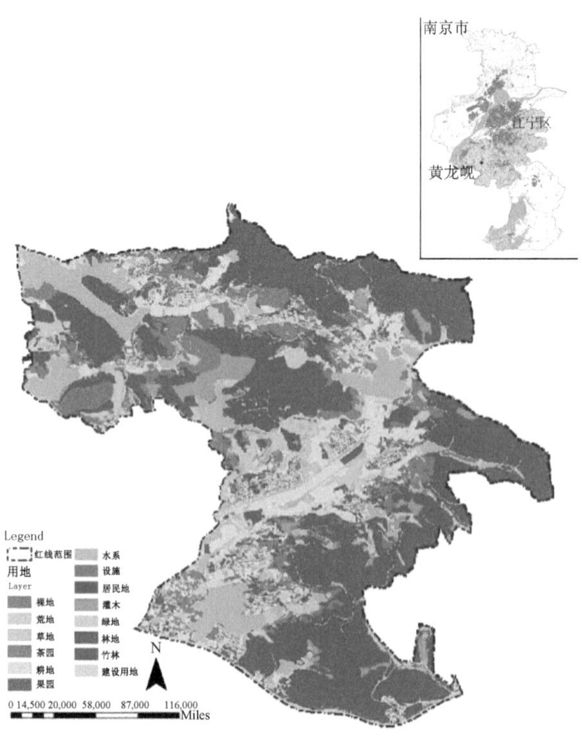

图 1　江宁区西部美丽乡村核心研究区域用地现状

2.2 数据来源

研究区土地利用数据来源于遥感航片（高分二号，2020 年 10 月 12 日，PMS1 传感器采集影像）。黄龙岘乡村核心区域部分点云数据，通过哈瓦工业测绘级多旋翼无人机（MEGA-V8III-1050），搭载 RX1 专业级倾斜五镜头相机（YT-5POPCIV），航拍倾斜摄影进行采集。地图行政单元区划、村落数据来源于全国地理信息资源目录服务系统（https://www.webmap.cn/）。《江苏省生态红线区域保护规划》（发布时间 2018-04-10），来源于南京市生态环境局（http://hbj.nanjing.gov.cn/hbyw/zrst/201804/t20180410_615032.html）。《南京市市区地质灾害易发区分布图》（发布时间 2017-04-11），来源于南京市国土资源局（http://ghj.nanjing.gov.cn/njsgtzyj/201810/t20181021_519809.html）。《南京市江宁区土地利用总体规划图（2006—2020 年）》（发布时间 2017-11-10），来源于南京市国土资源局江宁分局（http://zrzy.jiangsu.gov.cn/）。

3 研究方法

3.1 倾斜摄影采集建模

研究对美丽乡村重点区域黄龙岘村进行实地考察调研，建立地面信号基站，使用哈瓦工业测绘级多旋翼无人机搭载 RX1 专业级倾斜五镜头相机，进行倾斜摄影航拍数据采集，采集图像 2651 张。使用 Agisoft Metashape Professional 软件，进行影像数据空间坐标匹配与三维密集点云数据匹配，以此构建网格模型、提取位置信息并适配纹理，建模生成三维仿真纹理点云模型。点云数据输入 ArcScene10.5 中构建 TIN 模型，并进行数字表面模型（DSM）信息空间分析，进一步辅助精确分析用地性质分类，为村域范围内的精细信息采集提取提供帮助；与遥感航片信息融合，弥补小尺度村域场景的信息缺失（图 2）。

3.2 空间形态指数测度

基于图论及数学算法基础，Pascual-Hortal 和 Saura 等[13]，开发了用以评价景观空间连接度及斑块重要性的 Conefor Sensinod 软件。该软件能定量计算栖息斑块对于维持及改善景观连接度的重要程度，通过对能促进整体景观空间连接度的关键地段进行辨识及排序，给景观规划及栖息地保护工作提供技术支持[14]。

本文采用整体连通性指数（*IIC*）与可能连通性指数（*PC*）来评价斑块的结构重要性，反映景观的连接度，并计算景观中各斑块对景观连接度的

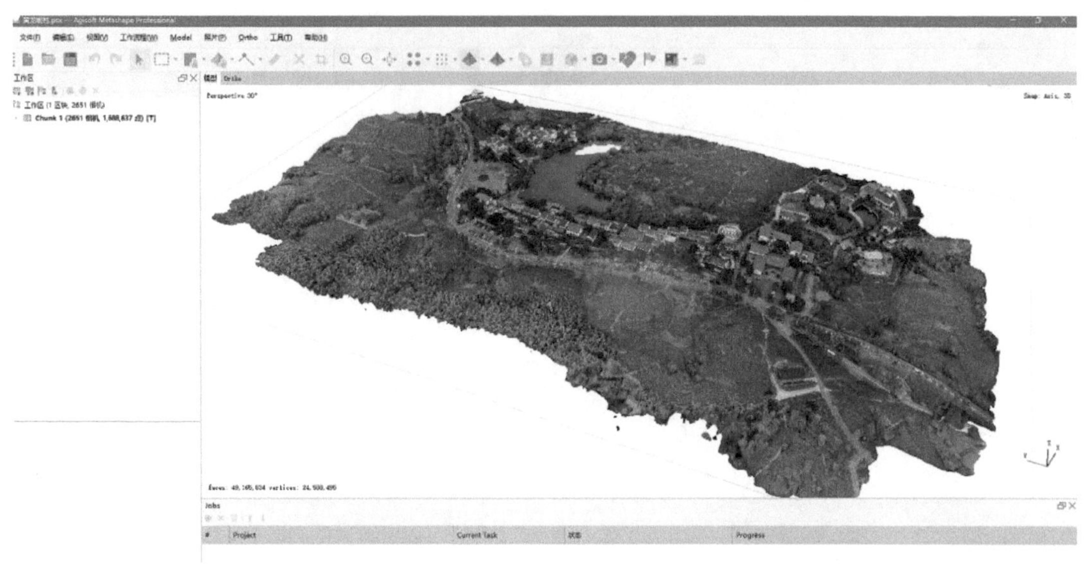

图 2 研究区黄龙岘村三维倾斜摄影数据采集建模与分析

重要值[15]；斑块连接总数（NL）与组件数（NC）（连接在一起的斑块或独立斑块为一组）评估斑块破碎度与整合度。通过 Arc GIS 10.5 和 Conefor Inputs for Arc GIS 10.X 插件模块，以三生用地作为生境斑块，生成连接数据与节点数据。连接数据包含连接距离及连接概率，表示一对节点之间的连接，节点数据包括三生斑块面积特征。运用 Conefor Sensinode 2.6 软件，基于两节点之间距离递减指数函数的连接概率模型，计算每两个节点之间的连接概率[16]。

IIC 范围从 0 到 1，并且随着连接性的提高而增加，$IIC=0$，表示各生境斑块之间没有连接。$IIC=1$，表示整个景观都是生境斑块[17]。计算公式如下：

$$IIC=\frac{\sum_{i=1}^{n}\sum_{j=1}^{n}\frac{a_i\cdot a_j}{1+nl_{ij}}}{A_L^2}$$

PC 范围从 0 到 1，并且随着连接性的提高而增加。计算公式如下：

$$PC=\frac{\sum_{i=1}^{n}\sum_{j=1}^{n}a_i\cdot a_j\cdot P_{ij}^*}{A_L^2}$$

（a_i、a_j—斑块 i、斑块 j 的面积，nl_{ij}—斑块 i 和斑块 j 最短路径上的连接数，n—景观节点总数，A_L—景观研究区总面积，P_{ij}^*—斑块 i 和斑块 j 之间各个扩散途径的最大概率值）。本研究基于研究区域的尺度及节点间平均距离，最终设置扩散距离阈值为−400 m，表示斑块是否连通，连通的概率值，设置为中等扩散距离对应的扩散概率 0.5[18]。

3.3 元胞空间演进模拟

元胞自动机是一种离散于随机混沌理论环境中的自组织过程，20 世纪 80 年代开始应用于地理现象的演化模拟。其强大的复杂性计算能力使元胞自动机在模拟自然灾害、环境影响及生态演变等复杂地理现象时具有优势[19]。目前元胞自动机模型，已经成功应用在土地利用变化与城乡扩张模拟中。

乡村作为复杂系统，具有系统结构间的紧密层次联系、非均质性和相互作用，系统的自组织和自适应性，系统的复杂性等。空间系统的复杂性，使得应用非线性的元胞自动机理论和方法描述和预测乡村空间复杂的动态行为成为必要。本研究识别三生空间的利用现状，将乡村景观简化为二值化的栅格表面，栅格值=0 时为生产与生态用地，栅格值=1 为生活用地；三生景观变化，生活空间扩张，具体表现为栅格值从 0 变为 1 的过程，元胞单元值设为 3。

对现状三生用地赋值，通过邻域分析，识别比邻的现状用地，叠加用地适宜性，输出基于邻域的用地适宜性，再将其与可发展的生活用地叠加，去除现状建设用地，得到邻域的可建设非现状用地，对结果用地进行等分，选取最优用地，得到更新后

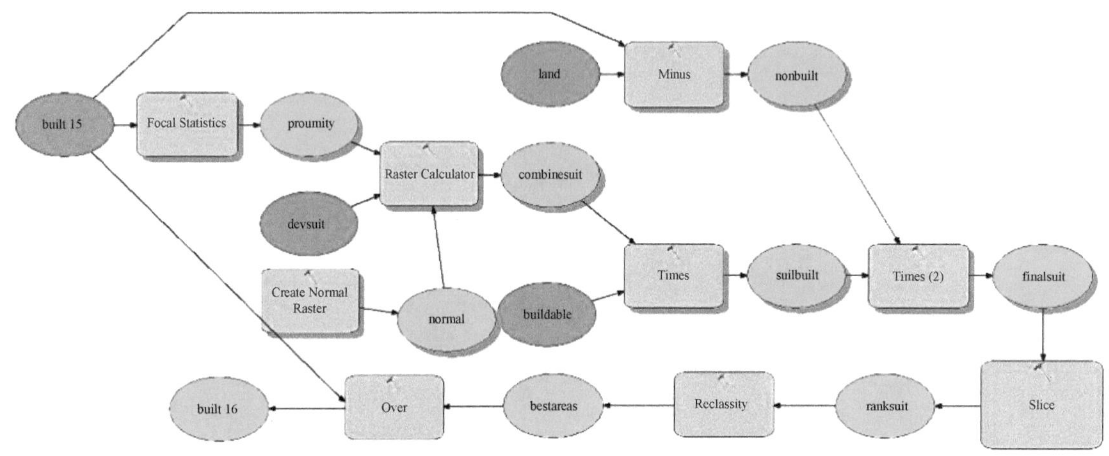

图 3 Model builder 模块元胞建模

的现状用地(图 3)。

4 结果与分析

4.1 三生空间形态特征量化

研究对三生空间形态特征的量化通过核密度分析及斑块空间的整体通性指数(*IIC*)、可能连通性指数(*PC*)、斑块连接总数(*NL*)与组件数(*NC*)来体现。使用 ArcGIS10.5 中 Kernel 模块工具,形态指标聚类(K-means 聚类方法)生成研究区村庄聚落居民地的核密度分布图,其聚落密度最集中处为 51571 个,总体呈现中间密,四周疏的分布特征(图 4)。结合高程分布可知,聚落多分布在地势最低的中西部平坦地区,东部以白茅山、大金山与杨家大山为主呈围合状,东西海拔高差近百米(图 5)。

研究对江宁区西部美丽乡村核心区域的用地类型进行调研及信息提取,以遥感航片及倾斜摄影数据为基准,对乡村三生用地以功能为主要导向进行划分(表 1,图 6)。耕地与园地属于重要农业生产用地及园林生产用地,虽具有一定生态用地特性,但以生产功能为主,因此在研究中归为生产用地。由于数据获取问题,没有对具有一定生产功能的水库、坑塘与湖泊、河流进行细化区分,因此将研究区内水域都归为生态用地。现状生态用地面积占比最大,超出生产与生活用地面积总和[20]。

研究对三生用地斑块的空间形态特征进行测度,其中生产用地划分中的交通运输用地因其形态特性并不属于斑块属性的基本范围,并未计算在内。使用 Conefor Sensinode 2.6 软件,将连通阈值设置为 200 m,可以看到,生产用地斑块(图 7)分布均匀集中,连通距离多分布在 145~200 m 之间,生活用地斑块(图 8)分布零散,斑块间连通距离小于 200 m 的较少,生态用地斑块(图 9)呈

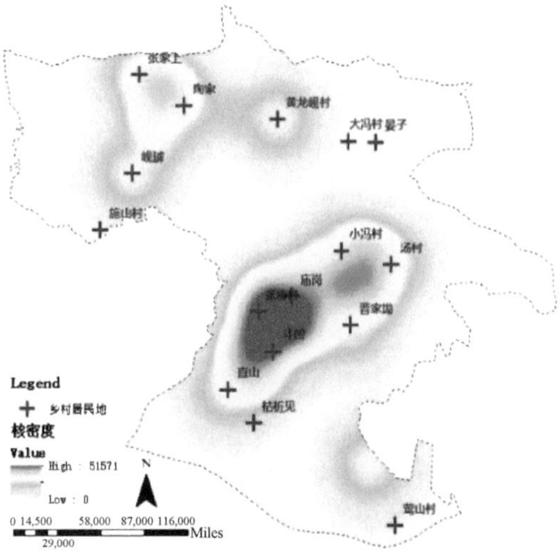

图 4 研究区乡村居民地核密度分析

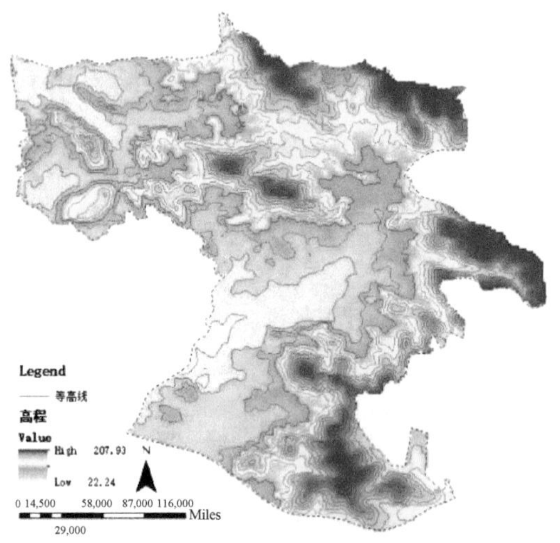

图 5 研究区等高线及高程分析

表 1　研究区三生用地分类

用地分类	一类编码	名称	二类编码	名称
生产用地	1	耕地	11、12、13	水田、水浇地、旱地
	2	园地	21、22、23	果园、茶园、其他园地
	10	交通运输用地	102、103、104、107	公路用地、街巷用地、农村道路、管道运输用地
	12	其他土地	122、123	设施农用地、田坎
生活用地	5	商服用地	51、52、54、	批发零售用地、住宿餐饮用地、其他商服用地
	6	工矿仓储用地	63	仓储用地
	7	住宅用地	72	农村宅基地
	8	公共管理与公共服务用地	81、86、88	机关团体用地、公共设施用地、风景名胜设施用地
生态用地	3	林地	31、32、33	有林地、灌木林地、其他林地
	4	草地	41、42、43	天然牧草地、人工牧草地、其他草地
	8	公共管理与公共服务用地	87	公园与绿地
	11	水域及水利设施用地	111、112、113、114、117	河流水面、湖泊水面、水库水面、坑塘水面、沟渠
	12	其他土地	121、123、127	空闲地、田坎、裸地

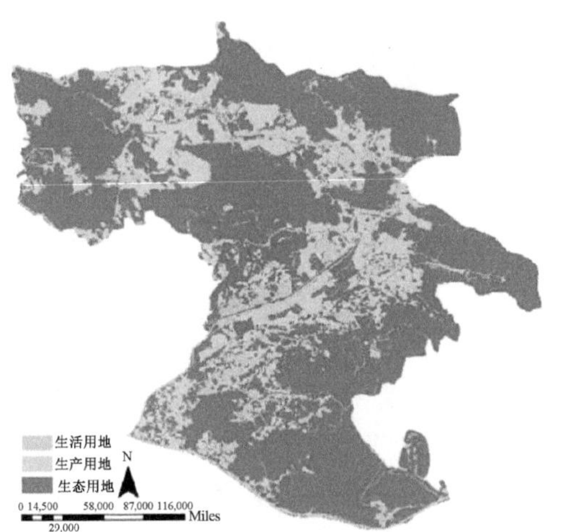

图 6　研究区三生用地现状划分

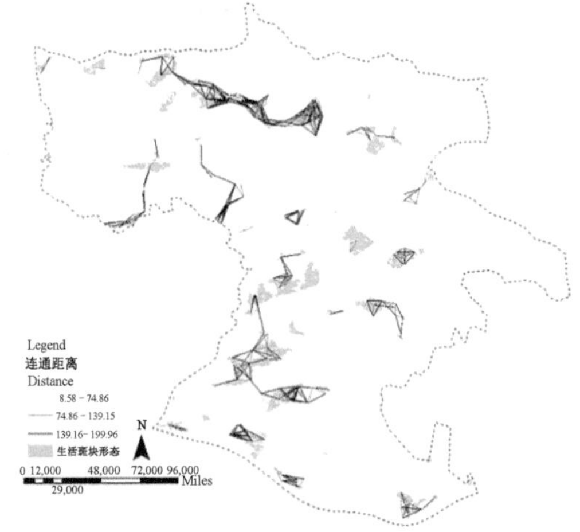

图 8　研究区生活用地斑块连接分析

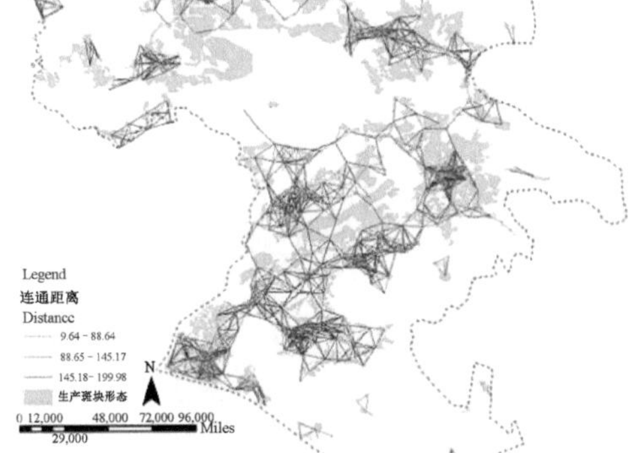

图 7　研究区生产用地斑块连接分析

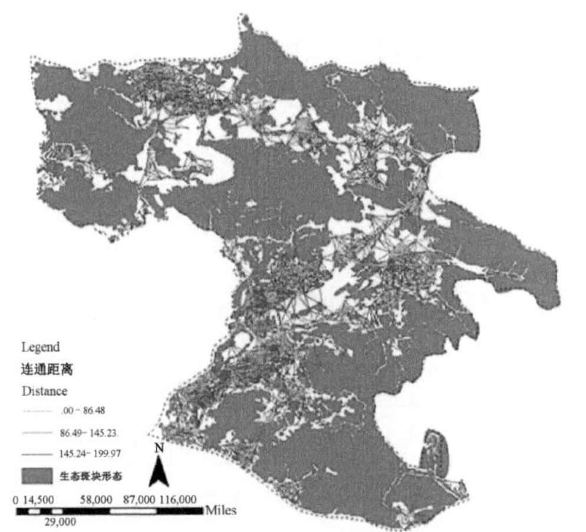

图 9　研究区生态用地斑块连接分析

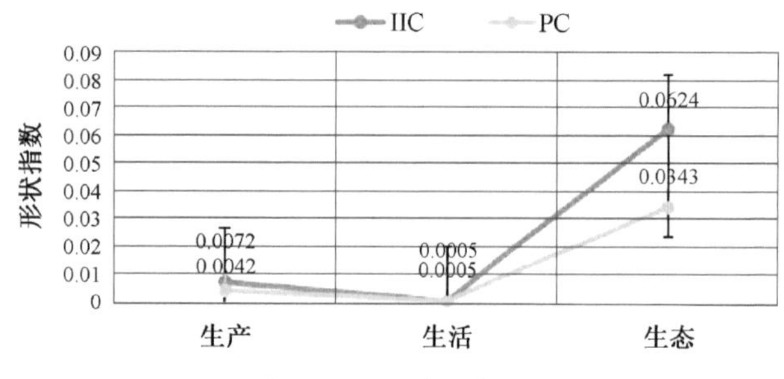

图 10 研究区三生用地斑块 *IIC*、*PC* 指数

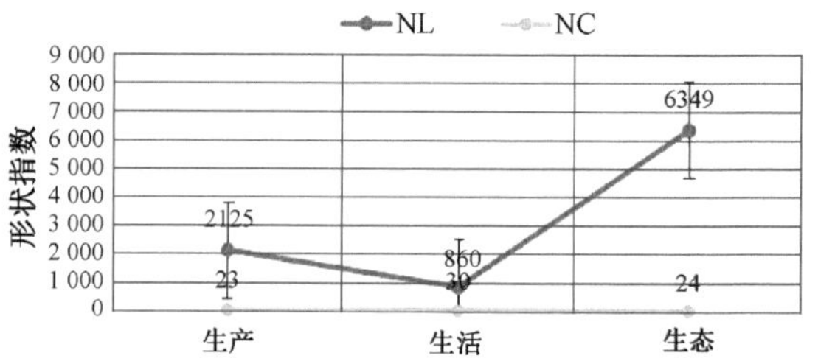

图 11 研究区三生用地斑块 *NL*、*NC* 指数

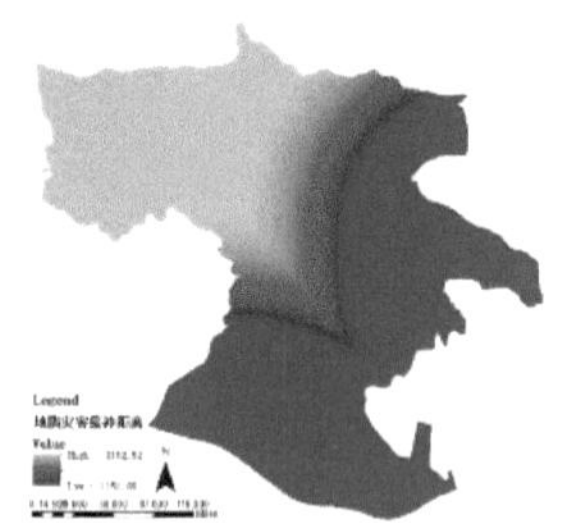
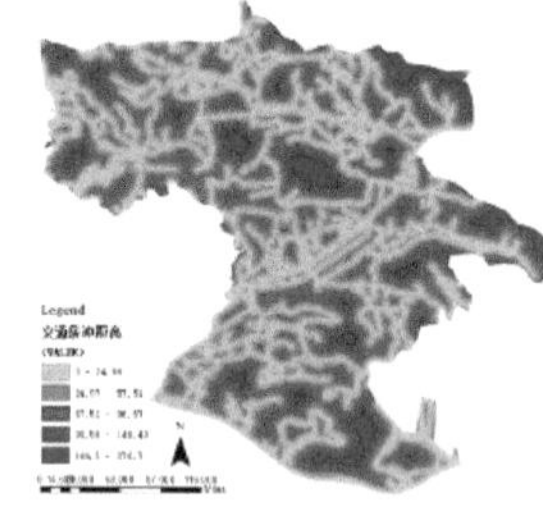
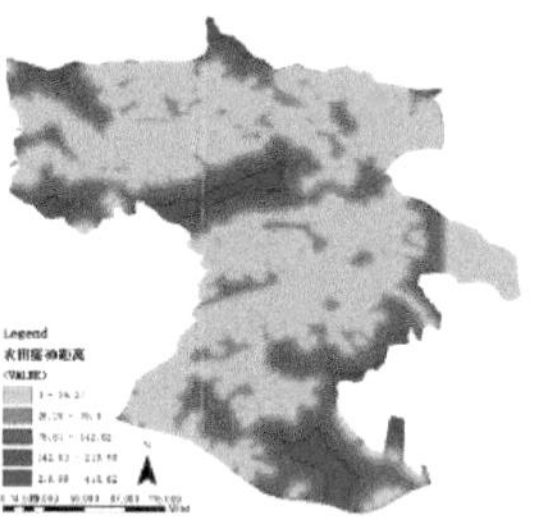
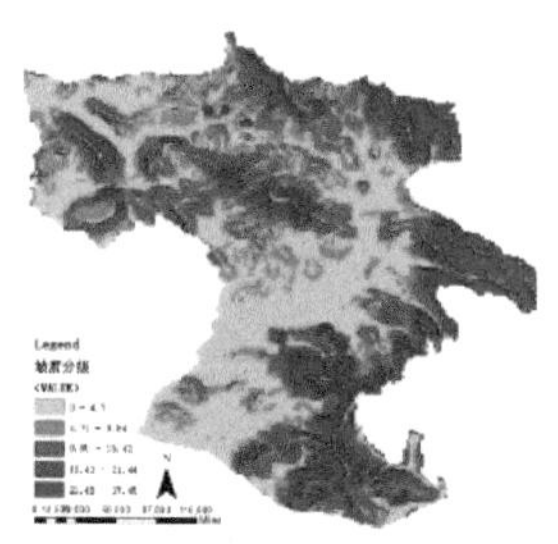
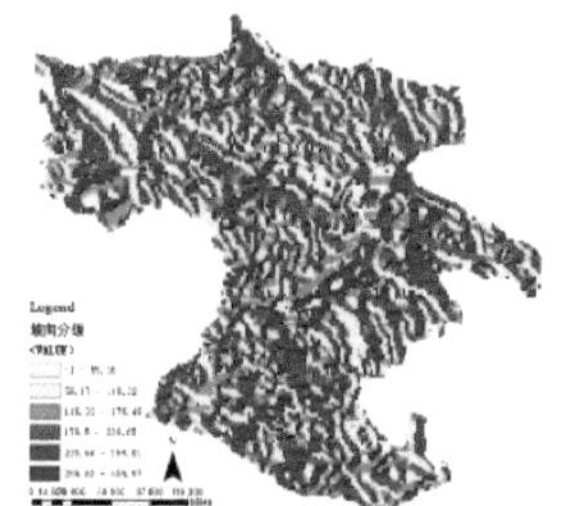
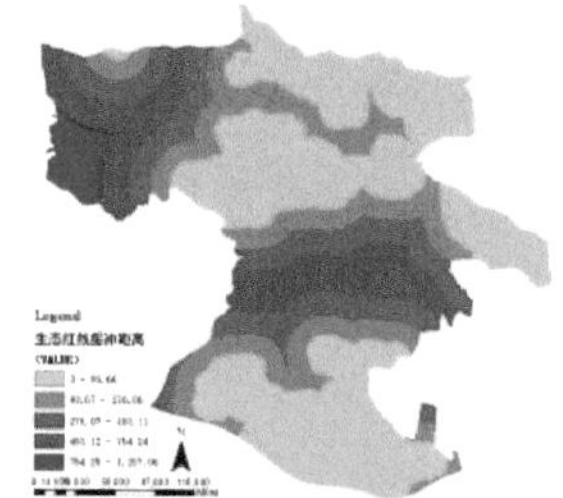
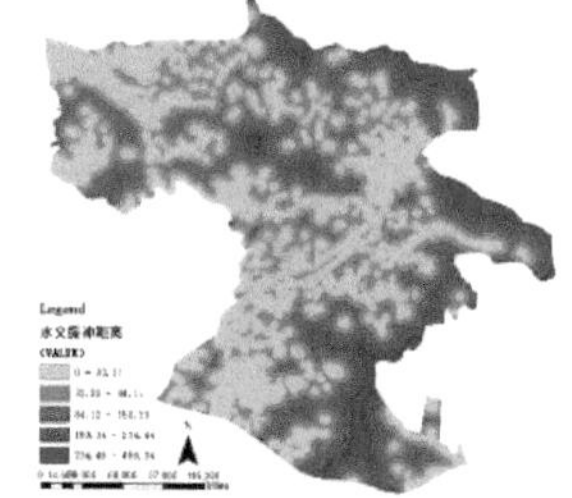

图 12 研究区建设适宜性指标因子图

大面积连续分布状，与零散斑块间连接距离从0～200 m之间分布均匀。

三生用地斑块中生态斑块的 *IIC* 与 *PC* 指数远高于生产与生活斑块，生产斑块与生活斑块的 *IIC* 与 *PC* 指数差异较小，生活斑块最低(图 10)。三生用地斑块中生态斑块 *NL* 远高于生产与生活斑块，并且远高于自身的 *NC*，而生活斑块的 *NL* 与 *NC* 指数相差较小(图 11)。由三生用地斑块的 *IIC* 与 *PC* 指数可得出现状生态斑块的连通性最高，现状生产与生活斑块连通性较低，且相差不大，而生态用地的可能连通性会有一定幅度降低。三生用地斑块的 *NL* 与 *NC* 显示生态斑块与生产斑块的整合度较高，生活斑块破碎度较高。

4.2 三生空间形态演进模拟量化

以建设用地适宜性为基础进行元胞演进模拟，其中将道路空间可达性作为潜力因子，将水域、坡度、坡向、基本农田、生态红线、地质灾害作为阻力因子，采用专家打分法，通过 AHP 层次分析法叠加得到研究区域的建设适宜性评价等级分布(图 12 -图 14，表 2、表 3)。本研究区中生活用地类型较少，基本处于乡村聚落中，因此本研究将建设用地范围划分为生活用地范围。

表 2 建设适宜性潜力因子评价表

因子类型	因子	分级	分值	权重
潜力因子	空间可达性	50	10	0.0417
		50～100	8	
		100～200	6	
		200 以上	2	
	用地	已建成用地、水域	10	0.1250
		园地、草地	6	
		林地	4	
		非建设用地	2	

表 3 建设适宜性阻力因子评价表

因子类型	因子	分级	分值	权重	因子	分级	分值	权重
阻力因子	水域	50	10	0.3103	坡向	北	10	0.0030
		50～100	6		自然灾害	1 000 以内	10	0.0643
		100～200	4			1 000～2 000	6	
		200 以上	2			2 000 以上	2	
	坡度	5 度以下	2	0.0764	生态红线	200	10	0.1716
		5～10 度	4			200～500	6	
		10～15 度	6			500 以上	2	
		15～25 度	8		基本农田	50	10	0.1777
		25 度以上	10			50～100	6	
	坡向	南、平地	2	0.0030		100～200	4	
		东、西	6			200 以上	2	

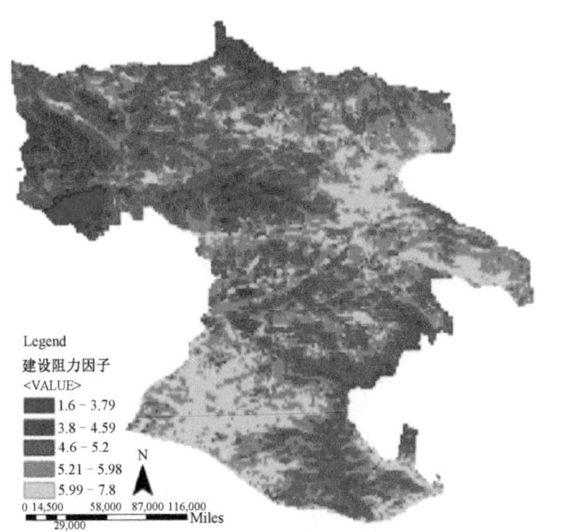

图 13 研究区建设适宜性综合阻力因子评价

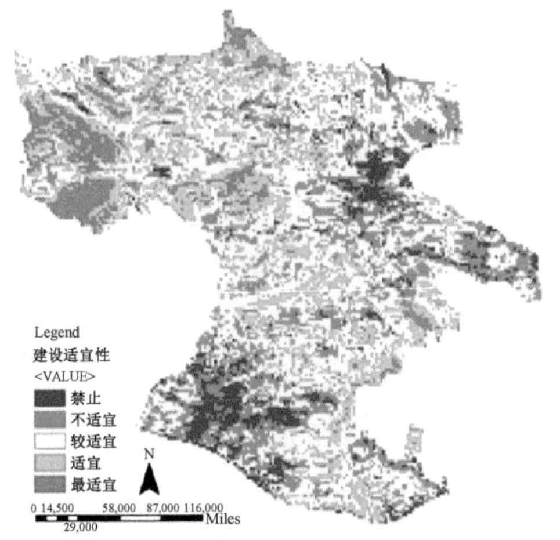

图 14 研究区建设适宜性总体评价

元胞演进四阶段以模拟等时间段划分为四种三生空间形态演进阶段，以更为清晰地了解空间演进的形态规律(图 15)。

研究得到三生空间演进的形态指数：生产斑块的 *IIC* 与 *PC* 指数随演进阶段的发展，匀速减小；生活斑块的 *IIC* 与 *PC* 指数在阶段二时大幅降低，随后小幅降低至 0；生态斑块的 *IIC* 与 *PC* 指数在阶段三时上升到最高点，随后大幅下降。生产斑块 *NL* 指数随阶段演进小幅减少，*NC* 指数变化不大；生活斑块 *NL* 指数随演进阶段大幅降低，*NC* 指数有所增加；生态斑块 *NL* 指数持续上升至阶段三时开始回落，而 *NC* 指数在阶段三时最低(图 16 -图 21)。总体生活斑块的 *IIC*、*PC* 与 *NL* 指数变化巨大，前阶段远高于生态与生产斑块，后阶段远低于生态与生产斑块。

由三生用地斑块的 *IIC*、*PC*、*NL* 和 *NC* 指数可得知在三生形态演进模拟中，生产斑块的景观整体连通度与可能连通度持续降低，但景观斑块整合度略有提高；生活斑块的整体连通度随空间演进大幅降低的同时，斑块整合度大幅提高，说明生产斑块基本连成一体；生态斑块的整体连通度在演进阶段中时最高，整合度最高，分布均好，其后连通度下降，斑块成破碎化趋势。研究区内总体生活斑块占地，对生态与生产用地造成了极端侵占，使得生态、生产斑块面积减小且破碎化。

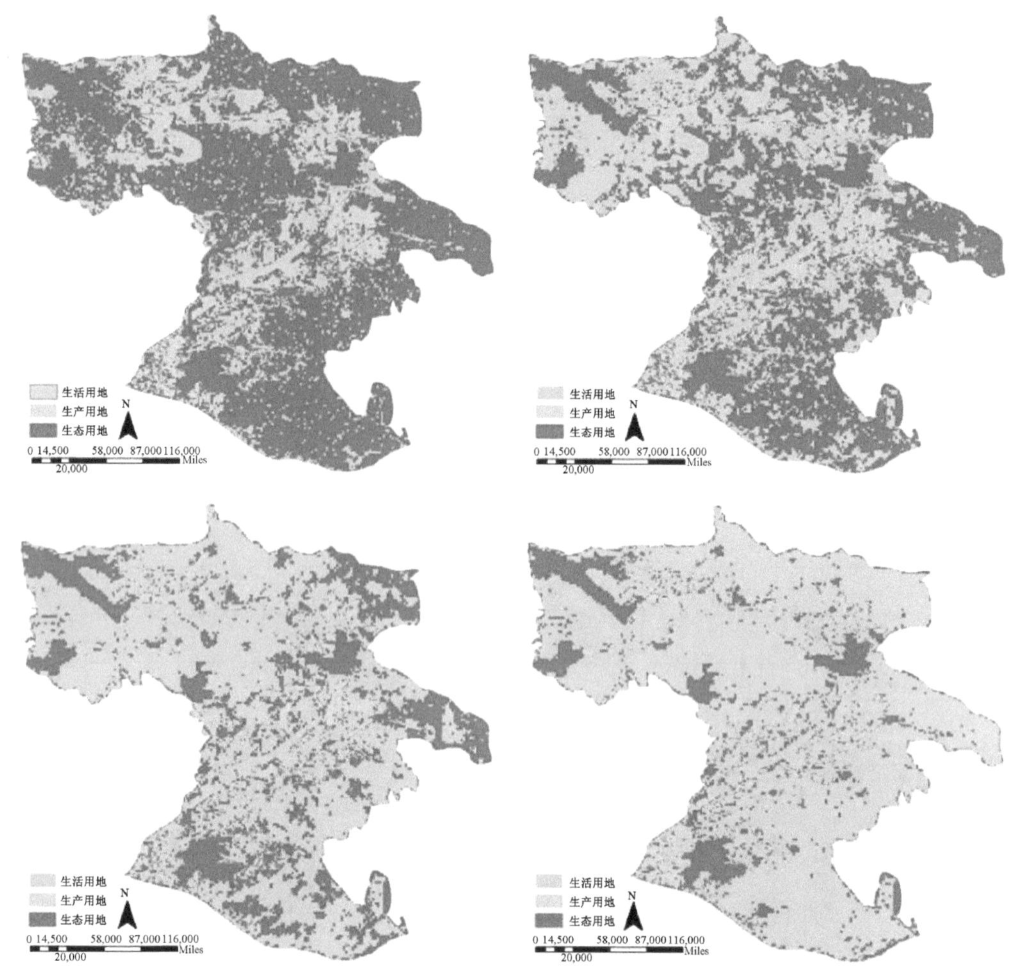

图 15 研究区三生空间演进阶段一至阶段四

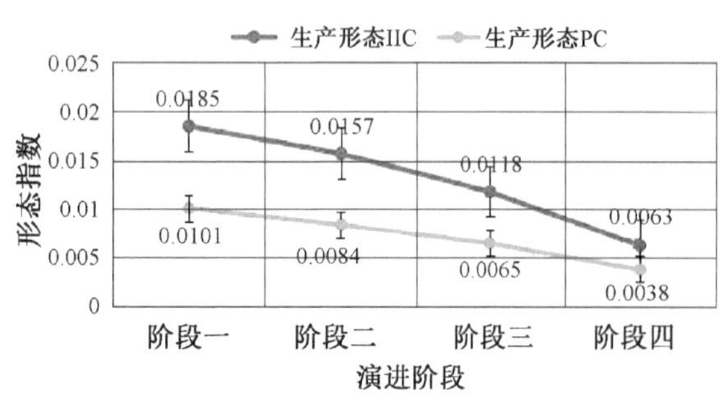

图 16 研究区生产用地斑块 *IIC*、*PC* 指数

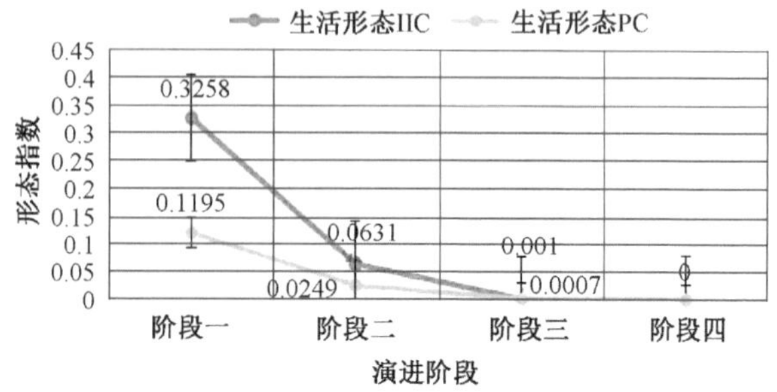

图 18 研究区生活用地斑块 *IIC*、*PC* 指数

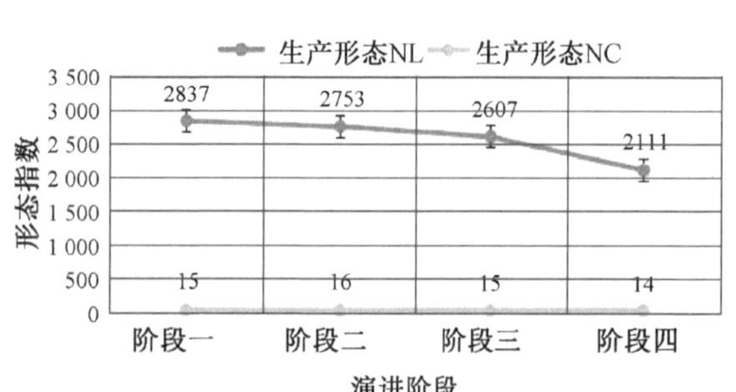

图 17 研究区生产用地斑块 *NL*、*NC* 指数

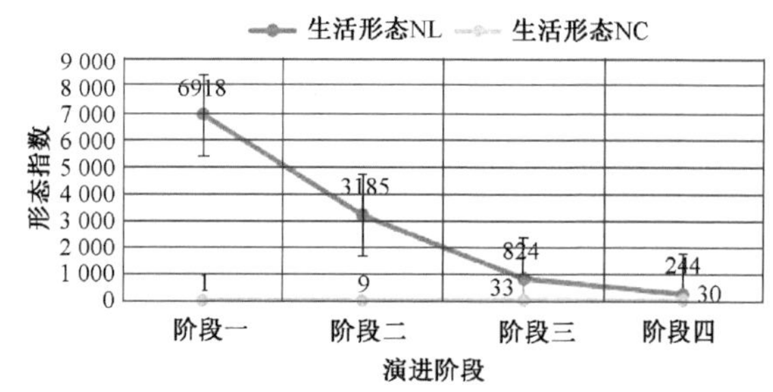

图 19 研究区生活用地斑块 *NL*、*NC* 指数

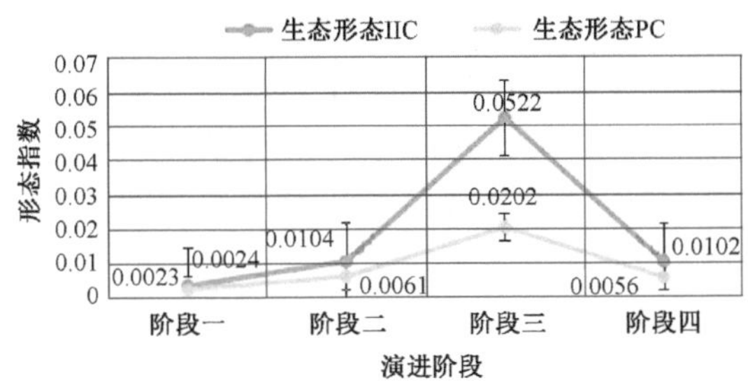

图 20　研究区生态用地斑块 *IIC*、*PC* 指数

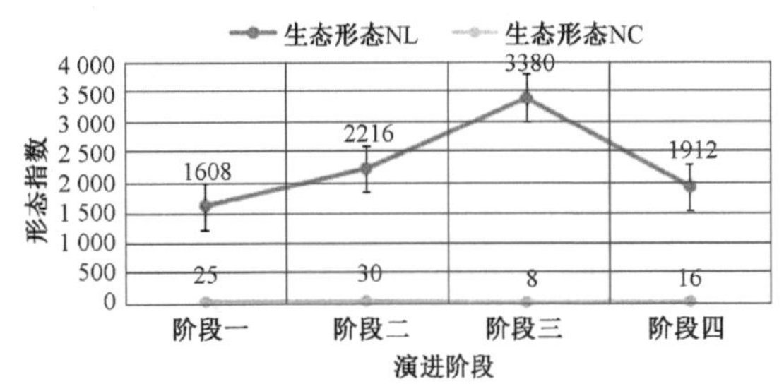

图 21　研究区生态用地斑块 *NL*、*NC* 指数

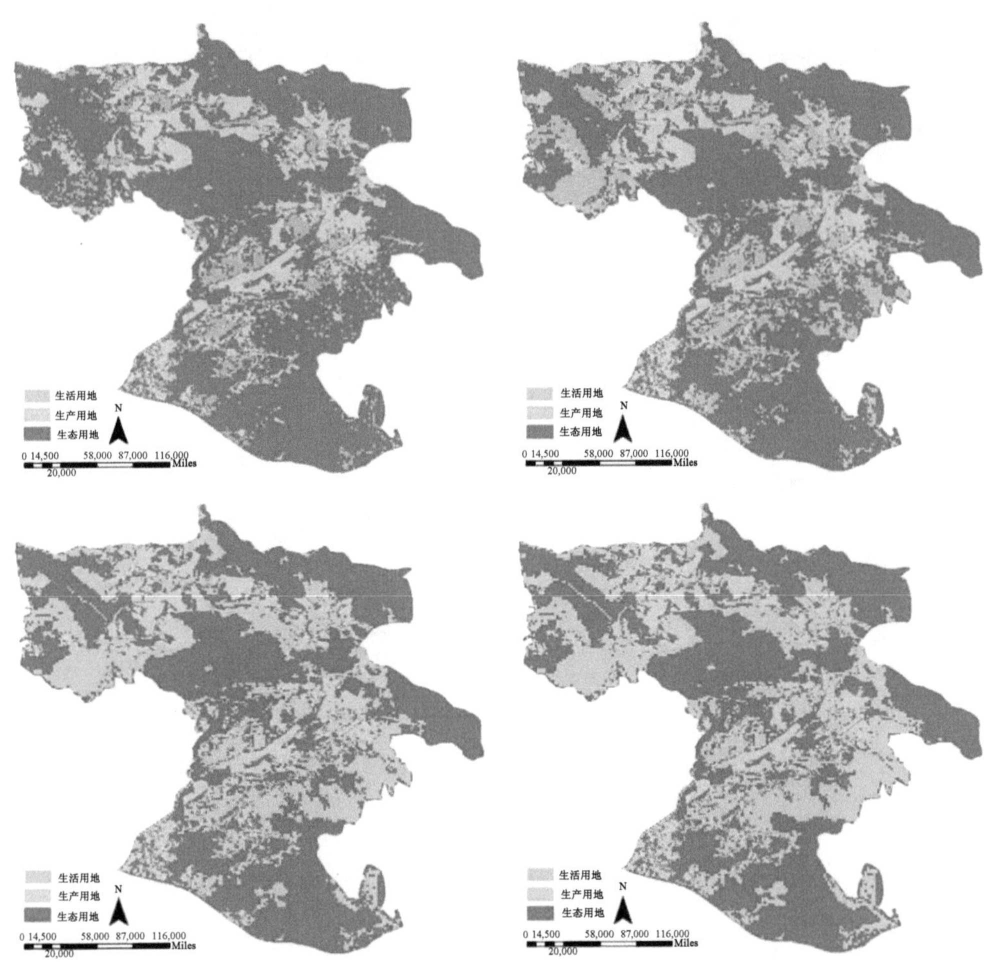

图 22　研究区三生空间演进优化阶段一至阶段四

4.3　三生空间演进优化形态特征

根据《江宁区生态红线和城镇空间增长边界规划》《南京美丽乡村江宁区示范区规划》及规划区风景资源的具体情况，将风景保护的等级分为：一级管控生态保护区，研究区内面积 361.62 hm^2，二级管控自然景观保护区，研究区内面积 291.27 hm^2；以及根据《南京江宁区土地利用总体规划(2006—2020)》中对基本农田、一般农地和林地的划分进行二次范围评级优化，对生活用地斑块的演进进行限定，得到优化后的三生空间演进的同时间点四阶段三生用地斑块分布，以此进行对比研究(图 22)。

三生空间演进优化前后形态的连接对比：优化前生产斑块连接距离多有重合，但斑块呈高度破碎化状态，且面积小；而优化后生产斑块连接距离连接减少，但斑块面积分布均好(图 23、图 24)。优化前生活斑块连接距离数极少，斑块面积大，几乎充满研究区，少有小型斑块；优化后生活斑块连接距离数增多(图 25、图 26)。优化前生态斑块连接成网络状，斑块小但分布均好；优化后生态斑块连接也呈网络状，斑块大小不等，分布疏密有秩（图 27、图 28）。

三生空间演进优化后的形态指数：生产斑块的 *IIC*、*PC* 与 *NL* 指数显著降低，随演进过程指数差值减小，而 *NC* 指数变为优化前的 2 倍（图 29）；生活斑块的 *IIC*、*PC* 和 *NL* 指数总体随空间演进大幅度减小，尤其在阶段三以后，优化后指数对比优化前实现了反超，而优化后的 *NC* 指数一直高于优化前，在阶段三后指数差值缩小（图 30）；生态斑块的 *IIC*、*PC* 和 *NL* 指数在阶段三时达到峰值，而后下降，优化前指数皆高于优化后，*NC* 优化前指数除阶段二高于优化后外，其余阶段均低于优化后（图 31）。优化后的三生斑块中生态斑块的最终阶段（第四阶段）*IIC*、*PC*、*NL* 指数最高，最终阶段的生态斑块 *NC* 指数最高。

由三生用地斑块的 *IIC*、*PC*、*NL* 和 *NC* 指数可得知在三生形态演进模拟优化前后对比中，生产斑块优化后的整体连通度、可能连通度与连接数相对优化前都有所下降，但整合度相对有所提升，说明斑块从细小破碎化变为大小分布均匀化。生活斑块的整体连通度、可能连通度与连接数从低于优化前的状态演进到阶段三时实现反

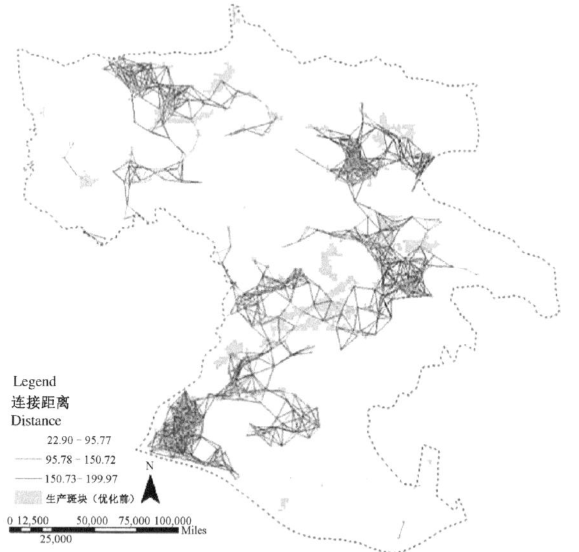

图 23 研究区生产斑块演进优化前连接分析

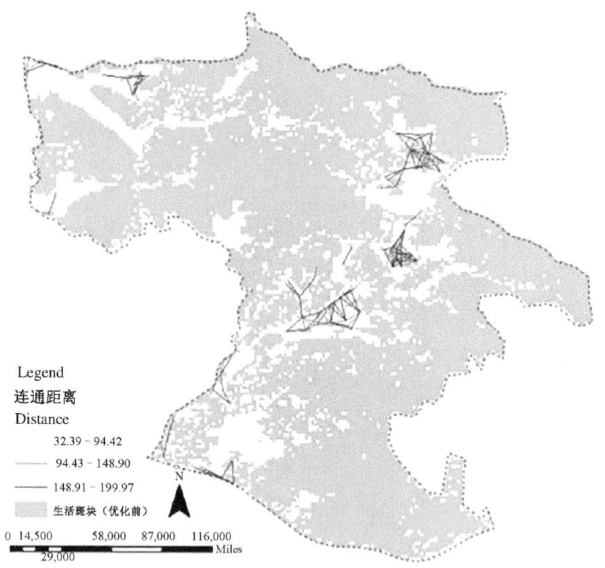

图 25 研究区生活斑块演进优化前连接分析

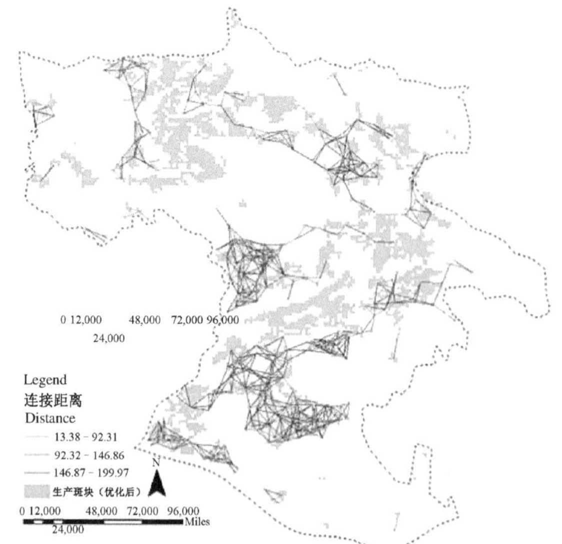

图 24 研究区生产斑块演进优化后连接分析

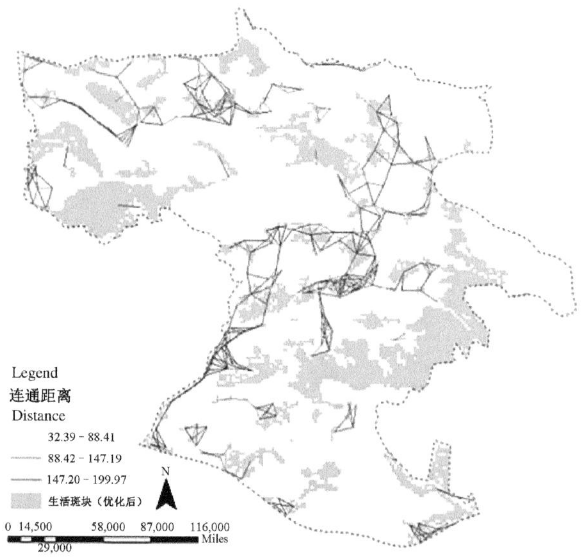

图 26 研究区生活斑块演进优化后连接分析

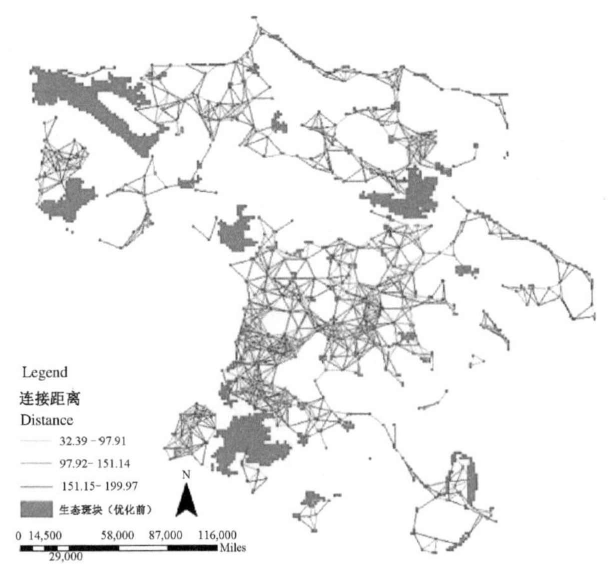

图 27　研究区生态斑块演进优化前连接分析

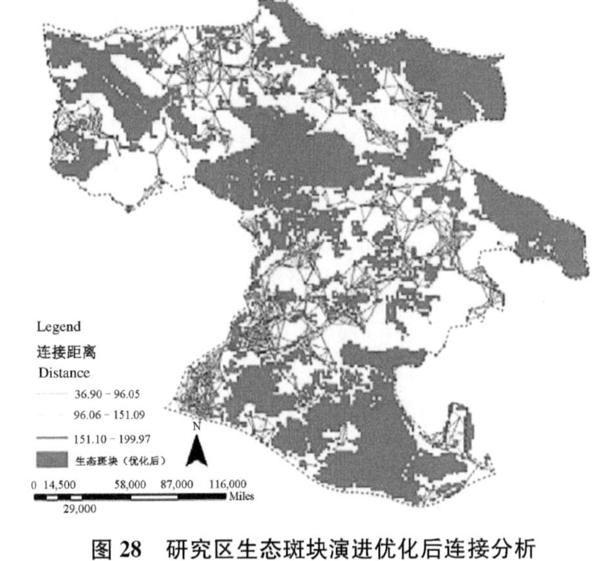

图 28　研究区生态斑块演进优化后连接分析

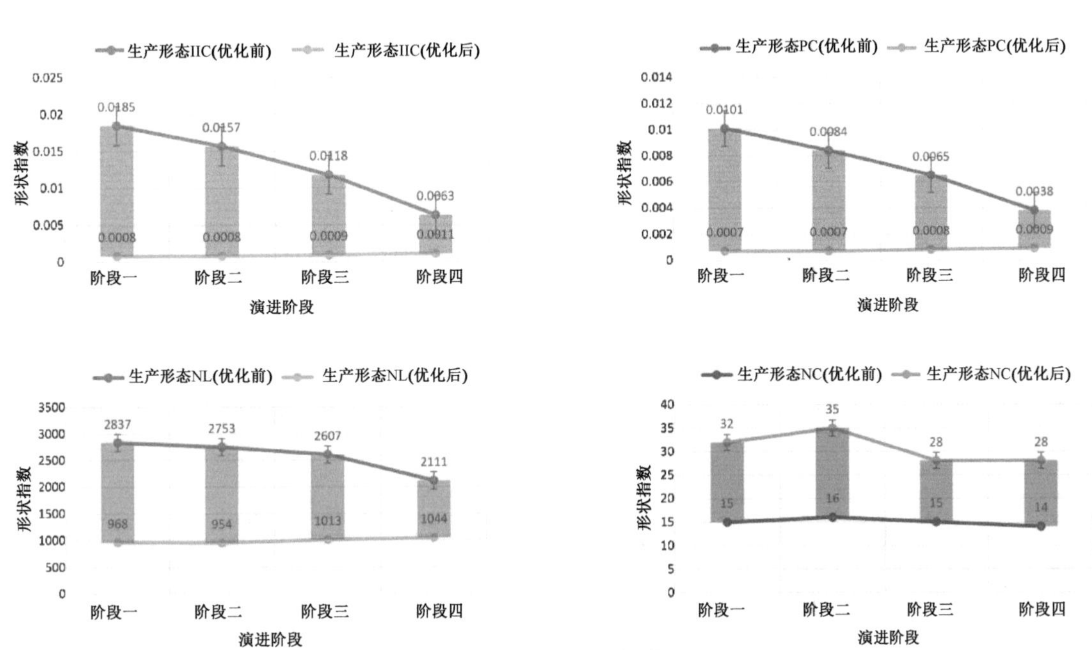

图 29　研究区生产斑块演进优化前 *IIC*、*PC*、*NL* 和 *NC* 指数

超，而整合度全阶段高于优化前，说明斑块发展成大小分布均匀趋势。生态斑块优化后的整体连通度、可能连通度与连接数全阶段低于优化前，整合度除阶段二外，总体高于有优化前状态。在本研究区内，优化后的生态斑块为主要空间且整合度最高，处于较好的自主分布与组合状态。

5　讨论

研究通过量化分析得到的 *IIC*、*PC*、*NL*、*NC* 指数，能够一定程度反应斑块的形态特征，以及斑块结构间的空间特征。单一的整体连通性指数（*IIC*）、可能连通性指数（*PC*）不足以评判三生空间斑块分布的优劣，与我们惯常认为的连接度越高越好的认知有所出入。因为大量破碎化的小型斑块零星分布，也能够使连通度呈现较高的数据，本研究中增加的斑块连接总数（*NL*）与组件数（*NC*）能够更加直观地展现斑块形态特性，帮助判断斑块的整合度与破碎度。

通过三生景观空间的演进优化模拟，可以看到优化后的空间结构整体连通性（*IIC*）、可能连通性（*PC*）与斑块连接总数（*NL*）有所下降，而组

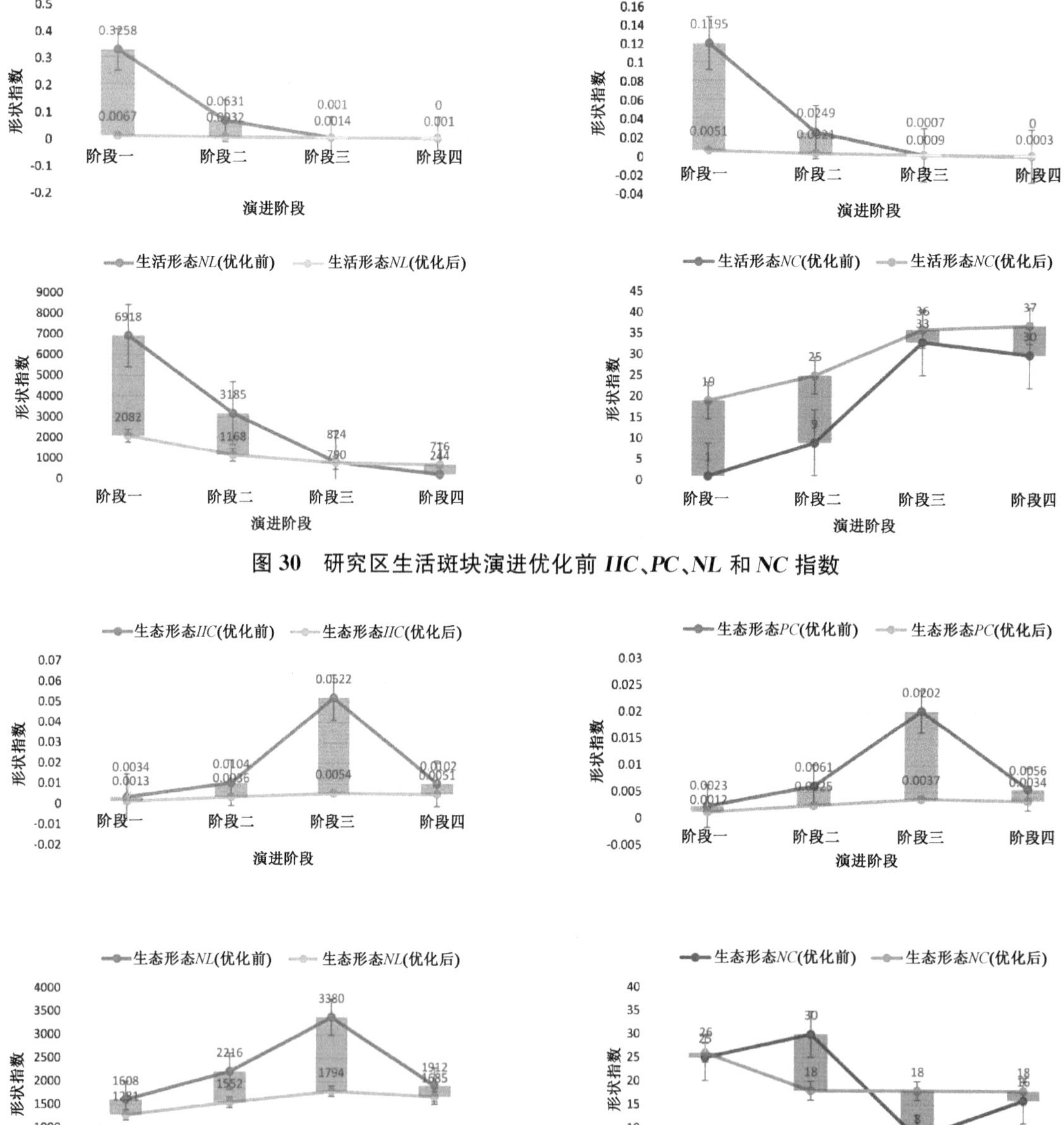

图 30　研究区生活斑块演进优化前 *IIC*、*PC*、*NL* 和 *NC* 指数

图 31　研究区生态斑块演进优化前 *IIC*、*PC*、*NL* 和 *NC* 指数

件数(*NC*)有所上升，在空间演进的不同阶段中，指数分布规律呈线性，基本未有异常值出现，因此，本研究认为，三生空间斑块形状指数连接度降低，整合度上升，可以得到空间结构分布均好、单元形态多样化的三生景观空间；而三生景观空间之间的连通性指数变化，也能评估不同区域间的空间侵占。

6　结论

本文通过高精度遥感与倾斜摄影信息采集建模融合，得到村域范围内的精确三生景观空间形态数据，运用元胞自动机空间演进模型模拟三生景观空间形态变化，采用空间形态指数测度方法对三生景观空间结构及形态特征进行量化测度。研究认为在连通度降低的基础上，整合度同时提升，能够得到分布均好、形态多样的三生景观空间。

研究首次从三生景观空间形态演进的角度进行乡村空间特征研究，分别量化生产、生活与生态用地斑块间的形态特征与空间结构，并首次将 Conefor 软件，应用于评价乡村三生形态空间结构特征中，引入 IIC、PC、NL 与 NC 指数作为衡量标准，寻找空间优化与形态特征指数间的规律。

本研究对于三生空间演进的元胞自动机模型模拟，考虑的生成影响因素较少，并且只有生活空间扩张情况，忽略了缩小情况，对社会经济因素的综合影响仍有待进一步加以考量，此外，在形态指标选择方面，由于数量及样本较少，并不能完善地表示空间形态特质，有待进一步深入研究，已验证其可靠性。

空间形态指标量化与空间形态模拟生成方法的结合，可以将空间形态的构成规律通过计算机图示表达，并直观地反映形态特征与空间生产发展间的规律，以此提高乡村规划的科学性，并在未来规划设计中提供指导。

参考文献

[1] 朱晓翔，朱纪广，乔家君. 国内乡村聚落研究进展与展望[J]. 人文地理，2016，31(1)：33-41.

[2] 李旭，崔皓，李和平，等. 近40年我国村镇聚落发展规律研究综述与展望——基于城乡规划学与地理学比较的视角[J]. 城市规划学刊，2020(6)：79-86.

[3] 朱彬. 江苏省县域城乡聚落的空间分异及其形成机制研究[D]. 南京：南京师范大学，2015.

[4] 彭一刚. 传统村镇聚落景观分析[M]. 北京：中国建筑工业出版社，1992.

[5] 王昀. 传统聚落结构中的空间概念 [M]. 北京：中国建筑工业出版社，2009.

[6] 徐会，赵和生，刘峰. 传统村落空间形态的句法研究初探——以南京市固城镇蒋山何家—吴家村为例[J]. 现代城市研究，2016，31(1)：24-29.

[7] 吕梦婷. 生态视角下艾比湖流域绿洲乡村聚落空间格局及其优化策略研究[D]. 乌鲁木齐：新疆大学，2019.

[8] 曲衍波，魏淑文，商冉，等. 基于"点—面"特征的农村居民点空间形态识别[J]. 资源科学，2019，41(6)：1035-1047.

[9] 周锐，苏海龙，王新军，等. 基于 CLUE-S 模型和 Markov 模型的城镇土地利用变化模拟预测——以江苏省常熟市辛庄镇为例[J]. 资源科学，2011，33(12)：2262-2270.

[10] 刘孟浩，席建超. 基于多智能体的旅游乡村聚落用地格局演变模拟——以野三坡旅游区苟各庄村为例[J]. 旅游学刊，2019，34(11)：107-115.

[11] 童磊. 村落空间肌理的参数化解析与重构及其规划应用研究[D]. 杭州：浙江大学，2016.

[12] 李飚，郭梓峰，季云竹. 生成设计思维模型与实现——以"赋值际村"为例[J]. 建筑学报，2015(5)：94-98.

[13] Pascual-Hortal L，Saura S. Comparison and development of new graph-based landscape connectivity indices：Towards the priorization of habitat patches and corridors for conservation[J]. Landscape Ecology，2006，21(7)：959-967.

[14] 冯姗姗，城市GI引导下的采矿迹地生态恢复理论与规划研究：以徐州市为例[D]. 徐州：中国矿业大学，2016.

[15] Gonzalez J R，del Barrio G，Duguy B. Assessing functional landscape connectivity for disturbance propagation on regional scales—A cost-surface model approach applied to surface fire spread[J]. Ecological Modelling，2008，211(1/2)：121-141.

[16] Volk X K，Gattringer J P，Otte A，et al. Connectivity analysis as a tool for assessing restoration success[J]. Landscape Ecology，2018，33(3)：371-387.

[17] 刘世梁，杨珏婕，安晨，邱扬，王军. 基于景观连接度的土地整理生态效应评价[J]. 生态学杂志 2012，24(3)：689-695.

[18] Saura S，Pascual-Hortal L. A new habitat availability index to integrate connectivity in landscape conservation planning：Comparison with existing indices and application to a case study[J]. Landscape and Urban Planning，2007，83(2/3)：91-103.

[19] 郭珂. 元胞自动机在地理学中的应用综述[J]. 河南科技，2018(7)：24-25.

[20] 刘继来，刘彦随，李裕瑞. 中国"三生空间"分类评价与时空格局分析[J]. 地理学报，2017，72(7)：1290-1304.

作者简介：赵天逸，东南大学建筑学院在读博士研究生。研究方向：风景园林规划与设计、景观水文规划设计、景观参数化设计。

成玉宁，博士，东南大学大学建筑学院教授、博士生导师，东南大学风景园林学科带头人、景观学系主任，东南大学景观规划设计研究所所长，江苏省设计大师，国务院学位委员会风景园林学科评议组成员。研究方向：景园规划设计、景观建筑设计、景园历史与理论、数字景观及其技术。

数字技术在我国乡村景观研究与实践的应用进展*

曾昱璇 何子琦 李 欣 章 莉 张 炜

摘 要 本文借助文献计量分析软件 CiteSpace 辅助梳理知网数据库中乡村景观数字技术研究历程，归纳并总结乡村景观数字技术应用类型及概况；阐述当下数字技术在我国乡村景观研究与实践的应用方向、特点与发展趋势。结果显示：数字技术在我国乡村景观中主要应用于景观格局演变研究、资源评价与开发研究、文化景观保护研究、景观规划设计研究、景观信息管理研究；数字技术拓展了乡村景观资源研究的时间跨度和空间尺度，为保护与开发乡村特色景观资源提供技术支持。

关键词 乡村景观；数字技术；研究进展

乡村景观是在乡村地域内，由自然环境、人类活动和人文历史等多重因素共同作用下，形成的具有多重价值属性的景观综合产物[1]。以乡村景观的成因分类，可将其划分为乡村自然景观和乡村人文景观。受现代化建设的干扰，乡村生产生活环境发生急剧转变与恶化，出现了一系列“农村病”。作为乡村地域特色和辨识度的体现，乡村景观资源的保护与利用是实现乡村振兴、治理“农村病”的关键。在乡村景观数据的收集上，学者大多依赖传统人工方式，这种方式费时费力，难以实现大样本范围内的资源采集，并常常伴有一定的主观随意性[2]。近年来，数字化技术在城市景观中的应用已日趋成熟，也为乡村景观资源的采集和处理带来新机遇和变革。2019 年，国务院办公厅印发《数字乡村发展战略纲要》，将数字乡村建设上升到国家战略层面。为解决农村经济发展遗留问题，更好实现乡村建设规划和土地可持续利用，急需借助数字技术对乡村基础资源进行研究。本文利用 CiteSpace 知识图谱软件，辅助梳理知网数据库中乡村景观数字技术研究历程，归纳并总结乡村景观数字技术应用类型、常用工具及适用的研究主题；阐述数字技术在我国乡村景观研究与实践的应用方向；探讨当下数字技术在乡村景观应用中的特点与趋势，以期为未来研究提供科学基础及依据。

1 文献检索与分析

1.1 文献检索

本文使用中国知网（CNKI）数据库搜索相关文章。基于研究目的，回顾了一些相关的综述和原始文献，以确定后续文献检索的关键词。由于这一领域的文献相对较新，为了尽可能全面搜索相关文献，对检索词进行同义词拓展，并使用字段标识创建检索表达式进行专业检索。文献检索时间跨度不限，检索日期为 2021 年 2 月 9 日，共检索到中文文献 145 篇，剔除了重复论文和与主题无关的文献后，得到中文文献 76 篇进行后续分析（表 1）。

表 1 文献检索结果

数据库	检索方式	检索式	来源类别	篇数
CNKI	专业检索	SU=（乡村景观＋乡土景观＋农村景观＋村镇景观＋农业景观）*（智能＋网络化＋智慧乡村＋大数据＋数据库＋数字化＋信息化＋可视化＋3S 技术＋遥感＋地理信息系统＋GIS＋GPS＋RS）	全部期刊	145

* 国家重点研发计划“乡村生态景观资源特征指标体系研究”（编号：2019YFD1100401）；中央高校基本科研业务费专项资金资助项目“基于乡村振兴战略的乡镇级国土空间规划编制体系、技术方法与实践应用研究”（编号：2662021JC009）。

首先对国内研究文献进行发文量总体趋势分析，然后借助文献计量分析软件 CiteSpace5.7.R2 版本对文献进行关键词共现分析，同时在逐一研读筛选文献的基础上，对现状研究主题归类论述。

1.2 检索结果分析

1.2.1 发文量演变

总体而言数字技术在乡村景观中的应用研究主要出现在过去二十年，且随着时间的推移发文量呈现波动上升的趋势(图 1)。2002 年党在十六大报告中首次提出“统筹城乡发展”的理念和目标，同年开始出现以乡村景观数字化为主题的研究文章。以此为开端，2002—2013 年间发文量缓慢增长，“社会主义新农村建设”的推进吸引众多研究者将视角转向乡村，在 2009 年总体发文量出现显著激增点。2014—2020 年间发文量进入快速增长阶段，近年来推行“农业现代化改革”和十九大报告中提出的“乡村振兴战略”对该领域研究起到了极大的推进作用。

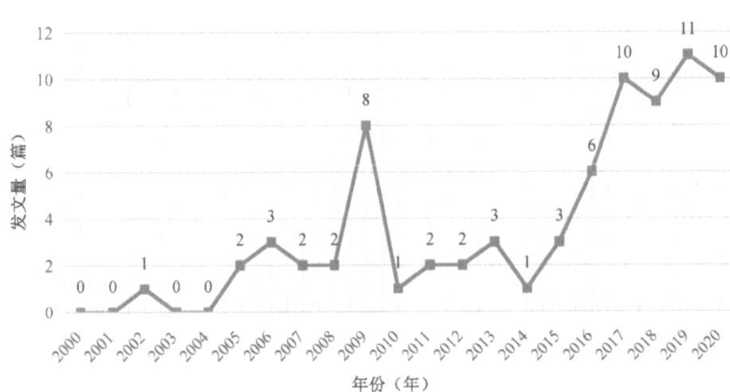

图 1 发文量演变

1.2.2 研究热点演变

关键词可以反映研究的核心内容，其出现频次的高低反映了特定领域的研究热点。本文运用 CiteSpace 软件绘制关键词共现图谱，对国内研究热点进行初步解读(图 2)。对同义关键词进行合并，剔除共用关键词及与主题无关的关键词，得到乡村景观数字技术研究高频关键词(表 2)。由于文献数量较少，对关键词进一步聚类并未显示出明显的热点聚焦，因此借助软件分析结果，结合人工整合将高频关键词归纳为五个研究热点主题：乡村景观格局演变研究、乡村资源评价与开发研究、乡村文化景观保护研究、乡村景观规划设计研究、乡村景观信息管理研究。

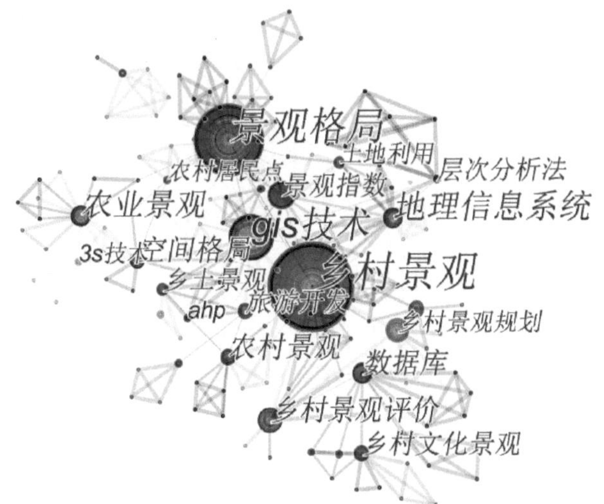

图 2 关键词共现图谱

表 2 乡村景观资源数字化高频关键词信息表(前 15 位)

序号	频次	中心性	最早年份	关键词
1	21	0.77	2006	乡村景观
2	17	0.63	2009	景观格局
3	14	0.33	2005	gis 技术
4	7	0.39	2016	景观指数
5	6	0.30	2007	乡村景观评价
6	5	0.22	2017	数据库
7	5	0.15	2002	地理信息系统
8	5	0.12	2006	农业景观
9	4	0.07	2006	旅游开发
10	4	0.06	2012	生态宜居
11	4	0.01	2012	乡村景观规划
12	4	0.07	2013	乡村文化景观
13	4	0.24	2006	空间格局
14	3	0.01	2009	土地利用
15	3	0.03	2007	乡土景观

根据关键词首次出现的年份将研究热点演变分为几个阶段。① 2002—2009 年：数字化技术首先运用在传统的土地资源保护与利用中，生态学为主要指导理念；② 2010—2016 年：以乡村景观资源量化分析与评价为热点[3]，在“十二五”农村生态保护与生态建设的背景下，研究者进而关注乡村生态旅游开发和景观规划；③ 2017—2020 年：乡村文化景观进入大众视野，并在技术支持下开始搭建多样化景观信息管理与存储平台。深入

梳理文献关键词时间线信息，发现“乡村景观格局演变”最早出现且持续成为研究热点，说明当前研究更多停留在传统层面。

2 乡村景观数字技术的类型

随着城镇化进程不断深入，数字技术已初步应用于城市建设中，但在乡村景观中的应用尚显薄弱。根据数字技术在乡村景观研究过程中参与阶段与实现功能的不同，可分为信息采集技术、分析评估技术、现实虚拟技术和存储管理技术。

2.1 信息采集技术

信息采集技术即借助数字设备或手段对乡村景观自然资源及人文资源进行采集，为后续资源分析、评价和景观规划提供基础性数据。在乡土景观数据的采集中，存在物质形态和非物质形态两种资源类型。对于物质形态要素如地形地貌、植被等资源的采集方式包括遥感测绘、GPS 野外调查、三维重建技术等。彭颖等人利用高光谱成像、偏振成像、三维扫描等数字技术采集文物建筑本体特征、所处环境、地理信息等基础数据，经过数据处理后面向数据库建立逻辑模型实现数据的存储[4]。非物质形态要素如手工艺、民俗、戏曲等资源一般需要相关人员进行主动采集，采集方式包括即时拍照、摄影留存、实地访谈等，数据成果包括文字、图像、音视频等多种形式。孔晓红在传统村落文化遗产的数字化采集中运用以语言交流形式为主的口述史，结合语音记录和文献核对实现非遗数据的采集[5]。

近年来大数据技术的普及使景观与人的交互信息采集成为可能。与乡村信息采集相比，城市因信息和通信技术的优势，可以通过互联网平台、移动端设备、智慧设施等工具便利获取反映使用主体状况的行为数据，和反映各要素运行特征的智能设施数据[6]。

2.2 分析评估技术

分析评估技术是对采集的乡村景观资源基础数据进行可视化整理和空间关联处理，进而实现景观环境的量化分析和评估的关键性技术应用[6]。其中地理信息系统（Geographical Information System，GIS）在多源信息提取、集成、管理与分析等方面具有强大功能[7]，可与其他数字软件例如遥感技术、数字模型等嵌套进行结合操作[6]。在 3S 技术和现代统计学工具（如 SPSS、EXCEL）的支持下，可以在乡村景观分析、综合、评价等设计过程中利用数字技术进行量化描述和判断[8]，如在宏观尺度上分析乡村景观要素分布、结构形态和演变特征等[9]；在微观尺度上构建指标评价体系，分析场地的开发适宜性、视域格局等[10]；结合函数与数学计算软件（如 IDRISI logistic、matlab），可对乡村景观不同时间点的发展进行过程模拟和物理变化模拟，如预测未来乡村旅游景观格局[11]、调控村落聚居模式等[12]。

城市景观空间中，数字分析评估技术在园林植物、建筑小品、道路广场和山石水体等环境要素景观营造方面已有较多应用[13]，但目前在乡村景观空间中，侧重于分析基于土地开发与利用功能的空间要素分布及变化特征。

2.3 现实虚拟技术

现实虚拟技术是将现实环境模拟可视成三维场景的新兴技术[6]，其具备想象、交互和沉浸 3 个基本特征[14]，对公众参与式乡村景观营造具有重要作用[15]。

现实虚拟技术在乡村景观中已有初步应用，内容包括两方面：一是场景可视化，基于数字技术采集的各类乡村景观环境数据，通过计算机建立三维景观模型，经过纹理渲染可提供多角度的真实场景模拟。常见工具包括效果图、动画、虚拟现实等数字软件（Sketchup、3dsMax、Lumion 等），近年来一些新兴技术如点云可视化、三维激光扫描也开始应用在乡村景观中，如建筑物的立体建模[16]、景观遗产空间信息定量化记录[17]等；二是参数化设计，通过在景观设计过程中参数值的输入控制景观要素的尺寸、颜色、材质等属性，实现整个规划设计过程的调控。常见的参数化建模软件有 Grasshopper、Rhinoceros 等，已有研究将景观信息模型（LIM）、建筑信息模型（BIM）等参数化工作平台应用在乡村景观营造中[18]。

现实虚拟技术在城市景观中已有诸多实践，涉及的内容包括景观生态模拟、城市增长建模[19]等。目前在乡村中更多关注古迹修复、历史民居建筑保护等[20-21]人文景观。

表 3 乡村景观数字技术的类型

数字技术类型	数字工具	研究主题
信息采集技术	扫描仪、传感器、遥感测绘、无人机、移动端设备等	乡村景观分类识别、景观空间格局分布特征提取、物种分布与监测等
分析评估技术	遥感影像处理工具(Envi、Erdas)、地理信息系统平台(ArcGIS、ArcView、ArcInfo)、现代统计学工具(SPSS、Stata、Excel 等)、数学计算软件(IDRISI logistic、Fragstats、matlab)	景观格局演变、乡镇景观资源评价、景观设计效果评估、土地适宜性分析等
现实虚拟技术	图像处理工具(CAD、Adobe Photoshop 等)、三维信息模型工具(SketchUp、3dsMax、Rhino 等)、景观信息模型(LIM)、参数化设计工具	景观数字化营建、景观规划设计、乡村景观情景可视化等
存储管理技术	数据库平台(MySQL、Access)、互联网云端存储平台(Web GIS)	景观遗产保护、乡村景观数据库构建等

2.4 存储管理技术

存储管理技术是资源信息存储的有效手段，为各类景观环境数据提供存储平台。数据库模型是常用的存储方式，在获得充足的图形信息、属性信息等数据资料后，通过 MySQL、Access 等数据库平台对接数据库标准层，对属性数据、空间数据等进行编码和存储，建立动态的景观数据库，同时提供数据与图形的空间分析与交互查询。此外，以互联网为载体的 Web GIS 数据库也是存储的有效手段，充分利用网络服务器进行数据存储、管理、展示和应用，用户只需使用通用浏览器即可进行浏览和查询操作[22]。

城市景观基于资源管理与存储的需要，已搭建了较为全面的绿化、园林、建筑等资源要素信息平台；但乡村景观尤其是非物质景观遗产的存储管理还有待深入探究。

以上这四类技术在乡村景观研究的不同主题和阶段、针对不同研究对象发挥作用，但总体来看，数字化技术在城乡景观中的应用还存在一定差距。数字技术在城市景观中已有一定研究成果，2013 年数字景观大会的召开更使数字化技术在城市景观领域的研究成为热点话题，并在发展过程中，逐渐注重人与景观的交互性和景观的多维性。但数字技术在乡村景观资源中尚处于尝试探索阶段，应用发展以政策为导向，以城市建设经验为借鉴(表 3)。

3 数字技术在我国乡村景观研究与实践的应用方向

3.1 乡村景观格局演变

乡村景观格局在微观层面指单个村落在自然及人文特征综合作用下，呈现的空间纹理和组织结构，宏观层面指区域内多个村落景观空间分布与演变的规律及乡村与周边环境要素间的联系[7]。

研究者通过 3S 技术获取多时相、多分辨率的乡村地表信息数据并解译，采用空间统计、指数计算和转移矩阵等[23]方法对景观格局特征进行定量分析，研究乡村景观动态演变过程[24-29]、景观视域格局与美景度分析[10]、乡村聚落空间结构特征分析[30]、历史景观空间格局重建[31]等。并利用定性、定量和半定量分析方法，结合研究区自然、社会、经济发展等状况分析景观格局驱动因素，基于此构建马尔科夫(Markov)模型、元胞自动机(CA)模型或 Ca-Markov 耦合模型，对景观格局未来的动态演变进行模拟。也有研究者提出更科学的乡村景观格局分布特征提取方法，例如毕明岩提出一种基于区域特征融合规则，在保留乡村景观空间格局分布遥感影像光谱特性的同时，利用其二维离散小波分析尺度函数和小波基函数，对空间格局分布特征的低频系数和高频新系数进行快速融合提取的新方法[32]。

研究结果显示，人为因素如人口变化[33]、经济增长、技术进步、政策因素[34]、文化观念等[11,35]是使乡村景观空间结构发生变化的主要影响因素。

基于对乡村空间格局演变特征解读及发展预判，研究者提出乡村格局优化调控对策。例如彭鹏基于湖南农村聚居模式的时空特征，以及区域差异研究，提出重点建设大规模聚居点，实现农村聚居由分散到集中的调控策略[12]；黄瑾慧比较分析中国三个典型长寿之乡的景观格局，总结了“山林屋水林”景观空间组合模式，以优化乡村人居环境设计[36]；张德宇探究了北方寒地村镇景观格局变迁及驱动因素，基于景观生态学理论提出斑块整合和廊道建设策略实现乡村自然格局重塑[37]。

3.2 乡村资源评价与开发

乡村是行政区划中最小的空间单元，对乡村内部构成元素的分类研究，是风景园林保护和规划的重要前提和基础[38]。不同学者对乡村景观分类提出了不同的方法：地表覆盖类型[39-41]、人为影响程度[42-44]、景观功能划分[45-46]等。分类方法各有特点，研究范围逐渐从区域尺度过渡到乡村，但如何将乡村景观中的视觉景观、意象景观以及背后的文化景观相结合，还需要依托实际情况进行更细致的研究。数字化技术发展下，乡村景观分类，一般使用遥感数据和空间数据作为基础数据，再以 ArcGIS、RS 等软件进行叠加分析等操作，最终形成乡村景观分类的结果。例如张益宾等利用遥感影像结合感知要素，对乡村景观进行分类研究，创建了一种自下而上的分类体系[38]；崔默楠等运用 ArcGIS 空间分析功能结合高度、坡度叠加生成景观单元[47]。

在乡村景观分类的基础上，学者运用美学、生态学、心理学等知识评估乡村景观资源，进行乡村景观合理规划[48]。目前乡村景观评价的主要方法有：层析分析法、梳理叠加计数法、专家评分法、审美态度测量法、AVC 综合评价法等[49]。近几年，数字技术如 GIS、VR、眼动仪等新科技的应用使得评价结果更加真实可靠。GIS 可以对数据进行可视化处理与展示，并可以结合三维分析和场景模拟分析乡村景观格局以及未来发展趋势。吴榛等基于 RS 和 GIS 技术，通过层次分析法，构建了苏南水网地区乡镇景观资源评价指标体系[50]。VR 技术可以对环境场景进行再现，使感知者能够直面场景要素和空间感受，有利于基于第一感受对乡村场景进行评价。孙漪南等利用 VR 全景图技术，以城市青年人群为实验对象，对乡村景观视觉评价及景观要素偏好进行研究[51]。眼动仪实验是研究环境心理学中的一种重要实验手段，能为乡村景观评价提供更科学、更准确的数据。洪长兴利用眼动仪对福州市闽安村这一传统村落公共空间的偏好进行了研究[52]。乡村景观评价方法多样，在实际应用中，往往采取多种方法相结合，以实现更准确、更有效的结果。

也有学者提出利用数字化技术构建乡村景观评估模型。例如李明等探讨了复杂适应条件下乡村景观的 GIS 空间分析方法，从空间可达性、敏感性、空间网络格局三个方面构建了复杂适应条件下，乡村景观的空间分析方法与评价指标体系[53]。蓝若珂利用大数据从语义差异、时空特征、社会特征等角度对游赏感知的乡村夜景形象进行分析，辅助构建乡村夜景评估指标模型[54]。

乡村资源是否值得开发，同一地区哪些地区更值得开发、更能带来较大的经济价值，有赖于对乡村资源科学合理的评估。在乡村景观资源充分识别和有效评估、合理利用的基础上，乡村旅游开始蓬勃发展并逐步进入到数字化时代[55]。陈娟利用 GIS 建立了福州郊区乡村景观的数据库，参照 AVC 旅游开发评论理论和方法，确定了福州六个有较高开发价值的乡镇[56]。翁佳丽等采用 GIS 和层次分析法，对晋江市乡村旅游开发下的乡土资源进行评价，为晋江市未来乡村旅游开发规划提供科学参考[57]。毛志睿、高宇辉等通过构建指标体系对乡村聚落是否适宜开发做出了判断[58-59]。数字化技术有助于提升对乡村景观资源分类的准确度，提高判断乡村景观资源开发潜力的速度，以此促进乡村旅游的可持续发展。

3.3 乡村文化景观保护

除了地理位置、地形、植被、水文等基础空间数据，文化景观也是乡村资源的重要组成部分。数字化技术是保护乡村文化景观的新技术手段之一，对实时保护、传播传承乡村文化遗产具有重要作用。杨晨等集成了数字近景摄影测量技术、激光雷达技术和点云可视化技术，构建了贵州安顺鲍家屯村的三维点云模型，分析了该村的空间模式[60]。遥感、激光点云扫描、三维立体建模等数字技术是保护传统乡村的重要手段，为乡村文化景观保护提供数据库和技术支持。

3.4 乡村景观规划设计

乡村景观作为乡村资源体系中特殊的综合资源，具有保护、开发、利用的产业化价值，对乡村进行综合景观规划设计，有利于保护乡村自然景观的完整性和开发利用的合理性[61]。而利用数字化强大的科学性、系统性和客观性，能在乡村景观规划设计的过程中更客观、合理地分析评价场地要素、构建设计逻辑和处理复杂环境[62]。

近年来国内关于乡村景观规划设计的研究成果丰富，但其中数字化技术的应用还略显薄弱，多应用在乡村景观规划设计前期方面。学者们多利用RS和GIS等技术对场地进行前期资源分析[63]、空间分析[64-66]、景观格局分析[67-68]等，以弥补传统设计过程中竖向分析的不足，更好地了解场地现状。

在具体规划设计中，有学者利用农业物联网技术与农业景观相结合，实现对重要环境数据的采集和对园区重点区域的实时监控，提升乡村景观规划的信息化管理水平[69]。曾丽娟通过层次分析法(Analytic Hierarchy Process, AHP)构建了乡村景观设计效果评估指标体系，并利用BP(back propagation)神经网络构建了评估模型，对北京门头沟乡村景观设计效果进行了综合评估[70]。

3.5 乡村景观信息管理

在数字化技术支持下，乡村景观信息管理一方面收集区域乡村基础资料，建立乡村景观数据库，一方面利用乡村景观信息模型(LIM)和参数化模型进行规划、设计、建造等工作[62]。就建造的乡村景观数据库而言，大部分是为风景名胜区而建，方便后续的监测评估、保护规划等工作，并起到宣传推介的作用；少部分为研究村镇的发展模式与特征。姜家艳等基于Access建立了太湖西山景区乡村景观数据库，为规划设计、科研、管理和游客等人员分类提供信息共享平台[71]。熊星等利用ArcGIS等数据库技术，建立了太湖风景名胜区西山景区的乡村文化景观图像子数据库，和乡村文化景观图文影音数据库[72]。陈娟使用GIS提取福州郊区乡村景观单元类型，建立乡村景观类型数据库[56]。在探究村镇发展模式方面，马毅以面向村镇绿色发展的数据库为平台，对东北地区村镇的景观特征进行识别与分析[73]；同时马毅还构建了绿色村镇标准数据库，以此探讨村镇宜居空间长效发展的理论和技术支撑[74]。对乡村景观信息管理，从开始的信息采集和数字化录入，到后期的实时更新和维护，都是信息实时性和真实性的必要保障，这需要大量的财力和人力，所以在实际应用中，只有风景名胜区出于管理和宣传的目的，才会对乡村信息进行数字化管理，在普通村镇则实践较少。

4 总结与讨论

4.1 数字技术在乡村景观资源应用中的特点

数字技术类型多样、功能广泛，可获取丰富的乡村景观环境信息及社会环境信息。多媒体技术、虚拟现实、人工智能、计算机网络等数字技术已在乡村景观中有初步尝试，参与景观生成、模拟、评估等一系列进程。此外，应用最为广泛数字遥感影像分类与提取技术，可以识别并记录影响乡村景观生态的物理环境信息，如乡村特色景观要素(河湖、农田、水利资源等)的空间分布状况、物种群落的生长监测与演替等；数字技术与基于移动互联网的大数据、新媒体技术创新结合可以实现乡村社会环境信息，以及人与环境交互信息的开发利用。

数字技术突破了传统技术手段的局限，实现数据高效采集、管理与存储。传统资源数据收集方式耗时长、成本高，且易受到采集者的主观影响。数字化采集方式高效便利、实时性强，已有大量研究从互联网上直接获取区域空间、经济、地理等多源数据，节省野外调查的庞杂工作量，为案头研究提供科学依据。此外，地理信息系统技术已在乡村景观资源研究研究中得到广泛运用，为最大程度集成、分析与管理各类数据源提供平台。不同类型的数据经过标准化处理，存储在数据库中或进行云端存储，将传统的纸质记录转为电子版本，便于研究成果共享和可持续性研究。

数字技术拓展了乡村景观资源研究的时间跨度和空间尺度。在时间维度上，传统的研究方法，停留在对某一时期乡村景观资源现状的静态研究，忽略了时间序列中村落人文因素、自然因素的演变对资源要素的影响。当前数字化工具使多时期历史影像的获取成为可能，研究者可探究不同时空尺度下乡村景观资源的动态演变过程，并实现未来的发展趋势模拟与监测，为乡村发展规划科学制定策略。在空间维度上，数字化采集能极大拓宽研究区域的范围，将传统的单个乡村风貌研究，转变为某一流域或地理区域的乡村空间格局研究，强调了宏观尺度上村落间的空间联系，便于对乡村整体发展规律进行判读。

数字技术促进了乡村全面振兴，给村庄建设和产业发展注入新动力。伴随着数字技术和信息技术的快速发展，乡村工业、服务业将逐渐与农业融合并形成数字化产业体系。在农业生产上，通过数字技术对乡村土地利用格局进行研究，能科学调整用地结构，实现农业资源的合理利用与开发，进而带动产业效能的极大提升。

4.2 乡村景观数字技术研究趋势与方向

注重各类乡村景观资源的整合并形成信息化网络。随着数字乡村建设的发展，未来将更多研究从资源数据的采集与处理，转向信息的存储管理，通过建立数据库和开发相关应用系统，形成一张动态的乡土景观资源信息服务网，为乡村规划建设提供基础数据，提升信息管理能力。

重视乡土景观资源的地域价值，进一步探究城乡景观资源的差异。区别于映射现代城市功能的城市景观，乡村景观资源以自然生态为属性。未来研究中应借助数字化技术识别并定量化记录农田、水系、乡风民俗等乡土地域特质，充分利用现代工艺与技术手段修复自然资源，保护人文资源。

弥合城乡资源间的地域鸿沟，实现一体化发展。在充分借鉴城市建设经验的基础上，加速构建城乡空间基础信息网络，调整资源要素在区域内的合理分配，更合理地指导城乡用地、农业发展和生态安全格局，实现国土空间治理数字化和智能化。

参考文献

[1] Ervin H.Zube，etc. Landscape assessment—Values，perceptions and resources. Halsted press，1975.

[2] 成玉宁，杨锐.数字景观：中国第四届数字景观国际论坛[M].南京：东南大学出版社，2019.

[3] 沈校宇，秦晴，倪宏伟.国内乡村景观研究特征与趋势——基于2000—2020年CNKI数据库的分析[J].建筑与文化，2020(09)：186-188.

[4] 彭颖，杨清平.广西文物建筑基础数据采集数字化技术研究策略[J].企业科技与发展，2021(01)：46-48.

[5] 孔晓红.传统村落文化遗产的数字化挖掘和采集技术方法——以中国传统村落数字博物馆为例[J].城乡建设，2020(13)：44-46.

[6] 盛智露.数字景观在城市建设中的应用研究[D].南昌：江西师范大学，2018.

[7] 刘澜，唐晓岚，熊星，徐佳麒.GIS技术在风景名胜区乡村景观肌理研究中的应用初探[J].山东农业大学学报(自然科学版)，2018，49(06)：952-957.

[8] 钟华颖.景观设计的数字化抽象[J].风景园林，2013(01)：154.

[9] 周可一. 中部城市近郊乡村景观格局演化特征及优化策略：以六安市规划区11个乡镇为例[D].武汉：华中科技大学，2016.

[10] 王歌. 乡村景观视域格局与美景度相关性研究：福建省长汀县张地村为例[D]. 福州：福建农林大学，2016.

[11] 牛童. 东平县旅游景观格局演变与动态模拟研究[D].泰安：山东农业大学，2020.

[12] 彭鹏. 湖南农村聚居模式的演变趋势及调控研究[D].上海：华东师范大学，2008.

[13] 徐艳芳，柳懿真，沈珍珍.数字技术介于景观设计中的应用研究[J].大众文艺，2021(01)：49-50.

[14] 陈浩磊，邹湘军，陈燕，刘天湖.虚拟现实技术的最新发展与展望[J].中国科技论文在线，2011，6(01)：1-5.

[15] 刘颂，张桐恺，李春晖.数字景观技术研究应用进展[J].西部人居环境学刊，2016，31(04)：1-7.

[16] 谭征.基于三维虚拟的农村景观设计系统设计[J].现代电子技术，2018，41(22)：38-41.

[17] 杨晨，韩锋，刘春.基于点云技术的乡村景观遗产空间信息记录与可视化方法研究[J].风景园林，2018，25(05)：37-42.

[18] 唐振雄.乡村景观营造中的景观信息模型(LIM)构建初探——以“无止桥”乡村公益实践为例[J].包装世界，2016(02)：74-78.

[19] 秦静，方创琳，王洋.基于元胞自动机的城市三维空间增长仿真模拟[J].地球信息科学学报，2013，15(05)：662-671.

[20] 刘伟，丁亚君.基于数字乡村化的古村落保护[J].工业工程设计，2019，1(01)：75-78.

[21] 刘麦瑞.浅谈闽南乡村历史民居参数化保护及改造——以厦门院前社为例[J].中外建筑，2020(08)：47-49.

[22] 刘晓婧. 数字乡村三维可视化系统的设计与实现

[D].昆明:昆明理工大学,2009.
[23] 邵技新,张凤太.基于GIS的毕节市岩溶山区乡村景观格局特征分析[J].贵州农业科学,2009,37(11):178-180.
[24] 熊许平. 成都彭州市景观格局变化及生态安全评价[D].雅安:四川农业大学,2018.
[25] 周倩云. 株洲市炎陵县乡村景观格局的分析与优化[D]. 长沙:中南林业科技大学, 2016.
[26] 刘进超. 县级尺度农村居民点景观格局时空分异研究:以徐州市睢宁县为例[D].南京:南京农业大学,2009.
[27] 韩博. 基于遥感影像的北方乡村景观空间格局特征研究[J]. 科技通报, 2018, 34(11): 168-171.
[28] 叶其炎,夏幽泉,杨树华. 云南高原山区农业景观空间格局分析[J]. 水土保持研究, 2006,13(2): 27-31.
[29] 胡文英. 元阳哈尼梯田景观格局及其稳定性研究[D]. 昆明:昆明理工大学, 2009.
[30] 陶婷婷,杨洛君,马浩之,郭青海,韩善锐,刘茂松,徐驰.中国农村聚落的空间格局及其宏观影响因子[J].生态学杂志,2017,36(05):1357-1363.
[31] 马欣悦. 秦岭北麓蓝田县清至建国初年农业景观格局重建研究[D]. 西安:西安建筑科技大学, 2020.
[32] 毕明岩. 乡村景观空间格局分布特征快速提取仿真研究[J]. 计算机仿真, 2019, 36(4): 349-352.
[33] 贺波. 基于3S技术的川中丘区乡村景观的养分区域优化管理研究[D].雅安:四川农业大学,2006.
[34] 刘虹霞. 都江堰灌区乡村景观格局演变与优化策略研究:以聚源镇为例[D].成都:西南交通大学,2019.
[35] 杨茂华. 黄河下游典型地区农业景观异质性变化分析:以郑汴地区为例[D].开封:河南大学,2015.
[36] 黄瑾慧. 基于"景观图谱"视角下三个典型长寿之乡的比较研究[D].西安:西安建筑科技大学,2020.
[37] 张德宇. 基于RS和GIS的成高子镇景观格局变迁分析与规划策略研究[D].哈尔滨:哈尔滨工业大学,2016.
[38] 张益宾,郝晋珉,黄安,祖健.感知要素与遥感数据结合的乡村景观分类研究[J].农业工程学报,2019,35(16):297-308.
[39] 宗召磊,周华荣,冯滁成,等.新疆灌木地景观生态分类初探[J].干旱区研究,2015,32(1):168-175.
[40] 师庆东,王智,贺龙梅,等.基于气候、地貌、生态系统的景观分类体系——以新疆地区为例[J].生态学报,2014,34(12):3359-3367.
[41] 郭福生,姜伏伟,胡中华,等.丹霞地貌危岩景观分类及可持续开发对策:以龙虎山景区为例[J].山地学报,2012,30(1):99-106.
[42] 熊星,唐晓岚,刘澜,张坚林,王军围,李传文,徐佳麒.风景名胜区乡村文化景观管理数据库平台建构策略[J].南京林业大学学报(自然科学版),2017,41(05):99-106.
[43] 高阳,张凤荣,郝晋珉,等.基于利益趋向的农村居民点整治分析[J].农业工程学报,2016,32(S1):297-304.
[44] 肖禾,王晓军,张晓彤,等.参与式方法支持下的河北王庄村乡村景观规划修编[J].中国土地科学,2013,27(8):87-92.
[45] 张杨,严国泰.新疆风景名胜区文化景观的构成要素及其类型研究[J].中国园林,2017,33(9):115-119.
[46] 张陆琛,邵龙,冯珊.线性遗产沿线自然景观类型划分研究:以中东铁路干线研究为例[J].中国园林,2016,32(10):84288.
[47] 崔默楠,肖禾,张茜,李良涛.河北省太行山前乡村景观分类与制图研究——以邯郸市三陵乡三村为例[J].天津农业科学,2019,25(03):68-74.
[48] 刘滨谊,王云才.论中国乡村景观评价的理论基础与指标体系[J].中国园林,2002,18:77-80.
[49] 鲁苗.浅析乡村景观评价方法研究[J].设计艺术研究,2018,8(06):106-115.
[50] 吴榛,王玮,王浩.基于GIS的苏南水网地区乡镇景观资源综合评价[J].南京林业大学学报(自然科学版),2017,41(04):202-208.
[51] 孙漪南,赵芯,王宇泓,李方正,李雄.基于VR全景图技术的乡村景观视觉评价偏好研究[J].北京林业大学学报,2016,38(12):104-112.
[52] 洪长兴. 传统村落公共空间景观偏好研究:以福州市闵安村为例[D].福州:福建农林大学,2020.
[53] 李明,徐建刚. 复杂适应条件下乡村景观空间分析的理论基础与指标体系[J]. 江苏农业科学, 2015, 43(2): 186-189.
[54] 蓝若珂. 基于游赏感知的乡村夜景构建研究[D]. 福州:福建农林大学, 2019.
[55] 罗志慧,王宁.国内外乡村旅游产业数字化发展现状与发展对策[J].农村经济与科技,2020,31(23):111-113.
[56] 陈娟. 基于GIS的福州郊区乡村旅游开发研究[D].福州:福建师范大学,2006.
[57] 翁佳丽,李霞,张欢,吴小刚.晋江市乡村旅游开发乡土资源综合评价研究[J].河南科技学院学报(自然科学版),2020,48(01):42-50.
[58] 高宇辉. 乡村聚落旅游开发适宜性评价研究[D].北京:北方工业大学,2020.
[59] 杨晨,韩锋,刘春.基于点云技术的乡村景观遗产空间信息记录与可视化方法研究[J].风景园林,2018,

25(05):37-42.

[60] 王云才,刘滨谊.论中国乡村景观及乡村景观规划[J].中国园林,2003,19:56-59.

[61] 詹文,程会凤. 乡村生态宜居景观数字化营建技术应用探析[J]. 新农业, 2019(21): 83-85.

[62] 徐亮. 乡村景观规划中应用地理设计方法的对比与评价[D]. 天津:天津大学, 2017.

[63] 左小珊,马晓燕,刘扬. GIS 在乡村景观规划与保护中的应用[J]. 安徽农业科学, 2009, 37(14): 6761-6763.

[64] 孔静怡. 基于生态宜居的黔东南黄岗村景观规划[D]. 广州:仲恺农业工程学院, 2019.

[65] 彭梅琳. 基于3S技术的江苏"团"区域乡村绿道规划研究:以姜堰区特色田园乡村绿道规划为例[D].南京:东南大学,2019.

[66] 俞孔坚,李迪华,韩西丽,裴丹.网络化和拼贴:拯救乡土村落生命之顺德马岗案例[J].城市环境设计,2007(02):26-33.

[67] 柳柳. 村镇景观生态规划方法及应用研究:以珠海斗门镇为例[D]. 哈尔滨:哈尔滨工业大学, 2015.

[68] 徐洪武. 基于农业物联网融合的休闲农庄规划设计研究:以常州都市 e 农庄为例[D]. 南京:南京农业大学, 2014.

[69] 曾丽娟. 基于层次分析法和人工智能技术的乡村景观设计效果评估[J]. 现代电子技术, 2020, 43(11): 128-131.

[70] 姜家艳,熊星,叶海跃,张佳悦,丁新茹.基于 Access 的太湖西山景区乡村景观数据库构建途径[J].中国园艺文摘,2017,33(08):124—127.

[71] 熊星,唐晓岚,刘澜,张坚林,王军围,李传文,徐佳麒.风景名胜区乡村文化景观管理数据库平台建构策略[J].南京林业大学学报(自然科学版),2017,41(05):99-106.

[72] 马毅,赵天宇.基于数据库分析的东北村镇景观特征与发展模式研究[J].建筑学报,2017(S1):128-133.

[73] 马毅. 东北严寒地区绿色村镇数据库系统设计与应用研究[D]. 哈尔滨:哈尔滨工业大学,2018.

作者简介:曾昱璇,华中农业大学园艺林学学院研究生。研究方向:绿地系统规划、绿地与气候。

何子琦,华中农业大学园艺林学学院研究生。研究方向:城市绿色基础设施规划设计。

李欣,华中农业大学园艺林学学院研究生。研究方向:城市绿色基础设施规划设计。

章莉,华中农业大学园艺林学学院讲师。研究方向:绿地系统规划、绿地与气候。

张炜,华中农业大学园艺林学学院副教授。研究方向:城市绿色基础设施规划设计。

基于恢复性环境理论的绿道空间要素量化研究*

王　菁　张清海

摘　要　基于环境恢复性理论，对具有恢复性效益的线型绿道空间进行定量化分析，探寻影响环境恢复度的空间要素特征。以南京市都市型绿道环紫金山绿道为研究对象，以环境恢复度值为因变量，空间物理要素为自变量建立多元线性回归方程。计算得到都市型绿道空间恢复度评价模型：恢复度值＝－0.392＋1.91＊色彩丰富度－0.058＊植物丰富度－0.008＊郁闭度，并根据标准化系数绝对值大小得出色彩丰富度>植物丰富度>郁闭度的因子排序。研究表明，绿道空间内色彩丰富度越高，恢复度评价值越高，植物丰富度和郁闭度受其他要素影响，但普遍来说，在植物丰富度为5，郁闭度在15%～20%区间时，绿道空间的环境恢复度评价值较高。

关键词　环境恢复性理论；多元线性回归；景观量化研究；都市型绿道

人的身心健康与环境有着密切的关系，如今城市生活节奏快、工作竞争压力大，现代人的心理健康问题日益突显[1]。研究表明，以自然环境为主体的城市绿色空间，能够有效缓解压力、恢复疲劳[2-3]。Ulrich的压力缓解理论及Kaplan夫妇的注意力恢复理论，是恢复性感知的两大基础理论，较早地提出了自然绿色空间有益于恢复性感知体验，在不需要努力集中注意力的环境下，使人从集中注意力产生的疲劳中恢复的观点[4-5]。

目前关于城市绿地恢复性感知的相关研究结论以绿地生态效益指标为主，在解释恢复体验机制方面尚不够完全[6-7]。恢复性感知体验不仅取决于客观的环境物理因子，同时受到个体心理感知及需求的影响[8]。视觉与心理恢复有直接关系，都市型绿道空间是城市之中连续的自然绿色空间，也是城市居民日常缓解压力、通勤穿梭以及户外运动的重要场所。目前国内基于恢复性环境理论的定量分析，多集中于城市公园[9-10]、滨水环境[11]和社区公园[12]等。在此背景下，对影响都市型绿道恢复性感知的空间要素进行量化分析研究，以期进一步科学地完善恢复性感知体系。

1　研究对象与方法

1.1　研究对象

1.1.1　研究区概况

本文以南京市环紫金山绿道南线为研究对象。研究区域位于紫金山的南麓，西起自琵琶湖—下马坊公园段，经下马坊公园—体育公园段，东至体育公园—东入口段，串联紫金山十余景区，是集自然观光、文化体验、休闲娱乐为一体的综合性都市型绿道（图1）。绿道主线长约18.3 km；主、次要出入口共12个，均与地铁站、公交站点以及居住区相连。

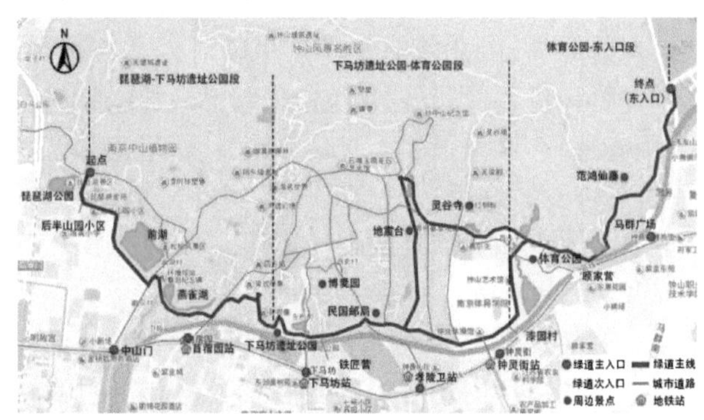

图1　环紫金山绿道南线概况图

＊　江苏省林业科技创新与推广项目“基于公共健康促进的城市养生林地建设模式研究与示范”（编号：LYKJ［2020］16）；国家科学基金青年项目“基于游憩体验的城市森林公园身心健康效益研究”（编号：51808295）。

1.1.2 样本空间选择

依据环紫金山绿道的使用情况、空间特征等因素，将其划分为3个区段进行样本空间采集：琵琶湖—下马坊公园段、下马坊公园—体育公园段、体育公园—东入口段。选择2021年4—5月晴朗日子的同一时段，进行样本空间初步采集，获得50张视觉效果较好的照片。

为减少人为操作带来的误差，样本采集统一拍摄相机以及拍摄方式。采用28 mm镜头，以固定高度、仰角约15°的方式进行拍摄，拍摄时相机与地面垂直高度为1.6 m，并通过Photoshop CC 2017对照片统一处理为210 mm×295 mm大小，画质与亮度一致的图片[13]。由3名风景园林专业人员进行筛选，最终得到20张不同类型的绿道空间样本照片（琵琶湖—下马坊段8张，下马坊—体育公园段6张，体育公园—东入口段6张）用于环境恢复性感知评分。

1.2 研究方法

1.2.1 恢复度值评价

恢复性环境的评价因子包括物理环境特征因子和心理环境特征因子两部分。物理因子反映环境的客观情况，心理因子是个体对于环境的主观评价。

（1）知觉恢复量表

心理因子通过照片量表评分的方式进行测量，维度选择基于Kaplan夫妇归纳的恢复性环境4个特征因子：距离感（being away）、魅力性（fascination）、延展性（extent）和相容性（compatibility）。为避免受测者因问卷过长影响恢复度值评价，选择短版中文版知觉恢复量表对4个心理因子进行评价，分别是："这里能够帮助我放松精神"（距离感）；"这里很迷人"（魅力性）；"这里很混乱"（延展性）和"这里很适合我"（相容性），描述语句取自中文版知觉恢复量表（PRS）[14]中。

（2）问卷法

对环紫金山绿道使用者进行问卷调查。问卷内容主要包括受访者的社会特征、绿道的使用特征以及恢复性感知评价3个部分。空间感知评价部分，采用李克特十级量表对20个样本照片从1～10分（非常不同意～非常同意）进行评定。收集汇总后，剔除全部评价统一分数、未完成作答等明显随意评分的数据。

问卷在网络与实地同时发放和收集，共随机发放问卷210份，回收有效问卷200份，有效率达95%，废卷率远小于20%。此次评分人员共200人，受访者年龄层次分布较合理，男女比例较平均，社会经济背景覆盖面广，整体样本结构合理，具有较好的代表性。

（3）照片方格测量法

使用照片方格测量法对样本物理环境进行量化处理。在Photoshop CC2017中用5 mm×5 mm的透明小方格将210 mm×295 mm大小的照片分割成2478个方格。以不同颜色的色块代表不同的物理因子评价指标，计算相应指标所占格数在总图中的百分比进行量化。

1.2.2 景观空间评价量化

通过整理前人对环境恢复性感知的研究，总结影响恢复性体验的常见物理因子，并结合样本空间实地情况分析，选择以下8种物理因子来量化绿道空间环境：乔木面积、灌木面积、花卉面积、草坪覆盖面积、水体面积、植物丰富度、色彩丰富度、郁闭度。

表1 评价指标说明

空间要素	指标含义	量化方法
乔木面积	样本空间内乔木所占面积	网格法计算照片中乔木所占方格数
灌木面积	样本空间内灌木所占面积	网格法计算照片中灌木所占方格数
花卉面积	样本空间内花卉所占面积	网格法计算照片中花卉所占方格数
草坪覆盖面积	样本空间内草坪覆盖面积	网格法计算照片中草坪覆盖方格数
水体面积	样本空间内水体所占面积	网格法计算照片中水体所占方格数
植物丰富度	样本空间中植物种类数目	照片样本中所有乔木、灌木、草本植物的种类数
色彩丰富度	样方中颜色对比差异明显的色彩数目	照片样本中颜色对比差异明显的色彩数目
郁闭度	样方中乔木树冠垂直总投影面积与样方面积之比	Y=P乔/S样方

2 绿道空间恢复度评价模型建立

2.1 空间要素与环境恢复效益的相关分析

环境恢复度效益是受多个空间要素特征共同作用的结果，用 SPSS 22.0 软件做 Pearson（皮尔森）相关性分析，以度量两个变量之间的相互关系（线性相关），得到各空间要素与恢复度评价值之间的关系强弱依序为：色彩丰富度>水体面积>植物丰富度>乔木面积>郁闭度>花卉面积>灌木面积>草地覆盖面积。其中，乔木面积、草地覆盖面积、花卉面积、水体面积和色彩丰富度呈正相关；而灌木面积、植物丰富度和郁闭度呈负相关（表 2）。

由于空间要素之间存在相关系数的情况，如“花卉面积”和“草地覆盖面积”的相关系数高达 0.795，“花卉面积”和“灌木面积”的相关系数高达 0.777，说明变量之间有可能存在共线性问题，为避免共线性问题，将采用逐步多元线性回归进行分析，以建立恢复度评价模型。

表 2 Pearson（皮尔森）相关性分析

	空间要素	恢复度	距离感	魅力性	相容性
皮尔森相关性	乔木面积	0.276	.508*	0.373	0.388
	灌木面积	−0.137	−0.24	−0.169	−0.146
	草地覆盖面积	0.031	−0.005	−0.126	0.037
	花卉面积	0.168	0.022	0.046	0.128
	水体面积	.561*	.497*	.569**	.507*
	植物丰富度	−.513*	−.589**	−.623**	−.579**
	色彩丰富度	.844**	.740**	.822**	.747**
	郁闭度	−0.262	−0.315	−0.187	−0.259

**. 相关性在 0.01 层上显著（双尾）；
*. 相关性在 0.05 层上显著（双尾）。

2.2 多元线性回归模型建立

多元线性回归模型主要是通过自变量与因变量的现有统计学趋势对因变量进行模拟预测，同时得出自变量对因变量的影响程度，可以更直观地反映绿道空间景观中不同景观要素之间的关系。

将多元线性回归模型的自变量 X 设置为前文总结的 8 个景观要素，因变量 Y 设置为恢复度评价值。在 IBM SPSS Statistics22.0 中作逐步分析回归（stepwise），逐步去除不太重要的因子，建立恢复度模型，选出影响绿道空间环境恢复度的主要物理环境要素，并分别进行分析。将大于显著性水平 0.05 的乔木面积、灌木面积、草坪覆盖面积、花卉面积和水体面积 5 个变量剔除，得到表 2。

表 3 模型回归系数[a]

模型		非标准化系数		标准化系数	T	Sig.
		B	标准误差	Beta		
1	（常数）	−.947	.150		−6.330	.000
	色彩丰富度	.213	.032	.844	6.664	.000
2	（常数）	−.494	.232		−2.135	.048
	色彩丰富度	.191	.030	.758	6.406	.000
	植物丰富度	−.060	.025	−.283	−2.391	.029
3	（常数）	−.392	.208		−1.881	.078
	色彩丰富度	.191	.026	.756	7.250	.000
	植物丰富度	−.058	.022	−.275	−2.640	.018
	郁闭度	−.008	.003	−.241	−2.423	.028

a. 因变量\：恢复度评价值。

根据表 3 的结果，建立南京紫金山绿道恢复度评价值回归模型：

恢复度值 = −0.392 + 1.91 * 色彩丰富度 −0.058 * 植物丰富度 −0.008 * 郁闭度

上式表示在都市型绿道空间恢复性环境中，每增加 1 单位色彩丰富度，恢复度评价值会增加 1.91 个单位；每增加 1 单位植物丰富度，恢复度会下降 0.058 单位；每增加 1 单位郁闭度，恢复度会下降 0.008 单位。

标准化系数的绝对值越大，表示预测变量对因变量的影响越大，其解释因变量的变异量也越大。根据模型标准化系数的绝对值大小可知这 3 个因子影响恢复度的重要性排序：色彩丰富度>植物丰富度>郁闭度。且模型中四个物理要素 Sig 值分别为 0.000、0.018、0.028，在 P=0.05 水平显著，线性关系显著。

2.3 回归方程检验

选择调整后判定系数最大，且标准估计误差最小的模型 3，其复相关系数 R 为 0.918，判定系数为 0.842，调整判定系数为 0.812，拟合优度较高，不被解释的变量较少(表 4)。Durbin-Watson 检验统计量，用于检测模型中是否存在自相关，一般认为，DW 值在 1.5～2.5 之间即可说明无自相关现象。本研究 DW 值为 2.070，表明自变量之间不存在严重的共线性关系。

对得到的回归方程进行显著性检验，回归方程满足 F 检验，且 Sig.＝0.000＜0.05，说明模型中 3 个特征因子，与恢复度之间有显著的相关性，可以建立线性模型(表 5)。

表 4 模型摘要[d]

模型	R	R 方	调整后 R 方	标准估计的误差	Durbin-Watson
1	.844[a]	.712	.696	.209 327 372 98	
2	.886[b]	.784	.759	.186 331 004 23	
3	.918[c]	.842	.812	.164 285 551 99	2.070

a. 预测值：(常数)，色彩丰富度；b. 预测值：(常数)，色彩丰富度，植物丰富度；c. 预测值：(常数)，色彩丰富度，植物丰富度，郁闭度；d. 因变量\：恢复度评价值。

表 5 显著性 F 检验[a]

模型		平方和	df	平均值平方	F	Sig.
3	回归	2.303	3	.768	28.442	.000[d]
	残差	.432	16	.027		
	总计	2.735	19			

a. 因变量\：恢复度评价值；d. 预测值：常数。

表 6 配对样本相关系数

		N	相关系数	显著性
对 1	恢复度评价值 & 恢复度预测值	20	.852	.000

表 7 配对样本 T 检验

	均值	标准差	差分的 95% 置信区间		T	df	Sig.
			下限	上限			
对 1	−7.76	2.5	−8.97	−6.55	−13.40	19	.000

用 20 组样方数据进行精度检验，即衡量预测恢复度值与实际恢复度值间的差异是否显著。预测恢复度与实际恢复度值之间的相关系数中，显著性 0.000＜0.05，表示预测恢复度值与实际恢复度值相关性高(表 6)。T 检验中的 Sig.＝0.000＜0.05，说明二者之间不存在显著差异(表 7)。

由标准化残差直方图可以看出，标准化残差值的频率分布与正态分布曲线基本吻合，说明样本观测值大致符合正态性分布的假设(图 2)；同样，标准化残差值的累积可行性概率点较为均匀地分布于 45°的直线两侧附近，说明观测值很接近正态分布的假设(图 3)。综合两图，可以认为残差分布服从正态分布。

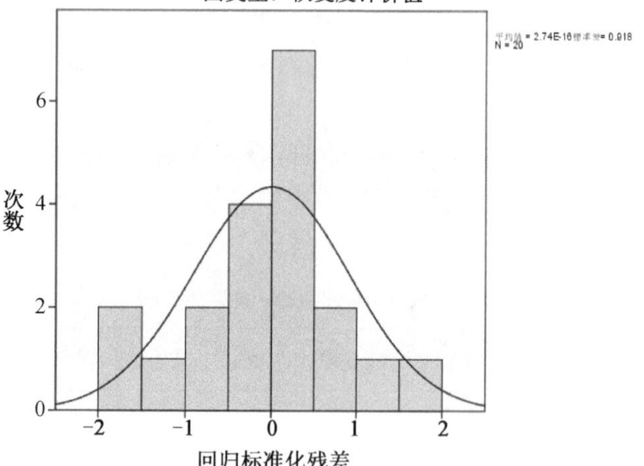

图 2 标准化残差的直方图

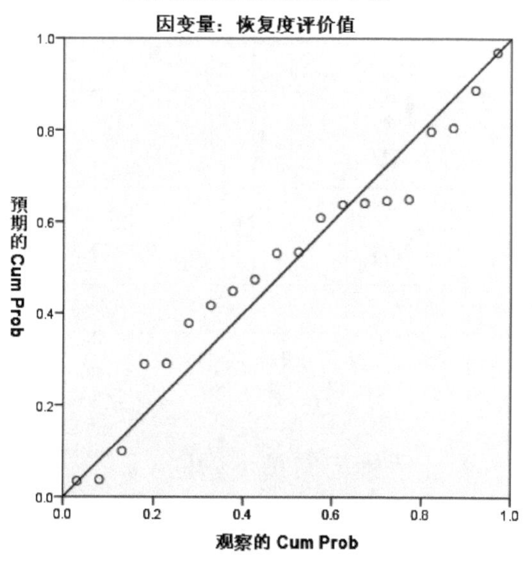

图 3 残差累积概率图

表 8 Pearson(皮尔森)相关性分析

	恢复度	距离感	魅力性	延展性	相容性
距离感	.871**	1			
魅力性	.828**	.924**	1		
延展性	−.398	−.517*	−.391	1	
相容性相关	.931**	.928**	.892**	−.449*	1

**.相关性在 0.01 层上显著(双尾);

*.相关性在 0.05 层上显著(双尾)。

综上,回归方程通过了 F 显著性检验与 T 检验,说明回归方程精度较高,可用于都市型绿道空间环境恢复度视觉质量的评判。

3 讨论

3.1 恢复度值与物理要素之间的关系

回归分析显示,色彩丰富度、植物丰富度和郁闭度,是绿道空间环境恢复性评价的重要影响要素。在评价中,乔木面积、灌木面积、花卉面积及草地覆盖面积这四个影响要素被剔除,而色彩丰富度和植物丰富度,与恢复度评价值相关系数较大,说明一定程度上植物的色彩丰富度和种类丰富程度,比乔灌草植物的比例更能影响绿道空间的环境恢复性效益。

色彩丰富度与恢复度值呈正向相关,说明绿道空间内具有较大的色彩丰富度,更能提升环境的恢复度效益。虽然恢复度与色彩丰富度呈正相关影响,但是不同区间的色彩丰富度值对恢复度值影响不同,普遍而言,色彩丰富度大于 5 时,恢复度评价值较高,色彩丰富度越大恢复度评价值越高;色彩丰富度小于 5 时,恢复度评价值较低但变化呈不规律性,受其他因素影响更大。植物丰富度为 5 时,恢复度评价值相对较高,当植物丰富度大于或小于 5 时,恢复度值相对较低。植物种类可以增强环境的自然程度,丰富景观层次,提高环境的恢复效益,但植物丰富度过大时则会给人以杂乱荒芜的感觉,影响环境恢复度评价。郁闭度与恢复度评价值的相关性相对较低,表明绿道空间恢复度评价值,主要受色彩丰富度与植物丰富度影响,郁闭度在 15%～20%区间时,恢复度评价值较高。

3.2 满足恢复性需求的绿道空间环境特征

Pearson(皮尔森)相关性分析可以度量两个变量之间的相互关系。由表 8 可知与环境恢复度评价值呈显著正向相关的是距离感(being away)、魅力性(fascination)和相容性(compatibility),是产生恢复效应的重要心理环境特征,且影响程度强弱关系为:相容性>距离感>魅力性。进一步对每个心理环境特征以及环境空间物理要素进行多元线性回归定量化分析,确定与心理特征相关的绿道空间要素特征关系(表 9)。

距离感指的是使人感觉远离日常生活,避开责任与义务,让人减少使用直接注意力而达到休息与恢复。与距离感正相关的物理因子中,除去色彩丰富度,具有较大影响系数的因子是水体面积、花卉面积和乔木面积。自然水景、花卉和乔木的存在可以提升环境的自然感,让人有远离城市的感觉。

魅力性指具有较好恢复性效益的环境是有魅力的,能够自然而然地吸引人,与个体的环境偏好度相关。相容性高的环境能够让人感到自在、轻松,可以很容易投入做自己想做的事情而不被打扰,隔绝外界的干扰。与魅力性和相容性正相关的物理因子中,除去色彩丰富度,具有较大影响系数的因子是水体面积和花卉面积。水体是非常重要的自然环境要素,有研究表明水体是具有最高恢复性评估的自然特征要素之一[15]。本研究包含水景要素的三个样本空间恢复度评价值,排名为 1、2 和 4,均具有很好的恢复性效益预测值。

4 结语

本文基于环境恢复性理论,通过多元线性逐

表 9 心理特征影响要素回归分析

	距离感		魅力性		相容性	
	回归系数	Sig.	回归系数	Sig.	回归系数	Sig.
(常数)	6.663	0	6.540	0	6.540	0
乔木面积	0.013	0.009	0.009	0.038	0.009	0.174
灌木面积	−0.01	0.17	−0.001	0.899	−0.009	0.462
草地覆盖面积	−0.006	0.41	−0.016	0.023	−0.006	0.589
花卉面积	0.014	0.161	0.017	0.087	0.018	0.259
水体面积	0.014	0.387	0.018	0.247	0.022	0.391
植物丰富度	−0.023	0.555	−0.05	0.184	−0.063	0.332
色彩丰富度	0.161	0.003	0.206	0	0.179	0.024
郁闭度	−0.012	0.016	−0.009	0.036	−0.11	0.123

步回归方程，量化环境恢复度值与环境物理因子之间的关系，逐步去除不太重要的因子，得到都市型绿道空间恢复度值评价模型：恢复度值＝－0.392＋1.91＊色彩丰富度－0.058＊植物丰富度－0.008＊郁闭度，该模型可用于都市型绿道空间环境恢复度的评价和比较。总体而言，绿道空间内色彩丰富度越高，恢复度评价值越高，植物丰富度和郁闭度受其他要素影响，但普遍来说，在植物丰富度为5，郁闭度在15%～20%区间时，绿道空间的环境恢复度评价值较高。

研究基于环境恢复性理论，采用数学模型构建的方法对环境恢复性效益进行定量化评估，探讨影响城市中，具有恢复性效益的都市型绿道空间要素特征，进一步建立更完善的环境恢复性感知理论体系，以期能够帮助设计者更加科学地进行恢复性环境营造。环境的恢复效益是人通过感知环境获得的恢复性体验，其恢复效益并不能通过几个空间要素进行完全反映，只能通过定量化分析提取具有代表性的因子进行数学模型的演算，对空间恢复度评价值进行预测。然而要素之间的关系例如位置、质感、光线的明暗及空间的和谐程度等也有不同程度的影响效果。另外，植物景观具有季节变化的特点，因此一个绿道空间的环境恢复度值也是随时间而变化的。随着科技手段的优化，结合计算机三维图像模拟及人体生理指标记录测量等技术，关于环境的恢复效应机制将得到进一步的完善与优化。

参考文献

[1] 谭少华，郭剑锋，赵万民.城市自然环境缓解精神压力和疲劳恢复研究进展[J].地域研究与开发，2010，(4)：55-60.

[2] Liisa Tyrväinen，Ann Ojala，Kalevi Korpela，Timo Lanki，Yuko Tsunetsugu，Takahide Kagawa. The influence of urban green environments on stress relief measures：A field experiment[J]. Journal of Environmental Psychology，2014，38：1-9.

[3] Korpela K，de Bloom J，Sianoja M，et al.Nature at home and at work：Naturally good? Links between window views，indoor plants，outdoor activities and employee well-being over one year [J]. Landscape and Urban Planning，2017，160：38-47.

[4] Ulrich R S. Aesthetic and affective response to natural environment behavior and the Natural Environment，1983：85-125.DOI：10.1007/978-1-4613-3539-9_4.

[5] Kaplan S.The restorative benefits of nature：Toward an integrative framework[J].Journal of Environmental Psychology，1995，15(3)：169-182.

[6] 王鸿达，叶菁，陈凌艳，等.城市绿地恢复性感知研究进展[J].世界林业研究，2021，34(1)：7-13.

[7] 马明，蔡镇钰.健康视角下城市绿色开放空间研究——健康效用及设计应对[J].中国园林，2016，32(11)：66-70.

[8] Hansmann R，Hug S M，Seeland K.Restoration and stress relief through physical activities in forests and parks[J]. Urban Forestry & Urban Greening，2007，6(4)：213-225.

[9] 宋瑞，牛青翠，朱玲，高天，邱玲.基于绿地8类感知属性法的复愈性环境构建研究——以宝鸡市人民公园为例[J].中国园林，2018，34(S1)：110-114.
[10] 叶鹤宸.影响环境恢复性的城市公园空间特征研究[D].哈尔滨：哈尔滨工业大学，2018.
[11] 魏昱君，钟颖萍，杨逸霄，陈小燕，韩百川，潘辉.城市滨江公园中不同绿地感知维度的恢复性差异研究——以福州闽江公园南园为例[J].东南园艺，2020，8(02)：48-56.
[12] 彭慧蕴.社区公园恢复性环境影响机制及空间优化：以重庆市主城区为例[D].重庆：重庆大学，2017.
[13] 俞浩.彩色图像偏色校正与阴影去除技术研究[D].天津：天津大学，2010.
[14] 王欣歆，吴承照，颜隽.中文版知觉恢复量表(PRS)在城市公园恢复性评估中的实验研究[J].中国园林，2019，35(2)：45-48.
[15] Nordh H，Østby K. Pocket Parks for people—a study of park design and use[J]. Urban Forestry & Urban Greening，2013，12(1)：12-17.
[16] 王晓玥，高欣怡，梁漪薇，等.基于SBE分析法对滨水植物景观的量化研究——以南京滨水公园为例[J].中国园林，2020，36(5)：122-126.
[17] 高祥宝，董寒青.数据分析与SPSS应用[M].北京：清华大学出版社，2007.
[18] 唐晶晶，姚崇怀.植景设计视角下的植物绿色空间美景度数量化模型[J].中国园林，2020，(8)：124-128.
[19] 卢飞红，尹海伟，孔繁花.城市绿道的使用特征与满意度研究——以南京环紫金山绿道为例[J].中国园林，2015，(9)：50-54.

作者简介：王菁，南京农业大学园艺学院风景园林系硕士研究生。研究方向：风景园林规划设计。

张清海，南京农业大学园艺学院副院长，风景园林系副教授、硕士生导师。研究方向：风景园林规划设计与理论。

采煤塌陷地 LIM 地表模拟及景观规划应用*

——以山东彭湖音乐小镇规划为例

郭 湧

摘 要 采煤塌陷地的地表范围变化、沉陷程度、稳沉区域等影响要素是制定区域生态修复策略和土地再利用方案的关键影响因素。以彭庄煤矿为研究对象，利用风景园林信息模型(LIM)对采煤塌陷地地表关键影响因素进行模拟景观规划技术方法，从塌陷地现状、设计策略与景观规划三方面深入探究采煤塌陷区可持续发展策略。结果表明：采煤塌陷地的 LIM 地表模拟不仅加强了塌陷影响的详细分析和预测，而且识别出塌陷治理的重点区域和建设发展的有效区域。提出采煤塌陷地设计策略：构建出水系网络与生态网络，调整土地利用和产业发展机制，明确适宜与不适宜建设区域；提升土地综合再利用价值，面向可持续发展的多目标土地再利用策略，由此形成彭湖音乐小镇的规划。

关键词 风景园林；风景园林信息模型；地表模拟；景观规划

2021 年是"十四五"开局之年，实现碳达峰和碳中和是我国向世界作出的庄严承诺，尤其针对"十四五"能源规划，明确指出将煤炭资源消费占一次能源消费的比重从 2020 年的 56.8%，下降至 2025 年的 48%[1]。我国是煤炭资源大国，长期的煤炭开采导致矿区及周边出现了地表沉陷、房屋倒塌、农田损毁、耕地面积锐减、产业结构失衡和生态系统破坏等一系列问题，这对当地的生态、经济、景观等方面带来严重影响[2]。随着我国政府对采煤塌陷区生态环境保护工作的重视和加强，采煤塌陷地景观规划治理成为当前生态环境领域研究的热点之一[3]。

近年来，国内外的采煤塌陷区研究主要集中在土地复垦和生态治理层面[4]，如矿区土地污染治理[5-6]、生态环境可持续发展[7]、湿地公园[8]、景观规划与设计[9]和新技术在复垦中的运用[10]等，而如何将采煤塌陷区"废弃"土地资源转变为"可再利用"资源，发挥采煤塌陷区的生态效益和土地再利用价值的研究鲜有涉及。针对矿区塌陷地积水的问题，国内外主要方法为建立一、二维水文模型研究积水对土地的破坏机理[11]，使用三维动态模型模拟塌陷区水文的研究方法较少。而风景园林信息模型(LIM)能精准有效、高度稳定地动态模拟塌陷区水文的空间特征，其载体是数字三维模型[12]，可发挥信息模型的数据融合、生命周期动态、可视化模拟等技术特点。LIM 是建筑信息模型(Building Information Modeling，简称 BIM)针对风景园林对象，面向风景园林工程项目这一特定场景的应用[13]，目前已经应用于城市规划、景观设计、生态环境治理等项目中。如何利用风景园林信息模型(LIM)模拟塌陷区动态沉陷过程、提升土地综合价值，以驱动经济和社会效应的发挥，仍有待进一步探索。

本研究聚焦关键问题，应用风景园林信息模型(LIM)技术，支撑面向综合价值挖掘和可持续发展目标的，采煤废弃地土地再利用策略和方案的制定。以彭庄煤矿为研究对象，使用风景园林信息模型(LIM)对采煤塌陷地进行动态模拟，提出采煤塌陷地规划策略，在彭湖音乐小镇规划中，LIM 地表模拟与景观规划过程深入融合，将塌陷数值模拟与规划的空间表达相衔接，为规划决策提供了具有新意的技术方法。

* 论文支持基金名称"基于风景园林信息模型的乡村景观绿色设计技术研究"(编号：51808311)。

图 1　彭庄煤矿区位图

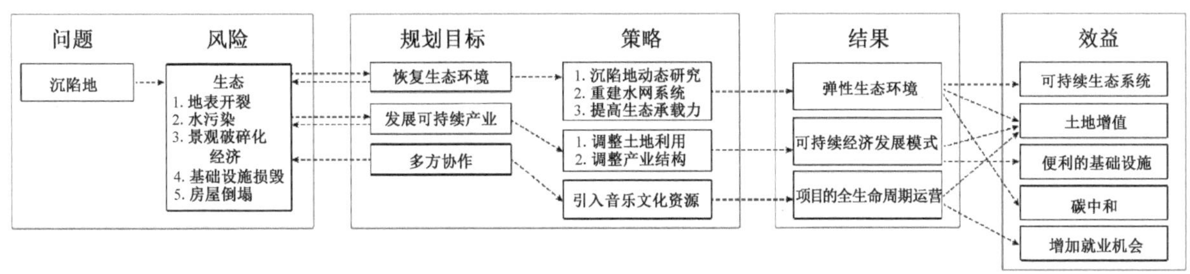

图 2　研究路径

1　研究对象

研究区域位于中国山东省菏泽市郓城县，从地理视角来看，处于鲁西南平原地区，黄河沿岸，地势西南高东北低，全境属黄河冲积平原。山东省处于四省交汇之地，两市为傍、六县相依的区位条件，为郓城发展旅游提供了良好的市场基础。

研究对象为郓城县张营镇彭庄煤矿，研究范围 1 000 hm^2，规划范围为 647.82 hm^2。彭庄煤矿西距郓城县城约 8 km，南临小屯村旧址，西接油棉五厂和郓昌黄牛养殖场，北侧和东侧均为预测轻度塌陷区内的农田。由鲁能集团开发建设的彭庄煤矿是巨野煤田的四个矿井之一（图 1）。

郓城县煤田分布与优质农域广泛重合，煤炭资源的开采对土地造成严重损毁。在城镇化、新农村建设和文化产业发展等政策落地的过程中，面临着采煤沉陷、土地破坏的现实问题。场地中彭庄煤矿开采造成地面沉陷、房屋受损、道路中断、农田土地损毁等问题，随着煤炭资源逐渐枯竭，当地经济的可持续发展面临严峻挑战。

2　研究方法

采煤塌陷地 LIM 地表模拟主要步骤为：首先，通过对采煤塌陷区地面测绘数据获取和动态监测，构建风景园林信息（LIM）模型；其次，使用数字地面高程模型（DEM），对煤炭开采规划和塌陷区数值模拟等基础数据进行空间化处理；第三，基于 LIM 的信息融合和地表形态模拟，确定塌陷范围、塌陷程度；第四，根据现状地形塌陷区影响因素及动态沉陷分析，预测未来特定时间点的地形发展，确定塌陷稳定区域和未来会发生大幅地形变化的区域范围；第五，构建水系和生态网络，调整土地利用和产业发展机制；最后，提出彭湖音乐小镇景观规划方案。主要研究路径如图 2 所示。

表 1　不同塌陷程度的影响因素

塌陷类型	地表情况	塌陷深度（m）	积水情况	植被情况	影响
重度塌陷	塌陷严重	>2.5	常年积水	不能生长	变形的土地其耕作和利用受到严重影响，农业减产甚至绝产
中度塌陷	较严重	1～2.5	雨季易积水	影响植被生长	水土流失加剧；经填埋加工处理，只能做旱耕地利用，产量严重受影响
轻度塌陷	轻微变形	<1	无积水	基本无影响	可做农业用地；水浇地成本增大

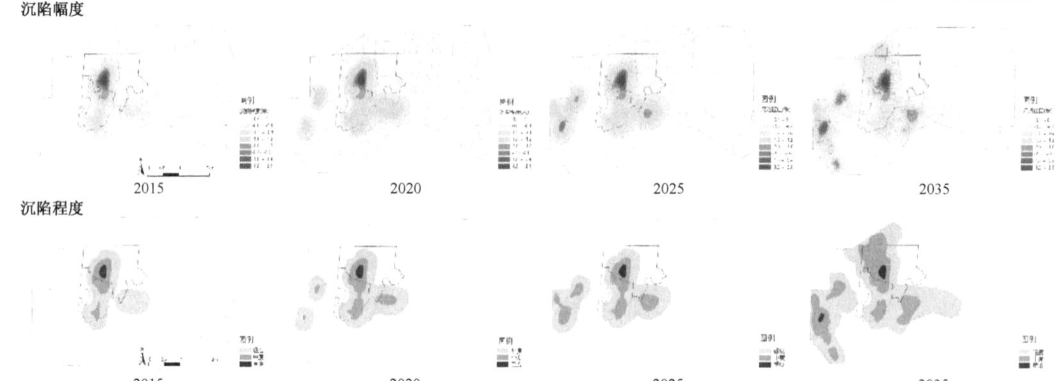

图 3　2015 年、2020 年、2025 年和 2035 年彭庄煤矿沉陷幅度及程度

3　采煤塌陷地现状分析

3.1　塌陷区影响因素分析

彭庄煤矿从 2006 年开始开采，地物所在位置不同受沉陷的影响也不同，塌陷区影响因素主要有地表情况、塌陷深度、积水情况、植被情况。依塌陷程度不同分为重度沉陷、中度沉陷、轻度沉陷三个级别(表 1)。沉陷幅度及程度分析(依据《郓城县采煤塌陷地治理规划(2011—2025)》预测，2015—2025 年，随着开采年份的增加，塌陷范围及塌陷程度逐渐增大，预测到 2025 年，塌陷总面积将达到 1 608 hm^2；当彭庄煤矿闭矿时，塌陷损毁土地面积可达 3 334 hm^2(图 3、表 2)。

表 2　不同年份塌陷面积(hm^2)

年份	总塌陷面积	重度塌陷面积	中度塌陷面积	轻度塌陷面积
2015 年	915	102	98	715
2020 年	1 277	103	195	978
2025 年	1 608	107	334	1 167

根据开采时间与下陷程度的不同分为中间区、内边缘区、外边缘区。中间区位于采空区上方，地表下沉均匀，一般不出现裂缝，地表下沉值最大，建于该区的建筑物相应安全。内边缘区位于采空区外侧上方，地表下沉不均匀，地面向盆中心倾斜，呈凹形，在建筑荷载作用下，地基产生不均匀变形，对建筑的兴建有不利影响。外边缘区位于采空区外侧煤层上方，地表下沉不均匀，地面向盆地中心倾斜呈凸形，产生拉伸变形，对建筑破坏严重(图 4)。

3.2　沉陷动态分析

比较 2015 年与闭矿阶段的采煤塌陷范围和下沉值，对塌陷程度进行预测。可见塌陷最严重的区域下沉已经达到 3.2 m，该区域呈现稳定状态。该区域东侧至闭矿阶段将出现 2.0～3.2 m 的塌陷，属于塌陷过程仍在发展的区域。规划范围中部以东区域，采煤塌陷造成影响较小，处于基本稳定的状态。

沉陷动态的研究与验证：比较 2016 年 8 月 18 日与 2017 年 5 月 16 日的现场实测数据，发现实际沉降情况与理论预测数据基本一致(图 5)。综上建设条件分析，以规划范围中部为界，西侧为塌陷治理的重点区域，东侧为可适当展开建设的有效发展区域。

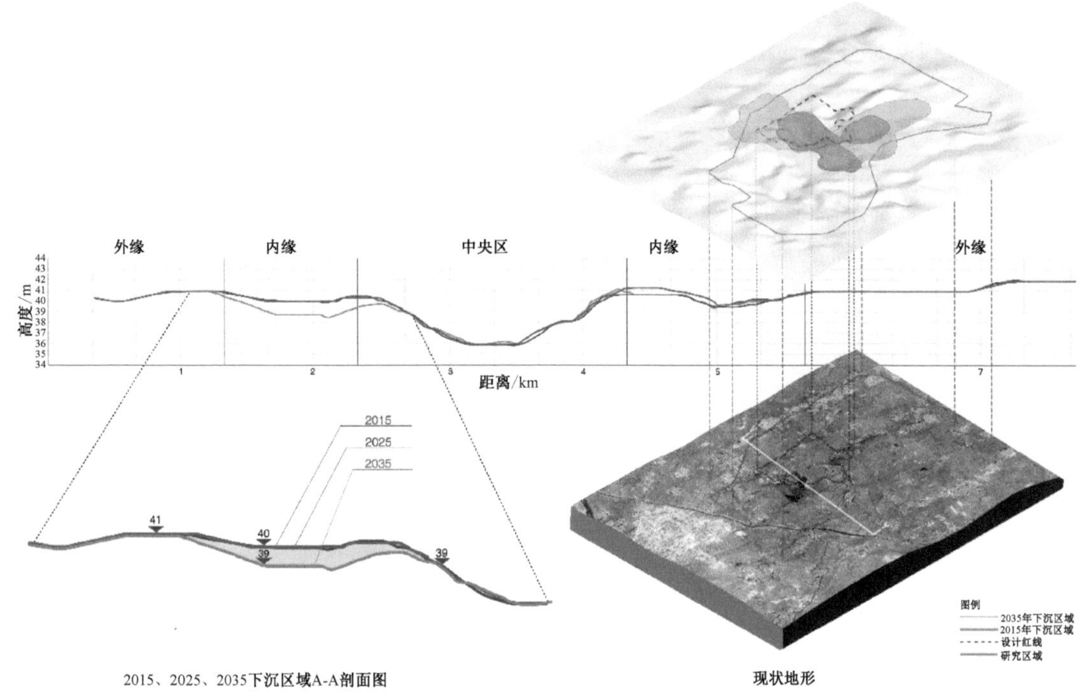

图 4 塌陷程度剖面图

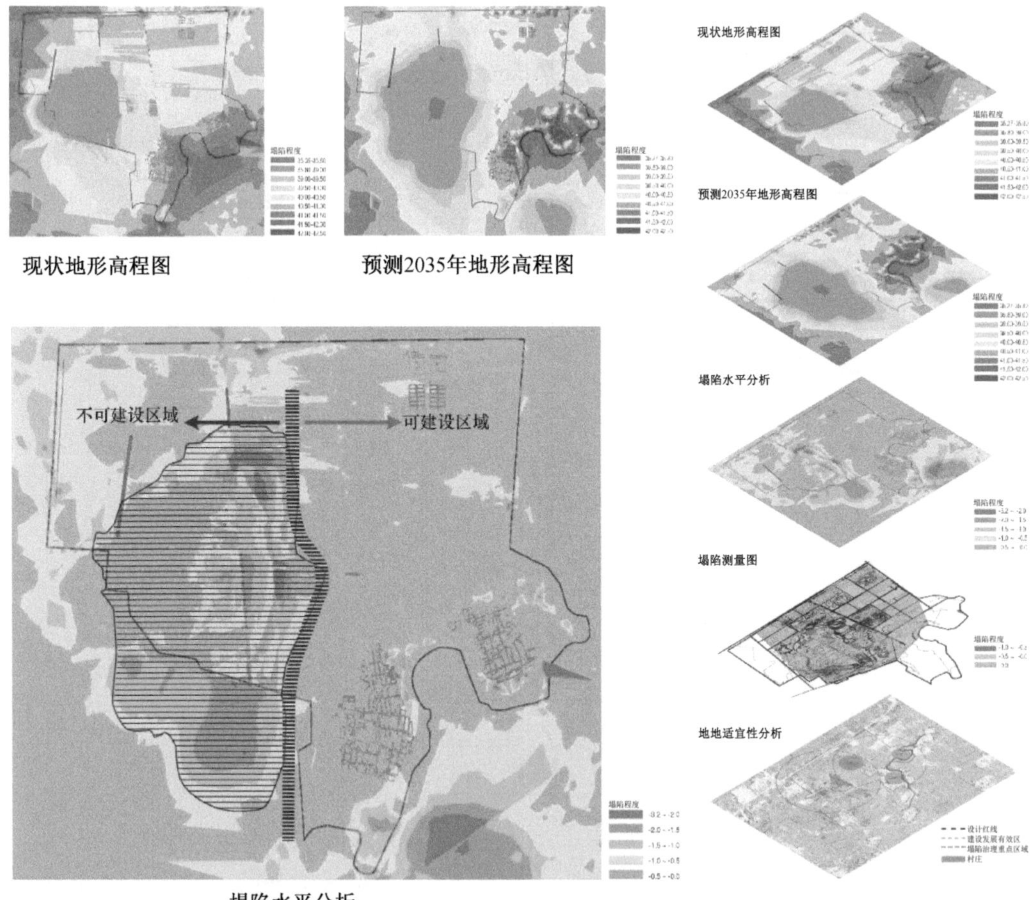

图 5 塌陷动态图

4 采煤塌陷地设计策略

4.1 水系连接

经过对沉陷区未来沉陷水平的研究，水体设经过对沉陷水平的研究，对将形成的湖面区域进行了水体设计。水体设计实现步骤为预测水域范围、梳理水系联系、构建水系网络。

(1) 预测水域范围

彭庄煤矿 2015 年、2025 年、2035 年闭矿后的沉陷区下陷深度、水域范围进行分析(图 6)，2015 年研究范围内的水域面积为 72.68 hm^2，2035 年闭矿后水域面积将达到 307.47 hm^2，说明在此期间彭庄煤矿采煤区沉陷范围将持续扩大，呈现由中心逐渐向四周扩展的趋势。

(2) 梳理水系联系

现状场地赵王河自然水系宽 24 m，塌陷人工水系宽 17 m。由于灌溉干渠穿过塌陷区，并且受到损毁，难以发挥灌溉功能，所以通过梳理水系之间联系，将现状水系与塌陷形成的水面叠加形成规划水系(图 7)。

(3) 构建水系网络

设计湖区承接上游灌溉渠道水源，经过景观

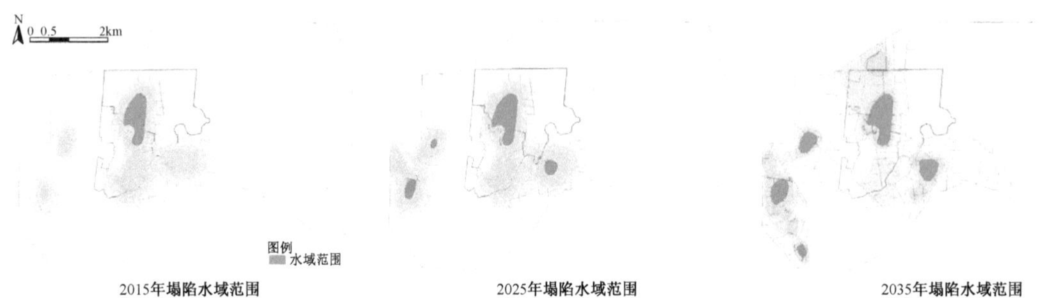

图 6 2015 年、2025 年、2035 年彭庄煤矿塌陷区水域范围

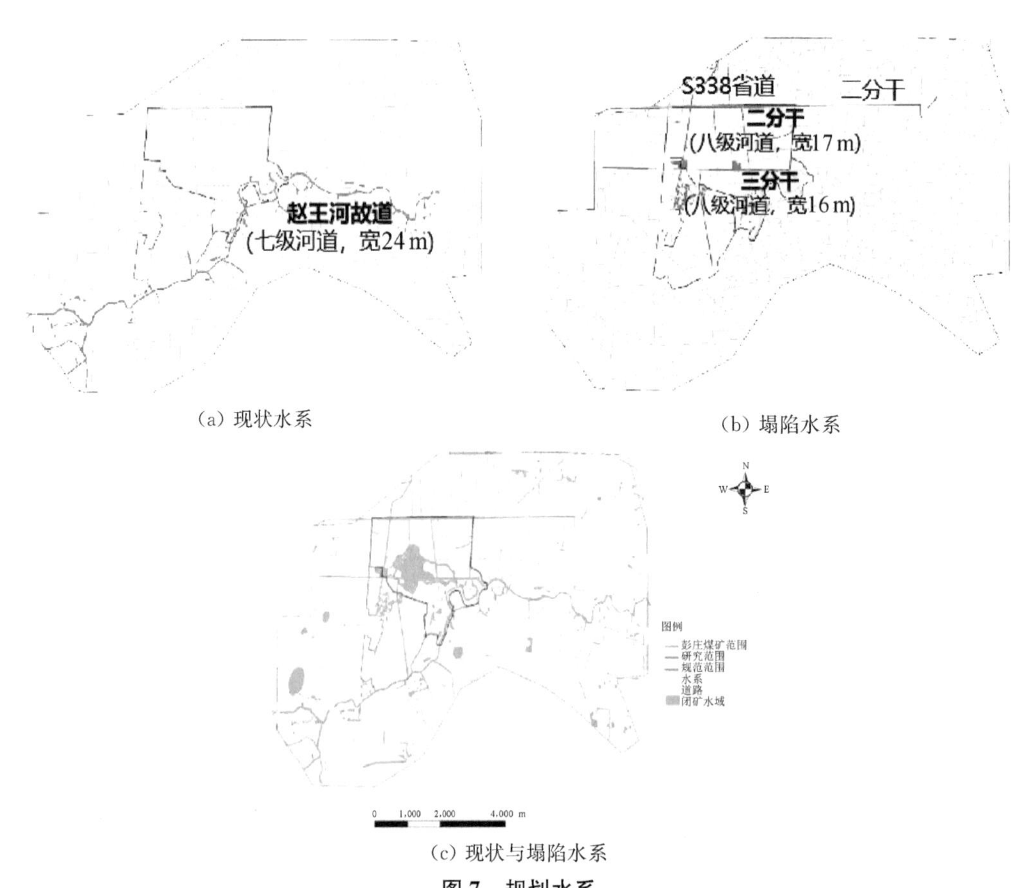

(a) 现状水系

(b) 塌陷水系

(c) 现状与塌陷水系

图 7 规划水系

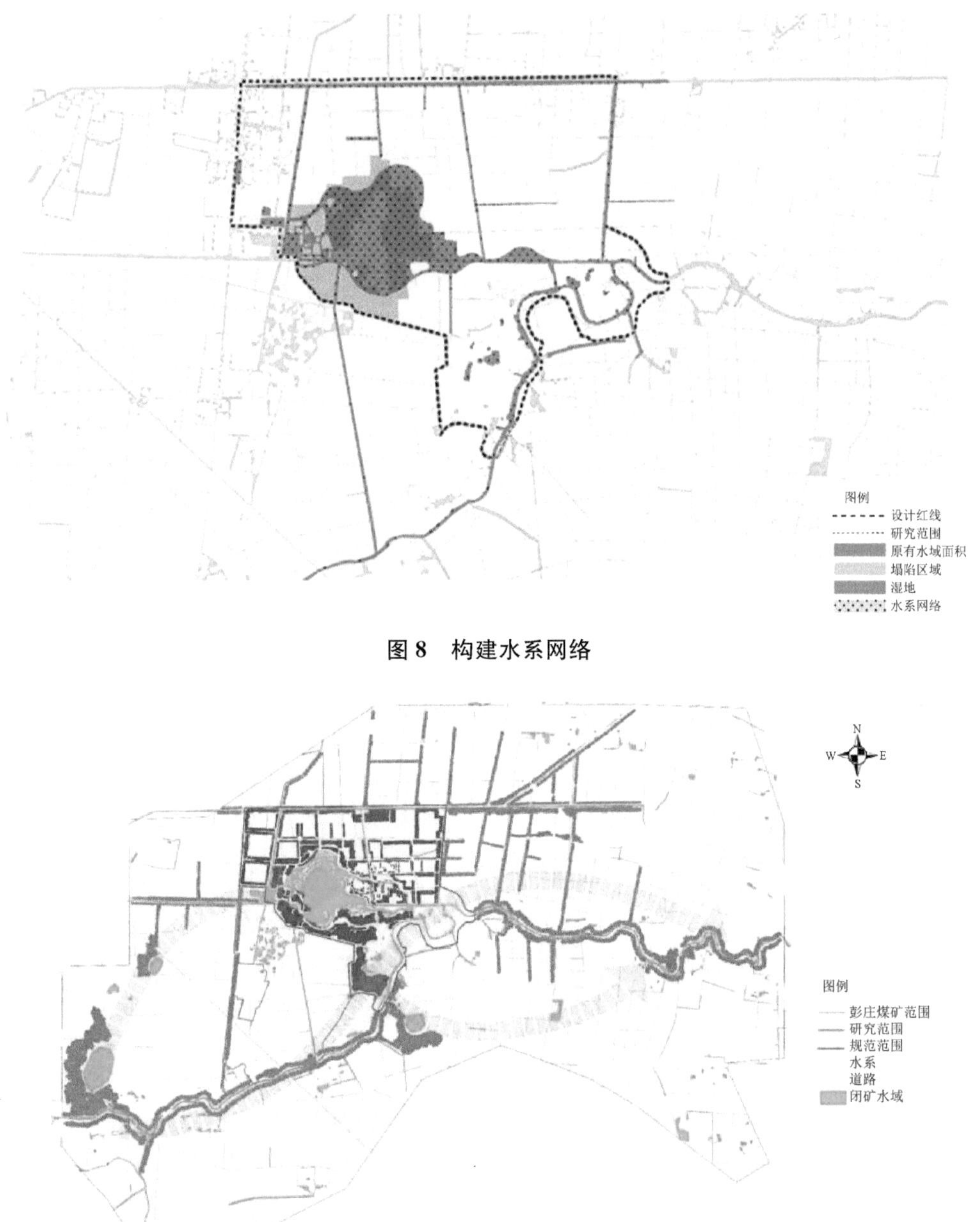

图 8 构建水系网络

图 9 农田生态系统图

水系及湿地区域，流向赵王河。湖区内部水深最深处达到 7 m，且保持大范围深水区域，有益于良性水生态环境的塑造与形成，配合湖区内部水生植物的科学配置，最大程度提高水体自净能力与生态承载力，为未来水域水质保证提供了良好的基础(图 8)。

4.2 生态承载力提升

构建湿地湖泊—林地—农田区域生态网络，增强生态承载力，营建可持续的生态环境。顺应场地变化趋势，塑造以湖泊水体为中心的生态系统结构，发展滨水林地，实施生态修复，将被破坏的生态承载力低的农田生态系统，转变为水相生态系统。构建出湿地湖泊—滨水林地—农田生态系统相结合的农田生态系统，增强生态承载力(图 9)。

发展滨水林地，实施生态修复。在水系网络建立的基础上，方案利用当地植物沿水岸及浅水区域塑造滩涂植物缓冲带，有效滞留并净化地表径流。水域内塑造生态、美观兼具的水生植物群落,提高水域内水体自净能力及观赏价值。植被景观以近自然改造为主要理念,通过模拟自然的群落演替方式提出优化策略,避免人工修建,保障其自然生长与演替,最终形成层次丰富、观赏性强、生态系统稳定的植物群落。

综合耕地地力修复与生境营造,利用耕地外围形成具有地域性特色的植物群落带,提高耕地生态价值,并有效控制农业污染源。

4.3 土地利用调整和产业发展机制优化

(1) 土地利用调整

集中建设"文化产业小镇"带动周边农村发展,形成音乐文化产业的可持续运营模式。利用生态修复环境改造的契机,结合当地条件发展音乐科研、音乐教育、影视音乐制作等产业,进行特色化的土地再利用,围绕沉陷形成的水域营建音乐小镇,建设植根历史文化传统、面向未来发展的"音乐特色小镇"。

根据小镇的空间布局与空间尺度,沿赵王河故道各村落滨水而居,方圆不出 600 m 范围。(清代"一里"约 576 m,图 10)。村落空间布局与空间尺度反映了传统文化的痕迹。选址以新的水体结构为依托,继承传统村落的空间尺度和山水关系,综合分析沉陷影响,利用沉陷影响较小的区域集中布局基础设施和建设用地,以形成集聚效应,打造产业与服务设施聚落。以文化带动工业、农业、服务业提质增效,形成音乐主题文化产业的可持续运营模式。

(2) 产业发展机制优化

中央政府支持的《落实 2030 年可持续发展议程国别方案》政策,建设特色小镇、实践生态文明、乡村振兴的背景下,当地政府利用采煤塌陷地治理规划专项资金与私人投资结合,采用 PPP (Public Private Partnership) 模式治理塌陷地。我们的规划设计团队,与当地政府、矿业大学、煤炭研究院、产业策划团队等部门合作组织小镇的规划与建设。多部门协同对塌陷地的治理,提升了土地综合价值,达到了投入低、综合价值高的目的。

发展以音乐为核心的文化产业和文化创意产业,转变原有结构。产业配套发展建设方案,满足当地物质消费向精神消费转型的市场需求,推动产业转型,改善经济收益,惠及大众民生,打造乡村可持续发展的艺术部落。在乡村改善的基础上,将音乐产业、艺术产业注入后彭庄村,引导当地乐器制造产业规模化,地方音乐艺人入住后彭庄,打造艺术部落。以文化传承为抓手,以旅游产业为动力,实现乡村可持续发展。

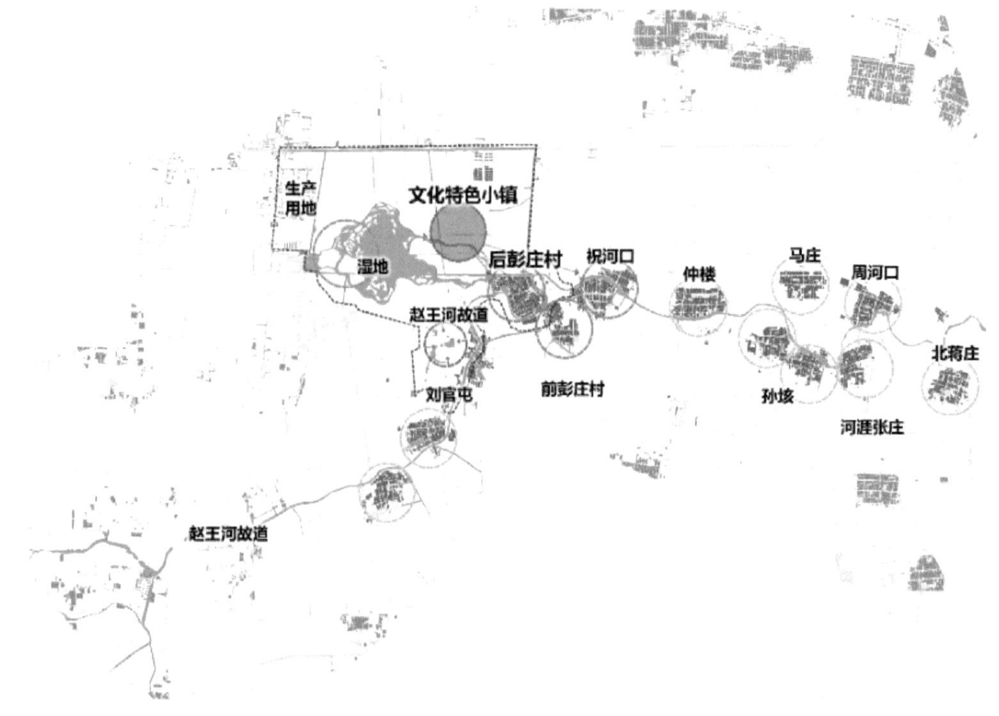

图 10 音乐特色小镇土地布局调整

5 景观规划

5.1 总体方案

本研究在规划范围为 678.82 hm^2 内新建音乐小镇。彭湖音乐风情小镇在修复彭庄煤矿沉陷区、建设湿地公园的基础上，依托郓城地区历史文化背景、戏曲文化资源、农业产业资源，以国家及山东省相关政策为依据，建设集音乐产业、音乐创意产业、音乐教育、文化体验等功能为一体的特色小镇。

在生态安全的彭湖湿地改造工程基础上，建设具有主题明确、特色突出、产业兴旺、功能合理、布局科学的特色小镇。特色小镇具有地域特点、民族风情，既保护历史遗产和自然环境，看得见绿水，记得住乡愁，也具有创新发展能力。特色小镇体现一村一品、一村一景、一村一韵的魅力，生态优美、人文浓郁，宜游宜养。

特色小镇设计围绕以音乐为核心的主题，建设传承历史文脉与戏曲底蕴，创新发展文化产业和文化创意产业。继承传统村落的空间尺度和山水关系，形成新的生态系统结构；并围绕音乐小镇布局湿地公园、音乐教育产业、农业科普等基础设施和建设用地，形成集生态、教育、休闲、娱乐等功能为一体的集聚型综合小镇，总平面设计如图 11。

入口区以入口广场为起点，以滨水广场为结点，形成公园的主入口轴线。入口在现状道路的基址上延伸至滨水广场上的纪念雕塑，体现场地记忆。设计服务中心至滨水广场的步行林荫道，使游客有曲径通幽到看到湖面豁然开朗的游览体验。花海音乐广场以花海、水幕和音乐喷泉构成以音乐为主题的文化广场，该广场是彭湖音乐节等重大节事活动的举办地，配以水幕影像与音乐、舞蹈表演，为游人及本地居民创造休闲、文化等可视化音乐体验。滨水景观的塑造上取郓城十景中“冷水芙蓉”的意境，

图 11 总平面图

塑造荷塘碧叶连天的景观。森林剧场依托彭湖艮山的地形和周边良好的林地环境，以茂密林地为背景，借助盆地作为舞台，打造户外森林剧场。露营区依托改善的交通，根据国家自驾车营地相关标准，按照四星级营地标准进行建设。开展自行车骑行、湿地徒步、森林徒步、划船、户外拓展等休闲体育项目。

5.2 竖向规划

根据现状地形、现状已经形成的积水面积以及未来塌陷区的预测，将中部沉陷区整体填挖后形成最深水位的中心湖区，将 39.00 m 定为常水位标高。根据沉降预测，将池底标高定为 35.00 m。以尽可能保持场地内部土方平衡的原则，在园林中运用湖区内产生的挖方进行景观地形的塑造，形成人工山体，丰富地形变化，增加园林的空间关系。

通过风景园林信息数据模型模拟，达到场地内部的土方平衡。在估算场地内土方填挖方量的过程中，根据场地模型进行三维空间模拟计算出填挖方的土方量，实时测算填方、挖方的土方量，以便及时修改规划设计，满足土方平衡。主要填方区域最大填方高度 15.2 m，填方量为 2 227 642.11 m^3；主要挖方区域最大挖方深度 6 m，挖方量 2 201 894.34m^3（图 12）。

5.3 节点及场景规划

小镇组团式空间布局，形成音乐产业发展的核心空间，围绕音乐小镇形成音乐教育、培训、科研等功能为主的产业布局，具体功能分区有音乐娱乐区、特色文化小镇、种植区、建设区。空间规划以不规则组团式的建筑布局，形成了尺度、面积各不相同的室外公共空间，不仅能丰富游客游览过程中的游憩体验，未来还能为不同的旅游策划节目提供丰富多彩的室外表演场地（图 13）。

策划音乐产业与音乐创意产业支撑音乐特色小镇发展。策划八类序列性演出活动，四个季节性节事。一年 12 个月中，每周都有重大演出，每月都有不同规模的赛事，每季都有规范性节事。小镇承接文化部音乐节、交响乐节、歌剧节，民政部少数民族文艺汇演等国家级重大音乐活动。小镇音乐主题式的文化产业运营模式，以文化带动工业、农业、服务业提质增效，可持续发展。

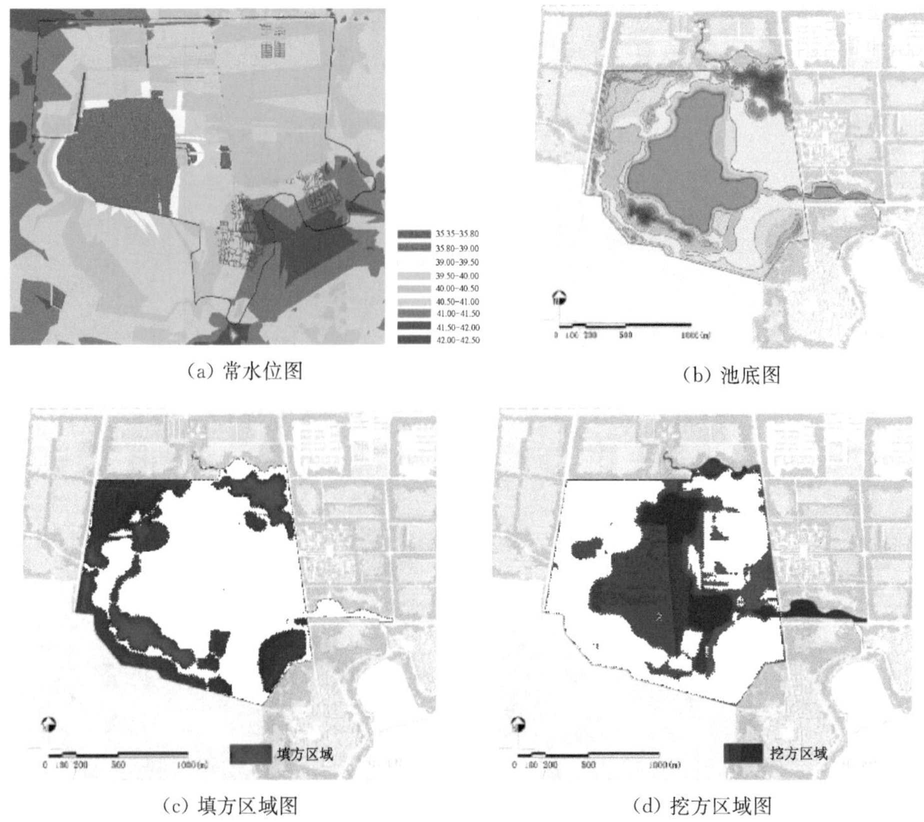

(a) 常水位图
(b) 池底图
(c) 填方区域图
(d) 挖方区域图

图 12 水体设计与土方平衡

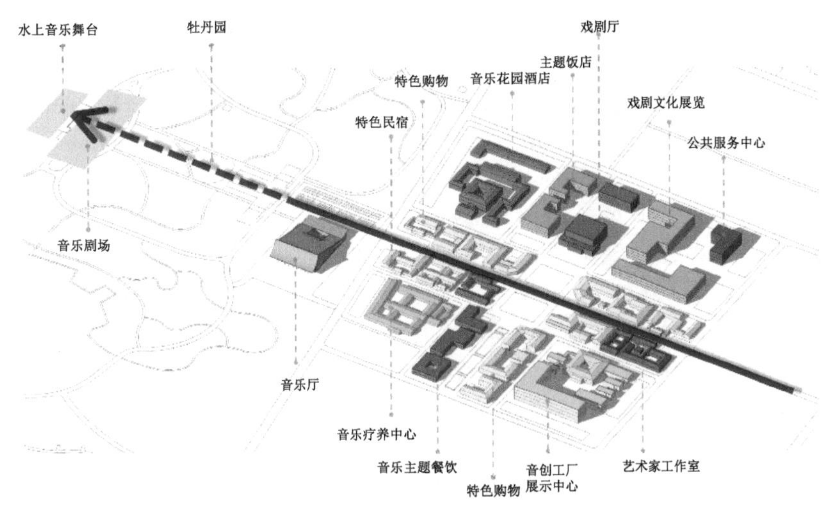

图 13 音乐小镇建筑功能图

湖区以花海、水幕和音乐喷泉构成,以音乐为主题的文化广场,是彭湖音乐节等重大演艺活动的举办地。配以水幕影像与音乐、舞蹈表演,为游人提供可视化的音乐体验,同时可为本地居民提供休闲、文化体验等功能。音乐体验、音乐旅游、产业发展的核心空间,以不规则组团式的建筑布局,为活动的举办预留不同尺度的空间。

6 结论

采煤塌陷地的 LIM 地表模拟不仅加强了塌陷影响的详细分析和预测,而且识别出塌陷治理的重点区域和建设发展的有效区域。明确了地表情况、塌陷程度、积水情况和植被情况为塌陷区主要影响因素,验证了沉陷动态研究的理论预测数据与实际沉降情况一致性。根据现场的建设条件,识别出塌陷治理的重点区域和建设发展的有效区域。

从水系连接、生态承载力、土地利用调整和产业发展机制四方面探析,提出采煤塌陷地设计策略:预测水域范围和梳理水系联系构建出水系网络,结合已经形成的地表水面与塌陷影响区域形成设计水面;结合湿地湖泊、滨水林地和农田生态系统构建出生态网络,增强生态承载力;延续"文态"的土地利用发展,建设特色小镇带动周边农村发展,调整土地利用和产业发展机制。明确不适宜建设区域主要用于湿地公园,适宜建设区域集中建设音乐小镇及其他相关产业,带动周边农村发展。

彭湖音乐小镇规划依托塌陷地形成的水体以及赵王河水系和农业灌溉体系,进行区域水系调整,推动农田生态系统向水相生态系统的转变;改变地下填充和土地复垦的单一目标,转向聚焦地上环境改造,提升土地综合利用价值,面向可持续发展的多目标土地再利用策略;挖掘郓城的历史文化资源和曲艺音乐传统,引入音乐产业;根据赵王河沿岸村落人居形态特点,选取塌陷区中适宜建设区域,提出滨湖音乐小镇建设方案。总体方案实现了可持续发展目标的采煤废弃地土地再利用策略,彰显了"2030 年可持续发展议程国别方案"执行成果的采煤沉陷治理,营建促进社会主义文化发展繁荣的音乐特色小镇。

致谢

感谢项目顾问:安友丰、胡洁、程矛、闫贤良

感谢原项目组成员:王丹、张倩媛、马解、刘晶、闫少宁、刘芳菲、胡浩、付志伟

感谢地景营建技术创新实验室(LATI Lab)工作组成员:杨洁琼、黄康、魏云琦、欧阳翠玉、陈嘉懿、高向天、王植、魏唯、吴宜杭、李泓锦

参考文献

[1] 杨富强,吴迪."十四五"时期我国能源转型实现碳达峰的路径建议[J].可持续发展经济导刊,2021(Z2):21-22.

[2] 史衍智,郭成利,李士国,等.济宁市环城生态带规划实践[J].规划师,2018,34(10):52-58.

[3] 郭家新,胡振琪,袁冬竹,等.黄河流域下游煤矿采煤塌陷区耕地破碎化动态演变——以济宁市为例[J].煤炭学报,2020(05):1-15.

[4] 常江,胡庭浩,周耀.潘安湖采煤塌陷地生态修复规

划体系及效应研究[J].煤炭经济研究,2019,39(09):51-55.

[5] BALDRIAN P, TRöGL J, FROUZ J, et al. Enzyme activities and microbial biomass in topsoil layer during spontaneous succession in spoil heaps after brown coal mining[J]. Soil Biology and Biochemistry, 2008,40(9): 2107-2215.

[6] FILCHEVA E, HRISTOVA M, HAIGH M, et al. Soil organic matter and microbiological development of technosols in the South Wales Coalfield[J]. Catena,2021,201:105203.

[7] HENDRYCHOVá M, SVOBODOVA K, KABRNA M. Mine reclamation planning and management: Integrating natural habitats into post-mining land use[J]. Resources Policy, 2020,69: 101882.

[8] 吴祥艳.绿色触媒:从采煤塌陷区到城市湿地公园[J].北京规划建设,2020(06):92-98.

[9] 曹振环,王金满,刘鹏,等.采煤塌陷区农田整治规划设计技术的研究进展[J].江西农业大学学报,2016,38(04):782-791.

[10] JUNG D, CHOI Y. Systematic review of machine learning applications in mining: Exploration, exploitation, and reclamation[J]. Minerals, 2021, 11(2): 148.

[11] Mason T J, Krogh M, Popovic G C, et al. Persistent effects of underground longwall coal mining on freshwater wetland hydrology[J]. Science of the Total Environment, 2021,772:144772.

[12] 郭湧.论风景园林信息模型的概念内涵和技术应用体系[J].中国园林,2020,36(09):17-22.

[13] 郭湧,胡洁,郑越,尤嘉庆.面向行业实践的风景园林信息模型技术应用体系研究:企业 LIM 平台构建[J].风景园林,2019,26(05):13-17.

作者简介:郭湧,清华大学建筑学院助理教授。研究方向:风景园林技术科学,风景园林信息模型。

基于 CiteSpace V 的土地利用/土地覆盖变化研究进展*

袁轶男　金云峰　谢子杰

摘　要　本文基于 CiteSpace V 软件的共被引功能，使用 Web of Science 数据库中 1986～2021 年标题含有 "land use and land cover change" 的数据进行共被引分析，得到关于 LUCC 研究的聚类视图和时间线视图，并抽取出研究领域内排名前 10 的高被引文献和高突现值文献。研究得出以下结论：① 遥感影像作为 LUCC 研究的基础数据，对其进行变化检测十分重要。通过不同的算法来进行最佳的遥感变化检测是一个热门的研究方向；② LUCC 驱动力研究对于生态环境发展具有重要意义，研究需要充分考虑全球范围内的人类社会与自然环境的关联性；③ LUCC 的动态与整体生态环境的变化关系密切，跨领域、多学科的合作需要加强以更好地管理地球的景观；④ 多种模型耦合以应用在 LUCC 研究中，常用于土地利用研究的模型有 CLUE-S 模型、Logistic-CA-Markov 等，将其与 SWAT 模型、SD 模型等进行耦合可以更具针对性地解决问题。

关键词　LUCC；CiteSpace V；变化检测；驱动力分析；整体生态环境；模型法

1　引言

土地利用/土地覆盖变化的英文释义为 Land-Use and Land-Cover Change（简称 LUCC）。LUCC 为 IGBP（国际地圈生物圈计划）与 IHDP（国际全球变化人文因素计划）两个国际项目，为揭示人类赖以生存的地球环境系统与人类日益发展的生产系统之间相互作用的基本过程，而合作进行的交叉科学研究课题，有着重要的纲领性作用。土地利用/土地覆盖变化研究目前已经成为地理学、城市规划与建设、风景园林学、生态学等多种学科的重要组成部分。陈怀亮等从遥感数据源、遥感影像分类方法、遥感动态监测的角度出发，对国内外 LUCC 的研究领域、现状与研究进展进行了综述[1]；李月臣对土地利用/土地覆盖变化驱动力研究进行了综述，主要对该领域的理论基础、驱动力体系特征以及驱动要素辨识等内容进行了系统性的整理[2]；牛潞珍等从基础概念与理论出发，概述了土地利用/覆盖变化的国内外研究动向与发展趋势[3]；王一航通过系统综述方法，对国内绿洲城市的 LUCC 相关研究进行了整理[4]。目前，各专家学者对于 LUCC 多采用系统综述法，通过对以往研究、方法的整理、概述进行该领域的综述研究，缺乏一定的效率与严谨性，本文基于 Web of Science 核心合集数据库，通过 CiteSpace V 软件进行科学知识图谱绘制，以科学计量学的方法对 LUCC 研究脉络、研究热点进行可视化分析，以对 LUCC 研究领域的未来热点方向进行评估，以更加客观、严谨地为各相关专业地研究者提供理论支撑。

2　数据来源与研究方法

2.1　数据来源

本文的数据来源为 Web of Science（下文简称 WOS）数据库，该数据库涵盖了三大引文库（SCI、SSCI 和 A&HCI）和两个化学数据库（CCR、IC）的文献信息，历来被公认为世界范围最权威的科学技术文献索引工具[5]。本文以 Web of Science 核心合集为数据库进行检索，检索策略为：标题 ＝"land use and land cover change"，文献类型＝Article，时间跨度为 1986—2021，共得到 1910 条数据。对检索结果进行初步筛查并进行专家问询，所得数均为有效数据，可通过 CiteSpace V 软件进行分析得到客观结果。

* 国家自然科学基金项目"面向生活圈空间绩效的社区公共绿地公平性布局优化——以上海为例"（编号：51978480）。

2.2 研究方法

本文利用 CiteSpace V 软件对研究对象进行可视化分析，具象出便于识别、总结的知识图谱。CiteSpace V 作为一款可以分析、挖掘和可视化科研文献数据的软件，拥有梳理各学科、研究领域发展、高潮、研究热点等强大功能[6]。该软件可以对研究文献的主题、关键词、被引文献、作者等信息进行挖掘整理，提取研究领域内的信息并通过聚类视图和时间线视图，显示研究领域内的主要信息和研究时段内的发展趋势[7]。

3 结果分析

3.1 发文量与国家/地区特征分析

研究文献的发文量变化趋势与国家/地区分布情况，是对于某一研究领域研究发展与现状的粗略反映，有助于加强对于研究脉络发展的理解。基于 WOS 核心合集"LUCC"的 1910 条数据进行发文量与国家/地区的特征分析。可以看出，1986～2021年间 1 910 条研究数据的引文量为 34 964次，引文次数呈现总体上升的趋势，且增长速度为先缓慢增长后快速增长，如图 1。总体来说，关于 LUCC 的研究，从 2002 年开始至今愈加受到重视，对其发展历程、热点与前沿研究的思考与总结较多。选取发文量最多的 10 个国家，如图 2 所示，其中，中国与美国在该领域的发文量最多为 930 篇与 513 篇，我国对于 LUCC 的相关研究在国际范围内处于领先水平。对文献的出版来源进行统计，得出在 LUCC 领域发表文献最多的期刊分别为 *Environmental Science*、*Remote Science*、*Geosciences*，*Multidisciplinary*、*Imaging Science Photographic Technology*、*Water Resources*、*Ecology*、*Geography Physical*、*Meteorology Atmospheric Sciences*、*Environmental Studies*、*Geography*，可以看出，LUCC 领域的研究在生态环境、地理科学、水资源、生态学等多个学科均有应用，目前已经成为多个领域知识体系的重要组分。

3.2 共被引分析

CiteSpace V 的共被引分析功能对科学知识图谱进行绘制，通过引文分析挖掘 LUCC 研究领域在研究时段内的发展历史、当前热点及发展趋势[8]。CiteSpace 共被引分析生成的聚类视图和时间线视图相结合，能够得出 LUCC 研究在研究时段内所产生的高影响门类以及发展历程。

3.2.1 聚类视图分析

通过 CiteSpace V 的共被引分析功能得出该研究的聚类视图，可见，2002～2021 年间，关于 LUCC 领域的相关研究，可以可视化为 17 个聚类，分别为 ＃0 regression modelling/回归模型、＃1 spatio-temporal analysis/时空分析、＃2 indigenous populations/土著人口、＃3 remote sensing/遥感、＃4 urban mapping/城市测绘、＃5 lter/滤波器、＃6 complex systems/复合系统、＃7 multi-temporal imagery/多时相图像、＃8 land-use/land-cover change/土地利用/土地覆盖变化、＃9 Silivri-Istanbul/锡利夫里、＃10 dynamic land ecosystem model/动态土地生态系统模型、＃11 central Yucatan peninsular region/尤卡坦半岛中部地区、＃12 tropical forest/热带雨林、＃13 west development policy of china/中国西部大开发政策、＃14 Amazonia/亚马孙、＃15 perceptions/感知、＃16 ecosystem service values/生态系统服务价值(图 3)。表 1 中列举了 17 个聚类

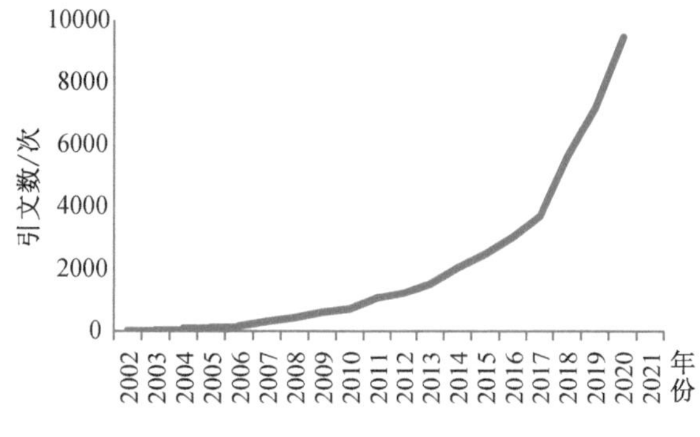

图 1 研究引文量趋势图

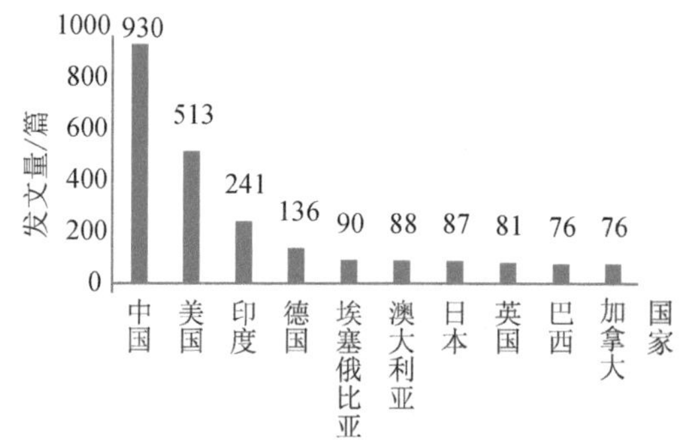

图 2 国家/地区发文量柱状图

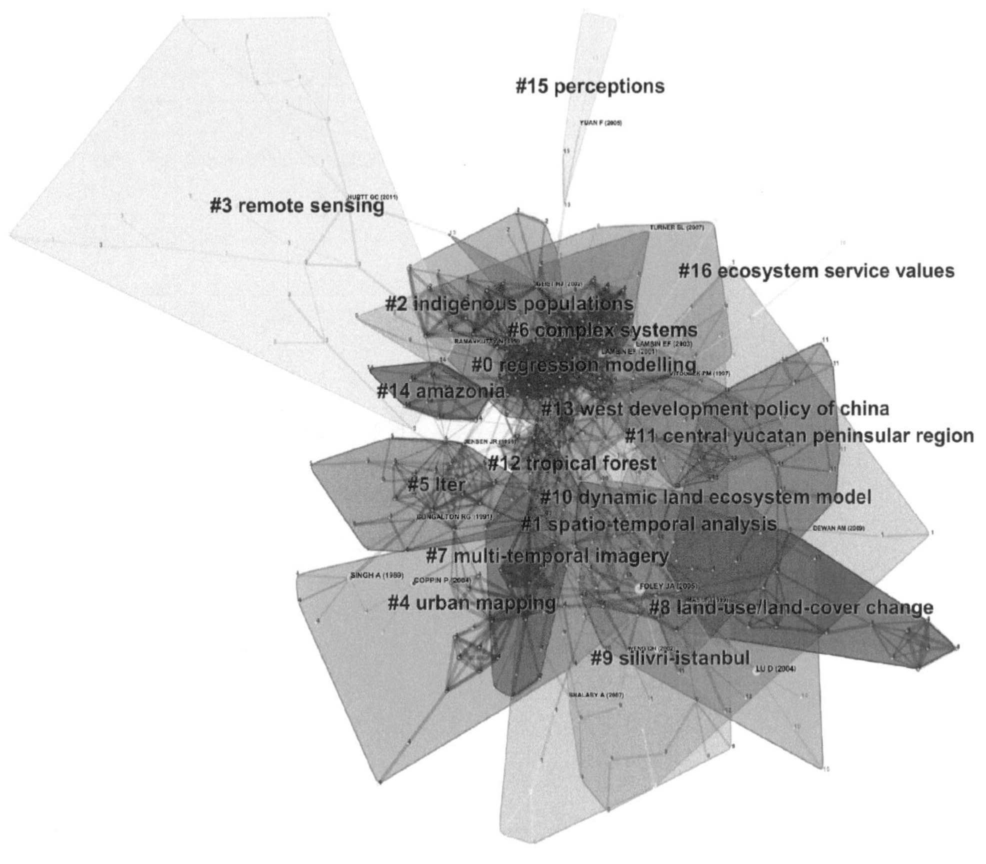

图 3 LUCC 研究聚类视图

表 1 聚类信息表

聚类名	大小	平均年份	代表性研究
#0 回归模型	48	2000	简化理解土地利用和土地覆盖变化的驱动力是环境发展政策的重点，由制度因素调节的人们对经济机会的反应推动了土地覆盖变化，全球力量成为土地利用变化的主要决定因素，因为它们放大或削弱了当地因素[9]
#1 时空分析	43	2004	通过检验 DEM 生产过程中不确定性的起源，计算源图中均方根误差(RMSE)的矢量总和，利用数字化地形图量化了 DEM 的不确定性[10]
#2 土著人口	31	2007	混淆矩阵是精确度评估工作的核心，目前，广泛使用的准确性评估和报告方法常存在缺陷，准确性评估仍然具有相当大的进一步发展空间[11]
#3 遥感	30	1994	评估 Landsat 自动化土地覆盖更新图(LALCUM)系统的快速更新功能。结果证明该方法可以提高区域土地覆盖制图的效率和更新率[12]
#4 城市测绘	28	1994	研究开发基于多时相数字遥感数据比较的各种变化检测程序，对结果的评估表明，即使在相同的环境中，各种变化检测程序也会产生不同的变化图[13]
#5 滤波器	28	1998	比较了图像差异，归一化差异植被指数(NDVI)差异分类和视觉解释四种方法检测新西兰草原的变化。视觉解释产生了最佳分类结果，准确度为 98%，另外三种方法产生的结果准确度范围从 47%到 56%[14]
#6 复合系统	25	1996	CLUE-S 模型通过土地利用系统的等级组织、位置之间的空间连通性和稳定性，可以对土地利用变化与社会、经济、生物等驱动因素之间的关系进行综合分析[15]
#7 多时相图像	24	2001	Dos 方法易于使用，但准确度较低。通过完全基于图像的程序和两种直接推导乘法透射率校正系数的方法 COS(TZ)或 COST 方法对 Dos 模型进行拓展。经验证，基于完全图像的 COST 模型生成的校正准确度极高[16]

（续表）

聚类名	大小	平均年份	代表性研究
#8 土地利用/土地覆盖变化	22	1993	使用归一化差异植被指数(NDVI)对42个流域行政单位，进行绿色数量和模式变化评估。结果显示，大多数流域内的大面积区域在短时间内受到高强度的人类使用和开发而持续受到严重影响[17]
#9 锡利夫里	20	2002	由于农业和旅游开发项目，1987～2001年土地覆盖变化剧烈，导致部分研究区域的植被退化和水涝灾害[18]
#10 动态土地生态系统模型	18	2000	光谱混合分析、人工神经网络以及地理信息系统和遥感数据的集成，已成为变化检测应用的重要技术。目前，变化检测技术的研究仍旧是一个热门领域[19]
#11 尤卡坦半岛中部地区	16	2000	20世纪90年代中国东北地区的土地利用/覆盖在发生了剧烈的变化，并表现出与环境变化的明显关联性，形成了恶性循环。需要从整体、宏观的角度对生态环境和资源分配问题采取措施[20]
#12 热带雨林	15	2000	LUCC研究正在成为具有全球影响力的事件，一系列全球范例说明了合理引导土地利用变化可以得到环境、社会和经济效益的共赢局面。景观、环境、生态需要从全球的角度以广泛的技能作为支撑进行统筹安排[21]
#13 中国西部大开发政策	11	1997	中国在过去二十年中土地利用/土地覆盖经历了剧烈的变化，并引起了区域气候显著变化。研究表明，不同土地利用变化区域的热岛强度趋势在空间上，与区域土地利用及其变化相关性强[22]
#14 亚马孙	10	1994	热带森林砍伐的速度及其对全球碳循环和生物多样性影响的严重性，已经引起了广泛的关注，这个现象在亚马孙流域尤为明显。将国内生命周期的概念引入讨论亚马孙河流域家庭层面的土地覆盖变化过程，构成一种将人口统计与市场因素相结合风险最小化模型[23]
#15 感知	6	1996	量化大都市区的土地覆盖变化模式，说明多时相Landsat数据的应用、研究具有巨大潜力，可用作土地管理和政策决策的重要依据[24]
#16 生态系统服务价值	3	2007	通过Cellular Automata-Markov(CA-Markov)模型和生态系统服务值系数研究LUCC变化，评估LUCC变化对生态系统服务价值(ESV)的影响以预测2045年ESV变化。结果表明LUCC变化对特定生态系统服务的影响很大[25]

的基本信息，包括聚类的大小、平均年份以及代表性研究内容。聚类大小表示该聚类中所包含文献数量的多少，一定程度上反映了该聚类研究的重要程度，聚集在聚类#0、#1、#2、#3、#4、#5中的研究较多，一定程度上可以代表该领域研究的重点指向。平均年份代表了聚类内研究文献的平均时间，靠后的平均年份代表该聚类的研究处于相对前沿的位置，可以看出聚类#2、#16的平均年份均为2007，说明这两个聚类内的研究开始时间较晚或者重要文献产生的时间较为靠后。

从对于各聚类代表性文献的初步研究可以看出，LUCC研究的方向主要集中在来源数据研究、LUCC驱动力研究以及LUCC与人居环境关系几个层面上。

3.2.2 时间线视图分析

时间线视图中，产生较大影响的文献会以圆的形式呈现在时间轴线上，圆的直径越大说明产生的影响越大。LUCC研究领域的共被引文献，最早可以追溯到1945年HB Mann在*Econometrica*发表的文献。产生过较大影响力文献的有聚类有#0回归模型、#1时空分析、#2土著人口、#3遥感、#4城市测绘、#5滤波器、#6复合系统、#10动态土地生态系统模型、#12热带雨林、#15感知，其中以#0回归模型、#4城市测绘、#5滤波器、#10动态土地生态系统模型、#12热带雨林五个聚类为代表，产生了LUCC研究历史中影响力最大的文献。#0回归模型、#1时空分析、#3遥感、#15感知三个聚类中，文献信息距今较近，并产生过较多的高影响力文献，是LUCC领

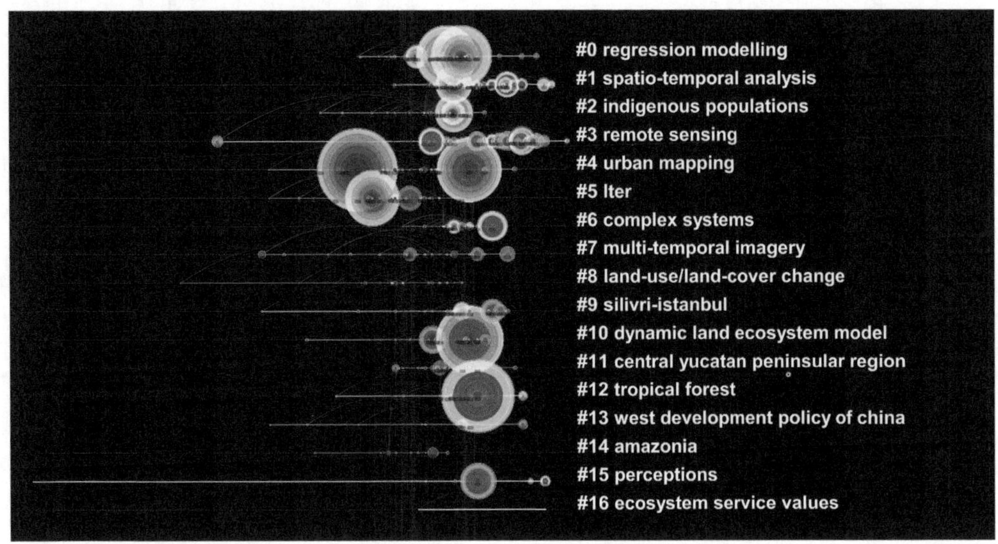

图 4 LUCC 研究时间线视图

域前沿提取需要重点关注的方面(图 4)。

3.2.3 高被引文献与高突现值文献分析

CiteSpace V 提取出的高被引文献信息与高突现文献信息，对于 LUCC 领域研究重点的提取与前沿性研究的预测具有重要意义。最高被引文献代表了 LUCC 领域研究历史上，在国际核心期刊中被引用最多的文献，是在该领域起到奠基作用的文献；高突现性论文则是指那些被引频次在时间维度上出现突增的论文，意味着这些节点在相应的时间区间里受到了格外的关注，一定程度上，代表了该学科在相应时间区间的研究前沿和热点问题。

由表 2、表 3 可以看出，10 篇最高被引文献中，分别出自于聚类＃0、＃1、＃2、＃4、＃5、＃10、＃12、＃15，在 17 个聚类中分布较广且均匀。10 篇高突现值文献中，其中有 7 篇来自聚类＃3，说明该聚类所代表遥感方面研究，在 LUCC 领域的研究历史中受到格外的关注与重视，另外 3 篇分别来自聚类＃1、＃7、＃12。聚类＃4 中 Singh A 于 1989，在 INT J REMOTE SENS 发表的文章得到了最高被引量，这篇文章发表时间相对较早，较为系统地论述了已经开发了的基于多时相数字遥感数据的各种变化检测程序[13]，是 LUCC 研究历史上起到奠基性作用的重要文献。Foley JA 在 2005 于 SCIENCE 发表文献，无论是在被引量还是突现值上都处于极为突出的水平，该文献提出了 LUCC 是“具有全球重要性的力量”而非“当地的环境问题”的重要观点，论述了人类需求与自然生态系统服务功能之间的矛盾与权衡，受到了广大研究者的极度重视[21]。这 20 篇文献代表了 LUCC 历史上的奠基性研究和高关注研究，对于整理 LUCC 研究的发展历程、理解当前研究热点以及预测未来发展趋势至关重要[26]。

表 2 高被引文献信息表

引用次数	文献	聚类
117	Singh A, 1989, INT J REMOTE SENS	4
102	Foley JA, 2005, SCIENCE	12
95	Lu D, 2004, INT J REMOTE SENS	10
91	Coppin P, 2004, INT J REMOTE SENS	4
90	Lambin EF, 2001, GLOBAL ENVIRON CHANG	0
88	Lambin EF, 2003, ANNU REV ENV RESOUR	0
81	Congalton RG, 1991, REMOTE SENS ENVIRON	5
58	Foody GM, 2002, REMOTE SENS ENVIRON	2
54	Weng QH, 2002, J ENVIRON MANAGE	1
52	Yuan F, 2005, REMOTE SENS ENVIRON	15

表 3 高突现值文献信息表

突现值	文献	聚类
14.11	Foley JA, 2005, SCIENCE	12
10.88	Pielke RA, 2011, WIRES CLIM CHANGE	3
9.32	Congalton R, 2009, ASSESSING ACCURACY R	7
8.29	Friedl MA, 2010, REMOTE SENS ENVIRON	3
8.29	Hansen MC, 2013, SCIENCE	3
8.01	Moriasi DN, 2007, T ASABE	3
8.01	Mahmood R, 2014, INT J CLIMATOL	3
7.41	Liu JY, 2010, J GEOGR SCI	1
7.27	Pitman AJ, 2009, GEOPHYS RES LETT	3
7.14	Hurtt GC, 2011, CLIMATIC CHANGE	3

4 结论与讨论

4.1 结论

我们通过 CiteSpace 软件强大的共被引分析功能对 LUCC 领域研究进行了可视化分析。通过对聚类视图与时间线视图的研究分析，结合对高被引文献与高突现值文献的重点研读，可以将关于 LUCC 的研究重点与前沿部分，归纳为以下几点。

(1) 遥感影像是 LUCC 研究的基础数据，在土地利用/覆盖变化研究中应用的研究方法最初在很大程度上受到遥感技术进步的影响。变化检测是对于遥感影像应用的重要方面。在当前的研究中，通过不同的算法来寻找最佳的遥感变化检测结果，依旧是一个热门的研究方向[27]。目前，遥感技术的变化检测在 LUCC 中的应用主要体现在以下几个层面：① 森林或植被变化，② 森林砍伐、再生和选择性伐木，③ 湿地变化，④ 景观变化，⑤ 城市变化，⑥ 环境变化。变化检测的前提条件是精准的几何配准、大气校正以及多时间图像之间的归一化处理。成功实施变化检测的关键因素是，选择合适的图像采集日期和传感器数据，确定变化类别，以及使用适当的变化检测算法。在实践中，经常使用若干种变化检测技术来实施变化检测，然后将其结果进行比较以通过视觉评估或定量准确评估来识别最佳产品。影响选择合适的变化检测方法的因素有很多，图像差分、PCA 和后分类是最常用的。近年来，LSMA、ANN 和 GIS 已成为提高变化检测精度的重要技术[19]。

(2) 关于 LUCC 驱动力的研究一直处于重要位置，简化驱动力以更好地服务于生态环境发展也是当前的热点方向。这需要充分考虑生态系统服务功能、生态环境的脆弱性以及可持续发展问题，需要加强 LUCC 与生态系统服务功能的动态耦合。在进行基于 LUCC 研究的可持续评估时，需要充分考虑人类社会与自然环境的整体关联[28]。敏锐捕捉土地利用变化状态对于预测全球范围内的生态变化趋势至关重要，不仅需要考量驱动土地利用变化的社会、经济、生物、物理因素，还要充分考虑特定的人类活动与人类环境条件[9]。

(3) LUCC 与整体生态环境的变化情况关联紧密，生态环境的恶化为草地、林地、田地等的变化创造了条件，同时，LUCC 的剧烈变动也加剧了生态环境的负向发展，从而形成了恶性循环[20]，这一反馈在大气环境、土壤环境、水环境中均有体现。环境管理者可以通过合理引导土地利用变化的趋势，促进生态环境的正向改变，从而达成环境、社会和经济效益的共赢局面，这需要科研工作者与实践工作者密切交流合作关系的构建以及多学科的合作。如何通过跨领域、多学科的合作更好地管理地球的景观，平衡人类与自然环境的关系，保证生态基础设施的完整性、生态系统服务功能的良性发挥以及人类和生物圈的长期健康发展，是当下科研工作者需要着重关注的议题[21]。

(4) 模型法为 LUCC 研究中用到的重要方法，常用于土地利用研究的模型有：① CLUE-S模型，该模型是荷兰瓦赫宁根大学 Verburg 等开发的高分辨率 LUCC 模型，可以更好地表现不同时空尺度下土地利用变化过程并预测未来土地利用变化细节，但该模型对给各类土地宏观需求的空间表现有限，因此目前大多数研究者考虑将 CLUE-S 模型与其他模型、方法相结合[29]。较为常见的耦合方式如 SWAT(Soil and Water Assessment Tool)模型和 CLUE-S 模型结合起来，解决一些在土地利用方式发生变化的基础上的水文问题[30−32];SD(系统动力学)模型与 CLUE-S 模型耦合的建模方法,以预测研究区时间尺度上,不同土地利用类型在不同社会经济情景下的土地需求量[33]。② 采用 Logistic-CA-Markov 耦合模型对地区土地利用变化及其与各驱动力因子之间的定量关系进行分析,从而对土地利用方式,与景观空间格局进行模拟与预测[34-35]。

4.2 讨论

本文归纳总结 LUCC 领域研究的发展脉络、重点研究以及热点动向,但仍然存在不足之处。首先,由于篇幅限制以及与传统综述研究方法的不同,且研究时间范围长远,涉及文献数量庞大,所以本文总结出最为经典的重点文献,并对其内容进行了提炼浓缩,但没有进行一一综述。其次,本研究总结归纳出了 LUCC 领域的热点研究动向,并尽可能广泛地用关键词的形式为读者进行引导,专门进行某一方向研究的读者需要自行深入、拓展。同时,通过对 LUCC 研究领域的思考,提出从以下几个方面进行补充研究:① 当前,LUCC 研究已经成为生态学、城市建设学科以及风景园林学科等,多个学科进行研究的有力支撑与手段,学科交叉的优势丰富了各自学科的方法论与研究角度,但也出现了因对交叉学科理解不深入而导致的偏差,因此以多学科的角度对 LUCC 研究进行整理和综述是十分必要的;② 模型法是进行 LUCC 信息提取的重要手段,目前,单一的模型应用已经难以满足关于 LUCC 研究的需求,研究者们多以多个模型耦合的方式进行 LUCC 的检测与预测,近年来关于 LUCC 研究模型的探索整理需要跟进研究;③ 关于 LUCC 驱动力的研究一直是 LUCC 领域研究的重点,但是相关研究尤其是国内的研究,缺失对于全球角度自然环境与人居环境生态状况的思考,LUCC 的影响与驱动因素是全球性的事件,从整体生物圈的角度去思考至关重要。

参考文献

[1] 陈怀亮,徐祥德,刘玉洁. 土地利用/覆盖变化的遥感监测研究综述[C]//第十五届全国遥感技术学术交流会论文集. 贵阳,2005:19.

[2] 李月臣.土地利用/覆盖变化驱动力研究[J].水土保持研究,2008,15(03):116-120.

[3] 牛潞珍,石英.土地利用/覆盖变化研究进展综述[J].东南大学学报(哲学社会科学版),2014,16(S1):25−26.

[4] 王一航,夏沛,刘志锋,卢文路,何春阳.中国绿洲城市土地利用/覆盖变化研究进展[J].干旱区地理,2019,42(02):341-353.

[5] 盛立. 生物医学领域研究前沿识别与趋势预测[D].北京:中国人民解放军军事医学科学院,2013.

[6] 曹小曙,胡培婷,刘丹.电动汽车充电站选址研究进展[J].地理科学进展,2019,38(01):139-152.

[7] 孙威,毛凌潇.基于 CiteSpace 方法的京津冀协同发展研究演化[J].地理学报,2018,73(12):2378-2391.

[8] 侯剑华,胡志刚.CiteSpace 软件应用研究的回顾与展望[J].现代情报,2013,33(04):99-103.

[9] Lambin E F, Turner B L, Geist H J, et al. The causes of land-use and land-cover change: moving beyond the myths[J]. Global Environmental Change, 2001, 11(4):261-269.

[10] Weng Q H. Quantifying Uncertainty of Digital Elevation Models Derived from Topographic Maps [C]//Advances in Spatial Data Handling, 2002. DOI:10.1007/978-3-642-56094-1-30.

[11] Foody G M. Status of land cover classification accuracy assessment[J]. Remote Sensing of Environment, 2002, 80(1):185-201.

[12] Konrad W, Frans V D B, David R, et al. Rapid Land Cover Map Updates Using Change Detection and Robust Random Forest Classifiers[J]. Remote Sensing, 2016, 8(11):888.

[13] Singh A. Review Article Digital change detection techniques using remotely-sensed data[J]. International Journal of Remote Sensing, 1989, 10(6):989-1003.

[14] Weeks E S, Ausseil A G E, Shepherd J D, et al. Remote sensing methods to detect land-use/cover changes in New Zealand's 'indigenous' grasslands [J]. New Zealand Geographer, 2013, 69(1):1-13.

[15] Verburg P H, Soepboer W, Veldkamp A, et al. Modeling the Spatial Dynamics of Regional Land Use: The CLUE-S Model[J]. Environmental Management, 2002, 30(3):391-405.

[16] Chavez P S. Image-based Atmospheric Corrections Revisited and Improved[J]. Photogrammetric Engineering And Remote Sensing, 1996, 62(9): 1025-1036.

[17] Morawitz D F, Blewett T M, Cohen A, et al. Using

NDVI to Assess Vegetative Land Cover Change in Central Puget Sound[J]. Environmental Monitoring and Assessment, 2006, 114(1/2/3):85-106.

[18] Shalaby A, Tateishi R. Remote sensing and GIS for mapping and monitoring land cover and land-use changes in the Northwestern coastal zone of Egypt [J]. Applied Geography, 2007, 27(1):28-41.

[19] Lu D, Mausel P, Brondízio E, et al. Change detection techniques[J]. International Journal of Remote Sensing, 2004, 25(12):2365-2401.

[20] Liu Y S, Wang D W, Gao J, et al. Land Use/Cover Changes, the Environment and Water Resources in Northeast China[J]. Environmental Management, 2005, 36(5):691-701.

[21] Foley J A, Defries R, Asner G P, et al. Global Consequences of Land Use[J]. Science, 2005, 309 (5734):570-574.

[22] He J F, Liu J Y, Zhuang D F, et al. Assessing the effect of land use/land cover change on the change of urban heat island intensity[J]. Theoretical and Applied Climatology, 2007, 90(3/4):217-226.

[23] Walker R, Perz S, Caldas M, et al. Land use and land cover change in forest frontiers: The role of household life cycles[J]. International Regional Science Review, 2002, 25(2): 169-199.

[24] Fei Yuan, Kali E. Sawaya, Brian C Loeffelholz, et al. Land cover classification and change analysis of the Twin Cities (Minnesota) Metropolitan Area by multitemporal Landsat remote sensing [J]. Remote Sensing of Environment, 2005, 98(2/3):317-328.

[25] Gashaw T, Tulu T, Argaw M, et al. Estimating the impacts of land use/land cover changes on Ecosystem Service Values: The case of the Andassa watershed in the Upper Blue Nile basin of Ethiopia[J]. Ecosystem Services, 2018, 31:219-228.

[26] Cui Y, Mou J, Liu Y P. Knowledge mapping of social commerce research: a visual analysis using CiteSpace [J]. Electronic Commerce Research, 2018, 18(4):837-868.

[27] Coppin P, Jonckheere I, Nackaerts K, et al. Review Article Digital change detection methods in ecosystem monitoring: A review[J]. International Journal of Remote Sensing, 2004, 25(9):1565-1596.

[28] Lambin E F, Geist H J, Lepers E. Dynamics of Land-Use and Land-Cover Change in Tropical Regions[J]. Annu Rev Environ Res, 2003, 28(28): 205-241.

[29] Verburg P H, Soepboer W, Veldkamp A, et al. Modeling the Spatial Dynamics of Regional Land Use: The CLUE-S Model[J]. Environmental Management, 2002, 30(3):391-405.

[30] Zhang P, Liu Y, Pan Y H, et al. Land use pattern optimization based on CLUE-S and SWAT models for agricultural non-point source pollution control [J]. Mathematical and Computer Modelling, 2013, 58 (3/4):588-595.

[31] Wang Q R, Liu R M, Men C, et al. Application of genetic algorithm to land use optimization for non-point source pollution control based on CLUE-S and SWAT[J]. Journal of Hydrology, 2018, 560: 86-96.

[32] Zhou F, Xu Y P, Chen Y, et al. Hydrological response to urbanization at different spatio-temporal scales simulated by coupling of CLUE-S and the SWAT model in the Yangtze River Delta region[J]. Journal of Hydrology, 2013, 485:113-125.

[33] 梁友嘉，徐中民，钟方雷. 基于SD和CLUE-S模型的张掖市甘州区土地利用情景分析[J]. 地理研究，2011，30(3):564-576.

[34] Wang H J, Kong X D, Zhang B. The Simulation of LUCC Based on Logistic-CA-Markov Model in Qilian Mountain Area, China[J]. Sciences in Cold and Arid Regions, 2016, 8(4):350-358.

[35] 陈铸，傅伟聪，黄雅冰，阙晨曦，郑祈全，董建文.基于Logistic-CA-Markov模型的福州市土地利用演变与模拟[J].安徽农业大学学报，2018，45(06):1092-1101.

作者简介：袁轶男，同济大学建筑与城市规划学院景观学系博士生。研究方向：景观更新与公共空间。

金云峰，同济大学建筑与城市规划学院景观学系教授、博士生导师。研究方向：公园城市与景观治理有机更新。

谢子杰，福建省水利水电勘测设计研究院风景园林工程师。研究方向：滨水景观更新与建设。

科学规划蓝绿空间的树种成分，增强风景园林生态系统韧性*

张德顺　陈莹莹　孙　力　刘　鸣　李玲璐　姚鳗卿

摘　要　随着气候无序变化的加剧，台风给滨海地区生态安全带来重大威胁，在众多应对措施中，抗风树种选择是风景园林规划的基础。本文从风灾后的树木调查与评估、树冠抗风形态特征研究、树干抗风荷载应力等五个方面综述了国内对抗风树种选择研究的现状和发展趋势，并对上海常见的25种园林树种进行静态拉力实验、树木形态稳定性评价、树木木材测试以及土壤紧实度测量，综合评价了各树种的抗风性特征。加强园林树种的抗风性研究直接关乎城市绿地体系的生态稳定性，为提高园林生态系统韧性，优化风景生态安全格局，保护生物多样性提出了深化研究的方向。

关键词　风景园林；园林植物；滨海地区；抗风性；树种选择

风景园林学被称为科学和艺术的综合学科，与建筑学、城市规划学的区别在于以生态学为核心，风景园林的生态学以园林植物为核心。随着风景园林规划设计领域的不断扩大，各种园林植物遇到了前所未有的环境胁迫。台风和风暴潮事件作为自然灾害中的重要灾害逐年增加[1-2]，必须引起专业、学科、行业的高度重视，“因害设防，未雨绸缪”“因地制宜，适地适树”是颠扑不变的原则。本文由风景园林展开，简述滨海地区抗风园林树种选择的研究现状和趋势，详细讨论上海滨海地区25种园林树种的抗风性，期望通过科学规划蓝绿空间的树种构成，优化群落结构、增强生态系统韧性，实现生态安全。

1　风景园林“顺风而来、适风而生、奔风而去”

风景由“风”字展开，借风成景到风象，从风神到风害，无不展现着风与人类生活的息息相关（图1）。在本文针对风景园林抗风性树种的研究中，风量、风速、风向是影响园林植物抗风性的重要因素，如何为滨海地区的园林配植“容风、适风”的园林树种是本文研究的目标，“究风、探风”——搞清抗风性园林树种的现状，才能称之为名副其实风清气明、天人合一的“风景园林”。

从地球圈层的角度来看，风圈与大气圈、土壤圈等圈层一样，是保护着地球生态系统不可或缺的条件（图2）。目前园林绿地以景观性的功能为主，园林的抗风性尚未起到明显的作用，甚至许多园林树种并不具有抗风性，当风害来临时往往出现风折、风倒、风拔的现象，甚至影响市民的生命安全。因此，风景园林要想真正做到“顺风而来、适风而生、奔风而去”，最终逐渐完善成为一体，有必要采取相应措施来提高园林植物的抗风性能，优化抗风性植物的配植，提高滨海地区的生态系统韧性。

2　滨海地区抗风园林树种选择的研究现状和趋势

全球树木风害研究主要集中于欧洲北部、北美东南部和西太平洋地区。北欧大西洋的强风暴、北美东南部海域的飓风，以及西太平洋的台风均对当地园林树木造成了广泛性的破坏[3-6]。国内外关于树木风害的研究一般从树冠、树干和树根三个方面展开（图3）。滨海地区抗风园林树种研究的现状和发展趋势可以概括为以下五个方面。

2.1　风害灾后树木抗风性实地调查、评价与选择

台风会对园林树木造成最直接、巨大的危害，

* 国家自然科学基金“华东滨海地区抗风园林树种的选择机制研究”（编号：32071824），“城市绿地干旱生境的园林树种选择机制研究”（编号：31770747），同济大学第一批优质在线开放课程项目。

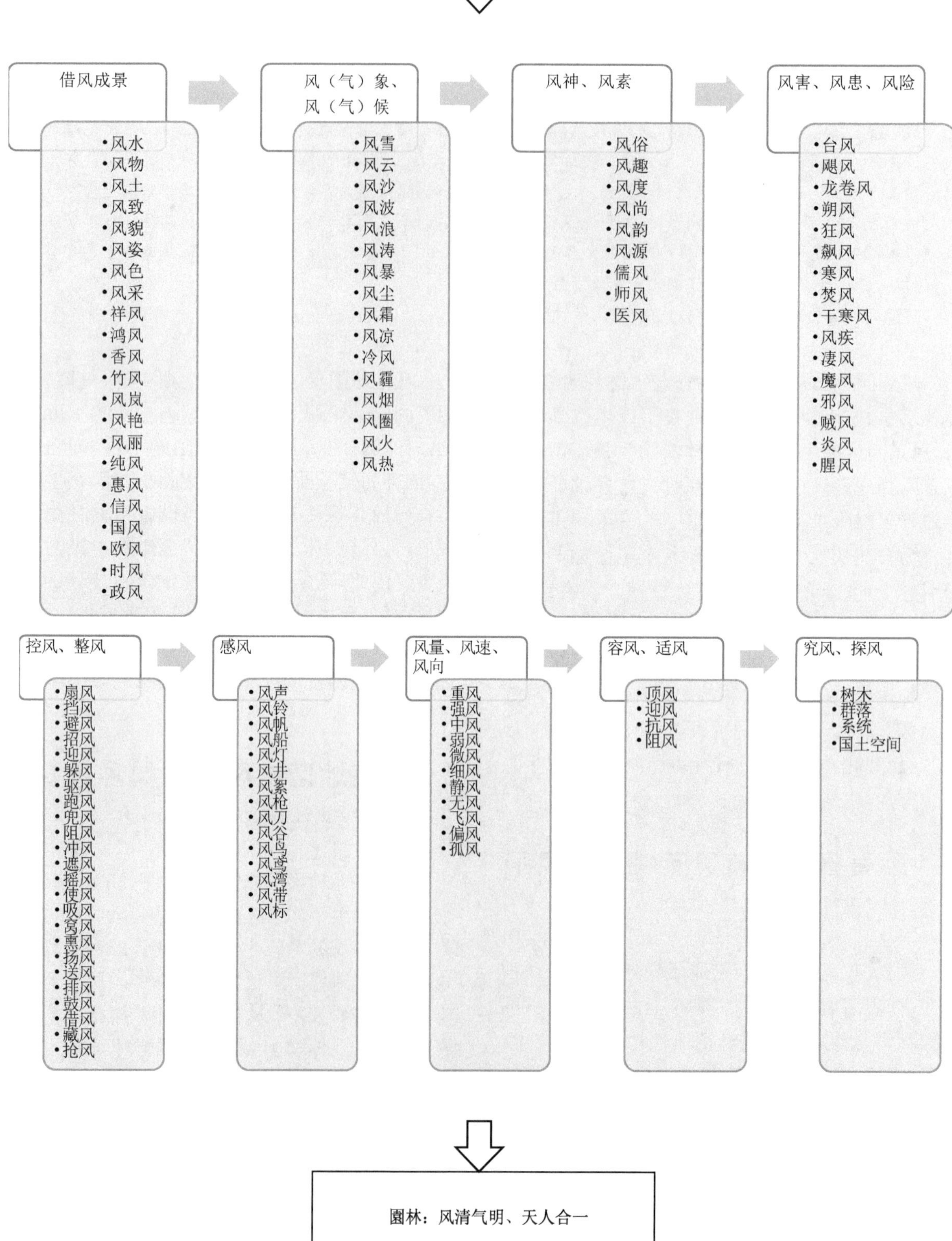
風景
借风成景
•风水
•风物
•风土
•风致
•风貌
•风姿
•风色
•风采
•祥风
•鸿风
•香风
•竹风
•风岚
•风艳
•风丽
•纯风
•惠风
•信风
•国风
•欧风
•时风
•政风
风（气）象、风（气）候
•风雪
•风云
•风沙
•风波
•风浪
•风涛
•风暴
•风尘
•风霜
•风凉
•冷风
•风霾
•风烟
•风圈
•风火
•风热
风神、风素
•风俗
•风趣
•风度
•风尚
•风韵
•风源
•儒风
•师风
•医风
风害、风患、风险
•台风
•飓风
•龙卷风
•朔风
•狂风
•飙风
•寒风
•焚风
•干寒风
•风疾
•凄风
•魔风
•邪风
•贼风
•炎风
•腥风
控风、整风
•扇风
•挡风
•避风
•招风
•迎风
•躲风
•驱风
•跑风
•兜风
•阻风
•冲风
•遮风
•摇风
•使风
•吸风
•窝风
•熏风
•扬风
•送风
•排风
•鼓风
•借风
•藏风
•抢风
感风
•风声
•风铃
•风帆
•风船
•风灯
•风井
•风絮
•风枪
•风刀
•风谷
•风鸟
•风鸢
•风湾
•风带
•风标
风量、风速、风向
•重风
•强风
•中风
•弱风
•微风
•细风
•静风
•无风
•飞风
•偏风
•孤风
容风、适风
•顶风
•迎风
•抗风
•阻风
究风、探风
•树木
•群落
•系统
•国土空间
園林：风清气明、天人合一

图 1　对“风景园林”的解读

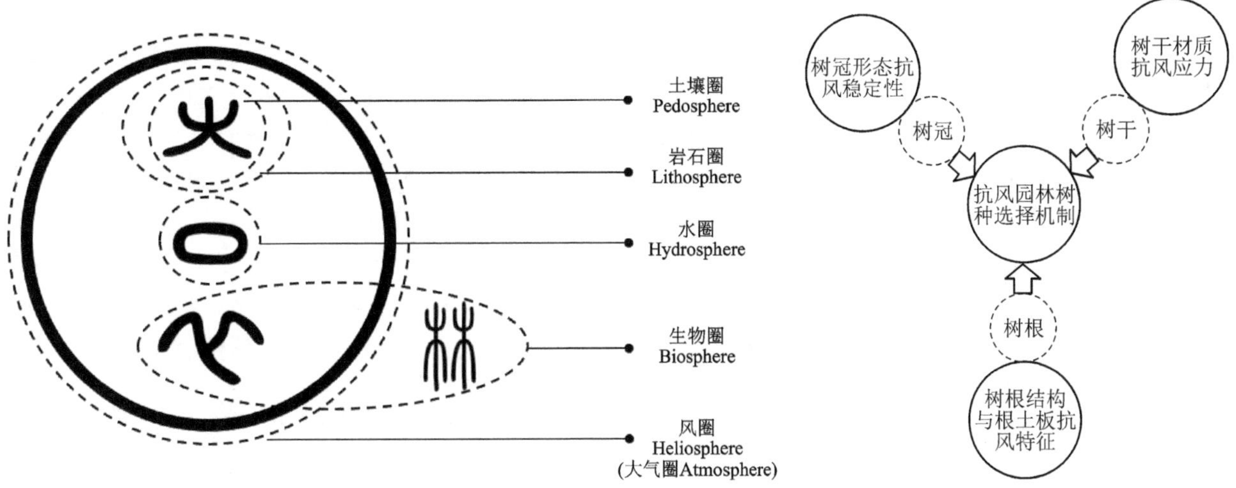

图 2 风圈与其他地球圈层的关系

图 3 抗风性树种研究方向示意图

导致林木落叶、断枝、折干、倒伏、拔根等机械性损伤[7,8]。

近 20 年来，我国滨海一带台风侵袭后的园林树木灾后调查持续进行。湛江"莎莉"(1996)台风、汕头"杜鹃"(2003)台风、厦门"莫兰蒂"(2016)台风、珠海"天鸽""帕卡"(2017)台风灾后，相关研究人员对当地园林树种调查分析，提出了风灾分级体系，对滨海主要树种的抗风能力进行了评估和分级：强抗风树种以椰子(*Cocos nucifera*)、大王椰子(*Roystonea regia*)、美丽针葵(*Phoenix roebelenii*)等为代表[9-13]。

不同树种遭受风灾后的损伤程度差异显著。1999 年台风侵袭厦门，对当地园林绿化造成了巨大损失，城区行道树受损率为 75%，其中倒伏和折枝分别占 45%、30%。风倒率最大的是桃花心木(*Swietenia mahagoni*)、海南蒲桃(*Syzygium hainanense*)、菩提树(*Ficus religiosa*)、洋紫荆、芒果(*Mangifera indica*)和澳洲坚果(*Macadamia ternifolia*)等[14]；而大王椰子、皇后葵(*Syagrus romanzoffiana*)风倒率仅为 3%和 5%，海枣(*Phoenix dactylifera*)、蒲葵无倒伏，表现了极强的抗风性[10]。对湛江市常见 82 种园林树种的抗风性评价结果显示，棕榈科植物抗风性最强，石栗、蓝花楹、相思树(*Acacia confusa*)等树种抗风性较差[8]。然而，即使是抗风性较强的棕榈科植物，种间的抗风性差异也较大，抗风性的强弱与树木种类、树高、胸径、冠幅具有密切关系[15]。

近年来，对单一树种种内不同品种(系)的抗风性研究也日益深入。如对台风"达维""纳沙"影响下的海南省橡胶树灾后调查发现，品种(系)的抗风害能力主要受木材密度、树高、分枝习性、树冠形状、根系深度、叶面积指数、叶片厚度等性状影响[16]。2015 年，强台风"彩虹"灾后，对 40 个月生的赤桉(*Eucalyptus camaldulensis*)进行生长性状测定和遗传分析得出，种源间、家系间、区组间的差异以及种源与区组、家系与区组的交互作用极其显著[17]，树高、胸径、冠幅、单株材积、Pilodyn 值和风害等级均受遗传控制[18]。

2.2 基于树木形态特征的抗风稳定性评价与选择

树木形态特征与抗风稳定性密切关联，常年风向与风力，是决定树木抗风性表型外观的重要因素之一，即通过影响树木的生长，间接影响树木空间的结构和根、茎、冠形态的发育变化。衡量树种抗风性大小，需要综合考虑物种树冠、茎干、叶片等特性，甚至栽培措施等[19]。

树木形态抗风稳定性可通过稳定性指数(tree stability index)进行计算和评价[20-24]。长期适应强风侵袭的树种，树木通过减少机械应力和力矩来适应强风条件，逐渐形成高锥度的塔形形态[28]。台风灾后的实地调查也验证了这一点，树冠过于浓密、透风率低、风阻大的主干形、圆柱形、纺锤形等树木抗风最弱，而杯状、伞形、丛状形、开心形的树木可降低正面风压，使抗风性增强。因此，合理的树木干形比(slenderness ratio，H/D)对树木抗风性选择至关重要[26]。

对树木形态特征进行分类能更好地研究各种

树形在受风时的动态反应[27]。例如对广州行道树受风害后的调查显示,随着树木高度、细长指数(slender index)、冠比、冠满率、展开度、冠长、总树高、冠圆度和冠不对称度的增加,树木稳定性降低。此外,人为采取一些抗风措施,如修枝整形,使树冠疏朗、均衡、通透,可提高树种的抗风能力[28]。

2.3 树干抗风荷载应力评价与选择

在陆地环境中,风力是树木最普遍和最重要的荷载应力[29]。树木在受到持续的大风荷载力作用下,与树木的根土系统(root-soil system)相互抗衡,致使树干弯曲到达了极限而产生风折(wind-breakage)和风倒(windthrow)现象[30]。引起风折或风倒的主要因素包括风力大小、树木生物力学特性、根系与土壤的相互作用等。其中,树木生物力学特性与树龄、树干强度、树干和树冠的外形尺寸以及树木健康状况有关;根系与土壤间的相互作用则受土壤性质、剪切强度、含水量、树木根系深度等因素的影响。常用的研究方法包括树木抗风牵引实验、风洞实验和虚拟建模等[31]。

树木抗风牵引试验主要关注树木发生风折和风倒的临界风速(critical wind speedvale)[30,32];风洞试验是研究树木发生风害时,在其自然摇摆频率下会与湍流风场发生的强烈共振现象,不同树种具有不同的共振特性[33];虚拟建模主要通过模拟实际状况下的脉动风模型,利用参数化建模法(APDL)编程得到树木模型。

2.4 树干木材性质和纤维结构与抗风性树种的选择

木材的弹性(elasticity)、塑性(plasticity)、蠕变(creep)、强度(strength)、韧度(tenacity)、刚度(rigidity)等力学性质是树木抗风能力的重要因素,树木韧度和刚度是体现树木抗风性能的主要指标[34]。比较木麻黄与相思树的木材性质发现,木麻黄具有较大材料密度和应力波速,木质坚硬,抗弯弹性大,不易风折;而相思树则表现出较高的生长应力(growth stress),导致木材材性较脆,易产生开裂和变形,其抗风折能力较弱[35]。

抗风力强的树种具有抗冲击次数多,韧度大,纤维组织比率高,轴向薄壁组织含量低的特点。调查夏威夷受飓风破坏的树种发现,木材弹性和树木受害类型及程度显著相关,树木刚度越小,其弹性越大[36]。

木材胞壁纤丝角,通常指木纤维(包括管胞、韧型纤维等广义上的木纤维)次生壁中的大纤丝角,其大小在一定程度上影响木材力学性质,是反映木材性质的重要参数之一。应用X射线衍射的Cave法,对巴西橡胶(*Hevea brasiliensis*)的13个具不同抗风力的品系主干和枝干木材纤维壁(微)纤丝角测试分析表明,主干和枝干木材纤维壁纤丝角在抗风和弱抗风品系之间存在着明显的差异[37]。

2.5 树木根系结构特征的抗风性评价与选择

根系是植物体的地下部分,是其长期适应陆地生活形成的器官,主要作用是固定支撑和吸收营养,避免植物体发生倒伏,并从土壤里吸收水分和无机盐。最早从事根系结构研究的是18世纪初德国的海尔斯(Halls),由于根系生长环境复杂及根系研究方法和定量分析手段局限,相关研究一直进展非常缓慢。早期人们对根系的研究主要是通过直接或间接的测量方法,获得根形态的二维平面参数。随着现代测量和计算机技术的发展及研究方法的突破,诸如地下雷达监测系统、射线断层扫描、核磁共振系统、扫描图像分析、三维构型模拟、微根管法等技术方法的突破,根系研究已逐步成为国际前沿热点[38-39]。从根系形态构型的原位观察测定和定量分析,到根系形成的发育生物学和分子生物学基础,均开展了系统深入的研究[38,40]。

目前对树木根系结构的抗风性评价与选择的研究主要有三个方面:树木根系的形态特征研究、树木根系结构与抗风稳定性研究、树木根系结构模拟与定量化研究。

综上所述,树种抗风能力受到内因和外因等多重因素的综合影响,充分研究园林植物的抗风性,未雨绸缪。

3 上海滨海地区25种园林树种的抗风性研究

我国滨海地区城市众多,经济发达,人口密集。台风危害已对我国东部沿海地区造成了严重的影响,其中,对长江三角洲和珠江三角洲人类社会经济系统的影响最为严重[41],也是损毁当地园林树木的主要自然灾害之一。

上海作为沿海城市,是强风频发的区域之一,每年夏季产生的西太平洋台风会给上海带来强烈的风暴潮灾害。经1991—2013年上海市各区域月最大风速和月平均风速等的分析发现，上海市大风强度最大的区域为崇明，其次为上海市南部的金山、奉贤和南汇沿海地区。

为了增强树种对未来极端天气及环境的适应能力，有必要加强对树种抗风性的研究，选择具有抗风能力的园林树种对于提高生态系统韧性、维护绿地健康、保育生物多样性起重要作用。

3.1 研究背景

树种的抗风能力受到内因和外因等多重因素的综合影响，风折、风倒、拔根等风害现象的发生与树冠结构、干形比、木材性质、土壤环境条件等息息相关。研究树木和风之间相互作用主要通过两种方法进行：静态拉力实验和动态监测实验。静态拉力实验是假设树木风倒或风折是由于持续的大风，树木的根与土相互作用所形成的抵抗力达到了极限，致使树木弯曲到达了极限点。但该实验可能会过于简化树木和风的相互作用关系，树木真正发生风害时，可承受的最大风速一般小于实验估算值。动态监测实验中，不断变化的风力会使树木发生动态变化，最需要考虑的因素是树木受到的风压和临界风速。本文通过对上海常见的25种园林树种的静态拉力实验、树木形态稳定性评价、树木木材测试以及土壤紧实度测量，综合评价了各树种的抗风性特征。

3.2 实验材料与方法

3.2.1 实验地点与树种

实验地点在上海海湾国家森林公园内，位于上海市南部奉贤区海湾镇五四农场境内，距上海市中心60 km。基地地势平坦，平均海拔4.0～4.5 m。年均气温17.6 ℃，最高月平均温度28.1 ℃，最低月平均温度−2.1 ℃。年均降雨日117 d，降雨量1 106.5 mm。

考虑到园林树种的常见性和实验地所选树种的规格一致性、重复性，本文选择25种上海常见园林树种为研究对象，其中，常绿树种7种，落叶树种18种。各树种的形态指标如表1所示。

表1 25种实验树种的形态指标

序号	树种	树高/m	胸径/cm	冠幅/m	冠高/m	冠高比
1	杜仲 *Eucommia ulmoides*	5.65±1.34	9.25±1.20	2.65±0.21	3.90±1.56	0.68±0.11
2	枫香 *Liquidambar formosana*	9.55±0.07	11.4±0.57	5.00±0.71	6.90±0.00	0.72±0.01
3	光皮树 *Swida wilsoniana*	8.50±1.13	9.65±2.33	4.00±0.71	7.20±1.13	0.85±0.02
4	广玉兰 *Magnolia grandiflora*	7.05±0.92	11.00±0.00	5.05±0.07	5.85±0.92	0.83±0.02
5	黄连木 *Pistacia chinensis*	8.10±2.12	8.65±0.21	4.60±0.14	4.75±0.92	0.59±0.04
6	金丝楸 *Catalpa bungei*	9.35±0.21	11.50±0.14	5.20±0.99	7.25±0.21	0.78±0.01
7	榉树 *Zelkova serrata*	10.30±0.71	10.10±0.42	4.00±0.71	8.45±0.35	0.82±0.02
8	乐昌含笑 *Michelia chapensis*	5.20±0.00	11.75±1.91	3.60±0.28	3.80±0.14	0.73±0.03
9	柳杉 *Cryptomeria fortunei*	3.90±0.71	10.00±0.00	1.90±0.28	2.95±1.06	0.74±0.14
10	黄山栾树 *Koelreuteria paniculata* 'Integrifoliola'	9.15±0.49	12.50±0.85	4.35±0.07	5.90±0.57	0.64±0.03
11	鹅掌楸 *Liriodendron chinense*	8.55±0.92	9.65±0.92	3.70±0.42	7.05±0.64	0.83±0.01
12	女贞 *Ligustrum lucidum*	5.45±0.35	9.35±0.07	2.85±0.49	4.30±0.28	0.79±0.00
13	梧桐 *Firmiana simplex*	12.00±4.10	11.10±1.98	5.00±1.13	8.65±4.74	0.69±0.16
14	蚊母树 *Distylium racemosum*	5.05±1.06	9.25±0.07	4.50±0.14	3.40±0.99	0.67±0.06
15	乌桕 *Sapium sebiferum*	10.10±0.42	11.05±0.49	4.70±0.14	5.10±0.57	0.50±0.03
16	无患子 *Sapindus mukorossi*	6.85±1.48	11.20±2.26	5.90±0.14	5.75±1.48	0.84±0.04
17	五角枫 *Acer pictum* ssp.*momo*	5.05±0.21	9.65±1.16	3.20±0.85	3.85±0.07	0.76±0.02

（续表）

序号	树种	树高/m	胸径/cm	冠幅/m	冠高/m	冠高比
18	喜树 *Camptotheca acuminata*	8.50±0.14	9.90±1.27	3.50±0.57	4.85±0.49	0.57±0.05
19	香樟 *Cinnamomum camphora*	7.90±0.28	12.50±1.41	4.70±0.28	5.65±0.07	0.72±0.03
20	小叶朴 *Celtis bungeana*	7.00±0.57	10.65±0.49	4.10±0.00	4.80±0.14	0.69±0.04
21	银杏 *Ginkgo biloba*	7.30±2.12	9.20±1.13	3.40±0.42	4.75±2.05	0.64±0.10
22	玉兰 *Yulania denudata*	8.15±4.88	8.30±0.00	3.45±0.07	6.15±3.46	0.76±0.03
23	中山杉 *Taxodium 'Zhongshansha'*	9.70±1.27	12.20±0.57	3.35±0.35	7.65±0.78	0.79±0.02
24	重阳木 *Bischofia polycarpa*	4.85±0.21	9.65±0.35	3.15±0.21	2.75±0.21	0.57±0.07
25	棕榈 *Trachycarpus fortunei*	2.65±0.78	13.75±3.75	1.50±0.00	1.00±0.00	0.40±0.12
	均值	7.43±2.51	10.53±1.21	3.89±1.09	5.31±2.11	0.70±0.12

3.2.2　实验方法

树木抗风能力的综合评价需要考虑内因、外因等诸多因素，还需要根据实际立地条件进行分析。故分别测试 25 种园林树种的静态拉力极限、树木形态与稳定性指标、木材材性指标和土壤紧实度指标，每种树木单次测试选取 3 株进行重复[42]。各指标测试方法如下。

（1）模拟风压的静态拉力测试

通过绞盘和钢丝对树干施加拉力负荷（图 4）。将绞盘与支架组合，一端与静物固定，另一端用拉力绳在树干固定，绑绳高度固定为 1.4 m 左右，拉力计固定在两段拉绳中间以测定拉力大小。当树木发生明显弯曲或折断时记录瞬时拉力 F，依据受力平衡计算得出树木受力 F_1 和树木基部瞬时最大反抗力矩 M。其计算公式如下：

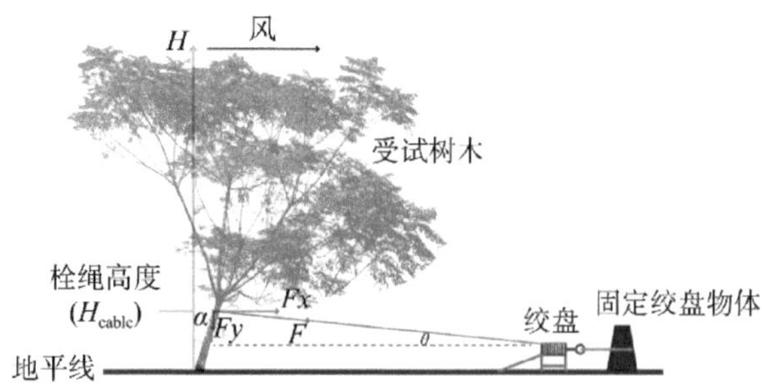

图 4　静态拉力试验图示

$$F_1 = F(\cos\alpha\cos\theta + \sin\alpha\sin\theta) \quad (1)$$

$$M = F_1 H \quad (2)$$

式中，F 为瞬时拉力值，弯曲角度 α，固定拉绳的水平角度 θ，树木弯曲时绑绳处距离地面的垂直距离 H。

（2）树木形态指标与稳定性评估

采用 Kontogianni 等[29]提出的树木稳定性评价方法计算树木稳定性指数（Tree Stability Index，TSI），主要通过对树高（H）、冠高比（CR）与树冠不对称度（CAI）3 项指标进行分级评分，赋分方法如表 2 所示。树木稳定指数的计算公式如下：

$$\mathrm{TSI} = a + b\mathrm{CR} + c\mathrm{CAI} + d\mathrm{H} \quad (3)$$

式中，a、b、c、d 分别为经验系数，本文取各系数 $a=6.362$，$b=0.984$，$c=1.014$，$d=0.388$。

表 2　不同指标分级及评分表格

等级分值	树高分级/m	冠高比分级	树冠不对称度分级	树冠不对称度图示
1	<5	<0.33	$R_1=R_2=R_3=R_4$	
2	5～10	0.34～0.5	$R_1=R_2$，$R_3=R_4$	
3	10～15	0.5～0.67	$R_1>R_2$ 或 $R_1<R_2$，$R_3=R_4$	

（续表）

等级分值	树高分级/m	冠高比分级	树冠不对称度分级	树冠不对称度图示
4	15～20	>0.67	$R_1 \neq R_2 \neq R_3 \neq R_4$	R_3 R_1 R_2 R_4

（3）木材材性测定

用生长锥取出受试树种直径 5 mm 的木芯，用树木弯曲断裂强度测试仪（Fractometer）测试树木木芯抗压强度和抗弯强度，以表征树木的木材材性。

（4）土壤紧实度测量

用土壤紧实度仪（SC900）测量 0～10 cm 受试树木根部附近土层深度的土壤紧实度，探头每深入 2.5 cm，仪器自动记录数据一次。对 25 种树木周围不同深度的土壤紧实度，进行单因素方差分析，所得结果通过了方差齐性检验，且组间方差显著（$p<0.05$），即土深 2.5 cm 处的土壤紧实度与土深 5.0 cm、10.0 cm 处的土壤紧实度之间存在差异，但土深 5.0 cm 与 10.0 cm 处的土壤紧实度不存在差异，5.0 cm 以下的土壤条件基本上是均质的。树木根系大部分均处于表土层 5.0 cm 以下的地下空间，所测得的各项树木抗风性指标数据是各个树种种间差异性的客观反映，不受土壤结构的影响。

3.3 实验结果

3.3.1 静态拉力分析

经静态拉力实验测试，有些树木发生了树干折断，如枫香；而更多的树木则是发生了拔根现象，如乌桕、喜树、银杏、重阳木等；而蚊母、柳杉不仅发生拔根现象，树干也有折断；其余受试树木只是发生了树干弯曲。

25 种受试树种的最大反抗拉力与弯曲角度的关系如图 5 所示。各树种的力矩与角度呈对数函数关系，其中，五角枫、重阳木、柳杉、银杏、黄连木、蚊母树 6 种树种的反抗力矩较小，弯曲角度较大，表明树木刚性较小，韧性较高，受持续风害能顺应风向正常生长；黄山栾树、无患子、广玉兰、金丝楸、光皮树 5 种树种的反抗力矩较大，弯曲角度较小，表明树种刚性较强，韧性较弱，易遭风折伤害；其他树种则在两类之间，兼具一定的刚性和韧性。

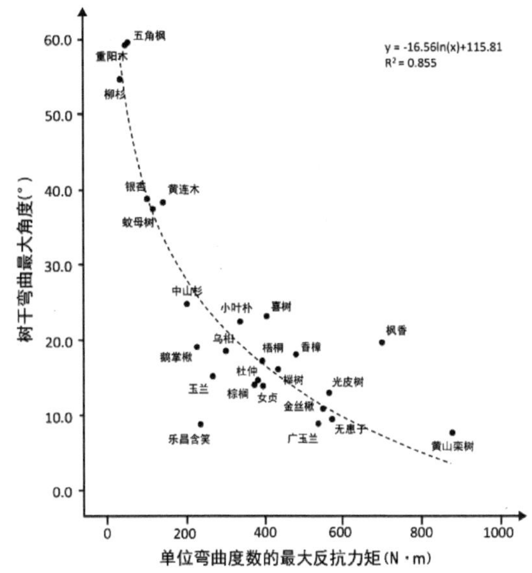

图 5　25 种树种的最大反抗力矩与弯曲最大角度的关系

3.3.2 树木形态与稳定性指数分析

按树木稳定性评价，25 种园林树种在树高、冠高比、树冠对称性与稳定性指数之间的关系分别如图 6 -图 8 所示。

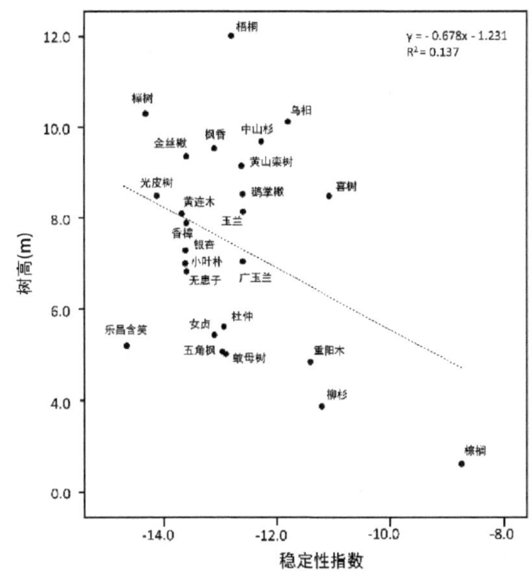

图 6　25 种树种的树高与稳定性指数的关系

在树高方面，稳定指数随着树木高度的上升而减小。棕榈、柳杉、重阳木的株高较低，稳定性较高，表明受风害的可能性较小；广玉兰、杜仲、女贞、蚊母树、五角枫、香樟、银杏、小叶朴、无患子、乐昌含笑等虽然株高也较低，但稳定性较低，表明较易受风害影响而引起风倒或风折；梧桐、枫香、榉树、金丝楸、黄连木、光皮树、中山杉、黄山栾树、鹅掌楸、玉兰则由于植株较高而稳定性低，特别易受风害影响。

在冠高比上，棕榈、喜树、重阳木、乌桕冠高比较低而稳定性较大，其他树种的冠高比几乎都大于0.6，稳定性较低。表明枝叶浓密的树冠对树木的稳定性具有重要影响。在树冠对称性方面，由于不良竞争或管理养护不善而导致的树冠偏斜，造成树木结构上的不稳定，在大风环境影响下更易受到损害，甚至发生倒伏与拔根现象。

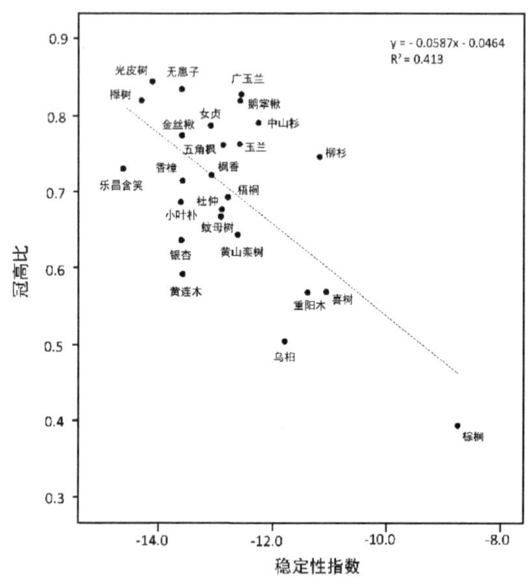

图 7　25 种树种的冠高比与稳定性指数的关系

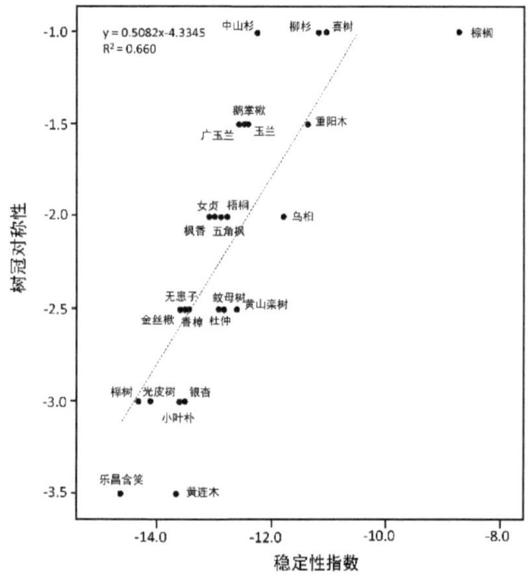

图 8　25 种树种的树冠对称性与稳定性指数的关系

3.3.3　树木木材材性分析

由图 9 可知，树木树芯的抗压强度与抗压弯度呈线性关系。光皮树、小叶朴、榉树、杜仲、黄连木、无患子、女贞等的抗压强度和弯度都较大，表明这些树种的木材具有较强的刚度和韧度，能抵御一定的风压，并且不易折断。棕榈、柳杉、中山杉等树种抗压强度和弯度均较低，表现出一定的脆弱性。其他树种处在两者之间，一些树种抗压强度较高，但抗压弯度较低，表明较能抵御更大的风压，但超过阈值后易受风折，如梧桐、黄山栾树、喜树、蚊母树等，而另一些树种则相反，材性刚度较低，但具有较高的韧度，表明在一定风压胁迫下能通过树冠的大幅摆动而耗散能量，减低风害对树木的影响。

3.3.4　综合评价分析

综上，为了对 25 种树种的综合抗风性进行客观评价，对 8 项因子进行主成分分析，通过降维找出主要公因子。主成分分析结果显示（KMO＝0.538，$p<0.01$），总体贡献率达到 77.53%，基本上包含了主要的实验数据。取前两个特征值大于1 的两个公因子为轴，绘制二维图（图 10）。

由图 10 可知，第一主成分是主要由树芯木材材性因子组成，第二主成分主要由静态拉力因子组成。据此，可将 25 种受试树种大致分为两大类：第一类是以广玉兰、梧桐、金丝楸、枫香为中心的静态拉力较大、弯曲角度较小的刚性树种，另一类是以银杏为中心的静态拉力较小、弯曲角度较大的韧性树种。这两类不同的树种反映出对风害

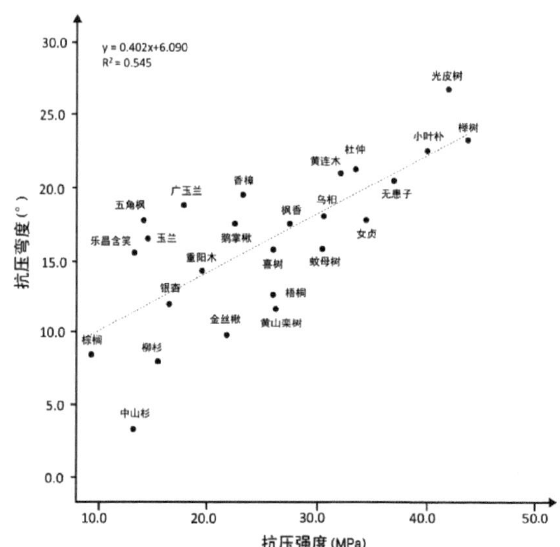

图 9　25 种树种的抗压强度与抗压弯度的关系

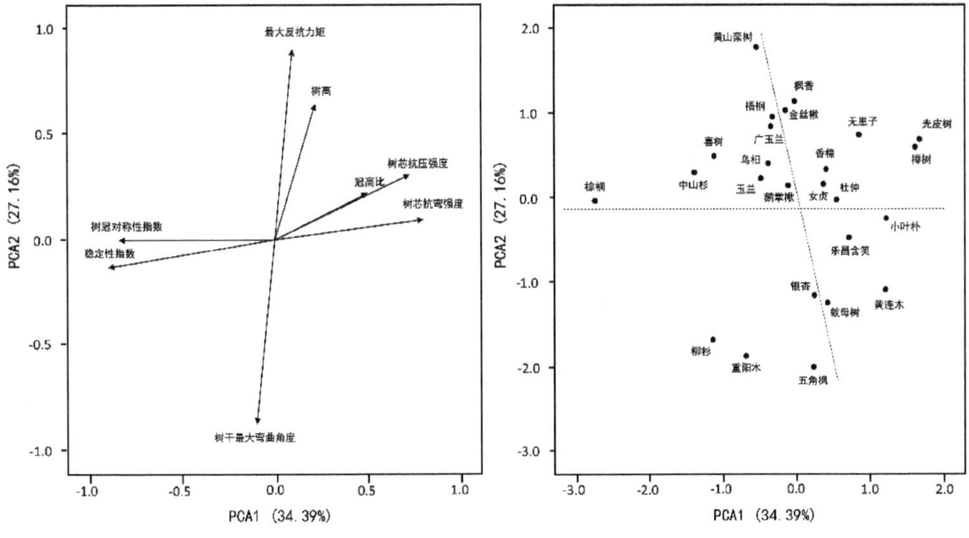

图 10 因子分析与树种抗风性定位图

胁迫不同的应对策略。在这两大类中又可按树木树形稳定性和木材材性的差别各自分为两组。例如，前者光皮树、榉树、无患子等树种树冠枝叶茂盛，木材材性较高，但对遇大风胁迫，树木的偏冠会对树木结构潜在威胁；后者柳杉、重阳木、五角枫等的稳定性高于小叶朴、乐昌含笑、黄连木等树种。

3.4 结论与讨论

3.4.1 树木受风害胁迫时具有不同的应对策略

通过模拟风压的静态拉力实验、树木形态稳定性评价以及树木木材材性的测试，不同树种具有不同的种间差异和特异性。总体上，测试的 25 种园林树种可以大致分为刚性树种和韧性树种。刚性树种的机械抗拉力较大，且木材材质较强，能抵御一定的风压，但一旦超过风压阈值就会发生风折风倒现象。而韧性树种的树干弯曲变形较大，树冠枝叶茂密，材质弹性较大，受大风胁迫时，能通过产生阻尼震荡而消耗能量，以保证树体安全。

3.4.2 树木抗风性评价应综合权衡各项因子

树种抗风性评价不能仅仅关注单因子指标，而需要综合分析其他相关因子，而这些因子之间有时是具有矛盾性的，更需要综合权衡分析，具体情况具体对待。例如，光皮树的静态抗拉力与木材材性均较高，但树形稳定性较低，总体上仍可评价为抗风性较强的树种；枫香的静态抗拉力较高，其树高、冠高比、树冠对称性、树形稳定性、木材材性等其他各项指标均居中，故也可评定为具有相对较高的抗风性；一般认为，棕榈科植物具有较强的抗风性，本研究则认为棕榈的树形稳定性最高，但静态抗拉力居中，木材材性却最低，整体上影响了其抗风性的整合评价，而且其生长点怕受风害，应注意防护。

与前人抗风性的文献相较，中山杉、广玉兰、香樟、小叶朴、枫香等树种具有较强的抗风性，这与本文的结论是一致的，且大多是上海地区的乡土树种。

结合 2015 年“灿鸿”过后海湾森林公园树木受损情况调研，以及上海市 23 年来大风气象数据分析，初步得到以下结论：

静态拉力实验中树木稳定性排序为棕榈＞柳杉＞喜树＞重阳木＞乌桕＞中山杉＞五角枫＞黄山栾树＞广玉兰＞杜仲＞鹅掌楸＞玉兰＞蚊母＞枫香＞梧桐＞女贞＞小叶朴＞黄连木＞银杏＞无患子＞香樟＞金丝楸＞光皮树＞乐昌含笑＞榉树。

强风后调查研究 11 种树种稳定性排序为梧桐＞玉兰＞银杏＞蜀桧柏＞丝棉木＞紫叶李＞樱花＞雪松＞白蜡＞国槐＞柳树。

3.4.3 应对台风侵袭的园林树种选择和种植规划对策

以静态拉力、形态与稳定性指数、树木材质分析可以初步得出如下结论，在参试的常见上海市的 25 种树种中，乌桕、喜树、重阳木、柳杉、蚊母、五角枫、杜仲、女贞、棕榈、小叶朴、中山杉 11 种树种具有相对较强的综合抗风性能；鹅掌楸、广玉兰、枫香、无患子、梧桐、香樟、黄连木、榉树、银杏 9 种树种具有中等抗风性能，风折、风倒的几率较高;玉兰、光皮树、金丝楸、乐昌含笑、黄山栾树则抗风能力最差。

在长江口岛屿(崇明岛、长兴岛、横沙岛)、临港新城和杭州湾北岸沿线,尽量在绿地系统尤其是沿海防护林中配置使用乌桕、喜树、重阳木、柳杉、蚊母、五角枫、杜仲、女贞、棕榈、小叶朴、中山杉等风倒和风折几率低的树种。在城区公园绿地、街道绿地、居住区绿地、单位附属绿地中因有城市建筑围合镶嵌,可在第一类的基础上增加鹅掌楸、广玉兰、枫香、无患子、梧桐、香樟、黄连木、榉树、银杏等树种。

玉兰、光皮树、金丝楸、乐昌含笑、黄山栾树等容易在大风强风条件下倒伏和折断的树种,可在高层建筑群的绿化环境中,在城乡接合部的郊野公园中有限使用,且新植树木要配合三角形扶架、扁担式扶架、井字形支柱、标杆式扶桩和连排网络形扶架等抗风措施,定期对树冠进行修整,以保持通透、疏朗的树形。

除了树种的抗风特性外,园林种植设计的树种搭配和株行距设置与防风性能密切相关,目前新建园林中"高大密厚"快速成效的设计手法增加了种植群落有效抑制横向风速的防风效果,但也增加了迎风面植株倒伏和树干折断的风险。一般短林带种植、带状配置方向平行于台风主导方向、疏朗通透的空间布局对于绿地的生态安全和绿化抗风性能的提升有正向效果。

4 小结

综上所述,树种抗风能力受到内因和外因等多重因素的综合影响,在风景园林设计中须充分考虑在风灾后树木的调查与评估、树冠抗风形态和抗风稳定性特征、树干木材性质与荷载应力测试等多方面研究中的各项抗风性指标因子,重视不同树种的抗风性能参数与风害敏感性之间的关系。随着风景园林规划设计领域的不断扩展,及台风、飓风等自然灾害频率的不断上升,各种园林植物遇到了前所未有的环境胁迫,必须引起专业、学科、行业的高度重视。选择综合抗性强的树种作为风景园林的基调树和骨干树,科学规划蓝绿空间的树种构成,是优化群落结构、增强生态系统韧性,实现生态安全的前提举措。

参考文献

[1] Webster P J. Changes in tropical cyclone number, duration, and intensity in a warming environment [J]. Science, 2005, 309(5742): 1844-1846

[2] Emanuel K. Increasing destructiveness of tropical cyclones over the past 30 years [J]. Nature, 2005, 436(7051): 686-688.

[3] Coutts M P, Grace J. Wind and trees [M]. Cambridge: Cambridge University Press, 1995.

[4] Canham C D, Papaik M J, Latty E F. Interspecific variation in susceptibility to windthrow as a function of tree size and storm severity for northern temperate tree species[J]. Canadian Journal of Forest Research, 2001, 31(1): 1-10.

[5] Duryea M L, Kampf E. Wind and trees: lessons learned from hurricanes [M]. University of Florida, IFAS Extension, 2007.

[6] Pasztor F, Matulla C, Zuvela-Aloise M, Rammer W, Lexer M J. Developing predictive models of wind damage in Austrian forests [J]. Annals of Forest Science, 2015, 72(3): 289-301.

[7] 黄剑坚,韩维栋,李际平,刘素青,刘沛奇,罗杰. 基于抗风性的湛江湖光岩风景区天然林群落空间结构分析[J]. 中南林业科技大学学报,2014,34(07):50-54.

[8] 吴志华,李天会,张华林,谢耀坚. 广东湛江地区绿化树种抗风性评价与分级选择[J].亚热带植物科学,2011,40(01):18-23.

[9] 陈士银,杨新华,杜盛珍. 庭园绿化树种抗风性能的调查与分析[J]. 防护林科技,1999:32-35.

[10] 王良睦,王中道,许海燕. 9914#台风对厦门市园林树木破坏情况的调查及对策研究[J]. 中国园林,2000,16:65-68.

[11] 辛如如,肖泽鑫,李莉,谢少鸿. 汕头市道路抗风绿化树种调查研究初报[J]. 防护林科技,2004(6):14-16.

[12] 黄颂谊,陈峥,周圆. 珠海市"天鸽""帕卡"台风灾后行道树倒伏及复壮调研[J]. 广东园林,2017,39(6):91-95.

[13] 林双毅,周锦业,秦一芳,董建文. 莫兰蒂台风对厦门市主要道路绿化树种的影响[J]. 中国园林,2018,34(5):83-87.

[14] 陆超忠,陈作泉,罗萍. 广东沿海地区澳洲坚果风害调查研究[J]. 果树科学,1998,15(02):164-171.

[15] 祖若川,罗立娜,刘晶,李茂富,李绍鹏,张杨. 滨海公园棕榈类植物抗风性调查与评价分析[J]. 北

方园艺，2016(5)：89-94.

[16] 吴春太，黄华孙，高新生，张伟算，李维国. 21个橡胶树无性系抗风性比较研究[J]. 福建林学院学报，2012，32(3)：257-262.

[17] 梁坤南，白嘉雨. 尾叶桉种源—家系生长与抗风性选择[J]. 林业科学研究，2003,16(6)：700-707.

[18] 尚秀华，罗建中，张沛健，李超，王睿，吴志华. 早期赤桉家系生长与抗风性遗传分析[J].分子植物育种，2017，15(5)：1918-1926.

[19] 周钟毓，郭祁源，陈传琴，詹赛荣，刘晋兴. 叶片干重与橡胶树抗风性的关系[J]. 热带作物研究，1986,6(3):18-22.

[20] Valinger E, Lundqvist L, Bondesson L. Assessing the risk of snow and wind damage from tree physical characteristics [J]. Forestry: An International Journal of Forest Research, 1993, 66(3): 249-260.

[21] Wessolly L. Fracture Diagnosis of Trees. Part 2: Statics-Integrated Methods: Statically - Integrated Assessment (SIA). The Practitioner's Method of Diagnosis [J]. Stadt und Grün, 1995, 8: 570-573.

[22] Cullen S. Trees and wind: a bibliography for tree care professionals [J]. Journal of Arboriculture, 2002, 28(1): 41-51.

[23] Sterken P. A Guide for Tree Stability Analysis, second and expanded edition [M]. University and Research Centre of Wageningen, 2005, 64.

[24] James K R, Haritos N, Ades P K. Mechanical stability of trees under dynamic loads [J]. American Journal of Botany, 2006, 93(10): 1522-1530.

[25] Peltola H, Kellomäki S. A mechanistic model for calculating windthrow and stem breakage of Scots pines at stand age [J]. Silva Fennica, 1993, 27(2): 99-111. DOI:10.14214/sf.a15665.

[26] Petty J A, Swain C. Factors influencing stem breakage of conifers in high winds [J]. Forestry: An International Journal of Forest Research, 1985, 58(1): 75-84.

[27] James K R. A dynamic structural analysis of trees subject to wind loading [D]. The University of Melbourne, 2010: 28-29.

[28] 肖洁舒，冯景环. 华南地区园林树木抗台风能力的研究[J]. 中国园林，2014，30(03):115-119.

[29] Kontogianni A, Tsitsoni T, Goudelis G. An index based on silvicultural knowledge for tree stability assessment and improved ecological function in urban ecosystems [J]. Ecological Engineering, 2011, 37(6): 914-919.

[30] Cremer K W, Borough C J, Mckinnell F H, et al. Effects of stocking and thinning on wind damage in plantations[J]. N.Z.J.FOR.SCI, 1982, 12(2):244-268.

[31] 张德顺，陈陆琪瑶，刘鸣，李科科，姚驰远.滨海地区抗风园林树种的选择研究的现状和趋势[J]. 风景园林，2021(6).

[32] Schelhaas M J. The wind stability of different silvicultural systems for Douglas-fir in the Netherlands: A model-based approach [J]. Forestry: an International Journal of Forest Research, 2008, 81(3): 399-414.

[33] Gardiner B. The interactions of wind and tree movement in forest canopies [M]// Wind and Trees. Cambridge: Cambridge University Press, 1995: 41-59.

[34] Putz F E, Coley P D, Lu K R, Montalvo A, Aiello A. Uprooting and snapping of trees: structural determinants and ecological consequences [J]. Canadian Journal of Forest Research, 1983, 13(5): 1011-1020.

[35] 吴志华，李天会，张华林，谢耀坚. 沿海防护林树种木麻黄和相思生长和抗风性状比较研究[J].草业学报，2010，19(04):166-175.

[36] Asner G P, Goldstein G. Correlating stem biomechanical properties of Hawaiian canopy trees with hurricane wind damage [J]. Biotropica, 1997, 29(2): 145-150.

[37] 郑兴峰，邱德勃，陶忠良，林丹. 巴西橡胶树不同抗风性品系木材胞壁纤丝角[J]. 热带作物学报，2002,23(01):14-18.

[38] 梁泉，廖红，严小龙. 植物根构型的定量分析[J].植物学通报，2007,42(06):695-702.

[39] 周本智，张守攻，傅懋毅. 植物根系研究新技术 Minirhizotron 的起源、发展和应用[J]. 生态学杂志，2007,26(02):253-260.

[40] Borden K A, Thomas S C, Isaac M E. Interspecific variation of tree root architecture in a temperate agroforestry system characterized using ground-penetrating radar [J]. Plant and Soil, 2017, 410(1/2): 323-334.

[41] 林而达，许吟隆，蒋金荷，等. 气候变化国家评估报告(Ⅱ)：气候变化的影响与适应[J]. 气候变化研究进展，2006，2(2)：51-56.

[42] 张德顺，李科科，李玲璐，章丽耀，刘鸣. 上海滨海地区 25 种园林树种的抗风性研究[J]. 北京林业大学学报，2020,42(7):122-130.

作者简介:张德顺,同济大学建筑与城市规划学院,高密度人居环境生态与节能教育部重点实验室,教授、博士生导师;德国德累斯顿大学客座教授,IUCN-SSC专家;中国植物学会理事,植物园分会常务理事,中国风景园林学会园林植物专委会副主任。研究方向:风景园林植物与规划设计。

陈莹莹,西南交通大学建筑与设计学院硕士研究生。

孙力,同济大学建筑与城市规划学院,上海应用技术大学联合培养研究生。

刘鸣,德国德累斯顿大学博士后。主要研究方向:园林植物与风景规划。

李玲璐,同济大学建筑与城市规划学院硕士,杭州易大景观设计有限公司风景园林规划师。

姚鳗卿,同济大学建筑与城市规划学院,高密度人居环境生态与节能教育部重点实验室,博士研究生。电子邮箱:manqingyao@163.com

风景园林信息模型在城市低碳植物景观营造中的应用策略探索*

王晶懋 刘 晖 韩 都 齐佳乐 罗宜帆

摘 要 数字技术的发展带动了风景园林相关领域研究的兴起，风景园林信息模型(LIM)的应用为项目实践提供了更科学和便捷的设计方法。针对风景园林信息系统中对象模型不足的问题，以低碳植物为例，基于已有的LIM技术，结合花境设计实践，进行LIM在城市低碳植物景观营造方面的应用策略探索。探讨LIM辅助低碳植物景观营造的应用前景及难点，以期为风景园林信息模型的构建提供新的方向，促进风景园林信息模型技术的应用与发展。

关键词 风景园林信息模型(LIM)；低碳植物景观；风景园林；应用策略

1 背景

1.1 风景园林信息模型的应用现状

风景园林信息模型(LIM)是创建并利用数字化模型对风景园林工程项目的设计、建造和运营全过程进行管理和优化的过程、方法和技术[1]。简单来讲，LIM相当于以数字化模型为载体的风景园林行业信息资源库，为行业实践的各个环节和所有参与者提供信息输入、存储、操作、输出的平台，是信息共享、协同、互操作的基础。

LIM最早于2009年在德国的国际数字景观大会上被提出，其弥补了建筑信息模型(Building Information Modeling，简称 BIM)在风景园林设计、建造和管理方面的不足，在风景园林领域已经引起广泛的关注和研究[2]。目前LIM研究从概念引介和理念框架探讨的阶段，进入面向应用的设计研究和技术开发阶段。相较于国家对科技革新的总体要求和建设领域信息化发展的进程，LIM处于后发地位[1]。近年来，LIM的技术研发和应用实践成为研究的重点，主要涉及园林植物模型的研究[3]及企业应用平台构建等内容[4]。可见，植物作为风景园林的重要元素，需要更加科学化、高效化的手段来辅助设计、运用。

1.2 城市低碳植物景观营造的重要性

随着城市化进程加快，城区二氧化碳排放量不断增加，城市环境的气流走势与温湿度条件已被改变，严重制约了城市小气候环境的自我调节能力，并大大降低了人居环境的舒适度。2021年两会中，“碳达峰”和“碳中和”被首次写入政府工作报告，可见对碳排放的控制刻不容缓。

为实现低碳目标，应采取“减源增汇”的措施，即减少碳源、增加碳汇。在目前大范围人工捕捉二氧化碳的手段还不成熟的情况下，除了减排之外陆地植被仍是全球碳循环最大的碳汇，是碳中和的重要手段。尤其是在城市中，植物和植物景观是与二氧化碳排放和吸收都密切相关的核心要素。城市植被作为城市生态系统碳循环中的一个重要环节及储存库[5]，可直接或间接地减少大气中的碳含量，其直接途径为因植被生长而固定的碳，间接途径为城市植被抵消化石燃料的使用，主要有减少建筑能耗、引导绿色交通、缓解城市热岛效应等[6]。

目前来讲，城市绿地植物景观的营造主要侧重于视觉效果的呈现，在固碳等生态效益方面都显得功效甚微，因此需要营造适宜的低碳植物景观来改善城市生态环境，以提升各个尺度的绿地降温增湿能效，改善城市气候环境问题。

* 国家自然科学基金青年项目“气候变化下的关中地区城市灌丛地被群落固碳效益提升策略研究”(编号：31800604)。

2 LIM辅助低碳植物景观营造的意义

植物景观设计是风景园林设计的重要部分，植物群落空间结构和时间结构的协调是植物景观设计的原则。在实际项目中，设计师大多依靠经验对植物的空间进行布局设计，并且往往忽略植物群落的时间结构，也就是群落随时间的演替过程。因此，群落演替过程存在的不确定性[7]以及进行空间结构布局时，所涉及的繁多植物信息，导致植物景观设计具有较强的动态性与复杂性，而LIM的运用将实现风景园林工程项目的设计、施工、运营管理全过程的信息化，通过三维建模方式，全面统筹把控设计的生命周期，展现其在处理复杂要素与动态过程方面的优势，同时也丰富了LIM技术要素在景观设计中的生命周期理论。

低碳植物景观的营造是在植物景观营造的基础上着重考虑其碳汇效应。在此过程中，应对植物本身及建造实施过程的碳效应进行准确定性、定量与定位。采用传统的信息采集、处理、分析及设计方法很难达到目的，因此，通过LIM平台的辅助，以全生命周期的视角，在满足可持续景观设计的前提下，创建低碳植物群落数据库，运用信息化手段估测其碳储量及固碳能力，对其固碳效益进行量化展现，从而可以进行更客观清晰的评价，使低碳植物景观设计更加科学、准确，有效地提高植物景观的生态效益。

3 LIM在低碳植物景观营造中的应用策略

LIM是建筑信息模型(BIM)在风景园林规划设计项目中的应用，它结合风景园林专业特点发展出了具有鲜明风景园林特色的技术体系。针对技术体系本身来说，它的本质在于通过构建一个可供多专业人员操控的数据模型平台，进行信息共享与协同作业，提高了实际项目中信息交换效率；针对其核心思想来说，它服务于项目的完整周期，所反映出来的全生命周期的思想恰好与低碳植物景观营造过程相对应，同时，也丰富了“低碳植物景观”的内涵：低碳不只是考虑植物通过光合作用直接进行的碳封存，还需要从项目整个生命周期考虑碳排碳汇。因此，基于全生命周期思想，结合LIM的技术体系，按照项目流程，聚焦于低碳植物景观，尝试探索LIM在低碳植物景观营造中的应用策略。

3.1 场地碳源碳汇评估阶段

3.1.1 信息采集与数据库建立

在项目进行之前，首先需要对场地进行调研、采集信息，以对场地进行全面充分的评估。从低碳的角度营造植物景观时，在前期准备阶段，首先应确定以生境营造理论为指导，进行植物种植设计。生境营造理论指出，尽量采用适宜的乡土物种作为植物种植材料，因其可以有效改善城市生物多样性，并可为无脊椎动物及昆虫提供舒适的栖息环境；此外，具有固碳、冷岛作用及应对气候变化等生态系统服务功能；再次，能够节约场地的管理维护成本；最后是塑造文化、连接自然、提升公众认知和自然教育的重要途径[8]。这对植物材料的筛选作了一定的指导。其次，不同生境类型所对应的适生植物群落结构也不同，也就是说，不同植物需要不同的生境条件，因此需要通过控制生态因子营造出相应的场地微环境，以满足植物群落正常生长需求。

在以上两个基本前提下，应该着重对场地的碳源碳汇信息进行采集。基于LIM平台，通过把前期搜集的信息进行整理、分类，录入系统，建立“植物”“碳”等信息模型数据库，为之后的规划设计提供基础。具体分为四类数据库：植物构件信息模型数据库、场址生境信息模型数据库、植物碳汇信息模型数据库和项目碳源信息模型数据库。

① 植物构件信息模型数据库：针对植物个体基本信息进行创建的数据库，包含植物个体基本信息，例如科属、高度、胸径、叶面积、光合速率、生态习性、生产商、价格等。此外，它还应包含植物的三维模型，为之后的可视化展示提供基础。

② 场址生境信息模型数据库：针对场址的生境条件信息创建的数据库。需对场地生境因子，尤其是对植物及土壤固碳有影响的因子进行采集与录入，如太阳辐射强度、场址温湿度、土壤结构、土壤温湿度、覆盖物类型、日照、风速等。

③ 植物碳汇信息模型数据库：针对植物的直接固碳作用和间接减碳作用创建的数据库。直接固碳指的是植物通过光合作用进行碳封存，而间

接减碳是指植物能对周围建筑的降温，降低其能耗从而间接降低碳排放。这里的数据需要通过大量的前期调研进行采集，并利用计算系统进行计算。

④ 项目碳源信息模型数据库：针对项目实施过程中，各环节所产生的碳源信息创建的数据库。在种植设计项目全周期中，碳源主要包含苗木运输车辆碳排放量、施工时使用器械的碳排放量及后期维护阶段植物的修剪、灌溉、施肥等碳排放量。

3.1.2 计算系统的开发

对于采集的信息，需要进一步通过计算来量化植物固碳效益。植物直接固碳量的计算目前普遍认可同化量法，它是通过测定瞬时进出植物叶片的 CO_2 浓度和水分，得到植物单位叶面积的瞬时光合速率和呼吸速率，再将植物叶面积乘以植物单位时间净光合量（光合累积量减去呼吸累积量）得到植物固碳量的方法[9]，主要运用于灌木和地被植物的固碳量计算中。计算方法如下：

假定光合有效辐射每天按 10 h 计算，则植物净光合量为：

$$P=\sum_{i=1}^{j}\left[\frac{p_{i+1}+p_i}{2}\times(t_{i+1}+t_i)\times 3600\div 1000\right]$$

通过测定日净光合总量，换算日单位叶面积固碳量：

$$W_{CO_2}=P\times 44/1000$$

计算单株植物日固碳总量：

$$Q_{CO_2}=S\cdot W_{CO_2}$$

式中，P 为植物的同化总量，mmol/(m^2 · d)；P_i 为初测点的瞬时光合作用速率，μmol/(m^2 · s)；P_{i+1}为 $i+1$ 时刻的瞬时光合作用速率；t_i 为初测点的瞬时时间，h；t_{i+1}为 $i+1$ 测点的时间，h；j 为测定次数；W_{CO_2} 为植物单位叶面积固碳量，g/(m^2 · d)；44 为 CO_2 的摩尔质量；Q_{CO_2} 为单株植物日固碳总量；S 为植物的总叶面积。

可以根据以上计算公式，通过数字技术，进行计算系统的开发。

此外，在乔木的固碳量计算中，由于测量的局限，目前可通过软件进行直接计算其固碳量。其中接受度较高的是 Citygreen（绿色城市）计算系统和 Tree Benefit Calculator（树木价值）计算系统。前者可定量计算出树木固碳效益及植物旁建筑能源消耗和冬季产生的间接固碳效益，适用于较大尺度固碳分析；后者基于树种和胸径进行固碳效益计算，适用于较小尺度固碳分析[10]。但由于植物的地域性差异，为了更准确地计算，可尝试建立本土树种固碳效益计算系统。

3.2 实施阶段

3.2.1 目标设定与综合分析

在前期场地碳源碳汇初步评估、各项系统建立及信息录入完毕以后，需要根据项目总体定位确定设计总体目标。低碳植物景观的营造首先需要满足植物景观设计的基本要求，如观赏性及一定的生态性等；在此基础上，进行固碳效益的考虑，思考碳汇需求占植物景观总体功能需求的大小，最终确定设计目标。

在目标导向下，进行设计方案分析与构思以及造价预算等。此过程以数字化景观信息为基础，进行多因子叠加分析。重点在于定性分析与定量评价相结合，提炼出对低碳植物群落设计产生影响的指标与权重，以辅助方案构思。

3.2.2 方案设计与模拟

在方案设计阶段，利用 LIM 平台进行方案的制图建模等，使其可视化，模拟项目建成后的效果，便于介绍方案并可及时评估发现不合理的地方，以此来提高设计效率。此阶段可以通过参数化设计逻辑及可视化工具来指导设计。

① 参数化植物设计：根据种植设计常用的布置手法，利用参数化逻辑定义孤植、列植、片植三种种植方式。以“点”代表的孤植、以“曲线”和“间距”代表的列植，以及以闭合曲线“范围”和“数量”（单位面积）代表的片植三种方式的综合使用可形成最终的种植空间点位[11]。利用参数化逻辑，后续只需要通过修改参数便可进行方案的调整，这样一来就大大提高了设计效率。

② 可视化展示：目前来讲，设计中主要运用 SketchUp、Lumion 和 3Dmax 进行模型构建、渲染与展示，但这种途径难以获得有效信息。利用 VR 技术软件如光辉城市 MARS，通过从树种库中选取植物，在三维场景直接放置的方式进行种植设计，直观模拟与展示建成后的效果。此外，它还可实现片植、列植，以及不同树种搭配下的批量

放置。每个植物模型都关联有相应的苗木信息，在完成建模后即可得到相应的苗木统计信息[11]。

3.3 维护管理阶段

后期维护管理工作是项目全生命周期中的重要一环，也往往是最容易被忽略的部分。由于风景园林的核心设计要素具有动态性与多样性，使得在整个后期维护阶段 LIM 的占比，高出建筑占比的 75%，甚至更多[12]。

对于低碳植物景观的营造来说，后期维护管理一是集中于对环境参数的持续监测，如温湿度、风速等；二是对植物甚至土壤的固碳量进行持续监测。利用长时间持续监测所获得的数据可以更精准地评价植物固碳能力大小和降温增湿效应。

此外，可以根据信息模型数据库所提供的信息综合分析并制定日常养护计划，供管理人员养护参考。项目建成后的定期评价，依托 LIM 平台进行信息反馈、共享，有利于后续改进工作的进行。

3.4 实践项目应用与探索——西安建筑科技大学南门花园花境设计

3.4.1 场地概况

西安建筑科技大学南门花园位于校园南大门东侧，占地面积 830 m^2，是由城市建成环境绿地单元改造设计而成的生境花园，具有景观效果的同时，也作为风景园林专业教学实验基地来使用。花园用地较为狭长，周边建筑物为 1～2 层，西侧区域植物遮挡较少，光照充足，因此，基于生态学中的生态因子理论，对实验基地进行生境类型分区，并引种相应地被植物群落，进行生境营造实验[13]（图 1）。

本次花境设计区域位于南门花园西南角，东西长约 12 m，南北长约 6 m，设计面积约 72 m^2。根据生境类型划分，场地大部分属于植物半阳生旱地，少部分属于常阳生旱地。场地南靠街道，东西两侧均有建筑物遮挡，处于一个半围合空间内。场地内部具有雪松、悬铃木等大乔木，但杂草较多，地被植物较为杂乱，亟待改造。

3.4.2 场地景观改造目标

本次景观改造目标是根据生境条件，构建与其相适应的植物群落，将原来的场地重塑为一个富有层次感、富有变化的花境花园，同时力求做到全过程低碳排，营造低碳植物景观。将教学与实践相结合，充分发挥风景园林学科优势，创建美丽校园。

3.4.3 场地改造实践过程

本次场地改造分四个小组进行，分别对基地中划分的四块不同区域进行设计。整个过程分为

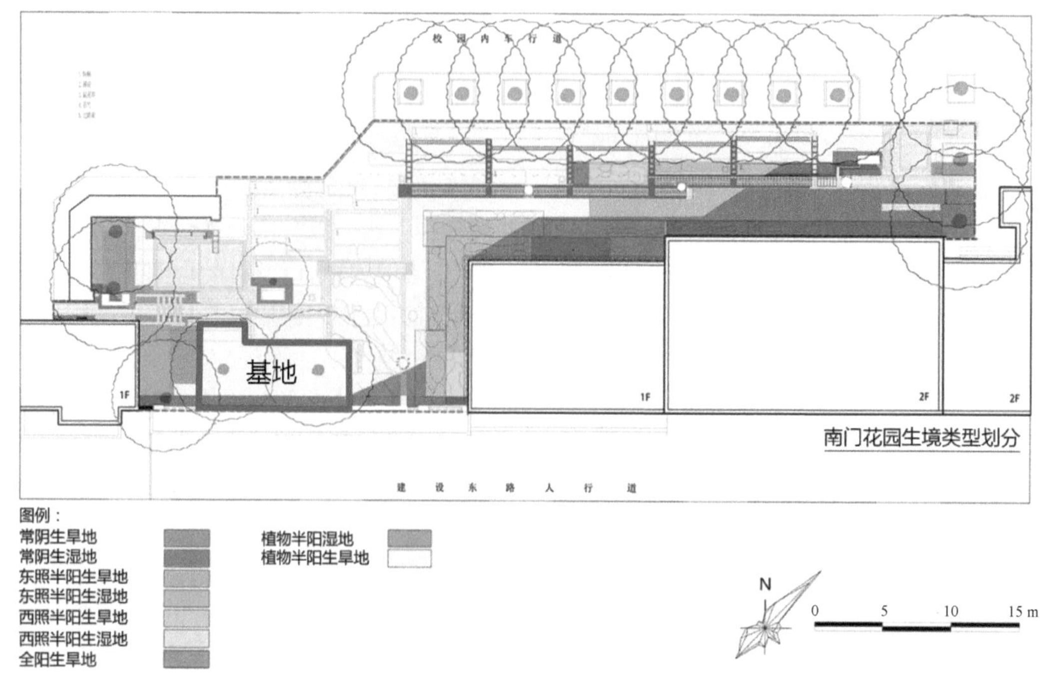

图 1 设计基地范围

前期调研分析阶段、设计阶段、施工建造阶段以及后期维护阶段。

（1）前期调研分析阶段

主要进行场地分析及评估。首先是对地形、植被的评估，之后通过仪器辅助进一步对不同类型生境因子进行测定与分析，如土壤温湿度、风速风向、日照范围及时间等，确立场地信息系统。在此基础上，进行方案设计（图2、图3）。

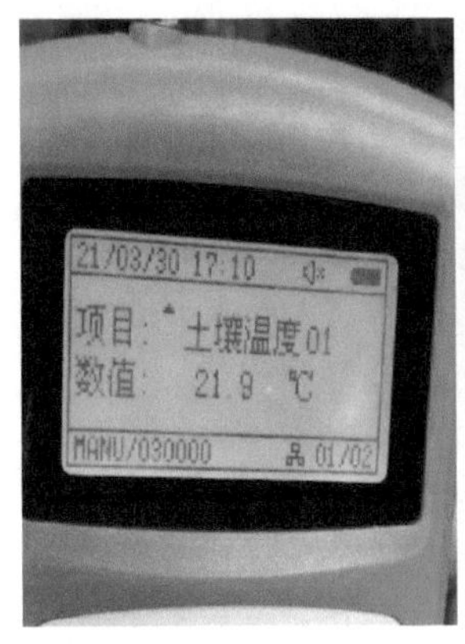

图2 土壤温湿度测量

图3 远红外热像仪拍照

（2）设计阶段

根据场地信系统进行主题构思，并运用各类软件如CAD、PS、光辉城市MARS、Excel等辅助方案表达，考虑碳汇效益的同时进行造价预算。方案确定后进行苗木的购置。大部分苗木属于乡土物种，只需从当地苗圃基地进行购买，但有个别苗木如绣球花并非本土物种，因此其运输过程中所产生的碳排放量远远大于其他乡土物种。

（3）施工建造阶段

首先场地进行杂草清除及翻土，再根据设计方案运用苏打粉对各植物区域进行划分及定位，为之后种植的顺利进行打下基础。

（4）后期维护阶段

通过持续监测植物群落生长状况进行维护计划的调整，以及通过在线平台进行人员管理任务安排和及时的信息反馈，使得花境景观按设计目标得以持续化发展（图4、图5）。

本次实践所运用的LIM系统逻辑体现出了该项目从前期勘测到方案选定再到项目施工，最后到场地的后期维护整个动态体系，包括了设计方案的可视化展示、修改及后期监测等。更多有关LIM的技术与实践相结合的应用，还有待进一步探索。

4 讨论：LIM辅助低碳植物景观营造的应用前景及难点

4.1 应用前景

（1）信息化实践

通过对信息的采集及录入，以及利用数字化技术进行计算系统等构建，针对低碳目标，建立不同生境条件下基于固碳效应的植物群落组构模式数据库，以便于在植物景观营造中作为参考，为项目全过程的方案优化和科学决策提供依据，实现植物设计乃至整个风景园林行业的信息化实践。

（2）项目全生命周期的兼顾

利用LIM平台辅助低碳植物景观营造能够实现对项目从前期评估、设计建造到后期维护管理整个全生命周期的兼顾，针对植物景观营造全流程中的碳汇效益及减排效益有更为全面且精准的计算，使得设计更加科学，真正实现低碳的目标。

（3）提高项目信息交换效率

就设计、施工及维护整个过程来说，LIM平台综合多源数据并做到可视化表达，及时更新，实现信息共享、协同工作、统计修改、建造模拟等目的，有利于工作效率的提高及时间、金钱等成本的降低。

图4 方案效果可视化展示

图5 建成后实景图

4.2 应用难点

(1) 植物景观功能的平衡问题

植物的固碳作用只是其生态功能中的一部分,在设计中还需考虑植物的造型、花叶的观赏效果、群落的季相特征等美学特征以及隔离降噪、抗污滞尘及防风固土等其他生态功能。合理利用LIM技术的信息模型系统来辅助设计,平衡各功能要素关系以实现设计目标,是值得深入思考的问题。

(2) 技术问题

LIM是以数字三维模型为载体的一种系统,涉及各种信息模型数据库的建立和应用。低碳植物景观营造所需前期信息采集量较大,且植物景观具有鲜明的地域性,进行信息模型数据库的构建,一是需要一定的技术理论作为支撑,其次是针对植被群落和生境条件分类标准的确定。目前来讲,以上两方面在风景园林行业实践中都较为缺乏。

(3) 植物的动态性

风景园林设计与建筑设计不同之处在于其设计要素的动态性。就植物来讲,植物个体的生长、生境条件的变化等不确定的因素对植物的固碳能力都会产生影响,而这种影响是不确定的,难以用标准化信息构件去衡量。

4.3 总结

BIM技术在风景园林行业中已经掀起了一场巨大的变革,实现行业信息化实践已经成为了行业未来发展的方向。利用LIM平台辅助低碳植物景观的营造,是从项目类型细分入手进行LIM应用技术的研究,具有明确的目标和一定的发展基础。希望能将低碳植物景观营造作为LIM研究的新切入点,探索LIM在低碳植物景观营造中的应用策略,发展风景园林信息技术,为风景园林行业实践和学科发展拓展新的内涵。

参考文献

[1] 郭湧.论风景园林信息模型的概念内涵和技术应用体系[J].中国园林,2020,36(09):17-22.

[2] 黄邓楷,赖文波.风景园林信息模型(LIM)发展现况及前景评析[J].风景园林,2017(11):23-28.

[3] 王婉颖,冯潇.园林植物三维数字模型的构建与应用探索[J].风景园林,2019,26(12):103-108.

[4] 郭湧,胡洁,郑越,等.面向行业实践的风景园林信息模型技术应用体系研究:企业LIM平台构建[J].风景园林,2019,26(5):13-17.

[5] Churkina G, Brown D G, Keoleian G. Carbon stored in human settlements: The conterminous United States[J]. Global Change Biology, 2010, 16(1): 135-143.

[6] 赵彩君,刘晓明.城市绿地系统对于低碳城市的作用[J].中国园林,2010,26(06):23-26.

[7] 刘晖,王晶懋,许博文.建成环境生境营造研究与实践[J].景观设计,2019(03):28-35.

[8] Grime J P, Hodgson J G, Hunt R. Comparative plant ecology, A functional approach to common British species[M]. London: Unwin Hyman Ltd, 1989.

[9] 何华.华南居住区绿地碳汇作用研究及其在全生命周期碳收支评价中的应用[D].重庆:重庆大学,2010.

[10] 冀媛媛,罗杰威,王婷.建立城市绿地植物固碳量计算系统对于营造低碳景观的意义[J].中国园林,2016,32(08):31-35.

[11] 舒斌龙,王忠杰,王兆辰,孙明峰.风景园林信息模型(LIM)技术实践探究与应用实证[J].中国园林,2020,36(09):23-28.

[12] 罗雅丽.LIM在可持续场地设计中的应用策略探索[D].雅安:四川农业大学,2019.

[13] 刘晖,王晶懋,吴小辉.生境营造的实验性研究[J].中国园林,2017,33(03):19-23.

作者简介:王晶懋,西安建筑科技大学建筑学院副教授。研究方向:城市绿地生态设计。

刘晖,西安建筑科技大学建筑学院教授,博士生导师;西北地景研究所所长。研究方向:西北脆弱生态环境景观规划设计理论与方法,中国地景文化历史与理论。

韩都,西安建筑科技大学在读硕士研究生。研究方向:风景园林规划设计。

齐佳乐,西安建筑科技大学在读硕士研究生。研究方向:风景园林规划设计。

罗宜帆,西安建筑科技大学在读硕士研究生。研究方向:风景园林规划设计。

基于行为特征分析的城市公园滨水空间景观规划设计

——以成都浣花溪公园为例

丁宇辉 王 薛 廖红渡 李玉叶 陈 佩

摘 要 城市滨水公园是公共空间的重要组成部分,具有社会、经济、美学价值,其规划设计遵循以人为本的基本原则。本文以成都浣花溪公园为例,从点、线、面滨水空间构成要素与行为特征关系、景观现状、驳岸类型对人群分布的竞争力差异等进行系统性分析,总结人的行为特征与滨水区构成要素的关联性,为滨水空间景观规划设计提供理论依据。

关键词 城市公园;滨水空间;行为特征;景观设计

1 引言

2018年习近平总书记视察天府新区,掀起建设"公园城市"热潮。滨水空间处于水陆边际,是城市公共空间重要组成,影响区域文化脉络走向,是形成区域景观特质的重要地段[1]。滨水空间景观规划设计强调以人为本的发展模式及个性化需求,因而,游人行为特征是规划设计的关键影响要素。国内滨水空间研究可以追溯至"靠山傍水"的城市选址[2];国外经衰败、复兴、繁荣[3],从环境美化转为景观生态格局[4],滨水空间相关研究包括环境、内涵、功能等,但缺乏构建规划系统体系[5]和以人群行为特征为依据的建设策略[6],追求短期效益,忽视亲水功能,破坏生态平衡。基于人的行为特征进行滨水景观规划设计,有重要的现实意义。

本文以成都市浣花溪公园为例,从行为特征角度深入剖析,探寻滨水景观与人的行为特征关联性,量化人群聚集特征,基于生态观、社会观、艺术观等原则,提出公园滨水空间景观规划设计优化策略,以期为滨水景观规划设计起一定参考作用(图1)。

2 研究方法

应用GIS热力值分析、色彩提取、统计分析等方法,从点、线、面系统分析滨水空间构成要素及人群行为特征,提出空间规划优化策略。

(1) GIS热力值分析

以典型驳岸为对象,连续7天在15:30时刻拍照取样,以ArcGIS10.2分析空间人群竞争力。

(2) 色彩提取

利用PS、Matools分析驳岸色彩组成,提取主色调和辅助色调,结合GIS热力值分析色彩与集聚特征的关系。

(3)问卷调研法

采用李克特量表与半结构式问卷分析人群对点、线、面区域的满意度评价,进一步分析游人行为特征与空间要素的关系。

3 相关概念解释

城市滨水空间:滨水空间是开放空间中兼具自然和人工景观的区域[1],包括滨江、滨海、环绕湖泊水域、洲岛型等[7]。本文中采用水域与陆地相接一定范围内的区域。

人群行为特征:人群行为特征是人为实现某个特定目标,对周边环境要素做出的能动反应,由此表现的生活态度和方式。

4 基本设计原则

(1) 统筹兼顾、整体协调

城市滨水区承担防洪、生态、亲水、延续文化等功能,要从宏观整体规划,微观突出细节,满足使用功能,在保护生态脆弱性的前提下,合理考虑景观需求,建设多功能复合生态系统。

(2) 人性化设计

滨水空间应充分考虑个体与环境的交互作

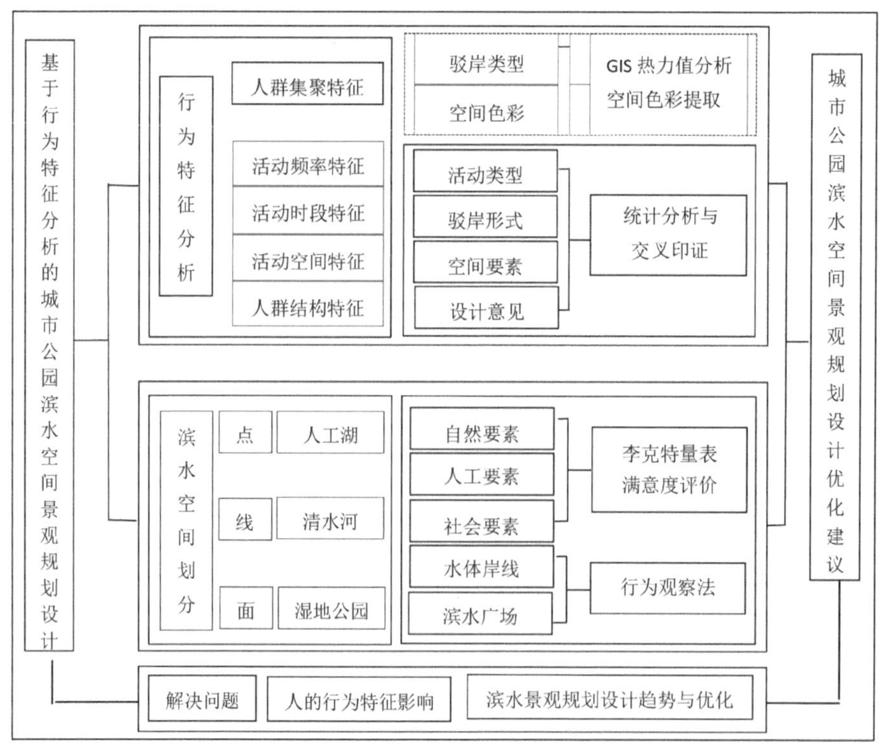

图 1 技术路线图

用，满足游人生理、心理需求，尊重人的行为规律，创造多样化物质环境，满足各年龄阶层的活动需求，以人的感知为导向进行环境建设。

(3) 生态优先、文化再生

公园滨水空间设计须以生态保护为基本原则，以园养园，自然循环，增加景观异质性，以乡土植物为主，兼顾群落的生物多样性，创造自然生趣、展现区域文化特色的滨水景观。

5 城市公园滨水空间景观设计案例分析

5.1 浣花溪公园概况

浣花溪公园占地 32.32hm^2，是自然和城市景观有机结合的综合性城市公园，由万树山、沧浪湖、白鹭洲 3 大景点构成，浣花溪与清水河穿园而过，滨水景观优美、历史底蕴丰富，其规模及性质极具代表性，对城市公园景观规划设计有借鉴意义，对居民活动及城市面貌有重要的辐射带动作用(图 2)。

5.2 浣花溪公园滨水空间组成

浣花溪滨水空间组成要素包括驳岸、亲水平台、滨水广场、水域、散步道等，空间承载行为类型包括散步、摄影、亲水、观景等。

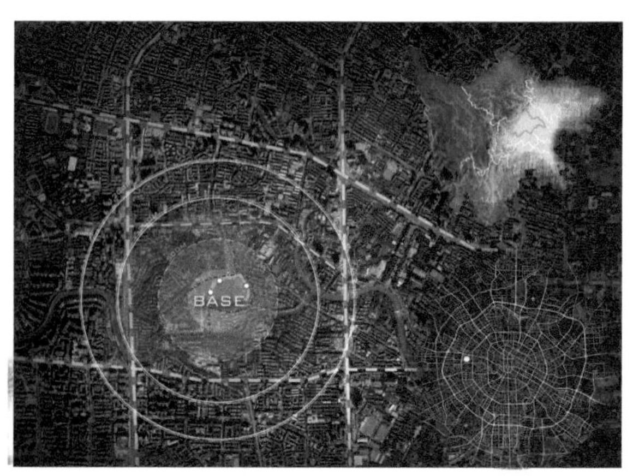

图 2 研究区区位图

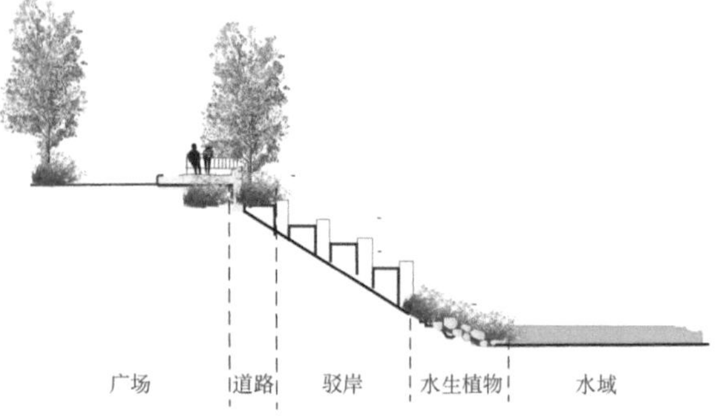

图 3 滨水空间断面图

5.3 浣花溪驳岸景观与人群集聚特征

5.3.1 驳岸 GIS 热力值分析

公园以石材、湿地植物打造驳岸，保护生态多样性的同时，满足亲水需求，其典型驳岸断面如图3所示。利用 ArcGIS10.2 对典型驳岸进行数理分析，通过热力度反映人群密度，赋予 1～5 的热力度数值 H，人口越密集热力值越高。研究表明，驳岸的人群集聚程度由高到低依次为阶梯驳岸、缓坡驳岸、垂直驳岸（图 4 -图 7）。

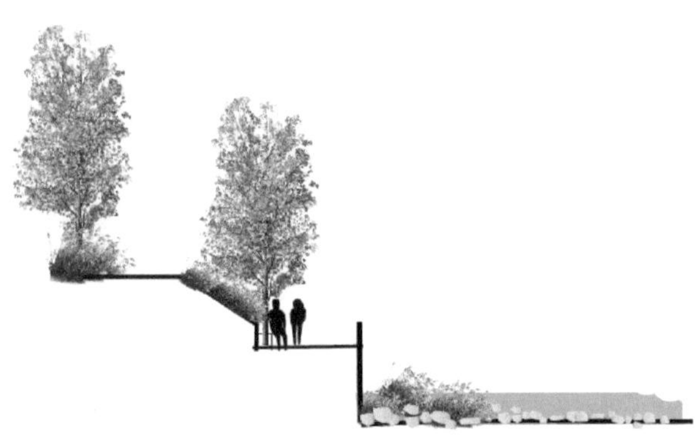

图 4 垂直驳岸

图 5 缓坡驳岸

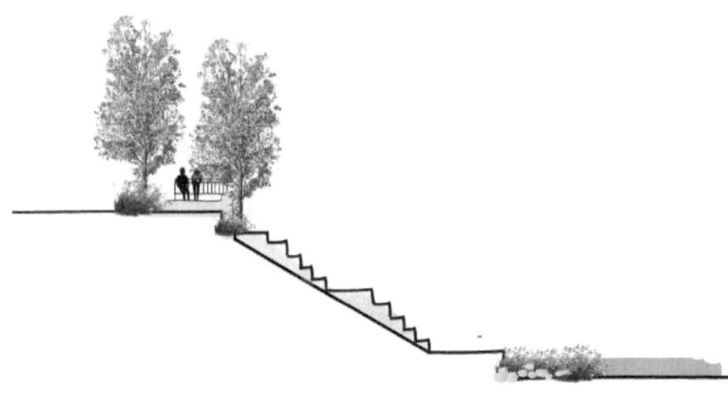

图 6 阶梯驳岸

5.3.2 驳岸空间色彩提取

取同一时刻拍照取样，以消除外在环境影响，利用 Matools、PS 采集色彩样本，以前 9 种作为主色调。研究发现垂直驳岸色彩饱和度高，亮度低，单色调和，形成和谐统一、层次丰富的色彩景观；缓坡和阶梯驳岸色彩饱和度低，亮度高，呈明亮感，近色相体现空间层次感（图 8）。

图 7 浣花溪驳岸热力图

图 8 驳岸色彩提取

5.3.3 滨水空间植物配置

滨水空间乔灌木以及水生、湿生植物等复杂植物群落结构造景，采用自然式配置，以乡土树种为主，体现地域特色。清水河滨岸植物配置模式包括乔—灌、灌—草或地被，人工湖岸缘配置黄金菊、鸢尾、香蒲等，但植物覆盖度不足，导致土壤裸露；湿地区域植物群落块状镶嵌分布，水生植物有序错落（表 1）。

研究发现，人群集聚行为与驳岸状况、色彩等具有内在关联性，阶梯驳岸及饱和度偏低、亮度偏高的空间对人群竞争力更强，带状及沿水递进的植物配置方式对人群集聚和休闲行为有积极作用。缓坡驳岸亲水平台对人群具有良好的集聚效果，阶梯驳岸和缓坡驳岸主要承载游人的摄影、观鸟、亲水休憩等行为，垂直驳岸主要承载途经、休憩行为。

5.4 行为调查与分析

5.4.1 水体岸线与人的行为特征调查结果与分析

公园水体岸线包括规则几何型、自然曲线型和混合型，白鹭洲湿地、清水河岸线多为规则几何型，结合硬质垂直驳岸，比例和谐，但亲水性较差，人群主要行为类型包括散步、摄影、散步、途经等；沧浪湖和白鹭洲湿地公园岸线多为自然曲线型，部分混合型，结合泥质护坡和生态植物，满足亲水需求，是游乐休憩的主要场所，利用亲水设施及植

表 1　驳岸植物种类统计表

驳岸区域	配置模式	水生植物	陆生植物
阶梯驳岸	沿岸带状分布	菖蒲、东方香蒲、风车草、花叶芦竹、再力花	波士顿蕨、车轴草、垂丝海棠、海桐、红花檵木、黄金菊、南天竹、沿阶草、艳山姜、银姬小蜡、迎春花、栀子花、朱顶红
缓坡驳岸	沿岸带状分布	圆叶节节菜、大薸、菖蒲、喜旱莲子草、东方香蒲、空心莲子草	白车轴草、黄金菊、鸢尾
垂直驳岸	镶嵌分布	水麻、鸢尾花、吉祥草、海芋、花叶芦竹、水葱	十大功劳、红花檵木、杜鹃、麦冬、腊梅、竹子、迎春花、黄金菊、栀子花、春羽、柳树、枇杷、朴树、糖槭

物形成有抑有扬的活力空间，人群结构复杂，行为活动多样，包括摄影、写生、观景等。

5.4.2　滨水广场与人的行为特征调查结果与分析

沧浪湖广场是公园中心与焦点空间，人群流动与集聚特征明显，景观小品展现地域文化，台阶式平台承载摄影、亲水等行为。白鹭洲滨水广场体量较小，自然式布局营造生态小气候，提供半开敞静思空间，木质铺装，创造良好游憩环境。清水河入口广场连接出入口，石材铺装，景观小品丰富，有明显标识性，是聚焦视线的重要节点，既有开放空间，又有隐蔽空间，提供交流对话场所，道路网络通达，促使游人散步、跑步等行为发生。

5.5　景观满意度评价

研究中收取的问卷有效率为92.67%，信效度检验 Cronbach Alpha 值为0.892，KMO>0.7，因此分析结果可靠有效。研究结果表明：① 公园满意度总体较好，湿地公园评价最高，其次是沧浪湖、清水河；② 驳岸与亲水互动性：沧浪湖满意度最高，其亲水设施及活动空间丰富，水陆高差小，满足亲水行为。由此，保障安全前提下，适当降低水域与陆域高差、丰富亲水设施，能增强游人亲水互动性；③ 景观小品和亲水活动体验感满意度较低，3.5分以下；④ 人工湖、湿地公园设施和景观种类单一，须丰富亲水活动设施和小品景观(图9)。

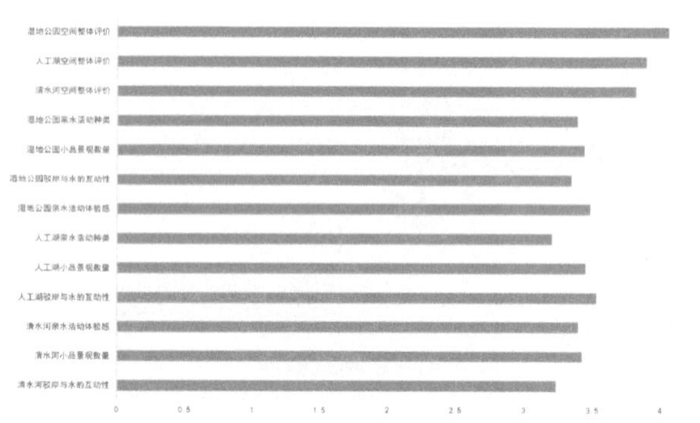

图 9　浣花溪评价要素李克特量表法平均值

5.6　统计分析与交叉印证

将公园游客来园时段、到达景点、频率等活动类型统计分析与交叉印证发现：游客从6:00—18:00逐渐增加，其中，14:00—18:00阶段最多，另外不定时的游人量也较多，各时段主要活动类型为散步、赏景和锻炼身体；常去景点为沧浪湖和湿地公园，沧浪湖主要活动为散步、赏景、锻炼身体、途经，湿地公园主要活动为散步、赏景、锻炼身体，其中，双休日14:00—18:00散步人最多；清水河滨岸主要活动包括散步、赏景、途经、交流和摄影。游客来园时间以双休日和节假日居多，且首次频率较高。由此，公园应改善地面铺装美观性和舒适度，加强道路通达性，丰富景观，增加健身的公共服务设施等，针对各个空间使用需求的不同，采取针对性规划措施。

各年龄阶段游客均倾向于缓坡驳岸，其次是阶梯驳岸。游人们倾向于靠近水体空间，对亲水平台需求较高，滨水构筑物如栈道、廊架等，提升观赏价值，但忽视了亲水性。青年人认为公园景观单调，吸引力、基础设施不足，而娱乐和服务性设施亦无法满足老人和小孩需求(图10-图15)。

图 10 主要活动类型—时间段

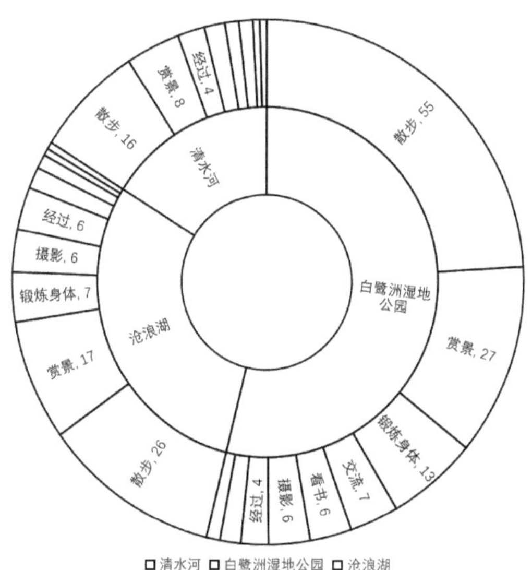

图 11 主要活动类型—活动场地

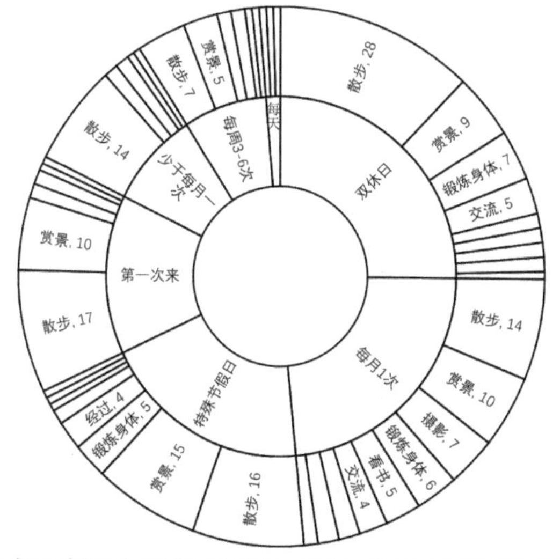

图 12 主要活动类型—时间频率

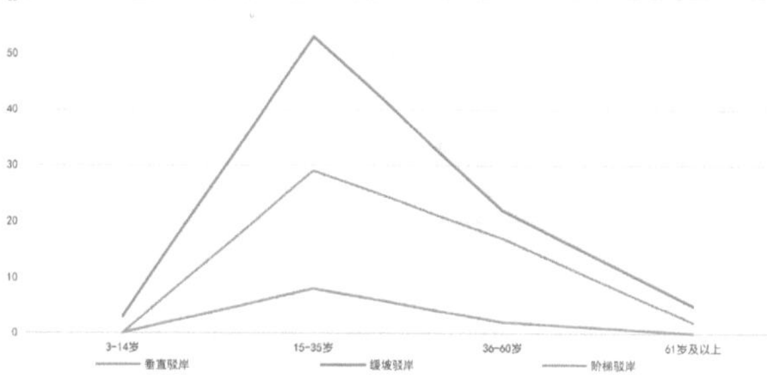

图 13 人群结构—驳岸形式

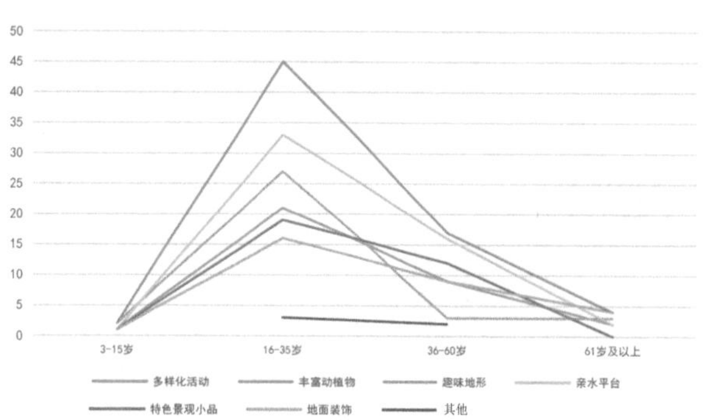

图 14 人群结构—靠近水体的空间要素

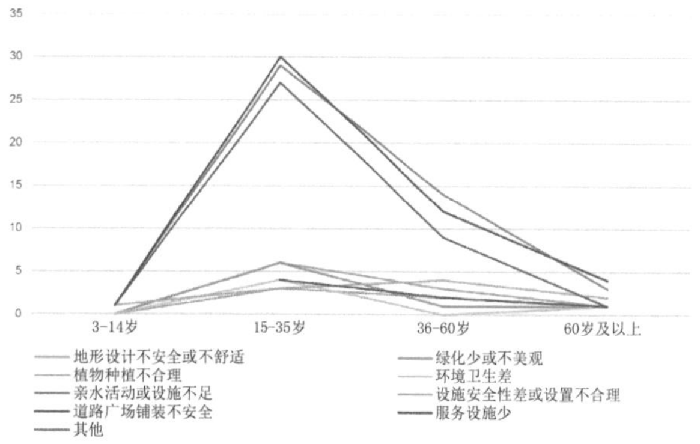

图 15 人群结构—设计不合理意见

6 优化策略

浣花溪公园滨水空间设计遵循系统性、亲水性、人性化原则，从“生态＋生活＋环境”3 个方面优化，强调构建多维复杂生态系统，强调驳岸设计的生态性，水体岸线的自然性，植物配置的合理性；以人为本，重视特殊人群需求，完善公共服务设施，丰富亲水设施；延续城市文脉，丰富景观小品。

驳岸使用生态设计手法，保留原真自然环境。垂直驳岸座椅和栏杆协调，不阻挡观景视线，优化植物配置，强化空间色彩，设置有望远镜的观鸟台，丰富体验感；缓坡岸提高植物覆盖度，乔一灌

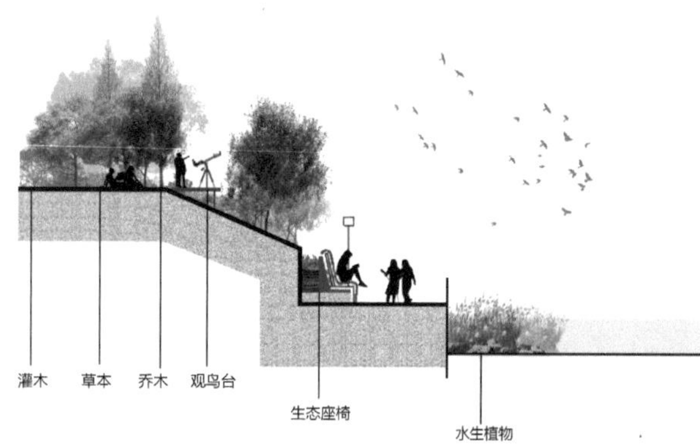

图 16　垂直驳岸改造图

图 17　缓坡驳岸改造图

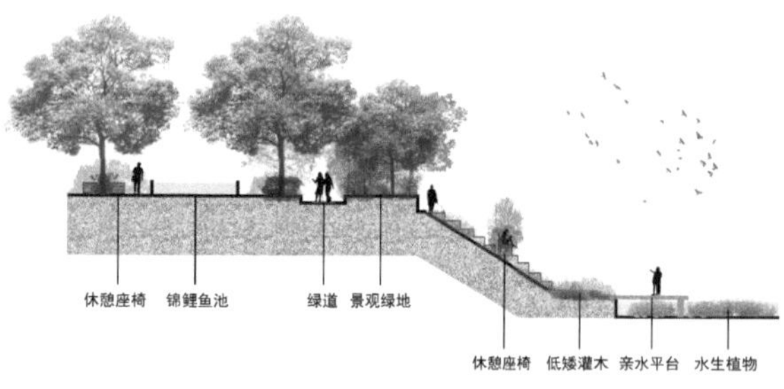

图 18　阶梯驳岸改造图

一草景观层次合理，避免土地裸露，采用兼具互动和教育的亲水设施，增强亲水性；阶梯驳岸营造特色植物景观衔接水陆，改善生态效益，保留“自然性”，借空间渐变、铺装材质带来生理感受和心理变化，提高安全性，优化亲水设施、水体岸线等影响亲水活动感官体验的要素，增强体验感。

水体岸线遵循自然地形，节点水域以混合型为主，严控水域收放尺度，布置湿生植物、驳岸、散步道等景观要素，形成视觉引导、保护原有生态，引导人群集聚，促进休闲行为发生。植物配置以乡土植物为主，适当引入外来品种，丰富群落结构。私密、半私密空间采用紫荆、翠竹等多植物层次遮挡，营造空间“多样性”，延长人群停留时间，增加活动频率。

人的交往需要空间载体，利用距离隔断及构筑物等进行噪音、视线隔离，保持空间独立性和使用私密性，丰富座椅、景观石等基础设施，提高场地利用率；采用透水性铺装提升生态性；人流量大的场所开辟附属空间，满足休憩、停留和交往需求；鲜艳色彩植物形成空间识别性，满足老人视觉感官需求。在保障安全前提下，丰富浣花溪公园空间亲水设施和活动类型，降低水陆高差，体现“亲水性”，提升空间品质与活力。

景观小品设计具有标识性，形态多样、丰富场所节点，具有地域特色、富含历史底蕴，成为地方符号，以互动趣味为原则，营造“品质性”“归属性”“文化性”“娱乐性”。

当前，滨水空间植物群落的乡土性和层次性尚未得到较好的体现，空间色彩单调，亲水性不足，生态脆弱，人本性体现较差，因此，城市公园滨水景观规划设计要增强对乡土植物的应用，以城市文化延续、生境保护为基础，系统考虑人的行为与景观的内在联系，从生态、生活、环境多方面进行景观规划设计以满足人的行为需求，营造动静结合的多元化公共空间。

7　研究展望

随着欣赏水平的提高，简单的景观效果已经不能满足人对城市公园的要求，人们越来越注重游园心理感受及互动性。人性化空间营造在公园的建设中成为重要环节。利用多领域评价方法进行观测调研和数据分析统计；随着信息化、大数据的发展，今后可以利用大数据获取更加全面和广泛的人群行为信息，进一步完善量化评价法，对滨水公园空间行为与环境的关系进行深入研究。

参考文献

[1] 周建东，黄永高.我国城市滨水绿地生态规划设计的内容与方法[J].城市规划，2007(10)：63-68.

[2] 马正林.中国城市的选址与河流[J].陕西师范大学学报(哲学社会科学版)，1999，28 4)：83-87.

[3] 王建国，吕志鹏.世界城市滨水区开发建设的历史进程及其经验[J].城市规划，2001(07)：41-46.

[4] 李建伟.城市滨水空间的发展历程[J].城市问题，2010(10)：29-33.

[5] 李敏，李建伟.近年来国内城市滨水空间研究进展

[J].云南地理环境研究,2006(02):86-90.
[6] 丁昶，王书霞，张群. 基于老年人行为特征的城市公园绿地设计研究——以徐州市为例[J]. 安徽师范大学学报(自然科学版)，2013，(6):578-583.
[7] 刘滨谊.城市滨水区发展的景观化思路与实践[J].建筑学报,2007(07):11-14.

作者简介:丁宇辉,四川农业大学讲师。研究方向:城市景观设计。

王薛,廖宏波,李玉叶,陈佩,四川农业大学城乡规划专业本科在读。

·数字景观进展·

基于多源数据和权重系数法的城市建筑功能分类方法研究

陈 珏 李艳霞 石 邢

摘 要 城市建筑是城市空间结构研究的基本单元，其功能属性影响建筑内活动人员对其的使用情况，建筑功能的研究是能耗计算、人口热度、土地利用等研究的基础。为了明确城市建筑的功能属性，本文基于多源大数据，通过权重系数法构建了一种效率更高、范围更广、分类更详细的城市建筑分类方法，将城市建筑按使用功能分为住宅类、学校类、办公就业类、商业服务类、公共服务类等五大类建筑，并通过南京市实证数据对分类结果的准确性进行验证。研究结果表明，该建筑分类方法对于低建筑密度区域的识别准确度和建筑信息精度均非常高，对于高建筑密度区域的识别准确度较高，建筑信息精度良好，可以为城市建筑的相关研究提供精确数据源。

关键词 城市建筑功能；权重系数法；多源大数据；POI

1 引言

城市是人类各项活动的主要场所，与人类活动相关的物质形态与非物质形态相互作用的结果，即为城市形态[1]。城市建筑作为城市形态的重要因素之一，是人类活动和社会发展的重要载体，也是城市空间结构研究的基本单元。城市建筑的三维信息，是分析城市物理环境科学性与合理性的重要基础；同样，城市建筑的功能属性影响建筑内活动人员对其使用情况，建筑功能的研究对能耗计算、人口热度、土地利用分析等起到科学支撑，有助城市空间结构资源合理划分。

随着互联网技术的快速发展，物联网、云计算、大数据成了新时代的关键词，众多学者利用多源大数据解决城市规划研究问题。目前，利用城市空间大数据，实现城市功能分区的识别方法较为成熟，例如利用 POI 数据[2-4]、GPS 数据[5-6]、社交媒体数据[7]、百度热力图数据[8]等，但城市功能区划分，往往是针对功能类型相似的建筑所聚集形成的街区定义，缺乏规范性。而城市建筑作为比城市分区空间粒度更低的单元，更具有明确的空间实际意义[9]；且其空间范围更小，对批量建筑功能细分的要求更高。近年来，学者们致力于研究城市建筑功能分类的标准定义及方法，但还未形成统一的分类标准。在分类方法方面，由于政府公开数据较少，城市建筑的功能属性主要靠人工收集和整理，这种方法实施复杂、工作量大、效率低，不适用于宏观尺度城市建筑大批量分类。也有学者利用 POI 数据简单易得、更新快、数据量全的优点，为城市建筑功能分类技术研究提供了新方向[9-10]。但这些方法仍然存在以下缺点：一、准确度低。由于只利用 POI 数据源，城市尺度内部分建筑未包含 POI 点，无法被完全识别并分类；二、处理区域范围小。目前研究采用的方法只适用于城市内片区的建筑功能分类，无法做到城市大批量、快速处理；三、功能类型少。分类精细程度越高，分类方法越复杂，城市建筑功能分类方法，大多将城市建筑分为住宅类和非住宅类，无法服务于分类需求更高的城市尺度建筑研究。

本研究结合城市功能区分类方法，对已有研究方法进行改进，提出一种效率更高、范围更广、分类更详细、适用性更强的城市建筑功能分类方法。该方法基于多源大数据，运用权重系数法将城市建筑按使用功能分为住宅类、学校类、办公就业类、商业服务类、公共服务类等五大类建筑，为以城市建筑为研究对象的研究提供精确数据源。本研究最后以南京市为例，通过对其研究数据和实测数据的对比分析，验证了分类方法的准确性。

2 研究方法

2.1 数据准备

2.1.1 数据获取

首先依据研究需要确定研究区域,以行政区为划分依据,主要包括地级行政区(地级市、地区)和县级行政区(市辖区、县级市、县)。其次准备获取研究区域内的基础数据,本研究主要利用 POI 数据、AOI 数据、建筑矢量数据等多源大数据,如图 1 所示。其中,建筑矢量数据包含建筑几何轮廓、经纬度、高度信息,这一类数据主要通过高德地图或百度地图下载。POI(Point of Interest)数据,即兴趣点,指在地理上能被抽象理解为点的实体,包含名称、坐标、地址、类别等信息。本研究基于 python 语言编程,通过高德地图 API 下载研究区域内各个类型 POI。AOI(Area of Interest)数据,即地图中的兴趣面,指地图上区域状的地理实体,同样包含四项基本信息。本研究 AOI 数据主要通过 OpenStreetMap,下载研究区域内各类型兴趣面边界点,并运用 ArcGIS 转成兴趣面边界面。

图 1 研究区域 POI、AOI、建筑矢量数据

(南京市卡子门大街区域)

2.1.2 数据预处理

通过 OpenStreetMap 采集的 AOI 数据和建筑矢量数据主要是 WGS84 坐标,不需要进行坐标纠偏;而直接从高德地图获取的 POI 数据质量较差,存在诸多问题,需对数据进行预处理,主要步骤如下。

(1) 坐标纠偏

从高德地图爬取的原始 POI 数据为火星坐标,需转化为 WGS84 坐标系。

(2) 剔除

采集到的部分数据存在信息缺失的情况,或者部分数据所指代的地理实体空间范围较小、公众认知度较低,并不是实体建筑,如充电桩、停车场、公墓、电话亭等,需将这类数据进行剔除,以避免其干扰。

(3) 去重

原始数据存在大量重复点,需将名称、经纬度重复的 POI 点去除,避免数据重复分析。

(4) 归类

部分 POI 数据分类错误、定义类型模糊,且该部分数据占比较大,不容忽略。这一类数据公众认知度有高有低,不利于后续按类型赋予相应的权重系数,所以应将该部分数据的名称根据重要关键词进行归类。

(5) 重分类

高德地图对 POI 一共有三级分类(大类、中类、小类),其中一级分类有 23 个,二级分类有 267 个,三级分类有 869 个。这些分类的依据主要是针对地图使用者的出行目的,不适用于建筑类型的划分,同时类型过于复杂增加了建筑按功能分类的技术难度,因此需要对原始属性进行重分类,参考《城市用地分类与规划建设用地标准》(GB 50137-2011)和《城市公共设施规划规范》(GB 50442-2008),分为住宅类、学校类、办公就业类、商业服务类、公共服务类等五大类建筑,保留原始数据的一级分类、二级分类,具体分类见表 1。

2.2 城市建筑功能分类方法

在确定研究区域和准备基础数据后,本研究主要利用建筑矢量内部及周围一定范围内存在不同类型的 POI 数据,通过 ArcGIS 和 excel 软件,采用最近原则和一定范围的原则对 POI 和建筑矢量进行空间连接,并通过权重系数法,使建筑矢量增加权重值最高的功能类型属性。但仅通过 POI 数据,不能完全识别城市尺度所有的建筑功

表 1　建筑功能与 POI 对照分类及其权重

建筑类型	一级分类	二级分类	权重
商业服务类	餐饮服务	中餐厅、外国餐厅	500
		快餐厅	100
		冷饮店、咖啡厅、茶艺馆、糕饼店、甜品店、休闲餐饮场所	30
	购物服务	商场	100 000
		超级市场	2 000
		家电电子卖场、家居建材卖场、花鸟鱼虫市场、特色商业街、综合市场、专卖店	500
		便民商店/便利店、文化用品店、体育用品店、服装鞋帽皮具店、特殊买卖场所、个人用品/化妆品店	50
	住宿服务	宾馆酒店	3 000
		旅馆招待所	1 000
	医疗保健服务	医药保健销售店	1 000
公共服务类		综合医院	100 000
		专科医院	3 000
		诊所、急救中心、疾病预防机构、卫生所	1 000
		动物医疗场所	500
	交通设施服务	机场、火车站	100 000
		长途汽车站	10 000
	生活服务	邮局、电讯营业厅、自来水营业厅	1 000
		美容美发店、洗浴推拿场所、旅行社、搬家公司、人才市场	500
		摄影冲印店、婴儿服务场所、洗衣店	100
		信息咨询中心、服务中心、回收站点、物流速递、彩票彩券销售点、维修站点	30
	金融服务	银行	1 000
办公就业类		保险公司、证券公司、财务公司	1 000
	政府及机关单位	政府机关、外国机构、公检法机构、工商税务机构	2 000
		社会团体、民主党派	200
	公司企业	知名企业	3 000
		公司、农林牧渔基地	1 000
		工厂	10 000
住宅类	商务住宅	产业园区	10 000
		住宅区	100 000
		公寓楼	50 000
商业服务类		楼宇	50 000
	体育休闲服务	影剧院、娱乐场所	1 000
		休闲场所、度假疗养场所、运动场馆	1 000

（续表）

建筑类型	一级分类	二级分类	权重
公共服务类	风景名胜	风景名胜	1 000
		公园广场	3 000
	科教文化服务	博物馆、展览馆、会展中心、美术馆、图书馆、科技馆、天文馆、文化宫、档案馆	3 000
		文艺团体	200
学校类		学校	100 000
		幼儿园	3 000
办公就业类		科研机构、培训机构、传媒机构	1 000

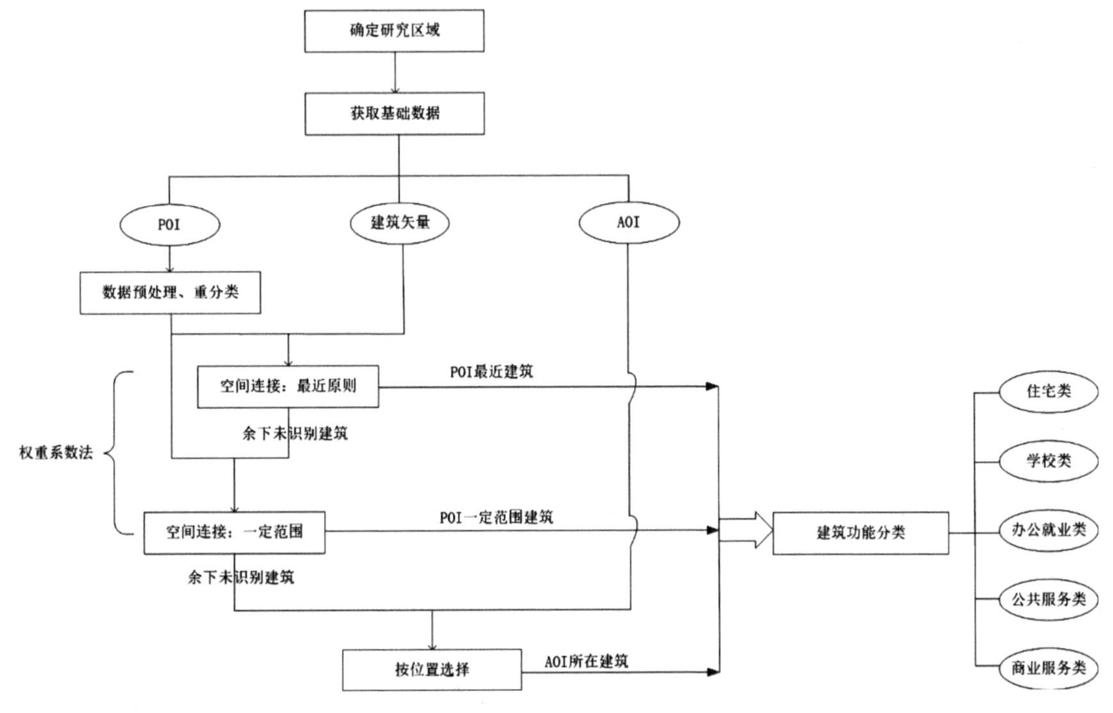

图 2 技术路线图

能，因此本研究继续利用 AOI 数据，对余下未识别建筑进行补充识别，以实现城市建筑的功能分类，具体技术路线如图 2 所示。

2.2.1 按最近原则连接建筑

POI 是实体抽象的点，它所表征的地理位置可能包含在一个实体建筑里，也可能落在实体建筑的周围。因此，本研究先按照最近原则，即每个 POI 点都有其对应的建筑矢量，这样可以保证每个 POI 点的类型意义尽可能被赋予在建筑上。通过 ArcGIS 将 POI 点连接与其最接近的建筑矢量，POI 落入其中的面为点最接近的面，就能使每个 POI 点增加与建筑矢量相关的属性，属性包括连接建筑的序号、高度信息、与建筑接近程度的距离字段。由于有些 POI 点周围并没有实际建筑，在此要注意将距离过大的 POI 点剔除。

2.2.2 按一定范围原则连接建筑

POI 点类型广泛，所对应的地理实体用地面积存在差异，某个具体的 POI 既可以指商场内的某一商铺，也可指代整个小区、工厂、学校等占地面积较大的建筑群，因此，仅将 POI 点与最近建筑进行空间连接，将会导致同样带有相应 POI 属性的建筑群未被识别。本研究参考相关资料[10,11]，整理 POI 对应地理实体建筑群的类型，统计该类建筑群的用地面积，取相应的范围半径，如表 2，在 ArcGIS 上按照相应的范围半径对 POI 和建筑矢量进行空间连接。

2.2.3 权重系数法

POI 点是某一地理实体抽象成点的结果，它

表 2　建筑功能与 POI 对照分类及其包含范围

建筑类型	一级分类	二级分类	占地面积/m^2	范围半径/m
公共服务类	体育休闲服务	度假休闲场所		
	风景名胜	风景名胜	5 000～10 000	50
		公园广场		
学校类	科教文化服务	学校		
办公就业类	公司企业	知名企业		
		公司	10 000～50 000	100
公共服务类	生活服务	长途汽车站		
		综合医院		
住宅类	商务住宅	住宅区	50 000～80 000	150
办公就业类	公司企业	工厂	200 000～300 000	300
	商务住宅	产业园区		
公共服务类	交通设施	火车站	400 000～600 000	400
		机场		

所代表的地理实体建筑面积和公众认知度存在差异[12,13]，例如一个实体建筑为火车站，它可能只包含 1 个“火车站”POI 点，但却包含“便利店”“餐饮店”等多个商业类型 POI 点，仅通过建筑内 POI 核密度，会将其识别为商业类型建筑，因此需要在核密度的基础上考虑权重问题。本研究在将以上步骤连接后的 POI 属性信息导出，基于 excel 的数据透视表功能，统计出每个建筑矢量对应的各个类型 POI 点数量。利用公众对各类 POI 点的显著性认知，即公众认知度，参考相关文献和咨询专家，经过多次重复测算和校验，最终获得每个二级分类 POI 数据权重经验值，具体权重系数见表 1，并对每个建筑矢量计算其各个功能类型的权重系数总值，计算公式如下：

$$Q_i = \sum q_j N_k \tag{1}$$

式中：i 表示五种建筑类型，$i=1,2,3,4,5$（包括住宅类、学校类、办公就业类、商业服务类、公共服务类）；

j 表示 POI 二级类型，$j=1,2,3,\cdots$（如住宅类建筑的住宅区、商业服务类建筑的商场等）；

Q_i 表示某一序号建筑的 i 类功能总权重系数值；

q_j 表示某一序号建筑的 i 类功能对应的二级 j 类 POI 权重值，具体权重值见表 1；

N_j 表示某一序号建筑的 i 类功能对应的二级 j 类 POI 数量。

再计算每一序号建筑各个功能类型的权重总值比例 CR，判断建筑类型，计算公式如下：

$$CR_i = \frac{Q_i}{\sum_{i=1}^{5} Q_i} \tag{2}$$

式中：i 表示五种建筑类型，$i=1,2,3,4,5$（包括住宅类、学校类、商业服务类、办公就业类、公共服务类）；CR_i 表示某一序号建筑的 i 类功能所占比例。

2.2.4　按 AOI 选择建筑

由图 1 可知，仍有部分建筑内部及周围未包含 POI 点，导致这类建筑无法利用 POI 的属性识别其功能类型，这主要由于 POI 数据并不完整，或者是对应的 POI 点由于位置偏移被赋予了其他建筑，其次是按一定范围所识别的建筑并未完全准确覆盖。因此首先在 ArcGIS 上将未识别类型的建筑导出，将 AOI 数据依据属性同样分为五大类，按位置选择出对应类型的建筑。

3　研究结果分析与校验

3.1　南京市建筑功能分类结果

对南京市 245294 栋建筑功能进行分类，由于

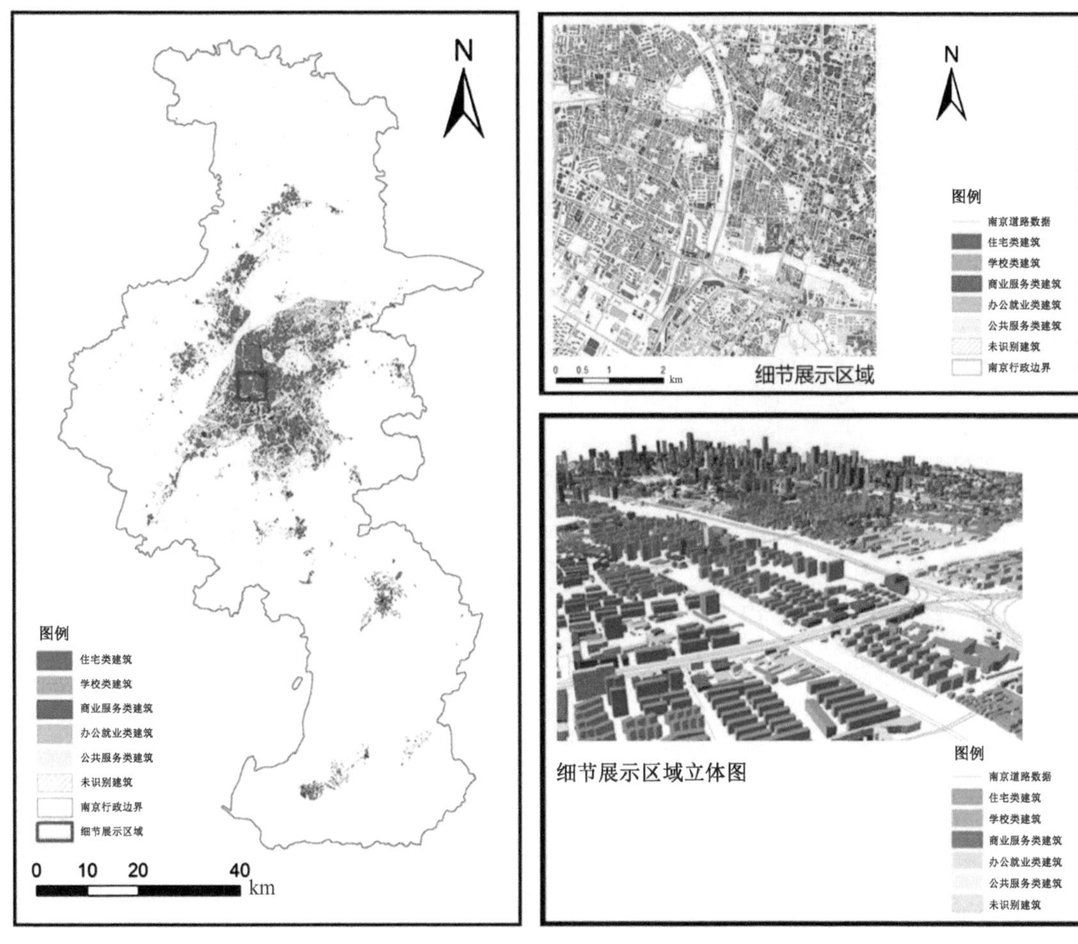

图 3 南京市建筑功能分类结果

数据源公开情况有限，主要利用 2020 年第一季度高德地图 POI 数据和 AOI 数据、2018 年第一季度建筑矢量数据，通过上述研究方法将南京市建筑按住宅类、学校类、商业服务类、办公就业类、公共服务类五大类型进行识别分类，分类结果如图 3 所示。南京总体设施混合度较高，其中住宅类建筑占比较大，多聚集成团，分布在街区内部；办公就业类建筑也是聚集分布，体现出职住分离的城市特征；商业服务类建筑多沿道路两旁分布；学校类建筑和公共服务类建筑相对分散，主要分布于住宅类建筑周边。图中仍存在小部分未识别建筑，多位于远郊或零散角落分布，分析其原因，主要如下：一、建筑矢量与 POI 及 AOI 的数据源年代存在差异，可能存在部分建筑矢量被拆或重建，未有 POI 及 AOI 与其匹配；二、一些 POI 类型单点对应多个建筑，在上述方法中按一定范围原则进行空间连接，这一范围主要取平均标准值，然而实际上这些建筑群占地面积有大有小，可能导致部分建筑未被范围覆盖；三、一些位于城郊、军事管理区、铁路设施用地等敏感区域的建筑未被识别。

其中按住宅建筑 3.2 m，其他非住宅类建筑 4.5 m，未识别建筑按平均值 4 m 设置层高，计算每种类型建筑面积，统计结果如表 3。南京市住宅类、学校类、商业服务类、办公就业类、公共服务类、未识别建筑数量分别占总数量 43.56%、4.10%、5.62%、25.26%、4.71%、16.75%，建筑面积分别占比 67.17%、0.87%、8.85%、13.65%、4.70%、4.76%，可以看出未识别建筑的建筑面积占比较小，说明分类方法总体识别率较高。

3.2 精度校验

为校验分类方法的准确性，将通过上述方法获得的南京市待验证建筑数据转为点数据，并进行核密度分析，计算出南京市不同建筑密度区。现选取两个半径为 500 m 的圆形区域为样本，这两个研究区域分别位于不同的建筑核密度区，其

表 3 南京市建筑功能分类统计

	住宅类	学校类	商业服务类	公共服务类	办公就业类	未识别建筑	总计
建筑栋数/栋	106 844	10 064	13 794	11 542	61 972	41 078	245 294
建筑面积/m^2	353 805 531.9	4 564 621.37	46 608 329.2	24 773 996.8	71 920 489.9	25 059 458	526 732 427.5

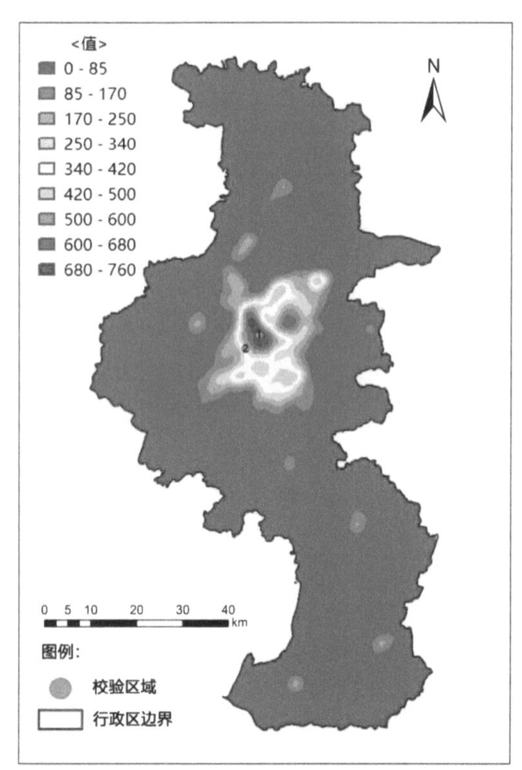

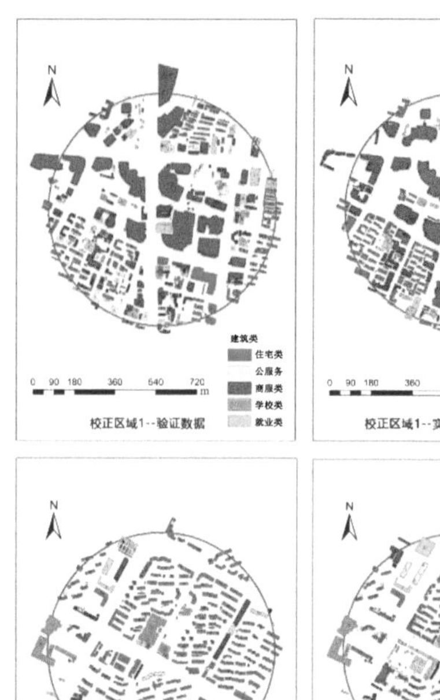

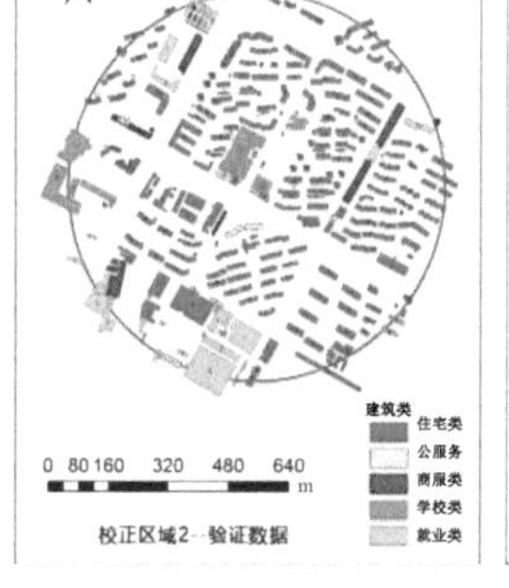

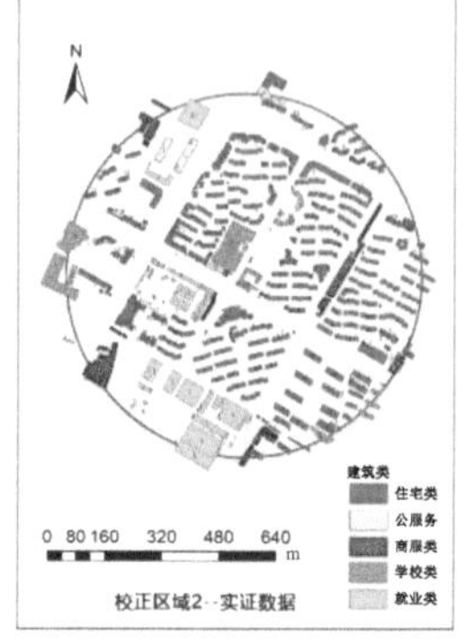

图 4 实证与验证数据对比

中样本 1 位于建筑高密度区，具体范围为南京市玄武区的新街口附近，样本 2 位于低密度区，具体范围为南京市建邺区的应天大街附近，如图 4 所示。

由于实证数据获取渠道有限，现利用规划局 2014 年前的 CAD 数据作为实证数据，实证数据的建筑分类方法，是将样本区域中的建筑与现实建筑的使用状况进行一一核对，将建筑类别划分入住宅类、学校类、商业服务类、公共服务类、办公就业类这五类之一。详细的验证数据和实证数据分类结果如图 4 所示，验证统计结果见表 4。

验证区域 1 位于建筑高密度区，通过上述方法总共获得 383 栋建筑，其中住宅类建筑 150 栋，非住宅类(包括学校类、商业服务类、公共服务类、办公就业类)233 栋，与实证数据对比准确度分别达 89.29%、93.12%，总体准确度达 99.22%。建筑面积与实证数据相比，住宅类建筑准确度达 88.08%，非住宅类达 74.18%，总体准确度达 80.43%。建筑栋数的准确度可以体现各类型建筑被识别情况，建筑面积的准确度可以体现获取建筑数据的高度信息及基底信息的精确情况。因此对于高密度建筑区域，建筑被识别度非常高，住宅类建筑的建筑数据信息准确度较高，非住宅类建筑数据信息良好。

验证区域 2 位于建筑低密度区，通过上述方法总共获得 327 栋建筑，其中住宅类建筑 251 栋，非住宅类 76 栋，与实证数据对比准确度分别达 99.60%、73.08%，总体准确度达 92.37%。建筑面积与实证数据相比，住宅类建筑准确度达 97.11%，非住宅类达 97.93%，总体准确度达 98.11%。因此对于低密度建筑区域，建筑识别度和建筑数据信息的准确度都非常高。

表 4 南京市校验区域建筑信息统计

验证区域	建筑类型	建筑面积(m^2)			建筑栋数(栋)		
		核对建筑	实证建筑	准确度	核对建筑	实证建筑	准确度
1	住宅类	529 150.75	472 805.05	88.08%	150	168	89.29%
	学校类	76 187.61	54 536.95	60.30%	22	18	77.78%
	商业服务类	1 471 353.68	2 046 872.43	71.88%	144	145	99.31%
	公共服务类	80 995.32	74 526.54	91.32%	23	15	46.67%
	办公就业类	138 806.33	206 537.02	67.21%	44	40	90.00%
	非住宅类总计	1 767 342.93	2 382 472.94	74.18%	233	218	93.12%
	总计	2 296 493.68	2 855 277.99	80.43%	383	386	99.22%
2	住宅类	1 054 009.73	1 085 333.14	97.11%	251	250	99.60%
	学校类	95 942.97	90 082.95	93.49%	19	24	79.17%
	商业服务类	44 598.01	26 944.42	34.48%	12	20	60.00%
	公共服务类	11 461.82	20 528.43	55.83%	3	3	100.00%
	办公就业类	128 335.04	137 094.72	93.61%	42	57	73.68%
	非住宅类总计	280 337.84	274 650.53	97.93%	76	104	73.08%
	总计	1 334 347.57	1 359 983.66	98.11%	327	354	92.37%

注：$准确度=1-\frac{|核对建筑的建筑面积-实证建筑的建筑面积|}{实证建筑的建筑面积}$

4 结论与展望

本文主要基于权重系数法，利用 POI、AOI 等多源大数据，对城市建筑功能进行分类，相较于传统收集方法和单使用 POI 核密度计算的方法而言，该方法更为快速、准确、范围更广、分类更详细，可适用于多个城市。本文以南京市为例，将南京市城市建筑分为住宅类、学校类、办公就业类、商业服务类、公共服务类等五大类建筑，利用实证数据对分类方法进行验证。验证结果表明，该方法对于低建筑密度区域的识别准确度和建筑信息精度均非常高，对于高建筑密度区域的识别准确度较高，建筑信息精度良好，可以为以城市建筑为研究对象的研究提供精确数据源。

然而该方法也存在局限性：一、数据源对分类准确度影响较大，如不同的数据源存在年代差异、质量参差不齐；二、在按最近原则连接 POI 与建筑时，由于某些 POI 存在位置偏移，可能会与其他实体建筑相连接，某些 POI 位于远郊，其连接的最近建筑可能与其距离非常远；三、在按一定范围原则连接 POI 与建筑时，由于所取范围为平均值，但在实际中这类建筑群所占地范围有大有小，会存在一定误差。四、权重系数的定义以经验值为主，可能存在人工误差。

因此在未来的研究中，可以在以下几个方面进行改进：一、多利用时间接近、更新度高、质量好的多源数据源；二、多引入其他可利用数据源，如社交媒体签到数据、百度热力图、房屋租赁及交易信息等；三、采用机器学习的方法，对权重系数和范围值等进行优化，提高识别的准确度。

参考文献

[1] 武进.中国城市形态：结构、特征及其演变[M].南京：江苏科学技术出版社，1990.

[2] 王俊珏，叶亚琴，方芳.基于核密度与融合数据的城市功能分区研究[J].地理与地理信息科学，2019，35(3)：66-71.

[3] 丁彦文，许捍卫，汪成昊.融合 OSM 路网与 POI 数据的城市功能区识别研究[J].地理与地理信息科学，2020，36(4).

[4] 郑至键,郑荣宝,徐嘉源,王佳璆.基于POI数据和Place2vec模型的城市功能区识别研究[J].地理与地理信息科学,2020.36(4):48-56.
[5] 陈世莉,陶海燕,李旭亮,等.基于潜在语义信息的城市功能区识别——广州市浮动车GPS时空数据挖掘[J].地理学报,2016,71(3):471-483.
[6] 陈泽东,谯博文,张晶.基于居民出行特征的北京城市功能区识别与空间交互研究[J].地球信息科学学报,2018,20(3):291-301.
[7] 王波,甄峰,张浩.基于签到数据的城市活动时空间动态变化及区划研究[J].地理科学,2015,35(2):151-160.
[8] 吴志强,叶锺楠.基于百度地图热力图的城市空间结构研究——以上海中心城区为例[J].城市规划,2016,4(4):33-40.
[9] 曹元晖,刘纪平,王勇,等.基于POI数据的城市建筑功能分类方法研究[J].地球信息科学学报,2020,22(6):1339-1348.
[10] 曲畅,任玉环,刘亚岚,等.POI辅助下的高分辨率遥感影像城市建筑物功能分类研究[J].地球信息科学学报,2017,19(6):831-837.
[11] 中华人民共和国国土资源部.城市土地集约利用潜力评价规程(试行)[Z],2007.
[12] 侯华伟.基于多源数据的城市功能区识别方法研究[D].郑州:河南财经政法大学,2020.
[13] 武玥.城市商业建筑在室人员的动态密度模型研究——以南京为例[D].南京:东南大学,2019.

作者简介:陈珏,东南大学建筑学院硕士研究生。研究方向:建筑技术科学。

李艳霞,东南大学建筑学院博士研究生。研究方向:建筑技术科学。

石邢,同济大学建筑与城市规划学院教授。研究方向:建筑技术科学。

Evaluation of Pavilion's Sitting Preferences and Mental Restorations based on Virtual Reality Scenes: A Case Study of Urban Parks in Tokyo, Japan

Luo Shixian, Shi Jiaying, Lu Tingyu, Furuya Katsunori

Abstract: Natural experiences in urban parks have a positive impact on the well-being and life quality of urban population. Thus far, studies focused on urban parks have primarily surveyed general urban park spaces. There is a lack of research on specific rest environment settings, especially for leisure facilities such as pavilions. This study used virtual reality (VR) to create a simulation of people sitting in a pavilion, to evaluate the preferences and mental restoration of nine pavilions in Tokyo. The results showed that VR viewing effectively promoted mental restoration. The regression analysis revealed that the prospect and serene dimensions significantly influenced preferences; for restoration, the dimensions of 'richness in species' and 'serene' were significant predictors. Results indicate that providing visitors with spaces to sit, relax, socialize, read, and view the scenery could be beneficial. The results also suggest that VR can be used to simulate different resting environments for relaxation and restoration, as an alternative approach to experience nature.

Key words: Urban parks; Pavilion; Mental restoration; Preference; Virtual reality; Perceived sensory dimensions

1 Introduction

Urban parks are an essential component of urban green infrastructure. Many residents and visitors use these spaces to experience nature, socialize, and relax (Guan et al., 2021). How users perceive and interact with these natural environment settings is valuable. Several efforts have been made in this regard (e.g., Kabisch et al., 2021; Mak& Jim, 2019; McCormack et al., 2010; Ou et al., 2016; Peters et al., 2010; Rahnema et al., 2019). However, most of these studies focus on exploring general aspects of urban parks, and there is a considerable dearth in literature on specific resting settings within these environments, especially leisure facilities such as pavilions.

1.1 Lack of research on pavilions

Pavilions have a long history in architecture. In ancient China, many garden designers used this traditional building as a space for resting and viewing the landscape. Some garden owners have also named pavilions to express their emotions and ambitions (Yinong, 1999; Xie, 2016). Similarly, in early Europe, the term "Pavilion" was derived from the Old French language, and initially referred to a square tent which was often used as a pleasure-house or summerhouse in a garden (Drew, 2006). The forms of pavilions and materials used to create them have diversified over time, and some variations include the timber pavilion (Aras, 2013), the glass pavilion (Schneider &Nordenson, 2008), and the steel pavilion (Gutschow, 2006). Apart from serving for rest and decoration, the pavilion also has the function of exhibition (Schneider &Nordenson, 2008) and holding of commemorative events (Ryoo, 2018). In addition, Xu et al. (2018) believe that landscape spaces of urban parks are important for improving the urban microclimate, and found that pavilions are wind-proof measures in urban parks that help slow the wind speed and improve thermal comfort. Meggers et al. (2017) designed an experimental pavilion to explore indirect evaporative cooling usage and radiant cooling geometric reflection. The study used thermal imaging cameras and a novel scanning MRT sensor to find that the mean radiant temperature inside the pavilion was significantly less. However, as a vital space for resting and landscape viewing in urban parks, further research on pavilions, particularly based on users' perspectives (such as tourists and visitors), is required.

1.2 Health benefits of natural experiences

Urbanization has caused numerous health hazards that involves the engagement of multiple sectors, including health, environment, transportation, and urban planning (Moore et al., 2003). Natural resources play a critical role in responding to these public health challenges (Berman et al., 2008; Kabisch, 2021; Laumann et al., 2001). Previous research has proved that experiences in nature (i.e., observing nature, interacting with natural resources, and activities in the natural environment) positively affects health outcomes. For instance, Shanahan et al. (2016) used the natural dose framework to study the relationship between urban population health and the duration, frequency, and intensity of exposure to nature. Their research results show that long-term visits among green spaces signify lower incidences of depression and high blood pressure. In their study that involved 30 gardeners who performed a 30-minute gardening and reading task, Van Den Berg and Custers (2011) discovered that outdoor gardening activities could promote the recovery of positive mood. Urban green spaces are also considered an important place where residents can encounter biodiversity. Although the population may not be able to accurately identify the actual richness of species, well-being is positively correlated with the perceived diversity and richness in species (Dallimer et al., 2012). A Swedish study showed that rehabilitation gardens relieved acute stress and served as a social space to improve self-esteem (Adevi&Mårtensson, 2013). During the COVID-19 pandemic, due to the inability to freely access outdoor open green spaces, residents reported that the presence of indoor green plants significantly improved their psychological well-being (Pérez-Urrestarazu et al., 2021). The evidence shows the health benefits of natural experiences, but further research is needed to explore these experiences in different resting environments.

1.3 Perceiving the natural environment

Studies show that sensory information is encoded and stored through three processes: subsymbolic, symbolic imagery, and symbolic verbal (Bucci, 2003). Symbols are visual pictures of a person's mind. Sensations and images from the environment can act as a catalyst and transfer information between the three processes, which is essential for mental restoration (Bucci, 2003). Therefore, vision information is considered the most important when visiting natural environments (such as urban green spaces, Grahn&Stigsdotter, 2017). For the purposes of the present research, only vision is used for evaluation, to the exclusion of information interference from touch, hearing, and smell.

Presently, expert judgment is a widely used technique to assess natural environments based on vision. Previous studies have often used landscape features such as the number of elements, shapes, colors, topography, scale, and visual focus (see Arriaza et al., 2004; Deng et al., 2020; Wang et al., 2016; Wang et al., 2019; Yao et al., 2012). However, the stimuli used in these studies were two-dimensional visual media (images), which may be inaccurate in a VR environment. In addition, the use of this technology has been criticized for ignoring the user's perspective (Penning-Rowsell& Hardy, 1973).

Based on previous research, Grahn and Stigsdotter (2017) identified eight different perceived sensory dimensions (PSD) from a representative sample of the Swedish population: 1) social (suitable for social activities and entertainment), 2) prospect (preference for vistas over the surroundings), 3) rich in species (consisting of many animals and plants), 4) serene (an undisturbed, silent, and calm environment), 5) culture (artificial elements and decorations), 6) space (a spacious and free setting), 7) nature (feeling and experience of being in the natural environment), and 8) refuge (sense of safety). For a detailed description of PSD and visualizations, please refer to the study by Stigsdotter et al. (2017).

PSD can be used to describe different types of natural environments, such as urban parks (Qiu& Nielsen, 2015), small public urban green spaces (Peschardt&Stigsdotter, 2013), urban forests (Chen et al., 2019), and natural forests (Stigsdotter et al., 2017). Although these studies are all on-site surveys, Xiang et al. (2021) believe that virtual reality is highly consistent with on-site surveys and can replace on-site surveys in most cases. Therefore, a 360° immersive environment (as presented in virtual reality) is believed to allow users to perceive the natural environment effectively.

1.4 Evaluation using virtual reality

Virtual Reality (VR) is an effective medium for inducing emotions (Moura et al., 2021). Lanier first used and defined VR in 1989, as a computer-simulated environment in which people can interact (Riva et al., 2007). Currently, VR is mainly implemented in three ways: flat-screen, room-based systems, and head-mounted displays (HMD) (Shi et al., 2020). As VR technology can provide more environmental information and create a real environmental experience compared to traditional two-dimensional media (such as photos), research has been increasingly using VR for evaluation. For example, a 360° immersive virtual environment (IVE) was used to evaluate the sense of security that people felt when in a closed environment (Baran et al., 2018). Furthermore, the effectiveness of VR has often been discussed. Shi et al. (2020) compared the degree of agreement between on-site and VR viewing in terms of landscape perception. Xiang et al. (2021) conducted a similar comparative study and found that VR can replace on-site surveys in semi-open green spaces in any season. Moreover, VR is believed to more accurately identify the environmental atmosphere. VR has also been widely used in the health and medical fields, for purposes and with impacts including motor rehabilitation (Sveistrup, 2004), functional recovery post-stroke (Merians et al., 2006), stress relief (Wang et al., 2019), psychological restorative efforts for middle-aged and older adults (Yu et al., 2020), and reduced negative emotions by viewing forest environments (Yu et al., 2018). However, there is still a lack of VR-based research to discuss visitors' perceptions of the environment and the restorative effects in the resting environment.

1.5 Study questions

In summary, the questions of this study are as follows:

1) How well does the VR simulation help an individual's mental restoration?

2) How do viewers perceive the external natural environment of the pavilion setting in VR?

3) Can the perceived sensory dimensions of the natural environment predict the mental restoration and preference of different pavilion settings?

A qualitative study and semi-structured interviews were conducted to discuss the following two additional questions:

4) What elements can promote the preference and mental restoration of the scene?

5) How was the experience of viewing these resting environments with VR?

2 Materials and methods

2.1 Participants

Participants were recruited through a social

networking platform (Line). The inclusion criteria for participants included normal vision, and no cognitive and mental disorders. Volunteers included 61 students from the Faculty of Horticulture, XX University (for blind review): 32 women (52.4%), 29 men (47.6%); average age 25.5 (±1.53). The participants were predominantly from the Landscape Planning, Garden Design, and Green space Environment major. All individuals voluntarily participated and provided verbal consent. Each person was presented a small gift as a token of appreciation upon completion of the experiment. This study was conducted with the approval of the ethics committee (for blind review) at XX University.

2.2 Study site and stimuli

During the desk research, the authors compiled information on all pavilions in Tokyo. Open traditional gardens and semi-open traditional gardens within urban parks were selected as the study area. To avoid repeated investigation of pavilions in similar environments during the field investigation (September 1 to September 20, 2020), the three researchers of this study investigated 24 pavilions across 14 urban parks in Tokyo (Fig. 1).

A GoPro Fusion 360 (with 9 megapixels and a sensor size of 6.17×4.55 mm) was used to capture the panorama. To ensure consistency, we chose similar weather and light conditions for photography (Fig. 2). When shooting, the GoPro was placed on the seat in the pavilion, and the lens was in line with the sitting height of the human eye (1.2 m). In addition, to avoid distortion of the stitched panorama, the closest object surface (such as walls and pillars) to the lens exceeded the minimum stitching distance (20 cm). A total of 37 panoramas were taken (1-3 per pavilion). However, it was considered that viewing of all panoramas could be difficult for the participants. Therefore, after discussion, nine pavilions from seven urban parks were selected for the study (Rikugien Garden, Shinjuku Gyoen National Garden, Edogawa Heisei Garden, Mejiro Garden, Hibiya Park, Kyu-Furukawa Garden, and Kyu-shiba-rikyu Garden; Fig. 3). The criteria were as follows: 1) unique environmental settings; 2) sufficient natural environment outside the pavilion; 3) different pavilion shapes and enclosure levels; and 4) no magnificent landscape outside the pavilion.

Fig. 1 The location of the study site

Fig. 2 Collected panorama in Rikugien Garden

Code	Image	Sketch	Panorama	Description
1		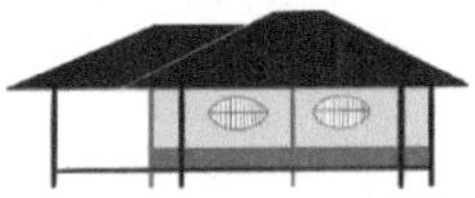		Category: irregular Enclosure: semi-open Location: Rikugien Garden
2				Category: irregular Enclosure: semi-open Location: Shinjuku Gyoen National Garden
3		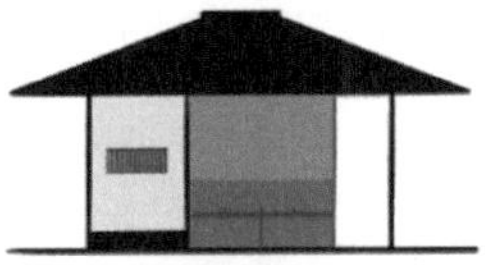		Category: square Enclosure: semi-open Location: Edogawa Heisei Garden
4				Category: hexagonal Enclosure: open Location: Mejiro Garden
5				Category: hexagonal Enclosure: open Location: Shinjuku Gyoen National Garden
6				Category: hexagonal Enclosure: open Location: Hibiya Park
7				Category: square Enclosure: open Location: Hibiya Park
8				Category: square Enclosure: open Location: Shinjuku Gyoen National Garden
9				Category: square Enclosure: open Location: Kyu-shiba-rikyu Garden

Fig. 3 Image, sketch, panorama, and description of the nine selected research pavilions

2.3 Measures

According to Wan et al. (2020), mental restoration can be measured through three dimensions: restorative experiences, positive emotions, and stress reduction (Hartig et al., 1997; Korpela et al., 2008; Pasanen et al., 2018). All descriptions were adapted to meet the purposes of this study. Restorative experiences were reflected by three items, including 'I feel restored after sitting here,' 'I forget everyday worries after sitting here,' and 'Spending time to sit here gives me a break from my day-to-day routine.' Positive emotions were evaluated by two items, including 'Sitting here makes me happy,' and 'I feel energized after sitting here for a while.' Three items measured stress reduction: 'I feel relaxed after sitting here,' 'Sitting here makes me feel calm,' and 'Sitting here helps me reduce stress.' All items were rated on a 5-point Likert scale, with scores 1=completely disagree and 5=completely agree (Tab. 1). The mental restoration score of each pavilion is the mean value of these three dimensions.

In addition, an item measured the participants' preference for different pavilion settings: 'Here the landscape is attractive to me' (1=completely disagree, 5=completely agree). The participants were told to focus on the natural environment outside the pavilion rather than on the architectural space.

Chen et al. (2019) and Peschardt&Stigsdotter (2013) used the PSD scale to explore how participants perceive different natural environment settings (1=completely disagree, 5=completely agree, Tab.2). This scale is composed of eight

Tab.1 Mental restoration measure

Dimension	Item	Scale				
Restorative experiences	I feel restored after sitting here.	1	2	3	4	5
	I forget everyday worries after sitting here.	1	2	3	4	5
	Spending time to sit here gives me a break from my day-to-day routine.	1	2	3	4	5
Positive emotions	Sitting here makes me happy.	1	2	3	4	5
	I feel energized after sitting here for a while.	1	2	3	4	5
Stress reduction	I feel relaxed after sitting here.	1	2	3	4	5
	Sitting here makes me feel calm.	1	2	3	4	5
	Sitting here helps me reduce stress.	1	2	3	4	5

Tab.2 Perceived Sensory Dimension scale

Dimension	Description	Scale				
Social	Here is an environment suitable for social activities.	1	2	3	4	5
Space	This is a spacious and undisturbed environment.	1	2	3	4	5
Nature	Sensation of wilderness and nature.	1	2	3	4	5
Refuge	Here is an enclosed and safe environment.	1	2	3	4	5
Prospect	Here is an open space with a wide view.	1	2	3	4	5
Serene	Here is a silent and peaceful environment.	1	2	3	4	5
Culture	There are many artificial elements decorating here.	1	2	3	4	5
Rich in species	Many animals and plants around here.	1	2	3	4	5

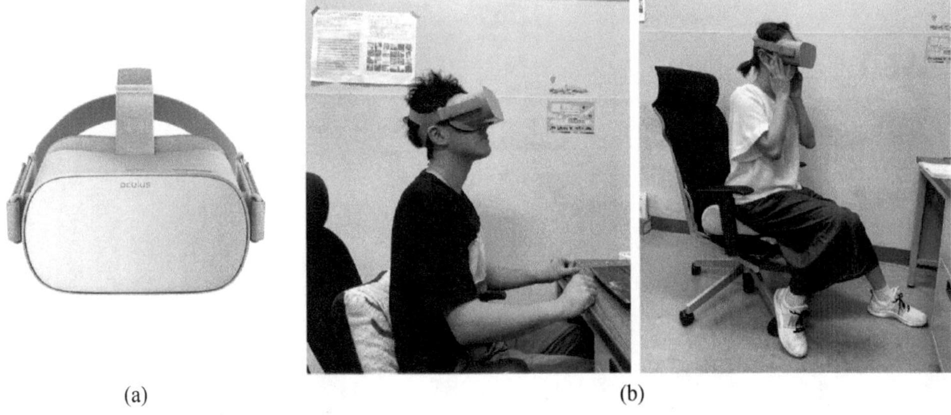

(a) (b)

Fig. 4 (a) Oculus Go; (b) Participant viewing the panorama through the head-mounted display

different dimensions, has a proven reliability, and is often used to describe the characteristics of various natural environments (Chen et al., 2019; Peschardt&Stigsdotter, 2013; Stigsdotter et al., 2017; Qiu and Nielsen, 2015). A description was added after each dimension to enable participants' understanding of these dimensions. All measurement tools were translated into Japanese, English, and Chinese versions for participants from different countries.

2.4 The generalized preference and restorative environment setting

Participants were requested to complete an additional questionnaire after viewing each pavilion, to find a generalized preference and restorative environment setting (Deng et al., 2020). The questionnaire contains two items (both multiple choice): 'What do you want to do in this scene?' and 'Which elements are your favorite in this scene?'

2.5 VR viewing experience

Inspired by previous research (Yu et al., 2020), after each participant viewed all the pavilion settings, we also conducted a simple semi-structured interview (approximately 5-10 minutes) to evaluate the VR viewing experience. The interview included three questions: 'Did you experience physical symptoms, such as cyber sickness or dizziness?' 'How did you feel when viewing these pavilion settings?' and 'Does VR viewing make you want to visit these pavilions on-site?'

2.6 Procedure

The VR viewing experiment was carried out in the Landscape Planning Research Room from April 20 to May 20, 2021. Each participant was instructed not to drink any alcoholic beverages within a period of 12 hours before the start of the experiment. A freely rotatable chair was provided after the participants arrived in the research room. Meanwhile, a researcher explained the procedure and purpose of the investigation to all participants, following which their verbal consent was obtained. Participants were told that they were free to withdraw at any point should they face any discomfort during the experiment. The head-mounted display (Oculus Go) was placed for the participants and adjusted to ensure comfortable viewing of the panorama (Fig. 4). Next, participants were permitted to freely view each panorama of the pavilion setting without a time limit. At this phase, participants were informed to imagine that they were in this environment and were requested to complete the questionnaire. After viewing all nine pavilions, the researcher conducted a simple semi-structured interview with participants to evaluate the VR viewing experience. Finally, the participants were rewarded with a gift and thanked for their participa-

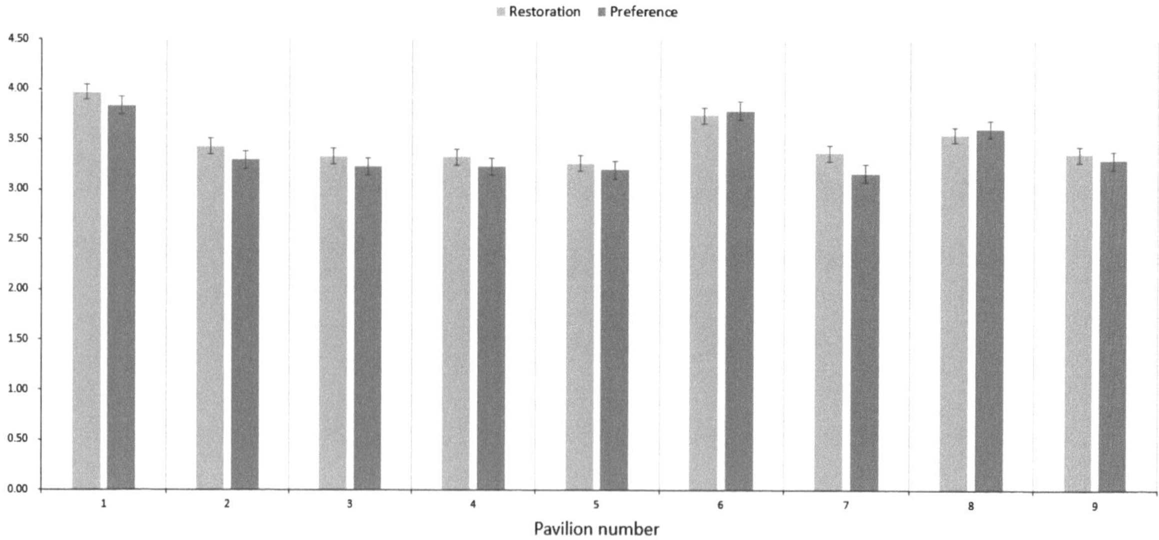

Fig. 5 The mental restoration and preference score of nine selected pavilions. N=61; Mean ± Standard deviation

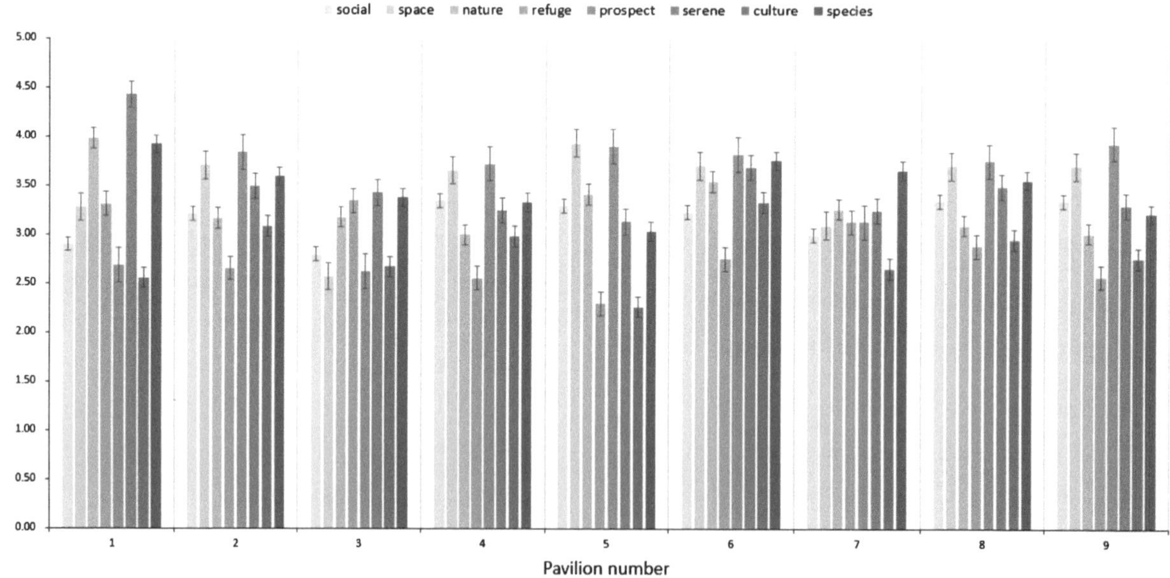

Fig. 6 The PSD evaluation of nine selected pavilions. N=61; Mean ± Standard deviation

tion. To eliminate potential interference, silent conditions were ensured for VR viewing. The entire experiment (for one individual) took approximately 15-20 minutes.

2.7 Analyses

The experimental data were compiled and statistically analyzed using Excel software. Correlation analysis was used to examine the relationship between restoration, preference, and PSD. Further, according to the degree of enclosure, pavilions were divided into two categories in the following analysis: semi-open (pavilions 1～3) and open (pavilions 4～9). A one-way analysis of variance was performed to examine the difference between the open and semi-open pavilions. In addition, ordinal logistic regression was used to analyze the correlation between PSD and enclosure, and the results were presented as odds ratios (ORs) with 95% confidence intervals (Qiu& Nielsen, 2015). Finally, stepwise multiple linear regression analysis was used to explore PSD predictors that affect mental restoration and preference. We did not analyze the

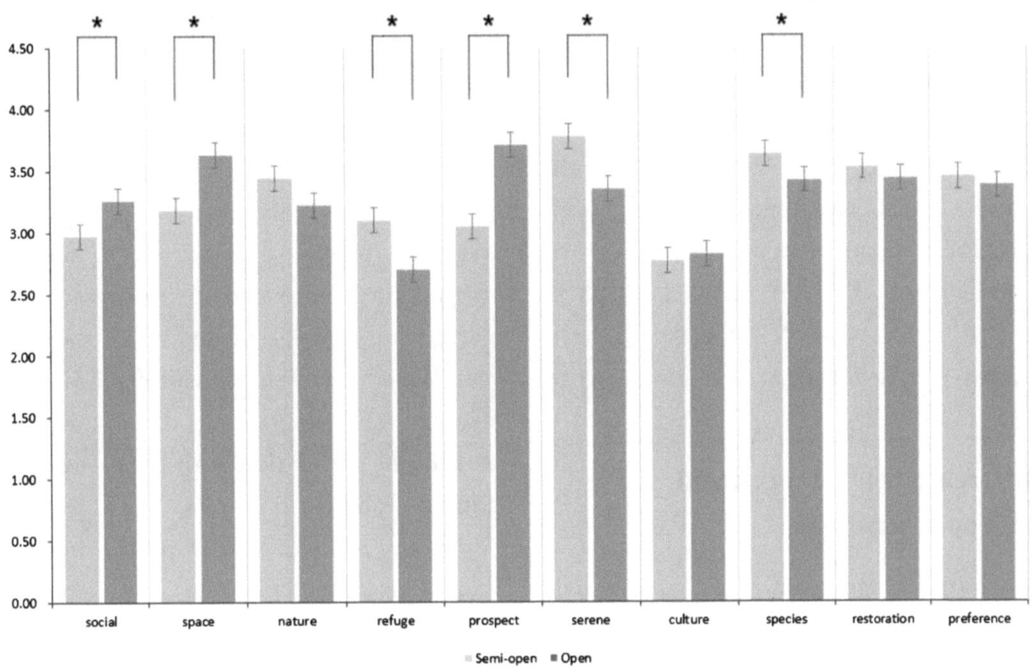

Fig. 7 Differences in assessment of open and semi-open pavilions

differences between different populations because this was not among the stated research questions of this study. All statistical analyses were performed using SPSS (version 20.0; SPSS Inc., Chicago, IL, USA), and the level of significance was set at < 0.05.

3 Results

3.1 Reliability analysis

The reliability of PSD and mental restoration were calculated. According to Landis and Koch (1977), if the Cronbach's alpha value is greater than 0.8, it indicates good internal consistency. Therefore, our results show that both PSD (Cronbach's alpha = 0.836) and mental restoration (Cronbach's alpha = 0.890) have good reliability.

3.2 Overall evaluation across the nine selected pavilions

As shown in Figure 5, pavilions 1 (3.97±0.63) and 6 (3.74±0.92) have the highest restoration and preference scores, while pavilions 3 (3.33±0.61), 4 (3.33±0.84), and 5 (3.26±0.82) demonstrate lower restoration scores. Pavilions 3 (3.23±0.88), 4 (3.23±0.88), 5 (3.20±0.97), and 7 (3.16±0.96) are the least preferred.

The PSD results perceived by the participants are shown in Figure 6. First, pavilions 4 (3.34±1.04), 8 (3.34±1.02), and 9 (3.34±1.04) can be perceived along the social dimension, while 1 (2.90±1.20) and 3 (2.80±1.05) have the lowest scores. For space, pavilion 5 (3.93±0.81) is the highest, and 3 (2.57±1.02) is the lowest. In the nature dimension, the pavilion 1 setting has the highest degree of naturalness (3.98±0.88), while 4 has a more artificial environment (3.00±0.81). In terms of refuge, pavilion 3 has the highest score (3.34±1.09). However, six pavilion settings did not exceed the score of 3, indicating that this dimension is not obviously perceived, and in this context, pavilion 5 has the lowest score (2.30±0.91). For the prospect dimension, pavilions 2 (3.84±0.85), 5 (3.90±0.88), 6 (3.82±0.78), and 9 (3.93±0.81) have higher scores, while 1 (2.69±1.02) and 3 (2.62±0.81) have the lowest scores. In the serene dimension, all pavilions exceed 3, among which pavilion 1 (4.43±0.71) is considered the most peaceful environment, and 5 (3.13±0.93) has the lowest score. In addition, only pavilions 2 (3.08±1.12) and 6 (3.33±0.99) exceed the score of 3 in the culture dimension, signifying that the participants cannot clearly perceive this dimension. Rich in species is another dimension that is strongly perceived; pavilions 1 (3.92±0.80), 6 (3.75±0.92), and 7 (3.66±0.83) have higher scores, yet pavilion 5 has the lowest score (3.03±0.90).

3.3 Difference between open and semi-open pavilions

For further comparison, in the following analysis, pavilions are divided into two categories according to the enclosure degree: semi-open pavilions (1-3) and open pavilions (4-9). A one-way analysis of variance was performed to analyze the differences. As shown in Figure 7, most PSDs show significant differences. Specifically, the two pavilions are significantly different across the dimensions of social (F=3.968, P=0.049), space (F=13.042, P=0.000), refuge (F=11.711, P=0.001), prospect (F=44.993, P=0.000), serene (F=17.570, P=0.000), and richness of species (F=4.137, P=0.044). However, there is no significant difference between mental restoration and preference, indicating that both pavilions have the same preference and mental restoration.

Furthermore, to explore the relationship between the two pavilion categories and PSD, ordinal logistic regression analysis (with the semi-open pavilion as the reference group) was performed. According to the results in Table 3, the model has a good degree of fit (x^2=84.084, P=0.000, Chen et al., 2019). The open pavilion group is more likely to perceive the prospect dimension (OR>1, P=0.000); on the contrary, the semi-open pavilion group is more likely to perceive the serene dimension (OR<1, P=0.002).

3.4 PSD predictors of preference and mental restoration

Two stepwise multiple linear regression analyses were performed to explore the PSD that affects recovery and preference. The dependent variables of the two regression models were overall preference and mental restoration. The correlation analysis results indicate that restoration would increase with preference; all PSDs, except for the social dimension, show a significant correlation with preference and restoration (Tab. 4).

The results demonstrate that these variables can be used to build regression models. First, we examined the normality of model residuals, analysis of variance, and multicollinearity through the Kolmogorov-Smirnov (KS) test to solve the multicollinearity problem between the predictor variables. The test results show that the residuals follow a normal distribution (for social, K-S Z value=0.501, p=0.963; for space, K-S Z value=1.091, p=0.185; for nature, K-S Z value=0.789, p=0.563; for refuge, K-S Z value=0.769, p=0.595; for prospect, K-S Z value=0.619, p=0.839; for serene, K-S Z value=0.517, p=0.952; for culture, K-S Z value=0.574, p=0.897; for species, K-S Z value=1.075, p=0.198; for mental restoration, K-S Z value=0.572, p=0.899; for preference, K-S Z value=0.814, p=0.522). In addition, the variance analysis results show a linear correlation between PSD and preference (F=20.213, p<0.001) and mental restoration (F=51.284, p<0.001). Lastly, the occurrence of a model tolerance <0.2, or a variance inflation factor (VIF)>10, is indicative of a potential multicollinearity problem (Arriaza et al., 2004). Thus, the current model results are acceptable (lowest tolerance=0.724 and highest VIF=1.380).

As shown in Table 5, "prospect" and "serene" are factors that significantly influence

Tab. 3 Ordinal logistic regression analyses results

PSD	B	Standard error	OR	95% C.I.	Sig.
Social	0.172	0.130	1.188	(0.922～1.532)	0.184
Space	0.271	0.166	1.311	(0.946～1.817)	0.103
Nature	−0.197	0.143	0.821	(0.620～1.088)	0.170
Refuge	−0.201	0.132	0.818	(0.631～1.059)	0.127
Prospect	0.702	0.161	2.018	(1.473～2.765)	0.000
Serene	−0.538	0.172	0.584	(0.417～0.818)	0.002
Culture	−0.055	0.130	0.947	(0.734～1.222)	0.675
Rich in species	0.046	0.169	1.047	(0.753～1.457)	0.783
x^2=84.084					
Df=8					
P=0.000					

Note: a bold font indicates P<0.05.
Reference group is the semi-open pavilion
OR: odds ratios; C.I.: Confidence interval; Df: Degree of freedom.

Tab. 4 Overall correlation results

	Social	Space	Nature	Refuge	Prospect	Serene	Culture	Species	Restoration
Social	1								
Space	0.67**	1							
Nature	0.09	0.39**	1						
Refuge	0.32*	0.41**	0.47**	1					
Prospect	0.34**	0.67**	0.44**	0.43**	1				
Serene	0.04	0.33**	0.59**	0.56**	0.36**	1			
Culture	0.31*	0.46**	0.39**	0.46**	0.56**	0.53**	1		
Species	0.18	0.40**	0.57**	0.37**	0.24	0.53**	0.45**	1	
Restoration	0.20	0.42**	0.62**	0.53**	0.42**	0.75**	0.43**	0.63**	1
Preference	0.18	0.37**	0.46**	0.46**	0.46**	0.58**	0.43**	0.44**	0.62**

Note: * P<0.05; ** P<0.01.

preference, explaining 39% of the variance, while for restoration, "rich in species" and "serene" are significant predictors, explaining 62.6% of the variance. In sum, whether with regards to preference or mental restoration, the serene dimension is consistently a significant predictor of the model.

3.5 The generalized preference and restorative environment setting

After viewing each pavilion with VR, participants were asked to complete an additional questionnaire to share what they wanted to do most in each scene (Figure 8, the number on the right is the corresponding pavilion setting.), as well as their favorite elements in each panorama

Tab. 5 Significant PSD predictors of overall preference and mental restoration

Dependent	Independent	Unstandardized Beta	Standardized Beta	t	Sig.	Collinearity statistics	
						Tolerance	VIF
Preference (Adjusted $R^2=0.390$)	(constant)	0.500		1.056	0.295		
	Serene	0.491	0.475	4.403	0.000	0.873	1.146
	Prospect	0.341	0.293	2.713	0.009	0.873	1.146
Mental restoration (Adjusted $R^2=0.626$)	(constant)	−0.330		−0.853	0.397		
	Serene	0.679	0.575	6.203	0.000	0.724	1.380
	Species	0.413	0.330	3.558	0.001	0.724	1.380

(Figure 9, the number on the right is the corresponding pavilion setting.). Specifically, sitting (335), reading (228), chatting (387), and viewing the scenery (281) are among the favorite activities reported by most participants, while some among them also choose sleeping (72). In addition, for the answers related to favorite elements within the panoramas, lush plants (362), water bodies (267), buildings (232), natural trails (172), and meadows (159) are considered the most preferred elements, while animals (65), rockery (71), and artificial roads (85) are the least preferred. These results indicate that providing visitors with a space to sit, rest, socialize, read, and view the scenery is the key to preference environment setting. At the same time, adding elements such as dense vegetation, water bodies, and meadows to these environments could be considered to build a generalized preference and restorative environment setting.

3.6 Qualitative assessment of semi-structured interviews

In the final stage, a simple semi-structured interview was conducted to evaluate the VR viewing experience. Only one participant reported having felt slightly uncomfortable during the viewing: '(for pavilion 1) *I can see the stream outside, but I feel a little uncomfortable at the beginning because of the still water in the picture...*' In addition, participants generally described the viewing experience as 'relaxing,' 'calm,' 'attractive,' and 'a novel experience.' However, a small number of interviewees stated that some panoramas had unclear details in the distance, which may have resulted in a lower score. In addition, 38 participants (62.3%) hoped to visit these pavilions on-site (such as pavilions with 1, 6 and 9) after viewing. The quotes illustrating this are as follows:

'(For pavilion 1) *...it makes me feel peaceful. I really want to sleep here.*'

'(For pavilion 6) ... *Awesome! Those high-rise buildings look just like a background, blending perfectly with the surrounding landscape.*'

'(For pavilion 9) *The black pine on the grass is beautiful... Here is the Kyu-shiba-rikyu Garden? I will go to this place.*'

4 Discussion

4.1 Mental restoration from viewing different pavilion settings

Several studies have discussed the health benefits of visiting urban parks, including how it contributes to psychological health (Wan et al., 2020), social health (Hartig et al., 2014), physical health (Kaczynski et al., 2008), stress relief (Ulrich et al., 1991), and direct attention restoration (Kaplan, 1995). However, urban parks are extensive in scope when considered as a concept, and research on specific settings

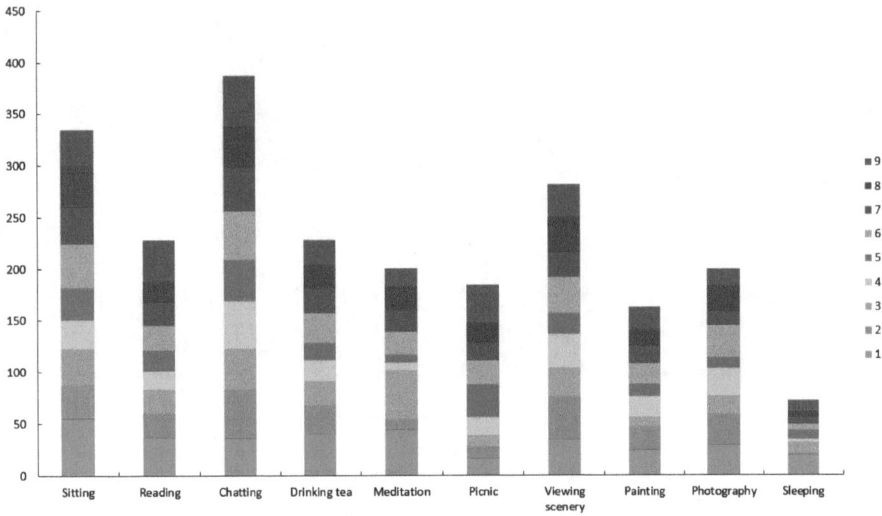

Fig. 8 Participant responses to 'What do you want to do most in this scene?' (Multiple responses)

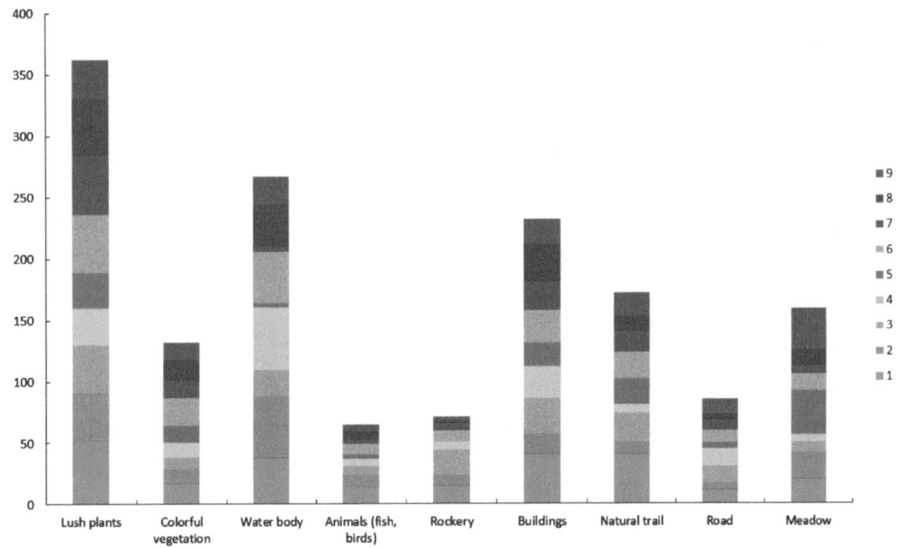

Fig. 9 Participant responses to 'What is your favorite element in this scene?' (Multiple responses)

related to them are lacking. Furthermore, most studies that have explored urban parks are based on the perspectives of standing (Karacan et al., 2021; Mostajeran et al., 2021) and walking (Bielinis et al., 2020), and few studies have simulated people sitting and resting in these natural environments.

The results of the current study indicated that all nine pavilion settings have a mental restoration score of over 3, implying that most participants affirmed the restorative effect of viewing the pavilion settings. It can be derived that spending time in these natural environments could lead to good mental restoration (Tsunetsugu et al., 2013). Pavilions 1, 6, and 8 achieved high mental restoration scores (Figure 5). Among the scenes, participants could observe water bodies and dense vegetation through VR. Meanwhile, according to the result of "favorite elements in the scene" (Figure 9), lush vegetation, water bodies, and meadows were the favorite elements identified by participants. On the contrary, pavilion 5 was evaluated as the least restorative environment, which may be attributed to the lack of a water body and scant vegetation in the scene. Therefore, the result can be proven by the correlation between preference and restoration (Table 4); that is,

Fig. 10 View from pavilion 1

people can perceive mental recovery from favorite scenes (Deng et al., 2020), and inadequate physical environments would cause stress (Kaplan, 1995).

Furthermore, the nine pavilions were divided into open and semi-open categories according to the enclosure. However, the one-way analysis of variance results indicated no significant difference in the preferences and mental restoration between the two types of pavilions. This suggests that whether the pavilion is open would not significantly affect people's preference for this environment, which can explain the two dimensions of serene and prospect.

4.2 Perception of the natural environment of the pavilion setting with PSD

The results showed that the participants could highly perceive seven PSDs, except for the dimension of culture, since the average score of seven pavilions in the culture dimension did not exceed 3 points (Figure 6). Unlike previous studies (Qiu & Nielsen, 2015; Chen et al., 2019), the highly perceived dimensions in this study were prospect, serene, and rich in species.

Within this typical resting environment (i.e., pavilion) in an urban park, serene and rich in species were the most frequently experienced dimensions, which align with prior research results examining small public urban green spaces (Peschardt&Stigsdotter, 2013). Pavilion 1 had the highest average score in these two dimensions (4.43 and 3.92, respectively), which can be explained by the external scenery viewed in the panorama. The dimension of richness in species is usually related to a highly ecological environment. The pavilion is located in Rikugien Garden, a famous traditional Japanese garden surrounded by diverse vegetation (rich in species) and clear water (Figure 10). The vegetation and water bodies are well maintained, making the entire scene look more natural rather than wild. Therefore, a large number of such natural and semi-natural green spaces can create a sense of tranquility that is different from the urban environment (Bell et al., 2007).

For the prospect dimension, pavilion 9 received the highest score (3.93). The pavilion is located in Kyu-shiba-rikyu Garden, a traditional and historical Japanese garden that opened to the public as an urban park in 1924. Surrounded by large short-cut lawns, the setting consists of some Japanese black pine on the grass, a large artificial lake in the distance, and tall buildings as a background (Figure 11). Since there was no high-density vegetation to obstruct the line of sight, it created a wide field of vision, enabling people to perceive the prospect dimension effectively.

However, the dimension of culture was perceived weakly across all pavilions, which is inconsistent with previous findings on other urban green spaces (Qiu& Nielsen, 2015). The culture dimension is generally considered to be related to

Fig. 11 View from pavilion 9

Fig. 12 View from pavilion 6

a large number of artificial elements, such as fountains, sculptures, kitchen plants, and ornamental plants (Stigsdotter et al., 2017), which were rare in the environments of the present study. Pavilion 6 received the highest score (3.33) in this dimension, which may be because Hibiya Park is a modern urban park (Figure 12). Here, participants could view a fountain with crane sculptures, and some wetland ornamental plants (e.g., less bulrush).

In addition, compared to the differences between open and semi-open pavilions (Figure 7), the results showed that six dimensions of the eight PSDs show significant differences: social, space, refuge, prospect, serene, and rich species. There was no significant difference between mental restoration and preference, which implied that the degree of pavilion enclosure would not affect these two variables. It should be noted that only nine pavilions were used in this study as viewing samples, which may limit generalizability. Thus, readers are advised to interpret the results cautiously.

However, the analysis of variance only showed a difference in PSD. Therefore, ordinal logistic regression analysis was performed. According to Table 3, the open pavilion group (4-9) is more likely to perceive the prospect dimension. Participants from the semi-open pavilions (1-3) group are more likely to perceive serene dimensions. These results are reasonable. The prospect dimension can be summarized as having open and flat areas (Grahn&Stigsdotter, 2010), emphasizing no visual obstruction. In the study samples of this study, an open pavilion enabled a broader vision compared with the semi-open pavilion. The pavilions (5, 8, and 9) with ample green spaces were generally surrounded by a large patch of grass and sparse trees, which allowed participants to see the distance and have an overview of the surroundings

(Stoltz &Grahn, 2021).

The serene dimension signifies an undisturbed, quiet, and safe environment (Grahn&Stigsdotter, 2010), and was perceived to a greater extent in the semi-open pavilion context, which is inconsistent with previous research conclusions. For instance, in a Swedish study, most interviewees experienced the serene dimensions in relatively large green areas (Qiu& Nielsen, 2015). However, the viewer in the semi-open pavilion is usually in a narrow space, with a part of the view obstructed. Therefore, this enclosed space can increase the sense of security and create a retreat environment (Grahn & Stigsdotter, 2010). Arguably, the size of the space does not affect the user's experience of serenity (Peschardt & Stigsdotter, 2013), but the degree of enclosure does.

4.3 PSD predictors driving restoration and preference

Many studies have shown that PSD is related to users' perceived restoration and preference (Chen et al., 2019; Grahn&Stigsdotter, 2010; Peschardt&Stigsdotter, 2013; Stigsdotter et al., 2017). Our results (Table 5) indicate that the dimensions of prospect and serene are significant factors affecting preference; for mental restoration, the dimensions of richness of species and serene are significant predictors.

According to Appleton (1975), when ancient humans searched for habitable environments, prospect was considered one of the essential qualities. People instinctively choose environments conducive to survival, and one of the most critical elements is the visual control of the environment, which allows us to discern danger. In this study, three pavilions (6, 8, and 9), with higher prospect scores, were highly preferred. The users in these three settings had a good view which was not obstructed by vegetation, enabling the participants to have an overview of the surroundings when sitting in the pavilion. Thus, a lower prospect may mean a weakened sense of security and a lower preference among users to sit and rest in this environment.

Serene was found to be an important predictive PSD dimension of mental restoration and preference, which is consistent with previous research (Peschardt&Stigsdotter, 2013). People experience greater tranquility in natural environments compared to urban settings (Herzog and Chernick, 2000), which was reflected in the findings related to pavilion 1. Usually, participants can experience a sense of security in these resting environments, as well as in the private spaces created by dense vegetation. However, the absence of people seems crucial for this dimension, which is opposite to the social dimension (notice a low correlation in the correlation results, Table 4). Therefore, the results show that creating a silent and peaceful atmosphere free from external interference is important for a restorative environment (Memari et al., 2017).

Lastly, richness of species is another important predictive dimension of mental restoration. It has been proven that people can accurately perceive species richness, and that esthetic appreciation of settings increases as species richness among them increases (Lindemann-Matthies et al., 2010). According to the theory of evolution, diversified vegetation usually represents a complex environment and the possible abundance of food in this setting (Zhao et al., 2013). Moreover, the findings of Deng et al. (2020) support results from the present study, which suggests that having more animals and plants is an important quality to maintain a restorative environment. However, overly dense forests may lead to feelings of insecurity and can reduce mental recovery (Stigsdotter et al., 2017). Therefore, the enclosed vegetation types should be carefully selected, and the vegetation density should be controlled. For example, a medium-density forest can make the human brain feel more relaxed (An et al., 2004).

Fig. 13 Illustration of a generalized preference and restorative environment setting

4.4 The generalized preference and restorative environment setting

According to Figure 8, participants like to perform gentle leisure and social activities in the resting environments, which include sitting, reading, chatting, photography, and viewing the scenery for recovery and relaxation. These results indicate that providing visitors with a space to sit, rest, socialize, read, and view scenery could contribute to preference environment setting. In addition, the results in Figure 9 show that lush plants, waterbodies, buildings, natural trails, animals, and meadows are considered the most preferred elements. These results are consistent with Deng et al. (2020), who revealed people generally prefer environments with biodiversity (dense vegetation, small animals, water bodies, and meadows). This environment is moderately complex and is considered an essential quality of a restorative environment. Therefore, managers and designers should consider adding elements that people like in these rest environments, to build a generalized restorative environment setting (Fig. 13).

The presence of buildings was an interesting issue in this study. Previous studies have shown that humans generally prefer natural scenery as they promoted the connection between humans, the natural environment, and natural activities (Zhao et al., 2018). However, most participants chose buildings as their preferred element, a result consistent with the findings of Chen et al. (2020) in Tokyo's Cultural Heritage Gardens. Tourists usually have a tolerant attitude towards high-rise buildings outside these traditional gardens, and more than half of the respondents believe that artificial constructions have a positive impact on the garden landscape. Therefore, arguably, if the balance with nature is maintained, human influences could also be appreciated in these resting environments (Strumse, 1994).

4.5 VR experience and implications

In the final interview phase, only one participant reported mild discomfort during the viewing process, which differed from the results of previous studies (Yu et al., 2020). This could be related to the stimulus in the present study, which was a static panorama, compared to the video format used in the study with differing results. However, the present study does not conclude that still pictures can effectively reduce cybersickness. Further research is suggested to explore this aspect. Moreover, participants reported that using VR to simulate the experience of sitting in a pavilion was 'relaxing,' 'calming,' 'attractive,' and 'a novel experience.' The results indicated that it is feasible to use VR to simulate pavilion settings and other resting environments in urban parks for relaxation and recovery. Most importantly, the research results also show that VR viewing seems to motivate people to visit these outdoor natural environments on-site. It is argued that VR simulation could be another way of gaining a natural experience (Yu et al., 2020), however concerns relating to image quality and cybersickness need to be addressed (Calogiuri et al., 2018).

The present research aspires to contribute to the body of knowledge in this field, suggesting the need for research pertaining not only to pavilions but also other resting environments in the city, such as chairs in the square, houses of worship (Herzog et al., 2010), watersides (Korpela et al., 2010), and museums (Kaplan et al., 1993). These resting environments in urban landscapes have a positive impact on human well-being and quality of life. According to evidence-based medicine, in the design and management of a healthy urban environment, specific evidence should be considered to provide a scientific basis for specific health effects (Tsunetsugu et al., 2013). Therefore, these results are valuable to support the development of healthy urban environments. Finally, during the COVID-19 pandemic, residents are restricted from going out (Xie et al., 2020). The use of VR to remotely visit these resting environments may be a practical solution to the challenges that result from these restrictions.

4.6 Limitations and future research

This study has some limitations. First, although several pavilion samples were investigated, it was considered difficult for participants to view all the scenes. In the future, a new round of evaluation is necessary to supplement the findings of this study. Second, the participants were college students, which may have led to limited generalizability. Research that includes people from different ages, occupations, and cultural backgrounds would be valuable. Third, some participants reported that vagueness in vista/details in the panoramas might have affected their assessment. Therefore, panoramas of higher resolution can reduce these concerns. Although vision is considered among the most essential, other perceptions are also important for health and well-being (Grahn&Stigsdotter, 2010). Future research should consider the potential of audiovisual stimuli in creating a restorative environment. Furthermore, it may be another interesting aspect to discuss the influence of materials, textures, complexity, and styles of different pavilions on restoration/preferences, combined with architectural viewpoints.

5 Conclusion

Urban parks are an essential component of a healthy urban environment. However, most research exploring these spaces are generalized and lack focus on specific settings. This study used VR equipment to simulate the experience of sitting in a pavilion of an urban park, to evaluate different pavilion settings' preferences and mental restoration. The results showed that viewing these environmental settings through VR effectively promoted mental recovery. In addition, the enclosure of the pavilion did not significantly affect people's preferences and perceived recovery in this environment. The dimensions of prospect and serene were found to be factors that significantly influenced preferences; for mental restoration, the dimensions of richness in species and serene were significant predictors. Therefore, results from the present study suggested that: 1) a lower prospect may mean a weakened sense of security and lower preference for users sitting and resting in this environment; 2) creating a silent and peaceful atmosphere free from external interference is important for a restorative environment; and 3) it is important to carefully select the enclosed vegetation types and control the vegetation density. In addition, the current study results indicated that providing visitors with a space to sit, rest, socialize, read, and view the scenery can help in the development of preference environment settings. At the same time, managers could consider adding elements such as dense vegetation, water bodies, and meadows to these environments, to build a generalized preference and restorative environment setting. If the balance with nature is maintained, artificial elements such as buildings and roads could also be appreciated by visitors. Lastly, the results demonstrated that it would be feasible to use VR to simulate pavilion settings and other resting environments in urban parks for relaxation and recovery. It is hoped that this study will contribute to research on other resting environments.

References

[1] Aras, F. (2013). Timber-framed buildings and structural restoration of a historic timber pavilion in Turkey. International Journal of Architectural Heritage, 7(4): 403-415. doi-10.1080/15583058.2011.640738

[2] Adevi, A. A. &Mårtensson, F. (2013). Stress rehabilitation through garden therapy:The garden as a place in the recovery from stress. Urban forestry & urban greening, 12(2): 230-237. doi-10.1016/j.ufug.2013.01.007

[3] Arriaza, M., Cañas-Ortega, J. F., Cañas-Madueño, J. A. & Ruiz-Aviles, P. (2004).Assessing the visual quality of rural landscapes. Landscape and urban planning, 69(1):115-125. doi-10.1016/j.landurbplan.2003.10.029

[4] Appleton, J. (1975). The experience of landscape. London: John Wiley.An, K. W., Kim, E. I., Joen, K. S. & Setsu, T. (2004). Effects of forest stand densityon human's physiopsychological changes. J. Fac. Agric. Kyushu Univ, 49: 283-291. doi-10.5109/4588

[5] Berman, M. G., Jonides, J. ,Kaplan, S. (2008). The cognitive benefits of interacting with nature. Psychological science, 19(12):1207-1212. doi-10.1111/j.1467-9280.2008.02225.x

[6] Bucci, W. (2003). Varieties of dissociative experiences: A multiple code account and a discussion of Bromberg's case of"William". Psychoanalytic Psychology, 20(3):542-557.doi-10.1037/0736-9735.20.3.542

[7] Baran, P. K., Tabrizian, P., Zhai, Y., Smith, J. W. & Floyd, M. F. (2018). An exploratory study of perceived safety in a neighborhood park using immersive virtual environments. Urban Forestry & Urban Greening, 35, 72-81. doi-10.1016/j.ufug.2018.08.009

[8] Bielinis, E., Simkin, J., Puttonen, P., Tyrväinen, L. (2020). Effect of viewing video representation of the urban environment and forest environment on mood and level of procrastination. International Journal of Environmental Research and Public Health, 2020, 17(14): 5109. doi-10.3390/ijerph17145109

[9] Bell, S., Tyrväinen, L., Sievänen, T., Pröbstl, U., Simpson, M. (2007). Outdoor recreation and nature tourism: A European perspective. Living Reviews in Landscape Research, 1(2):1-46. dio-10.12942/lrlr-2007-2

[10] Chen, H., Qiu, L., Gao, T. (2019). Application of the eight perceived sensory dimensions as a tool for urban green space assessment and planning in China. Urban Forestry & Urban Greening, 40: 224-235. doi-10.1016/j.ufug.2018.10.001

[11] Chen, G., Shi, J.Y., Xia, Y., Furuya, K. (2020). The Sustainable Development of Urban Cultural Heritage Gardens Based on Tourists' Perception: A Case Study of Tokyo's Cultural Heritage Gardens. Sustainability, 12(16): 6315. doi-10.3390/su12166315

[12] Calogiuri, G., Litleskare, S., Fagerheim, K. A., Rydgren, T. L., Brambilla, E., Thurston, M. (2018). Experiencing nature through immersive virtual environments:environmental perceptions, physical engagement, and affective responses during a simulated nature walk. Frontiers in Psychology, 8: 2321. doi-10.3389/fpsyg.2017.02321

[13] Drew, P. (2006). A Conundrum In Time: Medieval and Modern Pavilions.Architectural Theory Review, 11(2):53-65. doi-10.1080/13264820609478586

[14] Dallimer, M., Irvine, K. N., Skinner, A. M., Davies, Z. G., Rouquette, J. R., Maltby, L.L., Warren, P. H., Armsworth, P. R., Gaston, K. J. (2012). Biodiversity and the feel-good factor: understanding associations between self-reported human well-being and species richness. BioScience, 62(1): 47-55. doi-10.1525/bio.2012.62.1.9

[15] Deng, L., Luo, H., Ma, J., Huang, Z., Sun, L. X., Jiang, M. Y., Zhu, C. Y. , Li, X.(2020). Effects of integration between visual stimuli and auditory stimuli on restorative potential and aesthetic preference in urban green spaces. Urban Forestry &Urban Greening, 53: 126702. doi-10.1016/j.ufug.2020.126702

[16] Guan, C. H., Song, J., Keith, M., Zhang, B., Akiyama, Y., Da, L., Shibasaki, R., Sato, T. (2021). Seasonal variations of park visitor volume and park service area in Tokyo: A mixed-method approach combining big data and field observations. Urban Forestry& Urban Greening, 58: 126973. doi-10.1016/j.ufug.2020.126973

[17] Gutschow, K. K. (2006). From Object to Installation in Bruno Taut's Exhibit Pavilions. Journal of Architectural education, 59(4): 63-70. doi-10.1111/j.1531-314X.2006.00055.x

[18] Grahn, P., Stigsdotter, U. K. (2010). The relation between perceived sensory dimensions of urban green space and stress restoration. Landscape and urbanplanning, 94(3/4): 264-275. doi-10.1016/j.landurbplan.2009.10.012

[19] Hartig, T., Korpela, K., Evans, G. W., Gärling, T. (1997). A measure of restorative quality in environments. Scandinavian housing and planning research, 14(4):175-194.doi-10.1080/02815739708730435

[20] Hartig, T., Mitchell, R., de Vries, S., Frumkin, H. (2014). Nature and health. Annual review of public health, 35: 207-228. doi-10.1146/annurev-publhealth-032013-182443

[21] Herzog, T. R., Chernick, K. K. (2000). Tranquility and danger in urban and natural settings. Journal of environmental psychology, 20(1): 29-39. doi-10.1006/jevp.1999.0151

[22] Herzog, T. R., Ouellette, P., Rolens, J. R., Koenigs, A. M. (2010). Houses of worship as restorative environments. Environment and Behavior, 42(4):395-419. doi-10.1177/0013916508328610

[23] Kabisch, N., Kraemer, R., Masztalerz, O., Hemmerling, J., Püffel, C., Haase, D.(2021). Impact of summer heat on urban park visitation, perceived health and ecosystem service appreciation. Urban Forestry & Urban Greening, 60: 127058. doi-10.1016/j.ufug.2021.127058

[24] Korpela, K. M., Ylén, M., Tyrväinen, L., Silvennoinen, H. (2008). Determinants of restorative experiences in everyday favorite places. Health & Place, 14(4): 636-652. doi-10.1016/j.healthplace.2007.10.008

[25] Kaczynski, A. T., Potwarka, L. R., Saelens, B. E. (2008). Association of park size, distance, and features with physical activity in neighborhood parks. American Journalof Public Health, 98(8): 1451-1456. doi-10.2105/AJPH.2007.129064

[26] Kaplan, S. (1995). The restorative benefits of nature: Toward an integrative framework. Journal of Environmental Psychology, 15(3): 169-182. doi-10.1016/0272-4944(95)90001-2

[27] Karacan, B., Kombeiz, O., Steidle, A. (2021). Powered by virtual realities: Promoting emotional recovery through technology-based recovery interventions.Ergonomics, 1-16. doi-10.1080/00140139.2021.1912399

[28] Korpela, K. M., Ylén, M., Tyrväinen, L., Silvennoinen, H. (2010). Favorite green, waterside and urban environments, restorative experiences and perceived health in Finland. Health Promotion International, 25(2): 200-209. doi-10.1093/heapro/daq007

[29] Kaplan, S., Bardwell, L. V., Slakter, D. B. (1993). The museum as a restorative environment. Environment and Behavior, 25(6): 725-742. doi-10.1177/0013916593256004

[30] Laumann, K., Gärling, T., Stormark, K. M. (2001). Rating scale measures of restorative components of environments. Journal of Environmental Psychology, 21(1):31-44. doi-10.1006/jevp.2000.0179

[31] Landis, J. R., Koch, G. G. (1977). The measurement of observer agreement for categorical data. biometrics, 33(1):159-174. doi-10.2307/2529310

[32] Lindemann-Matthies, P., Junge, X., Matthies, D. (2010). The influence of plant diversity on people's perception and aesthetic appreciation of grassland vegetation. Biological Conservation, 143(1): 195-202. doi-10.1016/j.biocon.2009.10.003

[33] Mak, B. K., Jim, C. Y. (2019). Linking park users' socio-demo graphic characteristics and visit-related preferences to improve urban parks. Cities, 92: 97-111. doi-10.1016/j.cities.2019.03.008

[34] McCormack, G. R., Rock, M., Toohey, A. M, Hignell, D. (2010). Characteristics of urban parks associated with park use and physical activity: A review of qualitative research. Health & Place, 16 (4): 712-726. doi-10.1016/j.healthplace.2010.03.003

[35] Meggers, F., Guo, H. S., Teitelbaum, E., Aschwanden, G., Read, J., Houchois, N., Pantelic, J., Calabrò, E. (2017). The Thermoheliodome-"Air conditioning" without conditioning the air, using radiant cooling and indirect evaporation. Energy and Buildings, 157: 11-19. doi-10.1016/j.enbuild.2017.06.033

[36] Moore, M., Gould, P., Keary, B. S. (2003). Global urbanization and impact on health. International Journal of Hygiene and Environmental Health, 206 (4/5): 269-278.doi-10.1078/1438-4639-00223

[37] Moura, J. M., Barros, N., Ferreira-Lopes, P. (2021). Embodiment in virtual reality: the body, thought, present, and felt in the space of virtuality. International Journal of Creative Interfaces and Computer Graphics, 12(1): 27-45. doi-10.4018/IJCICG.2021010103

[38] Merians, A. S., Poizner, H., Boian, R., Burdea, G., Adamovich, S. (2006). Sensorimotor training in a virtual reality environment: does it improve functional recovery poststroke?. Neurorehabilitation and Neural Repair, 20(2): 252-267. doi-10.1177/1545968306286914

[39] Mostajeran, F., Krzikawski, J., Steinicke, F., Kühn, S. (2021). Effects of exposure to immersive videos and photo slide shows of forest and urban environments. Scientific Reports, 11: 3394. doi-10.1038/s41598-021-83277-y

[40] Memari, S., Pazhouhanfar, M., Nourtaghani, A. (2017). Relationship between perceived sensory dimensions and stress restoration in care settings. Urban Forestry &Urban Greening, 26: 104-113. doi-10.1016/j.ufug.2017.06.003

[41] Ou, J., Levy, J. I., Peters, J. L., Bongiovanni, R., Garcia-Soto, J., Medina, R., Scammell, M. K. (2016). A walk in the park: The influence of urban parks and community violence on physical activity in Chelsea, MA. International Journal of Environmental Research and Public Health, 13(1): 97. doi-10.3390/ijerph13010097

[42] Peters, K., Elands, B., Buijs, A. (2010). Social interactions in urban parks: Stimulating social cohesion?. Urban Forestry & Urban Greening, 9(2): 93-100. doi-10.1016/j.ufug.2009.11.003

[43] Pérez-Urrestarazu, L., Kaltsidi, M. P., Nektarios, P. A., Markakis, G., Loges, V., Perini, K., Fernández-Cañero, R. (2021). Particularities of having plants at home during the confinement due to the COVID-19 pandemic. Urban Forestry & Urban-Greening, 59: 126919. doi-10.1016/j.ufug.2020.126919

[44] Penning-Rowsell, E. C., Hardy, D. I. (1973). Landscape evaluation and planning policy: a comparative survey in the Wye Valley Area of Outstanding Natural Beauty. Regional Studies, 7(2): 153-160. doi-10.1080/09595237300185131

[45] Pasanen, T. P., Neuvonen, M., Korpela, K. M. (2018). The psychology of recent nature visits: (How) are motives and attentional focus related to post-visit restorative experiences, creativity, and emotional well-being?. Environment and Behavior, 50(8):913-944. doi-10.1177/0013916517720261

[46] Peschardt, K. K., Stigsdotter, U. K. (2013). Associations between park characteristics and perceived restorativeness of small public urban green spaces. Landscape and urban planning, 112: 26-39. doi-10.1016/j.landurbplan.2012.12.013

[47] Qiu, L., Nielsen, A. B. (2015). Are perceived sensory dimensions a reliable tool for urban green space assessment and planning? Landscape Research, 40 (7): 834-854.doi-10.1080/01426397.2015.1029445

[48] Rahnema, S., Sedaghathoor, S., Allahyari, M. S., Damalas, C. A., El Bilali, H. (2019). Preferences and emotion perceptions of ornamental plant species for green space designing among urban park users in Iran. Urban Forestry & Urban Greening, 39: 98-108. doi-10.1016/j.ufug.2018.12.007

[49] Ryoo, S. L. (2018). A Study on the Changes of the Government Pavilion, Miryang Yeongnamnu in terms of Function and Spatiality. Journal of the Architectural Institute of Korea Planning & Design, 34 (8): 69-76. doi-10.5659/JAIK-PD.2018.34.8.69

[50] Riva, G., Mantovani, F., Capideville, C. S., Preziosa, A., Morganti, F., Villani, D., Gaggioli, A.,

Botella, C., Alcañiz, M. (2007). Affective interactions using virtual reality: The link between presence and emotions. Cyber Psychology & Behavior, 10(1):45-56. doi-10.1089/cpb.2006.9993

[51] Schneider, B., Nordenson, G. (2008). Glass pavilion, toledo museum of art, Ohio. Structural Engineering International, 18(1): 49-52. doi-10.2749/101686608783726713

[52] Shanahan, D. F., Bush, R., Gaston, K. J., Lin, B. B., Dean, J., Barber, E., Fuller, R. A. (2016). Health benefits from nature experiences depend on dose. Scientific Reports, 6: 28551. doi-10.1038/srep28551

[53] Stigsdotter, U. K., Corazon, S. S., Sidenius, U., Refshauge, A. D., Grahn, P. (2017). Forest design for mental health promotion-Using perceived sensory dimensions to elicit restorative responses. Landscape and Urban Planning, 160: 1-15. doi-10.1016/j.landurbplan.2016.11.012

[54] Shi, J., Honjo, T., Zhang, K., Furuya, K. (2020). Using virtual reality to assess landscape: A comparative study between on-site survey and virtual reality of aesthetic preference and landscape cognition. Sustainability, 12(7): 2875. doi-10.3390/su12072875

[55] Sveistrup, H. (2004). Motor rehabilitation using virtual reality. Journal of Neuroengineering and Rehabilitation, 1(1):10. doi-10.1186/1743-0003-1-10

[56] Stoltz, J., Grahn, P. (2021). Perceived sensory dimensions: An evidence-based approach to green space aesthetics. Urban Forestry & Urban Greening, 59: 126989.doi-10.1016/j.ufug.2021.126989

[57] Strumse, E. (1994). Perceptual dimensions in the visual preferences for agrarian landscapes in western Norway. Journal of Environmental Psychology, 14(4): 281-292. doi-10.1016/S0272-4944(05)80219-1

[58] Tsunetsugu, Y., Lee, J., Park, B. J., Tyrväinen, L., Kagawa, T., Miyazaki, Y. (2013). Physiological and psychological effects of viewing urban forest landscapes assessed by multiple measurements. Landscape and Urban Planning, 113: 90-93. doi-10.1016/j.landurbplan.2013.01.014

[59] Ulrich, R. S., Simons, R. F., Losito, B. D., Fiorito, E., Miles, M. A., Zelson, M. (1991). Stress recovery during exposure to natural and urban environments. Journal of Environmental psychology, 11(3): 201-230. doi-10.1016/S0272-4944(05)80184-7

[60] van den Berg, A. E., Custers, M. H. G. (2011). Gardening promotes neuroendocrine and affective restoration from stress. Journal of Health Psychology, 16(1): 3-11. doi-10.1177/1359105310365577

[61] Wang, R. H., Zhao, J. W., Meitner, M. J. M., Hu, Y., Xu, X. (2019). Characteristics of urban green spaces in relation to aesthetic preference and stress recovery. Urban Forestry & Urban Greening, 41: 6-13. doi-10.1016/j.ufug.2019.03.005

[62] Wang, R. H., Zhao, J. W., Liu, Z. Y. (2016). Consensus in visual preferences: The effects of aesthetic quality and landscape types. Urban Forestry & Urban Greening, 20: 210-217. doi-10.1016/j.ufug.2016.09.005

[63] Wang, X. B., Shi, Y. X., Zhang, B., Chiang, Y. (2019). The influence of forest resting environments on stress using virtual reality. International Journal of Environmental Research and Public Health, 16(18): 3263. doi-10.3390/ijerph16183263

[64] Wan, C., Shen, G. Q., Choi, S. (2020). Effects of physical and psychological factors on users' attitudes, use patterns, and perceived benefits toward urban parks. Urban Forestry & Urban Greening, 51: 126691. doi-10.1016/j.ufug.2020.126691

[65] Xie, J. (2013). Transcending the limitations of physical form: A case study of the CangLang Pavilion in Suzhou, China. The Journal of Architecture, 18(2): 297-324. doi-10.1080/13602365.2013.778322

[66] Xu, M., Hong, B., Mi, J., Yan, S. (2018). Outdoor thermal comfort in an urban park during winter in cold regions of China. Sustainable Cities and Society, 43: 208-220.doi-10.1016/j.scs.2018.08.034

[67] Xiang, Y., Liang, H. Y., Fang, X., Chen, Y., Xu, N., Hu, M., Chen, Q., Mu, S., Hedblom, M., Qiu, L., Gao, T. (2021). The comparisons of on-site and off-site applications in surveys on perception of and preference for urban green spaces: Which approach is more reliable?. Urban Forestry & Urban Greening, 58: 126961. doi-10.1016/j.ufug.2020.126961

[68] Xie, J., Luo, S. X., Furuya, K., Sun, D. (2020). Urban parks as green buffers during the COVID-19 pandemic. Sustainability, 12(17): 6751. doi-10.

3390/su12176751

[69] Yinong, X. (1999). Interplay of image and fact: the pavilion of surging waves Suzhou. Studies in the History of Gardens & Designed Landscapes, 19(3/4): 288-301. doi-10.1080/14601176.1999.10435579

[70] Yao, Y. M., Zhu, X. D., Xu, Y. B., Yang, H., Wu, X., Li, Y., Zhang, Y. (2012). Assessing the visual quality of green landscaping in rural residential areas: The case of Changzhou, China. Environmental Monitoring and Assessment, 184(2): 951-967. doi-10.1007/s10661-011-2012-z

[71] Yu, C. P., Lee, H. Y., Lu, W. H., Huang, Y. C., Browning, M. H. (2020). Restorative effects of virtual natural settings on middle-aged and elderly adults. Urban Forestry &Urban Greening, 56: 126863. doi-10.1016/j.ufug.2020.126863

[72] Yu, C. P., Lee, H. Y., Luo, X. Y. (2018). The effect of virtual reality forest and urban environments on physiological and psychological responses. Urban Forestry & Urban Greening, 35: 106-114. doi-10.1016/j.ufug.2018.08.013

[73] Zhao, J. W., Wang, R., Cai, Y. L., Luo, P. (2013). Effects of visual indicators on landscape preferences. Journal of Urban Planning and Development, 139(1): 70-78. doi-10.1061/(ASCE)UP.1943-5444.0000137

[74] Zhao, J. W., Xu, W. Y., Ye, L. (2018). Effects of auditory-visual combinations on perceived restorative potential of urban green space. Applied Acoustics, 141:169-177.doi-10.1016/j.apacoust.2018.07.001

作者简介:罗施贤,日本千叶大学风景规划学在读博士研究生。研究方向:数字景观、景观感知与评价。

施佳颖,东南大学建筑学院景观学系讲师。研究方向:风景园林规划设计、数字景观及其技术。

卢亭羽,日本千叶大学风景规划学在读硕士研究生。研究方向:风景园林规划设计。

古谷胜则,日本千叶大学园艺学院副院长,教授,博士生导师。研究方向:风景规划、绿地保全活动、造园史。

数字景观技术背景下的遗址公园空间完形研究

杨 静 成玉宁

摘 要 针对现状遗址空间的基本特征，在完形心理学认知理论的启示下，提出运用空间完形理念解决遗址公园规划设计过程中的相关问题。同时，基于数字景观技术，从遗址空间信息的获取、转译与表达等方面实现对遗址空间完形解读，并提出聚焦空间形制、形态、形式与形象四个层面的遗址空间完形策略。

关键词 风景园林；遗址公园；数字景观技术；空间完形

1 遗址空间特征解析

在空间形态上，历经迭代演替的现状遗址空间难以完整保留其原初空间形态，由于遗址历史空间构成要素以及信息内容的缺失与偏差，现状遗址空间表现为片段、离散、破碎的非完整性形态特征[1]；在空间结构上，由于时间的单向性和空间呈现的重叠性，遗址在时间维度上的迭代表现为空间上的叠合与演替，在此过程中受不同外力作用影响以及自身内在结构的退化，致使弥散于建成环境中的现状遗址，在空间结构上易呈现非逻辑的混沌状态，具体表现为空间结构的无序化与隐匿性；在空间意象上，由于遗址物象本体的迭代演化，现状遗址空间与其历史原初物象空间产生了不同程度的差异，原初空间意象也因为遗址物象的差异而发生改变，历史上确切的空间意象变得含混与模糊，遗址空间表意存在无解或多解可能。

2 遗址空间完形认知的意义与理论基础

历史遗存随着时间的流逝，其空间形态逐渐消退，变得破碎、残缺和不完形，原本完整的历史信息被割裂，呈现在人们面前的仅是历史物化的残存碎片。现存遗址空间变得模糊甚至凌乱，难以相对完整地反映其历史形态与面貌，同时，对于普通公众而言，很难透过离散破碎的信息重新通过审美游弋来还原历史的本来面目。遗址蕴含的历史文化信息与价值，需要通过适当的展示手段传达给公众[2]。因此，在遗址公园规划设计过程中，对其空间的整合与完形，为历史的碎片寻到逻辑的结构支撑，不仅仅对重构历史信息有重要意义，对于公众更加完整清晰地领悟与体会遗址公园空间的原始形态也具有重要价值。

遗址空间完形既需要从遗址客体本身着手，确立遗址保护与展示的内容与内涵，也需要从审美认知主体着眼，运用心理学及其相关审美理论解析人的认知规律与逻辑，通过主客体交合增进对遗址空间的完形认知与理解。格式塔心理学是现代西方心理学的主要流派之一，“格式塔”音译自德文“Gestalt”，本意为完形，所以格式塔心理学也被称之为完形心理学，其核心理论体系包含整体论、心物场以及异质同构论，同时完形心理学对完形美学体系的形成也具有重要影响[3]。通过对完形心理学相关理论的解析与推演，为遗址空间完形认知与阐释寻求逻辑支撑与借鉴。

2.1 基于整体论的遗址空间完形逻辑

格式塔整体论强调部分或要素彼此间互相配合而形成有机整体，部分的简单叠加不能代表整体，且整体具有其独特的意义，部分和要素的性质由整体的性质所决定，主要依据其在整体关系中的功能与定位，关系、结构及系统性是整体观的主要特征体现。

对遗址环境而言，片段、单一、孤立的遗址不能准确传递其所属遗址历史本体的全部内容，需要将残存的遗址信息，建立在与历史整体环境的相对关系中去理解认知，方能相对准确合宜地揭示其历史空间信息。对遗址空间的整体性认知包含现存遗址彼此关系解析、遗址空间整体结构梳理，以及现状遗存在历史整体空间环境中的位置与功能作用认知等方面，从整体上构建当下遗址空间与其历史整体空间格局的对位关联，以深化对现状破碎、离散遗址空间的理解。

2.2 基于心物场的遗址空间完形认知

心物场是格式塔心理学的重要内容之一，主张世界由心物共同构成，将个体所认知的现实观念称之为心理场，而被认知的现实称之为物理场。心理场与物理场并非一一对应关系，但是人在认知过程中的心理活动，是二者结合而形成的心物场[4]。

历史原真空间形成了遗址原初的空间场，历经迭代演替后，构成原初空间场的元素或内容出现退化乃至消失，但作为历史存在的空间场不会消失，如何通过现存碎片化遗址彼此间的空间张力阐释该历史空间场的存在，是遗址公园规划设计的重要内容之一。同时，人们在遗址空间认知过程中会产生一个心理场，如何通过遗址空间特征感知，增进主观认知心理场与历史客观存在物理场的有效耦合，是实现遗址空间完形认知的关键所在。

2.3 基于异质同构的遗址空间完形表达

异质同构论是完形心理学关于审美经验形式的阐释，主要包括两个方面，其一是心物同构，即通过不同的事物阐释和表达相同的意义，在人的意识中形成情感上的共鸣或意境上的联想。二是物与物的同构，注重事物在形式或特定意义上的关联与相似性，使不同的事物产生联系，并展示其共性特征[5]。

遗址历经迭代演化之后，部分遗址空间节点难以或无法进行原生空间展示，在尊重遗址空间信息原真性前提下，通过标识、引导、暗示等空间营建手法，对特定遗址空间信息在内容形式上进行一定程度的可识别性同构，以引导人们对遗址历史空间信息的联想，从而实现对部分不具原生空间信息揭示条件遗址的空间信息完形表达。

3 基于数字景观技术的遗址空间完形

3.1 遗址地理空间信息的获取

基于现存遗址的考古勘测与发掘是获取遗址信息的重要方式，但是考古遗址多呈现散点式的离散空间分布特征，现状遗址空间的直观关联体现较弱。而针对遗址考古的地理空间信息运用包含考古数据采集管理、储存查询、计算分析以及表达呈现等多方面。结合地理空间信息的考古遗址叠合分析，能够实现对考古遗址信息的数字化转译与记录，同时将离散的遗址空间信息纳入统一的空间系统平台进行聚类、相关性等分析，从而深化对既有遗址信息的理解与认知，实现对遗址空间信息的集成管理与可视化表呈，为遗址空间的完形认知与揭示提供准确的数据支撑。

现代意义上的遗址考古调查和发掘日渐趋于采用数字化的记录方式，直接获取可供计算机分析与使用的数据信息，显著提高了数据获取的精度与效率[6]。目前运用于遗产领域的数字化空间信息技术主要包括遥感技术、定位技术以及空间信息系统技术等。遥感技术能够提供高精度的航空航天影像，结合遗址遗存的物理性质、波谱及影像特征，对于遗址空间分布探测具有积极作用；全球定位系统可为遗址空间位置和范围的测定，提供准确的标定，其 RTK 技术甚至能够提供厘米级空间定位服务[7]；而地理空间信息系统为海量遗址空间数据的管理与分析，提供了高效的技术平台支撑，同时满足遗址空间信息分析结果的可视化呈现[8]。当下，遗址的空间数据除通过测绘得到，还能够采用 3S 技术获取。尤其是无人机低空航测操作相对简单、使用灵活度高，测量成果包括数字高程模型（DEM）、数字地表模型（DSM）、数字正射影像图（DOM）、数字划线地图（DLG）、三维实景模型和特殊影像等，为空间分析提供了便捷、多样、精确的数据来源[9]。

作者通过无人机倾斜摄影航测技术分别获取了南京官窑山遗址片区，与六朝石头城遗址片区的空间信息（图 1、图 2）。通过获取的空间数据信息生成遗址片区的点云、数字地表以及三维实景模型，为后续遗址空间解析与认知提供基础数据与拓展研究平台。

3.2 遗址空间信息的转译

单一层级的遗址空间分析难以准确诠释遗址历史空间信息，遗址空间完形认知需要通过多渠道、多层级空间信息的叠合与分析。将多层级的遗址空间信息有效叠合分析，是对遗址空间进行

图 1　基于清晰摄影的官窑山遗址片区空间信息数据获取

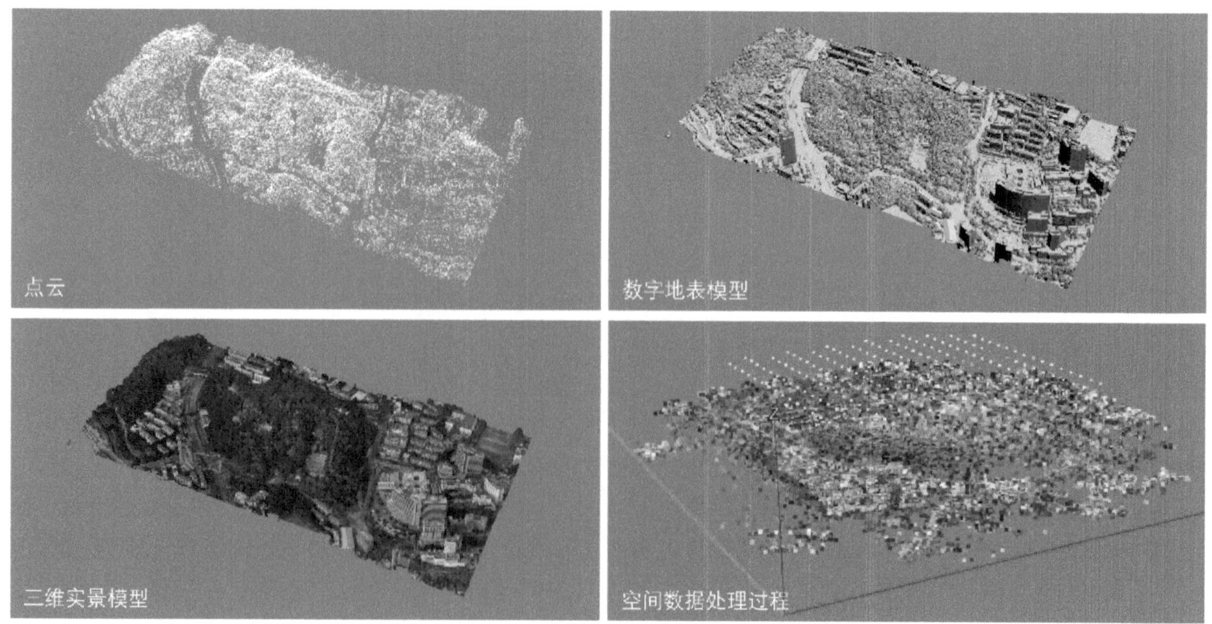

图 2　基于清晰摄影的石头城遗址片区空间信息数据获取

深度解析与认知的有效途径。通过不同遗址空间信息的转译与整合，阐释与揭示特定背景下的遗址空间特征。

在南京官窑山遗址空间信息整合转译过程中，首先通过 ArcGIS 软件对场地高程、坡度、坡向进行分析，梳理砖窑窑址与地形地貌的空间关系(图 3)。通过对遗址空间信息的整合与分析发现：遗址所在区域地貌较为复杂，有平底、洼地与山地等多种地形，窑址集中分布在东南、西南两个片区的山麓；场地坡度主要集中在 0～40°，地形起伏变化丰富，因取土烧砖对地形的扰动，取土谷地及周边坡度较陡，山麓区域地形较为平缓，窑址分布于 0～20°之间(图 4)。从场地剖面上看，山地地形呈现多个谷地空间，砖窑遗址集中分布于

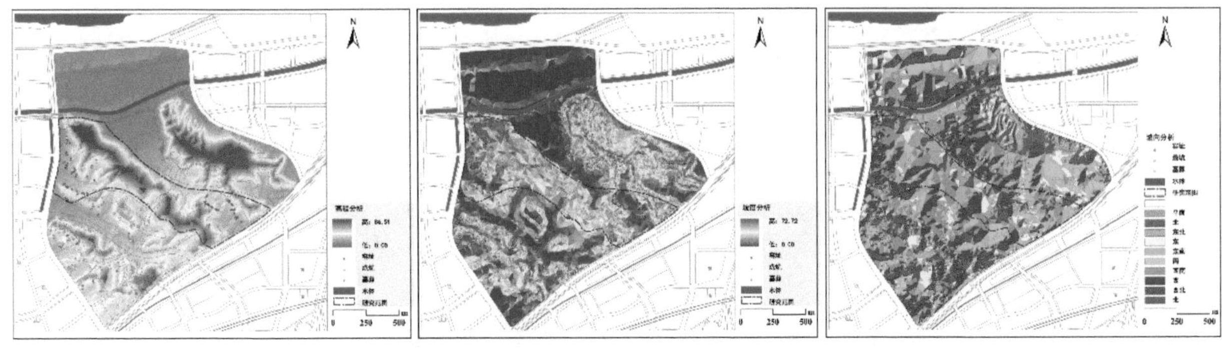

图 3 官窑山遗址场地高层、坡度、坡向分析

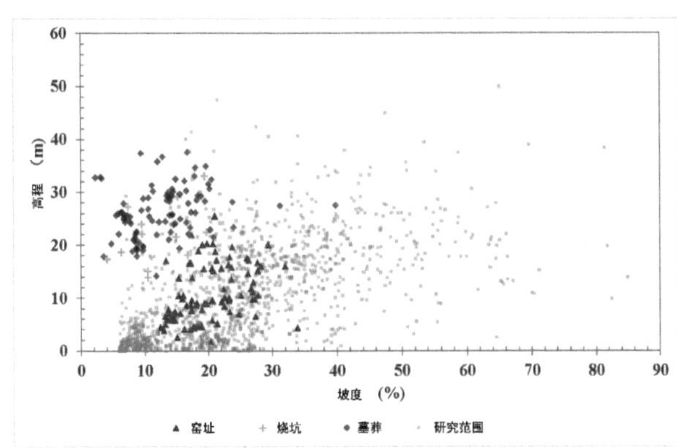

图 4 官窑山遗址分布与场地高程及坡度关系

山麓地区，高程范围在 10～30 m(图 5)。

同时，基于遗址空间的 DSM 模型基础数据，运用 ArcGIS 软件对现状遗址空间进行可视度分析，为后续的遗址公园规划设计提供数据支撑。通过选取 30 m 间隔视点对官窑山遗址空间进行视线分析，结果表明场地南侧可视性最高，西部沿城市干道次之；东部原官窑村位置由于已完成拆迁，场地较为平整，无植被覆盖，故而可视程度高(图 6)。

在石头城遗址空间信息的整合转译过程中，通过将考古遗址信息叠加于研究范围现状地理信息空间模型之中，实现遗址空间分布的三维模型可视化呈现，对遗址空间格局与结构特征进行进一步的梳理与分析。在遗址空间信息的叠加过程中，对城垣遗址考古发掘段、考古勘测段和损毁段信息进行区分标识，再结合现状环境空间信息，对遗址在现状环境下的空间分布及状态，进行叠合与表呈，既能够清晰阐释不同区段遗址空间分布及保存现状，也能从整体上对石头城遗址空间格局、结构等信息有所揭示(图 7)。

此外，基于倾斜摄影技术获取遗址范围的数字表面模型(DSM)，并叠合进地理空间信息系统与场地数字高程模型(DEM)进行比对校验，同时，对遗址整体空间 DEM 与 DSM 的纵向剖切信息对比分析(图 8)。遗址空间分布的纵向剖切信息，能在一定程度上揭示现代城市建设对遗址空间形态格局的影响，如遗址北垣被虎踞路所割裂，在剖切曲线连续性上表现出明显的断裂现象，以及被现代城市建设叠压区段，其对应的剖切信息曲线都表现出不同程度的波动，而非呈现相对平稳变化走势(图 9)。

综上，通过对石头城不同遗址空间信息的转译与整合，在地理空间信息平台下，能够实现对遗址保存现状、结构格局以及环境关系的可视化呈现，通过对不同信息源数据的叠合对比分析，深化对遗址空间关系的理解与认知，为后续的遗址空间信息完形阐释与表达，提供更为准确的研判与依据。

3.3 遗址空间完形表达策略

遗址空间信息的获取与转译是对现状遗址空间信息的认知与解析，遗址空间完形表达是基于对现状遗址空间的认知，进一步实现对遗址历史空间信息的有效揭示与阐释。总体上遗址历史空间信息的完形表达可聚焦于空间的形制、形态、形式与形象四个不同层级，但不同遗址空间的具体完形策略须根据其遗址保存情况而定，坚持一址一策。

3.3.1 完历史空间之形“制”

遗址空间形制反映遗址深层结构关系和制式，是遗址空间精神内核逻辑所在。对遗址历史空间形制的完形，需要深入透彻地了解与认知遗址整体空间信息，分析遗址空间的内生性逻辑关系，准确把握遗址空间的层次逻辑与规模制式。由于现存遗址形貌不全及碎片化的空间特征，遗

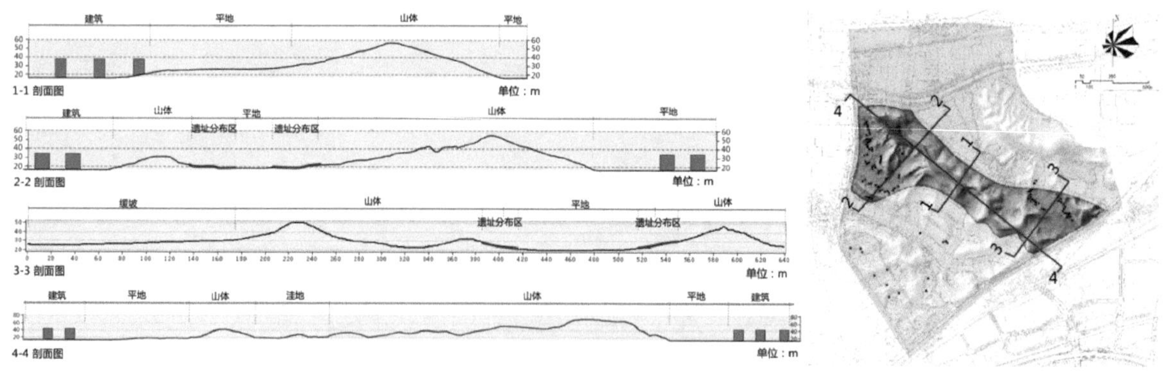

图 5　官窑山遗址分布与场地剖面关系

图 6　基于 DSM 的遗址可视域分析

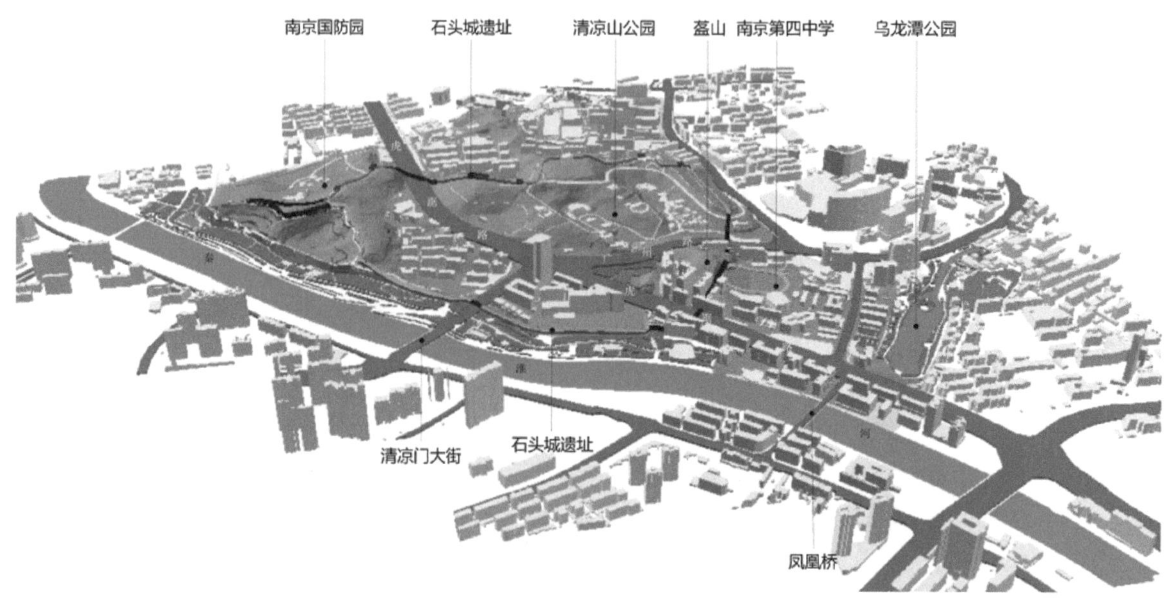

图 7　GIS 中的遗址空间信息叠合呈现

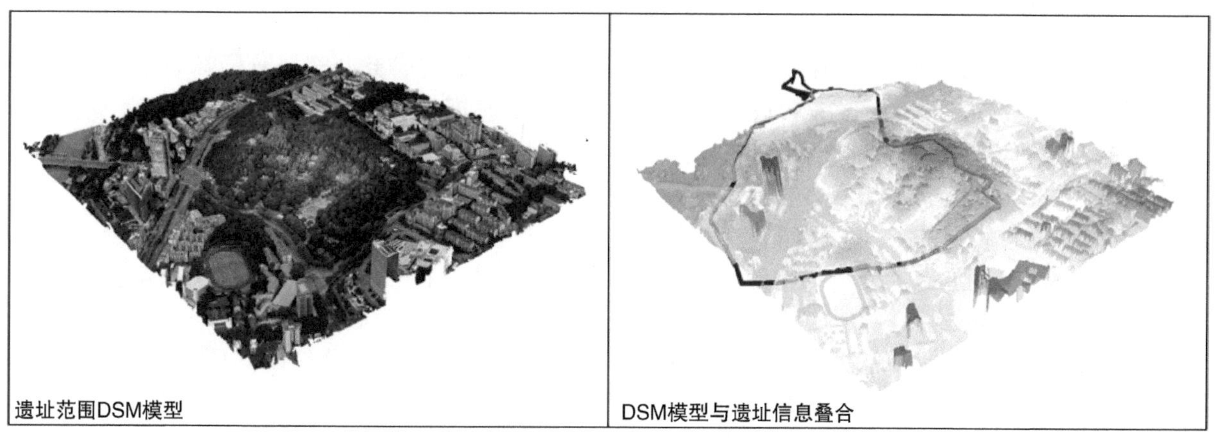

遗址范围DSM模型
DSM模型与遗址信息叠合

图 8 遗址范围数字表面模型及其与遗址信息的叠合

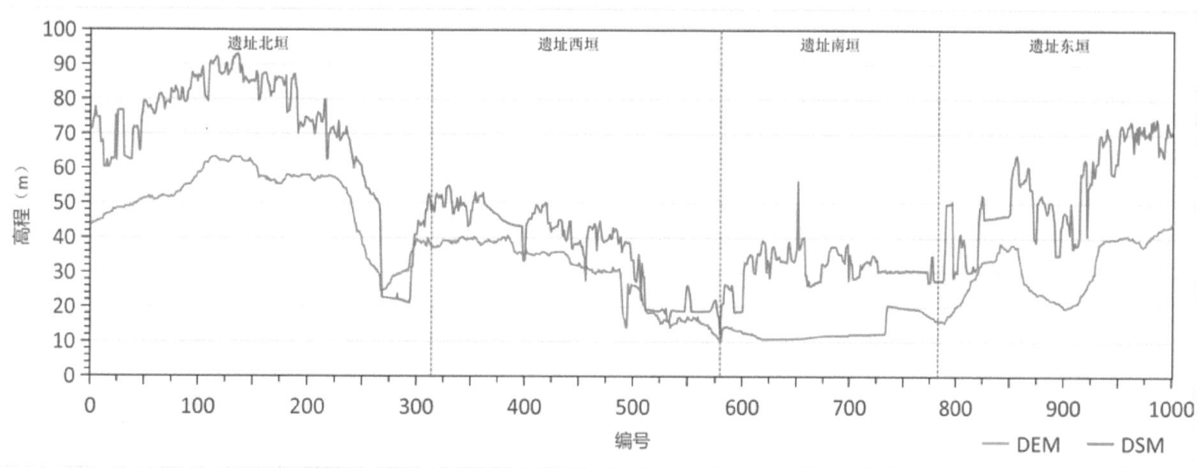

图 9 沿遗址空间分布的 DEM 与 DSM 纵向剖切图

址空间规模制式和空间层级关系无法体现，遗址历史空间形制在现下空间环境不能合宜显现，公众难以从宏观层面上，较为全面地了解遗址历史空间信息。所以，完遗址历史空间之形制对遗址的空间逻辑关系梳理有积极作用，同时有益于提升公众对遗址历史信息及其整体价值的认知。在完形遗址历史空间形制的过程中，首先厘清现存遗址与其历史空间形制的对位关系，还现存遗址以历史空间坐标；其次，基于遗址现状梳理合宜的遗址空间形制完形范围与内容；最后，通过特定的空间完形方法，分层逐级完形揭示遗址空间的逻辑层级关系与空间制式。

3.3.2 完历史空间之形“态”

完遗址历史空间之形态，主要是从空间形式构成逻辑上解读遗址的空间形貌、布局、风格等方面的遗址空间信息。遗址需要与时代对话，其形态展示是最直接的对话方式，在揭示遗址形态的过程中，阐释遗址的空间关系和历史时序性特征。对遗址空间形态的完形认知，一方面是补全现存遗址空间信息链条，提升遗址的可展示性，另一方面是通过对遗址空间形态的梳理，实现对遗址环境的整体性保护与阐释，让公众更好地认知遗址的历史与价值。随着时间的演替，现存遗址空间形态与其历史空间形态往往存在一定距离，现存遗址空间形貌通常较为破碎无序，难以体现遗址的空间布局特征，遗址历史空间总体风貌也无法相对清晰地呈现。完遗址历史空间之形态，首先，需要对遗址历史空间形态相关信息有深入的了解与认知，确保完形内容的真实性；其次，在完形方式和手法上，须以遗址本体保护为前提，注重完形内容的可持续性与完形方法的可逆性。

3.3.3 完历史空间之形“式”

完遗址历史空间之形式，是从遗址的空间样式、组织序列、构成要素与方式等方面揭示遗址历史空间信息。空间形式是遗址空间最为直观具体的呈现方式，对遗址空间形式的完形是从空间构成本质上阐释遗址的基本信息，揭示其空间构成逻辑。相较于遗址历史空间，现存遗址空间形式多出现不同程度的消退与缺失，或构成要素的缺失或组成形式的模糊等，现状遗址难以相对层次清晰地体现遗址历史空间形式。在尊重遗址原真性的基础上，通过特定的方式，完形其空间形式，对于遗址的历史空间信息阐释以及价值传递具有重要意义，且有益于公众对遗址信息的接收与理解。在遗址历史空间形式完形的过程中，须充分尊重遗址现状，在遗址现状空间的调查和遗址历史原形空间研究的基础上，可通过对遗址现状和历史研究的叠合分析，厘清遗址空间形式完形的内容、方法与路径。

3.3.4 完历史空间之形“象”

完遗址历史空间形象主要是从遗址历史空间所蕴涵并呈现的典型特征、整体风貌、空间意象等方面来阐释遗址历史空间信息。空间形象是遗址环境中典型特征场景所形成的、可被感知的、相对形象化的空间形貌意象。由于遗址本体的退化和环境的改变，现状遗址多呈现破碎萧瑟、形貌不全的空间形象特征，现状遗址风貌与其历史空间形象出现了不同偏差，甚至是缺失，遗址现状空间难以体现其历史空间形象。所以，遗址历史空间形象的完形，对于遗址历史信息的诠释和遗址公园整体环境形象提升都有积极作用。在遗址空间完形过程中，通过对遗址历史空间的研究，梳理并提取空间形象完形内容与要素，同时基于遗址现状空间环境条件，适度合宜地完遗址历史空间之形象，能更为直观真切地反映遗址历史空间信息。

4 结语

遗址公园“空间完形”旨在通过空间补遗方式，在适宜程度上完历史空间之原形，相对完整地揭示遗址历史空间信息，从而更好地实现遗址历史空间信息传播与价值阐释。数字技术的发展为遗址空间的认知与表达提供新的思路与方法，将遗址公园空间研究乃至风景园林规划设计，从定性层面拓展至定性与定量相结合，成为风景园林规划设计的有效方式与重要途径之一，实现“艺术”与“科学”的相互协调。同时，数字技术只是手段而非目的，包括文化遗产在内的风景园林学科面对的是一个复杂、具有生命力的巨系统，正确的遗产保护理念与风景园林理论才是应该固守的“本源”。所以，遗址公园空间研究既需要数字技术的定量化分析，也需要合宜的理念支撑，“完形认知”是基于遗址空间特征提出的有益尝试，希望从全新角度解读与阐释历史遗产的信息与价值。

参考文献

[1] 成玉宁.遗址及其公园化[J].风景园林，2012(02)：148-149.

[2] 王新文，付晓萌，张沛.考古遗址公园研究进展与趋势[J].中国园林，2019，35(07)：93-96.

[3] 王鹏，潘光花，高峰强.经验的完形——格式塔心理学[M].济南：山东教育出版社，2009.

[4] 卡尔·考夫卡(kurt koffka)，黎炜译.格式塔心理学原理[M].杭州：浙江教育出版社，1997.

[5] 徐钰愉.格式塔心理学美学‘异质同构论’研究[D].南京：南京师范大学，2007.

[6] 刘建国.数字考古研究进展[N].中国文物报，2020-08-07(06).

[7] 阚瑷珂，王绪本.“3S”技术支持下的考古探测方法研究述评[J].国土资源遥感，2008，20(03)：4-9.

[8] 张海.GIS与考古学空间分析[M].北京：北京大学出版社，2014.

[9] 韩炜杰，王一岚，郭巍.无人机航测在风景园林中的应用研究[J].风景园林，2019，26(05)：35-40.

作者简介：杨静，东南大学建筑学院在读博士研究生。研究方向：风景园林规划设计、文化遗产保护。

成玉宁，东南大学特聘教授，博士生导师，建筑学院景观学系系主任；江苏省设计大师。研究方向：风景园林规划设计、景观建筑设计、景园历史及理论、数字景观及其技术。

基于手机信令的南京城市公园绿地活力测度与评价*

谭 瑛 冯雅茹 朱芯彤

摘 要 作为重要的城市基础服务设施,城市公园绿地承担着提供户外宜居环境的重要功能,是城市活力的重要承载空间,城市空间高质量发展的重要内容。研究首先构建包含南京市城市空间形态数据、市域手机信令数据的数据库,然后通过 GIS 提取南京市中心城区 42 个样本公园绿地数据,通过 Excel、GIS 软件进行可视化分析,测度样本公园绿地活力程度,探讨其活力波动特征,并评价其活力波动模式。结论发现:①样本公园绿地的整体活力在工作日变化较平稳,周末多呈现为双峰值、三峰值波动。②样本公园绿地的单元波动特征可以解析为 3 种态势 6 种类型。③根据工作日活力密度波动特征,可将样本单元划分为无峰型、单峰型、双峰型、多峰型 4 种活力模式。

关键词 公园绿地;活力;手机信令;测度与评价;南京

1 引言

作为提供游憩、生态、美学等功能的公益基础性服务设施,城市公园绿地是城市居民公共行为发生的高频场所,是城市活力的重要承载空间。其活力表现为在城市公园绿地中,人占据空间并发生一定的行为活动,如散步、游玩、社交、健身等[1]。

人在公园绿地中的行为研究是相关学科持续的关注点,只有当使用者在城市绿地空间中发生工作、步行、逗留、活动等多种行为时,空间才被赋予了活力。20 世纪的公园绿地研究调查方法以观察、拍照、卡口、问卷、访谈、文字记录等为主,并集中在对公园游客量及特征、基础服务设施使用状况、景观空间使用评价等具象层面,研究对象一般聚焦于单个公园,后逐渐拓展到某一类公园[2]。这个时期的研究数据多为静态统计类数据或抽样调查类数据,样本少,时间、空间范围有限,研究精度较低。2000 年以后逐步引入 GIS 系统(江海燕等,2011;周春山等,2013)、大数据(David Crawford,2008)等新技术新方法,推进研究向定量、精准的方向发展。由各类行为记录、网络平台、商业开放数据项目及地理信息项目产生的大数据,形成了新的数据环境,其中出租车出行轨迹、公交刷卡数据、手机信令、微博语义等数据类型高精度、广覆盖、更新快,能够反映出微观个体、中观的区域乃至宏观的城市及城市之间的动态变化,为研究人类行为提供了新测量手段,能够反映数据背后关于人群行为、移动、交流等多维度的信息[3],从而更全面地描述社会现象、认识其发展规律和预测其发展趋势。

手机信令是大数据中的通讯数据,具有接近全样本的高覆盖率,并包含了高精度位置信息等,对研究人的空间移动轨迹、相关社会特征有着不可比拟的优势[4],已用于城市空间结构(Ratti,2010;钮心毅,2014;张晓云等,2018;高兴等,2020)、居民行为特征(申卓、王德,2014;钮心毅,2015;徐婉庭等,2019;关庆锋等,2020)、出行交通特征(Calabrese,2011;方家、王德等,2014;刘华斌,2019)、城市空间利用效率(王鲁帅、缪岑岑,2016)等研究方向。其在城市空间活力、商业空间活力、滨水区活力、街道活力等方面的测度研究均逐步展开,但对城市公园绿地的研究尚有不足。

2 研究概述

本文聚焦于城市公园绿地中的行为活力,选取南京中心城区作研究空间范围,以手机信令数据记录的空间位置、时间戳、数量字段作为城市公园活

* 国家重点研发计划课题“村镇聚落经济社会活动数据提取与监测评价”(编号:2018YFD1100303-03)。

力研究的主要数据，经过数据处理及可视化表达，挖掘公园绿地这一类城市空间中人的真实使用特征，先后从整体、单元视角解析样本城市公园绿地的活力特征及模式，拓展城市绿地的研究视角。

研究空间范围选择南京市中心城区，该区域人口规模较大，公园绿地资源较为丰富，手机基站密度高，基于基站生成的泰森多边形在中心城区的单元覆盖范围较小，精度较高①。根据《南京市城市总体规划(2011—2020)》，中心城区范围由主城和东山、仙林、江北三个副城组成，总面积约843 km^2(图1)。

基于手机信令数据的空间准确性和基站的分布密度，来确定样本绿地的规模阈值。中心城区内的手机信令最高精度为50 m，因此样本公园绿地的最低限为长宽均大于50 m(即面积大于0.25 ha)的块状绿地。因基站分布密度不同，部分地区并不能达到此精度，因此将样本公园绿地的选择阈值扩大10倍，定为2.5 ha。由此筛选南京中心城区范围内符合条件的块状城市公园绿地共42个，确定为研究样本绿地(表1、图2)。

根据城市人群活动的一般规律，以6:00—22:00非睡眠时间作为研究时间段。

3 样本公园绿地活力测度

本文选用公园绿地空间数据及手机信令数据所代表的人口数量作为研究基础，构建基于手机信令的城市绿地活力测度的路径，全面测度公园绿地的真实活力水平，以期为城市公园绿地规划与管理提供有效的决策信息，从而实现绿地规划的“见物又见人”。

3.1 活力测度指标遴选

活力是公园绿地真实使用方式的体现，其直观表现是绿地内使用者的数量和密度[5]。需要挖掘人在不同时段的行为变化，从整体与单元、周末与工作日的角度，分别定量刻画城市公园绿地的活力水平[6]。因此根据测度重点、数据特征及操作简易度，遴选确定活力规模、活力密度2个指标，分别表征各时刻的人数总量及密度。

3.2 活力测度数据库搭建

数据库搭建的过程，是将与研究相关的多种数据进行梳理整合的过程，并在不同种类的数据

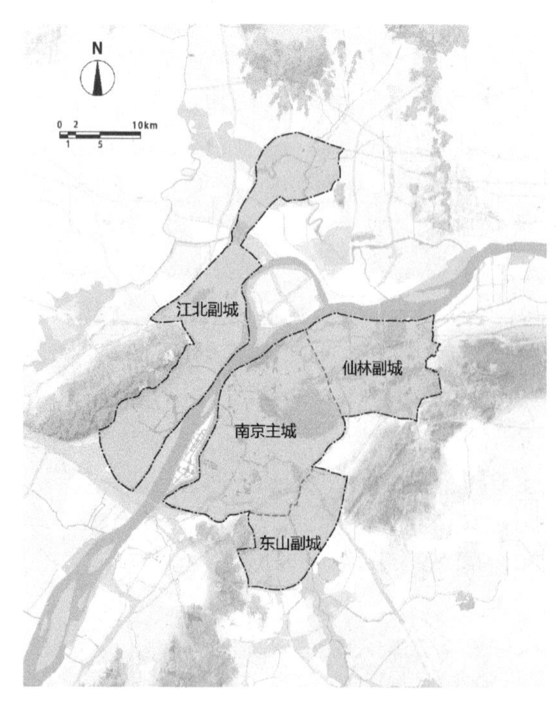

图1 南京市中心城区范围图

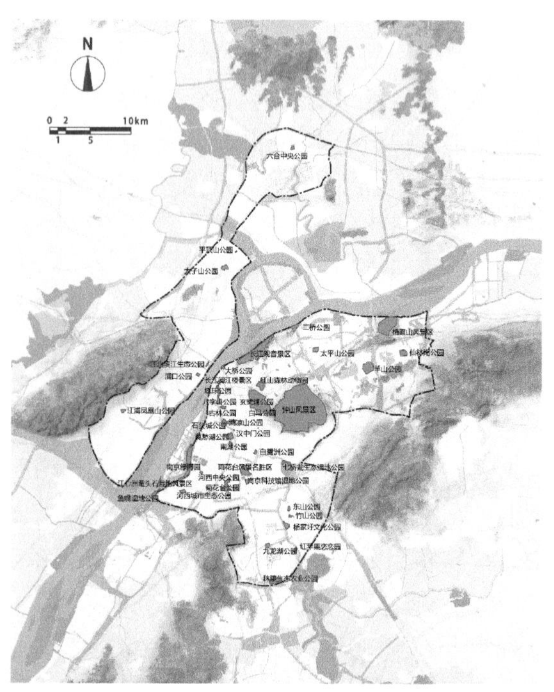

图2 42个样本绿地公园分布图

① 在数据空间分配过程中，是以假设人群在空间中为平均分配为前提，所以研究的精度和基站的分布密度有关。即泰森多边形单元覆盖范围越小，则精度越高。

表 1 样本公园绿地名称及面积统计表

编号	名称	面积(ha)	编号	名称	面积(ha)
1	江浦凤凰公园	17.728	22	玄武湖公园	499.049
2	秣陵生态农业公园	81.194	23	白马公园	27.536
3	红苹果恋恋园	7.873	24	钟山风景区	2 608.310
4	竹山公园	9.790	25	红山森林动物园	82.932
5	东山公园	16.072	26	长江观音景区	442.905
6	菊花台公园	91.067	27	大桥公园	15.054
7	栖霞山公园	353.832	28	浦口公园	13.193
8	仙林湖公园	56.461	29	南京科技湿地公园	28.873
9	羊山公园	145.126	30	雨花台风景名胜区	111.617
10	六合中央公园	16.926	31	河西中央公园	8.953
11	太子山公园	41.639	32	南京绿博园	200.517
12	白鹭洲公园	14.851	33	七桥瓮生态湿地公园	37.162
13	南湖公园	9.144	34	河西城市生态公园	27.509
14	莫愁湖公园	48.910	35	二桥公园	45.318
15	汉中门公园	3.288	36	太平山公园	34.335
16	清凉山公园	18.941	37	九龙湖公园	25.286
17	石头城公园	26.707	38	鱼嘴湿地公园	40.050
18	古林公园	19.547	39	杨家圩文化公园	39.985
19	八字山公园	65.508	40	平顶山公园	4.100
20	绣球公园	11.440	41	江北滨江生态公园	10.424
21	长江阅江楼风景区	21.230	42	江心洲鼋头石湿地风景区	30.908

表 2 南京城市空间数据基本数据库

数据库	数据层	数据内容	数据数量
南京城市空间数据库	道路数据层	道路等级、道路中心线、轨道交通站点	1.78 万段
	街区数据层	街区边界、街区面积、用地划分、用地边界线、用地性质、用地面积	1.12 万个
	建筑数据层	建筑轮廓线、建筑底面积、建筑层数	52.1 万个

间通过数据的某一相同属性建立联系,可供研究中进行调用、再计算。

首先获取城市空间形态数据,其中包含卫星影像图及土地利用现状图。数据范围为南京市中心城区,获取时间为 2015 年,精度为建筑精度(表 2)。

其次获取手机信令数据,包括手机号识别、时间戳(信令时间标记,精确到秒)、手机归属地、位置区编号等。通过购买的方式获得南京中国移动(南京移动通讯市场占有率最高的运营商)在市域范围内的 4G 用户数据,包括基站及基站手机信令数两部分。本文研究空间范围内手机基站总计 9633 个。选取样本城市 2015 年 11 月 11 日(工作日)及 2015 年 11 月 21 日(周末)两日共 48 h 的数据,气温为 12—15 ℃,天气晴好适宜户外活动。在样本时间段内,研究范围内的基站每 24 h 获取约 300 万个匿名加密的手机识别信号,代表了约 300 万 4G 手机用户,即样本人群。

3.3 手机信令数据处理

数据处理分为三个部分，分别为手机信令数据预处理、手机信令数据加载、针对样本的手机信令提取[7]。

手机信令数据预处理环节清除无效数据，并根据分析所需的单位时间进行切片统计[8]，清除工作由东南大学王桥教授团队协助完成，数据统计与切片由作者完成。

手机信令数据加载环节在 ArcGIS 中设投影坐标系为 GCS-WGS-1984 Zone50N，并加载基站的 XY 数据。在 ArcGIS 中生成南京市域泰森多边形，共 12532 个（图 3）。然后将基站数据表分别连接 11 月 11 日和 21 日，两个已统计每小时总人数的 csv 文件，形成工作日和周末的手机信令数据包。

手机信令数据提取环节采用图层相交—计算法来提取特定研究空间范围及对象的数据[9]。首先计算上一步骤中，每个泰森多边形的面积及每小时密度，然后将公园绿地图层与泰森多边形相交，提取南京市中心城区 42 个样本公园绿地的手机信令数据，获得基于最小分配单元的人数、面积、密度。再根据公园绿地的编号进行汇总，将同一样本的最小分配单元活力规模数、面积相加，从而得到样本个体面积、每小时的活力规模及密度。此外分别对工作日和周末每小时的数据进行汇总，得到以天为单位的活力总规模、活力平均密度。最终获得了 42 个样本基于最小分配单元的每小时的活力时规模、活力时密度数据，样本单元绿地每小时的活力时规模、活力时密度数据以及以天为单位的活力日规模、活力日密度，共三个层级的数据。

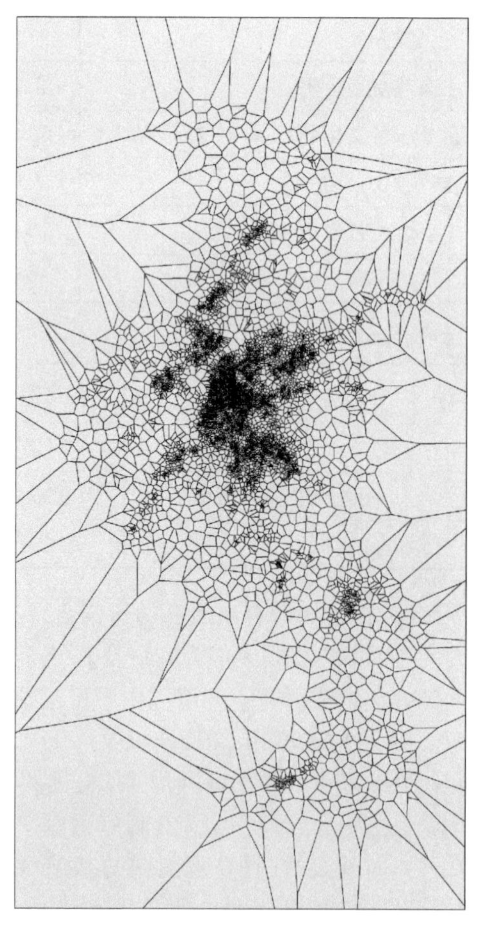

图 3 南京市基于基站的泰森多边形

依据测度结果，选择适当的可视化表达方式，将数据反映出的特征分类、分条地进行归纳总结和讨论，能够获得整体及单元公园绿地在工作日、周末的活力波动特征。

4 整体活力波动特征探讨

对选取的工作日、周末两类典型日期的 42 个样本公园绿地人群活力总规模进行比较，分析城市公园绿地活力规模，在典型日期之间的时刻强度及波动变化。

选择的运营商市场占有率虽然超过 60%，但并非全覆盖数据，为避免数据绝对值引起歧义，对人数进行标准化处理，以活动量相对值表征工作日—周末的波动特征。以 6:00 的总人数为参照单元，具体计算方法如下：

$$Q_t = \sum_{i=1}^{n} P_t \quad (n \leqslant 42, 6 \leqslant t \leqslant 22) \tag{1}$$

$$Q_{相} = Q_t \div Q_6 \quad (6 \leqslant t \leqslant 22) \tag{2}$$

其中，P_t 表示工作日或周末某公园绿地某小时的人数，t 代表时间点，n 为公园绿地的编号。Q_t 表示 t 时的 42 个公园总人数，$Q_{相}$ 表示周末或工作日某小时的活动相对值。

工作日与周末两根曲线波动趋势的差异显著（图 4）。根据各时刻人群活动规模相对值变化的趋势及变化率，可将南京城市公园绿地活力波动特征解析为平稳波动、缓慢波动、快速波动感 3 种态势，并进一步细化为 6 种类型（表 3）。

由图 4 及表 3 可知，工作日活力规模波动态势整体平稳，始终位于 1.00～1.50 的相对值区间内，11:00 的相对值最大；周末随时间显著波动，

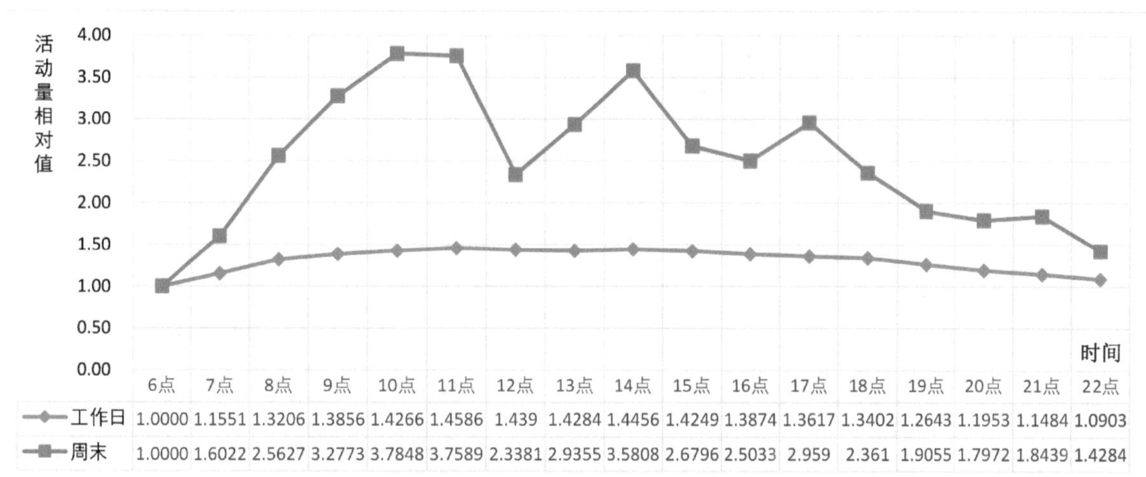

图 4　南京市样本城市公园绿地工作日—周末活力总规模相对值统计图

表 3　两类日的相对活动规模波动态势及数值分析表

时间	波动态势	波动类型	波动特征描述	波动率（标准差）
工作日				
6:00—11:00	缓慢波动态势	缓慢上升	从较低值区间平缓上升至较高值区间	(+)0.163
11:00—14:00	平稳波动态势	平稳高值	在高值区间内小幅波动	(±)0.011
14:00—22:00	缓慢波动态势	缓慢下降	从较高值区间平缓下降至较低值区间	(−)0.119
周末				
6:00—10:00	快速波动态势	快速上升	从较低值区间急剧大幅上升至较高值区间	(+)1.029
10:00—11:00	平稳波动态势	平稳高值	在高值区间内小幅波动	(±)0.013
11:00—12:00	快速波动态势	快速下降	从较高值区间急剧大幅下降至较低值区间	(−)0.710
12:00—14:00	快速波动态势	快速上升	从较低值区间急剧大幅上升至较高值区间	(+)0.507
14:00—15:00	快速波动态势	快速下降	从较高值区间急剧大幅下降至较低值区间	(−)0.450
15:00—16:00	缓慢波动态势	缓慢下降	从较高值区间平缓下降至较低值区间	(−)0.088
16:00—17:00	快速波动态势	快速上升	从较低值区间急剧大幅上升至较高值区间	(+)0.228
17:00—19:00	快速波动态势	快速下降	从较高值区间急剧大幅下降至较低值区间	(−)0.431
19:00—21:00	平稳波动态势	平稳低值	在低值区间内小幅波动	(±)0.044
21:00—22:00	快速波动态势	快速下降	从较高值区间急剧大幅下降至较低值区间	(−)0.208

尤其是 13:00 前后及 18:00 前后波动最为快速，反映出居民周末多选择在午饭前后、晚饭前后进出公园绿地展开休闲活动。

5　单元活力波动模式评价

各样本单元在工作日和周末活力规模、活力密度随时间变化存在差异，一方面体现为同一天内不同时段间差异，另一方面体现为工作日和周末的日间差异，而本文着重讨论同一天内的时段间差异。限于篇幅，本文选取工作日为例，来展示单元活力波动模式的评价方法，通过活力规模日波动曲线与活力密度日波动曲线，具体解析 42 个样本单元活力强度的动态变化。

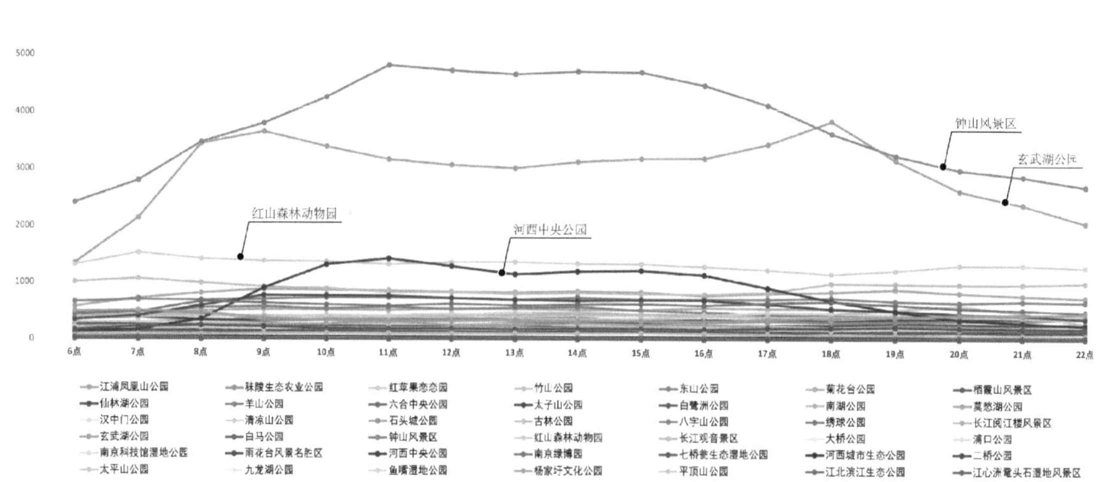

图 5　工作日各样本绿地 6—22 点各小时活力总量规模图

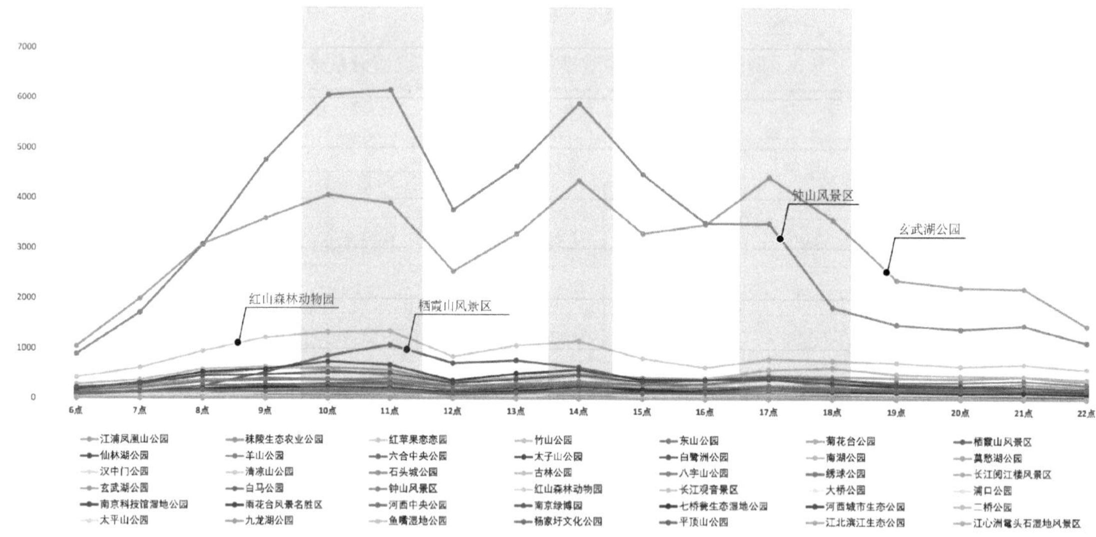

图 6　周末各样本绿地 6—22 点各小时活力总量规模图

5.1　各样本单元的活力规模波动特征

根据各样本单元的工作日活力规模统计，大多数公园的活力变化较平稳，活力规模最高的为钟山风景区，玄武湖公园次之(图 5)。钟山风景区早晚活力规模较低，11:00 达到峰值并趋于稳定，持续约 4 h 后开始逐渐回落；而玄武湖公园在 9:00、18:00 先后两次出现峰值。波动曲线的差异反映了公园使用方式的不同，钟山风景区距离城市中心较远，外来游客所占比例较大，集中于中午前后前往游览；而玄武湖公园位于城市中心区域，居民多来此日常锻炼休闲，如晨练、夜跑等，所以呈现出早晚活力高峰。

根据各样本单元的周末活力规模统计，大多数样本单元呈现 11:00、14:00、17:00 三个较为显著的峰值时刻。因为周末早晨需要补偿性休息，而且休闲出行由晚上提前到白天进行并强度大大增加，因而居民使用公园绿地的早高峰相较工作日延后，并增加了下午的两个高峰时段，晚上活动高峰时段取消。活力规模值最高的依然是玄武湖公园、钟山风景区。相较于工作日活力规模，作为郊野公园的钟山风景区的活力规模绝对值有所增加，城市内部公园绿地的活力规模的变化相对较小(图 6)。

5.2　各样本单元的活力密度波动特征

根据各样本单元的工作日活力密度统计，大多数公园绿地的变化较平稳，活力密度最高的为汉中门公园，河西中央公园次之(图 7)。其中汉中门公园活力密度整体稳定，全天变动不大。河西中央公园的峰值位于 11:00、15:00。活力密度

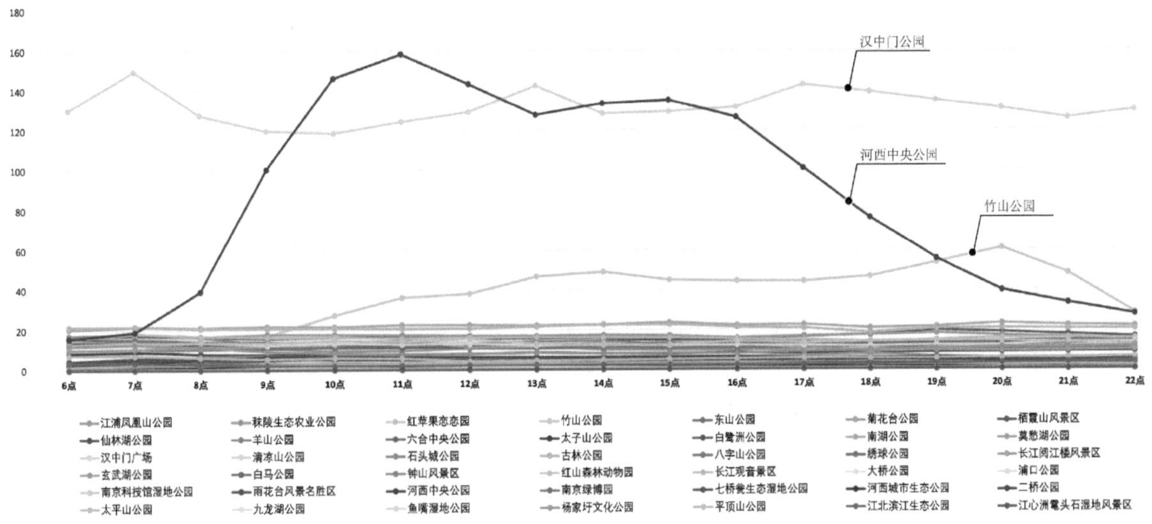

图 7　工作日各样本绿地 6—22 点各小时活力密度图

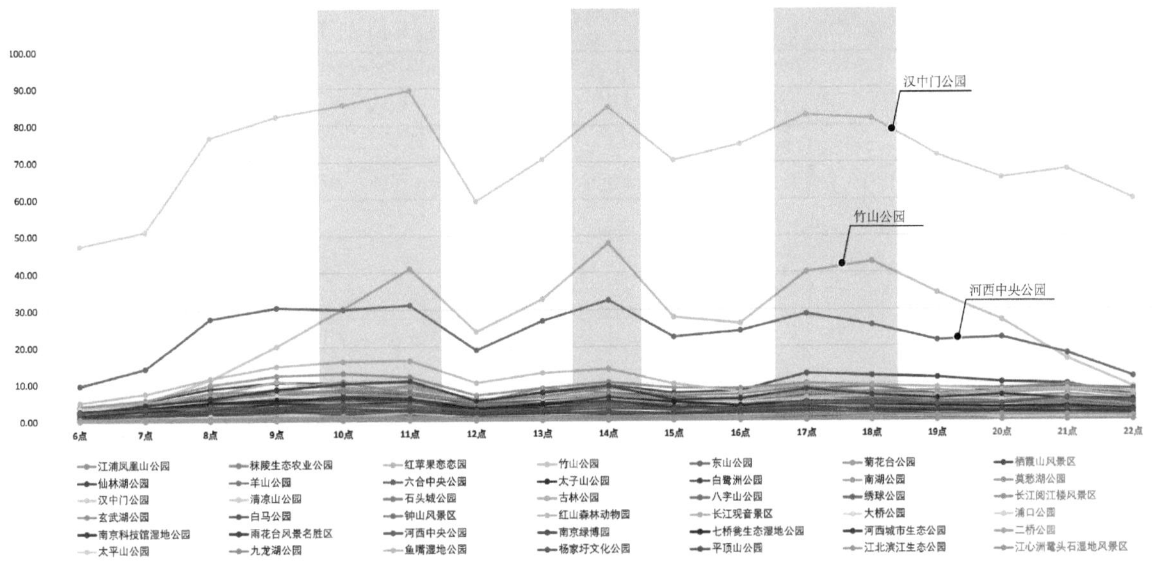

图 8　周末各样本绿地 6—22 点各小时活力密度图

波动差异能够反映出样本单元周边的用地状况，汉中门公园周边有居住区、商铺、酒店、医院等人流量较大的多类城市用地，因而在工作日的每个时间段均有大量使用者，呈现出平稳波动趋势；而河西中央公园周边主要为公共服务、商业服务业设施等工作空间，缺乏居住用地，人群集中在午后时间进行户外休息、交往等活动，缺乏早晚时间段的使用者。

根据各样本单元的周末活力密度统计结果，大多数公园绿地相较工作日波动较大，与活力规模的周末波动变化趋势相似，有三个较为明显的峰值时段，11:00、14:00 和 17:00—18:00。活力密度最高的为汉中门公园，竹山公园、河西中央公园次之(图 8)。

5.3　基于工作日活力密度波动特征的波动模式评价

样本单元绿地的活力密度指标比活力规模更能反映出该公园绿地人群使用方式的变化[10]，保留其抽象的变动趋势特征以消除不同样本单元活力密度绝对值带来的讨论偏差，并据此展开模式评价。波动会产生波峰，也就是波幅的最大值，代表了活力的相对峰值。根据各波动曲线的波峰数量可以进行相似性分类，包括无峰型、单峰型、双峰型、多峰型 4 种模式，分别反映出人群使用绿地的不同方式(表 4)。

根据上表中的工作日波动模式分类，将对应的公园进行空间落位，能够进一步讨论不同波动

表 4 样本公园活力密度工作日波动模式分类表

波动模式		示意图	特征	公园编号和名称
无峰型	一型	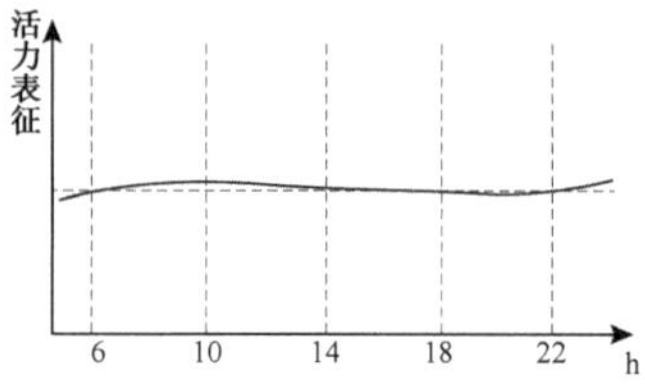 活力表征 6 10 14 18 22 h	人群活动基本保持稳定，在小范围内轻微浮动	11 太子山公园、13 南湖公园、18 古林公园、19 八字山公园、27 大桥公园
单峰型	∧型	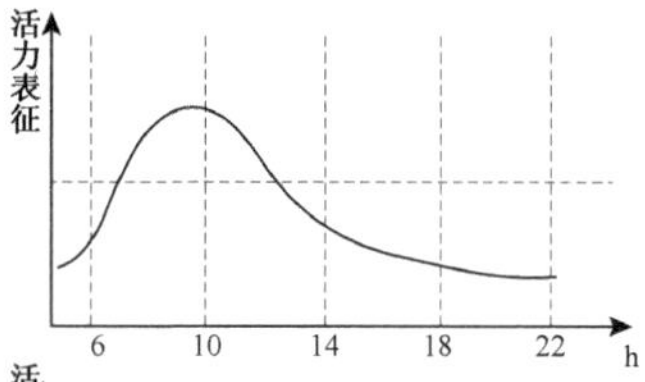 活力表征 6 10 14 18 22 h（3 幅）	人群活动从低值上升至瞬时峰值后，持续下降。峰值出现时间有差异	4 竹山公园、7 栖霞山公园、8 仙林湖公园、12 白鹭洲公园、16 清凉山公园、20 绣球公园、25 红山森林动物园、28 浦口公园
	∩型	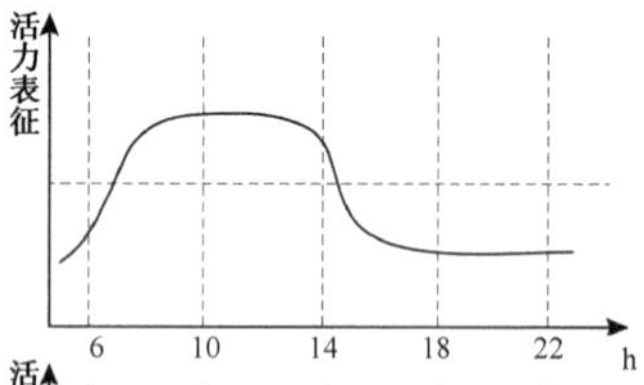 活力表征 6 10 14 18 22 h（3 幅）	人群活动从低值上升至峰值后，维持一段时间再逐渐下降。峰值出现时间有差异	6 菊花台公园、9 羊山公园、14 莫愁湖公园、24 钟山风景区、32 南京绿博园、36 太平山公园
双峰型	M 型	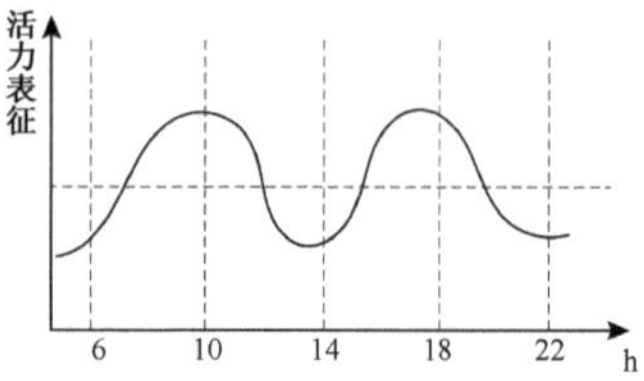 活力表征 6 10 14 18 22 h	人群活力密度存在两次上升—峰值—下降的往复	2 秣陵生态农业公园、3 红苹果恋恋园、17 石头城公园、22 玄武湖公园、29 南京科技馆湿地公园、30 雨花台风景名胜区、31 河西中央公园、33 七桥瓮生态湿地公园

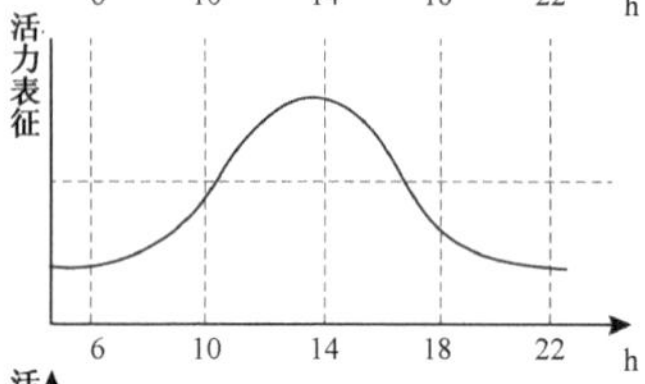

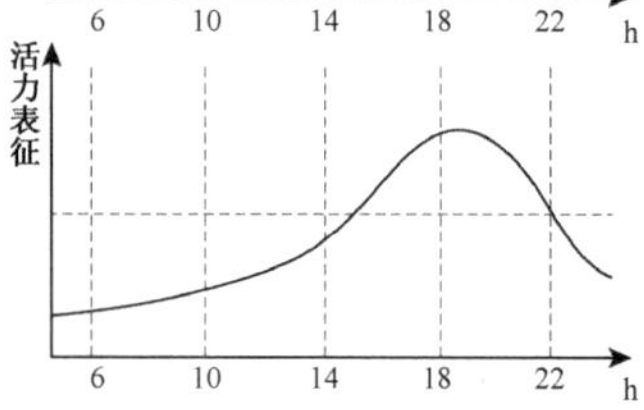

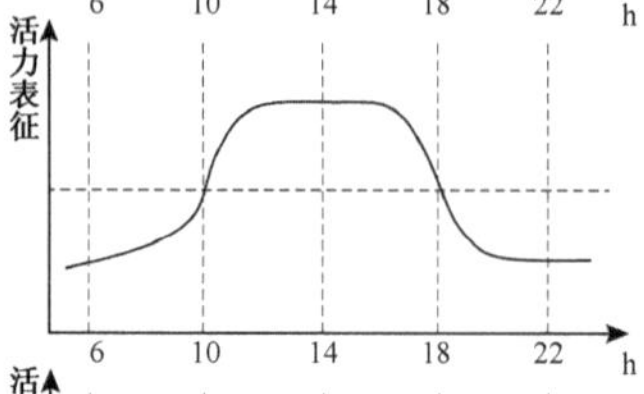

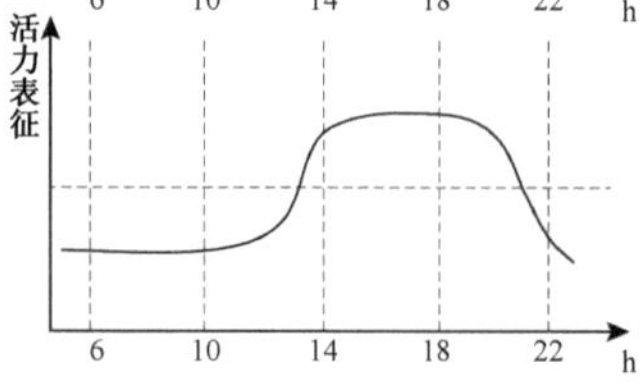

（续表）

波动模式	示意图	特征	公园编号和名称
V型		人群活力从峰值逐渐下降，后出现拐点并持续上升。峰值出现时间有差异	5 东山公园、26 长江观音景区、34 河西城市生态公园、39 杨家圩文化公园、40 平顶山公园、41 江北滨江生态公园
多峰型		存在两次以上的上升—峰值—下降的往复，或不规则的波动情况	1 江浦凤凰山公园、10 六合中央公园、15 汉中门公园、21 长江阅江楼风景区、23 白马公园、35 二桥公园、37 九龙湖公园、38 鱼嘴湿地公园、42 江心洲鼋头石湿地风景区

模式的公园绿地环境要素差异（图 9）。

无峰型模式的样本单元绿地共 5 个，约占样本量的 1/10，均为面积较小的综合类公园绿地，主要分布在滨江及秦淮河上游段区域，周边居住用地较为密集，具有较好的居民可达性；同时居住区多为老旧型住区，内部普遍缺乏良好的绿地环境，周边居民对公园均具有较高的潜在使用需求，因此使用者类型的多样性，使得公园绿地的活力时间段及活动类型较为多样化，包含大量随机性行为，公园绿地的使用率较高。此类分布于老旧住区附近的小型公园，实际兼具了住区绿地的部分功能，应当全面面向多样化的使用人群，细化多元的使用需求，针对性地增加和完善相应的配套设施，并结合居民生活方式的演变，充分挖掘空间的可适应性，提供更符合现代人游憩需求的城市公共空间。

单峰型模式有 14 个样本量，约占样本总数的

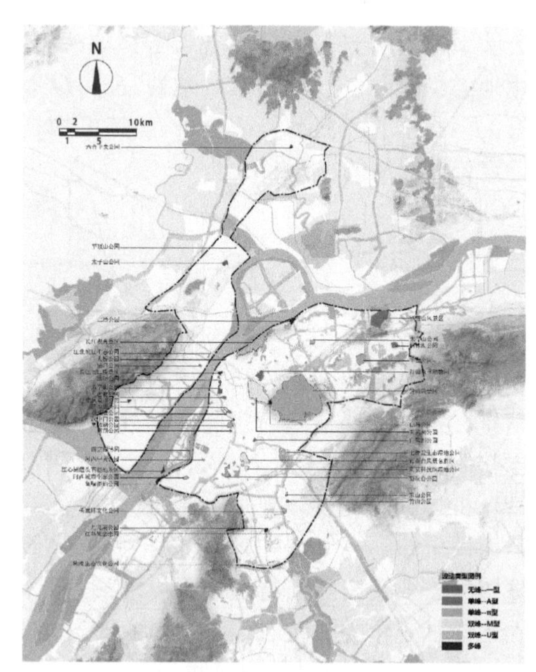

图 9　样本单元活力波动模式空间分布图

1/3。主要散布在距离居住区域较远的城市区域，居民前往需要花费较多的交通时间，多为旅游观光型公园绿地。此类公园绿地面向非日常性使用需求，使用行为往往具有明确的目的性。针对此类公园绿地，一方面依据公园现有资源，在景观营造、设施配置等方面综合提升独特性和吸引力，打造公园绿地自身的文化符号；另一方面也要关注在城市层面进行公园绿地的主题统一规划布局，避免文化符号的单一和重复，增加城市公园绿地主题的丰富性，为居民非日常游玩提供更多选择。

双峰型模式也有 14 个样本量，在城市空间中无明显聚集区域，与居住用地交错分布，便于居民使用。此类公园绿地的品质优于周边居住绿地，使用行为往往具有较为明确的目的性，使用方式多为规律化的日常锻炼和休闲。可以针对此类公园绿地，进一步优化公园环境品质，完善体育运动配套设施，提升使用者的体验感受，并适当增加其他设施、组织相应社会活动以激发潜在的使用可能性。

多峰型模式有 9 个样本量，约占总数的 1/5，均为面积较小的公园绿地，在城镇中心和边缘区均有分布，为居住用地及公共设施用地所包围。其使用方式特征介于无峰型、双峰型之间(图 10)。

综合以上分析，造成波动差异的原因是人群对公园绿地使用方式的不同，这与公园的区位、周边用地类型、居住人口分布、可达性、公园绿地设施有关。通过活力波动特征分析，能够更加精准地确定公园绿地的提升措施。

6 讨论与分析

本文以南京市 42 个公园绿地为研究样本，依据手机信令数据记录的公园使用人数、空间位置等信息，运用 ArcGIS 进行空间数据处理，先后从样本整体、单元的视角对活力的共性特征和差异进行分析解读。在整体视角上，发现样本公园绿地活力周末始终高于工作日，反映出周末绿地娱乐休闲的需求和实际出行活动强度较高；整体活力在工作日变化较平稳，而周末随时间变化明显，呈三峰式波动，并详解波动模式为 3 种态势与 6 种类型。其中，钟山风景区、玄武湖公园始终是活力规模最大的公园绿地；而汉中门公园、竹山公园、河西中央公园为活力密度较大的公园绿地。在个体视角上，对各样本在工作日与周末的波动折线图进行汇总分析，并以工作日为例，对各样本活力密度的一日波动幅度曲线进行相似性分类，反映出不同的绿地使用方式；依据波动特征能够将样本单元划分为无峰、单峰、双峰、多峰 4 种模式。依据波动模式，反映出居民使用公园绿地行为规律，能够对公园绿地制定更加精准的优化措施和提升方案。

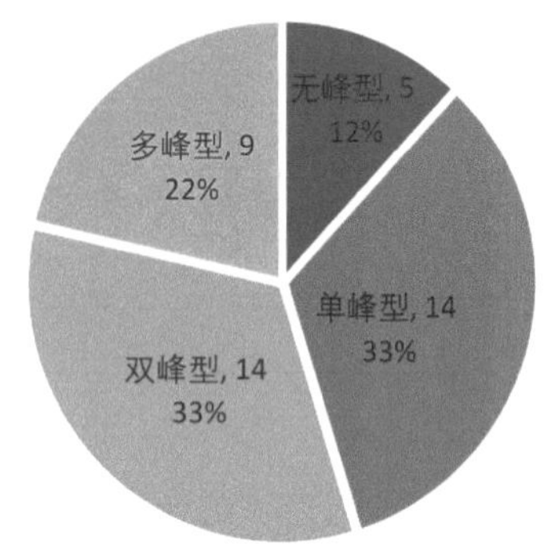

图 10 样本单元活力波动模式类型图

在研究层面，本文通过大数据和相关分析方法，更为便捷地获取公园使用的时间波动特征，建立城市公园绿地分布，与人的真实使用行为间的联系，拓展了大数据在风景园林学科中对城市绿地整体性研究评价的应用，是手机信令在公园绿地方面应用的积极应用和探索。在实践层面，通过解读样本公园绿地的活力，分析时间波动特征，在规划设计层面对其整体、个体性认知以及公园的规划、布局优化、社会服务效益评价提供可量化研究基础，为规划设计部门提供支撑，推动城市绿地系统高质量发展。

参考文献

[1] 高闪闪.郑州市城市公园空间活力探析[D].郑州：河南农业大学，2016.

[2] 施思.济南市环城公园使用状况评价(POE)研究[D].泰安：山东农业大学，2016.

[3] 龙瀛，毛其智.城市规划大数据理论与方法[M].北京：中国建筑工业出版社，2019.

[4] 王德，钟炜菁，谢栋灿，叶晖.手机信令数据在城市建成环境评价中的应用——以上海市宝山区为例[J].城市规划学刊，2015(5)：82-90.

[5] 陈菲,林建群,朱逊.严寒城市公共空间冬夏季景观活力评价差异性研究[J].风景园林,2016(1):118-125.
[6] 陈虹.城市山地公园园林空间活力研究:以济南英雄山公园为例[D].济南:山东建筑大学,2016.
[7] 陈珊珊,郑强,刘晋媛,张龙飞,付宇.存量更新规划中的大数据应用方法研究——以哈尔滨市城市存量土地更新规划对策研究为例[J].城市发展研究,2018,25(11):37-42.
[8] 钮心毅,丁亮,宋小冬.基于手机数据识别上海中心城的城市空间结构[J].城市规划学刊,2014(6):61-67.
[9] SHI F, ZHU L. Analysis of Trip Generation Rates in Residential Commuting Based on Mobile Phone Signaling Data[J]. Journal of Transport and Land Use, 2019(1): 201-220. DOI: 10.5198/jtlu.2019.1431
[10] 王玉琢.基于手机信令数据的上海中心城区城市空间活力特征评价及内在机制研究[D].南京:东南大学,2017.

作者简介:谭瑛,东南大学建筑学院副教授。研究方向:数字化城市绿地景观规划。

冯雅茹,太原理工大学建筑学院助教。研究方向:风景园林规划与设计。

朱芯彤,东南大学建筑学院硕士研究生。研究方向:大地景观规划与生态修复。

基于点云数据的高校老建筑周边景观地形优化设计策略研究

习 羽 成玉宁

摘 要 高校校园中的老建筑及其景观环境是校园文化的重要组成部分，在优化老建筑的同时唯有综合考虑周边的景观环境才能实现有机、整体的景观效果提升。其中，地形作为整个景观空间的基础，对景观环境的空间氛围、空间层次等有决定性作用。老建筑环境地形常常现状复杂、资料缺失，采用传统测绘方法的工作效率和精确度都十分低下。如今，点云技术为此带来了重要机遇。本文从优化高校老建筑周边景观环境出发，以优化地形形态、调节场地排水效果、优化地形对视线的组织作用为主要目标，探索如何在获取点云数据的基础上定量分析景观地形，从而高效、精确地表达和调整景观地形特征，为高校老校区环境优化提供新的视角和工具。

关键词 风景园林；点云技术；高校老校区；老建筑环境；地形设计

高校的老建筑及其景观环境见证了校园的发展，是高校文化不可分割的组成部分，具有重要的历史与文化价值。除了广受关注的老建筑以外，它所处的景观环境也是非常重要的空间资源，不仅具有宣传校园文化、为师生提供活动场地的潜在价值，还对于丰富老建筑外部形象具有重要作用。因此，在改造高校老建筑的同时不可脱离周边的综合环境，如此才能实现有机、整体的景观效果提升。老建筑周边景观空间中的要素与建筑存在的时间相当，尤其是植被，不乏需要保护的古树名木。它们与老建筑一共构成了校园特有的历史风貌场景，对其的改造需慎之又慎。其中，景园中的地形是构成空间的基础，对景观环境的空间层次、空间氛围等内容有决定性作用。因此，在对高校老建筑周边景观环境优化设计时，景观地形的优化设计关系重大，影响着后续的外部空间游线设计、植被种植、场地排水等一系列设计事务的展开，应当得到充分的重视。然而，目前高校老建筑的景观环境地形优化面临着诸多困境。首先，由于老建筑大多设计年代久远，设计资料往往残缺不全，对现场改造只能依赖于重新测绘；另外，受到多年来重力、风力、昆虫活动、生物踩踏等多种外部因素影响，老建筑周边景观环境地形往往趋向破碎而复杂。综上，若采用传统的测绘势必工作效率低下，且容易丢失部分信息，精确度难以达到需要。这些问题亟待探索出更科学、系统性的方法。

近年来，以三维点云技术为代表的新型测绘技术迅速发展，为解决上述问题带来了重要机遇。点云技术即是以计算机技术为依托的一系列采集、处理和可视化点云数据技术集合。与传统手工测绘技术相比，它具有数据采集速度快、精度高、灵活性强、不接触被测目标物等优势。用三维激光扫描仪采集目标物体表面，所得到的具有三维坐标信息、表面光谱特性、颜色、反射强度、法向量等属性信息的空间数据点称为点云数据。其数据成果能够通过构建三维模型，直观地表现复杂环境的空间信息，并通过定量化分析模型的物理特性来识别空间环境特征。因此，点云技术对老建筑及其景观环境的研究和保护，有巨大的应用价值。

目前，点云技术已经大量应用于文化遗产的保护研究，并逐渐形成数字化研究的新视角和新方法。但聚焦到高校校园景观方面来看，点云技术在其中的运用大多是构建校园智慧游览平台，仅有小部分应用于老建筑及景观环境保护提升。笔者通过进一步对“历史校园”“景观风貌”“点云”等关键词文献检索发现，目前对于高校老校区景观风貌研究，多集中于建筑物质形态上，而对包含地形、植被、道路在内的建筑环境保护与提升提及较少，这不利于老校园整体环境的有机提升与保护。

点云技术无疑能够极大地提高工作效率，并增强老建筑不规则环境因素测绘成果的完整性、精确性，能够明显提高景观空间数据的质量和表现的丰富度。如何在现有技术的基础上，定量地分析、精准地定位场地问题，在尽可能减少对场地破坏的前提下进行优化设计，是本文的研究重点。本文拟从高校老建筑周边环境优化的视角出发，探究在利用点云技术测绘场地、构建三维模型的基础上，对场地地形特征量化分析并精准定位地形问题。在此基础上，进一步讨论改造策略和方法，为相关研究和保护实践提供参考。

1 高校老建筑周边景观地形问题

地形指的是地表的各式形态，具体指地表以上分布的固定物体共同呈现的高低起伏状态。地形的高低起伏构成山丘或低洼，直接影响着景观的整体风貌呈现。通过文献查阅和实地走访，笔者发现，目前高校老建筑周边环境地形还存在诸多问题，主要表现为以下三点。

1.1 地形破损

景观环境中，随着时间的推移，土地会在外界因素如风、雨水、重力等作用的影响下产生变化。例如，园林工程中新堆的土方会在设计完成之后产生较大的土方沉降；随后，土壤中昆虫的活动又会带来土地的疏松，使土壤一定程度上膨胀。另外，多种生物的不均匀踩踏也会带来地形的改变。在种种因素的长期作用下，地形的整体形态变得不再流畅，呈现出破碎化的态势，影响地形本身的观赏效果。

1.2 内涝积水

景观地形具有组织排水的重要功能。随着地形的变化和破碎，场地的地形高程分布逐渐改变，进而带来汇水方向的紊乱，场地内排水效果恶化。老建筑及周边景观中的古树名木、文物遗迹等需要保护的重要物体，就可能会遭到水涝的侵袭而加速损毁，严重违背场地的保护宗旨。另外，场地内积水本身也不利于游客的游览，为场地的时相景观效果带来负面作用。

1.3 视线组织紊乱

景观环境中，主景、道路及两者之间地形的关系影响着游客在行进过程中的视觉感受。地形及其上的植物时而阻挡游客视线，形成内向的空间感受，为呈现后续的主景提供欲扬先抑的景观前奏；抑或是构成视线廊道，形成强烈的视觉引导性。不仅如此，游客本身和主景所在地势的高低不同，也带来或仰或俯的不同观赏情态，进而带来不同的体验感受。因此，地形对景观环境中的游客视线组织具有十分重要的影响作用。但是，并非所有老建筑景观环境，在设计之初都充分考虑了这一方面。另外，由于多年之中可能会有局部的修缮、景物的搬迁，游览路线和地形、主景之间的关系日渐失调，视线组织逐步紊乱，使景观环境的观赏效果和体验感受大打折扣。

2 高校老建筑周边景观地形优化设计目标

首先，重塑地形，使其形态流畅优美，具有较好的观赏效果；另外，理顺场地内高程关系，达到良好的排水效果，并保护文物（包括建筑、古树名木）不受水涝风险；此外，还要调整地形对场地中主要观赏点与主景的视线组织作用，提升游客在观赏点上对于主景的观赏效果。

3 高校老建筑周边景观地形优化设计策略

3.1 问题识别

针对上述提到的三方面设计目标，考虑可从地形本身的形态美观、排水为目的和以观赏为目的三个方面进行分析。从地形本身的形态美观角度出发，可以分析地面的高程分布、坡度分布、曲率分布；以排水为目的出发，可进行地形的流量分析、流向分析、径流分析等；从地形对视线组织的影响作用出发，可以取得主要几个观赏点分别与主景之间的地面剖切图，以分析视线及视觉效果。

3.2 分级解决策略

根据前文量化分析方法，在取得地形特征分析结果之后，考虑到实际操作过程，按照地形排水效果优化——地形对视线组织的影响调整——优化地表形态的逻辑顺序依次进行改造。首先，针对地形排水效果，确定地形调整策略和需要设置排水沟的位置，据此调整场地模型，如有必要，可在调整后进一步验证排水效果，确定基于排水效果改善的地形调整方案。接着，在不改变排水效果的前提下，结合此变动与前文分析的地形对观赏效果的影响，进一步调整影响视线的地形，得到地形优化模型。最后，平滑地形等高线，使其形态更加流畅优美，最终确定优化方案。

4 东南大学四牌楼校区梅庵周边景观地形优化设计

4.1 项目概况

梅庵位于东南大学四牌楼校区西北角，在六朝松旁，西临进香河，北近鸡笼山。梅庵在中央大学的建设发展史上有重要的纪念意义，同时在后来的我国社会主义青年革命运动史上，也有着不可磨灭的重要价值。梅庵周边同时分布着六朝松、古井、李瑞清雕塑等珍贵的历史文物。整片区域古色古香，见证了两江师范学院的兴衰及东南大学的百年校史，堪称东大师生心中的“文化宝地”。然而，随着年岁的变迁，梅庵周边植被良莠不齐、地形破碎、内涝问题频发，整体环境杂乱，梅庵及其周边环境失去了往日的光辉。

图 1　梅庵周边现状

4.2 点云数据获取与处理

本研究选用地面基站激光扫描仪，从多个基站点位，对高校老建筑周边景观空间进行三维扫描，精确、全面地采集内部要素的空间数据。利用 TRIMBLE-REALWORKS 软件将数据进行拼接、配准、重采样及要素分类，经过人工修正后得到最终的地面三维点云模型(图 2)。

4.3 地形特征量化分析

4.3.1 地形形态

将点云数据导入 ArcGIS 软件，生成 DEM 模型，根据分析得到场地的高程分布图、曲率分布图、坡度分布图分别如图 3、4、5 所示。可以看出，地形的高程存在突变段，局部地区坡度变化也不均匀。这说明场地地形起伏可能不够流畅、优美。曲率分布图则进一步验证该结果，并显示出地形形态较为破碎的现象。整体来说，现状地形有待规整重塑，以达到良好的形态效果。

4.3.2 地形排水效果

结合图 3、图 6—图 8 的场地高程分析、流向分析、流量分析和径流分析及上文的坡度分析，一并了解场地排水情况。

从高程分析可以看出，场地整体地形呈西北高、东南低的情况，比外围的城市道路低 0.6～1 m，易产生积水问题。梅庵处于场地西北角，其西侧、北侧紧邻城市围墙，周边道路标高高于梅庵区域，加上东侧稍高，三面积水，可能导致梅庵地下水位高，积水不仅会损坏建筑基础，影响建筑寿命，文物所处的环境也会潮湿，建筑内墙出现抹灰脱落、裂缝等，威胁文物安全。六朝松所处绿地周边普遍地形较高，易产生积涝问题，对六朝松的生长有一定的影响。

从流量和径流分析可以看出，场地整体能形成较清晰的汇流线路，但汇流分布局部较为混乱，不利于有组织地排水；另外，还存在水流汇聚于草地上的情况，可能带来草地低洼处积水。特别是几处草地积水可能发生的地点紧邻六朝松，容易使得六朝松附近土壤含水过量，对其生长不利。应当调整地形以减少草地积水，明确汇流路径，并据此设置排水沟，从而提升场地排水效果。

一般情况下，地形排水是和坡度相关的，坡度越大，排水速度就越快。而六朝松周边地形坡度变化不均匀，其周边较平整，而与路边的交接处却坡度较陡，可能使其周边排水不畅。所以，在满足自然安息角的条件下，应当合理设计地形的坡度变化，使其能够做到自然地汇水和排水，改善地形中六朝松及其他植物的生长环境。

4.3.3 地形对观赏效果的影响

以梅庵、古井、六朝松、李瑞清雕塑为主景，在硬质游览路线上选取主要观赏点，以观赏点和主

图 2　梅庵的三维点云模型

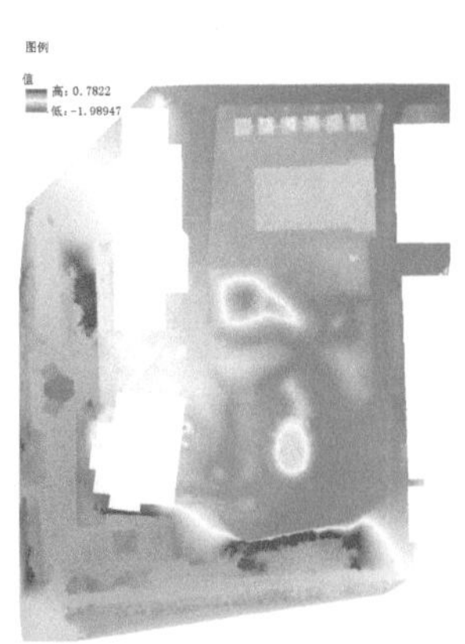

图 3　地形高程分析

图 4　地形曲率分析

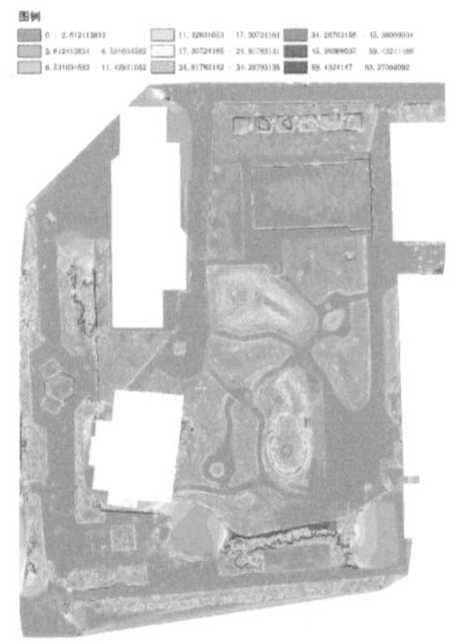

图 5　地形坡度分析

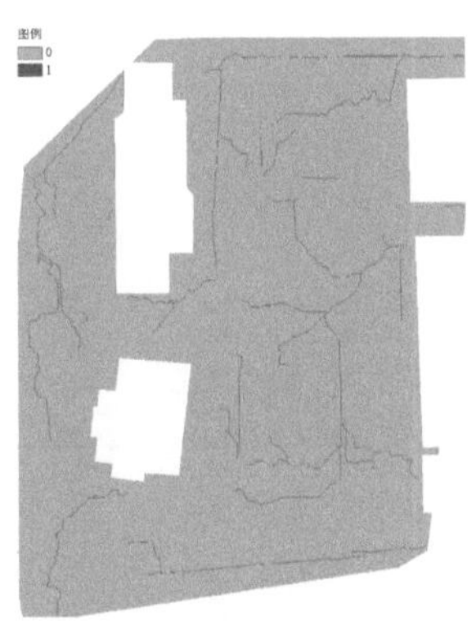

图 6　地形径流分析

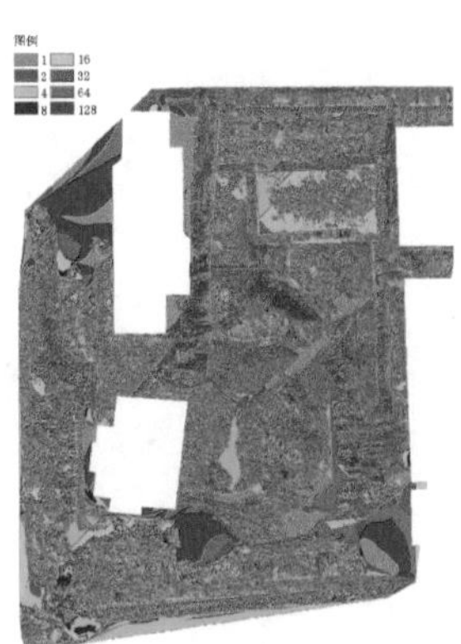

图 7　地形流向分析

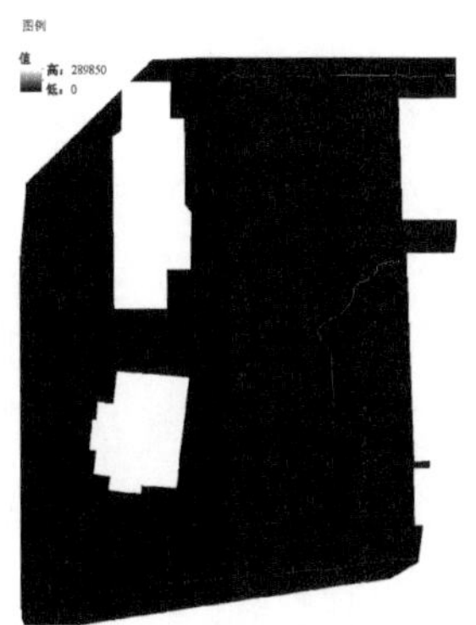

图 8　地形流量分析

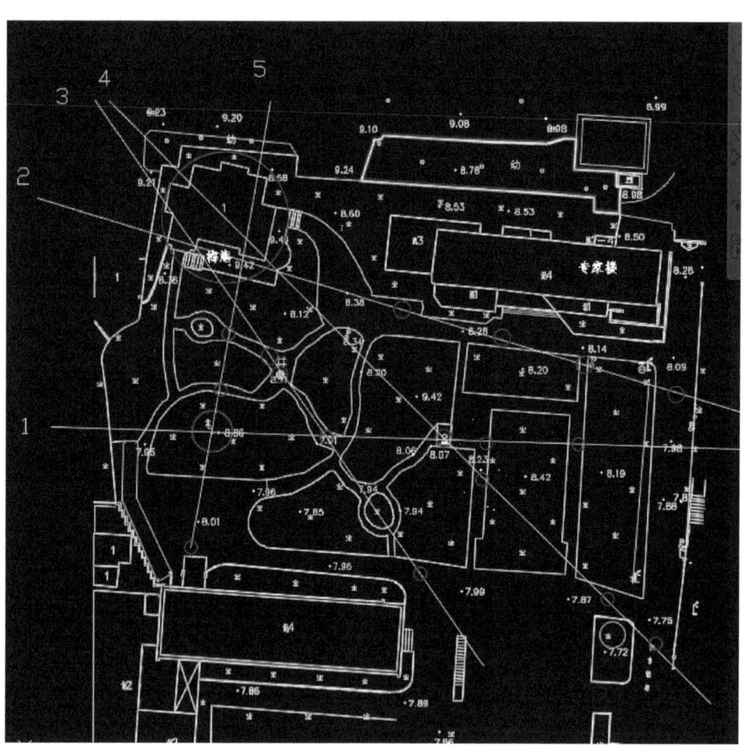

图 9　剖切位置示意图

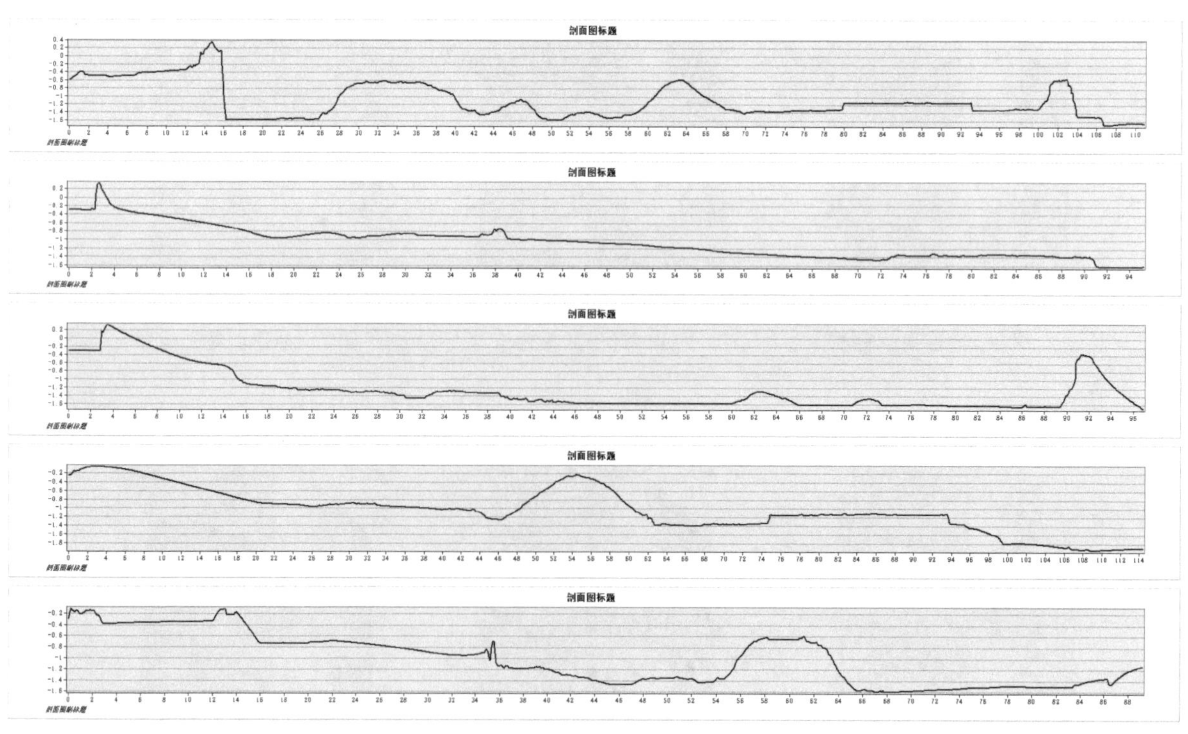

图 10　剖切面

景连线为剖切位置，取得地形剖面。选取的观赏点、景观焦点和剖切位置分别如图 9 所示，取得的剖面如图 10。

从上述剖面中提取出观赏点与主景连线所在的剖面段，并统一比例尺。假设人高度为1.60 m，可取得横剖面的视线分析如图 11 所示。

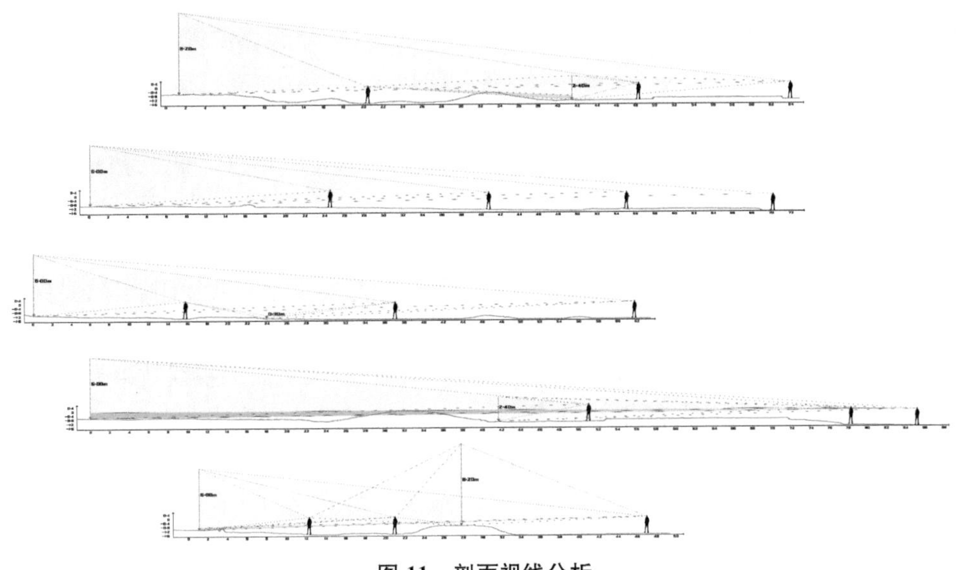

图 11 剖面视线分析

图 11 显示了不同观赏位置对于主景的视线范围，绿色为可达视线，红色为被地形阻挡的视线。依据图 11 可得出需要调整以增大主景观赏面的地形。在景观环境后续优化中，还应当结合植被分析进一步优化不同观赏点视野范围和观赏效果。

4.4 地形设计与优化

从影响程度和实用性出发，根据地形排水效果优化——地形对视线组织的影响调整——优化地表形态的逻辑顺序依次进行调整优化。

4.4.1 提升排水效果

场地的主要排水目标包括以下。

① 截取梅庵外围地表径流，防止外围雨水灌入梅庵；

② 优化六朝松附近的地形，使其能够有效向四周疏散地表径流，防止六朝松周边积水；

③ 对草地内洼处进行地形优化，防止积水；

④ 硬质地面沿径流密集处设置植草沟以汇聚雨水和地表径流，最终排入校园排水管道，防止地面积水。

将场地平面图、高程分布、径流分析和坡度分析叠合，如图 12 所示。依据现有的地形情况，从上述排水目标出发，对场地局部地形做出调整方案。如图 13 所示，A、B、D 区适当增高，使水流不汇聚于草坪中间形成低洼；C 区形似“平顶山丘”，六朝松旁边坡度较小，排水不畅，容易积涝，因此考虑此区域在不超过土壤自然安息角的前提下，均匀坡度。按照调整方案，直接在场地模型中进行调整。

图 12 叠合分析

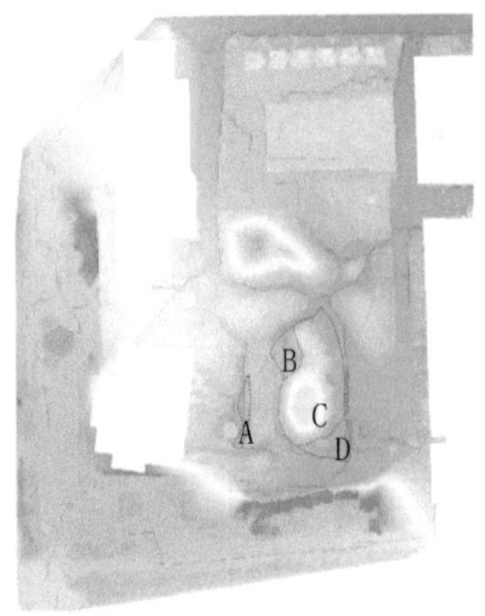

图 13 调整策略

图 14 排水沟设置

另外，依据调整后的场地汇流情况设置植草沟，收集雨水和地表径流，排入校园排水管道，如图 14 所示。

4.4.2 提升观赏效果

根据 4.4.1 的调整方案，在原始的观赏效果分析图上修正，如图 15 所示。

对于梅庵及周边景观环境优化的诉求主要是使梅庵、李瑞清雕塑等观赏面扩大，增强视线的可达性。因此，此方面改造目的主要集中在最小化干预的前提下减少视线遮挡。从分析结果可知，大部分观赏点对于主景（包括梅庵、古井、六朝松、李瑞清雕塑）的观赏视线未受到遮蔽。受遮蔽的情况及处理方法包括以下。

① 图片一，观赏点 A 对于李瑞清雕塑背后的视线观赏受阻。由于李瑞清雕塑具有强朝向性，因此其背后观赏视线可不作考虑，此处保持现状。

② 图片四，观赏点 B、观赏点 C 对梅庵的观赏视线受阻。考虑降低遮挡地形的高程 0.4 m 左右。

③ 图片五，梅庵前地形破损导致多处观赏点望向梅庵的观赏视线受阻。考虑将此处地形规整于周边地形高程。

最终，改造后的视线效果如图 16。

4.4.3 优化地形形态

在 RHINO 中建立三维模型，并按照上述改造策略调节地形。在此基础上重塑等高线，使地形流畅柔滑。最终效果如图 17 所示。

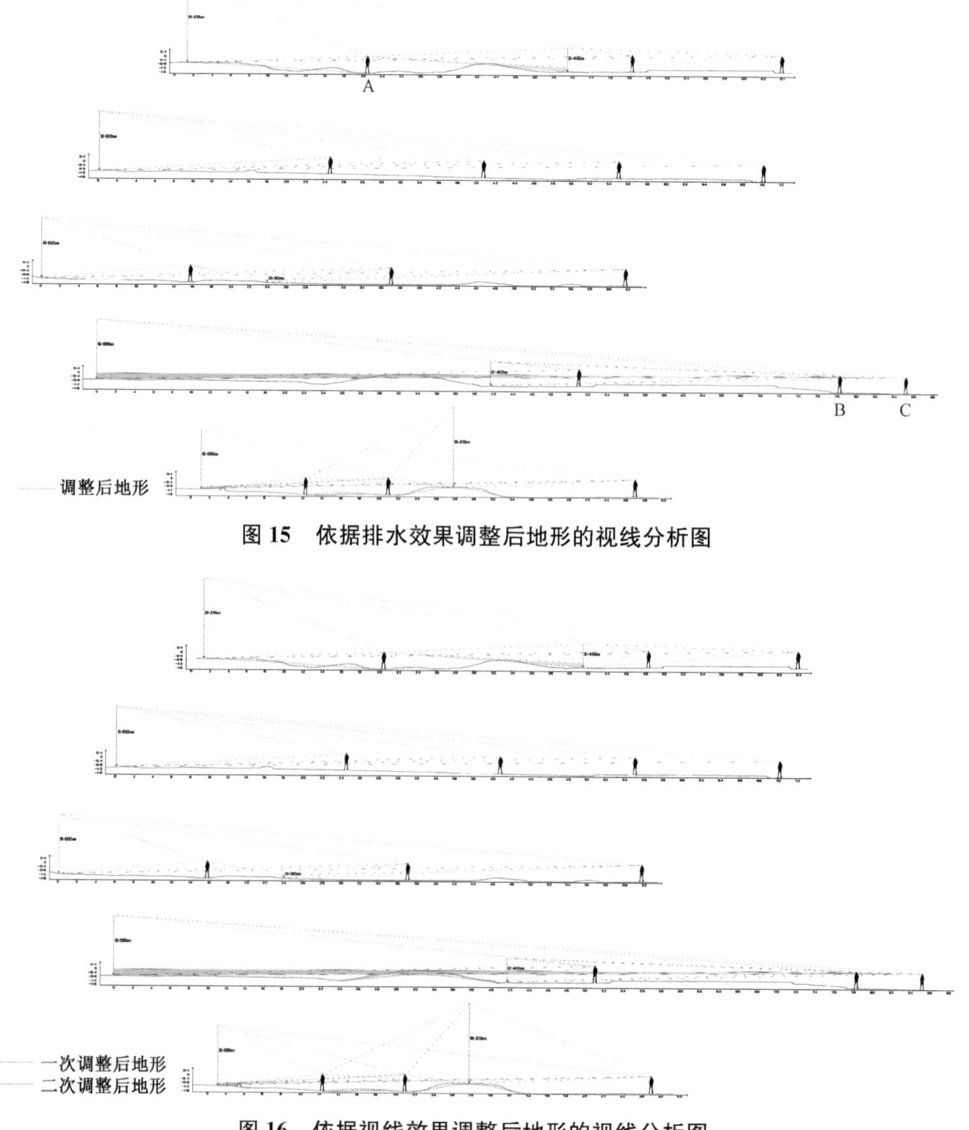

图 15 依据排水效果调整后地形的视线分析图

图 16 依据视线效果调整后地形的视线分析图

图 17 地形优化最终效果

5 结语

本文以东南大学四牌楼校区的梅庵及其周边环境为研究对象，通过利用点云技术获取点云数据，构建三维实景模型，并借助 GIS、PS、RHINO 等软件对场地地形从地表形态、地形排水效果、地形对视线组织的影响三方面分析，分别定位问题并制定了改造策略。最终，得到了最小干扰程度前提下对场地地形的优化调整方案，为高校老建筑周边环境的地形优化提供了策略框架。在今后关于高校老建筑周边地形优化的实际案例中，可以根据具体情况需要来调整分析问题和解决问题的顺序。例如在本例中，更理想的优化策略应当是先分析并改正场地排水问题之后，再进一步分析并修正地形对视线的组织作用。另外，对于更复杂的场地，也可以考虑根据分析结果直接修改点云数据，并再次进行分析，重复此过程直至达到满意的优化效果。

校园中的老建筑及其景观环境是学子们可以触摸到历史的地方，同属于校园文化和校园精神的重要延续。保护好校园文物，就是存续学校的历史，就是守护高校的精神传统、守护中华民族的文脉。地形作为景观环境的基础，其之于景园的价值就相当于骨骼之于人的价值，牵一发而动全身，理应作为景观环境优化提升的重中之重。对于老建筑周边地形问题的精确定位和低影响改造，是整体环境精细化、高质量优化的第一步。三维点云技术可以方便快捷地获取丰富、精确的场地信息，帮助设计者快速准确地定位场地问题，提出改造策略，这在本文已有了初步的探索。如何让点云技术在老建筑及其环境改造中，进一步发挥作用，甚至参与到设计全程中去，提升保护和改造效率，是该领域未来亟待深入研究探索的重点，也是数字景观未来重要的发展方向之一。

参考文献

[1] 杨霄鹏.景园微地形及其空间特征研究[D].南京：东南大学，2019.

[2] 朱鹏颖.基于功能置换的地方性高校老校区更新设计研究[D].邯郸：河北工程大学，2020.

[3] 鲍洁敏.基于场所文脉评价的景观设计策略研究[D].南京：东南大学，2018.

[4] 陈晶.高校旧建筑及景观改造设计与研究[D].无锡：江南大学，2009.

[5] 卓智慧.高校历史校园景观风貌的整体保护研究[D].广州：华南理工大学，2020.

[6] 杨晨，韩锋.数字化遗产景观：基于三维点云技术的上海豫园大假山空间特征研究[J].中国园林，2018，34(11)：20-24.

[7] 赵鹏，张立朝，禄丰年，等.利用 LiDAR 点云数据进行空间分析[J].测绘科学，2014，39(3)：85-88.

[8] 曾敏姿，陈雪倩，瞿俊.吉鲁特点云模型的数字化规划与设计领域应用研究[J].新建筑，2020(05)：66-69.

[9] 潘彦颖，王岚琪.数字化技术在园林景观设计中的运用[J].现代园艺，2021，44(02)：80-81.

作者简介：习羽，东南大学建筑学院在读硕士研究生。研究方向：风景园林规划设计。

成玉宁，东南大学特聘教授，博士生导师，风景园林学科带头人，景观学系系主任；江苏省城乡与景观数字技术工程中心主任；江苏省设计大师。研究方向：风景园林规划设计、风景园林建筑设计、风景园林历史及理论、数字景观及其技术。

基于数字足迹视觉感知分析的城市线性文化景观空间价值评估*

周 详 刘子玥

摘 要 随着中国的城市化进程由增量开发转向存量提升,景观破碎化等问题成为城市发展面临的巨大挑战。在此背景下,城市发展模式发生转变,适应大批量空间生产的方式,已经无法适应多样化的城市体验偏好。城市线性文化景观作为一种重要的存量提升空间资源,为城市空间、文化氛围和生态环境的整体性及关联性保护开发提供了可能。基于旅游凝视和旅游偏好理论,文章将南京秦淮河线性文化景观选为研究对象,利用R语言编码技术,结合游客分享到网络平台的照片数据,解析拍摄内容和心理;并从视觉感知视角出发,构建一种基于使用者体验评价的价值评估模型,量化人文与自然要素间的关系;以此探讨数字足迹支持下的城市线性文化景观如何参与城市品质空间建设,为决策者构建秦淮河遗产廊道、促进城市空间耦合提供理论支持。

关键词 数字足迹;视觉感知;R语言编码;文化景观;价值评估

南京作为江苏省省会,地理位置优越,是中国东部地区重要的中心城市。秦淮河作为南京的母亲河和南京文明的发源地之一,更是见证了南京城的形成、兴起、衰落和复兴。秦淮河两岸自然风光与人文景观交织,有条件探索出一条实现人、城、自然、历史多维度互融共生的线性文化景观发展路径。目前,遗产领域的研究者已经对文化线路、遗产廊道等概念的确定及案例剖析作出较多讨论,认为由于文化遗产与自然、社会之间的关联性,单纯孤立的、片面的保护已经不能奏效,必须将文化、自然、社会纳入到一个整体的保护框架之中进行整体考量[1]。但相关研究大都聚焦于大尺度遗产范围的认定,而对于小尺度城市内线性文化景观的研究较少。如何对小尺度线性文化景观的空间价值进行综合评估,是对空间进行分级管控进而实现效益最大化的辅助决策手段,也是完善城市系统、优化城市功能以及展示城市文化风貌、保障城市绿色空间的重要途径。

另一方面,互联网的迅猛崛起带动了网络社交平台的发展,越来越多的用户通过互联网获取旅游信息并分享其行程体验,这些基于网页浏览记录、网络评论、旅行游记和旅游照片而产生的海量数据,因为是由用户自主提供而非被动给予,因此富有较强的多样性和延展性,可用于分析的信息量远多于传统评价方式。基于此,这些类型的"数字足迹"逐渐成为景观、旅游和人文地理研究的重要辅助手段[2]。目前,国内学者主要通过马蜂窝、携程网、同程旅游等在线旅游平台或微博、小红书等包含位置服务的大数据来获取数字足迹信息,而对于照片、视频等内容较为丰富的可视化信息在旅游和景观研究中的应用,相关研究较少。已有研究主要通过分析照片内容来了解游憩者的景观感知倾向,美景度评价法是运用较为广泛的一种分析方法。研究者通常将自行拍摄的照片作为基础数据,然后邀请志愿者对照片进行美学评分,以预测游人在游憩活动中对景观内容的需求状况[3]。然而,这种方法过分依赖研究者设计的固定范畴或逻辑结构,也容易受到志愿者主观差异等因素的影响。由于游憩行为是个体认知、情感、态度和喜好等综合心理反应的外在表征,易受环境信息、个人情绪、参与动机和文化背景等多重因素影响;因此,本研究拟将社交信息、在线游记、地理信息标记照片等多源异构数据进行综合运用,以解决单一数据来源难以真实反映群体行为变化的问题。

* 国家自然科学基金项目"数字足迹支持下的历史性城市景观游憩体验质量评价体系研究"(编号:52008085)。

1 城市线性文化景观的内涵与研究进展

1.1 概念

“文化景观”涉及景观设计学、人文地理学和遗产保护学等多学科内容，线性文化景观作为其中一种特殊的类型，具有典型线性特征。2011 年 11 月 10 日，联合国教科文组织通过《关于城市历史景观的建议书》，定义了城市文化景观是文化和自然价值在历史上层层积淀而产生的区域，强调在活态城市体系中，自然、文化和社会经济过程在时间、空间上的关联建构[4]。综合文化景观、线性文化景观、城市文化景观的内涵，区别于区域线性文化景观，将城市线性文化景观定义为城市内部，拥有物质和非物质特殊文化资源集合的线性文化景观系统，例如京杭大运河杭州段(表 1)。其主要价值是整合城市内部历史文化资源，从而寻找城市景观遗产资源保护和开发的最优解。

表 1 城市线性文化景观和区域线性文化景观

	城市线性文化景观	区域线性文化景观
尺度	空间尺度：城市内部 时间尺度：较长历史时期	空间尺度：跨省市、国家甚至洲际时间尺度：更长历史时期
功能	更适应现代城市发展需求	更注重历史发扬
文化群体	针对性较强	涉及群体更丰富多元
空间形态	通过人的视觉直接感知其形态特征	城市发展下面临更严峻的消亡危机，趋于抽象

1.2 研究进展

国外对于线性文化景观的研究较为丰富。在米迪运河、阿姆斯特丹防线、圣地亚哥线路的申遗文件中，都出现将其识别为线性文化景观的叙述[5]。美国、澳大利亚等国家普遍将公路作为一种线性文化景观，例如 Gulliford 将美国西部的六十六号公路，作为一个典型的线性文化景观展开研究[6]。国内对于线性文化遗产、遗产廊道的概念、保护理论和方法等内容也进行了较为深入的探讨，但研究对象大多是较为宏观的跨区域廊道，研究尺度与微观的使用者体验，以及具体的空间实践尺度无法匹配，缺乏针对中微观尺度的城区内部线性文化景观空间的精细化研究。近年来，国内开始出现有关城市线性文化景观的研究，柳仪仪从自然和人工线性要素两个方面，对长沙市的城市线性文化景观特征进行探索，借鉴文化线路和遗产廊道保护理论，提出城市线性文化景观保护的设计准则，以及后期的管理模式[7]；肖洪未等人提出城市线性文化景观的概念，将之与文化景观、线性文化景观从构成条件、分类等进行比较，对本研究中城市线性文化景观的理论梳理，有较好的借鉴意义[8]。

1.3 特征、识别与分类

1.3.1 特征

总体来看，城市形性文化景观需要具备空间和时间两个维度上的线性特征。空间上的线性包括形态、空间以及活动等方面，最基本的就是其形态呈线性，如京杭大运河城市段、高线公园等。不同的景观资源点通过线性形态进行连接，相互影响，共同作用，形成一个线性区域具有突出价值的文化景观系统；时间上的线性包括历史的延续性以及不同时间段城市区域的关联性，即要求城市线性文化景观具有一定的历时性，甚至在其后的时间进程中仍然不断演进。

1.3.2 识别

以南京历史城区为例，本研究选择携程网作为评论数据来源平台，以获取景观资源点的基础信息及评论内容。同时，选择同程网作为网络游记及行程记录数据来源平台，并且从百度地图开放的 API 平台中获取各资源点地理位置信息，完成南京历史城区数字足迹库构建。

对初步爬取到的样本数据进行清洗，数据处理原则如下：①资源点必须位于研究范围内；②去除重复信息；③游记需要标明游览时间、同游人数，行程评论需要涉及两个及以上资源点。依据上述清洗原则，本研究清洗出 904 篇游记、1609 篇行程计划以及 4000 条评论作为统计分析样本。通过景区坐标在 GIS 中实现空间转换，进而关联资源点属性信息与数字足迹信息，实现多源数据一体化表达(图 1)。基于资源点

图 1　景观资源点分布图

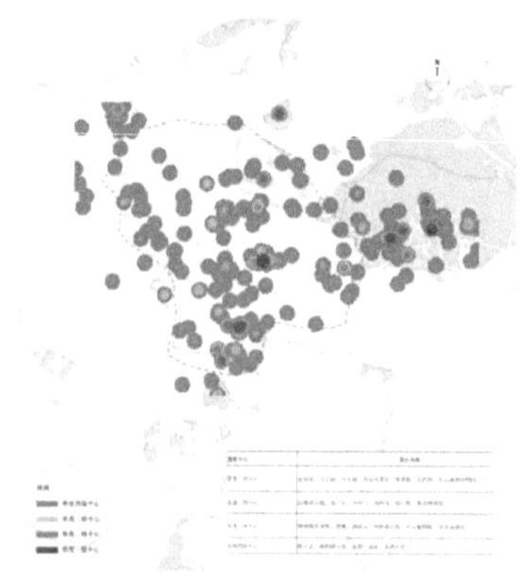
图 2　景观资源点核密度图

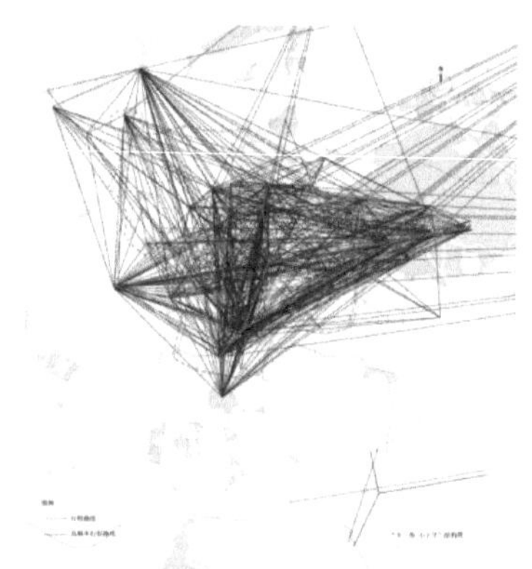
图 3　行程轨迹图

表 2　游客空间聚集特征

密度中心等级	景点名称	特点
密度一级中心	总统府，夫子庙，中山陵，钟山风景区，明孝陵，玄武湖……	一级中心游憩点位于游客倾向度较高的行程轨迹上，周边资源点分布密度高
密度二级中心	白鹭洲公园，老门东，中华门，鸡鸣寺，阅江楼，南京博物院……	大多依附于一级中心，作为游憩范围的补充和延伸
密度三级中心	湖南路美食街，鼓楼，清凉山，莫愁湖公园，灵谷寺景区……	较均匀地分散分布在南京历史城区内，与市民活动关系紧密
密度四级中心	朝天宫，颐和路公馆，宝船厂遗址，东南大学……	相互关联构成特色体验范围的片区

游憩人数进行核密度计算，展示人群空间聚集程度(图 2)。利用内容挖掘软件 ROST 分析研究范围内各个资源点评论数据中，某一节点与其他节点之间的联系；并以关联状态作为依据，构建游憩节点流向矩阵，进而转化为 ArcGIS 中的点序，与地理信息耦合，绘制南京市历史城区行程轨迹图(图 3)。

研究显示，图 1 中展示的南京历史城区内的景观资源点呈分散分布，位于城区边缘的资源点大多沿城墙、秦淮河和紫金山呈线性分布。到访率最高的资源点是总统府、中山陵和夫子庙，说明南京历史文化氛围对于游客具有较强的吸引力。图 2 中展示出的游客空间聚集特征与到访景区空间分布情况有一定的关联度，尤其从以总统府、中山陵、夫子庙等热门景区形成的密度一级、二级、三级中心，是游客聚集地和游憩活动承载地(表 2)。图 3 显示南京历史城区的游憩活动轨迹呈“大三角，小十字”的结构。以总统府为中心，向三个方向辐射——紫金山一带，夫子庙一带和玄武湖一带。虽然南京大屠杀遇难者纪念馆在游客聚集分析中并不处于较中心的位置，但在游客轨迹中却变成了一个“隐秘的热点”。玄武湖—夫子庙中山路轴线和纪念馆—中山陵隐藏游客轴线，构成了小十字的结构。

1.3.3　分类

根据上述旅游流量网络结构和游憩轨迹的分析，城市线性文化景观按可视性可分为隐性城市线性文化景观和显性城市线性文化景观两类[8]。隐性城市线性文化景观指该线性文化景观由于人为破坏或者自然消亡等原因，使得当下并不能直接被游客观察到，如“小十字”结构中的玄武湖—夫子庙中山路轴线，从轨迹图中反映出其突出的历史意义，但个体的游憩体验中并不能很直接地感知它们的关联。而城市空间结构中秦淮河、城墙这类可以直接通过视觉感知到的线性要素，因为其连通性和延续性，提供了发展成为有活力的显性城市线性文化景观的可能性。本文的视觉感知研究主要针对这一类可视可感的城市线性文化景观类型，以南京历史城区中的秦淮河沿线为例，探讨其空间价值评估体系的构建方法。

2 秦淮河城市线性文化景观视觉感知分析

1992年,英国社会学家约翰·厄里正式提出旅游凝视理论,他认为游客的摄影行为作为旅游凝视的行动化和具象化,其行为结果——即分享到社交网络上的照片——体现了游客对目的地最真实的印象[9]。本研究基于该理论,依据互联网海量的照片数据,尝试对照片内容进行解析,研究游客在各游憩点中,对城市文化和自然的真实感知,探索在景观遗产视角下游客对空间的体验诉求,从而构建最真实的景观空间价值评价体系。

2.1 研究对象概况

通常所说的秦淮河由内、外秦淮河组成。传统意义上的内秦淮河,是从东水关到西水关的"十里秦淮",各个河道形成于不同年代,具有很高的历史价值和非常丰富的文化内涵。它不仅包含内秦淮河南段的自然水系,还有其他段人工开凿的水系,具有突出的综合价值[10]。外秦淮河指的则是城外的河,是目前秦淮河水系中的主干河道,伴随着南京地形地貌的演变和城市形态的变迁,在历史长河中不断演化。本研究选取内秦淮河南段、中段、外秦淮河及其周边游憩点作为研究对象(图4)。

2.2 构建图片型数字足迹库

2.2.1 数据获取

在整个南京历史城区的文本型数字足迹库的基础上,提取视觉感知研究范围内所有游憩点的基础地理信息以及对应的携程评论,从中筛选出带图评论并抓取照片。为了保证照片数据的准确性,对抓取到的图片型数字足迹进一步筛选,筛选的原则是:①照片是游客在研究范围内的游憩点游玩时拍摄的;②照片需要包含一定信息量,剔除广告等;③每个用户的带图评论要搜集全面,包括图片和文字,剔除相同用户的评论。最终得到照片35971张。由于样本量过大,将照片数量大于200的游憩点照片,置入Excel中进行随机抽取,每个游憩点抽取200张,最终得到6137张进行下一步研究。

2.2.2 要素识别

建立视觉要素编码表的方法主要包括两种:一是采用已有的项目体系;二是由研究者根据研究目的自主构建。后者针对性更强,但需要大量时间检验才能保证其准确性和客观性。本文在深度挖掘游客图片数据内容的基础上,针对秦淮河概况并结合国内学者吴俏[11]等的研究成果,确定照片最终编码的一级代码为8个,分别为建筑、文化、历史文物、人物、自然景观、城市景观、旅游服务和食物,共37个二级代码(表3)。

图4 研究范围

表3 编码表

一级代码	二级代码	描述
建筑	1现代建筑;2桥梁牌坊等;3传统建筑;4建筑细部;5建筑内部	建筑是照片的主要聚焦点
文化	1宗教活动;2民俗节庆;3手工艺品;4艺术表演;5装饰装置;6文创	照片反映传统非物质文化
历史文物	1历史遗迹;2名人故居;3城墙;4博物馆、纪念馆、陈列馆;5园林	照片的核心主要和历史有关
人物	1游客自身;2人群	人是照片的主要聚焦点
自然景观	1秦淮河;2山;3植物;4天空;5湖;6动物;7石	以秦淮河资源为核心
城市景观	1城市街景;2天际线;3夜景;4道路、步道;5广场	一大片建筑为主体
旅游服务	1景区设施服务;2住宿条件及服务;3指示牌、游览图、解说牌;4景区游览车/船	与旅游服务整个系统有关
食物	1特色小吃;2餐厅菜肴;3店招	食物

2.2.3 要素编码

基于R语言的应用定性数据包RQDA常被用于进行文档管理和内容编码及提取，提高了文本编码的效率和准确性。本研究利用RQDA技术对图片内容进行解析和编码，由于RQDA适合编码纯文本文件，所以首先需要统一处理图片数据格式。将照片用txt文件替代，并导入RQDA，每个文本文件代表一张照片，并命名为“序号+游憩点编号”。由于照片内容的复杂性和照片要素间的关联性，它必须被编码成不同视觉元素的多个类别，同时为了减少其复杂性，本研究中每张照片在编码上不超过四个类别。在识别图像中的视觉元素后，应用与每个视觉元素对应的代码，直到所有视觉元素都被编码为止。

2.3 视觉感知分析

2.3.1 视觉注意力

照片编码后，对代码进行描述性数学统计分析，结果如表4所示：游人分享了较多与“自然”“建筑”“文化”“城市”相关的照片；其中，“自然”是游客表达最多的内容，项目中识别出“自然”代码的照片占比高达74.43%；自然类别中拍摄最多的是植物，包括春天的樱花、夏天的荷花和秋天的银杏；其次聚焦对象为“建筑”，其中传统建筑所占比重最高，可知秦淮河沿线历史文化资源对游人视觉注意力影响较大；在照片中标识出“人物”这一要素的内容中，“人群”的比例和“游客自身”所占比例相近，反映出游客对于南京繁华景象的视觉认同。

2.3.2 视觉要素共现关系

对二级代码进行共现分析，定量评价视觉感知中每个要素的内在关联和拍摄者的感知偏好，得到共现矩阵(图5)。两个代码相交处的数据表示被同时标记这两个代码的照片数量，可以揭示出这两种视觉要素间的关联强度，数值越大则表示它们之间的关联度越高。

建立共现网络结构，其评价指标体系包括个体网络和整体网络。整体网络的分析强调所有个体及其关系，主要包括整体网络密度、核心—边缘关系等指标；而个体网络的分析强调一个核心个体节点和与之相连的其他个体的关系，主要包括个体网络密度、中心度等指标，其中个体中心度用来表示一个节点在整个网络中的重要程度，当该节点与很多个体有直接关联时，则可以认为该节点具有较重要地位。因此，本文选用个体节点中心度作为可视化指标，通过表示与节点相连接的其他节点数量来评价这个节点的地位，展示了整个项目照片内容编码的共现网络结构(图6)。图中每个节点表示一个照片内容的代码元素，每个节点的大小随共现时间的变化而变化：实例数量越多，节点越大；每条连接线表示两个元素之间共发生的次数：数量越大，连线越粗。由图6可见，整个项目二级代码之间的共现关系较为均衡。其中，“植物”和“传统建筑”之间的关联尤为显著，体现在照片中多为植物和屋檐、漏窗等传统建筑元素，分别作为照片主体和背景的场景特写。“艺术表演”“手工艺品”“游览车”等旅游附属产业关联度较低，但依然构成较为重要的吸引力来源。值得

表4 视觉元素描述性数学统计表

一级代码	频数	频率	二级代码	频数	频率
建筑	3430	0.558905002	现代建筑	223	0.036336972
			桥梁牌坊等	579	0.094345772
			传统建筑	1600	0.260713704
			建筑细部	752	0.122535441
			建筑内部	276	0.044973114
文化	1599	0.260550758	宗教活动	53	0.008636141
			民俗节庆	140	0.022812449
			手工艺品	51	0.008310249
			艺术表演	66	0.01075444
			装饰装置	1179	0.19211341
			文创	110	0.017924067
历史文物	989	0.161153658	历史遗迹	391	0.063711911
			名人故居	15	0.002444191
			城墙	538	0.087664983
			博物馆	43	0.007006681
			园林	2	0.000325892
人物	434	0.070718592	游客自身	234	0.038129379
			人群	200	0.032589213
自然景观	4568	0.744337624	秦淮河	620	0.10102656
			山	35	0.005703112
			植物	2650	0.431807072
			天空	473	0.077073489
			湖/水景	493	0.08033241
			动物	42	0.006843735
			石	255	0.041551247
城市景观	1500	0.244419097	街景	92	0.014991038
			城市天际线	189	0.030796806
			夜景	861	0.140296562
			道路、步道	241	0.039270002
			广场	117	0.01906469
旅游服务	624	0.101678344	景区设施服务	63	0.010265602
			住宿及服务	3	0.000488838
			解说牌、游览图	359	0.058497637
			游览车/船	199	0.032426267
食物	149	0.024278964	特色小吃	59	0.009613818
			餐厅菜肴	49	0.007984357
			店招	41	0.006680789

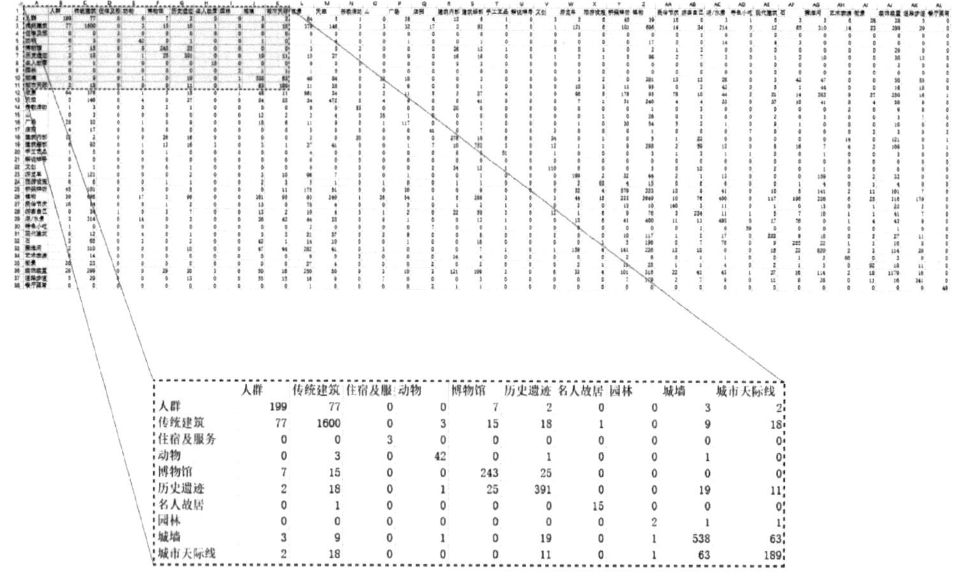

	人群	传统建筑	住宿及服	动物	博物馆	历史遗迹	名人故居	园林	城墙	城市天际线
人群	199	77	0	0	7	2	0	0	3	2
传统建筑	77	1600	0	3	15	18	1	0	9	18
住宿及服务	0	0	3	0	0	0	0	0	0	0
动物	0	3	0	42	0	1	0	0	1	0
博物馆	7	15	0	0	243	25	0	0	0	0
历史遗迹	2	18	0	1	25	391	0	0	19	11
名人故居	0	1	0	0	0	0	15	0	0	0
园林	0	0	0	0	0	0	0	2	1	1
城墙	3	9	0	1	0	19	0	1	538	63
城市天际线	2	18	0	0	0	11	0	1	63	189

图 5　共现矩阵

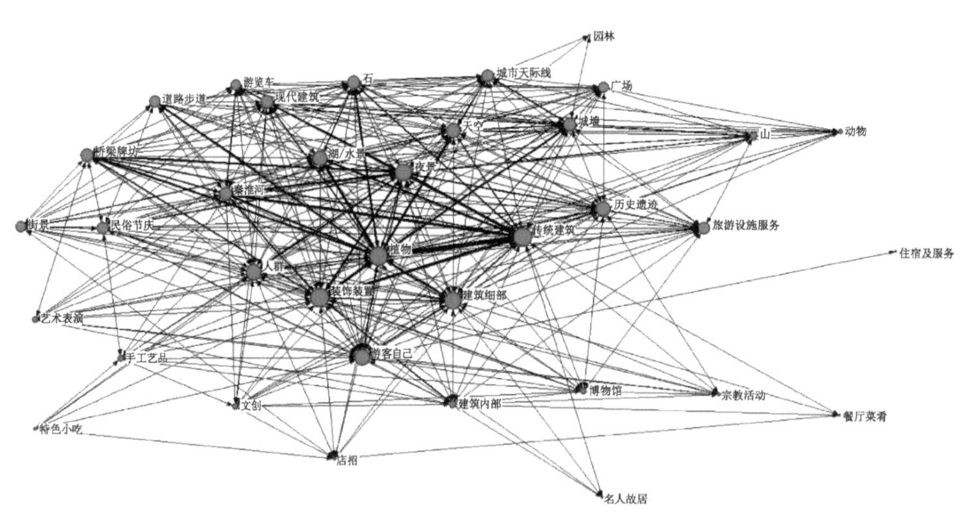

图 6　共现网络

注意的是，“人群”和“夜景”之间的关联度在以“人群”为中心时格外显著，而“夜景”作为一个较为中心的关联点，带动着包括“秦淮河”在内的一系列游憩体验过程，展现了该区域夜游经济的潜力。

对夫子庙片区和南京城墙片区两个“游憩圈”进行深度共现分析，结果显示：在夫子庙共现网络中，“传统建筑”构成最显著的视觉感知主题，“植物”“夜景”“秦淮河”和“装饰装置”参与构成游客视觉感知到的最直接、最清晰的图景；其中，“夜景”和视觉感知主题的关联度最高，体现了夫子庙秦淮河风光带夜游经济，带来视觉体验的丰富性（图 7）。在城墙共现网络中，“植物”和“城墙”构成视觉感知的主导因素，同时串联起“城市天际线”这类展示城市风貌的视觉要素，体现了城市线性文化景观的作用之一，即是整合城市零散的游憩空间，带动城市文化、经济和自然的协同稳定发展（图 8）。

3　基于视觉感知的游憩点综合价值评估

国内研究者对于各类遗产价值评估模型的框架认定大多基于《中国文物古迹保护准则(2015)》中强调的历史、艺术、科学以及社会和文化价值，或者基于我国《文物保护法》中所规定的“具有历史、艺术、科学价值的文物，受国家保护。”例如，俞孔坚认为景观有视觉审美、生活体验、科学生态和历史符号四个维度的价值[12]；刘伯英从历史、文

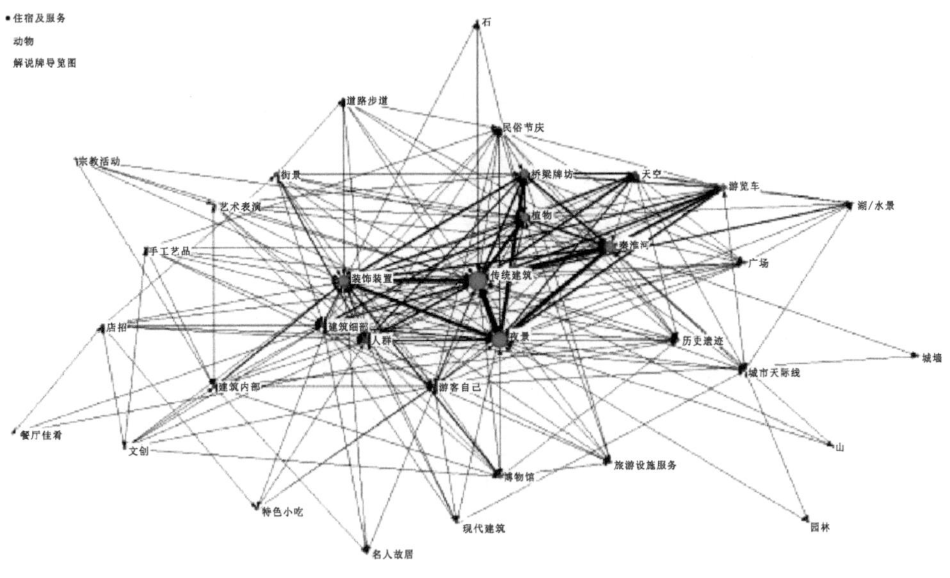

图 7　夫子庙共现网络

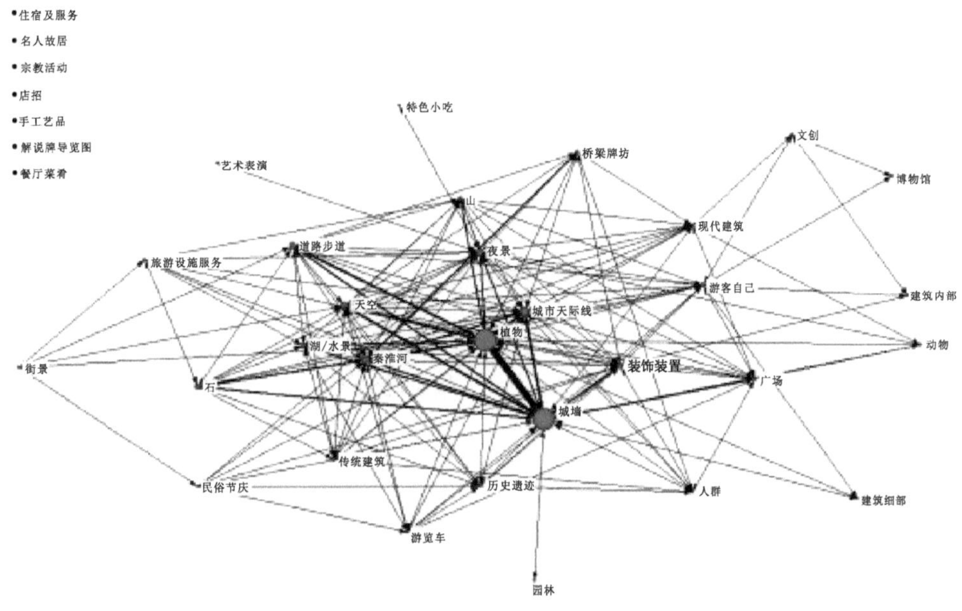

图 8　城墙共现网络

化、艺术、经济、技术五个方面对工业遗产廊道的价值进行定义[13]；屠一帆对大运河的线性文化遗产构成进行梳理，并将其价值分为历史、科学、美学和社会四部分[14]。依据众多学者的研究可将线性文化景观的价值构成归纳为历史文化、生态科学、审美艺术和社会经济四部分。但在具体应用于城市线性文化景观这一类别时，该框架也存在不少问题。

① 城市线性文化景观具有时间上的历时性，不同历史阶段往往体现出不同的价值内容。国内对线性文化景观价值评价的研究，大多数都关注于其历史价值的挖掘，但城市线性文化景观的价值不仅仅局限于历史价值，不可忽视的是它面对城市快速发展，所凸显出的自然生态价值和社会经济价值。

② 城市线性文化景观的构成信息丰富且相互关联，难以对各个价值类型的内涵做出明确的判定和划分。一方面，作为文化遗产的载体，线性文化景观所有对城市发展、文化留存有贡献的因素都需要被确定；另一方面，作为生活体验的栖居地，从人的视角对城市线性文化景观进行现状评估有助于最大限度地发挥其综合价值。

基于上文所分析的内容，本文提出针对秦淮河城市线性文化景观的完整评价体系，运用 AHP

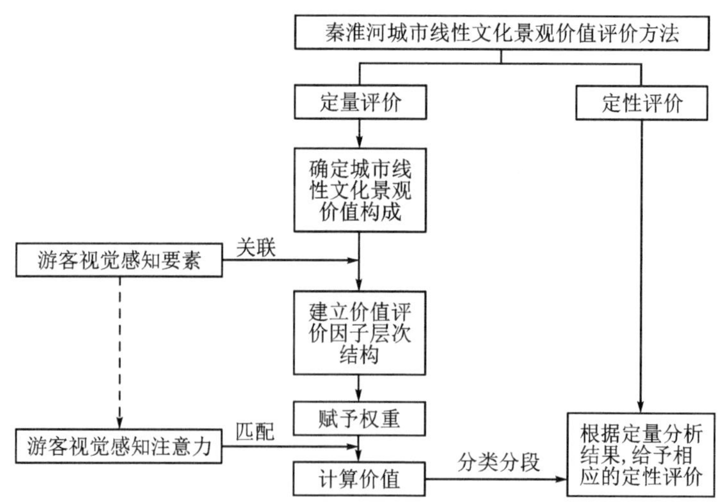

图 9　基于视觉感知分析的城市线性文化景观价值评估框架

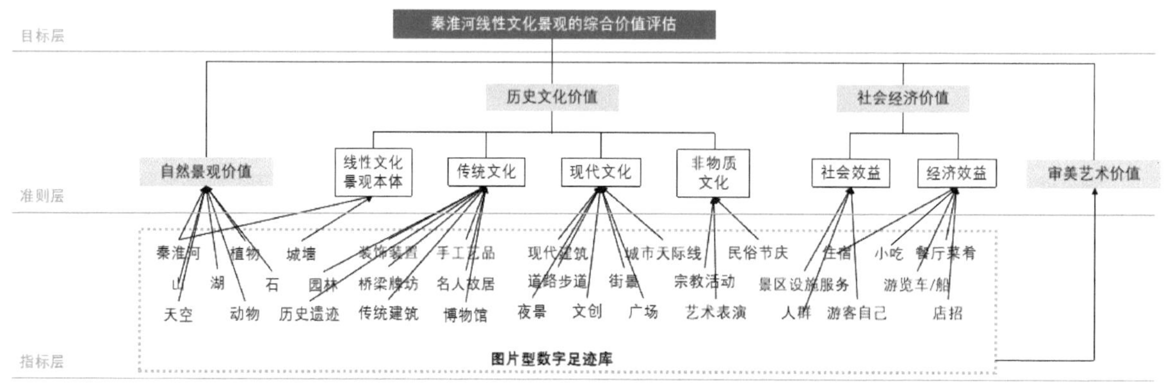

图 10　目标层次结构

法进行定量计算，同时根据定量分析的结果，给予相应的定性评价(图 9)。

3.1　指标体系构建

国内目前关于文化遗产的保护评价研究已经相对成熟，强调对遗产的历史文化意义和真实性的理解[15]。相应地，城市线性文化景观也需要基于其文化意义和真实性进行评价。在旅游偏好理论中，使用者对目的地表现出的决策倾向由“情感”和“感知”主导，使用者视觉感知反映了其在景观空间中最直接、最真实的体验[16]。本研究主要目标是，基于视觉感知中各元素的表征重点和关联关系，结合层次分析法赋予各元素权重，进而构建价值评估量化分析方法。传统研究中采用的层次分析法，是通过专家评价层次结构模型中影响因素的重要性，进行两两比较和层次排序来获得评价指标；因指标重要性主要由专家判断，易受主观因素影响，使结果偏差较大。基于此，本研究拟将游人视觉感知结果代替专家判断，作为对价值指标层级排序的依据。

3.1.1　建立目标层次结构

秦淮河游憩带连接了南京历史城区中许多重要的文化景点和城市开放绿地空间，毋庸置疑具有突出的历史文化价值、自然景观价值、社会经济价值以及审美艺术价值。历史文化价值主要指秦淮河区域历史阶段上的重要事件、人物以及物质遗存；自然景观价值包括河流以及河流串联的城市景观空间等；社会经济价值则分为旅游业发展带来的商业价值、人群聚集带来的社会影响力等；审美艺术价值则体现在传统建筑风貌、景区标志物等。

此外，结合前文对于秦淮河城市线性文化景观视觉感知分析中视觉要素的识别，探究出在使用者真实体验过程中，城市线性文化景观所具有的这四类价值具体评价因子，建立起视觉感知分析体系与综合价值评估体系的关联(图 10)。其中照片作为摄影这一行为的实体展现，皆反映出使用者体验中的审美价值，在本研究中将进行归一化处理。

3.1.2 构建判断矩阵

对于城市线性文化景观而言，在强调其多元综合价值体系的同时，不同价值类型的重要程度是不一样的。基于上述评价模型，根据层次分析法(AHP)的标定，基于第二章中游客视觉感知注意力的关系，为每一个指标因子赋值，计算出某一层次相对于上一层次，各个因素的单排序权值，从而得出同一层次中两两因子间相对重要性的判断矩阵，形成判断矩阵后，即可通过计算判断矩阵的最大特征值，及其对应的特征向量，计算出某一层对于上一层次某一个元素的相对重要性权值。

3.1.3 计算评价体系中各因子层权重

对评价体系里每一个矩阵的特征根进行一致性检验，判断矩阵是否存在逻辑性的错误，相关指标如下。

①一致性指标 $CI=\dfrac{\lambda-n}{n-1}$，其中 λ 表示矩阵归一化后的最大特征根；

②随机一致性指标 RI；

③计算一致性比率 $CR=\dfrac{CI}{RI}$

若一致性比率小于 0.1，则认为项目的不一致程度在可接受范围内，即可进行下一步计算。当一致性检验满足要求后，在计算出某一层次相对于上一层次各个因素的单排序权值的基础上，用上一层次因素本身的权值加权综合，即可计算出层次总排序权值。通过较少的定量信息，把决策的思维过程数学化，最终求得基于视觉感知分析的评价指标权重(表 5)。

表 5 评价因子权重表

一级因子	权重	二级因子	权重	三级因子	权重
自然景观价值	0.3325			秦淮河水体	0.3068
				山	0.0261
				植物	0.3780
				天空	0.1080
				湖/水景	0.0944
				动物	0.0588
				石	0.0279
历史文化价值	0.5278	线性文化景观本体	0.3734	秦淮河文化	0.6667
				城墙	0.3333
		传统文化	0.3546	园林	0.0278
				桥梁牌坊等	0.1699
				传统建筑	0.3127
				手工艺品	0.0533
				装饰装置	0.2594
				历史遗迹	0.1050
				名人故居	0.0301
				博物馆	0.0419
		现代文化	0.0758	现代建筑	0.1269
				文创	0.0368
				街景	0.0336
				城市天际线	0.0784

（续表）

一级因子	权重	二级因子	权重	三级因子	权重
				道路步道	0.1619
				广场	0.0468
				夜景	0.5157
		非物质文化	0.1962	宗教活动	0.1047
				民俗节庆	0.6370
				艺术表演	0.2583
社会经济价值	0.1396	经济价值	0.25	住宿及服务	0.0548
				游览车/船	0.4395
				特色小吃	0.2924
				餐厅菜肴	0.1408
				店招	0.0724
		社会价值	0.75	人群	0.4330
				游客自己	0.4665
				景区设施服务	0.1005

3.2 综合价值评估

3.2.1 价值评分准则

正如上文对旅游偏好理论的解析，照片是游客行为偏好的真实再现，照片内容反映出的要素是游客在游憩过程中实际感知到的，即认为是有价值的。因此，本文将这些图片型数字足迹反映出的数据作为主要评价信息，通过自然断点法将“包含该视觉要素的照片数量”这一数据分段并赋予相应的分值来制定价值评分准则，利用大数据的优势，提高价值评估的科学性和准确性（表 6）。

表 6 城市线性文化景观综合价值评估评分标准表

照片数量	0	0～10	10～30	30～50	50～100	>100
相对分值(X_i)	0	2	4	6	8	10

将上文所得权重和因子分值代入加法模型，即：

$$V=\sum_{i=1}^{n}W_iX_i$$

其中：W_i 为指标因子的权重，X_i 为对应指标因子的分值。

下面以夫子庙为例，对研究范围内共 45 个游憩点逐一进行赋值和评价计算，进行下一步研究。

3.2.2 自然景观价值

秦淮河本身的生态价值和审美价值是毋庸置疑的，与此同时，点状绿地由原来散布在城市空间中变成由道路、步道或河道串联成的一个整体，在美化环境的同时为游客提供公共休闲空间。对各项自然景观价值指标进行赋值计算，结果见表 7。

3.2.3 历史文化价值

秦淮河是南京历史城区最重要、最具活力的文化载体，在城市发展过程中，曾经承担着商业、交通、生活和文化审美等多重功能。夫子庙历史文化街区作为其中重要的文化遗存之一，记录着南京城市发展的多个阶段，从其建筑、街道、牌坊等可以直观地了解老城南和南京的历史。此外，秦淮灯会、云锦、白局、评话、祭孔大典这些非物质文化遗存同样是南京历史文化的缩影，它们蕴含着夫子庙历史文化街区的众多历史文化信息。对各项历史文化价值指标进行赋值计算，结果见表 8。

3.2.4 社会经济价值

“十里秦淮”自古是南京繁盛之地，核心区域夫子庙历史文化街区，已成为游客体验南京历史文化必游景点之一。主街上的业态以老字号餐饮店及其他一些具有传统特色的旅游商品店铺为主，对各项社会经济价值指标进行赋值计算，结果

表 7　夫子庙自然景观价值评估表

	秦淮河水体	山	植物	天空	湖/水景	动物	石
照片数量	24	0	33	22	3	0	0
相对分值	4	0	6	4	2	0	0
权重	0.306 8	0.026 1	0.378 0	0.108 0	0.0944	0.058 8	0.027 9
自然景观价值	4.116						

表 8　夫子庙历史文化价值评估表

	秦淮河文化	城墙						
照片数量	24	0						
相对分值	4	0						
权重	0.666 7	0.333 3						
综合价值 1	2.666 8							
	园林	桥梁牌坊	传统建筑	手工艺品	装饰装置	历史遗迹	名人故居	博物馆
照片数量	1	34	86	3	38	18	0	2
相对分值	2	6	8	2	4	4	0	2
权重	0.027 8	0.169 9	0.312 7	0.053 3	0.259 4	0.105 0	0.030 1	0.041 9
综合价值 2	5.7 434							
	现代建筑	文创	街景	天际线	道路步道	广场	夜景	
照片数量	2	6	10	7	0	0	57	
相对分值	2	2	4	2	0	0	8	
权重	0.126 9	0.036 8	0.033 6	0.078 4	0.161 9	0.046 8	0.515 7	
综合价值 3	3.712 7							
	宗教活动	民俗节庆	艺术表演					
照片数量	0	15	4					
相对分值	0	4	2					
权重	0.104 7	0.637 0	0.258 3					
综合价值 4	3.064 6							
历史文化价值	3.915 1							

见表 9。

3.3　综合价值评估结果

根据城市线性文化景观价值评估体系和权重，完成研究范围内所有游憩点的三类价值赋值计算，即：

$$V = 0.3325 * X_1 + 0.5278 * X_2 + 0.1396 * X_3$$

其中 X_1、X_2、X_3 分别对应了该游憩点的自然景观价值、历史文化价值以及社会经济价值。该公式中的权重数值完全依照秦淮河城市线性文化景观空间体验特征提取出来，其典型性只适用于相关的类似研究，不具有普适城市线性文化景观的依据。

计算得到各游憩点综合价值结果见表 10 所示。“秦淮河”以 5.65 分位列秦淮河游憩带综合价值评估首位，凸显其作为线性景观承载体的自然景观价值和历史文化价值，同时也是带动周边经济发展、人群活力的重要源泉；“夫子庙秦淮

表 9 夫子庙社会经济价值评估表

	住宿及服务	游览车/船	特色小吃	餐厅菜肴	店招
照片数量	1	13	9	3	4
相对分值	2	4	2	2	2
权重	0.054 8	0.439 5	0.292 4	0.140 8	0.072 4
综合价值 1	2.878 8				
	人群	游客自己	景区设施服务		
照片数量	16	9	3		
相对分值	4	2	2		
权重	0.433 0	0.466 5	0.100 5		
综合价值 2	2.866 0				
社会经济价值	2.869 2				

表 10 秦淮河游憩带综合价值评估结果(按综合价值降序排序)

游憩点名称	自然景观价值	权重	历史文化价值	权重	社会经济价值	权重	综合价值
秦淮河	6.576 2	0.332 5	5.757 4	0.527 8	3.025 4	0.139 6	5.647 688 06
泮池	6.450 4		4.990 2		1.459 5		4.982 331 76
白鹭洲公园	6.765 4		4.613 1		1.290 0		4.864 373 68
夫子庙秦淮风光带	5.460 8		5.016 3		2.841 8		4.860 034 42
石头城公园	7.248 2		3.824 2		1.756 0		4.673 576 86
桃叶渡	6.056 6		4.220 1		1.824 9		4.495 944 32
南京城墙	6.227 6		3.868 3		1.719 8		4.352 449 82
夫子庙	4.116 0		3.915 1		2.869 2		3.835 500 10
夫子庙大成殿	3.011 0		4.156 1		2.515 5		3.545 910 88
莫愁湖景区	5.810 0		2.400 7		1.866 0		3.459 408 06
中华门瓮城	4.341 4		3.071 9		2.562 7		3.422 617 24
朝天宫	5.403 8		2.719 4		1.349 3		3.420 425 10
夫子庙购物商圈	2.955 2		3.671 7		2.988 0		3.337 652 06
乌龙潭公园	5.646 2		2.363 2		1.500 0		3.334 058 46
老门东历史街区	4.314 2		2.713 0		3.198 5		3.312 903 50
愚园	5.865 8		2.137 9		1.605 2		3.302 848 04
文德桥	3.757 6		3.254 8		1.939 5		3.238 039 64
中国科举博物馆	3.360 0		3.345 6		2.369 3		3.213 761 96
瞻园	5.369 8		2.006 3		2.414 9		3.181 503 68
乌衣巷	3.205 6		3.253 6		2.400 9		3.118 277 72
李香君故居	3.955 8		3.024 8		0.886 7		3.035 576 26
清凉山公园	4.410 4		2.096 1		1.349 2		2.761 127 90

（续表）

游憩点名称	自然景观价值	权重	历史文化价值	权重	社会经济价值	权重	综合价值
大报恩寺遗址公园	2.609 8		2.745 2		2.876 7		2.718 262 38
河海大学	4.348 6		1.837 4		2.049 0		2.701 729 62
甘家大院	3.791 0		2.240 2		1.349 3		2.631 247 34
1865 创意产业园	4.400 8		1.499 3		2.396 2		2.589 106 06
南京国防园	4.456 6		1.499 6		1.500 0		2.482 708 38
古林公园	4.763 0		0.931 8		2.199 7		2.382 579 66
武定门公园	2.539 8		2.319 7		1.500 0		2.278 221 16
得月台	2.388 0		2.156 5		1.936 3		2.202 518 18
熙南里	2.090 2		1.957 4		2.336 0		2.054 212 82
三条营历史街区	2.125 6		2.081 5		1.646 2		2.035 187 22
雨花门	2.341 6		1.961 0		1.569 0		2.032 630 20
汉中门广场	3.097 6		1.644 2		0.699 8		1.995 452 84
南京艺术学院	3.818 2		0.814 9		2.049 0		1.985 696 12
集庆门	2.341 6		1.956 9		0.850 5		1.930 163 62
郑和公园	3.617 6		0.982 8		0.649 5		1.812 244 04
明远楼	2.132 8		1.577 2		0.218 7		1.572 132 68
南京广播电视塔	1.944 0		0.930 9		0.699 7		1.235 387 14
圣保罗教堂	1.916 8		0.900 3		0.685 7		1.208 238 06
三叉河	1.585 6		0.959 4		0.370 5		1.085 305 12
净觉寺	1.160 8		0.651 6		1.001 2		0.869 648 00
凤凰西街	0.972 0		0.787 0		0.916 4		0.866 498 04
金陵美术馆	0.972 0		0.763 7		0.649 5		0.816 941 06
定淮门	1.585 6		0.487 6		0.150 8		0.805 618 96

风光带”“白鹭洲公园”以及“石头城公园”因为其突出自然景观价值和历史文化价值，同样成为秦淮河线性文化景观中重要的游憩节点，在之后的保护和利用途径讨论中需要注重与经济热点的连结，以创造持久活力。

将秦淮河游憩带综合价值评估结果与地理信息耦合。从自然景观、历史文化和社会经济三个层次的价值来看，老城南的文化和经济价值主要集中表现在内秦淮河南端和中段之间，呈现团块聚集，而自然景观价值则集中在外秦淮河和内秦淮河中段以南，价值的联动还有进一步提升的地方(图 11)。从综合价值评价来看，老门东、夫子庙一带作为现状的游憩活动聚集地，拥有突出的综合价值(图 12)。从秦淮河城市线性文化景观的视角看，外秦淮河上的部分游憩点，如中华门广场、石头城公园、清凉山公园、莫愁湖公园等，具有延续这种活力的综合价值潜力。

3.4 分级分类界定与管控

基于上文价值计算的结果，在城市线性文化景观内部对其进行分级分类，来评估众多景观资源点的价值分布，从而制定针对性的保护开发策略。几何平均值可以表示一系列数值平均程度的同时，受极大极小值的影响相对较小，即较为稳定，通常应用来计算一个完整过程中某一阶段的平均水平。本文选择对应的自然景观、历史文化

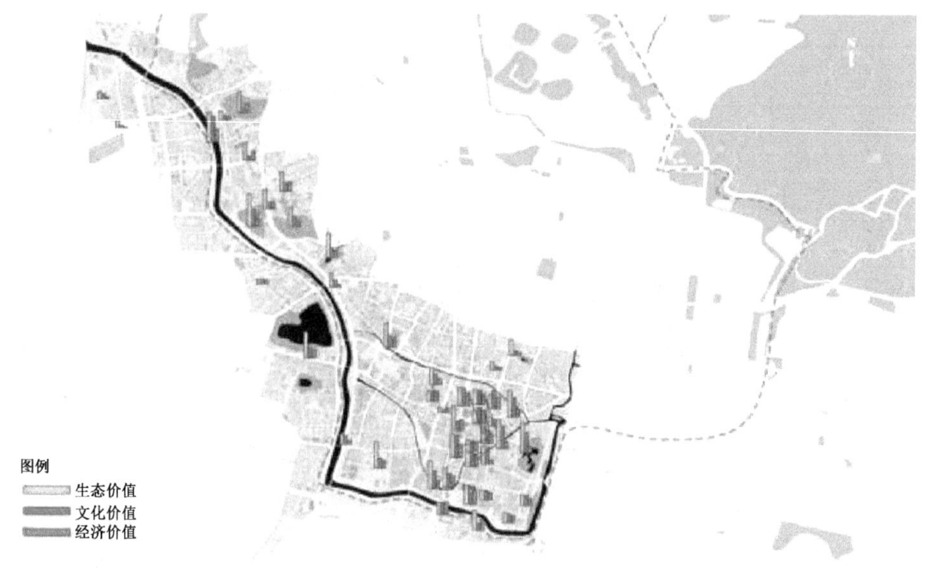

图 11 三个层次的价值评价

图 12 综合价值评价

和社会经济价值的几何平均值作为合格标准，即生态价值>3.381 5，文化价值>2.074 2，经济价值>1.425 3，将研究范围内 45 个游憩点进行分类(图 13)。

三个层次的合格标准均不满足作为第四等级，只满足其中一种层次标准作为第三等级，满足两条标准作为第二等级，三条标准都满足则为第一等级，并以"空间保护"和"空间发展"两条保护利用准则作为评估等级依次对应(图 14)。

最终得到分类结果如表 11 所示，并同样在 GIS 中进行空间可视化(图 15)。

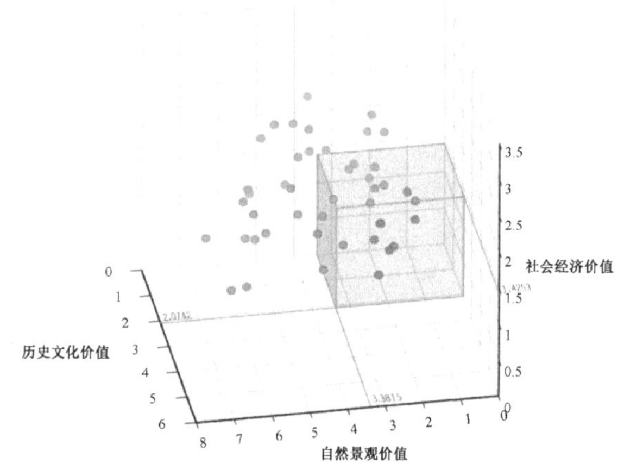

图 13 价值三维散点图

空间保护和开发并行 ——→ 部分空间保护，部分空间开发 ——→ 空间发展，挖掘新的价值内涵

一级价值点　二级价值点　三级价值点　四级价值点

图 14　价值评估等级

表 11　秦淮河游憩带综合价值评估分类分级界定

分类	计数	游憩点
一级价值点	13	夫子庙，夫子庙秦淮风光带，中华门瓮城，老门东，莫愁湖，秦淮河，南京城墙，石头城公园，愚园，乌龙潭公园，桃叶渡，泮池，文德桥
二级价值点	19	夫子庙大成殿，大报恩寺，江南贡院，瞻园，朝天宫，甘家大院，乌衣巷，白鹭洲公园，李香君故居，清凉山公园，古林公园，夫子庙休闲购物商圈，国防园，河海大学，1865 创意产业园，武定门公园，南艺，德月台，三条营历史文化街区
三级价值点	3	熙南里，郑和公园，雨花门
四级价值点	10	圣保罗教堂，汉中门广场，南京广播电视塔，净觉寺，凤凰西街，集庆门，金陵美术馆，定淮门，明远楼，三叉河

图 15　四个等级的价值点空间分布

针对一级价值点，强调其空间保护和开法并行。城市线性文化景观的保护与可持续发展往往是紧密结合在一起的复合经营模式。美国的遗产廊道与绿道管理模式，为我们提供了一种很好的范例，即以城市公共空间作为整体，以河流作为廊道骨架，和沿线文化景观资源点的游憩主轴，通过生态维护和遗产保护带动旅游业和社区经济的振兴。城市文化也作为一个逐渐兴起的游客体验的独特视角，为空间的发展创造更多的可能性。例如城墙作为城市天际线的最佳观赏点之一，在保护和开发策略中，应该在尊重历史的前提下，串联起历史和现在的关系，真正做到协同发展。针对二、三级价值点，依据各个游憩点价值特征，优先进行空间保护或者空间发展，例如秦淮河边、古城墙下的绿地、公园。如石头城公园等，具有丰富的生态价值；如中华门广场等具有突出的历史文化价值，在未来的保护和开发策略中，必须强调以生态环境保护与文化遗产保护为主，同时优先规划连续的线性景观要素；而内秦淮河周边的老城区具有突出的历史文化价值，无论是像夫子庙一样建设仿古建筑，营造传统氛围，保留传统节

庆活动，还是像老门东一样在古建筑群的肌理上进行文化产业开发，本着保存街区文化遗产的完整性与真实性的原则，才能让游憩点的价值体现并加强。针对四级价值点，强调其空间发展，以挖掘新的价值内涵，从而参与到秦淮河城市线性文化景观的活力构成中。

4 结语

城市线性文化景观价值丰富，是一个城市区域综合价值在空间和时间上的延续和累加。不论是展示城市特色，还是完善城市结构，构建城市游憩体系，还是提升居民生活品质和幸福感，对城市线性文化景观进行整体价值评估和保护利用研究，都具有重要作用和意义。在传统对于线性文化景观现状价值评估的过程中，通常由设计者或者决策者采用较独立的视角，来审视各个空间要素功能及结构的建构与优化问题，导致空间布局上整合度薄弱，空间体验上缺乏针对性，难以实现要素布局整体绩效的最大化。本研究基于数字足迹的视觉感知分析来构建城市线性文化景观评价体系，本质上是“以人为本”观念的体现。将游客的体验感知和空间需求，而不是官方或设计师的主观意见，作为价值判定标准。该研究尝试意味着以使用者体验为宗旨的新生视角，来重新构思景观环境和城市发展，通过对数字足迹的运用和技术路径的创新，完成以技术为核心到以人为核心的转变。

参考文献

[1] 龚道德，张青萍.美国国家遗产廊道（区域）模式溯源及其启示[J].国际城市规划，2014，29(06)：81-86.

[2] Girardin, F., Calabrese, F., Fiore, F. D., et al. Digital footprinting: Uncovering tourists with user-generated content[J]. IEEE Pervasive Computing, 2008, 7(4)：36-43.

[3] 李帅. 基于GIS和照片内容分析的线性旅游单元景观美景度计算方法[D].石家庄：河北师范大学，2020.

[4] 罗·范·奥尔斯，韩锋，王溪.城市历史景观的概念及其与文化景观的联系[J].中国园林，2012，28(5)：16-18.

[5] 林轶南，严国泰.线性文化景观的保护与发展研究：基于景观性格理论[M].上海：同济大学出版社.2017.

[6] Gulliford A.Preserving Western History[M].UNM Press，2005.

[7] 柳仪仪. 城市线性文化景观的保护与利用研究：以长沙为例[D].长沙：中南大学，2012.

[8] 肖洪未，李和平.城市文化资源的整体保护：城市线性文化景观的解析与保护研究[J].中国园林，2016，32(11)：99-102.

[9] 刘丹萍.旅游凝视：从福柯到厄里[J].旅游学刊，2007，22(06)：91-95.

[10] 张璐.南京老城区内秦淮河水系景观研究[D].南京：东南大学，2018.

[11] 吴俏，程俊兰.基于视觉表征的南京旅游形象对比研究[J].湖北文理学院学报，2020，41(08)：34-40.

[12] 俞孔坚.景观的含义[J].时代建筑，2002(01)：14-17.

[13] 刘伯英，李匡.首钢工业区工业遗产资源保护与再利用研究[J]，建筑创作，2006(9)：36-51.

[14] 屠一帆.线性文化遗产构成及其旅游价值评价研究：以大运河浙东段为例[D].上海：上海师范大学，2016.

[15] 刘凤凌.三线建设时期工业遗产廊道的价值评估研究：以长江沿岸重庆段船舶工业为例[D].重庆：重庆大学，2012.

[16] 杜炜.旅游消费行为学[M].天津：南开大学出版社，2009.

作者简介：周详，东南大学建筑学院，讲师、硕士生导师。研究方向：景观遗产与历史性城镇景观数字化研究，城市更新与公共空间品质营造。

刘子玥，新加坡国立大学设计与环境学院，硕士研究生。研究方向：高密度亚洲城市生态设计。

数字场景营造

——数字媒介艺术在场地尺度历史文化景观中的应用研究

曹凯中

摘　要　数字媒介艺术嵌入场地尺度历史文化景观从而成为历史文化景观的一部分，能够延伸人们对历史文化景观的场所体验。不同于真实的物质建造，数字媒介艺术可以在不改变已有物理空间的前提下，为参与者提供易于理解的文化信息和复合的感官体验。这一特定类型的数字景观不仅为历史文化景观更新提供新的设计策略，也将进一步将原有的历史文化景观转变成为一种特定类型的媒介化场所。有别于以往基于风景园林学、建筑学、城乡规划学、文化遗产保护的研究，本研究将从新的学术视野出发，并建立一套“数字场景营造”的设计策略。

核心词　数字媒介艺术；历史文化景观；媒介化场所；数字场景营造

1　引言：问题与矛盾

在人类的城市化进程中，历史文化景观都曾经经历过或正在面临着两个共同的问题：首先是如何在保护的前提下，对历史文化景观进行再发展。《威尼斯宪章》和《内罗毕建议》认为对历史文化景观及其毗邻环境进行保护、更新、合理的再利用，不仅使其自身得到有效的保护，而且可以作用于当下的城市生活，从而成为推动当代城市文化发展的积极因素。可以说，如何在保护的前提下，使历史文化景观有机融入当代生活中，并成为城市的公共资产是一个值得不断探索的问题[1]。

随着技术的进步人类对于历史文化景观保护与更新的观念也在发生新的转变。新技术的介入，使得传统上采用单一物理建造的更新方式转变为通过数字技术介入后的迭代优化，并在这个过程中实现功能创新。这一点在我国表现得尤为显著，随着工业 4.0 时代的到来，数字技术在历史文化景观保护中的应用日益深化，形成了具有智能化、信息化特征的智慧建造理论方法与技术工具，当代数字技术下的智慧建造探索也愈发关注对于人文主义思想的思考和传承。

作为数字技术的一个分支，数字媒介艺术的出现，是否可以促使更新和保护之间的关系逐步朝着互相促进的方向转化？如果二者相互促进，是否意味着数字媒介艺术会成为一种场所营造的手段，将历史文化景观转变成为具有时代精神的媒介化场所(mediatized place)？媒介化场所的出现，是否是一种人文的进步而非仅仅是技术的应用？媒介化场所与日常公共空间之间的交叉是否可以成为重塑城市生活的动力？针对于以上一系列的问题，本研究聚焦于数字媒介艺术，将其作为一种历史文化景观的更新方法，并由此通过跨学科的思考以及相关的案例研究，回应这一系列的命题。

2　数字媒介艺术 vs 历史文化景观

数字媒介艺术(Digital Media Art)是随着 20 世纪末数字技术与艺术设计相结合的趋势，而形成的一个交叉学科和艺术创新领域，数字媒介艺术借助了动作捕捉、交互、呈像等技术，在空间感知领域产生了深刻变革[2]。斯坦・范德贝克(Stan Van Der Beek)认为数字媒介艺术是一种混合媒介(multi-media)的综合应用，这些混合媒介涵盖了激光投影、计算机图形以及 LED 屏幕等，多种媒介混合之后所产生出的“化学反应”，是其独特的艺术特征。艾伦・伦纳德・里斯(Alan Leonard Rees)则认为数字媒介艺术是一个较为弹性的概念，其结果是多种类型的数字投影事件(projection event)的总和[3]。可以说，数字媒介艺术其发展是由不同门类的艺术家、工程师、创作者相互影响而逐渐形成的，这里的“媒介”不仅是介质和材料，也包括其自身的实现技术。作为一种独特的当代艺术，数字媒介艺术的审美特征、形式语言以及操作机制具有其自身的独特性与完整性，其形式涵盖了声音、图像、文字、影像、装置等[4]。

那么数字媒介艺术会给历史文化景观的保护和更新带来怎样的可能？

首先，通过数字媒介艺术形成场所已经成为空间研究的重要领域之一，西蒙・佩妮（Simon Penny）认为由于数字媒介艺术专注于身体的感知与空间界面的实验性创作，因此对于城市空间的改造甚至是重构都至关重要，而萨森（Sassen）则认为数字媒介艺术可以为固有空间提供历时性场景（diachronic place）[5]。这些研究都说明了，数字媒介艺术对于空间具有不言而喻的意义。

针对于特定空间类型的历史文化景观，德里克・格里高里（Derek Gregory）认为如何利用新的策略和技术形成一种“去物质化”（dematerialization）是当下历史文化景观更新一个新的方向和契机[6]。与他的观点类似，切萨雷・布兰迪（Cesare Brandi）认为形成对历史文化景观真实性感受的秘密，在于如何制造一种“聆听”它们的机制，而不是基于“美化”（beautify）观念的物质性补全（complete）。可以说，针对于历史文化景观的更新，数字媒介艺术的介入没有削弱其本身的独特性，相反为历史文化景观提供了一种兼具事件性和真实性的阅读方式，这种阅读方式使得参与者获得了一种在场式体验（experience of being）。从原理上，数字媒介艺术以历史文化景观为物质载体，用技术革新和艺术创作赋予了历史文化景观媒介的属性，并让媒介艺术与历史信息、物理空间形成了一种综合作用，构成了一种属于当下的文化空间。正如萨森所说：“数字媒介通过建立起不同的感知厚度，而产生出更为丰富化、立体化的场所体验，这也使得原本的空间秩序变得不再稳定”。这种改变并没有使历史文化景观原本的物质属性，被数字媒介艺术所营造出的信息语言所消解，而是被数字媒介艺术所特有的传导、显现、交互等特征所赋能，并由此增强了物质空间中的“境”(图 1)。

图 1　teamlab 团队在京都的园林中通过数字媒介艺术实现了场所增强

（图片来源：https://www.team-lab.com）

3　媒介化场所 vs 数字场景营造

数字媒介艺术的各种形态（如激光投影、透明屏幕等）嵌入物理空间后，重塑了物理空间界面，也改变了虚拟信息与感知关系，并由此催生出本文所提出的“媒介化场所”[7]。媒介化场所形成于数字媒介艺术与物理空间的相互作用，数字媒体艺术和物理共建在这里共同扮演着生产要素的角色，使得原本呈现出相对恒久弥坚的历史文化景观，转变成为一种具有过程性的流变空间（space of flows）①。在这个关系里，物理空间与数字媒体艺术之间，并非是中立化的二元存在，这也就意味着媒介化场所并不存在绝对的形式，正是这种闪烁不定、稍纵即逝的可变形式会催发出在场者的情感，并由此形成不断变化的场所感受。本文所提出的媒介化场所并非一个全新的概念，在《场所之语》（placing words）中，米切尔（William J. Mitchell）认为随着数字技术的发展，由数字技术产生的虚拟空间与客观存在的物理空间会出现越来越彼此纠缠、相互编织的趋势，而这在这种趋势下会产生出一种新的空间类型。肖恩・穆尔斯（Shaun Moores）将这类空间称为“重合空间”（doubling space），克鲁登堡（Kluitenberg）将这类空间称为“混合空间”（hybird space）[8]。从上述的观点可以看到，本文所指的媒介化场所呈现于现实空间，但却被数字技术产生的动态信息不断

① 由美国社会学家曼纽尔卡斯特提出。随着技术发展，人们活动不完全受限于距离，时空观念逐渐从传统意义上的场所空间向流空间转变。

掩盖，也正是因为如此，媒介化场所具有了“复合感知系统”和“开放参与空间”这两个相互交叉并且关联的作用。

第一个作用是形成复合感知：正如麦克卢汉(Marshall McLuhan)所说，媒介技术是对人类器官的延伸和拓展，这种延伸和扩展能进一步改变人的感知比率，引入尺度变化和速度变化[9]。在《地理媒介：网络化城市与公共空间的未来》一书中，作者同样阐释了数字媒介艺术可以为行为主体带来新的使用节奏和情感体验[10]。借助互动装置、墙面影像秀等数字媒介艺术，媒介化场所形成了复合感知。这种复合感知有别于纯粹物理空间中的身体经验，也并非是虚拟空间中的间接感知，而是二者彼此相互转化、相互作用产生出的一种中间化感知。在这种关系中，行为主体的视觉和听觉感知比率(perception ratio)也发生了变化，日常的感知经验被拓展出新的维度，从实体形象的透视感知转为光影流动的复合感知[11](图 2)。复合感知系统也使得传统被界定出的保护空间，和开放空间、私密空间和公共空间的界限

图 2　里昂灯光节中历史墙面的时空融合

图 3　teamlab 团队在源平屋改造设计中形成的复合感知

(图片来源：https://art.team-lab.cn/w/genpei-waterscrolls)

被模糊化，并由此形成了真实物理空间无法提供的尺度感(图 3)。同时，历史文化景观的信息连接能力被数字媒介艺术增强之后，历史文化景观会进一步作用于日常生活的多个方面。

第二个作用形成开放参与空间：如麦卡洛(Mc Cullough)所说，“随着数字媒介艺术中定位系统的进一步普及，所有接触数字媒介艺术的个人都成为了活的光标，并由此形成了新的活力界面”。随着移动互联网的不断发展，嵌入可交互系统的媒介化场所，使参与者与历史文化景观之间形成了共时性的反馈，并由此定义出一种可参与式空间(participatory space)，这种可参与式空间为参与者提供了个体化的体验[12]。需要说明的一点是，媒介化场所的可参与性并非来自数字媒介艺术与历史文化景观的简单叠加，而是通过人介入后逐步培养形成的，其原理是将历史文化景观中的文字、符号、图像进行数字媒介再创作，使其成为可感知与思考的信息，并通过媒介化场所中的复合界面(物质界面与数字媒介艺术共同形成的界面)来激发人的好奇心以及与他人交流的意愿。与此同时，具备位置感知的数字媒体艺术也将参与者，与位置追踪和大规模数据分析结合起来，形成了更为智慧化的管理模式[13](图 4)。

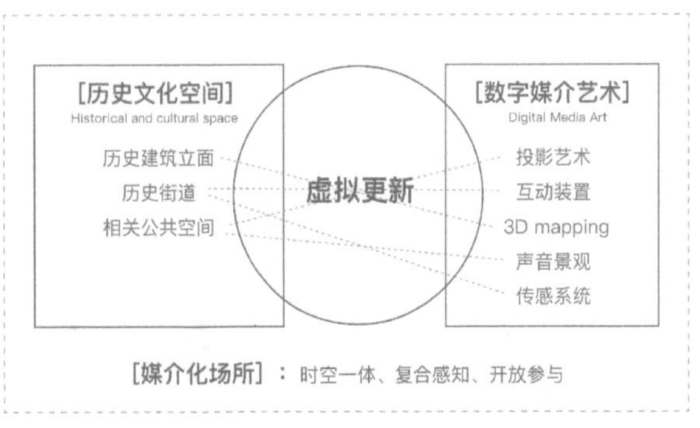

图 4　基于数字媒体的数字场景营造

本文所提出的“数字场景营造”设计策略，即是通过数字媒介艺术的介入，使得一般意义上的历史文化景观转变成为具有时空链接、复合感知以及开放参与的媒介化场所。相对于传统意义上的空间更新，数字场景营造强调的是一种去物质化、材料化的操作。在这个操作过程中，其承载界面涵盖了历史文化景观中的建筑立面、广场、名木古树等，而实现手段则涵盖了激光投影、3D mapping、互动装置、动作捕捉、声传感等多种相关的数字媒介技术。需要指明的是，在数字场景营造

设计策略运用的过程中，物质空间与数字媒介艺术并非仅仅是一种“界面”和“容器”的固定关系，由于感光材料与传导技术的不断发展，以及过程艺术（Process art）、随机艺术（Random art）的综合影响，在当下的实践中，呈现出“空间的媒介化”设计倾向，在这种倾向中，物理空间本身的具体性（Specificties of Space）成为了数字媒介艺术创作的出发点，并最终成为媒介化场所的建构性要素（Constructive elements）。换句话说，历史文化景观由于数字媒介艺术的介入，使其本身的唯一性、独特性进一步增强，而数字媒介艺术所传达的内容和风格，也围绕历史文化景观自身特殊性而进行适当介入，这是数字场景营造策略的根本导向[14]。从最终的呈现结果来看，这一更新方式使得数字媒介艺术与历史文化景观之间，出现了结构性耦合，将历史信息与环境氛围进行了数字化赋能（empower），由此将体验和空间进行实时化的整合。

4 案例读解：阿维尼翁教皇宫殿与里昂历史文化街道的数字场景营造

位于法国东南部罗讷河畔的城市阿维尼翁（Avignon），南距迪朗斯河和罗讷河汇合处 4 km，是沃克吕兹省首府。作为一座历史文化名城，阿维尼翁拥有多座中世纪时期建造的宫殿和教堂，城内还有建于 12 世纪的阿维尼翁桥。阿维尼翁最为著名的文化遗产，是一座建于 14 世纪的罗马教皇宫殿，是中世纪基督教世界的心脏，在欧洲历史上起着至关重要的作用，并在 2001 年被联合国教科文组织列为世界遗产。为了更好地利用教皇宫殿这一历史文化景观，当地政府请来了布鲁诺・塞里耶（Bruno Seillier）在宫殿进行了数字媒介艺术的创作，塞里耶在这里利用宫殿空间的圆形中庭，创作出了一个 360°的环形数字影像空间，整个空间可以容纳近 35 万名观众。塞里耶在这里使用了 15 台高清视频投影仪，将影像呈现在宫殿圆形庭院的中世纪墙壁上，并通过针对性的设计使影像融入了四周的建筑立面，影像的内容呈现了教皇宫殿从 13 世纪迄今的历史发展，使得皇宫庭院与变化的历史影像，实现了本文提出的时空整合。最终，360°的数字影像与建筑立面共同形成了一个“无处不在、无时不在”的媒介化场所。阿维尼翁教皇宫殿的案例反思了历史文化景观的视阈边界，并借助数字媒介艺术对历史文化景观进行了范式创新。在保证空间载体的日常功能不变的同时，实现了空间和时间的复合利用，不仅为历史信息带来了新的视觉呈现，并且为参与者提供了沉浸体验（图 5）。

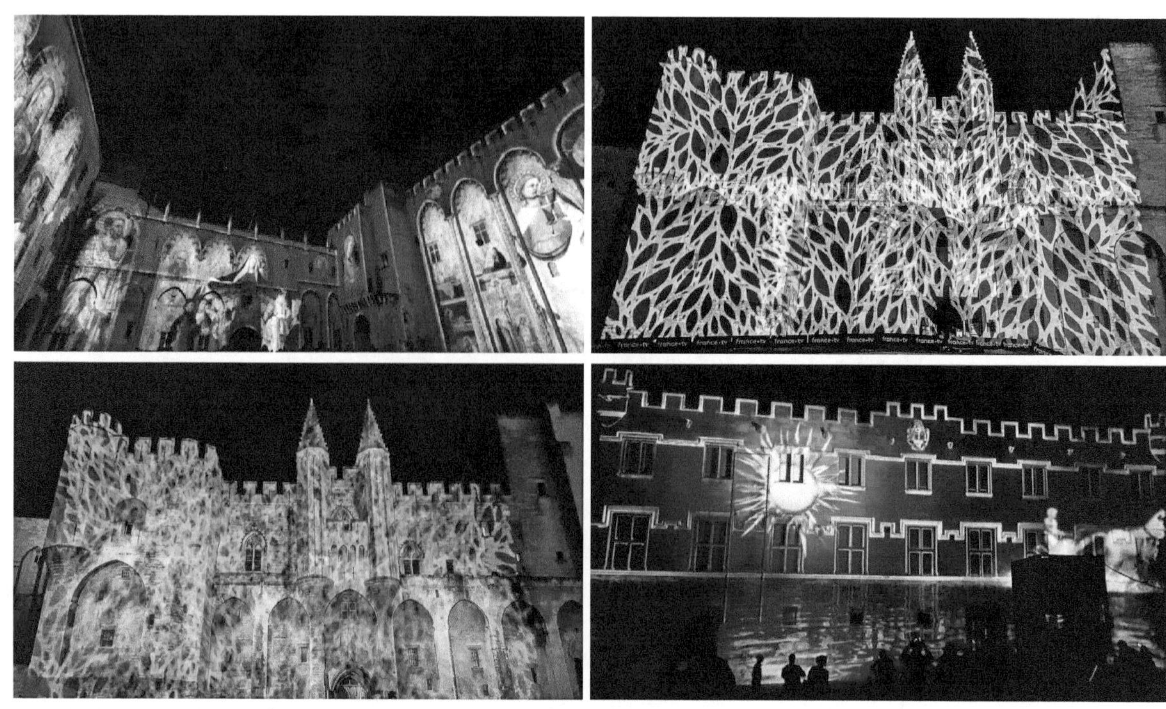

图 5　数字媒介艺术介入后的阿维尼翁教皇宫殿

与阿维尼翁的不同，里昂的数字场景营造的主体空间为历史街道空间，由于这一类型的历史文化景观更接近日常生活，其运用的策略也有不同。里昂作为法国第二大城市，从1852年开始就有全城人在节日期间点亮蜡烛庆祝的文化活动，为了沿袭并且发扬这一传统，里昂政府会在过去将近30年里，在每年的12月8日前后开展持续4天的灯光艺术节，在这期间来自各个国家的新媒介艺术家把他们的作品以艺术装置的方式，布置在里昂的街道、广场中。灯光艺术节不展示了里昂的历史文化（包括用影像和灯光从不同角度去描绘复杂的城市历史、文化生活等），并实现了对历史街道空间的再利用。其中老里昂街道（Vieux-lyon）、巴里卡广场（Bellecour）和共和大街（République）是灯光艺术节的核心历史街道空间[15]。

灯光艺术节是集体智慧的结晶。计划书最初由政府职能管理部门进行起草，并由专家、研究者、技术人员、设计师等专业人士组成专业的工作组进行讨论；最终被认可的更新计划是文化感染力、艺术创造力以及合理实施性的统一。灯光艺术节最初的形式，只是通过不同形式的照明将历史街道空间进行亮化设计，近些年随着数字技术的发展，结合游戏开发和多种动作捕捉技术的交互类数字媒介艺术，被更为广泛地应用到灯光艺术节中。交互类新媒介艺术展现的内容始终围绕里昂的历史特征展开，其中包括了宗教故事、古彩民居等[16]。

例如2018年尼古拉斯·保罗兹（Nicolas Paolozzi）的作品“深渊”，安装在路易·普拉德广场上，它的灵感来源于一种海洋深处的神秘物体，它邀请游客从两个互动式的界面与装置连接，当参与者进入这个“呼吸着”时，立刻就会沉浸在一个光影变化的空间之中，并由此看到里昂作为一座港口城市的前世今生。可以看到，里昂灯光艺术节以一种数字场景营造的方式，让历史文化景观焕然新生，并使其转变成为媒介化场所。

5 讨论与思考

本文所提出的“数字场景营造”策略，其设计对象不再是传统意义上的物理空间，也不是独立意义上的数字媒介艺术，其设计活动的重点是建构二者之间的关系，并由此形成二者之间的结构性氛围。“数字场景营造”作为一种设计策略具有极大的灵活性和开放性，该策略秉持着“更新结合空间”“更新结合历史”“更新结合时代”“更新结合体验”“更新结合可持续”的技术自洽，带来了方法的转变，这一方法让历史文化景观的更新，在物质最小付出的同时，也实现了人本主义发展的时代需求。

最终，数字媒介艺术所创造的“虚拟现实”与街道、历史建筑立面等诸多物质实体要素合二为一，形成一种复合感知的媒介化场所，在这个过程中，数字媒介艺术从原本呈现表征意义（representation）和构图意义（composition）的视觉修辞（visual rhetoric）①，转变成了一种具备了人际交流、行为互动的图像事件（image events）②，融入历史文化景观中的数字媒介艺术，不是中立的传输手段，而是场所本身的一部分。历史文化景观自身的要素构成、结构布局、艺术风格也是成数字媒介艺术的创作基础和显现载体，技术则是整个过程中的决定性环节[17]。

参考文献

[1] 汤雪璇，董卫.城市历史文化空间网络的建构——以宁波老城为例[J].规划师，2009，25(01)：85－91.

[2] 许鹏，陆达，张浩达.新媒体艺术论[M].北京：高等教育出版社，2006：35－36.

[3] E.A.T News，Billy Kluver/Robert Rauschenberg，Earle Smith Press，June 1，1967，Volume 1，No，2

[4] 曹凯中，刘欣怡.与时间共振：双重视角下新媒介艺术的创作演进[J].现代传播（中国传媒大学学报），2020，42(02)：109－112.

[5] 斯考特·麦夸尔，潘霁.媒介与城市 城市作为媒介[J].时代建筑，2019(02)：6－9.

① 这里提到的视觉修辞，强调以视觉化的空间为主体修辞对象，这一对象通过对视觉文本的策略性使用，以及视觉话语的策略性建构与生产，达到一种实践层面的传播。

② 图像事件就是由图像符号所驱动并建构的公共事件，即图像处于事件结构的中心位置，而且扮演了社会动员与话语生产的主导性功能（Murray Edelman，2003）。

[6] 周尚意,吴莉萍,张瑞红.浅析节事活动与地方文化空间生产的关系——以北京前门—大栅栏地区节事活动为例[J].地理研究,2015,34(10):1994-2002.

[7] 斯科特·麦夸尔.地理媒介:网络化城市与公共空间的未来[M].复旦大学出版社:上海,2019:1-2.

[8] Placing Words, William J. Mitchell, The MIT Press (2005)

[9] 赫伯特·马歇尔· 麦克卢汉. 理解媒介:论人的延伸[M].何道宽,译. 北京:商务印书馆,2000.

[10] 斯科特·麦夸尔. 地理媒介:网络化城市与公共空间的未来[M]. 潘霁,译. 上海:复旦大学出版社,2019

[11] 张程喆.感官·空间·身体:城市灯光秀的可沟通性研究——以上海外滩灯光秀为例[J].南方传媒研究,2020(03):85-96.

[12] 曹凯中,薛芃.重塑社区活力的临时性景观——以巴塞罗那恩典节为例[J].装饰,2019(09):97-101.

[13] 卡洛·拉蒂 / 马修·克劳德尔,智能城市 M]. 赵磊译.北京:中信出版社,2019

[14] 李彬,关琮严.空间媒介化与媒介空间化——论媒介进化及其研究的空间转向[J].国际新界,2012,34(05):38-42.

[15] 王荃."中英—城市夜景经济"的对比研究[D].天津大学,2010.

[16] 高飞,周倜,马彬.城市灯光节的思考——2014 年法国里昂灯光节观感[J].照明工程学报,2015,26(01):70-73.

[17] Spaces of Remembering and Forgetting: The Reverent Eye/I at the Plains Indian Museum[J] . Greg Dickinson, Brian L. Ott, Eric Aoki. Communication and Critical/Cultural Studies . 2006 (1)

作者简介:曹凯中,清华大学建筑学院博士;中国传媒大学环境设计系硕士生导师,副教授。

基于注意力理论的虚拟现实复愈性景观对情绪压力缓解作用研究

魏卓桡 陈 翼

摘 要 基于注意力理论的支持，运用虚拟现实头盔设备、便携式心率检测器械等无线生理指标检测技术，测试大学生被试人群在沉浸式虚拟现实(VR)情境下，对六种特征性抑郁倾向复愈性景观和一种连续性复愈景观以及城市环境，在压力减轻方面的反应及作用强度，获得被试者在不同环境中心率等客观生理数据及主观心理感受。运用AHP层次分析法，将建立在感性基础上的定性分析与基于数学模型的定量分析方法相结合。结果显示，多数被试者在复愈性数字景观中较城市环境表现出心理情绪更加放松自然，压力得到一定的缓解；而数字景观的五感重要性当中，视觉效果最为重要；在虚拟现实景观当中，对于时间段的选择也会影响情绪压力的释放与否。

关键词 虚拟现实；数字景观；缓解情绪压力；疗愈景观；注意力理论

1 研究背景

至2018年，清华大学建筑学院绿色疗法与康养景观研究中心，分别给出了园艺疗法与园林康养的内涵。园艺疗法的内涵是指身心健康需要改善的人群，在园艺疗法师的指导下，通过以植物为主体的自然要素进行相关活动，在生理、心理、精神、社会等方面达到与维持健康状态的一种辅助疗法，对于疾病预防、康复治疗，特别是慢性病、老年性疾病具有现代医学不易达到的功效；园林康养的内涵，是指在以自然要素为主体的不同尺度风景园林，如花园、城乡绿地、风景名胜区、荒野等，通过空间体验，在生理、心理、精神、社会方面对人体产生疗愈与健康养生的功效，其具体类型包括花园疗法、田园疗法、森林康养、绿色疗法、荒野疗法、自然疗法、生态疗法等。

近年来，随着我国快速城市化进程引起城市人口激增、老龄化社会的到来、亚健康人群的增大以及慢性病的低年龄化等，特别是上一年春季新冠病毒疫情的流行，园艺疗法和园林康养的研究和实践越来越得到大家的认可与重视，如何在后疫情时代利用与时俱进的数字信息方式，推动园艺疗法的发展，数字景观成为我们需要进一步深入探讨的方向。

随着对心理和生理的研究深入，自然环境对人体健康的价值得到了进一步认识。另一方面，过去的生物医学模式向“生物—心理—社会—环境”模式转变，新的整体医学观更加注重综合治疗模式，尤其是心理健康疾病如抑郁症等，需要结合生活习惯以及环境的干预，才能获得更好的疗愈效果。

1984年，美国环境心理学家罗杰·乌尔里希(Roger Ulrich)研究发现，观看窗外的景观对胆囊炎患者术后恢复有良好的促进作用，并基于一系列相关研究提出了“压力缓解理论”。随后，美国心理学家斯蒂芬·卡普兰(Stephen Kaplan)又发现某些环境特征，有助于精神疲劳和注意力的恢复，并提出了著名的“注意力恢复理论”。

2019年李同予教授基于卡普兰复愈性环境理论(Kaplan's Theory of Restorative Environment)，运用脑机接口设备、智能腕带等无线生理指标检测技术，测试大学生被试人群在沉浸式虚拟现实(VR)情境下，对四种复愈性环境及城市环境，在注意力恢复和压力减轻方面的反应及其作用强度，获得被试者在不同环境中脑电(EEG)、心率(HR)、肌电(EDA)的客观生理数据。分析结果显示具有逃离性(being away)和迷人性(fascination)特征的自然环境复愈效果最为明显。

随后殷雨婷教授于2020年基于街道的疗愈性从疗愈性环境的四个特征因子出发——“逃离性”“延展性”“迷人性”“兼容性”，通过传统疗愈性量表和移动式眼动仪相结合，识别测试者所认同的具有疗愈性的街景元素，结果表明“绿植”“人”“汽车”是显著影响体验的元素，其中“绿植”正向影响了远离性、延展性(extent)、迷人性三个维度，对于兼容性(compatibility)“人”是其核心影响因素。

对于心理学以及园艺学参与都市绿地建设以及公众卫生的健康糅合策略，那须守教授和岩崎宽教授也于2018年提出了建造疗愈景观，缓解医患之间和自身情绪压力的设想，并且提出景观离不开城市发展以及城市绿地的规划，城市与人、景观是密不可分的联系，因此以活化都市绿地为前提，提出与数字景观结合的新的城市模式，以达成疗愈性效用，这是其对于城市景观今后发展的设想之一。

本研究运用便携式生理监测设备，以贴近时代发展的虚拟现实方式，应对场景失真及沉浸感涣散等问题，综合应用ART和SRT理论模型，利用沉浸式虚拟现实技术，基于注意力理论探索数字景观中对于缓解情绪压力的功效，为当今健康人居环境规划设计提供数据支撑以及理论参考。

2 研究目的

本课题结合近年来大学生心理健康及抑郁问题，根据康复性景观相关理论，从景观和人的心理健康关系层面研究数字化的虚拟康复性景观，研究对象为近年来快速发展的沉浸感强、具有可交互性的虚拟景观。让作为使用者的青年大学生群体，可以通过感官体验、个性化设计、交互体验、沉浸景观、控制时间等方式，帮助有抑郁等心理健康问题的大学生群体获得具有康复效果的体验。本课题共分为五个部分

第一部分为问题研究，了解研究背景，提出研究目的和意义。阐述近年来国内外数字康复景观的研究现状和发展趋势，并明确研究方法以及相关理论指标的含义，确定具体的研究对象。

第二部分是大学生压力值调查和虚拟康复元素倾向性调查，运用AHP层次分析法，将建立在感性基础上的定性分析，与基于数学模型的定量分析方法相结合。选取若干个虚拟景观中的重要元素，进行网上问卷调查，了解元素之间的两两比较倾向喜爱程度，经过数据分析得到虚拟康复景观各构成元素的重要性排序，以及权重大小，为下文提出面向有心理调节需求大学生的虚拟康复性景观的构建提供实证依据(表1)。

第三部分，结合相关理论基础，构建针对6种不同心理问题类型虚拟景观，分别从感官刺激、功能性、不同症状类型特点、康复性景观元素这四个特征层面分析其构成。构建的6种虚拟景观作为下面实证研究的基础(图1)。

第四部分，在所构建的6种虚拟康复性景观基础上，以华侨大学建筑学院大三20位高压力学生作为实验对象，进行构建的虚拟康复景观是否具有康复性实证研究。通过环境恢复性量表和相关生理测量等方式，以定量和定性的分析方法，最终验证对于高压力学生，虚拟康复景观有康复和缓解压力等效果。

第五部分，以实验结果为基础，提出面向有心理调节需求大学生的、以及针对六种不同症状类型的虚拟康复性景观设计的原则与策略，为当今景观设计中虚拟现实技术同康复性景观理论相结合，提供理论与实践性的依据和参考。

3 研究方法

实验设计由本课题组独立研究制定。实验地点位于华侨大学建筑学院大楼204—3研究室，实验于2021年5月16日进行，开启空调后室内温度约为25℃，使用三星玄龙MR作为VR体验设备，最大程度保证了环境的逼真性与实验的沉浸

表1 虚拟景观元素重要性序列表

心理状况	平均压力分数	色彩搭配	植物类型	水景观	冷色调	暖色调	中性色	草地	灌木	花卉	乔木	溪流	池塘	瀑布跌水	镜面水池	喷泉
高压力学生	71.8	0.320 6	0.181 3	0.498 1	0.244 9	0.094 7	0.660 5	0.092 6	0.049 2	0.486 8	0.371 4	0.197 0	0.113 2	0.370 2	0.255 8	0.063 9
中压力学生	63.1	0.321 3	0.192 6	0.486 0	0.189 5	0.442 4	0.368 1	0.137 4	0.066 5	0.499 3	0.296 8	0.269 0	0.302 3	0.150 0	0.151 1	0.127 5
低压力学生	52.6	0.380 5	0.291 8	0.327 7	0.404 1	0.308 4	0.287 4	0.085 4	0.214 8	0.316 1	0.383 7	0.352 4	0.141 9	0.195 8	0.187 0	0.122 9
无压力学生	34.8	0.399 3	0.278 1	0.322 6	0.159 8	0.645 5	0.194 7	0.134 3	0.195 2	0.270 8	0.399 7	0.299 5	0.258 3	0.243 4	0.091 0	0.107 7

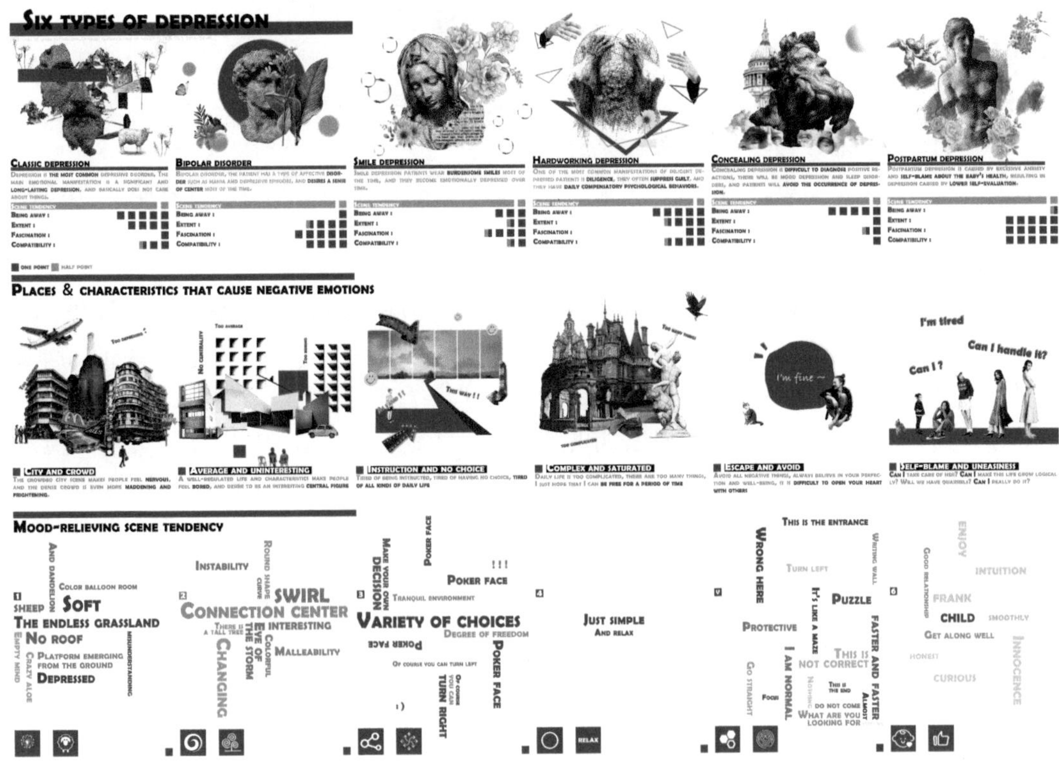

图 1　六种心理问题的特征及场景喜恶倾向对比图

图 2　校园环境场景图

感。研究由预实验、实时实验和数据分析三部分组成。实时实验包括 4 个环节：实验准备、测前生理测量、复愈性虚拟数字景观体验、测后生理测量。实验数据的获取仅包括一个方面：在沉浸环境中，获取反映被试者心率状态的生理数据。

本研究所提供的沉浸式复愈性环境，依据注意力恢复理论，包括具有以下特征的 4 种环境类型：逃离性、迷人性、延展性和兼容性。为了获得自然环境与城市环境对身心复愈作用的差异比较，虚拟数字景观体验前实验增设一组城市环境对比组(图 2)。

4 科学假设

根据注意力恢复理论，当人们持续关注某件非常重要但不具有吸引力的事情时，需要调动定向注意力(directed attention)保持精神高度集中，避免因分心而出现差错，从而导致过度使用神经中枢系统的抑制机能而产生疲劳感；当置身于有复愈性作用的自然环境中，则无须通过努力就能达到很高的注意力水平，处于一种非自主注意力(involuntary attention)活跃状态，从而使紧绷的神经得到松弛和休息，压力得到释放，注意力得以恢复。

基于上述理论提出如下科学假设：① 在前测环节，多数被试者压力水平已处于高压状态，由于疲劳而注意力下降；② 在复愈性环境体验环节，多数被试者压力水平下降，注意力水平较高，甚至有上升趋势；③ 若干种复愈性环境的减压与注意力恢复作用有差异；④ 复愈性环境较城市环境具有更好的减压和注意力恢复效果。

5 实验程序

5.1 样本选择

华侨大学建筑学院大三年级高压力 20 人，其中男生女生各 10 人。压力值均在 50 分以上，属于压力较高学生群体。

5.2 实验控制

本研究针对面向有心理调节需求大学生的虚拟康复性景观，运用 AHP 层次分析法对其中各个重要元素进行倾向喜爱度调查与评价，对不同的治愈元素重要性进行排序，反映了不同压力人群对治愈元素不同的想法，并基于分析的结果提出具有针对性的设计策略，为之后面向有心理调节需求大学生的虚拟康复性景观设计与构建提供依据。

采用 AHP 层次分析法评价虚拟康复性景观元素，主要步骤如下：① 通过经验总结，提出三大类、12 种治愈元素。② 通过评价因子构建虚拟康复性景观元素评价模型树。③ 元素间两两比较，采用 1～9 标度法进行评定。④ 列出各个元素间相对重要性的标定值矩阵，建立判断矩阵。⑤ 网上发布问卷；将收集到的信息与判断矩阵集导入到 yaahp 分析软件中，计算各个元素的权重值。

5.3 被试者生理及心理数据的获取

5.3.1 硬件参数

虚拟景观系统基于 Rhino6.0 建模，Enscap3.0 渲染。输出端为三星玄龙 MR 虚拟可穿戴设备，分辨率为 720P，稳定帧数为 30 帧。

测量心率仪器为乐普 ER2 心电记录仪，可提供专业的心电分析图，最短测量时间为 30s。

5.3.2 心率数据

心率(Heart Rate，HR)是指每分钟心脏搏动次数，正常成年人在安静清醒的情况下，心率范围为 60～100 次每分钟，心率越高表明越可能有紧张焦虑的情绪。本实验对受测学生虚拟体验的前后心率进行对比检测，以支撑恢复性景观效益的客观性。为了避免他们在受测中产生焦虑等负面情绪，选用较为轻便的便携式心电仪测量使用者的连续心率，在虚拟体验前后各测试一次，得到虚拟康复性景观体验前后的心率指数，前后两次测量的差值即可以反映其压力减缓程度。心率数据的监测能够实时获取被试者的压力状态。实验设备采用乐普 ER2 心电记录仪，能准确测量心率(提取自 BVP 血容量脉冲)数据。通过监测心率变化可以评估身体活动幅度以及处于觉醒、紧张或休息的状态。

5.4 实验阶段

5.4.1 实验准备

被试进入实验室，适应实验室环境。由实验发起人说明虚拟现实疗愈性景观的操作方法，内容包括观看视角的控制，在场景中移动以及漫游，场景的可行走区域等测试时应当注意的事项，并请受试者尽量放松心情，想像自己处于虚拟现实环境中自由行走，就像是在平常的景观内游憩一样。这个环节主要让受试者了解系统操作过程，并使之放松身心，避免产生非预期的焦虑情绪。

5.4.2 前测阶段

测试前向受测者解说测试目的，说明填写环境恢复性量表以及问卷的注意事项，使受测者能够充分了解实验进行的目的及流程，以消除受测者对于测试仪器及操作产生疑虑进而造成的紧张情绪。随后填写基本资料与校园环境恢复性量表，其中共 20 题，由受测者按照日常生活的校园环境感受，评估相应的选项。接下来即采用乐普 ER2 心电记录仪，测量受测者在虚拟体验活动前的心率。

5.4.3 复愈性数字景观体验阶段

为了确保每个实验者的实验步骤以及客观体验部分的一致性，以便于采用单一变量实验法，因此设定了固定的实验路线，总共分为八个体验部分，即六个特定症状场所以及两个疗愈性景观场所，每个部分体验时长为 1.5 min，共 12 min 的体验时长。体验完成后实验者有 3 min 的自由游览时间去感受场地氛围以便为后续结果提供参考。

5.4.4 后测阶段

结束体验之后即进入使用后评测阶段，请实验者填写针对于疗愈性景观对于抑郁倾向缓解压力及社恐倾向的恢复性问卷，并进行生理反馈后测，得到虚拟现实疗愈性景观体验后心率数据。

6 实验数据分析与结果

6.1 校园环境的康复性景观感知分析

整体来看，被测者对于华侨大学厦门校区环境康复性特征的感知，平均分数在 3～4 分之间，其中分数最高为“这里有一定的纪念意义”(M=4.231)，其次为“这个景观包含的事物过多”(M=3.933)。

分数最低的一项为“我感觉自己与这里融合为一”(M=2.133)，其次是“这里让我远离现实生活中的许多压力”(M=2.432)。三维度的平均数上，受测者感知分数最高的维度为“丰富”(M=3.622)，其次是“吸引和兼容”(M=3.342)。最低为“远离”(M=2.773)。

整体而言，受测者对于校园环境的康复性特质感知不高，仅能感受到普通的“丰富”效果，由于此维度是反向积分，因此表明校园环境不至于杂乱无章；至于“吸引和兼容”“远离”等特质则不容易让受测者感知到。

6.2 虚拟康复性环境的康复性景观感知分析

整体来看，受测大学生对于虚拟景观的康复性特征感知平均分数在 5～6 分之间，其中分数最高为“这个环境给我新鲜感”(M=6.133)，其次为“在这里，我可以暂时放下日常琐事”(M=5.867)、“这里让我远离实生活中的许多压力”(M=5.692)；分数最低的问项为“这里能够引起我的回忆或想象”(M=2.342)，其次为“这里有一定的纪念意义”(M=4.324)，表明虚拟康复性景观成

图 3 针对六种心理问题特征的虚拟现实复愈性景观场景图

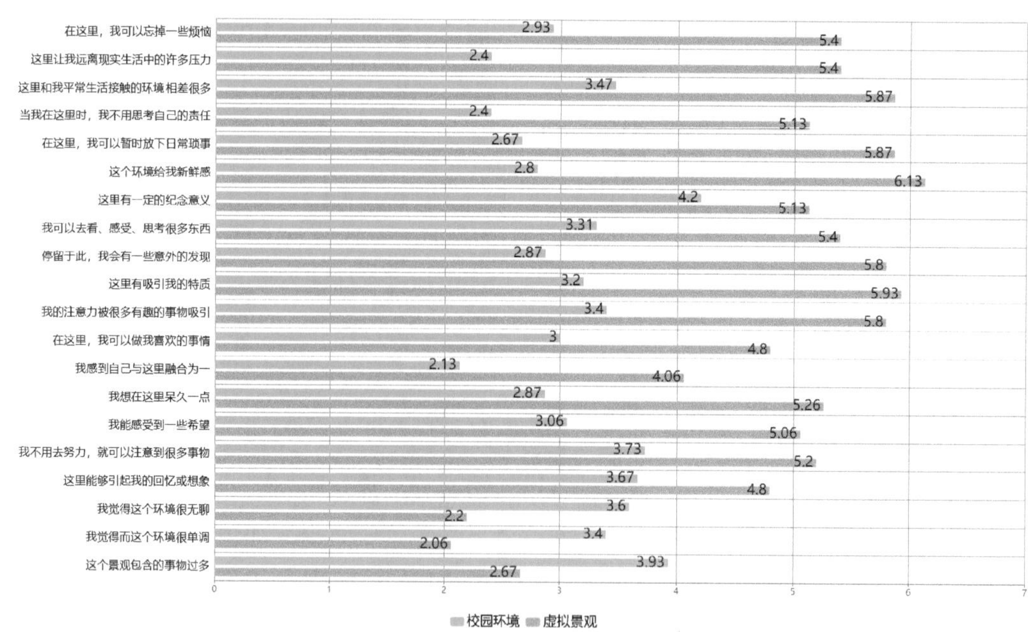

图 4　校园环境与虚拟康复性景观的恢复性环境量表统计

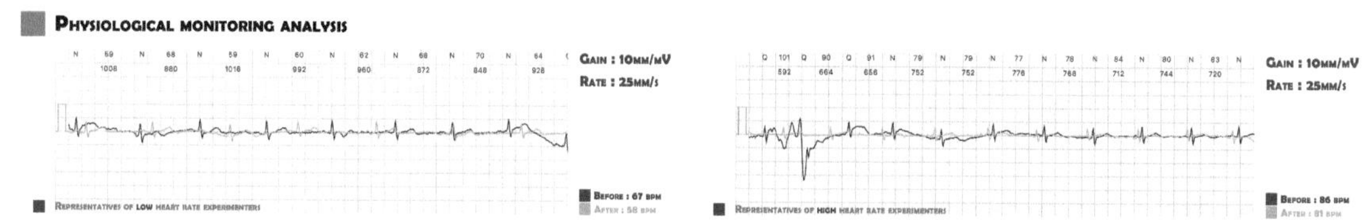

图 5　心率前后测数据变化

功吸引了有压力感学生，并对于新鲜感和压力释放给予了很高的评价。三维度的平均数上，感知分数最高的维度为“远离性”(M=5.533)，其次是“吸引和兼容”(M=5.005)，最低为“丰富”(M=2.306)。其结果显示，虚拟康复性景观可以让有压力感的学生对于“远离”“一致性”以及“丰富”等恢复性环境特质的感知接近“较多感受”程度(图3、图4)。

6.3　数据结果推论

通过恢复性环境量表的数据对比，发现有压力感学生相较于校园现状环境，在虚拟康复性景观中得到的恢复性环境感知更高，并且不同维度上均有显著变化。同时，虚拟体验后的心率也明显下降，表明虚拟康复性景观体验对有压力感大学生的身体健康产生了积极作用，也客观佐证了虚拟康复性景观的恢复效果，能够帮助有压力感大学生缓解精神疲劳，提升注意力，辅助身心健康。

本研究探讨使用者在校园环境与虚拟康复性景观刺激下生理反应值间变化的异同，以前测的生理数据作为校园环境下的生理指数，后测数据作为虚拟康复性景观体验后，生理反应的相关指数。对于被测者虚拟康复性景观体验前后心率变化进行对比统计，通过对虚拟体验前后的数值均值进行比较，心率降低在程度和频度上都要明显多于心率升高，表明经过虚拟康复性景观体验，有压力感学生的心率得到了明显下降(图5)。

7　讨论

7.1　注意力理论同样适用于虚拟数字景观缓解情绪压力作用

本研究探讨使用者在现实环境与虚拟现实疗愈性景观的刺激下的生理反应作用值之间的变化异同，实验以前测得生理数据作为现实环境下的生理指数，后测数据作为虚拟现实疗愈性景观体验后的生理相关指数，对实验者体验疗愈性景观前后的平均心率变化进行对比统计，通过虚拟体验前后得数值均值进行比较，心率降低在程度与频度上都要明显多于心率升高，表明经过虚拟现

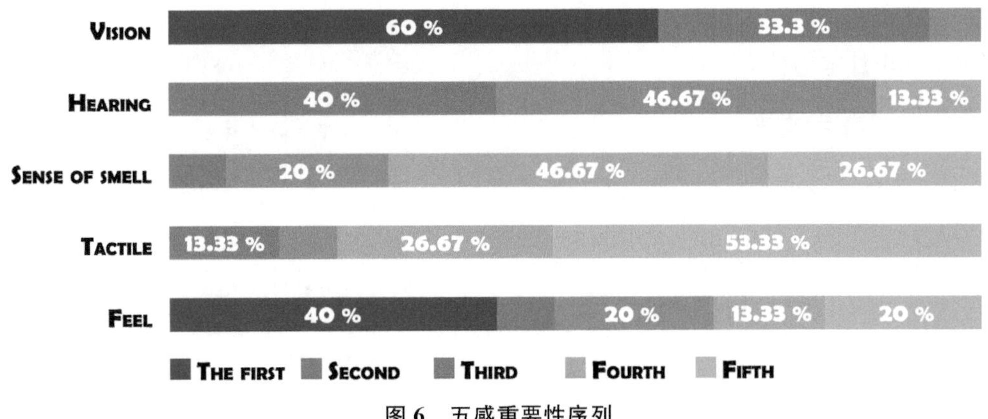

图 6 五感重要性序列

实疗愈性景观体验，抑郁倾向人群的情绪得到一定程度的缓解以及压力的释放，以至于心率得到了明显的下降。结果表明注意力理论能适用于现代虚拟现实数字景观中产生相应的缓解情绪的作用。

7.2 数字景观中五感的重要性排序，视觉占主导

基于虚拟现实疗愈性景观的体验，从 15 位实验者体验中所感受到的五感重要程度排序结果得出，视觉占据了第一位的位置，并且不可撼动，感觉位于第二位，其次依次是听觉、嗅觉、触觉，因此对虚拟现实景观设计时应当重点关注视觉以及整体空间感受(图 6)。

7.3 数字景观中人们对于时间段更偏好清晨与黄昏

研究中所关注的另一个因素则是时间，虽然是虚拟现实中的场景体验，但其可以任意操作的时间设置也是一个极大的可控因素，在正式实验时间中是以正午阳光最为充足的时间进行，但在实验后半部分自由时间中，不少实验者会要求将时间切换至清晨抑或是傍晚，收集受试者对于时间段的感受体验见图 7。

7.4 不足之处

① 对于五感体验的区分过于偏重，数字景观对于嗅觉、触觉的体验上存在先天性的不足，应当更多地平衡五感体验的百分比程度，视觉、感觉与听觉部分偏重也有可能影响结果的导出。

② 对于受试者的压力状况仅仅只用心率作为生理测量的指标显得过于单一，无论是对于显

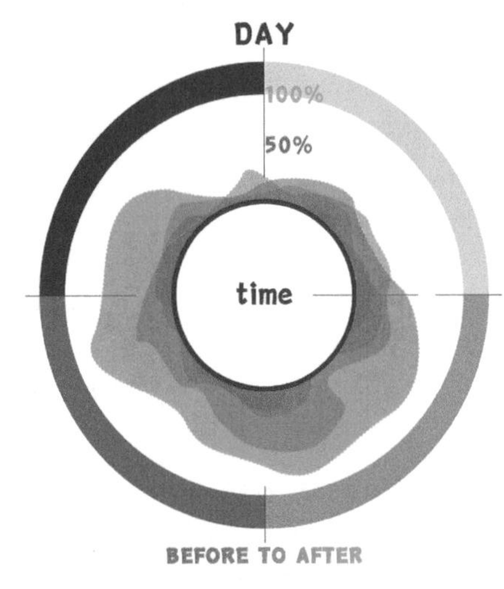

图 7 时间段喜好占比图

示压力状态的脑电波和生理状态的肌电，都基于实验条件的缺乏而不能实现；并且对于受试者心理情绪中压力的描述是个人主观感受，对于结果导出会有一定的影响。

8 结语

以往的研究已经证明了景观对于人的康复性作用，而通过良好的虚拟现实技术模拟的景观同样可以为实验者带来疗愈性的作用，若能以医学理论配合更为人性化的交互方式为基础，借由指令整合，以完善虚拟现实景观技术来实现设计理念，虚拟现实景观将对于包括心理问题群体、亚健康群体乃至全体使用者都能扮演重要的辅助性康养作用。

城市根据时代变化改变所在的空间，我们也应根据时代背景的不同去探索更多可能的空间，当空间中的精神状态或者积极的精神效益被认为是副产品的状态出现，倒不如尝试把精神需求作

为主要的设计导向去设计，以精神需求作为目标之一去体现景观设计中的社会关怀。

参考文献

[1] World Health Organization. Suicide data[EB/OL]. 2012.

[2] World Health Organization. Suicide rate estimates, age-standardized Estimates by country [EB/OL]. 2000-2019.

[3] Yang Chunjuan. Ethical review and intervention suggestions for self-harm and suicide behaviors in adolescents with depression [J]. Chinese Medical Ethics, 2021, 34(02): 200-204.

[4] World Health Organization—Mental health. Facts and figures about suicide: infographic [EB/OL]. 2015-09-05.

[5] World Health Organization. Health Topics-Depression[EB/OL].2020-01-30.

[6] Sanjiu Health Church. Causes of depression [EB/OL].2020.

[7] National Institute of Mental Health (NIMH). [2008-09-07].

[8] I want to learn psychology. Common classifications of depression[EB/OL].2018-07-11.

[9] 袁丽洁，武卓，李敏，雷涛，祝婷.基于深度学习情感分类模型的个性化抑郁症护理策略[J].护理学杂志，2020，35(22)：85-88.

[10] 区健新，吴寅，刘金婷，李红.计算精神病学：抑郁症研究和临床应用的新视角[J].心理科学进展，2020，28(01)：111-127.

[11] 陆敏.非药物治疗难治性抑郁症效果与展望[J].中外医学研究，2020，18(13)：180-182.

[12] 余青云，王文超，伍新春，田雨馨.创伤暴露对青少年暴力行为和自杀意念的影响：创伤后应激障碍和抑郁的中介作用[J].心理发展与教育，2021，37(01)：101-108.

[13] 陈剑苹，胡德英，蒋辛，詹昱新，陈丹，肖雪娇.神经内科住院患者自杀风险分级筛查与干预[J].护理学杂志，2021，36(02)：44-47.

[14] 付婧莞，陆明，张书铭.基于环境偏好的大学校园注意力恢复空间感知要素探究[C]//2020 世界人居环境科学发展论坛论文集.上海，2020：7.

[15] 付婧莞，陆明.寒地校园冬季景观对大学生脑疲劳的感知恢复效用研究[J].西安建筑科技大学学报(自然科学版)，2020，52(06)：905-911.

[16] ピープル岩崎寛さん千叶大学大学院园芸学研究科准教授全国に园芸疗法の有効性や実践的プログラムを広めてきたパイオニア[J].掲载志地域保健＝The Japanese journal of community health care, 50(3)：2019.5, p.66-69.

[17] 植物の香りによる健康効果を知って生活に取り入れる(特集植物の香りを考える)[J].掲载志グリーン・エージ/日本緑化センター[编]46(2)＝542：2019.2, p.11-14.

作者简介：魏卓栊，华侨大学毕业生。研究方向：风景园林规划设计。

陈翼，华侨大学毕业生。研究方向：风景园林规划设计。

"人工智能"背景下风景园林"图"的方法及应用*

邵继中 刘 冠 张 雨 张晓思

摘 要 随着图像的日益丰富和分辨率的提高,为风景园林领域的数据获取、处理提供了机遇与挑战。在前人研究的基础上,本研究提出风景园林"图"的概念及其分类,根据"图"的空间存在状态,将其分为非欧空间图和欧氏空间图。通过收集相关文献,明晰目前在风景园林领域中"图"的使用现状。针对每类"图"重点探讨在风景园林领域的具体应用方法进展,论述"图"与人工智能技术相结合的必要性,探索"图"在未来发展的可能,进而提出欧氏空间图的环境量化分析与生态环境模拟预测、非欧空间图的时空模拟预测、融合欧式和非欧空间图的复杂网络关系分析三种应用方向,并强调未来对"图"方法的进一步深化研究,以期有效促进风景园林智能化的发展。

关键词 人工智能;欧氏空间图;非欧空间图;风景园林

1 引言

城市化的快速发展,引发了一系列环境问题,在某种程度上也因此强化了风景园林研究的重要地位。但风景园林研究中存在着传统实地调研与勘测、定性评判与推测等数据收集方式的高效性及准确性问题;此外,大量的数据无法有效归纳、总结、分类,严重影响了后期数据的处理效率。人工智能结合"图"在风景园林领域中的运用,为数据的收集、处理、分析、表达提供了重要手段和有效途径。本研究将风景园林中的"图"进行分类,筛选了对应的风景园林研究成果进行综述,总结了每类"图"可解决的风景园林问题及方法应用进展,进而提出未来可能的应用方向,力图展现不同"图"解决风景园林问题的多种可能,促进风景园林的智能化发展。

2 风景园林中"图"的概念及其分类

2.1 "图"的相关概念

风景园林中的"图"包含"Image"图像和"Gragh"图形。图像是视觉的表达之一,它描述了所视之物的相关信息。1826 年尼埃普斯拍摄了第一张照片,实现了现实生活的"客观"记录[1]。随着计算机相关技术的成熟,从图像中获取信息和数据已成为近年来的重要运用[2](图 1)。早期的图像主要聚焦于卫星影像图[3],而后随着互联

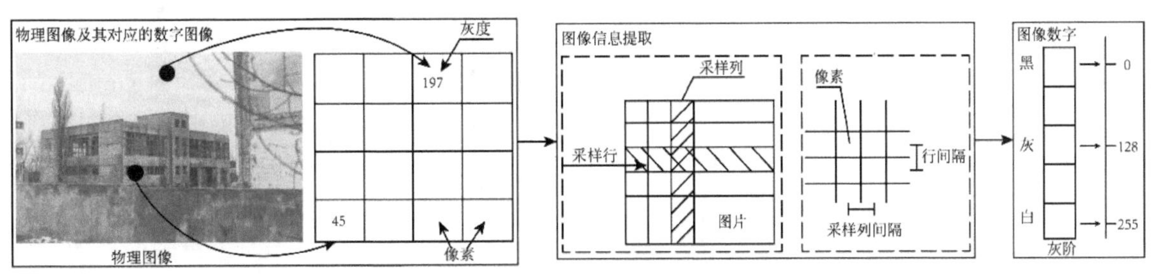

图 1 图像信息提取流程

* 国家自然科学基金"城镇型遗址片区地下空间的多维价值评价及耦合设计优化研究"(编号:51878339);江苏省高校哲学社会科学研究重大项目"古城区遗址保护与地下空间利用的耦合机制研究"(编号:2019SJZDA020);江苏省社科基金"江苏传统老城地下空间影响机制、综合评价及发展路径研究"(编号:19GLB006);中央高校基本科研业务费专项基金"城市地上地下空间景观一体化设计数字技术研究"(编号:11042010016);中央高校基本科研业务费专项资金资助项目"基于乡村振兴战略的乡镇级国土空间规划编制体系、技术方法与实践应用研究"(编号:2662021JC009)。

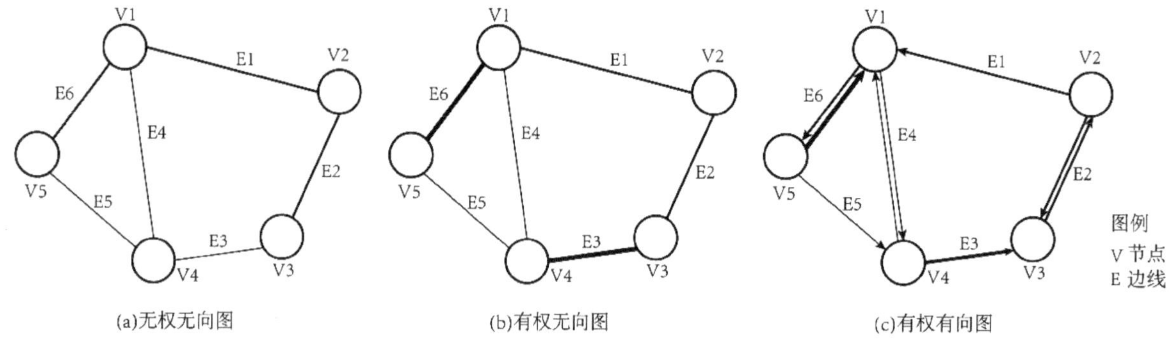

图 2 图论中不同类型图

网技术的深入发展，人视角度的街景图呈现出蓬勃发展的态势[4]。图形是指通过点集 V 和边集 E 构建的非欧空间图 G=(V,E)直观表现出的复杂结构关系，其中，节表示各种构成要素，边表示要素间的联系[5](图 2)。其与图像最大的区别是排列不整齐，布局较随意，对于某个点而言，很难明确其邻居节点，同时各节点的邻居节点数量不同。

鉴于此，笔者认为"图"在风景园林研究中的定义可解释为对几何图像和非几何图形的性质、状态以及相互关系等信息进行呈现的，由有穷非空集合的顶点和顶点之间的边组成的集合，其所承载的相关信息可作为风景园林研究中的基础数据，进行定量分析与模型构建。"图"的运用为风景园林研究提供了相关数据获取的高效手段，简化了传统数据获取、分析、表达的复杂性问题，有效提升了风景园林研究的可信度和科学性。

2.2 "图"在风景园林研究中的分类

风景园林的发展史便是通过创造不同的图像，概括、简化、抽象和片段化所要表达的内容[6]。此类图像包括平面图、立面图、剖面图、透视图等，主要以传递某些信息为主，不存在可对大量数据提取、处理与分析的作用。本研究所提出"图"的概念是基于包含大量可被用于研究的数据这一先决条件。目前，国内外学者对于风景园林中"图"的分类并未有明确说明，鉴于此，笔者按其存在状态，将应用于风景园林领域的"图"分为欧氏空间图和非欧空间图。其中，欧氏空间图典型的代表是卫星影像图、街景图，非欧空间图的典型是网络关系图。

欧氏空间图中，以平面视角为代表的卫星影像图，主要适用于规划尺度，利用波段组合上的特征[7]、跨波段光谱信息整合[8]等方式提取影像数据。以人视角度为代表的街景图，适用于局部景观的研究，通过大量街景图片的识别，提取绿视率[9]、景观要素占比[10]等所需数据信息。非欧空间的网络关系图，适用于社会网络关系的分析，该图像可将复杂的关系网，通过图示化语言清晰地表现出来，有助于城市空间网络关系的解译。

3 人工智能背景下风景园林"图"的方法进展

目前，国内对于"图"的研究、应用多集中于欧氏空间的"图像"，主要在城市规划、生态学、保护生物学等相关学科领域有了一定的研究成果[11]，重点从城市空间与土地利用、景观生态网络规划等方面的研究进行探讨。但非欧空间的"图形"所涉研究较少，尚处于初步阶段。

3.1 欧式空间图

在数据表示学习领域，一般来说，根据算法对数据的层次抽象程度，可分为浅层学习和深层学习两类。20 世纪 80 年代末，以 Rumelhart 和 McCelland 为代表的团队，提出了误差反向传播算法，掀开了机器学习的帷幕[12]。随后，深度学习的提出推进了机器学习的发展，它是通过算法解析数据，在不断学习中对世界所发生的事情做出判断和预测，包括决策树、随机森林、逻辑回归、神经网络等算法；在图像处理过程中，主要用于图像分类、信息提取，可以解决风景园林中的分析、建模、预测等问题。

3.1.1 浅层学习类

在 2006 年之前，尽管许多研究者致力于训练多层学习模型[13-14]，但由于大规模数据的不可获得性、许多参数的存在和网络的高度非适应性，使得具有五层以上的深层体系结构不容易训练。因此，浅层学习模型主导了数据表示学习领域。该模型在实际问题的解决中，适宜于具有小数据量的学习场景[15]。对于风景园林领域的研究，主要集中于回归模型法和浅层机器学习法两类。基于"图"数据，对研究中的因变量或自变量进行关系分析，明确变量特征对研究目标的作用机理，预测某一目标值未来发展演变的趋势，是浅层学习主导的数据表示方法。

（1）回归模型法

许多研究通过从原始图像中计算出来不同波长的简单反射率反映景观要素指数，再运用最小二乘线性回归、k近邻回归、回归树等回归模型算法进行预测。此外，当输入具有空间结构的数据时，还可使用简单的聚合策略将像素级特征映射到图像级特征上作为回归模型的输入，如雨云图中的均值、分位数（最小值、中值或最大值）或直方图中的分段值等[16]（图3）。由于该方法操作简单、易于理解，被广泛用于表示景观的关系模型。对于风景园林领域，主要是基于图像提取景观要素这一自变量的数据，分析其与某一受环境要素影响的因变量间关系，明晰两者发生的内在规律，为解决复杂现象的课题提供了新思路。

Xiaojiang Li等使用谷歌街景提取绿视指数，运用双变量相关探索因变量（绿视率）和自变量（社会变量）之间的关联，再通过普通最小二乘法（OLS）多元回归模拟变量之间的关系，为没有高分辨率图像，或收集起来成本过高的街道绿化研究提供了数据源获取的新方法[17]。Li等基于谷歌街景图提取环境要素特征，使用具有空间滤波的泊松回归模型，来识别暴力犯罪的社会经济相关因素，进而对两者之间的相关关系进行分析，为未来居住空间的安全环境营建提供了重要的参考价值[18]。

（2）浅层机器学习法

许多研究在不必要进行复杂机器学习的同时需要预测或提高数据精度，此时，浅层机器学习是较为适用的方法。对于风景园林领域而言，可在获取不同景观空间特征的基础上，构建指标体系，对数据进行分类，运用直方图算法简化指标，学习、训练样本集，运用一些浅层的学习模型，如随机森林、支持向量回归、模糊逻辑等处理数据，得到最终预测结果或服务于进一步的分析（图4）。如刘曙光等采用随机森林算法对滨海湿地植被进行分类，以遥感影像提取的光谱特征及植被指数为因变量，根据多元线性回归模型对滨海湿地植物密度进行反演，分析其空间分布特征[19]。

3.1.2 深层学习类

2006年，Hinton和Salakhutdinov提出了用于深度神经网络初始化的贪婪分层预训练策略，进而展开了深度学习的研究。很快，这项工作被其他一些有类似想法的人跟进。深度学习是机器学习的分支，以多层人工神经网络为基本架构对数据进行表征学习[4]，可有效解决非线性学习[20]、高维数据表征[21]、图片数据分析[22]等问

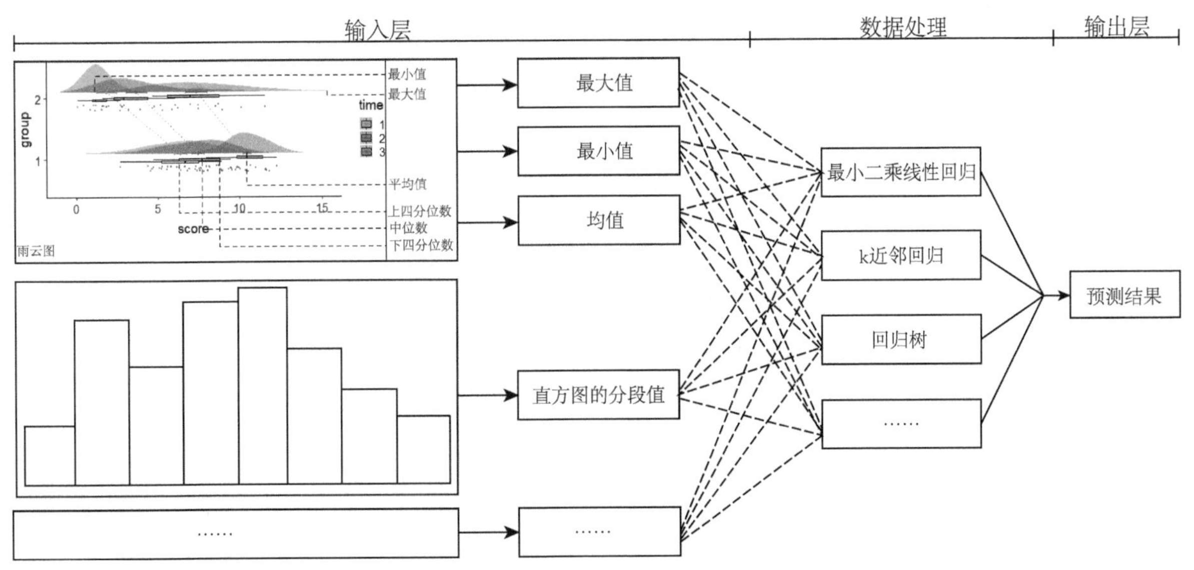

图3 回归模型法构架

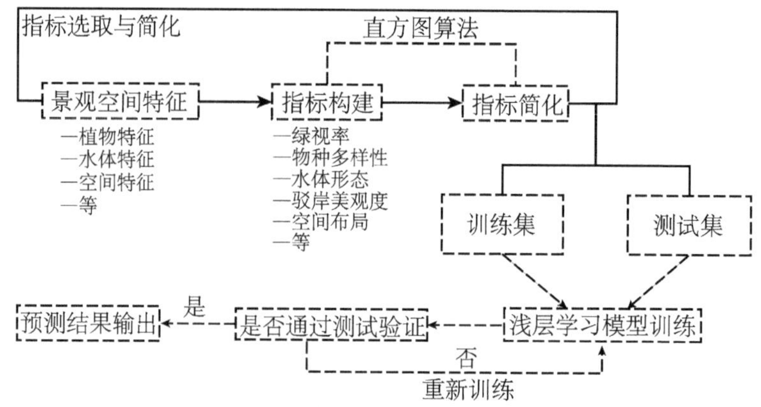

图4 浅层机器学习法构架

题。图像易于在短时间内收集且包含大量信息，在城市研究中能够发挥极大的作用[23-25]。同时，当有多种数据模式可用时，通常可以将所有输入组合到一个单一的深度学习模型中。方法包括将输入作为单个网络或多分支体系结构的附加通道堆叠，其中数据模式被单独处理以提取特征，然后在最终预测层之前连接。此外还可将图像数据与来自手机、维基百科、社交媒体、街道图像、公开街道地图等数据结合起来进行建模，以预测相关研究结果。

（1）卷积神经网络

目前在风景园林领域，不同的研究者通过卷积神经网络对图像中的组成要素进行识别，进而转换为相关研究数据。Zhang 等人运用卷积神经网络将街景图语义分割成不同要素，在此基础上，使用支持向量机获得元素的类别标签，从而分析感知指标[25]。Donghwan Ki 等从行人的视角，利用谷歌街景和深度学习通过语义分割计算绿视率，检验了街道绿色景观指数及其与不同收入群体步行活动的关系[26]。

（2）人工神经网络

人工神经网络是用数字化技术对由大量的模拟人类神经元相互连接而成的网络结构，进行处理和信息传递，其核心思想是通过模拟人类自主学习的能力并结合实践应用总结经验，从而实现自我完善[27]。在实际应用中，它可进行监督学习和无监督学习。前者是不断在输出结果与实际结果之间进行自动迭代学习，实现合理结果的输出；而后者是直接让计算机在混合的数据中寻求逻辑结构，不给予正确的指示。在风景园林中，可应用于景观要素配置、城市土地利用的测算等。

龙静在构建土地利用精明增长评价指标体系的基础上，运用网格法借助于 GIS 划分网格单元，通过 BP 人工神经网络对分区进行测度，进而提出适宜的土地利用精明增长模式[27]。林文君构建了融合顶层设计、环境影响因子、配置方法、评价体系在内的人工神经网络应用模型，并对其可行性进行判断，检验该模型在未来具备较高的应用可能[28]。

随着以神经网络为典型的深度学习广泛用于风景园林的信息获取与处理，系列研究成果已被取得，但受到嘈杂的训练数据、噪声的过拟合和模型性能的低估等挑战，使得识别结果的精确度还有待提升[16]，这也成为了今后风景园林研究智能化的重要挑战。

3.2 非欧空间图

3.2.1 图论学习类

早期，图论学习是在图论的基础上构建图形并人为进行分析，一般来说，以栖息地斑块、公园等所研究景观中的要素为图中节点设定，联系要素之间的物理关系或社会关系为边，如廊道、路网、可达性等。但随着技术的不断发展，更复杂、科学的模型及算法被运用于网络关系图数据的处理中，因此，目前呈现出结合人工智能进行景观网络关系图解译的趋势。

周俊哲等借鉴图论分析法，通过确定上层网络土地利用变化（LUC）和下层网络景观生态安全指标（LESI）的节点、节点重要度和节点连接强度，以及上下层网络的节点连接系数，建立双层复杂网络模型，运用聚类分析、主成分分析等人工智能技术，定量探讨了区域土地利用变化与景观生态安全之间的内在联系，为土地利用调控提供指导[29]。Xiaolei Ma 提出了一种基于卷积神经网络的方法，在图论的基础上将交通作为图像进行学习、抽象交通特征提取，并以高精度预测大规模、全网的交通速度[30]。

3.2.2　图神经网络类

（1）图卷积神经网络

图卷积神经网络（GCN）将谱图理论与深度神经网络相连接[31]。M. Defferrard 等提出了 ChebNet，它通过快速本地化卷积滤波器改进了 GCN[32]。随后，T. N. Kipf 等对 ChebNet 进行简化，提出了一种可扩展的图形结构数据半监督学习方法[33]，该方法作为直接作用于图形的卷积神经网络的有效变体，在半监督分类任务中体现了较为先进的性能。目前为止，GCN 在风景园林领域中的运用几乎没有，其多关注于城市空间的交通流预测。

Ying R 等人提出了一种数据高效的图卷积神经网络算法，对商品的节点特征信息和图结构产生嵌入表达，相比传统的图卷积方式，该方法运用了一个高效的随机游走策略建模卷积，成功地将图卷积神经网络，应用到节点数为 10 亿级的超大规模推荐系统中[34]。Yu Bing 等人提出了一个新的空间时间框架图卷积神经网络，解决了交通领域中的时序预测问题，形式化图上问题进行卷积建模，由于更好地考虑了拓扑结构，因此该模型在短期和中长期交通预测上，比传统机器学习方法效果更好[35]。

（2）图注意力网络

P. Vĕlickovíc 等人提出了一种基于图形结构数据的新型神经网络结构图注意力网络（GATs），通过堆叠层使节点关注于其邻居特征，为邻居中不同的节点赋予一定的权重，而不需要类似于求逆的任何复杂矩阵运算，也不需要预先了解图的结构；此外，该方法由于涉及到不同节点的权值，较图卷积神经网络更加严谨[36]。

荣沛等人将知识图谱作为辅助信息，在图注意力网络中运用分层注意力机制与实体相关的近邻实体信息相结合，来重新定义实体的嵌入，得到更有效的用户和项目的潜在表示，所得推荐列表相比其他算法更具精确性[37]。李小妍等人通过图注意力网络进行时间和空间依赖性建模，对交通流量进行预测，同时引入计划采样机制优化模型，提高预测精度[38]。

4　风景园林中"图"的应用

4.1　环境量化分析与生态环境模拟预测的欧氏空间图

（1）环境量化分析

人工智能技术与图像数据的配合，为土地利用、景观格局、植被类型等进行数据处理与量化分析创造了条件，实现了自然环境的科学解读。Swapan Talukdar 利用装袋、随机森林、随即子空间及其组合模型与 GIS 数据集相耦合，对蒂斯塔河流域的土地使用和土地覆盖（LULC）的碎片概率进行建模，实施基于机器学习的灵敏度模型，采用影响景观变化模式的 LULC、景观度量和水平生态度量分析类型来评估景观模式[39]。

（2）生态环境模拟预测

近年来，机器学习在影像图空间分辨率提高、信息提取、水土流失模拟等方面的应用已有一定的发展，但在构建预测模型方面的研究尚少。由于机器学习能够利用简单有效的规律，对复杂系统进行建模及预测，因此可以逐渐发展成为未来景观模拟预测的一种重要技术手段，为景观的可持续发展提供必要基础条件。吴振华深入研究了露天煤炭基地的景观格局，采用支持向量机和人工目视解译对影像图进行分类处理，利用 IDL（Interactive Data Language）编写正交分解法模型研究景观生态特征，利用 DEM 数据，借助 GeoWepp 模型，模拟预测水土流失情况[40]。

4.2　时空模拟预测的非欧空间图

在计算机视觉中，对于时间和空间依赖性的考虑，通常可以大大提高图像分析任务的预测精度[16]。时间依赖性上，通过获得同一地点随时间推移的多幅图像，能够减少由于云层等原因造成的模糊性，并使得图像上的重要信息更加清晰。这种图像序列类似于视频，可用于计算机视觉中的预测和回归等任务，如长短期记忆网络[41]、卷积 LSTM 网络[42]、三维（3D）CNNs 等[43]。空间依赖性上，考虑空间结构滤波器的卷积神经网络（CNNs），使用带有残余连接的深层网络，如 DenseNET 或 ResNet[44] 对特征进行自动学习，在某些方面比手工特征和简单的聚集策略表现得更好，也是目前大多数计算机视觉应用的主要方法。时空依赖性上，图神经网络提供了很好的解决办法，将时间与空间综合于一个模型之中，有效预测研究对象未来的时空演变规律。

风景园林具有时间和空间特征，与时空模拟预测具有一定的契合度，但目前大多数的研究对于时空变化的考虑不够深入，在多维图像数据的收集、处理过程中结合神经网络算法可有效解决风景园林领域的时空依赖性问题。近年来，图神经网络算法被成功用于交通流量预测，为风景园林提供了有价值的借鉴[38]。在风景园林领域的运用，主要通过将该方法与网络关系量化方法结合，可视化目标点、关系点的时间数据和空间数据，构建网络关系图作为图神经网络的输入层，进而在算法测度后输出预测结果数据集，对空间网络进行分级更新，促使其朝着积极方向演变（图 5）。

4.3 融合欧式和非欧空间图的复杂网络关系分析

当有多种数据模式可用时，通常可以将所有输入组合到一个单一的深度学习模型中。方法包括将输入作为单个网络或多分支体系结构的附加通道堆叠，其中数据模式被单独处理以提取特征，然后在最终预测层之前连接。此外还可将图像数据与来自手机、维基百科、社交媒体、街道图像、公开街道地图等的数据结合起来进行建模，以预测相关研究结果。

针对风景园林领域而言，由于有限的训练数据使得模型开发受限，噪声数据对模型性能具有降低作用，使得复杂的多种模式交互模型很少被使用，而是多集中于两种数据类型的结合，这严重阻碍了风景园林领域的深入研究。往往在处理实际问题时，需要不同的数据解决对应问题。因此，可以通过直接提取三种图像上的数据并加以合成，运用神经网络、随机森林等人工智能技术处理数据，在此过程中利用嘈杂的训练数据、精确的测试数据以及准确的评价提高模型性能，从而解决风景园林复杂交织的诸多问题。另外，还可通过图像融合技术，将欧氏空间图与非欧空间图进行融合，再运用迁移学习、无监督学习、监督学习等方法直接处理融合后的“图”数据，但该方法在技术上有较大困难，未来可作为重点研究方向予以突破，进而实现风景园林的智能化发展（图 6）。

5 结论与讨论

现有研究中，传统的实地调查、问卷发放仍然是风景园林领域，相关研究成果获得的主要数据收集方法，但难以进行大样本量的获取，致使相关结果的普适性较差。此外，传统的数理统计及简单的数学模型，难以应对当下风景园林领域所要解决的复杂环境、人群行为及两者间的相互作用等诸多问题。面对上述困境，将人工智能技术与“图”相结合为风景园林领域的研究提供了新的技术手段与可靠的实施路径。尽管本文所述内容并不能囊括风景园林“图”应用中的全部人工智能方

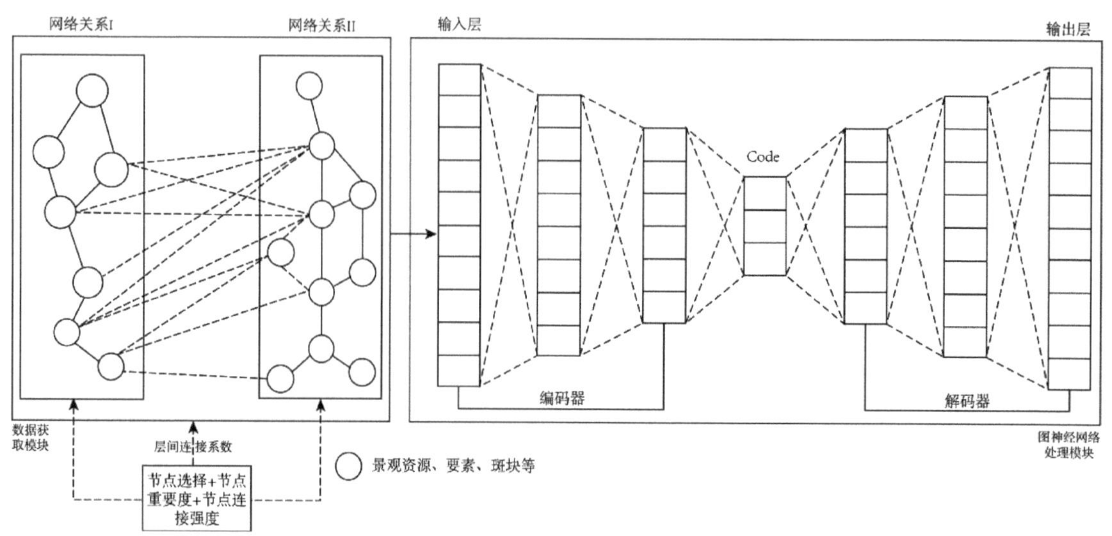

图 5 时空模拟预测构架

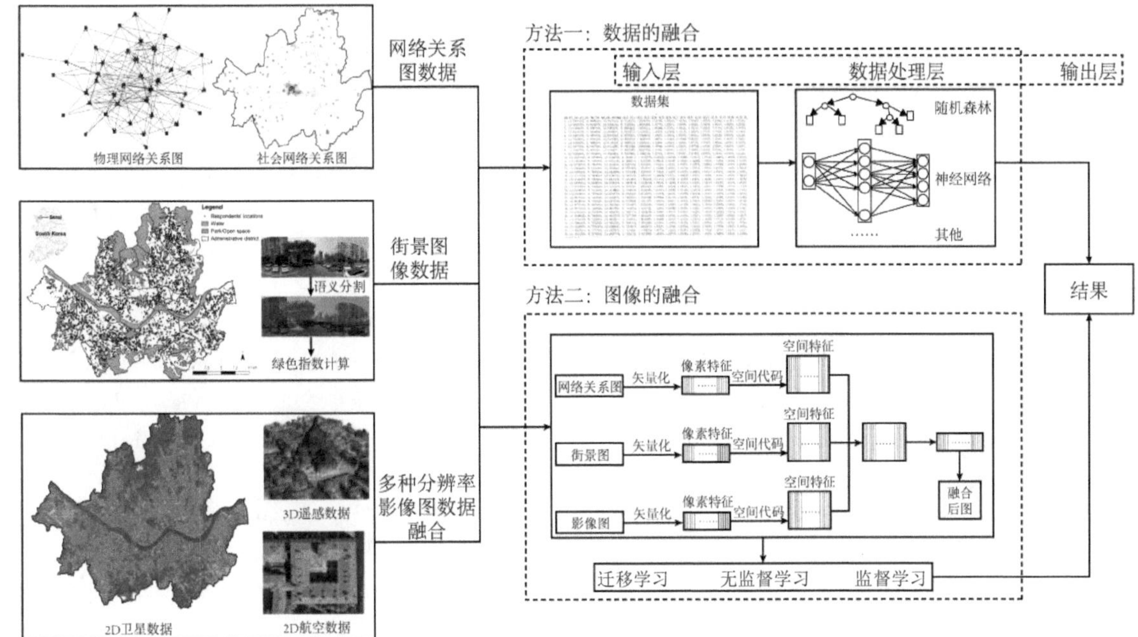

图6 融合欧式和非欧空间图的复杂网络关系架构[26][45-47]

法，但展现了图与人工智能、数学模型等结合的高效性、科学性、合理性等优势，是传统数据获取、处理方法的补充。

本研究针对近些年来风景园林中图的相关研究工作进行综述，可以发现：① 欧氏空间图的应用主要将风景园林与生态学、城市地理学、城市规划等学科相结合进行综合研究，缺乏风景园林单一学科的研究，而非欧空间图在本专业几乎未有所涉及，表明“图”在风景园林中的应用处于初步阶段，尤其是在多种“图”数据类型的融合、非欧空间图的应用方面有所欠缺。② 随着人工智能技术的深入发展，“图”的应用方法逐渐得到优化，在分析、模拟、评估等方面均有所涉及，但对于风景园林复杂交织问题的解决还有所欠缺。受到技术跨学科性质的影响，很难构建整合、完善的系统框架用于研究。尽管目前对于两种图的应用方法还不够成熟，但随着未来风景园林的智能化发展，构建更为科学、系统、复合、联动的方法体系，为促进风景园林从沿用、依附于其他学科的技术方法，逐步走向独立的风景园林智能化方法理论体系奠定基础。

参考文献

[1] 邱志杰.重读摄影史[J].当代艺术与投资.2007,(04):63-65

[2] Repetti A, Prélaz-Droux R. An urban monitor as support for a participative management of developing cities[J]. Habitat International,2003, 27(4): 653-667.

[3] T. Blaschke. Object based image analysis for remote sensing [J]. Isprs Journal of Photogrammetry and Remote Sensing,2010,65(01):2-16.

[4] 张帆,刘瑜.街景影像——基于人工智能的方法与应用[J].遥感学报,2021,25(05):1043-1054.

[5] Harary F.Graph Theory[M]. Reading,MA,USA: AddisonWesley, 1969.

[6] 王向荣.景观图像与风景园林[J].风景园林,2017(12):4-5.

[7] 张永彬,程素娜,汪金花,等.基于中分辨率遥感影像的唐山城市绿地信息提取[J].国土资源科技管理,2015,32(05):115-120.

[8] Hu Y F,Zhang Q L,Zhang Y Z,et al.A deep convolution neural network method for land cover mapping: A case study of Qinhuangdao,China[J]. Remote Sensing,2018, 10(12):2053.

[9] 叶宇,张灵珠,颜文涛,等.街道绿化品质的人本视角测度框架——基于百度街景数据和机器学习的大规模分析[J].风景园林,2018,25(08):24-29.

[10] 杨俊宴,吴浩,郑屹.基于多源大数据的城市街道可步行性空间特征及优化策略研究——以南京市中心城区为例[J].国际城市规划,2019,34(05):33-42.

[11] 赵晶,曹易.风景园林研究中的人工智能方法综述[J].中国园林,2020,36(5):82-87.

[12] 解则晓,李美慧.机器学习在基于点云的三维物体识

别领域的研究综述[J].中国海洋大学学报(自然科学版),2021,51(06):125-130.

[13] LeCun, Y.,Bottou, L.,Bengio, Y., Haffner,P.Gradient-based learning applied to document recognition [J]. Proceedings of the IEEE,1998,86(11):2278-2324.

[14] Werbos, P.Beyond regression:New tools for prediction and analysis in the behavioral sciences. Ph. D. Thesis,Harvard University, 1974.

[15] Guoqiang Zhong,Xiao Ling,Li-Na Wang.From shallow feature learning to deep learning: Benefits from the width and depth of deep architectures[J].Wiley Interdisciplinary Reviews-Data Mining and Knowledge Discovery,2019,9(1):e1255.

[16] Marshall Burke, Anne Driscoll, David B. Lobell,et al.Using satellite imagery to understand and promote sustainable development[R].National Bureau of Economic Research, 2020.

[17] Li X J, Zhang C R, Li W D, et al. Who lives in greener neighborhoods? The distribution of street greenery and its association with residents' socioeconomic conditions in Hartford,Connecticut,USA[J].Urban Forestry & Urban Greening,2015, 14(4):751-759.

[18] Li H, Páez A, Liu D S. Built environment and violent crime: An environmental audit approach using Google Street View[J].Computers, Environment and Urban Systems, 2017,66:83-95.

[19] 刘曙光,董行,娄厦,等.基于随机森林特征变量优化的湿地植物分类与密度反演[J].同济大学学报(自然科学版),2021,49(05):695-704.

[20] Rumelhart D E, Hinton G E, Williams R J.Learning representations by back-propagating errors[J]. Nature,1986,323(6088):533-536.

[21] Krizhevsky A, Sutskever I, Hinton G E.ImageNet classification with deep convolutional neural networks[J].Communications of the ACM,2017,60(06):84-90.

[22] Russakovsky O, Deng J, Su H,et al.ImageNet large scale visual recognition challenge[J]. International Journal of Computer Vision,2015,115(03): 211-252.

[23] Ruoyu Wang,Ye Liu,Yi Lu,et al.The linkage between the perception of neighbourhood and physical activity in Guangzhou, China:Using street view imagery with deep learning techniques[J].International Journal of Health Geographics,2019,18(1):18.

[24] Yao Yao,Zhaotang Liang,Zehao Yuan,Liu,et al.A human-machine adversarial scoring framework for urban perception assessment using street-view images[J]. International Journal of Geographical Information Science,2019,33(12):2363-2384.

[25] FanZhang,Bolei Zhou,Liu Liu,et al.Measuring human perceptions of a large-scale urban region using machine learning[J]. Landscape and Urban Planning,2018, 180:148-160.

[26] Donghwan Ki, Sugie Lee. Analyzing the effects of Green View Index of neighborhood streets on walking time using Google Street View and deep learning [J]. Landscape and Urban Planning, 2021, 205: 103920.

[27] 龙静.基于BP人工神经网络的城乡土地利用精明增长研究[D].南宁:广西师范学院,2013

[28] 林文君.植物配置应用人工神经网络技术的可行性研究[D].广州:华南理工大学,2017

[29] 周俊哲,陈勇,周皓,等.矿业城市景观生态安全研究——一种双层复杂网络分析方法[J].中国环境科学,2021,6.

[30] Xiaolei Ma,Zhuang Dai,Zhengbing He,et al.Learning traffic as images: A deep convolutional neural network for large-scale transportation network speed prediction[J].Sensors,2017,17(4):818.

[31] J. Bruna, W. Zaremba, A. Szlam, et al. Spectral networks and locally connected networks on graphs [C]. 2nd International Conference on Learning Representations, ICLR 2014, Banff, AB,Canada, Conference Track Proceedings, 2014: 1-10.

[32] M. Defferrard, X. Bresson, P. Vandergheynst. Convolutional neural networks on graphs with fast localized spectral filtering[C]. Advances in Neural Information Processing Systems 29: Annual Conference on Neural Information Processing Systems 2016, Barcelona,Spain, 2016:3837-3845.

[33] T. N. Kipf, M. Welling. Semi-supervised classification with graph convolutional networks[C].5th International Conference on Learning Representations, ICLR 2017, Toulon, France, Conference Track Proceedings, 2017: 1-10.

[34] Ying R,He Ruining,Chen Kaifeng,et al.Graph convolutional neural networks for web-scale recommender systems [C]//Proceedings of the 24th ACM SIGKDD International Conference on Knowledge Discovery & Data Mining.London,United Kingdom. New York, NY, USA: ACM,2018:974-983.

[35] Yu Bing,Yin Haoteng,Zhu Zhanxing.Spatio-tempo-

ral graph convolutional networks: A deep learning framework for traffic forecasting[C]//Proceedings of the Twenty-Seventh International Joint Conference on Artificial Intelligence. July 13－19, 2018. Stockholm, Sweden. California: International Joint Conferences on Artificial Intelligence Organization, 2018:3634-3640.

[36] P. Vělickovíc, G. Cucurull, A. Casanova, et al. Graph attention networks[EB/OL], 2017.

[37] 荣沛,苏凡军.基于知识图注意网络的个性化推荐算法[J].计算机应用研究,2021,38(02):398-402

[38] 李小妍.基于图神经网络的交通流量预测[D].成都:电子科技大学,2020.

[39] Swapan Talukdar, Kutub Uddin Eibek, Shumona Akhter, et al. Modeling fragmentation probability of land-use and land-cover using the bagging, random forest and random subspace in the Teesta River Basin, Bangladesh [J]. Ecological Indicators, 2021, 126:107612.

[40] 吴振华.基于3S集成技术的半干旱草原区大型露天煤炭基地景观格局优化研究[D].徐州:中国矿业大学,2020.

[41] S.Hochreiter, J.Schmidhuber, Long short-term memory[J].Neural Computation, 1997, 9(8):1735-1780.

[42] X.Shi et al., Convolutional LSTM network: A machine learning approach for precipitation nowcasting. Adv. Neural Inf.Process. Syst.2015, 28:802-810.

[43] 张学佩.基于3D卷积神经网络的多节点间链路预测方法研究[D].南昌:南昌航空大学,2018.

[44] K. M. He, X. Y. Zhang, S. Q. Ren, J. Sun, Deep residual learning for image recognition[C]//2016 IEEE Conference on Computer Vision and Pattern Recognition (CVPR). June 27－30, 2016, Las Vegas, NV, USA. IEEE, 2016:770-778.

[45] Ruoyu Wanga, Ye Liub, Yi Lu, et al. Perceptions of built environment and health outcomes for older Chinese in Beijing: A big data approach with street view images and deep learning technique[J]. Computers, Environment and Urban Systems, 2019, 78: 101386.

[46] 张飞,邵媛,黄晖,等.近20年城市遥感研究现状及其发展趋势[J].生态学报,2021,41(08):3255-3276.

[47] 张丽霞,曾广平,宣兆成.多源图像融合方法的研究综述[J].计算机工程与科学,2020,12.

作者简介:邵继中,华中农业大学风景园林系教授。研究方向:风景园林规划设计。

刘冠,华中农业大学风景园林系博士生。研究方向:风景园林规划设计。

张雨,华中农业大学风景园林系博士生。研究方向:风景园林规划设计。

张晓思,华中农业大学风景园林系硕士生。研究方向:风景园林规划设计。

江南私家园林叠山数字化测绘与3D打印

张青萍　董芊里

摘　要　江南私家园林叠山作为文化遗产，具有极高的艺术和文化价值。目前针对江南私家园林叠山的研究仍旧停留在二维阶段，主要通过拍照和手绘的方式对其进行记录。这种方式并不适合于空间环境高度复杂的江南私家园林假山，且这种记录方式容易出现错误，并且对于学习者而言极难理解。研究针对江南私家园林叠山，使用三维激光扫描与摄影测量的方式，并分别进行建模比对研究，结果显示摄影测量的方式在精度方面较差，变形严重，无法识别出假山纹理。在三维激光扫描方面，研究尝试了不同的扫描方式，最终采用架站式三维激光扫描与手持式三维激光扫描，对瞻园南假山进行全面三维测绘，构建了一套较为详细的江南私家园林叠山三维测绘与研究方法。同时在此基础之上尝试通过3D打印技术对假山实现复现，突破了江南私家园林叠山不可复制的局限。通过3D打印的方式对假山这一固态遗址遗产进行活态转译，通过不同比例的缩放使其成为可移动的实体模型，能够在不同地区进行展示，为江南私家园林叠山的传承与发展提供新的思路。

关键词　江南私家园林；叠山；数字化；三维激光扫描；3D打印

中国作为世界园林之母，拥有极其丰富的园林资源。其中江南私家园林作为中国园林的代表，成为世界文化遗产，甚至对日本、韩国、英国等国家的园林建设产生了深远的影响。中国古典园林是时空综合的艺术，“诗情画意”成为中国古典园林在世界园林体系中独树一帜的标志之一，江南私家园林，作为中国古典园林发展史上的一个高峰，“代表着中国风景式园林艺术的最高水平”[1]。

从魏晋南北朝时期开始，园林进入了转折阶段，转以满足园主人的物质与精神享受为主，并将园林上升至艺术创作的境界；也自此开始，以石造园逐渐成为园林的主流。尤其到了明清时期的江南园林，绘画与园林技艺高度发达，大多文人画家在园林中精心叠山理水，创造了这一时期园林与叠山艺术的高峰。

假山是江南园林景观特色的表现之一，从明清时期的园林著作来看，叠山也是园林著作中不可不提的一个部分。我国第一部全面论述江南私家园林造园技艺的《园冶》一书中，专门设立“掇山”与“选石”篇，经典论述“有真为假，作假成真”正是在“掇山”篇中提出[2]。李渔的《一家言》单设“山石”篇[3]，文震亨的《长物志》单列“水石”卷[4]。这些著作均可说明，叠山技艺已然是江南园林造园理论的重要部分。

从遗产保护的角度来看，现阶段对于假山尚缺乏针对性保护策略。自《雅典宪章》开始，针对建筑遗产的保护在全世界范围内开始受到人们的重视，《雅典宪章》将建筑遗产保护的范围扩展至园林方面。1982年由ICOMOS起草的《佛罗伦萨宪章》正式提出了“历史园林”的概念，针对园林景观的遗产保护正式被纳入遗产保护的范畴。从几次宪章起草的内容来看，虽然对于遗产保护的界定扩展到了“历史园林”的概念，但这是从西方建筑体系视角下针对西方园林的保护。对拥有众多造园要素的中国私家园林而言，这些宪章的起草并不具备针对性。由中、日、韩三国所起草的《“从传统园林到城市”宣言》虽然将中国私家园林与西方园林的保护方式进行了区分，但仍未将假山作为一项造园要素单独进行保护，针对假山的保护策略研究需进一步深入。

1　遗产保护的三维数字化研究

近年来，对于遗产保护的研究已经步入三维数字化信息时代，在这一方面关于建筑遗产以及不可移动遗址遗产已经有了大量的研究[5]。国际遗产组织也在不断推动遗产的三维数字化测绘，以及三维信息管理，在2017年于印度德里召开的国际古迹遗址理事会（ICOMOS）第19届全球代表大会也将“数字赋权时代的文化遗产保护和阐释”(protecting and interpreting cultural heritage in the age of digital empowerment)列为会议的四大核心议题之一,可见数字化文化遗产的保护,已经成为了当下遗产保护的重要内容。中国古典园林与假山作为固态遗址遗产,其遗产价值及文化价值已得到大量论证。现阶段,对中国乃至全球的风景园林学习者而言,针对中国古典园林假山的了解与学习,大部分停留在上世纪以陈从周、刘敦桢、周维权、童寯等人为代表所编纂的园林著作。对于园林文化遗产的三维数字化研究起步较晚,且研究内容较少。随着 20 世纪 90 年代数字化测绘与计算机技术的蓬勃发展,数字化测绘技术为园林研究者所认识和了解。相较于人工测绘,数字化测绘技术在精准度、便捷性方面有着质的提高。近年来,三维记录技术在遗产研究中的应用呈现出指数型的增长。园林假山作为文化遗产的一部分,对其的记录应当是一个多维度的过程,以期对假山进行数字化的内容管理和再现。本文基于数字化测绘的方式,为江南私家园林假山的保护提供不同的研究方式。

2 运用摄影测量的瞻园北假山建模

瞻园位于南京市内,于明朝嘉靖年间所建,曾是明朝开国功臣徐达府邸的一部分。园内北假山为大体量石山,其中建构有山洞,为目前唯一保留的明式手法的叠山,意义重大[6]。现有的针对瞻园北假山较为详细描写的文献、对于北假山的记录,主要还是以潘谷西先生等为代表著写和拍摄的手绘记录或摄影图像。运用数字化建模的方式对假山进行全方位的测绘,能够较为全面地展现出假山的面貌,并能够精确地展现假山的细节纹理,同时较为直观地展现假山与其周围景观要素的空间关系。

相对于较为传统的三维软件建模,北方工业大学白雪峰等人针对 SketchUp、3DsMAX、Rhino,以及数字雕刻软件 Mudbox 进行对比分析,结果发现传统的三维建模软件以及数字雕刻软件,必须通过人为的主观处理才能对假山进行重新建模,建模结果因人而异[7]。相对于早期的手工绘制,这种方式呈现的假山平立面虽然较为直观,但依旧存在人为主观处理的过程。因此,对于要求更为精细的研究,必须选择更具客观性的处理方式。

摄影测量能够通过图像和摄像机的相对位置,对对象进行精准的三维建模。为了能够较为精准地提取对象的几何图形,对相机和镜头的质量都有较高的要求。为保证所获取图像的质量,在拍照时需要足够的光线,同时为减少局部阴影,需要控制光源的均匀性[8]。

本研究采用摄影测量结合 PhotoScan 建模的方式,通过单反对瞻园北假山进行全方位摄影测量,进行照片建模。拍摄的多张平面照片之间有较大的重叠率,通过数学算法对有重叠的照片进行识别与运算处理,最终形成三维立体模型。该方式的运算方法较为客观,不经过人为主观处理对假山进行二次加工,所得假山模型相较而言更为直观与客观。研究所使用的单反型号为佳能 5D,数据采集了单反摄影影像 2545 张,其重叠率为 70%。对单反影像进行拼接及数据建模使用的软件为俄罗斯 Agisoft 公司开发的 PhotoScan,该软件能够在很大程度上,较为自动化地生成三维模型,包括图像对准和稀疏点云,密集三维表面生成和纹理映射三个步骤,并且能够在任何阶段进行干预(图 1)。相对于手工绘制的瞻园北假山南立面图[6],通过摄影测量结合 PhotoScan 处理得到的模型,能够明显看出假山体量上的变化以及其与周围景观的关系(图 2、图 3)。在建模后所形成的南立面中,能够清晰地看出不同假山石的前后位置与空间穿插关系;对于植物与假山的体量也有较为明显的对比关系。相较于手绘成果,PhotoScan 呈现的结果更加直观,不经过任何的主观处理。从立面图当中可见 PhotoScan 处理后的结果中以假山为主体,石量与假山的体积相较于手绘更大,同时能够更加明显地看出假山山洞的位置,以及假山前平台与假山的空间位置。手绘图中所展现地更多为场景的意向,而软件处理的结果所表现的更多为假山的空间位置关系。

通过对瞻园北假山的建模,能够看出,摄影测量能够近距离对假山进行高精度的测绘,并识别假山的大部分特征,创建高分辨率的 3D 点云。摄影测量对于数据的收集时间较短,并且针对于私家园林中,假山这种具有复杂地形的景观对象而言,摄影测量具有极强的可操作性与便携性。从成本效益的角度来看,PhotoScan 作为用于恢复图像中物体三维形状以及外观的数字技术,成本较低,且基于开源计算机的数据可视化技术,使

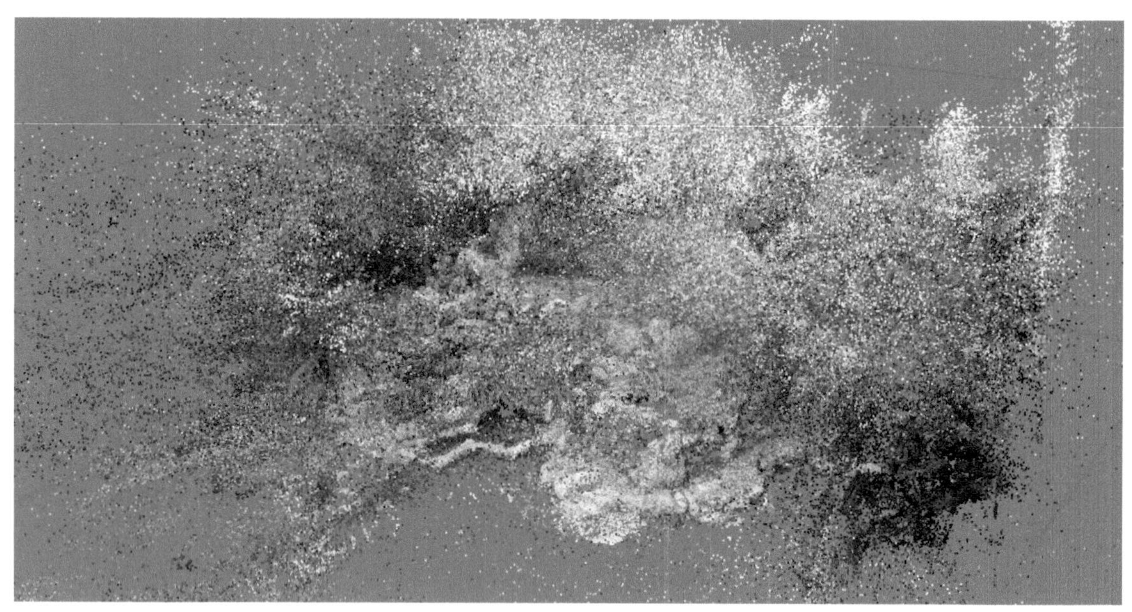

图 1　瞻园北假山点云

图 2　潘谷西手绘瞻园北假山南立面[6]

图 3　摄影测量建模瞻园北假山南立面

没有技术背景的园林工作者，也能够较为轻松地访问 3D 点云并进行数据生成[9]。

3 运用三维激光扫描的假山建模研究

三维激光扫描（TLS）通过电磁波测距，对物体表面进行快速扫描以获得大量的点云数据，可对对象物体外形进行精准地描述[10]。遗产保护方面的研究近年来较为成熟，但其对象较为单一，多针对以古建筑等为主的遗址遗产，很少针对江南私家园林当中的景观要素进行测绘分析。针对石质文化遗产的相关研究，TLS 主要用于对于石质考古遗址发掘过程的记录，以及遗址的检测和灾害分析。本研究针对园林假山进行三维扫描，对其进行数字化建模与可视化分析。

3.1 环秀山庄三维激光扫描与建模研究

团队前期基于苏州环秀山庄假山，使用了 Leica Scanstation C10 激光扫描仪进行扫描，并在环秀山庄内布置 89 个扫描站进行全园测绘，后园的扫描密度设定为 5 cm/100 m，前园扫描密度为 10 cm/100 m，平均点云配准误差不低于 6 mm[11]。在 TLS 获得的点云数据通过其配套数据处理软件 Cyclone 进行点云的拼接、去噪、合并之后，得到假山的具体模型（图 4）。TLS 获得的环秀山庄假山局部模型可以看出，该方法能够最大程度还原假山的形状以及纹理（图 5）。TLS 技术与其他可用的岩石表征检测技术相比：① 测量的空间分辨率高（2～3 cm/点）；② 与数据精度相对较低的空中或空间遥感方法相比，拥有足够视角，覆盖范围更大；且空中遥感会受假山石体上所生长的植物影响，而无法精准测绘到植物下方假山石体的具体数据；③ TLS 测绘所得到的数据精度为毫米级，相较于摄影测量精度较高；④ 江南私家园林中园林要素众多，TLS 技术易于设置站点，且方便进行数据采集[12]。

在扫描过程中发现，由于假山表面纹理复杂，同时所处环境也较复杂，对于架站式三维激光扫描仪，多数山洞区域因较小而无法进入扫描，因此该部分无法获得较为精准的点云数据。并且大量的假山纹理变化均为厘米与毫米级别的极细微变化，因此对前期的扫描需要达到较高的精度，才能展开后续相关研究。在进行全园扫描时，标靶以及站点无法在假山的山洞深处以及石缝交接等狭窄处设置，点云的配准精度受到标靶数量的影响，后期使用 Cyclone 进行点云配准时，假山局部出现了假山石块面域交错、拼接漏洞以及坐标混乱等问题。因此，团队在后续研究中，采取的三维激光扫描方案，为架站式三维激光扫描仪与手持式三维激光扫描仪相结合的方式。通过二者数据互补，获取完整且精准的假山三维数据，从而展开对其的进一步研究。

3.2 瞻园南假山三维激光扫描与建模研究

瞻园南假山处于复杂的空间环境之中，周围

图 4 环秀山庄点云模型

图 5　环秀山庄局部模型

的植物遮挡严重。同时由于中国古典园林构园手法的需求，如障景、借景等造景手法，大量假山部件之间相互遮挡。无人机在该区域无法使用，相机等被动光源摄影测量也无法大规模拍摄照片进行建模。若仅靠架站式三维激光扫描仪，虽然能够保证数据的高精度，但由于假山山体的复杂程度以及景观之间的相互遮挡，存在大量区域的山体无法设置架站点，以及局部区域由于遮挡无法扫描。因此本次扫描采用了以架站式三维激光扫描仪为主，手持式三维激光扫描仪为辅的方式，展开对山体的整体扫描。手持式扫描仪由于灵活度高、体量小的优势，能够获取到架站式三维激光扫描仪无法架站区域的数据；并且在点云数据拼接阶段采用点云重合识别的方式，因此无须在架站过程中使用标靶，避免了标靶体量大、无法大面积架站的问题。

本次研究采用的设备为 Trimble TX8（架站式），采集精度为 1 mm，扫描距离在 18%的目标反射率情况下在 335 m 以上，测量速度为 1000000 点/秒。同时使用 Slam-Horizon（手持背包式），测绘距离能达到 100 m，扫描速度为 300000 点/秒，采集精度为 10～30 mm。本次假山整体采集范围约 2200 m^2，假山体量较大，且植物遮挡较多，主体部分由 TX8 进行架站式数据采集，由于假山中各景观要素、假山各部件之间的交叉与遮挡，以及假山石体的不规则性，在架站过程中，为了更加全面地获取假山石体各个面的数据，在扫描操作过程中加大测站数量，共计架站 154 站，扫描耗时 3.5 h，采集点云数量约 16.6 亿。针对狭小区域以及山洞等架站式无法进入且遮挡过多、扫描信息不全的区域，采用 Slam 手持式扫描仪，对假山细部进行近距离补充式扫描。Slam 扫描过程不需要架设站点，通过使用者手持扫描仪器对物体进行全方位激光扫描，整体扫描时长为 40 min，共计采集点云数量约 3.2 亿。

在外业数据采集完毕之后，对其进行点云数

据预处理。处理采用 Trimble 配套 Trimble Realworks(TRW)系统软件，Trimble 搭配 TRW 能够实现无标靶全自动拼接，依靠各架站点云数据之间的重叠程度，进行自动校准。整个数据拼接过程为 15 h，平均拼接精度为 2.67 mm，处理总点云数量为 16.6 亿。在 TRW 中对点云进行自动分类处理，对点云进行自动识别假山与植被，该步骤耗时 1 h。由于假山上覆盖大量灌木，在软件自动识别中，仍然出现灌木植被被自动识别为假山与地面。因此在软件自动计算完成后，需对模型进行人工精处理，剔除灌木对假山的影响，并保留部分树木的树干及树根，以避免地面空洞。分类精处理点云完成后，对点云进行三角网络模型计算。由于点云中包含大量植物信息，因此在三角网络模型计算过程中会出现模型错位等误差，需要进行人工修补，并在该阶段通过 TRW 软件自动过滤剩余灌木。假山为石块搭接而成，在软件网格模型生成后，无法避免局部出现细微空洞，因此需要人工假山进行修复补洞，完成 TX8 精扫部分假山整体模型。Slam 后续点云处理步骤与 TX8 数据处理步骤相同，将处理过后的 Slam 模型与 TX8 模型进行对准拼合，能够直观发现二者数据实现互补，在细微的石缝交接处，Slam 获取到了 TX8 无法获得的数据，最终二者数据互补完成瞻园南假山点云数据模型(图 6)。

4 瞻园南假山 3D 打印

近年来，随着遗产保护的数字化研究不断深入，3D 打印作为一种数字化模型生成的形式，在文化遗产的保护中开始逐渐被使用，例如在历史建筑修复[14]以及文物修复[15]中。长久以来历史建筑总是受到空气污染[16]、机械负荷[17]等自然因素与人为因素的影响。中国古典园林假山因常年暴露在室外，受到阳光、雨水、风等自然要素的侵袭，以及游人的攀爬等因素，多数假山面临局部坍塌、风化、渗水等病害。因此，部分园林的假山作为文化遗产，出于保护角度的考虑，不得不间歇性或永久性封闭管理，致使参观者无法近距离接触。通过 3D 打印，能够通过模型构建不同比例大小的假山模型。因其具有一定程度的可复制性，该模型可常年对参观者开放，且可拆卸而用于展出，也能够为后续的研究等提供物理模型。

由于 3D 打印对假山模型精度要求较高，因此在模型选择阶段，无法选择变形较大的摄影测量模型。环秀山庄主假山模型在扫描过程中由于部分区域无法假设标靶与扫描基站，因此模型存在缺失与错位等问题，无法整体打印。因此本研究选取了精度较高且完整的瞻园南假山模型。由于整体模型体量较大(约 750 m^2)，为做 3D 打印假山的尝试，选择了假山较为复杂的区域，并将模型裁剪至需要打印的大小，整体打印范围为 13 m * 13 m，高度约 8 m。在 3D 打印材料选择方面，因光敏树脂(SLA)能够获得比 FDM 更高的细节水平[18]，出于对假山本身纹理复杂程度较高的原因考虑，本次打印选择了 SLA 材料。最终打印实现了一个精准的瞻园南假山局部模型，模型实际大小为 600 mm × 600 mm × 410 mm (图 7、图 8)。整个模型精准地反映了假山的细节纹理与形态，具有岩石假山所有的信息特征，可为后续研究提供基础。

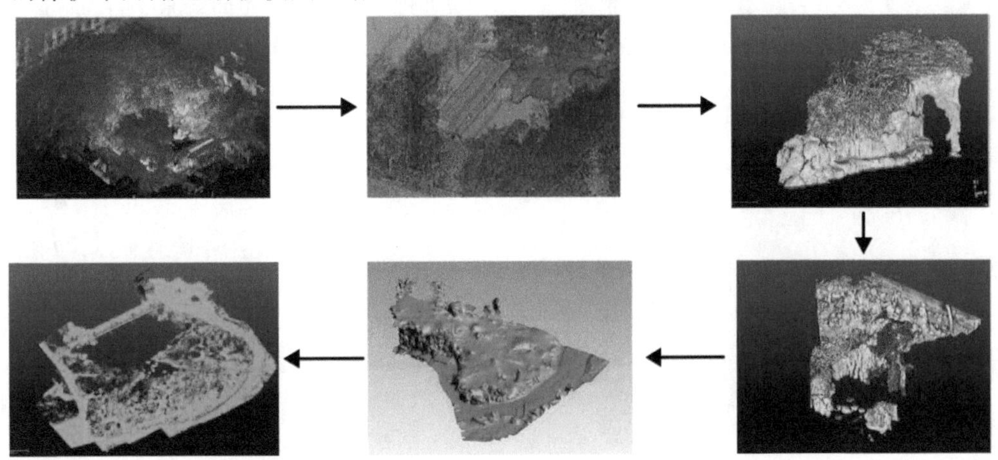

图 6 瞻园南假山建模流程[13]

图7 3D打印模型(整体)

图8 3D打印模型(局部)

5 总结与展望

数字化的文化遗产保护成为目前的研究热点之一,江南私家园林假山的数字化研究也逐渐受到重视。在数字化手段丰富多样的当下,如何运用数字化手段进行研究,运用数字化技术对文化遗产进行保护与活化,值得进一步深入探讨。本研究将三维数字化技术运用到了江南私家园林叠山的研究之中,实现了具有针对性的探索,旨在推动叠山文化的传承与发展。从整个研究过程来看,前期的点云数据获取、建模与修复再到后期的皴纹解析,三维数字化的过程和环节都较为繁琐,涉及的领域不仅限于风景园林学科。目前针对建筑的三维测绘与扫描技术十分成熟,但完整地针对园林假山测绘与建模软件与技术尚有空白。本研究作为探索,叠山与三维数字化技术相结合在实践中的运用仍需要一段时间的发展。

研究过程中发现,在测绘方面,由于假山处在高度复杂的园林空间之中,受制于植物等园林环境要素的影响,很难十分全面地获取到完整的数据。在后期的数据处理上,受到植物叶片等因素影响,模型处理也存在一定的困难,时间与精力的耗费较多。本研究已在前人研究的基础之上极大地提高了测绘效率与精度,在今后的研究中,有望更进一步提高叠山的测绘与模型处理效率。

本研究在假山数据获取的过程中,只针对假山的形态纹理进行采集,未包含假山的颜色,因此模型不具备色彩信息。在后续的研究中,将重点关注颜色信息,进行高精度的获取与分析。同时,在模型处理与分析后,如何针对假山进行三维信息管理,也将是今后的重点研究方向。

参考文献

[1] 周维权.中国古典园林史:珍藏版[M].3版:北京:清华大学出版社,2008.

[2] (明)计成,陈植注释.园冶注释[M].2版. 北京:中国建筑工业出版社,1988.

[3] 李渔.闲情偶寄,窥词管见[M].北京:中国社会科学出版社,2009.

[4] (明)文震亨.长物志校注[M].南京:江苏科学技术出版社,1984.

[5] Soler F, Melero F J, Luzón M V. A complete 3D in-

formation system for cultural heritage documentation[J]. Journal of Cultural Heritage, 2017, 23: 49—57.

[6] 潘谷西.江南理景艺术[M].南京:东南大学出版社,2001.

[7] 白雪峰.数字化掇山研究[D].北京:北方工业大学,2015.

[9] Reu J D, Plets G, Verhoeven G, et al. Towards a three-dimensional cost-effective registration of the archaeological heritage[J]. Journal of Archaeological Science, 2013, 40(2): 1108-1121.

[10] 赵国强.基于三维激光扫描与近景摄影测量数据的三维重建精度对比研究[D].焦作:河南理工大学,2012.

[11] L. Geosystems, Leica ScanStation C10, product specifications, Heerbrugg, Switzerland [EB/OL]. May 25, 2012, http://hds.leica-geosystems.com/en/Leica-ScanStation-C10 79411.htm.

[12] Abellán, Antonio, Oppikofer T, Jaboyedoff M, et al. Terrestrial laser scanning of rock slope instabilities[J]. Earth Surface Processes and Landforms, 2014, 39(1): 80-97.

[13] Dong Q L, Zhang Q P, Zhu L X. 3D scanning, modeling, and printing of Chinese classical garden rockeries: Zhanyuan's South Rockery[J]. Heritage Science, 2020, 8(1): 1—15.

[14] T. Allard, M. Sitchon, R. Sawatzky, R. Hoppa, Use of hand-held laser scanning and 3D printing for creation of a museum exhibit. Proceedings of 6th International Symposium on Virtual Reality, Archaeology and Cultural Heritage VAST 2005: Short and Project Papers 2005, pp. 97-101.

[8] Davis A, Belton D, Helmholz P, et al. Pilbara rock art: Laser scanning, photogrammetry and 3D photographic reconstruction as heritage management tools[J]. Heritage Science, 2017, 5(1): 1—16.

[15] G. Bigliardi, P. Dioni, G. Panico, Restauro e innovazione al Palazzo Ducale di Mantova: la stampa 3D al servizio dei Gonzaga, Archeomatica 7.1, 2015: 34-37.

[16] P. Brimblecombe, C.M. Grossi, Damage to buildings from future climate and pollution, APT Bull. 38(2/3) (2007) 13 - 18. https://www.researchgate.net/publication/ 271846514. Accessed 17 Jan 2017.

[17] D.V. Oliveira, P.B. Lourenço, C. Lemos. Geometric issues and ultimate load capacity of masonry arch bridges from the northwest Iberian Peninsula, Eng. Struct. 2010, 32(12): 3955-3965.

[18] Balletti C, Ballarin M, Guerra F. 3D printing: State of the art and future perspectives[J]. Journal of Cultural Heritage, 2017, 26: 172-182.

作者简介:张青萍,博士,南京林业大学风景园林学院教授,博士生导师;南京林业大学园林历史理论与遗产保护中心主任;教育部风景园林专业教指委委员,江苏省教育厅风景园林专业教指委委员。研究方向:风景园林遗产保护、风景园林规划设计。

董芊里,南京林业大学风景园林学院在读研究生。研究方向:风景园林遗产保护、风景园林规划设计。

基于神经网络的语义分割技术的城市滨水环境水绿要素提取研究*

刘　曦　李辰琦　陈　宇

摘　要　利用基于卷积神经网络(CNN)的语义分割技术，将无人机采集到的典型特征段滨水环境正射影像作为神经网络训练数据的基础，利用UNET语义分割研究框架，将遥感图像导入到UNET算法模型中，将数据进行特征化编码，强化其环境要素特征，最终输出带有特征信息的数据信息，以此构建滨水环境典型环境要素训练集。并基于此训练集对相似环境特征的滨水环境水绿要素进行像素分类与识别，从而快速地构建城市水绿环境的数字化要素信息模型，提升水绿环境数字化研究的效率，为后续的研究开展奠定基础和节约时间成本。

关键词　神经网络;语义分割;水绿环境

1　神经网络基本概念

人工智能的深度学习技术近年来随着算法越来越成熟和算力的不断提升，在各个领域不断拓展着应用场景，其中核心的神经网络技术在图形图像识别、语言语义识别、自动驾驶等领域取得了巨大的进展，在很大程度上解决了相关领域传统研究方法的局限性，提升了效率和可用性;同时在很多细分垂直领域的应用也愈来愈多。

要理解语义分割，首先要理解卷积神经网络，因为语义分割整个研究框架是基于卷积神经网络对图形图像理解与识别的基础。理解卷积神经网络对图像的识别过程，是理解语义分割的基础。卷积神经网络目前主要应用于图像的识别、定位、分类，主要回答图像中的内容是什么、在哪里、范围多大等问题，基本涵盖了图形图像内容识别主要的应用场景。

1.1　卷积神经网络

1.1.1　神经网络构成

神经网络的结构理念来自于脑科学中神经的概念，其结构形态与人的神经系统有着很高的相似度，其网络是由若干层级的神经元连接而成的，通过若干层级神经元的连接，整个系统可以对一些复杂的问题进行求解，并可以在一定程度上，还原人脑对环境或问题的认知过程(图1)。每个神经元初始的输入是线性的，而通过对神经元引入非线性的激活函数，使得神经元可以进行非线性的输出。神经元之间两两连接的加权值是权重，不同的权重和激活函数会使得神经网络的输出值产生变化。

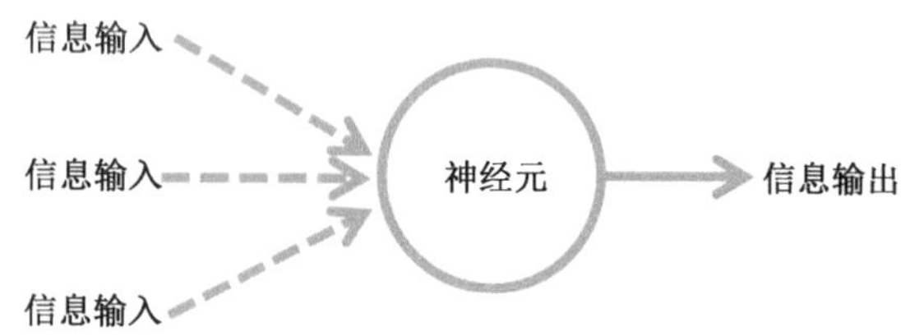

图1　神经元认知结构

通过我们人识别符号类信息的过程可以很好地理解神经网络的运行过程与规律，当我们的眼睛看到某一文字后，图像信息被输入进某一组神经元，再经过神经网络的层层传递，图像的信息转变为符号信息被人所认知识别。解读符号的过程可以看作是神经网络对信息进行筛选和提取的过程，过程中无效信息被最大程度地剔除，同时保障了有效信息的可识别性(图2)。

1.1.2　卷积层工作原理

卷积神经网络是在神经网络的基础上结合卷

* 辽宁省教育厅基金“辽宁省城市运河绿地系统低影响开发模式下的景观规划策略研究”(编号:lnfw202003)。

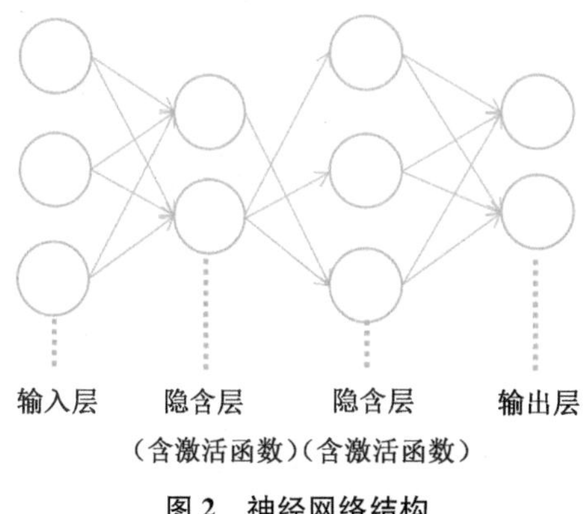

图 2　神经网络结构

积算法的神经网络类型，属于前馈神经网络，在图形图像的识别、特征提取、分类场景中被广泛应用。与传统识别算法相比，卷积神经网络的训练参数减少，算法的有效性提升，泛化应用的能力提升。

卷积神经网络的结构一般由输入层、卷积层、池化层、全连接层和输出层构成。其中由卷积层初步提取特征，并进一步由池化层提取主要特征，接下来由全连接层将各部分特征汇总，最终由输出层的分类器进行预测识别。

对图像进行卷积运算的过程就是基于对应算法，将图像的某一种特征特异化以便于识别，同时最大程度地对图像信息进行压缩。在传统的图像识别环节需要对所有像素进行逐一分析，如一个 1000 * 1000 的图像，则其向量长度为 1000 000，如果隐含层的向量与输入向量相一致，则总的数据量为 10^{12}，这就意味着需要图像分析的硬件算力比较高，且运算周期较长。1000 * 1000 的图像尺寸与现阶段主流图像尺寸相比是偏小的，如果是 10000 * 10000 的图像则其运算的向量呈指数增长，这也使得在很长时间内基于图像分析的神经网络并没有较大的突破，直到现阶段基于 GPU 运算环境的算力增加和卷积算法的成熟，而卷积神经网络对于图像特征的提取，和对图像数据的压缩是其有效性的核心。

我们通过一个例子来理解卷积神经网络中卷积层的作用，以一个 5 * 5 的图像为例，每个像素点都对应着一个位置信息和色彩信息，该图像就一共有 36 个包含位置信息和色彩信息的点，构成输入端信息。同时构建一个 3 * 3 的带有一定典型特征的信息单元，称之为卷积核，卷积核会在卷积运算的过程中，将图像的某一特征进行特异化。在图像中选择一个 3 * 3 的像素矩阵，按对应位置，依次与卷积核同位置的数字相乘，将该次运算的 9 个结果相加，完成一次卷积运算，后续的运算按自左向右、自上而下（每运算一格算为一步长）顺序依次完成（图 3）。

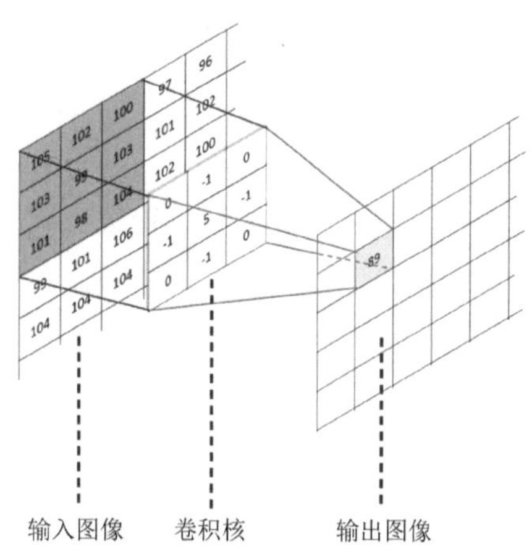

图 3　卷积层运算过程示意

1.1.3　*池化层工作原理*

卷积层输出的数据向量并不会减少，只是会对原始图像的某一特征进行强化，这就意味着需要某种运算将整个数据的运算量进行缩减，同时要最大程度地保证卷积层运算的结果，不发生较大的偏差。池化层的运算过程就满足了这一要求，池化层可以理解为卷积层的数据压缩或称为下采样，可以有效地降低神经网络的运算数量，降低卷积层输出特征向量的维度，同时减少数据过拟合，保留了带有图像特征的数据信息。

常见的池化方式有两种，一种是最大化池化（max-pooling），即选择指定大小的区域内最大数值，最大的值意味着对卷积核运算反馈最强的数值，也是一定区域内该特征最强的值，并以此代表整个区域的值。一种是平均化池化（mean-pooling），即选择指定大小的区域内所有数值的平均值，并以此代表整个区域的值。目前主流的池化算法为最大化池化，其有效性要好于平均化池化（图 4）。

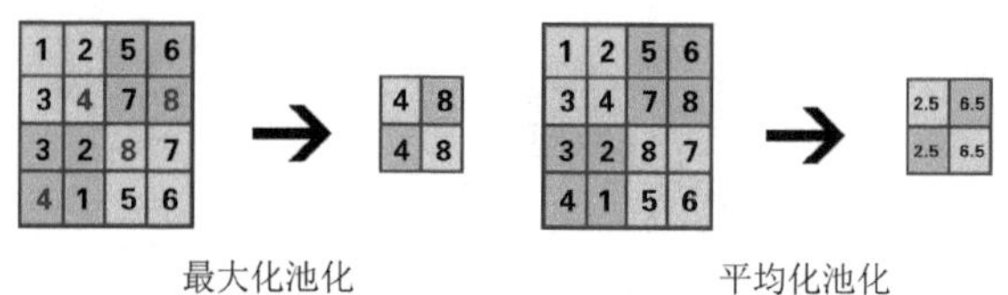

图 4　池化层运算过程示意

1.1.4 全连接层工作原理

图像数据经过卷积层和池化层的运算后，完成了特征提取和数据压缩两个步骤，同时将图像转换成若干组带有一定特征的数据集。将该数据集导入到全连接神经网络中进行运算的层级，称之为全连接层。

在全连接层基于每层神经网络不同的激活参数对特征数据进行分析，依据分析结果对图像的内容进行分类，至此完成了从图像输入到类别输出的过程，即回答了图像是什么的问题。

1.2 语义分割

卷积神经网络回答了图像的内容是什么的问题，而语义分割则在卷积神经网络的基础上进一步回答了图像的内容在哪里的问题，使神经网络对图像的理解从定性分类发展到了定量分析。语义分割从定义来看，是将图像的像素内容基于不同的语义内容进行分组(Grouping)和分割(Segmentation)，语义即对图像内容的理解，分割是对图像内容的切割及标注。

语义分割的应用意味着计算机可以对特定场景下的特定内容进行有效的识别与区分，本质上是计算机可以对图像内容，进行有效的区分并形成认知，而这种能力意味着神经网络有了更好的场景理解力，这使其在自动驾驶、医疗影像分析、图像搜索、增强现实等领域有着广泛的应用，而应用的需求也不断地催生着算法的迭代，使语义分割的泛用性更好。从图5我们可以看到神经网络对于图像的识别，与认知的逐渐迭代推进的过程，从结果来看准确性和精确度也越来越高。

语义分割是在卷积神经网络的基础上构建全卷积神经网络(FCN)。卷积神经网络对图像的分析的过程，会将图像信息进行很大程度的压缩，以减少运算量，相应的卷积神经网络也只能回答“图像是什么”这种分类问题，而进一步的回答“图像内容在哪里”这种问题的时候，需要对之前卷积神经网络压缩后的图像信息，依据其分类特征进行还原，使其实现由图像到图像的分析过程，这个过程称之为上采样。经过上采样可以对原始图像的内容进行分类与分割，从而实现图像内容的语义分割。

对于风景园林，无论是城市广场，还是街头绿地，或者滨水公园都有着丰富的类型化场景环境和环境要素，由于全球地理图像信息构建的完善，

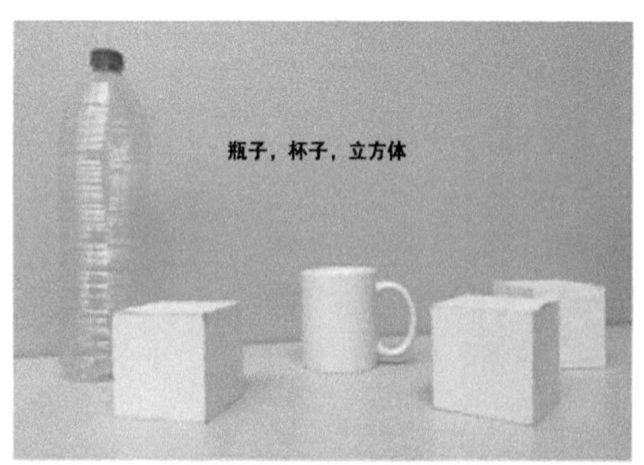

图像分类

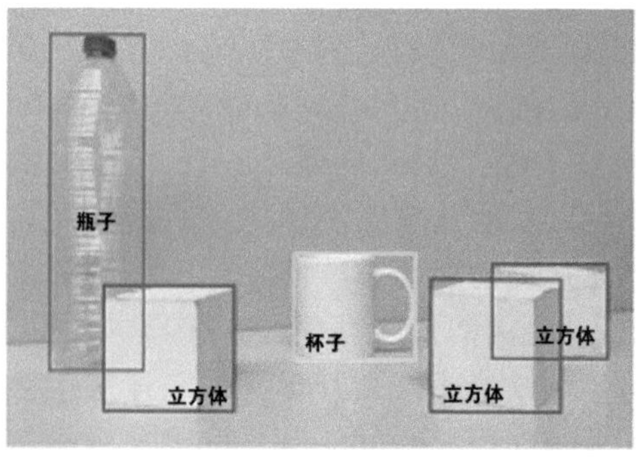

对象定位

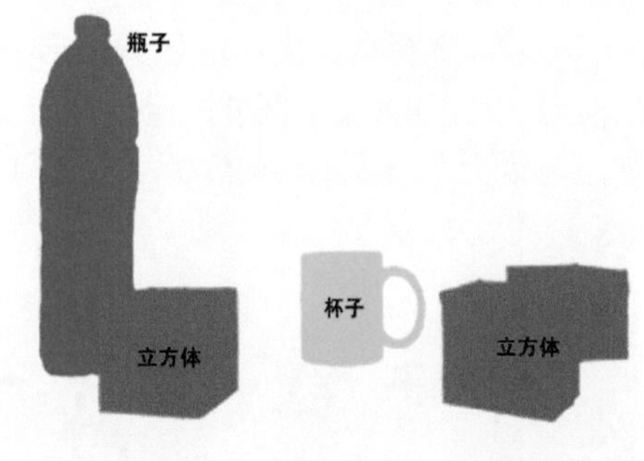

语义分割

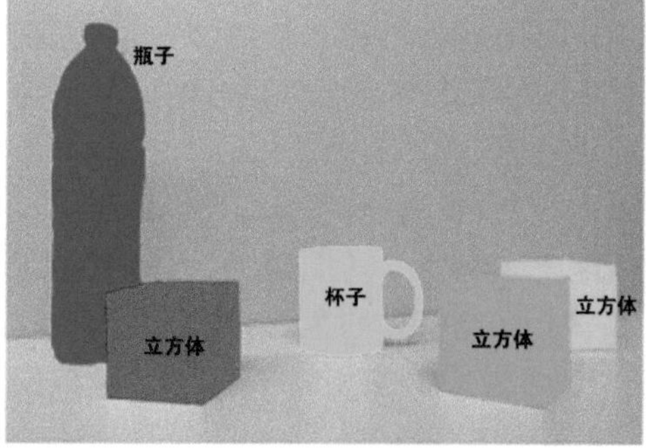

实例分割

图5 神经网络算法迭代

以及无人机进行场景信息采集的难度降低，使得获取某一类区域图形图像信息的难度大大地降低。但有了基础数据如何进行后续的分析，往往需要大量繁重而琐碎的图像分类与识别工作，而语义分割技术的出现，则在很大程度上提升了这一环节的效率，缩短了相应的研究周期。

随着语义分割研究的深入，目前有几个主流的算法框架，如 PSP-NET、SEGNET、U-NET 等，相关软件如 ARCGIS 和 RHINO 的 GH 都对深度学习框架进行了一定的集成，极大地降低了跨专业研究的难度。

2 城市滨水环境水绿要素提取

城市滨水区是城市中比较有活力的区域，也是城市绿地系统的重要组成部分，滨水区的开放空间，是城市居民闲暇时比较愿意选择的出行地点，兼具景观、游憩、生态等多种功能。近年来滨水区对城市的作用越来越引起重视，相关理论的研究也取得了很大的进展，其中 WID(Waterfront Initiating Development)理论提出滨水空间推动城市发展的模式，这意味着城市滨水区的开发与更新，对整个城市的发展都有着重要意义。

城市滨水区现阶段所呈现的问题比较复杂多样，有的是前期开发定位的偏差导致滨水区活力不足，有的是管理不到位导致滨水区荒废，有的是滨水区建成时间较早其环境设施已经不满足当下市民的使用需求。滨水区的周边环境与城市居民的生活息息相关，同时滨水区的水绿环境，可能对很多问题都产生一定的影响。滨水区一般流域较长或水域面积较大，水绿要素的分类整理与边界确定往往需要较长的时间。本研究会利用神经网络环境下语义分割工具对沈阳市城市南运河的一段进行水绿要素提取，对相关信息有效量化以便于后续研究的开展。

2.1 环境信息采集

环境信息主要通过大疆的精灵 Phantom 4 Pro V2.0 进行航拍采集，并在后续利用 Agisoft Metashape 进行正射影像的构建，形成局部区域的完整水绿环境正射影像。整个拍摄范围自沈阳市南运河与小南街交口为起点，至南运河与文艺路交口为终点结束，总长约为 1.4 km，航拍平均高度为 107 m，累计拍摄了 127 张航拍照片。从

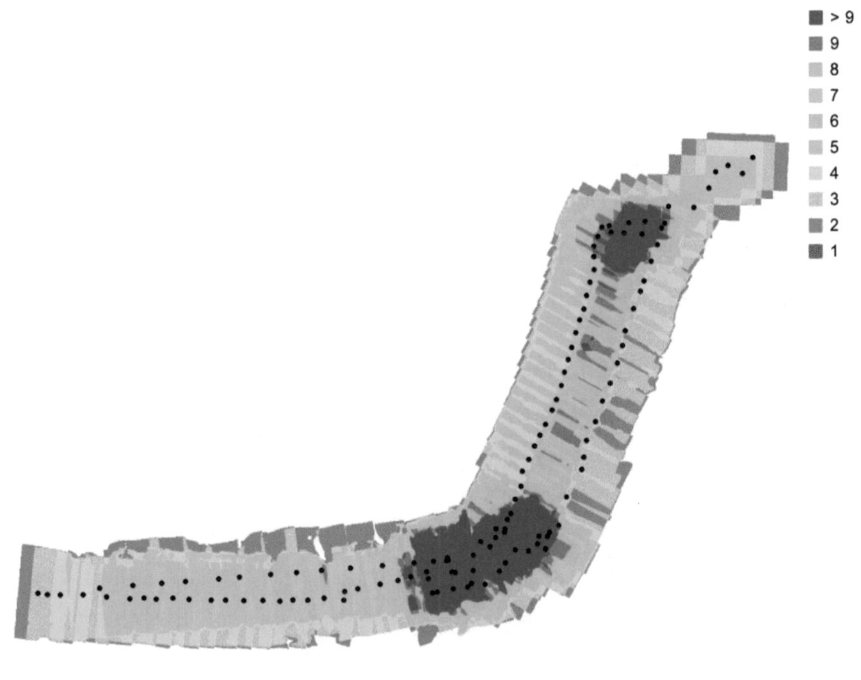

图 6 无人机相机位置与图像重叠示意图

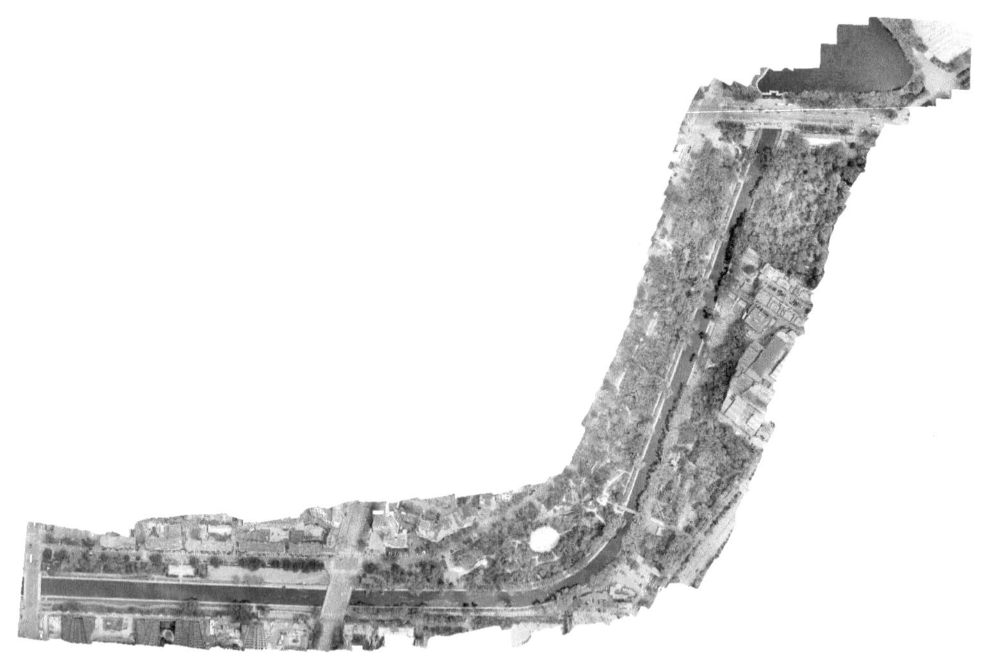

图 7　合成后的沈阳市南运河局部正射影像

相机位置与图像重叠状况可以看到，整个影像采集的过程，对水绿环境的覆盖情况是较好的，可以满足后续识别分析的需要(图 6)。周边的建筑环境由于影像样本数量不足有一定的变形，不过建筑部分的分析不在此次研究范围内，因此对后续分析的影响可以忽略不计(图 7)。

水绿要素的边界定义中，水岸线以南运河的堤岸构成，由于堤岸均是立式驳岸，岸线整体的边界是比较清晰的，同时河道宽度的变化也比较小，整体上是比较均匀的。植物景观的范围，以河道为初始边界至最近的道路边界，植物类型为范围内的所有乔灌木及绿地。

2.2　构建环境信息训练数据集

训练数据集是语意分割的重要环节，以微软、谷歌为代表的科技公司已经在对主流应用场景的训练集进行构建，目前主流的训练数据集有：Pascal VOC 系列，主要涉及日常生活中常见的物体，包括汽车、狗、船等 20 个分类；Microsoft 的 COCO 训练集，一共有 80 个类别，这个数据集主要用于实例级别的分割(Instance-level Segmentation)以及图片描述(Image Caption)；Cityscapes 训练集，适用于汽车自动驾驶的训练数据集，该数据库中用于训练和校验的精细标注图片数量为 3475，同时也包含了 2 万张粗糙标记图片。

目前基于场景环境的训练集，基本以低视点的角度为主，对于总图视角的城市环境要素的训练集目前还没有可用性和泛用性较强的版本，因此这类训练数据集还需要自行构建。目前训练集的构建主要分成两个步骤，一个是环境信息的标注，另一个是环境信息的训练，接下来将分别讲解两个环节的操作流程。

2.2.1　环境信息标注

神经网络对图像内容识别的准确率与识别内容特征的典型性正相关，特征越明显识别的准确率就越高。对于景观环境的诸多要素而言，特征主要分成两类，一类是形态特征，如场地内出现的车，由于其形态结构上是高度相似的，其识别准确率较高；另一类是色彩特征，水绿要素就属于这种颜色特征比较明显的环境要素，一般情况下局部区域的水面色彩，除去反光区域，通常色彩的均匀度与相似度都很高，是很易于识别的环境要素。植物景观要素的色彩关系，就其均匀度而言会有较大的差异，植物类型、光照状况、种植密度都会影响到正射影像下植物的色彩构成，但总体上仍以绿色为主，因此识别的准确率虽然较水域环境会低一些，仍能达到可用的程度，不过目前的图像识别能力，除去棕榈树这类形态特征非常强的树种外，基本不太能在总图层面对树木的种类进行有效识别。

将正射影像导入至 ArcGIS 中，借助其集成的深度学习框架进行训练集构筑，导入的正射影像像素较大，需要对其按一定像素比例进行切分，降低单位像素值，初始像素是 8192 * 5268 像素的正射影像，被切割成 74 个 512 * 512 像素的小图，后期对每个图片进行单独运算，以提升运算效率及避免运算时间过长程序假死的问题(图 8)。

接下来需要对水绿两个要素分别针对典型区域进行标注，以提供训练样本供机器学习，水岸线的标注精细度并不太高，覆盖在水面上的植物并没有逐一剔除，从后续的结果上看，识别准确性较好，并没有太大的影响，这也和水域环境的特点比较明显有关。植物环境需要标注的比较细致，分区域对有不同特征的植物群落分别标注，标注的过程中一定要注意到植物的色差，尽量确保所有颜色类型的植物都有典型区域被标注。标注完成后，系统会生成基础的训练集供后续的机器学习之用(图 9)。

2.2.2 环境信息训练

参数的训练是基于 U-NET 框架下的语义分割进行的像素识别，U-NET 包含两部分，第一部分是特征提取，第二部分是上采样，其网络结构与字母 U 类似，故称之为 U-NET 网络(图 10)。U-NET 网络最初是设计用来对医学影像进行语义分割的，其后续主要的应用领域也是医疗领域，由于其出色的图像识别与分割能力，近年来，其他专业使用 U-NET 进行图像分析的应用也越来越多。景观环境要素的特点与医疗影像有一定的相似性，其影像信息的特征都比较重要，因此 U-NET 网络中的 skip connection 结构(特征拼接)更好派上用场，同时相比于 DeepLabv 3＋等大型模型，数据不容易过拟合。

基于调用 ArcGIS 深度学习框架下的 U-NET 分析模块，利用系统的 GPU 算力，对训练集

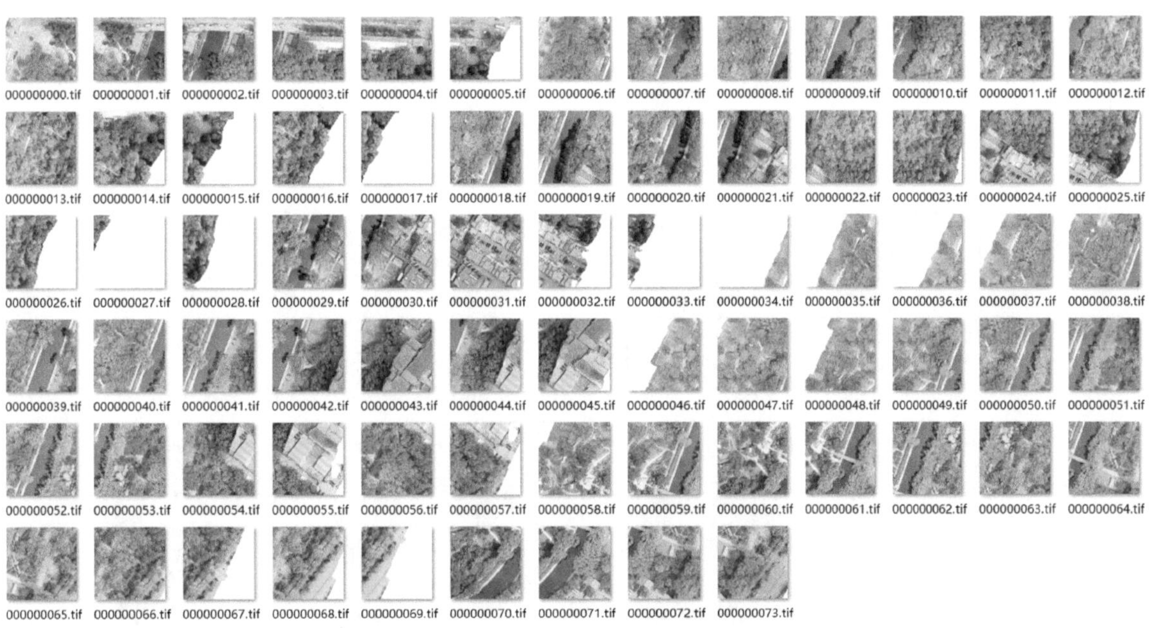

图 8 原始文件切割后的正射影像文件

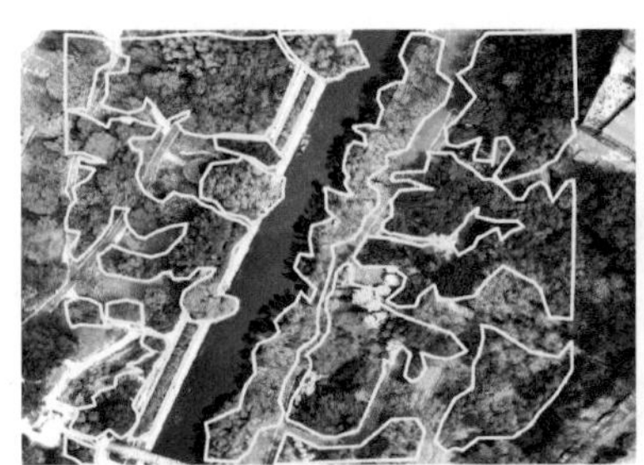
典型植物样本标注1

典型植物样本标注2

典型水域样本标注

图 9 典型样本标注

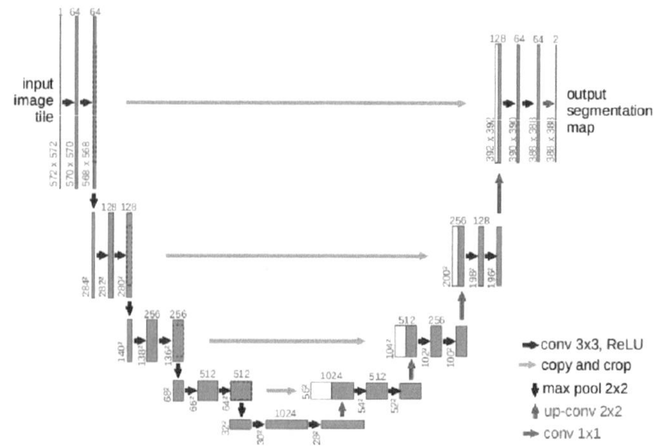

图 10 U-NET 网络结构

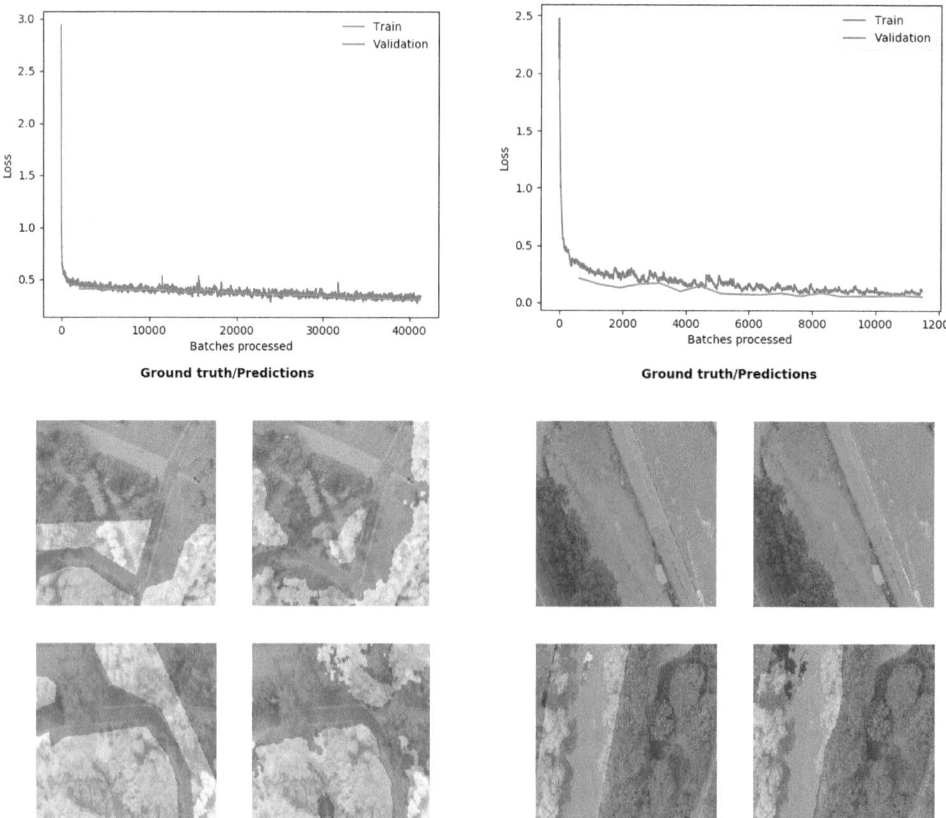

图 11 植物元素损失函数变化及局部预测

图 12 水域元素损失函数变化及局部预测

进行有效学习。从图 11、图 12 中可以看到，损失函数与训练次数的曲线比较平滑，虽然有一定的信息遗漏，但整体的识别率较好，基本可以满足后续分析的需求。

2.3 环境信息预测

通过对整个图像进行的语义分割运算，将图像中的水绿要素进行了有效的区分，从最终的识别情况来看，虽然仍有部分区域没有正确识别，但总体上识别的准确性和速度是可以满足很多场景下的需求的(图 13)。可以看出，当设定好训练数据集后，将信息导入语义分割算法环境中，后续的分析与计算不需要过多介入，这也就节省了大量的人力成本。本文涉及的机器学习模式仍属于监督学习，随着算法的发展，会逐渐向无监督学习这个方向进行延伸，届时将更深刻地改变数据采集

图 13 完成语义分割后的正射影像图

（绿色为植物要素，浅蓝色为水域要素）

与数据构建的模式。

3 结论

通过利用语义分割对具体案例的实际操作经历，可以发现神经网络环境下的语义分割模型可以对风景园林环境要素进行有效的识别，其应用的潜力还是比较大的，可以在信息采集和信息提取环节节省大量的时间。虽然现阶段识别的准确性还有一定的不足，但随着相关算法的不断完善与成熟，未来的可用性和泛用性将会更加理想。同时我们也可以看到神经网络相关应用在风景园林专业的推广与普及还有很长的路要走。首先就是学习成本较高，神经网络基本都基于程序框架，无论是 python 环境下的 keras，或者是 C++环境下的 tensorflow，都需要学习一定的程序语言，即便是现阶段许多分析软件对深度学习框架进行了一定的集成并开放了相关的程序接口，但对风景园林专业背景的研究人员，后续进行针对专业需求的二次开发提出了不小的挑战。其次就是相关算法的类型较为繁杂，且侧重点也有很大的区别，这也增加了相关研究如何选择出针对性算法模型的难度。不过相信随着越来越多跨专业应用神经网络的场景和案例出现，相关问题会得到有效的解决。

参考文献

[1] 周志华.机器学习[M].北京:清华大学出版社,2016:73-74.

[2] 蔡凌豪,范凌,赖文波,等.设计视角下人工智能的定义、应用及影响[J].景观设计学,2018,6(2):56-63.

[3] 李小江,蔡洋,卡洛·拉蒂.基于街道图像与深度学习的城市景观研究[J].景观设计学,2018,6(2):20-29.

[4] 周飞燕,金林鹏,董军.卷积神经网络研究综述[J].计算机学报,2017,40(6):1229-1251.

[5] 许万增,王行刚,徐筱棣,等.人工智能对人类社会的影响[M].北京:科学出版社,1996.

[6] 魏力恺,张备,许蓁.建筑智能设计:从思维到建造[J].建筑学报,2017(5):6-12.

作者简介:刘曦,沈阳建筑大学讲师。研究方向:风景园林数字化。

李辰琦,沈阳建筑大学教授。研究方向:风景园林数字化。

陈宇,沈阳建筑大学讲师。研究方向:城市滨水区。

基于多元对应分析的我国地质遗迹景观游客关注度等级分类研究

李发明

摘　要　我国有着丰富的地质遗迹，也是世界上地质公园最多的国家之一，地质遗迹资源的不可逆性和珍贵性，使得资源的保护和利用一直是行业关注的重点。研究选取我国398个地质公园，运用网络点评OTA大数据，使用多元对应分析等方法分析不同资源的游客关注差异，理清我国地质公园现状的游客综合关注度等级。研究表明：① 游客的关注度共有五个方向，我国地质公园可分成四个综合关注度等级。② 地质公园对游客的吸引绝大部分与资源本身地学内涵无关。③景区针对地质遗迹的科普和推广明显不足，与其他类自然资源旅游特征有趋同化风险。研究对我国地质公园在旅游规划和建设提供建议：① 构建地质遗迹科普特色游。② 推动部分综合关注度低的资源进行资源转型。③建议综合关注度3和4级的地质公园以提升游客服务为目标进行重新定位和分类。

关键词　地质公园；地质遗迹景观；点评数据；游客关注度；旅游服务

我国是世界上地质遗迹景观资源最为丰富的国家之一，地质遗迹景观是自然资源中极其脆弱且不可逆的特殊类型[1]，其旅游发展应建立在资源永续保护的前提下，所以科学的景区设计和旅游运营管理，是地质遗迹资源得到永续保存的重要基础。随着互联网和旅游业的发展，景区游客点评数量大幅增加，依托点评大数据评估游客满意程度和关注方向，来科学指导景区旅游服务和自然资源保护，对景区可持续发展规划至关重要。传统景区在资源管理和旅游优化规划中，对现场资源使用情况的认知，大多是从调查问卷的形式获取，这存在数据范围面窄且数量少的缺点。互联网和大数据的飞速发展，让景区的游客在游览后的网络点评形成了常态化的表现。对于景区的优化改造而言，利用游客的点评大数据来研究景区使用人群的满意程度和关注方向，增加了景观优化的科学性和人性化的考虑。

从景区的旅游发展角度来讲，游客关注度是衡量一个景区景观环境特征的最真实反映，是建设满足游客行为需求景区的重要量化依据，只有合理掌握游客的关注偏好和方向，才能够在景区设计更新和运营管理上做到对症下药[2-3]。本研究以网络点评数据，和多元对应量化分析方法相结合，对我国市域范围以上地质公园和部分以地质遗迹为主要特色景观的自然保护区和风景区，共398个案例，从科研、生态、游乐、自然、文化等五个主题方向，对我国现存主要地质遗迹景观游客关注度进行多元对应分类评估，得到我国现状地质遗迹景观的旅游发展情况和游客关注方向，以期为地质遗迹景区，在资源保护和旅游规划优化等方面提供新思路。

1　研究进展与存在问题

1.1　研究进展

国内外学者已经运用大数据在城市更新和绿地系统等方面展开了较多的研究与探讨，大多是通过社交签到数据、手机信令数据、公交刷卡数据、共享单车数据等类型的爬取和分析，研究人在城市空间上的时空联系和分布等级，进而引导城市空间的改造升级和土地利用调整等。

在城市绿地系统规划方面，有的研究通过微博签到数据和签到次数，对城市绿地的使用情况进行评估，进而对城市绿地的布局和优化配置提出建议，弥补了城市空间规划中对人的关注程度不足的缺憾。此外有针对POI数据的分布密度对城市公园服务压力进行评估，并提出城市公园服务压力等级和优化配置的策略等[4-6]。李方正等在研究北京回龙观社区绿道连接时，通过POI数据的分布密度作为主要的绿道衔接依据[7]。在城市公园游客满意度方面，有的研究通过网络评价分析方法评价游客对公园的认知价值感知，通过问卷、标记、访谈等探究公园游客的满意程度和关注程度，为公园空间的改造和升级提供了依据[8-10]。在城市公园游客喜好方面，胡泉武等对香港城市公园的活动进行了调查，分析游客对公园使用的喜好关注方向[11]。罗伯茨等通过推特消息来分析游客使用城市绿地空间中的情绪变化[12]。在网络点评数据评估方面，Stepchenkov和Morrison针对美国和俄罗斯的网络文本数据，揭示俄罗斯旅游形象在两国之间的差异[13]；Dilley等针对不同国家的旅游宣传册进行内容分析，将旅游宣传地归纳为景观、文化、娱乐活动和服务四大类，各个国家展现的重点不同[14]。

1.2 存在问题

传统景区在资源优化升级方面，多数是针对市场热门和需求，盲目地进行景区的改造升级和项目的植入，这会导致景区特色不鲜明，千篇一律。随着国内旅游业的发展，游客的游憩体验等需求不断加大，喜好也在不断拓展和延伸。盲目迎合社会市场发展而进行的旅游规划，对游客的需求度考虑不足，也没有通过量化的方法准确找到游客的关注方向和喜好，导致有的景区资源优化升级，并未达成该景区游客想要的体验和感受，形成方向偏差。因此，科学地摸清景区发展现状和主流游客的关注方向，为景区提供更精确的资源优化依据，进一步为景观的改造和旅游项目的植入提供指导。

在大数据分析中点评数据和词频抓取已有诸多学者开展相关研究，方法层面已经相对成熟。本文将二者通过多元对应分析方法进行融合，从点评数据中进行词频二次整理和归类，尝试对我国地质遗迹景观的游客关注度进行分析。

2 数据特征及技术方法

2.1 数据特征

随着在线旅行社（Online Travel Agency，OTA）的飞速发展，旅游景区产生了大量的在线评论数据，为景区的公众关注方向和游客感知研究，提供了新的视角。OTA数据包括用户ID、点评文本、点评时间等，具有数据量庞大、数据清洗和筛选较难的特点。在日常生活中，网络点评数据是景区潜在游客在出行之前，对景点进行提前认知的主要信息来源，点评的好坏会直接影响到景区潜在的用户意愿和未来发展。随着各个网站的建设和技术的成熟，点评数据包含的信息也在不断扩充，如定位信息、拍照点位等，为基于OTA数据的相关研究提供了更广阔的思路。

2.2 技术方法

本文研究的技术方法分为如下几个步骤：①POI数据中地质公园的数据获取；②针对POI数据筛选后，每个研究案例的网络点评数据获取；③对每个案例的点评数据进行去重、机械压缩、分词、去停用词和语义替换等数据预处理；④通过LDA算法进行主题词频和聚类分析[15]；⑤利用SPSS平台进行多元对应分析，得出案例在各个关注方向上的质心坐标，并通过二维坐标系进行图解和分类。

2.2.1 POI和OTA数据的获取

① 结合后羿采集器对我国市域级别以上具有一定规模的地质公园POI数据进行爬取。共爬取1600个结果并导出，利用Excel的高级筛选对重复和无效数据进行删除，剩余305个有效数据。结合我国自然保护区和风景名胜区名录中以地质遗迹为主要特征的101个案例，合并到上述数据中，最终共确定406个地质遗迹景观研究对象。

② 利用Python代码，对上述406个案例分别进行点评数据的爬取。主要数据来源于大众点评、马蜂窝、携程等主流旅游点评网站，如马蜂窝中的蜂蜂点评(图1)。其中有398个案例都抓取到相应的点评数据，有效数据在76～386个区间范围，共筛选17685个点评数据。

2.2.2 数据处理

① 对数据进行第一次去重清洗，将“复制”“粘贴”等重复情况进行去除，并经过机械压缩多词汇质量进行调整，例如“非常好非常好非常好”和“好好好好”等此类重复词汇进行重复部分去除。利用Python进行分词处理，并将语气助词、

副词等与景区认知无关的词汇去掉。

图 1　蜂蜂点评数据示例

（图片来源：http://www.mafengwo.cn/poi/8032.html）

② LDA 模型是由 David M. Bei 等在 2003 年提出的主题模型，它可以将输入的每一个单元文本信息，进行主题分析和文档间的主题关联度分析[16-19]。结合 LDA 算法对上述整理的点评数据进行主题划分，最终得出 45 个主题分类。以国土资源部对地质公园评审时，使用的五个价值作为关注度方向：地质科考（科研）价值、生态价值、旅游价值、自然审美价值、文化价值。分别对应的游客关注度可以解释如下，a.科研关注度：能够集中反映地球内外力运动过程，对地学知识有集中说服力且让人能够直观体会到的地质景观；b. 生态关注度：在维护内部或区域范围内的生态系统平衡担当重要角色地位的地质景观；c. 游乐关注度：为人们提供休闲、游憩等功能属性的地质景观；d. 自然审美关注度：地质遗迹本身景观具有一定的典型性、独特性、稀有性等自然价值，这些特征的评价可通过给游人的视觉感受来衡量；e. 文化关注度：地质遗迹景观所涉及的区域长期以来在人类发展过程中形成的具有一定痕迹的文化价值。

③ 对上述 45 个主题结合五个关注度方向进行人工判读和归类，结合各主题点评数据占总数据的百分比，对其进行差（0～4.0）、良（4.1～7.5）、优（7.5～10）三个等级的逐一评级划分。

2.2.3　二维质心坐标统计分析

利用 SPSS 数据统计软件结合每个案例的主题分类数据，按照科研、生态、旅游、自然审美、文化五个关注方向进行 R 和 O 型因子聚类分析，最终计算得出，分类后各个地质遗迹景观案例的二维质心坐标[19]。对两个维度上的模型和数据结果进行一致性 alpha 系数验证分析，得出一致性系数分别为 0.8946 和 0.7894，系数在 0.7 以上默认为信度较高，所以数据可信度过关[20]。

对五个主要关注度方向分别进行分级和质心坐标的计算，利用临近原则将 398 个案例进行关注度等级类别划分（表 1）。对于不容易划分类别的案例选取其与原点连线后的垂直投影距离再进行分类，对于关注度离得都比较远的案例，说明此类数据等级划分比较离散，对此种类型不予讨论[21]。

表 1　关注度综合指标质心坐标对应表

地质科研方向				生态方向			
等级区间	离散后类别	质心坐标		等级区间	离散后类别	质心坐标	
		维度 1	维度 2			维度 1	维度 2
6.24～8.13	低	1.447	−0.562	4.34～5.73	低	−0.831	1.312
8.56～9.32	中	−1.037	−0.836	6.36～7.59	中	−1.207	−0.594
9.42～9.87	高	−0.142	1.391	7.82～9.99	高	1.518	−0.481
旅游方向				自然审美方向			
等级区间	离散后类别	质心坐标		等级区间	离散后类别	质心坐标	
		维度 1	维度 2			维度 1	维度 2
0.39～1.73	低	0.245	0.892	5.62～6.79	低	1.496	−0.582
2.16～4.82	中	0.824	−1.269	7.06～8.72	中	−1.153	−0.752
5.42～7.17	高	−0.472	−0.183	9.02～9.98	高	0.938	1.364

（续表）

文化方向							
等级区间	离散后类别	质心坐标					
		维度 1	维度 2				
0.21～1.33	低	0.717	0.319				
1.47～3.52	中	0.623	0.166				
3.91～7.43	高	−0.764	−0.531				

3 我国地质遗迹景观游客关注度等级划分

由于案例较多且名称较长，为了避免位置的重复和叠压，采取每个坐标系显示 100 个案例，通过数字代号的形式代表案例名称，共分成 4 个分析图进行展示。

3.1 游客关注度等级可视化图解

图 2 中北京延庆硅化木国家地质公园、丹霞山国家地质公园、阳春凌霄岩国家地质公园、安徽池州九华山国家地质公园等 30 个属于高科研关注度、低生态关注度；北京密云云蒙山国家地质公园、朝阳寺木化石（自然保护区）、福建大金湖国家地质公园、广西大化七百弄国家地质公园等 19 个属于高自然审美关注度、低游乐关注度；封开国家地质公园、安徽广德太极洞地质公园、福建福鼎太姥山国家地质公园、广西鹿寨香桥喀斯特生态国家地质公园、贵州赤水丹霞地质公园等 17 个属于高生态关注度、低科研关注度；湛江湖光岩国家地质公园、安徽淮南八公山国家地质公园、广西百色乐业大石围天坑群国家地质公园、独山省级地质公园等 26 个属于高游乐关注度、中等级自然审美和科研关注度；北京十渡国家地质公园、安徽祁门牯牛降国家地质公园、福建宁德三都澳地质公园、广西宜州水上石林地质公园等 8 个属于中游乐关注度。

图 3 中河北邢台峡谷群地质公园、黑龙江五大连池国家地质公园、嘉荫恐龙化石（自然保护区）、湖北郧县恐龙蛋化石群国家地质公园、湖南浏阳大围山地质公园等 18 个为高科研关注度和低生态关注度；湖南浏阳大围山地质公园、湖南新邵白水洞地质公园、黑龙江省莲花湖地质公园、湖北大别山（黄冈）国家地质公园、湖南崀山国家地质公园等 15 个属于高自然关注度、低文化关注度；黑龙江镜泊湖国家地质公园、大沾河湿地（自然保护区）、黑龙江省红星火山岩地质公园、湖北

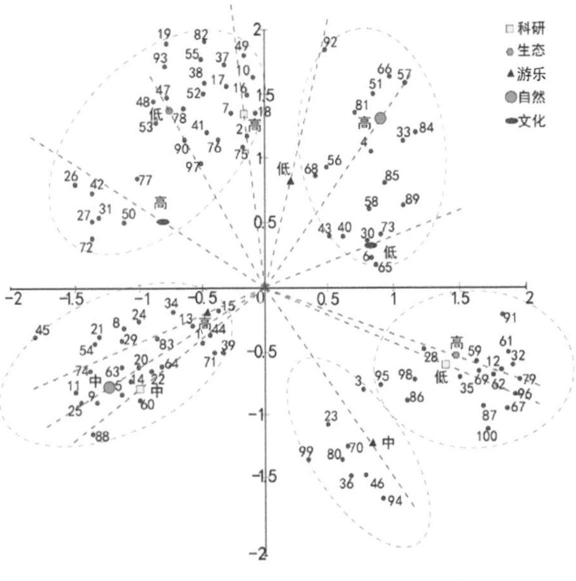

图 2 编号 1-100 案例对应图解分类分析

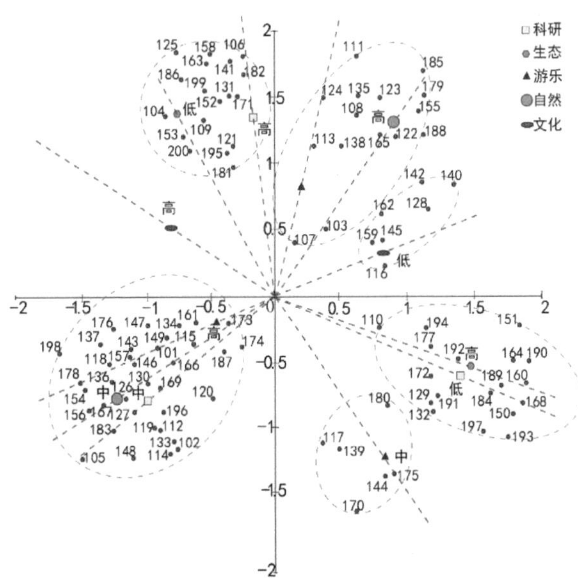

图 3 编号 101-200 案例对应图解分类分析

神农架国家地质公园等 7 个属于低文化关注度；河南内乡宝天幔国家地质公园、黑龙江兴凯湖国家地质公园、湖北恩施腾龙洞大峡谷地质公园、西陵峡东震旦纪地质剖面(保护区)、吉林四平地质公园等 18 个属于高生态关注度、低科研关注度；河南洛阳黛眉山国家地质公园、黑龙江省洞庭峡谷地质公园、湖北远安化石群地质公园、湖南凤凰国家地质公园等 6 个属于高游乐关注度；河北兴隆国家地质公园、河南黄河国家地质公园、湖北咸宁九宫山—温泉地质公园、湖南郴州飞天山国家地质公园、吉林辉南县龙湾火山地质公园等 35 个属于高游乐关注度、中等级自然和科研关注度。

图 4 大阳岔地质(自然保护区)、石峡沟泥盆系剖面(自然保护区)、内蒙古二连浩特国家地质公园、阿左旗恐龙化石(自然保护区)、胶州艾山(自然保护区)等 19 个属于高科研关注度、高文化关注度和低生态关注度；江西庐山世界地质公园、辽宁锦州古生物化石和花岗岩地质公园、内蒙古锡林浩特草原火山地质公园、青海久治年保玉则国家地质公园等 16 个属于高自然关注度、低游乐关注度；江苏江宁汤山方山国家地质公园、滑石台(自然保护区)、内蒙古清水河老牛湾地质公园、山东长山列岛国家地质公园等 7 个属于低文化关注度；辽宁朝阳古生物化石国家地质公园、金石滩(自然保护区)、内蒙古鄂伦春地质公园、青海昆仑山国家地质公园等 15 个属于高生态关注度、低科研关注度；辽宁葫芦岛龙潭大峡谷地质公园、内蒙古阿尔山国家地质公园、阿尔山石塘林—天池(自然保护区)、马山(自然保护区)等 12 个属于中等级游乐关注度；江西武功山国家地质公园、内蒙古阿拉善沙漠国家地质公园、宁夏西吉火石寨国家地质公园、山东青州国家地质公园等 38 个属于高游乐关注度、中自然关注度和中科研关注度。

图 5 肯氏兽—硅化木集中产地、四川射洪硅化木国家地质公园、新疆布尔津喀纳斯湖国家地质公园、梅树村剖面地质(自然保护区)、浙江临海国家地质公园等 19 个属于高科研关注度、低生态关注度；滹沱系叠层石集中产地、新疆吉木乃草原石城地质公园、重庆黔江小南海国家地质公园 3 个属于高游乐关注度；延川黄河蛇曲国家地质公园、四川海螺沟国家地质公园、安县海绵礁地质公园、大理苍山国家地质公园等 19 个属于高自然关注度、低游乐关注度；四川自贡恐龙国家地质公园、四川绵竹清平—汉旺地质公园、天坑地缝(自然保护区)等 6 个属于低文化关注度；四川四姑娘山国家地质公园、朝天曾家山鸳鸯池森林公园、西藏札达土林国家地质公园、富蕴可可托海国家地质公园等 20 个属于低科研关注度、高生态关注度；诺水河国家级风景名胜区、搭格架地热间歇喷泉群(自然保护区)、承天氡泉(自然保护区)等 8 个属于中游乐关注度；陕西商南金丝峡国家地质公园、陕西华山地质公园、四川盐边格萨拉地质公园、云南九乡峡谷洞穴国家地质公园等 23 个属于高游乐关注度、中科研关注度和中自然关注度。

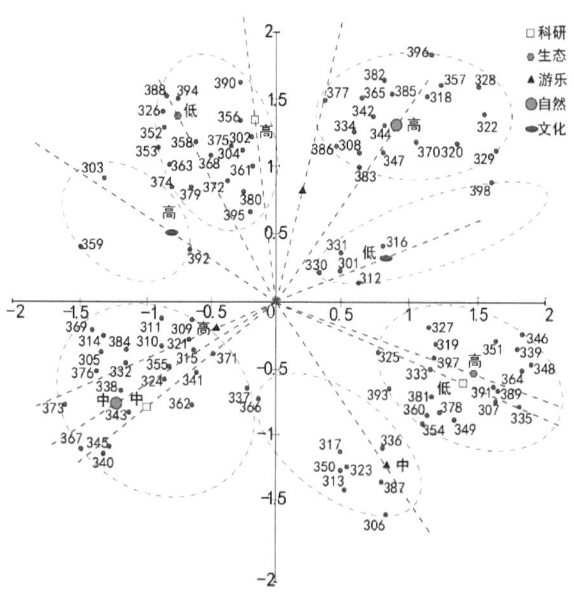

图 4 编号 201-300 案例对应图解分类分析

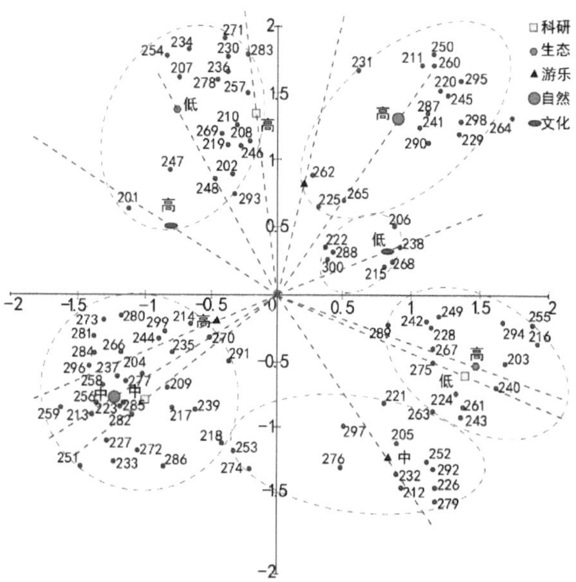

图 5 编号 301-398 案例对应图解分类分析

3.2 我国地质公园游客关注度等级划分

结合上述的可视化分类图解和区间划分，将各个案例所具备的各个关注度等级，按照高中低分别对应5分、3分、1分的累计求和计算，得出我国地质遗迹景观公众关注度等级综合划分：① 综合关注度等级一级，位于第三象限，共120个。具备高等级游乐关注度，中等级自然、科研和生态关注度，属于综合型地质景观。该等级案例具有多种类型地质遗迹，且各个遗迹资源特点和突出价值不明显，此种类型现状已形成完善的旅游系统，在资源保护中应该注重旅游发展的适度性，并应实时监测资源的保护情况，做好预判，对具有危机的资源及时采取保护和补救措施。② 综合关注度等级二级，位于第一、四象限，共135个。具有高等级自然审美和生态关注度，低等级游乐和科研关注度，属于生态型地质景观。该等级地质遗迹案例，绝大多数为面积巨大的生态保护区和风景名胜区，自然和生态属性占据主导地位。通过点评数据发现，公众以欣赏自然山水为主要游览目的。该类地质遗迹应侧重对资源内的生态平衡和植被进行保护，适度减少人类活动的干预，以增强植被丰富度和物种多样性为目标。③综合关注度等级三级，位于第二象限，共86个。具备高等级科研关注度，低等级生态关注度，属于研究型地质景观。该等级地质遗迹对地质科考有着重要的历史意义，但通过关注度方向的主要词频发现地质科考之所以有高等级关注度，是由于游客主要从它们在视觉上带来的冲击力，点评地质价值，这也证明我国现状公众对地质遗迹的认知不够，资源管理部门的科普力度也不足。④综合关注度等级四级，位于第一、二、四象限，共有57个。主要公众点评数据都来自某一个方面，且等级都偏低，属于提升型地质景观。该类地质遗迹资源特色普通，应充分结合地方文化资源和提升自然资源的角度，大力发展案例的影响力，了解自身的价值特色，不断发展和提升资源等级。

4 结论与建议

4.1 结论

研究表明，在高游乐和自然关注方向主要词频评价多是围绕良好生态环境、突出地质形态所展开，这些主题关注度占研究案例的95%以上。说明我国地质遗迹资源在资源特色科普和教育等方面的开展程度远远不够。主要表现为以下几点。

① 综合关注度等级为1、2的255个案例中，游客主要被景区的美好自然风景和良好的游憩设施所吸引，在以网络传播为主要途径的当下，会直接影响到这些景区未来潜在游客的旅游行为。因此，以地质遗迹资源的突出价值为主要特征的景区，正在走向以消耗自然资源环境和无节制游憩设施开发为导向的错误旅游发展和资源保护模式，这与地质遗迹应以保护优先理念为前提的旅游发展思想相悖。所以该类景区在资源优化提升上应放慢旅游发展的脚步，在对地质资源进行科学评估的前提下，挖掘自身资源特色，从地质资源的成因、变迁史、形态特征等多方面进行旅游IP形象的专属营造，避免景区间旅游形象和景观空间氛围趋同化。在保证现有优势的前提下，增强自身的资源科普和教育层面挖掘，实现旅游促保护的最终目的。

② 综合关注度等级为3的86个案例，大部分地质遗迹资源都有着良好的外露景观形态，游客的关注度方向，也都是通过对其视觉的冲击力来点评大自然的神奇，以及地球生物进化发展方面的重要意义。游客能够感受到资源的神奇之处，但对资源本身的地学成因和变迁史认知还远远不够，所以此类案例可以适当增强资源的内涵和地质价值的科普，同时深度挖掘文化内涵，加强资源特色和区域文化的有机融合，增强景区的综合吸引力。

③ 综合关注度等级为4的57个案例，游客没有突出的关注方向，大部分点评数据都是围绕景区景色的平淡和设施的落后、不完备方面展开。该类型景区应该将资源管理和优化重心放在当地的历史文化深入挖掘和自然环境的优化，注重区域历史文化的挖掘和展示，从旅游营销和资源推广角度提炼景区特色从而增加对游客的吸引力[22]。

4.2 基于游客关注度对我国地质公园在资源规划和管理方面的建议

① 构建地质遗迹科普特色游。随着国民素

质的提升和亲子互动游的需求不断增加，地质公园在旅游发展中，应统筹资源特色进行深度和广度的探讨[23]，构建科普旅游配套设施、设备和资源展示等一体化规划发展，提升景区在区域乃至全国的旅游拓展能力和知名度。

② 推动部分综合关注度低的资源进行资源转型。结合上述分析我国还有一部分资源以地质公园的形式出现，但本身具备城市型郊野公园的特征。对于这类资源通过城市扩张和发展，可以向着满足城市需求的城市公园和郊野公园的方向转变，增加游乐和文化体验设施，向着市民平日游憩的需求方向转变，向着地质特色的城市型公园进行资源过渡。

③ 建议综合关注度 3 和 4 级的地质公园以提升游客服务为目标进行重新定位和分类。我国目前关于地质公园的申报，多是结合国家地质公园和世界地质公园的评判标准[24]，这对于资源知名度和影响力弱的案例，就形成了在资源定性和资源发展上的灰空间。国家应进一步针对资源特点进行地质公园的细分类标准确定，例如游憩型地质公园、文化型地质公园、生态涵养型地质公园等。

现有地质公园在研究游客关注度方面多是采用现场问卷调查的形式，存在数据样本量少、数据获取效率低等问题，而网络点评 OTA 数据的应用，为地质公园的旅游规划提升提供了大量且客观的前期分析基础[25]。已有部分研究将网络点评数据应用在景区的认知和满意度评估中，相较前人研究，本研究在研究方法和内容上具有一定的创新：① 将点评数据依据研究案例的分级标准进行多元对应分析；② 通过词频、主题分类和国家现行价值评价标准结合，确定地质公园的公众关注度方向。研究中也存在一定的不足，点评数据毕竟是量化大数据，不是全数据类型，所以在定级和分类上存在一定的片面性，可以通过后续的微信问卷等，结合具体案例进行一定数量的问卷调查来辅助和验证点评数据的可信度。

参考文献

[1] 王琳，白艳.基于网络点评的城市公园使用后评价研究——以合肥大蜀山森林公园为例[J].中国园林，2020,36(06):60-65.

[2] 吉根林，赵斌.面向大数据的时空数据挖掘综述[J].南京师大学报(自然科学版)，2014,37(1):1-7.

[3] Guo S H, Yang G G, Pei T, et al. An alysisof factors affecting urban park Service area in Beijing: Perspectives from multi-source geographic data[J]. Landscape and Urban Planning, 2019, 181: 103-117.

[4] 曲鹏.历史地段更新中公共空间的使用后评价研究：以天津为例[D].天津：天津大学，2017.

[5] 王琳，白艳.基于网络点评的城市公园使用后评价研究——以合肥大蜀山森林公园为例[J].中国园林，2020,36(06):60-65.

[6] 梁丽婵，李志文，孙丽，刘富军.江西省世界地质公园网络关注度时空分布特征研究[J].江西科学，2019,37(03):315−322+329.

[7] 李方正，郭轩佑，陆叶，等.环境公平视角下的社区绿道规划方法——基于 POI 大数据的实证研究[J].中国园林，2017,33(9):72-77.

[8] 戚荣昊，杨航，王思玲，谢琪熠，王亚军.基于百度 POI 数据的城市公园绿地评估与规划研究[J].中国园林，2018,34(03):32-37.

[9] 张阳，龚先洁.大数据时代背景下的新兴地质公园微信营销研究[J].新闻知识，2017(12):41-43.

[10] 彭永祥.基于旅游者收益的地质公园核心竞争力及其评价：以翠华山、云台山及壶口为例[D].西安：陕西师范大学，2010.

[11] Vu H Q, Leung R, Rong J, et al. Exploring park visitors' activities in Hong Kong using geotagged photos[C]//Information and CommunicationTechnologies in Tourism, 2016: 183-196.DOI:10.1007/978-3-319-28231-2-14

[12] Roberts H, Resch B, Sadler J, et al. Investigating the emotional responses of individuals to urban green space using twitter data: A critical comparison of three different methods of sentiment analysis[J].Urban Planning, 2018, 3(1): 21−33.

[13] Stepchenkova S, Morrison A M. The destination image of Russia: From the online induced perspective [J]. Tourism Management, 2006, 27(5): 943-956.

[14] Dilley R S. Tourist brochures and tourist images[J]. The Canadian Geographer, 1986, 30(1): 59-65.

[15] 敖长林，李凤佼，许荔珊，孙宝生.基于网络文本挖掘的冰雪旅游形象感知研究——以哈尔滨市为例[J].数学的实践与认识，2020,50(01):44-54.

[16] Brotherton D I. The development and management of country parks in England and Wales[J]. Biological Conservation, 1975, 7(3): 171-184.

[17] Greg Richards, L. Andries van der Ark. Dimensions

of cultural consumption among tourists: Multiple correspondence analysis[J]. Tourism Management, 2013,37:71-76.

[18] Antonio Pinti, Fabienne Rambaud, Jean-Louis Griffon, Abdelmalik Taleb Ahmed. A tool developed in Matlab for multiple correspondence analysis of fuzzy coded data sets: Application to morphometric skull data[J]. Computer Methods and Programs in Biomedicine, 2010, 98(1):66—75.

[19] Kang C G, Zhang Y, Ma X J, et al. Inferring properties and revealing geographical impacts of intercity mobile communication network of China using a subnet data set[J]. International Journal of Geographical Information Science, 2013, 27(3):431-448.

[20] Sai Z , Weiqi Z . Recreational visits to urban parks and factors affecting park visits: Evidence from geotagged social media data[J]. Landscape and Urban Planning, 2018, 180:27-35.

[21] van Herzele A, Wiedemann T. A monitoring tool for the provision of accessible and attractive urban green spaces[J]. Landscape and Urban Planning, 2003, 63 (2): 109-126.

[22] Xiao Y, Wang D, Fang J. Exploring the disparities in park access through mobile phone data: Evidence from Shanghai, China [J]. Landscape and urban Planning, 2019, 181: 80-91.

[23] 乔玉芳.地质遗迹旅游与地质公园的可持续发展——评《地质遗迹价值与地质公园建设》[J].矿业研究与开发,2020,40(12):214-215.

[24] Kladou S, Mavragani E. Assessing destination image: An online marketing approach and the case of Trip Advisor[J]. Journal of Destination Marketing & Management, 2015,4(3): 187-193.

[25] Govers R, Go F M. Projected destination image online: Website content analysis of pictures and text [J]. Information Technology & Tourism, 2005, 7 (2): 73-89.

作者简介:李发明,天津城建大学讲师,天城大设计院景观数字化中心负责人,洵美设计创始人。电子邮箱:365806540@qq.com

地质遗迹景观数字化阐释前沿技术评述

程安祺　杨　晨　韩　锋

摘　要　地质遗迹景观是当前国内外自然遗产保护和利用的热点。由于地质遗迹的复杂性，如何科学有效地阐释其遗产价值始终是相关研究和实践中的难点。数字化技术的迅速发展为解决这一难题提供了重要机遇，近年来国际上出现了大量具有借鉴价值的研究成果和实践案例。以景观遗产阐释理论为框架，通过系统的文献研究和案例分析，对地质遗迹景观数字化阐释前沿技术进行全面调查和总结，评述了其中最具代表性的四类前沿技术：① 基于激光雷达和摄影测量的地质遗迹景观复杂空间三维信息自动化采集技术；② 以网络地理信息系统为支撑的地质遗迹景观虚拟漫游技术；③ 基于三维建模的地质遗迹景观交互式展陈技术；④ 依托增强现实及虚拟现实的地质遗迹景观全感复制技术。结论部分指出了相关成果对中国地质遗迹景观阐释和保护的重要借鉴价值。

关键词　地质遗迹景观；遗产阐释；空间信息采集；虚拟漫游；交互式展陈；全感复制

地质遗迹景观是指在各种内外动力地质作用下，形成于特定地质历史时期并遗留下来，对于探索地球或区域地质发展历史、研究重大地质事件具重要价值，并且不可再生的地质地理遗迹[1]。国际上对于地质类遗产的关注和保护始于 19 世纪中叶，至 20 世纪末，地质遗迹已经成为遗产景观研究的热点议题[2]。地质遗迹景观阐释科学是该领域的重要方向之一。阐释(interpretation)是指一切旨在提高公众遗产保护意识、增进公众遗产认知的活动[3]。地质遗迹景观阐释将遗产要素和所包含的价值信息，转化为容易理解的媒介信息，向非专业的公众传递地质、地貌历史和地质事件遗迹的突出价值，从而增进公众对自然遗产的理解和关注度，以达成遗产保护和促进旅游发展的目标[4-6](图 1)。因此，科学有效的遗产阐释不仅是传播地质遗迹景观价值的有效途径，也是遗产保护的重要基础[8]。

地质遗迹景观阐释的传统方法和媒介包括标识牌、解说牌、宣传册、解说导览活动、纪念品、博物馆等[9]。然而地质遗迹景观信息具有

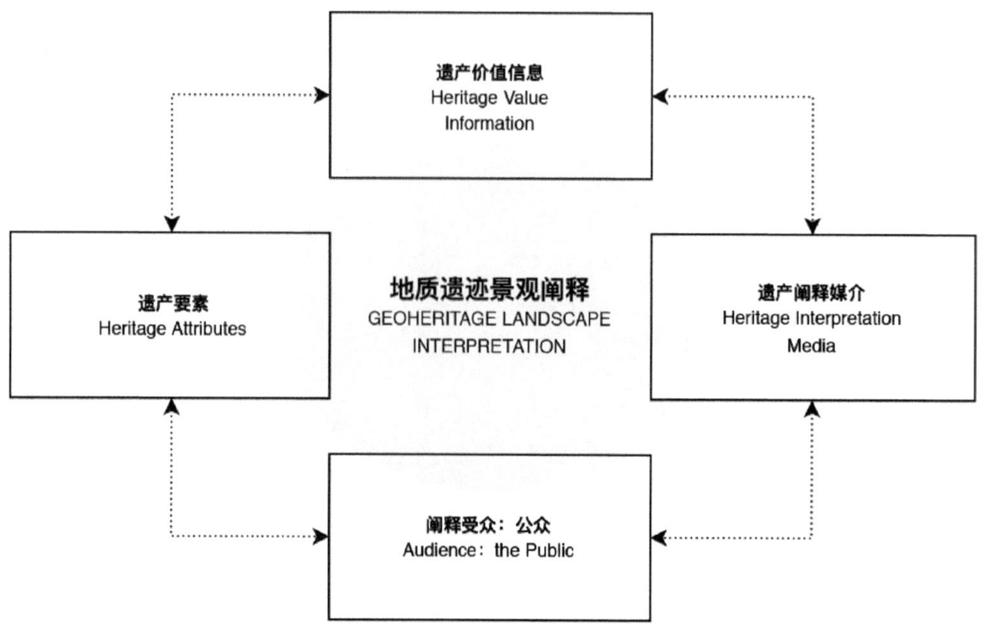

图 1　地质遗迹景观阐释的基本要素[7]

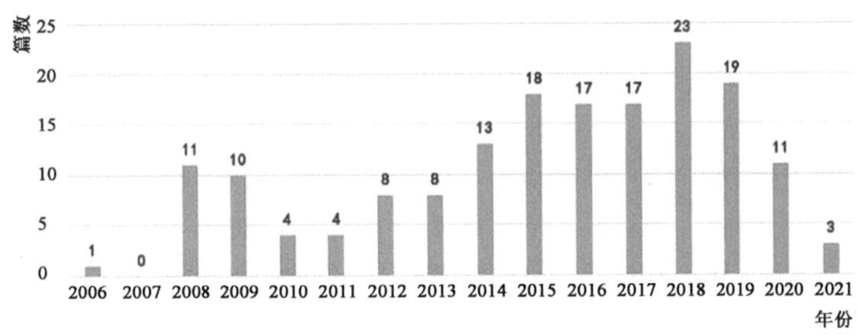

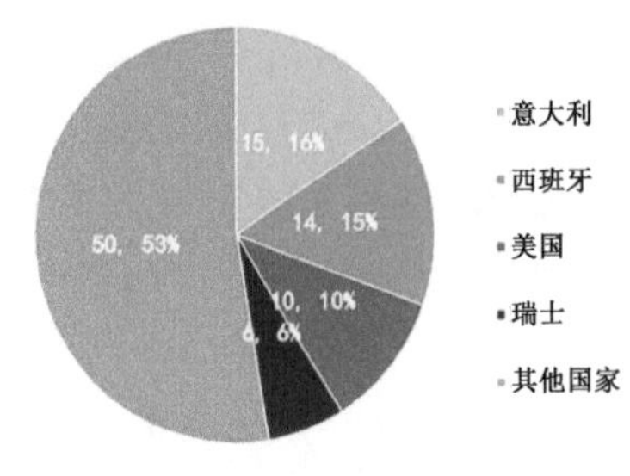

图 2　地质遗迹景观数字化阐释相关文献数量变化与前沿案例所在国家分析

高度的复杂性，这给其有效阐释造成了很大困难。首先，地质遗迹涵盖地质学、地形学、古生物学等多学科知识体系，对非专业公众来说很难在短时间内理解和掌握；其次，地质遗迹往往经由漫长的演化过程形成，其成因很难用传统手段进行直观的展示；再次，地质遗迹尺度范围变化多样，也包含很多奇险之地，往往不可达或不可见，这给全面理解其遗产价值带来了困难。因此，传统的遗产阐释手段对于地质遗迹景观来说具有明显的时空局限性，该领域亟待开展创新技术和方法的研究。

数字化时代的到来为遗产保护和阐释提供了大量创新性手段和工具，数字技术已经广泛应用于遗产保护和管理的各个阶段[10]。在自然遗产领域，数字化技术不仅丰富了地质遗迹景观信息采集的手段，也令遗产价值信息解说媒介的形式更多样，显著提高了地质景观遗产价值阐释的效率。中国幅员辽阔，拥有大量地质遗迹景观资源，地质地貌类型多样，科学、美学价值突出。目前国内学者对地质遗迹景观、地质公园的阐释研究以传统解说系统设计与评估为主[11-15]，也有一些应用数字化技术的个案，主要采用的技术与成果有通过三维建模构建虚拟漫游平台[16-17]、提供虚拟现实全景图像[18-19]，总体上还未形成系统的技术体系。本研究对近十五年来国际地质遗迹景观数字化阐释技术的相关研究和实践，进行系统梳理和总结，以期为中国地质遗迹景观阐释的现代化提供有益的借鉴。

聚焦地质遗迹景观阐释前沿数字化技术，本研究在“科学引文索引数据库”(Web of Science)核心合集中通过三组关键词作为文献主题对2006—2021 年的英文文献进行组配检索。第一组关键词为地质(geology)、地质的(geological)、地质遗迹(Geo-Heritage)，限定了研究对象；第二组关键词为数字的(digital)、技术(technology)、虚拟的(virtual)、可视化(visualization)，限定了文献需要使用数字化技术；第三组关键词为阐释(interpretation)、教育(education)、旅游(tourism)，限定了研究目的和针对的受众。共得到文献 1235 篇，通过对标题与摘要内容的筛选最终得到 168 篇文献。各年研究数量分布显示自2015 年来，数字化技术在地质遗迹景观阐释方面的研究和应用显著增多。其中案例文章 95 篇，覆盖了欧、亚、北美、南美、非洲与大洋洲，主要集中于欧洲与北美洲国家，其中意大利、西班牙、美国和瑞士居多(图 2)。

研究聚焦前沿实践案例对地质遗迹景观数字化阐释技术进行了全面系统的梳理。在地质遗迹景观价值信息采集、信息处理和解说媒介转化三个阶段数字化技术得到了充分的应用(图 3)。其中，最具代表性的四类前沿技术分别为：① 基于激光雷达和摄影测量的，地质遗迹景观复杂空间

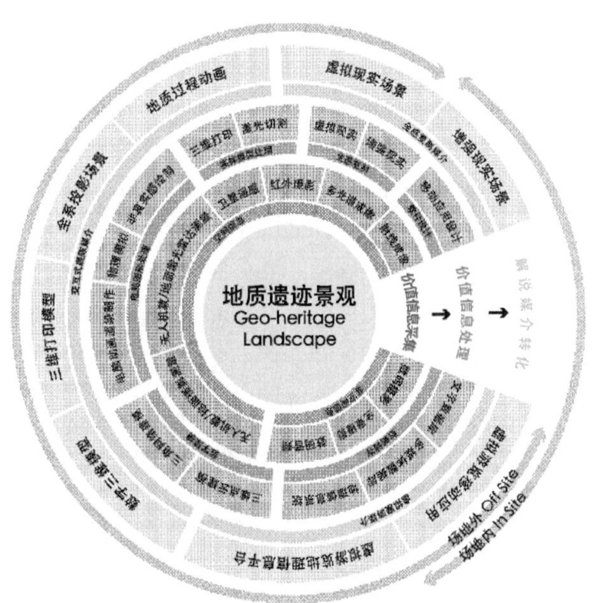

图 3　数字化技术在地质遗迹景观阐释中的应用

三维信息自动化采集技术;② 以网络地理信息系统为支撑的地质遗迹景观虚拟漫游技术;③ 基于三维建模的地质遗迹景观交互式展陈技术;④ 依托增强现实及虚拟现实的,地质遗迹景观全感复制技术。本文对上述四类技术的应用范围和技术特点进行系统评述,并在结论章节总结了相关成果对中国地质遗迹景观阐释和保护的重要借鉴价值。

1 地质遗迹景观复杂空间三维信息自动化采集技术

对地质遗迹景观外部环境信息科学全面地采集和存档是遗产阐释的重要基础和必要条件。在当代地质遗迹景观研究领域,激光雷达技术(Light Detection and Ranging, LiDAR)和基于运动中恢复结构方法的摄影测量技术(SfM Photogrammetry)是高精度空间信息获取的主要前沿方法。激光雷达技术是在地球科学领域广泛运用的三维空间信息采集技术[20],该方法利用物理表面反射激光脉冲的时间差测量物体,在共同坐标系统下对不同方位的测量数据进行校准,形成三维点云模型;摄影测量技术通过运动信号耦合,利用一系列内容交叠的二维图像构建三维结构,通过识别和比对不同视角下的二维图像序列中,重叠的关键部分,可以计算出每张图像在三维环境中的位置和方向,经过投影得到三维点云模型。

近年来,激光雷达和摄影测量技术在多种尺度的地质遗迹景观空间信息采集和建模上得到了应用,包括小尺度的岩石和化石到中尺度的山体片段和洞穴[21-25],以及更大尺度的地形地貌[26-27]。针对尺度较大的地质景观或是人行难以到达的地点,可以采用无人机(Unmanned Aerial Vehicle, UAV)辅助进行多方位的数据采集。二者适用于不同的地质环境,且各具技术特点。摄影测量技术采用的数据格式是二维图像,因此数据采集设备要求较低,便于携带,采集时所需电力较小,但准确性和图像处理时间,受采集对象肌理复杂度和环境影响较大;激光雷达技术需要的设备专业性较强,设备与实际操作成本较高,但几何数据有效性和准确性更高,后期数据处理更快,数据的后续应用也更广泛。激光雷达技术除了可以对环境信息进行采集外,还可应用于监测地质遗迹景观的长期变化[28-29],识别不同的地质要素和地表覆盖物(如利用近红外光识别植被)。

在实际的操作中,应根据地质遗迹景观的特征和数据采集的目的,选择合适的空间信息采集技术。考虑成本、设备要求,激光雷达技术往往被用于需要精确模型或者量化分析的案例中。例如意大利学者 Ghiraldi 等在对 Seguret 峡谷的空间信息采集与可视化过程中,同时采用了以上两种方法:摄影测量技术被应用于采集地形和地貌数据,激光雷达技术被用于对具有地质灾害风险的洞穴进行测量和建模,帮助识别可能发生落石危险的地方[24]。相较于传统的信息采集技术,激光雷达与摄影测量技术采集的空间信息精确度与效率更高,数据电子化便于编辑,同时还可以精确地采集色彩等传统方法无法准确记录的信息,为后续建模、量化处理提供了基础素材。激光雷达和摄影测量技术是目前国外地质遗迹空间信息采集与存档广泛采用的方法。

2 地质遗迹景观虚拟漫游技术

虚拟漫游技术(virtual roaming)是通过构建虚拟的游览平台,为游客提供遗产信息的一类技术。这类技术主要可分为两种,第一种基于地理信息平台,提供虚拟游览线路;第二种基于移动终端设备,在实地游览过程中实时提供虚拟信息。利用地理信息系统(Geographic Information System, GIS)、谷歌地球(Google Earth)、谷歌地图(Google Map)等地理信息平台,通过标记语言(Keyhole Markup Language, KML)对一系列具有地理参考的信息进行整合,可以创造可视化的虚拟游览路线,并在网页、移动设备等终端为游客提供解说教育的服务。Martínez-Graña 和 González-Delgado 等学者在谷歌地球现有的数字地形模型基础上,通过叠加地质图、地貌图、地质遗址点与相关的文字、图像、动画信息,创造了具有教育作用的虚拟游览路线,并借助虚拟的飞行器提供了不同角度的游览体验[30-31](图 4)。

在地质遗迹景观实地游览过程中,手机和平板终端的虚拟游览移动应用,可通过 GPS 实时信息定位游览位置,获取相应的解说信息。瑞士洛桑大学(University of Lausanne)自 2013 年起,创建了名为地理导航(GeoGuide)的系列移动应用,

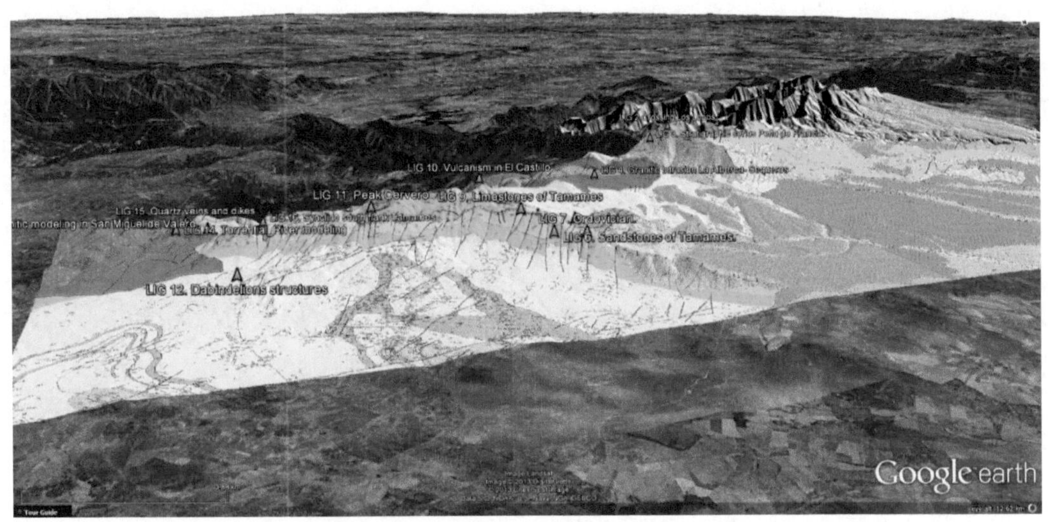

图 4　基于谷歌地球平台整合的地质图、数字地形模型以及地质遗迹点[30]

图 5　南特山谷地理导航手机应用界面

内容包含瑞士洛桑(Lausanne)、南特山谷(Nant)、瓦尔德赫伦斯山谷(Val d'Hérens)、意大利罗马(Roman)和法国托农莱班(Thonon-les-Bains)共 5 处重要的地质遗迹景观地[32]。图 5 展示了南特山谷地理导航(GeoGuide Nant)系统的应用界面,内容包括游览线路和重要遗迹解说,并对这些遗迹按照气候、动植物、地质、地貌等要素进行了不同主题的分类。越来越多的地质遗迹景观地开发了移动导览应用,为游客提供额外的解说服务,包括挪威岩浆(Magma)地质公园,冰岛卡特拉(Katla)地质公园,爱沙尼亚志留纪(Silurian)地质公园等[10]。

虚拟游览平台与附加的解说信息,可以解决实地游览考察中的场地限制问题,和理论传播困难。数字三维模型可以提供场地无法观测的视角,使用者在客户端通过自主的更换视角、观察尺度,移动等交互操作进行探索,提高了接收信息的趣味性;多层次解说信息对地质、地貌的复杂理论知识进行了详细介绍。在教育领域,研究证明了利用虚拟模型进行地质知识学习,增强了学生的学习兴趣和提高了理解速度[10]。而在遗产旅游领域,比起传统的二维地图,游客也更偏向于使用三维地图[33]。

3　地质遗迹景观交互式展陈技术

交互式展陈(interactive presentation)技术是基于三维建模技术,利用数字化媒体对地质遗迹景观进行展示,是增强与受众互动性的一系列技术。数字化三维建模技术为地质遗迹景观可视化解说提供了多种可能，在三维模型的基础上，用户可以对遗产进行定量化分析与标注，为阐释提供科学基础与素材。Jorayev、Fernández-Lozano 等学者利用三维模型对地质构造过程、构造剖面、形态与几何数据进行了可视化分析[27,34]；地质三维可视化软件如 LIME, Arpa Piemonte, Geoportal 等为地质遗迹景观信息的交互式展陈提供了可视化平台，用户可以直观地对数字地形模型进行矢量化标注，高亮关键的地质遗迹要素，并根据需要添加阐释信息。此外，三维模型还可以通过三维打印技术实现实体化，例如学者 Squelch 所采用的全彩色黏合剂喷色三维打印技术（Full-color binder jetting 3d printing technology），可三维打印岩石数字模型，对岩石表面肌理色彩还原度很高[21]（图 6）。这项技术可以高效地对稀有化石、无法实地游览观赏的岩体等实现复制和实体展览，给予游客身临其境的感受。

数字化三维模型使重现地质景观的历史面貌、演进过程成为可能。学者德兰诺伊（Delannoy）等利用激光测量和三维建模，复原了法国肖维岩洞（Chauvet-Pont d'Arc）的洞穴入口[25]。Meini 等通过对历史文献、地图和现状地形的研究，重建了意大利南部季节性牧畜迁徙线路的场景[35]；Lewis 等通过 SketchUp 软件建模，展现了火山运动和岩石形成的过程[36]；Lansigu 与 De Paor 等人，利用动画对多处地质发育过程进行了可视化[37-38]，被广泛应用于博物馆展览、课堂教学等解说、教育活动中（图 7）。

交互式展陈技术的成果形式丰富，通过互动性较强的媒体，加深了受众对地质遗迹景观科学与时间维度的理解。然而，目前大多数的地质遗迹景观三维模型解说产品是呈现在平面媒介，例如平板电脑、智能手机和网页，往往只有单一视角，使交互性有所削弱。真正三维可视化媒体和平面化的三维模型可视化媒体，在传递地质地貌空间感效果上有明显的差异，相关技术是目前该领域探索的前沿。

4 沉浸式地质遗迹景观全感复制技术

全感复制（Total-sense Replication）技术是以增强现实（Augmented Reality, AR）、虚拟现实（Virtual Reality, VR）为代表的，对地质遗迹景观进行虚拟或现实复制，提供多重感官互动机会与浸入式解说环境的技术。出于遗产保护或者游客安全的考虑，一些地质遗址例如喀斯特洞穴、矿场、采石场禁止游客参观，数字化三维模型可以复制和重现这些重要的景观。在法国肖维岩洞洞穴遗产的阐释实践中，研究者利用精确的激光扫描获取洞穴的三维模型，结合数字照片，利用图像畸变算法，将游客无法进入的洞穴复制、缩小至室内展厅进行展示。展厅温度、湿度和光线随着游览进程调节变化，尽可能使游览体验贴近现实[39]。

图 6 三维打印技术实现实体化[21]

a.澳大利亚南邦国家公园（Nambung National Park）石塔照片；b.利用 123D Catch 软件建模渲染的图片；c.三维打印模型

图 7　Luberon 地质公园的三维动画演示[37]

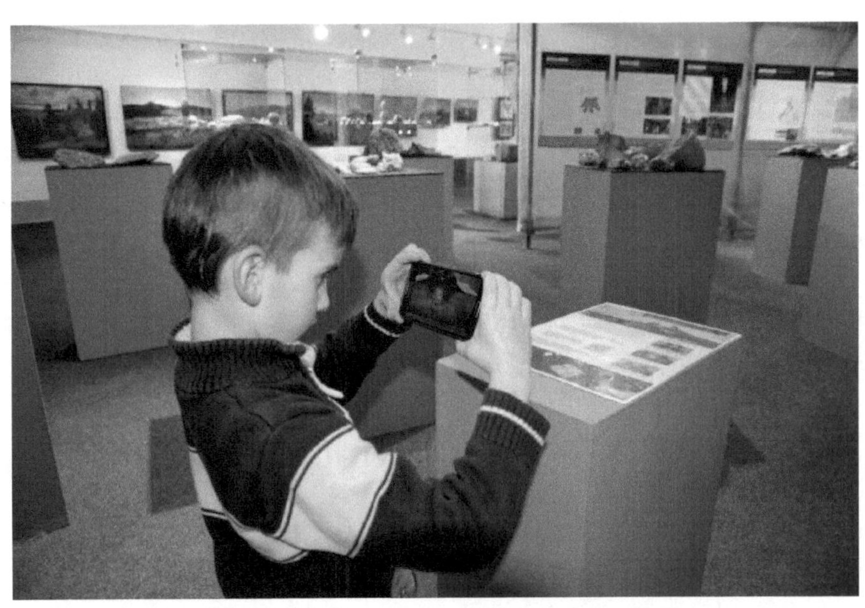

图 8　利用 AR 技术通过手机获火山动画模型[26]

增强现实技术通过移动终端将现实场景与虚拟信息结合，射频识别标签、地理位置、三维编码(3D Codes)和摄像机被用于连接虚拟媒体信息。在室内环境中，增强现实结合展览实物增大了参观趣味性。位于苏黎世的瑞士国立博物馆(Switzerland National Museum)设展有瑞士国土地形实体模型，参观者可通过手机在屏幕上显示水体、山脉、城市等在实体模型上的分布。增强现实，也是辅助受众更好地理解三维地形空间的有力工具。Rapprich 等创建了名为捷克地理增强现实(Czech Geology AR)的应用，介绍捷克境内4座火山的形成过程，使用者可通过应用将手机与博物馆展台相应位置校准，获取与展台内容对应的火山动画[26](图 8)。

增强现实技术同样可以应用于室外环境，使用者可以通过三维编码，或者地理位置获取信息连接。挪威科技大学(Norwegian University of Science and Technology)测试使用了增强现实眼镜辅助户外地质教学。戴有增强现实眼镜的学生在实际的场景中，看到教师在数字平板电脑设备中输入的文字信息、绘制的图形。此项技术也可以被应用于地质景观解说导览中。

虚拟现实可应用于无法实地游览地质景观的情境。通过虚拟现实辅助设备，使用者可以自主地探索虚拟环境，选取和移动虚拟环境中的物质，体验生理和心理上的双重沉浸感。奥地利艾森武尔瑾(Eisenwurzen)地质公园在解说中心提供了虚拟的爬山体验。佩戴虚拟现实头盔，体验者可以看到攀登沿线地质结构层的介绍。Hruby 等通过建模对墨西哥莫雷洛港(Puerto Morelo)国家海洋公园的海底环境进行了复原，提供了海底虚拟现实体验[40]。芝加哥野外历史博物馆的地理部开展了虚拟的考古挖掘活动，来自世界各地的年轻人可以在虚拟平台中，模拟真实的考古挖掘、化石处理和成果展览[10]。

无论是增强现实还是虚拟现实技术都受到客观条件的限制，尤其是在户外场景中的应用中还存在诸多技术难题。由于增强现实设备需要从主机接收信息，因此户外网络覆盖至关重要，不佳的网络覆盖环境会导致数据交互障碍；同时，不同移动终端品牌也依赖不同标准的应用程序，给同一场景的多用户多终端使用带来了困难；此外，基于多样化辅助设备的增强现实与虚拟现实体验所需的技术和投资成本，还缺乏更加系统全面的评估。

5 结语：地质遗迹景观数字化阐释前沿技术展望与启示

本文系统调查了近年来国际地质遗迹景观数字化阐释研究与实践的前沿成果，总结了最具代表性的地质遗迹景观数字化阐释前沿技术。通过大量研究案例可以发现，数字化是地质遗迹景观阐释和保护的重要趋势，以意大利、西班牙、美国等为代表的欧美发达国家在这一领域走在前列。创新型数字技术已经应用于地质遗迹景观的基础信息采集、遗产信息储存与分析、开放性公众阐释等不同层面，为地质遗产的科学阐释发挥了重要支撑作用，并逐渐向体系化、集成化和智能化发展。随着摄影测量技术、激光雷达技术、虚拟现实技术等前沿数字化技术的成熟和普及，数字化阐释的成本将逐渐降低，将进一步加速新技术的应用和工作方法的进步。

前沿技术的数字应用将有可能带来一系列遗产保护理念和保护方法的革新。新技术的广泛应用将有助于弱化公众与专家之间的界限，更加注重交互式的体验与沉浸式环境的构建，促进遗产科学认知与阐释媒介之间的创新性转化。从技术应用层面来看，地质遗迹景观沉浸式虚拟环境在视觉和听觉模拟方面技术发展较为成熟，而对触觉、味觉和嗅觉等其他感受信息的模拟技术还比较薄弱。大量的人机互动主要依靠用户的手动操作完成，利用脑电波信号自动操作，对图像、声音、温度、湿度、味道进行多感官控制将会是未来数字化阐释技术发展的重要分支。此外，地质遗迹景观数字化阐释在解说教育方面的实践相对落后，尤其缺乏利用数字化技术将科学知识转化为公众可接受的信息方面的研究。如何利用数字化技术构建科学认知和公众阐释之间的桥梁，也是该领域的重要发展方向。

以上国际经验在三个方面值得中国地质遗迹景观保护和阐释借鉴：① 三维空间信息获取技术，有助于我国地质遗迹景观高精度空间信息基础的补足，促进地质遗迹景观保护和阐释的数据积累，因此，专家学者需要有针对性地对我国特定的地质遗迹景观类型开展空间数据采集实践。② 虚拟漫游技术，可广泛应用于我国地质遗迹景观的可持续旅游发展，特别是兼容移动终端的应用开发，可以实时为公众提供科学的地质知识，以及高品质的游览体验。③ 交互展陈与全感复制技术不仅适用于地质博物馆建设，也可提供户外体验，是增强地质遗迹景观科学价值趣味性、提高传播价值信息有效性、提升公众关注度的数字化途径。

参考文献

[1] 张成渝.中国地质遗产概念的确定[J].北京大学学报(自然科学版)，2005，41(2)：249-257.

[2] 吴佳雨，蔡秋阳，杜雁.国际地质遗产保护实践与研究评述[J].经济地理，2014，34(12)：167-173.

[3] ICOMOS. ICOMOS charter for the interpretation and presentation of cultural heritage sites [J]. International Journal of Cultural Property, 2008, 15(4): 377-383.

[4] Hose T A. Selling the story of Britain's stone [J]. Environmental interpretation, 1995, 10(2): 16-17.

[5] Hose T A. European geotourism-geological interpretation and geoconservation promotion for tourists [J]. Geological heritage: its conservation and management Instituto Tecnologico Geominero de Es-

pana, Madrid, 2000, 127-146.

[6] Martin S. Interactive visual media for geomorphological heritage interpretation, theoretical approach and examples [J]. Geoheritage, 2014, 6(2): 149-157.

[7] Pica A, Reynard E, Grangier L, et al. GeoGuides, urban geotourism offer powered by mobile application technology [J]. Geoheritage, 2018, 10(2): 311-326.

[8] Hose T A. Towards a history of geotourism: Definitions, antecedents and the future [J]. Geological Society, London, Special Publications, 2008, 300(1): 37-60.

[9] Rahaman H, Tan B K. Interpreting digital heritage: A conceptual ,odel with end-users' perspective [J]. International Journal of Architectural Computing, 2011, 9(1): 99-113.

[10] Cayla N. An overview of new technologies applied to the management of Geoheritage [J]. Geoheritage, 2014, 6(2): 91-102.

[11] 钱小梅,赵媛,夏梦.地质公园景区解说系统规划初探[J].河北师范大学学报,2006,30(2):236—239.

[12] 许涛,田明中.我国国家地质公园旅游系统研究进展与趋势[J].旅游学刊,2010,25(11):84-92.

[13] 林明太,吴成基.地质公园解说系统的设计探讨——以福建太姥山国家地质公园为例[C]//中国地质学会旅游地学与国家地质公园研究分会成立大会暨第20届旅游地学与地质公园学术年会论文集,北京,2005:200-206.

[14] 杨前进,周善怡,付海龙.基于游客视角的国家地质公园解说系统评价——以重庆武隆国家地质公园为例[J].重庆师范大学学报((自然科学版),2011,28(03):69-73.

[15] 张玲,吴成基,彭永祥,等.游客对地质遗迹景观的解说需求研究——以翠华山国家地质公园为例[J].旅游科学,2010,24(06):39-46.

[16] 李洋.基于X3D的虚拟地质公园旅游信息系统研究与开发[D]. 大连:辽宁师范大学,2009.

[17] 张军.地质公园虚拟旅游系统的设计与实现[D]. 开封:河南大学,2010.

[18] 鄢志武,马祥山,吴丽.旅游景区三维全景虚拟展示研究——以云南石林世界地质公园为例[J].理论月刊,2009(4):114-116.

[19] 周玲,崔梓城.基于环物360展示技术的丹霞山地质公园典型植被导赏的设计与实现[J].信息与电脑(理论版),2019(1):96-99.

[20] Jones R R, Wawrzyniec T F, Holliman N S, et al. Describing the dimensionality of geospatial data in the earth sciences-Recommendations for nomenclature [J]. Geosphere, 2008, 4(2): 354.

[21] Squelch A. 3D printing rocks for geo-educational, technical, and hobbyist pursuits [J]. Geosphere, 2018, 14(1): 360-366.

[22] Falkingham P L. Acquisition of high resolution three-dimensional models using free, open-source, photogrammetric software [J]. Palaeontologia Electronica, 2012. DOI:10.26879/264.

[23] Ravanel L, Bodin X, Deline P. Using terrestrial laser scanning for the recognition and promotion of high-alpine geomorphosites [J]. Geoheritage, 2014, 6(2): 129-140.

[24] Ghiraldi L, Giordano E, Perotti L, et al. Digital tools for collection, promotion and visualisation of geoscientific data: Case study of seguret valley (Piemonte, NW Italy) [J]. Geoheritage, 2014, 6(2): 103-112.

[25] Hoblea F, Delannoy J J, Jaillet S, et al. Digital tools for managing and promoting karst geosites in southeast France [J]. Geoheritage, 2014, 6(2): 113-127.

[26] Rapprich V, Lisec M, Fiferna P, et al. Application of modern technologies in popularization of the Czech volcanic geoheritage [J]. Geoheritage, 2017, 9(3): 413-420.

[27] Jorayev G, Wehr K, Benito-Calvo A, et al. Imaging and photogrammetry models of Olduvai Gorge (Tanzania) by Unmanned Aerial Vehicles: A high-resolution digital database for research and conservation of Early Stone Age sites[J]. Journal of Archaeological Science, 2016, 75: 40-56.

[28] Wilkinson M W, Jones R R, Woods C E, et al. A comparison of terrestrial laser scanning and structure-from-motion photogrammetry as methods for digital outcrop acquisition[J]. Geosphere, 2016, 12(6): 1865-1880.

[29] Eitel J U H, Höfle B, Vierling L A, et al. Beyond 3-D: The new spectrum of lidar applications for earth and ecological sciences[J]. Remote Sensing of Environment, 2016, 186: 372-392.

[30] Martínez-Graña A M, Goy J L, Cimarra C A. A virtual tour of geological heritage: Valourising geodiversity using Google Earth and QR code[J]. Computers & Geosciences, 2013, 61: 83-93.

[31] González-Delgado J A, Martínez-Graña A M, Civis J, et al. Virtual 3D tour of the Neogene palaeontological heritage of Huelva (Guadalquivir Basin,

Spain)[J]. Environmental earth sciences, 2015, 73(8): 4609-4618.

[32] Cayla N, Martin S. Digital geovisualisation technologies applied to geoheritage management [M]//Geoheritage. Amsterdam: Elsevier, 2018: 289-303.

[33] Dykes J, Bleisch S. Using web-based 3-D visualization for planning hikes virtually: an evaluation [M]//Representing, Modeling and Visualizing the Natural Environment: CRC Press, 2008: 353-365.

[34] Fernández-Lozano J, Gutiérrez-Alonso G. The alejico carboniferous forest: A 3D-terrestrial and UAV-assisted photogrammetric model for geologic heritage preservation[J]. Geoheritage, 2017, 9(2): 163-173.

[35] Meini M, di Felice G, Petrella M. Geotourism perspectives for transhumance routes. Analysis, requalification and virtual tools for the geoconservation management of the drove roads in southern Italy[J]. Geosciences, 2018, 8(10): 368.

[36] Lewis G M, Hampton S J. Visualizing volcanic processes in SketchUp: An integrated geo-education tool[J]. Computers & Geosciences, 2015, 81: 93-100.

[37] Lansigu C, Bosse-Lansigu V, Hebel F. Tools and methods used to represent geological processes and geosites: graphic and animated media as a means to popularize the scientific content and value of geoheritage[J]. Geoheritage, 2014, 6(2): 159-168.

[38] de Paor D G, Wild S C, Dordevic M M. Emergent and animated COLLADA models of the Tonga Trench and Samoa Archipelago: Implications for geoscience modeling, education, and research [J]. Geosphere, 2012, 8(2): 491-506.

[39] Cayla N, Hobléa F, Reynard E. New digital technologies applied to the management of geoheritage [J]. Geoheritage, 2014, 6(2): 89-90.

[40] Hruby F, Ressl R, de la Borbolla del Valle G. Geovisualization with immersive virtual environments in theory and practice[J]. International Journal of Digital Earth, 2019, 12(2): 123-136.

作者简介:程安祺,同济大学建筑与城市规划学院在读硕士研究生。研究方向:景观历史理论与遗产保护。

杨晨,博士,同济大学建筑与城市规划学院景观学系助理教授,硕士生导师;文化遗产档案国际科学委员会专家委员。研究方向:数字化遗产景观。

韩锋,博士,同济大学建筑与城市规划学院景观学系系主任、教授、博士生导师;ICOMOS-IFLA 国际文化景观科学委员会副主席(负责亚太地区),IUCN-WCPA 世界保护区委员会专家。研究方向:文化景观理论、风景名胜区规划、世界遗产与可持续旅游。

多源大数据对城市景观规划设计的支撑

翟宇佳

摘　要　本研究介绍了四种城市大数据，包括手机信令数据、网络搜索数据、网络文本数据与 POI 数据，讨论这四种大数据在城市问题研究中的应用；基于实例，介绍四种数据在城市景观规划设计中的应用。包括：①利用手机信令数据分析上海城市公园实际服务半径；②利用百度搜索指数预测旅游客源市场；③利用网络文本数据分析游客行程与满意度；④利用 POI 数据分析服务设施布局现状。

关键词　城市大数据；景观规划设计；应用实例

1　城市研究中四种常用大数据

著名城市学者 Michael Batty 将大数据定义为“任何一张 Excel 表格装不下的数据”[1]。众所周知，一张 Excel 表格最多有 1048576 行。这一定义虽颇为幽默，却直接指出了大数据最重要的特征，数据量尤其是样本量庞大。潘云鹤院士指出城市相关大数据主要包括四种类型：①城市基础设施与移动对象的传感数据，例如建筑、环境、水资源、交通等传感器收集到的数据，也包括手机与城市摄像头收集的数据；②社会人文方面使用者数据，例如网络社交媒体、GPS 与参与性传感系统；③政府管理数据，包括转账数据、税收与财政收入、注册信息、人口、用地、房屋等基本数据，也包括失业、医疗、福利与教育方面的数据；④艺术与人文数据，包括文字、图像、视频、语言等数据，也包括艺术与数据媒体数据[2]。分析与利用这些城市大数据可以为企业、政府与学者的工作提供强大的支撑。总体说来，城市景观规划设计层面已被大量应用的大数据主要包括四种：手机信令数据、网络搜索数据、网络文本数据与 POI 数据。

1.1　手机信令数据

手机信令数据指手机与附近基站通讯而产生的数据。城市中分布着大量支撑移动通信的基站，当一位手机使用者进入某一基站的服务半径，或者用手机打电话、发消息时，手机会与最近的基站通信，产生手机信令数据[3]。手机信令数据已广泛应用于轨迹识别与城市活分析[4]、城市商业中心等级与辐射分析[5]、城市群空间组织特征识别与分析[6]。基于手机信令数据，识别上海公共中心的分布与上海城市结构的研究，发现浦西的用地混合度高于浦东，南京东路与世纪大道沿线为主要游憩区[7]。区域层面关于手机信令的研究发现，城市内部交通设施，空间邻近程度，区域间融合政策可以极大地影响区域间的人员流动，而传统意义上行政边界的影响却在减弱[8]。利用手机信令数据，分析江浙沪皖 18 个旅游城市的游客行踪，发现上海、杭州与南京等城市在区域旅游交通中起着重要作用[9]。手机信令数据可为分析使用者在城市中的分布与景观空间使用，提供重要的位置依据。

1.2　网络搜索数据

网络搜索数据指使用者利用 google 与百度等搜索引擎搜索特定关键词的数据。搜索数据可反应使用者对某一地方或事件的关注度，进而为人流预测等相关规划作基础。2009 年最早利用网络搜索数据的研究中，研究者搜集了 2003—2008 年 google 美国用户关于流感相关症状词条的搜索数据，发现流感相关症状词条的搜索量与诊所周流感相关症状病人人数相关，可提前 1～2 周预测流感趋势[10]，这一研究贡献较大，研究成果发表在 *Nature* 上。基于中国 1 月 2 日至 2 月 20 日互联网数据，有研究发现搜索引擎与社交媒体关于新冠病毒（COVID-19）的搜索指数与新增病例高度相关（r>0.89），搜索高峰早于病例爆发高峰 10～14 天[11]。针对美国的研究发现，google

关于新冠病毒的日搜索指数与12～14天后新增确诊病例数相关最高(r=0.978)[12]。随后,网络搜索数据,开始大规模应用到各种行为与感知研究中。例如,针对澳大利亚维多利亚地区自然保护地的研究发现,官方游客量数据与公众参与GIS、Flickra网站上传照片数,及开放地图(Open Street Map)的设施数量相关[13]。故宫实际游客量与百度关键词搜索量存在相关关系[14],百度指数可提高三亚游人量模型的预测精度[15]。

1.3 网络文本数据

网络文本数据指网络上出现的文字数据,既包括针对某一游憩场所的评价数据,也包括新闻报道与公开文件等文字数据。网络评价数据方面,马蜂窝、去哪儿网、大众点评网等网站上的游客点评数据已被应用到南京旅游形象维度分异[16],青岛游客轨迹[17],鼓浪屿旅游形象[18],开封游客旅游体验[19]等研究中。针对南京的分析发现,旅游吸引物与公共基础设施,能极大地影响游客感知[16]。基于全国数字化园林建设会议的会议记录、园林绿化信息系统采集的文本数据、各类园林绿化行业主管部门门户网络的新闻发言等文本数据的分析,发现中国园林绿化的管理目标层级在转变,办公自动化、物联网感知成为突出的前端管理需求[20]。根据大众点评网评价文本分析发现,北京典型森林公园的社会服务是使用者的关注热点,游人经常在周末带家人来森林公园进行野营、跑步与烧烤等活动[21]。针对大连市旅游目的地形象,网络文本分析显示大连滨海旅游资源特色突出,游客对旅游环境与旅游活动的满意度较高[22]。网络文本数据可为景观规划设计中的现状调查提供丰富资料,极大地提高现状调研的效率。

1.4 POI数据

POI全称为Point of interest,是地理学中用以表示有意义场所的概念。城市中的POI包括居住区、商业设施、学校、医院与车站等。POI数据的密度与分布,可以在一定程度上反映城市的功能与结构,并已应用在北京市区域主导功能与用地混合度判定[23],南京市街区特征及对公园活力的影响[24]、城市功能区识别与空间结构分析[25]、城市活力主要影响因子识别等研究中[26]。

2 四种常用城市大数据在景观规划设计中的运用

手机信令数据、网络搜索数据、网络文本数据与POI数据,可以帮助我们在定量层面更好地理解城市空间结构、城市建成环境的特征、使用者关注热点与使用行为。下文将介绍笔者团队利用上述四种大数据,支撑景观规划设计的实例。

2.1 利用手机信令数据分析上海城市公园实际服务半径

选取46座公园边界内有手机基站的上海城市公园作为研究对象。手机信令数据包括2230万部上海手机在2015年3月3日,24 h内的全部信令数据(图1)。首先,识别出与公园及公园门相关的基站,通过分析使用者与公园门相关基站的连接情况,识别出潜在公园使用者。第二,计算潜在公园使用者与公园相关基站连接总时长,及其与公园门相关基站连接最长时间间隔的比例,如果这一比例大于0.9。则认为这一潜在公园使用者

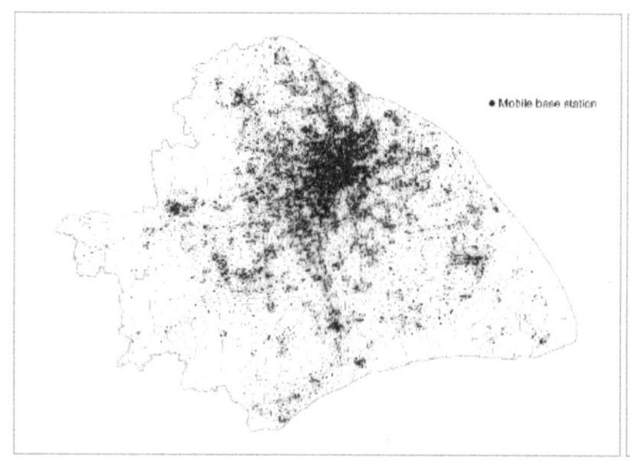

图1 手机基站(左)与服务范围(右)

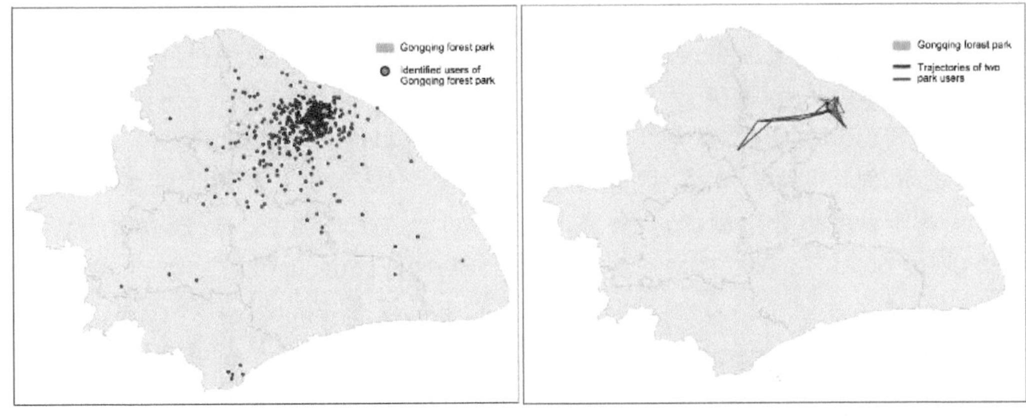

图 2　共青森林公园的游客分布(左)与两位游客的移动轨迹示例(右)

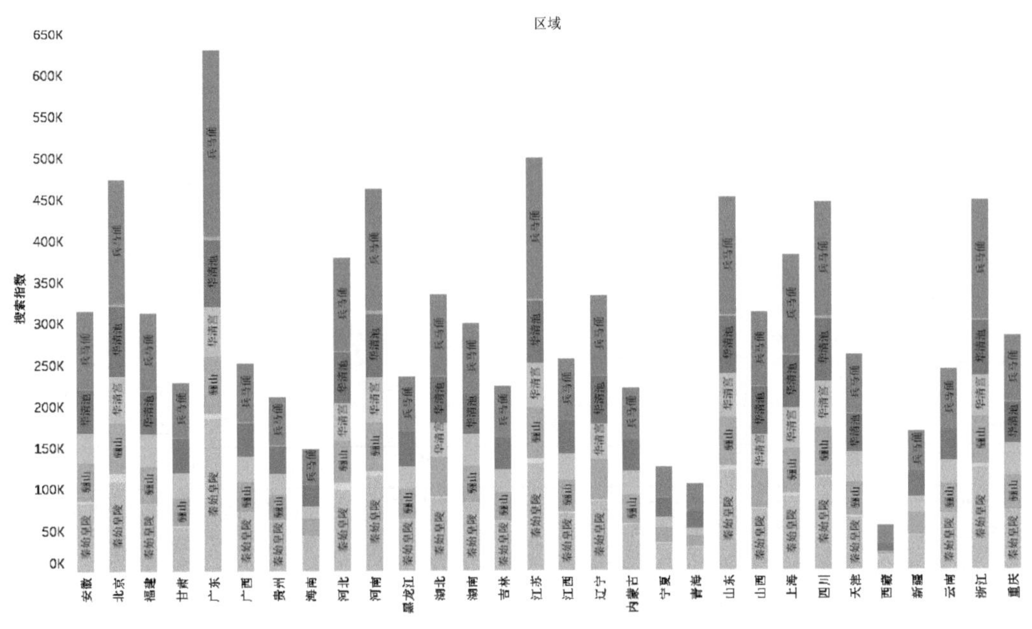

图 3　不同省份临潼主要景区的百度搜索指数

为公园使用者。第三,识别公园使用者在凌晨 2～4 点相连的基站,作为其居住地的位置。第四,计算每位使用者居住地位置与其访问公园的直线距离。第五,分析不同公园所有使用者家与公园的距离(图 2)。分析结果显示,平均而言,面积大、周边人口密度高的公园吸引更多使用者。上海内环内大型公园的平均实际服务半径最大。内环内,面积小于 5 hm^2、5～10 hm^2、10～50 hm^2、50 hm^2 以上公园 70%的使用者家与公园距离分别为 6.0 km、7.0 km、6.8 km 和 10.5 km。

2.2　利用百度搜索指数预测旅游客源市场

搜索指数可反应市民对某一事物的关注程度,可将其利用到客源市场分级与预测中。百度作为国内最大的网络搜索服务平台,占有七成多的市场份额。同时百度指数可识别出不同地区居民对同一词条的搜索量,为区域间的比较提供了基础。例如,对于“同济大学”这一词条,可识别某一天上海地区的搜索量与北京地区的搜索量,并进行比较。本研究利用西安临潼著名景区的百度搜索量,分析不同地区对这些关键词的关注度,并结合经济发展水平与人口规模等数据,预测西安临潼的客源市场。选取“兵马俑”“秦始皇陵”“华清宫”“华清池”“骊山”“秦东陵”及“鸿门宴遗址”七个代表临潼主要景点的关键词,获取 2015—2019 年五年内,全国除陕西本省以及港澳台地区外的 30 个不同省份、自治区每日对这些关键词的搜索量(图 3、表 1)。百度搜索引擎中搜索量前三位的关键词依次是“兵马俑”“秦始皇陵”“华清池”。对不同省份搜索指数求和分析,结果显示广东、江苏、北京、河南、浙江、四川、山东、上海对西安主要景点的搜索指数最高；河北、山西、湖北、辽宁、福建、安徽、湖南、重庆、天津搜索指数居中；江西、广西、云南、甘肃、黑龙江、吉林、内蒙古偏少；贵州、海南、宁夏、青海、西藏的搜索指数最少。基于百度指数份额，结合各省与临潼的距离，划分临潼区客源市场半径与客源市场分级。

表1 不同省份对临潼主要景区的百度搜索指数

序号	省份	百度搜索量	序号	省份	百度搜索量
1	安徽	31.42	18	江西	25.50
2	澳门	1.69	19	辽宁	33.14
3	北京	47.27	20	内蒙古	22.00
4	重庆	28.17	21	宁夏	12.41
5	福建	31.18	22	青海	10.41
6	甘肃	22.78	23	山东	44.93
7	广东	62.85	24	山西	31.13
8	广西	25.06	25	陕西	111.71
9	贵州	20.99	26	上海	38.07
10	海南	14.71	27	四川	44.36
11	河北	37.82	28	台湾	2.32
12	河南	46.05	29	天津	25.91
13	黑龙江	23.44	30	西藏	5.32
14	湖北	33.39	31	香港	7.36
15	湖南	29.79	32	新疆	16.63
16	吉林	22.30	33	云南	24.19
17	江苏	49.82	34	浙江	44.58

2.3 利用网络文本数据分析游客行程与满意度

研究应用八爪鱼爬虫工具及编程语言爬取网络文本数据。第一部分行程分析中，采集2019年574条行程数据。这些数据包括游客ID、行程发表时间及具体行程（例如华清宫—秦始皇陵—西安城墙—华山）、游玩天数与游记等信息。574条行程中，回民街出现的频次最高，为371次（64.63%），也就是六成多的游客都到访过回民街。其次为秦始皇陵（53.31%）、华清宫（52.61%）、大雁塔（45.12%）及陕西历史博物馆（35.02%）。118（20.56%）条行程提到小于3个景点，195（33.97%）条行程包含3～5个景点，124（21.60%）条行程包含6～8个景点，137条行程（23.87%）包含8个及以上景点。平均每条行程6.37个景点，也就是每位游客平均在西安访问了6个左右的景点。行程方面，游客倾向于首先访问回民街、秦始皇陵等热门景点。574条行程中，127条（22.12%）以回民街为起点，其次为秦始皇陵（13.06%）、华清宫（8.89%）、西安城墙（8.19%）与大唐芙蓉园（6.79%）。以回民街、秦始皇陵、华清宫、西安城墙、大唐芙蓉园、大雁塔、陕西历史博物馆、华山8个景点作为起点的行程共430条，占了全部行程的将近75%。表明游人大多首先访问热门景点，而行程的中后半段访问其他景点（图4）。

同时，利用网络评价数据分析游人对重要景点的满意度。平均说来，游客提及率较高的方面，包括历史文化（26.71%），游客量（21.62%），历史建筑（18.47%），景区门票（16.62%），自然景观（16.61%）与夜景（15.04%）。游客对景区各项的平均满意率大多较高，排在前面的因子包括夜景（95.48%），风俗民情（92.32%），自然景观（91.09%），历史文化（75.31%）及演出（66.19%）。较为不满意的方面包括时间体力消耗（59.41%）、排队等待时间（49.04%）及游客量（32.79%）。

2.4 利用POI数据分析服务设施布局现状

研究爬取去哪儿网上西安临潼境内酒店信息，共获取数据482条，数据信息包括酒店名称、地址、星级、开业时间等。通过百度网络地图服务将酒店地址转换为地理坐标形成地理信息数据（图5）。酒店最密集区域为华清宫以北，秦始皇陵博物院以西地区，共有372家酒店，16110个床位；次密集区为秦始皇兵马俑博物馆以东，共有90家酒店，1986个床位；第三密集区域位于鸿门宴遗址周边，酒店数量较少，但规模较大，共有7家酒店，380个床位。酒店主要分布于旅游景点周边。但现有高档酒店较少，仅有3家五星级酒店，8家四星级酒店，主要分布于华清宫与秦始皇陵之间。与宾馆设施相似，临潼区餐饮设施主要分布在酒店密集区，同时在临潼区主要道路也有零星分布（图6）。

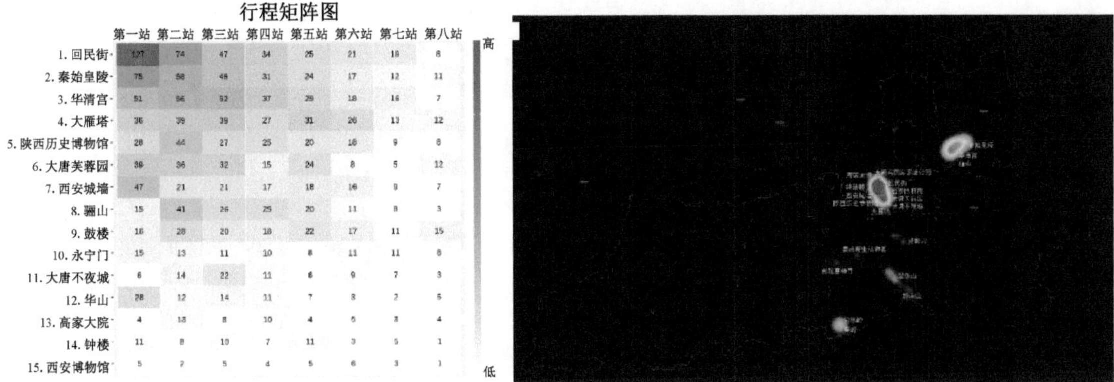

行程矩阵图

	第一站	第二站	第三站	第四站	第五站	第六站	第七站	第八站
1. 回民街	127	74	47	34	25	21	18	8
2. 秦始皇陵	75	58	48	31	24	17	12	11
3. 华清宫	51	56	52	37	28	18	16	7
4. 大雁塔	36	39	39	27	31	26	13	12
5. 陕西历史博物馆	28	44	27	25	20	18	9	8
6. 大唐芙蓉园	39	36	32	15	24	8	5	12
7. 西安城墙	47	21	21	17	18	16	9	7
8. 骊山	15	41	26	25	20	11	8	3
9. 鼓楼	16	28	20	18	22	17	11	15
10. 永宁门	15	13	11	10	8	11	11	8
11. 大唐不夜城	6	14	22	11	6	9	7	3
12. 华山	28	12	14	11	7	8	2	5
13. 高家大院	4	13	8	10	4	5	3	4
14. 钟楼	11	8	10	7	11	3	5	1
15. 西安博物馆	5	2	5	4	5	6	3	1

图 4 基于网络游记数据的游客行程分析与热门景点识别

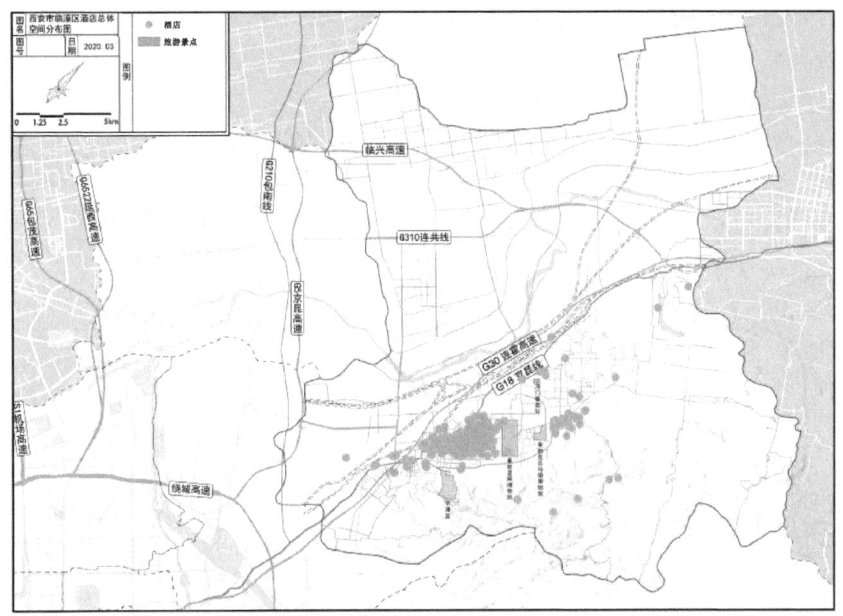

图 5 酒店设施分布

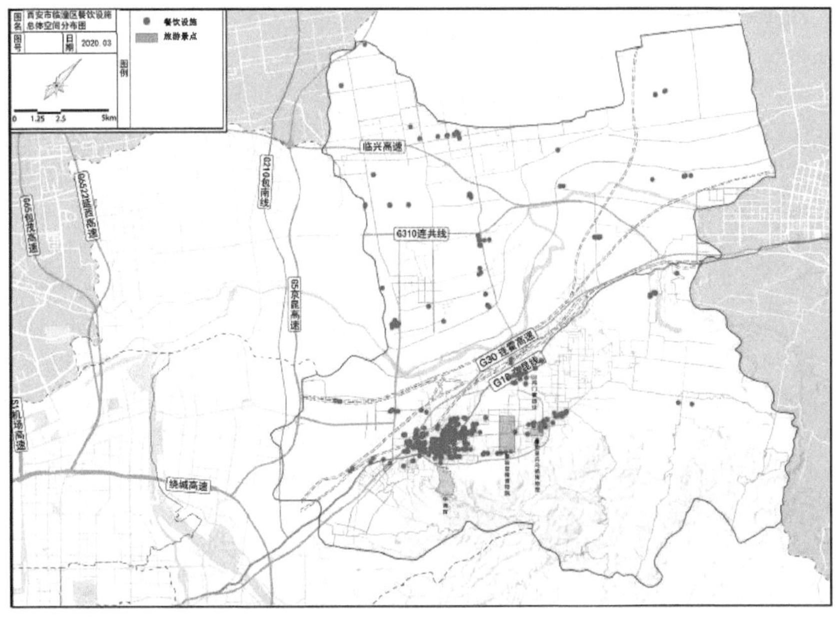

图 6 餐饮设施分布

3 讨论与展望

多源城市大数据可以为景观规划设计提供强大支撑。手机信令数据包含使用者的位置信息，可以帮助研究者更好地认识城市绿地的服务半径；网络搜索数据可反映某一区域的关注度与热度，为游客量预测提供基础；网络评价数据可以了解游客行程，更为便捷地了解游客对某一区域的认知与评价；而通过POI数据则可快速了解某一区域的服务设施分布情况，为景观规划设计提供详实的基础资料。未来研究与规划中需在两个方面加强大数据的应用，包括增加数据类型与提升数据处理手段。增加数据类型方面，可增加街景数据及社交平台等数据的应用，或同时结合多源大数据。提升数据处理手段方面，需提升文体数据的爬取与分析技术，以更为便捷地爬取不同来源的文本数据，更为科学地分割语义信息等，更好地利用多源大数据，从而增强多源大数据对景观规划设计的支撑作用。

参考文献

[1] Batty M. Big data, smart cities and city planning [J]. Dialogues in Human Geography, 2013, 3 (3): 274-279.

[2] Pan Y. H., Tian Y., Liu X. L., Gu D., Hua G. Urban big data and the development of city intelligence [J]. Engineering, 2016, 2 (2):171-178.

[3] Ratti C., Frenchman D., Pulselli R. M., Williams S. Mobile landscapes: Using location data from cell phones for urban analysis [J]. Environment and Planning B: Planning and Design, 2006, 33 (5): 727-748.

[4] Widhalm P., Yang Y. X., Ulm M., Athavale S., González M. C. Discovering urban activity patterns in cell phone data [J]. Transportation, 2015, 42 (4):597-623.

[5] 王德，王灿，谢栋灿，钟炜菁，武敏，朱玮，周江评，李渊.基于手机信令数据的上海市不同等级商业中心商圈的比较——以南京东路、五角场、鞍山路为例[J].城市规划学刊，2015，(03)：50-60.

[6] 周永杰，刘洁贞，朱锦锋，詹静.基于手机信令数据的珠三角城市群空间特征研究[J].规划师，2018，34(01)：113-119.

[7] 钮心毅，丁亮，宋小冬.基于手机数据识别上海中心城的城市空间结构[J].城市规划学刊，2014，(06)：61-67.

[8] Zhang W. J., Fang C. Y., Zhou L., Zhu J. Measuring megaregional structure in the Pearl River Delta by mobile phone signaling data: A complex network approach [J]. Cities, 2020, 104:102809.

[9] 邓社军，宇泓儒，陆曹烨，刘冬梅，唐玉成，白桦.基于手机信令数据的旅游交通出行网络特性[J].交通运输研究，2019，5(06)：28-35.

[10] Ginsberg J., Mohebbi M. H., Patel R. S., Brammer L., Smolinski M. S., Brilliant L. Detecting influenza epidemics using search engine query data [J]. Nature, 2009, 457 (7232):1012-1014.

[11] Li C. L., Chen L. J., Chen X. Y., Zhang M., Pang C. P., Chen H. Retrospective analysis of the possibility of predicting the COVID-19 outbreak from Internet searches and social media data, China, 2020 [J]. Eurosurveillance, 2020, 25 (10).DOI:10.2807/1560-7917.es.2020.25.10.2000199

[12] Yuan X. Y., Xu J., Hussain S., Wang H., Gao N., Zhang L. Trends and prediction in daily new cases and deaths of COVID-19 in the United States: An internet search-interest based model [J]. Exploratory Research and Hypothesis in Medicine, 2020, 5 (2):1-6.

[13] Levin N., Lechner A. M., Brown G. An evaluation of crowd sourced information for assessing the visitation and perceived importance of protected areas [J]. Applied Geography, 2017, 79:115-126.

[14] 黄先开，张丽峰，丁于思.百度指数与旅游景区游客量的关系及预测研究——以北京故宫为例[J].旅游学刊，2013，28(11)：93-100.

[15] 秦梦，刘汉.百度指数、混频模型与三亚旅游需求[J].旅游学刊，2019，34(10)：116-126.

[16] 徐菲菲，剌利青，Feng Y.基于网络数据文本分析的目的地形象维度分异研究——以南京为例[J].资源科学，2018，40(07)：1483-1493.

[17] Mou N. X., Zheng Y. H., Makkonen T., Yang T., Tang J., Song Y. Tourists' digital footprint: The spatial patterns of tourist flows in Qingdao, China [J]. Tourism Management, 2020, 81:104151.

[18] 付业勤，王新建，郑向敏.基于网络文本分析的旅游形象研究——以鼓浪屿为例[J].旅游论坛，2012，5(04)：59-66.

[19] 索志辉，梁留科，苏小燕，买哲，张佳莹.游客体验视角下开封旅游目的地形象研究——基于网络评论的方法[J].地域研究与开发，2019，38(02)：102-105.

[20] 季珏,安超,李波茜,伍雍涵.基于文本挖掘的城市园林绿化信息化管理的需求分析方法[J].风景园林,2019,26(08):44-47.

[21] 王鑫,李雄.基于网络大数据的北京森林公园社会服务价值评价研究[J].中国园林,2017,33(10):14-18.

[22] 谭红日,刘沛林,李伯华.基于网络文本分析的大连市旅游目的地形象感知[J].经济地理,2021,41(03):231-239.

[23] 杨振山,苏锦华,杨航,赵永宏.基于多源数据的城市功能区精细化研究——以北京为例[J].地理研究,2021,40(02):477-494.

[24] 秦诗文,杨俊宴,冯雅茹,颜帅.基于多源数据的城市公园时空活力与影响因素测度——以南京为例[J].中国园林,2021,37(01):68-73.

[25] Zhang X. Y., Du S. H. , Wang Q. Hierarchical semantic cognition for urban functional zones with VHR satellite images and POI data [J]. ISPRS Journal of Photogrammetry and Remote Sensing, 2017, 132:170-184.

[26] Yue Y., Zhuang Y., Yeh A. G. O., Xie J. Y., Ma C. L., Li Q. Q. Measurements of POI-based mixed use and their relationships with neighbourhood vibrancy [J]. International Journal of Geographical Information Science, 2017, 31 (4):658-675.

作者简介:翟宇佳,博士,同济大学建筑与城市规划学院景观学系副教授,硕士生导师。研究方向:游憩行为大数据,建成环境与健康。

计算机科学技术介入风景园林规划设计的技术语汇转译框架研究*

——以 GIS 系统为例

岳邦瑞　陆帷仪　丁禹元

摘　要　近年来,随着 GIS 技术在风景园林规划设计中得到广泛应用,所带来的定量化分析变革亦引发了"唯技术论"的相关质疑。本文试从方法论的视角切入,梳理 GIS 背后的学科语汇与风景园林规划设计语汇的"转译"问题,以期为后续的学科交叉发展提供基础逻辑转译框架参考,并进一步丰富风景园林规划设计的理论与实践工具。

关键词　GIS 技术;学科语言;转化途径

1　问题提出:GIS 技术应用现状及其面临的应用质疑

GIS 是首个由计算机、地理学语言跨学科交叉形成的,基于空间信息处理而诞生的数字技术平台,它的逻辑结构横跨人类逻辑和计算机逻辑,层次覆盖二维平面、三维立体和时空协同,在风景园林规划设计领域已得到广泛、深入的应用,并引发了相应定量分析的技术变革。但同时其也面临着"唯技术论"[1]的技术应用合理性质疑——其问题内核实际是 GIS 工具背后,计算机语言逻辑与风景园林规划设计语言逻辑的匹配问题,在此可概括为科学技术与设计语言的"转译"问题。因此,构建合理的计算机科学介入风景园林规划设计的转译框架,有助于增强 GIS 技术应用的科学性和合理性。

2　GIS 发展史中技术语汇内涵的变迁

语汇,即语言符号的聚合体。语言是信息的载体,是人类认知世界、探究客观世界规律过程中产生的,用于人类交流、共享和传输信息的工具。在科学技术领域内,任何一门学科都形成了自身特有的描述方法与体系,即学科的语言体系。GIS 作为第三代地理学语言[2],自身承载着地理学学科语言的特征。同时,GIS 又是对地球上发生的事件或存在的现象,进行分析和制图的计算机工具,具有多学科交叉的语言融合特性。为与 GIS 技术工具体系有所区别,本文将 GIS 技术所组成的多学科复合信息载体称为 GIS 技术语汇。

GIS 的出现源于计算机技术对地图学表达的介入。纵观 GIS 的发展史,GIS 技术的外在形式和软件逻辑主要依托计算机技术的发展,而 GIS 的核心技术语汇则受到地图学、地理科学、地理信息科学、景观生态学等多学科的影响。在 GIS 技术的产生与发展过程中,GIS 核心技术语汇的内涵逐渐丰富,就 GIS 技术语汇内涵和外延的变化,GIS 发展史可以简单归纳为 4 个时期(图 1)。

手工制图阶段,19 世纪中期至 20 世纪中期。本阶段与 GIS 关系密切的计算机技术还在技术积累阶段,但基于传统地图学的空间分析方法、叠图法等 GIS 技术方法已经在实践中产生,该阶段中,GIS 技术尚为雏形,受地理学计量革命的影响,现代空间分析方法开始产生。

* 国家自然科学基金"秦岭北麓环境敏感区生态风险评价及空间管控方法研究"(编号:51578437),宁夏回族自治区重点研发计划重大(重点)项目"宁夏装配式宜居农宅设计建(改)造及人居环境治理关键技术研究与示范"(编号:2019BBF02014)。

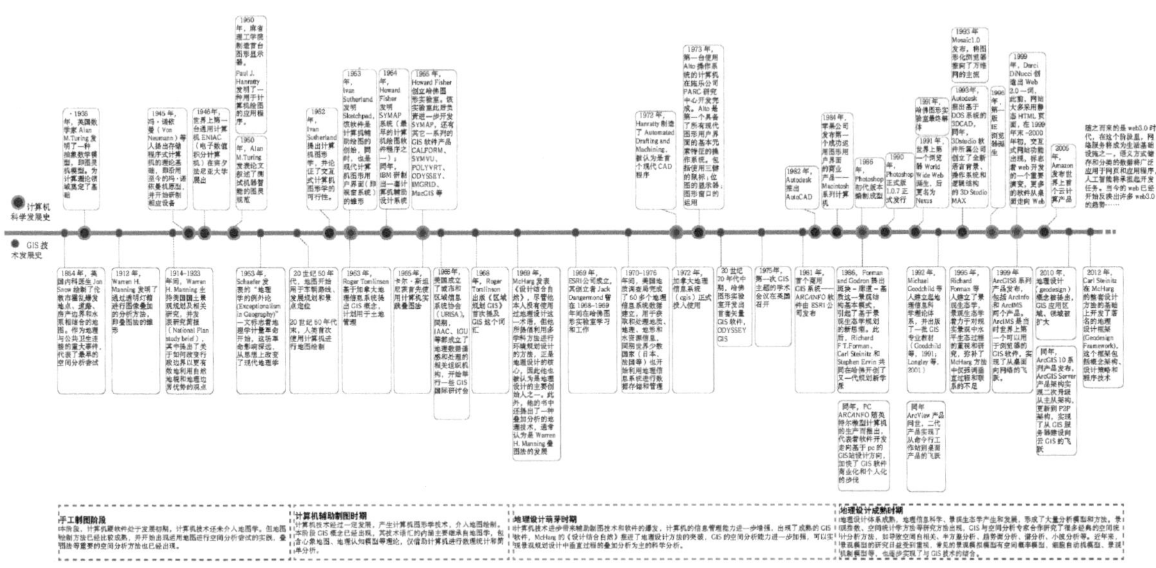

图1 GIS发展史中技术语汇内涵的变迁历程图

计算机辅助制图阶段，20世纪50年代末至1968年。该阶段计算机技术和卫星遥感技术均有所发展，计算机图形学等GIS依托的关键计算机技术，已经开始产生，哈佛图形实验室成立，GIS软件产品研发开始兴起。计算机普遍应用于地图绘制等辅助制图场景，规划设计领域开始出现使用计算机技术进行叠图法等技术尝试[3]，GIS概念出现，地理学、遥感学等领域的科研工作开始重视GIS技术的研究。该阶段GIS的技术语汇内涵主要继承自地图学，包含心象地图、地理认知模型等理论，研究人员开始利用计算机，进行地理信息的数理统计和分析。

地理设计萌芽阶段，1969年至20世纪80年代中期。计算机技术飞速发展，带动计算机辅助制图软件和技术爆发，计算机的运算和存储能力进一步增强，信息管理能力得到飞速发展。该阶段，McHarg《设计结合自然》为代表的生态规划方法，为GIS技术及其背后的地理设计方法带来了全新的价值观，叠图法技术进一步成熟，空间数理统计模型开始出现。以美国为代表的计算机科学先进国家和地区，开始广泛建立地理信息系统数据库，存储和管理地理数据，为商用GIS软件的出现和推广奠定了基础。

地理设计成熟阶段，1986年至今。该阶段，计算机技术进入互联网时代，更新迭代速度加快。商用GIS软件实现了从工作站到桌面产品、从桌面向网络、从网络向云GIS的多次飞跃。本阶段GIS技术语汇最重要的改变源于景观生态学等科学体系的出现和发展，景观生态学在继承McHarg叠图法基础上，形成了成熟的地理设计框架，奠定了GIS技术的理论基础，推进了GIS技术的发展和GIS与规划设计实践的结合。

3 GIS技术语汇的方法论本质

与广泛应用于规划设计的AutoCAD、Photoshop、SketchUp等制图软件相比，GIS的独特性体现在它独有的地理设计方法——空间分析上。空间分析是与地图相伴生的一种古老逻辑思维方法。自有地图以来，人们始终在自觉或不自觉地进行各类空间分析，如地图地理要素间距离、方位、面积的测量；战术研究和战略决策等。空间分析中可视化这一基础的空间认知行为，能够促进理解、发展自然界现象间的相关关系，在地图学和GIS技术中都有重要的作用。

现代的空间分析(Spatial Analysis)概念源于20世纪60年代地理与区域科学的计量革命，起初主要是通过统计分析的定量手段分析点、线、面的空间分布模式，随着出现模型初涉空间信息的关联性问题，空间分析的模型方法开始萌芽[4]。如法国地质学家Matheron使用变异函数评价和估计自然现象的"Kriging"方法(又称地统计学方法)，该方法经过Journel的推动，已经成为一种矿物储量估算的科学方法，广泛应用于当今地质勘探活动中。

现今的空间分析，能够通过建立有效的空间数据模型来表达地理实体的时空特征，发展面向应用的时空分析模拟办法，以数字化的方式，动态、全局地描述地理实体和地理现象的空间分布关系，从而反映出地理实体内在规律和变化趋势。空间分析是一个多要素有机联系的信息处理过程。通过人脑将地理空间抽象化，形成地图认知模型，再通过地理学语言向计算机语言转译，形成GIS软件可操作的工程项目模型。

空间分析具有一套系统的方法体系，空间分析目标、分析对象和分析内容间存在一定对应关系。一定程度上，空间分析目标决定着空间分析方法的选择。空间分析的目标包括以下[5]。

认知：有效获取并组织、描述空间数据，完整再现事物，如生态红线图。

解释：理解和表述地理过程，反映事件的本质规律，如城市生态安全格局。

预测和调控：在了解、掌握事件现状和规律的前提下，为决策提供辅助。预测是运用模型对未来状况进行模拟和推演，如城市土地利用扩展；调控是干预地理空间内可能发生的事件，如合理规划江河流域内的泛洪区。

4 GIS技术语汇向风景园林规划设计语言的转化

从科学哲学的视角，GIS技术语汇向风景园林规划设计语境的转化可以拆分为两个步骤，首先，是风景园林科学原理与GIS技术背后的计算机科学原理的耦合和匹配；其次，是GIS技术科学原理，与风景园林规划设计语境下改造自然目的性的要求相匹配。两者存在逻辑顺序上的先后顺承。经过科学原理的转化和语境的匹配，最终，能够形成基于风景园林规划设计实践的GIS技术原理。

根据安德烈亚斯·法卢迪(Andreas Faludi)对城市规划学科知识的分类方法："实质性"(substantive theories)规划理论和"程序性"(procedural theories)规划理论[6]，风景园林规划设计理论，可划分为实质性理论和程序性理论两类，本文通过GIS技术对两类知识的匹配，展示GIS技术语汇转译的一般框架。

4.1 实质性知识匹配

GIS技术体系与风景园林的实质性知识匹配主要体现在分析内容、对象、方法的耦合上。GIS技术的分析对象为地理空间，与风景园林规划设计的分析对象景观存在时空上的一致性；GIS技术体系的分析目标主要由认知、解释、预测、调控四部分组成，其中，空间分析目标对应着空间分析内容，而空间分析内容与风景园林规划设计对象的研究内容能够形成对应，如图2。

4.2 程序性知识的匹配

地理设计作为风景园林规划设计与地理信息科学的通用方法，与GIS技术程序具有较强的适配性。以斯坦尼茨的地理设计六步骤与GIS解决空间问题的流程相对比，可以看出两者在程序上的匹配和对应关系，风景园林规划设计中的描述、过程对应GIS技术中多源数据的收集，经过数据库建立形成现状信息模型的初步设置和存储(图3)。风景园林规划设计通过评价指认规划问题，根据规划问题提取对应的数据子集，经过求解、求解结果的验证、解释、表达，指导规划决策。而改变—影响意味着GIS技术中心新一轮问题的提出，对应着新的问题数据子集和问题求解，通过这种循环，实现GIS技术下的多方案比选。

4.3 GIS技术语汇与风景园林规划设计语言的综合匹配

根据综合匹配可看出，风景园林规划设计要素与GIS空间分析方法的核心，是空间分析目标与流程的综合匹配(图4)。由于空间分析目标和流程的内容较为复杂，需借助一个中间量予以简化。

在GIS技术视角下，人类的地理认知过程，特别是与GIS数据模型和组织密切相关的认知活动，能够提取出一个融合了人类地理认知的数据元模型[7]。这个元模型是沟通真实地理世界、认知地理世界和计算机或空间规划设计语境中实施规划设计改变的工程世界的桥梁。人类通过对地理信息的感知、编码和解码，在头脑中形成对真实地理世界的认知表达，即认知地理世界。而数据元模型，则是对认知地理世界的进一步抽象描述，将对地理世界认知实例化为概念模型，通过计

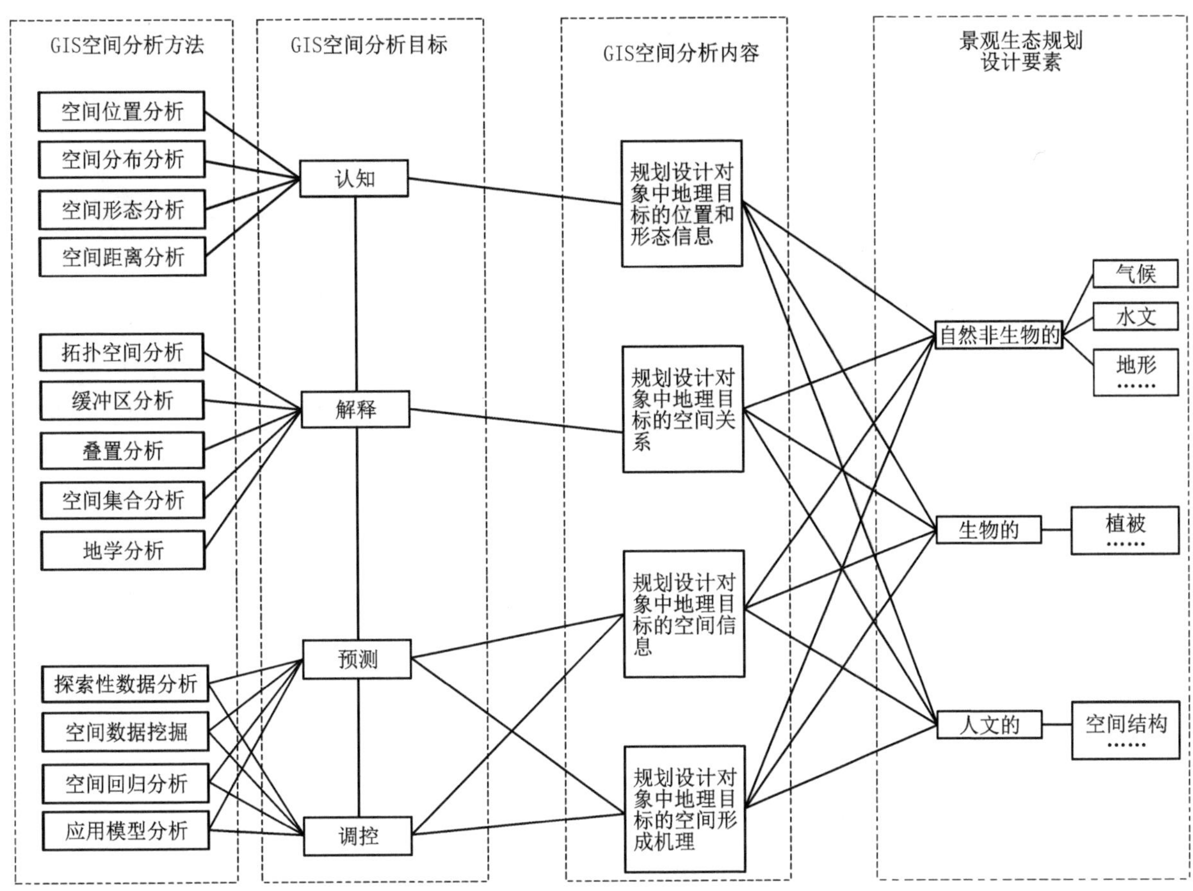

图 2　GIS 技术体系与风景园林实质性知识匹配

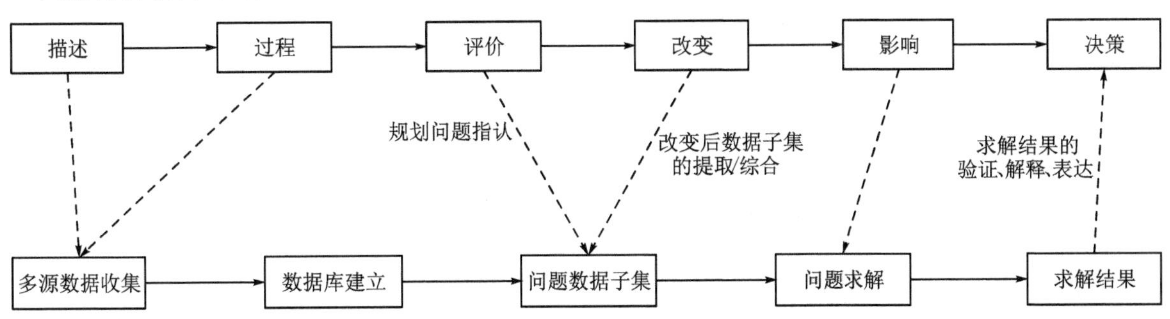

图 3　GIS 技术体系与风景园林程序性知识匹配

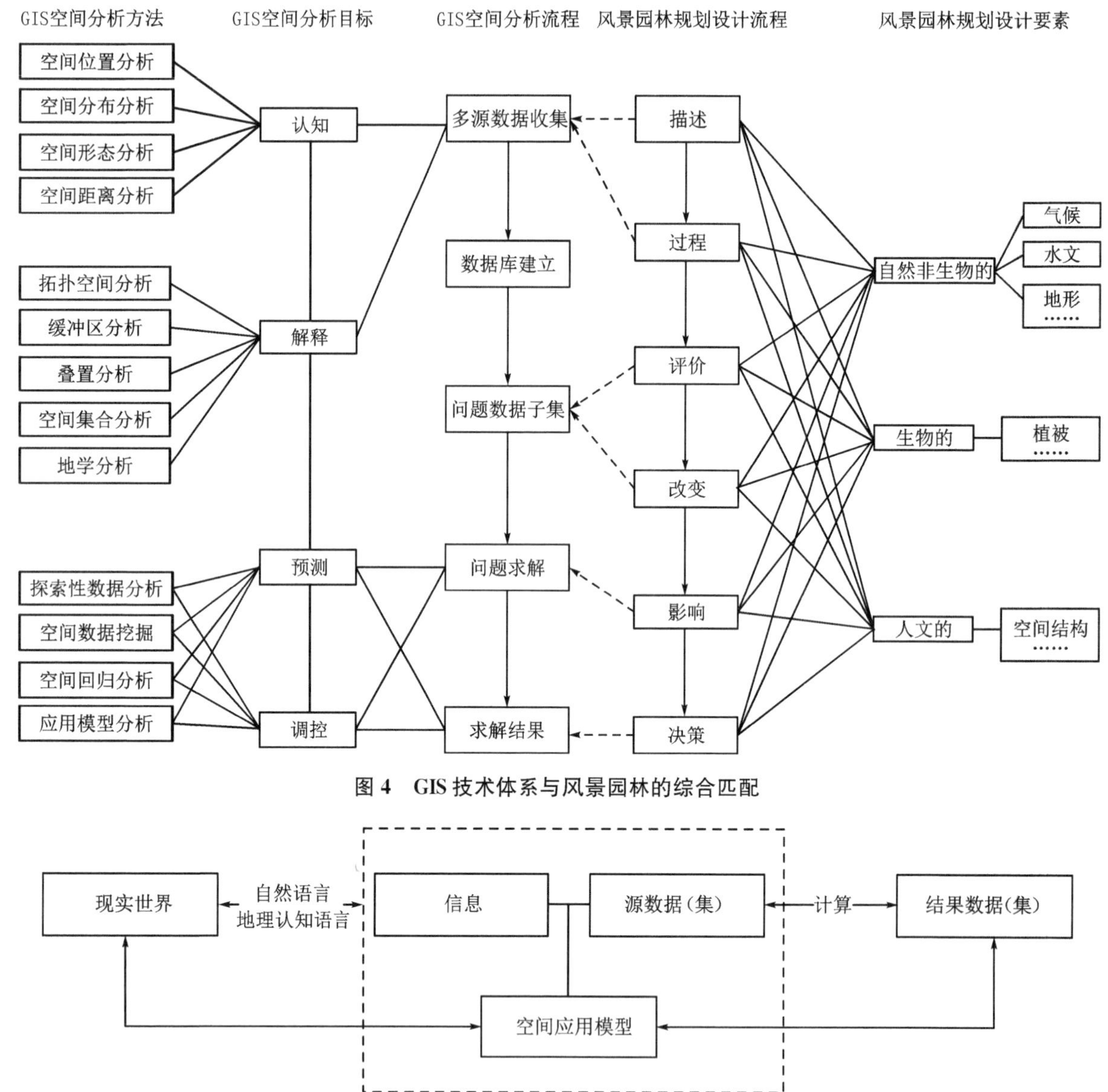

图 4　GIS 技术体系与风景园林的综合匹配

图 5　GIS 技术语汇向风景园林规划设计语言的转化路径

算实施,形成对真实地理世界的计算表达。只有认知数据元模型充分反映认知世界中,人类如何感知和认识真实世界,对应的真实世界地理数据才能真正被理解,并广泛应用于其他行业的分析和决策。因此,GIS 的数据元模型对地理实体的描述(数据模型)和实体的组织(数据组织)必须能够反映认知世界中常识性地理认知,符合日常生活中人类的思维方式和习惯。

在风景园林规划设计过程中,GIS 的数据元模型可以被归纳为空间应用模型,它起到匹配信息和数据的桥梁作用,将人类通过自然语言或地理认知语言方式对现实空间世界的描述,转化为信息,并确立信息所匹配的数据源。计算机运算产生的结果,也需要空间应用模型转化为人类能够理解的信息,并最终表现为风景园林规划设计决策。

因此,在代入空间应用模型后,GIS 技术语汇向风景园林规划设计的转化路径,可以化简为图 5 所示。

5　基于实例的 GIS 技术语汇转译框架:以 DEM 数据建立流域水文模型过程为例

基于 DEM 建立流域水文模型是目前景观水文分析过程中比较成熟的技术手段。数字高程模型(Digital Elevation Model,DEM)是数字地形模型(Digital Terrain Model,DTM)的一个特例,能够通过有限的地形高程数据实现对地表数字化表达。在DEM中,综合采集自航测影像、遥感影像、激光雷达和实测地形图等数据源的地表高程以有序数值阵列形式表现,包含比较完整的流域地形、地貌及水文地质信息(流域面积、平均坡度、最长汇流路径长度及比降、主河道长度及比降、高程等)。

20世纪60年代起,DEM模型被用于流域水文研究分析中,随着DEM数字流域的开发构建和水文分析研究发展,90年代中期,比较系统的流域地貌特征提取方法已经成型,如坡面径流模拟法、谷线搜索法等。目前常用于小流域水文模型建立的方法是坡面径流模拟法(图6)。在模型构建中,常见问题包括洼地、平坦地区的处理;流域集水面积阈值(CSA)的确定;洪水过程模拟等。基于DEM模型数据的水文分析过程描述如图7。

结合水文模型建立过程的转译,我们可以看出,流域水文模型的建立是搭接现实世界研究区域与地理信息技术分析数据集的桥梁,因此,合理的流域水文模型建立对科学的流域规划有着基础性的决定作用(图8)。

6 结论

本文以GIS技术体系为对象,通过GIS技术语汇内涵历史的变迁,梳理出GIS技术语汇的方法论本质,结合GIS技术的本质逻辑,实现GIS技术语汇向风景园林规划设计语言的转化,并结合综合匹配结果,提取核心的框架路线。经过成熟技术——DEM高程模型提取水文分析模型的过程验证框架路线可靠性,为GIS所代表的计算

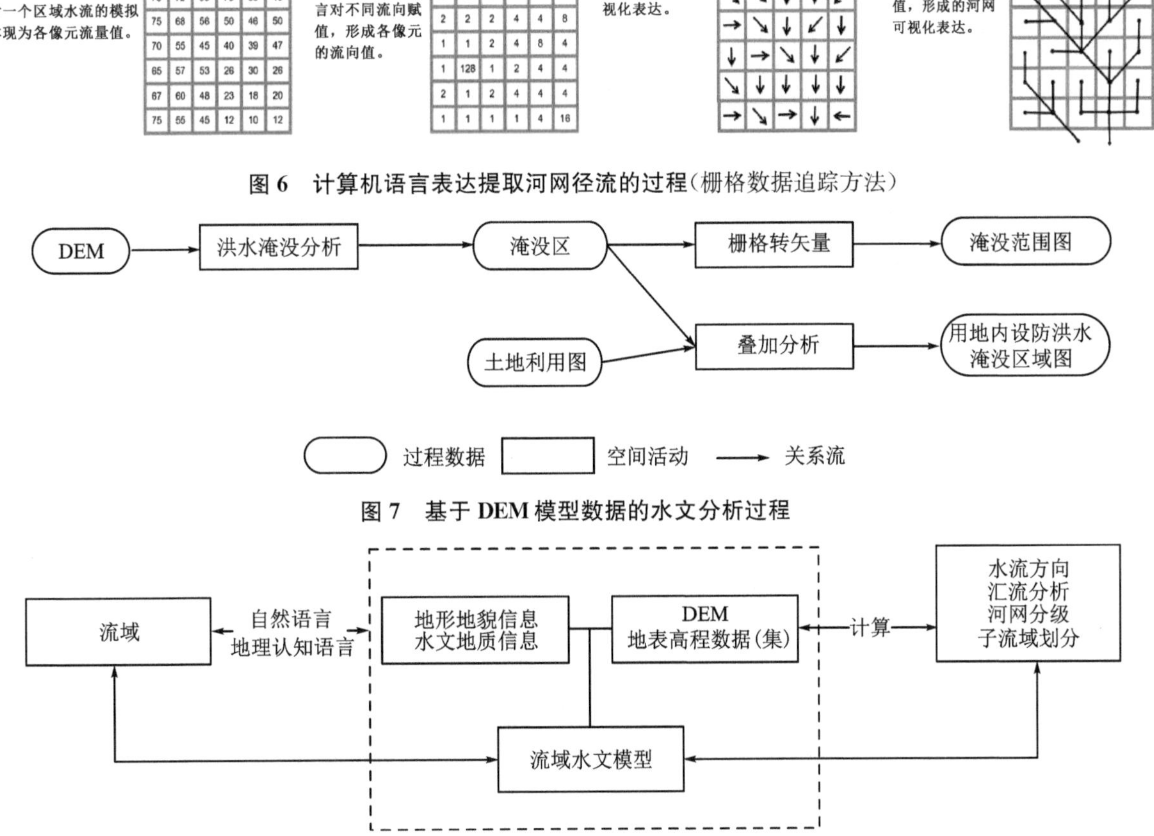

图6 计算机语言表达提取河网径流的过程(栅格数据追踪方法)

图7 基于DEM模型数据的水文分析过程

图8 基于DEM模型数据的水文分析过程GIS技术语汇转化路径

机语言与风景园林规划设计实践相结合，提供了参考路径。

从实例中可以看出流域水文模型作为空间应用模型的一种典型实例，在现实空间描述与GIS空间分析之间起到了重要的桥梁作用。以流域水文模型为例，来自水文学的它学科原理和流域水文地质资料，能够通过空间应用模型的转化，实现它学科原理和信息的数字化，以便通过计算机程序处理形成参考。规划设计目标提取对应数据集经过GIS平台的运算，输出结果并反馈为流域水文模型，以供风景园林规划决策。这种以它学科成熟理论知识为依托的规划设计路径，比传统以形式审美为核心的规划设计路径更具科学性。

当然，流域水文模型只是风景园林规划设计中特定语境下的一类代表性空间应用模型，随着学科交叉和综合发展，多学科理论必将更全面、更深入地与风景园林规划设计过程发生交互，希望该路径能够为多学科的科学理论与风景园林规划设计的实践匹配，提供更坚实的理论基础。

参考文献

[1] 俞孔坚.景观设计：专业学科与教育[M].北京：中国建筑工业出版社，2003.

[2] 胡最，汤国安，闾国年.GIS作为新一代地理学语言的特征[J].地理学报，2012，67(07)：867-877.

[3] Edward Bruce MacDougall，1983，Microcomputers in Landscape Architecture [J]. Landscape Journal，1985，4(1)：53-54.

[4] 翟健，金晓春.城市规划中的GIS空间分析方法[J].城市规划，2014，38(S2)：130-135.

[5] 刘湘南，黄方，王平.GIS空间分析原理与方法[M].北京：科学出版社，2005.

[6] A. Faludi，ed. A Reader in Planning Theory. Oxford，U.K.：Pergamon Press，1973：217-229.

[7] 邬伦，王晓明，高勇，等.基于地理认知的GIS数据元模型研究[J].遥感学报，2005，9(5)：583-588.

作者简介：岳邦瑞，博士，西安建筑科技大学建筑学院教授、博士生导师。研究方向：西北脆弱生态修复与景观规划、西部乡土景观。

陆惟仪，西安建筑科技大学风景园林学在读硕士研究生。研究方向：地景规划与生态修复。电子邮箱：luweiyi2012@126.com

丁禹元，西安建筑科技大学在读博士研究生，注册规划师。研究方向：地景规划与生态修复。

基于 Landsat 影像的夏热冬冷地区城市绿地冷岛效应年周期变化特征研究

李峻峰　陆峥妍

摘　要　为探究绿地冷岛效应以年为时间尺度的变化特征，研究以合肥市花冲公园为对象，基于 Landsat 卫星，采用大气校正法对 2010—2021 年间 74 幅遥感影像进行地表温度反演。结果表明：一方面，绿地冷岛效应具有显著季节性差异，且此差异在年时间尺度上有较明显的周期性特征；另一方面，时间与绿地冷岛强度有较强的相关性，可近似成 7 阶多项式。

关键词　绿地冷岛效应；地温反演；季节性变化；年周期

城市化进程的加快带来了土地利用模式与城市表面能量平衡的改变，城市热岛效应加剧。因此，“冷源”在城市中的存在就起到至关重要的作用。城市绿地是城市冷源的重要组成之一，在城市通风廊道规划[1]与应对气候变化建设城市绿色基础设施[2]等方面举足轻重。城市绿地冷岛效应表现在绿地自身蒸散作用、植物光合作用以及植物对太阳辐射的遮挡作用[3]，对缓解城市热岛效应尤为重要。绿地冷岛效应是近年不断上升的研究热点，研究从单一日间温湿度变化拓展到有时间周期的强度变化，从宏观尺度 LST（地表温度）的时空变化渐进深入细化到中微观绿地或城市绿色空间强度变化研究，从简单的发现变化存在，到深入研究影响强度发生时空变化的原因以及对相关影响因素进行统计分析。在观测方法上，以宏观与中观的地温反演、微观实测与数值模拟以及与其他 CFD 模型相结合[4-8]。已有学者辜智慧与刘雅婷[9]、景高莉[10]、陈睿智[11]、王新军[12]等归纳总结冷岛效应影响机制，及其对设计要素的影响，并拟合出统计模型验证冷岛的降温范围与降温幅度，亦有相关研究引入年度温度周期模型（ATC），从时间序列的角度研究热岛效应的变化，从而预测未来温度变化趋势，Peter Hoffmann 等引入区域气候模型（RCM）REMO 和 CLM[13]；Huidong Li 等引入 ATC 模型度量地表超高温指数（SUHI）对城市扩张的影响，研究结果表明 SUHI 在空间（如城市中心和郊区）与时间上存在周期性变化，且城市绿化对缓解夏季的 SUIH 有积极作用[14]。

既往研究虽引入年度周期变化的概念与模型，但多用于城市扩张和土地利用模式对热岛效应的影响，并未用于研究公园绿地冷岛强度的周期性变化研究中。较多文献虽提出冷岛效应存在时空变化模式，但并未描述为何种变化模式，也并未描述变化是否存在季节性特征。本文采用 Landsat 8 卫星遥感影像进行地温反演，探索绿地冷岛效应是否存在一定的周期性变化，以及成何种周期性变化，并尝试使用二十四典型气象日概括其年度周期变化模式，意在探究公园全年“冷岛”的变化情况，并证实此变化现象确实存在。

1　研究区域与研究方法

1.1　研究区概况

研究区位于典型夏热冬冷地区的合肥市花冲公园，周围均为老旧住区，热岛现象较为显著（图 1、图 2）。

1.2　研究方法

1.2.1　数据来源与处理

采用 2013—2021 年 Landsat 8 OLI_TIRS 卫星、2010—2012 年 Landsat 7 ETM+卫星与 2012 年 Landsat 4-5 TM 卫星的遥感影像数据，并采用大气校正法对研究区进行地温反演（表 1、表 2）。

图1　研究区示意图

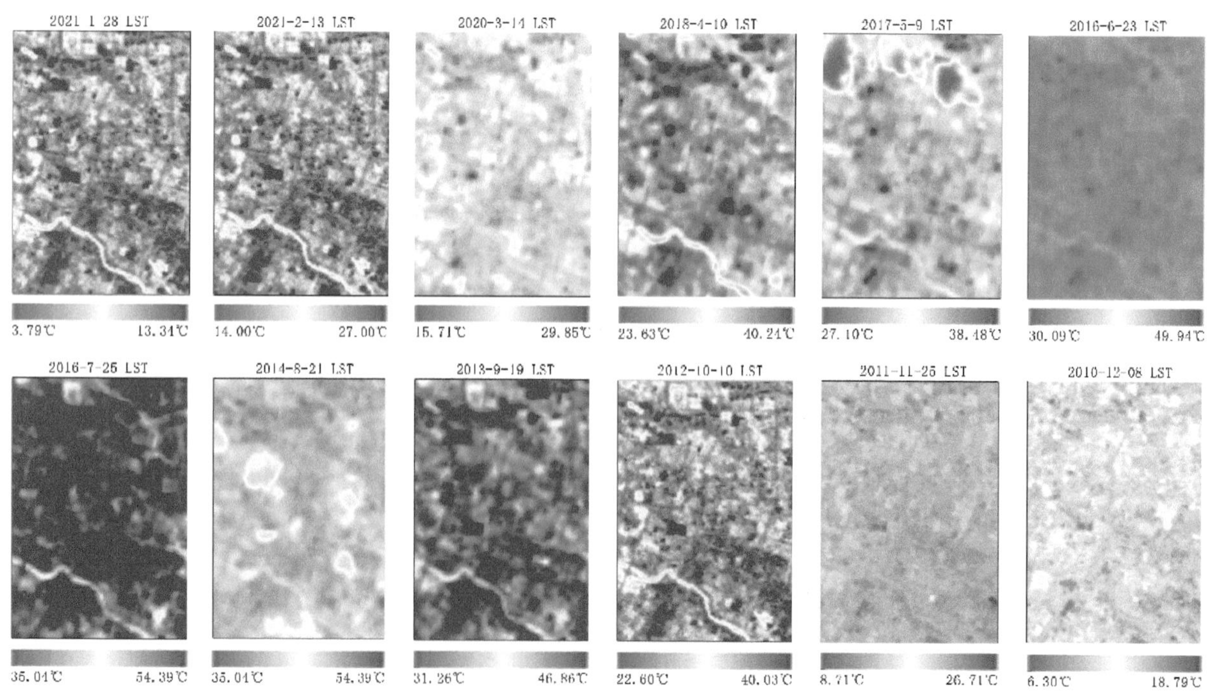

图2　研究区1 200 m范围各季节热岛情况

1.2.2　大气校证法

常见的地表温度遥感反演主要有4种方式：影像反演法、辐射传输方法、单窗算法和单通道算法[16]。其中，辐射传输方法需要实时的大气剖面数据[17]，实际应用较为困难；而影像反演法相比其他方法，具有反演过程简便和容易操作的特点而被广泛应用，且基于影像反演方法与单窗算法和单通道算法的反演结果比较接近[18]，为学者们广泛使用，因此本文采用影像反演法对遥感影像进行处理。本文主要参照林平、李小梅等[19]提出的基于Landsat卫星地温反演法进行影像反演。

表 1 卫星遥感数据来源

序号	日期	卫星型号	条带号	序号	日期	卫星型号	条带号
1	2010/1/6	Landsat 7 ETM+	LE71210382010006EDC00	38	2013/12/24	Landsat 8	LC81210382013358LGN01
2	2010/1/14	Landsat 4-5 TM	LT51210382010014BJC00	39	2014/3/14	Landsat 8	LC81210382014073LGN01
3	2010/2/23	Landsat 7 ETM+	LE71210382010054EDC00	40	2014/5/1	Landsat 8	LC81210382014121LGN01
4	2010/3/11	Landsat 7 ETM+	LE71210382010070EDC00	41	2014/8/5	Landsat 8	LC81210382014217LGN01
5	2010/4/28	Landsat 7 ETM+	LE71210382010118EDC00	42	2014/8/21	Landsat 8	LC81210382014233LGN00
6	2010/5/30	Landsat 7 ETM+	LE71210382010150EDC00	43	2014/10/8	Landsat 8	LCB1210382014281LGN02
7	2010/6/15	Landsat 7 ETM+	LE71210382010166EDC0	44	2014/10/24	Landsat 8	LC81210382014297LGN01
8	2010/8/2	Landsat 7 ETM+	LE71210382010214EDC00	45	2015/3/1	Landsat 8	LC81210382015060LGN01
9	2010/8/18	Landsat 7 ETM+	LE71210382010230EDC00	46	2015/10/11	Landsat 8	LC81210372015284LGN01
10	2010/9/19	Landsat 7 ETM+	LE71210382010262EDC00	47	2015/10/27	Landsat 8	LC81210372015300LGN00
11	2010/10/5	Landsat 7 ETM+	LE71210382010278EDC00	48	2016/1/15	Landsat 8	LC81210382016015LGN02
12	2010/10/29	Landsat 4-5 TM	LT51210382010302BJC01	49	2016/6/23	Landsat 8	LC81210382016175LGN00
13	2010/11/6	Landsat 7 ETM+	LE71210382010310EDC00	50	2016/7/25	Landsat 8	LC81210392016207LGN00
14	2010/12/8	Landsat 7 ETM+	LE71210382010342EDC00	51	2016/12/16	Landsat 8	LC81210392016351LGN02
15	2011/1/9	Landsat 7 ETM+	LE71210382011009EDC00	52	2017/3/6	Landsat 8	LC81210382017065LGN
16	2011/2/2	Landsat 4-5 TM	LT51210382011033BJC00	53	2017/4/23	Landsat 8	LC81210382017113LGN00
17	2011/4/23	Landsat 4-5 TM	LT51210382011113BJC00	54	2017/5/9	Landsat 8	LC81210382017129LGN00
18	2011/5/17	Landsat 7 ETM+	LE71210382011137EDC00	55	2017/9/14	Landsat 8	LC81210382017257LGN00
19	2011/7/28	Landsat 4-5 TM	LT51210382011209BJC01	56	2017/11/1	Landsat 8	LC81210382017305LGN00
20	2011/9/14	Landsat 4-5 TM	LT51210382011257BJC01	57	2017/12/3	Landsat 8	LC81210382017337LGN00
21	2011/10/8	Landsat 7 ETM+	LE71210382011281EDC00	58	2018/2/5	Landsat 8	LC81210382018036LGN00
22	2011/11/25	Landsat 7 ETM+	LE71210382011329EDC00	59	2018/3/9	Landsat 8	LC81210382018036LGN00
23	2011/12/11	Landsat 7 ETM+	LE71210382011345EDC00	60	2018/4/10	Landsat 8	LC81210382018100LGN00
24	2012/4/1	Landsat 7 ETM+	LE71210382012092EDC00	61	2018/4/11	Landsat 8	LC81210382018101LGN00
25	2012/4/17	Landsat 7 ETM+	LE71210382012108EDC00	62	2018/7/31	Landsat 8	LC81210382018212LGN00
26	2012/7/22	Landsat 7 ETM+	LE71210382012204EDC00	63	2018/10/3	Landsat 8	LC81210382018276LGN00
27	2012/9/24	Landsat 7 ETM+	LE71210382012268EDC00	64	2018/11/20	Landsat 8	LC81210382018324LGN00
28	2012/10/10	Landsat 7 ETM+	LE71210382012284EDC00	65	2019/1/23	Landsat 8	LC81210382019023LGN00
29	2012/11/11	Landsat 7 ETM+	LE71210382012316EDC00	66	2019/3/12	Landsat 8	LC81210382019071LGN00
30	2012/11/27	Landsat 7 ETM+	LE71210382012332EDC00	67	2019/8/19	Landsat 8	LC81210382019231LGN00
31	2013/4/2	Landsat 8	LC81210382013092LGN02	68	2019/12/9	Landsat 8	LC81210382019343LGN00
32	2013/4/28	Landsat 8	LC81210382013118LGN02	69	2020/3/14	Landsat 8	LC81210382020074LGN00
33	2013/8/18	Landsat 8	LC81210382013230LGN01	70	2020/4/15	Landsat 8	LC81210382020106LGN00
34	2013/9/3	Landsat 8	LC81210382013246LGN01	71	2020/5/17	Landsat 8	LC81210382021138LGN00
35	2013/9/19	Landsat 8	LC81210382013262LGN01	72	2020/10/24	Landsat 8	LC81210382020298LGN00
36	2013/10/5	Landsat 8	LC81210382013278LGN00	73	2021/1/28	Landsat 8	LC81210382021028LGN00
37	2013/11/6	Landsat 8	LC8121038201310LGN01	74	2021/2/13	Landsat 8	LC81210382021044LGN00

表 2 Landsat 热红外波段辐射定标常数[15]

卫星类型	$K_1/(W/sr \cdot m^2 \cdot nm)$	$K_2/(K)$
Landsat 4-5 TM	607.76	1260.56
Landsat 7 ETM+	666.09	1282.71
Landsat 8	774.89	1321.08

1.2.3 绿地冷岛强度

借鉴既往研究，对冷岛强度（Cool Island Intensity，CII）计算方式以及指标选取如下。

首先，大尺度区域依据地温反演结果采用温度差代替，主要选择的计算指标有相对地表温度与区域内平均地表温度，计算表达式：

$$T_R = (T_i - T_a)/T_a$$ [20-21]

其中，T_R 为相对地表温度，T_i 为研究区第 i 点地表温度，T_a 为研究区平均地表温度。亦有其他类型表示方式，如采用冷岛内的最大温度降低，即UCI的最低地表温度，与研究区域平均温度之间的差异[22]。此种计算方法针对宏观的下垫面地表温度情况对区域冷岛强度的影响，探究形成的不同等级的冷热岛强度与土地利用类型、植被覆盖特征等城市下垫面情况的相关性；

再者，针对中观尺度，构建缓冲区计算冷岛强度是最为常见的计算方法，主要用到的指标有缓冲区范围内的平均温度，与研究地范围内的平均温度，用温度差值代表冷岛强度值，计算表达式：

$$CII = T_o - T_i$$ [23-25]

其中，T_o（或为 T_{buffer}，T_{out} 等）是指距研究绿地 500 m 范围内缓冲区的平均温度，以不透水下垫面为参考地；T_i（或为 T_{ihe}，T_{in} 等）则是指研究地内的平均温度，例如公园、绿地、湖泊等空间，此类方法中发生变化的为缓冲区的选择距离，多数文献选取 500 m 为缓冲区距离[25-26]，也有以研究地自身宽度、面积以及其他形态特征而拟定指标，如张新平[24]等在划分缓冲区时以公园面积作为比例标度；Peng[27]等借鉴 UHI 强度定义的方法，通过与研究地面积、形状基本类似的地块定义缓冲区；Wei Liao 等[28]对比了固定半径法、转弯点法、等面积法与等半径法等四种不同定义下的缓冲区绘制方式，以研究不同方式对 GCII 的影响，结果表明不同方法量化的 GCIIs 差异的确很大，一般来说，转弯点法获得最高的 GCIIs，其次是固定半径法、等半径法和等面积法。此类计算方法以研究公园、绿地冷岛降温范围和降温强度为主，以公园或绿地为单一研究对象，缺乏考虑周围环境对公园、绿地的影响。

最后，对于微观尺度区域，在计算上与中观尺度定义方式相似，但其出发点为植被覆盖层地表温度与非植被覆盖的下垫面地表温度或绿地区域，与其他区域的温度差，计算表达式：

$$T_{UCI} = T_U - T_F$$

其中，T_U 是城市非植被区的平均温度；T_F 是城市森林地块内的温度[29]。也可采用：

$$GCII_j = T_{b,j} - T_{g,j}$$

其中，$T_{b,j}$ 表示绿地周围建成区的地表温度平均值，$T_{g,j}$ 表示绿地平均地表温度[30]。

本文采用中观尺度计算方法，结合后期数值模拟软件建模网格规格与遥感图像最小分辨率是 30 的基数，进而拟定缓冲区范围为 120 m，计算方法为：

$$\Delta T = T_{buffer} - T_{in}$$

其中，ΔT 代表冷岛强度，T_{buffer} 代表缓冲区内平均地表温度，T_{in} 代表研究区内平均地表温度。因本研究针对绿地冷岛效应对周围的影响，且研究区绿地为中尺度，采用此方式较为合理。

2 结果与分析

2.1 研究区地温反演结果

图 3 所示为研究区与缓冲区 600 m 范围春夏秋冬各季节热岛情况，在中观尺度上，研究地在各季节热岛现象存在明显的变化，四季非常分明，直观上可见夏季 7 月热岛现象最为严重，冬季 1 月热岛现象最微弱，且缓冲区温度低于研究区，绿地在寒冷的冬季呈现“非冷岛”的现象。

2.2 CII 季节性变化特征分析

表 3 所示为各影像日期冷岛强度计算数据，将计算结果绘制成散点图，可见各季节冷岛强度存在明显的变化，且变化趋势呈现较为整齐曲线，曲线“波峰”出现在初夏时节的 5～7 月，“波谷”出现在寒冷的冬季，而 12 月至次年 1 月，整体变化趋势较为缓和，可见绿地冷岛效应确实存在明显的季节性变化趋势（图 4）。

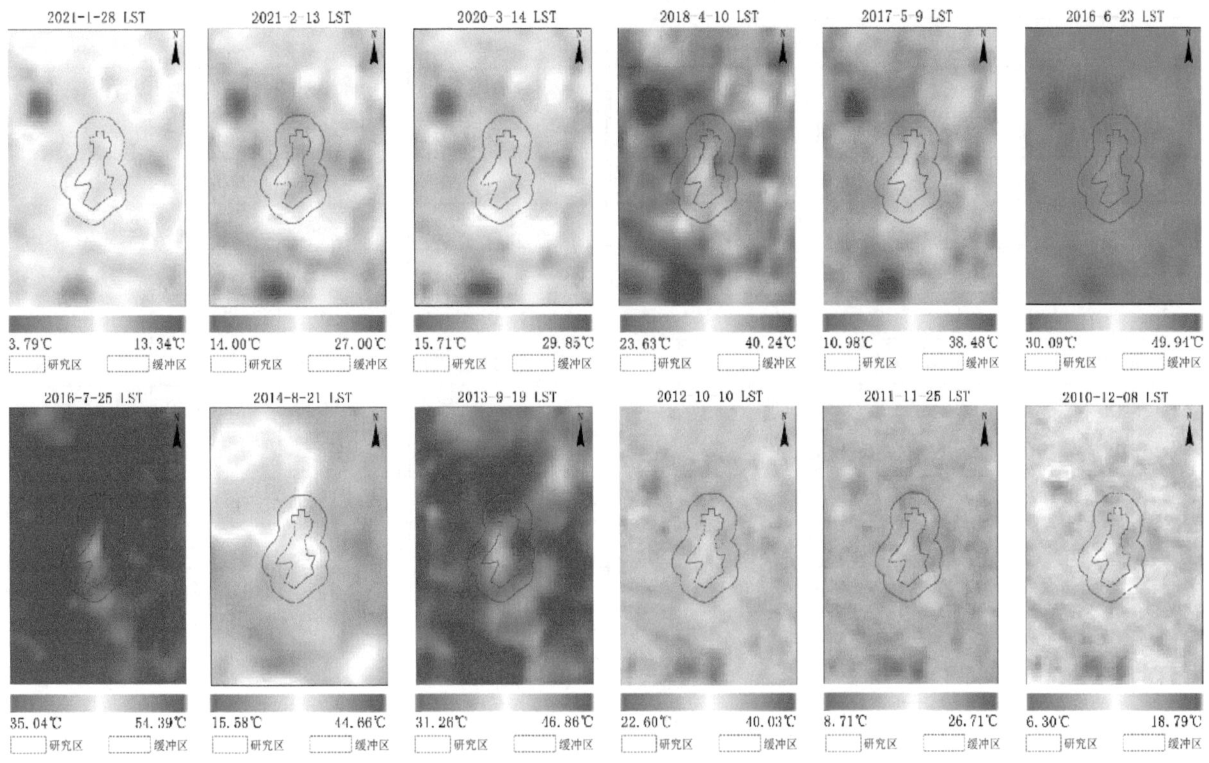

图 3　研究区与缓冲区 600 m 范围各季节热岛效应情况

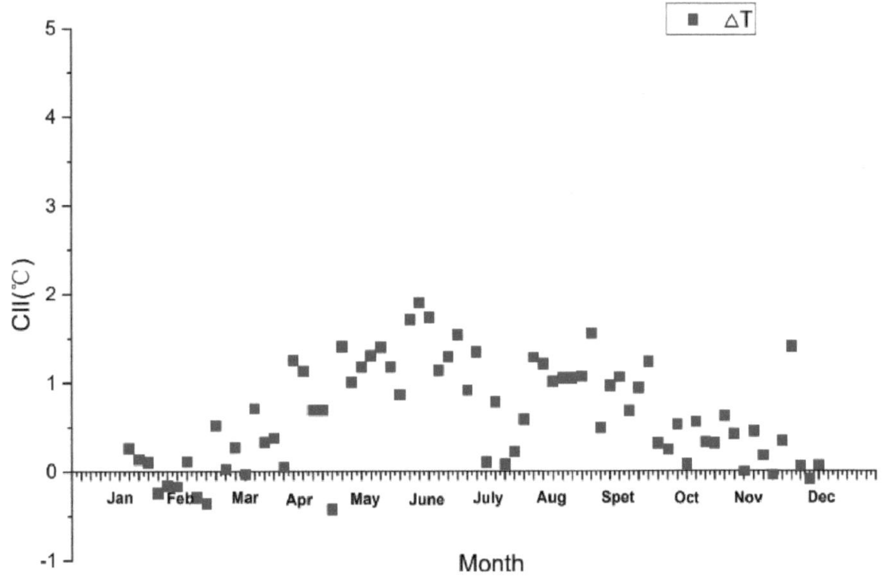

图 4　各月份 CII 散点图

2.3　CII 变化定量分析

在定性研究的基础上，对时间与冷岛强度之间拟合曲线，以探究变化趋势能否被定量概括。在尝试多种函数模型以及参看相关研究后，发现方程式调和后的 R^2 为 0.5，较接近 1，可近似拟合成 7 阶多项式（图 5）。杨沈斌等[31]曾在 2010 年用多项式拟合，获取了城市热岛强度的季节变化曲线；张棋斐等[32]用二次多项式拟合聚集度与水体内部平均温度之间的定量关系；何萍等[33]用三次多项式，拟合出楚雄市干岛强度年代际变化关系，与本研究采用的函数模型一致，且研究结果具有说服力。

表 3 各影像日期 CII 数据汇总(℃)

序号	日期	T_{buffer} avg	Tin avg	ΔT	序号	日期	T_{buffer} avg	T_{in} avg	ΔT
1	2010/1/6	2.957372	2.68885	0.268522	38	2018/7/31	38.191869	36.847771	1.344098
2	2011/1/9	3.03469	2.889911	0.144779	39	2010/8/2	36.050096	35.940946	0.10915
3	2010/1/14	4.724124	4.61624	0.107884	40	2014/8/5	38.249336	37.461989	0.787347
4	2016/1/15	8.047072	8.29243	−0.245358	41	2013/8/18	40.806851	40.718126	0.088725
5	2019/1/23	10.463351	10.621329	−0.157978	42	2010/8/18	28.456201	28.22866	0.227541
6	2021/1/28	8.148515	8.319328	−0.170813	43	2019/8/19	28.683107	28.095044	0.588063
7	2021/1/28	6.634705	6.518768	0.115937	44	2014/8/21	28.097099	26.813106	1.283993
8	2018/2/5	4.073873	4.367538	−0.293665	45	2013/9/3	37.348725	36.133052	1.215673
9	2021/2/13	18.514851	18.87395	−0.359099	46	2017/9/14	31.920271	30.908176	1.012095
10	2010/2/23	17.21451	16.69558	0.51893	47	2011/9/14	28.971891	27.911477	1.060414
11	2015/3/1	11.932808	11.900884	0.031924	48	2010/9/19	31.579625	30.52608	1.053545
12	2017/3/6	14.25223	13.980406	0.271824	49	2013/9/19	37.272742	36.196767	1.075975
13	2018/3/9	14.320976	14.353046	−0.03207	50	2012/9/24	29.631244	28.074567	1.556677
14	2010/3/11	14.63654	13.92538	0.71116	51	2018/10/3	30.32451	29.827756	0.496754
15	2019/3/12	22.794252	22.462749	0.331503	52	2013/10/5	13.713098	12.74547	0.967628
16	2014/3/14	19.740553	19.358999	0.381554	53	2010/10/5	26.369856	25.303865	1.065991
17	2020/3/14	21.252475	21.201681	0.050794	54	2014/10/8	27.598429	26.907685	0.690744
18	2012/4/1	24.325567	23.07333	1.252237	55	2011/10/8	26.719315	25.781075	0.93824
19	2013/4/2	26.269107	25.136073	1.133034	56	2012/10/10	27.801709	26.567825	1.233884
20	2018/4/10	31.538097	30.843216	0.694881	57	2015/10/11	24.36568	24.037605	0.328075
21	2018/4/11	31.538097	30.843216	0.694881	58	2014/10/24	24.699739	24.445829	0.25391
22	2020/4/15	17.885156	18.308691	−0.423535	59	2020/10/24	30.185644	29.655462	0.530182
23	2012/4/17	22.971681	21.564549	1.407132	60	2015/10/27	20.971931	20.887452	0.084479
24	2017/4/23	31.208743	30.20205	1.006693	61	2010/10/29	18.125179	17.561158	0.564021
25	2011/4/23	29.56727	28.387115	1.180155	62	2017/11/1	21.637109	21.305734	0.331375
26	2010/4/28	22.580469	21.280132	1.300337	63	2013/11/6	21.307723	20.983748	0.323975
27	2013/4/28	36.656516	35.255753	1.400763	64	2010/11/6	19.087895	18.456549	0.631346
28	2014/5/1	33.871528	32.688209	1.183319	65	2012/11/11	13.052288	12.629164	0.423124
29	2017/5/9	28.068825	27.201596	0.867229	66	2018/11/20	15.559406	15.554622	0.004784
30	2020/5/17	36.350662	29.655462	6.6952	67	2011/11/25	15.216684	14.76068	0.456004
31	2011/5/17	35.035519	33.319668	1.715851	68	2012/11/27	10.618845	10.437538	0.181307
32	2010/5/30	33.790814	31.888638	1.902176	69	2017/12/3	13.159756	13.197011	−0.037255
33	2010/6/15	36.076062	34.337476	1.738586	70	2010/12/8	12.304851	11.957597	0.347254
34	2016/6/23	36.228552	35.089619	1.138933	71	2019/12/9	38.267327	36.857143	1.410184
35	2012/7/22	25.739085	24.439684	1.299401	72	2011/12/11	6.211712	6.150993	0.060719
36	2016/7/25	43.980718	42.437071	1.543647	73	2016/12/16	8.850168	8.934166	−0.083998
37	2011/7/28	24.623121	23.709356	0.913765	74	2013/12/24	5.587691	5.515816	0.071875

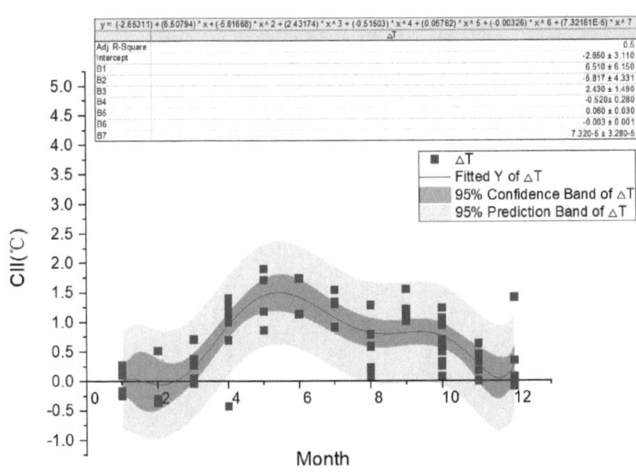

图 5　时间(month)与 CII 函数关系图

3　讨论

国外对冷岛强度的周期变化特征研究主要集中在大尺度的城乡地区,研究对象为城市热岛强度,采用时序模型探究城乡温度差的变化情况,多数研究以天为研究时间单位,也有研究采用长周期。Benjamin Bechtel[34]早在 2012 年引入年度周期模型,对城市热环境景观进行分析,他将整个时期所有白天采集的数据分配给年周期中的相应日期(相对于春分),并使用最小平方优化法拟合正弦函数,得出年周期参数(ACP)、平均年表面温度(MAST)和表面温度年振幅(YAST);G.J. Steeneveld[35]等在对鹿特丹市农村、中心和港口站的空气温度测量时引入时间序列探究温度变化的周期性;针对公园绿地冷岛效应的周期性变化研究多立足于季节,有研究探究出冷岛强度呈现季节性变化特征,金丽娜[36]等对西安城市区域冷热岛效应季节性变化进行分析,研究发现城郊冷热岛强度变化趋势虽有所不同,但基本结论为不论城乡热岛强度都呈现明显的四季与日变化特征;张伟[37]等研究西湖湿地冷岛效应,西湖的冷岛效应不仅具有季节性变化特征也有昼夜变化特征,各季节的冷岛效应从高到低依次为夏季、冬季、秋季、春季;湿岛效应从高到低依次为冬季、秋季、夏季、春季;风岛效应从高到低依次为冬季、夏季、秋季、春季,冬季表现出很强的局地小气候调节效应;Chang C[38]提出在亚热带季风性气候带,夏季的冷岛强度大于冬季,日间的冷岛强度大于夜间。因此,已有充分的研究证明公园、绿地的冷岛效应存在季节性或周期性变化特征,这些周期性变化特征具体是如何表现的,仍需进一步深入研究。

4　结论

本研究得出两个结论,一方面,绿地冷岛效应存在明显的季节性变化特征,夏季较高,冬季较低,且此变化在年时间尺度上有较明显的周期性特征;另一方面,通过散点图可知,时间与冷岛强度有一定的相关性,且此相关性可被近似拟合成 7 阶多项式函数模型。

由于遥感影像数据量较少,可能导致呈现的周期性变化并不明显;且研究针对绿地冷岛效应的年周期变化特征,应当通过遥感影像数据构建合理的时间序列模型,做成更为合理的长时间周期变化特征预测模型。

考虑到冷岛效应存在的季节性变化特征,可与节气日气象数据进行 DTW 分析,比较两者之间的相似性程度,这样可证实绿地冷岛效应存在有特征的周期性变化。

研究证实城市绿地冷岛效应确实存在年周期变化特征,这可为长周期微气候数值模拟提供可行性依据。在预实验后,可在市域范围内寻找不同特点的绿地进行研究,例如不同景观形状指数、不同地表覆盖占比等,以期对未来城市绿地设计提供参考。

参考文献

[1] 党冰,房小怡,吕红亮,程宸,杜吴鹏,刘勇洪,张硕,杨帆.基于气象研究的城市通风廊道构建初探——以南京江北新区为例[J].气象,2017,43(09):1130-1137.

[2] 何倩婷.基于城市绿地系统的中心城区通风廊道构建研究[D].广州:广州大学,2019.

[3] 茅炜梃.夏热冬冷地区城市绿地"冷岛效应"数值模拟研究[D].合肥:合肥工业大学,2019.

[4] Y.H. KIM,J.J. BAIK.Daily maximum urban heat island intensity in large cities of Korea[J].Theoretical and Applied Climatology, 2004,79(3/4): 151-164.

[5] 杨小山,姚灵烨,金涛,姜之点,彭立华,叶燕华.南京夏季城市局地气温时空变化特征[J].土木与环境工程学报(中英文),2019,41(01):160-167.

[6] 葛琳.福州城市绿地空间及其冷岛强度时空变化与

影响研究[D].福州:福州大学,2018.

[7] 李润林,时永杰,姚艳敏,田福平,胡宇.基于 Landsat TM/ETM+的张掖市甘州区绿洲冷岛效应时空变化研究[J].干旱区资源与环境,2014,28(09):139-144.

[8] VU THANH CA, TAKASHI ASAEDA, EUSUF MOHAMAD ABU. Reductions in air conditioning energy caused by a nearby park[J]. Energy and Buildings 1998,29(1):83-92.

[9] 辜智慧,刘雅婷,袁磊,谭明艳.城市公园冷岛效应影响机制研究方法进展[J].中国园林,2016,32(09):113-115.

[10] 景高莉. 城市冷岛对周边热环境的降温规律研究[D].北京:中国地质大学,2017.

[11] 陈睿智.城市公园景观要素的微气候相关性分析[J].风景园林,2020,27(07):94-99.

[12] 王新军,冯星莹,陈凯莉,高吉喜.城市公园的冷岛效应研究——以常州市为例[J].中国环境科学,2021,6:1-13.

[13] PETER HOFFMANN, OLIVER KRUEGERB AND K. HEINKE SCHLUNZEN. A statistical model for the urban heat island and its application to a climate change scenario[J]. International Journal of Climatology, 2012,32(8):1238-1248.

[14] HUIDONG LI, YUYU ZHOU, GENSUO JIA, KAIGUANG ZHAO, JINWEI DONG. Quantifying the response of surface urban heat island to urbanization using the annual temperature cycle model[J]. Geoscience Frontiers,2021:101141.

[15] 石希,孙健,史立地.基于 Landsat 卫星遥感资料的河流水温反演研究[J].水力发电学报,2021,40(02):121-130.

[16] 梁敏妍,赵小艳,林卓宏,等.基于 Landsat ETM+/TM 遥感影像的江门市区地表热环境分析[J].热带气象学报,2011,27(2):244-250.

[17] 黄妙芬,邢旭峰,王培娟,等.利用 LANDSAT /TM 热红外通道反演地表温度的三种方法比较[J].干旱区地理,2006,29(1):133-137.

[18] 丁凤,徐涵秋.基于 Landsat TM 的 3 种地表温度反演算法比较分析[J].福建师范大学学报(自然科学版),2008,24(1):92-96.

[19] 林平,李小梅,杨贤栋,肖恋.基于 LANDSAT 8 城市地温反演精度分析[J].福建师范大学学报(自然科学版),2018,34(04):16-24.

[20] 陈康林,龚建周,陈晓越.广州市热岛强度的空间格局及其分异特征[J].生态学杂志,2017,36(03):792-799.

[21] 武鹏飞. 基于 TM 影像的北京市城市热岛效应及其影响研究[D].北京:北京林业大学,2010.

[22] KONG F, YIN H, WANG C, CAVAN G, JAMES P. A satellite image-based analysis of factors contributing to the green-space cool island intensity on a city scale[J]. Urban Forestry & Urban Greening, 2014, 13(4): 846—853.

[23] 李春蝶,杨轲.山地城市绿地与水体对城市热岛效应的缓解作用分析[J].制冷与空调(四川),2016,30(03):262-266.

[24] 张新平,张芳芳,王得祥,刘建军.基于遥感指标的 6 个世园公园热环境效应对比分析[J].西北林学院学报,2016,31(06):19-25.

[25] XIN CAO, AKIO ONISHI, JIN CHENA, HIDEFUMI IMUR. Quantifying the cool island intensity of urban parks using ASTER and IKONOS data[J]. Landscape and Urban Planning, 2010, 96(4): 224-231.

[26] REN, Z., HE, X., ZHENG, H., ZHANG, D., YU, X., SHEN, G., GUO, R. Estimation of the relationship between urban park characteristics and park cool island intensity by remote sensing data and field measurement[J].Forests,2013,4(4):868-886.

[27] PENG, S., PIAO, S., CIAIS, P., FRIEDLINGSTEIN, P., OTTLE, C., BREON, F. M., NAN, H., ZHOU, L., MYNENI, R.B. Surface urban heat island across 419 global big cities[J]. Environmental Science & Technology, 2012, 46(2): 696-703.

[28] WEI L., ZHENG W.C., YE F., DE X. G., XIAO M. L. A simple and easy method to quantify the cool island intensity of urban green space[J]. Urban Forestry & Urban Greening,2021,62:127173.

[29] ZHI B. R., XING Y. H., RUI L. P., HAI F. Z. The impact of urban forest structure and its spatial location on urban cool island intensity[J]. Urban Ecosystems, 2018,21(5):863-874.

[30] MING H. T., XIU B. L. Integrated assessment of the cool island intensity of green spaces in the mega city of Beijing[J]. International Journal of Remote Sensing,2013,8(34):3028-3043.

[31] 杨沈斌,赵小艳,申双和,海玉龙,方永侠.基于 Landsat TM/ETM+数据的北京城市热岛季节特征研究[J].大气科学学报,2010,33(04):427-435.

[32] 张棋斐,文雅,吴志峰,陈颖彪.高密度建成区湖泊水体的热缓释效应及其季相差异——以广州市中心城区为例[J].生态环境学报,2018,27(07):1323-1334.

[33] 何萍,李宏波,黄惠.1960-2009 年云南高原楚雄市气

候年代际变化特征及城市气候分析[J].地理科学进展,2011,30(01):65-72.

[34] Bechtel B.Robustness of annual cycle parameters to characterize the urban thermal landscapes[J].IEEE geoscience and Remote Sensing Letters,2012,9(5):876-880.

[35] G. J. STEENEVELD, S. KOOPMANS, B. G. HEUSINKVELD,N.E.THEEUWES.Refreshing the role of open water surfaces on mitigating the maximum urban heat island effect[J]. Landscape and Urban Planning, 2014,121: 92-96.

[36] 金丽娜,李雄飞.2014—2017 年西安市城市热岛、冷岛精细化时空特征分析[J].沙漠与绿洲气象,2021,15(01):97-102.

[37] 张伟,朱玉碧,陈锋.城市湿地局地小气候调节效应研究——以杭州西湖为例[J].西南大学学报(自然科学版),2016,38(04):116-123.

[38] CHANG C. R.,LI M.H.,CHANG S.D. A preliminary study on the local cool-island intensity of Taipei city parks[J]. Landscape and Urban Planning,2007,80(4):386-395.

作者简介:李峻峰,合肥工业大学建筑与艺术学院城乡规划系副教授。研究方向:风景园林规划设计与风景园林微气候。

陆峥妍,合肥工业大学建筑与艺术学院城乡规划系风景园林学硕士研究生在读。研究方向:风景园林规划设计与风景园林微气候。

基于SD法的校园非功能多义性空间使用后评价研究

——以华东理工大学奉贤校区A、B教学楼为例

陈嘉会

摘　要　以SD法对华东理工大学奉贤校区A、B教非功能多义性空间进行研究，通过受验者评分初步发现使用中问题，进一步通过访谈法、观察法深入探究，得出研究对象的全面评价，并对设计缺陷导致的使用问题进行分析，由此对教学楼非功能多义性空间设计提出展望和设计建议。

关键词　SD法；非功能多义性空间；使用评价；行为需求；华东理工大学

1　研究背景

2004年以来，我国高校建设稳步发展，全国共有普通本科院校1270所(含本科层次职业学校21所)。伴随教育事业一同发展的就是校园建筑景观的建设，在高校数量增长的同时，高校也进入了大建设时期。根据目前各高校的建筑景观使用情况来看，一大批校园建筑投入使用多年来满足了师生学习生活需求的同时，也存在不同的使用问题[1]。因此，需要对这些校园空间进行使用评价，从而发现问题并在今后的建设中加以解决。本文选择了SD法(语义解析法)，从用户对各指标的心理评价出发，发现空间使用问题并提出解决建议。

2　SD法相关研究进展

2.1　文献可视化分析

在知网工程研究范畴内检索主题“SD法”，共有检索结果174篇文献，总参考数6777，总被引数922，总下载数61091，下载被引比0.02。

最早1985年就有与SD法相关文献研究，后经过后15年的缓慢发展，从2000年开始发文量有稳定且迅速的提升，且至2019—2020年仍有大量相关文献发表，可见以SD法做人居空间相关评价依旧是研究热门(图1)。从作者合作网络分析图可以得知，有关SD法的相关研究文献发布机构以同济大学、华中科技大学、浙江大学、清华大学等各大高校为主，作者也以学生居多，说明有关SD法的空间评价在技术上的可行性，以及其研究热度仍处于较高水平(图2)。

其次从文献互引网络分析可知，有关SD法研究的文献引用，大多会使用扬·盖尔《交往与空间》、芦原义信《街道的美学》等国外著作和俞孔坚“论景观概念及其研究的发展”、朱小雷《建成环境主观评价方法研究》等国内权威人士出版发布的文章和书籍作为参考文献。由此可见SD法相关理论研究与应用，已经有一套相当成熟的体系，并依然有学者在不断补充其内涵与外延(图3)。最后从关键词分析来看，关键词以SD法、景观评价、城市公园、公共空间、外部空间、景观小品等占

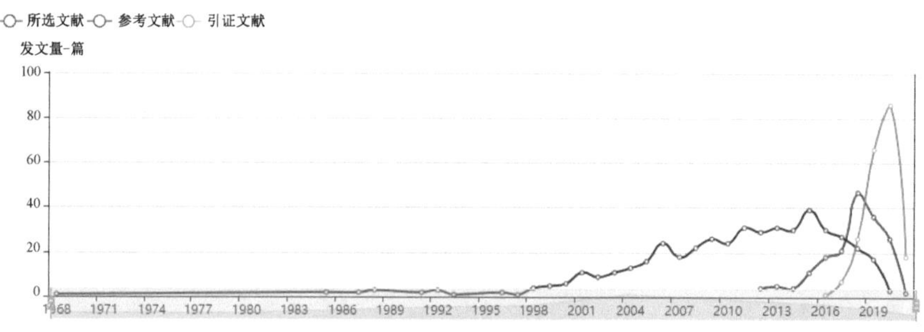

图1　SD法相关文献总体趋势分析

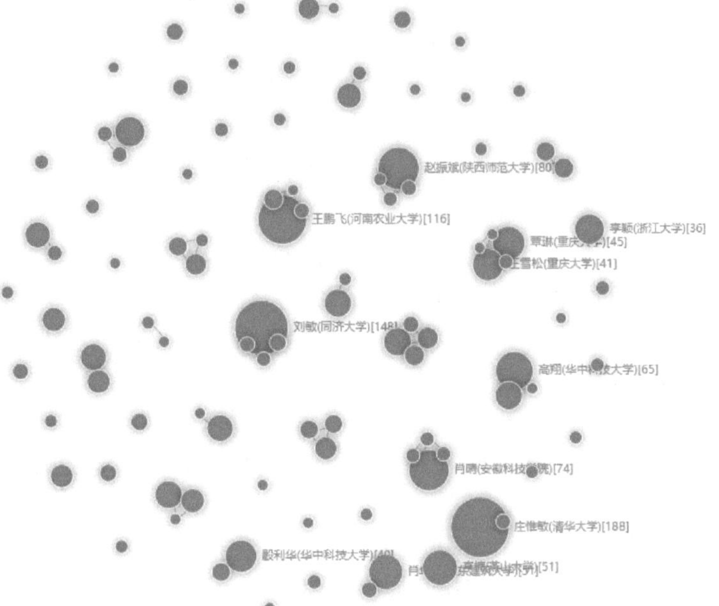

图 2 作者合作网络分析

图 3 文献互引网络分析

大多数，这也代表了当前 SD 法在工程研究中的应用通常在公共空间和景观评价等领域。

2.2 研究情况概述

目前有关 SD 法在工程研究应用评价体系中涵盖的研究范围非常广，总体可以大致分为景观、街道和建筑空间评价。以发布时间距今较短的文献举例如下。

首先是景观空间评价方面，有王晓健在“传统村落声景观调查与满意度评价模型构建——以肇兴侗寨为例”中以声漫步法、SD 法、物理数据测量和数理统计对侗寨声景观进行测量与评价，并构建评价模型，依此对传统村落声景观营造提出建议[2]；在“山岳型景区景观审美语义模型研究——以太白山为例”中，钟鸣通过 SD 法和 SBE 法等构建山岳型景区景观审美语义计算式，提出激励性、多样性、和谐性、神秘性四个审美维度并加以分析，以提升山区旅游体验[3]；还有李桂峰“邯郸市滏阳河滨水绿地植物景观现状及评价”中也以 SD 法和 BIB-LCJ 法，对滏阳河滨水区域进行评价研究,从而确定其景观植物最佳配置方式[4]。

其次是街道空间评价方面,沈瑶瑶"基于SD法的历史街道使用后评估研究——以通海县御城主街为例"一文以SD法进行街道空间评价研究,对从使用者需求与感受出发制定街道更新改造策略提供参考[5];"街道植物空间与步行活动愉悦感的关联研究"中,高翔以武汉7个街道为样本,运用SD法和判断矩阵法,对街道植物空间和步行活动愉悦感两者的关联进行研究,并根据结果提供街道植物空间营造方法的建议[6]。

再次是建筑空间评价方面,由于建筑所营造的空间更多、更细,因此这方面研究成果最为丰富,对其细分更有历史建筑、社会公共建筑、校园建筑等不同类别的建筑空间使用评价。历史建筑类别中,如刘常瑾"基于SD法的南京城门历史空间感知评价研究——以中华门、仪凤门与三山门为例"一文,运用SD法对城门空间进行感知评价研究并依此提出城门空间设计趣味性、辨识度、历史性等要求[7];公共建筑类别中,"基于SD法的杭州江干体育中心景观设计评价"中,张志豪利用SD法对体育中心景观设计进行评价,得出其空间紧凑性、丰富度和幽静感不足,并根据评价结果提出体育中心景观相应改造建议[8];至于校园建筑,则大多以校内图书馆作为研究对象,如崔浩山的"基于SD法北建大图书馆中庭空间读者使用后评估"中以北建大图书馆中庭空间作为研究对象,运用SD法从心理感知、装饰、氛围等八个因子评价中庭空间,为高校图书馆中庭设计提供了一定的指导和借鉴[9];刘思凡也针对合肥工业大学屯溪路校区图书馆公共空间环境,做了类似研究,并以室内设计原理和环境心理学加以辅助,评价结果更为全面[10]。

3 使用后评价应用研究

3.1 研究对象

非功能空间往往被认为是房间或建筑之间剩余的空间,仅提供基本的功能,多为建筑中的消极空间,没有被充分开发和利用。但与功能性空间相比,非功能空间没有特定单一的使用功能,这为非功能空间的功能动态化和功能复合化改造,提供了有利条件。通过针对性的空间设计可将原本被当做消极空间的非功能性空间变成功能多样、充满活力的多义性非功能空间[11]。在本研究中非功能空间包括以下。

①华东理工大学奉贤校区A、B教学楼楼梯。包括室内、半室外、室外楼梯,构成建筑内部交通连线及A、B教学楼之间的沟通联系。共包括12组室内楼梯,4组半室外楼梯及1组室外楼梯。

②华东理工大学奉贤校区B教学楼室内走廊:主要分布于华东理工大学B教学楼北半楼小型教室之间空地。

③华东理工大学奉贤校区A、B教学楼半室外空间:包括教学楼之间联系各部分的半室外连廊,连接A、B教之间的空中连廊及大厅等半室外空间,包括A教内3个半室外走廊,B教内1个半室外走廊及A、B教之间1个空中连廊(图4)。

3.2 研究方法

其一是语义解析法(Semantic Differential,SD法)。SD法是由C.E.奥斯古德(C.E.Osgood)于1957年提出的一种心理测定方法。在对建筑空间的评价中,SD法通过研究空间中被验者对该空间各种环境特征的心理感受,拟定评价尺度将这些心理感受量化,最终通过分析量化的心理感受值来定量地描述和评价目标空间[12]。

其二是访谈法,通过访员和受访人面对面地交谈,来了解受访人心理和行为的心理学基本研究方法。经过问卷分析后,通过对使用非功能性多义性空间的同学进行提问访谈。

其三是观察法,研究者根据一定的研究目的、研究提纲或观察表,用自己的感官和辅助工具去直接观察被研究对象,从而获得资料的一种方法。针对问卷及访谈后发现的部分问题,通过一定时间段对几个特定地点的观察得出部分结论。

3.3 研究意义

上述空间虽然不是教学区主体,但连接起A、B教学楼所有空间,是学生、老师沟通交流,课间场地转换的重要空间,同时对建筑整体格局、外观造型及空间结构都有较大的影响。研究该空间的主要意义:①了解师生对该空间使用体验的感受和评价;②发现研究空间在设计和使用中的不足和问题;③为今后教学区相似设计做出参考及

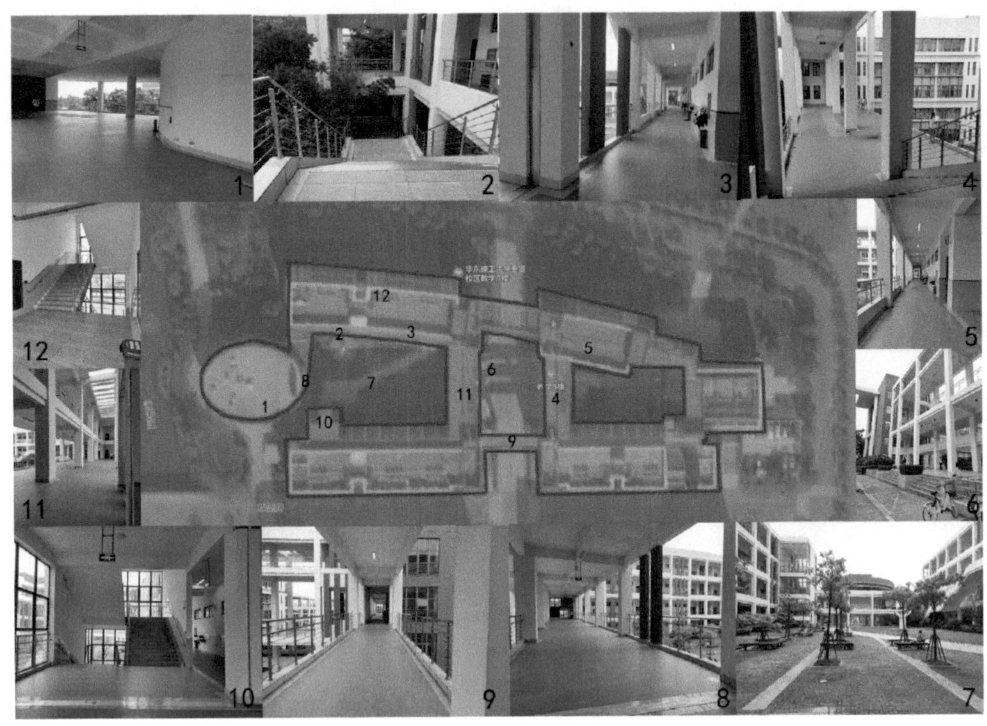

图 4 华东理工大学奉贤校区 A、B 教学楼部分非功能多义性空间实地照片

建议。

3.4 调查过程及结果分析

3.4.1 SD 法调查项目的制定[12-13]

以体验者在空间中的感受及空间的使用状况，总共拟定了 18 个评价项目(因子)，根据三个研究对象不同的具体情况分配了不同的评价项目。针对不同类别，评价项目主要分为以下几个类型。

①空间：绿化配置、装饰美观、人工/自然光线、开阔、环境安静程度、可视景观；

②交通：建筑内部连通性、建筑间连通性；

③设施：标牌指示系统、饮水；

④功能：铺地防滑、排水性、利用率、清洁；

⑤主观感受：安全感、来往行人干扰程度、总体感受。

根据不同研究对象的具体情况，分类出每个研究对象对应的评价因子。

①华东理工大学奉贤校区 A、B 教学楼楼梯：铺地防滑、装饰美观、标牌指示系统、排水性、来往行人干扰程度、总体感觉、开阔、安全感、人工/自然光线、利用率、清洁

②华东理工大学奉贤校区 B 教学楼室内走廊：绿化配置、装饰美观、铺地防滑、饮水、标牌指示系统、建筑内部连通性、人工/自然光线、总体感觉、来往行人干扰程度、安全感、开阔、利用率、环境安静程度、清洁

③华东理工大学奉贤校区 A、B 教学楼半室外空间：铺地防滑、绿化配置、装饰美观、标牌指示系统、排水性、饮水、建筑间连通性、建筑内部连通性、安全感、利用率、来往行人干扰程度、总体感觉、人工光照、环境安静程度、可视景观、视野开阔程度、走廊开阔程度、清洁

根据以上分类设置问卷调查。

3.4.2 评价尺度设定

设立对应 18 项评价因子的反义词 18 组，评价等级分为 7 级，以 0 分为中点，设立 −3 分到 3 分，总共 7 个整数分段。

3.4.3 调查受验者分析

本次问卷调查总共收集到 68 份通过 SPSS 软件信度分析的有效问卷。受验者在性别、年龄段、专业性质中人数符合奉贤校区 A、B 教使用人员比例，不存在因性别、年龄、专业等产生的差异性判断及评价，问卷所得结果可信可用。

3.4.4 调查结果分析

通过 OFFICE EXCEL 软件统计数据并分析，得出每个研究对象对应的评价因子在 68 份问卷中的平均分(表 1—表 3)。

表 1 华东理工大学奉贤校区 A、B 教学楼楼梯得分

评价项目	平均分
铺地防滑	−0.191 176 471
装饰美观	0.073 529 412
标牌指示完善	0.382 352 941
排水性好	0.485 294 118
来往行人干扰小	0.647 058 824
总体感觉好	0.647 058 824
开阔	0.705 882 353
有安全感	0.735 294 118
人工/自然光线充足	0.926 470 588
利用率高	0.926 470 588
清洁	1.338 235 294

表 2 华东理工大学奉贤校区 A、B 教学楼室内走廊得分

评价项目	平均分
绿化配置好	0.132 352 941
装饰美观	0.161 764 706
铺地防滑	0.264 705 882
饮水方便	0.470 588 235
标牌指示完善	0.485 294 118
交通组织合理	0.588 235 294
人工/自然光线充足	0.794 117 647
总体感觉好	0.794 117 647
来往行人干扰小	0.823 529 412
有安全感	0.867 647 059
走廊开阔	0.882 352 941
利用率高	0.882 352 941
环境安静	0.970 588 235
清洁	1.117 647 059

通过数据发现，在第一组(华东理工大学奉贤校区 A、B 教学楼楼梯)中，均分排名较低的是铺地防滑性、装饰美观度、标牌指示完善度、排水性；在第二组(华东理工大学奉贤校区 A、B 教学楼室内走廊)中，均分排名较低的是绿化配置、装饰美观度、铺地防滑性；在第三组(华东理工大学奉贤校区 A、B 教学楼半室外空间)中，均分排名较低的是铺地防滑性、绿化配置、装饰美观度、标牌指示完善度。

表 3 华东理工大学奉贤校区 A、B 教学楼半室外空间得分

评价项目	平均分
铺地防滑	0.250 000 000
绿化配置好	0.397 058 824
装饰美观	0.514 705 882
标牌指示完善	0.558 823 529
排水性好	0.661 764 706
饮水方便	0.676 470 588
建筑间连通性好	0.705 882 353
建筑内交通组织合理	0.764 705 882
有安全感	0.794 117 647
利用率高	0.808 823 529
来往行人干扰小	0.838 235 294
总体感觉好	0.882 352 941
人工光照充足	0.955 882 353
环境安静	0.985 294 118
可视景观好	1.029 411 765
视野开阔	1.073 529 412
走廊开阔	1.073 529 412
清洁	1.161 764 706

对所得数据进行可视化绘制，并结合问卷中开放性问题及访谈可以看出，A、B 教内非功能多义性空间内，存在较大问题的是铺地防滑及排水性不足，标牌指示完善及装饰等美观问题(图 5)。

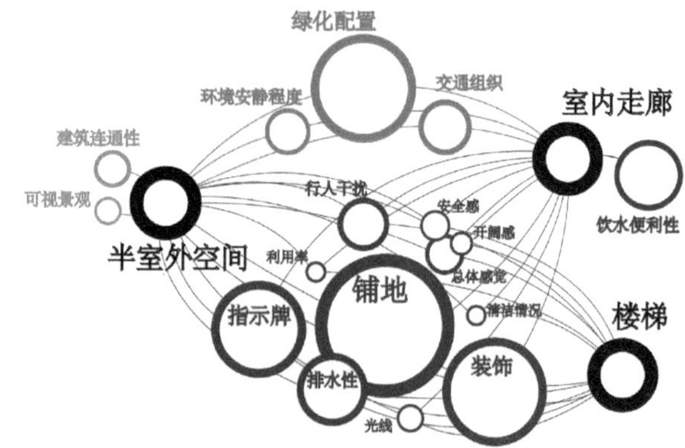

图 5 使用后评价调查结果分析(因子评分与半径成反比)

4 问题分析及建议

4.1 铺地防滑、排水性问题

通过实地考察，发现许多地方排水口严重不足，存在几个下雨天积水情况较严重的地方：①B200教室外半室外走廊，面积大约为 120 m² 的空间内，四周有两面为镂空设计，仅有一个直径 5 cm 排水口；②B 教 3 楼之间的连廊，面积约为 240 m² 的空间内，仅有一个直径 5 cm 排水口，且四周有两面为镂空设计，顶部有一半为镂空设计，雨天受雨情况严重；③A、B 教之间空中连廊，面积约为 60 m²，两长侧面无遮蔽，受雨情况严重，仅有 2 个直径 5 cm 排水口。

此外，也有几处积水情况轻微、排水情况处理较好、雨天不造成行走问题的位置，如 B 教南侧楼大教室外走廊，四周一面为镂空设计，宽度为 2.75 m，间隔每 0.42 m 就有一个直径 5 cm 排水口。

关于铺地防滑性质的检验，发现在地面积水较少的情况下(如地面清洗过后、雨水外排较长时间之后)，或者排水设施较完善的区域，如上述 B 教南侧大教室外走廊等区域，并不会造成行走困难或致滑问题，因此可得出结论，受访者可能因为排水问题对地面防滑能力造成一定的误解，地面防滑性相对良好。

针对以上的问题，可在教室外半室外空间安排一定的遮雨板，或增加一定的排水口解决雨天排水问题。

4.2 标识系统问题

在问卷开放性问题及访谈中，有许多同学反应 A、B 教学楼教室标识系统不完善，存在误导，导致迷路的问题。经过实地考察，我们发现 A、B 教教室标识系统不同。A 教北侧楼教室标牌为奇数，南侧标牌为偶数，B 教南侧楼为 01～02 标号大教室，北侧楼为 03～08 标号小教室。

此外，B 教南、北侧两部分因教室规模问题产生高差，导致两侧楼之间存在大量的连廊、楼梯等连接，以及 A、B 教之间连廊，导致许多受验者反映在 A、B 教内经常迷路，根据实地考察，绘制了 B 教的流线走向图(图 6)。

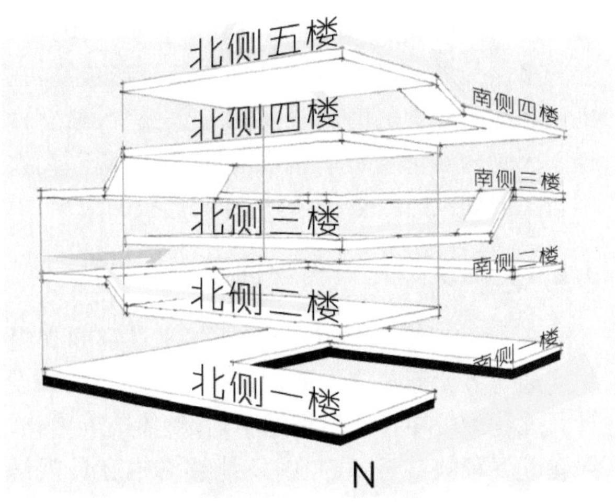

图 6 B 教内部流线

北侧二楼通过一个 0.75 m 高差的楼梯连接到 B200 大教室并连接到 B 教南侧二层，北侧三楼通过 1.8 m 高差楼梯通向南侧三楼，北侧四楼通过 2.1 m 高差楼梯通向南侧三楼，北侧五楼通过 1.2 m 高差楼梯通向南侧四楼。

虽然 A、B 教之间连廊大大保证了两栋教学楼连通性及上下课流线的流通性，但因为标识系统的不完善，导致迷路等问题的不断出现。当使用者处于一栋陌生或不太熟悉的建筑中，需要到达某个空间时，首先要对建筑的整体平面有足够的理解，清楚其中的功能分区、路线流向、空间构成等信息。

从人的行为心理出发分析，在人的寻路行为中，一般偏向于主动收集相关标识信息，实在迫不得已才会选择咨询获得信息。同时，在接触新的建筑或空间时，大多会感受到焦虑和压力[14]。

所以以华理 A、B 教这样相对复杂、且关系着师生日常活动的建筑，详细且明了的标识系统尤为重要。

4.3 楼梯间拥挤问题

在开放性问题及访谈中，许多同学反应 A 教外挂楼梯及 A 教独立楼梯间，比 A 教其他楼梯拥挤，通过观察发现上下课等人流量较大的时间段，上述两个电梯确实存在拥挤现象，其他的楼梯相比较显得宽敞很多。

通过分析认为，A 教外挂室外楼梯为直达较高楼层楼梯，在三楼及以上楼层上课的同学大多选择该楼梯，而使用 A 教独立楼梯间的同学大多来自于 E 教、寝室楼或信息楼，或从 A 教回到 E

教、寝室楼或信息楼，因此上述两个楼梯使用人群会较多。另外A教外挂楼梯因为缺少遮蔽物，在雨天和太阳较大的时间段使用人数极少，独立楼梯间因为两面都为玻璃窗没有防晒性，所以在太阳较大或雨天时，出现内部楼梯间拥挤的情况。

4.4 装饰及绿化等美观问题

A、B教走廊、连廊等非功能多义性空间在组织连通等方面起关键作用，但在外观造型，装饰设计及绿化配置中存在严重的不足，整体缺乏美感，绿化配置稀缺甚至不存在，不能够与中庭景观设计相结合。

从心理行为出发，美好的环境在一定程度上对使用人群有放松心情等解压的作用，同时良好的绿化设施对空气净化也起很大作用。整体而言，装饰及绿化等美观问题能够营造良好的学习生活环境，是教学区等建筑设计中需要重点考虑的因素。

5 总结

通过对华东理工大学奉贤校区A、B教学楼非功能多义性空间的调查研究及分析，可以得出教学区类似空间的设计需要注意以下几点：①教学区作为学生教师校园活动的主要场所，在有限空间内分配足够的教室数量及种类，具备功能性的同时，也应当具备观赏性及使用的舒适性、便捷性、清晰性；②空间内交通设计中，在满足需求的前提下，应尽量避免繁琐等容易造成迷路等问题的状况，同时也应当保证标识系统的完整及可用，从而使得交通路线得到充分和合理的利用；③作为一个整体，建筑的设计需要从使用者的心理感受及行为需求出发，对如防水、防滑等涉及安全性的具体情况多做考虑，以保证最大化地满足使用者的舒适方便等要求。

参考文献

[1] 胡启力，聂志勇.南昌大学教学楼使用后评价研究——以前湖校区建工楼综合教学楼为例[J].建筑与文化，2020(05)：110-112.

[2] 王晓健，韩付奇，晏红霞.传统村落声景观调查与满意度评价模型构建——以肇兴侗寨为例[J].建筑科学，2021，37(02)：56-62.

[3] 钟鸣，赵振斌，张春晖，李小永.山岳型景区景观审美语义模型研究——以太白山为例[J].浙江大学学报(理学版)，2021，48(03)：368-376.

[4] 李桂峰.邯郸市滏阳河滨水绿地植物景观现状及评价[D].呼和浩特：内蒙古农业大学，2020.

[5] 沈瑶瑶，刘嘉帅.基于SD法的历史街道使用后评估研究——以通海县御城主街为例[C]//2020中国建筑学会学术年会论文集，深圳，2020：199-203.

[6] 高翔，董贺轩，冯雅伦.街道植物空间与步行活动愉悦感的关联研究[C]//中国风景园林学会2020年会论文集，成都，2020：290-298.

[7] 刘常瑾，李鹏宇.基于SD法的南京城门历史空间感知评价研究——以中华门、仪凤门与三山门为例[J].建筑与文化，2020(11)：127-128.

[8] 张志豪，马锡栋.基于SD法的杭州江干体育中心景观设计评价[C]//2020世界人居环境科学发展论坛论文集，上海，2020：5.

[9] 崔浩山.基于SD法北建大图书馆中庭空间读者使用后评估[J].艺术与设计(理论)，2021，2(02)：64-66.

[10] 刘思凡，谢震林.基于SD法的高校图书馆公共空间环境评价研究[J].中外建筑，2021(03)：146-148.

[11] 李志民，王鑫，王琰.高校整体式教学楼群多义性非功能空间研究[J].建筑科学与工程学报，2010，27(04)：115-120.

[12] 汪浩.基于SD法的建筑内部公共空间环境评价——以清华大学第六教学楼B区为例[J].华中建筑，2007，25(05)：96-100.

[13] 苟中华.基于环境心理学的建成环境使用后评价模式研究[D].杭州：浙江大学，2008.

[14] 张翔.基于环境行为学理论的高校整体式教学楼设计研究[D].长沙：湖南大学，2011.

作者简介：陈嘉会，华东理工大学景观系在读硕士研究生。

SMART OPEN SPACE INVESTIGATION AND OPTIMAL DESIGN STRATEGY IN HANGZHOU*

Nchimunua Kazimete Kamboni, Rikun Wen, Hexian Jin, Jie Zhao

ABSTRACT: A look into technology and its contribution to open space construction and open space management was done. In this study, we take a look at LED lighting media and its impact on our management of open spaces. It was highlighted how LED lighting media is more efficient compared to previous lighting Medias. This research also takes at smart ecological greening, which is green roof technology and green wall facades, as well as availability of street trees in various areas of Hangzhou, multimedia technology in Hangzhou, which uses interactive projection technology, through the projector to project graphics, images, and animations to the ground. Besides multimedia technology, music fountains and pools which are used in large squares or open scenic node spaces in Hangzhou, such as the West Lake Music Fountain was also an important part of this study. An investigation into smart sanitary facilities was made, which refer to the service facilities such as water dispensers, garbage cans, public toilets, etc. set up in urban public spaces to meet people's public health requirements. This study highlights technological advancement in terms of open spaces construction in Hangzhou, and arrived at a conclusion that technology has made open space management more efficient. Four Optimal Design Strategies for Smart Open Space were analyzed, including: lighting landscape design, multimedia landscape design, water landscape design and landscape facilities design. These are very important strategies when it comes to smart open spaces in Hangzhou. For each one of these strategies, the following aspects were analyzed: Technical support, Improved effect, Applicable space and estimated cost, and these analysis help to manage smart open spaces in Hangzhou.

Key words: Smart open space, LED lighting, Multimedia technology, Smart facilities, Optimal Design Strategy.

1 Introduction

Construction of open spaces has greatly evolved over the years, which is largely due to rapidly changing environmental conditions. With infrastructure development, comes a lot of environmental tampering. The current situation of environmental degradation, economic inequality, and daily stress seen by people living in large cities is only a harbinger of the worsening of these issues concurrent with the rise of the world's population. A rise in population means a rise in environmental tampering, more natural resources are consumed, and more infrastructure is built to house community residents. An increase in construction means we build more and more impervious structures, and more industries are built. Development comes with its own advantages and disadvantages. The above-mentioned issues are partly what has led to the involvement of the way open spaces are being constructed. Another influenc-ing factor is technology, with technology involvement, open spaces are being constructed in more efficient ways than before. Digital strategies are being implemented to best cope with day to day changing environmental

* 浙江省科学技术厅 2021 年度省软科学研究计划项目“城市智慧开放空间增强韧性的建设机制研究”(编号:2021C35026)。

conditions. Strategies such as LED lighting media, smart green roof and green wall facades. These initiatives are aimed at constructing open spaces that are more Eco-friendly. "Smart open space" is a vision similar to a smart cities vision. In particular, smart open space is designed to integrate information, communication technology and the Internet of things in a secure fashion to manage open space and its various assets.

Digital strategy focuses on using technology to improve open spaces efficiency and management. It specifies the direction open space construction will take to create new competitive advantages with technology, as well as the tactics it will use to achieve these changes. Urban open space is an open space in a city or city group, which exists outside the building entity, and is an important place for information, material and energy exchange between man and nature. This includes squares, parks, streets and community spaces, commercial squares, building bottoms or tops, river green spaces, and more. In the urban open space, the rational use of smart ecological technology, can intensively transform the open space, smart integration and upgrading of supporting facilities. In addition, ecological facilities and open space landscape are organically combined, and the aesthetic value of the facilities or installations can be brought into play while the ecological environment is being transformed and upgraded. Here, the organic combination of smart, ecology and supporting facilities is an important support for the formation of intelligent open space.

2 Literature Review

Rossi defined smart lighting systems (SLS) as 'lighting systems with the ability to control, communicate and interconnect data, able to provide new ways of interacting with the luminous performances in new luminaires, equipped in turn to offer additional service'[1]. Ibrahim discusses the technical aspects of LED (light emitting diode) traffic lights and provides estimates on expected savings if all the traffic signal lights in London are to be replaced by LEDs. Ibrahim gives details of a pilot test site which is to be setup in London in the first quarter of 1998 in order to evaluate the performance of LED traffic lights[2]. Dunnett researched on planting on roofs in Europe, how popular it has become in Europe and the world at large. The author presents the impact of green roofs and living walls with regards to air pollution. The article describes how roofs may be modified to bear the weight of vegetation, considers the different options for drainage layers [3]. Feng discussed a comparative lifecycle assessment of three living wall systems: trellis system, planter box system, and felt layer system. The results from this paper demonstrated that the felt layer system is not environmentally sustainable in air cleaning and energy saving compared to the trellis system and planter box system [4]. Korol conducted a research aimed at contributing to sustainable future-oriented solutions for the complex problems of urban areas to create liveable ecosystems. Innovation technologies in green roof systems are an emerging trend in green building development. Korol's research discovered that, in conditions of high-density urban areas quickly-installed modular green roof systems have a good potential in solving problems such as lack of urban space and form a living system in green building rooftops. Despite the recorded existence of roof gardens, little physical evidence has survived, but history reveals the purposes of vegetated roofs were diverse. These purposes include the insulating qualities, and an escape from the stress of the urban environment[5]. Lundholm carried out a study on green roofs and façade. Green roofs and facades were comprehensively analyzed in all aspects. The main goal of Lundhom's research can be expressed as evaluating the role of greenery systems to mitigate building-related energy consumptions and carbon emissions. Lundhom concluded that greenery systems as energy saving tool in buildings, multifunctional benefits of green roofs and facades such as evapotranspiration, thermal insulation, shading and thermal comfort features, wind blockage ability and evaporative cooling effect of greenery surfaces, reduce cooling demand in buildings[6]. Mennen carried out a study on efficiency measures that will deliver the most cost—effective response to a reduction in groundwater extraction, but from this case study some general observations can be made, and concluded that, to be cost—effective solutions need to be implemented at scale[7]. Rawski reviewed various researchers findings on greenery planning for improvement of urban air quality, the criteria of selecting plants were collected and specified. Only those criteria that contribute to obtaining optimal results in the fight against air pollution were taken into consideration. Based on the data collected, some guidelines were developed that could eventually serve as a tool for more effective planning of urban greenery [8]. Grote conducted a study on functional traits of urban trees: air pollution mitigation potential. The author summarized and discussed the current knowledge on how such traits affect urban air pollution. Grote also presented aggregated traits of some of the most common tree species in Europe, which can be used as a decision or support tool for city planning and for improving urban air[9]. Baciu analyzed the principles of green roof design, including the classification of the green roof systems. The authors assert that by using the green roof structure, the deterioration effect of the built sector over the natural environment can be significantly reduced [10].

3 Technology Implied in Smart Open Space

3.1 LED lighting media

Over the years, Hangzhou has moved towards the use of LED lighting media to light open spaces. This is so due to various reasons, the biggest reason being the fact that they are more Eco-friendly than previous lighting methods that were being used, for example fluorescent lights. LED lights are not only Eco-friendly, but also add beauty to open spaces during night time, at a lower cost and lower energy consumption. Figure 1 is a perfect example of the impact of LED lighting media to open spaces in Hangzhou. The buildings in figure 1 are located in Hangzhou central business district and Lin'an downtown, LED lights are scientifically proven to be one of the major contributors to the energy efficiency approach, hence them being recommended for usage during construction of smart open spaces.

Well-designed lighting can enhance landmarks like boardwalks, promenades, sea front or lake fronts. These create beautiful ambiences and add charm to facades and architectural views of Hangzhou city at night. LED lights have made construction of open spaces really easy and beautiful. In open spaces in Hangzhou, it is a major

Fig.1 Hangzhou Grand Theater (left); **International Conference Center** (middle); **Lin'an downtown** (right)

part of the construction process, the flexibility of LED lights allows for a wide range of usage, for example, lighting walk paths, stair cases and bridges etc. LED are also used to decorate trees as well, which makes the open spaces of Hangzhou to be very beautiful, especially during night time. Construction of open spaces in Hangzhou has seen a rise in the usage of LED lighting media, this is due to various reasons. When you walk around open spaces in Hangzhou at night, in every direction you look, you will be able to sight LED lights on building walls, bridges, stairs and even in construction sites themselves. The presence of LED lights can be felt all over open spaces in Hangzhou.

Speaking of construction sites, the use of LED lights is highly preferred, this is due to various reasons, especially safety. Construction sites are very sensitive and vulnerable places to work in, and that is why safety is a very cardinal issue, of which use of LED lights comes in handy. Installing LED lights at construction sites reduces the possibilities of accidents and hazards, especially for construction works that are done at night. LED lights increases the visibility in the area and ensures that workers don't get burned as they are moving the lights, because LED lights don't produce heat, so they are easy to move from one place to another. Besides safety, the other reason is that LED lights provide better and brighter illumination than that previous commonly used lighting methods, and they do so while consuming lesser electricity. They can illuminate open spaces visibly. Besides illumination, another factor that is worth mentioning has to be savings. LED lights consume very little energy as compared to previously used lighting methods and they have a longer life span and can stay operational for very long hours. This ensures long term savings for the construction business owners and reduces costs on management of open spaces in general. According to LED manufacturers, LED lights have a variety of color temperatures and brightness level, they provide better illumination across the whole space. This ensures that the quality and quantity of light is ideal with respect to the needs and space of the construction sites in Hangzhou and China at large. When planning and developing architectural or location based landmarks, a key aspect to facade/landscape design is lighting.

Figure 2 shows a typical example of what you will see throughout the city of Hangzhou at night. In the picture is a bridge decorated with blue and white LED lights. Not only is it safe, but smart lighting adds so much flavor to open spaces at night. Besides the bridge are LED tree lights, this is another typical example of efforts to light up Hangzhou. They are a prepared method of lighting.The tree lights are decorated with green LED lights on the sides. So it's not only about lighting, but also making the environment beautiful.

Figure 3 shows a walkthrough decorated with LED lights, and a staircase decorated with LED lights. These figures above show just how flexible LED lights are when it comes to design. They can be moulded into just about anything, and this is also one of the major reasons they are used during design of open spaces, in Hangzhou.

3.2 Multimedia technology

Hangzhou peoples Square Art Forest Garden District, "Secret Tree Array", the city balcony riverbank walkway "play riverside" and the city's main balcony roof layer of the "glorious screen" are typical multimedia application of Hangzhou open space. The first two landscapes use interactive projection technology, through the projector to project graphics, images, animations to the ground. Participants can not only stop to watch or participate in person. The projected content will be based on the participants' movements to produce a series of changes. "Play riverside" through fifteen large projection equipment to the original ordinary river embankment

Fig.2 Smart lighting system in Lin'an, Hangzhou(left); **Decorated tree lights in Lin'an, Hangzhou**(right)

Fig.3 Walkthrough passage at Lin'an, Hangzhou(left); **Staircase at Lin'an Hangzhou**(right)

Fig.4 "Secret Tree Array" in Civic Square (left); **River Embankment Trail "Playing Riverside"** (right)

into the "underwater world", visitors passing the soles of their feet will be accompanied by the ripple of light; In contrast, the "secret tree array" of the Civic Square is small in scale, and in the tree array set up with the Art Forest Garden District Square, the fallen leaves projected on the ground gradually change color after passing by (Fig.4).

"Flow screen" is set in the roof of the city balcony, usually can be used as an LED display screen, when needed can also interact with visitors. Through the built-in induction capture device captures the movements of participants. When the participants walk into the coverage area, the computer image analysis system is used to perform the system analysis, which produces interactive feedback corresponding to the motion of the captured object. The participants' movements are interacted with the well-made content in the picture in real time, and the interactive grain screen and sound changes simulate a different atmosphere from reality to achieve the desired interaction effect (Figure 5).

Fig.5 "Flow Screen" of Urban Balcony

Fig.6 West Lake Music Fountain (left); Qianjiang Phantom Fountain (middle); Shallow Pool of Urban Balcony (Right)

3.3 Ornamental light music fountains and pools

At present, large-scale music fountains in China need special quantitative design because their control systems are more PLC logic programming control, high cost, large flow demand, and need special quantitative design. It is used in large squares or open scenic node spaces, such as the West Lake Music Fountain (Figure 6).

3.4 Smart facilities

3.4.1 Lighting facilities

The main function of lighting facilities in the city is responsible for the night lighting of roads, in the "one-shot multi-use" concept, the street lights, signal lights and other lighting facilities are also undergoing smart transformation. Hangzhou Lakeside Pedestrian Street as the only pedestrian street in Zhejiang Province that was included in the Ministry of Commerce's first transformation and upgrading pilot, drawing on the shape of the stone tower of Santan Yinyue, a total of 146 smart street lamps have been built on lakeside pedestrian streets, which combine lighting, information acquisition, voice broadcasting, intelligent monitoring and other multi-functional functions. Both can serve the public in many ways, the relevant management departments can also grasp the dynamics of the neighborhood in real time, to achieve efficient management (Figure 7).

3.4.2 Sanitary facilities

Sanitary facilities mainly refer to the service facilities such as water dispensers, garbage cans, public toilets, etc., set up in urban public spaces to meet people's public health requirements. The smart information display configured in the public toilet can show the use of toilet squats in real time, as well as temperature and humidity, indoor air quality and other information, the background can collect the toilet water consumption for a day, easy for post-management (Figure 8).

3.4.3 Environmental monitoring facilities

Environmental monitoring facilities are pri-

Fig.7 Lakeside Pedestrian Street Phase I Smart Light Pole

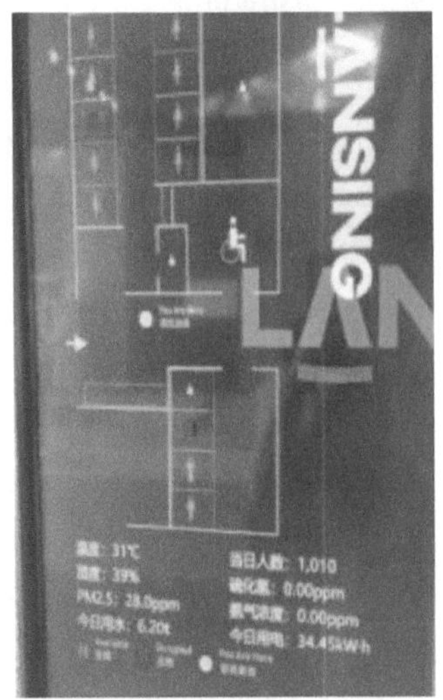

Fig. 8 Smart toilet in West Lake scenic area

marily used for monitoring and recording environmental data to facilitate timely responses to changes in the natural environment in the region. Its function mainly involves temperature and humidity monitoring, noise and wind direction monitoring, air quality monitoring, etc. , the external LED display can display the surrounding environment data in real time, and through the data collection and processing unit upload data monitoring background, easy for managers to grasp the monitoring data collected by monitoring facilities around the real time. Through the comparison of multi-point monitoring, the timing of subsequent spray dust reduction and other work is determined (Figure 9).

3.5 Smart ecological greening

Smart ecological greening, smart green roof greening and smart building wall greening is the future of construction of open spaces, it is becoming more and more popular by the day, not only does it reduce the use of mechanized air conditioning in buildings, but it also helps in maintaining the ecological system. So many initiatives have been initiated over the years, attempt to make sure that as much as we are constructing new structures in our communities, we balance that with the presence of plants.

If we put Hangzhou into perspective, there are so many buildings or infrastructure that has been built on what once was a forest, as a result most of the plants and grass have been displaced by infrastructure. This has an impact on the Eco-system, because every single day, construction work takes place in Hangzhou. In an attempt to try and balance the presence of trees and infrastructure, initiatives have been proposed, of which one of them is the green roof initiative. Quite a number of buildings in Hangzhou have garden on the rooftop. Four areas were surveyed to see the availability of green roof, green wall facades and street trees, and the results were as follows.

Figure 10 shows the street leading up to Harmony primary school air quality monitoring station in Hangzhou. Besides the street are residential areas, a place for people to go and have some leisure time from. So typically, what is seen

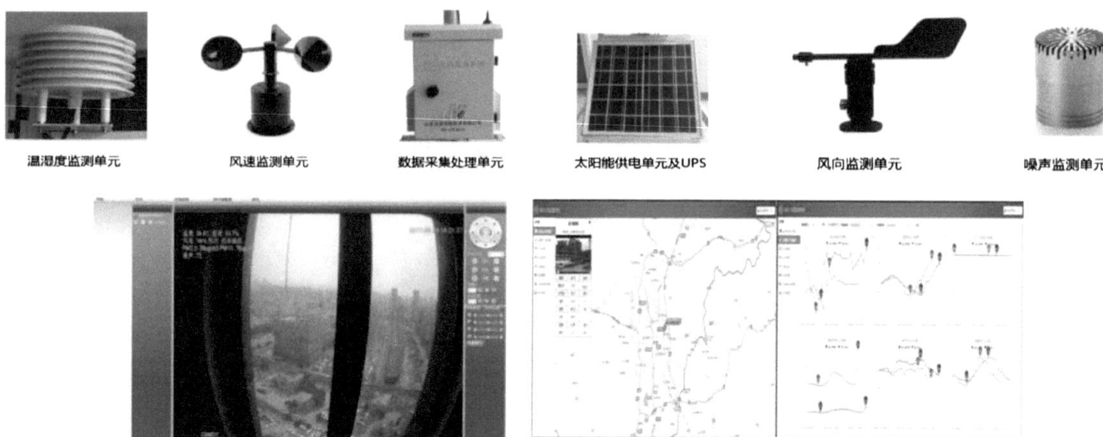

Fig.9 Monitoring equipment and intelligent management platform

Fig. 10 Harmony primary school residential area street trees

around Harmony primary school and its surrounding environment, are mostly street trees, regardless of a high presence of green street trees, which aid in temperature reduction and air quality improvement. It was also realized that most of the buildings around Harmony primary school are old buildings, which at the time of their construction, the green roof initiative and green wall facades wasn't as popularized as it is nowadays.

Fig.11 Zhaohui district 5 residential area

Figure 11 shows Zhaohui district 5 residential area, this residential area is within 500 meters of the air quality monitoring station. The first picture is shot that was taken from a rooftop of one of the residential buildings. As shown above, only one building had a green roof on top of it, not so big in size, the building has siting spaces just there on the rooftop. The rest of the buildings had no green roofs nor green wall facades. Just as the case of Harmony primary school, the residential structures at Zhaohui district 5 are old buildings. Within the residence, there was a very low presence of street trees, when compared to Harmony primary school residential area, Zhaohui district 5 residential area has fewer street trees, as displayed in the second picture.

Fig.12 Xiasha residential area and street

Figure 12 shows the residential area and street, within a 500 meters radius of Xiasha air quality monitoring station. During the survey of the area, there was no green roofs or green wall facades spotted in the area, on the other hand, there were street trees along the streets in the area. All the areas surveyed seem to have a high presence of street trees.

Figure 13 shows the residential area around

Fig.13 Fourth middle school residential area

Fourth middle school, in Hangzhou. There was a high presence of street trees and the residential areas were currently under renovation.

4 Optimal Design Strategies for Smart Open Space

Table 1 shows lighting landscape design, of which the main focus is building façade, surface space and landscape skits. It highlights their technical support, improved effect, applicable space and estimated cost. Figure 14 shows optimal design effect in Qianjiang new city in Hangzhou.

Table 2 shows multimedia landscape design in Hangzhou, of which the main focus is landscape art installation and interactive landscape.

Table 3 shows water landscape design, of which the main focus is spectacular water views and access to water features.

Table 4 shows landscape facilities (leisure facilities, sanitary facilities, lighting and environmental monitoring facilities in Hangzhou).

5 Conclusion

So many digital strategies have been developed to improve the expression of open spaces,

Tab.1 Lighting landscape design

	Building façade	Surface space	Landscape skits
Technical support	Integral, stripes, dot LED lighting technology; 3D holographic projection technology	Multimedia interactive sensing technology; Ground projection technology	Strip, dot LED lighting technology; Ground and wall projection technology
Improved effect	Enhance the building's intelligent night lighting, Shaping the dynamic display interface of building façade media	Outdoor, semi-outdoor space surface space digital landscape creation, Create a featured identification system for surface space	Site features landscape shaping, strengthening the existing landscape night view effect
Applicable space	Construction, structure façade	Surface space, ladder space	Urban open space nodes, Outdoor spaces such as park nodes
Estimated cost	Outdoor LED curtain wall lamp is about ￥1 000～6 000 / m^2	LED floor tile lamp is about ￥100～300 yuan / each; LED interactive floor tile screen is about ￥3 000～6 000 yuan / m^2	The unit price of buried lamps is about ￥50～200 each; LED wall Washer is about ￥100～300 each

Fig.14 Landscape linkage of facade of building complex

Tab.2 Multimedia landscape design

	Landscape art installation	Interactive landscape
Technical support	Digital landscape modeling technology; LED lighting technology; The use of emerging landscape materials	Multimedia interactive sensing technology; 3D projection technology
Improved effect	It is very beneficial when it comes to open space construction; it is also conducive for extending the landscape expression, expand open space capabilities	It is beneficial to the landscape shaping of the characteristics of the site; Strengthen the effect of the existing landscape night view; Enhance landscape interactivity
Applicable space	Park entrance space, Landscape node space, Square space and other urban open space	Park entrance space, Landscape node space, Square space and other urban open space
Estimated cost	"Tiao Tiao Yun" at Yunduo Park in Chendu is about ￥500 — 2000/m²; Custom art installations, Sculptures, etc., depend on the actual situation	Small interactive projection, The interactive screen (around 10 m²) costs about ￥3 000～10 000/ m²

Tab.3 Water landscape design

	Spectacular water views	Access to water features
Technical support	Music Fountain Technology; LED lighting technology	Multimedia interactive sensing technology; Voice-activated fountain technology
Improved effect	Visual effects are stunning, the viewing value is high, It is conducive to creating a multi-dimensional landscape perception experience	The form of interaction is novel, better hydrophobicity, It can stimulate the participation of the public landscape
Applicable space	Large city commercial square; Open space for wide waters	City Square, Park Node, Small and medium-sized spaces such as community entrances and exits
Estimated cost	Large musical fountains (>1 000 m²), it costs between ￥10 and ￥60 million; Small and medium-sized music fountains (100—1000 m²) usually range from ￥1～10 million	Voice-activated fountains, interactive dry spray about ￥10～100 thousand / set; Water curtain swing about ￥10—50 thousand / set

Tab.4 Landscape facilities design

	Leisure facilities	Lighting	Sanitary facilities	Environmental monitoring facilities
Technical support	LED light sensing technology; Use of new low-carbon materials	Internet control technology of things; Light sensitivity; smart monitoring	Internet control technology of things, recycling technology; Use of new low-carbon materials	Internet control technology of things, data sharing; Wireless transmission technology
Improved effect	Sculpture seats; interactive resting devices	Smart street lights	Smart trash cans; smart-toilet management system	Smart environmental monitoring equipment; smart irrigation system
Applicable space	Facility visual arts effect improvement; Facility functional integration, Meet the diverse needs of the public square space; Park view node	Smart management of streetlights; Light rod "one-shot multi-use" can effectively integrate Wifi base station, security, monitoring and other functions, Park View Commercial Block Space; Square space; Park view node	Smart garbage collection saves labor costs; Open space in the city	Monitor environmental changes in real time and take appropriate measures; Open space in the city
Estimated cost	Custom breaks, rides facilities, etc. depend on the actual situation	Wisdom street lamp about ￥2～20 thousand/set	Smart trash can be about ￥2～10 thousand / set	Environmental monitoring equipment is about ￥5～20 thousand /set

if we look at issues of safety, easy monitoring, efficient lighting, public health and so on. This study takes a look at some of the most notable digital strategies constructed in Hangzhou open spaces. Four optimal design strategies for smart open space were analyzed, including lighting landscape design, multimedia landscape design, water landscape design and landscape facilities design. For each one of these strategies, the following aspects were analyzed: technical support, improved effect, applicable space and estimated cost. The main function of lighting facilities in the city is responsible for the night lighting of roads, signal lights, scenic areas, bridges and so many other open structures. LED lights are vastly used in Hangzhou, which is due to so many reasons, some of which are: long life span, improved environmental performance, environmentally friendly, ability to operate in cold conditions, no heat or UV emissions, design flexible and so on. Besides lighting, a look into smart sanitary technology strategies was made, these are facilities set up in urban public spaces to meet people's public health requirements, facilities such as water dispensers, garbage cans and public toilets. Some smart environmental monitoring facilities were also analyzed in this study, these facilities help in recording environmental data such as temperature, humidity, noise, air quality monitoring and wind direction. Four areas were surveyed to see the availability of smart ecological greening facilities, there was no high presence of smart green roofs in the areas surveyed, no wall facades, the only thing that was available in abundance was street trees.

References

[1] Rossi, M. (2019). LEDs and New Technologies for Circadian Lighting. In Circadian Lighting Design in the LED Era ,157-207.

[2] Ibrahim, D. (1998). The benefits of LED traffic lights in London and the pilot test sites [C]//Ninth International Conference on Road Transport Information and Control, London, UK. IEE.

[3] Dunnett, N., Kingsbury, N. (2008). Planting green roofs and living walls, Portland, OR: Timber press.

[4] Feng, H. B., Hewage, K. (2014). Lifecycle assessment of living walls: Air purification and energy performance. Journal of Cleaner Production, 69: 91-99.

[5] Korol, S., Shushunova, N., & Shushunova, T. (2018). Innovation technologies in Green Roof systems. In MATEC Web of Conferences, 193: 04009.

[6] Lundholm, J. T. (2006). Green roofs and facades: a habitat template approach. Urban habitats, 4(1): 87-101.

[7] Mennen, S., Fogarty, J., Iftekhar, M. S. (2018). The most cost-effective ways to maintain public open space with less water: Perth case study. Urban Water Journal, 15(1): 92-96.

[8] Rawski, K. L. (2019). Greenery planning for improvement of urban air quality——A review. Proceedings ,16(1):13.

[9] Grote, R., Samson, R. et al, (2016). Functional traits of urban trees: Air pollution mitigation potential. Frontiers in Ecology and the Environment, 14(10): 543-550.

[10] Baciu, I. R., Lupu, M. L., Maxineasa, S. G. (2019). Principles of Green Roofs Design. Buletinul Institutului Politehnic din lasi. Sectia Constructii, Arhitectura, 65(3): 63-75.

Author(short CV): Nchimunua Kazimete Kamboni, Rikun Wen, Hexian Jin, School of Landscape Architecture, Zhejiang Agriculture and Forest University.

Jie Zhao, Tongling University.